Die

Theorie der Beobachtungsfehler

und die

Methode der kleinsten Quadrate

mit ihrer

Anwendung auf die Geodäsie und die Wassermessungen.

Die

Theorie der Beobachtungsfehler

und die

Methode der kleinsten Quadrate

mit ihrer

Anwendung auf die Geodäsie und die Wassermessungen.

Von

Otto Koll,

Professor, Geheimer Finanzrath und vortragender Rath
im Kgl. Preuss. Finanzministerium.

Mit in den Text gedruckten Figuren.

Zweite Auflage.

Berlin.

Verlag von Julius Springer.

1901.

ISBN-13:978-3-642-89963-8 e-ISBN-13:978-3-642-91820-9
DOI: 10.1007/978-3-642-91820-9

Softcover reprint of the hardcover 2nd edition 1901

Vorwort zur ersten Auflage.

Das vorliegende Werk ist verfafst worden zur Benutzung beim Studium und in der Praxis. Es soll den Studirenden die theoretischen Entwickelungen in klarer übersichtlicher Fassung übermitteln und ihnen an zahlreichen Beispielen zeigen, wie das durch die theoretischen Entwickelungen gewonnene praktisch anzuwenden ist und zwar in gröfserem Umfange, als dies allein durch Vorlesungen geschehen kann. Es soll aber auch als Führer in der Praxis dienen, und deshalb ist das Verfahren, wo es nur möglich und nützlich war, bis zur Aufstellung mechanischer Rechenregeln und einfacher Formulare entwickelt. Die Fassung des Werkes ist so einfach gehalten, dafs es jedem Fachmanne ohne weitere Anleitung gelingen dürfte, daraus das für ihn brauchbare zu gewinnen.

Das Werk enthält, neben manchem anderen, die theoretischen Grundlagen der weit verbreiteten Preufsischen Anweisung IX vom 25. Oktober 1881 für die trigonometrischen und polygonometrischen Arbeiten bei Erneuerung der Karten und Bücher des Grundsteuerkatasters und ähnlicher Anweisungen, sowie der bei Landestriangulationen und Landes-Nivellements vorkommenden wichtigsten Ausgleichungsrechnungen. Es sind deshalb auch in den Formeln Bezeichnungen gewählt, die sich an die in der Anweisung IX und in den Veröffentlichungen über Landesaufnahmen vorkommenden anschliefsen, soweit es bei einer einheitlichen Durchführung der Bezeichnungen in dem ganzen Werke möglich war.

Die Entwickelung des Verfahrens bis zur Aufstellung mechanischer Regeln und einfacher Formulare und die dadurch in vielen Fällen erzielte bedeutende Vereinfachung der gesamten Rechnungen wird es ermöglichen, auch oft nach der Methode der kleinsten Quadrate zu rechnen, wo dies bisher nicht geschah. Es wird dadurch die Anwendung von Näherungsverfahren weiter beschränkt werden können, die meistens ebenso viel Rechenarbeit erfordert, wie das zweckmäfsig geordnete Verfahren nach der Methode der kleinsten Quadrate und wobei überdies nur dann unter allen Umständen brauchbare Ergebnisse gewonnen werden, wenn der Rechner weit mehr Erfahrung und Geschick hat, als die Anwendung der Methode der kleinsten Quadrate erfordert.

Dafs durch die Aufstellung mechanischer Regeln und von Formularen das verständnislose Arbeiten auch bei solchen befördert werde, bei denen die Kenntnis des theoretischen Zusammenhanges des Verfahrens erwartet werden mufs, ist nicht zu befürchten; denn man kann in der Praxis sehr oft die Erfahrung machen, dafs gerade die, die zunächst nur die mechanische Anwendung der Methode der kleinsten Quadrate kennen lernen, nachher das regste Interesse zeigen, sie eingehend zu studiren. Auch wird es nur vortheilhaft sein, dafs der in der Praxis stehende Geodät nach den mechanischen Regeln und Formularen in vereinzelt vorkommenden Fällen arbeiten kann, ohne erst alle zu benutzenden Formeln zu entwickeln, und dafs er bei umfangreichen Arbeiten leicht Gehülfen nach dem angegebenen Verfahren zur mechanischen Ausführung mancher Rechnungen ausbilden kann.

Für die Wassermessungen ist in den Beispielen des I. Teiles eine Berechnung der mittleren Fehler durchgeführt, um zu zeigen, wie bei diesen Messungen ein Anhalt für die Genauigkeit der Ergebnisse gewonnen werden kann. Wenn in der Praxis häufiger die mittleren Fehler der einzelnen Messungen festgestellt und danach die mittleren Fehler der Endergebnisse berechnet würden, würde sehr oft ein ganz anderes Urteil über die Zuverlässigkeit der berechneten Geschwindigkeiten und Wassermengen erlangt werden, als es jetzt geschieht. Die im übrigen bei den Wassermessungen vorkommenden und zur Behandlung nach der Methode der kleinsten Quadrate geeigneten Rechnungen werden nach ähnlichen im II. Teile behandelten Beispielen ohne weiteres durchgeführt werden können.

Für das Studium der geschichtlichen Entwickelung der Theorie der Beobachtungsfehler und der Methode der kleinsten Quadrate, sowie der vielen zu ihrer tiefergehenden Begründung gemachten Versuche, die nicht aufgenommen werden konnten, sei auf die Theorie der Beobachtungsfehler von Emanuel Czuber und die in diesem Werke nachgewiesene umfangreiche Original-Litteratur verwiesen.

Die Hauptformeln sind in den Druckbogen a und b übersichtlich zusammengestellt. Beim Binden des Werkes werden diese beiden Bogen zweckmäfsig für sich geheftet.

Bonn, Februar 1893.

Otto Koll.

Vorwort zur zweiten Auflage.

Nachdem die 1. Auflage dieses Werkes in 7 Jahren vergriffen ist, kann die 2. Auflage im wesentlichen unverändert erscheinen, da sich die 1. Auflage beim praktischen Gebrauch gut bewährt hat. Die Beispiele zum I. Teil (§ 11) sind den gemachten Erfahrungen entsprechend erheblich vermehrt worden. Bei den direkten Beobachtungen (§ 16 und § 17) ist nicht, wie in der 1. Auflage, vom arithmetischen Mittel als gegebenen Satz ausgegangen, sondern die Formeln sind nach der Methode der kleinsten Quadrate wie in allen anderen Fällen entwickelt. Die Richtungsbestimmungen aus Winkelbeobachtungen (§ 32) und die Berechnung von Liniennetzen (§ 58)*) sind wesentlich vereinfacht. Endlich ist in den geeigneten Fällen (bei dem Beispiel im 1. Kapitel und in den §§ 31, 36 bis 38 des IV. Abschnittes) das Rechnungsverfahren für die Anwendung der Rechenmaschinen eingerichtet, da das Rechnen mit Logarithmen auch bei den geodätischen Rechnungen zweifellos in grofsem Umfange durch das Maschinenrechnen verdrängt werden wird. Hierbei wird ganz erheblich an Zeitaufwand gespart, und namentlich die am meisten vorkommenden Rechnungen können einfacher und eleganter gestaltet werden. Die Verfolgung der Rechnungen ist durch die Einstellung der für das Maschinenrechnen geeigneten Formeln nicht wesent-

*) Nach Gaufs, Die trig. und polyg. Rechnungen in der Feldmefskunst. 2. Aufl. 1. Teil. S. 538 u. f.

lich erschwert, da nach diesen Formeln auch sehr gut logarithmisch gerechnet werden kann und in den gegebenen Rechnungen noch manche Zwischenzahlen aufgeschrieben sind, die bei der praktischen Durchführung der Rechnungen weggelassen werden können.

Auf die Korrektur des Satzes ist alle mögliche Sorgfalt verwendet worden, wobei mein Kollege Hillmer mir wertvolle Hülfe geleistet hat. Ich danke ihm auch hier dafür und danke ferner der Druckerei für die aufserordentlich sorgfältige Ausführung des schwierigen Satzes, wodurch die Korrektur sehr erleichtert worden ist.

Endlich danke ich auch dem Herrn Verleger dafür, dafs er die 2. Auflage ebenso wie die 1. Auflage vorzüglich ausgestattet hat.

Berlin, Juni 1901.

Otto Koll.

Inhalts-Verzeichnis.

I. TEIL.

Theorie der Beobachtungsfehler.

II. TEIL.

Methode der kleinsten Quadrate.

I. Abschnitt. Einleitung.

Seite

II. Abschnitt. Direkte Beobachtungen.

III. Abschnitt. Direkte Beobachtungen mehrerer Gröfsen, deren Summe einen bestimmten Sollbetrag erfüllen mufs.

IV. Abschnitt. Vermittelnde Beobachtungen.

1. Kapitel. Allgemeine Entwickelung des Verfahrens.

2. Kapitel. Beispiele zu dem im 1. Kapitel entwickelten Verfahren.

V. Abschnitt. Bedingte Beobachtungen.

1. Kapitel. Allgemeine Entwickelung des Verfahrens.

Formeln.

I. Teil. Theorie der Beobachtungsfehler.

II. Teil. Methode der kleinsten Quadrate.

I. TEIL.

Theorie der Beobachtungsfehler.

§ 1. Einleitung.

1. Die Ergebnisse aller unserer Messungen sind, wenn wir die Messungen auch mit aller erforderlichen Sorgfalt ausführen, stets mit Messungs- oder Beobachtungsfehlern behaftet. Diese Fehler sind im allgemeinen mehr oder minder grofs, je nachdem bei der Messung gröbere oder feinere Instrumente verwendet werden und je nachdem dies oder jenes Messungsverfahren eingeschlagen wird.

Die Messungs- oder Beobachtungsfehler gehen über auf alle Gröfsen, die aus den Messungsergebnissen abgeleitet werden; demnach sind auch diese Gröfsen im allgemeinen mit mehr oder minder grofsen Fehlern behaftet. Damit die aus den Messungsergebnissen abgeleiteten Gröfsen aber dennoch für einen bestimmten Zweck verwendet werden können, müssen die Fehler innerhalb gewisser Grenzen liegen, die für verschiedene Zwecke in der Regel verschieden sein werden.

Soll beispielsweise die Karte eines hochwertigen städtischen Grundstückes benutzt werden, um danach die Pläne für die Bebauung des Grundstückes zu fertigen und soll die Flächengröfse des Grundstückes benutzt werden, um danach und nach dem vereinbarten Preise für die Flächeneinheit den Kaufpreis zu bestimmen, so müssen die Grenzen, zwischen denen die Fehler aller Mafse liegen müssen, weit enger sein, als wenn die Karte von einem Wiesengrundstücke und dessen Flächengröfse lediglich benutzt werden soll, um einen Plan für die Bewässerung des Grundstückes zu entwerfen und den Preis für die Ausführung der geplanten Anlage zu ermitteln.

Deshalb ist nach dem Zweck, der durch die Messungen erreicht werden soll, zu bestimmen, wie grofs die Fehler sein dürfen, womit die zu bestimmenden Gröfsen behaftet sein können und wie grofs dementsprechend auch die Beobachtungsfehler sein dürfen, oder kürzer ausgedrückt, welcher Grad von Genauigkeit erreicht werden mufs.

2. Von dem Grade der Genauigkeit ist weiter auch der zu dessen Erreichung erforderliche Arbeits- und Kostenaufwand abhängig. Je genauer die Arbeiten ausgeführt werden, desto gröfser wird im allgemeinen auch der Arbeits- und Kostenaufwand sein. Nun wird aber stets verlangt, diesen Aufwand auf ein Minimum zu beschränken; und somit ist in jedem Falle die Aufgabe zu lösen, für die auszuführende Messung die Instrumente und das Verfahren so zu wählen, dafs mit einem möglichst geringen Arbeits- und Kostenaufwande der Genauigkeitsgrad erreicht wird, der für den Zweck der Arbeit erforderlich ist.

Um diese Aufgabe lösen zu können, müssen wir uns eingehend mit den Beobachtungsfehlern beschäftigen und Regeln zu gewinnen suchen, denen diese scheinbar ganz regellos auftretenden Fehler folgen.

§ 2. Verschiedene Arten der Beobachtungsfehler.

1. Wir unterscheiden drei verschiedene Arten der Beobachtungsfehler, nämlich grobe Fehler, konstante Fehler und zufällige Fehler.

Als grobe Fehler bezeichnen wir solche Fehler, die in Folge eines groben Versehens auftreten, also, beispielsweise bei Längenmessungen, Fehler von 1^m, 2^m, 5^m, 10^m, 20^m u. s. w., die durch unrichtige Ablesung oder in Folge unrichtigen Zählens der ganzen Latten- oder Mefsbandlängen entstehen.

Unsere Messungen müssen stets so angeordnet werden, dafs die auftretenden groben Fehler als solche erkannt werden können; die mit groben Fehlern behafteten Messungsergebnisse müssen verworfen und durch andere, durch Nachmessung gewonnene, nicht mit groben Fehlern behaftete Messungsergebnisse ersetzt werden. Die Erörterung darüber, wie die Messungen zweckmäfsig anzuordnen sind, damit die auftretenden groben Fehler als solche erkannt werden können, und wie die Messungsergebnisse herausgefunden werden können, die mit groben Fehlern behaftet sind, gehört in das Gebiet der Landmefskunde und bleibt im folgenden unberücksichtigt.

2. Als konstante Fehler bezeichnen wir solche Fehler, die die Messungsergebnisse stets in demselben Sinne beeinflussen oder durch die die Messungsergebnisse entweder stets zu grofs oder stets zu klein werden. Die konstanten Fehler entstehen meistens durch Unvollkommenheiten der von uns bei den Messungen benutzten Instrumente und dadurch, dafs wir einzelne Messungsoperationen regelmäfsig in gleicher Weise unvollkommen ausführen. Beispielsweise entstehen bei Längenmessungen konstante Fehler dadurch, dafs die benutzten Mefslatten u. s. w. nicht genau ihre richtige Länge haben, dafs sie nicht genau in die zu messende Linie gelegt werden u. s. w.. Je nachdem die Latten zu lang oder zu kurz sind, wird sich ein zu kleines oder ein zu grofses Längenmafs ergeben, und in Folge des Ausweichens aus der zu messenden Linie wird das Längenmafs jedesmal zu grofs.

Die konstanten Messungsfehler müssen in ihrer Gröfse durch möglichst genaue Berichtigung der Instrumente beschränkt werden. Ferner müssen die Messungen, wenn irgend thunlich, so angeordnet werden, dafs die konstanten Fehler unschädlich gemacht werden, indem solche Messungsergebnisse, die die konstanten Messungsfehler im entgegengesetzten Sinne enthalten, zu einem von den konstanten Fehlern freien Endergebnis vereinigt werden. Endlich müssen solche Messungsergebnisse, die nicht von konstanten Fehlern befreit werden können, bei der Berechnung der daraus abzuleitenden Gröfsen thunlichst derart verwertet werden, dafs diese Gröfsen so wenig wie möglich dadurch beeinflufst werden. Wie dies alles auszuführen ist, ist ebenfalls nicht im folgenden, sondern in der Landmefskunde zu erörtern.

3. Die zufälligen Fehler sind die unvermeidlichen, das Messungsergebnis rein zufällig bald im positiven, bald im negativen Sinne beeinflussenden, nach Ausscheidung der groben und konstanten Fehler übrigbleibenden Beobachtungsfehler. Die zufälligen Fehler setzen sich zusammen aus sehr vielen Einzelfehlern. Wenn wir beispielsweise mit einem Theodoliten einen Winkel messen, so setzt sich der zufällige Beobachtungsfehler zusammen aus den kleinen Fehlern, die bei der Aufstellung des Instrumentes über dem Winkelpunkte, bei der Centrirung der anzuvisirenden Signale, bei der Horizontalstellung des Teilkreises, bei der Einstellung der Signale zwischen den Fäden des Fadenkreuzes, bei der Ablesung am Teilkreise u. s. w. entstehen. Alle die angeführten Fehler sind wieder zusammengesetzt aus sehr vielen kleineren Fehlern; und wenn uns unsere Sinne erlaubten, auch die kleinsten Fehler wahrzunehmen und festzustellen, so würden wir erkennen, dafs der bei einer Winkelmessung vorkommende und auch jeder andere vorkommende Beobachtungsfehler zusammengesetzt ist aus sehr vielen sehr kleinen Einzelfehlern.

Da nun, wie wir bereits besprochen haben, unsere Messungen so angeordnet werden müssen, dafs etwa auftretende konstante oder einseitig wirkende Fehler nicht in das Endergebnis der Messung übergehen, der hier allein zu betrachtende zufällige Beobachtungsfehler des Endergebnisses also nur die zufälligen Einzelfehler umfafst, die bald positiv, bald negativ sind, so können wir, wenn wir noch die Annahme machen, dafs alle sehr kleinen Einzelfehler gleich grofs sind, die Hypothese aufstellen:

Der zufällige Beobachtungsfehler eines Messungsergebnisses ist gleich der algebraischen Summe der in sehr grofser Zahl auftretenden, sehr kleinen, gleich grofsen, positiven und negativen zufälligen Einzelfehler.*)

Um, von dieser Hypothese ausgehend, weitere Regeln zu gewinnen, müssen wir zunächst einige allgemeine Sätze über zufällige Ereignisse entwickeln.

§ 3. Wahrscheinlichkeit zufälliger Ereignisse.

1. Als zufällige Ereignisse bezeichnen wir solche, die durch Ursachen herbeigeführt werden, deren Zusammenhang oder deren Wirkung wir nicht in solcher Weise zu erkennen vermögen, dafs wir das durch sie bedingte Ereignis voraus bestimmen können.

Werfen wir z. B. einen richtig konstruirten Würfel auf eine Platte, so sagen wir, dafs es zufällig ist, welche Seite des Würfels oben erscheint. Die Ursachen, die es bedingen, dafs eine bestimmte Seite des Würfels nach oben kommt, sind: die Lage des Würfels in unserer Hand, die Kraft, mit der wir den Würfel werfen, die Entfernung der Hand von der Platte, die Richtung des Würfels gegen die Platte, die Beschaffenheit der Platte u. s. w.. Die Wirkung aller dieser Ursachen ist aber so wenig sicher voraus bestimmbar, dafs wir nicht sagen können, welches das durch sie bedingte Ereignis sein wird, welche Seite nach oben kommen wird. Ebenso werden wir es als zufällig gelten lassen müssen, welche Karte gezogen wird, wenn wir jemand aus einer Reihe von Karten eine ziehen lassen.

---

*) Vergleiche die Grundzüge der Wahrscheinlichkeits-Rechnung von G. Hagen, Berlin, Ernst & Korn.

2. Wenn wir nun eine Reihe gleichartiger zufälliger Ereignisse und das Vorkommen eines der zufälligen Ereignisse aus dieser Reihe ins Auge fassen, so werden wir weiter sagen können, dafs es gleich wahrscheinlich ist, ob dies oder jenes Ereignis vorkommt.

Wenn wir also einen Würfel einmal aufwerfen, dessen Seiten 1, 2, 3, 4, 5, 6 Augen aufweisen, so werden wir sagen können, dafs es gleich wahrscheinlich ist, ob wir 1, 2, 3, 4, 5 oder 6 werfen.

Werfen wir zwei solcher Würfel zusammen auf, so können die folgenden Würfe vorkommen:

Es zeigt:											
Würfel I	Würfel II	W. I	W. II	W. I	W. II	W. I	W. II	W. I	W. II	W. I	W. II
1 Auge	1 Auge	2 A.	1 A.	3 A.	1 A.	4 A.	1 A.	5 A.	1 A.	6 A.	1 A.
1 „	2 Augen	2 „	2 „	3 „	2 „	4 „	2 „	5 „	2 „	6 „	2 „
1 „	3 „	2 „	3 „	3 „	3 „	4 „	3 „	5 „	3 „	6 „	3 „
1 „	4 „	2 „	4 „	3 „	4 „	4 „	4 „	5 „	4 „	6 „	4 „
1 „	5 „	2 „	5 „	3 „	5 „	4 „	5 „	5 „	5 „	6 „	5 „
1 „	6 „	2 „	6 „	3 „	6 „	4 „	6 „	5 „	6 „	6 „	6 „

Auch in diesem Falle werden wir sagen können, dafs das Vorkommen eines jeden dieser Würfe beim einmaligen Aufwerfen der beiden Würfel gleich wahrscheinlich ist.

3. Betrachten wir aber weiter das Ergebnis, das aus dem Zusammentreffen mehrerer zufälligen und gleich wahrscheinlichen Ereignisse folgt, so erkennen wir leicht, dafs das Vorkommen der verschiedenen möglichen Ergebnisse nicht gleich wahrscheinlich ist, weil unter den überhaupt möglichen Ergebnissen die verschiedenen Ergebnisse nicht in gleicher Anzahl vorkommen.

Betrachten wir beispielsweise die vorstehend aufgeführten Würfe, die aus dem Zusammentreffen aller mit zwei einzelnen Würfeln möglichen Würfe folgen und stellen die Augenzahlen fest, die diese Würfe ergeben, so finden wir, dafs unter den überhaupt möglichen 36 Würfen sich

1 Wurf befindet, der die Augenzahl 2,
2 Würfe befinden, die die Augenzahl 3,
3 „ „ „ „ „ 4,
4 „ „ „ „ „ 5,
5 „ „ „ „ „ 6,
6 „ „ „ „ „ 7,
5 „ „ „ „ „ 8,
4 „ „ „ „ „ 9,
3 „ „ „ „ „ 10,
2 „ „ „ „ „ 11,
1 Wurf befindet, der die Augenzahl 12

ergiebt.

Hiernach sehen wir, dafs unter den überhaupt möglichen die die verschiedenen Augenzahlen ergebenden Würfe nicht gleich oft vorkommen und wir können daraus schliefsen, dafs es nicht gleich wahrscheinlich ist, beim Werfen mit zwei Würfeln diese oder jene Augenzahl zu erhalten. Wir finden, dafs es am wahrscheinlichsten ist, die Augenzahl 7 zu werfen, schon weniger wahrscheinlich, die Augenzahlen 6 und 8, noch weniger wahrscheinlich, die Augenzahlen 5 und 9, 4 und 10, 3 und 11 zu werfen, und dafs es am unwahrscheinlichsten ist, die Augenzahlen 2 und 12 zu werfen. Wir erinnern uns auch daran, dafs bei den kindlichen Würfelspielen diesem Verhältnis Rechnung getragen wird, indem die Gewinne für die verschiedenen Würfe abgestuft und namentlich auf die Würfe 2 und 12 immer die höchsten Gewinne gesetzt werden.

Wenn wir in ähnlicher Weise die Ergebnisse betrachten, die wir beim Werfen mit 3 oder mehr Würfeln erhalten, so finden wir, dafs sich bei Hinzunahme eines weiteren Würfels die Zahl der möglichen Würfe jedesmal auf die 6fache Zahl erhöht, so dafs für n Würfel die Zahl der möglichen Würfe gleich 6^n ist. Ferner finden wir, dafs in jedem Falle die am meisten vorkommende Augenzahl gleich $3^1/_2\, n$ ist, wenn die durchschnittliche Zahl der Augen eines Würfels $\frac{1+2+3+4+5+6}{6} = 3^1/_2$, und n die Anzahl der Würfel ist. Beachten wir dann noch, dafs es für die Erlangung einer bestimmten Augenzahl ganz gleich ist, ob n Würfel einmal, oder ob 1 Würfel n mal aufgeworfen wird, so können wir weiter schliefsen, dafs es am wahrscheinlichsten ist, bei n maligem Aufwerfen eines Würfels $3^1/_2\, n$ Augen zu werfen.

In ähnlicher Weise, wie wir hier für das Würfelspiel schon einigen Anhalt für das Vorkommen bestimmter zufälliger Ereignisse gewonnen haben, können wir auch für andere Fälle solchen Anhalt gewinnen. Wir erkennen also schon, dafs sich in der That für das Vorkommen zufälliger Ereignisse gewisse Regeln aufstellen lassen. Damit wir diese aber in bestimmtere Form fassen können, müssen wir uns zunächst einige Hauptsätze der Wahrscheinlichkeitsrechnung aneignen.

§ 4. Hauptsätze der Wahrscheinlichkeitsrechnung.

Hauptsatz I: Die Wahrscheinlichkeit W für das Eintreffen eines Ereignisses ist, wenn alle in Betracht kommenden Fälle gleich wahrscheinlich sind, das Verhältnis der Anzahl n derjenigen Fälle, die für das Ereignis günstig sind, zur Anzahl N aller möglichen Fälle; es ist also.

(1) $$W = \frac{n}{N}.$$

Die Wahrscheinlichkeit W_n dafür, dafs das Ereignis nicht eintrifft, ist:

(2) $$W_n = \frac{N-n}{N}.$$

Die Summe der Wahrscheinlichkeiten W und W_n ist:

(3) $$W + W_n = \frac{n}{N} + \frac{N-n}{N} = \frac{N}{N} = 1 = \text{der Gewifsheit.}$$

Wenn ein Würfel aufgeworfen wird, so sind die 6 Fälle möglich, 1, 2, 3, 4, 5 oder 6 Augen zu werfen, und alle diese Fälle sind gleich wahrscheinlich. Für das Ereignis, mit dem Würfel z. B. 2 Augen zu werfen, ist einer dieser 6 Fälle günstig. Demnach ist die Wahrscheinlichkeit dafür, mit einem Würfel 2 Augen zu werfen: $W = \frac{1}{6}$, ferner die Wahrscheinlichkeit dafür, nicht 2 Augen zu werfen:

$W_n = \frac{6-1}{6} = \frac{5}{6}$ und endlich die Wahrscheinlichkeit dafür, entweder 2 oder nicht 2 zu werfen:

$$W + W_n = \frac{1}{6} + \frac{5}{6} = \frac{6}{6} = 1 = \text{der Gewifsheit.}$$

Hauptsatz II: Die Wahrscheinlichkeit W für das Eintreffen eines Ereignisses ist, wenn die in Betracht kommenden Fälle **nicht** gleich wahrscheinlich sind, gleich der Summe der Wahrscheinlichkeiten $w_1, w_2, w_3, \ldots\ldots$ der für das Ereignis günstigen Fälle; es ist also:

(4) $$W = w_1 + w_2 + w_3 + \ldots\ldots$$

Sind in einem Haufen Karten 5 Treffs, 4 Piques, 8 Coeurs und 7 Carreaus, also zusammen 24 Karten gemischt, so ist nach Formel **(1)** die Wahrscheinlichkeit dafür, aus diesem Haufen Treff zu ziehen: $w_1 = \frac{5}{24}$, die Wahrscheinlichkeit dafür, Pique zu ziehen: $w_2 = \frac{4}{24}$ und demnach die Wahrscheinlichkeit dafür, aus dem Haufen eine schwarze Karte zu ziehen, nach Formel **(4)**:

$$W = w_1 + w_2 = \frac{5}{24} + \frac{4}{24} = \frac{3}{8}.$$

Diese Wahrscheinlichkeit erhalten wir auch nach dem Hauptsatz I; denn unter den 24 Karten sind im ganzen 9 schwarze Karten und demnach ist die Wahrscheinlichkeit dafür, eine schwarze Karte zu ziehen, nach Formel **(1)**:

$$W = \frac{9}{24} = \frac{3}{8}.$$

Hauptsatz III: Die Wahrscheinlichkeit W_z für das Zusammentreffen mehrerer von einander unabhängigen Ereignisse ist gleich dem Produkte der Wahrscheinlichkeiten $w_1, w_2, w_3, \ldots\ldots$ für das Eintreffen dieser Ereignisse; es ist also:

(5) $$W_z = w_1 \cdot w_2 \cdot w_3 \ldots\ldots$$

Sind in einer Urne 13 weifse und 3 schwarze Kugeln, in einer zweiten Urne 7 weifse und 5 schwarze Kugeln, so ist nach Formel **(1)** die Wahrscheinlichkeit dafür, aus der ersten Urne eine schwarze Kugel zu ziehen: $w_1 = \frac{3}{16}$, und die Wahrscheinlichkeit dafür, aus der zweiten Urne eine schwarze Kugel zu ziehen: $w_2 = \frac{5}{12}$. Demnach ist die Wahrscheinlichkeit dafür, bei je einem Zuge aus beiden Urnen nur schwarze Kugeln zu ziehen, nach Formel **(5)**:

$$W_z = w_1 \cdot w_2 = \frac{3}{16} \cdot \frac{5}{12} = \frac{15}{192} = \frac{5}{64}.$$

Denken wir uns die Kugeln in der Urne I mit den Nummern 1, 2, 3, ... 16, in der Urne II mit den Nummern 1, 2, 3, ... 12 so bezeichnet, dafs die schwarzen Kugeln in beiden Urnen die ersten Nummern haben, so sind folgende Fälle möglich, worin aus beiden Urnen nur schwarze Kugeln gezogen werden:

Urne I	Urne II	U. I	U. II	U. I	U. II	U. I	U. II	U. I	U. II
		Es wird gezogen aus:							
Kugel 1	Kugel 1	K. 1	K. 2	K. 1	K. 3	K. 1	K. 4	K. 1	K. 5
„ 2	„ 1	„ 2	„ 2	„ 2	„ 3	„ 2	„ 4	„ 2	„ 5
„ 3	„ 1	„ 3	„ 2	„ 3	„ 3	„ 3	„ 4	„ 3	„ 5

Die Anzahl dieser für das Ereignis, nur schwarze Kugeln zu ziehen, günstigen Fälle ist: $n = 3 \cdot 5 = 15$, und die Anzahl aller überhaupt möglichen Züge ist, wie leicht zu übersehen ist, : $N = 16 \cdot 12 = 192$. Demnach ist die Wahrscheinlichkeit dafür, bei je einem Zuge aus beiden Urnen nur schwarze Kugeln zu ziehen, nach Formel **(1)**: $W = \frac{15}{192} = \frac{5}{64}$, übereinstimmend mit der oben nach Formel **(5)** erhaltenen Wahrscheinlichkeit W_z.

Hauptsatz IV: Die Wahrscheinlichkeit W_z für das Zusammentreffen zweier von einander abhängigen Ereignisse ist gleich der Wahrscheinlichkeit w für das Eintreffen des ersten Ereignisses mal der Wahrscheinlichkeit ω dafür, dafs nach dem Eintreffen des ersten Ereignisses das zweite Ereignis eintreffen wird, es ist also:

$$W_z = w \cdot \omega . \tag{6}$$

Liegen in 2 von 3 Urnen nur weifse Kugeln, in der dritten Urne nur schwarze Kugeln, und ist es unbekannt, in welchen von den drei Urnen die weifsen oder schwarzen Kugeln liegen, so ist die Wahrscheinlichkeit dafür, aus Urne I eine weifse Kugel zu ziehen, nach Formel **(1)**: $w = \frac{2}{3}$. Ist dies Ereignis eingetreten, ist also thatsächlich aus Urne I eine weifse Kugel gezogen, so ist die Wahrscheinlichkeit dafür, nun ebenfalls aus Urne II eine weifse Kugel zu ziehen, nach Formel **(1)**: $\omega = \frac{1}{2}$. Demnach ist die Wahrscheinlichkeit dafür, dafs die Urnen I und II die weifsen Kugeln enthalten, nach Formel **(6)**:

$$W_z = w \cdot \omega = \frac{2}{3} \cdot \frac{1}{2} = \frac{1}{3} .$$

Diese Wahrscheinlichkeit erhalten wir auch direkt nach Formel **(1)**; denn es sind überhaupt nur die 3 Fälle möglich, dafs Urne I und II, dafs Urne I und III oder dafs Urne II und III die weifsen Kugeln enthalten, und unter diesen 3 Fällen ist nur der erste Fall für das von uns ins Auge gefafste Ereignis, dafs die Urnen I und II die weifsen Kugeln enthalten, günstig; somit ist nach Formel **(1)**: $W = \frac{1}{3}$.

§ 5. Beziehung zwischen der Gröfse der Beobachtungsfehler und der Wahrscheinlichkeit ihres Vorkommens.

1. Kehren wir nun zur Betrachtung der Beobachtungsfehler zurück, so können wir die am Schlusse des § 2 aufgestellte Hypothese noch durch den Zusatz erweitern, dafs die Wahrscheinlichkeit für das Vorkommen positiver und negativer Einzelfehler gleich ist, was unmittelbar aus dem Charakter der zufälligen Einzelfehler folgt. Hiernach lautet die Hypothese:

(7) Der zufällige Beobachtungsfehler eines Messungsergebnisses ist gleich der algebraischen Summe der in sehr grofser Anzahl auftretenden, sehr kleinen, gleich grofsen, positiven und negativen zufälligen Einzelfehler, und die Wahrscheinlichkeit für das Vorkommen positiver und negativer Einzelfehler ist gleich.

2. Verfolgen wir nun die Bildung eines Beobachtungsfehlers aus positiven und negativen zufälligen Einzelfehlern, die mit $+\varepsilon$ und $-\varepsilon$ bezeichnet werden mögen, so ergiebt sich folgendes:

Der erste auftretende Einzelfehler kann sein	Jeder neu auftretende Einzelfehler kann $+\varepsilon$ oder $-\varepsilon$ sein, und der Beobachtungsfehler kann anwachsen durch den auftretenden						
	2ten	3ten	4ten	5ten	6ten		2νten Einzelfehler
in 1 Fall: $+\varepsilon$, 1 Fall: $-\varepsilon$,	in 1 Fall auf: $+2\varepsilon$, 2 Fällen auf: 0, 1 Fall auf: -2ε,	in 1 F. a.: $+3\varepsilon$, 3 „ „: $+\varepsilon$, 3 „ „: $-\varepsilon$, 1 „ „: -3ε,	in 1 F. a.: $+4\varepsilon$, 4 „ „: $+2\varepsilon$, 6 „ „: 0, 4 „ „: -2ε, 1 „ „: -4ε,	in 1 F. a.: $+5\varepsilon$, 5 „ „: $+3\varepsilon$, 10 „ „: $+\varepsilon$, 10 „ „: $-\varepsilon$, 5 „ „: -3ε, 1 „ „: -5ε,	in 1 F. a.: $+6\varepsilon$, 6 „ „: $+4\varepsilon$, 15 „ „: $+2\varepsilon$, 20 „ „: 0, 15 „ „: -2ε, 6 „ „: -4ε, 1 „ „: -6ε,	. . . .	in 1 F. a.: $+2\nu\varepsilon$, 2ν „ „: $+2(\nu-1)\varepsilon$, $\binom{2\nu}{2}$ „ „: $+2(\nu-2)\varepsilon$, ..., $\binom{2\nu}{\nu}$ „ „: 0, ..., $\binom{2\nu}{2}$ „ „: $-2(\nu-2)\varepsilon$, 2ν „ „: $-2(\nu-1)\varepsilon$, 1 „ „: $-2\nu\varepsilon$,
	Die Gesamtzahl aller möglichen Fälle ist gleich						
2,	$4 = 2^2$,	$8 = 2^3$,	$16 = 2^4$,	$32 = 2^5$,	$64 = 2^6$,	. . .	$2^{2\nu}$.

Die Zahlen, die angeben, in wie vielen Fällen der Beobachtungsfehler auf $\varepsilon, 2\varepsilon, 3\varepsilon, \ldots\ldots$ anwächst, sind Binomialkoeffizienten, also ist:

$$\binom{2\nu}{2}=\frac{2\nu(2\nu-1)}{1\cdot 2}, \ldots, \qquad \binom{2\nu}{\nu}=\frac{2\nu(2\nu-1)(2\nu-2)\ldots(\nu+1)}{1\cdot 2\cdot 3\cdot\ldots\nu}.$$

Die Gesamtzahl aller möglichen Fälle ist allgemein $2^{2\nu}$; denn beim Auftreten eines Einzelfehlers sind 2 Fälle möglich und mit jedem neu auftretenden Einzelfehler ergeben sich aus jedem möglichen Falle immer zwei neue mögliche Fälle.

3. Die Wahrscheinlichkeit dafür, dafs sich aus einer Reihe von zufälligen Einzelfehlern ein bestimmter Beobachtungsfehler bildet, ist nach dem Hauptsatz I der Wahrscheinlichkeitsrechnung gleich der Anzahl der für dies Ereignis günstigen Fälle dividirt durch die Anzahl aller möglichen Fälle.

Demnach ist die Wahrscheinlichkeit W_0, $W_{2\varepsilon}$, $W_{4\varepsilon}$ dafür, dafs sich beim Auftreten von 4 zufälligen Einzelfehlern die Beobachtungsfehler 0, $\pm 2\varepsilon$, $\pm 4\varepsilon$ bilden, nach der vorstehenden Tabelle:

$$W_0=\frac{6}{16}, \qquad W_{2\varepsilon}=\frac{4}{16}, \qquad W_{4\varepsilon}=\frac{1}{16}.$$

Ferner ist allgemein die Wahrscheinlichkeit $W_0, W_{2\varepsilon}, W_{4\varepsilon}, \ldots W_{2\varrho\varepsilon}, W_{2(\varrho+1)\varepsilon}$, $W_{2(\nu-2)\varepsilon}$, $W_{2(\nu-1)\varepsilon}$, $W_{2\nu\varepsilon}$ dafür, dafs sich beim Auftreten von 2ν zufälligen Einzelfehlern die Beobachtungsfehler $0, \pm 2\varepsilon, \pm 4\varepsilon, \ldots \pm 2\varrho\varepsilon, \pm 2(\varrho+1)\varepsilon, \ldots \pm 2(\nu-2)\varepsilon$, $2(\nu-1)\varepsilon$, $2\nu\varepsilon$ bilden:

$$(1^*)\quad\left\{\begin{array}{lll} W_0=\binom{2\nu}{\nu}2^{-2\nu}, & W_{2\varepsilon}=\binom{2\nu}{\nu-1}2^{-2\nu}, & W_{4\varepsilon}=\binom{2\nu}{\nu-2}2^{-2\nu}, \ldots\ldots, \\ W_{2\varrho\varepsilon}=\binom{2\nu}{\nu-\varrho}2^{-2\nu}, & W_{2(\varrho+1)\varepsilon}=\binom{2\nu}{\nu-(\varrho+1)}2^{-2\nu}, \ldots\ldots, & \\ W_{2(\nu-2)\varepsilon}=\binom{2\nu}{2}2^{-2\nu}, & W_{2(\nu-1)\varepsilon}=2\nu\, 2^{-2\nu}, & W_{2\nu\varepsilon}=2^{-2\nu}. \end{array}\right.$$

Der Zahlenwerth von $2^{-2\nu}$ nimmt sehr rasch ab mit zunehmendem ν. Er ist $\frac{1}{4}$ für $\nu=1$, $\frac{1}{1024}$ für $\nu=5$, $\frac{1}{1\,048\,576}$ für $\nu=10$ u. s. w.. Somit wird beim Auftreten einer gröfseren Zahl zufälliger Einzelfehler auch die Wahrscheinlichkeit $W_{2\nu\varepsilon}$, $W_{2(\nu-1)\varepsilon}$, $W_{2(\nu-2)\varepsilon}, \ldots$ für das Vorkommen der sehr grofsen Beobachtungsfehler $\pm 2\nu\varepsilon$, $\pm 2(\nu-1)\varepsilon$, $\pm 2(\nu-2)\varepsilon, \ldots$ sehr gering, wodurch es zu erklären ist, dafs bei Beobachtungen, wo sehr viele Einzelfehler auftreten, doch sehr grofse, aus der Anhäufung sehr vieler positiver oder sehr vieler negativer Einzelfehler entstehende Beobachtungsfehler nicht vorkommen, obwohl ihr Vorkommen denkbar ist.

4. Aus der Betrachtung der unter Nr. 2 und 3 gewonnenen Ergebnisse können wir bereits folgendes entnehmen:

(8) Es ist am wahrscheinlichsten, dafs der Beobachtungsfehler Null vorkommt.

Die Wahrscheinlichkeit für das Vorkommen der verschiedenen Beobachtungsfehler ist verhältnismäfsig sehr viel kleiner für gröfsere als für kleinere Beobachtungsfehler, sie ist verschwindend klein für sehr grofse Beobachtungsfehler.

Das Vorkommen gleich grofser positiver und negativer Beobachtungsfehler ist gleich wahrscheinlich.

5. Aus den in (1*) gewonnenen Ausdrücken für die Wahrscheinlichkeit W_0 und $W_{2\varrho\varepsilon}$ dafür, dafs der Beobachtungsfehler 0 oder $2\varrho\varepsilon$ vorkommt, können wir eine einfache allgemeine Gleichung entwickeln, die die Beziehung darstellt zwischen der Gröfse eines Beobachtungsfehlers und der Wahrscheinlichkeit seines Vorkommens.

Wir benutzen hierbei die folgenden Formeln:

$$(2^*) \quad x! = 1 \cdot 2 \cdot 3 \ldots\ldots (x-1) \cdot x = \sqrt{2\pi} \cdot x^{x+\frac{1}{2}} \cdot e^{-x + \frac{1}{12x} - \frac{1}{360x^3} + \frac{1}{1260x^5} - \cdots},$$

$$(3^*) \quad e^x = 1 + \frac{x}{1!} + \frac{x^2}{2!} + \frac{x^3}{3!} + \frac{x^4}{4!} + \cdots$$

$$(4^*) \quad \lg(1+x) = \frac{x}{1} - \frac{x^2}{2} + \frac{x^3}{3} - \frac{x^4}{4} + \cdots,$$

worin $\pi = 3{,}141\,592\ldots\ldots$ der halbe Umfang des Kreises für den Radius $r = 1$ und e die Grundzahl der natürlichen Logarithmen ist.

Nun ist nach (1*):

$$(5^*) \quad W_0 = \binom{2\nu}{\nu} 2^{-2\nu}, \text{ und darin:}$$

$$(6^*) \quad \binom{2\nu}{\nu} = \frac{2\nu \cdot (2\nu-1) \ldots\ldots (\nu+2) \cdot (\nu+1)}{1 \cdot 2 \ldots\ldots (\nu-1) \cdot \nu}$$

$$= \frac{2\nu \cdot (2\nu-1) \ldots\ldots (\nu+2) \cdot (\nu+1) \cdot \nu \cdot (\nu-1) \ldots\ldots 2 \cdot 1}{1 \cdot 2 \cdot \ldots\ldots (\nu-1) \cdot \nu \cdot \nu \cdot (\nu-1) \ldots\ldots 2 \cdot 1}$$

$$= \frac{(2\nu)!}{\nu!\,\nu!} = \frac{\sqrt{2\pi} \cdot (2\nu)^{2\nu+\frac{1}{2}} \cdot e^{-2\nu + \frac{1}{12 \cdot 2\nu} - \frac{1}{360(2\nu)^3} + \cdots\cdots}}{2\pi \cdot \nu^{2\left(\nu+\frac{1}{2}\right)} \cdot e^{-2\nu + \frac{1}{6\nu} - \frac{1}{180\nu^3} + \cdots\cdots}}$$

$$= \frac{2^{2\nu}}{\sqrt{\nu\pi}} \cdot e^{-\frac{1}{8\nu} + \frac{1}{192\nu^3} + \cdots\cdots} = \frac{2^{2\nu}}{\sqrt{\nu\pi}} \cdot \left(1 - \frac{1}{8\nu} + \frac{1}{128\nu^2} + \frac{5}{1024\nu^3} - \cdots\right);$$

danach ist:

$$(7^*) \quad W_0 = \frac{1}{\sqrt{\nu\pi}} \left(1 - \frac{1}{8\nu} + \frac{1}{128\nu^2} + \frac{5}{1024\nu^3} - \cdots\cdots\right)$$

oder, wenn ν sehr grofs ist,:

$$(8^*) \quad W_0 = \frac{1}{\sqrt{\nu\pi}}.$$

Sodann ist nach (1*):

$$(9^*) \quad W_{2\varrho\varepsilon} = \binom{2\nu}{\nu-\varrho} 2^{-2\nu}, \text{ und darin:}$$

$$(10^*) \quad \binom{2\nu}{\nu-\varrho} = \frac{2\nu \cdot (2\nu-1) \ldots\ldots (\nu+\varrho+2) \cdot (\nu+\varrho+1)}{1 \cdot 2 \cdot (\nu-(\varrho-1)) \cdot (\nu-\varrho)}$$

$$= \frac{2\nu \cdot (2\nu-1) \ldots\ldots (\nu+\varrho+2) \cdot (\nu+\varrho+1) \cdot (\nu+\varrho) \cdot (\nu+\varrho-1) \ldots\ldots 2 \cdot 1}{1 \cdot 2 \cdot (\nu-(\varrho+1)) \cdot (\nu-\varrho) \cdot (\nu+\varrho) \cdot (\nu+\varrho-1) \ldots\ldots 2 \cdot 1}$$

$$= \frac{(2\nu)!}{(\nu-\varrho)!\,(\nu+\varrho)!}.$$

Während nach (5*) und (6*) $W_0 = \frac{(2\nu)!}{\nu!\,\nu!} 2^{-2\nu}$ ist, ist nach (9*) und (10*) $W_{2\varrho\varepsilon} = \frac{(2\nu)!}{(\nu-\varrho)!\,(\nu+\varrho)!} 2^{-2\nu}$, also:

(11*) $$\frac{W_{2\varrho\varepsilon}}{W_0}=\frac{\nu!\;\nu!}{(\nu-\varrho)!\;(\nu+\varrho)!}$$

$$=\frac{2\pi\cdot\nu^{2\left(\nu+\frac{1}{2}\right)}\cdot e^{-2\nu+\frac{1}{6\nu}-\frac{1}{180\nu^3}+\cdots\cdots}}{2\pi\cdot(\nu-\varrho)^{\nu-\varrho+\frac{1}{2}}\cdot(\nu+\varrho)^{\nu+\varrho+\frac{1}{2}}\cdot e^{-2\nu+\frac{\nu}{6(\nu^2-\varrho^2)}-\frac{\nu^3+3\nu\varrho^2}{180(\nu^2-\varrho^2)^3}+\cdots\cdots}}$$

$$=\left(\frac{\nu}{\nu-\varrho}\right)^{\nu-\varrho+\frac{1}{2}}\cdot\left(\frac{\nu}{\nu+\varrho}\right)^{\nu+\varrho+\frac{1}{2}}\cdot e^{+\frac{1}{6}\left(\frac{1}{\nu}-\frac{\nu}{\nu^2+\varrho^2}\right)-\frac{1}{180}\left(\frac{1}{\nu^3}-\frac{\nu^3+3\nu\varrho^2}{(\nu^2-\varrho^2)^3}\right)+\cdots\cdots}$$

Ferner ist nach (4*):

(12*) $$\lg\left(\frac{\nu}{\nu-\varrho}\right)=-\lg\left(1-\frac{\varrho}{\nu}\right)=+\frac{\varrho}{\nu}+\frac{1}{2}\left(\frac{\varrho}{\nu}\right)^2+\frac{1}{3}\left(\frac{\varrho}{\nu}\right)^3+\frac{1}{4}\left(\frac{\varrho}{\nu}\right)^4+\cdots\cdots,$$

(13*) $$\lg\left(\frac{\nu}{\nu+\varrho}\right)=-\lg\left(1+\frac{\varrho}{\nu}\right)=-\frac{\varrho}{\nu}+\frac{1}{2}\left(\frac{\varrho}{\nu}\right)^2-\frac{1}{3}\left(\frac{\varrho}{\nu}\right)^3+\frac{1}{4}\left(\frac{\varrho}{\nu}\right)^4-\cdots\cdots,$$

wonach

(14*) $$\left(\nu-\varrho+\frac{1}{2}\right)\lg\left(\frac{\nu}{\nu-\varrho}\right)+\left(\nu+\varrho+\frac{1}{2}\right)\lg\left(\frac{\nu}{\nu+\varrho}\right)$$

$$=-2\varrho\frac{\varrho}{\nu}+(2\nu+1)\frac{1}{2}\left(\frac{\varrho}{\nu}\right)^2-2\varrho\frac{1}{3}\left(\frac{\varrho}{\nu}\right)^3+(2\nu+1)\frac{1}{4}\left(\frac{\varrho}{\nu}\right)^4-\cdots\cdot$$

$$=-\left(\nu-\frac{1}{2}\right)\left(\frac{\varrho}{\nu}\right)^2-\left(\frac{1}{6}\nu-\frac{1}{4}\right)\left(\frac{\varrho}{\nu}\right)^4-\left(\frac{1}{15}\nu-\frac{1}{6}\right)\left(\frac{\varrho}{\nu}\right)^6-\left(\frac{1}{28}\nu-\frac{1}{8}\right)\left(\frac{\varrho}{\nu}\right)^8-\cdots\cdots$$

oder da $\frac{1}{2}, \frac{1}{4}, \frac{1}{6}, \frac{1}{8}, \ldots\ldots$ gegenüber $\nu, \frac{1}{6}\nu, \frac{1}{15}\nu, \frac{1}{28}\nu, \ldots\ldots$ verschwindend klein ist,

$$=-\frac{\varrho^2}{\nu}-\frac{1}{6}\frac{\varrho^4}{\nu^3}-\frac{1}{15}\frac{\varrho^6}{\nu^5}-\frac{1}{28}\frac{\varrho^8}{\nu^7}-\cdots\cdots$$

wird, und somit

(15*) $$\left(\frac{\nu}{\nu-\varrho}\right)^{\nu-\varrho+\frac{1}{2}}\cdot\left(\frac{\nu}{\nu+\varrho}\right)^{\nu+\varrho+\frac{1}{2}}=e^{-\frac{\varrho^2}{\nu}-\frac{1}{6}\frac{\varrho^4}{\nu^3}-\frac{1}{15}\frac{\varrho^6}{\nu^5}-\frac{1}{28}\frac{\varrho^8}{\nu^7}-\cdots\cdots}$$

wird. Endlich ist:

(16*) $$+\frac{1}{6}\left(\frac{1}{\nu}-\frac{\nu}{\nu^2-\varrho^2}\right)=-\frac{1}{6\nu^2}\frac{\varrho^2}{\nu}-\frac{1}{6\nu^2}\frac{\varrho^4}{\nu^3}-\frac{1}{6\nu^2}\frac{\varrho^6}{\nu^5}-\frac{1}{6\nu^2}\frac{\varrho^8}{\nu^7}-\cdots\cdots,$$

(17*) $$-\frac{1}{180}\left(\frac{1}{\nu^3}-\frac{\nu^3+3\nu\varrho^2}{(\nu^2-\varrho^2)^3}\right)=+\frac{1}{30\nu^4}\frac{\varrho^2}{\nu}+\frac{1}{12\nu^4}\frac{\varrho^4}{\nu^3}+\frac{7}{45\nu^4}\frac{\varrho^6}{\nu^5}+\frac{1}{4\nu^4}\frac{\varrho^8}{\nu^7}+\cdots\cdots$$

Demnach wird nach (11*) und (15*) bis (17*):

(18*) $$\frac{W_{2\varrho\varepsilon}}{W_0}=e^{-\frac{\varrho^2}{\nu}\left(1+\frac{1}{6\nu^2}-\frac{1}{30\nu^4}\cdots\right)-\frac{1}{6}\frac{\varrho^4}{\nu^3}\left(1+\frac{1}{\nu^2}-\frac{1}{2\nu^4}\cdots\right)-\frac{1}{15}\frac{\varrho^6}{\nu^5}\left(1+\frac{5}{2\nu^2}-\frac{7}{3\nu^4}\cdots\right)-\frac{1}{28}\frac{\varrho^8}{\nu^7}\left(1+\frac{14}{3\nu^2}-\frac{7}{\nu^4}\cdots\right)-\cdots}$$

oder es wird, da die Potenzen von $\frac{1}{\nu}$ gegenüber 1 verschwindend klein sind,:

(19*) $$\frac{W_{2\varrho\varepsilon}}{W_0}=e^{-\frac{\varrho^2}{\nu}-\frac{1}{6}\frac{\varrho^4}{\nu^3}-\frac{1}{15}\frac{\varrho^6}{\nu^5}-\frac{1}{28}\frac{\varrho^8}{\nu^7}-\cdots\cdots}$$

Wird nun für W_0 der in (8*) erhaltene Ausdruck eingesetzt und die Potenz von e nach (3*) in eine Reihe verwandelt, so ergiebt sich:

(20*) $$W_{2\varrho\varepsilon}=\frac{1}{\sqrt{\nu\pi}}\left(1-\frac{\varrho\varrho}{\nu}+\frac{1}{2!}\left(\frac{\varrho\varrho}{\nu}\right)^2\left(1-\frac{1}{3\nu}\right)-\frac{1}{3!}\left(\frac{\varrho\varrho}{\nu}\right)^3\left(1-\frac{1}{\nu}+\frac{2}{5\nu^2}\right)\right.$$
$$\left.+\frac{1}{4!}\left(\frac{\varrho\varrho}{\nu}\right)^4\left(1-\frac{2}{\nu}+\frac{29}{15\nu^2}-\frac{6}{7\nu^3}-\cdots\right)\right),$$

oder wenn wieder beachtet wird, daſs $\frac{1}{\nu}$ sehr klein ist:

(21*) $$W_{2\varrho\varepsilon}=\frac{1}{\sqrt{\nu\pi}}\left(1-\frac{\varrho\varrho}{\nu}+\frac{1}{2!}\left(\frac{\varrho\varrho}{\nu}\right)^2-\frac{1}{3!}\left(\frac{\varrho\varrho}{\nu}\right)^3+\frac{1}{4!}\left(\frac{\varrho\varrho}{\nu}\right)^4-\cdots\cdots\right).$$

Wie eine Vergleichung dieser Reihe mit (3*) zeigt, ist hiernach auch:

$$W_{2\varrho\varepsilon} = \frac{1}{\sqrt{\nu\pi}} e^{-\frac{\varrho\varrho}{\nu}}. \tag{22*}$$

Bezeichnen wir nun den Beobachtungsfehler $2\varrho\varepsilon$ mit x, die Wahrscheinlichkeit $W_{2\varrho\varepsilon}$ dafür, dafs dieser Beobachtungsfehler vorkommt mit y und setzen $\nu(2\varepsilon)^2 = N$ so wird

$$y = \frac{2\varepsilon}{\sqrt{N\pi}} e^{-\frac{xx}{N}}. \tag{23*}$$

Da die Werte von y Verhältniszahlen sind, wofür eine bestimmte Einheit noch nicht festgesetzt worden ist, so können wir den Ausdruck für y durch 2ε dividiren und erhalten:

$$y = \frac{1}{\sqrt{N\pi}} e^{-\frac{xx}{N}}, \tag{10}$$

oder nach (3*):

$$y = \frac{1}{\sqrt{N\pi}}\left(1 - \frac{xx}{N} + \frac{1}{2!}\left(\frac{xx}{N}\right)^2 - \frac{1}{3!}\left(\frac{xx}{N}\right)^3 + \frac{1}{4!}\left(\frac{xx}{N}\right)^4 - \cdots\cdots\right). \tag{11}$$

6. Die Wahrscheinlichkeit dafür, dafs ein Beobachtungsfehler vorkommt, der zwischen x und $x + dx$ liegt, ist nach unserm Hauptsatz II gleich der Summe der Wahrscheinlichkeiten für das Vorkommen der zwischen x und $x + dx$ liegenden Beobachtungsfehler. Wenn dx eine sehr kleine Gröfse vorstellt, so können wir annehmen, dafs diese Wahrscheinlichkeiten sämtlich gleich sind der Wahrscheinlichkeit y für das Vorkommen des Fehlers x und können die Summe der Wahrscheinlichkeiten für das Vorkommen der zwischen x und $x + dx$ liegenden Beobachtungsfehler darstellen durch das Produkt $y \cdot dx$. Dies Produkt wird veranschaulicht durch einen Flächenstreifen von der Höhe y und der Breite dx.

Weiter ist auch die Wahrscheinlichkeit W_a^b dafür, dafs ein Beobachtungsfehler vorkommt, der zwischen $x = a$ und $x = b$ liegt, nach unserm Hauptsatz II gleich der Summe der Wahrscheinlichkeiten für das Vorkommen der zwischen a und b liegenden Beobachtungsfehler, und diese können wir darstellen durch die Summe der Produkte $y \cdot dx$, die sich mit den Werten von y ergeben, die zu allen zwischen a und b liegenden Werten von x gehören, so dafs

$$W_a^b = \int y\,dx \text{ für } x = a \text{ bis } x = b \tag{24*}$$

wird.

Wird die Beziehung zwischen den Beobachtungsfehlern und der Wahrscheinlichkeit ihres Vorkommens veranschaulicht durch eine Kurve, deren Abscissen gleich x und deren Ordinaten gleich y sind, so wird die Wahrscheinlichkeit W_a^b dafür, dafs ein Beobachtungsfehler vorkommt, der zwischen a und b liegt, veranschaulicht durch die Fläche, die zwischen der Kurve, der Abscissenaxe und den beiden zu $x = a$ und $x = b$ gehörigen Ordinaten liegt.

§ 6. Der durchschnittliche, mittlere und wahrscheinliche Fehler.

1. Wir haben bisher als Einheitsmafs für die Beobachtungsfehler den zufälligen Einzelfehler genommen, wir können aber die Gröfse der zufälligen Einzelfehler nicht bestimmen und deshalb auch die bei den Beobachtungen auftretenden

Fehler praktisch nicht nach diesem Einheitsmaſs messen. Wir können aber wohl für die verschiedenen Beobachtungsarten und für die verschiedenen Instrumente aus Beobachtungsergebnissen Mittelwerte der Beobachtungsfehler ableiten und dann diese Mittelwerte auch als Einheitsmaſs für die Beobachtungsfehler benutzen.

Denn wenn wir eine Gröſse, deren wahren Wert (x) wir kennen, wiederholt in gleicher Weise beobachten und dadurch die Beobachtungsergebnisse λ_1, λ_2, λ_3, ... λ_n erlangen, so liefern uns die Unterschiede $(x) - \lambda_1$, $(x) - \lambda_2$, $(x) - \lambda_3$, ..., $(x) - \lambda_n$ die wahren Beobachtungsfehler (v_1), (v_2), (v_3), ... (v_n). Bilden wir nun beispielsweise aus diesen einen Mittelwert d, indem wir die absolute Summe $[\pm(v)]$ der Fehler durch ihre Anzahl n dividiren, so können wir diesen Mittelwert d als Einheitsmaſs für die Fehler gleichartiger Beobachtungen benutzen und feststellen, dem wievielten Betrage des Mittelwertes sie gleichkommen.

2. Die als Einheitsmaſse der Beobachtungsfehler gebräuchlichen Mittelwerte sind der durchschnittliche, der mittlere und der wahrscheinliche Fehler.

Der durchschnittliche Fehler d ergiebt sich, indem die absolute, d. h. die ohne Berücksichtigung der Vorzeichen gebildete Summe $[\pm(v)]$ der wahren Beobachtungsfehler (v_1), (v_2), (v_3), ... (v_n) durch ihre Anzahl n dividirt wird, also nach:

(12) $$d = \frac{[\pm(v)]}{n}.$$

Der mittlere Fehler m ergiebt sich, indem die Summe $[(v)(v)]$ der Quadrate der wahren Beobachtungsfehler (v_1), (v_2), (v_3), ... (v_n) gebildet, diese durch ihre Anzahl n dividirt und aus dem so erhaltenen Mittelwerte der Quadrate die Wurzel gezogen wird, also nach:

(13) $$m = \pm\sqrt{\frac{[(v)(v)]}{n}}.$$

Der wahrscheinliche Fehler ist der Fehler, der in einer Reihe absolut genommener wahrer Beobachtungsfehler ebenso oft überschritten, wie nicht erreicht wird. Er kann bestimmt werden, indem die Fehler ihrer Gröſse nach geordnet werden, und dann ermittelt wird, welcher Fehler in der Mitte der Fehlerreihe liegt. Zweckmäſsiger ist es indeſs, zunächst den mittleren Fehler zu bilden, und den wahrscheinlichen Fehler nach einer später zu bildenden Formel aus dem mittleren Fehler zu berechnen, weil hierbei sämtliche Fehler ihrer Gröſse nach zur Anrechnung kommen, während bei dem zuerst erwähnten Verfahren hauptsächlich die Gröſse der in der Mitte der Reihe stehenden Fehler bestimmend ist.

3. Die vorbezeichneten Mittelwerte der Beobachtungsfehler sind abhängig von den bei den Beobachtungen benutzten Instrumenten und der Beobachtungsart; denn je nachdem ein mehr oder minder feines Instrument, oder je nachdem ein mehr oder minder gut durchgebildetes Beobachtungsverfahren eingeschlagen wird, werden sich auch kleinere oder gröſsere Beobachtungsfehler und dementsprechend auch kleinere oder gröſsere Mittelwerte der Beobachtungsfehler ergeben.

Ferner ist auch die in den Formeln **(10)** und **(11)** vorkommende noch unbestimmte Gröſse N abhängig von den bei den Beobachtungen benutzten Instrumenten und der Beobachtungsart. Denn wenn wir beispielsweise Winkel beobachten mit einem feinen Mikroskoptheodoliten, so wird die Wahrscheinlichkeit $y = \frac{1}{\sqrt{N\pi}} \cdot e^{-\frac{xx}{N}}$, einen Fehler x von bestimmter Gröſse zu machen, eine ganz andere sein, als wenn wir den Winkel mit einem einfachen Nonientheodoliten beobachten. Ebenso wird die Wahrscheinlichkeit y, einen bestimmten Fehler x zu machen, verschieden sein, je nachdem dies oder jenes Beobachtungsverfahren eingeschlagen wird. Diese verschiedenen Werte der Wahrscheinlichkeit y werden sich nach Formel **(10)** oder **(11)** aber nur dann ergeben, wenn die Gröfse N den verschiedenen Instrumenten und Beobachtungsarten entsprechend verschieden bestimmt wird.

4. Weil nun sowohl die Mittelwerte der Beobachtungsfehler, als auch die Gröfse N von den bei den Beobachtungen benutzten Instrumenten und der Beobachtungsart abhängig sind, so werden diese Gröfsen auch unter sich in bestimmter Beziehung stehen. Diese Beziehung wollen wir jetzt durch einfache Formeln auszudrücken suchen und dann in die Formeln **(10)** und **(11)** statt der Gröfse N die Mittelwerte einführen, die aus den Beobachtungsfehlern immer einfach abgeleitet werden können.

Bei der Entwicklung dieser Formeln setzen wir voraus, dafs die Mittelwerte der Beobachtungsfehler aus unendlich vielen Beobachtungsergebnissen abgeleitet werden. Letzteres trifft zwar in praktischen Fällen nicht zu, wo immer nur Beobachtungsergebnisse in endlicher Anzahl vorliegen; wir werden aber die unter Voraussetzung des idealen Falles gewonnenen theoretisch richtigen Formeln auch praktisch anwenden können, da sie das Verhältnis der betreffenden Gröfsen zu einander so gut wie möglich darstellen werden.

Im § 5, Nr. 5 hatten wir bereits angeführt, dafs die Werte von y Verhältniszahlen sind, für die eine bestimmte Einheit noch nicht festgesetzt ist. Da nun nach § 5, Nr. 6 $\int y\,dx$ für $x = -\infty$ bis $x = +\infty$ die Wahrscheinlichkeit dafür darstellt, dafs ein Fehler vorkommt, der zwischen $-\infty$ und $+\infty$ liegt, und es gewifs ist, dafs bei einer Beobachtung ein Fehler vorkommt, der in diesen Grenzen liegt, so setzen wir nach Formel **(3)**:

$$\int y\,dx = 1 \text{ für } x = -\infty \text{ bis } x = +\infty\,. \tag{1*}$$

5. Wenn Beobachtungsergebnisse in unendlich grofser Anzahl vorliegen, so kommen bei diesen auch alle Beobachtungsfehler von $x = -\infty$ bis $x = +\infty$ vor und die Fehlerreihe enthält die einzelnen Fehler in einer Anzahl, die proportional ist der Wahrscheinlichkeit dafür, dafs die betreffenden Fehler bei den Beobachtungen auftreten. Wenn demnach $y\,dx$ die Wahrscheinlichkeit dafür ist, dafs ein Beobachtungsfehler vorkommt, der zwischen x und $x + dx$ liegt, und k eine Konstante ist, so stellt $k\,y\,dx$ die Anzahl der in der Fehlerreihe vorkommenden Fehler, die zwischen x und $x + dx$ liegen, dar und

$$n = \int k\,y\,dx = k\int y\,dx \text{ für } x = -\infty \text{ bis } x = +\infty \tag{2*}$$

die Anzahl der überhaupt vorkommenden Fehler.

6. Weiter erhalten wir dann die Summe aller Fehler, indem wir die Anzahl $k\,y\,dx$, in der die einzelnen Fehler vorkommen, mit den betreffenden Fehlern multipliziren, und alles addiren, indem wir also in der berechtigten Annahme, dafs alle Fehler zwischen x und $x + dx$ gleich x sind,

$$[\pm(v)] = \int k\,y\,x\,dx = k\int y\,x\,dx \text{ für } x = -\infty \text{ bis } x = +\infty \tag{3*}$$

bilden.

Demnach wird nach Formel **(12)** der durchschnittliche Fehler:

(4*) $$d=\frac{[\pm(v)]}{n}=\frac{k\int y\,x\,dx}{k\int y\,dx} \quad \text{für } x=-\infty \text{ bis } x=+\infty,$$

oder, da nach (1*): $\int y\,dx=1$ für $x=-\infty$ bis $x=+\infty$ ist,:

(5*) $$d=\int y\,x\,dx \quad \text{für } x=-\infty \text{ bis } x=+\infty.$$

Führen wir hier für y den in Formel **(10)** erhaltenen Ausdruck ein und integriren, so erhalten wir:

(6*) $$d=\frac{1}{\sqrt{N\pi}}\int e^{-\frac{xx}{N}}.x.dx=-\frac{\sqrt{N}}{2\sqrt{\pi}}\cdot e^{-\frac{xx}{N}} \quad \text{für } x=-\infty \text{ bis } x=+\infty.$$

Der Wert dieses Integrals ist

für $x=0$ gleich $-\frac{\sqrt{N}}{2\sqrt{\pi}}$,

für $x=\infty$ gleich 0,

also für $x=0$ bis $x=\infty$ gleich $\frac{\sqrt{N}}{2\sqrt{\pi}}$,

und für $x=-\infty$ bis $x=+\infty$ gleich $\frac{\sqrt{N}}{\sqrt{\pi}}$.

Somit ist der durchschnittliche Fehler:

(14) $$d=\frac{\sqrt{N}}{\sqrt{\pi}}=0{,}564\,190\sqrt{N}.$$

7. Die Quadratsumme aller Fehler erhalten wir, indem wir die Anzahl $k\,y\,dx$, in der die einzelnen Fehler vorkommen, mit dem Quadrat der betreffenden Fehler multipliziren, und alles addiren, indem wir also

(7*) $$[(v)(v)]=\int k\,y\,x^2\,dx=k\int y\,x^2\,dx \quad \text{für } x=-\infty \text{ bis } x=+\infty$$

bilden.

Demnach wird nach Formel **(13)** das Quadrat des mittleren Fehlers:

(8*) $$m^2=\frac{[(v)(v)]}{n}=\frac{k\int y\,x^2\,dx}{k\int y\,dx} \quad \text{für } x=-\infty \text{ bis } x=+\infty$$

oder, da nach (1*): $\int y\,dx=1$ für $x=-\infty$ bis $x=+\infty$ ist,:

(9*) $$m^2=\int y\,x^2\,dx \quad \text{für } x=-\infty \text{ bis } x=+\infty.$$

Setzen wir hier für y den in Formel **(10)** erhaltenen Ausdruck ein und integriren partiel, so erhalten wir:

(10*) $$m^2=\frac{1}{\sqrt{N\pi}}\int e^{-\frac{xx}{N}}\cdot x^2\,dx$$

$$=\frac{\sqrt{N}}{2\sqrt{\pi}}\left(e^{-\frac{xx}{N}}\cdot x+\int e^{-\frac{xx}{N}}\cdot dx\right) \quad \text{für } x=-\infty \text{ bis } x=+\infty.$$

Das erste Glied in der Klammer wird für $x=0$ und für $x=\infty$ gleich Null, fällt also für $x=-\infty$ bis $x=+\infty$ fort, während das zweite Glied gleich $\sqrt{N\pi}\int y\,dx$, oder da nach (1*) das Integral $\int y\,dx=1$ für $x=-\infty$ bis $x=+\infty$ ist, gleich $\sqrt{N\pi}$, womit:

$$m^2=\frac{\sqrt{N}}{2\sqrt{\pi}}\sqrt{N\pi}=\frac{1}{2}N, \tag{11*}$$

und der mittlere Fehler:

$$m=\sqrt{\frac{1}{2}}\cdot\sqrt{N}=0{,}707\,107\sqrt{N} \tag{15}$$

wird.

8. Der wahrscheinliche Fehler w ist der Fehler, der in einer Reihe von Beobachtungsfehlern ebenso oft überschritten, wie nicht erreicht wird. Es liegen also ebenso viele Beobachtungsfehler innerhalb der Grenzen $x=-w$ bis $x=+w$, wie aufserhalb dieser Grenzen; demnach ist die Wahrscheinlichkeit dafür, dafs ein Beobachtungsfehler vorkommt, der zwischen $x=-w$ und $x=+w$ liegt, gleich $\frac{1}{2}$, oder es ist:

$$\int y\,dx=\frac{1}{2} \quad \text{für } x=-w \text{ bis } x=+w, \tag{12*}$$

woraus nach Formel **(11)** folgt:

$$\frac{1}{2}=\frac{1}{\sqrt{N\pi}}\int\left(1-\frac{x^2}{N}+\frac{1}{2!}\frac{x^4}{N^2}-\frac{1}{3!}\frac{x^6}{N^3}+\frac{1}{4!}\frac{x^8}{N^4}-\ldots\right)dx \tag{13*}$$

$$=\frac{1}{\sqrt{\pi}}\left(\frac{x}{\sqrt{N}}-\frac{1}{3}\left(\frac{x}{\sqrt{N}}\right)^3+\frac{1}{5\cdot 2!}\left(\frac{x}{\sqrt{N}}\right)^5-\frac{1}{7\cdot 3!}\left(\frac{x}{\sqrt{N}}\right)^7+\frac{1}{9\cdot 4!}\left(\frac{x}{\sqrt{N}}\right)^9-\ldots\ldots\right)$$

für $x=-w$ bis $x=+w$.

Der Wert dieses Integrals ist

für $x=0$ gleich 0,

für $x=w$ gleich $\frac{1}{\sqrt{\pi}}\left(\frac{w}{\sqrt{N}}-\frac{1}{3}\left(\frac{w}{\sqrt{N}}\right)^3+\frac{1}{5\cdot 2!}\left(\frac{w}{\sqrt{N}}\right)^5-\frac{1}{7\cdot 3!}\left(\frac{w}{\sqrt{N}}\right)^7+\frac{1}{9\cdot 4!}\left(\frac{w}{\sqrt{N}}\right)^9-\ldots\right)$

also für $x=-w$ bis $x=+w$ gleich dem zweifachen Betrage dieses Ausdrucks, so dafs:

$$\frac{1}{2}=\frac{2}{\sqrt{\pi}}\left(\frac{w}{\sqrt{N}}-\frac{1}{3}\left(\frac{w}{\sqrt{N}}\right)^3+\frac{1}{5\cdot 2!}\left(\frac{w}{\sqrt{N}}\right)^5-\frac{1}{7\cdot 3!}\left(\frac{w}{\sqrt{N}}\right)^7+\frac{1}{9\cdot 4!}\left(\frac{w}{\sqrt{N}}\right)^9-\ldots\right), \tag{14*}$$

oder

$$\frac{1}{4}\sqrt{\pi}=0{,}443\,113=\frac{w}{\sqrt{N}}-\frac{1}{3}\left(\frac{w}{\sqrt{N}}\right)^3+\frac{1}{5\cdot 2!}\left(\frac{w}{\sqrt{N}}\right)^5-\frac{1}{7\cdot 3!}\left(\frac{w}{\sqrt{N}}\right)^7+\frac{1}{9\cdot 4!}\left(\frac{w}{\sqrt{N}}\right)^9-\ldots \tag{15*}$$

ist.

Durch Auswertung dieser Gleichung ergiebt sich:

$$\frac{w}{\sqrt{N}}=0{,}476\,9363=\omega,\quad w=0{,}476\,9363\sqrt{N}=\omega\sqrt{N} \tag{16*}$$

und somit für den wahrscheinlichen Fehler:

$$w=0{,}476\,9363\sqrt{N}=\omega\sqrt{N}. \tag{16}$$

Aus den Formeln **(14)**, **(15)**, **(16)** folgt weiter:

$$d=0{,}797\,885\,m, \tag{17}$$

$$w=0{,}674\,490\,m, \tag{18}$$

wonach der durchschnittliche Fehler d und der wahrscheinliche Fehler w aus dem mittleren Fehler m berechnet werden können.*)

9. Sobald für ein Instrument und eine Beobachtungsart ein Mittelwert der Beobachtungsfehler bestimmt worden ist, kann jeder Beobachtungsfehler x als ein Vielfaches von einem der Mittelwerte d, m, oder w dargestellt werden, indem rd,

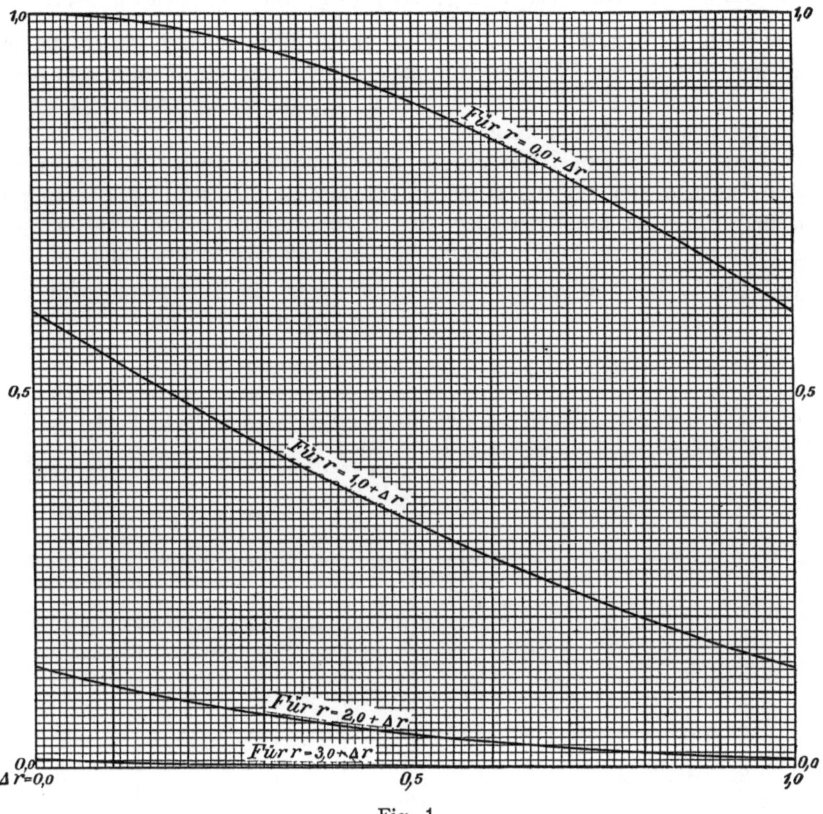

Fig. 1.

rm oder rw für x gesetzt wird, wo r erhalten wird nach: $\frac{x}{d} = r$, $\frac{x}{m} = r$ oder $\frac{x}{w} = r$. Setzen wir dementsprechend in den Formeln **(10)** und **(11)** rd, rm, rw für x und nach den Formeln **(14)**, **(15)** und **(16)**: $d\sqrt{\pi}$, $m\sqrt{2}$, $\frac{w}{\omega}$ für $\sqrt{N}$, so erhalten wir als Wahrscheinlichkeit W_{rd}, W_{rm}, W_{rw} dafür, dafs ein Beobachtungsfehler vorkommt, der gleich dem $r$fachen Betrage des durchschnittlichen, des mittleren oder des wahrscheinlichen Fehlers ist, :

(17*) $$W_{rd} = \frac{1}{d\pi} \cdot e^{-\frac{r^2}{\pi}},$$

(18*) $$W_{rm} = \frac{1}{m\sqrt{2\pi}} \cdot e^{-\frac{r^2}{2}};$$

(19*) $$W_{rw} = \frac{\omega}{w\sqrt{\pi}} \cdot e^{-(\omega r)^2},$$

oder indem wir durch $\frac{1}{d\pi}$, $\frac{1}{m\sqrt{2\pi}}$, $\frac{\omega}{w\sqrt{\pi}}$ dividiren:

*) Ein Beispiel siehe Seite 21.

(19) $W_{rd} = e^{-\frac{r^2}{\pi}} = 1 - \frac{r^2}{\pi} + \frac{1}{2!}\left(\frac{r^2}{\pi}\right)^2 - \frac{1}{3!}\left(\frac{r^2}{\pi}\right)^3 + \frac{1}{4!}\left(\frac{r^2}{\pi}\right)^4 - \ldots,$

(20) $W_{rm} = e^{-\frac{r^2}{2}} = 1 - \frac{r^2}{2} + \frac{1}{2!}\left(\frac{r^2}{2}\right)^2 - \frac{1}{3!}\left(\frac{r^2}{2}\right)^3 + \frac{1}{4!}\left(\frac{r^2}{2}\right)^4 - \ldots,$

(21) $W_{rw} = e^{-(\omega r)^2} = 1 - (\omega r)^2 + \frac{1}{2!}(\omega r)^4 - \frac{1}{3!}(\omega r)^6 + \frac{1}{4!}(\omega r)^8 - \ldots.$

Für $r = 0$ werden W_{rd}, W_{rm}, W_{rw} gleich Eins, wonach durch die letzte Division den Werten der Wahrscheinlichkeit dafür, dafs ein Fehler rd, rm, rw vorkommt, als Einheit die Wahrscheinlichkeit W_0 dafür zu Grunde gelegt ist, dafs der Beobachtungsfehler Null vorkommt.

Die sich nach Formel **(20)** ergebenden Zahlenwerte von W_{rm} für $r = 0{,}00$ bis $r = 4{,}00$ können aus der vorstehenden graphischen Tabelle (Fig. 1) entnommen werden und zwar als Ordinaten der vier Kurvenstücke für die Abscissen r von 0,00 bis 1,00, von 1,00 bis 2,00, von 2,00 bis 3,00, und von 3,00 bis 4,00.

10. Die Wahrscheinlichkeit W_{-a}^{+a} dafür, dafs ein Beobachtungsfehler vorkommt, der zwischen $x = -a$ und $x = +a$ liegt, ist nach (24*) im § 5:

(20*) $$W_{-a}^{+a} = \int y\,dx \quad \text{für } x = -a \text{ bis } x = +a.$$

Den Wert dieses Integrals erhalten wir, indem wir in dem in (14*) rechts stehenden Ausdruck a für w setzen. Damit wird:

(21*) $$W_{-a}^{+a} = \frac{2}{\sqrt{\pi}}\left(\frac{a}{\sqrt{N}} - \frac{1}{3}\left(\frac{a}{\sqrt{N}}\right)^3 + \frac{1}{5\cdot 2!}\left(\frac{a}{\sqrt{N}}\right)^5 - \frac{1}{7\cdot 3!}\left(\frac{a}{\sqrt{N}}\right)^7 + \frac{1}{9\cdot 4!}\left(\frac{a}{\sqrt{N}}\right)^9 - \ldots\right),$$

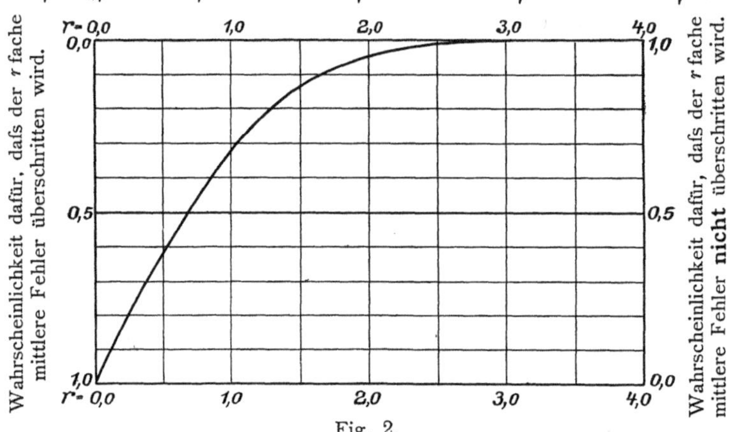

Fig. 2.

Setzen wir nun, wie oben, rd, rm, rw an Stelle von a, und $d\sqrt{\pi}$, $m\sqrt{2}$, $\frac{w}{\omega}$ an Stelle von $\sqrt{N}$, so erhalten wir als Wahrscheinlichkeit W_{-rd}^{+rd}, W_{-rm}^{+rm}, W_{-rw}^{+rw}, dafür, dafs ein Beobachtungsfehler den r fachen Betrag des durchschnittlichen, mittleren oder wahrscheinlichen Fehlers nicht überschreitet:

(22) $$W_{-rd}^{+rd} = \frac{2}{\sqrt{\pi}}\left(\frac{r}{\sqrt{\pi}} - \frac{1}{3}\left(\frac{r}{\sqrt{\pi}}\right)^3 + \frac{1}{5\cdot 2!}\left(\frac{r}{\sqrt{\pi}}\right)^5 - \frac{1}{7\cdot 3!}\left(\frac{r}{\sqrt{\pi}}\right)^7 + \frac{1}{9\cdot 4!}\left(\frac{r}{\sqrt{\pi}}\right)^9 - \ldots\right),$$

(23) $$W_{-rm}^{+rm} = \frac{2}{\sqrt{\pi}}\left(\frac{r}{\sqrt{2}} - \frac{1}{3}\left(\frac{r}{\sqrt{2}}\right)^3 + \frac{1}{5\cdot 2!}\left(\frac{r}{\sqrt{2}}\right)^5 - \frac{1}{7\cdot 3!}\left(\frac{r}{\sqrt{2}}\right)^7 + \frac{1}{9\cdot 4!}\left(\frac{r}{\sqrt{2}}\right)^9 - \ldots\right),$$

(24) $$W_{-rw}^{+rw} = \frac{2}{\sqrt{\pi}}\left(\omega r - \frac{1}{3}(\omega r)^3 + \frac{1}{5\cdot 2!}(\omega r)^5 - \frac{1}{7\cdot 3!}(\omega r)^7 + \frac{1}{9\cdot 4!}(\omega r)^9 - \ldots\right),$$

worin $\pi = 3{,}141\,592\ldots$, $\omega = 0{,}476\,936\ldots$ ist.

Die in den Formeln **(19)** bis **(24)** vorkommenden Reihen konvergiren sämtlich. Sie haben wechselndes Vorzeichen und der Quotient $\frac{G_n}{G_{n-1}}$ der beiden aufeinanderfolgenden Glieder mit $(n-1)!$ und $n!$, der für die ersten 3 Reihen $=\frac{1}{n}(ar)^2$, für die letzten 3 Reihen $=\frac{1}{n}\frac{2n-1}{2n+1}(ar)^2$ ist, wird für endliche Werte vom r jedenfalls <1, wenn die Reihen genügend weit fortgesetzt werden.

In der nebenstehenden Figur 2 stellen die zu den Abscissen $r=0{,}0$ bis $r=4{,}0$ gehörigen Ordinaten der Kurve, wenn sie von der unteren Abscissenlinie gezählt werden, die Wahrscheinlichkeit W_{-rm}^{+rm} dafür dar, dafs der $r$fache mittlere Fehler nicht überschritten wird, dagegen, wenn sie von der oberen Abscissenlinie gezählt werden, die Wahrscheinlichkeit dafür dar, dafs der $r$fache mittlere Fehler überschritten wird.

§ 7. Untersuchung von Fehlerreihen.

Nach dem bisher Gewonnenen können wir vorliegende Beobachtungsergebnisse prüfen, indem wir die Beobachtungsfehler bilden und untersuchen, ob sie in genügender Weise den Regeln für das Auftreten der Beobachtungsfehler folgen.

Aus dem Satze, dafs gleich grofse positive und negative Beobachtungsfehler gleich wahrscheinlich sind, folgt erstens, dafs in einer Reihe zufälliger Beobachtungsfehler gleich viel positive und negative Fehler vorkommen müssen, und dafs die Summe der positiven Fehler gleich der Summe der negativen Fehler sein mufs. Wenn diese Gleichheit der Anzahl und der Summen der positiven und negativen Fehler in einer Fehlerreihe nicht genügend ist, die Ungleichheiten also nicht als zufällige angesehen werden können, so kann darauf geschlossen werden, dafs die vorliegenden Beobachtungsfehler nicht frei von konstanten Fehlern sind.

Alsdann ist nachzuforschen, aus welchen Fehlerquellen die konstanten Fehler herrühren und auf Grund des Ergebnisses der Nachforschung ist durch Aenderung der Beobachtungsart, Berichtigung der verwendeten Instrumente u. s. w. das fernere Auftreten der konstanten Fehler in den Beobachtungsergebnissen wenn möglich zu verhindern.

In manchen Fällen wird auch die Gröfse der konstanten Fehler ermittelt werden können, und dann werden die Beobachtungsergebnisse davon durch Anbringung entsprechender Verbesserungen befreit werden können, wonach die übrigbleibenden Fehler sich als zufällige Beobachtungsfehler kennzeichnen müssen.

Ferner kann untersucht werden, ob in einer Fehlerreihe die einzelnen Beobachtungsfehler auch wirklich in einer der Wahrscheinlichkeit ihres Vorkommens entsprechenden Anzahl auftreten. Wird für alle Fehler, deren Wahrscheinlichkeit nicht verschwindend klein ist, die Wahrscheinlichkeit W_{rm} nach dem im § 6, Nr. 9 angegebenen Verfahren ermittelt, so wird aus $[W_{rm}]$ und der Anzahl n der vorliegenden Fehler nach: $k=\frac{n}{[W_{rm}]}$ ein Faktor erhalten, womit die einzelnen W_{rm} zu multipliziren sind, um die Zahlen zu erhalten, die angeben, wie oft die Fehler in der vorliegenden Reihe nach dem Fehlergesetze vorkommen sollen.

Beispiel: Bei der Haupttriangulation des Königreichs Sachsen sind nach Seite 484 und 485 des ihre Ergebnisse enthaltenden Druckwerkes die in der nachfolgenden Tabelle in Spalte 1 und 3 angegebenen Dreiecksschlufsfehler so oft vorgekommen, wie in Spalte 2 und 4 angegeben ist.

Der Fehler 0,0 ist 13 mal vorgekommen, aufserdem sind 86 positive und 98 negative Fehler vorgekommen. Die Gesamtzahl der Fehler ist also $n=13+86+98=197$. Nach Spalte 5 und 6 ist die Summe der positiven Fehler: $+45{,}9$ und die Summe der negativen Fehler: — 46,2; demnach ist die Anzahl und die Summe der positiven Fehler nahezu gleich der Anzahl und der Summe der negativen Fehler, wie es sein muſs.*)

Es kommt vor der Fehler										
(v)	q_1 mal	(v)	q_2 mal	$+q_1(v)$	$-q_2(v)$	$(q_1+q_2)(v)(v)$	$r=\frac{(v)}{m}$	W_{rm}	kW_{rm}	$2kW_{rm}-(q_1+q_2)$
1.	2.	3.	4.	5.	6.	7.	8.	9.	10.	11.
0,0	13			0,0		0,00	0,00	1,000	12,9	— 0,1
+ 0,1	10	— 0,1	16	1,0	1,6	0,26	0,16	0,987	12,7	— 0,6
+ 0,2	18	— 0,2	14	3,6	2,8	1,28	0,33	0,946	12,2	— 7,6
+ 0,3	9	— 0,3	17	2,7	5,1	2,34	0,49	0,886	11,4	— 3,2
+ 0,4	8	— 0,4	9	3,2	3,6	2,72	0,66	0,804	10,4	+ 3,8
+ 0,5	9	— 0,5	9	4,5	4,5	4,50	0,82	0,715	9,2	+ 0,4
+ 0,6	7	— 0,6	8	4,2	4,8	5,40	0,98	0,619	8,0	+ 1,0
+ 0,7	4	— 0,7	8	2,8	5,6	5.88	1,15	0,515	6,6	+ 1,2
+ 0,8	5	— 0,8	4	4,0	3,2	5,76	1,31	0,422	5,4	+ 1.8
+ 0,9	2	— 0,9	6	1,8	5,4	6,48	1,48	0,334	4,3	+ 0,6
+ 1,0	3	— 1,0	3	3,0	3,0	6,00	1,64	0,262	3,4	+ 0,8
+ 1,1	2	— 1,1	.	2,2	.	2,42	1,80	0,198	2,6	+ 3,2
+ 1,2	1	— 1,2	.	1,2	.	1,44	1,97	0,141	1,8	+ 2,6
+ 1,3	2	— 1,3	.	2,6	.	3,38	2,13	0,102	1,3	+ 0,6
+ 1,4	1	— 1,4	1	1,4	1,4	3,92	2,30	0,071	0,9	— 0,2
+ 1,5	3	— 1,5	.	4,5	.	6,75	2,46	0,048	0,6	— 1,8
+ 1,6	2	— 1,6	1	3,2	1,6	7,68	2,62	0,032	0,4	— 2,2
+ 1,7	.	— 1,7	1	.	1,7	2,89	2,79	0,021	0,3	— 0,4
+ 1,8	.	— 1,8	.	.	.	.	2,95	0,013	0,2	+ 0,4
+ 1,9	.	— 1,9	1	.	1,9	3,61	3,11	0,007	0,1	— 0,8
+ 2,0	.	— 2,0	.	.	.	.	3,28	0,004	0,1	+ 0,2
+ 2,1	.	— 2,1	.	.	.	.	3,44	0,003	0,0	0,0
+ 2,2	.	— 2,2	.	.	.	.	3,61	0,001	0,0	0,0
	86		98	45,9	46,2	72,71		7,131	91,9	— 0,3
$n = 13 + 86 + 98 = 197$					$\pm$ 92,1	$m^2 = 0,369$	$[W_{rm}] = 15,262$		196,7 =	
					$d = \pm$ 0,47	$m = \pm$ 0,61	$k = 12,9$		$[kW_{rm}]$	

Die absolute Summe der Fehler ist: $[\pm (v)] = 45,9 + 46,2 = \pm 92,1$, womit sich nach Formel **(12)** der durchschnittliche Fehler $d = \frac{[\pm (v)]}{n} = \frac{\pm 92,1}{197} = \pm 0,47''$ ergiebt.

In Spalte 7 ist die Quadratsumme der Fehler $[(v)(v)] = 72,71$ gebildet und nach Formel **(13)** der mittlere Fehler $m = \pm \sqrt{\frac{[(v)(v)]}{n}} = \pm \sqrt{\frac{72,71}{197}} = \pm 0,61''$ berechnet.

*) Die Dreieckswinkel sind aus den Werten der Richtungen abgeleitet, die sich nach der Stationsausgleichung ergeben haben. Deshalb gelangt in ihrer algebraischen Summe + 45,9 — 46,2 = — 0,3 nur die algebraische Summe der Fehler der Auſsenwinkel des Dreiecksnetzes zum Ausdruck.

Nach Spalte 1 bis 4 der Tabelle kommen 97 Fehler vor, die kleiner als $\pm 0{,}35''$ und 100 Fehler, die gröſser als $\pm 0{,}35''$ sind, wonach $w = \pm 0{,}35''$ als wahrscheinlicher Fehler angenommen werden kann.

Nach den Formeln **(17)** und **(18)** ergiebt sich für den durchschnittlichen Fehler: $d = 0{,}8\,m = 0{,}8\,(\pm 0{,}61) = \pm 0{,}49''$ und für den wahrscheinlichen Fehler: $w = 0{,}67\,m = 0{,}67\,(\pm 0{,}61) = \pm 0{,}41''$, gegenüber den vorher gewonnenen Werten $d = \pm 0{,}47''$ und $w = \pm 0{,}35''$.

In Spalte 8 sind die Verhältniszahlen $r = \frac{(v)}{m}$ nachgewiesen, denen in Spalte 9 die aus der graphischen Tabelle im § 6, Nr. 9 entnommenen Zahlen für die Wahrscheinlichkeit W_{rm} dafür beigefügt sind, daſs die in Spalte 1 und 3 aufgeführten Fehler $(v) = rm$ vorkommen. Die Zahlenwerte von W_{rm} für Fehler, die gröſser sind als $\pm 2{,}2''$, sind bereits so klein, daſs sie hier nicht mehr in Betracht kommen. Die Summe $[W_{rm}]$ für alle Fehler zwischen $+2{,}2''$ und $-2{,}2''$ ergiebt sich aus der Wahrscheinlichkeit 1,000 für $(v) = 0{,}0$ und der doppelten Summe $2 \cdot 7{,}131$ aller Werte von W_{rm} für $(v) = 0{,}1$ bis $(v) = 2{,}2$, sie ist also $[W_{rm}] = 1{,}000 + 2 \cdot 7{,}131 = 15{,}262$, wonach $k = \frac{n}{[W_{rm}]} = \frac{197}{15{,}262} = 12{,}9$ wird.

Die Produkte kW_{rm} in Spalte 10 der Tabelle sind dann die Zahlen, die anzeigen, wie oft die in Spalte 1 und 3 nachgewiesenen Fehler nach dem Fehlergesetze vorkommen sollen. Die in ähnlicher Weise wie $[W_{rm}]$ gebildete Summe $[kW_{rm}]$ muſs mit n übereinstimmen, was auch der Fall ist. Die Vergleichung der Zahlenwerte in den Spalten 2, 4 und 10 und die Betrachtung der in Spalte 11 aufgeführten Summen der Differenzen $(kW_{rm} - q_1) + (kW_{rm} - q_2) = 2\,kW_{rm} - (q_1 + q_2)$ giebt einen Anhalt dafür, inwieweit die thatsächlich aufgetretenen Fehler dem Fehlergesetze entsprechen. Wie ersichtlich, kommt nur die eine gröſsere Abweichung vor, daſs die Fehler $+0{,}2$ und $-0{,}2$ 8 mal mehr vorkommen, als nach der Wahrscheinlichkeit für ihr Vorkommen zu erwarten ist; im ganzen entspricht aber das Auftreten der verschiedenen Fehler in der vorliegenden Fehlerreihe ganz gut den dafür gewonnenen Regeln.

§ 8. Fehlergrenzen.*)

1. Nach den Formeln **(22)**, **(23)** oder **(24)** erhalten wir die Wahrscheinlichkeit dafür, daſs ein Beobachtungsfehler vorkommt, der den r fachen Betrag des durchschnittlichen, des mittleren oder des wahrscheinlichen Fehlers nicht überschreitet. Indem wir die erhaltenen Zahlenwerte subtrahiren von der Wahrscheinlichkeit $W = 1$ dafür, daſs ein Beobachtungsfehler vorkommt, der diesen Betrag entweder überschreitet oder nicht überschreitet, erhalten wir die Wahrscheinlichkeit dafür, daſs ein Beobachtungsfehler vorkommt, der den r fachen Betrag des durchschnittlichen, des mittleren oder des wahrscheinlichen Fehlers überschreitet.

(25)

Danach ist die Wahrscheinlichkeit dafür, daſs ein Beobachtungsfehler vorkommt, der den r fachen mittleren Fehler		
	nicht überschreitet	überschreitet
für $r = 1{,}0$:	0,682 7,	0,317 3,
„ $r = 2{,}0$:	0,954 5,	0,045 5,
„ $r = 3{,}0$:	0,997 278,	0,002 722,
„ $r = 3{,}5$:	0,999 533 8,	0,000 466 2,
„ $r = 4{,}0$:	0,999 936 62,	0,000 063 38,
„ $r = 5{,}0$:	0,999 999 427,	0,000 000 573.

*) Vergleiche: Ueber den Maximalfehler einer Beobachtung von Helmert in der Zeitschrift für Vermessungswesen, 1877, Seite 131 u. f.

2. Multipliziren wir die Wahrscheinlichkeit W, dafs der $r$fache mittlere Fehler überschritten wird, mit n, so geben uns die Produkte nW an, in wie vielen Fällen unter n Fällen der $r$fache mittlere Fehler wahrscheinlich überschritten wird oder wie viele Fehler in einer Reihe von n Fehlern gröfser sein werden, als der $r$fache mittlere Fehler.

Dividiren wir ferner die Anzahl n aller Fälle durch die Anzahl nW der Fälle, in denen der $r$fache mittlere Fehler überschritten wird, bilden wir also $\frac{n}{nW} = \frac{1}{W}$, so erhalten wir die Anzahl der Fälle, unter denen der Fall, dafs der $r$fache mittlere Fehler überschritten wird, wahrscheinlich einmal vorkommt. Dies ergiebt folgendes:

(26)

Unter $n = 1000$ Fehlern wird der $r$fache mittlere Fehler wahrscheinlich überschritten		Dafs der $r$fache mittlere Fehler überschritten wird, kommt wahrscheinlich einmal vor	
für $r = 1{,}0$:	bei 317,3 Fehlern,	für $r = 1{,}0$:	bei je 3,1 Fehlern,
„ $r = 2{,}0$:	„ 45,5 „	„ $r = 2{,}0$:	„ „ 22,0 „
„ $r = 3{,}0$:	„ 2,7 „	„ $r = 3{,}0$:	„ „ 368 „
„ $r = 3{,}5$:	„ 0,47 „	„ $r = 3{,}5$:	„ „ 2 150 „
„ $r = 4{,}0$:	„ 0,063 „	„ $r = 4{,}0$:	„ „ 15 800 „
„ $r = 5{,}0$:	„ 0,0006 „	„ $r = 5{,}0$:	„ „ 1 750 000 „

3. Die vorstehend angeführten Zahlen geben einen genügenden Anhalt für die Festsetzung von Fehlergrenzen, die die Beobachtungsfehler nicht überschreiten dürfen, wenn die Beobachtungsergebnisse weiter verwendet werden sollen.

Nach dem Vorangegangenen müssen wir zwar zugeben, dafs sehr grofse Beobachtungsfehler entstehen können durch eine ungünstige Anhäufung einer grofsen Ueberzahl positiver oder negativer Einzelfehler, und dafs wir dem Beobachter für das Eintreffen dieser ungünstigen Fälle kein Verschulden zur Last legen können. Dennoch ist es aber berechtigt, die Beobachtungsergebnisse, bei denen die hervortretenden Fehler eine gewisse Grenze überschreiten, von der weiteren Verwendung auszuschliefsen und durch andere, durch Nachmessung zu gewinnende Beobachtungsergebnisse zu ersetzen; denn das Auftreten der sehr grofsen Fehler ist sehr wenig wahrscheinlich, und es kann mit grofser Wahrscheinlichkeit erwartet werden, dafs das Nachmessungsergebnis nur mit einem innerhalb der bestimmten Grenzen liegenden Fehler behaftet sein werde, falls diese Grenzen zweckentsprechend gewählt sind.

Wir entnehmen nun aus Tabelle **(26)**, dafs der 3fache mittlere Fehler wahrscheinlich in 1000 Fällen nur 2,7 mal oder in 368 Fällen einmal überschritten wird. Wenn wir demnach festsetzen, dafs nur solche Beobachtungsergebnisse weiter verwendet werden sollen, deren Fehler höchstens gleich dem 3fachen mittleren Fehler ist, so werden wir zwar wahrscheinlich in 368 Fällen einmal von dem Beobachter eine von ihm nicht direkt verschuldete Nachmessung fordern müssen; wir werden die Berechtigung für diese Forderung aber aus dem Umstande entnehmen, dafs die Wahrscheinlichkeit für die Erlangung eines Beobachtungsergebnisses, dessen Fehler $\leqq 3\,m$ ist, sehr grofs, nämlich nach Tabelle **(25)** gleich 0,9973 ist. Das Gleiche trifft nach Tabelle **(26)** einmal zu in 2150 Fällen, wenn wir den 3,5fachen mittleren Fehler, und einmal in 15 800 Fällen, wenn wir den 4fachen mittleren Fehler als höchstens zulässigen Fehler festsetzen.

(27) Demnach kann als Regel gelten, dafs nur solche Beobachtungsergebnisse weiter verwendet werden dürfen, deren Beobachtungsfehler, je nachdem mehr oder minder strenge Anforderungen gestellt werden, den 3 bis 3,5fachen mittleren Fehler nicht überschreiten und dafs nur dann, wenn besondere Umstände dies bedingen, noch solche Beobachtungsergebnisse angenommen zu werden brauchen, deren Fehler den 3,5 bis 4fachen mittleren Fehler erreichen.

§ 9. Fortpflanzung der Beobachtungsfehler.

1. Die Beobachtungsfehler gehen, wie bereits im § 1 erwähnt ist, über auf alle Gröfsen, die aus den Beobachtungsergebnissen abgeleitet werden. Wir müssen deshalb auch feststellen, wie dieser Uebergang erfolgt, oder wie sich die Beobachtungsfehler fortpflanzen, damit wir in der Lage sind, anzugeben, mit welchen Fehlern die aus den Beobachtungsergebnissen abgeleiteten Gröfsen wahrscheinlich behaftet sein werden.

Wenn solche Angaben aber genügend zuverlässig sein sollen, werden wir ihnen in der Regel nicht die zufällig bei den grade vorliegenden Beobachtungsergebnissen hervortretenden einzelnen Fehler zu Grunde legen können. Vielmehr werden wir hierfür Mittelwerte der Beobachtungsfehler benutzen müssen, die für die betreffenden Beobachtungsarten und Instrumente aus einer gröfseren Reihe von Beobachtungsergebnissen abgeleitet sind.

Wenn beispielsweise in einem Dreieck die drei Winkel und eine Seite gemessen sind und verlangt wird, dafs hiernach nicht nur die Längen der beiden andern Seiten, sondern auch die Fehler angegeben werden, womit diese Längen wahrscheinlich behaftet sein werden, so könnten wir zwar für die Fehler der Winkel einen Wert aus dem zufälligen Widerspruche der Summe der drei Winkel gegen den Sollbetrag von 180^0 ableiten; es wäre aber völlig verfehlt, den aus dieser Ableitung folgenden Fehler den Fehlerangaben für die berechneten Seiten zu Grunde zu legen. Denn, wie wir gesehen haben, ist es am wahrscheinlichsten, dafs die kleinen Beobachtungsfehler vorkommen und ist es somit auch am wahrscheinlichsten, dafs in dem einzelnen Dreiecksschlufsfehler nur ein kleiner Teil der wirklich vorhandenen Winkelfehler zum Ausdruck gelangt. Für den Fehler der gemessenen Dreiecksseite fehlte es, wenn diese nur einmal gemessen wäre, vollends an jedem Anhalte für die Gröfse des Beobachtungsfehlers; und selbst wenn die Seite etwa 2- oder 3 mal gemessen wäre, gäben die hervortretenden Unterschiede der Messungsergebnisse nur einen wenig zuverlässigen Anhalt für die Feststellung der wahrscheinlich vorliegenden Fehler. Wenn dagegen aus einer gröfseren Zahl anderweiter Beobachtungsergebnisse Mittelwerte der Beobachtungsfehler für die in gleicher Art ausgeführte Dreieckswinkel- und Seitenmessung abgeleitet sind, so wird mit Benutzung dieser Mittelwerte auch eine zuverlässige Angabe der Fehler gemacht werden können, womit die berechneten Dreiecksseiten wahrscheinlich behaftet sein werden.

2. Als Mittelwerte von Beobachtungsfehlern haben wir bereits den durchschnittlichen, den mittleren und den wahrscheinlichen Fehler kennen gelernt. Von diesen drei Mittelwerten eignet sich der mittlere Fehler am besten zur Angabe der den Beobachtungsergebnissen wahrscheinlich anhaftenden Fehler, weil darin die Beobachtungsfehler, woraus der Mittelwert gebildet wird, mit ihrem quadratischen Betrage, also sehr scharf zum Ausdruck gelangen, während in dem durchschnittlichen und wahrscheinlichen Fehler nur die einfachen Beträge der Beobachtungsfehler zum Ausdruck kommen. Ferner fällt für die Wahl des mittleren Fehlers noch ins Gewicht, dafs er bereits in sehr grofsem Umfange als Genauigkeitsmafs benutzt wird und bei seiner Annahme alle theoretischen Entwickelungen und alle praktischen Rechnungen in einfacher Weise erledigt werden können.

Die selbstverständliche Folge hiervon ist, dafs wir auch für alle aus den Beobachtungsergebnissen abgeleiteten Gröfsen den mittleren Fehler angeben, womit sie wahrscheinlich behaftet sind. Um dies ausführen zu können, entwickeln wir im folgenden Formeln, wonach der mittlere Fehler einer solchen Gröfse berechnet werden kann, die aus anderen Gröfsen abgeleitet ist, deren mittlerer Fehler bekannt ist.

3. Der mittlere Fehler m_x einer Gröfse x kann gefunden werden, indem diese Gröfse wiederholt beobachtet wird, indem sodann aus den Beobachtungsergebnissen $\lambda_1, \lambda_2, \lambda_3, \ldots. \lambda_n$ und dem wahren Werte (x) der Gröfse die wahren Beobachtungsfehler $(v_1), (v_2), (v_3), \ldots. (v_n)$ nach

$$(1^*) \quad \left\{ \begin{array}{l} (v_1) = (x) - \lambda_1, \\ (v_2) = (x) - \lambda_2, \\ (v_3) = (x) - \lambda_3, \\ \ldots\ldots\ldots\ldots, \\ (v_n) = (x) - \lambda_n \end{array} \right.$$

gebildet werden und der mittlere Fehler m_x berechnet wird nach:

$$\textbf{(13)} \quad m_x = \pm \sqrt{\frac{[(v)(v)]}{n}}.$$

Multipliziren wir nun die Gleichungen (1*) mit einer Konstanten a und setzen (X) für $a(x)$, womit

$$(2^*) \quad \left\{ \begin{array}{l} a(v_1) = (X) - a\lambda_1, \\ a(v_2) = (X) - a\lambda_2, \\ a(v_3) = (X) - a\lambda_3, \\ \ldots\ldots\ldots\ldots\ldots, \\ a(v_n) = (X) - a\lambda_n \end{array} \right.$$

erhalten wird, so können wir $a\lambda_1, a\lambda_2, a\lambda_3, \ldots. a\lambda_n$ als Beobachtungsergebnisse zur Bestimmung des mittleren Fehlers M einer Gröfse $X = ax$ und $a(v_1)$, $a(v_2)$, $a(v_3), \ldots. a(v_n)$ als die aus diesen Beobachtungsergebnissen folgenden wahren Beobachtungsfehler ansehen, womit wir nach Formel **(13)** für M erhalten:

$$(3^*) \quad M = \pm \sqrt{\frac{[a(v) \cdot a(v)]}{n}} = \pm a \sqrt{\frac{[(v)(v)]}{n}},$$

oder da $\sqrt{\frac{[(v)(v)]}{n}} = m_x$ ist,:

$$\textbf{(28)} \quad M = \pm a m_x.$$

Ist demnach eine Gröfse X aus einer andern Gröfse x durch Multiplikation mit einer Konstanten a abgeleitet, so wird der mittlere Fehler M von X erhalten, indem der mittlere Fehler m_x von x ebenfalls mit der Konstanten a multiplizirt wird.

Beispiel 1: Behufs Bestimmung der Entfernung E zweier Punkte P und P_1 wird mit einem auf P befindlichen Distanzmesser an einer auf P_1 stehenden Latte die Ablesung $l = 0{,}642$ m gemacht.

Die Entfernung E wird aus der Lattenablesung l gewonnen durch Multiplikation mit einer Konstanten $k = 99{,}5$, so daſs wir

$$E = k\,l = 99{,}5 \cdot 0{,}642^{\,\mathrm{m}} = 63{,}9^{\,\mathrm{m}}$$

erhalten. Der mittlere Fehler m_l von l ist nach den Ergebnissen wiederholter Beobachtungen bekannter Lattenstücke bestimmt zu: $m_l = \pm 1{,}0$ mm*). Hiernach ist der mittlere Fehler M der Entfernung E nach Formel **(28)**:

$$M = \pm\, k\, m_l = \pm\, 99{,}5 \cdot 1{,}0^{\,\mathrm{mm}} = \pm\, 100^{\,\mathrm{mm}} = \pm\, 0{,}1^{\,\mathrm{m}}.$$

4. Für die zwei Gröſsen x und y ergeben sich die mittleren Fehler m_x und m_y aus den zu ihrer Bestimmung erlangten Beobachtungsergebnissen $\varkappa_1, \varkappa_2, \varkappa_3, \ldots. \varkappa_n$ und $\lambda_1, \lambda_2, \lambda_3, \ldots. \lambda_n$ und den wahren Werten (x) und (y) der Gröſsen x und y nach:

$$(4^*)\quad \begin{cases} (u_1) = (x) - \varkappa_1, \\ (u_2) = (x) - \varkappa_2, \\ (u_3) = (x) - \varkappa_3, \\ \ldots\ldots\ldots\ldots, \\ (u_n) = (x) - \varkappa_n, \end{cases} \qquad (6^*)\quad \begin{cases} (v_1) = (y) - \lambda_1, \\ (v_2) = (y) - \lambda_2, \\ (v_3) = (y) - \lambda_3, \\ \ldots\ldots\ldots\ldots, \\ (v_n) = (y) - \lambda_n, \end{cases}$$

$$(5^*)\quad m_x = \pm \sqrt{\frac{[(u)(u)]}{n}}, \qquad (7^*)\quad m_y = \pm \sqrt{\frac{[(v)(v)]}{n}}.$$

Addiren wir die Gleichungen (4*) und (6*) und setzen wir (X) für $(x) + (y)$, womit wir

$$(8^*)\quad \begin{cases} (w_1) = (u_1) + (v_1) = (X) - (\varkappa_1 + \lambda_1), \\ (w_2) = (u_2) + (v_2) = (X) - (\varkappa_2 + \lambda_2), \\ (w_3) = (u_3) + (v_3) = (X) - (\varkappa_3 + \lambda_3), \\ \ldots\ldots\ldots\ldots\ldots\ldots\ldots\ldots\ldots\ldots, \\ (w_n) = (u_n) + (v_n) = (X) - (\varkappa_n + \lambda_n) \end{cases}$$

erhalten, so können wir $(\varkappa_1 + \lambda_1), (\varkappa_2 + \lambda_2), (\varkappa_3 + \lambda_3), \ldots (\varkappa_n + \lambda_n)$ als Beobachtungsergebnisse zur Bestimmung des mittleren Fehlers M einer Gröſse $X = x + y$ und $(w_1), (w_2), (w_3), \ldots. (w_n)$ als die aus diesen Beobachtungsergebnissen folgenden wahren Beobachtungsfehler ansehen. Danach erhalten wir nach Formel **(13)** und nach (8*):

$$(9^*)\quad M = \pm \sqrt{\frac{[(w)(w)]}{n}} = \pm \sqrt{\frac{[((u)+(v))((u)+(v))]}{n}},$$

oder

$$(10^*)\quad M^2 = \frac{[(w)(w)]}{n} = \frac{[(u)(u)]}{n} + \frac{[(v)(v)]}{n} + 2\frac{[(u)(v)]}{n}.$$

Nun ist nach (5*) und (7*) $\frac{[(u)(u)]}{n} = m_x^2$ und $\frac{[(v)(v)]}{n} = m_y^2$, während $2\,\frac{[(u)(v)]}{n}$ gleich Null gesetzt werden kann; denn das Auftreten gleich groſser positiver und negativer Beobachtungsfehler und demnach auch das Auftreten gleich groſser posi-

*) Die Konstante k wird hier als fehlerfrei eingeführt in der Voraussetzung, daſs ihr Fehler verhältnismäſsig sehr klein ist, und keinen in Betracht kommenden Beitrag zu dem mittleren Fehler M der Entfernung E liefert. (Vergl. § 40, Nr. 5, wonach der mit Berücksichtigung des mittleren Fehlers m_k von k berechnete Wert des mittleren Fehlers der Entfernung sich zu dem ohne Berücksichtigung von m_k berechneten Werte verhält, wie $\sqrt{1 + \frac{1}{n}} : 1$, worin n die Anzahl der Bestimmungen ist, die bei Berechnung von k benutzt sind.)

Ganz ebenso sind auch in den folgenden Beispielen Konstanten oder Maſse als fehlerfrei eingeführt worden, deren Fehler nach vorheriger Feststellung im vorliegenden Falle ohne Einfluſs auf das Endergebnis sind.

tiver und negativer Produkte $(u)(v)$ ist gleich wahrscheinlich, und deshalb ist die algebraische Summe $[(u)(v)]$ dieser Produkte immer nahezu gleich Null, also im Verhältnis zu $[(u)(u)]$ und $[(v)(v)]$ um so weniger bedeutend, je gröfser die Anzahl n der Summanden oder der Fehler (u) und (v) ist. Hiernach wird:

(11*) $$M^2 = m_x^2 + m_y^2, \text{ oder: } M = \pm \sqrt{m_x^2 + m_y^2}.$$

Zu demselben Ergebnisse gelangen wir für $X = x - y$. Auch können wir unsere Formel erweitern für den Fall, dafs X aus mehr als zwei Gröfsen zusammengesetzt ist, so dafs allgemein für $X = x \pm y \pm z \pm \ldots.$ ist:

(29) $$M = \pm \sqrt{m_x^2 + m_y^2 + m_z^2 + \ldots.}$$

Ist demnach eine Gröfse X die Summe oder Differenz der Gröfsen $x, y, z, \ldots.$, so ist der mittlere Fehler M von X gleich der Quadratwurzel aus der Summe der Quadrate der mittleren Fehler $m_x, m_y, m_z, \ldots.$ von $x, y, z, \ldots.$

Ist $X = x_1 \pm x_2 \pm x_3 \pm \ldots. x_n$ und sind die mittleren Fehler $m_1, m_2, m_3, \ldots. m_n$ von $x_1, x_2, x_3, \ldots. x_n$ sämmtlich gleich m, so wird aus Formel **(29)** einfach:

(30) $$M = \pm m \sqrt{n}.$$

Ist demnach eine Gröfse X die Summe oder Differenz von n gleich genauen Gröfsen x, so erhalten wir den mittleren Fehler M von X, indem wir den mittleren Fehler m der Gröfsen x mit der Quadratwurzel aus der Anzahl n der Gröfsen multipliziren.

Beispiel 2: In einem Nivellementszuge mit den Fixpunkten P_1, P_2, P_3, P_4 sind die Höhenunterschiede

zwischen P_1 und P_2 : $\Delta h_1^2 = 2{,}857$ m,
" P_2 " P_3 : $\Delta h_2^3 = \times 6{,}214$,
" P_3 " P_4 : $\Delta h_3^4 = 0{,}580$

und die mittleren Fehler der Höhenunterschiede Δh_1^2, Δh_2^3, Δh_3^4: $m_1 = \pm 4{,}2$ mm $m_2 = \pm 2{,}8$ mm, $m_3 = \pm 5{,}7$ mm.

Hiernach ist der Gesamthöhenunterschied zwischen P_1 und P_4:

$$\Delta h_1^4 = \Delta h_1^2 + \Delta h_2^3 + \Delta h_3^4 = 2{,}857 + \times 6{,}214 + 0{,}580 = \times 9{,}651 \text{ m},$$

und nach Formel **(29)** dessen mittlerer Fehler:

$$M = \pm \sqrt{m_1^2 + m_2^2 + m_3^2} = \pm \sqrt{4{,}2^2 + 2{,}8^2 + 5{,}7^2} = \pm 7{,}6 \text{ mm}.$$

Beispiel 3: In einem Dreieck sind die beiden Winkel α und β durch Messung gefunden zu: $\alpha = 59°34'25''$, $\beta = 61°07'00''$. Hiermit ist der dritte Winkel γ berechnet zu: $\gamma = 180° - (\alpha + \beta) = 180° - 120°41'25'' = 59°18'35''$. Die Winkel α und β sind gleich genau gemessen worden und ihr mittlerer Fehler ist: $m = \pm 8{,}0''$. Dann ist nach Formel **(30)** der mittlere Fehler m_γ des Winkels γ:

$$m_\gamma = \pm m \sqrt{n} = \pm 8{,}0 \sqrt{2} = \pm 11{,}3''.$$

5. Wenn $X = ax \pm by \pm cz \pm \ldots.$ ist, worin $a, b, c, \ldots.$ Konstanten sind, so erhalten wir den mittleren Fehler M von X aus den mittleren Fehlern $m_x, m_y, m_z, \ldots.$ von $x, y, z, \ldots.$ nach den Formeln **(28)** und **(29)** aus:

(31) $$M = \pm \sqrt{(a m_x)^2 + (b m_y)^2 + (c m_z)^2 + \ldots.}$$

Ist ferner $X = a\,(x_1 \pm x_2 \pm x_3 \pm \ldots\ldots x_n)$, worin a wieder eine Konstante ist, so erhalten wir den mittleren Fehler M von X aus dem für alle n Gröfsen x_1, x_2, x_3, ... x_n gleichen mittleren Fehler m nach den Formeln **(28)** und **(30)** aus:

$$M = \pm\, a\, m \sqrt{n}. \tag{32}$$

Beispiel 4: Zur Bestimmung der Querprofilfläche eines Flusses sind die in nebenstehender Tabelle nachgewiesenen Mafse aufgenommen. Die Abscissen x und die daraus als Unterschiede je zweier aufeinanderfolgenden Abscissen erhaltenen Breiten b sind so genau bestimmt worden, dafs sie als fehlerfrei gelten können, während der mittlere Fehler der Tiefen $m = \pm 5^{\text{cm}}$ ist.

Nr.	Abscisse x.	Breite b.	Tiefe t.
0	0,0	3,6	0,00
1	3,6	2,5	0,40
2	6,1	2,5	0,57
3	8,6	2,5	0,72
4	11,1	2,5	0,82
5	13,6	2,5	0,85
6	16,1	2,5	0,85
7	18,6	2,5	0,78
8	21,1	2,5	0,67
9	23,6	2,5	0,55
10	26,1	2,5	0,45
11	28,6	3,2	0,26
12	31,8		0,00
		31,8	

Die Fläche F wird mit $b_1 = 3{,}6$, $b = 2{,}5$, $b_{12} = 3{,}2$:

$$F = \frac{1}{2}(b_1 + b)\,t_1 + b\,(t_2 + t_3 + \ldots\ldots t_{10}) + \frac{1}{2}(b + b_{12})\,t_{11}$$

$$= \frac{1}{2} \cdot 6{,}1 \cdot 0{,}40 + 2{,}5 \cdot 6{,}26 + \frac{1}{2} \cdot 5{,}7 \cdot 0{,}26$$

$$= 17{,}61^{\text{qm}}.$$

Hiernach ergiebt sich der mittlere Fehler M der Querprofilfläche F nach Formel **(31)** und **(32)** zu:

$$M = \pm \sqrt{\left(\frac{1}{2}(b_1 + b)\,m\right)^2 + \left(b \cdot m\sqrt{9}\right)^2 + \left(\frac{1}{2}(b + b_{12})\,m\right)^2}$$

$$= \pm\, m \sqrt{\frac{1}{4}(b_1 + b)^2 + 9\,b^2 + \frac{1}{4}(b + b_{12})^2}$$

$$= \pm\, 0{,}05 \sqrt{\frac{1}{4} \cdot 6{,}1^2 + 9 \cdot 2{,}5^2 + \frac{1}{4}\, 5{,}7^2} = \pm\, 0{,}43^{\text{qm}}.$$

6. Die Gröfsen $x, y, z, \ldots,$ deren mittlere Fehler $m_x, m_y, m_z, \ldots$ sind, können wir zerlegen in bestimmte genau bekannte Gröfsen $\mathfrak{x}, \mathfrak{y}, \mathfrak{z}, \ldots\ldots$ und in die verhältnismäfsig sehr kleinen Gröfsen $d\mathfrak{x}, d\mathfrak{y}, d\mathfrak{z}, \ldots,$ denen dieselben mittleren Fehler zukommen, wie den Gröfsen $x, y, z, \ldots\ldots$ Dementsprechend können wir $X = f(x, y, z, \ldots\ldots)$ zerlegen in $f(\mathfrak{x}, \mathfrak{y}, \mathfrak{z}, \ldots\ldots)$ und in die kleinen Gröfsen, um die sich $f(\mathfrak{x}, \mathfrak{y}, \mathfrak{z}, \ldots\ldots)$ ändert, wenn sich $\mathfrak{x}, \mathfrak{y}, \mathfrak{z}, \ldots\ldots$ um die kleinen Gröfsen $d\mathfrak{x}, d\mathfrak{y}, d\mathfrak{z}, \ldots\ldots$ ändern und zwar nach:

$$X = f(\mathfrak{x}, \mathfrak{y}, \mathfrak{z}, \ldots\ldots) + \frac{\partial f}{\partial x}\, d\mathfrak{x} + \frac{\partial f}{\partial y}\, d\mathfrak{y} + \frac{\partial f}{\partial z}\, d\mathfrak{z} + \ldots\ldots$$

Und wenn wir nun auf diesen Ausdruck die Formel **(31)** anwenden, so erhalten wir für den mittleren Fehler M von $X = f(x, y, z, \ldots\ldots)$:

$$M = \pm \sqrt{\left(\frac{\partial f}{\partial x}\, m_x\right)^2 + \left(\frac{\partial f}{\partial y}\, m_y\right)^2 + \left(\frac{\partial f}{\partial z}\, m_z\right)^2 + \ldots\ldots} \tag{33}$$

Beispiel 5: Zur Bestimmung des Höhenunterschiedes Δh zweier Punkte und des mittleren Fehlers M dieses Höhenunterschiedes sind die folgenden Messungsergebnisse und deren mittlere Fehler gegeben:

Entfernung der beiden Punkte $e = 225{,}85$, $m_e = \pm 4^{\text{cm}}$,

Höhenwinkel $\alpha = +1^\circ 16' 25''$, $m_\alpha'' = \pm 6''$, $m_\alpha = \frac{1}{\varrho} m_\alpha'' = \pm 0{,}000\,029$,

Instrumentenhöhe $i = 0{,}875^{\text{m}}$, $m_i = \pm 0{,}5^{\text{cm}}$,

Zielhöhe $z = 1{,}480^{\text{m}}$, $m_z = \pm 0{,}8^{\text{cm}}$.

Hiernach ist der Höhenunterschied der beiden Punkte:

$$\Delta h = e\, tg\, \alpha + i - z = 225{,}85 \cdot tg\,(+1^\circ 16' 25'') + 0{,}875 - 1{,}480 = +4{,}416^{\text{m}},$$

und der mittlere Fehler des Höhenunterschiedes nach Formel **(33)**:

$$M = \pm \sqrt{\left(\frac{\partial \Delta h}{\partial e} m_e\right)^2 + \left(\frac{\partial \Delta h}{\partial \alpha} m_\alpha\right)^2 + \left(\frac{\partial \Delta h}{\partial i} m_i\right)^2 + \left(\frac{\partial \Delta h}{\partial z} m_z\right)^2}$$

$$= \pm \sqrt{(tg\,\alpha \cdot m_e)^2 + \left(\frac{e}{\cos^2 \alpha} m_\alpha\right)^2 + m_i^2 + m_z^2}$$

$$= \pm \sqrt{(0{,}0223 \cdot 0{,}04)^2 + \left(\frac{226}{1{,}00} \cdot 0{,}000\,029\right)^2 + 0{,}005^2 + 0{,}008^2}$$

$$= \pm \sqrt{(0{,}000\,001 + 0{,}000\,043 + 0{,}000\,025 + 0{,}000\,064}$$

$$= \pm 0{,}012^{\text{m}} = \pm 1{,}2^{\text{cm}}.$$

§ 10. Gewichte und Fortpflanzung der Gewichte.

1. Der Genauigkeitswert der Beobachtungsergebnisse und der aus den Beobachtungsergebnissen abgeleiteten Gröfsen wird vielfach auch dadurch ausgedrückt, dafs angegeben wird, welches Gewicht den Beobachtungsergebnissen und den daraus abgeleiteten Gröfsen zukommt. Das Gewicht p einer Gröfse steht zu ihrem mittleren Fehler m in der Beziehung, dafs

$$p = \frac{k}{m\,m} \tag{1*}$$

ist, worin k eine Konstante ist, die Gewichtskonstante genannt wird.

Die Gewichte sind Verhältniszahlen, die angeben, wie oft die betreffenden Gröfsen in Rechnungen anzusetzen sind, um die Genauigkeit der Gröfsen richtig zu berücksichtigen.

Wie dies aufzufassen ist, wollen wir uns durch ein einfaches Beispiel klarlegen.

Ein Winkel sei dreimal mit demselben Theodoliten gleich genau beobachtet worden und es seien dabei die Beobachtungsergebnisse $\alpha_1 = 16^\circ 27' 36''$, $\alpha_2 = 16^\circ 27' 24''$, $\alpha_3 = 16^\circ 27' 12''$ gewonnen.

Dann werden wir das arithmetische Mittel dieser drei Beobachtungsergebnisse

$$\alpha = \frac{\alpha_1 + \alpha_2 + \alpha_3}{3} = 16^\circ 27' \frac{36'' + 24'' + 12''}{3} = 16^\circ 27' 24''$$

als den wahrscheinlichsten Wert des Winkels annehmen.

Wenn uns aber nicht die drei einzelnen Beobachtungsergebnisse, sondern die Angaben vorlägen, dafs der Winkel zuerst einmal gemessen worden sei und dabei $x_1 = \alpha_1 = 16^\circ 27' 36''$ erhalten sei, dafs der Winkel dann noch zweimal mit gleicher Genauigkeit gemessen worden sei und sich als arithmetisches Mittel der Ergebnisse dieser beiden Messungen $x_2 = \frac{\alpha_2 + \alpha_3}{2} = 16^\circ 27' 18''$ ergeben habe, so hätten wir mit

$$x = \frac{x_1 + x_2}{2} = 16^\circ 27' \frac{36'' + 18''}{2} = 16^\circ 27' 27''$$

nicht den wahrscheinlichsten Wert des Winkels und zwar deshalb nicht, weil wir die verschiedene Genauigkeit der Werte x_1 und x_2 nicht berücksichtigt hätten. Den hierin liegenden Fehler vermeiden wir aber, indem wir aus den mittleren Fehlern m_1 und m_2 der Werte x_1 und x_2 ihre Gewichte ableiten, und dann x_1 und x_2 so oft ansetzen, wie die Gewichtszahlen anzeigen. Wenn m der mittlere Fehler einer einmaligen Beobachtung des Winkels ist, so ist $m_1 = m$ der mittlere Fehler von $x_1 = \alpha_1$ und nach Formel **(32)**: $m_2 = \frac{1}{2} m \sqrt{2} = \frac{1}{\sqrt{2}} m$ der mittlere Fehler von $x_2 = \frac{1}{2}(\alpha_2 + \alpha_3)$. Dementsprechend sind die Gewichte von x_1 und x_2 nach (1*): $p_1 = \frac{k}{m_1 m_1} = \frac{k}{m m}$ und $p_2 = \frac{k}{m_2 m_2} = \frac{2k}{m m}$ oder, wenn die Gewichtskonstante $k = m m$ genommen wird, $p_1 = 1$ und $p_2 = 2$. Somit ist der wahrscheinlichste Wert des Winkels

$$x = \frac{p_1 x_1 + p_2 x_2}{p_1 + p_2} = 16^\circ 27' \frac{36'' + 2 \cdot 18''}{1 + 2} = 16^\circ 27' 24'',$$

was auch genau übereinstimmt mit dem Werte, den wir oben aus den einzelnen Beobachtungsergebnissen α_1, α_2 und α_3 erhalten haben.

2. Die Gewichtskonstante k kann im allgemeinen beliebig angenommen werden, da, wie bereits gesagt ist, die Gewichte Verhältniszahlen sind.

Wir hätten in unserem Beispiele auch $p_1 = \frac{k}{m m} = 24$, also $k = 24 m m$ setzen können, womit $p_2 = \frac{2k}{m m} = 48$ geworden, x aber unverändert geblieben wäre.

In der Praxis ist aber meistens die Wahl einer bestimmten Gewichtskonstanten durch besondere Umstände bedingt.

Erstens kann für die Wahl der Gewichtskonstanten k entscheidend sein, für die Gewichte p möglichst einfache, die Rechnungen erleichternde Zahlen zu erhalten.

Wir hatten in unserm Beispiele $k = m m$ gesetzt und damit $p_1 = 1$, $p_2 = 2$ erhalten, also Gewichtszahlen, womit wir die Berechnung von x einfach durchführen konnten. Hätten wir $k = 24 m m$ gesetzt und damit $p_1 = 24$, $p_2 = 48$, so wäre dadurch die Rechnung unnötig erschwert worden.

Aehnlich kann auch in verwickelteren praktischen Fällen die Rechnung einfacher und übersichtlicher gestaltet werden, indem für die Gewichtskonstante k passende Werte gewählt werden.

Wichtiger ist sodann aber noch folgendes: Es ist allgemeiner Brauch, die Genauigkeit von verschiedenen Beobachtungen durch Angabe des mittleren Fehlers der Gewichtseinheit zu bezeichnen, wobei unter dem mittleren Fehler der Gewichtseinheit der mittlere Fehler einer Beobachtung verstanden wird, deren Gewicht gleich Eins ist. Ferner wird auch vielfach der Genauigkeitswert der Beobachtungsergebnisse oder der daraus abgeleiteten Gröfsen einfach durch Angabe ihres Gewichtes bezeichnet. Alle solche Angaben haben aber nur dann einen allgemeineren Wert, wenn sie sich auf eine allgemein gebräuchliche Gewichtseinheit beziehen.

Wenn beispielsweise von einem Theodoliten gesagt wird, sein mittlerer Fehler sei $\pm 4''$, so hat diese Angabe nur dann allgemeinen Wert, wenn sie sich auf die gebräuchliche Gewichtseinheit bezieht, wenn also $\pm 4''$ der mittlere Fehler einer einmal in beiden Fernrohrlagen beobachteten Richtung ist, deren Gewicht gewöhnlich als Gewichtseinheit genommen wird.

Wenn ferner gesagt wird, die in einem bestimmten Falle ausgeführten Beobachtungen seien noch nicht genügend, weil dadurch erst das Gewicht 5 erreicht sei, während bei solchen Arbeiten das Gewicht 8 erreicht werden müsse, so hat diese Anführung auch nur dann eine bestimmte Bedeutung, wenn den Gewichtsangaben eine allgemein gebräuchliche Gewichtseinheit zu Grunde liegt.

Allgemein gebräuchliche Gewichtseinheiten sind beispielsweise:

für Längenmessungen das Gewicht einer einmaligen Messung einer Linie von 100 m Länge,

für Richtungsmessungen das Gewicht einer einmaligen Beobachtung einer Richtung in beiden Lagen des Fernrohrs,

für Winkelmessungen das Gewicht einer einmaligen Beobachtung eines Winkels in beiden Lagen des Fernrohrs,

für Nivellements das Gewicht eines einmaligen Nivellements einer Strecke von 1 Kilometer Länge.

Durch Festsetzung der Gewichtseinheit wird auch die Gewichtskonstante k bestimmt, denn wenn mit $\mathfrak{p} = 1$ das Gewicht, mit $\mathfrak{m}$ der mittlere Fehler der Gewichtseinheit bezeichnet wird, so ist nach (1*):

$$(2^*) \qquad \mathfrak{p} = \frac{k}{\mathfrak{m}\,\mathfrak{m}} = 1 \text{ und } k = \mathfrak{m}\,\mathfrak{m},$$

mithin die Gewichtskonstante k gleich dem Quadrate des mittleren Fehlers $\mathfrak{m}$ der Gewichtseinheit.

3. Sind die mittleren Fehler $m_1, m_2, m_3, \ldots m_n$ der Grössen $x_1, x_2, x_3, \ldots x_n$ bekannt, so ergeben sich die Gewichte $p_1, p_2, p_3, \ldots p_n$ von $x_1, x_2, x_3, \ldots x_n$, nach (1*) wie folgt:

$$\textbf{(34)} \qquad p_1 = \frac{k}{m_1 m_1}, \quad p_2 = \frac{k}{m_2 m_2}, \quad p_3 = \frac{k}{m_3 m_3}, \ldots\ldots p_n = \frac{k}{m_n m_n}.$$

Umgekehrt ergeben sich die mittleren Fehler $m_1, m_2, m_3, \ldots m_n$ aus dem mittleren Fehler $\mathfrak{m}$ der Gewichtseinheit und den Gewichten $p_1, p_2, p_3, \ldots p_n$, weil nach (2*) $k = \mathfrak{m}\,\mathfrak{m}$ ist, wie folgt:

$$\textbf{(35)} \quad m_1 = \pm\,\mathfrak{m}\sqrt{\frac{1}{p_1}}, \quad m_2 = \pm\,\mathfrak{m}\sqrt{\frac{1}{p_2}}, \quad m_3 = \pm\,\mathfrak{m}\sqrt{\frac{1}{p_3}}, \quad \ldots\ldots m_n = \pm\,\mathfrak{m}\sqrt{\frac{1}{p_n}}.$$

Bilden wir nach (2*) und den Formeln **(34)** und **(35)** Proportionen, so erhalten wir:

$$\textbf{(36)} \quad (\mathfrak{p} = 1) : p_1 : p_2 : p_3 : \ldots p_n = \frac{1}{\mathfrak{m}\,\mathfrak{m}} : \frac{1}{m_1 m_1} : \frac{1}{m_2 m_2} : \frac{1}{m_3 m_3} : \ldots \frac{1}{m_n m_n},$$

und

$$\textbf{(37)} \qquad \mathfrak{m} : m_1 : m_2 : m_3 : \ldots m_n = \sqrt{\frac{1}{\mathfrak{p}=1}} : \sqrt{\frac{1}{p_1}} : \sqrt{\frac{1}{p_2}} : \sqrt{\frac{1}{p_3}} : \ldots \sqrt{\frac{1}{p_n}}.$$

Die Gewichte verhalten sich also zu einander wie die Quadrate der reziproken Werte der mittleren Fehler, während sich die mittleren Fehler zu einander verhalten wie die Quadratwurzeln aus den reziproken Werten der Gewichte.

Beispiel 1: Es sind die Streckenlängen $s_1 = 85{,}6$, $s_2 = 115{,}7$, $s_3 = 97{,}0$ gemessen worden. Der mittlere Fehler dieser Längen kann berechnet werden nach $m = \pm\,0{,}006\sqrt{s}$. Nehmen wir nun das Gewicht einer Messung einer Strecke von 100 m Länge als Gewichtseinheit, so ist der mittlere Fehler der Gewichtseinheit $\mathfrak{m} = \pm\,0{,}006\sqrt{100}$ und die Gewichtskonstante $k = 0{,}006^2 \cdot 100$. Somit sind die Gewichte p_1, p_2, p_3 der Streckenlängen s_1, s_2, s_3 nach Formel **(34)**:

$$p_1 = \frac{0{,}006^2 \cdot 100}{0{,}006^2 \cdot s_1} = \frac{100}{85{,}6} = 1{,}17, \quad \Big| \quad p_2 = \frac{100}{116} = 0{,}86, \quad \Big| \quad p_3 = \frac{100}{97} = 1{,}03.$$

Beispiel 2: Die Winkel α, β, γ eines Dreiecks sind derart beobachtet worden, dafs ihre Gewichte $p_\alpha = 4{,}5$, $p_\beta = 3{,}0$, $p_\gamma = 6{,}0$ sind. Der mittlere Fehler der Gewichtseinheit ist $\mathfrak{m} = \pm\, 8{,}0''$. Dann sind die mittleren Fehler m_α, m_β, m_γ der Winkel α, β, γ nach Formel **(35)**:

$$m_\alpha = \pm\, \mathfrak{m} \sqrt{\frac{1}{p_\alpha}} = \pm\, 8{,}0 \sqrt{\frac{1}{4{,}5}} = \pm\, 3{,}8'', \qquad m_\beta = \pm\, 8{,}0 \sqrt{\frac{1}{3{,}0}} = \pm\, 4{,}6'',$$

$$m_\gamma = \pm\, 8{,}0 \sqrt{\frac{1}{6{,}0}} = \pm\, 3{,}3''.$$

4. In manchen Fällen ist es einfacher oder allein ausführbar, die Gewichte nach gegebenen Verhältniszahlen zu berechnen, anstatt sie aus den mittleren Fehlern abzuleiten. Bezeichnen wir diese Verhältniszahlen für die Gewichtseinheit mit $\mathfrak{z}$, für die Grössen $x_1, x_2, x_3, \ldots x_n$ mit $z_1, z_2, z_3, \ldots z_n$, so haben wir:

$$(\mathfrak{p} = 1) : p_1 : p_2 : p_3 : \ldots\, p_n = \mathfrak{z} : z_1 : z_2 : z_3 : \ldots\, z_n$$

und daraus:

$$p_1 = \frac{z_1}{\mathfrak{z}}, \quad p_2 = \frac{z_2}{\mathfrak{z}}, \quad p_3 = \frac{z_3}{\mathfrak{z}}, \quad \ldots\, p_n = \frac{z_n}{\mathfrak{z}}. \tag{38}$$

Beispiel 3: Behufs Bestimmung der Höhe eines Punktes P sind mit einem Barometer die Höhenunterschiede $\Delta h_1 = 20{,}8^{\mathrm{m}}$, $\Delta h_2 = 35{,}0^{\mathrm{m}}$, $\Delta h_3 = 28{,}0^{\mathrm{m}}$ zwischen dem Punkte P und den Punkten P_1, P_2, P_3, deren Höhen gegeben sind, beobachtet worden. Die Zeitunterschiede zwischen den Beobachtungen der Höhen auf dem Punkte P und den Punkten P_1, P_2, P_3 sind $t_1 = 38'$, $t_2 = 16'$, $t_3 = 50'$. Die Gewichte p_1, p_2, p_3 der Höhenunterschiede Δh_1, Δh_2, Δh_3 sollen proportional den reziproken Werten der Zeitunterschiede genommen werden und dabei soll als Gewichtseinheit das Gewicht einer Beobachtung eines Höhenunterschiedes in einer Zeit $\mathfrak{t} = 1^h = 60'$ gelten. Dann ist nach Formel **(38)**:

$$p_1 = \frac{z_1}{\mathfrak{z}} = \frac{\frac{1}{t_1}}{\frac{1}{\mathfrak{t}}} = \frac{\mathfrak{t}}{t_1} = \frac{60}{38} = 1{,}6, \qquad p_2 = \frac{\mathfrak{t}}{t_2} = \frac{60}{16} = 3{,}8, \qquad p_3 = \frac{\mathfrak{t}}{t_3} = \frac{60}{50} = 1{,}2.$$

5. Die Verhältniszahlen $z_1, z_2, z_3, \ldots z_n$ können auch ohne weiteres als Gewichte genommen werden. Es wird damit nur vorläufig eine andere Gewichtseinheit zu Grunde gelegt und an dem ganzen Rechnungsergebnis nur insoweit etwas geändert, als der sich ergebende mittlere Fehler der Gewichtseinheit der mittlere Fehler $\mathfrak{m}_0$ der vorläufig angenommenen Gewichtseinheit ist. Aus $\mathfrak{m}_0$ und dem zu den Gewichten $p_1 = z_1$, $p_2 = z_2$, $p_3 = z_3$, $\ldots\, p_n = z_n$ gehörigen Gewichte $\mathfrak{p}_0 = \mathfrak{z}$ der Gewichtseinheit, folgt dann der mittlere Fehler $\mathfrak{m}$ der letzteren nach:

$$\mathfrak{m} = \pm\, \mathfrak{m}_0 \sqrt{\frac{1}{\mathfrak{p}_0 = \mathfrak{z}}}. \tag{39}$$

Beispiel 3: Wenn in dem unter Nr. 4 behandelten Beispiele die Verhältniszahlen $x_1 = \frac{1}{t_1} = \frac{1}{38} = 0{,}026$, $z_2 = \frac{1}{t_2} = \frac{1}{16} = 0{,}062$, $z_3 = \frac{1}{t_3} = \frac{1}{50} = 0{,}020$ ohne weiteres als Gewichte genommen wären und sich damit ein mittlerer Fehler der vorläufigen Gewichtseinheit $\mathfrak{m}_0 = \pm\, 0{,}12^{\mathrm{m}}$ ergeben hätte, so wäre der mittlere Fehler der in dem Beispiele festgesetzten Gewichtseinheit, wofür $\mathfrak{z} = \frac{1}{\mathfrak{t}} = \frac{1}{60} = 0{,}017$ ist, nach Formel **(39)**:

$$\mathfrak{m} = \pm\, \mathfrak{m}_0 \sqrt{\frac{1}{\mathfrak{p}_0 = \mathfrak{z}}} = \pm\, 0{,}12 \sqrt{60} = \pm\, 0{,}93^{\mathrm{m}}.$$

6. Die Formeln für die Fortpflanzung der Gewichte erhalten wir aus den Formeln **(28)** bis **(33)** für die Fortpflanzung der mittleren Fehler, indem wir die in diesen Formeln vorkommenden Ausdrücke quadriren, dann nach (1*): $\frac{k}{p}$ für mm setzen und auf beiden Seiten der sich damit ergebenden Gleichungen durch k dividiren.

Hierdurch erhalten wir für das Gewicht P einer Gröfse X, die aus einer andern Gröfse x vom Gewichte p_x durch Multiplikation mit einer Konstanten a abgeleitet ist, wo also $X = ax$ ist:

(40) $$\frac{1}{P} = a^2 \frac{1}{p_x}.$$

Beispiel 4: Ein Winkel ist mit einem Repetitionstheodoliten beobachtet worden und nach 5 maliger Repetition ist dafür der Wert $w_5 = 435°\ 18'\ 25''$ erhalten. Hieraus ergiebt sich für den Winkel:

$$W = \frac{1}{5} w_5 = \frac{1}{5} (435°18'25'') = 87°03'41''.$$

Das Gewicht des beobachteten Wertes w_5 ist festgestellt zu $p_5 = 0{,}24$, woraus nach Formel **(40)** für das Gewicht P des Winkels W folgt:

$$\frac{1}{P} = a^2 \frac{1}{p_5} = \left(\frac{1}{5}\right)^2 \cdot \frac{1}{0{,}24} = \frac{1}{6} \text{ und } P = 6.$$

7. Für das Gewicht P einer Gröfse X, die die Summe oder Differenz der Gröfsen $x, y, z, \ldots.$ vom Gewichte $p_x, p_y, p_z, \ldots.$ ist, die also gebildet ist nach $X = x \pm y \pm z \pm \ldots.$, folgt aus Formel **(29)**:

(41) $$\frac{1}{P} = \frac{1}{p_x} + \frac{1}{p_y} + \frac{1}{p_z} + \ldots.$$

Ebenso folgt für das Gewicht P einer Gröfse X, wenn $X = x_1 \pm x_2 \pm x_3 \pm \ldots x_n$ ist, und die Gewichte $p_1, p_2, p_3, \ldots. p_n$ von $x_1, x_2, x_3, \ldots. x_n$ sämtlich gleich p sind, aus Formel **(30)**:

(42) $$\frac{1}{P} = n \frac{1}{p}.$$

Beispiel 5: Eine Messungslinie durchschneidet drei verschiedenartige Geändeabschnitte. Die Verhältnisse, unter denen die Messung der Linie ausgeführt ist, sind im ersten Abschnitte, worin eine Strecke von $l_1 = 120{,}52$ m Länge liegt, ungünstige, im zweiten Teile, worin eine Strecke von $l_2 = 247{,}80$ m Länge liegt, günstige und im dritten Teile, worin eine Strecke von $l_3 = 84{,}75$ m Länge liegt, mittlere. Die Gewichte der Streckenlängen l_1, l_2, l_3 sind $p_1 = 0{,}62$, $p_2 = 0{,}60$, $p_3 = 1{,}18$*). Dann erhalten wir für die ganze Länge L der Linie zu:

$$L = l_1 + l_2 + l_3 = 120{,}52 + 247{,}80 + 84{,}75 = 453{,}07,$$

und nach Formel **(41)** für das Gewicht P der ganzen Länge L:

$$\frac{1}{P} = \frac{1}{p_1} + \frac{1}{p_2} + \frac{1}{p_3} = \frac{1}{0{,}62} + \frac{1}{0{,}60} + \frac{1}{1{,}18} = 4{,}13 \text{ oder } P = 0{,}24.$$

Beispiel 6: Das Gewicht der mit einem Nivellirinstrumente ausgeführten Bestimmung des Höhenunterschiedes Δh zwischen zwei je 50 m von dem Instrumente entfernten Punkten sei $p = 10$. Dann ergiebt sich für das Gewicht P des Höhen-

---

*) Die Gewichte entsprechen den zufälligen Fehlern der Längenmessung, die regelmäfsigen Fehler sind hier nicht berücksichtigt.

unterschiedes $\varDelta h = \varDelta \mathfrak{h}_1 + \varDelta \mathfrak{h}_2 + \ldots \varDelta \mathfrak{h}_{10}$ einer mit Zielweiten von 50 m nivellirten Strecke von 1 Kilometer Länge nach Formel **(42)**:

$$\frac{1}{P} = n\frac{1}{p} = 10 \cdot \frac{1}{10} = 1 \text{ oder } P = 1.$$

8. Wenn $X = ax \pm by \pm cz \pm \ldots\ldots$ ist, worin $a, b, c, \ldots.$ Konstanten sind, so erhalten wir das Gewicht P von X aus den Gewichten $p_x, p_y, p_z, \ldots.$ von $x, y, z, \ldots.$ nach der aus Formel **(31)** folgenden Formel:

$$\text{(43)} \qquad \frac{1}{P} = a^2\frac{1}{p_x} + b^2\frac{1}{p_y} + c^2\frac{1}{p_z} + \ldots\ldots$$

Ist ferner $X = a(x_1 \pm x_2 \pm x_3 \pm \ldots . x_n)$, worin a wieder eine Konstante ist, so erhalten wir das Gewicht P von X aus dem für alle n Gröfsen $x_1, x_2, x_3, \ldots x_n$ gleichen Gewichte p nach der aus Formel **(32)** folgenden Formel:

$$\text{(44)} \qquad \frac{1}{P} = a^2 n\frac{1}{p}.$$

Beispiel 7: In einer Rechnung wird die halbe Summe zweier Winkel $\sigma = {}^1/_2(\alpha + \beta)$ gebraucht. Das Gewicht der beiden Winkelwerte ist $p = 5$. Dann ergiebt sich für das Gewicht P der halben Winkelsumme σ nach Formel **(44)**:

$$\frac{1}{P} = a^2 n\frac{1}{p} = \left(\frac{1}{2}\right)^2 2 \cdot \frac{1}{5} = \frac{1}{10} \text{ oder } P = 10.$$

9. Für $X = f(x, y, z, \ldots..)$ folgt aus Formel **(33)** für die Berechnung des Gewichtes P von X aus den Gewichten $p_x, p_y, p_z, \ldots.$ von $x, y, z, \ldots.$:

$$\text{(45)} \qquad \frac{1}{P} = \left(\frac{\partial f}{\partial x}\right)^2\frac{1}{p_x} + \left(\frac{\partial f}{\partial y}\right)^2\frac{1}{p_y} + \left(\frac{\partial f}{\partial z}\right)^2\frac{1}{p_z} + \ldots\ldots$$

Beispiel 8: Die drei Seiten eines Dreiecks sind gemessen zu $a = 123{,}62$ m, $b = 86{,}80$ m, $c = 108{,}05$ m. Die Gewichte p_a, p_b, p_c dieser Seitenlängen sind proportional den reziproken Werten der Seitenlängen und als Gewichtseinheit ist das Gewicht einer Seitenlänge von 100 m zu nehmen, so dafs $(\mathfrak{p} = 1) : p_a : p_b : p_c = \frac{1}{100} : \frac{1}{a} : \frac{1}{b} : \frac{1}{c}$ und $\frac{1}{p_a} = \frac{a}{100} = 1{,}24$, $\frac{1}{p_b} = \frac{b}{100} = 0{,}87$, $\frac{1}{p_c} = \frac{c}{100} = 1{,}08$, ist.

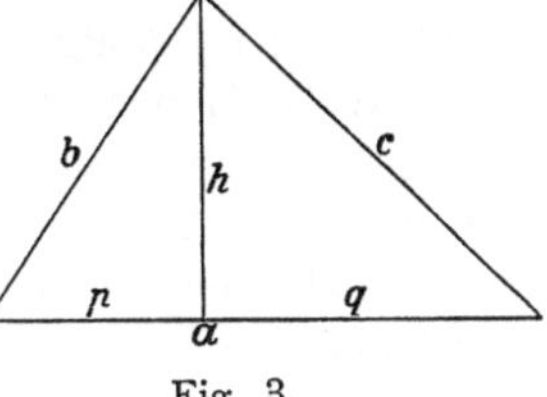

Fig. 3.

Hiernach ergiebt sich für die Höhe und den Höhenfufspunkt:

$$p = \frac{a^2 + b^2 - c^2}{2a} = 45{,}06 \text{ m},$$

$$q = \frac{a^2 - b^2 + c^2}{2a} = 78{,}56 \text{ m},$$

$$h = \sqrt{b^2 - p^2} = \sqrt{c^2 - q^2} = 74{,}19 \text{ m}.$$

Die zur Berechnung der Gewichte p_p, p_q, p_h der Stücke p, q, h zu bildenden Differenzialquotienten sind:

$$\frac{\partial p}{\partial a} = \frac{1}{2} - \frac{b^2}{2a^2} + \frac{c^2}{2a^2} = +\frac{1}{a}\left(\frac{a^2 - b^2 + c^2}{2a}\right) = +\frac{q}{a} = +\frac{78{,}6}{124} = +0{,}63,$$

$$\frac{\partial p}{\partial b} = +\frac{b}{a} = +\frac{86{,}8}{124} = +0{,}70, \qquad \frac{\partial p}{\partial c} = -\frac{c}{a} = -\frac{108}{124} = -0{,}87,$$

$$\frac{\partial q}{\partial a} = \frac{1}{2} + \frac{b^2}{2a^2} - \frac{c^2}{2a^2} = \frac{1}{a}\left(\frac{a^2 + b^2 - c^2}{2a}\right) = +\frac{p}{a} = +\frac{45{,}1}{124} = +0{,}36,$$

$$\frac{\partial q}{\partial b} = -\frac{b}{a} = -0{,}70, \qquad \frac{\partial q}{\partial c} = +\frac{c}{a} = +0{,}87,$$

$$\frac{\partial h}{\partial a} = -\frac{p}{h}\frac{\partial p}{\partial a} = \frac{p}{h}\frac{q}{a} = -\frac{45,1}{74,2}\,0,63 = -0,38\,,$$

$$\frac{\partial h}{\partial b} = +\frac{b}{h} - \frac{p}{h}\frac{\partial p}{\partial b} = \frac{q}{h}\frac{b}{a} = +\frac{78,6}{74,2}\,0,70 = +0,74\,,$$

$$\frac{\partial h}{\partial c} = -\frac{p}{h}\frac{\partial p}{\partial c} = \frac{p}{h}\frac{c}{a} = +0,61 \cdot 0,87 = +0,53\,.$$

Hiermit ergeben sich die reziproken Werte der Gewichte p_p, p_q, p_h nach Formel **(45)** zu:

$$\frac{1}{p_p} = \left(\frac{\partial p}{\partial a}\right)^2 \frac{1}{p_a} + \left(\frac{\partial p}{\partial b}\right)^2 \frac{1}{p_b} + \left(\frac{\partial p}{\partial c}\right)^2 \frac{1}{p_c}$$
$$= 0,63^2 \cdot 1,24 + 0,70^2 \cdot 0,87 + 0,87^2 \cdot 1,08 = 1,75\,,$$

$$\frac{1}{p_q} = \left(\frac{\partial q}{\partial a}\right)^2 \frac{1}{p_a} + \left(\frac{\partial q}{\partial b}\right)^2 \frac{1}{p_b} + \left(\frac{\partial q}{\partial c}\right)^2 \frac{1}{p_c}$$
$$= 0,36^2 \cdot 1,24 + 0,70^2 \cdot 0,87 + 0,87^2 \cdot 1,08 = 1,41\,,$$

$$\frac{1}{p_h} = \left(\frac{\partial h}{\partial a}\right)^2 \frac{1}{p_a} + \left(\frac{\partial h}{\partial b}\right)^2 \frac{1}{p_b} + \left(\frac{\partial h}{\partial c}\right)^2 \frac{1}{p_c}$$
$$= 0,38^2 \cdot 1,24 + 0,74^2 \cdot 0,87 + 0,53^2 \cdot 1,08 = 0,95\,,$$

und die Gewichte zu:

$$p_p = 0,57\,, \qquad p_q = 0,71\,, \qquad p_h = 1,05\,.$$

§ 11. Beispiele zum I. Teile.

Bei der Bestimmung der Genauigkeitsmafse für die Beobachtungsergebnisse und für die aus diesen abgeleiteten Gröfsen wird namentlich von Anfängern sehr viel gefehlt und zwar meistens, weil nicht beachtet wird, dafs diese Bestimmung in der Regel auf mathematischer Grundlage nach gegebenen Formeln und nicht nach allgemeinen, häufig nicht zutreffenden Erwägungen auszuführen ist. Die Folge hiervon ist, dafs nicht nur ganz unrichtige Genauigkeitsangaben gemacht werden und dafs die Beobachtungen unzweckmäfsig angeordnet werden, sondern dafs auch aus richtigen Beobachtungsergebnissen ganz unrichtige Gröfsen abgeleitet werden.

Deshalb soll hier noch eine Reihe von Beispielen folgen zur Erläuterung des einzuschlagenden Verfahrens und wird als die wichtigste zu beachtende Regel vorangestellt:

Wenn nach bekannten Genauigkeitsmafsen von Gröfsen $x, y, z \ldots$ die Genauigkeitsmafse einer anderen Gröfse X bestimmt werden sollen, so ist in erster Linie festzustellen, in welcher Beziehung die Gröfsen $x, y, z, \ldots$ zu der Gröfse X stehen, und diese Beziehung durch **mathematische Formeln** auszudrücken. Nach diesen grundlegenden mathematischen Formeln ist **weiter zu rechnen nach den in der Theorie der Beobachtungsfehler gegebenen Formeln.**

Nur in solchen Ausnahmefällen, wo eine zutreffende mathematische Grundlage für die Bestimmung der Genauigkeitsmafse nicht gewonnen werden kann, dürfen Genauigkeitsmafse nach allgemeinen sachverständigen Erwägungen angegeben werden.

Beispiel 1: Der mittlere Fehler einer Lattenablesung an einer in Centimeter geteilten Nivellirlatte sei bei Zielweiten von 50 m $m_l = \pm\,0,85$ mm. Wie grofs ist hiernach der mittlere Fehler $m_{\Delta \mathfrak{h}}$ eines einzelnen mit solchen Latten und derselben Zielweite bestimmten Höhenunterschiedes $\Delta\,\mathfrak{h}$?

Der Höhenunterschied $\Delta\,\mathfrak{h}$ ergiebt sich aus zwei Lattenablesungen l_1 und l_2 nach

$$\Delta\,\mathfrak{h} = l_2 - l_1\,.$$

Somit ist nach Formel **(30)**:

$$m_{\Delta \mathfrak{h}} = \pm m_l \sqrt{2} = \pm 0{,}85 \sqrt{2} = \pm 1{,}2 \text{ mm}.$$

Beispiel 2: Der Höhenunterschied Δh zwischen zwei $L = 1600$ m von einander entfernten Punkten P_1 und P_2 ist durch geometrisches Nivellement mit gleichmäfsigen Zielweiten von $z = 50$ m bei $n = \frac{L}{2z} = \frac{1600}{100} = 16$ Aufstellungen des Instrumentes bestimmt. Der mittlere Fehler eines einzelnen Höhenunterschiedes sei $m_{\Delta \mathfrak{h}} = \pm 1{,}2$ mm.

a) Wie grofs ist hiernach der mittlere Fehler m des Höhenunterschiedes Δh zwischen den beiden Punkten P_1 und P_2?

Der durch geometrisches Nivellement bestimmte Gesamthöhenunterschied Δh zwischen zwei Punkten P_1 und P_2 wird aus den n Einzelhöhenunterschieden $\Delta \mathfrak{h}_1$, $\Delta \mathfrak{h}_2, \ldots \Delta \mathfrak{h}_n$ gewonnen nach:

(1*) $$\Delta h = \Delta \mathfrak{h}_1 + \Delta \mathfrak{h}_2 + \ldots . \Delta \mathfrak{h}_n.$$

Demnach ist der mittlere Fehler m dieses Höhenunterschiedes nach Formel **(30)**:

(2*) $$m = \pm m_{\Delta \mathfrak{h}} \sqrt{n}$$

und in unserem Beispiele:

$$m = \pm 1{,}2 \sqrt{16} = \pm 4{,}8 \text{ mm}.$$

b) Welcher Fehler F ist höchstens zulässig für den durch einmaliges Nivellement einer Strecke von $L = 1600$ m Länge bei Zielweiten von $z = 50$ m gewonnenen Höhenunterschied Δh, dessen mittlerer Fehler $m = \pm 4{,}8$ mm ist?

Nach Regel **(27)** ist der zulässige Fehler:

(3*) $$F = \pm 3\, m \text{ bis } \pm 3{,}5\, m,$$

also hier $F = \pm 3 \cdot 4{,}8$ bis $3{,}5 \cdot 4{,}8 = 14{,}4$ bis $16{,}8$ oder rund ± 16 mm.

c) Wie grofs ist hiernach die höchstens zulässige Differenz D zweier solcher Höhenunterschiede?

Die Differenz d zweier Höhenunterschiede Δh_1, und Δh_2 ergiebt sich nach:

$$d = \Delta h_1 - \Delta h_2,$$

somit ihr mittlerer Fehler m_d nach Formel **(30)**:

$$m_d = \pm m \sqrt{2}$$

und der höchstens zulässige Fehler oder die höchstens zulässige Differenz D nach Regel **(27)**:

(4*) $$D = \pm 3\, m_d \text{ bis } 3{,}5\, m_d = \pm 3\, m \sqrt{2} \text{ bis } 3{,}5\, m \sqrt{2} = \pm F \sqrt{2},$$

also hier $D = \pm 16 \sqrt{2} = \pm 23$ mm.

d) Wie grofs ist das Gewicht p des Höhenunterschiedes Δh, wenn das Gewicht der Einzelhöhenunterschiede $= p_{\Delta \mathfrak{h}}$ ist?

Nach (1*) und Formel **(42)** ist:

(5*) $$\frac{1}{p} = n \frac{1}{p_{\Delta \mathfrak{h}}} = \frac{L}{2z} \frac{1}{p_{\Delta \mathfrak{h}}}$$

und in unserem Beispiele:

$$\frac{1}{p} = 16 \cdot \frac{1}{p_{\Delta \mathfrak{h}}} \text{ oder } p = \frac{1}{16} p_{\Delta \mathfrak{h}}.$$

e) Wie grofs wird dies Gewicht, wenn als Gewichtseinheit das Gewicht eines einmaligen Nivellements eine Strecke von $L = 1$ Kilometer Länge bei Zielweiten von $z = 50^{\mathrm{m}}$ genommen wird?

Wird dieser Festsetzung der Gewichtseinheit entsprechend in (5*) $p = 1$, $L = 1000^{\mathrm{m}}$, $z = 50^{\mathrm{m}}$ eingesetzt, so folgt:

$$\frac{1}{1} = \frac{1000}{100} \cdot \frac{1}{p_{\Delta\mathfrak{h}}} \text{ oder } p_{\Delta\mathfrak{h}} = 10,$$

womit (5*) übergeht in:

$$\frac{1}{p} = \frac{L}{100} \cdot \frac{1}{10} = \frac{L}{1000},$$

oder wenn L in Kilometern genommen wird:

$$(6^*) \qquad \frac{1}{p} = L^{\mathrm{km}} \text{ oder } p = \frac{1}{L^{\mathrm{km}}},$$

wonach in unserem Beispiele ist:

$$p = \frac{1}{1{,}6} = 0{,}62.$$

f) Welcher mittlere Fehler $\mathfrak{m}$ der Gewichtseinheit oder eines einmaligen Nivellements einer Strecke von 1^{km} Länge bei Zielweiten von $z = 50^{\mathrm{m}}$ ergiebt sich aus dem mittleren Fehler $m = \pm 4{,}8^{\mathrm{mm}}$ und dem Gewichte $p = 0{,}62$ eines ebensolchen Nivellements der Strecke von $L = 1{,}6^{\mathrm{km}}$ Länge?

Aus Formel **(35)** folgt:

$$(7^*) \qquad \mathfrak{m} = \pm m \sqrt{p},$$

wonach

$$\mathfrak{m} = \pm 4{,}8 \sqrt{0{,}62} = \pm 3{,}8^{\mathrm{mm}}$$

wird.

g) Die Strecke von $L = 1{,}6^{\mathrm{km}}$ Länge zwischen den Punkten P_1 und P_2 ist dreimal gleich genau mit Zielweiten von 50^{m} nivellirt worden, so dafs für jedes dieser Nivellements der mittlere Fehler $m = \pm 4{,}8^{\mathrm{mm}}$ und das Gewicht $p = 0{,}62$ ist. Die erhaltenen Höhenunterschiede sind $\Delta h_1 = 5{,}632$, $\Delta h_2 = 5{,}625$, $\Delta h_3 = 5{,}627$. Wie grofs sind der mittlere Fehler M und das Gewicht P des sich hiernach ergebenden endgültigen Wertes ΔH des Höhenunterschiedes?

Aus n gleich genauen Höhenunterschieden Δh_1, Δh_2, ... Δh_n mit dem mittleren Fehler m und dem Gewichte p ergiebt sich der endgültige Wert ΔH des Höhenunterschiedes nach:

$$\Delta H = \frac{\Delta h_1 + \Delta h_2 + \ldots \Delta h_n}{n} = \frac{1}{n}(\Delta h_1 + \Delta h_2 + \ldots \Delta h_n),$$

dementsprechend der mittlere Fehler M von ΔH nach Formel **(32)**:

$$(8^*) \qquad M = \pm \frac{1}{n} m \sqrt{n} = \pm \frac{m}{\sqrt{n}}$$

und das Gewicht P nach Formel **(44)**:

$$(9^*) \qquad \frac{1}{P} = \left(\frac{1}{n}\right)^2 \cdot n \cdot \frac{1}{p} = \frac{1}{np} \text{ oder } P = np,$$

wonach in unserm Beispiel wird:

$$\Delta H = \frac{5{,}632 + 5{,}625 + 5{,}627}{3} = 5{,}628, \quad M = \pm \frac{4{,}8}{\sqrt{3}} = \pm 2{,}8^{\mathrm{mm}}, \quad P = 3 \cdot 0{,}62 = 1{,}86.$$

Der Fehler, womit der Höhenunterschied $\Delta H = 5{,}628$ höchstens behaftet sein wird, ist nach Regel **(27)** gleich $\pm 3\,M$ bis $\pm 3{,}5\,M$, also gleich $\pm 8{,}4$ bis $\pm 9{,}8$ oder rund $\pm 10^{\mathrm{mm}}$.

B e i s p i e l 3: Die 670^{m} lange Strecke zwischen zwei Punkten P_1 und P_2 ist mit 12 Instrumentenaufstellungen nivellirt worden und zwar die Einzelhöhenunterschiede $\Delta\mathfrak{h}_1$, $\Delta\mathfrak{h}_2$, $\Delta\mathfrak{h}_{11}$, $\Delta\mathfrak{h}_{12}$ bei Zielweiten von 50^{m}, $\Delta\mathfrak{h}_3$, $\Delta\mathfrak{h}_4$, $\Delta\mathfrak{h}_5$ bei Zielweiten von 25^{m} und $\Delta\mathfrak{h}_6$, $\Delta\mathfrak{h}_7$, ... $\Delta\mathfrak{h}_{10}$ bei Zielweiten von 12^{m}. Der mittlere Fehler eines Einzelhöhenunterschiedes sei bei 50^{m} Zielweite $m_{50} = \pm 1{,}2^{\mathrm{mm}}$, bei 25^{m} Zielweite $m_{25} = \pm 0{,}9^{\mathrm{mm}}$, bei 12^{m} Zielweite $m_{12} = \pm 0{,}6^{\mathrm{mm}}$. Wie grofs sind hiernach der mittlere Fehler und das Gewicht des Gesamthöhenunterschiedes Δh, wenn als Gewichtseinheit das Gewicht einer einmal bei Zielweiten von 50^{m} nivellirten Strecke von 1^{km} Länge genommen wird?

Der Gesamthöhenunterschied ist:

$$\Delta h = \Delta\mathfrak{h}_1 + \Delta\mathfrak{h}_2 + \Delta\mathfrak{h}_3 + \Delta\mathfrak{h}_4 + \Delta\mathfrak{h}_5 + \Delta\mathfrak{h}_6 + \ldots . \Delta\mathfrak{h}_{10} + \Delta\mathfrak{h}_{11} + \Delta\mathfrak{h}_{12},$$

und somit nach Formel **(29)**:

$$m = \pm\sqrt{m_{50}^2 + m_{50}^2 + m_{25}^2 + m_{25}^2 + m_{25}^2 + m_{12}^2 + m_{12}^2 + m_{12}^2 + m_{12}^2 + m_{12}^2 + m_{50}^2 + m_{50}^2}$$

$$m = \pm\sqrt{4\,m_{50}^2 + 3\,m_{25}^2 + 5\,m_{12}^2}$$

$$= \pm\sqrt{4\cdot 1{,}44 + 3\cdot 0{,}81 + 5\cdot 0{,}36} = \pm 3{,}2^{\mathrm{mm}}.$$

Der mittlere Fehler $\mathfrak{m}$ der Gewichtseinheit wird nach (2*):

$$\mathfrak{m} = \pm m_{50}\sqrt{n} = \pm m_{50}\sqrt{\frac{L}{2\,z}} = \pm 1{,}2\sqrt{\frac{1000}{100}} = \pm 3{,}8^{\mathrm{mm}}$$

und somit das Gewicht p des Gesamthöhenunterschiedes nach Formel **(34)**:

$$p = \frac{k}{m\,m} = \frac{\mathfrak{m}\,\mathfrak{m}}{m\,m} = \frac{3{,}8^2}{3{,}2^2} = 1{,}4.$$

Dasselbe Gewicht ergiebt sich auch nach den Formeln **(34)** und **(41)** wie folgt:

$$\frac{1}{p_{50}} = \frac{m_{50}\,m_{50}}{\mathfrak{m}\,\mathfrak{m}} = \frac{1{,}2^2}{3{,}8^2} = 0{,}100, \quad \frac{1}{p_{25}} = \frac{0{,}9^2}{3{,}8^2} = 0{,}062, \quad \frac{1}{p_{12}} = \frac{0{,}6^2}{3{,}8^2} = 0{,}025,$$

$$\frac{1}{p} = 4\cdot\frac{1}{p_{50}} + 3\,\frac{1}{p_{25}} + 5\,\frac{1}{p_{12}} = 0{,}71, \quad p = 1{,}4.$$

B e i s p i e l 4: Die Strecken zwischen den Punkten P_1, P_2, P_3, P_4, deren Längen $L_1 = 1{,}2^{\mathrm{km}}$, $L_2 = 1{,}0^{\mathrm{km}}$, $L_3 = 1{,}4^{\mathrm{km}}$ sind, sind mit gleichen Zielweiten nivellirt worden, wobei sich die Höhenunterschiede $\Delta h_1 = 3{,}723$, $\Delta h_2 = \times 4{,}505$, $\Delta h_3 = \times 2{,}072$ ergeben haben. Der mittlere Fehler der Gewichtseinheit sei $\pm 3{,}8^{\mathrm{mm}}$. Wie grofs ist hiernach das Gewicht P und der mittlere Fehler M des Gesamthöhenunterschiedes ΔH zwischen den Punkten P_1 und P_4?

$$\Delta H = \Delta h_1 + \Delta h_2 + \Delta h_3 = 3{,}723 + \times 4{,}505 + \times 2{,}072 = \times 0{,}300^{\mathrm{m}},$$

ferner nach (6*):

$$\frac{1}{p_1} = L_1, \quad \frac{1}{p_2} = L_2, \quad \frac{1}{p_3} = L_3$$

und nach Formel **(41)**:

$$\frac{1}{P} = \frac{1}{p_1} + \frac{1}{p_2} + \frac{1}{p_3} = L_1 + L_2 + L_3 = 3{,}6, \qquad P = 0{,}26,$$

endlich nach Formel **(35)**:

$$M = \pm\,\mathfrak{m}\sqrt{\frac{1}{P}} = \pm 3{,}8\sqrt{3{,}6} = \pm 7{,}2^{\mathrm{mm}}.$$

Beispiel 5: Die Städte Bonn und Godesberg werden durch ein gemeinschaftliches Pumpwerk mit Wasser versehen. Zu dem in Bonn vorhandenen Hochreservoir der Wasserleitung soll ein zweites Hochreservoir in Godesberg möglichst genau in gleicher Höhe erbaut werden. Es soll angegeben werden, wie grofs der Fehler des durch geometrisches Nivellement zu bestimmenden Höhenunterschiedes zwischen dem an dem Bonner Hochreservoir angebrachten Nivellementsbolzen und dem auf dem Grundstücke für das Godesberger Hochreservoir gesetzten Bolzenstein voraussichtlich höchstens sein wird.

1. Der Bolzen ◎ 1 an dem Bonner Hochreservoir ist durch zwei Nivellements an die beiden 1 km von einander entfernten Bolzensteine 5477 und 5478 der Landesaufnahme angeschlossen worden.

Der Höhenunterschied zwischen ◎ 5478 und ◎ 1 ist bei dem ersten Nivellement erhalten aus 55 Einzelhöhenunterschieden, die bei verschiedenen Zielweiten beobachtet worden sind. Die durchschnittlichen Zielweiten z und die aus anderweitigen umfangreichen Ermittlungen bekannten mittleren Fehler m eines Einzelhöhenunterschiedes bei den betreffenden Zielweiten sind

für 29 Unterschiede: $z = 50$ m, $m = \pm 1,2$ mm,
„ 9 „ : $z = 25$ m, $m = \pm 0,9$ mm,
„ 17 „ : $z = 12$ m, $m = \pm 0,6$ mm.

Hiermit ergiebt sich der mittlere Fehler m_1 des aus dem ersten Nivellement folgenden Höhenunterschiedes Δh_1 zwischen ◎ 5478 und ◎ 1 nach den Formeln **(29)** und **(30)** wie im Beispiele 3 zu:

$$m_1 = \pm \sqrt{(1,2\sqrt{29})^2 + (0,9\sqrt{9})^2 + (0,6\sqrt{17})^2} = \pm 7,4 \text{ mm}.$$

Bei dem zweiten Nivellement ist der Höhenunterschied zwischen ◎ 5478 und ◎ 1 erhalten aus dem Höhenunterschied der 1 km langen Strecke zwischen ◎ 5478 und ◎ 5477, dessen mittlerer Fehler nach der Veröffentlichung der Landesaufnahme zu $\pm 2,0$ mm angenommen werden kann, und 46 Einzelhöhenunterschieden, deren Zielweiten z und mittlere Fehler m sind

für 22 Unterschiede: $z = 50$ m, $m = \pm 1,2$ mm,
„ 5 „ : $z = 25$ m, $m = \pm 0,9$ mm,
„ 19 „ : $z = 12$ m, $m = \pm 0,6$ mm,

Hiermit ergiebt sich der mittlere Fehler m_2 des aus dem zweiten Nivellement folgenden Höhenunterschiedes Δh_2 zwischen ◎ 5478 und ◎ 1 wie oben:

$$m_2 = \pm \sqrt{2,0^2 + (1,2\sqrt{22})^2 + (0,9\sqrt{5})^2 + (0,6\sqrt{19})^2} = \pm 6,8 \text{ mm}.$$

Der endgültige Höhenunterschied ΔH ist aus Δh_1 und Δh_2 gerechnet nach

$$\Delta H = \frac{\Delta h_1 + \Delta h_2}{2} = {}^1/_2\, \Delta h_1 + {}^1/_2\, \Delta h_2,$$

so dafs sich der mittlere Fehler M_1 dieses Höhenunterschiedes nach Formel **(31)** ergiebt zu:

$$M_1 = \pm \sqrt{\left(\frac{1}{2} m_1\right)^2 + \left(\frac{1}{2} m_2\right)^2} = \pm \sqrt{\left(\frac{1}{2} 7,4\right)^2 + \left(\frac{1}{2} 6,8\right)^2} = \pm 5,0 \text{ mm}.$$

2. Der Bolzen ◎ 5478 ist mit der Höhenmarke ○ G. B. der Europäischen Gradmessung auf dem Godesberger Bahnhofe, wovon bei der Einnivellirung des Bolzens ◎ 2 beim Godesberger Hochreservoir am zweckmäfsigsten ausgegangen wird, durch eine $L = 6{,}5^{\text{km}}$ lange Strecke des mit gleichmäfsigen Zielweiten von $z = 50^{\text{m}}$ durchgeführten Nivellements der Landesaufnahme verbunden.

Hiernach folgt der mittlere Fehler M_2 der $L = 6{,}5^{\text{km}}$ langen Strecke zwischen ◎ 5478 und ○ G. B. mit dem nach den Veröffentlichungen der Landesaufnahme angenommenen mittleren Fehler $m = \pm 2{,}0^{\text{mm}}$ für 1 Kilometer nach (6*) und Formel **(35)** zu:

$$M_2 = \pm m \sqrt{L} = \pm 2{,}0 \sqrt{6{,}5} = \pm 5{,}1^{\text{mm}}.$$

3. Der Höhenunterschied zwischen ○ G. B. und ◎ 2 beim Godesberger Hochreservoir kann nach angestellten Ermittlungen nivellirt werden

in 3 Aufstellungen mit Zielweiten von 50^{m},
„ 6 „ „ „ „ 25^{m}
und „ 20 „ „ „ „ 12^{m}.

Es können dasselbe Nivellirinstrument und dieselben Latten benutzt werden, wie bei den Nivellements zwischen ◎ 5478 und ◎ 1, so dafs dieselben mittleren Fehler angesetzt werden können, wie unter Nr. 1 und ein konstanter Längenfehler der Latten nicht berücksichtigt zu werden braucht.

Demnach ergiebt sich der mittlere Fehler m des aus einem einmaligen Nivellement folgenden Höhenunterschiedes zwischen ○ G. B. und ◎ 2 wie unter Nr. 1 zu

$$m = \pm \sqrt{(1{,}2\sqrt{3})^2 + (0{,}9\sqrt{6})^2 + (0{,}6\sqrt{20})^2} = \pm 4{,}0^{\text{mm}}.$$

Das Nivellement wird, um grobe Fehler auszuschliefsen, zweimal in gleicher Weise durchgeführt. Das arithmetische Mittel der Ergebnisse beider Messungen wird als endgültiger Höhenunterschied genommen, wonach dessen mittlerer Fehler M_3 nach Formel **(32)** sein wird:

$$M_3 = \pm \frac{1}{2} m \sqrt{2} = \pm \frac{1}{2} 4{,}0 \sqrt{2} = \pm 2{,}8^{\text{mm}}.$$

4. Aus den mittleren Fehlern $M_1 = \pm 5{,}0^{\text{mm}}$, $M_2 = \pm 5{,}1^{\text{mm}}$, $M_3 = \pm 2{,}8^{\text{mm}}$ der Höhenunterschiede zwischen ◎ 1 und ◎ 5478, ◎ 5478 und ○ G. B., ○ G. B. und ◎ 2 wird der mittlere Fehler M des Gesamthöhenunterschiedes zwischen ◎ 1 und ◎ 2 nach Formel **(29)** erhalten zu:

$$M = \pm \sqrt{M_1^2 + M_2^2 + M_3^2} = \pm \sqrt{5{,}0^2 + 5{,}1^2 + 2{,}8^2} = \pm 7{,}7^{\text{mm}}.$$

Wird der voraussichtlich höchstens vorkommende Fehler nach der im § 8 gewonnenen Regel **(27)** gleich dem 4 fachen Betrage des mittleren Fehlers angenommen, so ergiebt er sich zu: $4M = \pm 4 \cdot 7{,}7 = \pm 30{,}8^{\text{mm}}$ oder rund zu: $\pm$ 3 Centimeter.

B e i s p i e l 6: Zur Berechnung des Höhenunterschiedes Δh zweier trigonometrischen Punkte, des mittleren Fehlers m und des Gewichtes p des Höhenunterschiedes sind die folgenden Bestimmungen gegeben:

Entfernung	$e = 4536{,}5^{\text{m}}$,	$m_e = \pm 0{,}1^{\text{m}}$,	
Höhenwinkel	$\alpha = +0°57'35''$,	$m_\alpha'' = \pm 4''$,	$m_\alpha = \frac{1}{\varrho} m_\alpha'' = 0{,}000\,019$,
Instrumentenhöhe	$i = 0{,}743^{\text{m}}$,	$m_i = \pm 0{,}01^{\text{m}}$,	
Zielhöhe	$z = 1{,}260^{\text{m}}$,	$m_z = \pm 0{,}01^{\text{m}}$.	

Als Gewichtseinheit ist das Gewicht der Bestimmung eines Höhenunterschiedes für eine Entfernung $e = 1^{\text{km}}$ zu nehmen.

Wie im Beispiele 5, Seite 28 folgt

$$\Delta h = e\, tg\, \alpha + i - z = 4536{,}5 \cdot tg\, 0^\circ 57' 35'' + 0{,}743 - 1{,}260 = +75{,}47 \text{ m},$$

und

$$M = \pm \sqrt{(tg\,\alpha \cdot m_e)^2 + \left(\frac{e}{\cos^2\alpha} m_\alpha\right)^2 + m_i^2 + m_z^2}$$

$$= \pm \sqrt{(0{,}0168 \cdot 0{,}1)^2 + \left(\frac{4536}{1{,}000} \cdot 0{,}000\,019\right)^2 + 0{,}01^2 + 0{,}01^2}$$

$$= \pm \sqrt{0{,}00\,00\,03 + 0{,}00\,74\,30 + 0{,}00\,01\,00 + 0{,}00\,01\,00}$$

$$= \pm \sqrt{0{,}00\,76\,33} = \pm 0{,}087 \text{ m}.$$

Nach den Zahlenwerten liefern die mittleren Fehler m_e, m_i, m_z, obgleich sie hier aufsergewöhnlich hoch angesetzt sind, so geringe Beiträge zu M^2, dafs sie vernachlässigt oder gleich Null gesetzt werden können. Ferner kann $\cos\alpha$ für die im trigonometrischen Netze in der Regel nur vorkommenden kleinen Höhenwinkel gleich 1,0 gesetzt und demnach

$$M = \pm \sqrt{(e\, m_\alpha)^2} = \pm e\, m_\alpha = \pm 4536 \cdot 0{,}000\,019 = \pm 0{,}086 \text{ m}$$

genommen werden. Hiernach ergiebt sich für das Gewicht P nach Formel **(34)**, wenn die Entfernungen in Kilometern genommen werden:

$$P = \frac{(1 \cdot m_\alpha)^2}{(e \cdot m_\alpha)^2} = \frac{1}{e^2} = \frac{1}{4{,}54^2} = 0{,}049.$$

Beispiel 7: Für den Höhenunterschied Δh zweier Punkte P und P_1 ergiebt sich aus dem Höhenwinkel $\alpha = +2^\circ 16' 30''$ der Ziellinie nach dem Nullpunkte einer auf P_1 stehenden Latte und dem Höhenwinkel $\alpha_1 = +3^\circ 35' 15''$ der Ziellinie nach einer im Abstande $l = 4{,}000$ m vom Nullpunkte an der Latte angebrachten Zielscheibe:

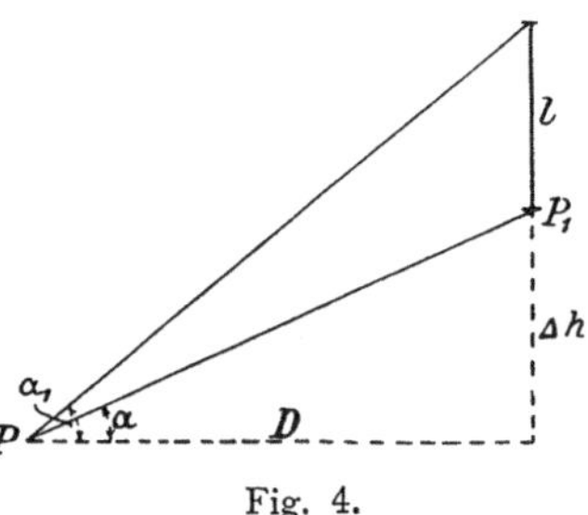

Fig. 4.

$$\Delta h = D\, tg\, \alpha, \quad | \quad \Delta h + l = D\, tg\, \alpha_1,$$

$$\frac{\Delta h}{\Delta h + l} = tg\,\alpha\, cotg\,\alpha_1,$$

$$\Delta h = \frac{l}{cotg\,\alpha\, tg\,\alpha_1 - 1} = \frac{4{,}000}{cotg\,(+2^\circ 16' 30'')\, tg\,(+3^\circ 35' 15'') - 1} = +6{,}919 \text{ m}.$$

Aus dem mittleren Fehler $m_\alpha'' = \pm 8''$ oder $m_\alpha = \frac{1}{\varrho} m_\alpha'' = \pm 0{,}000\,039$ der beiden Höhenwinkel α und dem mittleren Fehler $m_l = \pm 0{,}2$ mm $= \pm 0{,}0002$ m des Lattenstücks l ergiebt sich dann der mittlere Fehler M des Höhenunterschiedes Δh mit den partiellen Differenzialquotienten des Ausdruckes für Δh nach α, α_1 und l:

$$\frac{\partial \Delta h}{\partial l} = + \frac{1}{cotg\,\alpha\, tg\,\alpha_1 - 1} = + \frac{\Delta h}{l} = +1{,}73,$$

$$\frac{\partial \Delta h}{\partial \alpha} = + \frac{l}{(cotg\,\alpha\, tg\,\alpha_1 - 1)^2} \cdot \frac{tg\,\alpha_1}{\sin^2\alpha} = + \Delta h^2 \cdot \frac{tg\,\alpha_1}{l \sin^2\alpha} = +476{,}1,$$

$$\frac{\partial \Delta h}{\partial \alpha_1} = - \frac{l}{(cotg\,\alpha\, tg\,\alpha_1 - 1)^2} \cdot \frac{cotg\,\alpha}{\cos^2\alpha_1} = - \Delta h^2 \cdot \frac{cotg\,\alpha}{l \cos^2\alpha_1} = -302{,}4,$$

nach Formel **(33)** zu:

$$M = \pm \sqrt{(1{,}73 \cdot 0{,}0002)^2 + (476 \cdot 0{,}000\,039)^2 + (302 \cdot 0{,}000\,039)^2} = \pm 0{,}022 \text{ m}.$$

Beispiel 8: Bei einer Dreieckswinkelmessung werden zwei verschiedene Theodolite I und II verwendet. Der mittlere Fehler einer einmal in beiden Lagen des Fernrohrs beobachteten Richtung ist für den Theodoliten I: $m_I = \pm 1{,}5''$, für den Theodoliten II: $m_{II} = \pm 2{,}4''$. Es soll angegeben werden, wie oft die Beobachtungen der Winkel mit dem Theodoliten II wiederholt werden müssen, damit die Beobachtungsergebnisse ebenso genau werden, wie bei einer 8 maligen Beobachtung der Winkel mit dem Theodoliten I, und wie grofs das Gewicht und der mittlere Fehler der als arithmetisches Mittel aus sämtlichen Beobachtungsergebnissen gebildeten endgültigen Winkelwerte sind. Hierbei ist das Gewicht einer einmaligen, in beiden Lagen des Fernrohrs ausgeführten Beobachtung eines Winkels mit dem Theodoliten I als Gewichtseinheit zu nehmen.

1. Ein Winkel w wird aus den beobachteten Richtungen r_l und r_r für den linken und den rechten Winkelschenkel erhalten nach:

$$w = r_r - r_l.$$

Somit wird der mittlere Fehler m_w eines Winkels aus dem mittleren Fehler m_r einer Richtung nach Formel **(30)** erhalten zu:

$$m_w = \pm m_r \sqrt{2}.$$

Hiernach finden wir als mittleren Fehler $\mathfrak{m}$ der Gewichtseinheit oder eines einmal mit dem Theodoliten I in beiden Fernrohrlagen beobachteten Winkels:

$$\mathfrak{m} = \pm m_I \sqrt{2} = \pm 1{,}5 \sqrt{2} = \pm 2{,}1''$$

und als mittleren Fehler $m_{w_{II}}$ eines einmal mit dem Theodoliten II in beiden Fernrohrlagen beobachteten Winkels:

$$m_{w_{II}} = \pm m_{II} \sqrt{2} = \pm 2{,}4 \sqrt{2} = \pm 3{,}4''.$$

Die Gewichtskonstante $k = \mathfrak{m}\,\mathfrak{m}$ ist:

$$k = \mathfrak{m}\,\mathfrak{m} = 1{,}5^2 \cdot 2 = 4{,}5$$

und das Gewicht p_{II} eines mit dem Theodoliten II beobachteten Winkels nach Formel **(34)**:

$$p_{II} = \frac{k}{m_{w_{II}}\, m_{w_{II}}} = \frac{1{,}5^2 \cdot 2}{2{,}4^2 \cdot 2} = \frac{2{,}25}{5{,}76} = 0{,}39.$$

2. Der endgültige Wert W eines Winkels ergiebt sich als arithmetisches Mittel aus n Beobachtungsergebnissen $w_1, w_2, w_3, \ldots . w_n$ zu:

$$W = \frac{w_1 + w_2 + w_3 + \ldots w_n}{n},$$

und das Gewicht P des endgültigen Wertes W aus dem Gewichte p der Beobachtungsergebnisse nach Formel **(44)** zu:

$$\frac{1}{P} = \left(\frac{1}{n}\right)^2 \cdot n \cdot \frac{1}{p} = \frac{1}{n\,p} \text{ oder } P = n\,p.$$

Hiernach wird das Gewicht P_I der endgültigen Werte W_I, die aus $n_I = 8$ mit dem Theodoliten I gewonnenen Beobachtungsergebnissen vom Gewichte $\mathfrak{p} = 1$ abgeleitet werden:

$$P_I = n_I\, \mathfrak{p} = 8 \cdot 1 = 8$$

und das Gewicht P_{II} der endgültigen Werte W_{II}, die aus n_{II} mit dem Theodoliten II gewonnenen Beobachtungsergebnissen vom Gewichte $p_{II} = 0{,}39$ abgeleitet werden:

$$P_{II} = n_{II}\, p_{II} = n_{II} \cdot 0{,}39\,.$$

Soll nun, wie verlangt, die Genauigkeit der mit dem Theodoliten I und II gewonnenen Endergebnisse W_I und W_{II} gleich sein, so müssen auch die Gewichte $P_I = 8$ und $P_{II} = n_{II} \cdot 0{,}39$ gleich sein, oder es mufs sein:

$$n_{II} \cdot 0{,}39 = 8 \text{ und } n_{II} = \frac{8}{0{,}39} = 20{,}5 \text{ oder rund } = 21\,,$$

wonach die Winkel 21 mal mit dem Theodoliten II beobachtet werden müssen, damit die Beobachtungsergebnisse ebenso genau werden, wie bei einer 8 maligen Beobachtung der Winkel mit dem Theodoliten I.

Der mittlere Fehler M der endgültigen Werte W_I und W_{II} ergiebt sich aus dem mittleren Fehler $\mathfrak{m}$ der Gewichtseinheit und den Gewichten $P_I = P_{II} = n_I = 8$ nach Formel **(35)** zu:

$$M = \pm\, \mathfrak{m} \sqrt{\frac{1}{n_I}} = \pm\, 2{,}1 \sqrt{\frac{1}{8}} = \pm\, 0{,}74''$$

oder aus dem mittleren Fehler $m_{w_{II}} = \pm\, 3{,}4''$, wenn wir den Beobachtungen mit dem Theodoliten II das Gewicht $= 1$ beilegen und demnach das Gewicht von W_{II} mit $n_{II} = 21$ einsetzen, zu:

$$M = \pm\, m_{w_{II}} \sqrt{\frac{1}{n_{II}}} = \pm\, 3{,}4 \sqrt{\frac{1}{21}} = \pm\, 0{,}74''\,.$$

Beispiel 9: Die Entfernung b eines auf dem rechten Rheinufer liegenden Punktes P_a von einem auf dem linken Rheinufer liegenden Punkte P_b soll durch Messungen am linken Rheinufer derart bestimmt werden, dafs der mittlere Fehler m_b nicht gröfser als $\pm\, 0{,}04$ m wird.

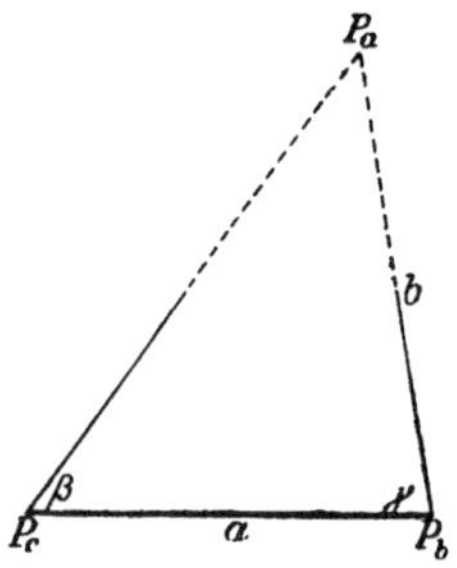

Fig. 5.

Der Punkt P_a kann von dem Punkte P_b und von einem rund 350 m von P_b entfernten Punkte P_c anvisiert werden. Zur Messung der Entfernung a zwischen P_b und P_c stehen Latten zur Verfügung, deren Länge nach Normalmafsstäben geprüft ist und mit denen die Entfernung a auf dem nahezu horizontalen Leinpfad so genau gemessen werden kann, dafs der mittlere Fehler einer einmaligen Messung $m_a = \pm\, 0{,}004 \sqrt{a} = \pm\, 0{,}004 \sqrt{350} = \pm\, 0{,}075$ m sein wird. Zur Messung der Winkel β und γ auf P_c und P_b steht ein Theodolit zur Verfügung, für den der mittlere Fehler einer einmaligen Messung eines Winkels in beiden Fernrohrlagen festgestellt ist zu: $m'' = \pm\, 8''$ oder $m = \frac{1}{\varrho} m'' = \pm\, 0{,}000\,039$. Die Winkel β und γ sind ungefähr bestimmt zu: $\beta = 52^\circ\, 20'$, $\gamma = 83^\circ\, 00'$.

Es soll angegeben werden, wie oft die Messung der Entfernung und der Winkel zu wiederholen ist, damit die verlangte Genauigkeit erreicht wird.

Die Entfernung b wird erhalten zu:

$$b = a\, \frac{\sin \beta}{\sin(\beta + \gamma)} = 350 \cdot \frac{\sin 52^\circ\, 20'}{\sin 135^\circ\, 20'} = 350 \cdot \frac{0{,}792}{0{,}703} = 350 \cdot 1{,}13 = 396 \text{ m}\,.$$

Die zur Anwendung der Formel **(33)** für die Berechnung des mittleren

Fehlers m_b der Entfernung b erforderlichen Zahlenwerte der Differenzialquotienten ergeben sich wie folgt:

$$\frac{\partial b}{\partial a} = \frac{\sin \beta}{\sin(\beta + \gamma)} = \frac{\sin 52^\circ 20'}{\sin 135^\circ 20'} = \frac{0{,}792}{0{,}703} = 1{,}13,$$

$$\frac{\partial b}{\partial \beta} = a \cdot \frac{\sin(\beta+\gamma)\cos\beta - \sin\beta\cos(\beta+\gamma)}{\sin^2(\beta+\gamma)}$$

$$= a\frac{\sin\gamma}{\sin^2(\beta+\gamma)} = a\frac{\sin 83^\circ 00'}{\sin^2 135^\circ 20'} = 350\frac{0{,}993}{0{,}703^2} = 704,$$

$$\frac{\partial b}{\partial \gamma} = -a\frac{\sin\beta}{\sin^2(\beta+\gamma)}\cos(\beta+\gamma) = -b\,cotg(\beta+\gamma) =$$

$$= -396 \cdot cotg\,135^\circ 20' = +396 \cdot 1{,}012 = 401.$$

Wird die Messung der Entfernung a n_a mal ausgeführt und wird das arithmetische Mittel der n_a Messungsergebnisse als endgültiger Wert von a angenommen, so wird der mittlere Fehler dieses Wertes nach Formel **(32)**:

$$\pm\frac{1}{n_a} m_a \sqrt{n_a} = \pm m_a \sqrt{\frac{1}{n_a}} = \pm 0{,}075\sqrt{\frac{1}{n_a}}$$

sein. Ebenso wird, wenn die Winkel β und γ n mal gemessen werden und die arithmetischen Mittel der n Messungsergebnisse als endgültige Werte der Winkel angenommen werden, der mittlere Fehler dieser Werte $\pm m\sqrt{\frac{1}{n}} = \pm 0{,}000\,039\sqrt{\frac{1}{n}}$ sein. Danach ergiebt sich der mittlere Fehler m_b der Entfernung b nach Formel **(33)** wie folgt:

$$m_b = \pm\sqrt{\left(1{,}13 \cdot 0{,}075\sqrt{\frac{1}{n_a}}\right)^2 + \left(704 \cdot 0{,}000\,039\sqrt{\frac{1}{n}}\right)^2 + \left(401 \cdot 0{,}000\,039\sqrt{\frac{1}{n}}\right)^2}$$

$$= \pm\sqrt{0{,}007\,18\frac{1}{n_a} + 0{,}001\,00\frac{1}{n}}.$$

Der mittlere Fehler m_b soll nicht gröfser als $\pm 0{,}04$ m sein. Setzen wir den Wert 0,04 für m_b in die obige Gleichung ein und quadriren, so erhalten wir:

$$0{,}0016 = 0{,}007\,18\frac{1}{n_a} + 0{,}001\,00\frac{1}{n}.$$

Nach dieser Gleichung können n_a und n festgesetzt werden. Wird bestimmt, dafs die Entfernung a und die Winkel β und γ gleich oft gemessen werden sollen, dafs also $n_a = n$ sein soll, so folgt aus obiger Gleichung, dafs die Messungen

$$n_a = n = \frac{0{,}007\,18 + 0{,}001\,00}{0{,}0016} = 5 \text{ mal auszuführen sind.}$$

Würde bestimmt, dafs die Entfernung a $n_a = 4$ mal gemessen werden solle, so würde der aus dem mittleren Fehler des endgültigen Wertes von a herrührende Teilbetrag $0{,}007\,18\frac{1}{n_a}$ des Quadrates des mittleren Fehlers m_b der Entfernung b gleich $0{,}007\,18\frac{1}{4} = 0{,}0018$, also bereits gröfser als der für m_b^2 festgesetzte Betrag 0,0016. Demnach wird also m_b nur dann nicht gröfser als $\pm 0{,}04$ m, wenn die Entfernung a mindestens 5 mal gemessen wird.

Beispiel 10: **1.** Die Geschwindigkeit v des Wassers in einer Sekunde wird aus der Anzahl t der Touren, die ein Woltmannscher Flügel in der Zeit z macht und aus den Konstanten α und β des Flügels erhalten nach:

$$v = \alpha + \beta\frac{t}{z}.$$

Hieraus folgt für den mittleren Fehler m_v der Geschwindigkeit v nach Formel (33):

$$m_v = \pm \sqrt{m_\alpha{}^2 + \left(\frac{t}{z} m_\beta\right)^2 + \left(\frac{\beta}{z} m_t\right)^2 + \left(\beta \frac{t}{z^2} m_z\right)^2}.$$

Ist $\alpha = +0{,}025$, $\beta = +0{,}278$, $t = 100$, $z = 22{,}2''$, also

$$v = +0{,}025 + 0{,}278 \frac{100}{22{,}2} = 1{,}277 \text{ m}.$$

und $m_\alpha = \pm\, 0{,}00\,47$, $m_\beta = \pm\, 0{,}00\,108$, $m_t = 0$, $m_z = \pm\, 1{,}3''$, so wird:

$$m_v = \pm \sqrt{0{,}00\,47^2 + \left(\frac{100}{22{,}2} 0{,}00\,108\right)^2 + \left(\frac{0{,}278}{22{,}2} \cdot 0{,}0\right)^2 + \left(0{,}278 \frac{100}{22{,}2^2} 1{,}3\right)^2}$$

$$= \pm \sqrt{0{,}00\,00\,22 + 0{,}00\,00\,24 + 0{,}0 + 0{,}00\,53\,73} = \pm\, 0{,}074 \text{ m}.$$

2. Werden die in einer Vertikalen bei den Tiefen $T_0 = 0$, T_1, T_2, ... T_n, T_s ermittelten Wassergeschwindigkeiten v_0, v_1, v_2, ... v_n, v_s als Ordinaten zu den als Abscissen genommenen Tiefen T aufgetragen, so stellt die durch die Abscissenlinie, durch die Ordinaten v_0 der Oberfläche und v_s der Sohle sowie durch die Verbindungslinien der Endpunkte der Ordinaten $v_0, v_1, v_2, \ldots v_n, v_s$ begrenzte Fläche die Vertikalgeschwindigkeitsfläche dar. Der Inhalt F dieser Fläche wird erhalten nach:

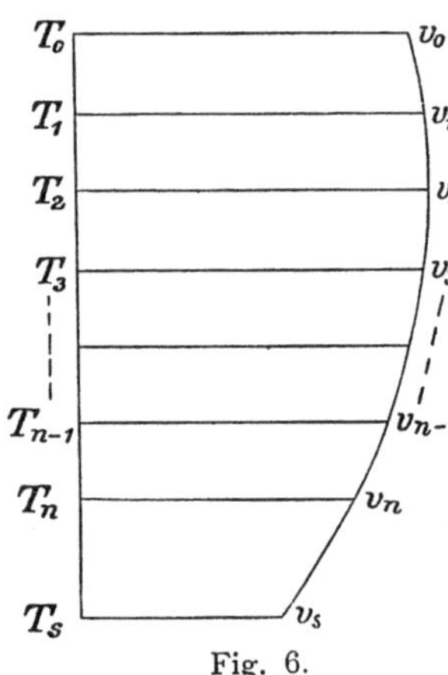

Fig. 6.

$$F = \frac{1}{2}\left(v_0\, T_1 + v_1\, T_2 + v_2\, (T_3 - T_1) + \ldots . v_{n-1}\, (T_n - T_{n-2}) + v_n\, (T_s - T_{n-1}) + v_s\, (T_s - T_n)\right).$$

Die Tiefen T können so genau ermittelt werden, dafs deren Fehler hier nicht berücksichtigt zu werden brauchen. Wird dann als mittlerer Fehler m_v der Geschwindigkeiten ein den Geschwindigkeiten v_0, v_1, v_2, ... v_n, v_s entsprechender Mittelwert genommen, so ergiebt sich für den mittleren Fehler m_F der Vertikalgeschwindigkeit nach Formel (31):

$$m_F = \pm \frac{1}{2} m_v \sqrt{T_1{}^2 + T_2{}^2 + (T_3 - T_1)^2 + \ldots . (T_n - T_{n-2})^2 + (T_s - T_{n-1})^2 + (T_s - T_n)^2}$$

Die Vertikalgeschwindigkeitsfläche F ergiebt sich für:

$v_0 = 0{,}786$, $T_1 = 0{,}10$, $v_1 = 0{,}781$, $T_2 = 0{,}20$, $v_2 = 0{,}739$, $T_3 = 0{,}30$, $v_3 = 0{,}719$, $T_4 = 0{,}45$, $v_4 = 0{,}581$, $v_s = 0{,}305$, $T_s = 0{,}63$ zu:

$$F = \frac{1}{2}(0{,}786 \cdot 0{,}1 + 0{,}781 \cdot 0{,}2 + 0{,}739 \cdot 0{,}2 + 0{,}719 \cdot 0{,}25 + 0{,}581 \cdot 0{,}33 + 0{,}305 \cdot 0{,}18)$$

$$= 0{,}405 \text{ qm}$$

und ihr mittlerer Fehler m_F mit $m_v = \pm\, 0{,}066$ m zu:

$$m_F = \pm \frac{1}{2} 0{,}066 \sqrt{0{,}1^2 + 0{,}2^2 + 0{,}2^2 + 0{,}25^2 + 0{,}33^2 + 0{,}18^2} = \pm\, 0{,}018 \text{ qm}.$$

3. Aus der Vertikalgeschwindigkeitsfläche F und der Sohlentiefe T_s ergiebt sich die mittlere Vertikalgeschwindigkeit V nach:

$$V = \frac{F}{T_s}$$

und somit der mittlere Fehler m_V der mittleren Vertikalgeschwindigkeit nach Formel (28):

$$m_V = \frac{1}{T_s} m_F.$$

Für obiges Beispiel wird:

$$V=\frac{0{,}405}{0{,}63}=0{,}643\,\text{m} \quad \text{und} \quad m_V=\pm\frac{1}{0{,}63}\,0{,}018=\pm\,0{,}029\,\text{m}.$$

4. Der Flächeninhalt f_n eines einzelnen Streifens des Querprofils, in dessen vertikaler Mittellinie die Geschwindigkeitsmessung ausgeführt wird, ergiebt sich aus der Breite b_n des Streifens und aus den Tiefen T_{n-1} und T_n an den Grenzen des Streifens nach:

$$f_n=\frac{1}{2}\,b_n(T_{n-1}+T_n).$$

Die Breite b_n des Streifens kann so genau ermittelt werden, dafs ihr mittlerer Fehler $m_b=0$ genommen werden kann. Dann ergiebt sich für den mittleren Fehler m_f der Fläche aus dem mittleren Fehler m_T der Tiefen T nach Formel **(32)**:

$$m_f=\pm\,\frac{1}{2}\,b_n\,m_T\,\sqrt{2}=\pm\,\frac{1}{\sqrt{2}}\,b_n\,m_T.$$

Ferner wird die Wassermenge q_n, die in der Sekunde durch einen einzelnen Querprofilstreifen fliefst, aus der Fläche f_n des Streifens und aus der mittleren Vertikalgeschwindigkeit V_n erhalten nach:

$$q_n=f_n\,V_n$$

und der mittlere Fehler m_q der Wassermenge q_n aus dem mittleren Fehler m_f der Fläche f_n und dem mittleren Fehler m_V der Geschwindigkeit V nach Formel **(33)** zu:

$$m_q=\pm\sqrt{(V_n\,m_f)^2+(f_n\,m_V)^2}.$$

Die Gesamtwassermenge Q, die in einer Sekunde durch das ganze Querprofil fliefst, ist gleich der Summe der durch die einzelnen Querprofilstreifen fliefsenden Wassermengen q_n und demnach der mittlere Fehler m_Q der Gesamtwassermenge Q nach Formel **(29)** gleich der Quadratwurzel aus der Summe der Quadrate der mittleren Fehler m_q der einzelnen Wassermengen q_n.

Hiernach werden die Wassermenge Q, die in einer Sekunde durch das, bereits im § 9, Nr 5 behandelte Querprofil fliefst, und ihr mittlerer Fehler m_Q wie folgt erhalten:

Nr.	Breite b.	Tiefe T.	Fläche f.	Geschwindigkeit V.	Wassermenge q.	Mittlerer Fehler m_f.	Mittlerer Fehler m_V.	$(Vm_f)^2$.	$(fm_V)^2$.
						±	±		
0		0,00							
1	3,6	0,40	0,72	0,182	0,131	0,090	0,040	0,00 027	0,00 083
2	2,5	0,57	1,21	0,438	0,530	0,089	0,035	152	180
3	2,5	0,72	1,61	0,643	1,035	0,089	0,029	327	218
4	2,5	0,82	1,92	0,810	1,555	0,089	0,027	520	268
5	2,5	0,85	2,09	1,036	2,165	0,089	0,024	850	252
6	2,5	0,85	2,12	1,157	2,453	0,089	0,023	0,01 061	238
7	2,5	0,78	2,04	1,019	2,079	0,089	0,025	0,00 823	260
8	2,5	0,67	1,81	0,794	1,437	0,089	0,028	500	257
9	2,5	0,55	1,52	0,779	1,184	0,089	0,030	480	208
10	2,5	0,45	1,25	0,550	0,688	0,089	0,032	240	160
11	2,5	0,26	0,89	0,400	0,356	0,089	0,036	127	102
12	3,2	0,00	0,42	0,140	0,059	0,080	0,045	012	036
			$F=17{,}60$ qm		$Q=13{,}672$ cbm			$m_Q^2=0{,}07\,381$	
								$m_Q=\pm\,0{,}272$ cbm	

Der mittlere Fehler m_T der Sohlentiefe T ist, wie im § 9, Nr. 5, zu: $\pm$ 0,05 m genommen. Die mittleren Fehler $m_{T'}$ ergeben sich, wie unter Nr. 2 und 3 durch ein Beispiel erläutert ist.

Beispiel 11: **1.** Der mittlere Profilradius r eines Durchflufsprofils ergiebt sich aus der Querprofilfläche und dem benetzten Umfange p nach:

$$r = \frac{F}{p},$$

woraus für die Berechnung des mittleren Fehlers m_r des Profilradius r aus dem mittleren Fehler m_F der Fläche F und dem mittleren Fehler m_p des benetzten Umfanges p nach Formel **(33)** folgt:

$$m_r = \pm \sqrt{\left(\frac{1}{p} m_F\right)^2 + \left(\frac{F}{p^2} m_p\right)^2}.$$

In dem im § 9, Nr. 5 behandelten Beispiele ist $F = 17{,}61$ qm, $p = 31{,}8$, also:

$$r = \frac{17{,}61}{31{,}8} = 0{,}554.$$

Ferner ist: $m_F = \pm$ 0,43 qm, $m_p = \pm$ 0,05 m und somit

$$m_r = \pm \sqrt{\left(\frac{1}{31{,}8} 0{,}43\right)^2 + \left(\frac{17{,}6}{31{,}8^2} 0{,}05\right)^2} = \pm 0{,}0135.$$

2. Nach den Formeln von Ganguillet und Kutter wird die mittlere Wassergeschwindigkeit V erhalten aus den Konstanten α und β, dem Profilradius r und dem relativen Gefälle τ nach:

$$V = \left(\alpha - \frac{\alpha \beta}{\sqrt{r} + \beta}\right) \sqrt{r \tau}.$$

Für $\alpha = 100$, $\beta = 2{,}44$, $r = 0{,}554$, $\tau = 0{,}000\,231$ wird:

$$V = \left(100 - \frac{100 \cdot 2{,}44}{\sqrt{0{,}554} + 2{,}44}\right) \sqrt{0{,}554 \cdot 0{,}000\,231} = 0{,}263 \text{ m}.$$

Differenziren wir den Ausdruck für V nach α, β, r und τ und setzen in die sich ergebenden Differenzialquotienten gleich die Zahlenwerte ein, so erhalten wir:

$$\frac{\partial V}{\partial \alpha} = \left(1 - \frac{\beta}{\sqrt{r} + \beta}\right) \sqrt{r \tau} = \frac{V}{\alpha} = \frac{0{,}263}{100} = 0{,}002\,63,$$

$$\frac{\partial V}{\partial \beta} = -\sqrt{r \tau} \frac{(\sqrt{r} + \beta)\alpha - \alpha \beta}{(\sqrt{r} + \beta)^2} = -\frac{\alpha r \sqrt{\tau}}{(\sqrt{r} + \beta)^2} = \frac{100 \cdot 0{,}554 \sqrt{0{,}000\,231}}{(\sqrt{0{,}554} + 2{,}44)^2} = 0{,}0830,$$

$$\frac{\partial V}{\partial r} = \alpha \sqrt{\tau} \frac{1}{2\sqrt{r}} - \alpha \beta \sqrt{\tau} \frac{(\sqrt{r} + \beta)\frac{1}{2\sqrt{r}} - \sqrt{r} \frac{1}{2\sqrt{r}}}{(\sqrt{r} + \beta)^2} = \alpha \sqrt{\tau} \frac{1}{2\sqrt{r}} \left(1 - \frac{\beta^2}{(\sqrt{r} + \beta)^2}\right)$$

$$= \frac{1}{2} \alpha \sqrt{\tau} \left(\frac{\sqrt{r} + 2\beta}{(\sqrt{r} + \beta)^2}\right) = \frac{1}{2} 100 \sqrt{0{,}000\,231} \left(\frac{\sqrt{0{,}554} + 4{,}88}{(\sqrt{0{,}554} + 2{,}44)^2}\right) = 0{,}421,$$

$$\frac{\partial V}{\partial \tau} = \left(\alpha - \frac{\alpha \beta}{\sqrt{r} + \beta}\right) \sqrt{r} \frac{1}{2\sqrt{\tau}} = \frac{V}{2\tau} = \frac{0{,}263}{0{,}000\,462} = 569.$$

Mit diesen Zahlenwerten der Differenzialquotienten ergiebt sich der mittlere Fehler m_V der mittleren Geschwindigkeit aus den mittleren Fehlern $m_\alpha = 0{,}0$,

$m_\beta = \pm 0{,}25$ der Konstanten α und β, $m_r = \pm 0{,}0135$ des mittleren Profilradius r und $m_\tau = \pm 0{,}000\,05$ des relativen Gefälles τ nach Formel **(33)** zu:

$$m_V = \pm\sqrt{(0{,}002\,63 \cdot m_\alpha)^2 + (0{,}0830 \cdot m_\beta)^2 + (0{,}421 \cdot m_r)^2 + (569 \cdot m_\tau)^2}$$
$$= \pm\sqrt{(0{,}002\,63 \cdot 0{,}0)^2 + (0{,}0830 \cdot 0{,}25)^2 + (0{,}421 \cdot 0{,}0135)^2 + (569 \cdot 0{,}000\,05)^2}$$
$$= \pm\sqrt{0{,}0 + 0{,}00\,04\,31 + 0{,}00\,00\,32 + 0{,}00\,08\,09} = \pm 0{,}036 \text{ m}.$$

3. Die in einer Sekunde durch das Profil fließende Wassermenge Q ergiebt sich nach:

$$Q = FV,$$

und der mittlere Fehler m_Q nach:

$$m_Q = \pm\sqrt{(V\,m_F)^2 + (F\,m_V)^2},$$

wonach sich mit den bisher erhaltenen Zahlenwerten ergiebt:

$$Q = 17{,}61 \cdot 0{,}263 = 4{,}631 \text{ cbm},$$
$$m_Q = \pm\sqrt{(0{,}263 \cdot 0{,}43)^2 + (17{,}6 \cdot 0{,}036)^2} = \pm 0{,}644 \text{ cbm}.$$

II. TEIL.

Methode der kleinsten Quadrate.

I. Abschnitt.

Einleitung.

§ 12. Die zu lösenden Aufgaben.

1. Im I. Teile haben wir uns mit der Theorie der Beobachtungsfehler beschäftigt und haben auf Grund einer allgemeinen Hypothese Regeln und Formeln aufgestellt für die Beobachtungsfehler. Wir haben insbesondere einfache Mafse für die Genauigkeit unserer Beobachtungsergebnisse und der durch Rechnung aus den Beobachtungsergebnissen abgeleiteten Gröfsen unter der Bezeichnung des wahrscheinlichen, des mittleren und des durchschnittlichen Fehlers festgestellt und haben sodann gezeigt, wie diese Genauigkeitsmafse aus vorliegenden Beobachtungsfehlern abzuleiten sind. Ferner haben wir noch durch Einführung der Gewichte einen weiteren Ausdruck für die Wertschätzung unserer Beobachtungsergebnisse gewonnen. Endlich haben wir gezeigt, wie nach Bestimmung der Genauigkeit bestimmter Beobachtungen für weitere unter gleichen Verhältnissen zur Ausführung gelangende Beobachtungen eine Grenze festgesetzt werden kann, die die Beobachtungsfehler nicht überschreiten sollen.

2. Unsere Beobachtungen haben nun aber in der Regel nicht den Zweck, nur ein Mafs für die Genauigkeit der Beobachtungsergebnisse zu liefern oder danach Fehlergrenzen für weitere Beobachtungen zu bestimmen. Vielmehr haben sie meistens in erster Linie den Zweck, möglichst zuverlässige und genaue Werte für die beobachteten Gröfsen oder andere mit den beobachteten Gröfsen in bestimmter Beziehung stehende Gröfsen zu erlangen. Dementsprechend haben wir nun die Aufgabe zu lösen, aus den Ergebnissen unserer Beobachtungen möglichst zuverlässige und genaue Werte für die zu bestimmenden Gröfsen abzuleiten.

Wie bereits besprochen, sind die Beobachtungsergebnisse immer mit unvermeidlichen Fehlern behaftet, auch wenn wir unsere Beobachtungen so sorgfältig ausführen wie nur möglich. Diese Fehler übertragen sich auch auf alle Werte, die aus den Beobachtungsergebnissen abgeleitet werden. Deshalb können wir die fehlerfreien wahren Werte für die zu bestimmenden Gröfsen nicht erlangen, vielmehr müssen wir uns damit begnügen, aus den vorliegenden mit unvermeidlichen Fehlern behafteten Beobachtungsergebnissen die wahrscheinlichsten Werte der zu bestimmenden Gröfsen abzuleiten.

Demnach ist die erste von uns zu lösende Aufgabe, nach den vorliegenden Beobachtungsergebnissen die wahrscheinlichsten Werte der beobachteten Gröfsen oder anderer mit den beobachteten Gröfsen in bestimmter Beziehung stehender Gröfsen zu ermitteln.

3. Durch Vergleichung der wahrscheinlichsten Werte der zu bestimmenden Gröfsen, oder der diesen entsprechenden Werte der beobachteten Gröfsen mit den vorliegenden Beobachtungsergebnissen erhalten wir dann aber auch nicht die wahren Werte der Beobachtungsfehler, sondern die wahrscheinlichsten Werte der Beobachtungsfehler.

Die bis jetzt aufgestellten Formeln für die Berechnung der als Genauigkeitsmafse dienenden Gröfsen gelten aber nur für die wahren Werte der Beobachtungsfehler.

Daher ist die zweite von uns zu lösende Aufgabe, aus den wahrscheinlichsten Werten der Beobachtungsfehler ein Mafs für die Genauigkeit der vorliegenden Beobachtungsergebnisse und der aus den Beobachtungsergebnissen abgeleiteten Gröfsen zu bestimmen.

Als Genauigkeitsmafs nehmen wir im folgenden ausschliefslich den mittleren Fehler, weil er in einfachster Beziehung zu den in den Rechnungen vielfach zu benutzenden Gewichten steht und weil wir, wenn es nötig sein sollte, den durchschnittlichen Fehler d und den wahrscheinlichen Fehler w am besten nach den Formeln **(17)** und **(18)** aus dem mittleren Fehler berechnen können.

4. Die sich durch die Lösung unserer Aufgaben ergebenden Rechnungsverfahren finden nur Anwendung, wenn mehr Beobachtungsergebnisse vorliegen, als zur einfachen, nicht versicherten Bestimmung der gesuchten Gröfsen notwendig sind, wenn also überschüssige Beobachtungsergebnisse vorliegen.

Liegen weniger Beobachtungsergebnisse vor, als zur einfachen, nicht versicherten Bestimmung der gesuchten Gröfsen notwendig sind, so ergeben sich aus den Beobachtungsergebnissen überhaupt keine bestimmten Werte der gesuchten Gröfsen.

Liegen grade so viele Beobachtungsergebnisse vor, wie zur einfachen nicht versicherten Bestimmung der gesuchten Gröfsen notwendig sind, so ergeben sich aus den Beobachtungsergebnissen zwar bestimmte Werte der gesuchten Gröfsen; diese Werthe können dann aber ohne Anwendung des im folgenden entwickelten Verfahrens gefunden werden.

§ 13. Grundsätze für die Lösung der ersten Aufgabe.

1. Bei der Lösung der im § 12 bezeichneten ersten Aufgabe, aus den vorliegenden Beobachtungsergebnissen die wahrscheinlichsten Werte der beobachteten Gröfsen oder anderer mit den beobachteten Gröfsen in bestimmter Beziehung stehenden Gröfsen zu ermitteln, gehen wir von den Grundsätzen aus:

1. die gesuchten Gröfsen als einheitliches Endergebnis aus sämtlichen vorliegenden Bestimmungen derart zu gewinnen, dafs jedes Beobachtungsergebnis seinem Gewichte entsprechend berücksichtigt wird, und

2. die gesuchten Gröfsen so zu bestimmen oder die Fehler der Beobachtungsergebnisse so auszugleichen, dafs die Quadratsumme der auf die Gewichtseinheit zurückgeführten wahrscheinlichsten Beobachtungsfehler ein Minimum wird.

2. Für den ersten der beiden aufgestellten Grundsätze sei angeführt:

Wir wollen solche Werte für die zu bestimmenden Gröfsen ermitteln, die den wahren Werten möglichst nahe kommen; wir wollen also mit dem Endergebnis unserer Arbeiten der Wahrheit so gut wie möglich entsprechen. Alle Beobachtungsergebnisse und alle sonstigen Bestimmungen sind nun Zeugnisse für die Wahrheit; und deshalb werden wir der Wahrheit um so besser entsprechen, je mehr Zeugnisse wir einheitlich zusammenfassen und je richtiger wir ungleich zuverlässige Zeugnisse in dem einheitlichen Endergebnisse ihrem Gewichte nach berücksichtigen.

Die Aufserachtlassung unseres ersten Grundsatzes ist vielfach die Hauptursache davon, dafs aus den Beobachtungsergebnissen kein befriedigendes Endergebnis gewonnen wird. Besonders ist dies der Fall bei dem in der Praxis früher üblichen Verfahren, von einer Reihe vorliegender Beobachtungsergebnisse eine Anzahl möglichst gut übereinstimmender Beobachtungsergebnisse auszuwählen und nur diese zur Feststellung des Endergebnisses zu benutzen. Dies Verfahren beruht auf der Annahme, dafs die zufällige Übereinstimmung einiger Beobachtungsergebnisse ein so sicheres Kennzeichen für ihre Zuverlässigkeit ist, dafs demgegenüber alle mehr abweichenden Beobachtungsergebnisse unberücksichtigt bleiben können. Diese Annahme kann aber weder durch die Theorie noch durch günstigen praktischen Erfolg begründet werden; vielmehr haben grade die mit dieser Annahme gemachten schlechten Erfahrungen in erster Linie dazu geführt, das nachfolgend darzustellende Rechnungsverfahren immer mehr in die Praxis einzuführen. Auch das Vorgehen, unseren ersten Grundsatz zwar anzuerkennen, aber nach dem Erfolge diejenigen Beobachtungsergebnisse ganz auszuschliefsen oder mit vermindertem Gewichte anzusetzen, die bei der rechnerischen Verwertung der Beobachtungsergebnisse ungewöhnlich grofse Fehler aufweisen, ist in der Regel von den verderblichsten Folgen begleitet; denn durch die Ausschliefsung oder Gewichtsverminderung wird in der Regel nur eine Verschlechterung des Endergebnisses erzielt. Nur wenn bestimmte Thatsachen voraus bekannt sind, die einen Verdacht gegen ein Beobachtungsergebnis sicher begründen, oder wenn durch sorgfältige Nachmessung die Unrichtigkeit eines Beobachtungsergebnisses sicher erwiesen ist, darf die Ausschliefsung des Beobachtungsergebnisses oder die Verminderung seines Gewichtes erfolgen. „Jede Beobachtung, die nicht einen protokollarischen Verdachtsgrund gegen sich hat, habe ich als einen Zeugen für die Wahrheit zu betrachten, und ebenso wenig wie ich einen Zeugen torquieren darf, bis er sagt, was ich gesagt haben will, ebenso wenig darf ich auch ohne weiteres sein Zeugnis verwerfen, weil es von den übrigen bedeutend abweicht.“ *)

Zur weiteren Erläuterung des vorstehenden seien noch zwei Beispiele angeführt:

Bei der Berechnung der geographischen Koordination der trigonometrischen Punkte III. Ordnung einer weit ausgedehnten Triangulation wurden im Anschlufs an das Dreiecksnetz I. und II. Ordnung zunächst für die Dreiecksseiten die Azimute und Längen in der Weise bestimmt, dafs dafür zwei möglichst gut übereinstimmende Ergebnisse gesucht, und das arithmetische Mittel aus diesen beiden

*) Gerling, „Die Ausgleichungs-Rechnungen der praktischen Geometrie.“ Seite 68.

Ergebnissen als Endergebnis genommen wurde. Sodann wurden aus den so erlangten Azimuten und Längen zwei Werte für die geographischen Koordinaten eines jeden Punktes berechnet. Stimmten diese beiden Werte genügend überein, so wurde das arithmetische Mittel aus beiden Werten als Endergebnis genommen; stimmten sie nicht genügend überein, so wurden weitere Werte der Koordinaten aus anderen Azimuten und Längen berechnet, bis sich zwei genügend übereinstimmende Werte fanden, deren Mittel das Endergebnis bilden konnte. Als später aus den geographischen Koordinaten rechtwinklig sphärische Koordinaten abgeleitet, dann zur Kontrole aus diesen Koordinaten die Richtungen und Längen der Dreiecksseiten berechnet und mit den direkt aus den Beobachtungsergebnissen gewonnenen Richtungen und Längen verglichen wurden, ergaben sich viele Abweichungen, die weit über das zulässige Mafs hinausgingen. Durch eine unseren Grundsätzen entsprechende Neuberechnung der rechtwinkligen Koordinaten wurde ein durchaus befriedigender Anschlufs an die Beobachtungsergebnisse erzielt und damit zugleich erwiesen, dafs nur das unzweckmäfsige Verfahren bei der ersten Berechnung die Ursache der Unbrauchbarkeit der Endergebnisse war.

Bei einer zweiten umfangreichen Triangulation wurden die Winkel im Dreiecksnetze I. und II. Ordnung mit einem alten, grofsen, aber wenig zuverlässigen Theodoliten nach der Repetitionsmethode beobachtet. Die jedenfalls für das benutzte Instrument nicht geeignete Winkelmessungsmethode, vielleicht auch nicht genügende Sorgfalt bei der für den Erfolg einer jeden Triangulation in erster Linie mitbestimmenden Festlegung der Signale und Beobachtungsstandpunkte gegen das Centrum der Stationen führten dazu, dafs bereits bei der Berechnung des Dreiecksnetzes I. Ordnung Fehler hervortraten, die weit über die bei den Dreiecksnetzen IV. Ordnung zulässigen Fehler hinausgingen. Nun wurden alle die Richtungen ausgeschlossen, bei denen die grofsen Fehler hervortraten und es wurde eine zweite Berechnung durchgeführt, die ein scheinbar gutes Endergebnis lieferte. Je weiter aber die Rechnung durch das Dreiecksnetz II., III. und IV. Ordnung fortgeführt wurde, desto gröfser wurden die hervortretenden Fehler und desto mehr Richtungen mufsten ausgeschlossen werden, um zu einem leidlichen Abschlufs zu gelangen. In der Revisionsinstanz wurde darauf die ganze Rechnung verworfen und eine neue Berechnung mit Benutzung sämtlicher Beobachtungsergebnisse angeordnet. Der Erfolg rechtfertigte diese Mafsregel vollständig; während in dem Dreiecksnetze I. Ordnung die grofsen Fehler bestehen blieben, nahmen die Fehler bei der fortschreitenden Rechnung immer mehr ab, so dafs sie im Dreiecksnetze IV. Ordnung durchweg innerhalb der zulässigen Grenzen blieben und somit die für die anzuschliefsenden Detailmessungen in erster Linie wichtige gegenseitig richtige Lage der benachbarten trigonometrischen Punkte gewährleistet war.

3. Die uneingeschränkte Durchführung unseres ersten Grundsatzes kann nun aber unter Umständen doch unzweckmäfsig sein, einmal weil der dadurch bedingte Arbeitsaufwand in keinem richtigen Verhältnisse zu dem Nutzen stehen kann, und sodann auch, weil sachliche in der Art der vorliegenden Aufgabe liegende Bedenken dagegen obwalten können.

Wenn beispielsweise ein trigonometrisches Netz niederer Ordnung von einiger Ausdehnung zu berechnen ist, so würde es einen ganz ungerechtfertigt hohen Arbeitsaufwand verursachen, wenn die zusammenhängenden Teile des Netzes in ihrem ganzen Umfange einheitlich behandelt würden. Vielmehr ist es in diesem Falle und in ähnlichen Fällen durchaus berechtigt, unseren Grundsatz mit der Einschränkung anzuwenden, dafs eine Zerlegung des Netzes in kleinere einfach zu berechnende Teile ausgeführt wird und dafs nur die zur Bestimmung dieser kleinen Netzteile, bezw. einzelner trigonometrischen Punkte vorliegenden Beobachtungsergebnisse je für sich zu einem einheitlichen Endergebnisse zusammengefafst werden.

Wenn ferner beispielsweise die Beobachtungsergebnisse vorliegen zur Bestimmung der Verbesserungen, die den Ablesungen an einem Federbarometer beizufügen sind, um daraus brauchbare Werte für die Gröfse des Luftdrucks zu erhalten, so wird es in der Regel sachlich nicht gerechtfertigt sein, sämtliche vorliegenden Beobachtungsergebnisse zusammenzufassen und sie als ein einheitliches Ganzes zur Berechnung der gesuchten Verbesserungen zu benutzen; denn die Beobachtungen, die zur Bestimmung der einzelnen Verbesserungen vorgenommen werden, finden in der Regel unter ganz verschiedenartigen Umständen statt, so dafs nur die getrennte Behandlung der verschiedenen Beobachtungsreihen ein brauchbares Endergebnis erwarten läfst.

4. Die nach unserem ersten Grundsatze zu berücksichtigenden Gewichte der Beobachtungsergebnisse müssen nach den dafür im I. Teile gegebenen Sätzen und Formeln ermittelt werden. Die Änderung der so ermittelten Gewichte behufs schätzungsweiser Berücksichtigung aller Nebenumstände, die die Beobachtungsergebnisse allenfalls beeinflufst haben könnten, ist in der Regel weit mehr schädlich als nützlich. Geringere Gewichtsunterschiede können bei den Aufgaben, die wir hier vorzugsweise ins Auge fassen, ganz unbedenklich vernachlässigt werden. Das Bestreben, alle unbedeutenden Nebenumstände in den Gewichten zum Ausdruck zu bringen, führt, wie oft beobachtet werden kann, zu einer sich meistens sehr rasch steigernden krankhaften Sucht, alles weniger gut erscheinende durch Gewichtsannahmen gut zu machen und zu einer durchaus nutzlosen Erschwerung aller Rechnungen.

5. Nach dem zweiten Grundsatze, die gesuchten Gröfsen so zu bestimmen oder die hervortretenden Fehler so auszugleichen, dafs die Quadratsumme der auf die Gewichtseinheit zurückgeführten wahrscheinlichsten Beobachtungsfehler ein Minimum wird, führt das nachfolgend darzustellende Rechnungsverfahren die Bezeichnung **Methode der kleinsten Quadrate** oder **Ausgleichungsrechnung nach der Methode der kleinsten Quadrate.**

Dieser Grundsatz ist gewissermafsen willkürlich gewählt, aber er ist zweckmäfsig gewählt. Wir müssen ohne weiteres anerkennen, dafs die Werte der gesuchten Gröfsen die besten sind, denen solche Werte der beobachteten Gröfsen entsprechen, die möglichst wenig von den thatsächlich vorliegenden Beobachtungsergebnissen abweichen, die also möglichst kleine Werte der wahrscheinlichsten Beobachtungsfehler liefern. Solche Werte der gesuchten Gröfsen können wir auf verschiedene Weise finden, z. B. indem wir davon ausgehen, die Summe der absoluten Werte der wahrscheinlichsten Beobachtungsfehler möglichst klein zu machen, oder die Summe der zweiten, vierten oder irgend einer andern Potenz der Beobachtungsfehler möglichst klein zu machen. Wir können auch keinen strengen Beweis dafür führen, dafs wir nicht auf eine andere Weise im gegebenen Falle etwas besseres erreichen, als dadurch, dafs wir die Quadratsumme der wahrscheinlichsten Beobachtungsfehler möglichst klein machen. Wir können aber wohl behaupten, dafs wir auf letztere Weise Ergebnisse erhalten, die sich den Beobachtungsergebnissen gut anpassen und dafs wir diese Ergebnisse in einfachster und elegantester Weise erhalten. Ferner können wir noch für unsern zweiten Grundsatz anführen, dafs das Prinzip der kleinsten Quadratsumme auch dem alten Grundsatze entspricht, das einfache arithmetische Mittel der vorliegenden Beobachtungsergebnisse als den wahrscheinlichsten Wert der gesuchten Gröfse anzunehmen, wenn die zur Bestimmung der letzteren ausgeführten Beobachtungen gleich genau und unabhängig von einander sind.

6. Bei Besprechung der Gewichte im § 10 haben wir klargelegt, dafs die Gewichtszahlen uns anzeigen, wie oft wir die Gröfsen, für die die Gewichte gelten, in der Rechnung zu berücksichtigen haben, um sie ihrem Genauigkeitswerte entsprechend richtig zu verwerten. Demgemäfs müssen wir bei Bildung der Quadratsumme auch die Quadrate der wahrscheinlichsten Fehler $v_1, v_2, v_3, \ldots. v_n$ der Beobachtungsergebnisse $\lambda_1, \lambda_2, \lambda_3, \ldots. \lambda_n$ so oft ansetzen, wie die Gewichtszahlen $p_1, p_2, p_3, \ldots. p_n$ anzeigen, wonach wir also auch die Quadratsumme $p_1 v_1 v_1 + p_2 v_2 v_2 + p_3 v_3 v_3 + \ldots. p_n v_n v_n = [pvv]$ zu einem Minimum machen müssen. Diese Quadratsumme erhalten wir aber auch, indem wir die wahrscheinlichsten Beobachtungsfehler $v_1, v_2, v_3, \ldots. v_n$ durch Multiplikation mit $\sqrt{p_1}, \sqrt{p_2}, \sqrt{p_3}, \ldots. \sqrt{p_n}$ auf die Gewichtseinheit zurückführen und danach die Quadratsumme der auf die Gewichtseinheit zurückgeführten Beobachtungsfehler $v_1\sqrt{p_1}, v_2\sqrt{p_2}, v_3\sqrt{p_3}, \ldots. v_n\sqrt{p_n}$ bilden. Für den zweiten Grundsatz haben wir demnach allgemein die Formel:

$$p_1 v_1 v_1 + p_2 v_2 v_2 + p_3 v_3 v_3 + \ldots. p_n v_n v_n = [pvv] = \text{Minimum}. \tag{46}$$

§ 14. Grundsatz für die Lösung der zweiten Aufgabe.

1. Bei der Lösung unserer zweiten Aufgabe, aus den wahrscheinlichsten Werten der Beobachtungsfehler ein Mafs für die Genauigkeit der vorliegenden Beobachtungsergebnisse und der daraus abgeleiteten Gröfsen zu bestimmen, gehen wir von dem folgenden, ebenfalls nicht streng zu beweisenden Grundsatze aus:

Wir nehmen als Mittelwert der Quadrate der wahrscheinlichsten Beobachtungsfehler, oder als Quadrat des mittleren Fehlers der Gewichtseinheit den Wert an, der sich ergiebt, wenn wir die Quadratsumme der wahrscheinlichsten Beobachtungsfehler durch die Anzahl der überschüssigen Beobachtungsergebnisse dividiren.

Hierbei gelten als überschüssige Beobachtungsergebnisse die, die übrig bleiben, wenn wir aus den überhaupt vorhandenen n Beobachtungsergebnissen die q Beobachtungsergebnisse ausscheiden, die zur einfachen nicht versicherten Bestimmung der gesuchten Gröfsen erforderlich sind. Demnach rechnen wir den mittleren Fehler $\mathfrak{m}$ der Gewichtseinheit nach der Formel:

$$\mathfrak{m} = \pm \sqrt{\frac{[pvv]}{n-q}}. \tag{47}$$

2. Zur Erläuterung dieses Grundsatzes diene:

Wenn nur so viele Beobachtungsergebnisse vorliegen, wie zur einfachen nicht versicherten Bestimmung der gesuchten Gröfsen erforderlich sind, so stimmen die Werte der beobachteten Gröfsen, die rückwärts aus den danach gefundenen Gröfsen abgeleitet werden, genau überein mit den vorliegenden Beobachtungsergebnissen und wir erhalten als Werte der wahrscheinlichsten Beobachtungsfehler Null. Mithin liefern in diesem Falle die Beobachtungsergebnisse keinen Beitrag zu der Quadratsumme der wahrscheinlichsten Beobachtungsfehler. Erst wenn ein oder mehrere weitere überschüssige Beobachtungsergebnisse hinzukommen, erhalten wir Beiträge zur Quadratsumme der wahrscheinlichsten Beobachtungsfehler und zwar Beiträge, worin nur die Widersprüche der neu hinzutretenden Beobachtungsergebnisse gegen die zur einfachen nicht versicherten Bestimmung genügenden Stücke zum Ausdruck gelangen. Deshalb dividiren wir, um das Quadrat des mittleren Fehlers zu erhalten, die Quadratsumme auch nicht durch die Anzahl aller vorhandenen Beobachtungsergebnisse, sondern durch die Anzahl der überschüssigen Beobachtungsergebnisse.

Wenn z. B. die rechtwinkligen Koordinaten eines Punktes aus den gemessenen Abständen dieses Punktes von gegebenen Punkten bestimmt werden sollen, so sind zur einfachen, nicht versicherten Bestimmung der Koordinaten zwei solche Abstände nötig. Leiten wir dann aus den Koordinaten, die aus diesen notwendigen zwei Abständen gefunden worden sind, rückwärts wieder Werte für diese Abstände ab, so stimmen sie mit den Messungsergebnissen genau überein. Kommt indefs noch ein dritter überschüssiger Abstand hinzu und bestimmen wir nun aus den drei Abständen die wahrscheinlichsten Werte der Koordinaten, so zeigen auch die rückwärts aus den erhaltenen Koordinaten abgeleiteten Werte der Abstände Abweichungen von den Messungsergebnissen und liefern damit einen Beitrag zur Quadratsumme der wahrscheinlichsten Beobachtungsfehler, der der Verschärfung der Bestimmung der Koordinaten durch das eine weitere Beobachtungsergebnis entspricht. Ganz ebenso verhält es sich mit jedem noch weiter hinzukommenden überschüssigen Abstande.

3. Beziehen sich unsere Beobachtungen auf eine Gröfse, deren wahrer Wert uns voraus bekannt ist, so sind sämtliche vorliegenden Beobachtungsergebnisse als überschüssige anzusehen, womit die Formel **(47)** übergeht in:

$$m = \pm \sqrt{\frac{[p v v]}{n}}.$$

Diese Formel entspricht der Formel **(13)** $m = \pm \sqrt{\frac{[(v)(v)]}{n}}$, wie es auch sein mufs; denn in diesem Falle erhalten wir durch Vergleichung der vorliegenden Beobachtungsergebnisse mit dem wahren Werte der beobachteten Gröfse die wahren Werte der Beobachtungsfehler, für die die Formel **(13)** gilt.

Wenn wir also beispielsweise aus vorliegenden Dreieckswinkelbeobachtungen den mittleren Fehler der Dreieckswinkelsumme ermitteln wollen, so ist uns voraus bekannt, dafs der wahre Wert der Dreieckswinkelsumme 180° ist*). Durch Vergleichung der beobachteten Dreieckswinkelsumme mit diesem wahren Werte erhalten wir also die wahren Beobachtungsfehler, und jede beobachtete Dreieckswinkelsumme liefert einen vollen Beitrag zur Fehlerquadratsumme; deshalb müssen wir letztere dann auch durch die Anzahl aller beobachteten Dreieckswinkelsummen dividiren, um das Quadrat des mittleren Fehlers zu erhalten.

§ 15. Aufstellung besonderer Rechnungsverfahren für besondere Fälle der zu lösenden Aufgabe.

1. Bei den vorkommenden praktischen Aufgaben können wir verschiedene besondere Fälle unterscheiden, für die zweckmäfsig auch besondere Rechnungsverfahren aufgestellt werden, um das Endergebnis möglichst einfach gewinnen zu können. Zur Unterscheidung der verschiedenen Verfahren führen wir kurze Bezeichnungen dafür ein.

---

*) Abgesehen von dem event. zu berücksichtigenden sphärischen Excefs.

In erster Linie unterscheiden wir die beiden Fälle, wo als Endergebnis unserer Rechnung entweder die wahrscheinlichsten Werte der beobachteten Gröfsen selbst oder aber die wahrscheinlichsten Werte anderer, mit den beobachteten Gröfsen in bestimmter Beziehung stehender Gröfsen gewonnen werden.

Im ersten Falle, wo sich die Beobachtungen direkt auf die gesuchten Gröfsen selbst beziehen, bezeichnen wir die Beobachtungen als direkte Beobachtungen, während wir sie als vermittelnde Beobachtungen bezeichnen, wenn, wie im zweiten Falle, sich die Beobachtungen auf Gröfsen beziehen, die uns die Kenntnis der gesuchten Gröfsen vermitteln.

Sodann unterscheiden wir die beiden Fälle, wo entweder die beobachteten Gröfsen von einander unabhängig sind, oder wo sie von einander abhängig sind dadurch, dafs sie bestimmte Bedingungen erfüllen müssen.

Dementsprechend bezeichnen wir die Beobachtungen im ersteren Falle als unabhängige Beobachtungen, im zweiten Falle als bedingte Beobachtungen.

Somit ergeben sich die folgenden Hauptfälle, für die wir besondere Rechnungsverfahren aufstellen:

1. direkte unabhängige Beobachtungen oder kurz direkte Beobachtungen,
2. vermittelnde unabhängige Beobachtungen oder kurz vermittelnde Beobachtungen,
3. bedingte direkte Beobachtungen oder kurz bedingte Beobachtungen,
4. bedingte vermittelnde Beobachtungen.

Ferner behandeln wir noch den Fall besonders, wo der mittlere Fehler aus den Differenzen zwischen den Ergebnissen ausgeführter Doppelbeobachtungen verschiedener Gröfsen ermittelt werden soll.

Endlich sondern wir von den bedingten Beobachtungen noch den einfachen Fall ab, wo nur die eine Bedingung vorliegt, dafs die Summe der beobachteten Gröfsen einen bestimmten Sollbetrag erfüllen mufs.

2. Die Lösung einer vorliegenden Aufgabe kann in der Regel nicht nur nach einem, sondern nach mehreren der aufzustellenden Rechnungsverfahren erfolgen*). Die Auswahl unter den anwendbaren Verfahren kann dann lediglich nach dem praktischen Gesichtspunkte erfolgen, dafs das Verfahren eingeschlagen wird, das am einfachsten zum Ziele führt.

3. Was wir im folgenden als Beobachtungsergebnisse in die Rechnungen einführen, sind in der Regel nicht die unmittelbaren Beobachtungsergebnisse, sondern Gröfsen, die aus letzteren durch mehr oder minder weitläufige Rechnungen derart abgeleitet worden sind, dafs die abgeleiteten Gröfsen von einander unabhängig geblieben sind.

Wenn beispielsweise die Höhe eines Punktes im Anschlufs an gegebene Punkte nach den Ergebnissen eines geometrischen Nivellements berechnet werden soll, so führen wir in die Ausgleichungsrechnung nicht die unmittelbaren Lattenablesungen ein; sondern wir bilden zuerst aus den Lattenablesungen die Höhenunterschiede zwischen je zwei Aufstellungspunkten der Latten, addiren diese sodann zugweise, womit wir die Höhenunterschiede zwischen den gegebenen Punkten und dem neu zu bestimmenden Punkte erhalten, addiren ferner diese Höhenunterschiede zu den gegebenen Höhen und führen endlich erst die so erhaltenen Einzelwerte für die Höhe des zu bestimmenden Punktes als Beobachtungsergebnisse in die Ausgleichungsrechnung ein.

---

*) Vergleiche z. B. die drei verschiedenen Lösungen derselben Aufgabe in den §§ 21, 35, 52 und 53.

II. Abschnitt.

Direkte Beobachtungen.

§ 16. Direkte gleich genaue Beobachtungen.

1. Ist zur Bestimmung einer Gröfse eine Reihe von n unabhängigen, gleich genauen Beobachtungen ausgeführt worden und haben diese die Beobachtungsergebnisse $\lambda_1, \lambda_2, \lambda_3, \ldots. \lambda_n$ geliefert, so haben wir nach den im § 13 aufgestellten Grundsätzen den wahrscheinlichsten Wert x der beobachteten Gröfse derart aus allen n Beobachtungsergebnissen zu bestimmen, dafs die Quadratsumme der wahrscheinlichsten Beobachtungsfehler $v_1, v_2, v_3, \ldots. v_n$ ein Minimum wird. Die wahrscheinlichsten Beobachtungsfehler ergeben sich als Abweichungen des wahrscheinlichsten Wertes x von den einzelnen Beobachtungsergebnissen nach

$$\begin{aligned} v_1 &= x - \lambda_1, \\ v_2 &= x - \lambda_2, \\ v_3 &= x - \lambda_3, \\ &\ldots\ldots\ldots, \\ v_n &= x - \lambda_n. \end{aligned}$$

Hiernach ergiebt sich für die Quadratsumme der wahrscheinlichsten Beobachtungsfehler $[v v]$:

$$\begin{aligned} v_1 v_1 &= x x - 2 x \lambda_1 + \lambda_1 \lambda_1, \\ v_2 v_2 &= x x - 2 x \lambda_2 + \lambda_2 \lambda_2, \\ v_3 v_3 &= x x - 2 x \lambda_3 + \lambda_3 \lambda_3, \\ &\ldots\ldots\ldots\ldots\ldots\ldots, \\ v_n v_n &= x x - 2 x \lambda_n + \lambda_n \lambda_n, \\ \hline [v v] &= n x x - 2 x [\lambda] + [\lambda \lambda]. \end{aligned}$$

Aus diesem Ausdruck für die Quadratsumme $[v v]$ erhalten wir den Wert von x, wofür $[v v]$ ein Minimum wird, indem wir den Ausdruck nach x differenziren, den Differenzialquotienten gleich Null setzen und die damit erhaltene Gleichung nach x auflösen. Es wird

$$\frac{d[v v]}{d x} = 2 n x - 2 [\lambda] \text{ und demnach}$$

$$2 n x - 2 [\lambda] = 0 \text{ oder}$$

$$x = \frac{[\lambda]}{n} = \frac{\lambda_1 + \lambda_2 + \lambda_3 \ldots. \lambda_n}{n}. \tag{48}$$

Der wahrscheinlichste Wert x einer mehrfach gleich genau beobachteten Gröfse ergiebt sich also als einfaches arithmetisches Mittel der vorliegenden Beobachtungsergebnisse $\lambda_1, \lambda_2, \lambda_3, \ldots. \lambda_n$.

Nach diesem Satze ist auch schon gerechnet worden, lange bevor theoretische Gesetze für die Beobachtungsfehler aufgestellt waren.

Die Berechnung von x kann meistens vereinfacht werden, indem die Werte $\lambda_1, \lambda_2, \lambda_3, \ldots. \lambda_n$ in einen Näherungswert l und die kleinen Gröfsen $d l_1$, $d l_2$ $d l_3, \ldots. d l_n$ zerlegt werden, indem also gesetzt wird:

(49)
$$\begin{cases} \lambda_1 = l + d\,l_1, \\ \lambda_2 = l + d\,l_2, \\ \lambda_3 = l + d\,l_3, \\ \dots\dots\dots, \\ \lambda_n = l + d\,l_n. \end{cases}$$

Dann wird:

$$x = \frac{(l + d\,l_1) + (l + d\,l_2) + (l + d\,l_3) + \dots (l + d\,l_n)}{n}, \text{ oder:}$$

(50)
$$x = l + \frac{d\,l_1 + d\,l_2 + d\,l_3 + \dots d\,l_n}{n} = l + \frac{[d\,l]}{n}.$$

Die wahrscheinlichsten Beobachtungsfehler sind:

(51)
$$\begin{cases} v_1 = x - \lambda_1, \\ v_2 = x - \lambda_2, \\ v_3 = x - \lambda_3, \\ \dots\dots\dots, \\ v_n = x - \lambda_n. \end{cases}$$

Die Summe dieser Fehler ist:

$$[v] = n\,x - [\lambda],$$

oder, da nach Formel **(48)**: $n\,x = [\lambda]$, also: $n\,x - [\lambda] = 0$ ist,:

(52) $$[v] = 0.$$

Demnach ist die Summe der wahrscheinlichsten Beobachtungsfehler gleich Null, wenn das einfache arithmetische Mittel mehrerer gleichgenauen und unabhängigen Beobachtungsergebnisse als wahrscheinlichster Wert der beobachteten Gröfse angenommen wird. Durch Benutzung dieses Satzes erhalten wir eine Probe für die richtige Berechnung von x aus den Beobachtungsergebnissen λ_1, λ_2, λ_3, $\dots \lambda_n$.

Beispiel: Ein Winkel ist mit demselben Instrumente unter gleichen Umständen 12 mal in beiden Lagen des Fernrohrs beobachtet worden. Das Gewicht einer jeden Beobachtung ist $p = 1$. Die Beobachtungsergebnisse sind:

$\lambda_1 = 289° 26' 19{,}6''$,	$\lambda_7 = 289° 26' 18{,}9''$,
$\lambda_2 = 289\ 26\ 18{,}0$,	$\lambda_8 = 289\ 26\ 18{,}0$,
$\lambda_3 = 289\ 26\ 20{,}3$,	$\lambda_9 = 289\ 26\ 20{,}4$,
$\lambda_4 = 289\ 26\ 19{,}2$,	$\lambda_{10} = 289\ 26\ 20{,}0$,
$\lambda_5 = 289\ 26\ 18{,}8$,	$\lambda_{11} = 289\ 26\ 19{,}9$,
$\lambda_6 = 289\ 26\ 19{,}7$,	$\lambda_{12} = 289\ 26\ 18{,}7$,
	$[d\,l] = 231{,}5''$.

Aus diesen gleichgenauen Beobachtungsergebnissen ergiebt sich der wahrscheinlichste Wert x des Winkels nach den Formeln **(49)** und **(50)**, indem $l = 289° 26'$ gesetzt wird, mit:

$$x = l + \frac{[d\,l]}{n} = 289° 26' + \frac{231{,}5''}{12} = 289° 26' 19{,}3''.$$

Die wahrscheinlichsten Beobachtungsfehler sind nach Formel **(51)**:

$v_1 = x - \lambda_1 = -0{,}3''$,	$v_7 = x - \lambda_7 = +0{,}4''$,
$v_2 = x - \lambda_2 = +1{,}3$,	$v_8 = x - \lambda_8 = +1{,}3$,
$v_3 = x - \lambda_3 = -1{,}0$,	$v_9 = x - \lambda_9 = -1{,}1$,
$v_4 = x - \lambda_4 = +0{,}1$,	$v_{10} = x - \lambda_{10} = -0{,}7$,
$v_5 = x - \lambda_5 = +0{,}5$,	$v_{11} = x - \lambda_{11} = -0{,}6$,
$v_6 = x - \lambda_6 = -0{,}4$,	$v_{12} = x - \lambda_{12} = +0{,}6$.

Die Summe dieser Fehler ist:

$$[v] = +4{,}2'' - 4{,}1'' = +0{,}1''.$$

Diese Summe soll nach Formel **(52)** gleich Null sein. Die kleine Abweichung $+0{,}1''$ der Summe von Null erklärt sich durch die Abrundung des Wertes von x bezw. von $\frac{[dl]}{n}$; sie mufs gleich sein der Abweichung des n fachen Quotienten $\frac{[dl]}{n}$ von $[dl]$, oder es mufs genau sein: $[v] = n \cdot \left(\frac{[dl]}{n}\right) - [dl]$, also im vorliegenden Falle: $[v] = 12 \cdot 19{,}3 - 231{,}5 = 231{,}6 - 231{,}5 = +0{,}1$ oder gleich dem Reste, der bei Ausführung der Division $\frac{[dl]}{n} = \frac{231{,}5}{12}$ geblieben ist. Die Abrundung des Wertes von x kann höchstens 0,5 Einheiten der letzten Stelle dieses Wertes betragen und demnach darf auch $[v]$ um höchstens $0{,}5 \cdot n$ Einheiten der letzten Stelle des Wertes von x von Null abweichen, im vorliegenden Falle also höchstens um $12 \cdot 0{,}05'' = 0{,}6''$.

2. Aufser dem wahrscheinlichsten Werte x der beobachteten Gröfse haben wir nun weiter aus den wahrscheinlichsten Werten $v_1, v_2, v_3, \ldots v_n$ der Beobachtungsfehler den mittleren Fehler der Gewichtseinheit und der Beobachtungsergebnisse, sowie den mittleren Fehler und das Gewicht von x zu bestimmen.

Zur einfachen nicht versicherten Bestimmung der gesuchten Gröfse genügt ein Beobachtungsergebnis; demnach sind, wenn n Beobachtungsergebnisse vorliegen, $n-1$ Beobachtungsergebnisse überschüssig. Mithin erhalten wir nach dem im § 14 aufgestellten Grundsatze den mittleren Fehler $\mathfrak{m}$ der Gewichtseinheit nach der Formel:

$$\mathfrak{m} = \pm \sqrt{\frac{[pvv]}{n-1}},$$

oder, da die Gewichte p der gleichgenauen Beobachtungsergebnisse sämtlich einander gleich sind, nach:

$$\mathfrak{m} = \pm \sqrt{p} \sqrt{\frac{[vv]}{n-1}}. \tag{53}$$

Ferner erhalten wir für den mittleren Fehler m der Beobachtungsergebnisse nach Formel **(35)**:

$$m = \pm \mathfrak{m} \sqrt{\frac{1}{p}} = \pm \sqrt{\frac{[vv]}{n-1}}. \tag{54}$$

Das Gewicht P des arithmetischen Mittels

$$x = \frac{1}{n}(\lambda_1 + \lambda_2 + \lambda_3 + \ldots \lambda_n)$$

ergiebt sich nach Formel **(44)** aus:

$$\frac{1}{P} = \left(\frac{1}{n}\right)^2 \cdot n \cdot \frac{1}{p} = \frac{1}{np} \text{ zu:}$$

$$P = np, \tag{55}$$

und damit der mittlere Fehler M von x wieder nach Formel **(35)** zu:

$$M = \pm \mathfrak{m} \sqrt{\frac{1}{P}} = \pm \mathfrak{m} \sqrt{\frac{1}{np}} = \pm \sqrt{\frac{[vv]}{n(n-1)}} = \pm m \sqrt{\frac{1}{n}}. \tag{56}$$

Beispiel: In dem von uns bereits benutzten Beispiele der Berechnung des wahrscheinlichsten Wertes eines Winkels ergiebt sich die Quadratsumme der wahrscheinlichsten Beobachtungsfehler zu:

$v_1 v_1 = 0{,}09$,	$v_7\ v_7 = 0{,}16$,
$v_2 v_2 = 1{,}69$,	$v_8\ v_8 = 1{,}69$,
$v_3 v_3 = 1{,}00$,	$v_9\ v_9 = 1{,}21$,
$v_4 v_4 = 0{,}01$,	$v_{10} v_{10} = 0{,}49$,
$v_5 v_5 = 0{,}25$,	$v_{11} v_{11} = 0{,}36$,
$v_6 v_6 = 0{,}16$,	$v_{12} v_{12} = 0{,}36$,
	$[vv] = 7{,}47$.

Das Gewicht einer einmaligen Beobachtung des Winkels in beiden Lagen des Fernrohrs ist $p = 1$, demnach ergiebt sich der mittlere Fehler $\mathfrak{m}$ der Gewichtseinheit zu:

$$\mathfrak{m} = \pm \sqrt{p} \sqrt{\frac{[vv]}{n-1}} = \pm \sqrt{1} \sqrt{\frac{7{,}47}{12-1}} = \pm\, 0{,}82'' , \tag{53}$$

sodann der mittlere Fehler m der Beobachtungsergebnisse zu:

$$m = \pm\, \mathfrak{m} \sqrt{\frac{1}{p}} = \pm\, 0{,}82 \sqrt{\frac{1}{1}} = \pm\, 0{,}82'' . \tag{54}$$

Ferner ergiebt sich das Gewicht P des wahrscheinlichsten Wertes x des Winkels zu:

$$P = n p = 12 \cdot 1 = 12 , \tag{55}$$

und endlich der mittlere Fehler M von x zu:

$$M = \pm\, \mathfrak{m} \sqrt{\frac{1}{P}} = \pm\, 0{,}82 \sqrt{\frac{1}{12}} = \pm\, 0{,}24'' . \tag{56}$$

3. Die Quadratsumme der wahrscheinlichsten Beobachtungsfehler $[vv]$ kann in geeigneten Fällen auch direkt aus den Beobachtungsergebnissen $\lambda_1, \lambda_2, \lambda_3, \ldots. \lambda_n$ oder aus den Gröfsen $dl_1, dl_2, dl_3, \ldots. dl_n$ berechnet werden. Wird in den unter Nr. 1 für $[vv]$ erhaltenen Ausdruck

$$[vv] = n x x - 2 x [\lambda] + [\lambda \lambda]$$

nach Formel **(48)** $\frac{[\lambda]}{n}$ für x eingesetzt, so folgt:

$$[vv] = n \frac{[\lambda]}{n} \frac{[\lambda]}{n} - 2 \frac{[\lambda]}{n} [\lambda] + [\lambda \lambda], \text{ oder:}$$

$$[vv] = [\lambda \lambda] - \frac{[\lambda][\lambda]}{n}$$

und wenn hierin: $\lambda_1 = l + dl_1,\ \lambda_2 = l + dl_2,\ \lambda_3 = l + dl_3,\ \ldots. \lambda_n = l + dl_n$, also: $[\lambda \lambda] = n l l + 2 l [dl] + [dl\, dl]$ und $[\lambda] = n l + [dl]$ gesetzt wird, so wird:

$$[vv] = n l l + 2 l [dl] + [dl\, dl] - \frac{n l n l + 2 n l [dl] + [dl][dl]}{n}$$

$$= [dl\, dl] - \frac{[dl][dl]}{n} .$$

Demnach ist:

$$[vv] = [\lambda \lambda] - \frac{[\lambda][\lambda]}{n} = [dl\, dl] - \frac{[dl][dl]}{n} . \tag{57}$$

Beispiel: Eine Mefslatte ist 10 mal mit Normalmafsstäben verglichen worden, und dabei haben sich folgende Abweichungen von der Sollänge ergeben:

$\lambda_1 = +\,1{,}8$ mm ,	$\lambda_6 = +\,2{,}3$ mm ,
$\lambda_2 = +\,2{,}0$ „	$\lambda_7 = +\,2{,}2$ „
$\lambda_3 = +\,1{,}5$ „	$\lambda_8 = +\,1{,}7$ „
$\lambda_4 = +\,1{,}8$ „	$\lambda_9 = +\,1{,}9$ „
$\lambda_5 = +\,1{,}9$ „	$\lambda_{10} = +\,2{,}4$.

Hiernach soll der mittlere Fehler einer Lattenvergleichung festgestellt werden. Hierzu bilden wir die Quadrate der einzelnen $\lambda_1, \lambda_2, \lambda_3, \ldots \lambda_{10}$ und danach $[\lambda]$, sowie $[\lambda\lambda]$, wodurch wir erhalten: $[\lambda] = +19{,}5$, $[\lambda\lambda] = 38{,}73$. Dann ergiebt sich

$$(57)\qquad [vv] = [\lambda\lambda] - \frac{[\lambda][\lambda]}{n} = 38{,}73 - \frac{19{,}5 \cdot 19{,}5}{10} = 0{,}71\,,$$

und damit der mittlere Fehler einer Lattenvergleichung zu:

$$(54)\qquad m = \pm\sqrt{\frac{[vv]}{n-1}} = \pm\sqrt{\frac{0{,}71}{10-1}} = \pm\, 0{,}28 \text{ mm}\,.$$

§ 17. Direkte ungleich genaue Beobachtungen.

1. Sind die unabhängigen Beobachtungsergebnisse $\lambda_1, \lambda_2, \lambda_3, \ldots \lambda_n$, die zur Bestimmung einer Gröfse vorliegen, nicht gleich genau, müssen ihnen vielmehr die Gewichte $p_1, p_2, p_3, \ldots p_n$ zugeschrieben werden, so müssen nach den im § 13 aufgestellten Grundsätzen diese Gewichte in der Rechnung berücksichtigt werden, und der wahrscheinlichste Wert x der beobachteten Gröfse mufs aus allen n Beobachtungsergebnissen derart bestimmt werden, dafs die unter Berücksichtigung der Gewichte gebildete Quadratsumme der wahrscheinlichsten Beobachtungsfehler $v_1, v_2, v_3, \ldots v_n$ ein Minimum wird. Die wahrscheinlichsten Beobachtungsfehler ergeben sich auch in diesem Falle als Abweichungen des wahrscheinlichsten Wertes x von den einzelnen Beobachtungsergebnissen nach

$$\begin{aligned} v_1 &= x - \lambda_1\,, \\ v_2 &= x - \lambda_2\,, \\ v_3 &= x - \lambda_3\,, \\ &\ldots\ldots\,, \\ v_n &= x - \lambda_n\,, \end{aligned}$$

und danach ergiebt sich als Quadratsumme der wahrscheinlichsten Beobachtungsfehler $[pvv]$:

$$\begin{aligned} p_1 v_1 v_1 &= p_1 xx - 2xp_1\lambda_1 + p_1\lambda_1\lambda_1\,, \\ p_2 v_2 v_2 &= p_2 xx - 2xp_2\lambda_2 + p_2\lambda_2\lambda_2\,, \\ p_3 v_3 v_3 &= p_3 xx - 2xp_3\lambda_3 + p_3\lambda_3\lambda_3\,, \\ &\ldots\ldots\ldots\ldots\,, \\ p_n v_n v_n &= p_n xx - 2xp_n\lambda_n + p_n\lambda_n\lambda_n\,, \\ \hline [pvv] &= [p]xx - 2x[p\lambda] + [p\lambda\lambda]\,. \end{aligned}$$

Wenn wir diesen Ausdruck für die Quadratsumme $[pvv]$ nach x differenziren, den Differenzialquotienten gleich Null setzen und die damit erhaltene Gleichung nach x auflösen, so erhalten wir als wahrscheinlichsten Wert von x, wofür die Quadratsumme $[pvv]$ ein Minimum wird:

$$\frac{d[pvv]}{dx} = 2[p]x - 2[p\lambda]\,,$$

$$2[p]x - 2[p\lambda] = 0\,,$$

$$(58)\qquad x = \frac{[p\lambda]}{[p]} = \frac{p_1\lambda_1 + p_2\lambda_2 + p_3\lambda_3 + \ldots . p_n\lambda_n}{p_1 + p_2 + p_3 + \ldots . p_n}\,.$$

Diese Formel ergiebt sich auch ohne weiteres aus der Formel **(48)**, wenn wir uns dessen erinnern, dafs wir die Gewichte erklärt haben als Verhältniszahlen, die angeben, wie oft wir die betreffenden Beobachtungsergebnisse in der Rechnung berücksichtigen sollen.

Wir bezeichnen den sich nach Formel **(58)** ergebenden Wert von x als das allgemeine arithmetische Mittel der Beobachtungsergebnisse.

Ebenso wie beim einfachen arithmetischen Mittel kann auch hier die Berechnung von x meistens vereinfacht werden, indem die Werte $\lambda_1, \lambda_2, \lambda_3, \ldots \lambda_n$ in einen Näherungswert l und die kleinen Gröfsen $dl_1, dl_2, dl_3, \ldots dl_n$ zerlegt werden, indem also wieder gesetzt wird:

(59)
$$\begin{cases} \lambda_1 = l + dl_1, \\ \lambda_2 = l + dl_2, \\ \lambda_3 = l + dl_3, \\ \ldots\ldots\ldots, \\ \lambda_n = l + dl_n. \end{cases}$$

Dann wird:

$$x = \frac{p_1(l+dl_1)+p_2(l+dl_2)+p_3(l+dl_3)+\ldots p_n(l+dl_n)}{p_1+p_2+p_3+\ldots p_n}, \text{ oder:}$$

$$x = \frac{(p_1 l + p_2 l + p_3 l + \ldots p_n l) + (p_1 dl_1 + p_2 dl_2 + p_3 dl_3 + \ldots p_n dl_n)}{p_1+p_2+p_3+\ldots p_n}, \text{ oder:}$$

(60)
$$x = l + \frac{p_1 dl_1 + p_2 dl_2 + p_3 dl_3 + \ldots p_n dl_n}{p_1+p_2+p_3 \ldots p_n} = l + \frac{[p\,dl]}{p}.$$

Die Abweichungen $v_1, v_2, v_3, \ldots v_n$ des wahrscheinlichsten Wertes x der beobachteten Gröfse von den einzelnen Beobachtungsergebnissen, oder die wahrscheinlichsten Beobachtungsfehler sind wieder wie beim einfachen arithmetischen Mittel:

(61)
$$\begin{cases} v_1 = x - \lambda_1, \\ v_2 = x - \lambda_2, \\ v_3 = x - \lambda_3, \\ \ldots\ldots\ldots, \\ v_n = x - \lambda_n. \end{cases}$$

Multipliziren wir diese Gleichungen mit den Gewichten $p_1, p_2, p_3, \ldots p_n$ und addiren die erhaltenen Gleichungen, so folgt:

$$\begin{aligned} p_1 v_1 &= p_1 x - p_1 \lambda_1, \\ p_2 v_2 &= p_2 x - p_2 \lambda_2, \\ p_3 v_3 &= p_3 x - p_3 \lambda_3, \\ &\ldots\ldots\ldots\ldots, \\ p_n v_n &= p_n x - p_n \lambda_n, \\ \hline [pv] &= [p]x - [p\lambda], \end{aligned}$$

oder, da nach Formel **(58)**: $[p]x = [p\lambda]$, also: $[p]x - [p\lambda] = 0$ ist,:

(62)
$$[pv] = 0.$$

Demnach ist die Summe der mit den Gewichten multiplizirten wahrscheinlichsten Beobachtungsfehler gleich Null, wenn das allgemeine arithmetische Mittel mehrerer ungleich genauen und unabhängigen Beobachtungsergebnisse als wahrscheinlichster Wert der beobachteten Gröfse angenommen wird, was wir wiederum zur Probe für die richtige Berechnung von x benutzen.

Beispiel 1: Bei der Triangulation eines Teiles des Regierungsbezirkes Düsseldorf ist auf dem Standpunkte Wermelskirchen die Richtung nach Radevormwald als einfaches arithmetisches Mittel aus

16 Einzelbeobachtungen erhalten zu: $\lambda_1 = 150° \, 45' \, 36{,}47''$, dann aus
4 „ „ „: $\lambda_2 = 150 \quad 45 \quad 36{,}16$, endlich aus
4 „ „ „: $\lambda_3 = 150 \quad 45 \quad 36{,}68$.

Um aus diesen 3 Werten den wahrscheinlichsten Wert x der Richtung zu finden, nehmen wir als Gewichtseinheit das Gewicht einer einmaligen Beobachtung der Richtung, womit wir nach Formel **(55)** für die Werte λ_1, λ_2, λ_3, die Gewichte $p_1 = 16$, $p_2 = 4$, $p_3 = 4$ erhalten. Mit dem Näherungswerthe $l = 150^\circ\, 45'\, 36{,}00''$ ergiebt sich sodann:

$p_1 = 16$,	$d\,l_1 = +0{,}47''$,	$p_1 d\,l_1 = +\ 7{,}52$,
$p_2 = \ 4$,	$d\,l_2 = +0{,}16$,	$p_2 d\,l_2 = +\ 0{,}64$,
$p_3 = \ 4$,	$d\,l_3 = +0{,}68$,	$p_3 d\,l_3 = +\ 2{,}72$,
$[p] = 24$,		$[p\,d\,l] = +10{,}88$,
		$\dfrac{[p\,d\,l]}{[p]} = +0{,}453''$,

und:

(60) $$x = l + \frac{[p\,d\,l]}{[p]} = 150^\circ\, 45'\, 36{,}00'' + 0{,}453'' = 150^\circ\, 45'\, 36{,}453''.$$

Ferner ergiebt sich nach Formel **(61)**:

$v_1 = x - \lambda_1 = -0{,}017''$, und:	$p_1 v_1 = -0{,}272$,
$v_2 = x - \lambda_2 = +0{,}293$,	$p_2 v_2 = +1{,}172$,
$v_3 = x - \lambda_3 = -0{,}227$,	$p_3 v_3 = -0{,}908$,
	$[p\,v] = -0{,}008$.

$[p\,v]$ soll nach Formel **(62)** gleich Null sein. Die Abweichung $-0{,}008$ erklärt sich durch die Abrundung des Wertes von x bezw. von $\frac{[p\,d\,l]}{[p]}$; sie mufs gleich sein der Abweichung des $[p]$ fachen Quotienten $\frac{[p\,d\,l]}{[p]}$ von $[p\,d\,l]$, oder es mufs genau sein: $[p\,v] = [p]\left(\frac{[p\,d\,l]}{[p]}\right) - [p\,d\,l]$, also im vorliegenden Falle: $[p\,v] = 24 \cdot 0{,}453 - 10{,}88 = 10{,}872 - 10{,}880 = -0{,}008$ oder gleich dem Reste, der bei Ausführung der Division $\frac{[p\,d\,l]}{[p]} = \frac{+10{,}88}{24}$ geblieben ist. Die Abrundung von x kann höchstens 0,5 Einheiten der letzten Stelle dieses Wertes betragen und demnach darf auch $[p\,v]$ höchstens $0{,}5 \cdot [p]$ Einheiten der letzten Stelle des Wertes von x von Null abweichen, im vorliegenden Falle also höchstens um: $24 \cdot 0{,}0005'' = 0{,}012''$.

Beispiel 2: In demselben trigonometrischen Netze sind auf dem excentrischen Standpunkte S_3 des Punktes Düsseldorf zur Bestimmung der Richtungen nach Metzkausen, Höhscheid und Köln folgende Winkel beobachtet:

Metzkausen-Höhscheid	12 mal zu:	46°	17'	36,70''	,
Höhscheid-Köln	8 mal zu:	43	13	23,50	,
Metzkausen-Hülfspunkt	22 mal zu:	57	04	44,11	,
Hülfspunkt-Köln	22 mal zu:	32	26	11,36	.

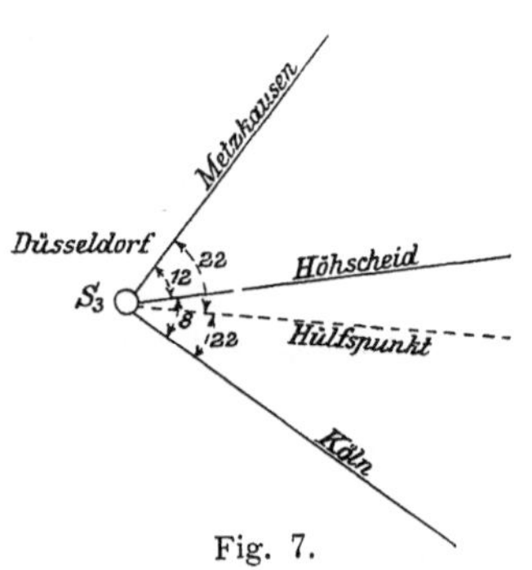

Fig. 7.

Aus diesen Beobachtungsergebnissen soll der wahrscheinlichste Wert des Winkels Metzkausen-Köln abgeleitet werden.

Wir nehmen als Gewichtseinheit das Gewicht einer einmaligen Beobachtung eines Winkels. Dann erhalten wir nach Formel **(55)** als Gewicht der vorliegenden Beobachtungsergebnisse: 12, 8, 22 und 22. Aus den Beobachtungsergebnissen erhalten wir zwei Werte des Winkels Metzkausen-Köln und zwar den einen Wert als Summe der Winkel Metzkausen-Höhscheid und Höhscheid-Köln $\lambda_1 = 89^\circ\, 31'\, 00{,}20''$, den andern Wert als Summe der

Winkel Metzkausen-Hülfspunkt und Hülfspunkt-Köln: $\lambda_2 = 89^\circ\, 30'\, 55{,}47''$. Nach Formel **(41)** ergiebt sich das Gewicht p_1 des ersten Wertes λ_1 aus $\frac{1}{p_1} = \frac{1}{12} + \frac{1}{8} = \frac{5}{24}$ zu: $p_1 = 4{,}8$ und das Gewicht p_2 des zweiten Wertes λ_2 aus: $\frac{1}{p_2} = \frac{1}{22} + \frac{1}{22} = \frac{1}{11}$ zu: $p_2 = 11$. Mit dem Näherungswerte $l = 89^\circ\, 30'\, 55''$ erhalten wir dann nach Formel **(60)**:

$p_1 = 4{,}8$,	$d\,l_1 = 5{,}20''$,	$p_1\, d\,l_1 = 24{,}96$,
$p_2 = 11{,}0$,	$d\,l_2 = 0{,}47''$,	$p_2\, d\,l_2 = 5{,}17$,
$[p] = 15{,}8$,		$[p\,d\,l] = 30{,}13$,
		$\frac{[p\,d\,l]}{[p]} = 1{,}91''$,

$$x = l + \frac{[p\,d\,l]}{[p]} = 89^\circ\, 30'\, 55'' + 1{,}91'' = 89^\circ\, 30'\, 56{,}91'',$$

und ferner nach Formel **(61)**:

$v_1 = x - \lambda_1 = -3{,}29''$,	$p_1 v_1 = -15{,}79$,
$v_2 = x - \lambda_2 = +1{,}44''$,	$p_2 v_2 = +15{,}84$,
	$[p\,v] = +\ 0{,}05$.

$[p\,v]$ soll gleich Null sein, wird aber wegen der Abrundung von x bezw. von $\frac{[p\,d\,l]}{[p]}$ hier $[p\,v] = [p]\left(\frac{[p\,d\,l]}{[p]}\right) - [p\,d\,l] = 30{,}18 - 30{,}13 = +0{,}05$. $[p]$ darf hier höchstens $15{,}8 \cdot 0{,}005'' = 0{,}08''$ sein.

Beispiel 3: Aus den Anfangsneigungen und den Winkeln der vier in dem Knotenpunkte 172 zusammentreffenden Polygonzüge ergeben sich für die Neigung der Polygonseite 172—194 gegen die Abscissenlinie 4 Werte und zwar

aus Zug 38 mit 5 Winkeln:
$\lambda_{38} = 92^\circ\, 20'\, 25''$,
aus Zug 39 mit 3 Winkeln:
$\lambda_{39} = 92^\circ\, 20'\, 11''$,
aus Zug 40 mit 5 Winkeln:
$\lambda_{40} = 92^\circ\, 21'\, 26''$,
aus Zug 41 mit 6 Winkeln:
$\lambda_{41} = 92^\circ\, 21'\, 00''$.

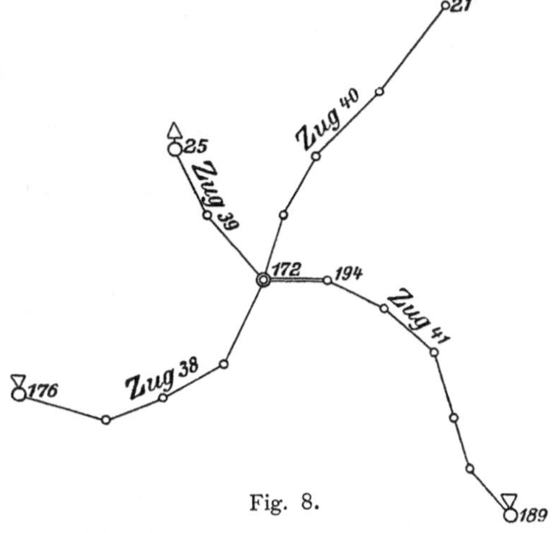

Fig. 8.

Die Polygonwinkel sind sämtlich mit gleicher Genauigkeit beobachtet worden, und wenn wir das Gewicht der Beobachtung eines Polygonwinkels als Gewichtseinheit nehmen, erhalten wir nach Formel **(42)** für die Gewichte der Neigungen $\frac{1}{p_{38}} = 5$, $\frac{1}{p_{39}} = 3$, $\frac{1}{p_{40}} = 5$, $\frac{1}{p_{41}} = 6$. Damit ergiebt sich der wahrscheinlichste Wert x der Neigung 172—194 nach Formel **(60)**, wenn wir den Näherungswert $l = 92^\circ\, 20'\, 00''$ nehmen,:

$p_{38} = 0{,}20$,	$d\,l_{38} = 25''$,	$p_{38}\, d\,l_{38} = 5{,}0$,
$p_{39} = 0{,}33$,	$d\,l_{39} = 11''$,	$p_{39}\, d\,l_{39} = 3{,}6$,
$p_{40} = 0{,}20$,	$d\,l_{40} = 86''$,	$p_{40}\, d\,l_{40} = 17{,}2$,
$p_{41} = 0{,}17$,	$d\,l_{41} = 60''$,	$p_{41}\, d\,l_{41} = 10{,}2$,
$[p] = 0{,}90$,		$[p\,d\,l] = 36{,}0$,
		$\frac{[p\,d\,l]}{[p]} = 40''$,

$$x = l + \frac{[p\,d\,l]}{[p]} = 92^\circ\,20'\,00'' + 40'' = 92^\circ\,20'\,40''.$$

Ferner erhalten wir nach Formel (**61**):

$$\begin{array}{l|l} v_{38} = x - \lambda_{38} = +15'', & p_{38} v_{38} = +\ 3{,}0, \\ v_{39} = x - \lambda_{39} = +29'', & p_{39} v_{39} = +\ 9{,}6, \\ v_{40} = x - \lambda_{40} = -46'', & p_{40} v_{40} = -\ 9{,}2, \\ v_{41} = x - \lambda_{41} = -20'', & p_{41} v_{41} = -\ 3{,}4, \\ & [p\,v] = +12{,}6 - 12{,}6 = 0{,}0. \end{array}$$

2. Der mittlere Fehler $\mathfrak{m}$ einer Beobachtung vom Gewichte $\mathfrak{p} = 1$, oder der Gewichtseinheit, ergiebt sich aus den wahrscheinlichsten Beobachtungsfehlern $v_1, v_2, v_3, \ldots . v_n$ nach Formel (**47**) zu:

$$\mathfrak{m} = \pm\sqrt{\frac{[p\,v\,v]}{n-1}}, \tag{63}$$

da hier ebenso wie beim einfachen arithmetischen Mittel $q = 1$ Beobachtungsergebnis zur einfachen nicht versicherten Bestimmung der gesuchten Gröfse genügt, mithin $n - 1$ überschüssige Beobachtungen ausgeführt worden sind, wenn n Beobachtungsergebnisse vorliegen.

Sodann ergeben sich die mittleren Fehler $m_1, m_2, m_3, \ldots . m_n$ der Beobachtungsergebnisse $\lambda_1, \lambda_2, \lambda_3, \ldots . \lambda_n$, deren Gewichte $p_1, p_2, p_3, \ldots . p_n$ sind, nach Formel (**35**) zu:

$$\left\{\begin{array}{l} m_1 = \pm\,\mathfrak{m}\sqrt{\frac{1}{p_1}}, \\ m_2 = \pm\,\mathfrak{m}\sqrt{\frac{1}{p_2}}, \\ m_3 = \pm\,\mathfrak{m}\sqrt{\frac{1}{p_3}}, \\ \ldots\ldots\ldots\ldots, \\ m_n = \pm\,\mathfrak{m}\sqrt{\frac{1}{p_n}}. \end{array}\right. \tag{64}$$

Für das Gewicht P des allgemeinen arithmetischen Mittels

$$x = \frac{p_1}{[p]}\lambda_1 + \frac{p_2}{[p]}\lambda_2 + \frac{p_3}{[p]}\lambda_3 + \ldots . . \frac{p_n}{[p]}\lambda_n$$

ergiebt sich ferner nach Formel (**43**):

$$\frac{1}{P} = \left(\frac{p_1}{[p]}\right)^2 \frac{1}{p_1} + \left(\frac{p_2}{[p]}\right)^2 \frac{1}{p_2} + \left(\frac{p_3}{[p]}\right)^2 \frac{1}{p_3} + \ldots . . \left(\frac{p_n}{[p]}\right)^2 \frac{1}{p_n}$$

$$= \frac{p_1 + p_2 + p_3 + \ldots . p_n}{[p]^2} = \frac{1}{[p]} \text{ und damit:}$$

$$P = [p]. \tag{65}$$

Hiermit folgt dann endlich für den mittleren Fehler M des allgemeinen arithmetischen Mittels x nach Formel (**35**):

$$M = \pm\,\mathfrak{m}\sqrt{\frac{1}{P}} = \pm\,\mathfrak{m}\sqrt{\frac{1}{[p]}} = \pm\sqrt{\frac{[p\,v\,v]}{[p](n-1)}}. \tag{66}$$

Beispiel 1: In unserm Beispiele 1 ergiebt sich die Quadratsumme $[p\,v\,v]$ der auf die Gewichtseinheit reduzirten wahrscheinlichsten Beobachtungsfehler zu:

$$\begin{array}{r} p_1 v_1 v_1 = 0{,}005, \\ p_2 v_2 v_2 = 0{,}343, \\ p_3 v_3 v_3 = 0{,}206, \\ \hline [p\,v\,v] = 0{,}554, \end{array}$$

und hiermit der mittlere Fehler $\mathfrak{m}$ der Gewichtseinheit oder einer einmaligen Beobachtung einer Richtung zu:

(63) $$\mathfrak{m} = \pm \sqrt{\frac{[p\,v\,v]}{n-1}} = \pm \sqrt{\frac{0{,}554}{3-1}} = \pm\, 0{,}53''.$$

Sodann ergeben sich die mittleren Fehler m_1, m_2, m_3 der Beobachtungsergebnisse λ_1, λ_2, λ_3 zu:

(64) $$\begin{cases} m_1 = \pm\, \mathfrak{m} \sqrt{\dfrac{1}{p_1}} = \pm\, 0{,}53 \sqrt{\dfrac{1}{16}} = \pm\, 0{,}13'', \\ m_2 = \pm\, \mathfrak{m} \sqrt{\dfrac{1}{p_2}} = \pm\, 0{,}53 \sqrt{\dfrac{1}{4}} = \pm\, 0{,}26'', \\ m_3 = \pm\, \mathfrak{m} \sqrt{\dfrac{1}{p_3}} = \pm\, 0{,}53 \sqrt{\dfrac{1}{4}} = \pm\, 0{,}26'', \end{cases}$$

ferner das Gewicht P des wahrscheinlichsten Wertes x der Richtung Wermelskirchen-Radevormwald zu:

(65) $$P = [p] = 24.$$

und damit endlich der mittlere Fehler M des wahrscheinlichsten Wertes x der Richtung zu:

(66) $$M = \pm\, \mathfrak{m} \sqrt{\frac{1}{P}} = \pm\, 0{,}53 \sqrt{\frac{1}{24}} = \pm\, 0{,}11''.$$

Beispiel 3*): Im Beispiele 3 erhalten wir die Quadratsumme $[p\,v\,v]$ der auf die Gewichtseinheit reduzirten wahrscheinlichsten Beobachtungsfehler zu:

$$\begin{aligned} p_{38}\, v_{38}\, v_{38} &= 45, \\ p_{39}\, v_{39}\, v_{39} &= 278, \\ p_{40}\, v_{40}\, v_{40} &= 423, \\ p_{41}\, v_{41}\, v_{41} &= 68, \\ \hline [p\,v\,v] &= 814. \end{aligned}$$

Hiermit ergiebt sich der mittlere Fehler $\mathfrak{m}$ der Gewichtseinheit, oder einer Beobachtung eines Polygonwinkels zu:

(63) $$\mathfrak{m} = \pm \sqrt{\frac{[p\,v\,v]}{n-1}} = \pm \sqrt{\frac{814}{4-1}} = \pm\, 16''.$$

Sodann ergeben sich die mittleren Fehler m_{38}, m_{39}, m_{40}, m_{41} der Bestimmung der Neigung 172—194 in den einzelnen Polygonzügen 38, 39, 40, 41 zu:

(64) $$\begin{cases} m_{38} = \pm\, \mathfrak{m} \sqrt{\dfrac{1}{p_{38}}} = \pm\, 16 \sqrt{5} = \pm\, 35'', \\ m_{39} = \pm\, \mathfrak{m} \sqrt{\dfrac{1}{p_{39}}} = \pm\, 16 \sqrt{3} = \pm\, 27'', \\ m_{40} = \pm\, \mathfrak{m} \sqrt{\dfrac{1}{p_{40}}} = \pm\, 16 \sqrt{5} = \pm\, 35'', \\ m_{41} = \pm\, \mathfrak{m} \sqrt{\dfrac{1}{p_{41}}} = \pm\, 16 \sqrt{6} = \pm\, 38'', \end{cases}$$

ferner das Gewicht P des wahrscheinlichsten Wertes x der Neigung 172—194 zu:

(65) $$P = [p] = 0{,}90,$$

und endlich der mittlere Fehler M des wahrscheinlichsten Wertes x der Neigung 172—194 zu:

---

*) Beim Beispiele 2 sehen wir von der Berechnung der mittleren Fehler und Gewichte ab, da nur zwei Beobachtungsergebnisse vorliegen, die keinen auch nur einigermaſsen zuverlässigen Wert des mittleren Fehlers liefern.

(66) $$M = \pm \mathfrak{m}\sqrt{\frac{1}{P}} = \pm 16\sqrt{\frac{1}{0{,}90}} = \pm 17''.$$

3. Die Rechnung nach den Formeln **(58)** bis **(66)** wird in der Regel einfacher und übersichtlicher durch schematische Anordnung, wie die folgende Darstellung unseres Beispieles 3 zeigt:

Nr. der Beob- achtung.	$\frac{1}{p}$.	Gewichte p.		Beob- achtungs- ergebnisse λ. °	′	″	$dl = \lambda - l$. ″	$p\,dl$.	$v = x - \lambda$.	″	pv.			pvv.	$\sqrt{\frac{1}{p}}$.	$m = \pm \mathfrak{m}\sqrt{\frac{1}{p}}$. ″
38	5	0,20		92	20	25	25	5,0	+	15	+	3,0		45	2,2	± 35
39	3	0,33		92	20	11	11	3,6	+	29	+	9,6		278	1,7	± 27
40	5	0,20		92	21	26	86	17,2	—	46	—	9,2		423	2,2	± 35
41	6	0,17		92	21	00	60	10,2	—	20	—	3,4		68	2,4	± 38
$P = [p]$		0,90	l	92	20	00	$[p\,dl]$	36,0			+	12,6	$[pvv]$	814	8,5	135
$\sqrt{\frac{1}{[p]}}$		1,05	$\frac{[p\,dl]}{[p]}$			40					—	12,6	$\frac{[pvv]}{n-1}$	271		
$M = \pm \mathfrak{m}\sqrt{\frac{1}{[p]}}$		± 17″	x	92	20	40				$[pv]$		0,0	$\mathfrak{m}$	± 16″		

4. Die Quadratsumme der auf die Gewichtseinheit reduzirten wahrscheinlichsten Beobachtungsfehler $[pvv]$ kann ebenso wie für gleich genaue auch für ungleich genaue Beobachtungsergebnisse in geeigneten Fällen direkt aus den Beobachtungsergebnissen $\lambda_1, \lambda_2, \lambda_3, \ldots \lambda_n$ oder den Werten $dl_1, dl_2, dl_3, \ldots dl_n$ berechnet werden; denn wenn in den unter Nr. 1 für $[pvv]$ erhaltenen Ausdruck

$$[pvv] = [p]xx - 2[p\lambda]x + [p\lambda\lambda]$$

für x nach Formel **(58)** $\frac{[p\lambda]}{[p]}$ eingesetzt wird, so folgt:

$$[pvv] = [p]\frac{[p\lambda]}{[p]}\frac{[p\lambda]}{[p]} - 2[p\lambda]\frac{[p\lambda]}{[p]} + [p\lambda\lambda], \text{ oder:}$$

$$[pvv] = [p\lambda\lambda] - \frac{[p\lambda][p\lambda]}{[p]}$$

und wenn hierin: $\lambda_1 = l + dl_1$, $\lambda_2 = l + dl_2$, $\lambda_3 = l + dl_3$, $\ldots \lambda_n = l + dl_n$, also: $[p\lambda\lambda] = [p]ll + 2l[pdl] + [pdl\,dl]$ und $[p\lambda] = [p]l + [pdl]$ gesetzt wird, so wird:

$$[pvv] = [p]ll + 2l[pdl] + [pdl\,dl] - \frac{[p]l[p]l + 2[p]l[pdl] + [pdl][pdl]}{[p]}$$

$$= [pdl\,dl] - \frac{[pdl][pdl]}{[p]}.$$

Demnach ist:

(67) $$[pvv] = [p\lambda\lambda] - \frac{[p\lambda][p\lambda]}{[p]} = [pdl\,dl] - \frac{[pdl][pdl]}{[p]}.$$

Beispiel: Es liegen die Ergebnisse wiederholter Messungen einer Linie von nahezu 200 m Länge und die Gewichte dieser Ergebnisse vor wie folgt:

$\lambda_1 = 200{,}45$,	$p_1 = 5{,}6$,
$\lambda_2 = 200{,}78$,	$p_2 = 8{,}4$,
$\lambda_3 = 200{,}32$,	$p_3 = 2{,}8$,
$\lambda_4 = 200{,}63$,	$p_4 = 7{,}0$,
$\lambda_5 = 200.81$,	$p_5 = 4{,}2$,
	$[p] = 28{,}0$.

Die Gewichtseinheit ist das Gewicht einer einmaligen Messung einer Linie von 100 m Länge. Es soll der mittlere Fehler der Gewichtseinheit festgestellt werden. Wir nehmen $l = 200$, so dafs wird:

$d l_1 = 0{,}45$,	$p_1 d l_1 = 2{,}52$,	$p_1 d l_1 d l_1 = 1{,}134$,
$d l_2 = 0{,}78$,	$p_2 d l_2 = 6{,}55$,	$p_2 d l_2 d l_2 = 5{,}109$,
$d l_3 = 0{,}32$,	$p_3 d l_3 = 0{,}90$,	$p_3 d l_3 d l_3 = 0{,}288$,
$d l_4 = 0{,}63$,	$p_4 d l_4 = 4{,}41$,	$p_4 d l_4 d l_4 = 2{,}778$,
$d l_5 = 0{,}81$,	$p_5 d l_5 = 3{,}40$,	$p_5 d l_5 d l_5 = 2{,}754$,
	$[p d l] = 17{,}78$,	$[p d l\, d l] = 12{,}063$.

Hiermit erhalten wir:

(67) $$[p v v] = [p d l\, d l] - \frac{[p d l][p d l]}{[p]} = 12{,}063 - \frac{17{,}78 \cdot 17{,}78}{28{,}0} = 0{,}773 .$$

und den mittleren Fehler m der Gewichtseinheit:

(63) $$\mathfrak{m} = \pm \sqrt{\frac{[p v v]}{n-1}} = \pm \sqrt{\frac{0{,}773}{5-1}} = \pm\, 0{,}44\, \mathrm{m} .$$

§ 18. Berechnung des mittleren Fehlers aus Beobachtungsdifferenzen.

1. Wir können oft in einfacher Weise eine gröfsere Anzahl Differenzen zwischen den Ergebnissen zweier gleich genauen Beobachtungen gleichartiger Gröfsen erlangen, die einen wertvollen Anhalt für die Genauigkeit der Beobachtungen geben, und deshalb wollen wir noch feststellen, wie aus solchen Beobachtungsdifferenzen der mittlere Fehler abzuleiten ist.

2. Wenn uns die Beobachtung einer Reihe gleichartiger Gröfsen die Ergebnisse $\lambda'_1, \lambda'_2, \lambda'_3, \ldots \lambda'_n$ geliefert hat und wir dann bei einer zweiten Beobachtung derselben Reihe von Gröfsen die Ergebnisse $\lambda''_1, \lambda''_2, \lambda''_3, \ldots \lambda''_n$ erhalten haben, so werden die Differenzen dieser Beobachtungsergebnisse

(68) $$\begin{cases} \Delta_1 = \lambda'_1 - \lambda''_1 , \\ \Delta_2 = \lambda'_2 - \lambda''_2 , \\ \Delta_3 = \lambda'_3 - \lambda''_3 , \\ \ldots\ldots\ldots\ldots , \\ \Delta_n = \lambda'_n - \lambda''_n \end{cases}$$

im allgemeinen zusammengesetzt sein aus einer regelmäfsigen Differenz und aus den zufälligen Differenzen $d_1, d_2, d_3, \ldots d_n$.

Die regelmäfsige Differenz ist entweder für alle Beobachtungsergebnisse gleich, oder sie ist für die verschiedenen Beobachtungsergebnisse $\lambda_1, \lambda_2, \lambda_3, \ldots \lambda_n$ proportional bestimmten bekannten Gröfsen $l_1, l_2, l_3, \ldots l_n$. Im erstern Falle bezeichnen wir die regelmäfsige Differenz mit k, im zweiten Falle mit $k l_1, k l_2, k l_3, \ldots k l_n$.

Die Gröfse k mufs im allgemeinen aus den Beobachtungsdifferenzen $\Delta_1, \Delta_2, \Delta_3, \ldots \Delta_n$ abgeleitet werden und wir betrachten daher die Beobachtungsdifferenzen als Ergebnisse direkter Beobachtungen von k, oder $k l_1, k l_2, k l_3, \ldots k l_n$.

3. Wir behandeln zunächst den einfacheren Fall, dafs die regelmäfsige Differenz für alle Beobachtungsergebnisse gleich ist.

In diesem Falle erhalten wir für den wahrscheinlichsten Wert von k, wenn alle Beobachtungsergebnisse $\lambda_1, \lambda_2, \lambda_3, \ldots \lambda_n$ gleiches Gewicht haben, nach Formel **(48)**:

$$k = \frac{[\Delta]}{n}, \tag{69}$$

oder wenn die Beobachtungsergebnisse $\lambda_1, \lambda_2, \lambda_3, \ldots \lambda_n$, verschiedene Gewichte $p_1, p_2, p_3, \ldots p_n$ haben, nach Formel **(58)**:

$$k = \frac{[p\Delta]}{[p]}. \tag{70}$$

Dann ergeben sich die wahrscheinlichsten Beobachtungsfehler oder hier die wahrscheinlichsten Werte $\delta_1, \delta_2, \delta_3, \ldots \delta_n$ der zufälligen Differenzen nach den Formeln **(51)** und **(61)** übereinstimmend zu:

$$\left\{\begin{array}{l} \delta_1 = k - \Delta_1, \\ \delta_2 = k - \Delta_2, \\ \delta_3 = k - \Delta_3, \\ \ldots\ldots\ldots, \\ \delta_n = k - \Delta_n. \end{array}\right. \tag{71}$$

Die Quadratsumme dieser zufälligen Differenzen kann direkt aus den Beobachtungsdifferenzen $\Delta_1, \Delta_2, \Delta_3, \ldots \Delta_n$ berechnet werden und zwar bei gleich genauen Beobachtungen nach Formel **(57)** aus:

$$[\delta\delta] = [\Delta\Delta] - \frac{[\Delta]}{n}[\Delta] = [\Delta\Delta] - nkk, \tag{72}$$

oder bei ungleich genauen Beobachtungen nach Formel **(67)** aus:

$$[p\delta\delta] = [p\Delta\Delta] - \frac{[p\Delta]}{[p]}[p\Delta] = [p\Delta\Delta] - [p]kk. \tag{73}$$

Beispiel 1: Bei der Aufnahme eines Polygonzuges mit dreifsig 20 m langen Strecken sind die Höhenwinkel jedesmal auf dem Anfangspunkte und dem Endpunkte der Strecke mit einem Freihandhöhenwinkelmesser gleich genau beobachtet worden. Die Ergebnisse der beiden Beobachtungen λ' und λ'', die Unterschiede beider Ergebnisse $\Delta = \lambda' - \lambda''$, sowie die Quadrate der Unterschiede $\Delta\Delta$ sind in nachfolgender Tabelle enthalten:

λ'. °	λ''. °	Δ. °	$\Delta\Delta$.	λ'. °	λ''. °	Δ. °	$\Delta\Delta$.	λ'. °	λ''. °	Δ. °	$\Delta\Delta$.
+0,2	+1,0	−0,8	0,64	+1,3	+1,9	−0,6	0,36	+3,4	+3,8	−0,4	0,16
+0,5	+1,0	−0,5	0,25	+1,0	+1,7	−0,7	0,49	+3,5	+4,1	−0,6	0,36
+1,1	+1,8	−0,7	0,49	+0,8	+1,5	−0,7	0,49	+3,3	+3,9	−0,6	0,36
+0,9	+1,6	−0,7	0,49	+1,4	+2,1	−0,7	0,49	+3,1	+3,6	−0,5	0,25
+0,7	+1,3	−0,6	0,36	+1,5	+2,1	−0,6	0,36	+3,2	+3,8	−0,6	0,36
+1,3	+2,0	−0,7	0,49	+1,7	+2,4	−0,7	0,49	+2,7	+3,6	−0,9	0,81
+1,8	+2,3	−0,5	0,25	+2,3	+2,8	−0,5	0,25	+2,6	+3,2	−0,6	0,36
+2,0	+2,7	−0,7	0,49	+2,8	+3,3	−0,5	0,25	+2,1	+2,8	−0,7	0,49
+1,9	+2,4	−0,5	0,25	+2,9	+3,6	−0,7	0,49	+2,0	+2,5	−0,5	0,25
+1,5	+1,9	−0,4	0,16	+3,0	+3,3	−0,3	0,09	+1,9	+2,6	−0,7	0,49
								+58,4	+76,6	−18,2 $=[\Delta]$	11,52 $=[\Delta\Delta]$

Hieraus ergiebt sich zunächst als wahrscheinlichster Wert der regelmäfsigen Abweichung zwischen den auf dem Anfangspunkte und den auf dem Endpunkte jeder Strecke beobachteten Höhenwinkeln:

(69) $$k=\frac{[\varDelta]}{n}=\frac{-18{,}2}{30}=-0{,}61^{\circ},$$

was der aus den vorliegenden Beobachtungsergebnissen folgende wahrscheinlichste Wert des doppelten Indexfehlers des benutzten Höhenwinkelmessers ist.

Ferner ergiebt sich für die Quadratsumme der zufälligen Differenzen der Höhenwinkel:

(72) $$[\delta\delta]=[\varDelta\varDelta]-\frac{[\varDelta]}{n}[\varDelta]=11{,}52-\frac{18{,}2}{30}18{,}2=0{,}48\,.$$

4. In dem zweiten Falle, wo die regelmäfsigen Differenzen nicht für alle Beobachtungsergebnisse gleich sind, sondern wo sie proportional den bekannten Gröfsen $l_1, l_2, l_3, \ldots. l_n$, also gleich $k l_1, k l_2, k l_3, \ldots. k l_n$ sind, liefern uns die Beobachtungsdifferenzen

(74) $$\left\{\begin{array}{l} \varDelta_1=\lambda_1'-\lambda_1'', \\ \varDelta_2=\lambda_2'-\lambda_2'', \\ \varDelta_3=\lambda_3'-\lambda_3'', \\ \ldots\ldots\ldots\ldots, \\ \varDelta_n=\lambda_n'-\lambda_n'' \end{array}\right.$$

keine unmittelbaren Bestimmungen des Faktors k, sondern direkte Bestimmungen der Gröfsen $k l_1, k l_2, k l_3, \ldots. k l_n$, und wir erhalten k als arithmetisches Mittel aus den Werten $k_1=\frac{\varDelta_1}{l_1}$, $k_2=\frac{\varDelta_2}{l_2}$, $k_3=\frac{\varDelta_3}{l_3}$, $\ldots. k_n=\frac{\varDelta_n}{l_n}$. Diese Werte haben verschiedene Gewichte $p_{k_1}, p_{k_2}, p_{k_3}, \ldots. p_{k_n}$, die wir, da

$$\begin{array}{l} k_1=\frac{\varDelta_1}{l_1}=\frac{1}{l_1}(\lambda_1'-\lambda_1'') \\ k_2=\frac{\varDelta_2}{l_2}=\frac{1}{l_2}(\lambda_2'-\lambda_2'') \\ k_3=\frac{\varDelta_3}{l_3}=\frac{1}{l_3}(\lambda_3'-\lambda_3'') \\ \ldots\ldots\ldots\ldots\ldots\ldots, \\ k_n=\frac{\varDelta_n}{l_n}=\frac{1}{l_n}(\lambda_n'-\lambda_n'') \end{array}$$

ist, aus den Gewichten $p_1, p_2, p_3, \ldots. p_n$ der Beobachtungsergebnisse $\lambda_1, \lambda_2, \lambda_3, \ldots. \lambda_n$ nach Formel **(44)** erhalten zu:

$$\begin{array}{lll} \frac{1}{p_{k_1}}=\frac{1}{l_1 l_1}\cdot 2\cdot\frac{1}{p_1} & \text{oder} & p_{k_1}=\frac{1}{2}p_1 l_1 l_1, \\ \frac{1}{p_{k_2}}=\frac{1}{l_2 l_2}\cdot 2\cdot\frac{1}{p_2} & \text{„} & p_{k_2}=\frac{1}{2}p_2 l_2 l_2, \\ \frac{1}{p_{k_3}}=\frac{1}{l_3 l_3}\cdot 2\cdot\frac{1}{p_3} & \text{„} & p_{k_3}=\frac{1}{2}p_3 l_3 l_3, \\ \ldots\ldots\ldots\ldots & & \ldots\ldots\ldots\ldots, \\ \frac{1}{p_{k_n}}=\frac{1}{l_n l_n}\cdot 2\cdot\frac{1}{p_n} & \text{„} & p_{k_n}=\frac{1}{2}p_n l_n l_n. \end{array}$$

Diese Gewichte vereinfachen sich, wenn die Gewichte $p_1, p_2, p_3, \ldots. p_n$ der Beobachtungsergebnisse $\lambda_1, \lambda_2, \lambda_3, \ldots. \lambda_n$ sämtlich $=p$ sind zu:

$$\begin{array}{l} p_{k_1}=\frac{1}{2}p\, l_1 l_1, \\ p_{k_2}=\frac{1}{2}p\, l_2 l_2, \\ p_{k_3}=\frac{1}{2}p\, l_3 l_3, \\ \ldots\ldots\ldots\ldots, \\ p_{k_n}=\frac{1}{2}p\, l_n l_n. \end{array}$$

Damit erhalten wir als wahrscheinlichsten Wert von k nach Formel (58) bei gleich genauen Beobachtungen:

$$k = \frac{[p_k k]}{[p_k]} = \frac{\frac{1}{2} p \left[l l \frac{\Delta}{l} \right]}{\frac{1}{2} p [l l]} \text{ oder:}$$

(75) $$k = \frac{[l \Delta]}{[l l]},$$

und bei ungleich genauen Beobachtungen:

$$k = \frac{[p_k k]}{[p_k]} = \frac{\frac{1}{2} \left[p l l \frac{\Delta}{l} \right]}{\frac{1}{2} [p l l]} \text{ oder:}$$

(76) $$k = \frac{[p l \Delta]}{[p l l]}.$$

Die wahrscheinlichsten Werte der Beobachtungsfehler oder der zufälligen Differenzen $\delta_1, \delta_2, \delta_3, \ldots \delta_n$ ergeben sich sodann nach:

(77) $$\begin{cases} \delta_1 = k l_1 - \Delta_1, \\ \delta_2 = k l_2 - \Delta_2, \\ \delta_3 = k l_3 - \Delta_3, \\ \ldots\ldots\ldots\ldots, \\ \delta_n = k l_n - \Delta_n. \end{cases}$$

Aus den hiernach für $\delta_1, \delta_2, \delta_3, \ldots \delta_n$ folgenden Zahlenwerten ist dann die Quadratsumme $[\delta \delta]$ oder $[p \delta \delta]$ zu bilden.

Beispiel 2: Bei der Aufnahme einiger Polygonzüge mit 20 Strecken sind die Streckenlängen zweimal von verschiedenen Landmessern mit verschiedenen Längenmefswerkzeugen gemessen worden. Behufs Ermittlung des mittleren Fehlers der Streckenmessung soll die Quadratsumme $[p \delta \delta]$ der zufälligen Differenzen $\delta_1, \delta_2, \delta_3, \ldots \delta_n$ beider Messungen berechnet werden.

Die Längenmessungen sind, aufser mit zufälligen Fehlern, mit regelmäfsigen, aus der Ungenauigkeit und der Handhabung der verwendeten Längenmefswerkzeuge entspringenden Fehlern behaftet, die sich proportional den gemessenen Längen fortpflanzen.

Diese regelmäfsigen Fehler sind verschieden für Messungen, die von verschiedenen Landmessern mit verschiedenen Mefswerkzeugen ausgeführt werden. Demnach besteht auch zwischen zwei in solcher Weise verschieden ausgeführten Messungen ein regelmäfsiger Unterschied, der für die einzelnen gemessenen Strecken proportional ihrer Länge ist. Sind also $\lambda_1, \lambda_2, \lambda_3, \ldots \lambda_n$ die Streckenlängen, so sind $k\lambda_1, k\lambda_2, k\lambda_3, \ldots k\lambda_n$ die regelmäfsigen Unterschiede zweier Messungen derselben. Dann erhalten wir für k:

(76) $$k = \frac{[p \lambda \Delta]}{[p \lambda \lambda]},$$

und für die zufälligen Differenzen $\delta_1, \delta_2, \delta_3, \ldots \delta_n$ beider Messungen:

(77) $$\begin{cases} \delta_1 = k \lambda_1 - \Delta_1, \\ \delta_2 = k \lambda_2 - \Delta_2, \\ \delta_3 = k \lambda_3 - \Delta_3, \\ \ldots\ldots\ldots\ldots, \\ \delta_n = k \lambda_n - \Delta_n. \end{cases}$$

Dementsprechend ist in den folgenden Tabellen $[p \delta \delta]$ aus den Ergebnissen λ' und λ'' beider Messungen der Polygonstrecken und aus den Gewichten p berechnet worden:

Nr.	λ'.	λ''.	p.	$\Delta = \lambda' - \lambda''$.	$p\lambda$.	$p\lambda\lambda$.	$p\lambda\Delta$.	$k\lambda$.	$\delta = k\lambda - \Delta$.	$\delta\delta$.	$p\delta\delta$.
1.	2.	3.	4.	5.	6.	7.	8.	9.	10.	11.	12.
1	157,80	157,92	8,6	−0,12	1360	215 000	−163,2	−0,03	+0,09	0,00 81	0,070
2	123,60	123,70	11,9	−0,10	1480	184 000	−148,0	−0,02	+0,08	0,00 64	0,076
3	127,96	127,84	11,1	+0,12	1420	182 000	+170,4	−0,02	−0,14	0,01 96	0,218
4	130,70	130,70	11,1	0,00	1450	190 000	0,0	−0,02	−0,02	0,00 04	0,004
5	115,24	115,40	12,8	−0,16	1470	169 000	−235,2	−0,02	+0,14	0,01 96	0,251
6	79,36	79,32	18,9	+0,04	1490	118 000	+59,6	−0,01	−0,05	0,00 25	0,047
7	77,82	77,98	18,9	−0,16	1470	115 000	−235,2	−0,01	+0,15	0,02 25	0,425
8	114,90	114,70	12,8	+0,20	1470	169 000	+294,0	−0,02	−0,22	0,04 84	0,620
9	112,88	112,84	12,8	+0,04	1450	164 000	+58,0	−0,02	−0,06	0,00 36	0,046
10	204,40	204,68	6,6	−0,28	1350	277 000	−378,0	−0,04	+0,24	0,05 76	0,380
11	84,14	84,14	17,4	0,00	1460	123 000	0,0	−0,02	−0,02	0,00 04	0,007
12	76,76	76,88	20,7	−0,12	1590	122 000	−190,8	−0,01	+0,11	0,01 21	0,250
13	112,26	112,32	12,8	−0,06	1430	160 000	−85,8	−0,02	+0,04	0,00 16	0,020
14	195,40	195,26	6,9	+0,14	1350	263 000	+189,0	−0,04	−0,18	0,03 24	0,224
15	82,00	82,02	18,9	−0,02	1550	127 000	−31,0	−0,01	+0,01	0,00 01	0,002
16	150,88	150,90	9,2	−0,02	1390	210 000	−27,8	−0,03	−0,01	0,00 01	0,001
17	112,72	112,60	12,8	+0,12	1450	164 000	+174,0	−0,02	−0,14	0,01 96	0,251
18	151,36	151,60	9,2	−0,24	1400	213 000	−336,0	−0,03	+0,21	0,04 41	0,406
19	96,18	96,12	16,0	+0,06	1540	148 000	+92,4	−0,02	−0,08	0,00 64	0,010
20	122,63	122,52	11,9	+0,11	1460	180 000	+160,6	−0,02	−0,13	0,01 69	0,201
	2428,99	9,44		+0,83	$[p\lambda\lambda]$	3 493 000	+1198,0	−0,43	+1,07	$[p\delta\delta]$	3,509
				−1,28			−1831,0		−1,05		
			$[\Delta]$	−0,45		$[p\lambda\Delta]$	−633,0		+0,02		

$$k = \frac{[p\lambda\Delta]}{[p\lambda\lambda]} = \frac{-633{,}0}{3\,493\,000} = -0{,}000\,181$$

Die in der Spalte 6 unserer Tabelle erhaltenen Produkte $p\lambda$ sind verhältnismäfsig wenig von einander verschieden und wir erhalten daher einen durchaus genügend genauen Wert von k, wenn wir diese Produkte als gleich annehmen. Dann vereinfacht sich die Formel **(76)** auf:

$$k = \frac{[\Delta]}{[\lambda]},$$

wonach wir den konstanten Unterschied der beiden Längenmessungen in einfachster Weise erhalten. Mit den in Spalte 2, 3 und 5 unserer Tabelle erhaltenen Zahlenwerten wird

$$k = \frac{[\Delta]}{[\lambda]} = \frac{-0{,}45}{2429} = -0{,}000\,185\,,$$

also nur um 4 Einheiten der sechsten Decimalstelle abweichend von dem nach Formel **(76)** erhaltenen Werte, was für die Berechnung der regelmäfsigen Differenzen $k\lambda$ von keiner praktischen Bedeutung ist.

Die Anwendung der einfachen Formel $k = \frac{[\Delta]}{[\lambda]}$ ermöglicht es auch, für die Berechnung von k ohne Mehraufwand an Arbeit ein weit umfangreicheres Beobachtungsmaterial zu benutzen, als zur Berechnung des mittleren Fehlers in der

Regel benutzt wird. Beispielsweise sind die in unserer Tabelle mitgeteilten Streckenlängen aus den Polygonstreckentabellen eines Bezirkes von 5 Gemarkungen entnommen, worin die erste und zweite Streckenmessung je von demselben Landmesser mit denselben Mefswerkzeugen und denselben Arbeitern durchgeführt ist. Die Gesamtlänge der Strecken beträgt nach der ersten Messung 96 023,67 m, nach der zweiten Messung 96 038,93 m, also der Gesamtunterschied $[\Delta] = 96\,023{,}67 - 96\,038{,}93 = -15{,}26$ m. Danach wird:

$$k = \frac{[\Delta]}{[\lambda]} = \frac{-15{,}26}{96\,030} = -0{,}000\,159 \text{ m}.$$

Benutzen wir diesen Wert von k, so gestaltet sich die Berechnung der Quadratsumme $[p\,\delta\,\delta]$ wie folgt:

Nr.	λ'.	λ''.	$\Delta = \lambda' = \lambda''$.	$k\,\lambda$.	$\delta = k\,\lambda - \Delta$.	$\delta\,\delta$.	p.	$p\,\delta\,\delta$.
1.	2.	3.	4.	5.	6.	7.	8.	9.
1	157,80	157,92	— 0,12	— 0,02	+ 0,10	0,0100	8,6	0,086
2	123,60	123,70	— 0,10	— 0,02	+ 0,08	0,0064	11,9	0,076
3	127,96	127,84	+ 0,12	— 0,02	— 0,14	0,0196	11,1	0,218
4	130,70	130,70	0,00	— 0,02	— 0,02	0,0004	11,1	0,004
5	115,24	115,40	— 0,16	— 0,02	+ 0,14	0,0196	12,8	0,251
6	79,36	79,32	+ 0,04	— 0,01	— 0,05	0,0025	18,9	0,047
7	77,82	77,98	— 0,16	— 0,01	+ 0,15	0,0225	18,9	0,425
8	114,90	114,70	+ 0,20	— 0,02	— 0,22	0,0484	12,8	0,620
9	112,88	112,84	+ 0,04	— 0,02	— 0,06	0,0036	12,8	0,046
10	204,40	204,68	— 0,28	— 0,03	+ 0,25	0,0625	6,6	0,412
11	84,14	84,14	0,00	— 0,01	— 0,01	0,0001	17,4	0,002
12	76,76	76,88	— 0,12	— 0,01	+ 0,11	0,0121	20,7	0,250
13	112,26	112,32	— 0,06	— 0,02	+ 0,04	0,0016	12,8	0,020
14	195,40	195,26	+ 0,14	— 0,03	— 0,17	0,0289	6,9	0,199
15	82,00	82,02	— 0,02	— 0,01	+ 0,01	0,0001	18,9	0,002
16	150,88	150,90	— 0,02	— 0,02	0,00	0,0000	9,2	0,000
17	112,72	112,60	+ 0,12	— 0,02	— 0,14	0,0196	12,8	0,251
18	151,36	151,60	— 0,24	— 0,02	+ 0,22	0,0484	9,2	0,445
19	96,18	96,12	+ 0,06	— 0,02	— 0,08	0,0064	16,0	0,102
20	122,63	122,52	+ 0,11	— 0,02	— 0,13	0,0169	11,9	0,201
	2428,99	9,44	+ 0,83	— 0,37	+ 1,10		$[p\,\delta\,\delta]$	3,657
			— 1,28		— 1,02			
			— 0,45		+ 0,08			

5. Das Gewicht der Beobachtungsdifferenzen Δ ergiebt sich aus dem Gewichte p der gleich genauen Beobachtungsergebnisse λ, da $\Delta = \lambda' - \lambda''$ ist, nach Formel **(42)** zu: $\frac{1}{2}p$. Da wir nun k als arithmetisches Mittel aus $\Delta_1, \Delta_2, \Delta_3; \ldots \Delta_n$ gefunden haben, und $\delta_1, \delta_2, \delta_3, \ldots \delta_n$ die wahrscheinlichsten Beobachtungsfehler sind, so ergiebt sich für den mittleren Fehler $\mathfrak{m}$ der Gewichtseinheit nach Formel **(53)**:

$$\mathfrak{m} = \pm \sqrt{\frac{1}{2}p}\sqrt{\frac{[\delta\,\delta]}{n-1}}, \text{ oder:}$$

(78)
$$\mathfrak{m} = \pm \sqrt{p}\sqrt{\frac{2\,(n-1)}{[\delta\,\delta]}},$$

und hiernach für den mittleren Fehler m eines Beobachtungsergebnisses vom Gewichte p nach Formel **(54)**:

$$m = \pm \mathfrak{m} \sqrt{\frac{1}{p}} = \pm \sqrt{\frac{[\delta\delta]}{2(n-1)}}, \tag{79}$$

endlich für den mittleren Fehler m_k von k, dessen Gewicht p_k, wenn die regelmäfsige Differenz für alle Beobachtungsergebnisse gleich ist, nach Formel **(55)** $p_k = n \cdot \frac{1}{2} p = \frac{1}{2} n p$ ist, nach Formel **(56)**:

$$m_k = \pm \mathfrak{m} \sqrt{\frac{1}{p_k}} = \pm \mathfrak{m} \sqrt{\frac{2}{np}} = \pm \sqrt{\frac{1}{2} p} \sqrt{\frac{[\delta\delta]}{n-1}} \sqrt{\frac{2}{np}}, \text{ oder:}$$

$$m_k = \pm \mathfrak{m} \sqrt{\frac{1}{p_k}} = \pm \mathfrak{m} \sqrt{\frac{2}{np}} = \pm \sqrt{\frac{[\delta\delta]}{n(n-1)}}, \tag{80}$$

oder wenn die regelmäfsige Differenz proportional den Gröfsen $l_1, l_2, l_3, \ldots . l_n$ ist, wo nach Formel **(65)** das Gewicht $p_k = \frac{1}{2} p [ll]$ ist, nach Formel **(66)**:

$$m_k = \pm \mathfrak{m} \sqrt{\frac{1}{p_k}} = \pm \mathfrak{m} \sqrt{\frac{2}{p[ll]}} = \pm \sqrt{\frac{1}{2} p} \sqrt{\frac{[\delta\delta]}{n-1}} \sqrt{\frac{2}{p[ll]}}, \text{ oder:}$$

$$m_k = \pm \mathfrak{m} \sqrt{\frac{1}{p_k}} = \pm \mathfrak{m} \sqrt{\frac{2}{p[ll]}} = \pm \sqrt{\frac{[\delta\delta]}{[ll](n-1)}}. \tag{81}$$

Beispiel 1: Aus der unter Nr. 3 erhaltenen Quadratsumme $[\delta\delta] = 0{,}48$ der zufälligen Differenzen für $n = 30$ gleich genaue Doppelbeobachtungen von Höhenwinkeln mit den Gewichten $p = 1$ ergiebt sich der mittlere Fehler $\mathfrak{m} = m$ einer Beobachtung eines Höhenwinkels für 20 m lange Strecken nach Formel **(78)** und **(79)** zu:

$$\mathfrak{m} = m = \pm \sqrt{\frac{[\delta\delta]}{2(n-1)}} = \pm \sqrt{\frac{0{,}48}{2(30-1)}} = \pm 0{,}09^\circ,$$

ferner der mittlere Fehler m_k des regelmäfsigen Unterschiedes $k = -0{,}61^\circ$ zwischen 2 Beobachtungen eines Höhenwinkels zu:

$$m_k = \pm \mathfrak{m} \sqrt{\frac{2}{np}} = \pm 0{,}09 \sqrt{\frac{2}{30}} = \pm 0{,}02^\circ, \tag{80}$$

endlich der mittlere Fehler M des arithmetischen Mittels aus den zwei für jede Strecke vorliegenden Höhenwinkeln, dessen Gewicht nach Formel **(55)** $P = 2$ ist, zu:

$$M = \pm \mathfrak{m} \sqrt{\frac{1}{P}} = \pm 0{,}09 \sqrt{\frac{1}{2}} = \pm 0{,}06^\circ. \tag{56}$$

6. In ganz ähnlicher Weise ergeben sich für ungleich genaue Beobachtungen mit den Gewichten $p_1, p_2, p_3, \ldots . p_n$ die Gewichte der Beobachtungsdifferenzen $\Delta_1, \Delta_2, \Delta_3, \ldots . \Delta_n$ zu: $\frac{1}{2} p_1, \frac{1}{2} p_2, \frac{1}{2} p_3, \ldots . \frac{1}{2} p_n$ und damit für den mittleren Fehler der Gewichtseinheit nach Formel **(63)**:

$$\mathfrak{m} = \pm \sqrt{\frac{[p\delta\delta]}{2(n-1)}}, \tag{82}$$

ferner für die mittleren Fehler der Beobachtungsergebnisse $\lambda_1, \lambda_2, \lambda_3, \ldots . \lambda_n$ nach Formel **(64)**:

(83)
$$\left\{\begin{aligned} m_1 &= \pm \mathfrak{m}\sqrt{\frac{1}{p_1}}, \\ m_2 &= \pm \mathfrak{m}\sqrt{\frac{1}{p_2}}, \\ m_3 &= \pm \mathfrak{m}\sqrt{\frac{1}{p_3}}, \\ &\ldots\ldots\ldots\ldots, \\ m_n &= \pm \mathfrak{m}\sqrt{\frac{1}{p_n}}, \end{aligned}\right.$$

endlich für den mittleren Fehler m_k von k, dessen Gewicht p_k, wenn die regelmäfsige Differenz für alle Beobachtungsergebnisse gleich ist, nach Formel **(65)** $p_k = \frac{1}{2}[p]$ ist, nach Formel **(66)**:

(84)
$$m_k = \pm \mathfrak{m}\sqrt{\frac{1}{p_k}} = \pm \mathfrak{m}\sqrt{\frac{2}{[p]}} = \pm\sqrt{\frac{[p\,\delta\,\delta]}{[p](n-1)}}.$$

oder wenn die regelmäfsige Differenz proportional den Gröfsen $l_1, l_2, l_3, \ldots. l_n$ ist, wo nach Formel **(65)** das Gewicht $p_k = \frac{1}{2}[p\,l\,l]$ ist, nach Formel **(66)**:

(85)
$$m_k = \pm \mathfrak{m}\sqrt{\frac{1}{p_k}} = \pm \mathfrak{m}\sqrt{\frac{2}{[p\,l\,l]}} = \pm\sqrt{\frac{[p\,\delta\,\delta]}{[p\,l\,l](n-1)}}.$$

Beispiel 2: Mit der unter Nr. 4 erhaltenen Quadratsumme $[p\,\delta\,\delta] = 3{,}509$ der zufälligen Differenzen erhalten wir den mittleren Fehler der Gewichtseinheit zu:

(82)
$$\mathfrak{m} = \pm\sqrt{\frac{[p\,\delta\,\delta]}{2(n-1)}} = \pm\sqrt{\frac{3{,}509}{2(20-1)}} = \pm\,0{,}30\,\mathrm{m},$$

ferner nach Formel **(83)** den mittleren Fehler der kürzesten Strecke $\lambda_{12} = 76{,}8\,\mathrm{m}$, deren Gewicht $p_{12} = 20{,}7$ ist,:

$$m_{12} = \pm\,\mathfrak{m}\sqrt{\frac{1}{p_{12}}} = \pm\,0{,}30\sqrt{\frac{1}{20{,}7}} = \pm\,0{,}07\,\mathrm{m},$$

einer mittleren Strecke $\lambda_{20} = 122{,}6\,\mathrm{m}$, deren Gewicht $p_{20} = 11{,}9$ ist,:

$$m_{20} = \pm\,\mathfrak{m}\sqrt{\frac{1}{p_{20}}} = \pm\,0{,}30\sqrt{\frac{1}{11{,}9}} = \pm\,0{,}09\,\mathrm{m},$$

der längsten Strecke $\lambda_{10} = 204{,}5\,\mathrm{m}$, deren Gewicht $p_{10} = 6{,}6$ ist,:

$$m_{10} = \pm\,\mathfrak{m}\sqrt{\frac{1}{p_{10}}} = \pm\,0{,}30\sqrt{\frac{1}{6{,}6}} = \pm\,0{,}12\,\mathrm{m},$$

und endlich den mittleren Fehler m_k von k zu:

(85)
$$m_k = \pm\,\mathfrak{m}\sqrt{\frac{2}{[p\,\lambda\,\lambda]}} = \pm\,0{,}30\sqrt{\frac{2}{3\,493\,000}} = \pm\,0{,}000\,227\,\mathrm{m}.$$

Die in die Rechnung eingeführten Gewichte $p_1, p_2, p_3, \ldots. p_{20}$ sind aus der für mittlere Verhältnisse geltenden Abteilung II der Tafel 3 der Kataster-Anweisung IX vom 25. Oktober 1881 entnommen worden. An dieser Stelle findet sich das Gewicht 1 für die einmalige Messung einer Länge von 822 m. Demnach ist $\mathfrak{m} = \pm\,0{,}30\,\mathrm{m}$ der mittlere Fehler der unter mittleren Verhältnissen ausgeführten Messung einer solchen Länge. Das für Längenmessungen gebräuchliche Genauigkeitsmafs, der mittlere Fehler einer einmaligen Messung einer Länge von 100 m, ergiebt sich mit dem sich in der bezeichneten Tafel findenden Gewicht $\mathfrak{p}_{100} = 14{,}8$ zu:

(39) $$\mathfrak{m}_{100} = \pm\, \mathfrak{m} \sqrt{\frac{1}{\mathfrak{p}_{100}}} = \pm\, 0{,}30 \sqrt{\frac{1}{14{,}8}} = \pm\, 0{,}078 \text{ m}^{*)}.$$

7. Wenn, wie es oft vorkommt, der wahre Wert von k voraus bekannt ist oder an Stelle dessen ein so genauer Wert von k, dafs er als wahrer Wert angenommen werden kann, der wahrscheinlichste Wert von k also nicht erst aus den Beobachtungsdifferenzen $\varDelta_1, \varDelta_2, \varDelta_3, \ldots \varDelta_n$ zu berechnen ist, so ist die Anzahl der überschüssigen Beobachtungsergebnisse nicht gleich $n-1$, sondern gleich n.

Dann gehen die Formeln **(78)**, **(79)**, **(82)** und **(83)** für die Berechnung des mittleren Fehlers der Gewichtseinheit und der Beobachtungsergebnisse**) über in folgende Formeln:

für gleich genaue Beobachtungen mit dem Gewichte p:

(86) $$\mathfrak{m} = \pm \sqrt{p} \sqrt{\frac{[\delta\delta]}{2n}},$$

(87) $$m = \pm\, \mathfrak{m} \sqrt{\frac{1}{p}} = \pm \sqrt{\frac{[\delta\delta]}{2n}},$$

für ungleich genaue Beobachtungen mit den Gewichten $p_1, p_2, p_3, \ldots p_n$:

(88) $$\mathfrak{m} = \pm \sqrt{\frac{[p\delta\delta]}{2n}},$$

(89) $$m_1 = \pm\, \mathfrak{m} \sqrt{\frac{1}{p_1}},\quad m_2 = \pm\, \mathfrak{m} \sqrt{\frac{1}{p_2}},\quad m_3 = \pm\, \mathfrak{m} \sqrt{\frac{1}{p_3}},\quad \ldots\ldots,\quad m_n = \pm\, \mathfrak{m} \sqrt{\frac{1}{p_n}}.$$

Beispiel 3: In einem Polygonnetze sind 12 Polygonwinkel mit einem Theodoliten unabhängig von einander mit besonderer Aufstellung des Instrumentes und der Signale zur Bezeichnung der Punkte je zweimal beobachtet worden. Die Beobachtungsergebnisse λ' und λ'', die Differenzen $\varDelta = \lambda' - \lambda''$, ihre Quadrate $\varDelta\varDelta$, sowie die Quadratsumme $[\varDelta\varDelta]$ sind in nachstehender Tabelle enthalten:

λ'.			λ''.			$\varDelta$.	$\varDelta\varDelta$.	λ'.			λ''.			$\varDelta$.	$\varDelta\varDelta$.
°	′	″	°	′	″	″		°	′	″	°	′	″	″	
190	26	35	190	27	08	− 33	1089	150	19	45	150	20	03	− 18	324
76	18	19	76	18	36	− 17	289	136	42	26	136	42	32	− 6	36
60	38	22	60	37	58	+ 24	576	189	04	04	189	04	14	− 10	100
111	51	23	111	51	00	+ 23	529	158	42	09	158	41	41	+ 28	784
223	20	53	223	20	38	+ 15	225	90	43	00	90	43	00	0	0
189	23	24	189	23	32	− 8	64		54	58		54	40	+ 110	4416
84	24	38	84	24	18	+ 20	400							− 92	= $[\varDelta\varDelta]$
														+ 18	

*) Wir sehen hier davon ab, zu erörtern, wie die Rechnung zu ändern ist, wenn berücksichtigt wird, dafs die in Tafel 3 der Kataster-Anweisung IX enthaltenen Gewichte unter Berücksichtigung der regelmäfsigen Fehler der Längenmessungen gebildet sind, da dies für das vorliegende Beispiel nicht von wesentlicher Bedeutung ist.

**) Der mittlere Fehler m_k von k ist in dem hier betrachteten Falle $= 0$ oder nahezu $= 0$.

Im vorliegenden Falle ist $k=0$, denn die Beobachtungen der Polygonwinkel werden derart ausgeführt, dafs die Beobachtungsergebnisse mit keinen in Betracht kommenden regelmäfsigen Fehlern behaftet sind, so dafs also auch keine in Betracht kommende regelmäfsige Differenz zwischen den Ergebnissen einer Reihe unabhängiger Doppelbeobachtungen vorhanden ist. Somit wird nach Formel **(71)**:

$$\begin{array}{ll} \delta_1 = -\Delta_1, & \text{und: } \delta_1\delta_1 = \Delta_1\Delta_1, \\ \delta_2 = -\Delta_2, & \delta_2\delta_2 = \Delta_2\Delta_2, \\ \delta_3 = -\Delta_3, & \delta_3\delta_3 = \Delta_3\Delta_3, \\ \ldots\ldots, & \ldots\ldots\ldots, \\ \delta_n = -\Delta_n, & \delta_n\delta_n = \Delta_n\Delta_n, \\ \hline & [\delta\delta] = [\Delta\Delta] \end{array}$$

und der mittlere Fehler $\mathfrak{m} = m$ einer einmaligen Messung eines Polygonwinkels vom Gewichte 1 wird nach Formel **(86)** oder **(87)**:

$$\mathfrak{m} = m = \pm\sqrt{\frac{[\delta\delta]}{2n}} = \pm\sqrt{\frac{4416}{2\cdot 12}} = \pm 14''.$$

Beispiel 2: Bei der unter Nr. 4 durchgeführten zweiten Behandlung unsers Beispieles 2, wo wir k berechnet haben aus Doppelmessungen von 96 000 m Streckenlängen kann der für k erhaltene Wert als wahrer Wert angesehen werden. Dann erhalten wir als mittleren Fehler der Gewichtseinheit:

$$\textbf{(88)} \qquad \mathfrak{m} = \pm\sqrt{\frac{[p\delta\delta]}{2n}} = \pm\sqrt{\frac{3{,}657}{2\cdot 20}} = \pm 0{,}30\,\text{m}.$$

III. Abschnitt.

Direkte Beobachtungen mehrerer Gröfsen, deren Summe einen bestimmten Sollbetrag erfüllen mufs.

§ 19. Direkte gleich genaue Beobachtungen mehrerer Gröfsen, deren Summe einen bestimmten Sollbetrag erfüllen mufs.

1. Haben wir für eine Reihe von Gröfsen aus direkten Beobachtungen die Werte $\alpha_1, \alpha_2, \alpha_3, \ldots.\alpha_n$ erlangt, so kommt es vielfach vor, dafs wir diese Beobachtungsergebnisse noch nicht als die wahrscheinlichsten Werte $x_1, x_2, x_3, \ldots. x_n$ der Gröfsen anerkennen dürfen, weil die Summe der letzteren einen bestimmten Sollbetrag S erfüllen mufs, weil also

$$\textbf{(90)} \qquad x_1 + x_2 + x_3 + \ldots. x_n = S$$

sein mufs.

Dann erhalten wir aus den Beobachtungsergebnissen $\alpha_1, \alpha_2, \alpha_3, \ldots.\alpha_n$ für jede der Gröfsen zwei Werte, nämlich erstens das Ergebnis der direkten Beobachtung der betreffenden Gröfse und zweitens den Wert, der sich ergiebt, wenn wir von dem Sollbetrage die Summe aller übrigen Beobachtungsergebnisse subtrahiren. Zuerst erhalten wir also zur Bestimmung des wahrscheinlichsten Wertes x_1 die beiden Werte:

$$\lambda' = \alpha_1,$$
$$\lambda'' = S - (\alpha_2 + \alpha_3 + \ldots. + \alpha_n).$$

Bezeichnen wir nun die Summe der Beobachtungsergebnisse mit Σ und die Abweichung dieser Summe von dem Sollbetrage mit f, setzen also:

(91) $$\alpha_1 + \alpha_2 + \alpha_3 + \ldots . \alpha_n = \Sigma,$$

(92) $$f = S - \Sigma,$$

so wird:

$$\begin{aligned}\lambda'' &= S - (\alpha_2 + \alpha_3 + \ldots . \alpha_n)\\ &= S - (\alpha_1 + \alpha_2 + \alpha_3 + \ldots . \alpha_n) + \alpha_1\\ &= S - \Sigma + \alpha_1\\ &= f + \alpha_1 .\end{aligned}$$

Sind die Beobachtungsergebnisse $\alpha_1, \alpha_2, \alpha_3, \ldots . \alpha_n$ sämtlich gleich genau und haben sie das Gewicht p, so ergiebt sich für die Gewichte p' und p'' der Werte λ' und λ'' nach Formel **(42)**:

$$p' = p,$$
$$p'' = \frac{1}{n-1} p .$$

Hiermit und mit den für λ' und λ'' gefundenen Werten erhalten wir den wahrscheinlichsten Wert x_1 der ersten Gröſse nach Formel **(58)** zu:

$$x_1 = \frac{p'\lambda' + p''\lambda''}{p' + p''} = \frac{p\alpha_1 + \frac{1}{n-1} p (f + \alpha_1)}{p + \frac{1}{n-1} p} = \frac{np\alpha_1 - p\alpha_1 + pf + p\alpha_1}{np - p + p},$$

oder:

$$x_1 = \alpha_1 + \frac{1}{n} f .$$

Bezeichnen wir die Verbesserung, die wir dem Beobachtungsergebnis α_1 beifügen müssen, um den wahrscheinlichsten Wert x_1 zu erhalten, mit v, so wird:

$$v = \frac{1}{n} f, \qquad x_1 = \alpha_1 + v .$$

Machen wir dieselbe Entwicklung, die wir für x_1 gemacht haben, auch für $x_2, x_3, \ldots . x_n$, so erhalten wir immer denselben Wert der Verbesserung v, so daſs allgemein ist:

(93) $$v = \frac{1}{n} f,$$

(94) $$\begin{cases} x_1 = \alpha_1 + v, \\ x_2 = \alpha_2 + v, \\ x_3 = \alpha_3 + v, \\ \ldots\ldots\ldots, \\ x_n = \alpha_n + v, \end{cases}$$

wonach wir den Widerspruch f gleichmäſsig auf die gleich genauen Beobachtungsergebnisse $\alpha_1, \alpha_2, \alpha_3, \ldots . \alpha_n$ zu verteilen haben, um die wahrscheinlichsten Werte $x_1, x_2, x_3, \ldots . x_n$ der beobachteten Gröſsen zu erhalten.

B e i s p i e l: In einem Dreieck ist jeder der drei Winkel viermal in beiden Lagen des Fernrohrs mit gleicher Genauigkeit gemessen worden. Die Ergebnisse der Messungen sind:

$$\begin{aligned}\alpha_1 &= 76^\circ 24' 35'',\\ \alpha_2 &= 59\ \ 18\ \ 28\ \ ,\\ \alpha_3 &= 44\ \ 16\ \ 49\ \ ,\\ \hline \Sigma &= 179^\circ 59' 52''.\end{aligned}$$

Der Sollbetrag der Summe der drei Winkel ist 180°, die Summe der Beobachtungsergebnisse $\Sigma = \alpha_1 + \alpha_2 + \alpha_3 = 179^\circ 59' 52''$, demnach der Widerspruch f:

(92) $$f = S - \Sigma = 180^\circ - 179^\circ 59' 52'' = +8'',$$

und die Verbesserung v, die jedem Beobachtungsergebnis beizufügen ist:

(93) $$v = \frac{1}{n} f = \frac{1}{3} (+8) = +2{,}7''.$$

Damit ergeben sich die wahrscheinlichsten Werte W_1, W_2, W_3 der Winkel zu:

(94) $$\begin{cases} W_1 = \alpha_1 + v = 76^\circ 24' 35'' + 2{,}7 = 76^\circ 24' 37{,}7'', \\ W_2 = \alpha_2 + v = 59 \quad 18 \quad 28 \quad + 2{,}7 = 59 \quad 18 \quad 30{,}7 \quad , \\ W_3 = \alpha_3 + v = 44 \quad 16 \quad 49 \quad + 2{,}7 = 44 \quad 16 \quad 51{,}7 \quad , \end{cases}$$
$$\overline{180^\circ 00' 00{,}1''.}$$

Die Summe der für W_1, W_2, W_3 erhaltenen Werte ist $180^\circ 00' 00{,}1''$; sie erfüllt also den Sollbetrag bis auf $0{,}1''$. Diese kleine Abweichung vom Sollbetrage rührt aus der Abrundung des Wertes von v her, und sie mufs genau gleich sein der Abweichung der $n$fachen Verbesserung v von f, also hier gleich $nv - f = 3 \cdot 2{,}7'' - 8{,}0'' = +0{,}1''$. Die Abrundung des Wertes von v kann höchstens 0,5 Einheiten seiner letzten Stelle betragen und demnach darf auch die Summe der wahrscheinlichsten Werte $x_1, x_2, x_3, \ldots . x_n$ höchstens um $0{,}5 \cdot n$ Einheiten der letzten Stelle des Wertes v von Null abweichen, hier also höchstens um $3 \cdot 0{,}05'' = 0{,}15''$.

2. Aufser den wahrscheinlichsten Werten $x_1, x_2, x_3, \ldots . x_n$ der zu bestimmenden Gröfsen haben wir nun auch noch die als Genauigkeitsmafse erforderlichen mittleren Fehler und Gewichte zu ermitteln.

Um diese zu finden, haben wir zu beachten, dafs hier nur ein einziger Beobachtungsfehler f hervortritt und dafs dies der Fehler des Beobachtungsergebnisses $\Sigma = \alpha_1 + \alpha_2 + \alpha_3 + \ldots . \alpha_n$ ist, der bei der Beobachtung des Sollbetrages S gemacht worden ist. Für das Gewicht p_Σ des Beobachtungsergebnisses Σ ergiebt sich, wenn jede der Gröfsen $\alpha_1, \alpha_2, \alpha_3, \ldots . \alpha_n$ das gleiche Gewicht p hat, nach Formel **(42)**:

$$p_\Sigma = \frac{1}{n} p.$$

Da uns nun der Sollbetrag von vornherein bekannt ist, also die einzige für denselben vorliegende Beobachtung eine überschüssige ist, so erhalten wir das Quadrat des mittleren Fehler der Gewichtseinheit, indem wir das mit dem Gewichte p_Σ multiplizirte Quadrat des Beobachtungsfehlers f durch Eins dividiren. Demnach wird:

$$\mathfrak{m}^2 = \frac{p_\Sigma f f}{1} = \frac{1}{n} p f f, \text{ oder:}$$

(95) $$\mathfrak{m} = \pm f \sqrt{\frac{1}{n} p}.$$

Ferner wird der mittlere Fehler m_α eines jeden der Werte $\alpha_1, \alpha_2, \alpha_3, \ldots . \alpha_n$, deren Gewicht gleich p ist, nach Formel **(35)**:

$$m_\alpha = \pm \mathfrak{m} \sqrt{\frac{1}{p}} = \pm f \sqrt{\frac{1}{n} p} \sqrt{\frac{1}{p}}, \text{ oder:}$$

(96) $$m_\alpha = \pm \mathfrak{m} \sqrt{\frac{1}{p}} = \pm f \sqrt{\frac{1}{n}}.$$

Um auch das Gewicht P_x und den mittleren Fehler M_x eines jeden der wahrscheinlichsten Werte $x_1, x_2, x_3, \ldots . x_n$ der beobachteten Gröfsen zu finden, greifen wir zurück auf die Berechnung dieser Werte. Wir hatten die Gröfsen x gefunden als arithmetisches Mittel aus den beiden Werten λ' und λ'', deren Gewichte $p' = p$ und $p'' = \frac{1}{n-1} p$ sind, für die also $[p] = p' + p'' = p + \frac{1}{n-1} p = p \frac{n}{n-1}$ ist. Hiermit wird das Gewicht P_x des arithmetischen Mittels x nach Formel **(65)**:

$$P_x = p \frac{n}{n-1} \text{ oder}$$

(97) $$\frac{1}{P_x} = \frac{1}{p}\left(1 - \frac{1}{n}\right)$$

und der mittlere Fehler M_x desselben nach Formel **(66)**:

(98) $$M_x = \pm \mathfrak{m} \sqrt{\frac{1}{P_x}} = \pm \mathfrak{m} \sqrt{\frac{1}{p}\left(1 - \frac{1}{n}\right)} = \pm f \sqrt{\frac{1}{n}\left(1 - \frac{1}{n}\right)}.$$

Beispiel: In unserm Beispiele ist $f = +8$ und $p = 4$, wenn wir das Gewicht einer einmaligen Beobachtung eines Dreieckswinkels in beiden Lagen des Fernrohrs als Gewichtseinheit nehmen. Demnach erhalten wir den mittleren Fehler $\mathfrak{m}$ der Gewichtseinheit oder einer einmaligen Beobachtung eines Dreieckswinkels in beiden Lagen des Fernrohrs zu:

(95) $$\mathfrak{m} = \pm f \sqrt{\frac{1}{n} p} = \pm 8 \sqrt{\frac{1}{3} 4} = \pm 9{,}2'',$$

sodann den mittleren Fehler m_α eines jeden der Beobachtungsergebnisse $\alpha_1, \alpha_2, \alpha_3$ zu:

(96) $$m_\alpha = \pm f \sqrt{\frac{1}{n}} = \pm 8 \sqrt{\frac{1}{3}} = \pm 4{,}6'',$$

ferner für das Gewicht P_x eines jeden der wahrscheinlichsten Werte x_1, x_2, x_3 der Winkel;

(97) $$\frac{1}{P_x} = \frac{1}{p}\left(1 - \frac{1}{n}\right) = \frac{1}{4}\left(1 - \frac{1}{3}\right) = \frac{1}{6} \text{ oder: } P_x = 6,$$

endlich den mittleren Fehler M_x derselben:

(98) $$M_x = \pm f \sqrt{\frac{1}{n}\left(1 - \frac{1}{n}\right)} = \pm 8{,}0 \sqrt{\frac{1}{3}\left(1 - \frac{1}{3}\right)} = \pm 3{,}8''.$$

Wenn das Gewicht eines jeden der Dreieckswinkel $p = 1$ ist, so wird:

$$\mathfrak{m} = m_\alpha = \pm f \sqrt{\frac{1}{3}}, \quad \Big| \quad P_x = 1{,}5, \quad \Big| \quad M_x = \pm \mathfrak{m} \sqrt{\frac{1}{1{,}5}}.$$

§ 20. Direkte ungleich genaue Beobachtungen mehrerer Gröfsen, deren Summe einen bestimmten Sollbetrag erfüllen mufs.

1. Wenn zur Bestimmung der wahrscheinlichsten Werte x, y, z, ... einer Reihe von Gröfsen, deren Summe einen bestimmten Sollbetrag S erfüllen mufs, für die also

(99) $$x + y + z + \ldots\ldots = S$$

sein mufs, die ungleich genauen Beobachtungsergebnisse α, β, γ, ... vorliegen, deren Summe

(100) $$\alpha + \beta + \gamma + \ldots\ldots = \Sigma$$

ist, so erhalten wir den Widerspruch f dieser Summe gegen den Sollbetrag wieder nach:

(101) $$f = S - \Sigma.$$

Weiter ergeben sich auch aus den Beobachtungsergebnissen zur Bestimmung eines jeden der wahrscheinlichsten Werte x, y, z, ... der zu bestimmenden Gröfsen wieder zwei Werte und zwar in erster Linie für x die beiden Werte

$$\lambda' = \alpha,$$
$$\lambda'' = S - (\beta + \gamma + \ldots\ldots) = f + \alpha.$$

Haben nun die ungleich genauen Beobachtungsergebnisse $\alpha, \beta, \gamma, \ldots$ die Gewichte $p_\alpha, p_\beta, p_\gamma \ldots$ so erhalten wir für die Gewichte p' und p'' der beiden Werte λ' und λ'' nach Formel **(41)**:

$$\frac{1}{p'} = \frac{1}{p_\alpha},$$
$$\frac{1}{p''} = \frac{1}{p_\beta} + \frac{1}{p_\gamma} + \ldots = \left[\frac{1}{p}\right] - \frac{1}{p_\alpha},$$
$$\frac{1}{p'} + \frac{1}{p''} = \frac{1}{p_\alpha} + \left[\frac{1}{p}\right] - \frac{1}{p_\alpha} = \left[\frac{1}{p}\right].$$

Damit ergiebt sich der wahrscheinlichste Wert x der ersten Gröfse als arithmetisches Mittel der beiden Werte λ' und λ'' nach Formel **(58)** zu:

$$x = \frac{p'\lambda' + p''\lambda''}{p' + p''} = \frac{\frac{1}{p''}\lambda' + \frac{1}{p'}\lambda''}{\frac{1}{p''} + \frac{1}{p'}} = \frac{\left(\left[\frac{1}{p}\right] - \frac{1}{p_\alpha}\right)\alpha + \frac{1}{p_\alpha}(f + \alpha)}{\left[\frac{1}{p}\right]} \quad \text{oder:}$$

$$x = \alpha + \frac{\frac{1}{p_\alpha}}{\left[\frac{1}{p}\right]} f.$$

Bezeichnen wir die Verbesserung, die wir dem Beobachtungsergebnis α beifügen müssen, um den wahrscheinlichsten Wert x zu erhalten, mit v_α, so wird:

$$v_\alpha = \frac{\frac{1}{p_\alpha}}{\left[\frac{1}{p}\right]} f, \qquad\qquad x = \alpha + v_\alpha.$$

In gleicher Weise erhalten wir die Verbesserungen $v_\beta, v_\gamma, \ldots$ der Beobachtungsergebnisse $\beta, \gamma \ldots$, so dafs wird:

$$\textbf{(102)} \quad \begin{cases} v_\alpha = \dfrac{\frac{1}{p_\alpha}}{\left[\frac{1}{p}\right]} f, \\ v_\beta = \dfrac{\frac{1}{p_\beta}}{\left[\frac{1}{p}\right]} f, \\ v_\gamma = \dfrac{\frac{1}{p_\gamma}}{\left[\frac{1}{p}\right]} f, \\ \ldots\ldots\ldots, \end{cases} \qquad \textbf{(103)} \quad \begin{cases} x = \alpha + v_\alpha, \\ y = \beta + v_\beta, \\ z = \gamma + v_\gamma, \\ \ldots\ldots\ldots, \end{cases}$$

wonach wir den Widerspruch f proportional den reziproken Werten der Gewichte $p_\alpha, p_\beta, p_\gamma, \ldots$ auf die ungleich genauen Beobachtungsergebnisse $\alpha, \beta, \gamma, \ldots$ zu verteilen haben, um die wahrscheinlichsten Werte $x, y, z, \ldots$ der beobachteten Gröfsen zu erhalten.

Beispiel: Bei der Triangulation im Regierungsbezirke Düsseldorf haben sich auf dem Punkte Düsseldorf nach Centrirung der auf 4 excentrischen Standpunkten gewonnenen Beobachtungsergebnisse die folgenden 4 Winkel ergeben:

Zielpunkte.		Beobachtungsergebnisse	°	′	″	Gewichte.		Reziproke Werte der Gewichte.	
Gladbach	Duisburg	α	103	08	21,79	p_α	12,0	$\frac{1}{p_\alpha}$	0,083
Duisburg	Metzkausen	β	65	57	09,31	p_β	6,0	$\frac{1}{p_\beta}$	0,167
Metzkausen	Köln	γ	89	29	42,00	p_γ	15,8	$\frac{1}{p_\gamma}$	0,063
Köln	Gladbach	ε	101	24	44,96	p_ε	12,0	$\frac{1}{p_\varepsilon}$	0,083
		Σ	359	59	58,06			$\left[\frac{1}{p}\right]$	0,396

Den Winkeln α, β, γ, ε sind die Gewichte, p_α, p_β, p_γ, p_ε und die reziproken Werte der Gewichte $\frac{1}{p_\alpha}$, $\frac{1}{p_\beta}$, $\frac{1}{p_\gamma}$, $\frac{1}{p_\varepsilon}$ beigesetzt, denen als Gewichtseinheit das Gewicht einer einmaligen Beobachtung eines Winkels in beiden Fernrohrlagen zu Grunde liegt.

Die beobachteten 4 Winkel schlieſsen den Horizont; ihre Summe muſs demnach $S = 360°$ sein. Die Summe der vorliegenden Beobachtungsergebnisse ist:

(100) $$\Sigma = \alpha + \beta + \gamma + \varepsilon = 359°\,59'\,58{,}06'',$$

und somit der Widerspruch f:

(101) $$f = S - \Sigma = 360°\,00'\,00{,}00'' - 359°\,59'\,58{,}06'' = +1{,}94''.$$

Hiernach erhalten wir die Verbesserungen v_α, v_β, v_γ, v_ε der Beobachtungsergebnisse und die wahrscheinlichsten Werte x, y, z, w der Winkel zu:

(102) $$\left\{\begin{aligned}
v_\alpha &= \frac{\frac{1}{p_\alpha}}{\left[\frac{1}{p}\right]} f = \frac{0{,}083}{0{,}396}(+1{,}94) = +0{,}41,\\
v_\beta &= \frac{\frac{1}{p_\beta}}{\left[\frac{1}{p}\right]} f = \frac{0{,}167}{0{,}396}(+1{,}94) = +0{,}82,\\
v_\gamma &= \frac{\frac{1}{p_\gamma}}{\left[\frac{1}{p}\right]} f = \frac{0{,}063}{0{,}396}(+1{,}94) = +0{,}31,\\
v_\varepsilon &= \frac{\frac{1}{p_\varepsilon}}{\left[\frac{1}{p}\right]} f = \frac{0{,}083}{0{,}396}(+1{,}94) = +0{,}41,\\
&\qquad\qquad\qquad\qquad [v] = +1{,}95.
\end{aligned}\right.$$

(103) $$\left\{\begin{aligned}
x &= \alpha + v_\alpha = 103°\,08'\,21{,}79'' + 0{,}41'' = 103°\,08'\,22{,}20'',\\
y &= \beta + v_\beta = 65\;\;57\;\;09{,}31\;\; + 0{,}82 = 65\;\;57\;\;10{,}13\;,\\
z &= \gamma + v_\gamma = 89\;\;29\;\;42{,}00\;\; + 0{,}31 = 89\;\;29\;\;42{,}31\;,\\
w &= \varepsilon + v_\varepsilon = 101\;\;24\;\;44{,}96\;\; + 0{,}41 = 101\;\;24\;\;45{,}37\;,\\
&\qquad\qquad\qquad\qquad 360°\,00'\,00{,}01''.
\end{aligned}\right.$$

Für die richtige Berechnung der Verbesserungen $v_\alpha, v_\beta, v_\gamma, \ldots.$ und die richtige Bildung der wahrscheinlichsten Werte $x, y, z, \ldots.$ ergeben sich die Proben, dafs die Summe der Verbesserungen $[v]$ gleich dem Widerspruch f sein mufs, und dafs die wahrscheinlichsten Werte $x, y, z \ldots.$ den Sollbetrag S erfüllen müssen. Wenn die Verbesserungen $v_\alpha, v_\beta, v_\gamma, \ldots.$ in der Weise berechnet werden, dafs zunächst der Quotient $\frac{f}{\left[\frac{1}{p}\right]}$ gebildet und dieser dann mit den reziproken Werten der Gewichte $\frac{1}{p_\alpha}, \frac{1}{p_\beta}, \frac{1}{p_\gamma}, \ldots.$ multiplizirt wird, so wird der Zahlenwert von $[v]$ genau gleich dem $\left[\frac{1}{p}\right]$ fachen Zahlenwert des Quotienten $\frac{f}{\left[\frac{1}{p}\right]}$ und dieser Betrag kann in Folge der Abrundung des Zahlenwertes von $\frac{f}{\left[\frac{1}{p}\right]}$ um 0,5 $\left[\frac{1}{p}\right]$ Einheiten der letzten Stelle dieses Zahlenwertes von f abweichen. Dieselbe Abweichung wird sich dann auch bei Vergleichung der Summe der Werte von $x, y, z, \ldots.$ mit dem Sollbetrage ergeben.

2. Für das Quadrat des mittleren Fehlers der Gewichtseinheit erhalten wir ebenso wie im § 19:

$$m^2 = \frac{p_\Sigma ff}{1} = p_\Sigma ff.$$

Da hier $\Sigma = \alpha + \beta + \gamma + \ldots.$ ist, so wird nach Formel **(41)**

$$\frac{1}{p_\Sigma} = \frac{1}{p_\alpha} + \frac{1}{p_\beta} + \frac{1}{p_\gamma} + \ldots. = \left[\frac{1}{p}\right] \text{ und demnach:}$$

(104)
$$m = \pm f \sqrt{\frac{1}{\left[\frac{1}{p}\right]}}.$$

Für die mittleren Fehler $m_\alpha, m_\beta, m_\gamma, \ldots.$ der Beobachtungsergebnisse $\alpha, \beta, \gamma, \ldots.$ ergiebt sich nach Formel **(35)**:

(105)
$$\left\{\begin{aligned} m_\alpha &= \pm m \sqrt{\frac{1}{p_\alpha}},\\ m_\beta &= \pm m \sqrt{\frac{1}{p_\beta}},\\ m_\gamma &= \pm m \sqrt{\frac{1}{p_\gamma}},\\ &\ldots\ldots\ldots\ldots \end{aligned}\right.$$

Den wahrscheinlichsten Wert x der ersten beobachteten Gröfse haben wir als arithmetisches Mittel aus den beiden Werten λ' und λ'' erhalten, und für die Gewichte dieser Werte haben wir $\frac{1}{p'} = \frac{1}{p_\alpha}$ und $\frac{1}{p''} = \left[\frac{1}{p}\right] - \frac{1}{p_\alpha}$ gefunden. Demnach erhalten wir für das Gewicht P_x von x nach Formel **(65)**:

$$P_x = p' + p'' = p_\alpha + \frac{1}{\left[\frac{1}{p}\right] - \frac{1}{p_\alpha}} = \frac{p_\alpha \left[\frac{1}{p}\right]}{\left[\frac{1}{p}\right] - \frac{1}{p_\alpha}}, \text{ oder: } \frac{1}{P_x} = \frac{1}{p_\alpha}\left(1 - \frac{\frac{1}{p_\alpha}}{\left[\frac{1}{p}\right]}\right)$$

und für den mittleren Fehler M_x von x nach Formel **(35)**:

$$M_x = \pm m \sqrt{\frac{1}{P_x}} = \pm m \sqrt{\frac{1}{p_\alpha}\left(1 - \frac{\frac{1}{p_\alpha}}{\left[\frac{1}{p}\right]}\right)}.$$

In gleicher Weise erhalten wir die Gewichte P_y, P_z, ... und die mittleren Fehler M_y, M_z, ... der Werte y, z, ..., so dafs wird:

$$(106)\quad \begin{cases} \dfrac{1}{P_x} = \dfrac{1}{p_\alpha}\left(1 - \dfrac{\frac{1}{p_\alpha}}{\left[\frac{1}{p}\right]}\right), \\ \dfrac{1}{P_y} = \dfrac{1}{p_\beta}\left(1 - \dfrac{\frac{1}{p_\beta}}{\left[\frac{1}{p}\right]}\right), \\ \dfrac{1}{P_z} = \dfrac{1}{p_\gamma}\left(1 - \dfrac{\frac{1}{p_\gamma}}{\left[\frac{1}{p}\right]}\right), \\ \ldots\ldots\ldots\ldots \end{cases} \qquad (107)\quad \begin{cases} M_x = \pm\, \mathfrak{m}\sqrt{\dfrac{1}{P_x}} = \pm\, \mathfrak{m}\sqrt{\dfrac{1}{p_\alpha}\left(1 - \dfrac{\frac{1}{p_\alpha}}{\left[\frac{1}{p}\right]}\right)}, \\ M_y = \pm\, \mathfrak{m}\sqrt{\dfrac{1}{P_y}} = \pm\, \mathfrak{m}\sqrt{\dfrac{1}{p_\beta}\left(1 - \dfrac{\frac{1}{p_\beta}}{\left[\frac{1}{p}\right]}\right)}, \\ M_z = \pm\, \mathfrak{m}\sqrt{\dfrac{1}{P_z}} = \pm\, \mathfrak{m}\sqrt{\dfrac{1}{p_\gamma}\left(1 - \dfrac{\frac{1}{p_\gamma}}{\left[\frac{1}{p}\right]}\right)}, \\ \ldots\ldots\ldots\ldots\ldots\ldots \end{cases}$$

B e i s p i e l: Der mittlere Fehler der Gewichtseinheit oder der mittlere Fehler einer einmaligen Beobachtung eines Winkels in beiden Fernrohrlagen ergiebt sich zu:

$$(104)\qquad \mathfrak{m} = \pm f\sqrt{\frac{1}{\left[\frac{1}{p}\right]}} = \pm\, 1{,}94\sqrt{\frac{1}{0{,}396}} = \pm\, 3{,}08'',$$

ferner ergeben sich die mittleren Fehler m_α, m_β, m_γ, m_ε der vorliegenden Beobachtungsergebnisse α, β, γ, ε zu:

$$(105)\quad \begin{cases} m_\alpha = \pm\, \mathfrak{m}\sqrt{\dfrac{1}{p_\alpha}} = \pm\, 3{,}08\sqrt{0{,}083} = \pm\, 0{,}89'', \\ m_\beta = \pm\, \mathfrak{m}\sqrt{\dfrac{1}{p_\beta}} = \pm\, 3{,}08\sqrt{0{,}167} = \pm\, 1{,}26'', \\ m_\gamma = \pm\, \mathfrak{m}\sqrt{\dfrac{1}{p_\gamma}} = \pm\, 3{,}08\sqrt{0{,}063} = \pm\, 0{,}77'', \\ m_\varepsilon = \pm\, \mathfrak{m}\sqrt{\dfrac{1}{p_\varepsilon}} = \pm\, 3{,}08\sqrt{0{,}083} = \pm\, 0{,}89'', \end{cases}$$

und die Gewichte P_x, P_y, P_z, P_w der wahrscheinlichsten Werte x, y, z, w der Winkel zu:

$$(106)\quad \begin{cases} \dfrac{1}{P_x} = \dfrac{1}{p_\alpha}\left(1 - \dfrac{\frac{1}{p_\alpha}}{\left[\frac{1}{p}\right]}\right) = 0{,}083\left(1 - \dfrac{0{,}083}{0{,}396}\right) = 0{,}066\,, & P_x = 15{,}2\,, \\ \dfrac{1}{P_y} = \dfrac{1}{p_\beta}\left(1 - \dfrac{\frac{1}{p_\beta}}{\left[\frac{1}{p}\right]}\right) = 0{,}167\left(1 - \dfrac{0{,}167}{0{,}396}\right) = 0{,}097\,, & P_y = 10{,}3\,, \\ \dfrac{1}{P_z} = \dfrac{1}{p_\gamma}\left(1 - \dfrac{\frac{1}{p_\gamma}}{\left[\frac{1}{p}\right]}\right) = 0{,}063\left(1 - \dfrac{0{,}063}{0{,}396}\right) = 0{,}053\,, & P_z = 18{,}9\,, \\ \dfrac{1}{P_w} = \dfrac{1}{p_\varepsilon}\left(1 - \dfrac{\frac{1}{p_\varepsilon}}{\left[\frac{1}{p}\right]}\right) = 0{,}083\left(1 - \dfrac{0{,}083}{0{,}396}\right) = 0{,}066\,, & P_w = 15{,}2\,, \end{cases}$$

endlich die mittleren Fehler M_x, M_y, M_z, M_w zu:

$$
\text{(107)} \quad \left\{ \begin{aligned}
M_x &= \pm\, \mathfrak{m} \sqrt{\frac{1}{P_x}} = \pm\, 3{,}08 \sqrt{0{,}066} = \pm\, 0{,}79'', \\
M_y &= \pm\, \mathfrak{m} \sqrt{\frac{1}{P_y}} = \pm\, 3{,}08 \sqrt{0{,}097} = \pm\, 0{,}96'', \\
M_z &= \pm\, \mathfrak{m} \sqrt{\frac{1}{P_z}} = \pm\, 3{,}08 \sqrt{0{,}053} = \pm\, 0{,}71'', \\
M_w &= \pm\, \mathfrak{m} \sqrt{\frac{1}{P_w}} = \pm\, 3{,}08 \sqrt{0{,}066} = \pm\, 0{,}79''.
\end{aligned} \right.
$$

3. Ebenso wie die Rechnung nach den Formeln **(58)** bis **(66)** wird auch die Rechnung nach den Formeln **(99)** bis **(107)** in der Regel wesentlich einfacher und übersichtlicher durch schematische Anordnung, wie die nachfolgende Anordnung unseres Beispieles 1 zeigt:

Beobachtungsergebnisse a. ° ' "	Gewichte p.	$\frac{1}{p}$.	$\frac{\frac{1}{p}}{\left[\frac{1}{p}\right]}$.	$v = \frac{\frac{1}{p}}{\left[\frac{1}{p}\right]} f$. "	$x = a + v$. ° ' "	$\sqrt{\frac{1}{p}}$.	$m = \pm\,\mathfrak{m}\sqrt{\frac{1}{p}}$. "	$1 - \frac{\frac{1}{p}}{\left[\frac{1}{p}\right]}$.	$\frac{1}{P} = \frac{1}{p}\left(1 - \frac{\frac{1}{p}}{\left[\frac{1}{p}\right]}\right)$.	$\sqrt{\frac{1}{P}}$.	$M = \pm\,\mathfrak{m}\sqrt{\frac{1}{P}}$. "	P.
103 08 21,79	12,0	0,083	0,210	+ 0,41	103 08 22,20	0,288	± 0,89	0,790	0,066	0,257	± 0,79	15,2
65 57 09,31	6,0	0,167	0,422	+ 0,82	65 57 10,13	0,409	± 1,26	0,578	0,097	0,311	± 0,96	10,3
89 29 42,00	15,8	0,063	0,159	+ 0,31	89 29 42,31	0,251	± 0,77	0,841	0,053	0,230	± 0,71	18,9
101 24 44,96	12,0	0,083	0,210	+ 0,41	101 24 45,37	0,288	± 0,89	0,790	0,066	0,257	± 0,79	15,2
359 59 58,06	= Σ.	0,396	1,001	+ 1,95	360 00 00,01	1,236	3,81	2,999		1,055	3,25	
360 00 00,00	= S.	= $\left[\frac{1}{p}\right]$.										
+ 1,94	= f.											

$$
\frac{f}{\left[\frac{1}{p}\right]} = \frac{+\,1{,}94}{0{,}396} = +\,4{,}90, \qquad \mathfrak{m} = \pm\, f \sqrt{\frac{1}{\left[\frac{1}{p}\right]}} = \pm\, 1{,}94 \sqrt{2{,}53} = \pm\, 3{,}08''.
$$

§ 21. Beispiel zum II. und III. Abschnitt.

Im Anschlufs an die Punkte **1, 57, 58, 59,** deren Höhen gegeben sind mit:

$H_1 = 58{,}725,$

$H_{57} = 61{,}142,$

$H_{58} = 61{,}128,$

$H_{59} = 60{,}325,$

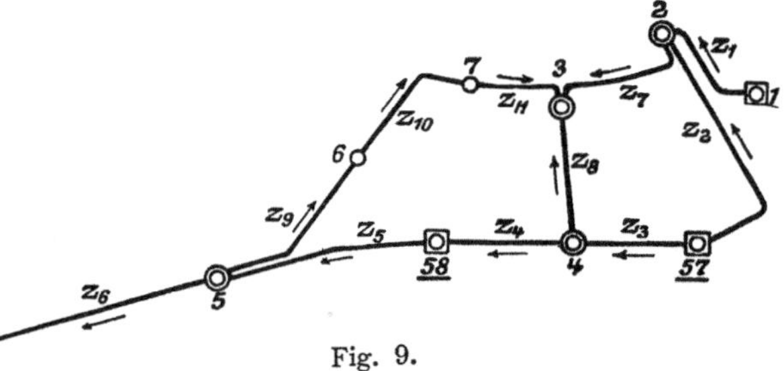

Fig. 9.

sind behufs Bestimmung der Höhen der Punkte 2 bis 7 die Züge z_1 bis z_{11} zweimal nivellirt worden. Die beobachteten Höhenunterschiede sind in Abteilung 1 der nachfolgenden Tabelle (Seite 85) in den Spalten 1 bis 3 nachgewiesen.

Den Beobachtungsergebnissen sind in Spalte 4 der Abteilung 1 der Tabelle ihre Gewichte p beigefügt. Sie sind empirisch gebildet nach der Anzahl der Aufstellungen des Nivellirinstrumentes und nach den Zielweiten. Ihnen liegt als Gewichtseinheit das Gewicht eines einmaligen Nivellements einer Strecke von 250 m mit Zielweiten von 50 m zu Grunde.

Es sollen die wahrscheinlichsten Werte H_2, H_3, H_4, H_5, H_6, H_7 der Höhen der Punkte 2, 3, 4, 5, 6, 7 und der mittlere Fehler $\mathfrak{m}_{1\,\mathrm{km}}$ eines einmaligen Nivellements einer Strecke von 1 Kilometer Länge mit Zielweiten von 50^{m} berechnet werden.

1. Die Berechnung der gesuchten Höhen und der mittleren Fehler ist in den Abteilungen 1 bis 5 der nachfolgenden Tabellen (S. 85—88) in schematischer Anordnung nach den in den §§ 16 bis 20 entwickelten Formeln durchgeführt. Zur weiteren Erläuterung diene folgendes:

1. Beobachtungsergebnisse und deren Gewichte.									2. Mittlerer Fehler aus Beobachtungsdifferenzen.		
Der Züge Nr.	Der Züge Anfangs- und Endpunkt.	Beobachtete Höhenunterschiede. m	m	Gewichte p.	Gemittelte Höhenunterschiede Δh. m	m	Gewichte $p_{\Delta h}$.	$\frac{1}{p_{\Delta h}}$.	Δ. mm	$\Delta\Delta$.	$p\Delta\Delta$.
1.	2.	3.		4.	5.		6.	7.	1.	2.	3.
1	**1** — 2	2,979	×7,020	0,41							
		2,970	×7,030	0,41	2,9748	×7,0252	0,82	1,22	+ 9,5	90,2	37,0
2	**57** — 2	0,566	×9,433	0,22							
		0,558	×9,441	0,22	0,5625	×9,4375	0,44	2,27	+ 8,0	64,0	14,1
3	**57** — 4	×9,507	0,493	0,56							
		×9,504	0,497	0,56	×9,5052	0,4948	1,12	0,89	+ 3,5	12,2	6,8
4	4 — **58**	0,483	×9,517	0,51							
		0,479	×9,519	0,51	0,4815	×9,5185	1,02	0,98	+ 3,0	9,0	4,6
5	**58** — 5	0,306	×9,694	0,28							
		0,301	×9,698	0,28	0,3038	×9,6962	0,56	1,79	+ 4,5	20,2	5,7
6	5 — **59**	×8,906	1,094	0,25							
		×8,896	1,104	0,25	×8,9010	1,0990	0,50	2,00	+ 10,0	100,0	25,0
7	2 — 3	×5,661	4,339	0,32							
		×5,664	4,337	0,32	×5,6622	4,3378	0,64	1,56	— 2,5	6,2	2,0
8	4 — 3	×6,703	3,297	0,49							
		×6,704	3,295	0,49	×6,7038	3,2962	0,98	1,02	— 1,5	2,2	1,1
9	5 — 6	×8,237	1,761	0,35							
		×8,234	1,765	0,35	×8,2362	1,7638	0,70	1,43	+ 3,5	12,2	4,3
10	6 — 7	×7,338	2,662	0,46							
		×7,338	2,662	0,46	×7,3380	2,6620	0,92	1,09	0,0	0,0	0,0
11	7 — 3	0,358	×9,642	0,55							
		0,351	×9,649	0,55	0,3545	×9,6455	1,10	0,91	+ 7,0	49,0	27,0
		,044	,952	8,80	,0235	,9765	8,80		+ 49,0	$[p\Delta\Delta] =$	127,6
		,999	,997						— 4,0	$\frac{[p\Delta\Delta]}{2n} =$	5,8
									+ 45,0	$\mathfrak{m} = \pm$	2,4 mm

$$\mathfrak{m}_{1\,\mathrm{km}} = \pm\,\mathfrak{m}\sqrt{\frac{1}{p_{1\,\mathrm{km}}}} = \pm\,2{,}4\sqrt{\frac{1}{0{,}25}} = \pm\,4{,}8^{\mathrm{mm}}.$$

3. Berechnung der genäherten Höhen der Nebenknotenpunkte, des wahrscheinlichsten Wertes der Höhe des Hauptknotenpunktes und ihrer Gewichte.

Der Anfangspunkte Nr.	Höhe H. (m)	$\frac{1}{p_H}$.	Der Züge Nr.	Höhenunterschied Δh. (m)	(m)	$\frac{1}{p_{\Delta h}}$.	$\eta = H + \Delta h$. (m)	$\frac{1}{p_\eta} = \frac{1}{p_H} + \frac{1}{p_{\Delta h}}$.	p_η.	dh. (mm)	$p_\eta\, dh$.	v. (mm)	$p_\eta\, v$.
1.	2.	3.	4.	5.		6.	7.	8.	9.	10.	11.	12.	13.

a) Berechnung der Höhe h_2 des Punktes 2 aus den Zügen 1 und 2.

1.	2.	3.	4.	5.		6.	7.	8.	9.	10.	11.	12.	13.
1	58,7250	0,00	1	2,9748	×7,0252	1,22	61,6998	1,22	0,82	0,8	0,66	+ 1,6	+ 1,31
57	61,1420	0,00	2	0,5625	×9,4375	2,27	61,7045	2,27	0,44	5,5	2,42	— 3,1	— 1,36
	,8670	0,00			,4627	3,49	,4043	3,49	1,26		3,08		— 0,05

$$h_2 = \mathfrak{h}_2 + \frac{[p_\eta\, dh]}{[p_\eta]} = 61{,}6990\ \text{m} + 2{,}4\ \text{mm} = 61{,}7014\ \text{m}.$$

$$p_2 = [p_\eta] = 1{,}26. \quad \frac{1}{p_2} = 0{,}79.$$

b) Berechnung der Höhe h_4 des Punktes 4 aus den Zügen 3 und 4.

1.	2.	3.	4.	5.		6.	7.	8.	9.	10.	11.	12.	13.
57	61,1420	0,00	3	×9,5052	0,4948	0,89	60,6472	0,89	1,12	1,2	1,34	— 0,3	— 0,34
58	61,1280	0,00	4	×9,5185	0,4815	0,98	60,6465	0,98	1,02	0,5	0,51	+ 0,4	+ 0,41
	,2700	0,00			,9763	1,87	,2937	1,87	2,14		1,85		+ 0,07

$$h_4 = \mathfrak{h}_4 + \frac{[p_\eta\, dh]}{[p_\eta]} = 60{,}6460\ \text{m} + 0{,}9\ \text{mm} = 60{,}6469\ \text{m}.$$

$$p_4 = [p_\eta] = 2{,}14. \quad \frac{1}{p_4} = 0{,}47.$$

c) Berechnung der Höhe h_5 des Punktes 5 aus den Zügen 5 und 6.

1.	2.	3.	4.	5.		6.	7.	8.	9.	10.	11.	12.	13.
58	61,1280	0,00	5	0,3038	×9,6962	1,79	61,4318	1,79	0,56	7,8	4,37	— 3,7	— 2,07
59	60,3250	0,00	6	1,0990	×8,9010	2,00	61,4240	2,00	0,50	0,0	0,00	+ 4,1	+ 2,05
	,4530	0,00			,5972	3,79	,8558	3,79	1,06		4,37		— 0,02

$$h_5 = \mathfrak{h}_5 + \frac{[p_\eta\, dh]}{[p_\eta]} = 61{,}4240\ \text{m} + 4{,}1\ \text{mm} = 61{,}4281\ \text{m}.$$

$$p_5 = [p_\eta] = 1{,}06. \quad \frac{1}{p_5} = 0{,}94.$$

d) Berechnung der Höhe H_3 des Punktes 3 aus allen Zügen.

1.	2.	3.	4.	5.		6.	7.	8.	9.	10.	11.	12.	13.
2	61,7014	0,79	7	×5,6622	4,3378	1,56	57,3636	2,35	0,43	13,6	5,85	— 7,7	— 3,31
4	60,6469	0,47	8	×6,7038	3,2962	1,02	57,3507	1,49	0,67	0,7	0,47	+ 5,2	+ 3,48
5	61,4281	0,94	9	×8,2362	1,7638	1,43							
			10	×7,3380	2,6620	1,09							
			11	0,3545	×9,6455	0,91	57,3568	4,37	0,23	6,8	1,56	— 0,9	— 0,21
	,7764	2,20			,7053	6,01	,0711	8,21	1,33		7,88		— 0,04

$$H_3 = \mathfrak{h}_3 + \frac{[p_\eta\, dh]}{[p_\eta]} = 57{,}3500\ \text{m} + 5{,}9\ \text{mm} = 57{,}3559\ \text{m}.$$

$$P_3 = [p_\eta] = 1{,}33. \quad \frac{1}{P_3} = 0{,}75.$$

4. Ausgleichung der Fehler in den einzelnen Netzteilen.

Nr. der Punkte.	Nr. der Züge.	Höhenunterschiede a. m	m	$\frac{1}{p}$.	$\frac{\frac{1}{p}}{\left[\frac{1}{p}\right]}$.	$v = \frac{\frac{1}{p}}{\left[\frac{1}{p}\right]} f$. mm	$x = a + v$. m	m
1.	2.	3.		4.	5.	6.	7.	
N. N.								
◎ 2	1.2	61,7014		0,79	0,336	— 2,6	61,6988	
◎ 3	7	×5,6622	4,3378	1,56	0,664	— 5,1	×5,6571	4,3429
	Σ	57,3636		2,35	1,000	— 7,7	57,3559	
	S	57,3559						
	f	— 7,7 mm						
N. N.								
◎ 4	3.4	60,6469		0,47	0,315	+ 1,6	60,6485	
◎ 3	8	×6,7038	3,2962	1,02	0,685	+ 3,6	×6,7074	3,2926
	Σ	57,3507		1,49	1,000	+ 5,2	57,3559	
	S	57,3559						
	f	+ 5,2 mm						
N. N.								
◎ 5	5.6	61,4281		0,94	0,215	— 0,2	61,4279	
⊙ 6	9	×8,2362	1,7638	1,43	0,327	— 0,3	×8,2359	1,7641
⊙ 7	10	×7,3380	2,6620	1,09	0,249	— 0,2	×7,3378	2,6622
◎ 3	11	0,3545	×9,6455	0,91	0,208	— 0,2	0,3543	×9,6457
	Σ	57,3568		4,37	0,999	— 0,9	57,3559	
	S	57,3559						
	f	— 0,9 mm						

2. In Abteilung 1 ist zuerst das einfache arithmetische Mittel der beobachteten gleich genauen Höhenunterschiede gebildet. Die erhaltenen Werte sind als gemittelte Höhenunterschiede Δh in Spalte 5 eingetragen. Die Mittelbildung ist durch Zusammenfassung der Zahlenwerte der Höhenunterschiede und ihrer dekadischen Ergänzungen zu einem Gesamtergebnis in der Weise erfolgt, dafs beispielsweise für den Zug 1 zu den Zahlenwerten 2,979 und 2,970 des Höhenunterschiedes die den dekadischen Ergänzungen ×7,020 und ×7,030 entsprechenden Zahlenwerte 2,980 und 2,970 hinzugenommen sind und aus allen 4 Zahlenwerten das einfache arithmetische Mittel $\Delta h = 2{,}9748$ gebildet ist, dem dann wieder die dekadische Ergänzung ×7,0252 beigesetzt ist zur Benutzung für die Sicherung der folgenden Rechnungen.

3. In Spalte 6 und 7 der Abteilung 1 sind weiter die Gewichte $p_{\Delta h}$ der gemittelten Höhenunterschiede Δh, sowie ihre reziproken Werte $\frac{1}{p_{\Delta h}}$ gebildet. Die

5. Die wahrscheinlichsten Werte der Höhen, Höhenunterschiede und Beobachtungsfehler, sowie der mittlere Fehler.

Nr. der Punkte.	Nr. der Züge.	Höhen H. m	Wahrscheinlichste Werte der Höhenunterschiede ΔH. m	m	Gemittelte Höhenunterschiede Δh. m	m	$V = \Delta H - \Delta h$. mm	VV.	$p_{\Delta h}$	$p_{\Delta h} VV$.
1.	2.	3.	4.		5.		6.	7.	8.	9.
⊡ **1**		58,7250								
	1		2,9738	×7,0262	2,9748	×7,0252	— 1,0	1,0	0,82	0,8
◎ 2		61,6988								
	2		0,5568	×9,4432	0,5625	×9,4375	— 5,7	32,5	0,44	14,3
⊡ **57**		61,1420								
	3		×9,5065	0,4935	×9,5052	0,4948	+ 1,3	1,7	1,12	1,9
◎ 4		60,6485								
	4		0,4795	×9,5205	0,4815	×9,5185	— 2,0	4,0	1,02	4,1
⊡ **58**		61,1280								
	5		0,2999	×9,7001	0,3038	×9,6962	— 3,9	15,2	0,56	8,5
◎ 5		61,4279								
	6		×8,8971	1,1029	×8,9010	1,0990	— 3,9	15,2	0,50	7,6
⊡ **59**		60,3250								
	7		×5,6571	4,3429	×5,6622	4,3378	— 5,1	26,0	0,64	16,6
◎ 3		57,3559								
	8		×6,7074	3,2926	×6,7038	3,2962	+ 3,6	13,0	0,98	12,7
	9		×8,2359	1,7641	×8,2362	1,7638	— 0,3	0,1	0,70	0,1
◎ 6		59,6638								
	10		×7,3378	2,6622	×7,3380	2,6620	— 0,2	0,0	0,92	0,0
◎ 7		57,0016								
	11		0,3543	×9,6457	0,3545	×9,6455	— 0,2	0,0	1,10	0,0
				9939		,9765	+ 4,9	$[p_{\Delta h} VV] = 66,6$		
							— 22,3			
							— 17,4	$\frac{[p_{\Delta h} VV]}{11-6} = 13,3$		

$$\mathfrak{m} \pm = \sqrt{\frac{[p_{\Delta h} VV]}{5}} = \pm 3,6 \text{ mm}.$$

$$\mathfrak{m}_{1\,\text{km}} = \pm \mathfrak{m} \sqrt{\frac{1}{p_{1\,\text{km}}}} = \pm 3,6 \sqrt{\frac{1}{0,25}} = \pm 7,2 \text{ mm}.$$

Gewichte p in Spalte 4 gelten für den durch den Zahlenwert und seine ebenfalls unmittelbar von der Latte abgelesene dekadische Ergänzung bestimmten Höhenunterschied, so dafs in dem arithmetischen Mittel Δh nur 2 Beobachtungsergebnisse vom Gewichte p vereinigt sind, womit das Gewicht $p_{\Delta h}$ nach Formel **(55)** erhalten wird zu: $p_{\Delta h} = 2p$.

4. In Abteilung 2 der Tabellen folgt die Bildung der Differenzen Δ zwischen den Ergebnissen der ersten und der zweiten Beobachtung der Höhenunterschiede und der Quadratsumme $[p \Delta \Delta]$ dieser Differenzen.

Die beiden Nivellements sind mit Latten ausgeführt, deren Teilungen so genau übereinstimmen, dafs eine in Betracht kommende konstante Abweichung k zwischen den Ergebnissen beider Nivellements nicht vorhanden ist. Demnach ergiebt sich der mittlere Fehler $\mathfrak{m}$ einer Beobachtung der Gewichtseinheit zu:

(38) $$\mathfrak{m} = \pm \sqrt{\frac{[p \Delta \Delta]}{2n}} = \pm \sqrt{\frac{127,6}{2 \cdot 11}} = \pm 2,4^{\text{mm}}.$$

Hieraus folgt der mittlere Fehler $\mathfrak{m}_{1\,\text{km}}$ eines einmaligen Nivellements einer Strecke von 1 Kilometer Länge mit Zielweiten von 50 m, dessen Gewicht $p_{1\,\text{km}} = 0,25$ ist, mit:

(39) $$\mathfrak{m}_{1\,\text{km}} = \pm \mathfrak{m} \sqrt{\frac{1}{p_{1\,\text{km}}}} = \pm 2,4 \sqrt{\frac{1}{0,25}} = \pm 4,8^{\text{mm}}.$$

5. In Abteilung 3 folgt zunächst unter a, b, c die Berechnung der genäherten Höhen h_2, h_4, h_5, der Nebenknotenpunkte 2, 4, 5 und der Gewichte p_2, p_4, p_5 dieser Höhen aus den Höhen der gegebenen Punkte und den Höhenunterschieden Δh, sowie den Gewichten $p_{\Delta h}$ der die Punkte 2, 4, 5 unmittelbar mit den gegebenen Punkten verbindenden Züge.

Die genäherten Höhen und die Gewichte sind beispielsweise für Punkt 2 erhalten, wie folgt:

Für die Höhe des Punktes 2 sind zuerst 2 Werte η'_2, η''_2 aus den gegebenen Höhen H_1 und H_{57} und den Höhenunterschieden Δh_1, Δh_2 der Züge 1 u. 2 berechnet:

$$\eta'_2 = H_1 + \Delta h_1 = 58,7250 + 2,9748 = 61,6998,$$
$$\eta''_2 = H_{57} + \Delta h_2 = 61,1420 + 0,5625 = 61,7045.$$

Die Gewichte p'_η, p''_η dieser beiden Werte sind erhalten aus den Gewichten $p_{H_1} = \infty$, $p_{H_{57}} = \infty$ der unveränderlichen Höhen H_1, H_{57} und den Gewichten $p\Delta_{h_1} = 0,82$, $p\Delta_{h_2} = 0,44$:

(41) $$\begin{cases} \dfrac{1}{p'_\eta} = \dfrac{1}{p_{H_1}} + \dfrac{1}{p_{\Delta h_1}} = \dfrac{1}{\infty} + \dfrac{1}{0,82} = \dfrac{1}{0,82}, & p'_\eta = 0,82, \\ \dfrac{1}{p''_\eta} = \dfrac{1}{p_{H_{57}}} + \dfrac{1}{p_{\Delta h_2}} = \dfrac{1}{\infty} + \dfrac{1}{0,44} = \dfrac{1}{0,44}, & p''_\eta = 0,44. \end{cases}$$

Damit folgt der genäherte Wert der Höhe h_2:

(59) $$\begin{cases} \eta'_2 = \mathfrak{h}_2 + dh' = 61,6990^{\text{m}} + 0,8^{\text{mm}}, \\ \eta''_2 = \mathfrak{h}_2 + dh'' = 61,6990^{\text{m}} + 5,5^{\text{mm}}, \end{cases}$$

(60) $$h_2 = \mathfrak{h}_2 + \frac{p'_\eta\, dh' + p''_\eta\, dh''}{p'_\eta + p''_\eta} = 61,6990 + \frac{0,82 \cdot 0,8 + 0,44 \cdot 5,5}{0,82 + 0,44}$$
$$= 61,6990^{\text{m}} + 2,4^{\text{mm}} = 61,7014^{\text{m}}.$$

und das Gewicht p_2 der genäherten Höhe h_2:

(65) $$p_2 = [p_\eta] = 0.82 + 0,44 = 1,26.$$

6. Unter d der Abteilung 3 folgt dann die Berechnung des wahrscheinlichsten Wertes H_3 der Höhe des Hauptknotenpunktes 3 aus den unter a, b, c erhaltenen Höhen h_2, h_4, h_5 der Nebenknotenpunkte 2, 4, 5 und den gemittelten Höhenunterschieden Δh_7, Δh_8, Δh_9, Δh_{10}, Δh_{11} der den Punkt 3 mit den Punkten 2, 4, 5 verbindenden Züge 7 bis 11 unter Berücksichtigung der zugehörigen Gewichte. Die Berechnung ist in gleicher Weise erfolgt, wie unter Nr. 5 erläutert ist, nur mit dem Unterschiede, dafs die Höhen h_2, h_4, h_5 mit den unter a, b, c erhaltenen Gewichten $p_2 = 1,26$, $p_4 = 2,14$, $p_5 = 1,06$ und nicht, wie die gegebenen, als fehlerlos zu betrachtenden Höhen, mit unendlich grofsem Gewichte eingeführt sind.

Der für die Höhe des Punktes 3 erhaltene Wert $H_3 = 57,3559^{\text{m}}$ ist der wahrscheinlichste Wert dieser Höhe, denn er ist unseren im § 13 aufgestellten Grundsätzen entsprechend als einheitliches Endergebnis aus sämtlichen Beobachtungsergebnissen unter Berücksichtigung ihrer Gewichte derart gewonnen, dafs die Quadratsumme der wahrscheinlichsten Beobachtungsfehler ein Minimum ist.

7. Dagegen sind die Werte h_2, h_4, h_5 nicht die wahrscheinlichsten Werte der Höhen der Punkte 2, 4, 5, weil sie nur je aus zwei der vorliegenden Beobachtungsergebnisse abgeleitet worden sind. Wir können jetzt aber die wahrscheinlichsten Werte der Höhen dieser Punkte in sehr einfacher Weise erhalten; denn nach Feststellung der Höhe H_3 des Hauptknotenpunktes 3 kann das Nivellementsnetz in drei von einander ganz unabhängige Teile zerlegt werden, die für sich ausgeglichen werden können, nämlich in den die Züge z_1, z_2, z_7 umfassenden Teil mit dem Punkte 2, den die Züge z_3, z_4, z_8 umfassenden Teil mit dem Punkte 4 und den die Züge z_5, z_6, z_9, z_{10}, z_{11} umfassenden Teil mit den Punkten 5, 6, 7. Die Ausgleichung der Fehler in diesen einzelnen Teilen des Netzes erfolgt am einfachsten nach dem im § 20 behandelten Verfahren für direkte ungleich genaue Beobachtungen, deren Summe einen bestimmten Sollbetrag erfüllen mufs.

8. Diese Ausgleichung ist in Abteilung 4 der Tabellen durchgeführt.

Im ersten Teile des Netzes mufs der wahrscheinlichste Wert der Höhe des Punktes 2 und der wahrscheinlichste Wert des Höhenunterschiedes im Zuge z_7 zusammen gleich sein der feststehenden Höhe H_3 des Hauptknotenpunktes 3. Der zu erfüllende Sollbetrag ist also $S = H_3 = 57{,}3559$. Die vorliegenden Beobachtungsergebnisse ergeben:

$$h_2 + \Delta h_7 = 61{,}7014 + \times 5{,}6622 = 57{,}3636 = \Sigma .$$

Der vorhandene Widerspruch ist demnach:

(101) $$f = S - \Sigma = 57{,}3559 - 57{,}3636 = -7{,}7 \text{ mm} .$$

Dieser Widerspruch ist nach § 20 Nr. 1 proportional den reziproken Werten der Gewichte $p_2 = 1{,}26$ der Höhe h_2 und $p_{\Delta h_7} = 0{,}64$ des Höhenunterschiedes Δh_7, verteilt, indem die Verbesserungen v_{h_2} und $v_{\Delta h_7}$ berechnet sind zu:

(102) $$\begin{cases} v_{h_2} = \dfrac{\frac{1}{p_2}}{\left[\frac{1}{p}\right]} f = \dfrac{0{,}79}{2{,}35}(-7{,}7) = -2{,}6 , \\ v_{\Delta h_7} = \dfrac{\frac{1}{p_{\Delta h_7}}}{\left[\frac{1}{p}\right]} f = \dfrac{1{,}56}{2{,}35}(-7{,}7) = -5{,}1 . \end{cases}$$

Hiermit sind die wahrscheinlichsten Werte der Höhe H_2 und des Höhenunterschiedes ΔH_7 erhalten zu:

(103) $$\begin{cases} H_2 = h_2 + v_{h_2} = 61{,}7014 \text{ m} - 2{,}6 \text{ mm} = 61{,}6988 \text{ m} , \\ \Delta H_7 = \Delta h_7 + v_{\Delta h_7} = \times 5{,}6622 \text{ m} - 5{,}1 \text{ mm} = \times 5{,}6571 \text{ m} . \end{cases}$$

Die Summe dieser beiden Werte

$$H_2 + \Delta H_7 = 61{,}6988 + \times 5{,}6571 = 57{,}3559 \text{ m}$$

ergiebt nunmehr die Höhe H_3, erfüllt also den Sollbetrag.

In gleicher Weise ist auch die Ausgleichung der Fehler für den zweiten und dritten Teil des Nivellementsnetzes durchgeführt.

9. In Abteilung 5 der Tabellen sind endlich in den Spalten 3, 4, 5 die wahrscheinlichsten Werte der Höhen H und der Höhenunterschiede ΔH mit den aus Abteilung 1, Spalte 5 übernommenen gemittelten Höhenunterschieden Δh zusammengestellt, wonach in Spalte 6 die wahrscheinlichsten Werte der Beobachtungsfehler $V = \Delta H - \Delta h$ und in den Spalten 7 bis 9 die Quadratsumme $[p_{\Delta h} VV] = 66{,}6$ der Beobachtungsfehler gebildet sind.

Zur einfachen, nicht versicherten Bestimmung der Höhen der 6 Punkte 2 bis 7 im Anschlufs an die gegebenen Punkte sind $q = 6$ Höhenunterschiede erforderlich. Im Ganzen sind $n = 11$ Höhenunterschiede bestimmt, und demnach $n - q = 11 - 6 = 5$ überschüssige Bestimmungen vorhanden. Somit ergiebt sich der mittlere Fehler der Gewichtseinheit nach der Grundformel **(47)** zu:

$$\mathfrak{m} = \pm \sqrt{\frac{[p_{\Delta h} VV]}{n - q}} = \pm \sqrt{\frac{66{,}6}{5}} = \pm 3{,}6 \text{ mm}.$$

Den Gewichten $p_{\Delta h}$ liegt als Gewichtseinheit das Gewicht eines einmaligen Nivellements einer Strecke von 250 m Länge mit Zielweiten von 50 m zu Grunde, während das Gewicht eines solchen Nivellements einer Strecke von 1 Kilometer Länge $p_{1\,km} = 0{,}25$ ist. Hiernach ergiebt sich der mittlere Fehler $\mathfrak{m}_{1\,km}$ einer Strecke von 1 Kilometer Länge mit Zielweiten von 50 m aus der Gesamtnetzausgleichung zu:

(39) $$\mathfrak{m}_{1\,km} = \pm \mathfrak{m} \sqrt{\frac{1}{p_{1\,km}}} = \pm 3{,}6 \sqrt{\frac{1}{0{,}25}} = \pm 7{,}2 \text{ mm},$$

während derselbe unter Nr. 4, und in Abteilung 2 der Tabellen aus den Beobachtungsdifferenzen zu $\pm 4{,}8$ mm erhalten ist.

IV. Abschnitt.

Vermittelnde Beobachtungen.

1. Kapitel. Allgemeine Entwicklung des Verfahrens.

§ 22. Gleichungen für die Beziehungen zwischen den wahren Werten der beobachteten und der zu bestimmenden Gröfsen.

1. In den vielfach vorkommenden Fällen, wo die zu bestimmenden Gröfsen nicht direkt beobachtet werden können, wo vielmehr andere Gröfsen beobachtet werden müssen, die die Kenntnis der zu bestimmenden Gröfsen vermitteln, müssen zuerst die Beziehungen zwischen den beobachteten und den zu bestimmenden Gröfsen durch Gleichungen ausgedrückt werden, wenn aus den vorliegenden Beobachtungsergebnissen die wahrscheinlichsten Werte der zu bestimmenden Gröfsen abgeleitet werden sollen. Die Gleichungen, wodurch diese Beziehungen ausgedrückt werden, ergeben sich meistens aus dem bekannten mathematischen Zusammenhang zwischen den wahren Werten der beobachteten Gröfsen (λ_1), (λ_2), (λ_3), ... (λ_n) und den wahren Werten der zu bestimmenden Gröfsen (x), (y), (z), ...; sie werden zweckmäfsig auf die allgemeine Form:

(108) $$\begin{cases} (\lambda_1) = F_1\big((x), (y), (z), \ldots\big), \\ (\lambda_2) = F_2\big((x), (y), (z), \ldots\big), \\ (\lambda_3) = F_3\big((x), (y), (z), \ldots\big), \\ \ldots\ldots\ldots\ldots\ldots\ldots\ldots, \\ (\lambda_n) = F_n\big((x), (y), (z), \ldots\big) \end{cases}$$

gebracht, so daſs also die wahren Werte der beobachteten Gröſsen (λ_1), (λ_2), (λ_3), ... (λ_n) als entwickelte Funktionen der wahren Werte der zu bestimmenden Gröſsen (x), (y), (z), ... erscheinen.

2. Die Anzahl dieser Gleichungen ist gleich der Anzahl der vorliegenden Beobachtungsergebnisse. Wenn weniger Beobachtungsergebnisse vorliegen als zu bestimmende Gröſsen, so ergeben sich keine bestimmten Werte der letzteren. Liegen ebensoviele Beobachtungsergebnisse vor wie zu bestimmende Gröſsen, so können ihre den Beobachtungsergebnissen entsprechenden Werte gefunden werden, indem die Gleichungen **(108)** nach (x), (y), (z), ... aufgelöst und in die dadurch erhaltenen Ausdrücke die vorliegenden Beobachtungsergebnisse eingesetzt werden. Die erhaltenen Werte der zu bestimmenden Gröſsen und die Beobachtungsergebnisse entsprechen einander dann genau, und die den Beobachtungsergebnissen anhaftenden Fehler treten nicht hervor, von einer Ausgleichung der letzteren kann demnach dann auch keine Rede sein. Nur wenn mehr Beobachtungsergebnisse vorliegen als zu bestimmende Gröſsen, treten bei Vergleichung der Beobachtungsergebnisse mit den ihnen entsprechenden Werten der zu bestimmenden Gröſsen die Beobachtungsfehler hervor und nur in diesem Falle kann auch eine Ausgleichung der Beobachtungsfehler erfolgen. Wenn das nachfolgend zu entwickelnde Rechnungsverfahren für die Ausgleichung der Beobachtungsfehler daher Anwendung finden soll, so muſs die Anzahl der vorliegenden Beobachtungsergebnisse und damit auch die Anzahl n der Gleichungen **(108)** gröſser sein als die Anzahl q der zu bestimmenden Gröſsen.

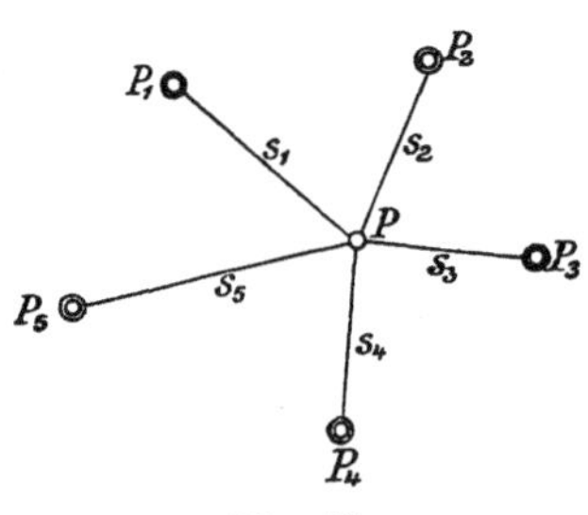

Fig. 10.

Beispiel 1: Für die Punkte P_1, P_2, P_3, P_4, P_5 sind die rechtwinkligen Koordinaten gegeben wie folgt:

$P_1: x_1 = 6\,548{,}30$,	$y_1 = 2\,061{,}99$,
$P_2: x_2 = 6\,570{,}58$,	$y_2 = 2\,420{,}30$,
$P_3: x_3 = 6\,297{,}72$,	$y_3 = 2\,552{,}03$,
$P_4: x_4 = 6\,056{,}29$,	$y_4 = 2\,276{,}00$,
$P_5: x_5 = 6\,246{,}43$,	$y_5 = 1\,896{,}99$.

Diese gegebenen Koordinaten sind als fehlerfreie wahre Werte anzusehen. Zur Bestimmung des Punktes P sind die Streckenlängen zwischen diesem Punkte und den Punkten P_1, P_2, P_3, P_4, P_5 gemessen worden. Die Ergebnisse s_1, s_2, s_3, s_4, s_5 der Messung dieser Strecken und die Gewichte p_1, p_2, p_3, p_4, p_5, der Messungsergebnisse sind:

$PP_1: s_1 = 331{,}60$,	$p_1 = 5{,}43$,
$PP_2: s_2 = 272{,}00$,	$p_2 = 6{,}92$,
$PP_3: s_3 = 247{,}10$,	$p_3 = 5{,}15$,
$PP_4: s_4 = 269{,}50$,	$p_4 = 6{,}92$,
$PP_5: s_5 = 416{,}70$,	$p_5 = 2{,}59$.

Die Gewichtseinheit ist das Gewicht einer unter mittleren Verhältnissen gemessenen Strecke von 822 m Länge. Das Gewicht einer unter gleichen Verhältnissen gemessenen Streckenlänge von 100 m Länge ist $\mathfrak{p}_{100} = 14{,}8$*).

Es sollen hiernach die wahrscheinlichsten Werte der rechtwinkligen Koordinaten $x\,y$ des Punktes P bestimmt werden.

*) Die Gewichte sind aus Tafel 3 der Kataster-Anweisung IX entnommen und zwar die Gewichte p_1, p_2, p_4 nach Spalte I, die Gewichte p_3, p_5 nach Spalte II dieser Tafel, entsprechend den Verhältnissen, die bei Messung der betreffenden Strecken vorlagen. In dieser Tafel ist das Gewicht einer unter mittleren Verhältnissen gemessenen Länge von 822 m gleich Eins.

Die Beobachtungsergebnisse s_1, s_2, s_3, s_4, s_5 sollen uns die Kenntnis der Koordinaten $x\ y$ vermitteln. Die Beziehungen zwischen den beobachteten und den zu bestimmenden Gröfsen ergeben sich allgemein nach dem pythagoräischen Lehrsatze so, dafs das Quadrat der wahren Werte der Streckenlängen (s_n) gleich sein mufs der Summe der Quadrate der wahren Werte der Koordinatenunterschiede $(x)-x_n$, $(y)-y_n$ der Punkte P und P_n. Die sich hieraus ergebende allgemeine Gleichung $(s_n)^2=((x)-x_n)^2+((y)-y_n)^2$ lösen wir nach (s_n) auf und wenden sie für jedes einzelne vorliegende Beobachtungsergebnis an, womit wir die Gleichungen **(108)** erhalten, die die Beziehungen zwischen den wahren Werten der beobachteten und der zu bestimmenden Gröfsen in der für das folgende passenden Form darstellen:

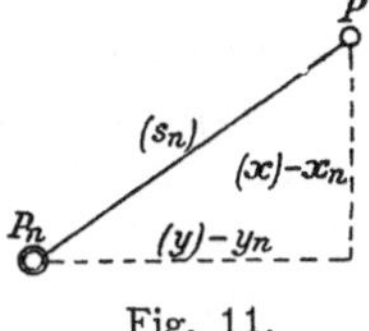

Fig. 11.

$$
(108)\quad \begin{cases}
(s_1)=\sqrt{((x)-x_1)^2+((y)-y_1)^2}, \\
(s_2)=\sqrt{((x)-x_2)^2+((y)-y_2)^2}, \\
(s_3)=\sqrt{((x)-x_3)^2+((y)-y_3)^2}, \\
(s_4)=\sqrt{((x)-x_4)^2+((y)-y_4)^2}, \\
(s_5)=\sqrt{((x)-x_5)^2+((y)-y_5)^2}.
\end{cases}
$$

Die Anzahl $n=5$ dieser Gleichungen ist gröfser als die Anzahl $q=2$ der zu bestimmenden Gröfsen, so dafs wir also das nun zu entwickelnde Rechnungsverfahren auf dies Beispiel anwenden können.

§ 23. Fehlergleichungen.

Wie wir bereits besprochen haben, können wir die wahren Werte der beobachteten Gröfsen nicht ermitteln, und wenn wir auch bei Ausführung unserer Beobachtungen alle mögliche Sorgfalt anwenden, werden unsere Beobachtungsergebnisse immer mit Beobachtungsfehlern behaftet sein. Demnach können wir aus den Beobachtungsergebnissen auch nicht die wahren Werte (x), (y), (z), ... der zu bestimmenden Gröfsen ableiten, sondern müssen uns begnügen, die den fehlerhaften Beobachtungsergebnissen möglichst gut entsprechenden wahrscheinlichsten Werte $x, y, z, \ldots$ der zu bestimmenden Gröfsen zu ermitteln. Diesen wahrscheinlichsten Werten der zu bestimmenden Gröfsen entsprechen die wahrscheinlichsten Werte $L_1, L_2, L_3, \ldots L_n$ der beobachteten Gröfsen. Die wahrscheinlichsten Werte $x, y, z, \ldots$ und $L_1, L_2, L_3, \ldots L_n$ stehen zu einander in derselben Beziehung, wie die wahren Werte (x), (y), (z), ... und (λ_1), (λ_2), (λ_3), ... (λ_n), wonach aus den Gleichungen **(108)** folgt:

$$
(109)\quad \begin{cases}
L_1=F_1(x, y, z, \ldots\ldots), \\
L_2=F_2(x, y, z, \ldots\ldots), \\
L_3=F_3(x, y, z, \ldots\ldots), \\
\ldots\ldots\ldots\ldots\ldots\ldots, \\
L_n=F_n(x, y, z, \ldots\ldots).
\end{cases}
$$

Die wahrscheinlichsten Werte $L_1, L_2, L_3, \ldots L_n$ der beobachteten Gröfsen weichen von den thatsächlich vorliegenden Beobachtungsergebnissen $\lambda_1, \lambda_2, \lambda_3, \ldots \lambda_n$ in der Regel um kleine Gröfsen ab, die die wahrscheinlichsten Beobachtungsfehler $v_1, v_2, v_3, \ldots v_n$ darstellen, so dafs ist:

$$
\textbf{(110)} \qquad \left\{\begin{array}{l}
v_1 = L_1 - \lambda_1, \\
v_2 = L_2 - \lambda_2, \\
v_3 = L_3 - \lambda_3, \\
\dots\dots\dots\dots, \\
v_n = L_n - \lambda_n,
\end{array}\right.
$$

Die Gleichungen **(109)** und **(110)** bezeichnen wir als Fehlergleichungen.

Beispiel 1: Aus den wahrscheinlichsten Werten $x\ y$ der rechtwinkligen Koordinaten des Punktes P und der gegebenen Koordinaten der Punkte P_1, P_2, P_3, P_4, P_5 erhalten wir für die wahrscheinlichsten Werte der Streckenlängen S_1, S_2, S_3, S_4, S_5:

$$
\textbf{(109)} \qquad \left\{\begin{array}{l}
S_1 = \sqrt{(x - x_1)^2 + (y - y_1)^2}, \\
S_2 = \sqrt{(x - x_2)^2 + (y - y_2)^2}, \\
S_3 = \sqrt{(x - x_3)^2 + (y - y_3)^2}, \\
S_4 = \sqrt{(x - x_4)^2 + (x - x_4)^2}, \\
S_5 = \sqrt{(x - x_5)^2 + (x - x_5)^2},
\end{array}\right.
$$

und danach für die wahrscheinlichsten Beobachtungsfehler v_1, v_2, v_3, v_4, v_5:

$$
\textbf{(110)} \qquad \left\{\begin{array}{l}
v_1 = S_1 - s_1, \\
v_2 = S_2 - s_2, \\
v_3 = S_3 - s_3, \\
v_4 = S_4 - s_4, \\
v_5 = S_5 - s_5.
\end{array}\right.
$$

§ 24. Näherungswerte.

1. Nach unseren allgemeinen Ausgleichungsgrundsätzen erhalten wir die wahrscheinlichsten Werte $x, y, z, \dots.$ der zu bestimmenden Gröfsen, indem wir die Werte bestimmen, für die die Quadratsumme $[p v v]$ der auf die Gewichtseinheit zurückgeführten wahrscheinlichsten Werte $v_1 \sqrt{p_1}$, $v_2 \sqrt{p_2}$, $v_3 \sqrt{p_3}$, $\dots.\ v_n \sqrt{p_n}$ der Beobachtungsfehler ein Minimum wird. Die Entwickelung der sich hiernach ergebenden Formeln gestaltet sich jedoch in der Regel einfacher und übersichtlicher, schliefst sich auch meistens dem bei der praktischen Anwendung einzuschlagenden Rechnungsverfahren besser an, wenn wir die zu ermittelnden Werte $x, y, z, \dots.$ zunächst in Näherungswerte $\mathfrak{x}, \mathfrak{y}, \mathfrak{z}, \dots.$ und in kleine, diesen Näherungswerten beizufügende Werte $d\mathfrak{x}, d\mathfrak{y}, d\mathfrak{z}, \dots.$ zerlegen und diese Teilwerte getrennt von einander ermitteln. Die Zusammenfügung der getrennt von einander ermittelten Teilwerte mufs uns dann die wahrscheinlichsten Werte der zu bestimmenden Gröfsen liefern, so dafs ist:

$$
\textbf{(111)} \qquad \left\{\begin{array}{l}
x = \mathfrak{x} + d\mathfrak{x}, \\
y = \mathfrak{y} + d\mathfrak{y}, \\
z = \mathfrak{z} + d\mathfrak{z}, \\
\dots\dots\dots
\end{array}\right.
$$

Beispiel 1: In unserm Beispiele zerlegen wir die gesuchten wahrscheinlichsten Werte der Koordinaten $x\ y$ in die genäherten Koordinaten $\mathfrak{x}\ \mathfrak{y}$ und in die diesen beizufügenden Koordinatenverbesserungen $d\mathfrak{x}\ d\mathfrak{y}$, so dafs ist:

$$
\textbf{(111)} \qquad \left\{\begin{array}{l}
x = \mathfrak{x} + d\mathfrak{x}, \\
y = \mathfrak{y} + d\mathfrak{y}.
\end{array}\right.
$$

2. Die Näherungswerte $\mathfrak{x}, \mathfrak{y}, \mathfrak{z}, \dots.$ müssen derart bestimmt werden, dafs die ihnen beizufügenden Werte $d\mathfrak{x}, d\mathfrak{y}, d\mathfrak{z}, \dots.$ verhältnismäfsig kleine Gröfsen werden, für die die weiterhin anzuwendenden Differenzialformeln mit genügender Schärfe zutreffen. Im übrigen ist die Art und Weise, wie diese Näherungswerte bestimmt werden, für das Endergebnis ganz bedeutungslos. In manchen Fällen werden bereits bei Beginn der Ausgleichungsrechnung aus irgend welchen vorhergegangenen Ermittelungen brauchbare Näherungswerte bekannt sein. In anderen Fällen werden sie zweckmäfsig in einfacher Weise durch graphische Konstruktionen bestimmt werden können. In jedem Falle können aber aus den vorliegenden Beobachtungsergebnissen $\lambda_1, \lambda_2, \lambda_3, \ldots \lambda_n$ so viele ausgewählt werden, wie zu bestimmende Gröfsen $\mathfrak{x}, \mathfrak{y}, \mathfrak{z}, \ldots$ vorhanden sind, und letztere aus ersteren berechnet werden. Diese Berechnung kann nach bekannten oder für den vorliegenden Fall zu bildenden einfachen Formeln oder derart ausgeführt werden, dafs die ausgewählten Beobachtungsergebnisse und die Näherungswerte in die Gleichungen **(108)** an Stelle der wahren Werte der beobachteten und der zu bestimmenden Gröfsen eingeführt, und die damit erhaltenen Gleichungen nach den Näherungswerten aufgelöst werden.

Beispiel 1: In unserem Beispiele können wir die genäherten Koordinaten $\mathfrak{x}\ \mathfrak{y}$ des Punktes P in der Weise ermitteln, dafs wir z. B. die Punkte P_1 und P_2, nach ihren gegebenen Koordinaten etwa im Mafsstabe 1 : 1000 auftragen, den Punkt P durch Bogenschnitt mit den Längen s_1 und s_2 bestimmen und danach die Näherungswerte $\mathfrak{x}\ \mathfrak{y}$ der Koordinaten aus dieser graphischen Konstruktion entnehmen. Ferner können wir auch die Näherungswerte $\mathfrak{x}\ \mathfrak{y}$ z. B. aus den Koordinaten $x_1\ y_1$, $x_2\ y_2$ der Punkte P_1, P_2 und aus den Streckenlängen s_1 und s_2 nach den bekannten für logarithmische Rechnung geeigneten Formeln für den Bogenschnitt gemessener Längen*) oder nach den in der folgenden Tabelle angewandten, für die Rechnung mit der Rechenmaschine geeigneten Formeln berechnen.

Endlich können wir z. B. die Streckenlängen 331,6 und 272,0 für (s_1) und (s_2), die Näherungswerte $\mathfrak{x}\ \mathfrak{y}$ für (x) (y) und die Zahlenwerte der gegebenen Koordinaten

$$\operatorname{cotg} \nu = \frac{x_2 - x_1}{y_2 - y_1}. \qquad s^2 = (y_2 - y_1)^2 + (x_2 - x_1)^2.$$

$$A = \frac{s^2 + s_1^2 - s_2^2}{2(y_2 - y_1)}. \qquad \mathfrak{x} - x_1 = \frac{A^2 - s_1^2}{A \operatorname{cotg} \nu \mp \sqrt{B^2 - A^2}{}^{*)}}.$$

$$B = \frac{s \cdot s_1}{y_2 - y_1}. \qquad \mathfrak{x} = x_1 + (\mathfrak{x} - x_1)$$

$$\mathfrak{y} = y_1 - (\mathfrak{x} - x_1) \operatorname{cotg} \nu + A.$$

Probe: $(\mathfrak{y} - y_2)^2 + (\mathfrak{x} - x_2)^2 = s_2^2$.

*) $\sqrt{B^2 - A^2}$ bekommt dasselbe Vorzeichen wie $A \operatorname{cotg} \nu$.

y_1		2 061,99	x_1		6 548,30	s^2		12 88 82
y_2		2 420,30	x_2		6 570,58	s		359,00
$y_2 - y_1$	+	358,31	$x_2 - x_1$	+	22,28	s_1		331,60
$2(y_2 - y_1)$	+	716,62	$\operatorname{cotg} \nu$	+	0,062 181	s_2		272,00
			$x - x_1$	—	224,54	$s^2 + s_1^2 - s_2^2$		16 48 57
$\mathfrak{y}$		2 306,00	$\mathfrak{x}$		6 323,76	A	+	230,048
						A^2		5 29 22
$\mathfrak{y} - y_2$		114,30	$\mathfrak{x} - x_2$		246,82	$A^2 - s_1^2$	—	5 70 36
			B		332,239	$A \operatorname{cotg} \nu$	+	14,304
			B^2		11 03 83	$A \operatorname{cotg} \nu \mp \sqrt{B^2 - A^2}$	+	254,015
			$B^2 - A^2$		5 74 61	$(\mathfrak{y} - y_2)^2 + (\mathfrak{x} - x_2)^2$		7 39 84
			$\sqrt{B^2 - A^2}$		239,710	s_2^2		7 39 84

*) Formeln (23) bis (32), Seite 37, der Formelsammlung von Veltmann und Koll. 3. Auflage.

in die ersten beiden der Gleichungen **(108)** einführen, also die Gleichungen

$$331{,}6 = \sqrt{(\mathfrak{x} - 6\,548{,}3)^2 + (\mathfrak{y} - 2\,062{,}0)^2},$$
$$272{,}0 = \sqrt{(\mathfrak{x} - 6\,570{,}6)^2 + (\mathfrak{y} - 2\,420{,}3)^2},$$

bilden, und diese Gleichungen nach $\mathfrak{x}$ und $\mathfrak{y}$ auflösen.

3. Den Näherungswerten der zu bestimmenden Gröfsen $\mathfrak{x}, \mathfrak{y}, \mathfrak{z}, \ldots$ entsprechen Näherungswerte $\mathfrak{l}_1, \mathfrak{l}_2, \mathfrak{l}_3, \ldots \mathfrak{l}_n$ der beobachteten Gröfsen, für die aus den Formeln **(108)** folgt:

$$\text{(112)} \quad \begin{cases} \mathfrak{l}_1 = F_1(\mathfrak{x}, \mathfrak{y}, \mathfrak{z}, \ldots), \\ \mathfrak{l}_2 = F_2(\mathfrak{x}, \mathfrak{y}, \mathfrak{z}, \ldots), \\ \mathfrak{l}_3 = F_3(\mathfrak{x}, \mathfrak{y}, \mathfrak{z}, \ldots), \\ \ldots\ldots\ldots\ldots\ldots, \\ \mathfrak{l}_n = F_n(\mathfrak{x}, \mathfrak{y}, \mathfrak{z}, \ldots). \end{cases}$$

Während die Näherungswerte der zu bestimmenden Gröfsen, wie unter Nr. 2 ausgeführt ist, nur mit geringer Schärfe ermittelt zu werden brauchen, müssen die Näherungswerte der beobachteten Gröfsen aus den Näherungswerten der zu bestimmenden Gröfsen mit aller für die Berechnung der wahrscheinlichsten Werte der zu bestimmenden Gröfsen im übrigen erforderlichen Schärfe berechnet werden.

Aus den Näherungswerten $\mathfrak{l}_1, \mathfrak{l}_2, \mathfrak{l}_3, \ldots \mathfrak{l}_n$ der beobachteten Gröfsen werden ihre wahrscheinlichsten Werte $L_1, L_2, L_3, \ldots L_n$ erhalten, indem ihnen kleine Gröfsen $d\mathfrak{l}_1, d\mathfrak{l}_2, d\mathfrak{l}_3, \ldots d\mathfrak{l}_n$ hinzugefügt werden, die die Aenderungen darstellen, die die Näherungswerte $\mathfrak{l}_1, \mathfrak{l}_2, \mathfrak{l}_3, \ldots \mathfrak{l}_n$ erleiden, wenn die Näherungswerte $\mathfrak{x}, \mathfrak{y}, \mathfrak{z}, \ldots$ der zu bestimmenden Gröfsen um die kleinen Beträge $d\mathfrak{x}, d\mathfrak{y}, d\mathfrak{z}, \ldots$ geändert werden. Demnach ist, entsprechend den Formeln **(111)**:

$$\text{(113)} \quad \begin{cases} L_1 = \mathfrak{l}_1 + d\mathfrak{l}_1, \\ L_2 = \mathfrak{l}_2 + d\mathfrak{l}_2, \\ L_3 = \mathfrak{l}_3 + d\mathfrak{l}_3, \\ \ldots\ldots\ldots, \\ L_n = \mathfrak{l}_n + d\mathfrak{l}_n. \end{cases}$$

Beispiel 1: Die den Näherungswerten $\mathfrak{x} = 6\,323{,}76$, $\mathfrak{y} = 2\,306{,}00$ der zu bestimmenden Koordinaten entsprechenden Näherungswerte $\mathfrak{S}_1, \mathfrak{S}_2, \mathfrak{S}_3, \mathfrak{S}_4, \mathfrak{S}_5$ der Streckenlängen ergeben sich nach:

$$\text{(112)} \quad \begin{cases} \mathfrak{S}_1 = \sqrt{(\mathfrak{x} - x_1)^2 + (\mathfrak{y} - y_1)^2}, \\ \mathfrak{S}_2 = \sqrt{(\mathfrak{x} - x_2)^2 + (\mathfrak{y} - y_2)^2}, \\ \mathfrak{S}_3 = \sqrt{(\mathfrak{x} - x_3)^2 + (\mathfrak{y} - y_3)^2}, \\ \mathfrak{S}_4 = \sqrt{(\mathfrak{x} - x_4)^2 + (\mathfrak{y} - y_4)^2}, \\ \mathfrak{S}_5 = \sqrt{(\mathfrak{x} - x_5)^2 + (\mathfrak{y} - y_5)^2}. \end{cases}$$

Ferner erhalten wir für die Bildung der wahrscheinlichsten Werte S_1, S_2, S_3, S_4, S_5 der Streckenlängen aus den Näherungswerten $\mathfrak{S}_1, \mathfrak{S}_2, \mathfrak{S}_3, \mathfrak{S}_4, \mathfrak{S}_5$ und den den kleinen Aenderungen $d\mathfrak{x}$ $d\mathfrak{y}$ der genäherten Koordinaten entsprechenden kleinen Aenderungen $d\mathfrak{S}_1, d\mathfrak{S}_2, d\mathfrak{S}_3, d\mathfrak{S}_4, d\mathfrak{S}_5$:

$$\text{(113)} \quad \begin{cases} S_1 = \mathfrak{S}_1 + d\mathfrak{S}_1, \\ S_2 = \mathfrak{S}_2 + d\mathfrak{S}_2, \\ S_3 = \mathfrak{S}_3 + d\mathfrak{S}_3, \\ S_4 = \mathfrak{S}_4 + d\mathfrak{S}_4, \\ S_5 = \mathfrak{S}_5 + d\mathfrak{S}_5. \end{cases}$$

Die Zahlenwerte von $\mathfrak{S}_1, \mathfrak{S}_2, \mathfrak{S}_3, \mathfrak{S}_4, \mathfrak{S}_5$ ergeben sich nach den Formeln **(112)** wie folgt:

	±	$\mathfrak{x}$. x_n. $\Delta\mathfrak{x} = \mathfrak{x} - x_n$.	±	$\mathfrak{y}$. y_n. $\Delta\mathfrak{y} = \mathfrak{y} - y_n$.	$\Delta\mathfrak{x}\,\Delta\mathfrak{x}$. $\Delta\mathfrak{y}\,\Delta\mathfrak{y}$. $\mathfrak{s}^2 = \Delta\mathfrak{x}\,\Delta\mathfrak{x} + \Delta\mathfrak{y}\,\Delta\mathfrak{y}$.	$\mathfrak{s}$.
		6 323,76		2 306,00	5 04 18	
P_1		6 548,30		2 061,99	5 95 41	
	−	224,54	+	244,01	10 99 59	331,60
		6 323,76		2 306,00	6 09 20	
P_2		6 570,58		2 420,30	1 30 64	
	−	246,82	−	114,30	7 39 84	272,00
		6 323,76		2 306,00	6 78	
P_3		6 297,72		2 552,03	6 05 31	
	+	26,04	−	246,03	6 12 09	247,40
		6 323,76		2 306,00	7 15 40	
P_4		6 056,29		2 276,00	9 00	
	+	267,47	+	30,00	7 24 40	269,15
		6 323,76		2 306,00	59 80	
P_5		6 246,43		1 896,99	16 72 89	
	+	77,33	+	409,01	17 32 69	416,26

§ 25. Umgeformte Fehlergleichungen.

1. Die Fehlergleichungen **(109)** und **(110)** können nun durch Einsetzen der in den Formeln **(111)** und **(113)** für die wahrscheinlichsten Werte der zu bestimmenden und der beobachteten Gröfsen angesetzten Teilwerte und durch einige weitere Entwickelungen in jedem Falle in einfache lineare Gleichungen umgeformt werden:

Zuerst wird aus den Formeln **(109)**:

$$\begin{aligned} \mathfrak{l}_1 + d\mathfrak{l}_1 &= F_1(\mathfrak{x}+d\mathfrak{x},\ \mathfrak{y}+d\mathfrak{y},\ \mathfrak{z}+d\mathfrak{z},\ \ldots), \\ \mathfrak{l}_2 + d\mathfrak{l}_2 &= F_2(\mathfrak{x}+d\mathfrak{x},\ \mathfrak{y}+d\mathfrak{y},\ \mathfrak{z}+d\mathfrak{z},\ \ldots), \\ \mathfrak{l}_3 + d\mathfrak{l}_3 &= F_3(\mathfrak{x}+d\mathfrak{x},\ \mathfrak{y}+d\mathfrak{y},\ \mathfrak{z}+d\mathfrak{z},\ \ldots), \\ &\ldots\ldots\ldots\ldots\ldots\ldots, \\ \mathfrak{l}_n + d\mathfrak{l}_n &= F_n(\mathfrak{x}+d\mathfrak{x},\ \mathfrak{y}+d\mathfrak{y},\ \mathfrak{z}+d\mathfrak{z},\ \ldots). \end{aligned}$$

Da nun unter der Voraussetzung, dafs $d\mathfrak{x}$, $d\mathfrak{y}$, $d\mathfrak{z}$, ... verhältnismäfsig kleine Gröfsen sind, genügend genau allgemein:

$$F_n(\mathfrak{x}+d\mathfrak{x},\ \mathfrak{y}+d\mathfrak{y},\ \mathfrak{z}+d\mathfrak{z},\ \ldots) = F_n(\mathfrak{x},\ \mathfrak{y},\ \mathfrak{z},\ \ldots) + \frac{\partial F_n}{\partial \mathfrak{x}}\,d\mathfrak{x} + \frac{\partial F_n}{\partial \mathfrak{y}}\,d\mathfrak{y} + \frac{\partial F_n}{\partial \mathfrak{z}}\,d\mathfrak{z} + \ldots$$

und nach den Formeln **(112)**

$$\mathfrak{l}_n = F_n(\mathfrak{x},\ \mathfrak{y},\ \mathfrak{z},\ \ldots)$$

ist, ergiebt sich sodann aus obigen Formeln:

$$\begin{aligned} d\mathfrak{l}_1 &= \frac{\partial F_1}{\partial \mathfrak{x}}\,d\mathfrak{x} + \frac{\partial F_1}{\partial \mathfrak{y}}\,d\mathfrak{y} + \frac{\partial F_1}{\partial \mathfrak{z}}\,d\mathfrak{z} + \ldots, \\ d\mathfrak{l}_2 &= \frac{\partial F_2}{\partial \mathfrak{x}}\,d\mathfrak{x} + \frac{\partial F_2}{\partial \mathfrak{y}}\,d\mathfrak{y} + \frac{\partial F_2}{\partial \mathfrak{z}}\,d\mathfrak{z} + \ldots, \\ d\mathfrak{l}_3 &= \frac{\partial F_3}{\partial \mathfrak{x}}\,d\mathfrak{x} + \frac{\partial F_3}{\partial \mathfrak{y}}\,d\mathfrak{y} + \frac{\partial F_3}{\partial \mathfrak{z}}\,d\mathfrak{z} + \ldots, \\ &\ldots\ldots\ldots\ldots\ldots\ldots, \\ d\mathfrak{l}_n &= \frac{\partial F_n}{\partial \mathfrak{x}}\,d\mathfrak{x} + \frac{\partial F_n}{\partial \mathfrak{y}}\,d\mathfrak{y} + \frac{\partial F_n}{\partial \mathfrak{z}}\,d\mathfrak{z} + \ldots. \end{aligned}$$

Führen wir ferner zur Vereinfachung für die partiellen Differenzialquotienten die folgenden Bezeichnungen ein:

$$(114)\quad \begin{cases} a_1 = \frac{\partial F_1}{\partial \mathfrak{x}}, & b_1 = \frac{\partial F_1}{\partial \mathfrak{y}}, & c_1 = \frac{\partial F_1}{\partial \mathfrak{z}}, & \ldots, \\ a_2 = \frac{\partial F_2}{\partial \mathfrak{x}}, & b_2 = \frac{\partial F_2}{\partial \mathfrak{y}}, & c_2 = \frac{\partial F_2}{\partial \mathfrak{z}}, & \ldots, \\ a_3 = \frac{\partial F_3}{\partial \mathfrak{x}}, & b_3 = \frac{\partial F_3}{\partial \mathfrak{y}}, & c_3 = \frac{\partial F_3}{\partial \mathfrak{z}}, & \ldots, \\ \ldots\ldots, & \ldots\ldots, & \ldots\ldots, & \ldots, \\ a_n = \frac{\partial F_n}{\partial \mathfrak{x}}, & b_n = \frac{\partial F_n}{\partial \mathfrak{y}}, & c_n = \frac{\partial F_n}{\partial \mathfrak{z}}, & \ldots, \end{cases}$$

so erhalten wir endlich:

$$(116)\quad \begin{cases} d\mathfrak{l}_1 = a_1\,d\mathfrak{x} + b_1\,d\mathfrak{y} + c_1\,d\mathfrak{z} + \ldots, \\ d\mathfrak{l}_2 = a_2\,d\mathfrak{x} + b_2\,d\mathfrak{y} + c_2\,d\mathfrak{z} + \ldots, \\ d\mathfrak{l}_3 = a_3\,d\mathfrak{x} + b_3\,d\mathfrak{y} + c_3\,d\mathfrak{z} + \ldots, \\ \ldots\ldots\ldots\ldots\ldots, \\ d\mathfrak{l}_n = a_n\,d\mathfrak{x} + b_n\,d\mathfrak{y} + c_n\,d\mathfrak{z} + \ldots. \end{cases}$$

Die Formeln **(110)** gehen sodann zuerst über in:

$$\begin{aligned} v_1 &= \mathfrak{l}_1 + d\mathfrak{l}_1 - \lambda_1, \\ v_2 &= \mathfrak{l}_2 + d\mathfrak{l}_2 - \lambda_2, \\ v_3 &= \mathfrak{l}_3 + d\mathfrak{l}_3 - \lambda_3, \\ &\ldots\ldots\ldots\ldots, \\ v_n &= \mathfrak{l}_n + d\mathfrak{l}_n - \lambda_n, \end{aligned}$$

und, wenn die Unterschiede zwischen den Näherungswerten $\mathfrak{l}_1$, $\mathfrak{l}_2$, $\mathfrak{l}_3$, ... $\mathfrak{l}_n$ der beobachteten Gröfsen und den vorliegenden Beobachtungsergebnissen λ_1, λ_2, λ_3, ... λ_n mit $f_1, f_2, f_3, \ldots f_n$ bezeichnet werden, also

$$(115)\quad \begin{cases} f_1 = \mathfrak{l}_1 - \lambda_1, \\ f_2 = \mathfrak{l}_2 - \lambda_2, \\ f_3 = \mathfrak{l}_3 - \lambda_3, \\ \ldots\ldots\ldots, \\ f_n = \mathfrak{l}_n - \lambda_n, \end{cases}$$

gesetzt wird, über in:

$$(117)\quad \begin{cases} v_1 = f_1 + d\mathfrak{l}_1, \\ v_2 = f_2 + d\mathfrak{l}_2, \\ v_3 = f_3 + d\mathfrak{l}_3, \\ \ldots\ldots\ldots, \\ v_n = f_n + d\mathfrak{l}_n. \end{cases}$$

Die Gleichungen **(116)** und **(117)** bezeichnen wir als umgeformte Fehlergleichungen.

Beispiel 1: Zur Aufstellung der umgeformten Fehlergleichungen bilden wir zuerst die partiellen Differenzialquotienten von

$$\mathfrak{s}_n = F_n(\mathfrak{x}, \mathfrak{y}) = \sqrt{(\mathfrak{y} - y_n)^2 + (\mathfrak{x} - x_n)^2},$$

nach $\mathfrak{x}$ und $\mathfrak{y}$, womit wir erhalten:

$$(114)\quad \begin{cases} a_1 = \frac{\partial F_1}{\partial \mathfrak{x}} = \frac{\mathfrak{x} - x_1}{\mathfrak{s}_1} = -0{,}677, & b_1 = \frac{\partial F_1}{\partial \mathfrak{y}} = \frac{\mathfrak{y} - y_1}{\mathfrak{s}_1} = +0{,}736, \\ a_2 = \frac{\partial F_2}{\partial \mathfrak{x}} = \frac{\mathfrak{x} - x_2}{\mathfrak{s}_2} = -0{,}907, & b_2 = \frac{\partial F_2}{\partial \mathfrak{y}} = \frac{\mathfrak{y} - y_2}{\mathfrak{s}_2} = -0{,}420, \\ a_3 = \frac{\partial F_3}{\partial \mathfrak{x}} = \frac{\mathfrak{x} - x_3}{\mathfrak{s}_3} = +0{,}105, & b_3 = \frac{\partial F_3}{\partial \mathfrak{y}} = \frac{\mathfrak{y} - y_3}{\mathfrak{s}_3} = -0{,}996, \\ a_4 = \frac{\partial F_4}{\partial \mathfrak{x}} = \frac{\mathfrak{x} - x_4}{\mathfrak{s}_4} = +0{,}994, & b_4 = \frac{\partial F_4}{\partial \mathfrak{y}} = \frac{\mathfrak{y} - y_4}{\mathfrak{s}_4} = +0{,}112, \\ a_5 = \frac{\partial F_5}{\partial \mathfrak{x}} = \frac{\mathfrak{x} - x_5}{\mathfrak{s}_5} = +0{,}186, & b_5 = \frac{\partial F_5}{\partial \mathfrak{y}} = \frac{\mathfrak{y} - y_5}{\mathfrak{s}_5} = +0{,}983. \end{cases}$$

Sodann bilden wir die Unterschiede f_1, f_2, f_3, f_4, f_5 zwischen den genäherten Werten der beobachteten Gröfsen und den Beobachtungsergebnissen wie folgt:

$$(115)\quad \begin{cases} f_1 = \mathfrak{s}_1 - s_1 = 331{,}60 - 331{,}60 = 0{,}00, \\ f_2 = \mathfrak{s}_2 - s_2 = 272{,}00 - 272{,}00 = 0{,}00, \\ f_3 = \mathfrak{s}_3 - s_3 = 247{,}40 - 247{,}10 = +0{,}30, \\ f_4 = \mathfrak{s}_4 - s_4 = 269{,}15 - 269{,}50 = -0{,}35, \\ f_5 = \mathfrak{s}_5 - s_5 = \underline{416{,}26 - 416{,}70 = -0{,}44,} \end{cases}$$

$$\text{Probe:}\quad 6{,}41 - 6{,}90 = -0{,}49.$$

Damit ergeben sich die umgeformten Fehlergleichungen:

$$(116)\quad \begin{cases} d\mathfrak{s}_1 = a_1 d\mathfrak{x} + b_1 d\mathfrak{y} = -0{,}677\, d\mathfrak{x} + 0{,}736\, d\mathfrak{y}, \\ d\mathfrak{s}_2 = a_2 d\mathfrak{x} + b_2 d\mathfrak{y} = -0{,}907\, d\mathfrak{x} - 0{,}420\, d\mathfrak{y}, \\ d\mathfrak{s}_3 = a_3 d\mathfrak{x} + b_3 d\mathfrak{y} = +0{,}105\, d\mathfrak{x} - 0{,}996\, d\mathfrak{y}, \\ d\mathfrak{s}_4 = a_4 d\mathfrak{x} + b_4 d\mathfrak{y} = +0{,}994\, d\mathfrak{x} + 0{,}112\, d\mathfrak{y}, \\ d\mathfrak{s}_5 = a_5 d\mathfrak{x} + b_5 d\mathfrak{y} = +0{,}186\, d\mathfrak{x} + 0{,}983\, d\mathfrak{y}, \end{cases}$$

$$(117)\quad \begin{cases} v_1 = f_1 + d\mathfrak{l}_1 = +0{,}00 + d\mathfrak{s}_1, \\ v_2 = f_2 + d\mathfrak{l}_2 = +0{,}00 + d\mathfrak{s}_2, \\ v_3 = f_3 + d\mathfrak{l}_3 = +0{,}30 + d\mathfrak{s}_3, \\ v_4 = f_4 + d\mathfrak{l}_4 = -0{,}35 + d\mathfrak{s}_4, \\ v_5 = f_5 + d\mathfrak{l}_5 = -0{,}44 + d\mathfrak{s}_5. \end{cases}$$

2. Die Zahlenwerte der partiellen Differenzialquotienten $a_1, a_2, a_3, \ldots a_n$; $b_1, b_2, b_3, \ldots b_n$; $c_1, c_2, c_3, \ldots c_n$; ...... können je nach Lage des Falles in verschiedenartigster Weise ermittelt werden: Wenn die Gleichungen **(112)** linear sind, können die Zahlenwerte der Differenzialquotienten ohne weiteres aus diesen Gleichungen entnommen werden, da sie gleich den Faktoren sind, womit die Näherungswerte $\mathfrak{x}, \mathfrak{y}, \mathfrak{z}, \ldots$ in diesen Gleichungen auftreten; im übrigen können die bezeichneten Zahlenwerte mit Crelle'schen oder anderen Rechentafeln, aus graphischen Tafeln, mit vier- oder fünfstelligen Logarithmen, logarithmischen Rechenschiebern u. s. w. ermittelt werden.

Mit welcher Genauigkeit die Zahlenwerte der Differenzialquotienten bestimmt werden müssen, ist, wenn hierfür die Erfahrung nicht bereits genügenden Anhalt gewährt hat, am einfachsten durch die praktische Probe zu entscheiden, indem festgestellt wird, ob die nach den Formeln **(116)** berechneten Zahlenwerte von $d\mathfrak{l}_1, d\mathfrak{l}_2, d\mathfrak{l}_3, \ldots d\mathfrak{l}_n$ in genügender Weise mit den Unterschieden übereinstimmen zwischen den nach den Formeln **(109)** und **(112)** berechneten Werten von $L_1, L_2, L_3, \ldots L_n$ und $\mathfrak{l}_1, \mathfrak{l}_2, \mathfrak{l}_3, \ldots \mathfrak{l}_n$.

3. Die Zahlenwerte der nach den Formeln **(115)** erhaltenen Unterschiede $f_1, f_2, f_3, \ldots f_n$ zwischen den genäherten Werten der beobachteten Gröfsen und den vorliegenden Beobachtungsergebnissen gewähren einen Anhalt einerseits dafür, ob die genäherten Werte $\mathfrak{x}, \mathfrak{y}, \mathfrak{z}, \ldots\ldots$ der zu bestimmenden Gröfsen genügend genau sind, und ob die daraus abgeleiteten Näherungswerte $\mathfrak{l}_1, \mathfrak{l}_2, \mathfrak{l}_3, \ldots \mathfrak{l}_n$ mit groben Fehlern behaftet sind, andererseits dafür, ob die Beobachtungsergebnisse $\lambda_1, \lambda_2, \lambda_3, \ldots \lambda_n$ mit groben Fehlern behaftet sind. Wenn auffällig grofse Zahlenwerte von $f_1, f_2, f_3, \ldots f_n$ vorkommen, d. h. wenn solche Werte vorkommen, die etwa den dreifachen Betrag der für die Beobachtungsergebnisse zulässigen Maximalfehler übersteigen, empfiehlt es sich, die vorhergegangenen Rechnungen und nötigenfalls die Messungsergebnisse sorgfältig zu prüfen. Falls es sich hierbei herausstellt, dafs die auffallende Gröfse der Zahlenwerte von $f_1, f_2, f_3, \ldots f_n$ nur von Messungsfehlern herrühren kann, so kann es, wenn nicht ganz augenscheinlich ein grober Fehler vorliegt, zweckmäfsig sein, zunächst die Rechnung doch zu Ende zu führen und erst nach Abschlufs der Rechnung zu entscheiden, ob und wie die Nachmessungen auszuführen sind.

§ 26. Endgleichungen.

1. Nachdem die Näherungswerte der zu bestimmenden Gröfsen ermittelt und die wahrscheinlichsten Beobachtungsfehler durch die umgeformten Fehlergleichungen **(116)** und **(117)** als lineare Funktionen der den Näherungswerten $\mathfrak{x}, \mathfrak{y}, \mathfrak{z}, \ldots.$ noch beizufügenden kleinen Gröfsen $d\mathfrak{x}, d\mathfrak{y}, d\mathfrak{z}, \ldots.$ dargestellt sind, müssen wir die Gröfsen $d\mathfrak{x}, d\mathfrak{y}, d\mathfrak{z}, \ldots.$ nunmehr so bestimmen, dafs unsern Grundsätzen gemäfs die Quadratsumme der auf die Gewichtseinheit reduzirten wahrscheinlichsten Beobachtungsfehler $v_1\sqrt{p_1}, v_2\sqrt{p_2}, v_3\sqrt{p_3}, \ldots. v_n\sqrt{p_n}$, also

(46) $p_1 v_1 v_1 + p_2 v_2 v_2 + p_3 v_3 v_3 + \ldots + p_n v_n v_n = [p v v]$
ein Minimum wird.

Um dies auszuführen, vereinigen wir zunächst die Gleichungen **(116)** und **(117)** je zu einer Gleichung:

$$\begin{aligned} v_1 &= a_1 d\mathfrak{x} + b_1 d\mathfrak{y} + c_1 d\mathfrak{z} + \ldots + f_1, \\ v_2 &= a_2 d\mathfrak{x} + b_2 d\mathfrak{y} + c_2 d\mathfrak{z} + \ldots + f_2, \\ v_3 &= a_3 d\mathfrak{x} + b_3 d\mathfrak{y} + c_3 d\mathfrak{z} + \ldots + f_3, \\ &\ldots\ldots\ldots\ldots\ldots\ldots, \\ v_n &= a_n d\mathfrak{x} + b_n d\mathfrak{y} + c_n d\mathfrak{z} + \ldots + f_n. \end{aligned}$$

und bilden die Quadratsumme $[p v v]$ wie folgt:

$$\begin{aligned} p_1 v_1 v_1 = p_1 a_1 a_1 d\mathfrak{x} d\mathfrak{x} &+ 2 p_1 a_1 b_1 d\mathfrak{x} d\mathfrak{y} + 2 p_1 a_1 c_1 d\mathfrak{x} d\mathfrak{z} + \ldots + 2 p_1 a_1 f_1 d\mathfrak{x} \\ &+ p_1 b_1 b_1 d\mathfrak{y} d\mathfrak{y} + 2 p_1 b_1 c_1 d\mathfrak{y} d\mathfrak{z} + \ldots + 2 p_1 b_1 f_1 d\mathfrak{y} \\ &\qquad + p_1 c_1 c_1 d\mathfrak{z} d\mathfrak{z} + \ldots + 2 p_1 c_1 f_1 d\mathfrak{z} \\ &\qquad\qquad + \ldots\ldots\ldots \\ &\qquad\qquad + p_1 f_1 f_1, \\ p_2 v_2 v_2 = p_2 a_2 a_2 d\mathfrak{x} d\mathfrak{x} &+ 2 p_2 a_2 b_2 d\mathfrak{x} d\mathfrak{y} + 2 p_2 a_2 c_2 d\mathfrak{x} d\mathfrak{z} + \ldots + 2 p_2 a_2 f_2 d\mathfrak{x} \\ &+ p_2 b_2 b_2 d\mathfrak{y} d\mathfrak{y} + 2 p_2 b_2 c_2 d\mathfrak{y} d\mathfrak{z} + \ldots + 2 p_2 b_2 f_2 d\mathfrak{y} \\ &\qquad + p_2 c_2 c_2 d\mathfrak{z} d\mathfrak{z} + \ldots + 2 p_2 c_2 f_2 d\mathfrak{z} \\ &\qquad\qquad + \ldots\ldots\ldots \\ &\qquad\qquad + p_2 f_2 f_2, \\ p_3 v_3 v_3 = p_3 a_3 a_3 d\mathfrak{x} d\mathfrak{x} &+ 2 p_3 a_3 b_3 d\mathfrak{x} d\mathfrak{y} + 2 p_3 a_3 c_3 d\mathfrak{x} d\mathfrak{z} + \ldots + 2 p_3 a_3 f_3 d\mathfrak{x} \\ &+ p_3 b_3 b_3 d\mathfrak{y} d\mathfrak{y} + 2 p_3 b_3 c_3 d\mathfrak{y} d\mathfrak{z} + \ldots + 2 p_3 b_3 f_3 d\mathfrak{y} \\ &\qquad + p_3 c_3 c_3 d\mathfrak{z} d\mathfrak{z} + \ldots + 2 p_3 c_3 f_3 d\mathfrak{z} \\ &\qquad\qquad + \ldots\ldots\ldots \\ &\qquad\qquad + p_3 f_3 f_3, \\ &\ldots\ldots\ldots\ldots\ldots\ldots\ldots\ldots \\ p_n v_n v_n = p_n a_n a_n d\mathfrak{x} d\mathfrak{x} &+ 2 p_n a_n b_n d\mathfrak{x} d\mathfrak{y} + 2 p_n a_n c_n d\mathfrak{x} d\mathfrak{z} + \ldots + 2 p_n a_n f_n d\mathfrak{x} \\ &+ p_n b_n b_n d\mathfrak{y} d\mathfrak{y} + 2 p_n b_n c_n d\mathfrak{y} d\mathfrak{z} + \ldots + 2 p_n b_n f_n d\mathfrak{y} \\ &\qquad + p_n c_n c_n d\mathfrak{z} d\mathfrak{z} + \ldots + 2 p_n c_n f_n d\mathfrak{z} \\ &\qquad\qquad + \ldots\ldots\ldots \\ &\qquad\qquad + p_n f_n f_n, \end{aligned}$$

$$\begin{aligned} [p v v] = [p a a] d\mathfrak{x} d\mathfrak{x} &+ 2 [p a b] d\mathfrak{x} d\mathfrak{y} + 2 [p a c] d\mathfrak{x} d\mathfrak{z} + \ldots + 2 [p a f] d\mathfrak{x} \\ &+ [p b b] d\mathfrak{y} d\mathfrak{y} + 2 [p b c] d\mathfrak{y} d\mathfrak{z} + \ldots + 2 [p b f] d\mathfrak{y} \\ &\qquad + [p c c] d\mathfrak{z} d\mathfrak{z} + \ldots + 2 [p c f] d\mathfrak{z} \\ &\qquad\qquad + \ldots\ldots\ldots \\ &\qquad\qquad + [p f f]. \end{aligned}$$

Diese Quadratsumme wird zu einem Minimum für die Werte von $d\mathfrak{x}, d\mathfrak{y}, d\mathfrak{z}, \ldots$, die wir erhalten, wenn wir ihre partiellen Differenzialquotienten nach $d\mathfrak{x}, d\mathfrak{y}, d\mathfrak{z}, \ldots$ bilden, diese Differenzialquotienten gleich Null setzen und die sich damit ergebenden Gleichungen nach $d\mathfrak{x}, d\mathfrak{y}, d\mathfrak{z}, \ldots$ auflösen.

Die partiellen Differenzialquotienten nach $d\mathfrak{x}, d\mathfrak{y}, d\mathfrak{z}, \ldots$ sind:

$$\begin{aligned} \frac{\partial [p v v]}{\partial d\mathfrak{x}} &= 2 [p a a] d\mathfrak{x} + 2 [p a b] d\mathfrak{y} + 2 [p a c] d\mathfrak{z} + \ldots + 2 [p a f], \\ \frac{\partial [p v v]}{\partial d\mathfrak{y}} &= 2 [p a b] d\mathfrak{x} + 2 [p b b] d\mathfrak{y} + 2 [p b c] d\mathfrak{z} + \ldots + 2 [p b f], \\ \frac{\partial [p v v]}{\partial d\mathfrak{z}} &= 2 [p a c] d\mathfrak{x} + 2 [p b c] d\mathfrak{y} + 2 [p c c] d\mathfrak{z} + \ldots + 2 [p c f], \\ &\ldots\ldots\ldots\ldots\ldots\ldots \end{aligned}$$

Setzen wir diese Differenzialquotienten gleich Null und dividiren durch 2, so erhalten wir:

$$\textbf{(118)} \quad \left\{ \begin{aligned} &[p a a] d\mathfrak{x} + [p a b] d\mathfrak{y} + [p a c] d\mathfrak{z} + \ldots + [p a f] = 0, \\ &[p a b] d\mathfrak{x} + [p b b] d\mathfrak{y} + [p b c] d\mathfrak{z} + \ldots + [p b f] = 0, \\ &[p a c] d\mathfrak{x} + [p b c] d\mathfrak{y} + [p c c] d\mathfrak{z} + \ldots + [p c f] = 0, \\ &\ldots\ldots\ldots\ldots\ldots\ldots \end{aligned} \right.$$

Diese Gleichungen, durch deren Auflösung $d\mathfrak{x}$, $d\mathfrak{y}$, $d\mathfrak{z}$, ... erhalten werden, bezeichnen wir als Endgleichungen. Ihre Anzahl ist immer gleich der Anzahl q der Gröfsen $d\mathfrak{x}$, $d\mathfrak{y}$, $d\mathfrak{z}$, ..., und es ergeben sich daraus immer bestimmte Werte der Gröfsen $d\mathfrak{x}$, $d\mathfrak{y}$, $d\mathfrak{z}$, ..., wenn die vorliegenden Beobachtungsergebnisse überhaupt zur Bestimmung der gesuchten Gröfsen genügen.

2. Die Berechnung der Zahlenwerte der Faktoren der Endgleichungen $[paa]$, $[pab]$, $[pac]$, ..., $[paf]$; $[pbb]$, $[pbc]$, ... $[pbf]$; $[pcc]$, ... $[pcf]$; .... erfolgt meistens am zweckmäfsigsten und genügend genau mit Crelle'schen Rechentafeln, mit logarithmischen Rechenschiebern oder Quadrattafeln. Nur in aufsergewöhnlichen Fällen kann es geboten sein, ihre Berechnung mit Logarithmen oder der Thomas'schen Rechenmaschine mit gröfserer Genauigkeit auszuführen. Ob die Berechnung genügend genau ist, ist zu erkennen durch eine später (im § 29, Nr. 11) zu besprechende Probe dafür, dafs $[pvv]$ direkt aus den Abweichungen $f_1, f_2, f_3, \ldots f_n$ und aus den wahrscheinlichsten Werten $v_1, v_2, v_3, \ldots v_n$ der Beobachtungsfehler genügend übereinstimmend erhalten wird.

3. In den Endgleichungen kommen die Faktoren $[pab]$, $[pac]$, ... $[pbc]$, ... doppelt vor. Um in gröfseren Rechnungen diese doppelte Anführung der bezeichneten Faktoren zu ersparen, kann die folgende schematische Schreibweise der Endgleichungen angewendet werden:

(119)

$d\mathfrak{x}$	$d\mathfrak{y}$	$d\mathfrak{z}$	.....	
$[paa]$	$[pab]$	$[pac]$	.....	$d\mathfrak{x}+[paf]=0$,
	$[pbb]$	$[pbc]$	.....	$d\mathfrak{y}+[pbf]=0$,
		$[pcc]$	.....	$d\mathfrak{z}+[pcf]=0$,
			.....	....

Hieraus ergeben sich die Endgleichungen in der Weise, dafs die stark dargestellten Linien verfolgt und zu den rechts von diesen Linien stehenden Faktoren die in derselben Zeile rechts der feinen Vertikallinie stehenden Gröfsen $d\mathfrak{x}$, $d\mathfrak{y}$, $d\mathfrak{z}$, ... zu den oberhalb der starken Linien stehenden Faktoren die in derselben Spalte auf der feinen Horizontallinie stehenden Gröfsen $d\mathfrak{x}$, $d\mathfrak{y}$, $d\mathfrak{z}$, ... genommen werden.

Beispiel 1: Die gegebenen Gewichte p_n und die im § 25 erhaltenen Faktoren a_n, b_n, f_n der umgeformten Fehlergleichungen sind:

$p_1 = 5{,}43$,	$a_1 = -0{,}677$,	$b_1 = +0{,}736$,	$f_1 = 0{,}00$,
$p_2 = 6{,}92$,	$a_2 = -0{,}907$,	$b_2 = -0{,}420$,	$f_2 = 0{,}00$,
$p_3 = 5{,}15$,	$a_3 = +0{,}105$,	$b_3 = -0{,}996$,	$f_3 = +0{,}30$,
$p_4 = 6{,}92$,	$a_4 = +0{,}994$,	$b_4 = +0{,}112$,	$f_4 = -0{,}35$,
$p_5 = 2{,}59$,	$a_5 = +0{,}186$,	$b_5 = +0{,}983$,	$f_5 = -0{,}44$.

Hiermit erhalten wir die Faktoren der Endgleichungen wie folgt:

	$\sqrt{p}$.	$a\sqrt{p}$.	$b\sqrt{p}$.	$f\sqrt{p}$.	paa.	pab.	paf.	pbb.	pbf.
P_1	2,33	− 1,58	+ 1,71	0,00	2,50	− 2,70	0,00	2,92	0,00
P_2	2,63	− 2,39	− 1,10	0,00	5,71	+ 2,63	0,00	1,21	0,00
P_3	2,27	+ 0,24	− 2,26	+ 0,68	0,06	− 0,54	+ 0,16	5,11	− 1,54
P_4	2,63	+ 2,61	+ 0,29	− 0,92	6,81	+ 0,76	− 2,40	0,08	− 0,27
P_5	1,61	+ 0,30	+ 1,58	− 0,71	0,09	+ 0,47	− 0,21	2,50	− 1,12
					15,17	+ 0,62	− 2,45	11,82	− 2,93

Die Endgleichungen sind demnach:

$$
(118)\qquad \begin{cases} +15{,}17\,d\mathfrak{x} + 0{,}62\,d\mathfrak{y} - 2{,}45 = 0, \\ +0{,}62\,d\mathfrak{x} + 11{,}82\,d\mathfrak{y} - 2{,}93 = 0, \end{cases}
$$

oder nach Schema **(119)**:

(119)

$d\mathfrak{x}$	$d\mathfrak{y}$	
$+15{,}17$	$+\ 0{,}62$	$d\mathfrak{x} - 2{,}45 = 0$,
	$+11{,}82$	$d\mathfrak{y} - 2{,}93 = 0$.

§ 27. Auflösung der Endgleichungen und Berechnung der wahrscheinlichsten Werte der zu bestimmenden Gröfsen.

1. Die Auflösung der Endgleichungen erfolgt zweckmäfsig in allen Fällen nach einem einheitlichen fest geregelten Verfahren. Behufs Entwickelung dieses Verfahrens führen wir folgende Bezeichnungen ein:

$$
\textbf{(120 a)}\quad \left\{\begin{array}{l|l|l|l|l}
\mathfrak{a}_1 = [p\,a\,a], & \mathfrak{b}_1 = [p\,a\,b], & \mathfrak{c}_1 = [p\,a\,c], & \ldots\ldots & \mathfrak{f}_1 = [p\,a\,f], \\
 & \mathfrak{b}_2 = [p\,b\,b], & \mathfrak{c}_2 = [p\,b\,c], & \ldots\ldots & \mathfrak{f}_2 = [p\,b\,f], \\
 & & \mathfrak{c}_3 = [p\,c\,c], & \ldots\ldots & \mathfrak{f}_3 = [p\,c\,f], \\
 & & & \ldots\ldots & \ldots\ldots\ldots\ldots,
\end{array}\right.
$$

$$
\textbf{(120 b)}\quad \left\{\begin{array}{l|l|l|l}
\mathfrak{B}_2 = \mathfrak{b}_2 - \frac{\mathfrak{b}_1}{\mathfrak{a}_1}\mathfrak{b}_1, & \mathfrak{C}_2 = \mathfrak{c}_2 - \frac{\mathfrak{b}_1}{\mathfrak{a}_1}\mathfrak{c}_1, & \ldots\ldots & \mathfrak{F}_2 = \mathfrak{f}_2 - \frac{\mathfrak{b}_1}{\mathfrak{a}_1}\mathfrak{f}_1, \\
 & \mathfrak{C}_3 = \mathfrak{c}_3 - \frac{\mathfrak{c}_1}{\mathfrak{a}_1}\mathfrak{c}_1 - \frac{\mathfrak{C}_2}{\mathfrak{B}_2}\mathfrak{C}_2, & \ldots\ldots & \mathfrak{F}_3 = \mathfrak{f}_3 - \frac{\mathfrak{c}_1}{\mathfrak{a}_1}\mathfrak{f}_1 - \frac{\mathfrak{C}_2}{\mathfrak{B}_2}\mathfrak{F}_2, \\
 & & \ldots\ldots & \ldots\ldots\ldots\ldots\ldots\ldots {}^{*)}
\end{array}\right.
$$

Mit Einführung der Bezeichnungen **(120 a)** wird zuerst aus den Endgleichungen **(118)**, die wir fortlaufend mit (1*), (2*), (3*), ... numeriren:

$$
\textbf{(121)}\quad \left\{\begin{array}{ll}
(1^*): & \mathfrak{a}_1 d\mathfrak{x} + \mathfrak{b}_1 d\mathfrak{y} + \mathfrak{c}_1 d\mathfrak{z} + \ldots \mathfrak{f}_1 = 0, \\
(2^*): & \mathfrak{b}_1 d\mathfrak{x} + \mathfrak{b}_2 d\mathfrak{y} + \mathfrak{c}_2 d\mathfrak{z} + \ldots \mathfrak{f}_2 = 0, \\
(3^*): & \mathfrak{c}_1 d\mathfrak{x} + \mathfrak{c}_2 d\mathfrak{y} + \mathfrak{c}_3 d\mathfrak{z} + \ldots \mathfrak{f}_3 = 0, \\
\ldots: & \ldots\ldots\ldots\ldots\ldots\ldots\ldots\ldots
\end{array}\right.
$$

Wir verfahren nun wie folgt:

1. Wir eliminiren die erste Unbekannte $d\mathfrak{x}$ aus den Gleichungen (1*) und (2*), indem wir Gleichung (1*) mit $-\frac{\mathfrak{b}_1}{\mathfrak{a}_1}$ multipliziren und dann zu Gleichung (2*) addiren, womit wir nach **(120 b)** erhalten:

$$
\begin{array}{rl}
(2^*): & \mathfrak{b}_1 d\mathfrak{x} + \mathfrak{b}_2 d\mathfrak{y} + \mathfrak{c}_2 d\mathfrak{z} + \ldots + \mathfrak{f}_2 = 0, \\
-\frac{\mathfrak{b}_1}{\mathfrak{a}_1}(1^*): & -\mathfrak{b}_1 d\mathfrak{x} - \frac{\mathfrak{b}_1}{\mathfrak{a}_1}\mathfrak{b}_1 d\mathfrak{y} - \frac{\mathfrak{b}_1}{\mathfrak{a}_1}\mathfrak{c}_1 d\mathfrak{z} - \ldots - \frac{\mathfrak{b}_1}{\mathfrak{a}_1}\mathfrak{f}_1 = 0, \\
\hline
(\text{II}): & \mathfrak{B}_2 d\mathfrak{y} + \mathfrak{C}_2 d\mathfrak{z} + \ldots + \mathfrak{F}_2 = 0.
\end{array}
$$

2. Sodann eliminiren wir die zweite Unbekannte, indem wir zuerst zu Gleichung (3*) die mit $-\frac{\mathfrak{c}_1}{\mathfrak{a}_1}$ multiplizirte Gleichung (1*) hinzufügen, womit $d\mathfrak{x}$ herausfällt und der Faktor von $d\mathfrak{y}$ gleich $\mathfrak{c}_2 - \frac{\mathfrak{c}_1}{\mathfrak{a}_1}\mathfrak{b}_1 = \mathfrak{C}_2$ wird, und indem wir dann noch die mit $-\frac{\mathfrak{C}_2}{\mathfrak{B}_2}$ multiplizirte Gleichung (II) hinzufügen, womit auch $d\mathfrak{y}$ herausfällt, so dafs wir nach **(120 b)** erhalten:

---

*) Aus den hier eingeführten einfachen Bezeichnungen ergeben sich die üblichen Gaufsschen Bezeichnungen folgendermafsen:

Den Buchstaben unserer Bezeichnung wird als zweiter Buchstabe derjenige vorgesetzt, welcher in der Reihenfolge des Alphabets die Stelle einnimmt, die durch den Index unserer Bezeichnung angezeigt wird; wo in unseren Bezeichnungen grofse Buchstaben stehen, wird noch eine Zahl beigesetzt, die um Eins kleiner ist als der Index, sodann werden die Summenklammern hinzugefügt. Demnach ist z. B.: $\mathfrak{a}_1 = [aa]$, $\mathfrak{b}_1 = [ab]$, ..., $\mathfrak{f}_1 = [af]$; $\mathfrak{b}_2 = [bb]$, ..., $\mathfrak{f}_2 = [bf]$; $\mathfrak{B}_2 = [bb\cdot 1]$, $\mathfrak{C}_2 = [bc\cdot 1]$, ..., $\mathfrak{F}_2 = [bf\cdot 1]$; $\mathfrak{C}_3 = [cc\cdot 2]$ ...., $\mathfrak{F}_3 = [cf\cdot 2]$, ...

$$
\begin{array}{rl}
(3^*): & \mathfrak{c}_1 d\mathfrak{x} + \mathfrak{c}_2 d\mathfrak{y} + \mathfrak{c}_3 d\mathfrak{z} + \ldots + \mathfrak{f}_3 = 0, \\
-\dfrac{\mathfrak{c}_1}{\mathfrak{a}_1}(1^*): & -\mathfrak{c}_1 d\mathfrak{x} - \dfrac{\mathfrak{c}_1}{\mathfrak{a}_1}\mathfrak{b}_1 d\mathfrak{y} - \dfrac{\mathfrak{c}_1}{\mathfrak{a}_1}\mathfrak{c}_1 d\mathfrak{z} - \ldots - \dfrac{\mathfrak{c}_1}{\mathfrak{a}_1}\mathfrak{f}_1 = 0, \\
-\dfrac{\mathfrak{C}_2}{\mathfrak{B}_2}(\mathrm{II}): & \qquad - \mathfrak{C}_2 d\mathfrak{y} - \dfrac{\mathfrak{C}_2}{\mathfrak{B}_2}\mathfrak{C}_2 d\mathfrak{z} - \ldots - \dfrac{\mathfrak{C}_2}{\mathfrak{B}_2}\mathfrak{F}_2 = 0, \\
\hline
(\mathrm{III}): & \qquad \mathfrak{C}_3 d\mathfrak{z} + \ldots + \mathfrak{F}_3 = 0.
\end{array}
$$

3. In dieser Weise fahren wir fort, indem wir zu den Gleichungen (4*), (5*), ... solche aus den Gleichungen (1*), (II), (III), (IV), ... folgende Gleichungen hinzufügen, die bei Aufsummirung aller Gleichungen die Faktoren der Unbekannten $d\mathfrak{x}$, $d\mathfrak{y}$, $d\mathfrak{z}$, ... nacheinander zu Null machen, womit wir schlieſslich eine Gleichung erhalten, die nur noch eine Unbekannte enthält.

4. Zur Gewinnung eines bessern Ueberblicks stellen wir das bisher entwickelte hier zusammen:

$$
\begin{array}{rl|l|l|l}
(1^*): & & \mathfrak{a}_1 d\mathfrak{x} & + \mathfrak{b}_1 d\mathfrak{y} & + \mathfrak{c}_1 d\mathfrak{z} + \ldots + \mathfrak{f}_1 = 0, \\
\hline
(2^*): & & \mathfrak{b}_1 d\mathfrak{x} & + \mathfrak{b}_2 d\mathfrak{y} & + \mathfrak{c}_2 d\mathfrak{z} + \ldots + \mathfrak{f}_2 = 0, \\
-\dfrac{\mathfrak{b}_1}{\mathfrak{a}_1} & (1^*): & -\mathfrak{b}_1 d\mathfrak{x} & - \dfrac{\mathfrak{b}_1}{\mathfrak{a}_1}\mathfrak{b}_1 d\mathfrak{y} & - \dfrac{\mathfrak{b}_1}{\mathfrak{a}_1}\mathfrak{c}_1 d\mathfrak{z} - \ldots - \dfrac{\mathfrak{b}_1}{\mathfrak{a}_1}\mathfrak{f}_1 = 0, \\
\hline
(\mathrm{II}): & & & \mathfrak{B}_2 d\mathfrak{y} & + \mathfrak{C}_2 d\mathfrak{z} + \ldots + \mathfrak{F}_2 = 0, \\
\hline
(3^*): & & \mathfrak{c}_1 d\mathfrak{x} & + \mathfrak{c}_2 d\mathfrak{y} & + \mathfrak{c}_3 d\mathfrak{z} + \ldots + \mathfrak{f}_3 = 0, \\
-\dfrac{\mathfrak{c}_1}{\mathfrak{a}_1} & (1^*): & -\mathfrak{c}_1 d\mathfrak{x} & - \dfrac{\mathfrak{c}_1}{\mathfrak{a}_1}\mathfrak{b}_1 d\mathfrak{y} & - \dfrac{\mathfrak{c}_1}{\mathfrak{a}_1}\mathfrak{c}_1 d\mathfrak{z} - \ldots - \dfrac{\mathfrak{c}_1}{\mathfrak{a}_1}\mathfrak{f}_1 = 0, \\
-\dfrac{\mathfrak{C}_2}{\mathfrak{B}_2} & (\mathrm{II}): & & - \mathfrak{C}_2 d\mathfrak{y} & - \dfrac{\mathfrak{C}_2}{\mathfrak{B}_2}\mathfrak{C}_2 d\mathfrak{z} - \ldots - \dfrac{\mathfrak{C}_2}{\mathfrak{B}_2}\mathfrak{F}_2 = 0, \\
\hline
(\mathrm{III}): & & & & \mathfrak{C}_3 d\mathfrak{z} + \ldots + \mathfrak{F}_3 = 0, \\
\hline
\ldots\ldots & & \ldots\ldots & \ldots\ldots & \ldots\ldots
\end{array}
$$

Die Gleichungen (1*), (II), (III), ...:

$$
(122) \qquad \left\{
\begin{array}{r}
\mathfrak{a}_1 d\mathfrak{x} + \mathfrak{b}_1 d\mathfrak{y} + \mathfrak{c}_1 d\mathfrak{z} + \ldots\ \mathfrak{f}_1 = 0, \\
\mathfrak{B}_2 d\mathfrak{y} + \mathfrak{C}_2 d\mathfrak{z} + \ldots\ \mathfrak{F}_2 = 0, \\
\mathfrak{C}_3 d\mathfrak{z} + \ldots\ \mathfrak{F}_3 = 0, \\
\ldots\ldots\ldots\ldots
\end{array}
\right.
$$

bezeichnen wir als reduzirte Endgleichungen.

5. Aus den reduzirten Endgleichungen ergeben sich die Unbekannten $d\mathfrak{x}$, $d\mathfrak{y}$, $d\mathfrak{z}$, ... nach:

$$
(123) \qquad \left\{
\begin{array}{r}
\ldots\ldots\ldots\ldots, \\
d\mathfrak{z} = \ldots - \dfrac{\mathfrak{F}_3}{\mathfrak{C}_3}, \\
d\mathfrak{y} = -\dfrac{\mathfrak{C}_2}{\mathfrak{B}_2} d\mathfrak{z} \ldots - \dfrac{\mathfrak{F}_2}{\mathfrak{B}_2}, \\
d\mathfrak{x} = -\dfrac{\mathfrak{b}_1}{\mathfrak{a}_1} d\mathfrak{y} - \dfrac{\mathfrak{c}_1}{\mathfrak{a}_1} d\mathfrak{z} \ldots - \dfrac{\mathfrak{f}_1}{\mathfrak{a}_1}.
\end{array}
\right.
$$

6. Die praktische Durchführung der Auflösung nach den entwickelten Formeln erfolgt zweckmäſsig in einem für alle Fälle in gleicher Anordnung brauchbaren Rechenschema. Ein solches Rechenschema ergiebt sich ohne weiteres, indem wir die einzelnen in Nr. 4 untereinander stehenden Teile nebeneinander stellen, das links von den eingetragenen Vertikallinien stehende, für die Erlangung der Rechnungsergebnisse unnötige weglassen und die Berechnung der Unbekannten nach den Formeln **(123)** in vertikaler Anordnung hinzufügen. Wir erhalten damit:

(124)

$[paa]$		$[pab]$		$[pac]$		....	$[paf]$		$[pbb]$	
$\mathfrak{a}_1$	—	$\mathfrak{b}_1$	—	$\mathfrak{c}_1$	—	....	$\mathfrak{f}_1$	—	$\mathfrak{b}_2$	—
		$-\frac{\mathfrak{b}_1}{\mathfrak{a}_1}$	—	$-\frac{\mathfrak{c}_1}{\mathfrak{a}_1}$	—	....	$-\frac{\mathfrak{f}_1}{\mathfrak{a}_1}$	—	$-\frac{\mathfrak{b}_1}{\mathfrak{a}_1}\mathfrak{b}_1$	—
							....	....	$=\mathfrak{B}_2$	—
							$-\frac{\mathfrak{c}_1}{\mathfrak{a}_1}d\mathfrak{z}$	—		
							$-\frac{\mathfrak{b}_1}{\mathfrak{a}_1}d\mathfrak{y}$	—		
							$=d\mathfrak{x}$	—		

Beispiel 1: Die Auflösung der im § 26 erhaltenen Endgleichungen gestaltet sich nach Nr. 4 wie folgt:

$$(1^*):\quad \mathfrak{a}_1 d\mathfrak{x} + \mathfrak{b}_1 d\mathfrak{y} + \mathfrak{f}_1 = +15{,}17\,d\mathfrak{x} + 0{,}62\,d\mathfrak{y} - 2{,}45 = 0,$$

$$(2^*):\quad \mathfrak{b}_1 d\mathfrak{x} + \mathfrak{b}_2 d\mathfrak{y} + \mathfrak{f}_2 = +0{,}62\,d\mathfrak{x} + 11{,}82\,d\mathfrak{y} - 2{,}93 = 0,$$

$$-\frac{\mathfrak{b}_1}{\mathfrak{a}_1}(1^*) = -0{,}041\,(1^*):\ -\mathfrak{b}_1 d\mathfrak{x} - \frac{\mathfrak{b}_1}{\mathfrak{a}_1}\mathfrak{b}_1 d\mathfrak{y} - \frac{\mathfrak{b}_1}{\mathfrak{a}_1}\mathfrak{f}_1 = -0{,}62\,d\mathfrak{x} - 0{,}03\,d\mathfrak{y} + 0{,}10 = 0,$$

$$(\mathrm{II}):\quad \mathfrak{B}_2 d\mathfrak{y} + \mathfrak{F}_2 = +11{,}79\,d\mathfrak{y} - 2{,}83 = 0.$$

Demnach sind die reduzirten Endgleichungen:

$$\textbf{(122)}\quad \begin{cases} \mathfrak{a}_1 d\mathfrak{x} + \mathfrak{b}_1 d\mathfrak{y} + \mathfrak{f}_1 = +15{,}17\,d\mathfrak{x} + 0{,}62\,d\mathfrak{y} - 2{,}45 = 0, \\ \mathfrak{B}_2 d\mathfrak{y} + \mathfrak{F}_2 = +11{,}79\,d\mathfrak{y} - 2{,}83 = 0. \end{cases}$$

Hieraus ergeben sich die Unbekannten $d\mathfrak{x}$ und $d\mathfrak{y}$ wie folgt:

$$\textbf{(123)}\quad \begin{cases} d\mathfrak{y} = -\frac{\mathfrak{F}_2}{\mathfrak{B}_2} = +0{,}240, \\ d\mathfrak{x} = -\frac{\mathfrak{b}_1}{\mathfrak{a}_1}d\mathfrak{y} - \frac{\mathfrak{f}_1}{\mathfrak{a}_1} = -0{,}010 + 0{,}161 = +0{,}151. \end{cases}$$

Nach dem Schema **(124)** ist die Auflösung:

$\mathfrak{a}_1$	+	15,17	$\mathfrak{b}_1$	+	0,62	$\mathfrak{f}_1$	−	2,45	$\mathfrak{b}_2$	+	11,82	$\mathfrak{f}_2$	−	2,93
			$-\frac{\mathfrak{b}_1}{\mathfrak{a}_1}$	−	0,041	$-\frac{\mathfrak{f}_1}{\mathfrak{a}_1}$	+	0,161	$-\frac{\mathfrak{b}_1}{\mathfrak{a}_1}\mathfrak{b}_1$	−	0,03	$-\frac{\mathfrak{b}_1}{\mathfrak{a}_1}\mathfrak{f}_1$	+	0,10
						$-\frac{\mathfrak{b}_1}{\mathfrak{a}_1}d\mathfrak{y}$	−	0,010	$+\mathfrak{B}_2$	+	11,79	$=\mathfrak{F}_2$	−	2,83
						$=d\mathfrak{x}$	+	0,151				$d\mathfrak{y} = -\frac{\mathfrak{F}_2}{\mathfrak{B}_2}$	+	0,240

2. Aus den durch Auflösung der Endgleichungen gewonnenen Werten von $d\mathfrak{x}$, $d\mathfrak{y}$, $d\mathfrak{z}$, ... und den Näherungswerten $\mathfrak{x}$, $\mathfrak{y}$, $\mathfrak{z}$, ... erhalten wir nunmehr die wahrscheinlichsten Werte der zu bestimmenden Gröfsen nach:

$$\textbf{(111)}\quad \begin{cases} x = \mathfrak{x} + d\mathfrak{x}, \\ y = \mathfrak{y} + d\mathfrak{y}, \\ z = \mathfrak{z} + d\mathfrak{z}, \\ \dots\dots\dots \end{cases}$$

Beispiel 1: In unserem Beispiele erhalten wir die wahrscheinlichsten Werte der zu bestimmenden Koordinaten $x\,y$ des Punktes P zu:

$[pbc]$	....	$[pbf]$	$[pcc]$	....	$[pcf]$	....
$\mathfrak{c}_2$	....	$\mathfrak{f}_2$	$\mathfrak{c}_3$	....	$\mathfrak{f}_3$	....
$-\frac{\mathfrak{b}_1}{\mathfrak{a}_1}\mathfrak{c}_1$	....	$-\frac{\mathfrak{b}_1}{\mathfrak{a}_1}\mathfrak{f}_1$	$-\frac{\mathfrak{c}_1}{\mathfrak{a}_1}\mathfrak{c}_1$	....	$-\frac{\mathfrak{c}_1}{\mathfrak{a}_1}\mathfrak{f}_1$	....
$=\mathfrak{C}_2$	....	$=\mathfrak{F}_2$	$-\frac{\mathfrak{C}_2}{\mathfrak{B}_2}\mathfrak{C}_2$	...	$-\frac{\mathfrak{C}_2}{\mathfrak{B}_2}\mathfrak{F}_2$	....
$-\frac{\mathfrak{C}_2}{\mathfrak{B}_2}$	....	$-\frac{\mathfrak{F}_2}{\mathfrak{B}_2}$	$=\mathfrak{C}_3$	...	$=\mathfrak{F}_3$	....
		....		....	$-\frac{\mathfrak{F}_3}{\mathfrak{C}_3}$	....
		$-\frac{\mathfrak{C}_2}{\mathfrak{B}_2}d\mathfrak{z}$			....	....
		$=d\mathfrak{y}$			$=d\mathfrak{z}$	....

(111)
$$\begin{cases} x=\mathfrak{x}+d\mathfrak{x}=6\,323{,}76+0{,}15=6\,323{,}91\,, \\ y=\mathfrak{y}+d\mathfrak{y}=2\,306{,}00+0{,}24=2\,306{,}24\,. \end{cases}$$

3. Um die Entwickelung des Rechenschemas für die Auflösung der Endgleichungen für eine gröfsere Zahl von Unbekannten weiter zu erläutern, führen wir noch die Auflösung von 5 Endgleichungen mit 5 Unbekannten:

$$\begin{aligned}
&(1^*): && \mathfrak{a}_1 d\mathfrak{x}+\mathfrak{b}_1 d\mathfrak{y}+\mathfrak{c}_1 d\mathfrak{z}+\mathfrak{d}_1 d\mathfrak{v}+\mathfrak{e}_1 d\mathfrak{w}+\mathfrak{f}_1=0\,,\\
&(2^*): && \mathfrak{b}_1 d\mathfrak{x}+\mathfrak{b}_2 d\mathfrak{y}+\mathfrak{c}_2 d\mathfrak{z}+\mathfrak{d}_2 d\mathfrak{v}+\mathfrak{e}_2 d\mathfrak{w}+\mathfrak{f}_2=0\,,\\
&(3^*): && \mathfrak{c}_1 d\mathfrak{x}+\mathfrak{c}_2 d\mathfrak{y}+\mathfrak{c}_3 d\mathfrak{z}+\mathfrak{d}_3 d\mathfrak{v}+\mathfrak{e}_3 d\mathfrak{w}+\mathfrak{f}_3=0\,,\\
&(4^*): && \mathfrak{d}_1 d\mathfrak{x}+\mathfrak{d}_2 d\mathfrak{y}+\mathfrak{d}_3 d\mathfrak{z}+\mathfrak{d}_4 d\mathfrak{v}+\mathfrak{e}_4 d\mathfrak{w}+\mathfrak{f}_4=0\,,\\
&(5^*): && \mathfrak{e}_1 d\mathfrak{x}+\mathfrak{e}_2 d\mathfrak{y}+\mathfrak{e}_3 d\mathfrak{z}+\mathfrak{e}_4 d\mathfrak{v}+\mathfrak{e}_5 d\mathfrak{w}+\mathfrak{f}_5=0
\end{aligned}$$

nach den unter Nr. **1** entwickelten Regeln durch und fügen das sich danach ergebende Rechenschema mit Weglassung der Spalten für die Eintragung der Zahlen bei:

a) Auflösung der Endgleichungen mit 5 Unbekannten.

(1^*):	$\mathfrak{a}_1 d\mathfrak{x}$ +	$\mathfrak{b}_1 d\mathfrak{y}$ +	$\mathfrak{c}_1 d\mathfrak{z}$ +	$\mathfrak{d}_1 d\mathfrak{v}$ +	$\mathfrak{e}_1 d\mathfrak{w}$ +	$\mathfrak{f}_1=0$,
(2^*):	$\mathfrak{b}_1 d\mathfrak{x}$	$+\ \mathfrak{b}_2 d\mathfrak{y}$ +	$\mathfrak{c}_2 d\mathfrak{z}$ +	$\mathfrak{d}_2 d\mathfrak{v}$ +	$\mathfrak{e}_2 d\mathfrak{w}$ +	$\mathfrak{f}_2=0$,
$-\frac{\mathfrak{b}_1}{\mathfrak{a}_1}(1^*)$:	$-\mathfrak{b}_1 d\mathfrak{x}$	$-\frac{\mathfrak{b}_1}{\mathfrak{a}_1}\mathfrak{b}_1 d\mathfrak{y}$	$-\frac{\mathfrak{b}_1}{\mathfrak{a}_1}\mathfrak{c}_1 d\mathfrak{z}$	$-\frac{\mathfrak{b}_1}{\mathfrak{a}_1}\mathfrak{d}_1 d\mathfrak{v}$	$-\frac{\mathfrak{b}_1}{\mathfrak{a}_1}\mathfrak{e}_1 d\mathfrak{w}$	$-\frac{\mathfrak{b}_1}{\mathfrak{a}_1}\mathfrak{f}_1=0$,
(II):		$\mathfrak{B}_2 d\mathfrak{y}$ +	$\mathfrak{C}_2 d\mathfrak{z}$ +	$\mathfrak{D}_2 d\mathfrak{v}$ +	$\mathfrak{E}_2 d\mathfrak{w}$ +	$\mathfrak{F}_2=0$.
(3^*):	$\mathfrak{c}_1 d\mathfrak{x}$ +	$\mathfrak{c}_2 d\mathfrak{y}$	$+\ \mathfrak{c}_3 d\mathfrak{z}$ +	$\mathfrak{d}_3 d\mathfrak{v}$ +	$\mathfrak{e}_3 d\mathfrak{w}$ +	$\mathfrak{f}_3=0$,
$-\frac{\mathfrak{c}_1}{\mathfrak{a}_1}(1^*)$:	$-\mathfrak{c}_1 d\mathfrak{x}$	$-\frac{\mathfrak{c}_1}{\mathfrak{a}_1}\mathfrak{b}_1 d\mathfrak{y}$	$-\frac{\mathfrak{c}_1}{\mathfrak{a}_1}\mathfrak{c}_1 d\mathfrak{z}$	$-\frac{\mathfrak{c}_1}{\mathfrak{a}_1}\mathfrak{d}_1 d\mathfrak{v}$	$-\frac{\mathfrak{c}_1}{\mathfrak{a}_1}\mathfrak{e}_1 d\mathfrak{w}$	$-\frac{\mathfrak{c}_1}{\mathfrak{a}_1}\mathfrak{f}_1=0$,
$-\frac{\mathfrak{C}_2}{\mathfrak{B}_2}$ (II):		$-\ \mathfrak{C}_2 d\mathfrak{y}$	$-\frac{\mathfrak{C}_2}{\mathfrak{B}_2}\mathfrak{C}_2 d\mathfrak{z}$	$-\frac{\mathfrak{C}_2}{\mathfrak{B}_2}\mathfrak{D}_2 d\mathfrak{v}$	$-\frac{\mathfrak{C}_2}{\mathfrak{B}_2}\mathfrak{E}_2 d\mathfrak{w}$	$-\frac{\mathfrak{C}_2}{\mathfrak{B}_2}\mathfrak{F}_2=0$,
(III):			$\mathfrak{C}_3 d\mathfrak{z}$ +	$\mathfrak{D}_3 d\mathfrak{v}$ +	$\mathfrak{E}_3 d\mathfrak{w}$ +	$\mathfrak{F}_3=0$.
(4^*):	$\mathfrak{d}_1 d\mathfrak{x}$ +	$\mathfrak{d}_2 d\mathfrak{y}$ +	$\mathfrak{d}_3 d\mathfrak{z}$	$+\ \mathfrak{d}_4 d\mathfrak{v}$ +	$\mathfrak{e}_4 d\mathfrak{w}$ +	$\mathfrak{f}_4=0$,
$-\frac{\mathfrak{d}_1}{\mathfrak{a}_1}(1^*)$:	$-\mathfrak{d}_1 d\mathfrak{x}$	$-\frac{\mathfrak{d}_1}{\mathfrak{a}_1}\mathfrak{b}_1 d\mathfrak{y}$	$-\frac{\mathfrak{d}_1}{\mathfrak{a}_1}\mathfrak{c}_1 d\mathfrak{z}$	$-\frac{\mathfrak{d}_1}{\mathfrak{a}_1}\mathfrak{d}_1 d\mathfrak{v}$	$-\frac{\mathfrak{d}_1}{\mathfrak{a}_1}\mathfrak{e}_1 d\mathfrak{w}$	$-\frac{\mathfrak{d}_1}{\mathfrak{a}_1}\mathfrak{f}_1=0$,
$-\frac{\mathfrak{D}_2}{\mathfrak{B}_2}$ (II):		$-\ \mathfrak{D}_2 d\mathfrak{y}$	$-\frac{\mathfrak{D}_2}{\mathfrak{B}_2}\mathfrak{C}_2 d\mathfrak{z}$	$-\frac{\mathfrak{D}_2}{\mathfrak{B}_2}\mathfrak{D}_2 d\mathfrak{v}$	$-\frac{\mathfrak{D}_2}{\mathfrak{B}_2}\mathfrak{E}_2 d\mathfrak{w}$	$-\frac{\mathfrak{D}_2}{\mathfrak{B}_2}\mathfrak{F}_2=0$,
$-\frac{\mathfrak{D}_3}{\mathfrak{C}_3}$ (III):			$-\ \mathfrak{D}_3 d\mathfrak{z}$	$-\frac{\mathfrak{D}_3}{\mathfrak{C}_3}\mathfrak{D}_3 d\mathfrak{v}$	$-\frac{\mathfrak{D}_3}{\mathfrak{C}_3}\mathfrak{E}_3 d\mathfrak{w}$	$-\frac{\mathfrak{D}_3}{\mathfrak{C}_3}\mathfrak{F}_3=0$,
(IV):				$\mathfrak{D}_4 d\mathfrak{v}$ +	$\mathfrak{E}_4 d\mathfrak{w}$ +	$\mathfrak{F}_4=0$.

$$
\begin{array}{rlllll|ll}
(5^*): & \mathfrak{e}_1 d\mathfrak{x} & + \mathfrak{e}_2 d\mathfrak{y} & + \mathfrak{e}_3 d\mathfrak{z} & + \mathfrak{e}_4 d\mathfrak{v} & & + \mathfrak{e}_5 d\mathfrak{w} & + \mathfrak{f}_5 = 0, \\
-\frac{\mathfrak{e}_1}{\mathfrak{a}_1}(1^*): & -\mathfrak{e}_1 d\mathfrak{x} & -\frac{\mathfrak{e}_1}{\mathfrak{a}_1}\mathfrak{b}_1 d\mathfrak{y} & -\frac{\mathfrak{e}_1}{\mathfrak{a}_1}\mathfrak{c}_1 d\mathfrak{z} & -\frac{\mathfrak{e}_1}{\mathfrak{a}_1}\mathfrak{d}_1 d\mathfrak{v} & & -\frac{\mathfrak{e}_1}{\mathfrak{a}_1}\mathfrak{e}_1 d\mathfrak{w} & -\frac{\mathfrak{e}_1}{\mathfrak{a}_1}\mathfrak{f}_1 = 0, \\
-\frac{\mathfrak{E}_2}{\mathfrak{B}_2}(\mathrm{II}): & & -\mathfrak{E}_2 d\mathfrak{y} & -\frac{\mathfrak{E}_2}{\mathfrak{B}_2}\mathfrak{C}_2 d\mathfrak{z} & -\frac{\mathfrak{E}_2}{\mathfrak{B}_2}\mathfrak{D}_2 d\mathfrak{v} & & -\frac{\mathfrak{E}_2}{\mathfrak{B}_2}\mathfrak{E}_2 d\mathfrak{w} & -\frac{\mathfrak{E}_2}{\mathfrak{B}_2}\mathfrak{F}_2 = 0, \\
-\frac{\mathfrak{E}_3}{\mathfrak{C}_3}(\mathrm{III}): & & & -\mathfrak{E}_3 d\mathfrak{z} & -\frac{\mathfrak{E}_3}{\mathfrak{C}_3}\mathfrak{D}_3 d\mathfrak{v} & & -\frac{\mathfrak{E}_3}{\mathfrak{C}_3}\mathfrak{E}_3 d\mathfrak{w} & -\frac{\mathfrak{E}_3}{\mathfrak{C}_3}\mathfrak{F}_3 = 0, \\
-\frac{\mathfrak{E}_4}{\mathfrak{D}_4}(\mathrm{IV}): & & & & -\mathfrak{E}_4 d\mathfrak{v} & & -\frac{\mathfrak{E}_4}{\mathfrak{D}_4}\mathfrak{E}_4 d\mathfrak{w} & -\frac{\mathfrak{E}_4}{\mathfrak{D}_4}\mathfrak{F}_4 = 0, \\
\hline
(\mathrm{V}): & & & & & & \mathfrak{E}_5 d\mathfrak{w} & + \mathfrak{F}_5 = 0.
\end{array}
$$

b) Rechenschema für die Auflösung der

$[paa]$	$[pab]$	$[pac]$	$[pad]$	$[pae]$	$[paf]$	$[pbb]$	$[pbc]$	$[pbd]$	$[pbe]$	$[pbf]$
$\mathfrak{a}_1$	$\mathfrak{b}_1$	$\mathfrak{c}_1$	$\mathfrak{d}_1$	$\mathfrak{e}_1$	$\mathfrak{f}_1$	$\mathfrak{b}_2$	$\mathfrak{c}_2$	$\mathfrak{d}_2$	$\mathfrak{e}_2$	$\mathfrak{f}_2$
	$-\frac{\mathfrak{b}_1}{\mathfrak{a}_1}$	$-\frac{\mathfrak{c}_1}{\mathfrak{a}_1}$	$-\frac{\mathfrak{d}_1}{\mathfrak{a}_1}$	$-\frac{\mathfrak{e}_1}{\mathfrak{a}_1}$	$-\frac{\mathfrak{f}_1}{\mathfrak{a}_1}$	$-\frac{\mathfrak{b}_1}{\mathfrak{a}_1}\mathfrak{b}_1$	$-\frac{\mathfrak{b}_1}{\mathfrak{a}_1}\mathfrak{c}_1$	$-\frac{\mathfrak{b}_1}{\mathfrak{a}_1}\mathfrak{d}_1$	$-\frac{\mathfrak{b}_1}{\mathfrak{a}_1}\mathfrak{e}_1$	$-\frac{\mathfrak{b}_1}{\mathfrak{a}_1}\mathfrak{f}_1$
					$-\frac{\mathfrak{e}_1}{\mathfrak{a}_1}d\mathfrak{w}$	$=\mathfrak{B}_2$	$=\mathfrak{C}_2$	$=\mathfrak{D}_2$	$=\mathfrak{E}_2$	$=\mathfrak{F}_2$
					$-\frac{\mathfrak{d}_1}{\mathfrak{a}_1}d\mathfrak{v}$		$-\frac{\mathfrak{C}_2}{\mathfrak{B}_2}$	$-\frac{\mathfrak{D}_2}{\mathfrak{B}_2}$	$-\frac{\mathfrak{E}_2}{\mathfrak{B}_2}$	$-\frac{\mathfrak{F}_2}{\mathfrak{B}_2}$
					$-\frac{\mathfrak{c}_1}{\mathfrak{a}_1}d\mathfrak{z}$					$-\frac{\mathfrak{E}_2}{\mathfrak{B}_2}d\mathfrak{w}$
					$-\frac{\mathfrak{b}_1}{\mathfrak{a}_1}d\mathfrak{y}$					$-\frac{\mathfrak{D}_2}{\mathfrak{B}_2}d\mathfrak{v}$
										$-\frac{\mathfrak{C}_2}{\mathfrak{B}_2}d\mathfrak{z}$
					$=d\mathfrak{x}$					$=d\mathfrak{y}$

§ 28. Berechnung der wahrscheinlichsten Werte der Beobachtungsfehler sowie der mittleren Fehler der Gewichtseinheit und der Beobachtungsergebnisse.*)

1. Die wahrscheinlichsten Werte der Beobachtungsfehler $v_1, v_2, v_3, \ldots. v_n$ erhalten wir nach den Fehlergleichungen

$$
\textbf{(109)}\quad \left\{\begin{array}{l}
L_1 = F_1\,(x, y, z, \ldots.), \\
L_2 = F_2\,(x, y, z, \ldots.), \\
L_3 = F_3\,(x, y, z, \ldots.), \\
\ldots\ldots\ldots\ldots\ldots\ldots, \\
L_n = F_n\,(x, y, z, \ldots.),
\end{array}\right.
\qquad
\textbf{(110)}\quad \left\{\begin{array}{l}
v_1 = L_1 - \lambda_1, \\
v_2 = L_2 - \lambda_2, \\
v_3 = L_3 - \lambda_3, \\
\ldots\ldots\ldots\ldots, \\
v_n = L_n - \lambda_n,
\end{array}\right.
$$

indem wir zuerst mit den nach den Formeln **(111)** erlangten wahrscheinlichsten Werten $x, y, z, \ldots.$ der zu bestimmenden Gröfsen die wahrscheinlichsten Werte $L_1, L_2, L_3, \ldots. L_n$ der beobachteten Gröfsen nach den Formeln **(109)** berechnen und dann nach den Formeln **(110)** die Unterschiede zwischen diesen Werten und den Beobachtungsergebnissen $\lambda_1, \lambda_2, \lambda_3, \ldots. \lambda_n$ bilden.

*) Die mittleren Fehler und Gewichte der wahrscheinlichsten Werte der zu bestimmenden Gröfsen und der Funktionen von solchen werden im VII. Abschnitt behandelt.

Aus (V): $$d\mathfrak{w} = -\frac{\mathfrak{F}_5}{\mathfrak{E}_5},$$

aus (IV): $$d\mathfrak{v} = -\frac{\mathfrak{E}_4}{\mathfrak{D}_4}\, d\mathfrak{w} - \frac{\mathfrak{F}_4}{\mathfrak{D}_4},$$

aus (III): $$d\mathfrak{z} = -\frac{\mathfrak{D}_3}{\mathfrak{C}_3}\, d\mathfrak{v} - \frac{\mathfrak{E}_3}{\mathfrak{C}_3}\, d\mathfrak{w} - \frac{\mathfrak{F}_3}{\mathfrak{C}_3},$$

aus (II): $$d\mathfrak{y} = -\frac{\mathfrak{C}_2}{\mathfrak{B}_2}\, d\mathfrak{z} - \frac{\mathfrak{D}_2}{\mathfrak{B}_2}\, d\mathfrak{v} - \frac{\mathfrak{E}_2}{\mathfrak{B}_2}\, d\mathfrak{w} - \frac{\mathfrak{F}_2}{\mathfrak{B}_2},$$

aus (1*): $$d\mathfrak{x} = -\frac{\mathfrak{b}_1}{\mathfrak{a}_1}\, d\mathfrak{y} - \frac{\mathfrak{c}_1}{\mathfrak{a}_1}\, d\mathfrak{z} - \frac{\mathfrak{d}_1}{\mathfrak{a}_1}\, d\mathfrak{v} - \frac{\mathfrak{e}_1}{\mathfrak{a}_1}\, d\mathfrak{w} - \frac{\mathfrak{f}_1}{\mathfrak{a}_1}.$$

Endgleichungen mit 5 Unbekannten.

$[pcc]$	$[pcd]$	$[pce]$	$[pcf]$	$[pdd]$	$[pde]$	$[pdf]$	$[pee]$	$[pef]$
$\mathfrak{c}_3$	$\mathfrak{d}_3$	$\mathfrak{e}_3$	$\mathfrak{f}_3$	$\mathfrak{d}_4$	$\mathfrak{e}_4$	$\mathfrak{f}_4$	$\mathfrak{e}_5$	$\mathfrak{f}_5$
$-\frac{\mathfrak{c}_1}{\mathfrak{a}_1}\mathfrak{c}_1$	$-\frac{\mathfrak{c}_1}{\mathfrak{a}_1}\mathfrak{d}_1$	$-\frac{\mathfrak{c}_1}{\mathfrak{a}_1}\mathfrak{e}_1$	$-\frac{\mathfrak{c}_1}{\mathfrak{a}_1}\mathfrak{f}_1$	$-\frac{\mathfrak{d}_1}{\mathfrak{a}_1}\mathfrak{d}_1$	$-\frac{\mathfrak{d}_1}{\mathfrak{a}_1}\mathfrak{e}_1$	$-\frac{\mathfrak{d}_1}{\mathfrak{a}_1}\mathfrak{f}_1$	$-\frac{\mathfrak{e}_1}{\mathfrak{a}_1}\mathfrak{e}_1$	$-\frac{\mathfrak{e}_1}{\mathfrak{a}_1}\mathfrak{f}_1$
$-\frac{\mathfrak{C}_2}{\mathfrak{B}_2}\mathfrak{C}_2$	$-\frac{\mathfrak{C}_2}{\mathfrak{B}_2}\mathfrak{D}_2$	$-\frac{\mathfrak{C}_2}{\mathfrak{B}_2}\mathfrak{E}_2$	$-\frac{\mathfrak{C}_2}{\mathfrak{B}_2}\mathfrak{F}_2$	$-\frac{\mathfrak{D}_2}{\mathfrak{B}_2}\mathfrak{D}_2$	$-\frac{\mathfrak{D}_2}{\mathfrak{B}_2}\mathfrak{E}_2$	$-\frac{\mathfrak{D}_2}{\mathfrak{B}_2}\mathfrak{F}_2$	$-\frac{\mathfrak{E}_2}{\mathfrak{B}_2}\mathfrak{E}_2$	$-\frac{\mathfrak{E}_2}{\mathfrak{B}_2}\mathfrak{F}_2$
$=\mathfrak{C}_3$	$=\mathfrak{D}_3$	$=\mathfrak{E}_3$	$=\mathfrak{F}_3$	$-\frac{\mathfrak{D}_3}{\mathfrak{C}_3}\mathfrak{D}_3$	$-\frac{\mathfrak{D}_3}{\mathfrak{C}_3}\mathfrak{E}_3$	$-\frac{\mathfrak{D}_3}{\mathfrak{C}_3}\mathfrak{F}_3$	$-\frac{\mathfrak{E}_3}{\mathfrak{C}_3}\mathfrak{E}_3$	$-\frac{\mathfrak{E}_3}{\mathfrak{C}_3}\mathfrak{F}_3$
	$-\frac{\mathfrak{D}_3}{\mathfrak{C}_3}$	$-\frac{\mathfrak{E}_3}{\mathfrak{C}_3}$	$-\frac{\mathfrak{F}_3}{\mathfrak{C}_3}$	$=\mathfrak{D}_4$	$=\mathfrak{E}_4$	$=\mathfrak{F}_4$	$-\frac{\mathfrak{E}_4}{\mathfrak{D}_4}\mathfrak{E}_4$	$-\frac{\mathfrak{E}_4}{\mathfrak{D}_4}\mathfrak{F}_4$
			$-\frac{\mathfrak{E}_3}{\mathfrak{C}_3}d\mathfrak{w}$		$-\frac{\mathfrak{E}_4}{\mathfrak{D}_4}$	$-\frac{\mathfrak{F}_4}{\mathfrak{D}_4}$	$=\mathfrak{E}_5$	$=\mathfrak{F}_5$
			$-\frac{\mathfrak{D}_3}{\mathfrak{C}_3}d\mathfrak{v}$			$-\frac{\mathfrak{E}_4}{\mathfrak{D}_4}d\mathfrak{w}$		
			$=d\mathfrak{z}$			$=d\mathfrak{v}$	$d\mathfrak{w}=$	$-\frac{\mathfrak{F}_5}{\mathfrak{E}_5}$

Beispiel 1: Unsere im § 23 gewonnenen Fehlergleichungen sind:

$$\textbf{(109)}\quad \begin{cases} S_1 = \sqrt{(x-x_1)^2+(y-y_1)^2}, \\ S_2 = \sqrt{(x-x_2)^2+(y-y_2)^2}, \\ S_3 = \sqrt{(x-x_3)^2+(y-y_3)^2}, \\ S_4 = \sqrt{(x-x_4)^2+(y-y_4)^2}, \\ S_5 = \sqrt{(x-x_5)^2+(y-y_5)^2}, \end{cases} \qquad \textbf{(110)}\quad \begin{cases} v_1 = S_1 - s_1, \\ v_2 = S_2 - s_2, \\ v_3 = S_3 - s_3, \\ v_4 = S_4 - s_4, \\ v_5 = S_5 - s_5. \end{cases}$$

Hiernach erhalten wir zuerst mit den im § 27 erlangten wahrscheinlichsten Werten $x = 6\,323{,}91$, $y = 2\,306{,}24$ der Koordinaten des Punktes P die wahrscheinlichsten Werte S_1, S_2, S_3, S_4, S_5 der Streckenlängen: (Siehe Seite 108.)

Mit diesen wahrscheinlichsten Werten der Streckenlängen ergeben sich die wahrscheinlichsten Werte der Beobachtungsfehler zu:

$$\textbf{(110)}\quad \begin{cases} v_1 = S_1 - s_1 = 331{,}67 - 331{,}60 = +0{,}07, \\ v_2 = S_2 - s_2 = 271{,}76 - 272{,}00 = -0{,}24, \\ v_3 = S_3 - s_3 = 247{,}18 - 247{,}10 = +0{,}08, \\ v_4 = S_4 - s_4 = 269{,}32 - 269{,}50 = -0{,}18, \\ v_5 = S_5 - s_5 = \underline{416{,}52} - \underline{416{,}70} = \underline{-0{,}18}, \end{cases}$$
$$6{,}45 - 6{,}90 = -0{,}45.$$

	x. x_n. $\Delta x = x - x_n$.	y. y_n. $\Delta y = y - y_n$.	$\Delta x \Delta x$. $\Delta y \Delta y$. $S^2 = \Delta x \Delta x + \Delta y \Delta y$.	S.
P_1	6 323,91 6 548,30 224,39	2 306,24 2 061,99 244,25	5 03 50 5 96 58 11 00 08	331,67
P_2	6 323,91 6 570,58 246,67	2 306.24 2 420,30 114,06	6 08 46 1 30 10 7 38 56	271,76
P_3	6 323.91 6 297,72 26,19	2 306,24 2 552,03 245,79	6 86 6 04 13 6 10 99	247,18
P_4	6 323,91 6 056,29 267,62	2 306,24 2 276,00 30,24	7 16 21 9 14 7 25 35	269,32
P_5	6 323,91 6 246,43 77,48	2 306,24 1 896,99 409,25	60 03 16 74 85 17 34 88	416,52

2. Ferner erhalten wir die wahrscheinlichsten Werte der Beobachtungsfehler auch mit den durch Auflösung der Endgleichungen erhaltenen Werten von $d\mathfrak{x}$, $d\mathfrak{y}$, $d\mathfrak{z}$, ... nach den umgeformten Fehlergleichungen:

$$\text{(116)} \begin{cases} d\mathfrak{l}_1 = a_1 d\mathfrak{x} + b_1 d\mathfrak{y} + c_1 d\mathfrak{z} + \ldots, \\ d\mathfrak{l}_2 = a_2 d\mathfrak{x} + b_2 d\mathfrak{y} + c_2 d\mathfrak{z} + \ldots, \\ d\mathfrak{l}_3 = a_3 d\mathfrak{x} + b_3 d\mathfrak{y} + c_3 d\mathfrak{z} + \ldots, \\ \ldots\ldots\ldots\ldots, \\ d\mathfrak{l}_n = a_n d\mathfrak{x} + b_n d\mathfrak{y} + c_n d\mathfrak{z} + \ldots \end{cases} \qquad \text{(117)} \begin{cases} v_1 = f_1 + d\mathfrak{l}_1, \\ v_2 = f_2 + d\mathfrak{l}_2, \\ v_3 = f_3 + d\mathfrak{l}_3, \\ \ldots\ldots, \\ v_n = f_n + d\mathfrak{l}_n, \end{cases}$$

indem wir zuerst mit den Aenderungen $d\mathfrak{x}$, $d\mathfrak{y}$, $d\mathfrak{z}$, ... der Näherungswerte der zu bestimmenden Gröfsen nach den Formeln **(116)** die ihnen entsprechenden Aenderungen $d\mathfrak{l}_1$, $d\mathfrak{l}_2$, $d\mathfrak{l}_3$, ... $d\mathfrak{l}_n$ der Näherungswerte der beobachteten Gröfsen berechnen und diese zu den nach den Formeln **(115)** erhaltenen Abweichungen zwischen den Näherungswerten der beobachteten Gröfsen und den Beobachtungsergebnissen addiren.

Beispiel 1: Unsere im § 12 gewonnenen umgeformten Fehlergleichungen sind:

$$\text{(116)} \begin{cases} d\mathfrak{s}_1 = -0{,}677\, d\mathfrak{x} + 0{,}736\, d\mathfrak{y}, \\ d\mathfrak{s}_2 = -0{,}907\, d\mathfrak{x} - 0{,}420\, d\mathfrak{y}, \\ d\mathfrak{s}_3 = +0{,}105\, d\mathfrak{x} - 0{,}996\, d\mathfrak{y}, \\ d\mathfrak{s}_4 = +0{,}994\, d\mathfrak{x} + 0{,}112\, d\mathfrak{y}, \\ d\mathfrak{s}_5 = \underline{+0{,}186}\, d\mathfrak{x} \underline{+0{,}983}\, d\mathfrak{y}, \\ \quad\;\; -0{,}299 \qquad +0{,}415 \end{cases} \qquad \text{(117)} \begin{cases} v_1 = \quad 0{,}00 + d\mathfrak{s}_1, \\ v_2 = \quad 0{,}00 + d\mathfrak{s}_2, \\ v_3 = +0{,}30 + d\mathfrak{s}_3, \\ v_4 = -0{,}35 + d\mathfrak{s}_4, \\ v_5 = \underline{-0{,}44} + d\mathfrak{s}_5. \\ \quad\;\; -0{,}49 \end{cases}$$

Hiernach erhalten wir mit den durch die Auflösung der Endgleichungen gewonnenen Aenderungen $d\mathfrak{x} = +0{,}15$, $d\mathfrak{y} = +0{,}24$ der genäherten Koordinaten die ihnen entsprechenden Aenderungen $d\mathfrak{s}_1$, $d\mathfrak{s}_2$, $d\mathfrak{s}_3$, $d\mathfrak{s}_4$, $d\mathfrak{s}_5$ der genäherten Streckenlängen und damit die wahrscheinlichsten Werte v_1, v_2, v_3, v_4, v_5 der Beobachtungsfehler:

	$a\,d\mathfrak{x}$		$+\;b\,d\mathfrak{y}$		$=\;d\mathfrak{s}$.
—	0,102	+	0,177	+	0,075
—	0,136	—	0,101	—	0,237
+	0,016	—	0,239	—	0,223
+	0,149	+	0,027	+	0,176
+	0,028	+	0,236	+	0,264
—	0,045	+	0,100	+	0,055

	f		$+\;d\mathfrak{s}$		$=\;v$.
	0,000	+	0,075	+	0,075
	0,000	—	0,237	—	0,237
+	0,300	—	0,223	+	0,077
—	0,350	+	0,176	—	0,174
—	0,440	+	0,264	—	0,176
—	0,490	+	0,055	—	0,435

Die richtige Bildung der Zahlenwerte ist durch die Summenprobe gesichert. Die unter No. **1** für v_1, v_2, v_3, v_4, v_5 erhaltenen Werte stimmen mit den hier erhaltenen bis auf die durch die unvermeidlichen Rechnungsungenauigkeiten bedingten Abweichungen in der letzten Dezimalstelle überein.

3. Mit den nach den Formeln **(109)** und **(110)** oder **(116)** und **(117)** erhaltenen Werten $v_1, v_2, v_3 \dots . v_n$ und den Gewichten $p_1, p_2, p_3 \dots . p_n$ der Beobachtungsergebnisse erhalten wir ferner die Quadratsumme $[p\,v\,v]$ der auf die Gewichtseinheit zurückgeführten wahrscheinlichsten Werte der Beobachtungsfehler und damit den mittleren Fehler $\mathfrak{m}$ der Gewichtseinheit nach der Grundformel **(47)**:

$$\textbf{(125)} \qquad \mathfrak{m} = \pm \sqrt{\frac{[p\,v\,v]}{n-q}},$$

worin n die Anzahl der vorliegenden Beobachtungsergebnisse, q die Anzahl der zu bestimmenden Gröfsen, $n-q$ also die Anzahl der überschüssigen Bestimmungen bezeichnen.

Endlich ergeben sich die mittleren Fehler $m_1, m_2, m_3, \dots . m_n$ der Beobachtungsergebnisse $\lambda_1, \lambda_2, \lambda_3, \dots . \lambda_n$ nach Formel **(35)** zu:

$$\textbf{(126)} \quad m_1 = \pm\,\mathfrak{m}\sqrt{\frac{1}{p_1}},\quad m_2 = \pm\,\mathfrak{m}\sqrt{\frac{1}{p_2}},\quad m_3 = \pm\,\mathfrak{m}\sqrt{\frac{1}{p_3}},\ \dots . m_n = \pm\,\mathfrak{m}\sqrt{\frac{1}{p_n}}.$$

B e i s p i e l 1: Die Quadratsumme $[p\,v\,v]$ der auf die Gewichtseinheit zurückgeführten wahrscheinlichsten Werte der Beobachtungsfehler ergiebt sich wie folgt:

	$\sqrt{p}$.		v.		$v\sqrt{p}$.	$p\,v\,v$.
P_1	2,33	+	0,075	+	0,175	0,031
P_2	2,63	—	0,237	—	0,623	0,388
P_3	2,27	+	0,077	+	0,175	0,031
P_4	2,63	—	0,174	—	0,458	0,210
P_5	1,61	—	0,176	—	0,283	0,080
					$[p\,v\,v]$	0,740

Hiermit wird der mittlere Fehler $\mathfrak{m}$ der Gewichtseinheit oder einer unter mittleren Verhältnissen gemessenen Strecke von 822 m Länge: *)

$$\textbf{(125)} \quad \mathfrak{m} = \pm\sqrt{\frac{[p\,v\,v]}{n-q}} = \pm\sqrt{\frac{0{,}740}{5-2}} = \pm\,0{,}50\,\text{m},$$

woraus sich der mittlere Fehler $\mathfrak{m}_{100}$ einer unter mittleren Verhältnissen gemessenen Strecke von 100 m Länge, deren Gewicht $\mathfrak{p}_{100} = 14{,}8$ ist,*) ergiebt zu:

$$\textbf{(39)} \qquad \mathfrak{m}_{100} = \pm\,\mathfrak{m}\sqrt{\frac{1}{\mathfrak{p}_{100}}} = \pm\,0{,}50\sqrt{\frac{1}{14{,}8}} = \pm\,0{,}13\,\text{m},$$

während sich die mittleren Fehler m_1, m_2, m_3, m_4, m_5 der Streckenlängen s_1, s_2, s_3, s_4, s_5 ergeben zu:

$$\textbf{(126)} \quad m_1 = \pm\frac{0{,}50}{2{,}33} = \pm\,0{,}21\,\text{m},\quad m_2 = \pm\frac{0{,}50}{2{,}63} = \pm\,0{,}19\,\text{m},\quad m_3 = \pm\frac{0{,}50}{2{,}27} = \pm\,0{,}22\,\text{m},$$

$$m_4 = \pm\frac{0{,}50}{2{,}63} = \pm\,0{,}19\,\text{m},\quad m_5 = \pm\frac{0{,}50}{1{,}61} = \pm\,0{,}31\,\text{m}.$$

*) Vergl. § 22, Seite 92.

§ 29. Rechenproben.

1. Zur Vermeidung von Rechenfehlern, die bei der praktischen Durchführung der Rechnungen nach den in den §§ 23 bis 28 entwickelten Formeln leicht unterlaufen, ist es notwendig, die Richtigkeit der Rechnungen Schritt für Schritt durch Ziehung von Rechenproben sicherzustellen so weit dies ohne einen unverhältnismäſsig groſsen Arbeitsaufwand thunlich ist. Die Teile der Rechnungen, wofür keine genügend einfachen Proben zu beschaffen sind, müssen doppelt gerechnet werden.

Im folgenden werden die Rechenproben in der Reihenfolge besprochen, in der sie zur Anwendung kommen.

2. Für die Näherungswerte $\mathfrak{x}, \mathfrak{y}, \mathfrak{z}, \ldots$ der zu bestimmenden Gröſsen ist eine Probe nur insofern erforderlich, als festgestellt wird, daſs die ihnen nach den Formeln **(111)** beizufügenden Werte $d\mathfrak{x}, d\mathfrak{y}, d\mathfrak{z}, \ldots$ verhältnismäſsig kleine Gröſsen sein werden. Das wird in der Regel der Fall sein, wenn die sich nach den Formeln **(115)** ergebenden Abweichungen $f_1, f_2, f_3, \ldots f_n$ zwischen den genäherten Werten $\mathfrak{l}_1, \mathfrak{l}_2, \mathfrak{l}_3, \ldots \mathfrak{l}_n$ der beobachteten Gröſsen und den Beobachtungsergebnissen $\lambda_1, \lambda_2, \lambda_3, \ldots \lambda_n$ verhältnismäſsig kleine Gröſsen sind, oder wenn diese Abweichungen etwa nicht über den 3 fachen Betrag des für die Beobachtungsergebnisse höchstens zulässigen Fehlers hinausgehen.

Kommen erheblich gröſsere Abweichungen vor, so kann dies herrühren erstens von gröberen Unrichtigkeiten in der Ermittelung der Näherungswerte $\mathfrak{x}, \mathfrak{y}, \mathfrak{z}, \ldots$, zweitens von groben Fehlern in den bei Ermittelung der Näherungswerte benutzten Beobachtungsergebnissen, drittens von groben Fehlern in den übrigen Beobachtungsergebnissen oder viertens von Rechenfehlern, die bei Berechnung der Abweichungen $f_1, f_2, f_3, \ldots f_n$, oder der hierbei zu benutzenden Näherungswerte $\mathfrak{l}_1, \mathfrak{l}_2, \mathfrak{l}_3, \ldots \mathfrak{l}_n$ der beobachteten Gröſsen untergelaufen sind. Welcher dieser vier Fälle vorliegt, läſst sich in der Regel nach den Zahlenwerten der Abweichungen $f_1, f_2, f_3, \ldots f_n$ feststellen. Denn die gröſseren Zahlenwerte der Abweichungen treten auf im ersten Falle sowohl bei den zur Ermittelung der Näherungswerte $\mathfrak{x}, \mathfrak{y}, \mathfrak{z}, \ldots$ benutzten Beobachtungsergebnissen als auch bei den übrigen Beobachtungsergebnissen, im zweiten Falle nur bei den letzteren, im dritten Falle nur bei demjenigen nicht bei Ermittelung der Näherungswerte $\mathfrak{x}, \mathfrak{y}, \mathfrak{z}, \ldots$ benutzten Beobachtungsergebnis, welches mit dem groben Fehler behaftet ist, und im vierten Falle nur bei demjenigen Beobachtungsergebnis, wofür die Abweichung f oder der Näherungswert $\mathfrak{l}$ unrichtig berechnet ist.

Beispiel 1: In unserem Beispiele haben wir im § 25 nach den Formeln **(115)** die Abweichungen zwischen den Näherungswerten der beobachteten Gröſsen und den Beobachtungsergebnissen gefunden zu $f_1 = 0{,}00$, $f_2 = 0{,}00$, $f_3 = +0{,}30$, $f_4 = -0{,}35$, $f_5 = -0{,}44$. Die für die Beobachtungsergebnisse höchstens zulässigen Fehler betragen etwa 0,4 m bis 0,6 m, es geht also keine der Abweichungen f über den 3 fachen Betrag der höchstens zulässigen Fehler hinaus, woraus wir entnehmen, daſs die Näherungswerte $\mathfrak{x}\ \mathfrak{y}$ der Koordinaten genügend sind und daſs weder in den Messungen noch in den Rechnungen ein gröberer Fehler steckt.

Wäre ein Fehler gemacht worden

1. bei Ermittelung der Näherungswerte $\mathfrak{x}\ \mathfrak{y}$ der Koordinaten, so daſs beispielsweise unrichtig $\mathfrak{x} = 6\,313{,}76$ statt 6 323,76 erhalten wäre, oder
2. bei Messung der zur Berechnung von $\mathfrak{x}\ \mathfrak{y}$ benutzten Streckenlängen, so daſs beispielsweise unrichtig $s_1 = 321{,}6$ statt 331,6 erhalten wäre, oder

3. bei Messung der nicht zur Berechnung von $\mathfrak{x}\,\mathfrak{y}$ benutzten Streckenlängen, so dafs beispielsweise unrichtig $s_3 = 267{,}10$ statt 247,10 erhalten wäre, oder
4. bei Berechnung der Näherungswerte $\mathfrak{s}_1, \mathfrak{s}_2, \ldots \mathfrak{s}_5$ der Streckenlängen, so dafs beispielsweise unrichtig $\mathfrak{s}_1 = 338{,}49$ statt 331,60 erhalten wäre,

so würden sich die folgenden Zahlenwerte für die Abweichungen $f_1, f_2, \ldots f_5$ zwischen den Näherungswerten $\mathfrak{s}_1, \mathfrak{s}_2, \ldots \mathfrak{s}_5$, und den Messungsergebnissen $s_1, s_2, \ldots s_5$ ergeben haben:

	im 1. Falle	im 2. Falle	im 3. Falle	im 4. Falle
$f_1 = \mathfrak{s}_1 - s_1 =$	$+\ 6{,}85$	$+\ 0{,}02$	$0{,}00$	$+6{,}85$
$f_2 = \mathfrak{s}_2 - s_2 =$	$+\ 9{,}11$	$+\ 0{,}03$	$0{,}00$	$0{,}00$
$f_3 = \mathfrak{s}_3 - s_3 =$	$-\ 0{,}56$	$+10{,}15$	$-19{,}70$	$+0{,}30$
$f_4 = \mathfrak{s}_4 - s_4 =$	$-10{,}41$	$+\ 3{,}29$	$-\ 0{,}35$	$-0{,}35$
$f_5 - \mathfrak{s}_4 - s_5 =$	$-\ 2{,}21$	$-\ 8{,}79$	$-\ 0{,}44$	$-0{,}44$

Aus diesen Zahlenwerten hätte dann in jedem Falle, wie leicht zu erkennen ist, auf die Quelle der zu grofsen Abweichungen geschlossen werden können.

3. Für die Richtigkeit der nach den Formeln **(112)** zu berechnenden Näherungswerte $\mathfrak{l}_1, \mathfrak{l}_2, \mathfrak{l}_3, \ldots \mathfrak{l}_n$ der beobachteten Gröfsen wird nach Berechnung der wahrscheinlichsten Werte $x, y, z, \ldots$ der zu bestimmenden Gröfsen eine durchgreifende Probe gewonnen, indem die wahrscheinlichsten Werte $L_1, L_2, L_3, \ldots L_n$ der beobachteten Gröfsen einmal nach den Formeln **(109)** und zum zweitenmal nach den Formeln **(113)** berechnet werden. Diese Probe kann aber erst am Schlusse der Rechnung gezogen werden, so dafs ein Fehler in der Berechnung der Näherungswerte $\mathfrak{l}_1, \mathfrak{l}_2, \mathfrak{l}_3, \ldots \mathfrak{l}_n$ durch diese Probe erst entdeckt wird, nachdem durch den Fehler ein grofser Teil der folgenden Rechnungen unrichtig geworden ist. Es empfiehlt sich daher, namentlich bei umfangreicheren und schwierigeren Rechnungen eine Probe einzuführen, die die richtige Berechnung der Näherungswerte $\mathfrak{l}_1, \mathfrak{l}_2, \mathfrak{l}_3, \ldots \mathfrak{l}_n$ sogleich sicherstellt. Wie diese Probe zu gewinnen ist, mufs in jedem einzelnen Falle besonders festgestellt werden.

Beispiel 1: In unserem Beispiele ist keine Probe für die Richtigkeit der Näherungswerte $\mathfrak{s}_1, \mathfrak{s}_2, \mathfrak{s}_3, \mathfrak{s}_4, \mathfrak{s}_5$ eingeführt, weil keine durchgreifende einfache Probe gewonnen werden konnte, und der Arbeitsaufwand für eine weitläufigere Probe bei der Einfachheit der ganzen folgenden Rechnung nicht in richtigem Verhältnis zu dem Nutzen gestanden hätte.

Es kann jedoch eine durchgreifende Probe gewonnen werden, indem die Richtigkeit der Bildung der Koordinatenunterschiede $\mathfrak{x} - x$, $\mathfrak{y} - y$ durch die Summenprobe sichergestellt wird, und indem die Näherungswerte $\mathfrak{s}$ der Streckenlängen aufser nach der Formel: $\mathfrak{s} = \sqrt{(\mathfrak{x} - x)^2 + (\mathfrak{y} - y)^2}$ noch einmal logarithmisch nach den Formeln:

$$tg\,\mathfrak{n} = \frac{\mathfrak{x} - x}{\mathfrak{y} - y}, \qquad \mathfrak{s} = \frac{\mathfrak{y} - y}{\cos \mathfrak{n}}, \text{ oder:}$$

$$tg\,\mathfrak{n} = \frac{\mathfrak{y} - y}{\mathfrak{x} - x}, \qquad \mathfrak{s} = \frac{\mathfrak{x} - x}{\cos \mathfrak{n}}$$

berechnet werden, wobei die einen oder andern Formeln benutzt werden, je nachdem $\mathfrak{y} - y$ oder $\mathfrak{x} - \mathfrak{x}$ den gröfsern Zahlenwert hat.

Die Rechnung hiernach ist:

	$\mathfrak{x}$. $\mathfrak{y}$.	x. y.	$\mathfrak{x}-x$. $\mathfrak{y}-y$.	$log(\mathfrak{x}-x)$. $log(\mathfrak{y}-y)$.	$log\ tg\ \mathfrak{n}$. $log\ cos\ \mathfrak{n}$.	$log\ \mathfrak{s}$. $\mathfrak{s}$.
P_1	6 323,76 2 306,00	6 548,30 2 061,99	— 224,54 + 244,01	2.35 130 2.38 741	9.96 389 9.86 679	2.52 062 331,61
P_2	6 323,76 2 306,00	6 570,58 2 420,30	— 246,82 — 114,30	2.39 238 2.05 805	9.66 567 9.95 781	2.43 457 272,00
P_3	6 323,76 2 306,00	6 297,72 2 552,03	+ 26,04 — 246,03	1.41 564 2 39 099	9.02 465 9.99 758	2.39 341 247,41
P_4	6 323,76 2 306,00	6 056,29 2 276,00	+ 267,47 + 30,00	2.42 727 1.47 712	9.04 985 9.99 728	2.42 999 269,15
P_5	6 323,76 2 306,00	6 246,43 1 896,99	+ 77,33 + 409,01	1.88 835 2.61 173	9.27 662 9.99 237	2.61 936 416,25
	148,80	926,63	+ 222,17			

4. Das unter Nr. 3 gesagte gilt auch für die Berechnung der Differenzialquotienten nach den Formeln **(114)**, während die richtige Bildung der Abweichungen $f_1, f_2, f_3, \ldots f_n$ der Näherungswerte $\mathfrak{l}_1, \mathfrak{l}_2, \mathfrak{l}_3, \ldots \mathfrak{l}_n$ der beobachteten Gröfsen von den Beobachtungsergebnissen $\lambda_1, \lambda_2, \lambda_3, \ldots \lambda_n$ nach den Formeln **(115)** durch Ziehung der Summenprobe $[f]=[\mathfrak{l}]-[\lambda]$ in einfachster Weise sichergestellt werden kann.

Beispiel 1: Wir haben für die Differenzialquotienten im § 25 nach den Formeln **(114)** erhalten:

$$a_n = \frac{\mathfrak{x}-x_n}{\mathfrak{s}_n}, \quad b_n = \frac{\mathfrak{y}-y_n}{\mathfrak{s}_n}, \text{ so dafs:}$$

$$\frac{a_n}{b_n} = \frac{\mathfrak{x}-x_n}{\mathfrak{y}-y_n}, \quad a_n = \frac{\mathfrak{x}-x_n}{\mathfrak{y}-y_n} b_n, \quad b_n = \frac{\mathfrak{y}-y_n}{\mathfrak{x}-x_n} a_n$$

ist, wonach wir die folgende Probe für die richtige Berechnung der Zahlenwerte der Differenzialquotienten gewinnen können:

$$a_1 = \frac{\mathfrak{x}-x_1}{\mathfrak{y}-y_1} b_1 = -0{,}920\,(+0{,}736) = -0{,}677,$$

$$b_2 = \frac{\mathfrak{y}-y_2}{\mathfrak{x}-x_2} a_2 = +0{,}462\,(-0{,}907) = -0{,}419,$$

$$a_3 = \frac{\mathfrak{x}-x_3}{\mathfrak{y}-y_3} b_3 = -0{,}106\,(-0{,}996) = +0{,}106,$$

$$b_4 = \frac{\mathfrak{y}-y_4}{\mathfrak{x}-x_4} a_4 = +0{,}112\,(+0{,}994) = +0{,}111,$$

$$a_5 = \frac{\mathfrak{x}-x_5}{\mathfrak{y}-y_5} b_5 = +0{,}189\,(+0{,}983) = +0{,}186.$$

Die Summenprobe $[f]=[\mathfrak{s}]-[s]$ ist bereits im § 25, Seite 98 gezogen worden.

5. Bei Bildung der Produkte $p\,a\,b$, $p\,a\,c$, $p\,a\,d$, ... $p\,a\,f$; $p\,b\,c$, $p\,b\,d$, ... $p\,b\,f$; $p\,c\,d$, ... $p\,c\,f$; $p\,d\,f$ .... wird zuerst eine einfache Probe für den richtigen Ansatz der Vorzeichen gewonnen, wenn beachtet wird, dafs bei Multiplikation von

$p\,a\,b$ und $p\,a\,c$ das Produkt das Vorzeichen von $p\,b\,c$,
$p\,a\,b$ und $p\,a\,d$ „ „ „ „ „ $p\,b\,d$,
. . . . ,
$p\,a\,b$ und $p\,a\,f$ „ „ „ „ „ $p\,b\,f$,
$p\,c\,d$ und $p\,c\,f$ „ „ „ „ „ $p\,d\,f$,
. . . . ,

erhalten würde, und danach durch Vergleichung der Vorzeichen von pab und pac, pab und pad, ... pab und paf, pcd und pcf, ... mit den Vorzeichen von $pbc, pbd, \ldots\ldots pbf, \ldots\ldots pdf, \ldots\ldots$ die Richtigkeit der Vorzeichen geprüft wird.

6. Sodann wird eine Probe für die Richtigkeit der Produkte $paa, pab, pac, \ldots\ldots paf; pbb, pbc, \ldots\ldots pbf; pcc, \ldots\ldots pcf; \ldots\ldots$ gewonnen, indem die Summen

$$\begin{array}{ll}
s_1 = -(a_1 + b_1 + c_1 + \ldots . f_1), \text{ oder } & s_1\sqrt{p_1} = -\left(a_1\sqrt{p_1} + b_1\sqrt{p_1} + c_1\sqrt{p_1} + \ldots . f_1\sqrt{p_1}\right), \\
s_2 = -(a_2 + b_2 + c_2 + \ldots . f_2), & s_2\sqrt{p_2} = -\left(a_2\sqrt{p_2} + b_2\sqrt{p_2} + c_2\sqrt{p_2} + \ldots . f_2\sqrt{p_2}\right), \\
s_3 = -(a_3 + b_3 + c_3 + \ldots . f_3), & s_3\sqrt{p_3} = -\left(a_3\sqrt{p_3} + b_3\sqrt{p_3} + c_3\sqrt{p_3} + \ldots . f_3\sqrt{p_3}\right), \\
\ldots\ldots\ldots\ldots\ldots\ldots, & \ldots\ldots\ldots\ldots\ldots\ldots\ldots\ldots\ldots\ldots, \\
s_n = -(a_n + b_n + c_n + \ldots . f_n), & s_n\sqrt{p_n} = -\left(a_n\sqrt{p_n} + b_n\sqrt{p_n} + c_n\sqrt{p_n} + \ldots . f_n\sqrt{p_n}\right)
\end{array}$$

gebildet, und die Summen $s_1, s_2, s_3, \ldots\ldots s_n$ oder $s_1\sqrt{p_1}, s_2\sqrt{p_2}, s_3\sqrt{p_3}, \ldots\ldots s_n\sqrt{p_n}$ durch die ganze Rechnung in gleicher Weise mitgeführt werden wie die Gröfsen $f_1, f_2, f_3, \ldots\ldots f_n$ oder $f_1\sqrt{p_1}, f_2\sqrt{p_2}, f_3\sqrt{p_3}, \ldots\ldots f_n\sqrt{p_n}$. Denn es mufs dann auf jeder Zeile

$$\begin{array}{l}
paa + pab + pac + \ldots . paf + pas = 0, \\
pab + pbb + pbc + \ldots . pbf + pbs = 0, \\
pac + pbc + pcc + \ldots . pcf + pcs = 0, \\
\ldots\ldots\ldots\ldots\ldots\ldots\ldots\ldots
\end{array}$$

und ebenfalls nach Bildung der Spaltensummen

$$\begin{array}{l}
[paa] + [pab] + [pac] + \ldots . [paf] + [pas] = 0, \\
[pab] + [pbb] + [pbc] + \ldots . [pbf] + [pbs] = 0, \\
[pac] + [pbc] + [pcc] + \ldots . [pcf] + [pcs] = 0, \\
\ldots\ldots\ldots\ldots\ldots\ldots\ldots\ldots\ldots\ldots
\end{array}$$

sein.

Diese Summenprobe ist namentlich bei umfangreichen Rechnungen empfehlenswert. Sie kann auch bei Auflösung der Endgleichungen weiter durchgeführt werden.*)

Beispiel 1: In unserem Beispiele gestaltet sich die Bildung von $[paa]$, $[pab]$, $[paf]$; $[pbb]$, $[pbf]$ mit Anwendung der vorbezeichneten Probe wie folgt:

$a\sqrt{p}$.	$b\sqrt{p}$.	$f\sqrt{p}$.	$s\sqrt{p}$.	paa.	pab.	paf.	pas.	pbb.	pbf.	pbs.
— 1,58	+ 1,71	0,00	— 0,13	2,50	×7,30	0,00	0,21	2,92	0,00	×,78
— 2,39	— 1,10	0,00	+ 3,49	5,71	2,63	0,00	×1,66	1,21	0,00	×6,16
+ 0,24	— 2,26	+ 0,68	+ 1,34	0,06	×,46	0,16	0,32	5,11	×8,46	×6,97
+ 2,61	+ 0,29	— 0,92	— 1,98	6,81	0,76	×7,60	×4,83	0,08	×,73	×,43
+ 0,30	+ 1,58	— 0,71	— 1,17	0,09	0,47	×,79	×,65	2,50	×8.88	×8,15
— 0,82	+ 0,22	— 0,95	+ 1,55	15,17	0,62	×7,55	×86,67	11,82	×7,07	×0,49

Die negativen Produkte sind des bequemeren Addirens wegen als dekadische Ergänzungen geschrieben.

Die Proben ergeben sich dann in der Weise, dafs beispielsweise ist:

$$p_2a_2a_2 + p_2a_2b_2 + p_2a_2f_2 + p_2a_2s_2 = 5{,}71 + 2{,}63 + 0{,}00 + \times 1{,}66 = 0{,}00,$$
$$p_2a_2b_2 + p_2b_2b_2 + p_2b_2f_2 + p_2b_2s_2 = 2{,}63 + 1{,}21 + 0{,}00 + \times 6{,}16 = 0{,}00,$$

und am Schlusse:

$$[paa] + [pab] + [paf] + [pas] = 15{,}17 + \; 0{,}62 + \times 7{,}55 + \times 86{,}67 = 0{,}01,$$
$$[pab] + [pbb] + [pbf] + [pbs] = \; 0{,}62 + 11{,}82 + \times 7{,}07 + \; \times 0{,}49 = 0{,}00.$$

7. Ferner kann auch eine Probe für die richtige Bildung von $[paa]$, $[pab]$, $[pac], \ldots\ldots [paf]$; $[pbb]$, $pbc], \ldots\ldots [pbf]$; $[pcc], \ldots\ldots [pcf]; \ldots\ldots$ in folgender Weise gewonnen werden:

*) Vergleiche Nr. 9 dieses Paragraphen.

Es werden die Summen $a+b$, $a+c$, ... $a+f$; $b+c$, ... $b+f$; .... $c+f$; .... und $a+b+c+....f$ oder $a\sqrt{p}+b\sqrt{p}$, $a\sqrt{p}+c\sqrt{p}$, ... $a\sqrt{p}+f\sqrt{p}$; $b\sqrt{p}+c\sqrt{p}$, ... $b\sqrt{p}+f\sqrt{p}$; .... $c\sqrt{p}+f\sqrt{p}$, ... und $a\sqrt{p}+b\sqrt{p}+c\sqrt{p}+....f\sqrt{p}$ und danach

$$\begin{array}{llll}
[paa], & [p(a+b)(a+b)], & [p(a+c)(a+c)], & .... [p(a+f)(a+f)], \\
 & [pbb], & [p(b+c)(b+c)], & .... [p(b+f)(b+f)], \\
 & & [pcc], & .... [p(c+f)(c+f)], \\
 & & & .... \\
 & & & [pff], \\
 & & & [p(a+b+c+....f)(a+b+c+....f)]
\end{array}$$

gebildet.

Dann werden $[pab]$, $[pac]$, ... $[paf]$; $[pbc]$, ... $[pbf]$; .... $[pcf]$; .... berechnet nach:

$$[pab]=\frac{1}{2}([p(a+b)(a+b)]-([paa]+[pbb])),$$

$$[pac]=\frac{1}{2}([p(a+c)(a+c)]-([paa]+[pcc])),$$

$$.................................,$$

$$[paf]=\frac{1}{2}([p(a+f)(a+f)]-([paa]+[pff]));$$

$$[pbc]=\frac{1}{2}([p(b+c)(b+c)]-([pbb]+[pcc])),$$

$$.................................,$$

$$[pbf]=\frac{1}{2}([p(b+f)(b+f)]-([pbb]+[pff]));$$

$$.................................,$$

$$[pcf]=\frac{1}{2}([p(c+f)(c+f)]-([pcc]+[pff]));$$

$$.................................,$$

worauf sich die Probe ergiebt, dafs sein mufs:

$$[pab]+[pac]+....[paf]+[pbc]+....[pbf]+....[pcf]+....=\frac{1}{2}([p(a+b+c+....f)(a+b+c+....f)]-([paa]+[pbb]+[pcc]+....[pff])).$$

Beispiel 1: Diese Berechnung von $[paa]$, $[pab]$, $[paf]$; $[pbb]$, $[pbf]$ gestaltet sich für unser Beispiel folgendermafsen:

$a\sqrt{p}$.	$b\sqrt{p}$.	$f\sqrt{p}$.	$a\sqrt{p}+b\sqrt{p}$.	$a\sqrt{p}+f\sqrt{p}$.	$b\sqrt{p}+f\sqrt{p}$.	$a\sqrt{p}+b\sqrt{p}+f\sqrt{p}$.
− 1,58	+ 1,71	0,00	+ 0,13	− 1,58	+ 1,71	+ 0,13
− 2,39	− 1,10	0,00	− 3,49	− 2,39	− 1,10	− 3,49
+ 0,24	− 2,26	+ 0,68	− 2,02	+ 0,92	− 1,58	− 1,34
+ 2,61	+ 0,29	− 0,92	+ 2,90	+ 1,69	− 0,63	+ 1,98
+ 0,30	+ 1,58	− 0,71	+ 1,88	− 0,41	+ 0,87	+ 1,17
− 0,82	+ 0,22	− 0,95	− 0,60	− 1,77	− 0,73	− 1,55
paa.	pbb.	pff.	$p(a+b)^2$.	$p(a+f)^2$.	$p(b+f)^2$.	$p(a+b+f)^2$.
2,50	2,92	0,00	0,02	2,50	2,92	0,02
5,71	1,21	0,00	12,18	5,71	1,21	12,18
0,06	5,11	0,46	4,08	0,85	2,50	1,80
6,81	0,08	0,85	8,41	2,86	0,40	3,92
0,09	2,50	0,50	3,53	0,17	0,76	1,37
15,17	11,82	1,81	28,22	12,09	7,79	19,29
			− 15,17	− 15,17	− 11,82	− 15,17
			− 11,82	− 1,81	− 1,81	− 11,82
						− 1,81
			+ 1,23	− 4,89	− 5,84	− 9,51
			+ 0,62	− 2,44	− 2,92	− 4,76

Die Probe ist, dafs sein soll:

$$[p a b]+[p a f]+[p b f]=+0{,}62-2{,}44-2{,}92=\frac{1}{2}\left([p(a+b+f)(a+b+f)]\right.$$
$$\left.-([p a a]+[p b b]+[p f f])\right)=-4{,}76,$$

was bis auf zwei Einheiten der letzten Stelle zutrifft.

8. Für die richtige Auflösung der Endgleichungen erhalten wir zuerst eine Probe aus den Gleichungen **(123)**, indem wir diese mit $\mathfrak{f}_1, \mathfrak{F}_2, \mathfrak{F}_3, \ldots.$ multipliziren, teilweise für $\mathfrak{F}_2, \mathfrak{F}_3, \ldots.$ die in den Gleichungen **(120 b)** gegebenen Ausdrücke einführen und alles addiren:

$$-\frac{\mathfrak{f}_1}{\mathfrak{a}_1}\mathfrak{f}_1=\mathfrak{f}_1 d\mathfrak{x}+\frac{\mathfrak{b}_1}{\mathfrak{a}_1}\mathfrak{f}_1 d\mathfrak{y}+\frac{\mathfrak{c}_1}{\mathfrak{a}_1}\mathfrak{f}_1 d\mathfrak{z}+\ldots.=\mathfrak{f}_1 d\mathfrak{x}+\frac{\mathfrak{b}_1}{\mathfrak{a}_1}\mathfrak{f}_1 d\mathfrak{y}+\frac{\mathfrak{c}_1}{\mathfrak{a}_1}\mathfrak{f}_1 d\mathfrak{z}+\ldots.$$

$$-\frac{\mathfrak{F}_2}{\mathfrak{B}_2}\mathfrak{F}_2=\mathfrak{F}_2 d\mathfrak{y}+\frac{\mathfrak{C}_2}{\mathfrak{B}_2}\mathfrak{F}_2 d\mathfrak{z}+\ldots. \qquad =\mathfrak{f}_2 d\mathfrak{y}-\frac{\mathfrak{b}_1}{\mathfrak{a}_1}\mathfrak{f}_1 d\mathfrak{y}+\frac{\mathfrak{C}_2}{\mathfrak{B}_2}\mathfrak{F}_2 d\mathfrak{z}+\ldots.$$

$$-\frac{\mathfrak{F}_3}{\mathfrak{C}_3}\mathfrak{F}_3=\mathfrak{F}_3 d\mathfrak{z}+\ldots. \qquad =\mathfrak{f}_3 d\mathfrak{z}-\frac{\mathfrak{c}_1}{\mathfrak{a}_1}\mathfrak{f}_1 d\mathfrak{z}-\frac{\mathfrak{C}_2}{\mathfrak{B}_2}\mathfrak{F}_2 d\mathfrak{z}+\ldots.$$

. . . .

127) $$-\frac{\mathfrak{f}_1}{\mathfrak{a}_1}\mathfrak{f}_1-\frac{\mathfrak{F}_2}{\mathfrak{B}_2}\mathfrak{F}_2-\frac{\mathfrak{F}_3}{\mathfrak{C}_3}\mathfrak{F}_3-\ldots. \qquad =\mathfrak{f}_1 d\mathfrak{x}+\mathfrak{f}_2 d\mathfrak{y}+\mathfrak{f}_3 d\mathfrak{z}+\ldots.=\Sigma.$$

Wir bezeichnen diese beiden Werte, die einander gleich sind, mit Σ. Ihre Zahlenwerte werden zweckmäfsig gleich bei Auflösung der Endgleichungen mit gebildet.

Beispiel 1: In unserem Beispiele erhalten wir:

$-\frac{\mathfrak{f}_1}{\mathfrak{a}_1}\mathfrak{f}_1$	−	0,394	$\mathfrak{f}_1 d\mathfrak{x}$	−	0,370
$-\frac{\mathfrak{F}_2}{\mathfrak{B}_2}\mathfrak{F}_2$	−	0,679	$\mathfrak{f}_2 d\mathfrak{y}$	−	0,703
$\Sigma=$	−	1,073		−	1,073

9. Die vorstehend behandelte Probe kommt erst zur Wirkung am Schlusse der Auflösung, so dafs ein bei Beginn der Rechnung begangener Fehler die ganze folgende Rechnung unrichtig machen kann, bevor er entdeckt wird. Namentlich bei gröfseren Rechnungen empfiehlt es sich daher, die unter Nr. 6 behandelten Summen $[p a s]$, $[p b s]$, $[p c s]$, ... durch die Auflösungsrechnung mitzuführen wie die Summen $[p a f]$, $[p b f]$, $[p c f]$, ... und danach die Rechnung Schritt für Schritt zu kontroliren. Führen wir die Bezeichnungen:

$$\mathfrak{s}_1=[p a s], \quad | \quad \mathfrak{s}_2=[p b s], \quad | \quad \mathfrak{s}_3=[p c s], \ldots.,$$
$$\mathfrak{S}_2=\mathfrak{s}_2-\frac{\mathfrak{b}_1}{\mathfrak{a}_1}\mathfrak{s}_1, \quad \Big| \quad \mathfrak{S}_3=\mathfrak{s}_3-\frac{\mathfrak{c}_1}{\mathfrak{a}_1}\mathfrak{s}_1-\frac{\mathfrak{C}_2}{\mathfrak{B}_2}\mathfrak{S}_2, \ldots.,$$

ein, so erhalten wir bei der Auflösung der Endgleichungen nach dem vorbezeichneten Verfahren:*)

$\mathfrak{a}_1$	$\mathfrak{b}_1$	$\mathfrak{c}_1$	.....	$\mathfrak{f}_1$	$\mathfrak{s}_1$
$\mathfrak{b}_1$	$\mathfrak{b}_2$	$\mathfrak{c}_2$	.....	$\mathfrak{f}_2$	$\mathfrak{s}_2$
$-\mathfrak{b}_1$	$-\frac{\mathfrak{b}_1}{\mathfrak{a}_1}\mathfrak{b}_1$	$-\frac{\mathfrak{b}_1}{\mathfrak{a}_1}\mathfrak{c}_1$	.....	$-\frac{\mathfrak{b}_1}{\mathfrak{a}_1}\mathfrak{f}_1$	$-\frac{\mathfrak{b}_1}{\mathfrak{a}_1}\mathfrak{s}_1$
	$\mathfrak{B}_2$	$\mathfrak{C}_2$	.....	$\mathfrak{F}_2$	$\mathfrak{S}_2$
$\mathfrak{c}_1$	$\mathfrak{c}_2$	$\mathfrak{c}_3$	.....	$\mathfrak{f}_3$	$\mathfrak{s}_3$
$-\mathfrak{c}_1$	$-\frac{\mathfrak{c}_1}{\mathfrak{a}_1}\mathfrak{b}_1$	$-\frac{\mathfrak{c}_1}{\mathfrak{a}_1}\mathfrak{c}_1$	.....	$-\frac{\mathfrak{c}_1}{\mathfrak{a}_1}\mathfrak{f}_1$	$-\frac{\mathfrak{c}_1}{\mathfrak{a}_1}\mathfrak{s}_1$
	$-\mathfrak{C}_2$	$-\frac{\mathfrak{C}_2}{\mathfrak{B}_2}\mathfrak{C}_2$	.....	$-\frac{\mathfrak{C}_2}{\mathfrak{B}_2}\mathfrak{F}_2$	$-\frac{\mathfrak{C}_2}{\mathfrak{B}_2}\mathfrak{S}_2$
		$\mathfrak{C}_3$	.....	$\mathfrak{F}_3$	$\mathfrak{S}_3$
.....	....	....	.....	....	....

*) Vergleiche § 27, Nr. **1**, 4.

Dann mufs, wie leicht zu übersehen ist, die Summe aller auf einer Zeile stehenden Gröfsen immer gleich Null sein.

Auch die in der Rechnung vorkommenden Quotienten $-\frac{\mathfrak{b}_1}{\mathfrak{a}_1}, -\frac{\mathfrak{c}_1}{\mathfrak{a}_1}, \ldots\ldots -\frac{\mathfrak{f}_1}{\mathfrak{a}_1}; -\frac{\mathfrak{C}_2}{\mathfrak{B}_2}, \ldots\ldots -\frac{\mathfrak{F}_2}{\mathfrak{B}_2}; \ldots\ldots -\frac{\mathfrak{F}_3}{\mathfrak{C}_3}, \ldots\ldots$ können hierbei kontrolirt werden, indem

$$-\frac{\mathfrak{b}_1}{\mathfrak{a}_1}-\frac{\mathfrak{c}_1}{\mathfrak{a}_1}\ldots\ldots-\frac{\mathfrak{f}_1}{\mathfrak{a}_1}-\frac{\mathfrak{s}_1}{\mathfrak{a}_1}=+1,$$
$$-\frac{\mathfrak{C}_2}{\mathfrak{B}_2}\ldots\ldots-\frac{\mathfrak{F}_2}{\mathfrak{B}_2}-\frac{\mathfrak{S}_2}{\mathfrak{B}_2}=+1,$$
$$\ldots\ldots-\frac{\mathfrak{F}_3}{\mathfrak{C}_3}-\frac{\mathfrak{S}_3}{\mathfrak{C}_3}=+1,$$
$$\ldots\ldots\ldots\ldots,$$

sein mufs, da beispielsweise

$$\mathfrak{a}_1+\mathfrak{b}_1+\mathfrak{c}_1\ldots\ldots+\mathfrak{f}_1+\mathfrak{s}_1=0, \text{ also}$$
$$-1-\frac{\mathfrak{b}_1}{\mathfrak{a}_1}-\frac{\mathfrak{c}_1}{\mathfrak{a}_1}\ldots\ldots-\frac{\mathfrak{f}_1}{\mathfrak{a}_1}-\frac{\mathfrak{s}_1}{\mathfrak{a}_1}=0, \text{ oder}$$
$$-\frac{\mathfrak{b}_1}{\mathfrak{a}_1}-\frac{\mathfrak{c}_1}{\mathfrak{a}_1}\ldots\ldots-\frac{\mathfrak{f}_1}{\mathfrak{a}_1}-\frac{\mathfrak{s}_1}{\mathfrak{a}_1}=+1 \text{ ist.}$$

Beispiel 1: Mit Einführung der Summenproben gestaltet sich die Auflösung der Endgleichungen in unserem Beispiele wie folgt:

$\mathfrak{a}_1$	+ 15,17	$\mathfrak{b}_1$	+ 0,62	$\mathfrak{f}_1$	− 2,45	$\mathfrak{s}_1$	− 13,33	$\mathfrak{b}_2$	+ 11,82	$\mathfrak{f}_2$	− 2,93	$\mathfrak{s}_2$	− 9,51
		$-\frac{\mathfrak{b}_1}{\mathfrak{a}_1}$	− 0,041	$-\frac{\mathfrak{f}_1}{\mathfrak{a}_1}$	+ 0,161	$-\frac{\mathfrak{s}_1}{\mathfrak{a}_1}$	+ 0,877	$-\frac{\mathfrak{b}_1}{\mathfrak{a}_1}\mathfrak{b}_1$	− 0,03	$-\frac{\mathfrak{b}_1}{\mathfrak{a}_1}\mathfrak{f}_1$	+ 0,10	$-\frac{\mathfrak{b}_1}{\mathfrak{a}_1}\mathfrak{s}_1$	+ 0,55
				$-\frac{\mathfrak{b}_1}{\mathfrak{a}_1}d\mathfrak{y}$	− 0,010			$\mathfrak{B}_2$	+ 11,79	$\mathfrak{F}_2$	− 2,83	$\mathfrak{S}_2$	− 8,96
				$d\mathfrak{x}$	+ 0,151			$d\mathfrak{y}=$		$-\frac{\mathfrak{F}_2}{\mathfrak{B}_2}$	+ 0,240	$-\frac{\mathfrak{S}_2}{\mathfrak{B}_2}$	+ 0,760

Die Proben sind in der Reihenfolge, wie sie bei der Rechnung vorkommen

$$-\frac{\mathfrak{b}_1}{\mathfrak{a}_1}-\frac{\mathfrak{f}_1}{\mathfrak{a}_1}-\frac{\mathfrak{s}_1}{\mathfrak{a}_1}=-0{,}041+0{,}161+0{,}877=+0{,}997,$$
$$-\mathfrak{b}_1-\frac{\mathfrak{b}_1}{\mathfrak{a}_1}\mathfrak{b}_1-\frac{\mathfrak{b}_1}{\mathfrak{a}_1}\mathfrak{f}_1-\frac{\mathfrak{b}_1}{\mathfrak{a}_1}\mathfrak{s}_1=-0{,}62-0{,}03+0{,}10+0{,}55=\quad 0{,}00,$$
$$\mathfrak{B}_2+\mathfrak{F}_2+\mathfrak{S}_2=+11{,}79-2{,}83-8{,}96=\quad 0{,}00,$$
$$-\frac{\mathfrak{F}_2}{\mathfrak{B}_2}-\frac{\mathfrak{S}_2}{\mathfrak{B}_2}=+0{,}240+0{,}760\qquad=+1{,}000.$$

10. Nachdem die wahrscheinlichsten Beobachtungsfehler $v_1, v_2, v_3, \ldots\ldots v_n$, wie im § 28 gezeigt ist, zweimal unabhängig von einander nach den Fehlergleichungen **(109)** und **(110)**, sowie nach den umgeformten Fehlergleichungen **(116)** und **(117)** berechnet und verglichen sind, ergeben sich noch einige weitere Proben. Multipliziren wir die umgeformten Fehlergleichungen **(116)** und **(117)**, nachdem sie zusammengefafst sind, mit $p_1 a_1, p_2 a_2, p_3 a_3, \ldots\ldots p_n a_n$, und addiren alles, so erhalten wir:

$$\begin{aligned}
p_1 a_1 v_1 &= p_1 a_1 f_1 + p_1 a_1 a_1 d\mathfrak{x} + p_1 a_1 b_1 d\mathfrak{y} + p_1 a_1 c_1 d\mathfrak{z} + \ldots\ldots,\\
p_2 a_2 v_2 &= p_2 a_2 f_2 + p_2 a_2 a_2 d\mathfrak{x} + p_2 a_2 b_2 d\mathfrak{y} + p_2 a_2 c_2 d\mathfrak{z} + \ldots\ldots,\\
p_3 a_3 v_3 &= p_3 a_3 f_3 + p_3 a_3 a_3 d\mathfrak{x} + p_3 a_3 b_3 d\mathfrak{y} + p_3 a_3 c_3 d\mathfrak{z} + \ldots\ldots,\\
&\ldots\ldots\ldots\ldots\ldots\ldots\ldots\ldots\ldots\ldots,\\
p_n a_n v_n &= p_n a_n f_n + p_n a_n a_n d\mathfrak{x} + p_n a_n b_n d\mathfrak{y} + p_n a_n c_n d\mathfrak{z} + \ldots\ldots,\\
\hline
[p a v] &= [p a f] + [p a a] d\mathfrak{x} + [p a b] d\mathfrak{y} + [p a c] d\mathfrak{z} + \ldots\ldots
\end{aligned}$$

Die rechte Seite der Gleichung ist, wie eine Vergleichung mit der ersten Endgleichung **(118)** ergiebt, gleich Null und demnach ist also auch $[p\,a\,v] = 0$. Indem wir die umgeformten Fehlergleichungen **(116)** und **(117)** ferner mit $p_1 b_1$, $p_2 b_2$, $p_3 b_3$, ... $p_n b_n$, dann mit $p_1 c_1$, $p_2 c_2$, $p_3 c_3$, ... $p_n c_n$, ... multipliziren und im übrigen in gleicher Weise verfahren, erhalten wir auch $[p\,b\,v] = 0$, $[p\,c\,v] = 0$, ..., so dafs also sein mufs:

$$\textbf{(128)} \qquad \begin{cases} [p\,a\,v] = 0, \\ [p\,b\,v] = 0, \\ [p\,c\,v] = 0, \\ \ldots\ldots\ldots \end{cases}$$

Beispiel 1: In unserem Beispiele ergeben sich die Werte von $[p\,a\,v]$, $[p\,b\,v]$ wie folgt:

	$a\sqrt{p}$.		$b\sqrt{p}$.		$v\sqrt{p}$.		$p\,a\,v$.		$p\,b\,v$.	
P_1	—	1,58	+	1,71	+	0,175	—	0,276	+	0,299
P_2	—	2,39	—	1,10	—	0,623	+	1,489	+	0,685
P_3	+	0,24	—	2,26	+	0,175	+	0,042	—	0,396
P_4	+	2,61	+	0,29	—	0,458	—	1,195	—	0,133
P_5	+	0,30	+	1,58	—	0,283	—	0,085	—	0,447
							—	0,025	+	0,008

Es ist also $[p\,a\,v] = -0{,}025$, $[p\,b\,v] = +0{,}008$, während diese Summen gleich Null sein sollen. Die Abweichungen von Null rühren von den Abrundungen der letzten Stellen der Zahlenwerte her.

11. Multipliziren wir die umgeformten Fehlergleichungen **(116)** und **(117)**, nachdem sie zusammengefügt sind, zuerst mit $p_1 v_1$, $p_2 v_2$, $p_3 v_3$, ... $p_n v_n$, sodann mit $p_1 f_1$, $p_2 f_2$, $p_3 f_3$, ... $p_n f_n$ und addiren, so erhalten wir:

$$\begin{aligned}
p_1 v_1 v_1 &= p_1 f_1 f_1 + p_1 a_1 v_1\, d\mathfrak{x} + p_1 b_1 v_1\, d\mathfrak{y} + p_1 c_1 v_1\, d\mathfrak{z} + \ldots . p_1 a_1 f_1\, d\mathfrak{x} + p_1 b_1 f_1\, d\mathfrak{y} + p_1 c_1 f_1\, d\mathfrak{z} + \ldots ., \\
p_2 v_2 v_2 &= p_2 f_2 f_2 + p_2 a_2 v_2\, d\mathfrak{x} + p_2 b_2 v_2\, d\mathfrak{y} + p_2 c_2 v_2\, d\mathfrak{z} + \ldots . p_2 a_2 f_2\, d\mathfrak{x} + p_2 b_2 f_2\, d\mathfrak{y} + p_2 c_2 f_2\, d\mathfrak{z} + \ldots ., \\
p_3 v_3 v_3 &= p_3 f_3 f_3 + p_3 a_3 v_3\, d\mathfrak{x} + p_3 b_3 v_3\, d\mathfrak{y} + p_3 c_3 v_3\, d\mathfrak{z} + \ldots . p_3 a_3 f_3\, d\mathfrak{x} + p_3 b_3 f_3\, d\mathfrak{y} + p_3 c_3 f_3\, d\mathfrak{z} + \ldots ., \\
&\ldots\ldots\ldots\ldots\ldots\ldots\ldots\ldots\ldots\ldots\ldots\ldots\ldots\ldots\ldots\ldots\ldots\ldots\ldots\ldots, \\
p_n v_n v_n &= p_n f_n f_n + p_n a_n v_n\, d\mathfrak{x} + p_n b_n v_n\, d\mathfrak{y} + p_n c_n v_n\, d\mathfrak{z} + \ldots . p_n a_n f_n\, d\mathfrak{x} + p_n b_n f_n\, d\mathfrak{y} + p_n c_n f_n\, d\mathfrak{z} + \ldots ., \\
\hline
[p\,v\,v] &= [p\,f\,f] + [p\,a\,v]\, d\mathfrak{x} + [p\,b\,v]\, d\mathfrak{y} + [p\,c\,v]\, d\mathfrak{z} + \ldots . [p\,a\,f]\, d\mathfrak{x} + [p\,b\,f]\, d\mathfrak{y} + [p\,c\,f]\, d\mathfrak{z} + \ldots .,
\end{aligned}$$

Nun ist nach den Formeln **(128)** $[p\,a\,v] = [p\,b\,v] = [p\,c\,v] = \ldots . = 0$, so dafs wird:

$$[p\,v\,v] = [p\,f\,f] + [p\,a\,f]\, d\mathfrak{x} + [p\,b\,f]\, d\mathfrak{y} + [p\,c\,f]\, d\mathfrak{z} + \ldots .,$$

oder wenn wir die einfacheren Bezeichnungen nach den Formeln **(120 a)** einführen

$$[p\,v\,v] = [p\,f\,f] + \mathfrak{f}_1\, d\mathfrak{x} + \mathfrak{f}_2\, d\mathfrak{y} + \mathfrak{f}_3\, d\mathfrak{z} + \ldots .$$

und wenn wir Σ nach Nr. 8 Formel **(127)** für $\mathfrak{f}_1\, d\mathfrak{x} + \mathfrak{f}_2\, d\mathfrak{y} + \mathfrak{f}_3\, d\mathfrak{z} + \ldots .$ setzen:

$$\textbf{(129)} \qquad [p\,v\,v] = [p\,f\,f] + \Sigma.$$

Nach Formel **(127)** ist auch $\Sigma = -\frac{\mathfrak{f}_1}{\mathfrak{a}_1}\mathfrak{f}_1 - \frac{\mathfrak{F}_2}{\mathfrak{B}_2}\mathfrak{F}_2 - \frac{\mathfrak{F}_3}{\mathfrak{C}_3}\mathfrak{F}_3 - \ldots .$

Nun sind $\frac{\mathfrak{f}_1}{\mathfrak{a}_1}\mathfrak{f}_1$, $\frac{\mathfrak{F}_2}{\mathfrak{B}_2}\mathfrak{F}_2$, $\frac{\mathfrak{F}_3}{\mathfrak{C}_3}\mathfrak{F}_3$, ... sämtlich quadratische Gröfsen, weshalb Σ immer negativ und demnach $[p\,v\,v]$ immer kleiner als $[p\,f\,f]$ wird, wie es auch sein mufs, wenn $[p\,v\,v]$ ein Minimum sein soll.

In der Probe nach Formel **(129)** ist die Probe nach Formel **(128)** mit enthalten, denn die erstere stimmt nur dann, wenn letztere stimmt, wie nach obiger Entwickelung leicht zu erkennen ist.

Die zweite Berechnung von $[pvv]$ nach Formel **(129)** ist ganz besonders wichtig, weil dadurch namentlich auch alle Fehler oder zu grofse Ungenauigkeiten in der Bildung der Faktoren und Absolutglieder der Endgleichungen erkennbar werden, denn die Quadratsumme $[pvv]$ wird einmal direkt aus den Werten $v_1 = L_1 - \lambda_1$, $v_2 = L_2 - \lambda_2$, $v_3 = L_3 - \lambda_3$, ... $v_n = L_n - \lambda_n$ ohne Benutzung der Faktoren u. s. w. der Endgleichungen und dann nach Formel **(129)** mit Benutzung dieser Faktoren u. s. w. erhalten.

Beispiel 1: Für die Probe nach Formel **(129)** haben wir bereits im § 28, Nr. 3 und im § 29, Nr. 8 die Zahlenwerte $[pvv] = 0{,}740$, $\Sigma = -1{,}073$ erhalten. Ferner erhalten wir:

$$[pff] = p_1 f_1 f_1 + p_2 f_2 f_2 + p_3 f_3 f_3 + p_4 f_4 f_4 + p_5 f_5 f_5 = 0{,}000 + 0{,}000 + 0{,}462 + 0{,}846 + 0{,}504 = 1{,}811\,.$$

Demnach wird:

$$[pvv] = [pff] + \Sigma = 1{,}812 - 1{,}073 = 0{,}739\,. \tag{129}$$

Der hier erhaltene Wert weicht von dem früher erhaltenen also um 1 Einheit der letzten Stelle ab, was auf die bei Durchführung der Rechnungen vorgenommenen Abrundungen der letzten Stellen der Zahlenwerte zurückzuführen ist.

§ 30. Bildung der reduzirten Endgleichungen aus reduzirten Fehlergleichungen.

1. In manchen Fällen kann die Bildung und Auflösung der Endgleichungen wesentlich vereinfacht werden, indem die reduzirten Endgleichungen direkt aus reduzirten Fehlergleichungen gebildet werden. Wie dies auszuführen ist, wollen wir an einigen besonderen, häufiger vorkommenden Fällen darlegen.

2. Wenn in den umgeformten Fehlergleichungen **(116)** und **(117)**, die wir im folgenden immer zusammenfassen, die Faktoren einer der zu bestimmenden Gröfsen $d\mathfrak{x}$, $d\mathfrak{y}$, $d\mathfrak{z}$, ... sämtlich gleich $+1$ sind, wenn also beispielsweise die umgeformten Fehlergleichungen

$$(1^*)\quad \left\{\begin{array}{ll} v_1 = f_1 + d\mathfrak{x} + b_1 d\mathfrak{y} + c_1 d\mathfrak{z} + \ldots, & \text{Gewicht} = p_1, \\ v_2 = f_2 + d\mathfrak{x} + b_2 d\mathfrak{y} + c_2 d\mathfrak{z} + \ldots, & \quad\text{"}\quad = p_2, \\ v_3 = f_3 + d\mathfrak{x} + b_3 d\mathfrak{y} + c_3 d\mathfrak{z} + \ldots, & \quad\text{"}\quad = p_3, \\ \ldots\ldots\ldots\ldots\ldots\ldots\ldots\ldots, & \ldots\ldots\ldots, \\ v_n = f_n + d\mathfrak{x} + b_n d\mathfrak{y} + c_n d\mathfrak{z} + \ldots, & \quad\text{"}\quad = p_n, \end{array}\right.$$

vorliegen, so ergeben sich hieraus die folgenden Endgleichungen:

$$(2^*)\quad \left\{\begin{array}{l} [p\,]d\mathfrak{x} + [pb\,]d\mathfrak{y} + [pc\,]d\mathfrak{z} + \ldots\ldots [pf\,] = 0, \\ [pb]d\mathfrak{x} + [pbb]d\mathfrak{y} + [pbc]d\mathfrak{z} + \ldots\ldots [pbf] = 0, \\ [pc]d\mathfrak{x} + [pbc]d\mathfrak{y} + [pcc]d\mathfrak{z} + \ldots\ldots [pcf] = 0, \\ \ldots\ldots\ldots\ldots\ldots\ldots\ldots\ldots\ldots\ldots \end{array}\right.$$

Aus der ersten dieser Endgleichungen folgt dann:

$$(3^*)\quad d\mathfrak{x} = -\frac{[pb]}{[p]}\,d\mathfrak{y} - \frac{[pc]}{[p]}\,d\mathfrak{z} - \ldots\ldots \frac{[pf]}{[p]}\,.$$

Wird dieser Wert von $d\mathfrak{x}$ in die letzten Endgleichungen eingesetzt, so ergeben sich die reduzirten, nur noch $d\mathfrak{y}$, $d\mathfrak{z}$, ... enthaltenden Endgleichungen:

$$(4^*)\quad\begin{cases}\left([pbb]-\frac{[pb]}{[p]}[pb]\right)d\mathfrak{y}+\left([pbc]-\frac{[pb]}{[p]}[pc]\right)d\mathfrak{z}+\ldots\left([pbf]-\frac{[pb]}{[p]}[pf]\right)=0,\\ \left([pbc]-\frac{[pb]}{[p]}[pc]\right)d\mathfrak{y}+\left([pcc]-\frac{[pc]}{[p]}[pc]\right)d\mathfrak{z}+\ldots\left([pcf]-\frac{[pc]}{[p]}[pf]\right)=0,\\ \ldots\ldots\ldots\ldots\ldots\ldots\ldots\ldots\ldots\ldots\end{cases}$$

3. Diese reduzirten Endgleichungen können wir auch erlangen, indem wir an Stelle der obigen Fehlergleichungen die reduzirten, $d\mathfrak{x}$ nicht enthaltenden Fehlergleichungen

$$(5^*)\quad\begin{cases}\mathfrak{v}_1 = f_1 + b_1 d\mathfrak{y} + c_1 d\mathfrak{z} + \ldots, & \text{Gewicht} = p_1,\\ \mathfrak{v}_2 = f_2 + b_2 d\mathfrak{y} + c_2 d\mathfrak{z} + \ldots, & \quad " \quad = p_2,\\ \mathfrak{v}_3 = f_3 + b_3 d\mathfrak{y} + c_3 d\mathfrak{z} + \ldots, & \quad " \quad = p_3,\\ \ldots\ldots\ldots\ldots\ldots\ldots, & \ldots\ldots\ldots,\\ \mathfrak{v}_n = f_n + b_n d\mathfrak{y} + c_n d\mathfrak{z} + \ldots, & \quad " \quad = p_n,\\ \mathfrak{v}_{n+1} = [pf] + [pb]\,d\mathfrak{y} + [pc]\,d\mathfrak{z} + \ldots, & \quad " \quad = -\frac{1}{[p]}\end{cases}$$

setzen und aus den Faktoren, Absolutgliedern und Gewichten dieser Fehlergleichungen die Faktoren und Absolutglieder der Endgleichungen bilden. Denn, wie leicht zu übersehen ist, liefern uns die ersten n reduzirten Fehlergleichungen die Beiträge $[pbb]$, $[pbc]$, ... $[pbf]$, $[pcc]$, ... $[pcf]$, ... und die letzte $n+1$te Fehlergleichung die Beiträge $-\frac{[pb]}{[p]}[pb]$, $-\frac{[pb]}{[p]}[pc]$, ... $-\frac{[pb]}{[p]}[pf]$, $-\frac{[pc]}{[p]}[pc]$, ... $-\frac{[pc]}{[p]}[pf]$.... zu den Faktoren u. s. w. der reduzirten Endgleichungen, womit wir also aus sämtlichen $n+1$ reduzirten Fehlergleichungen die in obigen reduzirten Endgleichungen vorkommenden Faktoren u. s. w. erhalten.

Die wahrscheinlichsten Werte $v_1, v_2, v_3, \ldots v_n$ der Beobachtungsfehler erhalten wir dann mit den sich nach (5*) ergebenden Werten $\mathfrak{v}_1, \mathfrak{v}_2, \mathfrak{v}_3, \ldots \mathfrak{v}_n$ nach:

$$(6^*)\quad\begin{cases}v_1 = \mathfrak{v}_1 + d\mathfrak{x},\\ v_2 = \mathfrak{v}_2 + d\mathfrak{x},\\ v_3 = \mathfrak{v}_3 + d\mathfrak{x},\\ \ldots\ldots\ldots,\\ v_n = \mathfrak{v}_n + d\mathfrak{x},\end{cases}$$

Die Probe nach den Formeln **(128)** vereinfacht sich, da $a_1 = a_2 = a_3 = \ldots a_n = +1$ ist, dahin, dafs sein mufs:

$$(7^*)\quad\begin{cases}[pv] = 0,\\ [pbv] = 0,\\ [pcv] = 0,\\ \ldots\ldots\end{cases}$$

4. Dasselbe Ergebnis erzielen wir, wenn wir

$$(8^*)\quad\begin{cases}F_1 = f_1 - \frac{[pf]}{[p]}, & B_1 = b_1 - \frac{[pb]}{[p]}, & C_1 = c_1 - \frac{[pc]}{[p]}, & \ldots,\\ F_2 = f_2 - \frac{[pf]}{[p]}, & B_2 = b_2 - \frac{[pb]}{[p]}, & C_2 = c_2 - \frac{[pc]}{[p]}, & \ldots,\\ F_3 = f_3 - \frac{[pf]}{[p]}, & B_3 = b_3 - \frac{[pb]}{[p]}, & C_3 = c_3 - \frac{[pc]}{[p]}, & \ldots,\\ \ldots\ldots\ldots, & \ldots\ldots\ldots, & \ldots\ldots\ldots, & \ldots,\\ F_n = f_n - \frac{[pf]}{[p]}, & B_n = b_n - \frac{[pb]}{[p]}, & C_n = c_n - \frac{[pc]}{[p]}, & \ldots,\end{cases}$$

bilden und an Stelle der unter Nr. 2 angeführten Fehlergleichungen (1*) die folgenden reduzirten Fehlergleichungen setzen:

$$(9^*)\quad \begin{cases} v_1 = F_1 + B_1\,d\mathfrak{y} + C_1\,d\mathfrak{z} + \ldots, & \text{Gewicht} = p_1, \\ v_2 = F_2 + B_2\,d\mathfrak{y} + C_2\,d\mathfrak{z} + \ldots, & \quad " \quad = p_2, \\ v_3 = F_3 + B_3\,d\mathfrak{y} + C_3\,d\mathfrak{z} + \ldots, & \quad " \quad = p_3, \\ \ldots\ldots\ldots\ldots\ldots\ldots\ldots\ldots & \ldots, \\ v_n = F_n + B_n\,d\mathfrak{y} + C_n\,d\mathfrak{z} + \ldots, & \quad " \quad = p_n. \end{cases}$$

Denn die Faktoren u. s. w. der Endgleichungen, die sich aus diesen reduzirten Fehlergleichungen ergeben, sind gleich den Faktoren u. s. w. der reduzirten Endgleichungen (4*), was sich daraus ergiebt, dafs ist:

$$(10^*)\quad \begin{cases} p_1 B_1 B_1 = p_1 b_1 b_1 - 2\frac{[p\,b]}{[p]} p_1 b_1 + p_1 \frac{[p\,b]}{[p]}\frac{[p\,b]}{[p]}, \\ p_2 B_2 B_2 = p_2 b_2 b_2 - 2\frac{[p\,b]}{[p]} p_2 b_2 + p_2 \frac{[p\,b]}{[p]}\frac{[p\,b]}{[p]}, \\ p_3 B_3 B_3 = p_3 b_3 b_3 - 2\frac{[p\,b]}{[p]} p_3 b_3 + p_3 \frac{[p\,b]}{[p]}\frac{[p\,b]}{[p]}, \\ \ldots\ldots\ldots\ldots\ldots\ldots\ldots\ldots\ldots, \\ p_n B_n B_n = p_n b_n b_n - 2\frac{[p\,b]}{[p]} p_n b_n + p_n \frac{[p\,b]}{[p]}\frac{[p\,b]}{[p]}, \\ \hline [p\,B\,B] = [p\,b\,b] - \frac{[p\,b]}{[p]}[p\,b], \end{cases}$$

dafs ferner ist:

$$(11^*)\quad \begin{cases} p_1 B_1 C_1 = p_1 b_1 c_1 - \frac{[p\,b]}{[p]} p_1 c_1 - \frac{[p\,c]}{[p]} p_1 b_1 + p_1 \frac{[p\,b]}{[p]}\frac{[p\,c]}{[p]}, \\ p_2 B_2 C_2 = p_2 b_2 c_2 - \frac{[p\,b]}{[p]} p_2 c_2 - \frac{[p\,c]}{[p]} p_2 b_2 + p_2 \frac{[p\,b]}{[p]}\frac{[p\,c]}{[p]}, \\ p_3 B_3 C_3 = p_3 b_3 c_3 - \frac{[p\,b]}{[p]} p_3 c_3 - \frac{[p\,c]}{[p]} p_3 b_3 + p_3 \frac{[p\,b]}{[p]}\frac{[p\,c]}{[p]}, \\ \ldots\ldots\ldots\ldots\ldots\ldots\ldots\ldots\ldots, \\ p_n B_n C_n = p_n b_n c_n - \frac{[p\,b]}{[p]} p_n c_n - \frac{[p\,c]}{[p]} p_n b_n + p_n \frac{[p\,b]}{[p]}\frac{[p\,c]}{[p]}, \\ \hline [p\,B\,C] = [p\,b\,c] - \frac{[p\,b]}{[p]}[p\,c], \end{cases}$$

u. s. w.

Für die richtige Bildung der Werte F, B, C, ... ergiebt sich die Probe, dafs $[p\,F] = [p\,B] = [p\,C] = \ldots = 0$ sein mufs, was ohne weiteres aus (8*) folgt, indem die einzelnen Werte mit den Gewichten multiplizirt und dann $[p\,F]$, $[p\,B]$, $[p\,C]$, ... gebildet werden.

5. Wenn die Faktoren einer der zu bestimmenden Gröfsen $d\mathfrak{x}$, $d\mathfrak{y}$, $d\mathfrak{z}$, ... in den umgeformten Fehlergleichungen sämtlich gleich -1 sind, wenn also beispielsweise die Gleichungen

$$(12^*)\quad \begin{cases} v_1 = f_1 - d\mathfrak{x} + b_1\,d\mathfrak{y} + c_1\,d\mathfrak{z} + \ldots, & \text{Gewicht} = p_1, \\ v_2 = f_2 - d\mathfrak{x} + b_2\,d\mathfrak{y} + c_2\,d\mathfrak{z} + \ldots, & \quad " \quad = p_2, \\ v_3 = f_3 - d\mathfrak{x} + b_3\,d\mathfrak{y} + c_3\,d\mathfrak{z} + \ldots, & \quad " \quad = p_3, \\ \ldots\ldots\ldots\ldots\ldots\ldots\ldots\ldots, & \ldots\ldots\ldots, \\ v_n = f_n - d\mathfrak{x} + b_n\,d\mathfrak{y} + c_n\,d\mathfrak{z} + \ldots, & \quad " \quad = p_n \end{cases}$$

vorliegen, so ergeben sich hieraus die folgenden Endgleichungen:

$$(13^*)\quad \begin{cases} [p]\,d\mathfrak{x} - [p\,b]\,d\mathfrak{y} - [p\,c]\,d\mathfrak{z} - \ldots [p\,f] = 0, \\ -[p\,b]\,d\mathfrak{x} + [p\,b\,b]\,d\mathfrak{y} + [p\,b\,c]\,d\mathfrak{z} + \ldots [p\,b\,f] = 0, \\ -[p\,c]\,d\mathfrak{x} + [p\,b\,c]\,d\mathfrak{y} + [p\,c\,c]\,d\mathfrak{z} + \ldots [p\,c\,f] = 0, \\ \ldots\ldots\ldots\ldots\ldots\ldots\ldots\ldots\ldots \end{cases}$$

Aus der ersten Endgleichung folgt dann:

$$(14^*)\quad d\mathfrak{x} = + \frac{[p\,b]}{[p]}\,d\mathfrak{y} + \frac{[p\,c]}{[p]}\,d\mathfrak{z} + \ldots \frac{[p\,f]}{[p]}.$$

Setzen wir diesen Wert von $d\mathfrak{x}$ in die beiden letzten Endgleichungen ein, so erhalten wir die reduzirten Endgleichungen:

$$(15^*)\quad \begin{cases} \left([pbb]-\frac{[pb]}{[p]}[pb]\right)d\mathfrak{y}+\left([pbc]-\frac{[pb]}{[p]}[pc]\right)d\mathfrak{z}+\ldots\left([pbf]-\frac{[pb]}{[p]}[pf]\right)=0, \\ \left([pbc]-\frac{[pb]}{[p]}[pc]\right)d\mathfrak{y}+\left([pcc]-\frac{[pc]}{[p]}[pc]\right)d\mathfrak{z}+\ldots\left([pcf]-\frac{[pc]}{[p]}[pf]\right)=0, \\ \ldots\ldots\ldots\ldots\ldots\ldots\ldots\ldots \end{cases}$$

Diese Endgleichungen stimmen mit den reduzirten Endgleichungen (4*) überein, so dafs wir auch in dem Falle, wo die Faktoren $a_1=a_2=a_3=\ldots a_n=-1$ sind, die reduzirten Endgleichungen in gleicher Weise aus reduzirten Fehlergleichungen bilden können, wie dies unter Nr. 3 und 4 für den Fall gezeigt ist, wo $a_1=a_2=a_3=\ldots a_n=+1$ ist.

6. Bei der Auflösung der aus den reduzirten Fehlergleichungen erhaltenen reduzirten Endgleichungen wird in der Rechenprobe nach Formel **(127)** für Σ der Betrag $-\frac{\mathfrak{F}_2}{\mathfrak{B}_2}\mathfrak{F}_2-\frac{\mathfrak{F}_3}{\mathfrak{C}_3}\mathfrak{F}_3-\ldots$ erhalten. Um demnach den vollen Betrag von Σ nach Formel **(127)** zu erhalten, der in Formel **(129)** einzusetzen ist, um $[pvv]$ ganz zu erhalten, mufs dem erstangeführten Betrage von Σ noch der Betrag $-\frac{\mathfrak{f}_1}{\mathfrak{a}_1}\mathfrak{f}_1$ hinzugesetzt werden, der hier gleich $-\frac{[pf]}{[p]}[pf]$ ist.

Dieser Zusatz kann indes wegfallen, wenn bei Benutzung der Formeln (5*) der aus der $n+1$ten Fehlergleichung entspringende Betrag $-\frac{[pf]}{[p]}[pf]$ mit in $[pff]$ aufgenommen oder wenn bei Benutzung der Formeln (8*) und (9*) $[pFF]$ statt $[pff]$ gebildet und in die Formel **(129)** eingeführt wird, da $[pFF]=[pff]-\frac{[pf]}{[p]}[pf]$ ist, was sich ohne weiteres ergiebt, indem nach (8*) die Ausdrücke für $p_1F_1F_1,\ p_2F_2F_2,\ p_3F_3F_3,\ \ldots\ p_nF_nF_n$ gebildet und addirt werden.

7. Liegen also die umgeformten Fehlergleichungen

$$\begin{array}{ll} v_1=f_1\pm d\mathfrak{x}+b_1d\mathfrak{y}+c_1d\mathfrak{z}+\ldots, & \text{Gewicht}=p_1, \\ v_2=f_2\pm d\mathfrak{x}+b_2d\mathfrak{y}+c_2d\mathfrak{z}+\ldots, & \quad " \quad =p_2, \\ v_3=f_3\pm d\mathfrak{x}+b_3d\mathfrak{y}+c_3d\mathfrak{z}+\ldots, & \quad " \quad =p_3, \\ \ldots\ldots\ldots\ldots, & \ldots\ldots, \\ v_n=f_n\pm d\mathfrak{x}+b_nd\mathfrak{y}+c_nd\mathfrak{z}+\ldots, & \quad " \quad =p_n \end{array}$$

vor, so erhalten wir allgemein die reduzirten, nur noch $d\mathfrak{y},\ d\mathfrak{z},\ \ldots$ enthaltenden Endgleichungen aus den reduzirten Fehlergleichungen:

$$(130)\quad \begin{cases} \mathfrak{v}_1=f_1+b_1d\mathfrak{y}+c_1d\mathfrak{z}+\ldots, & \text{Gewicht}=p_1, \\ \mathfrak{v}_2=f_2+b_2d\mathfrak{y}+c_2d\mathfrak{z}+\ldots, & \quad " \quad =p_2, \\ \mathfrak{v}_3=f_3+b_3d\mathfrak{y}+c_3d\mathfrak{z}+\ldots, & \quad " \quad =p_3, \\ \ldots\ldots\ldots\ldots, & \ldots\ldots, \\ \mathfrak{v}_n=f_n+b_nd\mathfrak{y}+c_nd\mathfrak{z}+\ldots, & \quad " \quad =p_n, \\ \mathfrak{v}_{n+1}=[pf]+[pb]d\mathfrak{y}+[pc]d\mathfrak{z}+\ldots, & \quad " \quad =-\frac{1}{[p]}, \end{cases}$$

oder, indem

$$(131)\quad \begin{cases} F_1=f_1-\frac{[pf]}{[p]}, & B_1=b_1-\frac{[pb]}{[p]}, & C_1=c_1-\frac{[pc]}{[p]}, & \ldots, \\ F_2=f_2-\frac{[pf]}{[p]}, & B_2=b_2-\frac{[pb]}{[p]}, & C_2=c_2-\frac{[pc]}{[p]}, & \ldots, \\ F_3=f_3-\frac{[pf]}{[p]}, & B_3=b_3-\frac{[pb]}{[p]}, & C_3=c_3-\frac{[pc]}{[p]}, & \ldots, \\ \ldots, & \ldots, & \ldots, & \ldots, \\ F_n=f_n-\frac{[pf]}{[p]}, & B_n=b_n-\frac{[pb]}{[p]}, & C_n=c_n-\frac{[pc]}{[p]}, & \ldots, \end{cases}$$

gebildet wird, wobei $[p F]=[p B]=[p C]=\ldots .=0$ werden mufs, aus den Fehlergleichungen:

$$
(132)\quad \begin{cases} v_1=F_1+B_1\,d\mathfrak{y}+C_1\,d\mathfrak{z}+\ldots, & \text{Gewicht} =p_1, \\ v_2=F_2+B_2\,d\mathfrak{y}+C_2\,d\mathfrak{z}+\ldots, & \quad ,, \quad =p_2, \\ v_3=F_3+B_3\,d\mathfrak{y}+C_3\,d\mathfrak{z}+\ldots, & \quad ,, \quad =p_3, \\ \ldots\ldots\ldots\ldots\ldots, & \ldots\ldots, \\ v_n=F_n+B_n\,d\mathfrak{y}+C_n\,d\mathfrak{z}+\ldots, & \quad ,, \quad =p_n. \end{cases}
$$

Nachdem $d\mathfrak{y}$, $d\mathfrak{z}$, ... aus den reduzirten Endgleichungen bestimmt sind, erhalten wir $d\mathfrak{x}$ nach:

$$
(133)\quad d\mathfrak{x}=\mp\frac{[pf]}{[p]}\mp\frac{[pb]}{[p]}d\mathfrak{y}\mp\frac{[pc]}{[p]}d\mathfrak{z}\mp\ldots,
$$

worin das $\begin{Bmatrix}\text{obere}\\ \text{untere}\end{Bmatrix}$ Vorzeichen gilt, wenn das Vorzeichen von $d\mathfrak{x}$ in den umgeformten Fehlergleichungen $\begin{Bmatrix}\text{positiv}\\ \text{negativ}\end{Bmatrix}$ ist.

Um nach Formel **(129)** den richtigen Wert von $[pvv]$ zu erhalten, kann erstens dem sich bei Auflösung der reduzirten Endgleichungen nach Formel **(127)** für Σ ergebenden Betrage $-\frac{\mathfrak{F}_2}{\mathfrak{B}_2}\mathfrak{F}_2-\frac{\mathfrak{F}_3}{\mathfrak{C}_3}\mathfrak{F}_3-\ldots$ noch $-\frac{[pf]}{[p]}[pf]$ hinzugesetzt werden, oder es kann zweitens bei Benutzung der Formeln **(130)** der aus der $n+1$ ten Fehlergleichung entspringende Betrag $-\frac{[pf]}{[p]}[pf]$ mit in $[pff]$ aufgenommen werden, oder es kann drittens bei Benutzung der Formeln **(131)** und **(132)** $[pFF]$ statt $[pff]$ gebildet und in Formel **(129)** eingesetzt werden.

Wenn $p_1=p_2=p_3=\ldots p_n=1$ ist, so vereinfachen sich die Formeln **(130)** bis **(133)** wie folgt:

$$
(134)\quad \begin{cases} \mathfrak{v}_1 = f_1+b_1\,d\mathfrak{y}+c_1\,d\mathfrak{z}+\ldots, & \text{Gewicht} =+1, \\ \mathfrak{v}_2 = f_2+b_2\,d\mathfrak{y}+c_2\,d\mathfrak{z}+\ldots, & \quad ,, \quad =+1, \\ \mathfrak{v}_3 = f_3+b_3\,d\mathfrak{y}+c_3\,d\mathfrak{z}+\ldots, & \quad ,, \quad =+1, \\ \ldots\ldots\ldots\ldots\ldots, & \ldots\ldots, \\ \mathfrak{v}_n = f_n+b_n\,d\mathfrak{y}+c_n\,d\mathfrak{z}+\ldots, & \quad ,, \quad =+1, \\ \mathfrak{v}_{n+1}=[f]+[b]\,d\mathfrak{y}+[c]\,d\mathfrak{z}+\ldots, & \quad ,, \quad =-\frac{1}{n}; \end{cases}
$$

$$
(135)\quad \begin{cases} F_1=f_1-\frac{[f]}{n}, & B_1=b_1-\frac{[b]}{n}, & C_1=c_1-\frac{[c]}{n}, & \ldots, \\ F_2=f_2-\frac{[f]}{n}, & B_2=b_2-\frac{[b]}{n}, & C_2=c_2-\frac{[c]}{n}, & \ldots, \\ F_3=f_3-\frac{[f]}{n}, & B_3=b_3-\frac{[b]}{n}, & C_3=c_3-\frac{[c]}{n}, & \ldots, \\ \ldots\ldots, & \ldots\ldots, & \ldots\ldots, & \ldots, \\ F_n=f_n-\frac{[f]}{n}, & B_n=b_n-\frac{[b]}{n}, & C_n=c_n-\frac{[c]}{n}, & \ldots, \end{cases}
$$

wo $[F]=[B]=[C]=\ldots=0$ sein mufs;

$$
(136)\quad \begin{cases} v_1=F_1+B_1\,d\mathfrak{y}+C_1\,d\mathfrak{z}+\ldots, & \text{Gewicht} =+1, \\ v_2=F_2+B_2\,d\mathfrak{y}+C_2\,d\mathfrak{z}+\ldots, & \quad ,, \quad =+1, \\ v_3=F_3+B_3\,d\mathfrak{y}+C_3\,d\mathfrak{z}+\ldots, & \quad ,, \quad =+1, \\ \ldots\ldots\ldots\ldots\ldots, & \ldots\ldots, \\ v_n=F_n+B_n\,d\mathfrak{y}+C_n\,d\mathfrak{z}+\ldots, & \quad ,, \quad =+1. \end{cases}
$$

Nachdem $d\mathfrak{y}$, $d\mathfrak{z}$, ... aus den reduzirten Endgleichungen bestimmt sind, erhalten wir $d\mathfrak{x}$ nach:

$$
(137)\quad d\mathfrak{x}=\mp\frac{[f]}{n}\mp\frac{[b]}{n}d\mathfrak{y}\mp\frac{[c]}{n}d\mathfrak{z}\mp\ldots,
$$

worin das $\begin{Bmatrix}\text{obere}\\ \text{untere}\end{Bmatrix}$ Vorzeichen gilt, wenn das Vorzeichen von $d\mathfrak{x}$ in den umgeformten Fehlergleichungen $\begin{Bmatrix}\text{positiv}\\ \text{negativ}\end{Bmatrix}$ ist.

Um nach Formel **(129)** in diesem Falle den richtigen Wert von $[pvv]$ zu erhalten, kann erstens dem sich bei Auflösung der reduzirten Endgleichungen nach Formel **(127)** für Σ ergebenden Betrage $-\frac{\mathfrak{F}_2}{\mathfrak{B}_2}\mathfrak{F}_2 - \frac{\mathfrak{F}_3}{\mathfrak{C}_3}\mathfrak{F}_3 - \ldots\ldots$ noch $-\frac{[f]}{n}[f]$ hinzugesetzt, oder es kann zweitens bei Benutzung der Formeln **(134)** der aus der $n+1$ ten Fehlergleichung entspringende Betrag $-\frac{[f]}{n}[f]$ mit in $[pff]$ aufgenommen werden, oder es kann drittens bei Benutzung der Formeln **(135)** und **(136)** $[FF]$ statt $[ff]$ gebildet und in Formel **(129)** eingesetzt werden.

Mit den nach den Formeln **(130)** oder **(134)** erhaltenen Werten $\mathfrak{v}_1, \mathfrak{v}_2, \mathfrak{v}_3, \ldots \mathfrak{v}_n$ ergeben sich die wahrscheinlichsten Werte $v_1, v_2, v_3, \ldots v_n$ der Beobachtungsfehler nach:

(138)
$$\begin{cases} v_1 = \mathfrak{v}_1 \pm d\mathfrak{x}, \\ v_2 = \mathfrak{v}_2 \pm d\mathfrak{x}, \\ v_3 = \mathfrak{v}_3 \pm d\mathfrak{x}, \\ \ldots\ldots\ldots, \\ v_n = \mathfrak{v}_n \pm d\mathfrak{x}. \end{cases}$$

Die Proben nach den Formeln **(128)** sind:

(139)
$$\begin{cases} [pv] = 0, \\ [pbv] = 0, \\ [pcv] = 0, \\ \ldots\ldots, \end{cases}$$

oder wenn sämtliche Gewichte gleich 1 sind:

(140)
$$\begin{cases} [v] = 0, \\ [bv] = 0, \\ [cv] = 0, \\ \ldots\ldots \end{cases}$$

Beispiel: Bei der Berechnung der wahrscheinlichsten Werte der Koordinaten xy eines durch Rückwärtseinschneiden bestimmten trigonometrischen Punktes haben sich die folgenden umgeformten Fehlergleichungen ergeben:*)

$$\begin{aligned} v_1 &= 0 - 110{,}7\,d\mathfrak{x} + 95{,}0\,d\mathfrak{y} + d\mathfrak{z}, &\text{Gewicht} &= 1, \\ v_2 &= 0 - 255{,}4\,d\mathfrak{x} - 97{,}0\,d\mathfrak{y} + d\mathfrak{z}, &\text{„} &= 1, \\ v_3 &= +10 - 14{,}3\,d\mathfrak{x} - 202{,}2\,d\mathfrak{y} + d\mathfrak{z}, &\text{„} &= 1, \\ v_4 &= -20 + 167{,}1\,d\mathfrak{x} + 82{,}1\,d\mathfrak{y} + d\mathfrak{z}, &\text{„} &= 1, \\ v_5 &= +8 - 60{,}9\,d\mathfrak{x} + 267{,}0\,d\mathfrak{y} + d\mathfrak{z}, &\text{„} &= 1. \end{aligned}$$

Diese Gleichungen können nach den Formeln **(134)** reduzirt werden auf:

$$\begin{aligned} \mathfrak{v}_1 &= 0 - 110{,}7\,d\mathfrak{x} + 95{,}0\,d\mathfrak{y}, &\text{Gewicht} &= 1, \\ \mathfrak{v}_2 &= 0 - 255{,}4\,d\mathfrak{x} - 97{,}0\,d\mathfrak{y}, &\text{„} &= 1, \\ \mathfrak{v}_3 &= +10 - 14{,}3\,d\mathfrak{x} - 202{,}2\,d\mathfrak{y}, &\text{„} &= 1, \\ \mathfrak{v}_4 &= -20 + 167{,}1\,d\mathfrak{x} + 82{,}1\,d\mathfrak{y}, &\text{„} &= 1, \\ \mathfrak{v}_5 &= +8 - 60{,}9\,d\mathfrak{x} + 267{,}0\,d\mathfrak{y}, &\text{„} &= 1, \\ \mathfrak{v}_6 &= -2 - 274{,}2\,d\mathfrak{x} + 144{,}9\,d\mathfrak{y}, &\text{„} &= -\frac{1}{5}. \end{aligned}$$

Hiermit ergeben sich die Faktoren der reduzirten Endgleichungen wie folgt:

	$p.$	$a.$	$b.$	$f.$	$paa.$	$pab.$	$paf.$	$pbb.$	$pbf.$
P_1	1	− 111	+ 95	0	+ 12 321	− 10 545	0	+ 9 025	0
P_2	1	− 255	− 97	0	+ 65 025	+ 24 735	0	+ 9 409	0
P_3	1	− 14	− 202	+ 10	+ 196	+ 2 828	− 140	+ 40 804	− 2 020
P_4	1	+ 167	+ 82	− 20	+ 27 889	+ 13 694	− 3 340	+ 6 724	− 1 640
P_5	1	− 61	+ 267	+ 8	+ 3 721	− 16 287	− 488	+ 71 289	+ 2 136
	$-\frac{1}{5}$	− 274	+ 145	− 2	− 15 015	+ 7 946	− 110	− 4 205	+ 58
					+ 94 137	+ 22 371	− 4 078	+ 133 046	− 1 466

*) Vergleiche § 36.

Die reduzirten Endgleichungen sind demnach:

$$+\,94\,137\,d\mathfrak{x} + 22\,371\,d\mathfrak{y} - 4\,078 = 0\,,$$
$$+\,22\,371\,d\mathfrak{x} + 133\,046\,d\mathfrak{y} - 1\,466 = 0\,,$$

woraus sich nach den Formeln **(122)** und **(123)** ergiebt:

$$d\mathfrak{x} = +\,0{,}042\,, \qquad d\mathfrak{y} = +\,0{,}004$$

und nach Formel **(137)**:

$$d\mathfrak{z} = -\frac{[a]}{n}\,d\mathfrak{x} - \frac{[b]}{n}\,d\mathfrak{y} - \frac{[f]}{n} = +\,54{,}8\,(+\,0{,}042) - 29{,}0\,(+\,0{,}004) + 0{,}4 = +\,2{,}6\,,$$

endlich nach den Formeln **(134)** und **(138)**:

$$(134)\left\{\begin{aligned}
\mathfrak{v}_1 &= f_1 + a_1\,d\mathfrak{x} + b_1\,d\mathfrak{y} = 0{,}0 - 4{,}7 + 0{,}4 = -4{,}3\,,\\
\mathfrak{v}_2 &= f_2 + a_2\,d\mathfrak{x} + b_2\,d\mathfrak{y} = 0{,}0 - 10{,}7 - 0{,}4 = -11{,}1\,,\\
\mathfrak{v}_3 &= f_3 + a_3\,d\mathfrak{x} + b_3\,d\mathfrak{y} = +10{,}0 - 0{,}6 - 0{,}8 = +8{,}6\,,\\
\mathfrak{v}_4 &= f_4 + a_4\,d\mathfrak{x} + b_4\,d\mathfrak{y} = -20{,}0 + 7{,}0 + 0{,}3 = -12{,}7\,,\\
\mathfrak{v}_5 &= f_5 + a_5\,d\mathfrak{x} + b_5\,d\mathfrak{y} = +8{,}0 - 2{,}6 + 1{,}1 = +6{,}5\,,\\
& \qquad\qquad\qquad\qquad\quad\;\; -2{,}0 - 11{,}6 + 0{,}6 \quad\; -13{,}0\,.
\end{aligned}\right.
\qquad
(138)\left\{\begin{aligned}
v_1 &= \mathfrak{v}_1 + d\mathfrak{z} = -1{,}7\\
v_2 &= \mathfrak{v}_2 + d\mathfrak{z} = -8{,}5\\
v_3 &= \mathfrak{v}_3 + d\mathfrak{z} = +11{,}2\\
v_4 &= \mathfrak{v}_4 + d\mathfrak{z} = -10{,}1\\
v_5 &= \mathfrak{v}_5 + d\mathfrak{z} = +9{,}1\\
[v] &= \qquad\qquad\;\; 0{,}0\,.
\end{aligned}\right.$$

Ferner folgt aus den gegebenen umgeformten Fehlergleichungen nach den Formeln **(135)** und **(136)**:

$$(135)\left\{\begin{aligned}
F_1 &= f_1 - \frac{[f]}{n} = +0{,}4\,, & A_1 &= a_1 - \frac{[a]}{n} = -55{,}9\,, & B_1 &= b_1 - \frac{[b]}{n} = +66{,}0\,,\\
F_2 &= f_2 - \frac{[f]}{n} = +0{,}4\,, & A_2 &= a_2 - \frac{[a]}{n} = -200{,}6\,, & B_2 &= b_2 - \frac{[b]}{n} = -126{,}0\,,\\
F_3 &= f_3 - \frac{[f]}{n} = +10{,}4\,, & A_3 &= a_3 - \frac{[a]}{n} = +40{,}5\,, & B_3 &= b_3 - \frac{[b]}{n} = -231{,}2\,,\\
F_4 &= f_4 - \frac{[f]}{n} = -19{,}6\,, & A_4 &= a_4 - \frac{[a]}{n} = +221{,}9\,, & B_4 &= b_4 - \frac{[b]}{n} = +53{,}1\,,\\
F_5 &= f_5 - \frac{[f]}{n} = +8{,}4\,, & A_5 &= a_5 - \frac{[a]}{n} = -6{,}1\,, & B_5 &= b_5 - \frac{[b]}{n} = +238{,}0\,,\\
[F] &= \qquad\quad\;\; 0{,}0\,, & [A] &= \qquad\quad -0{,}2\,, & [B] &= \qquad\quad -0{,}1\,,
\end{aligned}\right.$$

$$(136)\left\{\begin{aligned}
v_1 &= F_1 + A_1\,d\mathfrak{x} + B_1\,d\mathfrak{y} = +0{,}4 - 55{,}9\,d\mathfrak{x} + 66{,}0\,d\mathfrak{y}\,, && \text{Gewicht} = 1\,,\\
v_2 &= F_2 + A_2\,d\mathfrak{x} + B_2\,d\mathfrak{y} = +0{,}4 - 200{,}6\,d\mathfrak{x} - 126{,}0\,d\mathfrak{y}\,, && \quad\;\;\text{"} \quad\; = 1\,,\\
v_3 &= F_3 + A_3\,d\mathfrak{x} + B_3\,d\mathfrak{y} = +10{,}4 + 40{,}5\,d\mathfrak{x} - 231{,}2\,d\mathfrak{y}\,, && \quad\;\;\text{"} \quad\; = 1\,,\\
v_4 &= F_4 + A_4\,d\mathfrak{x} + B_4\,d\mathfrak{y} = -19{,}6 + 221{,}9\,d\mathfrak{x} + 53{,}1\,d\mathfrak{y}\,, && \quad\;\;\text{"} \quad\; = 1\,,\\
v_5 &= F_5 + A_5\,d\mathfrak{x} + B_5\,d\mathfrak{y} = +8{,}4 - 6{,}1\,d\mathfrak{x} + 238{,}0\,d\mathfrak{y}\,, && \quad\;\;\text{"} \quad\; = 1\,,
\end{aligned}\right.$$

wonach sich die Faktoren und Absolutglieder der reduzirten Endgleichungen wie folgt ergeben:

	p.	*A*.	*B*.	*F*.	*pAA*.	*pAB*.	*pAF*.	*pBB*.	*pBF*.
P_1	1	− 56	+ 66	+ 0,4	3 136	− 3 696	− 22	4 356	+ 26
P_2	1	− 201	− 126	+ 0,4	40 401	+ 25 326	− 80	15 876	− 50
P_3	1	+ 40	− 231	+ 10,4	1 600	− 9 240	+ 416	53 361	− 2 402
P_4	1	+ 222	+ 53	− 19,6	49 284	+ 11 766	− 4 351	2 809	− 1 039
P_5	1	− 6	+ 238	+ 8,4	36	− 1 428	− 50	56 644	+ 1 999
					+ 94 457	+ 22 728	− 4 087	+ 133 046	− 1 466

Die reduzirten Endgleichungen sind demnach:

$$+94\,457\,d\mathfrak{x}+\ 22\,728\,d\mathfrak{y}-4\,087=0\,,^{*)}$$
$$+22\,728\,d\mathfrak{x}+133\,046\,d\mathfrak{y}-1\,466=0\,,$$

woraus sich nach den Formeln **(122)**, **(123)** und **(137)** wie oben ergiebt:

$$d\mathfrak{x}=+0{,}042\,,\qquad d\mathfrak{y}=+0{,}004\,,\qquad d\mathfrak{z}=+2{,}6\,.$$

Die wahrscheinlichsten Werte der Beobachtungsfehler werden nach den reduzirten Fehlergleichungen **(136)**:

$$\begin{aligned}
v_1&=+\ 0{,}4-\ 55{,}9\,d\mathfrak{x}+\ 66{,}0\,d\mathfrak{y}=+\ 0{,}4-2{,}3+0{,}3=-\ 1{,}6\,,\\
v_2&=+\ 0{,}4-200{,}6\,d\mathfrak{x}-126{,}0\,d\mathfrak{y}=+\ 0{,}4-8{,}4-0{,}5=-\ 8{,}5\,,\\
v_3&=+10{,}4+\ 40{,}5\,d\mathfrak{x}-231{,}2\,d\mathfrak{y}=+10{,}4+1{,}7-0{,}9=+11{,}2\,,\\
v_4&=-19{,}6+221{,}9\,d\mathfrak{x}+\ 53{,}1\,d\mathfrak{y}=-19{,}6+9{,}3+0{,}2=-10{,}1\,,\\
v_5&=+\ 8{,}4-\ 6{,}1\,d\mathfrak{x}+238{,}0\,d\mathfrak{y}=+\ 8{,}4-0{,}3+1{,}0=+\ 9{,}1\,,\\
[v]&=\qquad\qquad\qquad\qquad\qquad\quad 0{,}0+0{,}0+0{,}1=+\ 0{,}1\,.
\end{aligned}$$

8. Wenn die Faktoren a, b, c, ... der umgeformten Fehlergleichungen unter sich einander gleich sind, wenn also die umgeformten Fehlergleichungen

$$\begin{aligned}
v_1&=f_1+a\,d\mathfrak{x}+b\,d\mathfrak{y}+c\,d\mathfrak{z}+\ldots,\quad &&\text{Gewicht}=p_1,\\
v_2&=f_2+a\,d\mathfrak{x}+b\,d\mathfrak{y}+c\,d\mathfrak{z}+\ldots,\quad &&\quad\text{"}\quad=p_2,\\
v_3&=f_3+a\,d\mathfrak{x}+b\,d\mathfrak{y}+c\,d\mathfrak{z}+\ldots,\quad &&\quad\text{"}\quad=p_3,\\
&\ldots\ldots\ldots\ldots\ldots\ldots, &&\ldots\ldots\ldots,\\
v_n&=f_n+a\,d\mathfrak{x}+b\,d\mathfrak{y}+c\,d\mathfrak{z}+\ldots,\quad &&\quad\text{"}\quad=p_n
\end{aligned}$$

vorliegen, so können diese reduzirt werden auf die eine Fehlergleichung

$$\text{(141)}\qquad \mathfrak{v}=\frac{[pf]}{[p]}+a\,d\mathfrak{x}+b\,d\mathfrak{y}+c\,d\mathfrak{z}+\ldots,\quad \text{Gewicht}=[p]\,.$$

Denn die obigen n Fehlergleichungen liefern die folgenden Endgleichungen:

$$\begin{aligned}
&[p]\,aa\,d\mathfrak{x}+[p]\,ab\,d\mathfrak{y}+[p]\,ac\,d\mathfrak{z}+\ldots+[pf]\,a=0,\\
&[p]\,ab\,d\mathfrak{x}+[p]\,bb\,d\mathfrak{y}+[p]\,bc\,d\mathfrak{z}+\ldots+[pf]\,b=0,\\
&[p]\,ac\,d\mathfrak{x}+[p]\,bc\,d\mathfrak{y}+[p]\,cc\,d\mathfrak{z}+\ldots+[pf]\,c=0,\\
&\ldots\ldots\ldots\ldots\ldots\ldots\ldots\ldots\ldots\ldots\ldots\ldots,
\end{aligned}$$

und ganz dieselben Endgleichungen ergeben sich aus der einen reduzirten Fehlergleichung **(141)**.

9. Die Fehlergleichung

$$v=f+a\,d\mathfrak{x}+b\,d\mathfrak{y}+c\,d\mathfrak{z}+\ldots,\quad \text{Gewicht}=p$$

kann ersetzt werden durch die Fehlergleichung

$$\text{(142)}\qquad q\,v=q\,f+q\,a\,d\mathfrak{x}+q\,b\,d\mathfrak{y}+q\,c\,d\mathfrak{z}+\ldots,\quad \text{Gewicht}=\frac{p}{q^2};$$

denn, wie leicht zu übersehen ist, liefern beide Fehlergleichungen dieselben Beiträge zu den Endgleichungen.

10. Die n Fehlergleichungen

$$\begin{aligned}
v_1&=f_1\pm d\mathfrak{x}\,, &&\text{Gewicht}=p_1,\\
v_2&=f_2\pm d\mathfrak{x}+b\,d\mathfrak{y}+c\,d\mathfrak{z}+\ldots, &&\quad\text{"}\quad=p_2,\\
v_3&=f_3\pm d\mathfrak{x}\,, &&\quad\text{"}\quad=p_3,\\
&\ldots\ldots\ldots, &&\ldots\ldots\ldots,\\
v_n&=f_n\pm d\mathfrak{x}\,, &&\quad\text{"}\quad=p_n,
\end{aligned}$$

*) Die Abweichungen der Zahlenwerte in den nach den Formeln **(134)** erhaltenen Endgleichungen von den hier erhaltenen erklären sich durch die Abrundungen der Zahlenwerte der Faktoren a, b und A, B.

können nach den Formeln **(130)** zuerst reduzirt werden auf die Fehlergleichungen:

$$\begin{array}{llll}
\mathfrak{v}_1 & = f_1 & , \text{ Gewicht} = & p_1, \\
\mathfrak{v}_2 & = f_2 + b\,d\mathfrak{y} + c\,d\mathfrak{z} + \ldots, & \quad " \quad = & p_2, \\
\mathfrak{v}_3 & = f_3 & , \quad " \quad = & p_3, \\
\ldots & \ldots & , \ldots & , \\
\mathfrak{v}_n & = f_n & , \quad " \quad = & p_n, \\
\mathfrak{v}_{n+1} & = [pf] + p_2 b\,d\mathfrak{y} + p_2 c\,d\mathfrak{z} + \ldots, & \quad " \quad = & -\dfrac{1}{[p]}.
\end{array}$$

Von diesen reduzirten Fehlergleichungen liefern nur die zweite und die letzte Beiträge zu den Faktoren u. s. w. der reduzirten Endgleichungen, da in allen übrigen Fehlergleichungen die Faktoren b, c, ... sämtlich gleich Null sind. Demnach können diese $n+1$ Gleichungen für die Bildung der reduzirten Endgleichungen ersetzt werden durch die beiden Fehlergleichungen:

$$\begin{array}{lll}
\mathfrak{v}_2 = f_2 + b\,d\mathfrak{y} + c\,d\mathfrak{z} + \ldots, & \text{Gewicht} = & p_2, \\
\mathfrak{v}_{n+1} = [pf] + p_2 b\,d\mathfrak{y} + p_2 c\,d\mathfrak{z} + \ldots, & \quad " \quad = & -\dfrac{1}{[p]}.
\end{array}$$

oder, unter Berücksichtigung der unter Nr. 9 aufgestellten Formel **(142)**, durch die beiden Fehlergleichungen:

$$\begin{array}{lll}
\mathfrak{v}_2 = f_2 + b\,d\mathfrak{y} + c\,d\mathfrak{z} + \ldots, & \text{Gewicht} = & p_2, \\
\dfrac{1}{p_2}\mathfrak{v}_{n+1} = \dfrac{[pf]}{p_2} + b\,d\mathfrak{y} + c\,d\mathfrak{z} + \ldots, & \quad " \quad = & -\dfrac{p_2^2}{[p]}.
\end{array}$$

Diese beiden Fehlergleichungen können sodann nach Formel **(141)** weiter reduzirt werden auf die eine Fehlergleichung:

$$\mathfrak{v} = \frac{p_2 f_2 - \dfrac{p_2}{[p]}[pf]}{p_2 - \dfrac{p_2^2}{[p]}} + b\,d\mathfrak{y} + c\,d\mathfrak{z} + \ldots, \quad \text{Gewicht} = p_2 - \frac{p_2^2}{[p]},$$

oder da der erste Teil des Ausdrucks, oben und unten mit $\frac{[p]}{p_2}$ multiplizirt, über geht in:

$$\frac{[p]f_2 - [pf]}{[p] - p_2} = \frac{[p]f_2 - p_2 f_2 + p_2 f_2 - [pf]}{[p] - p_2} = f_2 - \frac{[pf] - p_2 f_2}{[p] - p_2},$$

auf die Fehlergleichung:

(143) $$\mathfrak{v} = f_2 - \frac{[pf] - p_2 f_2}{[p] - p_2} + b\,d\mathfrak{y} + c\,d\mathfrak{z} + \ldots, \quad \text{Gewicht} = p_2 - \frac{p_2^2}{[p]} = \frac{([p] - p_2)p_2}{[p]}.$$

Für $d\mathfrak{x}$ ergiebt sich nach Formel **(133)**:

(144) $$d\mathfrak{x} = \mp \frac{[pf]}{[p]} \mp \frac{p_2}{[p]} b\,d\mathfrak{y} \mp \frac{p_2}{[p]} c\,d\mathfrak{z} \mp \ldots,$$

worin das $\left\{\begin{array}{l}\text{obere}\\\text{untere}\end{array}\right\}$ Vorzeichen gilt, wenn das Vorzeichen von $d\mathfrak{x}$ in den umgeformten Fehlergleichungen $\left\{\begin{array}{l}\text{positiv}\\\text{negativ}\end{array}\right\}$ ist.

Ebenso wie bei Anwendung der Formeln **(130)** bis **(133)** mufs auch bei Anwendung der Formeln **(143)** und **(144)** dem sich bei Auflösung der reduzirten Endgleichungen nach Formel **(127)** für Σ ergebenden Betrage $-\frac{\mathfrak{F}_2}{\mathfrak{B}_2}\mathfrak{F}_2 - \frac{\mathfrak{F}_3}{\mathfrak{C}_3}\mathfrak{F}_3 - \ldots$ noch $-\frac{[pf]}{[p]}[pf]$ hinzugesetzt werden, um nach Formel **(129)** den richtigen Wert von $[pvv]$ zu erhalten.

In dem Falle, dafs $p_1 = p_2 = p_3 = \ldots p_n = 1$ ist, vereinfachen sich die Formeln **(143)** und **(144)** wie folgt:

(145) $$\mathfrak{v} = f_2 - \frac{[f] - f_2}{n-1} + b\,d\mathfrak{y} + c\,d\mathfrak{z} + \ldots, \text{ Gewicht } = 1 - \frac{1}{n} = \frac{n-1}{n},$$

(146) $$d\mathfrak{x} = \mp \frac{[f]}{n} \mp \frac{1}{n} b\,d\mathfrak{y} \mp \frac{1}{n} c\,d\mathfrak{z} \mp \ldots,$$

worin bezüglich der Vorzeichen das zu Formel **(144)** gesagte gilt.

Der erforderliche Zusatz zu dem Σ Betrage $-\frac{\mathfrak{F}_2}{\mathfrak{B}_2}\mathfrak{F}_2 - \frac{\mathfrak{F}_3}{\mathfrak{C}_3}\mathfrak{F}_3 - \ldots$ ist hier $-\frac{[f]}{n}[f]$.

Beispiel: Bei Berechnung der wahrscheinlichsten Werte der Koordinaten $x\ y$ eines durch Vorwärtseinschneiden bestimmten trigonometrischen Punktes haben sich für die auf einem Punkte P_a beobachteten Richtungen die folgenden umgeformten Fehlergleichungen ergeben:*)

$$\begin{aligned} v_1 &= +0{,}8 &&+ d\mathfrak{z}_a, \quad \text{Gewicht } p_1 = 8{,}0, \\ v_2 &= +4{,}2 &&+ d\mathfrak{z}_a, \quad \text{„} \quad p_2 = 6{,}5, \\ v_3 &= +0{,}2 + 35{,}6\,d\mathfrak{x} + 23{,}0\,d\mathfrak{y} &&+ d\mathfrak{z}_a, \quad \text{„} \quad p_3 = 9{,}0, \\ v_4 &= +2{,}0 &&+ d\mathfrak{z}_a, \quad \text{„} \quad p_4 = 8{,}0. \end{aligned}$$

Diese Fehlergleichungen werden reduzirt auf die eine Fehlergleichung:

(143) $$\begin{aligned} v &= f_3 - \frac{[pf] - p_3 f_3}{[p] - p_3} + a\,d\mathfrak{x} + b\,d\mathfrak{y}, \quad \text{Gewicht} = \frac{([p] - p_3)\,p_3}{[p]}, \\ &= +0{,}2 - \frac{+49{,}7}{22{,}5} + 35{,}6\,d\mathfrak{x} + 23{,}0\,d\mathfrak{y}, \quad \text{Gewicht} = \frac{22{,}5 \cdot 9{,}0}{31{,}5}, \\ &= -2{,}0 + 35{,}6\,d\mathfrak{x} + 23{,}0\,d\mathfrak{y}, \quad \text{Gewicht} = 6{,}4. \end{aligned}$$

Für die Berechnung von $d\mathfrak{z}_a$ ergiebt sich:

(144) $$\begin{aligned} d\mathfrak{z}_a &= -\frac{p_3}{[p]} a\,d\mathfrak{x} - \frac{p_3}{[p]} b\,d\mathfrak{y} - \frac{[pf]}{[p]} \\ &= -\frac{9{,}0}{31{,}5}(+35{,}6)\,d\mathfrak{x} - \frac{9{,}0}{31{,}5}(+23{,}0)\,d\mathfrak{y} - \frac{+51{,}5}{31{,}5} \\ &= -10{,}2\,d\mathfrak{x} - 6{,}6\,d\mathfrak{y} - 1{,}63. \end{aligned}$$

2. Kapitel. Beispiele zu dem im 1. Kapitel entwickelten Verfahren.

§ 31. Bogenschnitt gemessener Längen.

1. Zur weiteren Erläuterung des im 1. Kapitel entwickelten Verfahrens für die Berechnung der wahrscheinlichsten Werte der durch vermittelnde Beobachtungen bestimmten Gröfsen und der mittleren Fehler der Beobachtungsergebnisse wollen wir hier noch eine Reihe von Beispielen folgen lassen und zwar in der Weise, dafs wir für jedes Beispiel zuerst die Formeln entwickeln und dann die Rechnungen nach den entwickelten Formeln in schematischer Anordnung durchführen.

2. Das in den §§ 22 bis 29 benutzte Beispiel ist im Anschlufs an die theoretischen Formelentwicklungen bereits in seinen einzelnen Teilen vollständig behandelt worden. Weil aber die zerstreute Behandlung der einzelnen Teile nicht

*) Vergleiche § 37.

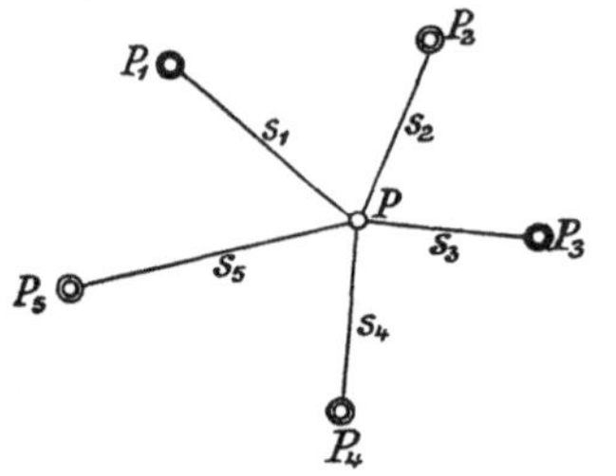

Fig. 10.

Gegebene Koordinaten.

P_1	$x_1 = 6\,548{,}30$	$y_1 = 2\,061{,}99$
P_2	$x_2 = 6\,570{,}58$	$y_2 = 2\,420{,}30$
P_3	$x_3 = 6\,297{,}72$	$y_3 = 2\,552{,}03$
P_4	$x_4 = 6\,056{,}29$	$y_4 = 2\,276{,}00$
P_5	$x_5 = 6\,246{,}43$	$y_5 = 1\,896{,}99$

Näherungswerte der gesuchten Koordinaten

P	$\mathfrak{x} = 6\,323{,}76$	$\mathfrak{y} = 2\,306{,}00$

Gemessene Streckenlängen.	Gewichte der Streckenlängen.
$s_1 = 331{,}60$	$p_1 = 5{,}43$
$s_2 = 272{,}00$	$p_2 = 6{,}92$
$s_3 = 247{,}10$	$p_3 = 5{,}15$
$s_4 = 269{,}50$	$p_4 = 6{,}92$
$s_5 = 416{,}70$	$p_5 = 2{,}59$

Für $s = 100$ ist das Gewicht $p_{100} = 14{,}8$.

Gesucht: Die wahrscheinlichsten Werte der Koordinaten $x\ y$ des Punktes P und die mittleren Fehler.

Formeln.

Beziehungen zwischen den wahren Werten der Streckenlängen (s) und der Koordinaten (x) (y).

$$
(108)\quad \begin{cases}
(s_1) = \sqrt{((x) - x_1)^2 + ((y) - y_1)^2}, \\
(s_2) = \sqrt{((x) - x_2)^2 + ((y) - y_2)^2}, \\
\dots\dots\dots\dots\dots\dots, \\
(s_5) = \sqrt{((x) - x_5)^2 + ((y) - y_5)^2},
\end{cases}
$$

Näherungswerte $\mathfrak{s}$ der Streckenlängen.

$$
(112)\quad \begin{cases}
\mathfrak{s}_1 = \sqrt{(\mathfrak{x} - x_1)^2 + (\mathfrak{y} - y_1)^2}, \\
\mathfrak{s}_2 = \sqrt{(\mathfrak{x} - x_2)^2 + (\mathfrak{y} - y_2)^2}, \\
\dots\dots\dots\dots\dots\dots, \\
\mathfrak{s}_5 = \sqrt{(\mathfrak{x} - x_5)^2 + (\mathfrak{y} - y_5)^2},
\end{cases}
$$

Differenzialquotienten a, b.

$$
(114)\quad \begin{cases}
a_1 = \dfrac{\mathfrak{x} - x_1}{\mathfrak{s}_1}, & b_1 = \dfrac{\mathfrak{y} - y_1}{\mathfrak{s}_1}, \\
a_2 = \dfrac{\mathfrak{x} - x_2}{\mathfrak{s}_2}, & b_2 = \dfrac{\mathfrak{y} - y_2}{\mathfrak{s}_2}, \\
\dots\dots\dots, & \dots\dots\dots, \\
a_5 = \dfrac{\mathfrak{x} - x_5}{\mathfrak{s}_5}, & b_5 = \dfrac{\mathfrak{y} - y_5}{\mathfrak{s}_5},
\end{cases}
$$

Abweichungen f zwischen den Näherungswerten $\mathfrak{s}$ und den gemessenen Streckenlängen s.

$$
(115)\quad \begin{cases}
f_1 = \mathfrak{s}_1 - s_1, \\
f_2 = \mathfrak{s}_2 - s_2, \\
\dots\dots\dots, \\
f_5 = \mathfrak{s}_5 - s_5.
\end{cases}
$$

den erwünschten Ueberblick über die ganze Rechnung gewährt, und weil einzelne Teile auch mit Rücksicht auf die vorhergegangenen Entwicklungen umfangreicher behandelt werden mufsten, als es bei einer lediglich auf das praktische Ziel gerichteten Durchführung notwendig ist, lassen wir hier das ganze Beispiel nochmals im Zusammenhange folgen in einer für die praktische Anwendung zweckmäfsigen Anordnung.

Endgleichungen.	Reduzirte Endgleichungen und Aenderungen $d\mathfrak{x}\ d\mathfrak{y}$ der Näherungswerte $\mathfrak{x}\ \mathfrak{y}$ der Koordinaten.
(118) $\begin{cases} [paa]\,d\mathfrak{x}+[pab]\,d\mathfrak{y}+[paf]=0, \\ [pab]\,d\mathfrak{x}+[pbb]\,d\mathfrak{y}+[pbf]=0. \end{cases}$	(122) $\begin{cases} \mathfrak{a}_1\,d\mathfrak{x}+\mathfrak{b}_1\,d\mathfrak{y}+\mathfrak{f}_1=0, \\ \mathfrak{B}_2\,d\mathfrak{y}+\mathfrak{F}_2=0. \end{cases}$
(120) $\begin{cases} \mathfrak{a}_1=[paa],\ \mathfrak{b}_1=[pab],\ \mathfrak{f}_1=[paf], \\ \mathfrak{b}_2=[pbb],\ \mathfrak{f}_2=[pbf], \\ \mathfrak{B}_2=\mathfrak{b}_2-\frac{\mathfrak{b}_1}{\mathfrak{a}_1}\mathfrak{b}_1,\ \mathfrak{F}_2=\mathfrak{f}_2-\frac{\mathfrak{b}_1}{\mathfrak{a}_1}\mathfrak{f}_1. \end{cases}$	(123) $\begin{cases} d\mathfrak{y}=-\frac{\mathfrak{F}_2}{\mathfrak{B}_2}, \\ d\mathfrak{x}=-\frac{\mathfrak{b}_1}{\mathfrak{a}_1}d\mathfrak{y}-\frac{\mathfrak{f}_1}{\mathfrak{a}_1}. \end{cases}$
Probe.	Wahrscheinlichste Werte $x\ y$ der Koordinaten des Punktes P.
(127) $-\frac{\mathfrak{f}_1}{\mathfrak{a}_1}\mathfrak{f}_1-\frac{\mathfrak{F}_2}{\mathfrak{B}_2}\mathfrak{F}_2=\mathfrak{f}_1\,d\mathfrak{x}+\mathfrak{f}_2\,d\mathfrak{y}=\Sigma.$	(111) $\begin{cases} x=\mathfrak{x}+d\mathfrak{x}, \\ y=\mathfrak{y}+d\mathfrak{y}. \end{cases}$
Wahrscheinlichste Werte S der Streckenlängen.	Wahrscheinlichste Werte v der Beobachtungsfehler.
(109) $\begin{cases} S_1=\sqrt{(x-x_1)^2+(y-y_1)^2}, \\ S_2=\sqrt{(x-x_2)^2+(y-y_2)^2}, \\ \ldots\ldots\ldots, \\ S_5=\sqrt{(x-x_5)^2+(y-y_5)^2}. \end{cases}$	(110) $\begin{cases} v_1=S_1-s_1, \\ v_2=S_2-s_2, \\ \ldots\ldots, \\ v_5=S_5-s_5. \end{cases}$
Aenderungen $d\mathfrak{s}$ der Näherungswerte $\mathfrak{s}$ der Streckenlängen.	Probe.
(116) $\begin{cases} d\mathfrak{s}_1=a_1\,d\mathfrak{x}+b_1\,d\mathfrak{y}, \\ d\mathfrak{s}_2=a_2\,d\mathfrak{x}+b_2\,d\mathfrak{y}, \\ \ldots\ldots\ldots, \\ d\mathfrak{s}_5=a_5\,d\mathfrak{x}+b_5\,d\mathfrak{y}. \end{cases}$	(117) $\begin{cases} v_1=f_1+d\mathfrak{s}_1, \\ v_2=f_2+d\mathfrak{s}_2, \\ \ldots\ldots, \\ v_5=f_5+d\mathfrak{s}_5. \end{cases}$
Schlufsprobe.	
(129) $[pff]=p_1f_1f_1+p_2f_2f_2+\ldots+p_5f_5f_5,$ $[pvv]=p_1v_1v_1+p_2v_2v_2+\ldots+p_5v_5v_5,$ $[pvv]=[pff]+\Sigma.$	
Mittlere Fehler.	
(125) $\mathfrak{m}=\pm\sqrt{\frac{[pvv]}{n-q}}.$	(39) $\mathfrak{m}_{100}=\pm\sqrt{\frac{1}{p_{100}}}.$
(126) $m_1=\pm\,\mathfrak{m}\sqrt{\frac{1}{p_1}},$ $m_2=\pm\,\mathfrak{m}\sqrt{\frac{1}{p_2}},$	$\ldots m_5=\pm\,\mathfrak{m}\sqrt{\frac{1}{p_5}}.$

3. Oben sind zuerst die gegebenen Koordinaten, die gemessenen Streckenlängen mit ihren Gewichten und die genäherten Koordinaten*) zusammengestellt. Sodann folgen die Rechenformeln in der Ordnung wie sie zur Anwendung gelangen.

Auf Seite 130 und 131 folgt dann die nach diesen Formeln durchgeführte Rechnung, zu deren Erläuterung nichts mehr zu sagen ist.

*) Die Berechnung der genäherten Koordinaten ist hier, als für das ganze Verfahren bedeutungslos, weggelassen.

	1. Berechnung der Näherungswerte $\mathfrak{s}$ der Streckenlängen.			2. Differenzialquotienten a, b.		3. Abweichungen f.		
	$\mathfrak{x}$. x_n. $\Delta\mathfrak{x}=\mathfrak{x}-x_n$.	$\mathfrak{y}$. y_n. $\Delta\mathfrak{y}=\mathfrak{y}-y_n$.	$\Delta\mathfrak{x}\,\Delta\mathfrak{x}$. $\Delta\mathfrak{y}\,\Delta\mathfrak{y}$. $\mathfrak{s}^2=\Delta\mathfrak{x}\,\Delta\mathfrak{x}$ $+\Delta\mathfrak{y}\,\Delta\mathfrak{y}$.	$a=\frac{\Delta\mathfrak{x}}{\mathfrak{s}}$.	$b=\frac{\Delta\mathfrak{y}}{\mathfrak{s}}$.	$\mathfrak{s}$.	s.	$f=\mathfrak{s}-s$.
P_1	6 323,76 6 548,30 — 224,54	2 306,00 2 061,99 + 244,01	5 04 18 5 95 41 10 99 59	— 0,677	+ 0,736	331,60	331,60	0,00
P_2	6 323,76 6 570,58 — 246,82	2 306,00 2 420,30 — 114,30	6 09 20 1 30 64 7 39 84	— 0,907	— 0,420	272,00	272,00	0,00
P_3	6 323,76 6 297,72 + 26,04	2 306,00 2 552,03 — 246,03	6 78 6 05 31 6 12 09	+ 0,105	— 0,996	247,40	247,10	+ 0,30
P_4	6 323,76 6 056,29 + 267,47	2 306,00 2 276,00 + 30,00	7 15 40 9 00 7 24 40	+ 0,994	+ 0,112	269,15	269,50	— 0,35
P_5	6 323,76 6 246,43 + 77,33	2 306,00 1 896,99 + 409,01	59 80 16 72 89 17 32 69	+ 0,186	+ 0,983	416,26	416,70	— 0,44
				— 0,299	+ 0,415	6,41	6,90	— 0,49

4. Bildung der Faktoren u. s. w. der Endgleichungen.

	p	$\sqrt{p}$.	$a\sqrt{p}$.	$b\sqrt{p}$.	$f\sqrt{p}$.	$p\,a\,a$.	$p\,a\,b$.	$p\,a\,f$.	$p\,b\,b$.	$p\,b\,f$.	$p\,f\,f$.
P_1	5,43	2,33	— 1,58	+ 1,71	0,00	2,50	— 2,70	0,00	2,92	0,00	0,00
P_2	6,92	2,63	— 2,39	— 1,10	0,00	5,71	+ 2,63	0,00	1,21	0,00	0,00
P_3	5,15	2,27	+ 0,24	— 2,26	+ 0,68	0,06	— 0,54	+ 0,16	5,11	— 1,54	0,46
P_4	6,92	2,63	+ 2,61	+ 0,29	— 0,92	6,81	+ 0,76	— 2,40	0,08	— 0,27	0,85
P_5	2,59	1,61	+ 0,30	+ 1,58	— 0,71	0,09	+ 0,47	— 0,21	2,50	— 1,12	0,50
						+ 15,17	+ 0,62	— 2,45	+ 11,82	— 2,93	+ 1,81
						$[p\,a\,a]=\mathfrak{a}_1$	$[p\,a\,b]=\mathfrak{b}_1$	$[p\,a\,f]=\mathfrak{f}_1$	$[p\,b\,b]=\mathfrak{b}_2$	$[p\,b\,f]=\mathfrak{f}_2$	$[p\,f\,f]$

5. Auflösung der Endgleichungen und wahrscheinlichste Werte x y der Koordinaten.										6. Probe.			
$\mathfrak{a}_1$	+ 15,17	$\mathfrak{b}_1$	+ 0,62	$\mathfrak{f}_1$	— 2,45	$\mathfrak{b}_2$	+ 11,82	$\mathfrak{f}_2$	— 2,93				
		$-\frac{\mathfrak{b}_1}{\mathfrak{a}_1}$	— 0,041	$-\frac{\mathfrak{f}_1}{\mathfrak{a}_1}$	+ 0,161	$-\frac{\mathfrak{b}_1}{\mathfrak{a}_1}\mathfrak{b}_1$	— 0,03	$-\frac{\mathfrak{b}_1}{\mathfrak{a}_1}\mathfrak{f}_1$	+ 0,10	$-\frac{\mathfrak{f}_1}{\mathfrak{a}_1}\mathfrak{f}_1$	— 0,394	$\mathfrak{f}_1\,d\mathfrak{x}$	— 0,370
				$-\frac{\mathfrak{b}_1}{\mathfrak{a}_1}d\mathfrak{y}$	— 0,010	$\mathfrak{B}_2$	+ 11,79	$\mathfrak{F}_2$	— 2,83	$-\frac{\mathfrak{F}_2}{\mathfrak{B}_2}\mathfrak{F}_2$	— 0,679	$\mathfrak{f}_2\,d\mathfrak{y}$	— 0,703
				$d\mathfrak{x}$	+ 0,151			$d\mathfrak{y}=-\frac{\mathfrak{F}_2}{\mathfrak{B}_2}$	+ 0,240	Σ	— 1,073	Σ	— 1,073
				$\mathfrak{x}=$ 6 323,76				$\mathfrak{y}=$ 2 306,00					
				$x=$ 6 323,91				$y=$ 2 306,24					

7. Wahrscheinlichste Werte S der Streckenlängen.			8. Fehler v.	9. Aenderungen $d\mathfrak{s}$ der Näherungswerte $\mathfrak{s}$.			10. Probe.	11. Quadratsumme der Fehler $[p\,v\,v]$.		12. Mittlere Fehler $m = \pm \mathfrak{m}\sqrt{\frac{1}{p}}$.
$\Delta x = x - x_n$. $\Delta y = y - y_n$.	$\Delta x\,\Delta x$. $\Delta y\,\Delta y$.	$S^2 = \Delta x\,\Delta x + \Delta y\,\Delta y$. S.	$v = S - s$.	$a\,d\mathfrak{x}$	$+\;b\,d\mathfrak{y}$	$= d\mathfrak{s}$.	$v = f + d\mathfrak{s}$.	$v\sqrt{p}$.	$p\,v\,v$.	$\mathfrak{m}\sqrt{\frac{1}{p}}$.
224,39 244,25	5 03 50 5 96 58	11 00 08 331,67	+0,07	−0,102	+0,177	+0,07	+0,07	+0,16	0,03	± 0,21
246,67 114,06	6 08 46 1 30 10	7 38 56 271,76	−0,24	−0,136	−0,101	−0,24	−0,24	−0,63	0,40	± 0,19
26,19 245,79	6 86 6 04 13	6 10 99 247,18	+0,08	+0,016	−0,239	−0,22	+0,08	+0,18	0,03	± 0,22
267,62 30,24	7 16 21 9 14	7 25 35 269,32	−0,18	+0,149	+0,027	+0,18	−0,17	−0,45	0,20	± 0,19
77,48 409,25	60 03 16 74 85	17 34 88 416,52	−0,18	+0,028	+0,236	+0,26	−0,18	−0,29	0,08	± 0,31
		6,45	−0,45	−0,045	+0,100	+0,05	−0,44	$[p\,v\,v]$	0,74	

13. Schlufsprobe und mittlere Fehler.

$$[p\,v\,v] = [p\,f\,f] + \Sigma = 1{,}81 - 1{,}07 = 0{,}74\,.$$

$$\mathfrak{m} = \pm\sqrt{\frac{[p\,v\,v]}{n-q}} = \pm\sqrt{\frac{0{,}74}{5-2}} = \pm\,0{,}50\,\mathrm{m}. \quad \mathfrak{m}_{100} = \pm\,\mathfrak{m}\sqrt{\frac{1}{\mathfrak{p}_{100}}} = \pm\,0{,}50\sqrt{\frac{1}{14{,}8}} = \pm\,0{,}13\,\mathrm{m}.$$

§ 32. Richtungsbestimmungen aus Winkelbeobachtungen.

Auf dem Punkte P = Redemoissel der Elbkette sind seitens der trigonometrischen Abteilung der Landesaufnahme zur Bestimmung der Richtungen nach den Punkten P_1 = Glienitz, P_2 = Höhbeck, P_3 = Pugelatz, P_4 = Hohen-Bünstorf die nachstehend mitgeteilten Winkelwerte bestimmt worden:

	P_1				P_2				P_3			
P_2	$w_{1\cdot2}$	82	47	60,833								
P_3	$w_{1\cdot3}$	195	42	46,425	$w_{2\cdot3}$	112	54	45,450				
P_4	$w_{1\cdot4}$	269	07	57,858	$w_{2\cdot4}$	186	19	57,942	$w_{3\cdot4}$	73	25	12,558

Die Winkelwerte sind als einfaches arithmetisches Mittel aus den Ergebnissen von je 6 Doppelbeobachtungen eines Winkels gewonnen, so dafs, wenn das Gewicht einer Doppelbeobachtung eines Winkels oder einer Beobachtung einer Richtung als Gewichtseinheit genommen wird, das Gewicht der mitgeteilten Winkelwerte $p = 6$ wird.

Es sollen die wahrscheinlichsten Werte R_1, R_2, R_3, R_4 der Richtungen, sowie der mittlere Fehler $\mathfrak{m}$ der Gewichtseinheit und der mittlere Fehler m der Beobachtungsergebnisse berechnet werden.

1. Der wahre Wert $(w_{l\,.\,r})$ eines Winkels steht zu den wahren Werten (R_l) und (R_r) der Richtungen des linken und rechten Winkelschenkels in der Beziehung, dafs $(w_{l\,.\,r}) = -(R_l) + (R_r)$ ist. Demnach erhalten wir für die Beziehungen zwischen den wahren Werten der beobachteten Winkel und der zu bestimmenden Richtungen die folgenden Gleichungen:

(108)

	P_1	P_2	P_3
P_2	$(w_{1\,.\,2}) = -(R_1) + (R_2),$		
P_3	$(w_{1\,.\,3}) = -(R_1) + (R_3),$	$(w_{2\,.\,3}) = -(R_2) + (R_3),$	
P_4	$(w_{1\,.\,4}) = -(R_1) + (R_4),$	$(w_{2\,.\,4}) = -(R_2) + (R_4),$	$(w_{3\,.\,4}) = -(R_3) + (R_4).$

2. Hieraus folgt für die wahrscheinlichsten Werte W der Winkel und die wahrscheinlichsten Werte R der Richtungen:

(109)

	P_1	P_2	P_3
P_2	$W_{1\,.\,2} = -R_1 + R_2,$		
P_3	$W_{1\,.\,3} = -R_1 + R_3,$	$W_{2\,.\,3} = -R_2 + R_3,$	
P_4	$W_{1\,.\,4} = -R_1 + R_4,$	$W_{2\,.\,4} = -R_2 + R_4,$	$W_{3\,.\,4} = -R_3 + R_4,$

sowie für die wahrscheinlichsten Beobachtungsfehler v:

(110)

	P_1	P_2	P_3
P_2	$v_{1\,.\,2} = W_{1\,.\,2} - w_{1\,.\,2},$		
P_3	$v_{1\,.\,3} = W_{1\,.\,3} - w_{1\,.\,3},$	$v_{2\,.\,3} = W_{2\,.\,3} - w_{2\,.\,3},$	
P_4	$v_{1\,.\,4} = W_{1\,.\,4} - w_{1\,.\,4},$	$v_{2\,.\,4} = W_{2\,.\,4} - w_{2\,.\,4},$	$v_{3\,.\,4} = W_{3\,.\,4} - w_{3\,.\,4}.$

3. Werden die Gleichungen **(109)** und **(110)** zusammengefafst und quadrirt, so folgt für die Quadratsumme der wahrscheinlichsten Werte der Beobachtungsfehler:

$$
(1^*)\quad \left\{\begin{aligned}
v_{12}v_{12} &= R_1R_1 - 2R_1R_2 + 2R_1w_{12} + R_2R_2 - 2R_2w_{12} + w_{12}w_{12},\\
v_{13}v_{13} &= R_1R_1 - 2R_1R_3 + 2R_1w_{13} + R_3R_3 - 2R_3w_{13} + w_{13}w_{13},\\
v_{14}v_{14} &= R_1R_1 - 2R_1R_4 + 2R_1w_{14} + R_4R_4 - 2R_4w_{14} + w_{14}w_{14},\\
v_{23}v_{23} &= R_2R_2 - 2R_2R_3 + 2R_2w_{23} + R_3R_3 - 2R_3w_{23} + w_{23}w_{23},\\
v_{24}v_{24} &= R_2R_2 - 2R_2R_4 + 2R_2w_{24} + R_4R_4 - 2R_4w_{24} + w_{24}w_{24},\\
v_{34}v_{34} &= R_3R_3 - 2R_3R_4 + 2R_3w_{34} + R_4R_4 - 2R_4w_{34} + w_{34}w_{34},\\
[vv] &= 3R_1R_1 - 2R_1(R_2 + R_3 + R_4) + 2R_1(+w_{12} + w_{13} + w_{14})\\
&\quad + 3R_2R_2 - 2R_2(R_3 + R_4) + 2R_2(-w_{12} + w_{23} + w_{24})\\
&\quad + 3R_3R_3 - 2R_3R_4 + 2R_3(-w_{13} - w_{23} + w_{34})\\
&\quad + 3R_4R_4 + 2R_4(-w_{14} - w_{24} - w_{34}) + [ww].
\end{aligned}\right.
$$

Hiernach ergeben sich die Endgleichungen, indem der Ausdruck für $[vv]$ nach den zu bestimmenden Gröfsen R_1, R_2, R_3, R_4 differenzirt und die dadurch erhaltenen Ausdrücke für die Differenzialquotienten gleich Null gesetzt werden, also:

$$
(2^*)\quad \left\{\begin{aligned}
\frac{\partial[vv]}{\partial R_1} &= 6R_1 - 2(R_2 + R_3 + R_4) + 2(+w_{12} + w_{13} + w_{14}),\\
\frac{\partial[vv]}{\partial R_2} &= 6R_2 - 2(R_1 + R_3 + R_4) + 2(-w_{12} + w_{23} + w_{24}),\\
\frac{\partial[vv]}{\partial R_3} &= 6R_3 - 2(R_1 + R_2 + R_4) + 2(-w_{13} - w_{23} + w_{34}),\\
\frac{\partial[vv]}{\partial R_4} &= 6R_4 - 2(R_1 + R_2 + R_3) + 2(-w_{14} - w_{24} - w_{34}),
\end{aligned}\right.
$$

und

$$(3^*)\quad \begin{cases} 3R_1 - R_2 - R_3 - R_4 + (+w_{12} + w_{13} + w_{14}) = 0, \\ -R_1 + 3R_2 - R_3 - R_4 + (-w_{12} + w_{23} + w_{24}) = 0, \\ -R_1 - R_2 + 3R_3 - R_4 + (-w_{13} - w_{23} + w_{34}) = 0, \\ -R_1 - R_2 - R_3 + 3R_4 + (-w_{14} - w_{24} - w_{34}) = 0. \end{cases}$$

Diese Gleichungen liefern keine bestimmten Werte der Richtungen R_1, R_2, R_3, R_4, weil bis jetzt für diese keine Anfangsrichtung festgesetzt ist. Nehmen wir letztere nun so an, dafs

$$(4^*)\quad R_1 + R_2 + R_3 + R_4 = 0$$

wird und verbinden wir Gleichung (4*) mit den Gleichungen (3*) durch Addition, so ergeben sich die Endgleichungen:

$$(5^*)\quad \begin{cases} 4R_1 = -w_{12} - w_{13} - w_{14}, \\ 4R_2 = +w_{12} - w_{23} - w_{24}, \\ 4R_3 = +w_{13} + w_{23} - w_{34}, \\ 4R_4 = +w_{14} + w_{24} + w_{34}. \end{cases}$$

4. Diese Gleichungen können verallgemeinert werden und sodann kann die Berechnung der wahrscheinlichsten Werte der Richtungen einfach angeordnet werden, indem die beobachteten Winkel w wie folgt in ein Schema eingetragen und danach die Zeilensummen $[w_z]$ und die Spaltensummen $[w_{sp}]$ gebildet werden:

Nr. der Punkte	1.	2.	3.	4.	.....	$\nu-1.$	$\nu.$	$[w_z]$
1.								$[w_z^1]$
2.	w_{12}							$[w_z^2]$
3.	w_{13}	w_{23}						$[w_z^3]$
4.	w_{14}	w_{24}	w_{34}					$[w_z^4]$
	......	......	......	......				......
$\nu.$	$w_{1\nu}$	$w_{2\nu}$	$w_{3\nu}$	......	......	$w_{\nu-1\,\nu}$		$[w_z^\nu]$
								Proben.
$[w_{sp}]$	$[w_{sp}^1]$	$[w_{sp}^2]$	$[w_{sp}^3]$	$[w_{sp}^4]$	......	$[w_{sp}^{\nu-1}]$	$[w_{sp}^\nu]$	$[[w_{sp}]] = [[w_z]]$.
	$[w_z^1]$	$[w_z^2]$	$[w_z^3]$	$[w_z^4]$	......	$[w_z^{\nu-1}]$	$[w_z^\nu]$	
νR	νR_1	νR_2	νR_3	νR_4	......	$\nu R_{\nu-1}$	νR_ν	$[\nu R] = \nu \cdot m \cdot 360^\circ$.
R	R_1	R_2	R_3	R_4	......	$R_{\nu-1}$	R_ν	$[R] = m \cdot 360^\circ$.

Dann sind die allgemeinen Endgleichungen:

$$(6^*)\quad \begin{cases} \nu R_1 = [w_z^1] - [w_{sp}^1], \\ \nu R_2 = [w_z^2] - [w_{sp}^2], \\ \nu R_3 = [w_z^3] - [w_{sp}^3], \\ \nu R_4 = [w_z^4] - [w_{sp}^4], \\ \ldots\ldots\ldots\ldots\ldots, \\ \nu R_\nu = [w_z^\nu] - [w_{sp}^\nu]. \end{cases}$$

5. Die Anzahl der Kombinationen zu zweien ist für ν Elemente gleich $\frac{1}{2}\nu(\nu-1)$. Demnach werden bei dem hier behandelten Verfahren zur Bestimmung von ν Richtungen $n = \frac{1}{2}\nu(\nu-1)$ Winkel beobachtet. Zur einfachen, nicht versicherten Bestimmung von ν Richtungen sind $q = \nu - 1$ Winkel erforderlich, wonach die Anzahl der überschüssigen Winkel $n - q = \frac{1}{2}\nu(\nu-1) - (\nu-1)$

$=\frac{1}{2}(\nu-2)(\nu-1)$ ist. Demnach erhalten wir für den mittleren Fehler $\mathfrak{m}$ der Gewichtseinheit, da alle Winkel das gleiche Gewicht p haben:

$$\mathfrak{m}=\pm\sqrt{\frac{[pvv]}{n-q}}=\pm\sqrt{\frac{p\,[v\,v]}{\frac{1}{2}(\nu-2)(\nu-1)}}, \tag{125}$$

oder in unserem Falle, wo $p=6$, $\nu=4$, also $\frac{1}{2}(\nu-2)(\nu-1)=\frac{1}{2}\cdot 2\cdot 3=3$ ist:

$$\mathfrak{m}=\pm\sqrt{\frac{6\,[v\,v]}{3}}=\pm\sqrt{2\,[v\,v]}.$$

Der mittlere Fehler m der Beobachtungsergebnisse, deren Gewicht p ist, wird:

$$m=\pm\,\mathfrak{m}\sqrt{\frac{1}{p}}=\pm\sqrt{\frac{[v\,v]}{\frac{1}{2}(\nu-2)(\nu-1)}}, \tag{126}$$

oder in unserem Falle:

$$m=\pm\,\mathfrak{m}\sqrt{\frac{1}{6}}=\pm\sqrt{\frac{[v\,v]}{3}}.$$

6. Hiernach gestaltet sich die Rechnung wie folgt:

Nr. der Punkte	1.			2.			3.			4.			Summen		
	°	′	″	°	′	″	°	′	″	°	′	″	°	′	″
1. Gemessene Winkel w und wahrscheinlichste Werte der Richtungen $R=\frac{1}{\nu}([w_z]-[w_{sp}])$.															
1.															
2.	82	47	60,833										82	47	60,833
3.	195	42	46,425	112	54	45,450							308	37	31,875
4.	269	07	57,858	186	19	57,942	73	25	12,558				528	53	08,358
$[w_{sp}]$	547	38	45,116	299	14	43,392	73	25	12,558				920	18	41,066
$[w_z]$				82	47	60,833	308	37	31,875	528	53	08,358			
νR	892	21	14,884	1223	33	17,441	235	12	19,317	528	53	08,358	2880	00	00,000
R	223	05	18,721	305	53	19,360	58	48	04,829	132	13	17,090	720	00	00,000
2. Wahrscheinlichste Werte W der Winkel (Formel **109**).															
2.	82	47	60,639												
3.	195	42	46,108	112	54	45,469									
4.	269	07	58,369	186	19	57,730	73	25	12,261						
$[W]$	547	38	45,116	299	14	43,199	73	25	12,261						
3. Wahrscheinlichste Beobachtungsfehler $v=W-w$ (Formel **110**).															
2.	−0,194												−0,194		
3.	−0,317			+0,019									−0,298		
4.	+0,511			−0,212			−0,297						+0,002		
$[v]$	0,000			−0,193			−0,297						−0,490		
4. Quadratsumme der wahrscheinlichsten Beobachtungsfehler v.															
2.	0,038												0,038		
3.	0,100			0,000									0,100		
4.	0,261			0,045			0,088						0,394		
$[v\,v]$	0,399			0,045			0,088						0,532		

5. Mittlere Fehler.

(125) $\mathfrak{m}=\pm\sqrt{2\,[v\,v]}=\pm\sqrt{1,064}=\pm\,1,03''$.

(126) $m=\pm\sqrt{\frac{[v\,v]}{3}}=\pm\sqrt{0,177}=\pm\,0,42''$.

Bei Bildung der Unterschiede $[w_z] - [w_{sp}] = \nu R$ sind $\nu \cdot 360^0$ zu ergänzen, wenn $[w_z] < [w_{sp}]$ ist, um negative Werte der Richtungen zu vermeiden.

Für die Richtigkeit der Rechnung ergeben sich noch die Proben, dafs $[w^1_{sp}] = [W^1]$ und $[v^1] = 0$ sein mufs und dafs die Spalten- und Zeilensummen der wahrscheinlichsten Werte der Beobachtungsfehler einander gleich sein müssen.

Die wahrscheinlichsten Werte W_{12}, W_{13}, W_{14} der Winkel geben auch die Zahlenwerte der auf R_1 als Anfangsrichtung bezogenen wahrscheinlichsten Werte der Richtungen, so dafs auch ist:

$$\begin{aligned} R_1 &= 0^\circ 00' 00{,}000'', \\ R_2 &= 82\ \ 47\ \ 60{,}939\ \ , \\ R_3 &= 195\ \ 42\ \ 46{,}108\ \ , \\ R_4 &= 269\ \ 07\ \ 58{,}369\ \ . \end{aligned}$$

7. In den Rechnungen der trigonometrischen Abteilung der Landesaufnahme wird nicht, wie es hier geschehen ist, das arithmetische Mittel w aller aus den Beobachtungen gewonnenen Winkelwerte als Beobachtungsergebnis eingeführt, sondern die Summe der Satzmittel $(= p\,w)$, unter Satzmittel das Mittel aus dem Ergebnis einer im Hingang und einer im Rückgang gemachten Beobachtung verstanden. Ferner wird in diesen Rechnungen die Quadratsumme der wahrscheinlichsten Werte der Beobachtungsfehler gebildet aus den Abweichungen der wahrscheinlichsten Werte der Winkel W von den einzelnen Satzmitteln.

8. Wenn nicht sämtliche Winkel beobachtet worden sind, die sich aus den $\frac{1}{2}\nu(\nu - 1)$ Kombinationen der Richtungen ergeben, sondern irgend welche Winkel, so werden diese zweckmäfsig ebenso behandelt, wie im folgenden § 35 die Höhenunterschiede im Nivellementsnetze. Die dort unter Nr. 8 gegebenen mechanischen Regeln zur Bildung der Faktoren und Absolutglieder der Endgleichungen gelten für Winkel $w_{a \cdot b}$, $w_{a \cdot c}$, $w_{a \cdot d}$, ..., die zur Bestimmung der Richtungen R_a, R_b, R_c, ... nach den Punkten P_a, P_b, P_c, ... beobachtet worden sind, in folgender assung:

a) $[p\,a\,a]$, $[p\,b\,b]$, $[p\,c\,c]$, $[p\,d\,d]$, ... sind gleich der Summe der Gewichte derjenigen Winkel, deren einer Schenkel die Richtung nach einem der Punkte P_a, P_b, P_c, P_d, ... ist;

b) $\left.\begin{array}{r} [p\,a\,b],\ [p\,a\,c],\ [p\,a\,d],\ \ldots. \\ [p\,b\,c],\ [p\,b\,d],\ \ldots. \\ [p\,c\,d],\ \ldots. \\ \ldots. \end{array}\right\}$ sind gleich den negativen Gewichten der Winkel $\left\{\begin{array}{r} w_{a \cdot b},\ w_{a \cdot c},\ w_{a \cdot d},\ \ldots. \\ w_{b \cdot c},\ w_{b \cdot d},\ \ldots. \\ w_{c \cdot d},\ \ldots. \\ \ldots; \end{array}\right.$

c) für $[p\,a\,f]$, $[p\,b\,f]$, $[p\,c\,f]$, $[p\,d\,f]$, ... sind die Produkte $p\,f$ für sämtliche Winkel anzusetzen, deren einer Schenkel die Richtung nach einem der Punkte P_a, P_b, P_c, P_d, ... ist, und zwar mit dem Vorzeichen von f, wenn die betreffende Richtung der rechte Winkelschenkel ist, dagegen mit dem entgegengesetzten Vorzeichen von f, wenn die betreffende Richtung der linke Winkelschenkel ist.*)

*) Vergleiche Gaufs, Die trig. und polyg. Rechnungen u. s. w. 2. Aufl. I. Teil, S. 214 u. f.

§ 33. Richtungsbestimmungen aus Richtungssätzen.

1. Verfahren.

Bei einer Triangulation sind auf dem △ 37 die Richtungen nach den △△ 40, 51, 35, 46, 42, 52 in 4 Richtungssätzen mit gleicher Genauigkeit beobachtet worden, so dafs das Gewicht der Beobachtung einer jeden Richtung in einem Satze = 1 ist. Die aus den Ablesungen abgeleiteten Satzmittel sind:

	Satz I.				Satz II.				Satz III.				Satz IV.			
		°	′	″		°	′	″		°	′	″		°	′	″
P_1 = △ 40	s_1^I	28	30	42	s_1^{II}	73	25	30	.	.	.	.	s_1^{IV}	163	28	30
P_2 = △ 51	.	.	.	.	s_2^{II}	142	28	22	s_2^{III}	187	35	20	s_2^{IV}	232	31	45
P_3 = △ 35	s_3^I	122	17	40	s_3^{II}	167	12	07	s_3^{III}	212	19	23	.	.	.	.
P_4 = △ 46	.	.	.	.	s_4^{II}	201	16	02	s_4^{III}	246	22	40	s_4^{IV}	291	18	58
P_5 = △ 42	s_5^I	185	35	47	s_5^{II}	230	29	47	s_5^{III}	275	37	03	.	.	.	.
P_6 = △ 52	s_6^I	221	15	50	.	.	.	.	s_6^{III}	311	16	53	s_6^{IV}	356	13	38
	$[s^I]$		39	59	$[s^{II}]$		51	48	$[s^{III}]$		11	19	$[s^{IV}]$		32	51

Es sollen die wahrscheinlichsten Werte $r_1, r_2, r_3, r_4, r_5, r_6$ der Richtungen und der mittlere Fehler $\mathfrak{m} = m$ einer einmal beobachteten Richtung berechnet werden.

1. Die einzelnen Richtungssätze sind in verschiedenen Lagen des Teilkreises beobachtet worden, so dafs also die Nullrichtung des Teilkreises für alle Sätze verschieden ist. Um aus den vorliegenden Beobachtungsergebnissen zuerst Richtungen zu erhalten, die sich auf eine gemeinschaftliche Nullrichtung beziehen, müssen von den Beobachtungsergebnissen die Orientirungswinkel subtrahirt werden, die die Nullrichtung des Teilkreises bei den verschiedenen Lagen des Teilkreises mit der Richtung nach irgend einem für alle Sätze gleichen Punkte bildet. Diese Orientirungswinkel sind uns unbekannt, ihre wahrscheinlichsten Werte o^I, o^{II}, o^{III}, o^{IV} müssen daher aus den Beobachtungsergebnissen mit abgeleitet werden.

2. Zwischen den wahren Werten der Beobachtungsergebnisse (s) und den wahren Werten der zu bestimmenden Gröfsen (r) und (o), besteht also allgemein die Beziehung, dafs $(s) - (o) = (r)$, oder $(s) = (r) + (o)$ ist.

Demnach erhalten wir für unser Beispiel die folgenden Gleichungen für die Beziehungen zwischen den wahren Werten der beobachteten und der zu bestimmenden Gröfsen:

(108)

	Satz I.	Satz II.	Satz III.	Satz IV.
P_1	$(s_1^I) = (r_1) + (o^I)$,	$(s_1^{II}) = (r_1) + (o^{II})$,		$(s_1^{IV}) = (r_1) + (o^{IV})$,
P_2	.	$(s_2^{II}) = (r_2) + (o^{II})$,	$(s_2^{III}) = (r_2) + (o^{III})$,	$(s_2^{IV}) = (r_2) + (o^{IV})$,
P_3	$(s_3^I) = (r_3) + (o^I)$,	$(s_3^{II}) = (r_3) + (o^{II})$,	$(s_3^{III}) = (r_3) + (o^{III})$,	.
P_4	.	$(s_4^{II}) = (r_4) + (o^{II})$,	$(s_4^{III}) = (r_4) + (o^{III})$,	$(s_4^{IV}) = (r_4) + (o^{IV})$,
P_5	$(s_5^I) = (r_5) + (o^I)$,	$(s_5^{II}) = (r_5) + (o^{II})$,	$(s_5^{III}) = (r_5) + (o^{III})$,	.
P_6	$(s_6^I) = (r_6) + (o^I)$,	.	$(s_6^{III}) = (r_6) + (o^{III})$,	$(s_6^{IV}) = (r_6) + (o^{IV})$.

3. Hieraus folgen die Fehlergleichungen:

(109)

	Satz I.	Satz II.	Satz III.	Satz IV.
P_1	$S_1^I = r_1 + o^I$,	$S_1^{II} = r_1 + o^{II}$,		$S_1^{IV} = r_1 + o^{IV}$,
P_2	.	$S_2^{II} = r_2 + o^{II}$,	$S_2^{III} = r_2 + o^{III}$,	$S_2^{IV} = r_2 + o^{IV}$,
P_3	$S_3^I = r_3 + o^I$,	$S_3^{II} = r_3 + o^{II}$,	$S_3^{III} = r_3 + o^{III}$,	.
P_4	.	$S_4^{II} = r_4 + o^{II}$,	$S_4^{III} = r_4 + o^{III}$,	$S_4^{IV} = r_4 + o^{IV}$,
P_5	$S_5^I = r_5 + o^I$,	$S_5^{II} = r_5 + o^{II}$,	$S_5^{III} = r_5 + o^{III}$,	.
P_6	$S_6^I = r_6 + o^I$,	.	$S_6^{III} = r_6 + o^{III}$,	$S_6^{IV} = r_6 + o^{IV}$.

(110)

	Satz I.	Satz II.	Satz III.	Satz IV.
P_1	$v_1^I = S_1^I - s_1^I$,	$v_1^{II} = S_1^{II} - s_1^{II}$,	.	$v_1^{IV} = S_1^{IV} - s_1^{IV}$,
P_2	.	$v_2^{II} = S_2^{II} - s_2^{II}$,	$v_2^{III} = S_2^{III} - s_2^{III}$,	$v_2^{IV} = S_2^{IV} - s_2^{IV}$,
P_3	$v_3^I = S_3^I - s_3^I$,	$v_3^{II} = S_3^{II} - s_3^{II}$,	$v_3^{III} = S_3^{III} - s_3^{III}$,	.
P_4	.	$v_4^{II} = S_4^{II} - s_4^{II}$,	$v_4^{III} = S_4^{III} - s_4^{III}$,	$v_4^{IV} = S_4^{IV} - s_4^{IV}$,
P_5	$v_5^I = S_5^I - s_5^I$,	$v_5^{II} = S_5^{II} - s_5^{II}$,	$v_5^{III} = S_5^{III} - s_5^{III}$,	.
P_6	$v_6^I = S_6^I - s_6^I$,	.	$v_6^{III} = S_6^{III} - s_6^{III}$,	$v_6^{IV} = S_6^{IV} - s_6^{IV}$.

4. Wir zerlegen nun die wahrscheinlichsten Werte r und o der zu bestimmenden Gröfsen in die Näherungswerte $\mathfrak{r}$ und $\mathfrak{o}$ und in die diesen beizufügenden kleinen Aenderungen $d\mathfrak{r}$ und $d\mathfrak{o}$, setzen also:

$$(111)\quad \left\{\begin{array}{l|l} r_1 = \mathfrak{r}_1 + d\mathfrak{r}_1, & \\ r_2 = \mathfrak{r}_2 + d\mathfrak{r}_2, & o^I = \mathfrak{o}^I + d\mathfrak{o}^I, \\ r_3 = \mathfrak{r}_3 + d\mathfrak{r}_3, & o^{II} = \mathfrak{o}^{II} + d\mathfrak{o}^{II}, \\ r_4 = \mathfrak{r}_4 + d\mathfrak{r}_4, & o^{III} = \mathfrak{o}^{III} + d\mathfrak{o}^{III}, \\ r_5 = \mathfrak{r}_5 + d\mathfrak{r}_5, & o^{IV} = \mathfrak{o}^{IV} + d\mathfrak{o}^{IV}. \\ r_6 = \mathfrak{r}_6 + d\mathfrak{r}_6, & \end{array}\right.$$

5. Mit diesen Näherungswerten der zu bestimmenden Richtungen ergeben sich die Näherungswerte $\mathfrak{s}$ der beobachteten Satzmittel nach:

(112)

	Satz I.	Satz II.	Satz III.	Satz IV.
P_1	$\mathfrak{s}_1^I = \mathfrak{r}_1 + \mathfrak{o}^I$,	$\mathfrak{s}_1^{II} = \mathfrak{r}_1 + \mathfrak{o}^{II}$,	.	$\mathfrak{s}_1^{IV} = \mathfrak{r}_1 + \mathfrak{o}^{IV}$,
P_2	.	$\mathfrak{s}_2^{II} = \mathfrak{r}_2 + \mathfrak{o}^{II}$,	$\mathfrak{s}_2^{III} = \mathfrak{r}_2 + \mathfrak{o}^{III}$,	$\mathfrak{s}_2^{IV} = \mathfrak{r}_2 + \mathfrak{o}^{IV}$,
P_3	$\mathfrak{s}_3^I = \mathfrak{r}_3 + \mathfrak{o}^I$,	$\mathfrak{s}_3^{II} = \mathfrak{r}_3 + \mathfrak{o}^{II}$,	$\mathfrak{s}_3^{III} = \mathfrak{r}_3 + \mathfrak{o}^{III}$,	.
P_4	.	$\mathfrak{s}_4^{II} = \mathfrak{r}_4 + \mathfrak{o}^{II}$,	$\mathfrak{s}_4^{III} = \mathfrak{r}_4 + \mathfrak{o}^{III}$,	$\mathfrak{s}_4^{IV} = \mathfrak{r}_4 + \mathfrak{o}^{IV}$,
P_5	$\mathfrak{s}_5^I = \mathfrak{r}_5 + \mathfrak{o}^I$,	$\mathfrak{s}_5^{II} = \mathfrak{r}_5 + \mathfrak{o}^{II}$,	$\mathfrak{s}_5^{III} = \mathfrak{r}_5 + \mathfrak{o}^{III}$,	.
P_6	$\mathfrak{s}_6^I = \mathfrak{r}_6 + \mathfrak{o}^I$,	.	$\mathfrak{s}_6^{III} = \mathfrak{r}_6 + \mathfrak{o}^{III}$,	$\mathfrak{s}_6^{IV} = \mathfrak{r}_6 + \mathfrak{o}^{IV}$.

6. Differenziren wir diese Ausdrücke für die Näherungswerte $\mathfrak{s}$ nach $\mathfrak{x}$ und $\mathfrak{o}$, so erhalten wir folgende Differenzialquotienten:

(114)

	Satz I.	Satz II.	Satz III.	Satz IV.
P_1	$a_1^I = \frac{\partial F_1^I}{\partial \mathfrak{x}_1} = +1,$	$a_1^{II} = \frac{\partial F_1^{II}}{\partial \mathfrak{x}_1} = +1,$	.	$a_1^{IV} = \frac{\partial F_1^{IV}}{\partial \mathfrak{x}_1} = +1,$
P_2	.	$b_2^{II} = \frac{\partial F_2^{II}}{\partial \mathfrak{x}_2} = +1,$	$b_2^{III} = \frac{\partial F_2^{III}}{\partial \mathfrak{x}_2} = +1,$	$b_2^{IV} = \frac{\partial F_2^{IV}}{\partial \mathfrak{x}_2} = +1,$
P_3	$c_3^I = \frac{\partial F_3^I}{\partial \mathfrak{x}_3} = +1,$	$c_3^{II} = \frac{\partial F_3^{II}}{\partial \mathfrak{x}_3} = +1,$	$c_3^{III} = \frac{\partial F_3^{III}}{\partial \mathfrak{x}_3} = +1,$	.
P_4	.	$d_4^{II} = \frac{\partial F_4^{II}}{\partial \mathfrak{x}_4} = +1,$	$d_4^{III} = \frac{\partial F_4^{III}}{\partial \mathfrak{x}_4} = +1,$	$d_4^{IV} = \frac{\partial F_4^{IV}}{\partial \mathfrak{x}_4} = +1,$
P_5	$e_5^I = \frac{\partial F_5^I}{\partial \mathfrak{x}_5} = +1,$	$e_5^{II} = \frac{\partial F_5^{II}}{\partial \mathfrak{x}_5} = +1,$	$e_5^{III} = \frac{\partial F_5^{III}}{\partial \mathfrak{x}_5} = +1,$	.
P_6	$g_6^I = \frac{\partial F_6^I}{\partial \mathfrak{x}_6} = +1,$	.	$g_6^{III} = \frac{\partial F_6^{III}}{\partial \mathfrak{x}_6} = +1,$	$g_6^{IV} = \frac{\partial F_6^{IV}}{\partial \mathfrak{x}_6} = +1,$
P_1	$h_1^I = \frac{\partial F_1^I}{\partial \mathfrak{o}^I} = +1,$	$i_1^{II} = \frac{\partial F_1^{II}}{\partial \mathfrak{o}^{II}} = +1,$	.	$l_1^{IV} = \frac{\partial F_1^{IV}}{\partial \mathfrak{o}^{IV}} = +1,$
P_2	.	$i_2^{II} = \frac{\partial F_2^{II}}{\partial \mathfrak{o}^{II}} = +1,$	$k_2^{III} = \frac{\partial F_2^{III}}{\partial \mathfrak{o}^{III}} = +1,$	$l_2^{IV} = \frac{\partial F_2^{IV}}{\partial \mathfrak{o}^{IV}} = +1,$
P_3	$h_3^I = \frac{\partial F_3^I}{\partial \mathfrak{o}^I} = +1,$	$i_3^{II} = \frac{\partial F_3^{II}}{\partial \mathfrak{o}^{II}} = +1,$	$k_3^{III} = \frac{\partial F_3^{III}}{\partial \mathfrak{o}^{III}} = +1,$	.
P_4	.	$i_4^{II} = \frac{\partial F_4^{II}}{\partial \mathfrak{o}^{II}} = +1,$	$k_4^{III} = \frac{\partial F_4^{III}}{\partial \mathfrak{o}^{III}} = +1,$	$l_4^{IV} = \frac{\partial F_4^{IV}}{\partial \mathfrak{o}^{IV}} = +1,$
P_5	$h_5^I = \frac{\partial F_5^I}{\partial \mathfrak{o}^I} = +1,$	$i_5^{II} = \frac{\partial F_5^{II}}{\partial \mathfrak{o}^{II}} = +1,$	$k_5^{III} = \frac{\partial F_5^{III}}{\partial \mathfrak{o}^{III}} = +1,$	.
P_6	$h_6^I = \frac{\partial F_6^I}{\partial \mathfrak{o}^I} = +1,$	.	$k_6^{III} = \frac{\partial F_6^{III}}{\partial \mathfrak{o}^{III}} = +1,$	$l_6^{IV} = \frac{\partial F_6^{IV}}{\partial \mathfrak{o}^{IV}} = +1.$

7. Die Abweichungen f zwischen den Näherungswerten $\mathfrak{s}$ der beobachteten Gröfsen und den Beobachtungsergebnissen s sind:

(115)

	Satz I.	Satz II.	Satz III.	Satz IV.
P_1	$f_1^I = \mathfrak{s}_1^I - s_1^I,$	$f_1^{II} = \mathfrak{s}_1^{II} - s_1^{II},$	.	$f_1^{IV} = \mathfrak{s}_1^{IV} - s_1^{IV},$
P_2	.	$f_2^{II} = \mathfrak{s}_2^{II} - s_2^{II},$	$f_2^{III} = \mathfrak{s}_2^{III} - s_2^{III},$	$f_2^{IV} = \mathfrak{s}_2^{IV} - s_2^{IV},$
P_3	$f_3^I = \mathfrak{s}_3^I - s_3^I,$	$f_3^{II} = \mathfrak{s}_3^{II} - s_3^{II},$	$f_3^{III} = \mathfrak{s}_3^{III} - s_3^{III},$	.
P_4	.	$f_4^{II} = \mathfrak{s}_4^{II} - s_4^{II},$	$f_4^{III} = \mathfrak{s}_4^{III} - s_4^{III},$	$f_4^{IV} = \mathfrak{s}_4^{IV} - s_4^{IV},$
P_5	$f_5^I = \mathfrak{s}_5^I - s_5^I,$	$f_5^{II} = \mathfrak{s}_5^{II} - s_5^{II},$	$f_5^{III} = \mathfrak{s}_5^{III} - s_5^{III},$	.
P_6	$f_6^I = \mathfrak{s}_6^I - s_6^I,$	.	$f_6^{III} = \mathfrak{s}_6^{III} - s_6^{III},$	$f_6^{IV} = \mathfrak{s}_6^{IV} - s_6^{IV}.$

8. Hiermit ergeben sich die, der nachfolgenden Reduktion wegen, gleich zusammengefafsten umgeformten Fehlergleichungen **(116)** und **(117)**:

(116) und (117)

Satz.	P_1.	P_3.	P_5.
I	$v_1^I = f_1^I + d\mathfrak{r}_1 + d\mathfrak{o}^I$,	$v_3^I = f_3^I + d\mathfrak{r}_3 + d\mathfrak{o}^I$,	$v_5^I = f_5^I + d\mathfrak{r}_5 + d\mathfrak{o}^I$,
II	$v_1^{II} = f_1^{II} + d\mathfrak{r}_1 + d\mathfrak{o}^{II}$,	$v_3^{II} = f_3^{II} + d\mathfrak{r}_3 + d\mathfrak{o}^{II}$,	$v_5^{II} = f_5^{II} + d\mathfrak{r}_5 + d\mathfrak{o}^{II}$,
III	.	$v_3^{III} = f_3^{III} + d\mathfrak{r}_3 + d\mathfrak{o}^{III}$,	$v_5^{III} = f_5^{III} + d\mathfrak{r}_5 + d\mathfrak{o}^{III}$,
IV	$v_1^{IV} = f_1^{IV} + d\mathfrak{r}_1 + d\mathfrak{o}^{IV}$,	.	.
	P_2.	P_4.	P_6.
I	.	.	$v_6^I = f_6^I + d\mathfrak{r}_6 + d\mathfrak{o}^I$,
II	$v_2^{II} = f_2^{II} + d\mathfrak{r}_2 + d\mathfrak{o}^{II}$,	$v_4^{II} = f_4^{II} + d\mathfrak{r}_4 + d\mathfrak{o}^{II}$,	.
III	$v_2^{III} = f_2^{III} + d\mathfrak{r}_2 + d\mathfrak{o}^{III}$,	$v_4^{III} = f_4^{III} + d\mathfrak{r}_4 + d\mathfrak{o}^{III}$,	$v_6^{III} = f_6^{III} + d\mathfrak{r}_6 + d\mathfrak{o}^{III}$,
IV	$v_2^{IV} = f_2^{IV} + d\mathfrak{r}_2 + d\mathfrak{o}^{IV}$,	$v_4^{IV} = f_4^{IV} + d\mathfrak{r}_4 + d\mathfrak{o}^{IV}$,	$v_6^{IV} = f_6^{IV} + d\mathfrak{r}_6 + d\mathfrak{o}^{IV}$.

9. Diese umgeformten Fehlergleichungen können nach den Formeln **(134)** reduzirt werden auf die folgenden nur noch $d\mathfrak{o}^I$, $d\mathfrak{o}^{II}$, $d\mathfrak{o}^{III}$, $d\mathfrak{o}^{IV}$ enthaltenden Fehlergleichungen:

(134)

Satz.	P_1.	P_3.	P_5.
I	$\mathfrak{v}_1^I = f_1^I + d\mathfrak{o}^I$, Gew. = 1,	$\mathfrak{v}_3^I = f_3^I + d\mathfrak{o}^I$, Gew. = 1,	$\mathfrak{v}_5^I = f_5^I + d\mathfrak{o}^I$, Gew. = 1,
II	$\mathfrak{v}_1^{II} = f_1^{II} + d\mathfrak{o}^{II}$, " = 1,	$\mathfrak{v}_3^{II} = f_3^{II} + d\mathfrak{o}^{II}$, " = 1,	$\mathfrak{v}_5^{II} = f_5^{II} + d\mathfrak{o}^{II}$, " = 1,
III	.	$\mathfrak{v}_3^{III} = f_3^{III} + d\mathfrak{o}^{III}$, " = 1,	$\mathfrak{v}_5^{III} = f_5^{III} + d\mathfrak{o}^{III}$, " = 1,
IV	$\mathfrak{v}_1^{IV} = f_1^{IV} + d\mathfrak{o}^{IV}$, " = 1,	.	.
	P_2.	P_4.	P_6.
I	.	.	$\mathfrak{v}_6^I = f_6^I + d\mathfrak{o}^I$; Gew. = 1,
II	$\mathfrak{v}_2^{II} = f_2^{II} + d\mathfrak{o}^{II}$, Gew. = 1,	$\mathfrak{v}_4^{II} = f_4^{II} + d\mathfrak{o}^{II}$, Gew. = 1,	.
III	$\mathfrak{v}_2^{III} = f_2^{III} + d\mathfrak{o}^{III}$, " = 1,	$\mathfrak{v}_4^{III} = f_4^{III} + d\mathfrak{o}^{III}$, " = 1,	$\mathfrak{v}_6^{III} = f_6^{III} + d\mathfrak{o}^{III}$, " = 1,
IV	$\mathfrak{v}_2^{IV} = f_2^{IV} + d\mathfrak{o}^{IV}$, " = 1,	$\mathfrak{v}_4^{IV} = f_4^{IV} + d\mathfrak{o}^{IV}$, " = 1,	$\mathfrak{v}_6^{IV} = f_6^{IV} + d\mathfrak{o}^{IV}$, " = 1,
P_1	$\mathfrak{v}_1 = [f_1] + d\mathfrak{o}^I + d\mathfrak{o}^{II} + d\mathfrak{o}^{IV}$, Gew. $= -\frac{1}{n_1}$,		
P_2	$\mathfrak{v}_2 = [f_2] + d\mathfrak{o}^{II} + d\mathfrak{o}^{III} + d\mathfrak{o}^{IV}$, " $= -\frac{1}{n_2}$,		
P_3	$\mathfrak{v}_3 = [f_3] + d\mathfrak{o}^I + d\mathfrak{o}^{II} + d\mathfrak{o}^{III}$, " $= -\frac{1}{n_3}$,		
P_4	$\mathfrak{v}_4 = [f_4] + d\mathfrak{o}^{II} + d\mathfrak{o}^{III} + d\mathfrak{o}^{IV}$, " $= -\frac{1}{n_4}$,		
P_5	$\mathfrak{v}_5 = [f_5] + d\mathfrak{o}^I + d\mathfrak{o}^{II} + d\mathfrak{o}^{III}$, " $= -\frac{1}{n_5}$,		
P_6	$\mathfrak{v}_6 = [f_6] + d\mathfrak{o}^I + d\mathfrak{o}^{III} + d\mathfrak{o}^{IV}$, " $= -\frac{1}{n_6}$,		

worin $n_1, n_2, n_3, \ldots.$ die Zahlen sind, die angeben wie oft die Richtungen $r_1, r_2, r_3, \ldots.$ beobachtet worden sind.

10. Die in den letzten Fehlergleichungen vorkommenden Werte $[f]$ werden sämtlich $= 0$, wenn für die Näherungswerte $\mathfrak{r}_1, \mathfrak{r}_2, \ldots. \mathfrak{r}_6$ das arithmetische Mittel der durch Subtraktion der Näherungswerte der Orientirungswinkel $\mathfrak{o}^I$, $\mathfrak{o}^{II}$, $\mathfrak{o}^{III}$, $\mathfrak{o}^{IV}$ orientirten Satzmittel s genommen wird, wenn also beispielsweise $\mathfrak{r}_1$ berechnet wird nach:

$$\mathfrak{r}_1 = \frac{(s^I - \mathfrak{o}^I) + (s_1^{II} - \mathfrak{o}^{II}) + (s_1^{IV} - \mathfrak{o}^{IV})}{3}$$

Denn dann wird nach den Formeln **(112)** und **(115)**:

$$f_1^I \;= \frac{1}{3}\left(\left(s_1^I - o^I\right) + \left(s_1^{II} - o^{II}\right) + \left(s_1^{IV} - o^{IV}\right)\right) + o^I \;- s_1^I\;,$$

$$f_1^{II} = \frac{1}{3}\left(\left(s_1^I - o^I\right) + \left(s_1^{II} - o^{II}\right) + \left(s_1^{IV} - o^{IV}\right)\right) + o^{II} \;- s_1^{II}\,,$$

$$f_1^{IV} = \frac{1}{3}\left(\left(s_1^I - o^I\right) + \left(s_1^{II} - o^{II}\right) + \left(s_1^{IV} - o^{IV}\right)\right) + o^{IV} - s_1^{IV}\,,$$

$$[f_1] = \left(\left(s_1^I - o^I\right) + \left(s_1^{II} - o^{II}\right) + \left(s_1^{IV} - o^{IV}\right)\right) - \left(\left(s_1^I - o^I\right) + \left(s_1^{II} - o^{II}\right) + \left(s_1^{IV} - o^{IV}\right)\right) = 0\,.$$

11. Hiernach ergeben sich aus den Faktoren u. s. w. der reduzirten Fehlergleichungen die Faktoren u. s. w. der reduzirten Endgleichungen wie folgt:

Nr.	*p.*	*h.*	*i.*	*k.*	*l.*	*f.*	*phh.*	*phi.*	*phk.*	*phl.*	*phf.*	*pii.*	*pik.*	*pil.*	*pif.*	*pkk.*	*pkl.*	*pkf.*	*pll.*	*plf.*
1^I	1	+1	.	.	.	f_1^I	+1	.	.	.	$+f_1^I$	.	.	.	.	.	.	.	.	.
1^{II}	1	.	+1	.	.	f_1^{II}	.	.	.	.	.	+1	.	.	$+f_1^{II}$	.	.	.	.	.
1^{IV}	1	.	.	.	+1	f_1^{IV}	.	.	.	.	.	.	.	.	.	.	.	.	+1	$+f_1^{IV}$
2^{II}	1	.	+1	.	.	f_2^{II}	.	.	.	.	.	+1	.	.	$+f_2^{II}$	.	.	.	.	.
2^{III}	1	.	.	+1	.	f_2^{III}	.	.	.	.	.	.	.	.	.	+1	.	$+f_2^{III}$	.	.
2^{IV}	1	.	.	.	+1	f_2^{IV}	.	.	.	.	.	.	.	.	.	.	.	.	+1	$+f_2^{IV}$
3^I	1	+1	.	.	.	f_3^I	+1	.	.	.	$+f_3^I$	.	.	.	.	.	.	.	.	.
3^{II}	1	.	+1	.	.	f_3^{II}	.	.	.	.	.	+1	.	.	$+f_3^{II}$	.	.	.	.	.
3^{III}	1	.	.	+1	.	f_3^{III}	.	.	.	.	.	.	.	.	.	+1	.	$+f_3^{III}$	.	.
4^{II}	1	.	+1	.	.	f_4^{II}	.	.	.	.	.	+1	.	.	$+f_4^{II}$	.	.	.	.	.
4^{III}	1	.	.	+1	.	f_4^{III}	.	.	.	.	.	.	.	.	.	+1	.	$+f_4^{III}$	.	.
4^{IV}	1	.	.	.	+1	f_4^{IV}	.	.	.	.	.	.	.	.	.	.	.	.	+1	$+f_4^{IV}$
5^I	1	+1	.	.	.	f_5^I	+1	.	.	.	$+f_5^I$	.	.	.	.	.	.	.	.	.
5^{II}	1	.	+1	.	.	f_5^{II}	.	.	.	.	.	+1	.	.	$+f_5^{II}$	.	.	.	.	.
5^{III}	1	.	.	+1	.	f_5^{III}	.	.	.	.	.	.	.	.	.	+1	.	$+f_5^{III}$	.	.
6^I	1	+1	.	.	.	f_6^I	+1	.	.	.	$+f_6^I$	.	.	.	.	.	.	.	.	.
6^{III}	1	.	.	+1	.	f_6^{III}	.	.	.	.	.	.	.	.	.	+1	.	$+f_6^{III}$	.	.
6^{IV}	1	.	.	.	+1	f_6^{IV}	.	.	.	.	.	.	.	.	.	.	.	.	+1	$+f_6^{IV}$
1	$-\frac{1}{3}$	+1	+1	.	+1	0	$-\frac{1}{3}$	$-\frac{1}{3}$	.	$-\frac{1}{3}$	.	$-\frac{1}{3}$	.	$-\frac{1}{3}$	.	.	.	.	$-\frac{1}{3}$	.
2	$-\frac{1}{3}$	.	+1	+1	+1	0	.	.	.	.	.	$-\frac{1}{3}$	$-\frac{1}{3}$	$-\frac{1}{3}$	.	$-\frac{1}{3}$	$-\frac{1}{3}$	.	$-\frac{1}{3}$	.
3	$-\frac{1}{3}$	+1	+1	+1	.	0	$-\frac{1}{3}$	$-\frac{1}{3}$	$-\frac{1}{3}$	.	.	$-\frac{1}{3}$	$-\frac{1}{3}$	.	.	$-\frac{1}{3}$	.	.	.	.
4	$-\frac{1}{3}$	.	+1	+1	+1	0	.	.	.	.	.	$-\frac{1}{3}$	$-\frac{1}{3}$	$-\frac{1}{3}$	.	$-\frac{1}{3}$	$-\frac{1}{3}$	.	$-\frac{1}{3}$	.
5	$-\frac{1}{3}$	+1	+1	+1	.	0	$-\frac{1}{3}$	$-\frac{1}{3}$	$-\frac{1}{3}$	.	.	$-\frac{1}{3}$	$-\frac{1}{3}$	.	.	$-\frac{1}{3}$	.	.	.	.
6	$-\frac{1}{3}$	+1	.	+1	+1	0	$-\frac{1}{3}$	.	$-\frac{1}{3}$	$-\frac{1}{3}$	.	.	.	.	.	$-\frac{1}{3}$	$-\frac{1}{3}$	.	$-\frac{1}{3}$	.
							$+\frac{8}{3}$	-1	-1	$-\frac{2}{3}$	$[f^I]$	$+\frac{10}{3}$	$-\frac{4}{3}$	-1	$[f^{II}]$	$+\frac{10}{3}$	-1	$[f^{III}]$	$+\frac{8}{3}$	$[f^{IV}]$

12. Die reduzirten Endgleichungen sind hiernach:

$$+\frac{8}{3}d\mathfrak{o}^{I} - d\mathfrak{o}^{II} - d\mathfrak{o}^{III} - \frac{2}{3}d\mathfrak{o}^{IV} + [f^{I}] = 0,$$

$$-d\mathfrak{o}^{I} + \frac{10}{3}d\mathfrak{o}^{II} - \frac{4}{3}d\mathfrak{o}^{III} - d\mathfrak{o}^{IV} + [f^{II}] = 0,$$

$$-d\mathfrak{o}^{I} - \frac{4}{3}d\mathfrak{o}^{II} + \frac{10}{3}d\mathfrak{o}^{III} - d\mathfrak{o}^{IV} + [f^{III}] = 0,$$

$$-\frac{2}{3}d\mathfrak{o}^{I} - d\mathfrak{o}^{II} - d\mathfrak{o}^{III} + \frac{8}{3}d\mathfrak{o}^{IV} + [f^{IV}] = 0.$$

Die Summe dieser Endgleichungen giebt $0 = 0$, die Gleichungen liefern also keine bestimmten Werte für $d\mathfrak{o}^{I}$, $d\mathfrak{o}^{II}$, $d\mathfrak{o}^{III}$, $d\mathfrak{o}^{IV}$, was hier ebenso wie im § 32 darauf zurückzuführen ist, dafs wir bis jetzt keine Bestimmung darüber getroffen haben, auf welche Richtung als Anfangsrichtung die Richtungen bezogen werden sollen. Wir treffen diese Bestimmung jetzt und zwar in der Weise, dafs wir die Anfangsrichtung nehmen, die sich ergiebt, wenn

$$d\mathfrak{o}^{I} + d\mathfrak{o}^{II} + d\mathfrak{o}^{III} + d\mathfrak{o}^{IV} = 0$$

wird.

13. Addiren wir diese Gleichung zu allen reduzirten Endgleichungen, so erhalten wir:

$$+\frac{11}{3}d\mathfrak{o}^{I} \quad . \quad . \quad + \frac{1}{3}d\mathfrak{o}^{IV} + [f^{I}] = 0,$$

$$. \quad + \frac{13}{3}d\mathfrak{o}^{II} - \frac{1}{3}d\mathfrak{o}^{III} \quad . \quad + [f^{II}] = 0,$$

$$. \quad - \frac{1}{3}d\mathfrak{o}^{II} + \frac{13}{3}d\mathfrak{o}^{III} \quad . \quad + [f^{III}] = 0,$$

$$+\frac{1}{3}d\mathfrak{o}^{I} \quad . \quad . \quad + \frac{11}{3}d\mathfrak{o}^{IV} + [f^{IV}] = 0,$$

woraus $d\mathfrak{o}^{I}$, $d\mathfrak{o}^{II}$, $d\mathfrak{o}^{III}$, $d\mathfrak{o}^{IV}$ in einfachster Weise erhalten werden.

14. Für $d\mathfrak{r}_1$, $d\mathfrak{r}_2$, ... $d\mathfrak{r}_6$ erhalten wir nach Formel **(137)**:

$$d\mathfrak{r}_1 = -\frac{1}{n_1}(d\mathfrak{o}^{I} + d\mathfrak{o}^{II} \quad . \quad + d\mathfrak{o}^{IV}),$$

$$d\mathfrak{r}_2 = -\frac{1}{n_2}(\; . \; + d\mathfrak{o}^{II} + d\mathfrak{o}^{III} + d\mathfrak{o}^{IV}),$$

$$d\mathfrak{r}_3 = -\frac{1}{n_3}(d\mathfrak{o}^{I} + d\mathfrak{o}^{II} + d\mathfrak{o}^{III} \quad . \quad),$$

$$d\mathfrak{r}_4 = -\frac{1}{n_4}(\; . \; + d\mathfrak{o}^{II} + d\mathfrak{o}^{III} + d\mathfrak{o}^{IV}),$$

$$d\mathfrak{r}_5 = -\frac{1}{n_5}(d\mathfrak{o}^{I} + d\mathfrak{o}^{II} + d\mathfrak{o}^{III} \quad . \quad),$$

$$d\mathfrak{r}_6 = -\frac{1}{n_6}(d\mathfrak{o}^{I} \quad . \quad + d\mathfrak{o}^{III} + d\mathfrak{o}^{IV}),$$

oder, wenn wir von den in den Klammern stehenden Ausdrücken $d\mathfrak{o}^{I} + d\mathfrak{o}^{II} + d\mathfrak{o}^{III} + d\mathfrak{o}^{IV} = 0$ subtrahiren,:

$$d\mathfrak{r}_1 = +\frac{1}{n_1}d\mathfrak{o}^{III}, \qquad d\mathfrak{r}_4 = +\frac{1}{n_4}d\mathfrak{o}^{I},$$

$$d\mathfrak{r}_2 = +\frac{1}{n_2}d\mathfrak{o}^{I}, \qquad d\mathfrak{r}_5 = +\frac{1}{n_5}d\mathfrak{o}^{IV},$$

$$d\mathfrak{r}_3 = +\frac{1}{n_3}d\mathfrak{o}^{IV}, \qquad d\mathfrak{r}_6 = +\frac{1}{n_6}d\mathfrak{o}^{II}.$$

15. Bei der praktischen Anwendung des dargelegten Verfahrens kann jede Formelentwicklung vermieden werden, indem wie folgt verfahren wird:

a) Aus den Beobachtungsergebnissen $\mathfrak{s}$ werden durch Subtraktion der Näherungswerte $\mathfrak{o}$ der Orientirungswinkel die orientirten Satzmittel $\mathfrak{s} - \mathfrak{o}$ gebildet. Diese werden gemittelt, womit die Näherungswerte $\mathfrak{r}$ der Richtungen erhalten werden.

b) Hiermit werden die Abweichungen der Näherungswerte von den Beobachtungsergebnissen $f = \mathfrak{r} - (\mathfrak{s} - \mathfrak{o})$ gebildet. Die Summe dieser Abweichungen soll für jede einzelne Richtung gleich Null sein. Die kleinen durch Abrundung der Zahlenwerte von $\mathfrak{r}$ entstehenden Abweichungen der Summen von Null werden vernachlässigt. Die Summe der Abweichungen f für jeden Satz liefert die Werte $[f^I]$, $[f^{II}]$, $[f^{III}]$, ..., die die Absolutglieder $\mathfrak{f}_1$, $\mathfrak{f}_2$, $\mathfrak{f}_3$, ... der reduzirten Endgleichungen sind.

c) Sodann wird für die Bildung der Faktoren der reduzirten Endgleichungen eine Tabelle nach folgendem Schema hergestellt:

Nr. der Richtungen.	p.	a.	b.	c.	d.	....	paa.	pab.	pac.	pad.	....	pbb.	pbc.	pbd.	....	pcc.	pcd.	....	pdd.	....
		S. I.	S. II.	S. III.	S. IV.	....	$n^I + 1$	$+1$	$+1$	$+1$	....	$n^{II} + 1$	$+1$	$+1$	....	$n^{III} + 1$	$+1$	....	$n^{IV} + 1$	....
1	$-\frac{1}{n_1}$																			
2	$-\frac{1}{n_2}$																			
3	$-\frac{1}{n_3}$																			
....	....																			

In diese Tabelle wird in die mit Satz I, Satz II, Satz III, Satz IV, ... überschriebenen Spalten $+1$ eingetragen für jede Richtung, die in dem betreffenden Satze vorkommt. Für n^I, n^{II}, n^{III}, n^{IV}, ... wird die Anzahl der Richtungen eingesetzt, die in den Sätzen I, II, III, IV, ... vorkommen und für n_1, n_2, n_3, ... die Zahl, die angiebt, wie oft die Richtungen 1, 2, 3, ... beobachtet worden sind, wonach sogleich die Bildung der Faktoren der Endgleichungen in dieser Tabelle in gewohnter Weise erfolgen kann. Die in den Spalten für paa, pab, pac, ... vorgetragenen Beiträge $n^I + 1$, $+1$, $+1$, ... zu den Summen $[paa]$, $[pab]$, $[pac]$, ... sind, wie eine Betrachtung der Tabelle auf Seite 140 zeigt, die Beiträge, die die in dem Schema unberücksichtigt gelassenen Fehlergleichungen und die Gleichung $d\mathfrak{o}^I + d\mathfrak{o}^{II} + d\mathfrak{o}^{III} + d\mathfrak{o}^{IV} + \ldots = 0$ zu den Faktoren der reduzirten Endgleichungen liefern.

d) Durch Auflösung der reduzirten Endgleichungen werden die Zahlenwerte von $d\mathfrak{o}^I$, $d\mathfrak{o}^{II}$, $d\mathfrak{o}^{III}$, $d\mathfrak{o}^{IV}$, ... erhalten, und danach die Zahlenwerte von $d\mathfrak{r}_1$, $d\mathfrak{r}_2$, $d\mathfrak{r}_3$, ..., indem richtungsweise die Summen der $d\mathfrak{o}^I$, $d\mathfrak{o}^{II}$, $d\mathfrak{o}^{III}$, $d\mathfrak{o}^{IV}$, ... derjenigen Sätze, worin die Richtungen 1, 2, 3, ... nicht vorkommen, gebildet und durch n_1, n_2, n_3, ... dividirt werden, so dafs also beispielsweise, wenn die Richtung 2 im Satze I,

III und V beobachtet worden ist, während sie in den Sätzen II und IV nicht beobachtet worden ist, $d\mathfrak{r}_2 = \frac{1}{n_2 = 3}(d\mathfrak{o}^{II} + d\mathfrak{o}^{IV})$ ist.

Wenn in allen Sätzen alle Richtungen vorkommen, wenn also alle Sätze voll sind, so werden hiernach die Aenderungen $d\mathfrak{r}_1$, $d\mathfrak{r}_2$, $d\mathfrak{r}_3, \ldots$ sämtlich gleich Null, und die wahrscheinlichsten Werte r der Richtungen sind dann gleich den Näherungswerten $\mathfrak{r}$.

e) Nachdem die wahrscheinlichsten Werte $o = \mathfrak{o} + d\mathfrak{o}$ der Orientirungswinkel und $r = \mathfrak{r} + d\mathfrak{r}$ der Richtungen gebildet sind, werden zur Probe für die gesamte Rechnung und behufs Berechnung des mittleren Fehlers die wahrscheinlichsten Werte $S = r + o$ der Satzmittel und die wahrscheinlichsten Beobachtungsfehler $v = S - s$ gebildet. Die Summe der wahrscheinlichsten Beobachtungsfehler mufs nach den Formeln **(128)** sowohl für jede einzelne Richtung, als auch für jeden Satz gleich Null sein.

f) Der mittlere Fehler $\mathfrak{m} = m$ einer Richtung vom Gewichte 1 ergiebt sich nach Formel **(125)** $\mathfrak{m} = m = \pm\sqrt{\frac{[vv]}{n-q}}$, worin, wenn n_r die Anzahl der zu bestimmenden Richtungen und n_s die Anzahl der beobachteten Sätze bezeichnet, die Anzahl der zur einfachen nicht versicherten Bestimmung

Nr. der Zielpunkte.	Satz I.			Satz II.			Satz III.			Satz IV.					
	°	′	″	°	′	″	°	′	″	°	′	″	°	′	″
	1. Satzmittel s.														
♁ 40	28	30	42	73	25	30	.	.	.	163	28	30			
51	.	.	.	142	28	22	187	35	20	232	31	45			
35	122	17	40	167	12	07	212	19	23	.	.	.			
46	.	.	.	201	16	02	246	22	40	291	18	58			
42	185	35	47	230	29	47	275	37	03	.	.	.			
52	221	15	50	.	.	.	311	16	53	356	13	38			
[s]		39	59		51	48		11	19		32	51			
	2. Näherungswerte $\mathfrak{o}$ der Orientirungswinkel.														
	28	30	40	73	25	30	118	32	20	163	28	30	4. Näherungswerte der Richtungen $\mathfrak{r} = \frac{[s-\mathfrak{o}]}{n}$.		
	3. Genähert orientirte Satzmittel $s - \mathfrak{o}$.														
♁ 40	0	00	02	0	00	00	.	.	.	0	00	00	0	00	00,7
51	.	.	.	69	02	52	69	03	00	69	03	15	69	03	02,3
35	93	47	00	93	46	37	93	47	03	.	.	.	93	46	53,3
46	.	.	.	127	50	32	127	50	20	127	50	28	127	50	26,7
42	157	05	07	157	04	17	157	04	43	.	.	.	157	04	42,3
52	192	45	10	.	.	.	192	44	33	192	45	08	192	44	57,0
[$s - \mathfrak{o}$]		37	19		44	18		29	39		38	51		30	02,3 = [$\mathfrak{r}$]
$+ n \cdot \mathfrak{o}$		02	40		07	30		41	40		54	00	Probe.		
= [s]		39	59		51	48		11	19		32	51			

Nr. der Zielpunkte.	Satz I.			Satz II.			Satz III.			Satz IV.					
	°	′	″	°	′	″	°	′	″	°	′	″	°	′	″
	5. Abweichungen $f = \mathfrak{r} - (s - \mathfrak{o})$.												Summe.		
♁ 40		—	1,3		+	0,7			.		+	0,7		+	0,1
51			.		+	10,3		+	2,3		—	12,7		—	0,1
35		—	6,7		+	16,3		—	9,7			.		—	0,1
46			.		—	5,3		+	6,7		—	1,3		+	0,1
42		—	24,7		+	25,3		—	0,7			.		—	0,1
52		—	13,0			.		+	24,0		—	11,0			0,0
	$[f^I] = -45,7$			$[f^{II}] = +47,3$			$[f^{III}] = +22,6$			$[f^{IV}] - 24,3$				—	0,1

6. Bildung der Faktoren der Endgleichungen.

	p.	a.	b.	c.	d.	paa.	pab.	pac.	pad.	pbb.	pbc.	pbd.	pcc.	pcd.	pdd.
		S. I.	S. II.	S. III.	S. IV.	$+5$	$+1$	$+1$	$+1$	$+6$	$+1$	$+1$	$+6$	$+1$	$+5$
♁ 40	$-\frac{1}{3}$	$+1$	$+1$	.	$+1$	$-\frac{1}{3}$	$-\frac{1}{3}$	.	$-\frac{1}{3}$	$-\frac{1}{3}$	.	$-\frac{1}{3}$	.	.	$-\frac{1}{3}$
51	$-\frac{1}{3}$	.	$+1$	$+1$	$+1$	.	.	.	.	$-\frac{1}{3}$	$-\frac{1}{3}$	$-\frac{1}{3}$	$-\frac{1}{3}$	$-\frac{1}{3}$	$-\frac{1}{3}$
35	$-\frac{1}{3}$	$+1$	$+1$	$+1$	.	$-\frac{1}{3}$	$-\frac{1}{3}$	$-\frac{1}{3}$	.	$-\frac{1}{3}$	$-\frac{1}{3}$	.	$-\frac{1}{3}$	.	.
46	$-\frac{1}{3}$	.	$+1$	$+1$	$+1$	.	.	.	.	$-\frac{1}{3}$	$-\frac{1}{3}$	$-\frac{1}{3}$	$-\frac{1}{3}$	$-\frac{1}{3}$	$-\frac{1}{3}$
42	$-\frac{1}{3}$	$+1$	$+1$	$+1$	.	$-\frac{1}{3}$	$-\frac{1}{3}$	$-\frac{1}{3}$	.	$-\frac{1}{3}$	$-\frac{1}{3}$	.	$-\frac{1}{3}$	.	.
52	$-\frac{1}{3}$	$+1$	.	$+1$	$+1$	$-\frac{1}{3}$	.	$-\frac{1}{3}$	$-\frac{1}{3}$	.	.	.	$-\frac{1}{3}$	$-\frac{1}{3}$	$-\frac{1}{3}$
						$+\frac{11}{3}$	0	0	$+\frac{1}{3}$	$+\frac{13}{3}$	$-\frac{1}{3}$	0	$+\frac{13}{3}$	0	$+\frac{11}{3}$

7. Endgleichungen.

$$+\frac{11}{3}\,d\mathfrak{o}^I \quad . \quad . \quad +\frac{1}{3}\,d\mathfrak{o}^{IV} - 45,7 = 0\,,$$

$$. \quad +\frac{13}{3}\,d\mathfrak{o}^{II} - \frac{1}{3}\,d\mathfrak{o}^{III} \quad . \quad +47,3 = 0\,,$$

$$. \quad -\frac{1}{3}\,d\mathfrak{o}^{II} + \frac{13}{3}\,d\mathfrak{o}^{III} \quad . \quad +22,6 = 0\,,$$

$$+\frac{1}{3}\,d\mathfrak{o}^I \quad . \quad . \quad +\frac{11}{3}\,d\mathfrak{o}^{IV} - 24,3 = 0\,.$$

8. Auflösung der Endgleichungen.

$\frac{120}{3} d\mathfrak{o}^{I} - 502{,}7 + 24{,}3 = 0,$	$d\mathfrak{o}^{I} = +12{,}0'',$
$\frac{168}{3} d\mathfrak{o}^{II} + 614{,}9 + 22{,}6 = 0,$	$d\mathfrak{o}^{II} = -11{,}4,$
$\frac{168}{3} d\mathfrak{o}^{III} + 293{,}8 + 47{,}3 = 0,$	$d\mathfrak{o}^{III} = -\ 6{,}1,$
$\frac{120}{3} d\mathfrak{o}^{IV} - 267{,}3 + 45{,}7 = 0,$	$d\mathfrak{o}^{IV} = +\ 5{,}5,$
	$[d\mathfrak{o}] = 0{,}0.$

9. Wahrscheinlichste Werte o der Orientirungswinkel.

$o^{I} = \mathfrak{o}^{I} + d\mathfrak{o}^{I} = 28°\,30'\,52{,}0'',$
$o^{II} = \mathfrak{o}^{II} + d\mathfrak{o}^{II} = 73\ 25\ 18{,}6,$
$o^{III} = \mathfrak{o}^{III} + d\mathfrak{o}^{III} = 118\ 32\ 13{,}9,$
$o^{IV} = \mathfrak{o}^{IV} + d\mathfrak{o}^{IV} = 163\ 28\ 35{,}5,$

$[o] = [\mathfrak{o}] = 57\ 00{,}0.$

10. Wahrscheinlichste Werte r der Richtungen.

♁ 40	$d\mathfrak{r}_1 = \frac{1}{3} d\mathfrak{o}^{III} = -2{,}0'',$	$r_1 = \mathfrak{r}_1 + d\mathfrak{r}_1 = 359°\,59'\,58{,}7'',$
51	$d\mathfrak{r}_2 = \frac{1}{3} d\mathfrak{o}^{I} = +4{,}0,$	$r_2 = \mathfrak{r}_2 + d\mathfrak{r}_2 = 69\ 03\ 06{,}3,$
35	$d\mathfrak{r}_3 = \frac{1}{3} d\mathfrak{o}^{IV} = +1{,}8,$	$r_3 = \mathfrak{r}_3 + d\mathfrak{r}_3 = 93\ 46\ 55{,}1,$
46	$d\mathfrak{r}_4 = \frac{1}{3} d\mathfrak{o}^{I} = +4{,}0,$	$r_4 = \mathfrak{r}_4 + d\mathfrak{r}_4 = 127\ 50\ 30{,}7,$
42	$d\mathfrak{r}_5 = \frac{1}{3} d\mathfrak{o}^{IV} = +1{,}8,$	$r_5 = \mathfrak{r}_5 + d\mathfrak{r}_5 = 157\ 04\ 44{,}1,$
52	$d\mathfrak{r}_6 = \frac{1}{3} d\mathfrak{o}^{II} = -3{,}8,$	$r_6 = \mathfrak{r}_6 + d\mathfrak{r}_6 = 192\ 44\ 53{,}2,$
	$[d\mathfrak{r}] = +5{,}8,$	$[r] = [\mathfrak{r}] + [d\mathfrak{r}] = 30\ 08{,}1.$

11. Wahrscheinlichste Werte $S = r + o$ der Satzmittel.

Nr. der Zielpunkte.	Satz I.			Satz II.			Satz III.			Satz IV.			
	°	′	″	°	′	″	°	′	″	°	′	″	
♁ 40	28	30	50,7	73	25	17,3	.	.	.	163	28	34,2	
51	.	.	.	142	28	24,9	187	35	20,2	232	31	41,8	
35	122	17	47,1	167	12	13,7	212	19	09,0	.	.	.	
46	.	.	.	201	15	49,3	246	22	44,6	291	19	06,2	
42	185	35	36,1	230	30	02,7	275	36	58,0	.	.	.	
52	221	15	45,2	.	.	.	311	17	07,1	356	13	28,7	Probe.
		39	59,1		51	47,9		11	18,9		32	50,9	$[S] = [s]$.

Nr. der Zielpunkte.	Satz I. ° ′ ″	Satz II. ° ′ ″	Satz III. ° ′ ″	Satz IV. ° ′ ″	
	12. Wahrscheinlichste Beobachtungsfehler $v = S - s$.				Summe.
♁ 40	+ 8,7	− 12,7	.	+ 4,2	+ 0,2
51	.	+ 2,9	+ 0,2	− 3,2	− 0,1
35	+ 7,1	+ 6,7	− 14,0	.	− 0,2
46	.	− 12,7	+ 4,6	+ 8,2	+ 0,1
42	− 10,9	+ 15,7	− 5,0	.	− 0,2
52	− 4,8	.	+ 14,1	− 9,3	0,0
	+ 0,1	− 0,1	− 0,1	− 0,1	− 0,2
	13. Quadratsumme $[vv]$.				Summe.
♁ 40	76	161	.	18	255
51	.	8	0	10	18
35	50	45	196	.	291
46	.	161	21	67	249
42	119	246	25	.	390
52	23	.	199	86	308
	268	621	441	181	1511 = $[vv]$

$$\mathfrak{m} = m = \pm \sqrt{\frac{[vv]}{n - (n_r + n_s - 1)}} = \pm \sqrt{\frac{1511}{18 - 9}} = \pm 13{,}0''.$$

der n_r Richtungen $q = n_r + n_s - 1$ ist. Dafs die Anzahl der zu bestimmenden Gröfsen in unserer Rechnung $= n_r + n_s$ ist, widerspricht dieser Bestimmung von q nur scheinbar, denn eine von den in der Rechnung vorkommenden zu bestimmenden Gröfsen mufs willkürlich angenommen werden, um für die übrigen bestimmte Werte zu erlangen.

16. Nach dem vorstehend dargelegten Verfahren ist die Rechnung für unser Beispiel in den vorstehenden Tabellen (Seite 143 bis 146) durchgeführt.

17. Nach den Formeln **(128)** soll hier, wo die Gewichte $p = 1$ sind, $[av] = [bv] = [cv] = \ldots\ldots = 0$ sein. Bilden wir nun die Summen $[av]$, $[bv]$, $[cv]$, ... mit den unter Nr. 6 erhaltenen Werten der Differenzialquotienten $a, b, c, \ldots.$ und mit den unter Nr. 3 in den Fehlergleichungen **(109)** und **(110)** erhaltenen Ausdrücken für die wahrscheinlichsten Beobachtungsfehler v, so erhalten wir folgende Gleichungen:

$$[av] = (r_1 + o^I - s_1^I) + (r_1 + o^{II} - s_1^{II}) + \quad . \quad + (r_1 + o^{IV} - s_1^{IV}) = 0,$$

$$[bv] = \quad . \quad (r_2 + o^{II} - s_2^{II}) + (r_2 + o^{III} - s_2^{III}) + (r_2 + o^{IV} - s_2^{IV}) = 0,$$

$$\ldots\ldots\ldots\ldots\ldots\ldots\ldots\ldots\ldots\ldots\ldots,$$

$$[gv] = (r_6 + o^I - s_6^I) + \quad . \quad + (r_6 + o^{III} - s_6^{III}) + (r_6 + o^{IV} - s_6^{IV}) = 0,$$

$$
\begin{aligned}
[hv] &= (r_1 + o^I - s_1^I) + \quad . \quad + (r_3 + o^I - s_3^I) + \quad . \\
&\qquad + (r_5 + o^I - s_5^I) + (r_6 + o^I - s_6^I) = 0, \\
[iv] &= (r_1 + o^{II} - s_1^{II}) + (r_2 + o^{II} - s_2^{II}) + (r_3 + o^{II} - s_3^{II}) + (r_4 + o^{II} - s_4^{IV}) \\
&\qquad + (r_5 + o^{II} - s_5^{II}) + \quad . \quad = 0, \\
&\ldots\ldots\ldots\ldots\ldots\ldots\ldots\ldots\ldots\ldots\ldots\ldots, \\
[lv] &= (r_1 + o^{IV} - s_1^{IV}) + (r_2 + o^{IV} - s_2^{IV}) + \quad . \quad + (r_4 + o^{IV} - s_4^{IV}) \\
&\qquad + \quad . \quad + (r_6 + o^{IV} - s_6^{IV}) = 0.
\end{aligned}
$$

Hiernach mufs, wie leicht zu übersehen ist und wie unter Nr. 15e bereits angeführt ist, die Summe der Abweichungen zwischen den wahrscheinlichsten Werten r der Richtungen und den orientirten Satzmitteln $s - o$, oder, was dasselbe ist, die Summe der wahrscheinlichsten Beobachtungsfehler sowohl für jede einzelne Richtung, als auch für jeden Satz gleich Null sein.

18. Aus den obigen Gleichungen folgt:

$$
\begin{aligned}
r_1 &= \frac{1}{3}\left((s_1^I - o^I) + (s_1^{II} - o^{II}) + \quad . \quad + (s_1^{IV} - o^{IV})\right), \\
r_2 &= \frac{1}{3}\left(\quad . \quad + (s_2^{II} - o^{II}) + (s_2^{III} - o^{III}) + (s_2^{IV} - o^{IV})\right) \\
&\ldots\ldots\ldots\ldots\ldots\ldots\ldots\ldots\ldots\ldots, \\
r_6 &= \frac{1}{3}\left((s_6^I - o^I) + \quad . \quad + (s_6^{III} - o^{III}) + (s_6^{IV} - o^{IV})\right), \\
o^I &= \frac{1}{4}\left((s_1^I - r_1) + \quad . \quad + (s_3^I - r_3) + \quad . \quad + (s_5^I - r_5) + (s_6^I - r_6)\right), \\
o^{II} &= \frac{1}{5}\left((s_1^{II} - r_1) + (s_2^{II} - r_2) + (s_3^{II} - r_3) + (s_4^{II} - r_4) + (s_5^{II} - r_5) + \quad . \quad \right), \\
&\ldots\ldots\ldots\ldots\ldots\ldots\ldots\ldots\ldots\ldots\ldots\ldots, \\
o^{IV} &= \frac{1}{4}\left((s_1^{IV} - r_1) + (s_2^{IV} - r_2) + \quad . \quad + (s_4^{IV} - r_4) + \quad . \quad + (s_6^{IV} - r_6)\right).
\end{aligned}
$$

Hiernach sind die wahrscheinlichsten Werte der Richtungen r je gleich dem arithmetischen Mittel der orientirten Satzmittel $s - o$ für die betreffende Richtung und die wahrscheinlichsten Werte der Orientirungswinkel o je gleich dem arithmetischen Mittel der Unterschiede $s - r$ der Satzmittel und der wahrscheinlichsten Werte der Richtungen in dem betreffenden Satze.

Auf diesen Regeln beruht das folgende vielfach angewendete Näherungsverfahren:*)

Es werden in irgend einer Weise möglichst gute erste Näherungswerte $\mathfrak{o}'$ der Orientirungswinkel gesucht, damit die Satzmittel s orientirt und die orientirten Satzmittel $s - \mathfrak{o}'$ richtungsweise gemittelt, womit erste Näherungswerte $\mathfrak{r}'$ der Richtungen gewonnen werden. Diese werden von den orientirten Satzmitteln subtrahirt und die erhaltenen Unterschiede $(s - \mathfrak{o}') - \mathfrak{r}'$ werden richtungsweise und satzweise addirt. Die Summe der Unterschiede $(s - \mathfrak{o}') - \mathfrak{r}'$ mufs richtungsweise gleich Null sein, da die Werte $\mathfrak{r}'$ das arithmetische Mittel der für jede Richtung vorliegenden orientirten Satzmittel $s - \mathfrak{o}'$ sind. Das arithmetische Mittel der Unterschiede $(s - \mathfrak{o}') - \mathfrak{r}'$ in jedem Satze liefert zweite Näherungswerte $\mathfrak{o}''$ der Orientirungswinkel, die, den einmal orientirten Satzmitteln $s - \mathfrak{o}'$ beigefügt, die besser orientirten Satzmittel $(s - \mathfrak{o}') - \mathfrak{o}''$ liefern, die nun weiter behandelt werden, wie die einmal orientirten Satzmittel. Hiermit wird fortgefahren bis

*) Vergl. Helmert, Ausgleichungsrechnung, S. 154 ff., Jordan, Handbuch der Vermessungskunde, 2. Aufl., 1. Band, S. 341 ff., 3. Aufl., 1. Band, S. 228 ff., Kataster-Anweisung IX v. 25. 10. 81, S. 93 ff., Gaufs, Trig. und polyg. Rechnungen, 2. Aufl., I. Teil, S. 192 ff.

die Summen der Unterschiede zwischen den orientirten Satzmitteln und den Mittelwerten der Richtungen sowohl richtungs- als satzweise gleich Null, oder so nahe gleich Null sind, dafs die Abweichungen von Null vernachlässigt werden können. Wenn dies erreicht ist, stimmen die zuletzt erhaltenen Mittelwerte der Richtungen $\mathfrak{r}$ so genau mit den sich bei dem direkten Verfahren ergebenden wahrscheinlichsten Werten r der Richtungen überein, dafs die ersteren für die letzteren genommen werden können.

Anstatt zuerst Näherungswerte $\mathfrak{o}'$ der Orientirungswinkel zu ermitteln, können auch zuerst Näherungswerte $\mathfrak{r}'$ der Richtungen bestimmt werden. Dann ändert sich das ganze Verfahren nur in sofern als die obigen Formeln oder Regeln für r und o in umgekehrter Reihenfolge angewendet werden.

Das Näherungsverfahren führt um so schneller zum Ziel, je mehr die ersten Näherungswerte bereits den wahrscheinlichsten Werten nahekommen.

§ 34. Richtungsbestimmungen aus Richtungssätzen.

2. Verfahren.

Auf $\overset{\triangle}{\circ}$ 16 sind die Richtungen nach den $\overset{\triangle}{\circ}\overset{\triangle}{\circ}$ 13, 17, 18, 20 in 16 Sätzen mit gleicher Genauigkeit beobachtet worden. Die Beobachtungsergebnisse sind so weit wie thunlich in der Weise zusammengefafst worden, dafs für die Sätze, worin dieselben Richtungen vorkommen, das Mittel aus allen Beobachtungsergebnissen gebildet worden ist. Diese gemittelten Beobachtungsergebnisse sind:

Mittel aus	Satzgruppe I. 3 Sätzen.			Satzgruppe II. 2 Sätzen.			Satzgruppe III. 3 Sätzen.			Satzgruppe IV. 4 Sätzen.			Satzgruppe V. 2 Sätzen.			Satzgruppe VI. 2 Sätzen.		
	°	′	″	°	′	″	°	′	″	°	′	″	°	′	″	°	′	″
$P_1 = \overset{\triangle}{\circ}$ 13	0	00	00	.	.	.	0	00	00	0	00	00	.	.	.	0	00	00
$P_2 =$ 17	12	04	38	0	00	00	12	04	13	.	.	.	.	.	.	12	04	37
$P_3 =$ 18	37	10	03	25	05	40	.	.	.	37	10	20	0	00	00	.	.	.
$P_4 =$ 20	55	47	38	43	42	45	55	47	20	.	.	.	18	37	50	.	.	.
		02	19		48	25		51	33		10	20		37	50		04	37

Es sollen die wahrscheinlichsten Werte r_1, r_2, r_3, r_4 der Richtungen und der mittlere Fehler m einer einmal beobachteten Richtung berechnet werden.

Wir nehmen als Gewichtseinheit das Gewicht des Mittels aus 2 Sätzen, so dafs das Gewicht des Mittels aus 3 Sätzen $= 1{,}5$, aus 4 Sätzen $= 2{,}0$ ist, während das Gewicht einer einmal beobachteten Richtung $= 0{,}5$ ist.

1. Wenn, wie im vorliegenden Beispiele, die Anzahl der Richtungen kleiner ist als die Anzahl der Sätze, empfiehlt es sich, das im § 33 behandelte Verfahren derart zu ändern, dafs in den reduzirten Fehlergleichungen und demnach auch in den reduzirten Endgleichungen nur die Aenderungen $d\mathfrak{r}_1$, $d\mathfrak{r}_2$, $d\mathfrak{r}_3$, ... der Richtungen vorkommen.

Mit Beibehaltung der im Beispiele 3 gewählten Bezeichnungen ergeben sich für das vorliegende Beispiel die folgenden umgeformten Fehlergleichungen:

(116) und (117)

	Satzgruppe I.	Satzgruppe IV.
P_1	$v_1^I = f_1^I + d\mathfrak{r}_1 + d\mathfrak{o}^I$, Gew. $= p_1^I$,	$v_1^{IV} = f_1^{IV} + d\mathfrak{r}_1 + d\mathfrak{o}^{IV}$, Gew. $= p_1^{IV}$,
P_2	$v_2^I = f_2^I + d\mathfrak{r}_2 + d\mathfrak{o}^I$, „ $= p_2^I$,	.
P_3	$v_3^I = f_3^I + d\mathfrak{r}_3 + d\mathfrak{o}^I$, „ $= p_3^I$,	$v_3^{IV} = f_3^{IV} + d\mathfrak{r}_3 + d\mathfrak{o}^{IV}$, „ $= p_3^{IV}$,
P_4	$v_4^I = f_4^I + d\mathfrak{r}_4 + d\mathfrak{o}^I$, „ $= p_4^I$,	
	Satzgruppe II.	**Satzgruppe V.**
P_1		. .
P_2	$v_2^{II} = f_2^{II} + d\mathfrak{r}_2 + d\mathfrak{o}^{II}$, Gew. $= p_2^{II}$,	. .
P_3	$v_3^{II} = f_3^{II} + d\mathfrak{r}_3 + d\mathfrak{o}^{II}$, „ $= p_3^{II}$,	$v_3^V = f_3^V + d\mathfrak{r}_3 + d\mathfrak{o}^V$, Gew. $= p_3^V$,
P_4	$v_4^{II} = f_4^{II} + d\mathfrak{r}_4 + d\mathfrak{o}^{II}$, „ $= p_4^{II}$,	$v_4^V = f_4^V + d\mathfrak{r}_4 + d\mathfrak{o}^V$, „ $= p_4^V$,
	Satzgruppe III.	**Satzgruppe VI.**
P_1	$v_1^{III} = f_1^{III} + d\mathfrak{r}_1 + d\mathfrak{o}^{III}$, Gew. $= p_1^{III}$,	$v_1^{VI} = f_1^{VI} + d\mathfrak{r}_1 + d\mathfrak{o}^{VI}$, Gew. $= p_1^{VI}$,
P_2	$v_2^{III} = f_2^{III} + d\mathfrak{r}_2 + d\mathfrak{o}^{III}$, „ $= p_2^{III}$,	$v_2^{VI} = f_2^{VI} + d\mathfrak{r}_2 + d\mathfrak{o}^{VI}$, „ $= p_2^{VI}$,
P_3	.	. .
P_4	$v_4^{III} = f_4^{III} + d\mathfrak{r}_4 + d\mathfrak{o}^{III}$, „ $= p_4^{III}$,	. .

2. Diese umgeformten Fehlergleichungen können nach den Formeln **(130)** reduzirt werden auf die folgenden nur noch $d\mathfrak{r}_1$, $d\mathfrak{r}_2$, $d\mathfrak{r}_3$, $d\mathfrak{r}_4$ enthaltenden Fehlergleichungen: **(130)**

	Satzgruppe I.	Satzgruppe IV.
P_1	$\mathfrak{v}_1^I = f_1^I + d\mathfrak{r}_1$, Gew. $= p_1^I$,	$\mathfrak{v}_1^{IV} = f_1^{IV} + d\mathfrak{r}_1$, Gew. $= p_1^{IV}$,
P_2	$\mathfrak{v}_2^I = f_2^I + d\mathfrak{r}_2$, „ $= p_2^I$,	. .
P_3	$\mathfrak{v}_3^I = f_3^I + d\mathfrak{r}_3$, „ $= p_3^I$,	$\mathfrak{v}_3^{IV} = f_3^{IV} + d\mathfrak{r}_3$, „ $= p_3^{IV}$,
P_4	$\mathfrak{v}_4^I = f_4^I + d\mathfrak{r}_4$, „ $= p_4^I$,	. .
	Satzgruppe II.	**Satzgruppe V.**
P_1	. .	. .
P_2	$\mathfrak{v}_2^{II} = f_2^{II} + d\mathfrak{r}_2$, Gew. $= p_2^{II}$,	. .
P_3	$\mathfrak{v}_3^{II} = f_3^{II} + d\mathfrak{r}_3$, „ $= p_3^{II}$,	$\mathfrak{v}_3^V = f_3^V + d\mathfrak{r}_3$, Gew. $= p_3^V$,
P_4	$\mathfrak{v}_4^{II} = f_4^{II} + d\mathfrak{r}_4$, „ $= p_4^{II}$,	$\mathfrak{v}_4^V = f_4^V + d\mathfrak{r}_4$, „ $= p_4^V$,
	Satzgruppe III.	**Satzgruppe VI.**
P_1	$\mathfrak{v}_1^{III} = f_1^{III} + d\mathfrak{r}_1$, Gew. $= p_1^{III}$,	$\mathfrak{v}_1^{VI} = f_1^{VI} + d\mathfrak{r}_1$, Gew. $= p_1^{VI}$,
P_2	$\mathfrak{v}_2^{III} = f_2^{III} + d\mathfrak{r}_2$, „ $= p_2^{III}$,	$\mathfrak{v}_2^{VI} = f_2^{VI} + d\mathfrak{r}_2$, „ $= p_2^{VI}$,
P_3	. .	. .
P_4	$\mathfrak{v}_4^{III} = f_4^{III} + d\mathfrak{r}_4$, „ $= p_4^{III}$,	. .

S. G. I	$\mathfrak{v}^I = p^I[f^I] + p^I d\mathfrak{r}_1 + p^I d\mathfrak{r}_2 + p^I d\mathfrak{r}_3 + p^I d\mathfrak{r}_4$, Gew. $= -\frac{1}{n^I p^I}$,
S. G. II	$\mathfrak{v}^{II} = p^{II}[f^{II}]$. $+ p^{II} d\mathfrak{r}_2 + p^{II} d\mathfrak{r}_3 + p^{II} d\mathfrak{r}_4$, „ $= -\frac{1}{n^{II} p^{II}}$,
S. G. III	$\mathfrak{v}^{III} = p^{III}[f^{III}] + p^{III} d\mathfrak{r}_1 + p^{III} d\mathfrak{r}_2$. $+ p^{III} d\mathfrak{r}_4$, „ $= -\frac{1}{n^{III} p^{III}}$,
S. G. IV	$\mathfrak{v}^{IV} = p^{IV}[f^{IV}] + p^{IV} d\mathfrak{r}_1$. $+ p^{IV} d\mathfrak{r}_3$. , „ $= -\frac{1}{n^{IV} p^{IV}}$,
S. G. V	$\mathfrak{v}^V = p^V[f^V]$ . . $+ p^V d\mathfrak{r}_3 + p^V d\mathfrak{r}_4$, „ $= -\frac{1}{n^V p^V}$,
S. G. VI	$\mathfrak{v}^{VI} = p^{VI}[f^{VI}] + p^{VI} d\mathfrak{r}_1 + p^{VI} d\mathfrak{r}_2$ . . , „ $= -\frac{1}{n^{VI} p^{VI}}$,

worin n^I, n^{II}, n^{III}, ... die Anzahl der Richtungen in den Sätzen I, II, III, ... bezeichnet.

3. Die in den letzten 6 Fehlergleichungen vorkommenden Werte $[f]$ werden sämtlich $= 0$, wenn für die Näherungswerte $\mathfrak{o}^I$, $\mathfrak{o}^{II}$, ... $\mathfrak{o}^{VI}$ das arithmetische Mittel der Differenzen $s - \mathfrak{r}$ in den einzelnen Sätzen genommen wird, wenn also beispielsweise $\mathfrak{o}^I$ berechnet wird nach:

$$\mathfrak{o}^I = \frac{(s_1^I - \mathfrak{r}_1) + (s_2^I - \mathfrak{r}_2) + (s_3^I - \mathfrak{r}_3) + (s_4^I - \mathfrak{r}_4)}{n^I = 4}.$$

Denn dann wird nach den Formeln (**112**) und (**115**):

Nr.	p.	a.	b.	c.	d.	f.	paa.	pab.	pac.	pad.	paf.
1^I	1,5	+1	.	.	.	f_1^I	+ 1,5	.	.	.	$+ 1{,}5 f_1^I$
2^I	1,5	.	+1	.	.	f_2^I	.	.	.	.	.
3^I	1,5	.	.	+1	.	f_3^I	.	.	.	.	.
4^I	1,5	.	.	.	+1	f_4^I	.	.	.	.	.
2^{II}	1	.	+1	.	.	f_2^{II}	.	.	.	.	.
3^{II}	1	.	.	+1	.	f_3^{II}	.	.	.	.	.
4^{II}	1	.	.	.	+1	f_4^{II}	.	.	.	.	.
1^{III}	1,5	+1	.	.	.	f_1^{III}	+ 1,5	.	.	.	$+ 1{,}5 f_1^{III}$
2^{III}	1,5	.	+1	.	.	f_2^{III}	.	.	.	.	.
4^{III}	1,5	.	.	.	+1	f_4^{III}	.	.	.	.	.
1^{IV}	2	+1	.	.	.	f_1^{IV}	+ 2	.	.	.	$+ 2 f_1^{IV}$
3^{IV}	2	.	.	+1	.	f_3^{IV}	.	.	.	.	.
3^V	1	.	.	+1	.	f_3^V	.	.	.	.	.
4^V	1	.	.	.	+1	f_4^V	.	.	.	.	.
1^{VI}	1	+1	.	.	.	f_1^{VI}	+ 1	.	.	.	$+ f_1^{VI}$
2^{VI}	1	.	+1	.	.	f_2^{VI}	.	.	.	.	.
I	$-\frac{3}{8}$	+1	+1	+1	+1	0	− 3/8	− 3/8	− 3/8	− 3/8	.
II	$-\frac{1}{3}$	.	+1	+1	+1	0	.	.	.	.	.
III	$-\frac{1}{2}$	+1	+1	.	+1	0	− 1/2	− 1/2	.	− 1/2	.
IV	− 1	+1	.	+1	.	0	− 1	.	− 1	.	.
V	$-\frac{1}{2}$	.	.	+1	+1	0	.	.	.	.	.
VI	$-\frac{1}{2}$	+1	+1	.	.	0	− 1/2	− 1/2	.	.	.
							+ 29/8	− 11/8	− 11/8	− 7/8	$+ [p_1 f_1]$

$$f_1^I = \mathfrak{r}_1 - s_1^I + \frac{1}{4}\left((s_1^I - \mathfrak{r}_1) + (s_2^I - \mathfrak{r}_2) + (s_3^I - \mathfrak{r}_3) + (s_4^I - \mathfrak{r}_4)\right),$$

$$f_2^I = \mathfrak{r}_2 - s_2^I + \frac{1}{4}\left((s_1^I - \mathfrak{r}_1) + (s_2^I - \mathfrak{r}_2) + (s_3^I - \mathfrak{r}_3) + (s_4^I - \mathfrak{r}_4)\right),$$

$$f_3^I = \mathfrak{r}_3 - s_3^I + \frac{1}{4}\left((s_1^I - \mathfrak{r}_1) + (s_2^I - \mathfrak{r}_2) + (s_3^I - \mathfrak{r}_3) + (s_4^I - \mathfrak{r}_4)\right),$$

$$f_4^I = \mathfrak{r}_4 - s_4^I + \frac{1}{4}\left((s_1^I - \mathfrak{r}_1) + (s_2^I - \mathfrak{r}_2) + (s_3^I - \mathfrak{r}_3) + (s_4^I - \mathfrak{r}_4)\right),$$

$$[f^I] = [\mathfrak{r} - s^I] + [s^I - \mathfrak{r}] = 0.$$

4. Ferner können die letzten 6 Fehlergleichungen nach Formel (**142**) noch vereinfacht werden, indem dafür gesetzt wird:

$pbb.$	$pbc.$	$pbd.$	$pbf.$	$pcc.$	$pcd.$	$pcf.$	$pdd.$	$pdf.$
.	.	.	.	.	.	.	.	.
+1,5	.	.	$+1{,}5 f_2^I$	.	.	.	.	.
.	.	.	.	+1,5	.	$+1{,}5 f_3^I$	.	.
.	.	:	.	.	.	.	+1,5	$+1{,}5 f_4^I$
+1	.	.	$+ f_2^{II}$	.	.	.	.	.
.	.	.	.	+1	.	$+ f_3^{II}$	.	.
.	.	.	.	.	.	.	+1	$+ f_4^{II}$
.	.	.	.	.	.	.	.	.
+1,5	.	.	$+1{,}5 f_2^{III}$	.	.	.	.	.
.	.	.	.	.	.	.	+1,5	$+1{,}5 f_4^{III}$
.	.	.	.	.	.	.	.	.
.	.	.	.	+2	.	$+ 2 f_3^{IV}$	.	.
.	.	.	.	+1	.	$+ f_3^{V}$	.	.
.	.	.	.	.	.	.	+1	$+ f_4^{V}$
.	.	.	.	.	.	.	.	.
+1	.	.	$+ f_2^{VI}$	.	.	.	.	.
$-{}^3/_8$	$-{}^3/_8$	$-{}^3/_8$	.	$-{}^3/_8$	$-{}^3/_8$	.	$-{}^3/_8$	.
$-{}^1/_3$	$-{}^1/_3$	$-{}^1/_3$	.	$-{}^1/_3$	$-{}^1/_3$	.	$-{}^1/_3$	.
$-{}^1/_2$	.	$-{}^1/_2$	.	.	.	.	$-{}^1/_2$	.
.	.	.	.	−1	.	.	.	.
.	.	.	.	$-{}^1/_2$	$-{}^1/_2$	.	$-{}^1/_2$	.
$-{}^1/_2$	.	.	.	.	.	.	.	.
$+{}^{79}/_{24}$	$-{}^{17}/_{24}$	$-{}^{29}/_{24}$	$[p_2 f_2]$	$+{}^{79}/_{24}$	$-{}^{29}/_{24}$	$[p_3 f_3]$	$+{}^{79}/_{24}$	$[p_4 f_4]$

$$\begin{aligned}
\mathfrak{v}^{I} &= d\mathfrak{r}_1 + d\mathfrak{r}_2 + d\mathfrak{r}_3 + d\mathfrak{r}_4, &\text{Gew.} &= -\frac{p^{I}}{n^{I}},\\
\mathfrak{v}^{II} &= \quad . \quad + d\mathfrak{r}_2 + d\mathfrak{r}_3 + d\mathfrak{r}_4, &\text{,,} &= -\frac{p^{II}}{n^{II}},\\
\mathfrak{v}^{III} &= d\mathfrak{r}_1 + d\mathfrak{r}_2 \quad . \quad + d\mathfrak{r}_4, &\text{,,} &= -\frac{p^{III}}{n^{III}},\\
\mathfrak{v}^{IV} &= d\mathfrak{r}_1 \quad . \quad + d\mathfrak{r}_3 \quad . \quad, &\text{,,} &= -\frac{p^{IV}}{n^{IV}},\\
\mathfrak{v}^{V} &= \quad . \quad . \quad + d\mathfrak{r}_3 + d\mathfrak{r}_4, &\text{,,} &= -\frac{p^{V}}{n^{V}},\\
\mathfrak{v}^{VI} &= d\mathfrak{r}_1 + d\mathfrak{r}_2 \quad . \quad . \quad, &\text{,,} &= -\frac{p^{VI}}{n^{VI}},
\end{aligned}$$

5. Hiernach ergeben sich die Faktoren u. s. w. der reduzirten Endgleichungen aus den Faktoren u. s. w. der reduzirten Fehlergleichungen wie folgt: (Siehe die Tabelle auf Seite 150 und 151.)

6. Die reduzirten und behufs Vereinfachung mit 24 multiplizirten Endgleichungen sind hiernach:

$$\begin{aligned}
+87\,d\mathfrak{r}_1 - 33\,d\mathfrak{r}_2 - 33\,d\mathfrak{r}_3 - 21\,d\mathfrak{r}_4 + 24\,[p_1 f_1] &= 0,\\
-33\,d\mathfrak{r}_1 + 79\,d\mathfrak{r}_2 - 17\,d\mathfrak{r}_3 - 29\,d\mathfrak{r}_4 + 24\,[p_2 f_2] &= 0,\\
-33\,d\mathfrak{r}_1 - 17\,d\mathfrak{r}_2 + 79\,d\mathfrak{r}_3 - 29\,d\mathfrak{r}_4 + 24\,[p_3 f_3] &= 0,\\
-21\,d\mathfrak{r}_1 - 29\,d\mathfrak{r}_2 - 29\,d\mathfrak{r}_3 + 79\,d\mathfrak{r}_4 + 24\,[p_4 f_4] &= 0.
\end{aligned}$$

Die Summe dieser Endgleichungen giebt $0 = 0$, die Gleichungen liefern also keine bestimmten Werte für $d\mathfrak{r}_1, d\mathfrak{r}_2, d\mathfrak{r}_3, d\mathfrak{r}_4$. Setzen wir nun aber die bis dahin noch unbestimmte Anfangsrichtung derart fest, dafs wir die Anfangsrichtung nehmen, die sich ergiebt, wenn

$$d\mathfrak{r}_1 + d\mathfrak{r}_2 + d\mathfrak{r}_3 + d\mathfrak{r}_4 = 0$$

wird, und addiren wir diese Gleichung, nachdem sie mit 24 multiplizirt ist, zu den reduzirten Endgleichungen, so erhalten wir:

$$\begin{aligned}
111\,d\mathfrak{r}_1 - 9\,d\mathfrak{r}_2 - 9\,d\mathfrak{r}_3 + 3\,d\mathfrak{r}_4 + 24\,[p_1 f_1] &= 0,\\
-9\,d\mathfrak{r}_1 + 103\,d\mathfrak{r}_2 + 7\,d\mathfrak{r}_3 - 5\,d\mathfrak{r}_4 + 24\,[p_2 f_2] &= 0,\\
-9\,d\mathfrak{r}_1 + 7\,d\mathfrak{r}_2 + 103\,d\mathfrak{r}_3 - 5\,d\mathfrak{r}_4 + 24\,[p_3 f_3] &= 0,\\
+3\,d\mathfrak{r}_1 - 5\,d\mathfrak{r}_2 - 5\,d\mathfrak{r}_3 + 103\,d\mathfrak{r}_4 + 24\,[p_4 f_4] &= 0.
\end{aligned}$$

7. Für $d\mathfrak{o}^{I}, d\mathfrak{o}^{II}, \ldots\ldots d\mathfrak{o}^{VI}$ erhalten wir nach Formel (**133**):

$$\begin{aligned}
d\mathfrak{o}^{I} &= -\frac{1}{n^{I}}(d\mathfrak{r}_1 + d\mathfrak{r}_2 + d\mathfrak{r}_3 + d\mathfrak{r}_4),\\
d\mathfrak{o}^{II} &= -\frac{1}{n^{II}}(\quad . \quad + d\mathfrak{r}_2 + d\mathfrak{r}_3 + d\mathfrak{r}_4),\\
d\mathfrak{o}^{III} &= -\frac{1}{n^{III}}(d\mathfrak{r}_1 + d\mathfrak{r}_2 \quad . \quad + d\mathfrak{r}_4),\\
d\mathfrak{o}^{IV} &= -\frac{1}{n^{IV}}(d\mathfrak{r}_1 \quad . \quad + d\mathfrak{r}_3 \quad . \quad),\\
d\mathfrak{o}^{V} &= -\frac{1}{n^{V}}(\quad . \quad . \quad + d\mathfrak{r}_3 + d\mathfrak{r}_4),\\
d\mathfrak{o}^{VI} &= -\frac{1}{n^{VI}}(d\mathfrak{r}_1 + d\mathfrak{r}_2 \quad . \quad . \quad),
\end{aligned}$$

oder, wenn wir von den in Klammern stehenden Ausdrücken $d\mathfrak{r}_1 + d\mathfrak{r}_2 + d\mathfrak{r}_3 + d\mathfrak{r}_4 = 0$ subtrahiren,:

$$do^{I} = 0, \qquad do^{IV} = +\frac{1}{n^{IV}}(dr_2 + dr_4),$$

$$do^{II} = +\frac{1}{n^{II}}dr_1, \qquad do^{V} = +\frac{1}{n^{V}}(dr_1 + dr_2),$$

$$do^{III} = +\frac{1}{n^{III}}dr_3, \qquad do^{VI} = +\frac{1}{n^{VI}}(dr_3 + dr_4).$$

8. Die Bildung der Faktoren der reduzirten Endgleichungen kann nach folgendem Schema erfolgen:

Nr. der Sätze	$p.$	$a.$	$b.$	$c.$	$d.$	....	$paa.$	$pab.$	$pac.$	$pad.$	....	$pbb.$	$pbc.$	$pbd.$	....	$pcc.$	$pcd.$	....	$pdd.$	....
		R. 1.	R. 2.	R. 3.	R. 4.	....	$[p_1]+1$	$+1$	$+1$	$+1$	....	$[p_2]+1$	$+1$	$+1$	....	$[p_3]+1$	$+1$	....	$[p_4]+1$	....
I	$-\frac{p^{I}}{n^{I}}$																			
II	$-\frac{p^{II}}{n^{II}}$																			
III	$-\frac{p^{III}}{n^{III}}$																			
.....	.....																			

9. Die praktische Durchführung des hier entwickelten 2. Verfahrens ist ganz ähnlich wie beim 1. Verfahren (§ 33), so dafs es zur weiteren Erläuterung nur noch der Durchrechnung unseres Beispieles bedarf, die hier folgt: (Siehe die Tabellen auf Seite 154, 155 und 156.)

10. Das im § 33, Nr. 17 und 18 dargestellte Näherungsverfahren kann auch im vorliegenden Falle, wo die in die Rechnung eingeführten Beobachtungsergebnisse verschiedenes Gewicht haben, angewendet werden, wenn die Gewichte entsprechend berücksichtigt werden. Nach den Formeln (**128**) soll hier $[pav]$, $[pbv]$, $[pcv]$, ... gleich Null sein. Bilden wir diese Summen in gleicher Weise, wie im § 33, Nr. 17, so erhalten wir:

$$[pav] = p_1^{I}(r_1 + o^{I} - s_1^{I}) + \quad . \quad + p_1^{III}(r_1 + o^{III} - s_1^{III}) + p_1^{IV}(r_1 + o^{IV} - s_1^{IV}) + \quad . \quad + p_1^{VI}(r_1 + o^{VI} - s_1^{VI}) = 0,$$

$$[pbv] = p_2^{I}(r_2 + o^{I} - s_2^{I}) + p_2^{II}(r_2 + o^{II} - s_2^{II}) + p_2^{III}(r_2 + o^{III} - s_2^{III}) + \quad . \quad + \quad . \quad + p_2^{VI}(r_2 + o^{VI} - s_2^{VI}) = 0,$$

$$\ldots\ldots\ldots\ldots\ldots\ldots\ldots\ldots\ldots\ldots\ldots\ldots\ldots\ldots ,$$

$$[pdv] = p_4^{I}(r_4 + o^{I} - s_4^{I}) + p_4^{II}(r_4 + o^{II} - s_4^{II}) + p_4^{III}(r_4 + o^{III} - s_4^{III}) + \quad . \quad + p_4^{V}(r_4 + o^{V} - r_4^{V}) + \quad . \quad = 0,$$

$$[pev] = p_1^{I}(r_1 + o^{I} - s_1^{I}) + p_2^{I}(r_2 + o^{I} - s_2^{I}) + p_3^{I}(r_3 + o^{I} - s_3^{I}) + p_4^{I}(r_4 + o^{I} - s_4^{I}) = 0,$$

$$[pgv] = \quad . \quad + p_2^{II}(r_2 + o^{II} - s_2^{II}) + p_3^{II}(r_3 + o^{II} - s_3^{II}) + p_4^{II}(r_4 + o^{II} - s_4^{II}) = 0,$$

$$\ldots\ldots\ldots\ldots\ldots\ldots\ldots\ldots\ldots\ldots\ldots\ldots\ldots\ldots ,$$

$$[plv] = p_1^{VI}(r_1 + o^{VI} - s_1^{VI}) + p_2^{VI}(r_2 + o^{VI} - s_2^{VI}) + \quad . \quad + \quad . \quad = 0.$$

Hiernach mufs die Summe der mit den Gewichten multiplizirten Abweichungen zwischen den wahrscheinlichsten Werten r der Richtungen und den orientirten Satzmitteln $s - o$, oder die Summe der mit den Gewichten multiplizirten wahrscheinlichsten Beobachtungsfehler sowohl für jede einzelne Richtung, als auch für jeden Satz gleich Null sein. Dasselbe mufs in jedem Satze der Fall sein für die nicht mit den Gewichten multiplizirten Abweichungen oder Beobachtungsfehler, da die Gewichte der einzelnen Richtungen in jedem Satze einander gleich sind.

11. Aus den obigen Gleichungen folgt:

$$r_1 = \frac{1}{[p_1]} \left(p_1^I (s_1^I - o^I) + \quad \cdot \quad + p_1^{III} (s_1^{III} - o^{III}) + p_1^{IV} (s_1^{IV} - o^{IV}) + \quad \cdot \quad + p_1^{VI} (s_1^{VI} - o^{VI}) \right),$$

$$r_2 = \frac{1}{[p_2]} \left(p_2^I (s_2^I - o^I) + p_2^{II} (s_2^{II} - o^{II}) + p_2^{III} (s_2^{III} - o^{III}) + \quad \cdot \quad + \quad \cdot \quad + p_2^{VI} (s_2^{VI} - o^{VI}) \right),$$

. . . . ,

$$r_4 = \frac{1}{[p_4]} \left(p_4^I (s_4^I - o^I) + p_4^{II} (s_4^{II} - o^{II}) + p_4^{III} (s_4^{III} - o^{III}) + \quad \cdot \quad + p_4^V (s_4^V - o^V) + \quad \cdot \quad \right),$$

Nr. der Zielpunkte.	Satz I. Gewicht = 1,5.			Satz II. Gewicht = 1.			Satz III. Gewicht = 1,5.			Satz IV. Gewicht = 2.			Satz V. Gewicht = 1.			Satz VI. Gewicht = 1.			
	°	'	"	°	'	"	°	'	"	°	'	"	°	'	"	°	'	"	
	1. Satzmittel s.																		
♁ 13	0	00	00	.	.	.	0	00	00	0	00	00	.	.	.	0	00	00	
17	12	04	38	0	00	00	12	04	13	.	.	.	.	.	.	12	04	37	
18	37	10	03	25	05	40	.	.	.	37	10	20	0	00	00	.	.	.	
20	55	47	38	43	42	45	55	47	20	.	.	.	18	37	50	.	.	.	
[s]		02	19		48	25		51	33		10	20		37	50		04	37	
	2. Näherungswerte $\mathfrak{r}$ der Richtungen. $\mathfrak{r}_1 = 0°00'00''$, $\mathfrak{r}_2 = 12°04'40''$, $\mathfrak{r}_3 = 37°10'20''$, $\mathfrak{r}_4 = 55°47'40''$.																		Summe. 02' 40"
	3. Näherungswerte $\mathfrak{o} = \frac{[s - \mathfrak{r}]}{n}$ der Orientirungswinkel.																		
♁ 13			0	.	.	.			0			0	.	.	.			0	
17		—	2	— 12	04	40		—	27			.	.	.	.		—	3	
18		—	17	— 12	04	40			.			0	— 37	10	20			.	
20		—	2	— 12	04	55		—	20			.	— 37	09	50			.	
[$s - \mathfrak{r}$]		—	21			135		—	47			0		20	10		—	3	Summe.
$\mathfrak{o}$		—	5,2	— 12	04	45,0		—	15,7			0,0	— 37	10	05,0		—	1,5	— 15' 12,4"
	4. Genähert orientirte Satzmittel $s - \mathfrak{o}$.																		
♁ 13	0	00	05,2	.	.	.	0	00	15,7	0	00	00,0	.	.	.	0	00	01,5	
17	12	04	43,2	12	04	45,0	12	04	28,7	.	.	.	.	.	.	12	04	38,5	
18	37	10	08,2	37	10	25,0	.	.	.	37	10	20,0	37	10	05,0	.	.	.	
20	55	47	43,2	55	47	30,0	55	47	35,7	.	.	.	55	47	55,0	.	.	.	
[$s - \mathfrak{o}$]		02	39,8		02	40,0		52	20,1		10	20,0		58	00,0		04	40,0	
$+ n \cdot \mathfrak{o}$	—	.	20,8	—	14	15,0	—	.	47,1		.	00,0	—	20	10,0	—	.	03,0	
= [s]		02	19,0		48	25,0		51	33,0		10	20,0		37	50,0		04	37,0	
	5. Abweichungen $f = \mathfrak{r} - (s - \mathfrak{o})$.																		Summe [pf].
♁ 13		—	5,2			.		—	15,7			0,0			.		—	1,5	— 32,8 = [$p_1 f_1$]
17		—	3,2		—	5,0		+	11,3			.			.		+	1,5	+ 8,6 = [$p_2 f_2$]
18		+	11,8		—	5,0			.			0,0		+	15,0			.	+ 27,7 = [$p_3 f_3$]
20		—	3,2		+	10,0		+	4,3			.		—	15,0			.	— 3,3 = [$p_4 f_4$]
		+	0,2			0,0		—	0,1			0,0			0,0			0,0	+ 0,2

6. Bildung der Faktoren der Endgleichungen.

	p.	a.	b.	c.	d.	paa.	pab.	pac.	pad.	pbb.	pbc.	pbd.	pcc.	pcd.	pdd.
		♁ 13	♁ 17	♁ 18	♁ 20	+ 7	+ 1	+ 1	+ 1	+ 6	+ 1	+ 1	+ 6,5	+ 1	+ 6
Satz I.	$-3/8$	+ 1	+ 1	+ 1	+ 1	$-3/8$	$-3/8$	$-3/8$	$-3/8$	$-3/8$	$-3/8$	$-3/8$	$-3/8$	$-3/8$	$-3/8$
„ II.	$-1/3$	.	+ 1	+ 1	+ 1	.	.	.	.	$-1/3$	$-1/3$	$-1/3$	$-1/3$	$-1/3$	$-1/3$
„ III.	$-1/2$	+ 1	+ 1	.	+ 1	$-1/2$	$-1/2$	.	$-1/2$	$-1/2$	.	$-1/2$	.	.	$-1/2$
„ IV.	-1	+ 1	.	+ 1	.	-1	.	-1	.	.	.	.	-1	.	.
„ V.	$-1/2$	.	.	+ 1	+ 1	.	.	.	.	.	.	.	$-1/2$	$-1/2$	$-1/2$
„ VI.	$-1/2$	+ 1	+ 1	.	.	$-1/2$	$-1/2$	.	.	$-1/2$	.	.	.	.	.
						$+37/8$	$-3/8$	$-3/8$	$+1/8$	$+103/24$	$+7/24$	$-5/24$	$+103/24$	$-5/24$	$+103/24$

7. Endgleichungen.

$$+111\,d\mathfrak{r}_1 - 9\,d\mathfrak{r}_2 - 9\,d\mathfrak{r}_3 + 3\,d\mathfrak{r}_4 - 787{,}2 = 0\,,$$
$$-9\,d\mathfrak{r}_1 + 103\,d\mathfrak{r}_2 + 7\,d\mathfrak{r}_3 - 5\,d\mathfrak{r}_4 + 206{,}4 = 0\,,$$
$$-9\,d\mathfrak{r}_1 + 7\,d\mathfrak{r}_2 + 103\,d\mathfrak{r}_3 - 5\,d\mathfrak{r}_4 + 664{,}8 = 0\,,$$
$$+3\,d\mathfrak{r}_1 - 5\,d\mathfrak{r}_2 - 5\,d\mathfrak{r}_3 + 103\,d\mathfrak{r}_4 - 79{,}2 = 0\,.$$

8. Auflösung der Endgleichungen.

$[paa]$.	$[pab]$.	$[pac]$.	$[pad]$.	$[p_1f_1]$.	$[pbb]$.	$[pbc]$.	$[pbd]$.	$[p_2f_2]$.	$[pcc]$.	$[pcd]$.	$[p_3f_3]$.	$[pdd]$.	$[p_4f_4]$.	Probe.	
+111	−9	−9	+3	−787,2	+103	+7	−5	+206,4	+103	−5	+664,8	+103	−79,2		
	+0,081	+0,081	−0,027	+7,09	− 1	−1	0	− 63,7	− 1	0	− 63,7	0	+21,2	−5580	−5133
				−0,01	+102	+6	−5	+142,7	0	0	− 8,4	0	+ 7,0	− 200	− 217
				−0,47		−0,059	+0,049	−1,40	+102	−5	+592,7	0	+29,1	−3444	−3856
				−0,09				+0,01		+0,049	−5,81	+103	−21,9	− 5	− 17
								+0,34			+0,01			−9229	−9223
			$d\mathfrak{r}_1$	+6,52			$d\mathfrak{r}_2$	−1,05		$d\mathfrak{r}_3$	−5,80	$d\mathfrak{r}_4$	+0,21		

9. Wahrscheinlichste Werte r der Richtungen.

♁ 13	$r_1 = \mathfrak{r}_1 + d\mathfrak{r}_1 =$	0° 00′ 06,5″
17	$r_2 = \mathfrak{r}_2 + d\mathfrak{r}_2 =$	12 04 39,0
18	$r_3 = \mathfrak{r}_3 + d\mathfrak{r}_3 =$	37 10 14,2
20	$r_4 = \mathfrak{r}_4 + d\mathfrak{r}_4 =$	55 47 40.2
	$[r] = [\mathfrak{r}] =$	02 39,9

10. Wahrscheinlichste Werte o der Orientirungswinkel.

$d\mathfrak{o}^{I} = 0$	$= 0{,}0''$	$o^{I} = \mathfrak{o}^{I} + d\mathfrak{o}^{I} =$	$-\ 5{,}2''$
$d\mathfrak{o}^{II} = \frac{1}{3}(+6{,}52)$	$= +2{,}2$	$o^{II} = \mathfrak{o}^{II} + d\mathfrak{o}^{II} =$	$-12°\,04'\,42{,}8$
$d\mathfrak{o}^{III} = \frac{1}{3}(-5{,}80)$	$= -1{,}9$	$o^{III} = \mathfrak{o}^{III} + d\mathfrak{o}^{III} =$	$-\ 17{,}6$
$d\mathfrak{o}^{IV} = \frac{1}{2}(-1{,}05 + 0{,}21)$	$= -0{,}4$	$o^{IV} = \mathfrak{o}^{IV} + d\mathfrak{o}^{IV} =$	$-\ 0{,}4$
$d\mathfrak{o}^{V} = \frac{1}{2}(+6{,}52 - 1{,}05)$	$= +2{,}7$	$o^{V} = \mathfrak{o}^{V} + d\mathfrak{o}^{V} =$	$-37°\,10'\,02{,}3$
$d\mathfrak{o}^{VI} = \frac{1}{2}(-5{,}80 + 0{,}21)$	$= -2{,}8$	$o^{VI} = \mathfrak{o}^{VI} + d\mathfrak{o}^{VI} =$	$-\ 4{,}3$
$[d\mathfrak{o}] =$	$-0{,}2$	$[o] = [\mathfrak{o}] + [d\mathfrak{o}] =$	$-\ 15\ 12{,}6$

Nr. der Zielpunkte.	Satz I. Gewicht = 1,5. °	′	″	Satz II. Gewicht = 1. °	′	″	Satz III. Gewicht = 1,5. °	′	″	Satz IV. Gewicht = 2. °	′	″	Satz V. Gewicht = 1. °	′	″	Satz VI. Gewicht = 1. °	′	″	
	11. Wahrscheinlichste Werte $S = r + o$ der Satzmittel.																		
♁ 13	0	00	01,3	.	.	.	359	59	48,9	0	00	06,1	.	.	.	0	00	02,2	
17	12	04	33,8	359	59	56,2	12	04	21,4	.	.	.	.	.	.	12	04	34,7	
18	37	10	09,0	25	05	31,4	.	.	.	37	10	13,8	0	00	11,9	.	.	.	
20	55	47	35,0	43	42	57,4	55	47	22,6	.	.	.	18	37	37,9	.	.	.	
		02	19,1		48	25,0		51	32,9		10	19,9		37	49,8		04	36,9	
	12. Wahrscheinlichste Beobachtungsfehler $v = S - s$.																		Summe $[p v]$.
♁ 13		+	1,3					−	11,1		+	6,1			.		+	2,2	− 0,2
17		−	4,2		−	3,8		+	8,4			.			.		−	2,3	+ 0,2
18		+	6,0		−	8,6			.		−	6,2		+	11,9			.	− 0,1
20		−	3,0		+	12,4		+	2,6			.		−	12,1			.	− 0,3
		+	0,1			0,0		−	0,1		−	0,1		−	0,2		−	0,1	− 0,4
	13. Quadratsumme $[p v v]$.																		Summe.
♁ 13			2			.			185			74			.			5	266
17			26			14			106			.			.			5	151
18			54			74			.			77			142			.	347
20			14			154			10			.			146			.	324
			96			242			301			151			288			10	1088

$$\mathfrak{m} = \pm \sqrt{\frac{[p v v]}{n - (n_r + n_s - 1)}} = \pm \sqrt{\frac{1088}{16 - 9}} = \pm 12{,}5''. \quad m = \pm \mathfrak{m} \sqrt{\frac{1}{p}} = \pm 12{,}5 \sqrt{\frac{1}{0{,}5}} = \pm 17{,}6''.$$

$$o^I = \frac{1}{4}\left((s_1^I - r_1) + (s_2^I - r_2) + (s_3^I - r_3) + (s_4^I - r_4)\right),$$

$$o^{II} = \frac{1}{3}\left(\quad . \quad + (s_2^{II} - r_2) + (s_3^{II} - r_3) + (s_4^{II} - r_4)\right),$$

$$. \; ,$$

$$o^{VI} = \frac{1}{2}\left((s_1^{VI} - r_1) + (s_2^{VI} - r_2) + \quad . \quad + \quad . \quad\right).$$

Hiernach sind die wahrscheinlichsten Werte der Richtungen r je gleich dem unter Berücksichtigung der Gewichte gebildeten allgemeinen arithmetischen Mittel der orientirten Satzmittel $s - o$ für die betreffende Richtung und die wahrscheinlichsten Werte der Orientirungswinkel o je gleich dem einfachen arithmetischen Mittel der Unterschiede $s - r$ der Satzmittel und der wahrscheinlichsten Werte der Richtungen in dem betreffenden Satze.

Aus den vorstehenden Formeln und Regeln ergiebt sich ohne weiteres wie bei dem im § 33, Nr. 18 dargestellten Näherungsverfahren nötigenfalls die Gewichte zu berücksichtigen sind.*)

§ 35. Bestimmung der Hauptpunkte eines Polygonnetzes.

Wir benutzen hier nochmals das bereits im § 21 nach dem Verfahren für direkte Beobachtungen behandelte Beispiel und lösen die dort gestellte Aufgabe nunmehr nach dem Verfahren für vermittelnde Beobachtungen.

*) Beispiele sind an den in der Note zu § 33, Nr. 18 angegebenen Stellen gegeben.

Wir setzen die das Nivellementsnetz darstellende Figur wieder hierher und stellen die gegebenen Höhen, die gemittelten Höhenunterschiede (Spalte 5, Seite 85) und deren Gewichte (Spalte 6, Seite 85) hier nochmals zusammen:

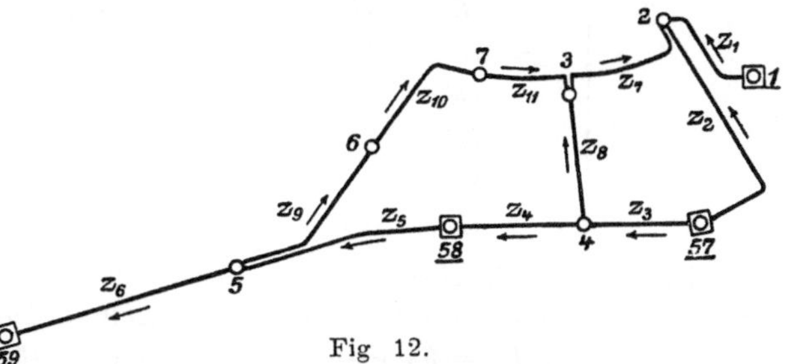

Fig 12.

Gegebene Höhen.	Der Züge Nr.	Anfangs- und Endpunkte.	Gemittelte Höhenunterschiede.	Gewichte.
$H_1 = \mathbf{58{,}725}$	1	**1**—2	$\Delta h_1 =$ 2,9748	$p_1 = 0{,}82$
$H_{57} = \mathbf{61{,}142}$	2	**57**—2	$\Delta h_2 =$ 0,5625	$p_2 = 0{,}44$
$H_{58} = \mathbf{61{,}128}$	3	**57**—4	$\Delta h_3 =$ ×9,5052	$p_3 = 1{,}12$
$H_{59} = \mathbf{60{,}325}$	4	4—**58**	$\Delta h_4 =$ 0,4815	$p_4 = 1{,}02$
	5	**58**—5	$\Delta h_5 =$ 0,3038	$p_5 = 0{,}56$
	6	5—**59**	$\Delta h_6 =$ ×8,9010	$p_6 = 0{,}50$
	7	2—3	$\Delta h_7 =$ ×5,6622	$p_7 = 0{,}64$
	8	4—3	$\Delta h_8 =$ ×6,7038	$p_8 = 0{,}98$
	9	5—6	$\Delta h_9 =$ ×8,2362	$p_9 = 0{,}70$
	10	6—7	$\Delta h_{10} =$ ×7,3380	$p_{10} = 0{,}92$
	11	7—3	$\Delta h_{11} =$ 0,3545	$p_{11} = 1{,}10$
			$[\Delta h] =$ ×1,0235	$[p] = 8{,}80$

Unsere Aufgabe ist wieder, die wahrscheinlichsten Werte H_2, H_3, H_4, H_5, H_6, H_7 der Höhen der Punkte 2, 3, 4, 5, 6, 7 und den mittleren Fehler $\mathfrak{m}_{1\,\mathrm{km}}$ eines einmaligen Nivellements einer Strecke von 1 Kilometer Länge mit Zielweiten von 50^{m}, dessen Gewicht $\mathfrak{p}_{1\,\mathrm{km}} = 0{,}25$ ist, zu berechnen.

1. Zwischen den wahren Werten (Δh) der beobachteten Höhenunterschiede und den wahren Werten (H) der zu bestimmenden Höhen besteht allgemein die Beziehung, dafs der Höhenunterschied gleich sein mufs dem Unterschiede zwischen der Höhe des Anfangspunktes und der Höhe des Endpunktes des betreffenden Zuges. Hiernach ergeben sich für diese Beziehungen die folgenden Gleichungen:

$$\text{(108)}\quad \left\{\begin{array}{ll|l} (\Delta h_1) = (H_2) - H_1, & & (\Delta h_7) = (H_3) - (H_2), \\ (\Delta h_2) = (H_2) - H_{57}, & & (\Delta h_8) = (H_3) - (H_4), \\ (\Delta h_3) = (H_4) - H_{57}, & & (\Delta h_9) = (H_6) - (H_5), \\ (\Delta h_4) = H_{58} - (H_4), & & (\Delta h_{10}) = (H_7) - (H_6), \\ (\Delta h_5) = (H_5) - H_{58}, & & (\Delta h_{11}) = (H_3) - (H_7). \\ (\Delta h_6) = H_{59} - (H_5), & & \end{array}\right.$$

2. Daraus folgen für die wahrscheinlichsten Werte ΔH der Höhenunterschiede und die wahrscheinlichsten Beobachtungsfehler v die Fehlergleichungen:

$$\text{(109)}\quad \left\{\begin{array}{ll|l} \Delta H_1 = H_2 - H_1, & & \Delta H_7 = H_3 - H_2, \\ \Delta H_2 = H_2 - H_{57}, & & \Delta H_8 = H_3 - H_4, \\ \Delta H_3 = H_4 - H_{57}, & & \Delta H_9 = H_6 - H_5, \\ \Delta H_4 = H_{58} - H_4, & & \Delta H_{10} = H_7 - H_6, \\ \Delta H_5 = H_5 - H_{58}, & & \Delta H_{11} = H_3 - H_7; \\ \Delta H_6 = H_{59} - H_5, & & \end{array}\right.$$

$$
(110)\quad
\left\{
\begin{array}{ll|ll}
v_1 = \Delta H_1 - \Delta h_1 , & & v_7 = \Delta H_7 - \Delta h_7 , & \\
v_2 = \Delta H_2 - \Delta h_2 , & & v_8 = \Delta H_8 - \Delta h_8 , & \\
v_3 = \Delta H_3 - \Delta h_3 , & & v_9 = \Delta H_9 - \Delta h_9 , & \\
v_4 = \Delta H_4 - \Delta h_4 , & & v_{10} = \Delta H_{10} - \Delta h_{10} , & \\
v_5 = \Delta H_5 - \Delta h_5 , & & v_{11} = \Delta H_{11} - \Delta h_{11} . & \\
v_6 = \Delta H_6 - \Delta h_6 , & & &
\end{array}
\right.
$$

3. Die wahrscheinlichsten Werte H der zu bestimmenden Höhen zerlegen wir in die Näherungswerte $\mathfrak{h}$ und die ihnen beizufügenden Aenderungen $d\,\mathfrak{h}$:

$$
(111)\quad
\begin{array}{l|l}
H_2 = \mathfrak{h}_2 + d\mathfrak{h}_2 , & H_5 = \mathfrak{h}_5 + d\mathfrak{h}_5 , \\
H_3 = \mathfrak{h}_3 + d\mathfrak{h}_3 , & H_6 = \mathfrak{h}_6 + d\mathfrak{h}_6 , \\
H_4 = \mathfrak{h}_4 + d\mathfrak{h}_4 , & H_7 = \mathfrak{h}_7 + d\mathfrak{h}_7 .
\end{array}
$$

4. Mit den Näherungswerten $\mathfrak{h}$ der zu bestimmenden Höhen ergeben sich die Näherungswerte $\Delta\,\mathfrak{h}$ der beobachteten Höhenunterschiede nach:

$$
(112)\quad
\left\{
\begin{array}{l|l}
\Delta\mathfrak{h}_1 = \mathfrak{h}_2 - \boldsymbol{H}_1 , & \Delta\mathfrak{h}_7 = \mathfrak{h}_3 - \mathfrak{h}_2 , \\
\Delta\mathfrak{h}_2 = \mathfrak{h}_2 - \boldsymbol{H}_{57} , & \Delta\mathfrak{h}_8 = \mathfrak{h}_3 - \mathfrak{h}_4 , \\
\Delta\mathfrak{h}_3 = \mathfrak{h}_4 - \boldsymbol{H}_{57} , & \Delta\mathfrak{h}_9 = \mathfrak{h}_6 - \mathfrak{h}_5 , \\
\Delta\mathfrak{h}_4 = \boldsymbol{H}_{58} - \mathfrak{h}_4 , & \Delta\mathfrak{h}_{10} = \mathfrak{h}_7 - \mathfrak{h}_6 , \\
\Delta\mathfrak{h}_5 = \mathfrak{h}_5 - \boldsymbol{H}_{58} , & \Delta\mathfrak{h}_{11} = \mathfrak{h}_3 - \mathfrak{h}_7 . \\
\Delta\mathfrak{h}_6 = \boldsymbol{H}_{59} - \mathfrak{h}_5 , &
\end{array}
\right.
$$

Ferner ergeben sich die wahrscheinlichsten Werte $\Delta\,H$ der Höhenunterschiede aus den Näherungswerten $\Delta\,\mathfrak{h}$ derselben und den diesen beizufügenden, den Aenderungen $d\,\mathfrak{h}$ entsprechenden Aenderungen $d\,\Delta\,\mathfrak{h}$ nach:

$$
(113)\quad
\left\{
\begin{array}{l|l}
\Delta H_1 = \Delta\mathfrak{h}_1 + d\Delta\mathfrak{h}_1 , & \Delta H_7 = \Delta\mathfrak{h}_7 + d\Delta\mathfrak{h}_7 , \\
\Delta H_2 = \Delta\mathfrak{h}_2 + d\Delta\mathfrak{h}_2 , & \Delta H_8 = \Delta\mathfrak{h}_8 + d\Delta\mathfrak{h}_8 , \\
\Delta H_3 = \Delta\mathfrak{h}_3 + d\Delta\mathfrak{h}_3 , & \Delta H_9 = \Delta\mathfrak{h}_9 + d\Delta\mathfrak{h}_9 , \\
\Delta H_4 = \Delta\mathfrak{h}_4 + d\Delta\mathfrak{h}_4 , & \Delta H_{10} = \Delta\mathfrak{h}_{10} + d\Delta\mathfrak{h}_{10} , \\
\Delta H_5 = \Delta\mathfrak{h}_5 + d\Delta\mathfrak{h}_5 , & \Delta H_{11} = \Delta\mathfrak{h}_{11} + d\Delta\mathfrak{h}_{11} . \\
\Delta H_6 = \Delta\mathfrak{h}_6 + d\Delta\mathfrak{h}_6 , &
\end{array}
\right.
$$

5. Differenziren wir die Ausdrücke (**112**) für die Näherungswerte $\Delta\,\mathfrak{h}$ nach $\mathfrak{h}_2, \mathfrak{h}_3, \ldots\ldots \mathfrak{h}_7$, so erhalten wir folgende Differenzialquotienten $a, b, \ldots\ldots g$:

(Tabelle zu

Nr.	p.	a.	b.	c.	d.	e.	g.	f.	paa.	pab.	pac.	pad.	pae.	pag.	paf.	pbb.	pbc.	pbd.	pbe.	pbg.
1	p_1	+1	.	.	.	.	.	f_1	$+p_1$	.	.	.	.	.	$+p_1f_1$	.	.	.	.	.
2	p_2	+1	.	.	.	.	.	f_2	$+p_2$	.	.	.	.	.	$+p_2f_2$	.	.	.	.	.
3	p_3	.	.	+1	.	.	.	f_3	.	.	.	.	.	.	.	.	.	.	.	.
4	p_4	.	.	−1	.	.	.	f_4	.	.	.	.	.	.	.	.	.	.	.	.
5	p_5	.	.	.	+1	.	.	f_5	.	.	.	.	.	.	.	.	.	.	.	.
6	p_6	.	.	.	−1	.	.	f_6	.	.	.	.	.	.	.	.	.	.	.	.
7	p_7	−1	+1	.	.	.	.	f_7	$+p_7$	$-p_7$	.	.	.	.	$+p_7f_7$	$+p_7$	.	.	.	.
8	p_8	.	+1	−1	.	.	.	f_8	.	.	.	.	.	.	.	$+p_8$	$-p_8$	.	.	.
9	p_9	.	.	.	−1	+1	.	f_9	.	.	.	.	.	.	.	.	.	.	.	.
10	p_{10}	.	.	.	.	−1	+1	f_{10}	.	.	.	.	.	.	.	.	.	.	.	.
11	p_{11}	.	+1	.	.	.	−1	f_{11}	.	.	.	.	.	.	.	$+p_{11}$	.	.	.	$-p_{11}$
									$+p_1$ $+p_2$ $+p_7$	$-p_7$	.	.	.	.	$+p_1f_1$ $+p_2f_2$ $+p_7f_7$	$+p_7$ $+p_8$ $+p_{11}$	$-p_8$	.	.	$-p_{11}$

(114)

Nr.	$a=\frac{\partial\Delta\mathfrak{h}}{\partial\mathfrak{h}_2}$.	$b=\frac{\partial\Delta\mathfrak{h}}{\partial\mathfrak{h}_3}$.	$c=\frac{\partial\Delta\mathfrak{h}}{\partial\mathfrak{h}_4}$.	$d=\frac{\partial\Delta\mathfrak{h}}{\partial\mathfrak{h}_5}$.	$e=\frac{\partial\Delta\mathfrak{h}}{\partial\mathfrak{h}_6}$.	$g=\frac{\partial\Delta\mathfrak{h}}{\partial\mathfrak{h}_7}$.
1	$a_1=+1$	.	.	.	.	.
2	$a_2=+1$	.	.	.	.	.
3	.	.	$c_3=+1$	.	.	.
4	.	.	$c_4=-1$	.	.	.
5	.	.	.	$d_5=+1$	.	.
6	.	.	.	$d_6=-1$	.	.
7	$a_7=-1$	$b_7=+1$	.	.	.	.
8	.	$b_8=+1$	$c_8=-1$	.	.	.
9	.	.	.	$d_9=-1$	$e_9=+1$	.
10	.	.	.	.	$e_{10}=-1$	$g_{10}=+1$
11	.	$b_{11}=+1$	.	.	.	$g_{11}=-1$

Die Abweichungen f der Näherungswerte $\Delta\mathfrak{h}$ von den beobachteten Höhenunterschieden Δh ergeben sich nach:

(115)
$$\begin{cases} f_1=\Delta\mathfrak{h}_1-\Delta h_1, & f_7=\Delta\mathfrak{h}_7-\Delta h_7, \\ f_2=\Delta\mathfrak{h}_2-\Delta h_2, & f_8=\Delta\mathfrak{h}_8-\Delta h_8, \\ f_3=\Delta\mathfrak{h}_3-\Delta h_3, & f_9=\Delta\mathfrak{h}_9-\Delta h_9, \\ f_4=\Delta\mathfrak{h}_4-\Delta h_4, & f_{10}=\Delta\mathfrak{h}_{10}-\Delta h_{10}, \\ f_5=\Delta\mathfrak{h}_5-\Delta h_5, & f_{11}=\Delta\mathfrak{h}_{11}-\Delta h_{11}. \\ f_6=\Delta\mathfrak{h}_6-\Delta h_6, & \end{cases}$$

6. Hiernach erhalten wir folgende umgeformte Fehlergleichungen:

(116)
$$\begin{cases} d\Delta\mathfrak{h}_1=+d\mathfrak{h}_2, \\ d\Delta\mathfrak{h}_2=+d\mathfrak{h}_2, \\ d\Delta\mathfrak{h}_3=+d\mathfrak{h}_4, \\ d\Delta\mathfrak{h}_4=-d\mathfrak{h}_4, \\ d\Delta\mathfrak{h}_5=+d\mathfrak{h}_5, \\ d\Delta\mathfrak{h}_6=-d\mathfrak{h}_5, \\ d\Delta\mathfrak{h}_7=-d\mathfrak{h}_2+d\mathfrak{h}_3, \\ d\Delta\mathfrak{h}_8=+d\mathfrak{h}_3-d\mathfrak{h}_4, \\ d\Delta\mathfrak{h}_9=-d\mathfrak{h}_5+d\mathfrak{h}_6, \\ d\Delta\mathfrak{h}_{10}=-d\mathfrak{h}_6+d\mathfrak{h}_7, \\ d\Delta\mathfrak{h}_{11}=+d\mathfrak{h}_3-d\mathfrak{h}_7; \end{cases}$$

(117)
$$\begin{cases} v_1=f_1+d\Delta\mathfrak{h}_1, \\ v_2=f_2+d\Delta\mathfrak{h}_2, \\ v_3=f_3+d\Delta\mathfrak{h}_3, \\ v_4=f_4+d\Delta\mathfrak{h}_4, \\ v_5=f_5+d\Delta\mathfrak{h}_5, \\ v_6=f_6+d\Delta\mathfrak{h}_6, \\ v_7=f_7+d\Delta\mathfrak{h}_7, \\ v_8=f_8+d\Delta\mathfrak{h}_8, \\ v_9=f_9+d\Delta\mathfrak{h}_9, \\ v_{10}=f_{10}+d\Delta\mathfrak{h}_{10}, \\ v_{11}=f_{11}+d\Delta\mathfrak{h}_{11}. \end{cases}$$

Nr. 7, Seite 162.)

pbf.	pcc.	pcd.	pce.	pcg.	pcf.	pdd.	pde.	pdg.	pdf.	pee.	peg.	pef.	pgg.	pgf.
.	.	.	.	.	.	.	.	.	.	.	.	.	.	.
.	.	.	.	.	.	.	.	.	.	.	.	.	.	.
.	$+p_3$	.	.	.	$+p_3f_3$	.	.	.	.	.	.	.	.	.
.	$+p_4$	.	.	.	$-p_4f_4$	.	.	.	.	.	.	.	.	.
.	.	.	.	.	.	$+p_5$	.	.	$+p_5f_5$	.	.	.	.	.
.	.	.	.	.	.	$+p_6$	.	.	$-p_6f_6$	.	.	.	.	.
$+p_7f_7$	.	.	.	.	.	.	.	.	.	.	.	.	.	.
$+p_8f_8$	$+p_8$	.	.	.	$-p_8f_8$	.	.	.	.	.	.	.	.	.
.	.	.	.	.	.	$+p_9$	$-p_9$	.	$-p_9f_9$	$+p_9$	.	$+p_9f_9$	.	.
.	.	.	.	.	.	.	.	.	.	$+p_{10}$	$-p_{10}$	$-p_{10}f_{10}$	$+p_{10}$	$+p_{10}f_{10}$
$+p_{11}f_{11}$	.	.	.	.	.	.	.	.	.	.	.	.	$+p_{11}$	$-p_{11}f_{11}$
$+p_7f_7$	$+p_3$	.	.	.	$+p_3f_3$	$+p_5$	$-p_9$	.	$+p_5f_5$	$+p_9$	$-p_{10}$	$+p_9f_9$	$+p_{10}$	$+p_{10}f_{10}$
$+p_8f_8$	$+p_4$	.	.	.	$-p_4f_4$	$+p_6$			$-p_6f_6$	$+p_{10}$		$-p_{10}f_{10}$	$+p_{11}$	$-p_{11}f_{11}$
$+p_{11}f_{11}$	$+p_8$	.	.	.	$-p_8f_8$	$+p_9$			$-p_9f_9$					

1. Näherungswerte $\mathfrak{h}$ der Höhen.						2. Näherungswerte $\Delta\mathfrak{h}$ der Höhenunterschiede.						3. Abweichungen f.		4. Produkte pf.	
Anfangspunkt		Zug		Zu bestimmender Punkt		Nr. der Züge	Anfangspunkt		Endpunkt		Höhenunterschied	Beobachteter Höhenunterschied		Gewichte	
Nr.	Höhe h.	Nr.	Höhenunterschied Δh.	Nr.	Höhe $\mathfrak{h} = h + \Delta h$		Nr.	Höhe $\mathfrak{h}_a$.	Nr.	Höhe $\mathfrak{h}_e$.	$\Delta\mathfrak{h} = \mathfrak{h}_e - \mathfrak{h}_a$.	Δh.	$f = \Delta\mathfrak{h} - \Delta h$. mm	p.	pf.
1	**58,73**	1	2,97	2	61,70	1	**1**	**58,725**	2	61,700	2,9750	2,9748	+ 0,2	0,82	+ 0,16
2	61,70	7	×5,66	3	57,36	2	**57**	**61,142**	2	61,700	0,5580	0,5625	— 4,5	0,44	— 1,98
3	57,36	11	×9,65	7	57,01	3	**57**	**61,142**	4	60,650	×9,5080	×9,5052	+ 2,8	1,12	+ 3,14
7	57,01	10	2,66	6	59,67	4	4	60,650	**58**	**61,128**	0,4780	0,4815	— 3,5	1,02	— 3,57
6	59,67	9	1,76	5	61,43	5	**58**	**61,128**	5	61,430	0,3020	0,3038	— 1,8	0,56	— 1,01
5	61,43	6	×8,90	**59**	(60,33)	6	5	61,430	**59**	**60,325**	×8,8950	×8,9010	— 6,0	0,50	— 3,00
57	**61,14**	3	×9,51	4	60,65	7	2	61,700	3	57,360	×5,6600	×5,6622	— 2,2	0,64	— 1,41
4	60,65	4	0,48	**58**	(61,13)	8	4	60,650	3	57,360	×6,7100	×6,7038	+ 6,2	0,98	+ 6,08
						9	5	61,430	6	59,670	×8,2400	×8,2362	+ 3,8	0,70	+ 2,66
						10	6	59,670	7	57,010	×7,3400	×7,3380	+ 2,0	0,92	+ 1,84
						11	7	57,010	3	57,360	0,3500	0,3545	— 4,5	1,10	— 4,95
								,677		,693	,0160	,0235	— 7,5	8,80	

5. Bildung der Faktoren u. s. w. der Endgleichungen, Auflösung der Endgleichungen

P_a : ⊙ 2.								P_b : ⊙ 3.							P_c :		
Nr. der Züge.	$[paa]$.	$[pab]$.	$[pac]$.	$[pad]$.	$[pae]$.	$[pag]$.	$[paf]$.	Nr. der Züge.	$[pbb]$.	$[pbc]$.	$[pbd]$.	$[pbe]$.	$[pbg]$.	$[pbf]$.	Nr. der Züge	$[pcc]$.	$[pcd]$.
1	0,82						+ 0,16	7	0,64					— 1,41	3	1,12	
2	0,44						— 1,98	8	0,98	— 0,98				+ 6,08	4	1,02	
7	0,64	— 0,64					+ 1,41	11	1,10				— 1,10	— 4,95	8	0,98	
	+ 1,90	— 0,64	.	.	.	.	— 0,41		+ 2,72	— 0,98	.	.	— 1,10	— 0,28		+ 3,12	.
		+ 0,34	.	.	.	.	+ 0,22		— 0,22	.	.	.	.	— 0,14		.	.
							.		+ 2,50	— 0,98	.	.	— 1,10	— 0,42		— 0,38	.
							.			+ 0,39	.	.	+ 0,44	+ 0,17		+ 2,74	.
							.							— 3,70			.
							.							.			
							— 1,40							.			
														— 0,59			
							$d\mathfrak{h}_2 = -1{,}18$							$d\mathfrak{h}_3 = -4{,}12$			
							$\mathfrak{h}_2 = 61{,}7000$							$\mathfrak{h}_3 = 57{,}3600$			
							$H_2 = 61{,}6988$							$H_3 = 57{,}3559$			

6. Wahrscheinlichste Werte ΔH der Höhenunterschiede.					7. Fehler v.	8. Aenderungen $d\Delta\mathfrak{h}$ der Näherungswerte der Höhenunterschiede und Fehler v.						9. Quadratsummen.		
Anfangspunkt		Endpunkt.		Höhenunterschied $\Delta H = H_e - H_a$.	$v = \Delta H - \Delta h$.	Anfangspunkt		Endpunkt		$d\Delta\mathfrak{h} = d\mathfrak{h}_e - d\mathfrak{h}_a$.	$v = f + d\Delta\mathfrak{h}$.			
Nr.	Höhe H_a.	Nr.	Höhe H_e.		mm	Nr.	$d\mathfrak{h}_a$. mm	Nr.	$d\mathfrak{h}_e$. mm	mm	mm	pv.	pff.	pvv.
1	**58,7250**	2	61,6988	2,9738	— 1,0	**1**	.	2	— 1,2	— 1,2	— 1,0	— 0,82	0,03	0,82
57	**61,1420**	2	61,6988	0,5568	— 5,7	**57**	.	2	— 1,2	— 1,2	— 5,7	— 2,51	8,91	14,31
57	**61,1420**	4	60,6485	×9,5065	+ 1,3	**57**	.	4	— 1,5	— 1,5	+ 1,3	+ 1,46	8,79	1,90
4	60,6485	**58**	**61,1280**	0,4795	— 2,0	4	— 1,5	**58**	.	+ 1,5	— 2,0	— 2,04	12,50	4,08
58	**61,1280**	5	61,4279	0,2999	— 3,9	**58**	.	5	— 2,1	— 2,1	— 3,9	— 2,18	1,82	8,50
5	61,4279	**59**	**60,3250**	×8,8971	— 3,9	5	— 2,1	**59**	.	+ 2,1	— 3,9	— 1,95	18,00	7,60
2	61,6988	3	57,3559	×5,6571	— 5,1	2	— 1,2	3	— 4,1	— 2,9	— 5,1	— 3,26	3,10	16,63
4	60,6485	3	57,3559	×6,7074	+ 3,6	4	— 1,5	3	— 4,1	— 2,6	+ 3,6	+ 3,53	37,70	12,71
5	61,4279	6	59,6638	×8,2359	— 0,3	5	— 2,1	6	— 6,2	— 4,1	— 0,3	— 0,21	10,11	0,06
6	59,6638	7	57,0016	×7,3378	— 0,2	6	— 6,2	7	— 8,4	— 2,2	— 0,2	— 0,18	3,68	0,04
7	57,0016	3	57,3559	0,3543	— 0,2	7	— 8,4	3	— 4,1	+ 4,3	— 0,2	— 0,22	22,28	0,04
	,6540		,6601	,0061	— 17,4		— 23,0		— 32,9	— 9,9	— 17,4		126,92	66,69

und Berechnung der wahrscheinlichsten Werte H der Höhen.

⊙4.			P_d : ⊙5.					P_e : ⊙6.				P_g : ⊙7.		
$[pce]$.	$[pcg]$.	$[pcf]$.	Nr. d. Züge	$[pdd]$.	$[pde]$.	$[pdg]$.	$[pdf]$.	Nr. d. Züge	$[pee]$.	$[peg]$.	$[pef]$.	Nr. d. Züge	$[pgg]$.	$[pgf]$.
		+3,14	5	0,56			—1,01	9	0,70		+2,66	10	0,92	+1,84
		+3,57	6	0,50			+3,00	10	0,92	—0,92	—1,84	11	1,10	+4,95
		—6,08	9	0,70	—0,70		—2,66							
.	.	+0,63		+1,76	—0,70	.	—0,67		+1,62	—0,92	+0,82		+2,02	+6,79
.	.	.		.	.	.	.		.	.	.		.	.
.	—0,43	—0,16		.	.	.	.		.	.	.		—0,48	—0,18
.	—0,43	+0,47		.	.	.	.		.	.	.		—0,07	+0,08
.	+0,16	—0,17		+1,76	—0,70	.	—0,67		—0,28	.	—0,27		.	.
		—1,35			+0,40	.	+0,38		+1,34	—0,92	+0,55		—0,63	+0,38
		.					.			+0,69	—0,41		+0,84	+7,07
		.					—2,49				—5,81			
$d\mathfrak{h}_4 = -1,52$				$d\mathfrak{h}_5 = -2,11$				$d\mathfrak{h}_6 = -6,22$				$d\mathfrak{h}_7 = -8,42$		
$\mathfrak{h}_4 = 60,6500$				$\mathfrak{h}_5 = 61,4300$				$\mathfrak{h}_6 = 59,6700$				$\mathfrak{h}_7 = 57,0100$		
$H_4 = 60,6485$				$H_5 = 61,4279$				$H_6 = 59,6638$				$H_7 = 57,0016$		

10. Mittlere Fehler.

$$\mathfrak{m} = \pm\sqrt{\frac{[pvv]}{n-q}} = \pm\sqrt{\frac{66,7}{11-6}} = \pm 3,7\text{mm}$$

$$\mathfrak{m}_{1\,km} = \pm\mathfrak{m}\sqrt{\frac{1}{\mathfrak{p}_{1\,km}}} = \pm 3,7\sqrt{\frac{1}{0,25}} = \pm 7,4.$$

Probe.

— 0,09	+ 0,48
— 0,07	+ 1,16
— 0,08	— 0,96
— 0,25	+ 1,41
— 0,23	— 5,10
—59,53	—57,17
—60,25	—60,18

$= \Sigma$.

11. Schlufsprobe.

$[pvv] = [pff] + \Sigma$
$= 126,9 - 60,2$
$= 66,7$.

7. Mit den Faktoren $a, b, \ldots. g$ der umgeformten Fehlergleichungen, den Abweichungen f und den Gewichten $p_1, p_2, p_3, \ldots. p_{11}$ ergeben sich die Faktoren und Absolutglieder der Endgleichungen in vorstehender Tabelle (Seite 158 und 159) in gewohnter Weise.

8. Die Faktoren u. s. w. der Endgleichungen können aber auch in einfacherer Weise nach mechanischen Regeln gebildet werden.

Bezeichnen wir in unserer Figur die neu zu bestimmenden Punkte mit $P_a, P_b, P_c, P_d, P_e, P_g$ entsprechend der Bezeichnung a, b, c, d, e, g der Differenzialquotienten nach $\mathfrak{h}_2, \mathfrak{h}_3, \mathfrak{h}_4, \mathfrak{h}_5, \mathfrak{h}_6, \mathfrak{h}_7$, so ergeben sich durch Vergleichung der vorstehenden Tabelle (Seite 158 und 159) mit der Figur die folgenden Regeln:

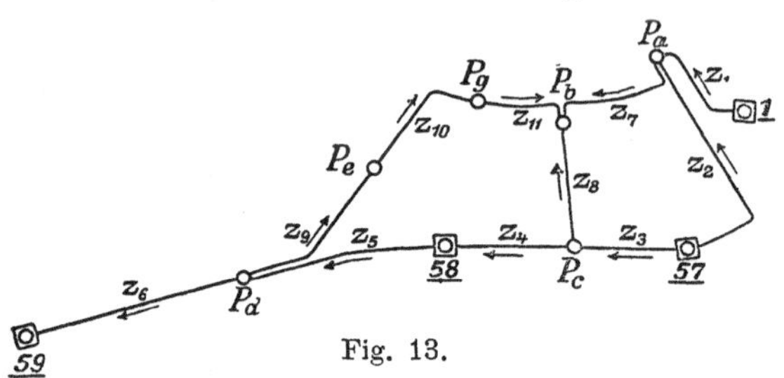

Fig. 13.

1. $[paa], [pbb], [pcc], [pdd], \ldots.$ sind gleich der Summe der Gewichte der Züge, die die Punkte $P_a, P_b, P_c, P_d, \ldots.$ treffen.

2. $[pab], [pac], [pad], \ldots.,$ $[pbc], [pbd], \ldots.,$ $[pcd], \ldots.,$ $\ldots.,$ sind gleich den negativen Gewichten der Züge $P_aP_b, P_aP_c, P_aP_d, \ldots.,$ $P_bP_c, P_bP_d, \ldots.,$ $P_cP_d, \ldots.,$ .....

3. $[paf], [pbf], [pcf], [pdf], \ldots.$ setzen sich zusammen aus den Produkten pf der Züge, die die Punkte $P_a, P_b, P_c, P_d, \ldots.$ treffen und zwar so, dafs bei Bildung der Summe die Produkte pf für die Züge, die auf den betreffenden Punkten endigen, im positiven Sinne und für die Züge, die auf dem betreffenden Punkte anfangen, im negativen Sinne zu nehmen sind.

9. Die Auflösung der Endgleichungen, die Berechnung des mittleren Fehlers und die Ziehung der Rechenproben erfolgt nach den Formeln (**120**a) bis (**129**) in gewohnter Weise.

10. Die Rechnung gestaltet sich für unser Beispiel in schematischer Anordnung wie folgt: (Siehe Seite 160 und 161.)

11. Die vorliegende Aufgabe kann auch in folgender Weise behandelt werden:

Aus den im Felde erhaltenen Lattenablesungen können Höhen h_a und h_e des Anfangs- und Endpunktes des Zuges gebildet werden, die sich auf einen beliebigen Punkt P als Anfangspunkt beziehen. Aus den wahren Werten (h_a) und (h_e) dieser Höhen werden dann die wahren Werte (H_a) und (H_e) der sich auf den Normal-Höhenpunkt (NN) beziehenden Höhen gewonnen durch Zulegung des wahren Wertes (o) des Höhenunterschiedes zwischen dem für die Höhen h_a und h_e gewählten Anfangspunkte und dem Normal-Höhenpunkte, so dafs wird:

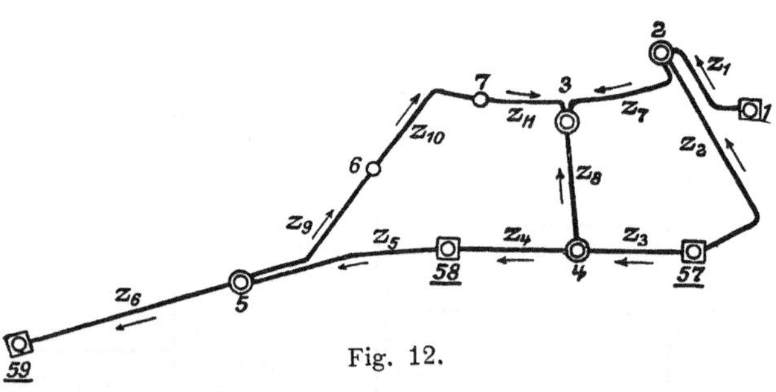

Fig. 12.

$$(H_a) = (h_a) + (o), \quad \text{oder} \quad (h_a) = (H_a) - (o),$$
$$(H_e) = (h_e) + (o), \quad\quad (h_e) = (H_e) - (o).$$

Hiernach ergeben sich für unser Beispiel die folgenden Gleichungen für die Beziehungen zwischen den wahren Werten (h) der beobachteten Höhen, den wahren Werten (H) der zu bestimmenden Höhen und den wahren Werten (o) der Orientirungshöhenunterschiede:

$$
(108)\quad \left\{
\begin{array}{l|l|l}
\text{Zug 1: } (h_1^1) = H_1 \quad - (o^1), & \text{Zug 5: } (h_{58}^5) = H_{58} \quad - (o^5), & \text{Zug 9: } (h_5^9) = (H_5) - (o^9), \\
\phantom{\text{Zug 1: }} (h_2^1) = (H_2) - (o^1), & \phantom{\text{Zug 5: }} (h_5^5) = (H_5) - (o^5), & \phantom{\text{Zug 9: }} (h_6^9) = (H_6) - (o^9), \\
\text{Zug 2: } (h_{57}^2) = H_{57} \quad - (o^2), & \text{Zug 6: } (h_5^6) = (H_5) - (o^6), & \text{Zug 10: } (h_6^{10}) = (H_6) - (o^{10}), \\
\phantom{\text{Zug 2: }} (h_2^2) = (H_2) - (o^2), & \phantom{\text{Zug 6: }} (h_{59}^6) = H_{59} \quad - (o^6), & \phantom{\text{Zug 10: }} (h_7^{10}) = (H_7) - (o^{10}), \\
\text{Zug 3: } (h_{57}^3) = H_{57} \quad - (o^3), & \text{Zug 7: } (h_2^7) = (H_2) - (o^7), & \text{Zug 11: } (h_7^{11}) = (H_7) - (o^{11}), \\
\phantom{\text{Zug 3: }} (h_4^3) = (H_4) - (o^3), & \phantom{\text{Zug 7: }} (h_3^7) = (H_3) - (o^7), & \phantom{\text{Zug 11: }} (h_3^{11}) = (H_3) - (o^{11}). \\
\text{Zug 4: } (h_4^4) = (H_4) - (o^4), & \text{Zug 8: } (h_4^8) = (H_4) - (o^8), & \\
\phantom{\text{Zug 4: }} (h_{58}^4) = H_{58} \quad - (o_4), & \phantom{\text{Zug 8: }} (h_3^8) = (H_3) - (o^8), &
\end{array}
\right.
$$

Hieraus ergeben sich folgende Fehlergleichungen **(109)** und **(110)**, die wir gleich zusammenfassen:

$$
\begin{matrix}(109)\\ \text{und}\\ (110)\end{matrix}\quad \left\{
\begin{array}{l|l|l}
\text{Zug 1: } v_1^1 = H_1 - o^1 - h_1^1, & \text{Zug 5: } v_{58}^5 = H_{58} - o^5 - h_{58}^5, & \text{Zug 9: } v_5^9 = H_5 - o^9 - h_5^9, \\
\phantom{\text{Zug 1: }} v_2^1 = H_2 - o^1 - h_2^1, & \phantom{\text{Zug 5: }} v_5^5 = H_5 - o^5 - h_5^5, & \phantom{\text{Zug 9: }} v_6^9 = H_6 - o^9 - h_6^9, \\
\text{Zug 2: } v_{57}^2 = H_{57} - o^2 - h_{57}^2, & \text{Zug 6: } v_5^6 = H_5 - o^6 - h_5^6, & \text{Zug 10: } v_6^{10} = H_6 - o^{10} - h_6^{10}, \\
\phantom{\text{Zug 2: }} v_2^2 = H_2 - o^2 - h_2^2, & \phantom{\text{Zug 6: }} v_{59}^6 = H_{59} - o^6 - h_{59}^6, & \phantom{\text{Zug 10: }} v_7^{10} = H_7 - o^{10} - h_7^{10}, \\
\text{Zug 3: } v_{57}^3 = H_{57} - o^3 - h_{57}^3, & \text{Zug 7: } v_2^7 = H_2 - o^7 - h_2^7, & \text{Zug 11: } v_7^{11} = H_7 - o^{11} - h_7^{11}, \\
\phantom{\text{Zug 3: }} v_4^3 = H_4 - o^3 - h_4^3, & \phantom{\text{Zug 7: }} v_3^7 = H_3 - o^7 - h_3^7, & \phantom{\text{Zug 11: }} v_3^{11} = H_3 - o^{11} - h_3^{11}. \\
\text{Zug 4: } v_4^4 = H_4 - o^4 - h_4^4, & \text{Zug 8: } v_4^8 = H_4 - o^8 - h_4^8, & \\
\phantom{\text{Zug 4: }} v_{58}^4 = H_{58} - o^4 - h_{58}^4, & \phantom{\text{Zug 8: }} v_3^8 = H_3 - o^8 - h_3^8, &
\end{array}
\right.
$$

Wie sich die Gleichungen zwischen den Näherungswerten $\mathfrak{h}$ der beobachteten Höhen, den Näherungswerten $\mathfrak{H}$ der zu bestimmenden Höhen und den Näherungswerten $\mathfrak{o}$ der ebenfalls zu bestimmenden Orientirungshöhenunterschiede gestalten, ist nach den Gleichungen **(108)** leicht zu übersehen. Da jene Gleichungen für das folgende aber bedeutungslos sind, schreiben wir hier ohne weiteres die Differenzialquotienten nach den Gleichungen **(108)** an:

$$
(114)\quad \left\{
\begin{array}{l|l|l}
a^1 = \dfrac{\partial \mathfrak{h}_2^1}{\partial \mathfrak{H}_2} = +1, & a^2 = \dfrac{\partial \mathfrak{h}_2^2}{\partial \mathfrak{H}_2} = +1, & a^7 = \dfrac{\partial \mathfrak{h}_2^7}{\partial \mathfrak{H}_2} = +1, \\
b^7 = \dfrac{\partial \mathfrak{h}_3^7}{\partial \mathfrak{H}_3} = +1, & b^8 = \dfrac{\partial \mathfrak{h}_3^8}{\partial \mathfrak{H}_3} = +1, & b^{11} = \dfrac{\partial \mathfrak{h}_3^{11}}{\partial \mathfrak{H}_3} = +1, \\
\dots\dots\dots\dots, & \dots\dots\dots\dots, & \dots\dots\dots\dots, \\
g^{10} = \dfrac{\partial \mathfrak{h}_7^{10}}{\partial \mathfrak{H}_7} = +1, & g^{11} = \dfrac{\partial \mathfrak{h}_7^{11}}{\partial \mathfrak{H}_7} = +1, & \\
\hline
i_1 = \dfrac{\partial \mathfrak{h}_1^1}{\partial \mathfrak{o}^1} = -1, & i_2 = \dfrac{\partial \mathfrak{h}_1^1}{\partial \mathfrak{o}^1} = -1, & \\
k_{57} = \dfrac{\partial \mathfrak{h}_{57}^2}{\partial \mathfrak{o}^2} = -1, & k_2 = \dfrac{\partial \mathfrak{h}_2^2}{\partial \mathfrak{o}^2} = -1, & \\
\dots\dots\dots\dots, & \dots\dots\dots\dots, & \\
u_7 = \dfrac{\partial \mathfrak{h}_7^{11}}{\partial \mathfrak{o}^{11}} = -1, & u_3 = \dfrac{\partial \mathfrak{h}_3^{11}}{\partial \mathfrak{o}^{11}} = -1. &
\end{array}
\right.
$$

Bilden wir nun die Summen $[pav]$, $[pbv]$, $[pcv]$, ... und beachten wir, dafs diese Summen nach den Formeln **(128)** gleich Null sein müssen, so erhalten wir folgende Gleichungen:

$$[pav]=p_2^1\,(H_2-o^1-h_2^1)+p_2^2\,(H_2-o^2-h_2^2)+p_2^7\,(H_2-o^7-h_2^7)=0,$$
$$[pbv]=p_3^7\,(H_3-o^7-h_3^7)+p_3^8\,(H_3-o^8-h_3^8)+p_3^{11}\,(H_3-o^{11}-h_3^{11})=0,$$
$$\ldots\ldots\ldots\ldots\ldots,$$
$$[pgv]=p_7^{10}\,(H_7-o^{10}-h_7^{10})+p_7^{11}\,(H_7-o^{11}-h_7^{11})=0,$$

$$[piv]=-p_1^1\,(H_1-o^1-h_1^1)-p_2^1\,(H_2-o^1-h_2^1)=0,$$
$$[pkv]=-p_{57}^2\,(H_{57}-o^2-h_{57}^2)-p_2^2\,(H_2-o^2-h_2^2)=0,$$
$$\ldots\ldots\ldots\ldots\ldots,$$
$$[puv]=-p_7^{11}\,(H_7-o^{11}-h_7^{11})-p_3^{11}\,(H_3-o^{11}-h_3^{11})=0.$$

Nach der ersten Gruppe dieser Gleichungen mufs die Summe der mit den Gewichten multiplizirten Abweichungen zwischen den wahrscheinlichsten Werten H der Höhen und den durch Zulegung des Orientirungshöhenunterschiedes o orientirten Beobachtungsergebnissen h oder die Summe der mit den Gewichten multiplizirten wahrscheinlichsten Beobachtungsfehler für jede Höhe oder für jeden Punkt gleich Null sein, und nach der zweiten Gruppe der Gleichungen mufs, da die Gewichte für die beiden Höhen eines jeden Zuges einander gleich sind, die einfache Summe der bezeichneten Abweichungen oder Beobachtungsfehler für jeden Zug gleich Null sein.

Aus obigen Gleichungen folgt:

$$H_2=\frac{1}{[p_2]}\left(p_2^1\,(h_2^1+o^1)+p_2^2\,(h_2^2+o^2)+p_2^7\,(h_2^7+o^7)\right),$$
$$H_3=\frac{1}{[p_3]}\left(p_3^7\,(h_3^7+o^7)+p_3^8\,(h_3^8+o^8)+p_3^{11}\,(h_3^{11}+o^{11})\right),$$
$$\ldots\ldots\ldots\ldots\ldots,$$
$$H_7=\frac{1}{[p_7]}\left(p_7^{10}\,(h_7^{10}+o^{10})+p_7^{11}\,(h_7^{11}+o^{11})\right).$$

$$o^1=\frac{1}{2}\left((H_1-h_1^1)+(H_2-h_2^1)\right),$$
$$o^2=\frac{1}{2}\left((H_{57}-h_{57}^2)+(H_2-h_2^2)\right),$$
$$\ldots\ldots\ldots\ldots\ldots,$$
$$o^{11}=\frac{1}{2}\left((H_7-h_7^{11})+(H_3-h_3^{11})\right).$$

Hiernach sind die wahrscheinlichsten Werte H der Höhen je gleich dem mit Berücksichtigung der Gewichte gebildeten allgemeinen arithmetischen Mittel der durch Zulegung des Orientirungshöhenunterschiedes o orientirten Beobachtungsergebnisse h eines jeden Punktes, und die wahrscheinlichsten Werte der Orientirungshöhenunterschiede o sind je gleich dem einfachen arithmetischen Mittel der beiden Unterschiede zwischen den wahrscheinlichsten Werten H_a und H_e und den aus den Lattenablesungen gewonnenen Werten h_a und h_e der Höhen des Anfangs- und Endpunktes eines jeden Zuges.

Die hier gewonnenen Formeln und Regeln stimmen im wesentlichen überein mit den im § 33, Nr. 17 und 18 und im § 34, Nr. 10 und 11 gewonnenen Formeln und Regeln, so dafs das dort behandelte Näherungsverfahren auch hier eingeschlagen werden kann.

Als Beobachtungsergebnis für den Anfangspunkt eines jeden Zuges wird $h_a=0{,}000$ und dementsprechend als Beobachtungsergebnis für den Endpunkt eines jeden Zuges $h_e=\Delta h$, oder der beobachtete Höhenunterschied genommen.

Da in der Regel viele Höhen H und Orientirungshöhenunterschiede o zu bestimmen sind, so ist es, um möglichst rasch zum Ziele zu gelangen, wichtig, dafs die ersten Näherungswerte bereits den wahrscheinlichsten Werten nahe kommen. Dies wird auch in einfacher Weise erreicht, indem das Netz erstens in Berechnungszüge zerlegt wird, die eine möglichst günstige Bestimmung der Höhen der einzelnen Punkte erwarten lassen, dafs dann zweitens die ersten Näherungswerte $\mathfrak{h}_1$ der Höhen in den Berechnungszügen durch Addition der beobachteten Höhenunterschiede gebildet werden, wobei von den Höhen der gegebenen Punkte oder, wenn solche fehlen, von einer beliebig angenommenen Höhe eines passend gewählten Punktes ausgegangen wird, dafs hiernach drittens die Verbesserungen $\mathfrak{v}_1$ der einzelnen Höhen $\mathfrak{h}_1$ berechnet werden, die aus den Abschlüssen der Berechnungszüge auf die Höhen der Endpunkte dieser Züge folgen, und dafs endlich viertens das einfache arithmetische Mittel der Verbesserungen $\mathfrak{v}_1$ für die Höhen $\mathfrak{h}_1$ des Anfangs- und Endpunktes eines jeden Einzelzuges als erster Näherungswert $\mathfrak{o}_1$ der Orientirungshöhenunterschiede genommen wird. Die Höhen der Endpunkte der Berechnungszüge, auf die abgeschlossen wird, sind, wenn der Endpunkt ein gegebener Punkt ist, die gegebene Höhe dieses Punktes, oder wenn der Endpunkt ein Knotenpunkt ist, das allgemeine arithmetische Mittel der Höhen $\mathfrak{h}_1$, die sich für den Knotenpunkt in den einzelnen auf diesem endigenden Berechnungszügen ergeben haben, oder wenn der Berechnungszug ein geschlossenes Polygon bildet, die Höhe des Ausgangspunktes.

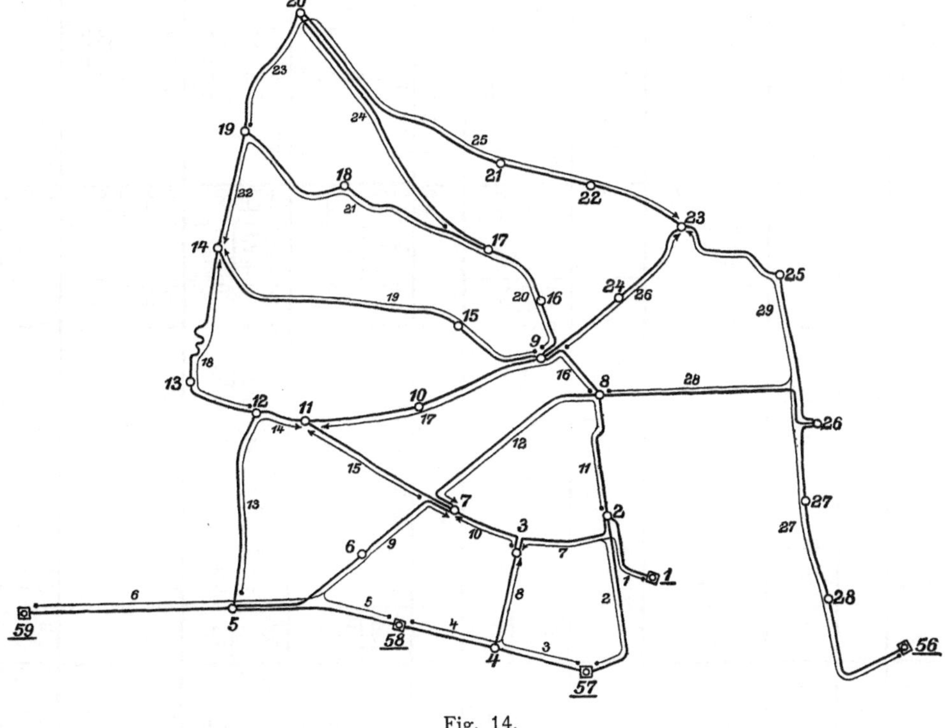

Fig. 14.

Zur weiteren Erläuterung des Verfahrens ist auf Seite 166 und 167 die im Jahre 1885 ausgeführte Berechnung der Höhen der Knotenpunkte des von den Studirenden der Geodäsie an der Landwirtschaftlichen Akademie Poppelsdorf nivellirten Höhennetzes von Bonn und Umgebung wiedergegeben. Das Höhennetz, wovon das vorstehend unter Nr. 1 bis 10 und im § 21 behandelte Netz ein Teil ist, ist angeschlossen an 4 Punkte der Landesaufnahme und an die Höhenmarke der Europäischen Gradmessung an dem alten mittlerweile abgebrochenen Bahnhofsgebäude

Nr. der Punkte.	Nr. der Züge.	Der Einzelzüge Anfangspunkt.	Der Einzelzüge Endpunkt.	Gewichte der Einzelzüge p.	Gewichte der Einzelzüge $\frac{1}{p}$.	Gewichte der Berechnungszüge p.	Gewichte der Berechnungszüge $\frac{1}{p}$.	Δh.	$\mathfrak{h}_1$.	$p\,d\mathfrak{h}_1$.	$\mathfrak{v}_1$.	$p\mathfrak{v}_1$.	$\mathfrak{o}_1$.	$\mathfrak{h}_1+\mathfrak{o}_1=\mathfrak{h}_2=\mathfrak{h}_0+d\mathfrak{h}_2$. m	mm	$p\,d\mathfrak{h}_2$.	$\mathfrak{v}_2$.	$p\mathfrak{v}_2$.	$\mathfrak{o}_2$.	$d\mathfrak{h}_3=d\mathfrak{h}_2+\mathfrak{o}_2$.	$p\,d\mathfrak{h}_3$.	$\mathfrak{v}_3$.	$p\mathfrak{v}_3$.	$\mathfrak{o}_3$.	$H=\mathfrak{h}_0+\frac{[p\,d\mathfrak{h}_3]}{[p]}+\frac{[p\mathfrak{o}_3]}{[p]}$.
⧇ **1**									58,725																58,725
	1	**1**	2						58,725		0		−1	58,72	4				−0,4	3,6				−0,2	
⧇ **57**									61,142																61,142
	2	**57**	2						61,142		0		−3	61,13	9				−1,4	7,6				−0,8	
	3	**57**	4						61,142		0		0		12				+0,3	12,3				+0,3	
⊙ 2	1	**1**	2	0,82		0,8		2,975	61,700	0,0	+1 −3	+0,8	−1	61,69	9	7,4	−0,9	−0,7	−0,4	8,6	7,1	−0,5	−0,4	−0,2	61,698
	2	**57**	2	0,44		0,4		0,562	61,704	1,6	−3 −3	−1,2	−3		11	4,8	−2,9	−1,3	−1,4	9,6	4,2	−1,5	−0,7	−0,8	
	7	2	3	0,64		1,2	0,8		61,701	1,6	−3	−0,4	−6		5	3,2	+3,1	+2,0	+0,4	5,4	3,5	+2,7	+1,7	+0,2	
	11	2	8	1,34					61,698		0		0		8	10,7	+0,1	+0,1	+0,4	8,4	11,3	−0,3	−0,4	−0,1	
				3,24											8,1	26,1		+0,1		8,1	26,1		+0,2		
⧇ **58**									61,128																61,128
	4	**58**	4						61,128		0		+1	61,12	9				+0,3	9,3				+0,3	
	5	**58**	5						61,128		0		−2		6				−0,8	5,2				−0,4	
⊙ 4	3	**57**	4	1,12		1,1		×9,505	60,647		0 +1		0	60,64	7	7,8	+0,6	+0,7	+0,3	7,3	8,2	+0,6	+0,7	+0,3	60,648
	4	**58**	4	1,02		1,0		×9,518	60,646		+1 +1		+1		7	7,1	+0,6	+0,6	+0,3	7,3	7,4	+0,6	+0,6	+0,3	
	8	4	3	0,98		2,1	0,5		60,647		+1		+2		9	8,8	−1,4	−1,4	+0,2	9,2	9,0	−1,3	−1,3	+0,2	
				3,12											7,6	23,7		−0,1		7,9	24,6		0,0		
⧇ **59**									60,325																60,325
	6	**59**	5						60,325		0		+2	60,32	7				+1,2	8,2				+0,6	
⊙ 5	5	**58**	5	0,56		0,6		0,304	61,432	7,2	−4 0	−2,4	−2	61,42	10	5,6	−1,7	−1,0	−0,8	9,2	5,2	−0,9	−0,5	−0,4	61,428
	6	**59**	5	0,50		0,5		1,099	61,424	2,0	+4 0	+2,0	+2		6	3,0	+2,3	+1,2	+1,2	7,2	3,6	+1,1	+0,6	+0,6	
	9	5	7	0,40		1,1	0,9		61,428	9,2	0	−0,4	0		8	3,2	+0,3	+0,1	+0,1	8,1	3,2	+0,2	+0,1	0,0	
	13	5	12	0,50					61,428		0		+1		9	4,5	−0,7	−0,4	−0,6	8,4	4,2	−0,1	−0,0	0,0	
				1,96											8,3	16,3		−0,1		8,3	16,2		+0,2		
⊙ 3	7	2	3	0,64	1,6	0,4	2,4	×5,662	57,363	5,2	−8 0	−3,2	−6	57,35	7	4,5	−2,3	−1,5	+0,4	7,4	4,7	−2,4	−1,5	+0,2	57,355
	8	4	3	0,98	1,0	0,7	1,5	×6,704	57,351	0,7	+4 0	+2,8	+2		3	2,9	+1,7	+1,7	+0,2	3,2	3,1	+1,8	+1,8	+0,2	
	10	3	7	1,10		1,1	0,9		57,355	5,9	0	−0,4	0		5	5,5	−0,3	−0,3	+0,3	5,3	5,8	−0,3	−0,3	+0,2	
				2,72											4,7	12,9		−0,1		5,0	13,6		0,0		
⊙ 8	11	2	8	1,34	0,7		1,5	1,913	63,611		−1 +2		0	63,60	11	14,7	+0,7	+0,9	+0,4	11,4	15,3	+0,1	+0,1	−0,1	63,611
	12	8	7	0,42					63,611		−1 +2		−2		9	3,8	+2,7	+1,1	+0,3	9,3	3,9	+2,2	+0,9	0,0	
	16	8	9	1,72					63,610		0 +2		+2		12	20,6	−0,3	−0,5	−0,6	11,4	19,6	+0,1	+0,2	0,0	
	28	8	26	0,35					63,610		+2		+6		16	5,6	−4,3	−1,5	−0,8	15,2	5,3	−3,7	−1,3	−0,4	
				3,83											11,7	44,7		0,0		11,5	44,1		−0,1		
⊙ 7	9	5	7	0,40	2,5	0,3	3,4	×5,574	57,002	0,6	0	0,0	0	57,00	2	0,8	−0,1	−0,0	+0,1	2,1	0,8	−0,1	−0,0	0,0	57,002
	10	3	7	1,10	0,9	0,6	1,8	×9,646	57,001	0,6	+1	+0,6	0		1	1,1	+0,9	+1,0	+0,3	1,3	1,4	+0,7	+0,8	+0,2	
	12	8	7	0,42	2,4	0,3	3,9	×3,395	57,006	1,8	−4	−1,2	−2		4	1,7	−2,1	−0,9	+0,3	4,3	1,8	−2,3	−1,0	0,0	
	15	7	11	0,60		1,2	0,8		57,002	3,0	0	−0,6	0		2	1,2	−0,1	−0,1	−0,2	1,8	1,1	+0,2	+0,1	+0,2	
				2,52											1,9	4,8		0,0		2,0	5,1		−0,1		

⊙ 12	13	5	12	0,50	2,0		2,9	×8,394	59,822		−1	+3		+1	59,82	3	1,5	−0,5	−0,2	−0,6	2,4	1,2	+0,1	+0,0	0,0	59,822
	14	12	11	2,86					59,822		−1	+3		0		2	5,7	+0,5	+1,4	+0,2	2,2	6,3	+0,3	+0,9	0,0	
	18	12	14	0,26					59,821			+3		+6		7	1,8	−4,5	−1,2	−0,4	6,6	1,7	−4,1	−1,1	0,0	
				3,62												2,5	9,0		0,0		2,5	9,2		−0,2		
⊙ 9	16	8	9	1,72	0,6		2,1	0,289	63,899		+1			+2	63,89	11	18,9	−0,8	−1,4	−0,6	10,4	17,9	−0,2	−0,3	0,0	63,900
	17	9	11	0,35					63,899		+1			+2		11	3,9	−0,8	−0,3	+0,5	11,5	4,0	−1,3	−1,5	+0,1	
	19	9	14	0,20					63,900		0			−2		8	1,6	+2,2	+0,4	+1,4	9,4	1,9	+0,8	+0,2	0,0	
	20	9	17	0,59					63,900		0			−2		8	4,7	+2,2	+1,3	+0,6	8,6	5,1	+1,6	+1,9	+0,2	
	26	9	23	0,46					63,900		0			0		10	4,6	+0,2	+0,1	+0,7	10,7	4,9	−0,5	−0,2	+0,2	
				3,32												10,2	33,7		+0,1		10,2	33,8		+0,1		
⊙ 11	14	12	11	2,86	0,3	0,3	3,2	7,295	67,117	2,1	−1		−0,3	0	67,11	7	20,0	−0,2	−0,6	+0,2	7,2	20,6	−0,2	−0,6	0,0	67,117
	15	7	11	0,60	1,7	0,4	2,5	10,115	67,117	2,8	−1		−0,4	0		7	4,2	−0,2	−0,1	−0,2	6,8	4,1	+0,2	+0,1	+0,2	
	17	9	11	0,35	2,9	0,2	5,0	3,214	67,113	0,6	+3		+0,6	+2		5	1,8	+1,8	+0,6	+0,5	5,5	1,9	+1,5	+0,5	+0,1	
				3,81		0,9			67,116	5,5			−0,1			6,8	26,0		−0,1		7,0	26,6		+0,0		
⊙ 17	20	9	17	0,59	1,7		3,8	28,544	92,444		−2	−2		−2	92,43	12	7,1	−1,0	−0,6	+0,6	12,6	7,4	−1,2	−0,7	+0,2	92,441
	21	17	19	0,28					92,444		−2	−2		−2		12	3,4	−1,0	−0,3	+0,1	12,1	3,4	−0,7	−0,2	0,0	
	24	17	20	0,29					92,442			−2		−4		8	2,3	+3,0	+0,9	+0,2	8,2	2,4	+3,2	+0,9	−0,2	
				1,16												11,0	12,8		0,0		11,4	13,2		0,0		
⊙ 19	21	17	19	0,28	3,6		7,4	62,312	154,756		−4	+4		−2	154,75	4	1,1	+1,2	+0,3	+0,1	4,1	1,1	+0,6	+0,2	0,0	154,754
	22	19	14	0,69					154,756		−4	+4		−2		4	2,8	+1,2	+0,8	−0,1	3,9	2,7	+0,8	+0,6	−0,2	
	23	19	20	0,66					154,752			+4		+5		7	4,6	−1,8	−1,2	−1,2	5,8	3,8	−1,1	−0,7	−0,6	
				1,63												5,2	8,5		−0,1		4,7	7,6		+0,1		
⊙ 14	18	12	14	0,26	3,8	0,1	6,7	106,951	166,772		+8			+6	166,77	8	2,1	+3,6	+0,9	−0,4	7,6	2,0	+4,1	+1,1	0,0	166,782
	19	9	14	0,20	5,0	0,1	7,1	102,883	166,783		−3			−2		11	2,2	+0,6	+0,1	+1,4	12,4	2,5	−0,7	−0,1	0,0	
	22	19	14	0,69	1,4	0,1	8,8	12,029	166,785		−5			−2		13	9,0	−1,4	−1,0	−0,1	12,9	8,9	−1,2	−0,8	−0,2	
				1,15		0,3			166,780							11,6	13,3		0,0		11,7	13,4		+0,2		
⊙ 20	23	19	20	0,66	1,5	0,1	8,9	1,414	156,166		+6			+5	156,16	11	7,3	−0,5	−0,3	−1,2	9,8	6,5	−0,1	−0,1	−0,6	156,169
	24	17	20	0,29	3,4	0,1	7,2	63,735	156,177		−5			−4		13	3,8	−2,5	−0,7	+0,2	13,2	3,8	−3,5	−1,0	−0,2	
	25	20	23	0,17		0,2	5,0		156,172		0			−8		4	0,7	+6,5	+1,1	−0,2	3,8	0,6	+5,9	+1,0	−0,2	
				1,12												10,5	11,8		+0,1		9,7	10,9		−0,1		
◻ 56									58,121																	58,121
	27	**56**	26						58,121		0			−1	58,11	10				−0,6	9,4				−0,6	
⊙ 26	27	**56**	26	0,29		0,3		1,038	59,159	5,7	−4	+2	−1,2	−1	59,15	8	2,3	−1,2	−0,3	−0,6	7,4	2,1	−1,2	−0,3	−0,6	59,156
	28	8	26	0,35	2,9	0,2	4,4	×5,538	59,148	1,6	+7	+2	+1,4	+6		4	1,4	+2,8	+1,0	−0,8	3,2	1,1	+3,0	+1,0	−0,4	
	29	26	23	0,29		0,5	2,0		59,155	7,3		+2	+0,2	+4		9	2,6	−2,2	−0,6	0,0	9,0	2,6	−2,8	−0,8	−0,2	
				0,93												6,8	6,3		+0,1		6,2	5,8		−0,1		
⊙ 23	25	20	23	0,17	5,9	0,1	10,9	×16,036	72,208	2,8	−15		−1,5	−8	72,18	20	3,4	−6,8	−1,2	−0,2	19,8	3,4	−6,3	−1,1	−0,2	72,194
	26	9	23	0,46	2,2	0,2	4,3	8,292	72,192	2,4	+ 1		+0,2	0		12	5,5	+1,2	+0,6	+0,7	12,7	5,8	+0,8	+0,4	+0,2	
	29	26	23	0,29	3,4	0,2	5,4	13,032	72,187	1,4	+ 6		+1,2	+4		11	3,2	+2,2	+0,6	0,0	11,0	3,2	+2,5	+0,7	−0,2	
				0,92		0,5			72,193	6,6			−0,1			13,2	12,1		0,0		13,5	12,4		0,0		

in Bonn. Es enthält 15 Knotenpunkte, die durch 29 Züge mit den gegebenen Punkten und untereinander verbunden sind.

Die Berechnung der ersten Näherungswerte der Höhen $\mathfrak{h}_1$ und der ersten Verbesserungen $\mathfrak{v}_1$ ist im wesentlichen nach dem im § 21 behandelten Verfahren durchgeführt mit den Vereinfachungen, dafs die durch die Ausgleichung der Fehler in den einzelnen Netzteilen bedingte Erhöhung der Gewichte unberücksichtigt gelassen ist und dafs die Ausgleichung der Fehler nicht jedesmal auf die sämtlichen bereits berechneten Netzteile ausgedehnt, sondern auf die den betreffenden Knotenpunkten nächstgelegenen Netzteile beschränkt ist. Die Berechnungszüge und deren Nummern, denen die Berechnung der Höhen $\mathfrak{h}_1$ und der Verbesserungen $\mathfrak{v}_1$ gefolgt ist, sind in der auf Seite 165 beigegebenen Uebersichtskarte dargestellt.

Nachdem sich für die den Höhen $\mathfrak{h}_3 = \mathfrak{h}_0 + d\,\mathfrak{h}_3$ entsprechenden Orientirungshöhenunterschiede $\mathfrak{o}_3$ nur noch sehr kleine Zahlenwerte ergeben hatten, ist das Verfahren abgebrochen.

Den Mittelwerten $\mathfrak{h}_0 + \frac{[p\,d\,\mathfrak{h}_3]}{[p]}$ aus den Höhen $\mathfrak{h}_3$ ist jedoch noch eine im Kopfe berechnete Verbesserung $+ \frac{[p\,\mathfrak{o}_3]}{[p]}$ hinzugefügt, deren Berechtigung aus den im § 33, Nr. 14 erhaltenen Formeln **(137)** folgt, wenn diese Formeln durch Einführung der Gewichte verallgemeinert werden und wenn beachtet wird, dafs dort die o in den der Entwickelung zu Grunde liegenden Formeln **(108)** mit anderem Vorzeichen vorkommen wie hier.

§ 36. Rückwärtseinschneiden.

Zur Bestimmung des △ 9 durch R ü c k w ä r t s e i n s c h n e i d e n sind auf diesem Punkte die Richtungen nach den gegebenen Punkten △△ 3, 7, 8, 6 in 4 vollen Richtungssätzen beobachtet worden. Die rechtwinkligen Koordinaten $x_n\ y_n$ der gegebenen Punkte und die arithmetischen Mittel r_n der vier für jede Richtung erhaltenen Beobachtungsergebnisse sind:

Nr. der Punkte.	Abscissen.	Ordinaten.	Richtungen.			
				°	′	″
△ 3	$x_1 = 5\,432{,}42$	$y_1 = \times 8\,013{,}62$	r_1	23	38	45
△ 7	$x_2 = 2\,125{,}96$	$y_2 = \times 6\,036{,}88$	r_2	154	45	05
△ 8	$x_3 = 5\,086{,}94$	$y_3 = \times 4\,914{,}53$	r_3	241	52	52
△ 6	$x_4 = 6\,122{,}25$	$y_4 = \times 5\,990{,}33$	r_4	294	17	05

Es sollen die wahrscheinlichsten Werte $x\ y$ der rechtwinkligen Koordinaten des △ 9 und der mittlere Fehler $\mathfrak{m}_1$ einer einmaligen Beobachtung einer Richtung in einem Richtungssatze bestimmt werden.

1. Die beobachteten Richtungen r_n beziehen sich auf eine beliebige, nicht genau bekannte Anfangsrichtung. Um aus ihren wahren Werten (r_n) zunächst die wahren Werte (ν_n) der Neigungen der einzelnen Strahlen gegen die Abscissen axe zu erhalten, mufs ihnen der wahre Wert (o) eines aus den Beobachtungsergebnissen mit zu bestimmenden Orientirungswinkels hinzugefügt werden, so dafs also wird:

$$(\nu_n) = (r_n) + (o), \text{ oder}$$
$$(r_n) = (\nu_n) - (o).$$

Der wahre Wert (ν_n) der Neigungen steht nun zu den wahren Werten der zu bestimmenden Koordinaten (x) (y) des ⚬ 9 und den gegebenen, als wahre Werte anzunehmenden Koordinaten x_n y_n in der Beziehung, dafs ist

$$tg\,(\nu_n) = \frac{y_n - (y)}{x_n - (x)}, \text{ oder}$$

$$(\nu_n) = arc\,tg\,\frac{y_n - (y)}{x_n - (x)}\,\varrho''.$$

Somit ergeben sich für die Beziehungen zwischen den wahren Werten (r_n) der beobachteten Richtungen und den wahren Werten der zu bestimmenden Gröfsen (x), (y), (o) für unser Beispiel die folgenden Gleichungen:

$$(108)\quad \begin{cases} (r_1) = (\nu_1) - (o), & (\nu_1) = arc\,tg\,\dfrac{y_1 - (y)}{x_1 - (x)}\,\varrho'', \\ (r_2) = (\nu_2) - (o), & (\nu_2) = arc\,tg\,\dfrac{y_2 - (y)}{x_2 - (x)}\,\varrho'', \\ (r_3) = (\nu_3) - (o), & (\nu_3) = arc\,tg\,\dfrac{y_3 - (y)}{x_3 - (x)}\,\varrho'', \\ (r_4) = (\nu_4) - (o), & (\nu_4) = arc\,tg\,\dfrac{y_4 - (y)}{x_4 - (x)}\,\varrho''. \end{cases}$$

2. Hiernach erhalten wir die wahrscheinlichsten Werte R_1, R_2, R_3, R_4 der beobachteten Richtungen und die wahrscheinlichsten Werte ν_1, ν_2, ν_3, ν_4 der Neigungen aus den wahrscheinlichsten Werten x, y, o nach:

$$(109)\quad \begin{cases} R_1 = \nu_1 - o, & \nu_1 = arc\,tg\,\dfrac{y_1 - y}{x_1 - x}\,\varrho'', \\ R_2 = \nu_2 - o, & \nu_2 = arc\,tg\,\dfrac{y_2 - y}{x_2 - x}\,\varrho'', \\ R_3 = \nu_3 - o, & \nu_3 = arc\,tg\,\dfrac{y_3 - y}{x_3 - x}\,\varrho'', \\ R_4 = \nu_4 - o, & \nu_4 = arc\,tg\,\dfrac{y_4 - y}{x_4 - x}\,\varrho'', \end{cases}$$

und die wahrscheinlichsten Beobachtungsfehler nach:

$$(110)\quad \begin{cases} v_1 = R_1 - r_1, \\ v_2 = R_2 - r_2, \\ v_3 = R_3 - r_3, \\ v_4 = R_4 - r_4. \end{cases}$$

3. Die wahrscheinlichsten Werte x, y, o der zu bestimmenden Gröfsen zerlegen wir in die Näherungswerte $\mathfrak{x}$, $\mathfrak{y}$, $\mathfrak{o}$ und die den letzteren beizufügenden Aenderungen $d\mathfrak{x}$, $d\mathfrak{y}$, $d\mathfrak{o}$, setzen also:

$$(111)\quad \begin{cases} x = \mathfrak{x} + d\mathfrak{x}, \\ y = \mathfrak{y} + d\mathfrak{y}, \\ o = \mathfrak{o} + d\mathfrak{o}. \end{cases}$$

Den Näherungswerten $\mathfrak{x}$, $\mathfrak{y}$, $\mathfrak{o}$ der zu bestimmenden Gröfsen entsprechen die Näherungswerte $\mathfrak{r}_1$, $\mathfrak{r}_2$, $\mathfrak{r}_3$, $\mathfrak{r}_4$ der beobachteten Richtungen für die sich nach den Gleichungen **(108)** ergiebt:

$$(112)\quad \begin{cases} \mathfrak{r}_1 = \mathfrak{n}_1 - \mathfrak{o}, & \mathfrak{n}_1 = arc\,tg\,\dfrac{y_1 - \mathfrak{y}}{x_1 - \mathfrak{x}}\,\varrho'', \\ \mathfrak{r}_2 = \mathfrak{n}_2 - \mathfrak{o}, & \mathfrak{n}_2 = arc\,tg\,\dfrac{y_2 - \mathfrak{y}}{x_2 - \mathfrak{x}}\,\varrho'', \\ \mathfrak{r}_3 = \mathfrak{n}_3 - \mathfrak{o}, & \mathfrak{n}_3 = arc\,tg\,\dfrac{y_3 - \mathfrak{y}}{x_3 - \mathfrak{x}}\,\varrho'', \\ \mathfrak{r}_4 = \mathfrak{n}_4 - \mathfrak{o}, & \mathfrak{n}_4 = arc\,tg\,\dfrac{y_4 - \mathfrak{y}}{x_4 - \mathfrak{x}}\,\varrho''. \end{cases}$$

Aus diesen Näherungswerten werden die wahrscheinlichsten Werte der beobachteten Richtungen durch Beifügung der den Aenderungen $d\mathfrak{x}$, $d\mathfrak{y}$, $d\mathfrak{o}$ entsprechenden Aenderungen $d\mathfrak{r}_1$, $d\mathfrak{r}_2$, $d\mathfrak{r}_3$, $d\mathfrak{r}_4$ erhalten nach:

(113)
$$\begin{cases} R_1 = \mathfrak{r}_1 + d\mathfrak{r}_1, \\ R_2 = \mathfrak{r}_2 + d\mathfrak{r}_2, \\ R_3 = \mathfrak{r}_3 + d\mathfrak{r}_3, \\ R_4 = \mathfrak{r}_3 + d\mathfrak{r}_4. \end{cases}$$

4. Differenziren wir die in den Gleichungen **(112)** für die Näherungswerte $\mathfrak{r}_n$ erhaltenen Ausdrücke nach $\mathfrak{x}$, $\mathfrak{y}$, $\mathfrak{o}$, so ergeben sich die Differenzialquotienten zunächst in allgemeiner Form wie folgt:

$$a_n = \frac{\partial \mathfrak{r}_n}{\partial \mathfrak{x}} = + \frac{1}{1 + \left(\frac{y_n - \mathfrak{y}}{x_n - \mathfrak{x}}\right)^2} (y_n - \mathfrak{y})(-1)(x_n - x)^{-2}(-1)\varrho''$$

$$= + \frac{y_n - \mathfrak{y}}{(x_n - \mathfrak{x})^2 + (y_n - \mathfrak{y})^2} \varrho''.$$

Zur Vereinfachung dieses Ausdrucks führen wir die Näherungswerte $\mathfrak{s}_n$ der Strahlenlänge ein nach:

$$\mathfrak{s}_n^2 = (x_n - \mathfrak{x})^2 + (y_n - \mathfrak{y})^2,$$

womit wird:

$$a_n = \frac{\partial \mathfrak{r}_n}{\partial \mathfrak{x}} = + \frac{y_n - \mathfrak{y}}{\mathfrak{s}_n^2} \varrho''.$$

Ebenso wird:

$$b_n = \frac{\partial \mathfrak{r}_n}{\partial \mathfrak{y}} = + \frac{1}{1 + \left(\frac{y_n - \mathfrak{y}}{x_n - \mathfrak{x}}\right)^2} \frac{1}{x_n - \mathfrak{x}} (-1)\varrho'' = - \frac{x_n - \mathfrak{x}}{(x_n - \mathfrak{x})^2 + (y_n - \mathfrak{y})^2} \varrho'',$$

oder mit Einführung von $\mathfrak{s}_n$:

$$b_n = \frac{\partial \mathfrak{r}_n}{\partial \mathfrak{y}} = - \frac{x_n - \mathfrak{x}}{\mathfrak{s}_n^2} \varrho''.$$

Endlich ist:

$$c_n = \frac{\partial \mathfrak{r}_n}{\partial \mathfrak{o}} = -1.$$

Damit ergeben sich für unser Beispiel die folgenden Ausdrücke für die Differenzialquotienten:

(114)
$$\begin{cases} a_1 = + \frac{y_1 - \mathfrak{y}}{\mathfrak{s}_1} \varrho'', & b_1 = - \frac{x_1 - \mathfrak{x}}{\mathfrak{s}_1} \varrho'', & c_1 = -1, \\ a_2 = + \frac{y_2 - \mathfrak{y}}{\mathfrak{s}_2} \varrho'', & b_2 = - \frac{x_2 - \mathfrak{x}}{\mathfrak{s}_2} \varrho'', & c_2 = -1, \\ a_3 = + \frac{y_3 - \mathfrak{y}}{\mathfrak{s}_3} \varrho'', & b_3 = - \frac{x_3 - \mathfrak{x}}{\mathfrak{s}_3} \varrho'', & c_3 = -1, \\ a_4 = + \frac{y_4 - \mathfrak{y}}{\mathfrak{s}_4} \varrho'', & b_4 = - \frac{x_4 - \mathfrak{x}}{\mathfrak{s}_4} \varrho'', & c_4 = -1. \end{cases}$$

Die Abweichungen zwischen den Näherungswerten der beobachteten Gröfsen und den Beobachtungsergebnissen sind:

(115)
$$\begin{cases} f_1 = \mathfrak{r}_1 - r_1, \\ f_2 = \mathfrak{r}_2 - r_2, \\ f_3 = \mathfrak{r}_3 - r_3, \\ f_4 = \mathfrak{r}_4 - r_4. \end{cases}$$

5. Hiernach ergeben sich die umgeformten Fehlergleichungen wie folgt:

$$(116)\quad \begin{cases} d\mathfrak{r}_1 = a_1 d\mathfrak{x} + b_1 d\mathfrak{y} - d\mathfrak{o}, \\ d\mathfrak{r}_2 = a_2 d\mathfrak{x} + b_2 d\mathfrak{y} - d\mathfrak{o}, \\ d\mathfrak{r}_3 = a_3 d\mathfrak{x} + b_3 d\mathfrak{y} - d\mathfrak{o}, \\ d\mathfrak{r}_4 = a_4 d\mathfrak{x} + b_4 d\mathfrak{y} - d\mathfrak{o}. \end{cases} \qquad (117)\quad \begin{cases} v_1 = f_1 + d\mathfrak{r}_1, \\ v_2 = f_2 + d\mathfrak{r}_2, \\ v_3 = f_3 + d\mathfrak{r}_3, \\ v_4 = f_4 + d\mathfrak{r}_4. \end{cases}$$

Wenn wir das Gewicht der gleich genauen Beobachtungsergebnisse r gleich Eins nehmen, können diese umgeformten Fehlergleichungen, indem nach den Formeln **(135)**

$$(135)\quad \begin{cases} A_1 = a_1 - \frac{[a]}{4}, & B_1 = b_1 - \frac{[b]}{4}, & F_1 = f_1 - \frac{[f]}{4}, \\ A_2 = a_2 - \frac{[a]}{4}, & B_2 = b_2 - \frac{[b]}{4}, & F_2 = f_2 - \frac{[f]}{4}, \\ A_3 = a_3 - \frac{[a]}{4}, & B_3 = b_3 - \frac{[b]}{4}, & F_3 = f_3 - \frac{[f]}{4}, \\ A_4 = a_4 - \frac{[a]}{4}, & B_4 = b_4 - \frac{[b]}{4}, & F_4 = f_4 - \frac{[f]}{4} \end{cases}$$

gebildet wird, nach den Formeln **(136)** reduzirt werden auf:

$$(136)\quad \begin{cases} d\mathfrak{r}_1 = A_1 d\mathfrak{x} + B_1 d\mathfrak{y}, & v_1 = F_1 + d\mathfrak{r}_1, \\ d\mathfrak{r}_2 = A_2 d\mathfrak{x} + B_2 d\mathfrak{y}, & v_2 = F_2 + d\mathfrak{r}_2, \\ d\mathfrak{r}_3 = A_3 d\mathfrak{x} + B_3 d\mathfrak{y}, & v_3 = F_3 + d\mathfrak{r}_3, \\ d\mathfrak{r}_4 = A_4 d\mathfrak{x} + B_4 d\mathfrak{y}, & v_4 = F_4 + d\mathfrak{r}_4. \end{cases}$$

Aus diesen reduzirten Fehlergleichungen ergeben sich die Endgleichungen:

$$(118)\quad \begin{cases} [AA]\,d\mathfrak{x} + [AB]\,d\mathfrak{y} + [AF] = 0, \\ [AB]\,d\mathfrak{x} + [BB]\,d\mathfrak{y} + [BF] = 0. \end{cases}$$

Nachdem durch Auflösung dieser Endgleichungen die Zahlenwerte von $d\mathfrak{x}$ und $d\mathfrak{y}$ erhalten sind, ergiebt sich $d\mathfrak{o}$ nach:

$$(137)\quad d\mathfrak{o} = + \frac{[a]}{4} d\mathfrak{x} + \frac{[b]}{4} d\mathfrak{y} + \frac{[f]}{4}.$$

6. Der mittlere Fehler $\mathfrak{m}$ der Gewichtseinheit oder des arithmetischen Mittels aus den vier für eine jede Richtung vorliegenden Beobachtungsergebnissen ergiebt sich zu:

$$(125)\quad \mathfrak{m} = \pm \sqrt{\frac{[vv]}{n-q}} = \pm \sqrt{\frac{[vv]}{4-3}},$$

und danach der mittlere Fehler $\mathfrak{m}_1$ einer einmaligen Beobachtung einer Richtung in einem Richtungssatze, deren Gewicht $\mathfrak{p}_1 = 0{,}25$ ist, nach:

$$\mathfrak{m}_1 = \pm\, \mathfrak{m} \sqrt{\frac{1}{\mathfrak{p}_1}} = \pm\, \mathfrak{m} \sqrt{\frac{1}{0{,}25}}.$$

7. Die Rechnung nach den entwickelten Formeln gestaltet sich wie folgt:

1. Berechnung der genäherten Koordinaten $\mathfrak{x}\ \mathfrak{y}$.

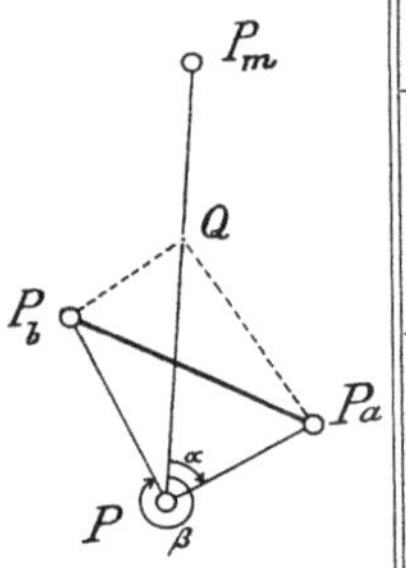

Collin'scher Hülfspunkt Q.	Gesuchter Punkt P.
$tg\, \nu_a^b = \dfrac{y_b - y_a}{x_b - x_a}$.	$tg\, \nu_Q^m = \dfrac{y_m - y_Q}{x_m - x_Q}$.
$A_1 = \Delta y_a^b - \Delta x_a^b\, tg\, \nu_b^Q$.	$A_2 = \Delta y_a^b - \Delta x_a^b\, tg\, \nu_b$.
$B_1 = \Delta y_a^b - \Delta x_a^b\, tg\, \nu_a^Q$.	$B_2 = \Delta y_a^b - \Delta x_a^b\, tg\, \nu_a$.
$C_1 = tg\, \nu_a^Q - tg\, \nu_b^Q$.	$C_2 = tg\, \nu_a - tg\, \nu_b$.

$\Delta x_a^Q = \dfrac{A_1}{C_1}$.	$\Delta x_b^Q = \dfrac{B_1}{C_1}$.	$\Delta x_a = \dfrac{A_2}{C_2}$.	$\Delta x_b = \dfrac{B_2}{C_2}$.
$\Delta y_a^Q = \Delta x_a^Q\, tg\, \nu_a^Q$.	$\Delta y_b^Q = \Delta x_b^Q\, tg\, \nu_b^Q$.	$\Delta y_a = \Delta x_a\, tg\, \nu_a$.	$\Delta y_b = \Delta x_b\, tg\, \nu_b$.
$y_Q = y_a + \Delta y_a^Q$	$x_Q = x_a + \Delta x_a^Q$	$\mathfrak{y} = y_a + \Delta y_a$	$\mathfrak{x} = x_a + \Delta x_a$
$= y_b + \Delta y_b^Q$.	$= x_b + \Delta x_b^Q$.	$= y_b + \Delta y_b$.	$= x_b + \Delta x_b$.

P_a : △ 8. P_m : △ 7. P_b : △ 3. P : △ 9.

					° ′ ″		
y_a	×4 914,53	x_a	5 086,94	α	87 07 47	$tg\, \nu_a^b$	+ 8,970 39
y_b	×8 013,62	x_b	5 432,42	β	228 53 40	$tg\, \nu_Q^m$	+ 0,246 00
							° ′ ″
$y_b - y_a$	+ 3 099,09	$x_b - x_a$	+ 345,48	ν_a^b	83 38 21	ν_Q^m	13 49 13
Δy_a^Q	+ 2 867,93	Δx_a^Q	+ 4 134,91	$\nu_b^Q = \nu_a^b - \beta$	214 44 41	$\nu_a = \nu_Q^m + \alpha$	100 57 00
Δy_b^Q	− 231,16	Δx_b^Q	+ 3 789,44	$\nu_b^Q = \nu_a^b - \alpha \pm 180°$	176 30 34	$\nu_b = \nu_Q^m + \beta$	242 42 53
y_Q	×7 782,46	x_Q	9 221,85	$tg\, \nu_a^Q$	+ 0,693 59	$tg\, \nu_a$	− 5,168 63
y_m	×6 036,88	x_m	2 125,96	$tg\, \nu_b^Q$	− 0,061 00	$tg\, \nu_b$	+ 1,938 69
$y_m - y_Q$	− 1 745,58	$x_m - x_Q$	− 7 095,89	C_1	+ 0,754 59	C_2	− 7,107 32
Δy_a	+ 1 766,64	Δx_a	− 341,80	Δy_a^b	+ 3 099,09	Δy_a^b	+ 3 099,09
Δy_b	− 1 332,42	Δx_b	− 687,28	$\Delta x_a^b\, tg\, \nu_b^Q$	− 21,07	$\Delta x_a^b\, tg\, \nu_b$	+ 669,78
$\mathfrak{y}$	×6 681,17	$\mathfrak{x}$	4 745,14	$\Delta x_a^b\, tg\, \nu_a^Q$	+ 239,62	$\Delta x_a^b\, tg\, \nu_a$	− 1 785,66
				A_1	+ 3 120,16	A_2	+ 2 429,31
				B_1	+ 2 859,47	B_2	+ 4 884,75

2. Berechnung der Neigungen $\mathfrak{n}$, ν und der Differenzialquotienten a, b.

P_n.	y_n. x_n.	$\mathfrak{y}$. $\mathfrak{x}$. y. x.	$\Delta\mathfrak{y} = y_n - \mathfrak{y}$. $\Delta\mathfrak{x} = x_n - \mathfrak{x}$. $tg\, \mathfrak{n}$. $\mathfrak{n}$.	$\Delta\mathfrak{y}^2$. $\Delta\mathfrak{x}^2$. $\mathfrak{s}^2$. $\frac{\varrho''}{\mathfrak{s}^2}$.	$a = +\frac{\varrho''}{\mathfrak{s}^2}\Delta\mathfrak{y}$. $b = -\frac{\varrho''}{\mathfrak{s}^2}\Delta\mathfrak{x}$. $cotg\, \mathfrak{n} = -\frac{b}{a}$. $\mathfrak{n}$.	$y_n - y$. $x_n - x$. $tg\, \nu$. ν.
△ 3	×8 013,62	×6 681,20	+ 1 332,42	1 77 53 43	+ 122,264	+ 1 332,35
	5 432,42	4 745,10	+ 687,32	47 24 09	− 63,069	+ 687,26
		×6 681,27	+ 1,938 57	2 24 77 52	+ 0,515 84	+ 1,938 64
		4 745,16	62° 42′ 48″	0,091 761	62° 42′ 49″	62° 42′ 51″
△ 7	×6 036,88		− 644,32	41 51 48	− 18,268	− 644,39
	2 125,96		− 2 619,14	6 85 98 94	+ 74,258	− 2 619,20
			+ 0,246 00	7 27 50 42	+ 4,064 92	+ 0,246 03
			193° 49′ 13″	0,028 352	193° 49′ 15″	193° 49′ 19″
△ 8	×4 914,53		− 1 766,67	3 12 11 23	− 112,540	− 1 766,74
	5 086,94		+ 341,84	11 68 55	− 21,776	+ 341,78
			− 5,168 12	3 23 79 78	− 0,193 50	− 5,169 23
			280° 57′ 04″	0,063 702	280° 57′ 05″	280° 56′ 56″

P_n.	y_n. x_n.	𝔶. 𝔵. y. x.	$\Delta \mathfrak{y} = y_n - \mathfrak{y}$. $\Delta \mathfrak{x} = x_n - \mathfrak{x}$. $tg\,\mathfrak{n}$. $\mathfrak{n}$.	$\Delta \mathfrak{y}^2$. $\Delta \mathfrak{x}^2$. $\mathfrak{s}^2$. $\frac{\varrho''}{\mathfrak{s}^2}$.	$a = + \frac{\varrho''}{\mathfrak{s}^2} \Delta \mathfrak{y}$. $b = - \frac{\varrho''}{\mathfrak{s}^2} \Delta \mathfrak{x}$. $cotg\,\mathfrak{n} = - \frac{b}{a}$. $\mathfrak{n}$.	$y_n - y$. $x_n - x$. $tg\,\nu$. ν.
△ 6	×5 990,33		− 690,87	47 73 01	− 60,030	− 690,94
	6 122,25		+ 1 377,15	1 89 65 42	− 119,662	+ 1 377,09
			− 0,501 67	2 37 38 43	− 1,993 37	− 0,501 74
			333° 21′ 30′	0,086 891	333° 21′ 32″	333° 21′ 19″
	3 722,93	5 705,20	+ 3 738,73			+ 3 738,48
		5 705,72	− 5 721,00	− 1 982,27	− 1 982,79	− 5 721,27

3. Bildung der Faktoren A und B.					4. Bildung der Abweichungen F.			
P_n.	a.	$A = a - \frac{[a]}{n}$.	b.	$B = b - \frac{[b]}{n}$.	$\mathfrak{r} = \mathfrak{n} - \mathfrak{o}$.	r.	$f = \mathfrak{r} - r$.	$F = f - \frac{[f]}{n}$.
				$\mathfrak{o} =$	39 04 00			
△ 3	+ 122,3	+ 139,4	− 63,1	− 30,5	23 38 48	23 38 45	+ 3	− 9,0
△ 7	− 18,3	− 1,2	+ 74,3	+ 106,9	154 45 13	154 45 05	+ 8	− 4,0
△ 8	− 112,5	− 95,4	− 21,8	+ 10,8	241 53 04	241 52 52	+ 12	0,0
△ 6	− 60,0	− 42,9	− 119,7	− 87,1	294 17 30	294 17 05	+ 25	+ 13,0
	− 68,5	− 0,1	− 130,3	+ 0,1	34 35	33 47	+ 48	0,0
$\frac{[a]}{n}$	− 17,1	$\frac{[b]}{n}$	− 32,6			$\frac{[f]}{n}$	+ 12,0	

5. Bildung der Faktoren u. s. w. der Endgleichungen.

P_n.	p.	A.	B.	F.	pAA.	pAB.	pAF.	pBB.	pBF.
△ 3	1	+ 139	− 31	− 9,0	19 321	− 4 309	− 1251	961	+ 279
△ 7	1	− 1	+ 107	− 4,0	1	− 107	+ 4	11 449	− 428
△ 8	1	− 95	+ 11	0,0	9 025	− 1 045	0	121	0
△ 6	1	− 43	− 87	+ 13,0	1 849	+ 3 741	− 559	7 569	− 1131
		0	0	0,0	+ 30 196	− 1 720	− 1806	+ 20 100	− 1280

6. Auflösung der Endgleichungen und Bildung der wahrscheinlichsten Werte x, y, o.

$[pAA]$.	$[pAB]$.	$[pAF]$.	$[pBB]$.	$[pBF]$.	Probe.			
+ 30 196	− 1 720	− 1 806	+ 20 100	− 1 280			$+ \frac{[a]}{n} d\mathfrak{x}$	− 1,1
	+ 0,057	+ 0,060	− 98	− 103	− 109	− 116	$+ \frac{[b]}{n} d\mathfrak{y}$	− 2,2
		+ 0,004	+ 20 002	− 1 383	− 95	− 88	$+ \frac{[f]}{n}$	+ 12,0
	$d\mathfrak{x}$	+ 0,064	$d\mathfrak{y}$	+ 0,069	− 204	− 204	$d\mathfrak{o}$	+ 8,7
	𝔵	4 745,10	𝔶	×6 681,20	$= \Sigma$.			$\mathfrak{o} = 39° 04′ 00″$
	x	4 745,16	y	×6 681,27				$o = 39° 04′ 09″$

7. Berechnung der wahrscheinlichsten Werte ν der Neigungen siehe Abteilung 2.

8. Wahrscheinlichste Beobachtungsfehler v.															9. Quadrat-summen.	
P_n.	$R = v - o$.			$v = R - r$.		$A\,d\mathfrak{x}$		$+\ B\,d\mathfrak{y}$		$=\ d\mathfrak{r}$.			$v = F + d\mathfrak{r}$.		pFF.	pvv.
$o =$	39	04	09													
△ 3	23	38	42	−	3	+	8,9	−	2,1	+	6,8		−	2,2	81	5
△ 7	154	45	10	+	5	−	0,1	+	7,4	+	7,3		+	3,3	16	11
△ 8	241	52	47	−	5	−	6,1	+	0,8	−	5,3		−	5,3	0	28
△ 6	294	17	10	+	5	−	2,8	−	6,0	−	8,8		+	4,2	169	18
		33	49	+	2	−	0,1	+	0,1		0,0			0,0	266	62

10. Schlufsprobe und mittlerer Fehler.

$$[pvv] = [pFF] + \Sigma = 266 - 204 = 62\,.$$

$$\mathfrak{m} = \pm\sqrt{\frac{[pvv]}{n-q}} = \pm\sqrt{\frac{62}{4-3}} = \pm\,7{,}9''. \qquad \mathfrak{m}_1 = \pm\,\mathfrak{m}\sqrt{\frac{1}{\mathfrak{p}_1}} = \pm\,7{,}9\sqrt{\frac{1}{0{,}25}} = \pm\,15{,}8''.$$

§ 37. Vorwärtseinschneiden.

Zur Bestimmung des △ 9 durch Vorwärtseinschneiden sind auf den gegebenen Punkten △△ 7, 8, 6 die Richtungen nach △ 9 und nach mehreren gegebenen Punkten je in 4 vollen Richtungssätzen beobachtet worden. Die Koordinaten $x_n\ y_n$ der △△ 7, 8, 6, die arithmetischen Mittel r_n der vier für jede Richtung erhaltenen Beobachtungsergebnisse und die aus den gegebenen rechtwinkeligen Koordinaten abgeleiteten Neigungen ν_n der gegebenen Strahlen gegen die Abscissenlinie sind:

Zielpunkte.	Richtungen.				Neigungen.			
	Standpunkt: △ 7. $x_7 = 2\,125{,}96$, $y_7 = \times 6\,036{,}88$.							
△ 8	r_5	73	39	45	ν_5	339	14	28
△ 9	r_6	108	14	33				
△ 3	r_7	125	17	42	ν_7	30	52	23
△ 5	r_8	36	37	40	ν_8	302	12	13
	Standpunkt: △ 8. $x_8 = 5\,086{,}94$, $y_8 = \times 4\,914{,}53$.							
△ 6	r_9	108	10	00	ν_9	46	05	55
△ 3	r_{10}	145	42	30	ν_{10}	83	38	20
△ 9	r_{11}	163	01	05				
△ 7	r_{12}	221	18	30	ν_{12}	159	14	28
△ 5	r_{13}	305	47	56	ν_{13}	243	43	45

Zielpunkte.	Richtungen.				Neigungen.			
	Standpunkt: △ 6. $x_6 = 6\,122{,}25$, $y_6 = \times 5\,990{,}33$.							
△ 3	r_{14}	124	58	55	ν_{14}	108	49	35
△ 9	r_{15}	169	30	42				
△ 7	r_{16}	195	29	10	ν_{16}	179	19	58
△ 8	r_{17}	242	15	08	ν_{17}	226	05	55
△ 5	r_{18}	252	50	38	ν_{18}	236	41	13

Es sollen die wahrscheinlichsten Werte $x\ y$ der rechtwinkligen Koordinaten des △ 9 und der mittlere Fehler $\mathfrak{m}_1$ einer einmaligen Beobachtung einer Richtung in einem Richtungssatze lediglich aus den auf den gegebenen Punkten erhaltenen Beobachtungsergebnissen bestimmt werden.

1. Wir führen die Entwickelung der Formeln zunächst nur für die auf △ 7 beobachteten Richtungen durch.

Diese Richtungen r_n beziehen sich auf eine nicht genau bekannte Anfangsrichtung. Um aus ihren wahren Werten (r_n) die wahren Werte (ν_n) der Neigungen der einzelnen Strahlen gegen die Abscissenaxe zu erhalten, mufs ihnen daher, ebenso wie in dem im § 36 behandelten Beispiele, der wahre Wert (o_7) eines aus den Beobachtungsergebnissen mit zu bestimmenden Orientirungswinkels hinzugefügt werden, so dafs also ist

(1*) $$(\nu_n) = (r_n) + (o_7) \text{ oder}$$

(2*) $$(r_n) = (\nu_n) - (o_7).$$

Der wahre Wert (ν_6) der Neigung des Strahles △ 7 — △ 9 steht zu den wahren Werten der Koordinaten (x) (y) des △ 9 und den gegebenen als wahre Werte anzunehmenden Koordinaten x_7 y_7 des △ 7 in der Beziehung, daſs ist:

(3*) $$tg\,((\nu_6) \pm 180^\circ) = \frac{y_7 - (y)}{x_7 - (x)} \text{ oder:}$$

(4*) $$(\nu_6) \pm 180^\circ = arc\,tg\,\frac{y_7 - (y)}{x_7 - (x)}\,\varrho''.$$

Hiernach erhalten wir für die Beziehungen zwischen den wahren Werten (r_n) der auf △ 7 beobachteten Richtungen und den wahren Werten (x), (y), (o_7) der zu bestimmenden Gröſsen die folgenden Gleichungen:

(5*) $$\begin{cases} (r_5) = (\nu_5) - (o_7), \\ (r_6) = (\nu_6) - (o_7), \\ (r_7) = (\nu_7) - (o_7), \\ (r_8) = (\nu_8) - (o_7); \end{cases}$$

(6*) $$(\nu_6) \pm 180^\circ = arc\,tg\,\frac{y_7 - (y)}{x_7 - (x)}\,\varrho''.$$

Für die wahren Werte (ν_5), (ν_7), (ν_8) der Neigungen der Strahlen nach gegebenen Punkten haben wir die aus den gegebenen Koordinaten abgeleiteten Neigungen ν_5, ν_7, ν_8 anzunehmen.

2. Danach ergeben sich die wahrscheinlichsten Werte R_5, R_6, R_7, R_8 der beobachteten Richtungen und der wahrscheinlichste Wert ν_6 der Neigung für den Strahl △ 7 — △ 9 aus den wahrscheinlichsten Werten x, y, o_7 der zu bestimmenden Gröſsen nach:

(7*) $$\begin{cases} R_5 = \nu_5 - o_7, \\ R_6 = \nu_6 - o_7, \\ R_7 = \nu_7 - o_7, \\ R_8 = \nu_8 - o_7; \end{cases}$$

(8*) $$\nu_6 \pm 180^\circ = arc\,tg\,\frac{y_7 - y}{x_7 - x}\,\varrho'',$$

und die wahrscheinlichsten Beobachtungsfehler nach:

(9*) $$\begin{cases} v_5 = R_5 - r_5, \\ v_6 = R_6 - r_6, \\ v_7 = R_7 - r_7, \\ v_8 = R_8 - r_8. \end{cases}$$

3. Die wahrscheinlichsten Werte x, y, o_7 der zu bestimmenden Gröſsen zerlegen wir in die Näherungswerte $\mathfrak{x}$, $\mathfrak{y}$, $\mathfrak{o}_7$ und die diesen beizufügenden Aenderungen $d\mathfrak{x}$, $d\mathfrak{y}$, $d\mathfrak{o}_7$, setzen also:

(10*) $$\begin{cases} x = \mathfrak{x} + d\mathfrak{x}, \\ y = \mathfrak{y} + d\mathfrak{y}, \\ o_7 = \mathfrak{o}_7 + d\mathfrak{o}_7. \end{cases}$$

Den Näherungswerten $\mathfrak{x}$, $\mathfrak{y}$, $\mathfrak{o}_7$ der zu bestimmenden Gröſsen entsprechen die Näherungswerte $\mathfrak{r}_5$, $\mathfrak{r}_6$, $\mathfrak{r}_7$, $\mathfrak{r}_8$ der beobachteten Richtungen, wofür sich ergiebt:

(11*) $$\begin{cases} \mathfrak{r}_5 = \nu_5 - \mathfrak{o}_7, \\ \mathfrak{r}_6 = \mathfrak{n}_6 - \mathfrak{o}_7, \\ \mathfrak{r}_7 = \nu_7 - \mathfrak{o}_7, \\ \mathfrak{r}_8 = \nu_8 - \mathfrak{o}_7; \end{cases}$$

(12*) $$\mathfrak{n}_6 \pm 180^\circ = arc\,tg\,\frac{y_7 - \mathfrak{y}}{x_7 - \mathfrak{x}}\,\varrho''.$$

Aus diesen Näherungswerten werden die wahrscheinlichsten Werte der Richtungen durch Beifügung der den Aenderungen $d\mathfrak{x}$, $d\mathfrak{y}$, $d\mathfrak{o}_7$ entsprechenden Aenderungen $d\mathfrak{r}_5$, $d\mathfrak{r}_6$, $d\mathfrak{r}_7$, $d\mathfrak{r}_8$ erhalten nach:

(13*) $$\begin{cases} R_5 = \mathfrak{r}_5 + d\mathfrak{r}_5, \\ R_6 = \mathfrak{r}_6 + d\mathfrak{r}_6, \\ R_7 = \mathfrak{r}_7 + d\mathfrak{r}_7, \\ R_8 = \mathfrak{r}_8 + d\mathfrak{r}_8. \end{cases}$$

4. Differenziren wir die in den Gleichungen (11*) und (12*) für die Näherungswerte $\mathfrak{r}_n$ erhaltenen Ausdrücke nach $\mathfrak{x}$, $\mathfrak{y}$, $\mathfrak{o}_7$, so ergeben sich die folgenden Differenzialquotienten: *)

$$(14^*)\quad \left\{\begin{array}{l|l|l} a_5 = 0\,, & b_5 = 0\,, & c_5 = -1\,, \\ a_6 = +\dfrac{y_7 - \mathfrak{y}}{\mathfrak{s}_6^2}\varrho''\,, & b_6 = -\dfrac{x_7 - \mathfrak{x}}{\mathfrak{s}_6^2}\varrho''\,, & c_6 = -1\,, \\ a_7 = 0\,, & b_7 = 0\,, & c_7 = -1\,, \\ a_8 = 0\,; & b_8 = 0\,; & c_8 = -1\,. \end{array}\right.$$

Die Abweichungen zwischen den Näherungswerten der beobachteten Gröfsen und den Beobachtungsergebnissen sind:

$$(15^*)\quad \left\{\begin{array}{l} f_5 = \mathfrak{r}_5 - r_5\,, \\ f_6 = \mathfrak{r}_6 - r_6\,, \\ f_7 = \mathfrak{r}_7 - r_7\,, \\ f_8 = \mathfrak{r}_8 - r_8\,. \end{array}\right.$$

5. Hiernach ergeben sich die folgenden umgeformten Fehlergleichungen:

$$(16^*)\quad \left\{\begin{array}{l} d\mathfrak{r}_5 = \qquad\qquad\qquad\quad - d\mathfrak{o}_7\,, \\ d\mathfrak{r}_6 = a_6\, d\mathfrak{x} + b_6\, d\mathfrak{y} - d\mathfrak{o}_7\,, \\ d\mathfrak{r}_7 = \qquad\qquad\qquad\quad - d\mathfrak{o}_7\,, \\ d\mathfrak{r}_8 = \qquad\qquad\qquad\quad - d\mathfrak{o}_7\,, \end{array}\right. \qquad (17^*)\quad \left\{\begin{array}{l} v_5 = f_5 + d\mathfrak{r}_5\,, \\ v_6 = f_6 + d\mathfrak{r}_6\,, \\ v_7 = f_7 + d\mathfrak{r}_7\,, \\ v_8 = f_8 + d\mathfrak{r}_8\,. \end{array}\right.$$

Nehmen wir die Gewichte p_5, p_6, p_7, p_8 der gleich genauen Beobachtungsergebnisse gleich Eins, so können diese umgeformten Fehlergleichungen nach Formel **(145)** reduzirt werden auf:

$$(18^*)\quad d\mathfrak{n}_6 = a_6\, d\mathfrak{x} + b_6\, d\mathfrak{y}, \quad\Big|\quad (19^*)\quad \mathfrak{v}_6 = f_6 - \frac{[f] - f_6}{4-1} + d\mathfrak{n}_6\,, \quad\Big|\quad \text{Gewicht} = \frac{4-1}{4}.$$

Wenn wir nun als Näherungswert $\mathfrak{o}_7$ des Orientirungswinkels für die auf △ 7 beobachteten Richtungen das arithmetische Mittel der Differenzen $\nu - r$, also

$$(20^*)\quad \mathfrak{o}_7 = \frac{[\nu - r]}{3}$$

nehmen, so wird $[f] - f_6 = 0$ und damit aus den Gleichungen (18*) und (19*):

$$(21^*)\quad d\mathfrak{n}_6 = a_6\, d\mathfrak{x} + b_6\, d\mathfrak{y}\,, \quad\Big|\quad (22^*)\quad \mathfrak{v}_6 = f_6 + d\mathfrak{n}_6 \quad\Big|\quad \text{Gewicht} = \frac{3}{4}\,,$$

was sich wie folgt ergiebt:

Zunächst ist: $[f] - f_6 = f_5 + f_7 + f_8$. Für diese Summe erhalten wir, indem wir in die Formeln (15*) für $\mathfrak{r}_5$, $\mathfrak{r}_7$, $\mathfrak{r}_8$ die in den Formeln (11*) erhaltenen Werte setzen:

$$\begin{array}{l} f_5 = \nu_5 - r_5 - \mathfrak{o}_7\,, \\ f_7 = \nu_7 - r_7 - \mathfrak{o}_7\,, \\ f_8 = \nu_8 - r_8 - \mathfrak{o}_7\,, \\ \hline [f] - f_6 = [\nu - r] - 3\,\mathfrak{o}_7\,, \end{array}$$

und dies wird gleich Null für $\mathfrak{o}_7 = \dfrac{[\nu - r]}{3}$, wie behauptet ist.

6. Die Formeln, die wir hier für die auf △ 7 beobachteten Richtungen entwickelt haben, gelten allgemein, so dafs, wenn wir als Näherungswert $\mathfrak{o}$ der Orientirungswinkel für die auf einem gegebenen Punkte beobachteten Richtungen allgemein:

$$(23^*)\quad \mathfrak{o}_n = \frac{[\nu - r]}{n-1}$$

nehmen, immer

$$(24^*)\quad \frac{[f] - f_n}{n-1} = 0\,,$$

*) Vergl. die Entwickelung der Differenzialquotienten im § 36, Nr. 4.

und damit für diese Richtungen nur die eine reduzirte Fehlergleichung:

(25*) $d\mathfrak{n}_n = a_n\, d\mathfrak{x} + b_n\, d\mathfrak{y}$, | (26*) $\mathfrak{v}_n = f_n - d\mathfrak{n}_n$, | Gewicht $= \frac{n-1}{n}$

erhalten wird.

Wenden wir dies auf unser Beispiel an, so erhalten wir zuerst die Näherungs werte $\mathfrak{o}_7$, $\mathfrak{o}_8$, $\mathfrak{o}_6$ für die auf ⛢⛢ 7, 8, 6 beobachteten Richtungen nach:

(27*) $\mathfrak{o}_7 = \frac{[\nu - r]}{3}$, | (28*) $\mathfrak{o}_8 = \frac{[\nu - r]}{4}$, | (29*) $\mathfrak{o}_6 = \frac{[\nu - r]}{4}$,

und dann die reduzirten Fehlergleichungen:

$$(30^*)\quad \begin{cases} d\mathfrak{n}_6 = a_6\, d\mathfrak{x} + b_6\, d\mathfrak{y}, \\ d\mathfrak{n}_{11} = a_{11}\, d\mathfrak{x} + b_{11}\, d\mathfrak{y}, \\ d\mathfrak{n}_{15} = a_{15}\, d\mathfrak{x} + b_{15}\, d\mathfrak{y}, \end{cases} \qquad (31^*)\quad \begin{cases} \mathfrak{v}_6 = f_6 + d\mathfrak{n}_6, & \text{Gewicht} = \frac{3}{4}, \\ \mathfrak{v}_{11} = f_{11} + d\mathfrak{n}_{11}, & \text{„} \quad = \frac{4}{5}, \\ \mathfrak{v}_{15} = f_{15} + d\mathfrak{n}_{15}, & \text{„} \quad = \frac{4}{5}. \end{cases}$$

Hieraus ergeben sich die reduzirten Endgleichungen:

$$(32^*)\quad \begin{aligned} [p\,a\,a]\, d\mathfrak{x} + [p\,a\,b]\, d\mathfrak{y} + [p\,a\,f] = 0, \\ [p\,a\,b]\, d\mathfrak{x} + [p\,b\,b]\, d\mathfrak{y} + [p\,b\,f] = 0, \end{aligned}$$

woraus die Zahlenwerte von $d\mathfrak{x}$ und $d\mathfrak{y}$ durch Auflösung erhalten werden, während sich allgemein für $d\mathfrak{o}_n$, wenn beachtet wird, dafs $[f] = f_n$ ist, nach Formel **(146)** ergiebt:

$$(33^*)\quad d\mathfrak{o}_n = \frac{a_n}{n}\, d\mathfrak{x} + \frac{b_n}{n}\, d\mathfrak{y} + \frac{f_n}{n} = \frac{\mathfrak{v}_n}{n}.$$

Demnach ist in unserem Beispiele:

(34*) $d\mathfrak{o}_7 = \frac{\mathfrak{v}_6}{4}$, | (35*) $d\mathfrak{o}_8 = \frac{\mathfrak{v}_{11}}{5}$, | (36*) $d\mathfrak{o}_6 = \frac{\mathfrak{v}_{15}}{5}$.

Nach den Bemerkungen zu den Formeln **(143)** bis **(146)** im § 30, Nr. 10 ist dem Betrage Σ_1, der sich bei Auflösung der reduzirten Endgleichungen nach Formel **(127)** ergiebt, noch der Betrag

$$(37^*)\quad \Sigma_2 = -\frac{f_6}{4} f_6 - \frac{f_{11}}{5} f_{11} - \frac{f_{15}}{5} f_{15}$$

hinzuzusetzen, um nach Formel **(129)** den richtigen Wert von $[p\,v\,v]$ zu erhalten.

7. Der mittlere Fehler $\mathfrak{m}$ der Gewichtseinheit oder des arithmetischen Mittels aus den vier für eine jede Richtung vorliegenden Beobachtungsergebnissen ergiebt sich nach Formel **(125)** zu:

$$(38^*)\quad \mathfrak{m} = \pm \sqrt{\frac{[v\,v]}{n-q}} = \pm \sqrt{\frac{[v\,v]}{14-5}},$$

und danach der mittlere Fehler $\mathfrak{m}_1$ einer einmaligen Beobachtung einer Richtung in einem Richtungssatze, deren Gewicht $\mathfrak{p}_1 = 0{,}25$ ist, nach:

$$(39^*)\quad \mathfrak{m}_1 = \pm\, \mathfrak{m} \sqrt{\frac{1}{\mathfrak{p}_1}} = \pm\, \mathfrak{m} \sqrt{\frac{1}{0{,}25}}.$$

8. Die Rechnung nach den entwickelten Formeln gestaltet sich wie folgt:

1. Berechnung der genäherten Koordinaten $\mathfrak{x}\ \mathfrak{y}$.

$A = \Delta y_a^b - \Delta x_a^b\, tg\, \varphi_b$. $\quad \Delta x_a = \frac{A}{C}$. $\quad \Delta y_a = \Delta x_a\, tg\, \varphi_a$.

$B = \Delta y_a^b - \Delta x_a^b\, tg\, \varphi_a$. $\quad \Delta x_b = \frac{B}{C}$. $\quad \Delta y_b = \Delta x_b\, tg\, \varphi_b$.

$C = tg\, \varphi_a - tg\, \varphi_b$. $\quad \Delta x_a - \Delta x_b = \Delta x_a^b$. $\quad \Delta y_a - \Delta y_b = \Delta y_a^b$.

$\mathfrak{x} = x_a + \Delta x_a = x_b + \Delta x_b$. $\quad \mathfrak{y} = y_a + \Delta y_a = y_b + \Delta y_b$.

P_a : △ 8. $\quad P_b$: △ 6. $\quad P$: △ 9.

							°	′	″			
y_a		×4 914,53	x_a		5 086,94	φ_a	100	56	58	Δy_a^b	+	1 075,80
y_b		×5 990,33	x_b		6 122,25	φ_b	153	21	24	$\Delta x_a^b\, tg\, \varphi_b$	—	519,43
$y_b - y_a$	+	1 075,80	$x_b - x_a$	+	1 035,31	$tg\, \varphi_a$	—	5,168 90		$\Delta x_a^b\, tg\, \varphi_a$	—	5 351,41
Δy_a	+	1 766,73	Δx_a	—	341,80	$tg\, \varphi_b$	—	0,501 71		A	+	1 595,23
Δy_b	+	690,90	Δx_b	—	1 377,10	C	—	4,667 19		B	+	6 427,21
$\mathfrak{y}$		×6 681,26	$\mathfrak{x}$		4 745,14							

2. Berechnung der Näherungswerte $\mathfrak{o}$ der Orientirungswinkel. — 3. Abweichungen f.

Zielpunkte.	Neigungen ν.			Richtungen r.			$\nu - r$.			$\mathfrak{r} = \nu - \mathfrak{o}$.			$f = \mathfrak{r} - r$.
	Standpunkt: △ 7.												
△ 8	339	14	28	73	39	45	265	34	43	73	39	49,0	+ 4,0
△ 3	30	52	23	125	17	42	265	34	41	125	17	44,0	+ 2,0
△ 5	302	12	13	36	37	40	265	34	33	36	37	34,0	— 6,0
		19	04		35	07		43	57		35	07,0	0,0
			$\mathfrak{o}_7 = \frac{[\nu - r]}{3} =$				265	34	39,0				
	Standpunkt: △ 8.												
△ 6	46	05	55	108	10	00	297	55	55	108	10	02,0	+ 2,0
△ 3	83	38	20	145	42	30	297	55	50	145	42	27,0	— 3,0
△ 7	159	14	28	221	18	30	297	55	58	221	18	35,0	+ 5,0
△ 5	243	43	45	305	47	56	297	55	49	305	47	52,0	— 4,0
		42	28		58	56		43	32		58	56,0	0,0
			$\mathfrak{o}_8 = \frac{[\nu - r]}{4} =$				297	55	53,0				
	Standpunkt: △ 6.												
△ 3	108	49	35	124	58	55	343	50	40	124	58	52,5	— 2,5
△ 7	179	19	58	195	29	10	343	50	48	195	29	15,5	+ 5,5
△ 8	226	05	55	242	15	08	343	50	47	242	15	12,5	+ 4,5
△ 5	236	41	13	252	50	38	343	50	35	252	50	30,5	— 7,5
		56	41		33	51		22	50		33	51,0	0,0
			$\mathfrak{o}_6 = \frac{[\nu - r]}{4} =$				343	50	42,5				

4. Näherungswerte $\mathfrak{n}$ der Neigungen.

Aus Abteilung 2 der Rechnung im § 36 folgt:

$\mathfrak{n}_7 = 13° 49' 13''$

$\mathfrak{n}_8 = 100° 57' 04''$

$\mathfrak{n}_6 = 153° 21' 30''$

5. Differenzialquotienten a, b.

Nach Abteilung 2 derselben Rechnung ist:

$a_7 = -\ 18{,}3$	$b_7 = +\ 74{,}3$
$a_8 = -112{,}5$	$b_8 = -\ 21{,}8$
$a_6 = -\ 60{,}0$	$b_6 = -119{,}7$

6. Abweichungen f für die reduzirten Fehlergleichungen.

P_n	Neigungen $\mathfrak{n}$.			$\mathfrak{r} = \mathfrak{n} - \mathfrak{o}$.			Richtungen r.			$f = \mathfrak{r} - r$.	
△ 7	13	49	13	108	14	34,0	108	14	33	+	1,0
△ 8	100	57	04	163	01	11,0	163	01	05	+	6,0
△ 6	153	21	30	169	30	47,5	169	30	42	+	5,5
					46	32,5		46	20	+	12,5

7. Bildung der Faktoren u. s. w. der Endgleichungen.

P_n	p.	a.		b.		f.		$p\,a\,a$.		$p\,a\,b$.		$p\,a\,f$.		$p\,b\,b$.		$p\,b\,f$.
△ 7	0,75	—	18	+	74	+	1,0		243	—	999	—	14		4 107	+	56
△ 8	0,80	—	112	—	22	+	6,0		10 035	+	1 971	—	538		387	—	106
△ 6	0,80	—	60	—	120	+	5,5		2 880	+	5 760	—	264		11 520	—	528
		—	190	—	68	+	12,5	+	13 158	+	6 732	—	816	+	16 014	—	578

8. Auflösung der Endgleichungen und Bildung der wahrscheinlichsten Werte x y.

$[paa]$.	$[pab]$.	$[paf]$.	$[pbb]$.	$[pbf]$.	Probe.	
+ 13 158	+ 6 732	− 816	+ 16 014	− 578		
	− 0,512	+ 0,062	− 3 447	+ 418	− 54	− 48
		− 0,007	+ 12 567	− 160	− 2	− 8
	$d\mathfrak{x}$	+ 0,059	$d\mathfrak{y}$	+ 0,013	− 56	− 56
		$\mathfrak{x} = 4\,745{,}10$		$\mathfrak{y} = \times 6\,681{,}20$	$= \Sigma_1$.	
		$x = 4\,745{,}16$		$y = \times 6\,681{,}21$		

9. Bildung der wahrscheinlichsten Werte o der Orientirungswinkel. — 13. Zusatz Σ_2.

P_n.	$a\,d\mathfrak{x}$	$+\ b\,d\mathfrak{y}$	$= d\mathfrak{n}$.	f.	$\mathfrak{v} = f + d\mathfrak{n}$.	$d\mathfrak{o} = \frac{\mathfrak{v}}{n}$.	$o = \mathfrak{o} + d\mathfrak{o}$.			ff.	$-\frac{ff}{n}$.
△ 7	− 1,1	+ 1,0	− 0,1	+ 1,0	+ 0,9	+ 0,2	265	34	39,2	1	− 0
△ 8	− 6,6	− 0,3	− 6,9	+ 6,0	− 0,9	− 0,2	297	55	52,8	36	− 7
△ 6	− 3,5	− 1,6	− 5,1	+ 5,5	+ 0,4	+ 0,1	343	50	42,6	30	− 6
	− 11,2	− 0,9	− 12,1	+ 12,5	+ 0,4					$\Sigma_2 =$	− 13

10. Berechnung der wahrscheinlichsten Werte ν der Neigungen.

P_n.	y_n. / x_n.	y. / x.	$y_n - y$. / $x_n - x$.	$tg(\nu \pm 180°)$. / $\nu \pm 180°$.
△ 7	×6 036,88	×6 681,21	− 644,33	0,246 00
	2 125,96	4 745,16	− 2 619,20	193° 49′ 13″
△ 8	×4 914,53		− 1 766,68	5,169 06
	5 086,94		+ 341,78	280° 56′ 57″
△ 6	×5 990,33		− 690,88	0,501 70
	6 122,25		+ 1 377,09	333° 21′ 25″
	276,89	4 279,11	− 4 002,22	

14. Schlufsprobe und mittlere Fehler.

$$[vv] = [ff] + \Sigma_1 + \Sigma_2 =$$
$$289 - 56 - 13 = 220.$$

$$\mathfrak{m} = \pm \sqrt{\frac{[vv]}{n-q}}$$
$$= \pm \sqrt{\frac{222}{14-5}} = \pm 5{,}0''$$
$$\mathfrak{m}_1 = \pm \mathfrak{m} \sqrt{\frac{1}{\mathfrak{p}_1}}$$
$$= \pm 5{,}0 \sqrt{\frac{1}{0{,}25}} = \pm 10{,}0''.$$

11. Wahrscheinlichste Beobachtungsfehler v. — 12. Quadratsummen.

Zielpunkte.	Neigungen ν.			$R = \nu - o$.			Richtungen r.			$v = R - r$.	$d\mathfrak{r} = d\mathfrak{n} - d\mathfrak{o}$.	f.	$v = f + d\mathfrak{r}$.	ff.	vv.
	Standpunkt: △ 7.														
△ 8	339	14	28	73	39	48,8	73	39	45	+ 3,8	− 0,2	+ 4,0	+ 3,8	16	14
△ 9	13	49	13	108	14	33,8	108	14	33	+ 0,8	− 0,3	+ 1,0	+ 0,7	1	0
△ 3	30	52	23	125	17	43,8	125	17	42	+ 1,8	− 0,2	+ 2,0	+ 1,8	4	3
△ 5	302	12	13	36	37	33,8	36	37	40	− 6,2	− 0,2	− 6,0	− 6,2	36	38
		08	17		49	40,2		49	40	+ 0,2	− 0,9	+ 1,0	+ 0,1		
	Standpunkt: △ 8.														
△ 6	46	05	55	108	10	02,2	108	10	00	+ 2,2	+ 0,2	+ 2,0	+ 2,2	4	5
△ 3	83	38	20	145	42	27,2	145	42	30	− 2,8	+ 0,2	− 3,0	− 2,8	9	8
△ 9	100	56	57	163	01	04,2	163	01	05	− 0,8	− 6,7	+ 6,0	− 0,7	36	0
△ 7	159	14	28	221	18	35,2	221	18	30	+ 5,2	+ 0,2	+ 5,0	+ 5,2	25	27
△ 5	243	43	45	305	47	52,2	305	47	56	− 3,8	+ 0,2	− 4,0	− 3,8	16	14
		39	25		00	01,0		00	01	0,0	− 5,9	+ 6,0	+ 0,1		
	Standpunkt: △ 6.														
△ 3	108	49	35	124	58	52,4	124	58	55	− 2,6	− 0,1	− 2,5	− 2,6	6	7
△ 9	153	21	25	169	30	42,4	169	30	42	+ 0,4	− 5,2	+ 5,5	+ 0,3	30	0
△ 7	179	19	58	195	29	15,4	195	29	10	+ 5,4	− 0,1	+ 5,5	+ 5,4	30	29
△ 8	226	05	55	242	15	12,4	242	15	08	+ 4,4	− 0,1	+ 4,5	+ 4,4	20	19
△ 5	236	41	13	252	50	30,4	252	50	38	− 7,6	− 0,1	− 7,5	− 7,6	56	58
		18	06		04	33,0		04	33	0,0	− 5,6	+ 5,5	− 0,1	289	222

§ 38. Kombinirtes Vorwärts- und Rückwärtseinschneiden.

Nachdem die Koordinaten des △ 9 im § 36 lediglich aus den auf dem zu bestimmenden Punkte beobachteten Richtungen und im § 37 lediglich aus den auf den gegebenen Punkten beobachteten Richtungen abgeleitet worden sind, sollen jetzt die Koordinaten des △ 9 nochmals aus allen für die Bestimmung dieses Punktes durch kombinirtes Vorwärts- und Rückwärtseinschneiden vorliegenden Beobachtungsergebnissen bestimmt werden. Hierbei sollen einige Vereinfachungen des im § 37 und einige Aenderungen des im § 36 eingeschlagenen Verfahrens durchgeführt werden, die zweckmäfsig sind, wenn es sich darum handelt, die wahrscheinlichsten Werte der Koordinaten eines trigonometrischen Punktes möglichst einfach zu erhalten und darauf verzichtet werden kann, die Berechnung der wahrscheinlichsten Werte der Beobachtungsfehler und der mittleren Fehler in vollem Umfange durchzuführen.

1. Aus den Richtungen r, die auf den gegebenen Punkten beobachtet sind, können zuerst durch Hinzufügung des Orientirungswinkels $\mathfrak{o}_n = \frac{[\nu - r]}{n-1}$ orientirte Richtungen

(1*) $$\varphi = r + \mathfrak{o}_n$$

abgeleitet werden und zwar in unserem Beispiele wie folgt:

Zielpunkte.	Endgültige Neigungen ν.			Beobachtete Richtungen r.			$\nu - r$ und $\mathfrak{o} = \frac{[\nu - r]}{n-1}$.			Orientirte Richtungen $\varphi = r + \mathfrak{o}$.			$\mathfrak{v} = \nu - \varphi$.
							Standpunkt: △ 7.						
△ 8	339	14	28	73	39	45	265	34	43	339	14	24,0	+ 4,0
△ 9				108	14	33				13	49	12,0	
△ 3	30	52	23	125	17	42	265	34	41	30	52	21,0	+ 2,0
△ 5	302	12	13	36	37	40	265	34	33	302	12	19,0	— 6,0
			$[r]$		49	40			117		08	16,0	0,0
			$+ n\mathfrak{o}_7$		18	36,0	265	34	39,0	$= \mathfrak{o}_7$			
			$= [\varphi]$		08	16,0							
							Standpunkt: △ 8.						
△ 6	46	05	55	108	10	00	297	55	55	46	05	53,0	+ 2,0
△ 3	83	38	20	145	42	30	297	55	50	83	38	23,0	— 3,0
△ 9				163	01	05				100	56	58,0	
△ 7	159	14	28	221	18	30	297	55	58	159	14	23,0	+ 5,0
△ 5	243	43	45	305	47	56	297	55	49	243	43	49,0	— 4,0
			$[r]$		00	01			212		39	26,0	0,0
			$+ n\mathfrak{o}_8$		39	25,0	297	55	53,0	$= \mathfrak{o}_8$			
			$= [\varphi]$		39	26,0							
							Standpunkt: △ 6.						
△ 3	108	49	35	124	58	55	343	50	40	108	49	37,5	— 2,5
△ 9				169	30	42				153	21	24,5	
△ 7	179	19	58	195	29	10	343	50	48	179	19	52,5	+ 5,5
△ 8	226	05	55	242	15	08	343	50	47	226	05	50,5	+ 4,5
△ 5	236	41	13	252	50	38	343	50	35	236	41	20,5	— 7,5
			$[r]$		04	33			170		18	05,5	0,0
			$+ n\mathfrak{o}_6$		13	32,5	343	50	42,5	$= \mathfrak{o}_6$			
			$= [\varphi]$		18	05,5							

Hierbei ergeben sich die beiden Proben, dafs $[r] + n\mathfrak{o} = [\varphi]$ und $[\mathfrak{v}] = [\nu - \varphi] = 0$ sein mufs.

2. Sodann können allein die orientirten Richtungen φ für die Strahlen von den gegebenen Punkten nach dem neu zu bestimmenden Punkte als Beobachtungsergebnisse mit dem Gewichte $\frac{n-1}{n}$ in die weitere Rechnung eingeführt werden, während alle übrigen orientirten Richtungen in der weiteren Rechnung unberücksichtigt bleiben.

Demnach können in unserem Beispiele allein die orientirten Richtungen

(2*)
- für den Strahl ♁ 7 — ♁ 9 : $\varphi_2 = 13°49'12{,}0''$, Gewicht $p_2 = \frac{3}{4}$,
- „ „ „ ♁ 8 — ♁ 9 : $\varphi_3 = 100\ 56\ 58{,}0$, „ $p_3 = \frac{4}{5}$,
- „ „ „ ♁ 6 — ♁ 9 : $\varphi_4 = 153\ 21\ 24{,}5$, „ $p_4 = \frac{4}{5}$.

als Beobachtungsergebnisse in die weitere Rechnung eingeführt werden.

3. Die Richtungen φ können als e n d g ü l t i g orientirte Richtungen angesehen werden, weil damit ohne weitere Aenderung der Orientirung die wahrscheinlichsten Werte der gesuchten Koordinaten $x\ y$ des ♁ 9 erhalten werden, was später (unter Nr. 6) bewiesen werden wird.

Danach ergeben sich für die Beziehungen zwischen den wahren Werten (φ) der vorliegenden Beobachtungsergebnisse und den wahren Werten (x) (y) der gesuchten Koordinaten die Gleichungen:

$$(3^*)\quad \begin{cases} (\varphi_2) = (\nu_2), \\ (\varphi_3) = (\nu_3), \\ (\varphi_4) = (\nu_4), \end{cases} \qquad (4^*)\quad \begin{cases} (\nu_2) \pm 180° = arc\, tg \frac{y_7 - (y)}{x_7 - (x)}\, \varrho'', \\ (\nu_3) \pm 180° = arc\, tg \frac{y_8 - (y)}{x_8 - (x)}\, \varrho'', \\ (\nu_4) \pm 180° = arc\, tg \frac{y_6 - (y)}{x_6 - (x)}\, \varrho''. \end{cases}$$

4. Weiter ergeben sich die wahrscheinlichsten Werte Φ_2, Φ_3, Φ_4 der orientirten Richtungen aus den wahrscheinlichsten Werten $x\ y$ der zu bestimmenden Koordinaten wie folgt:

$$(5^*)\quad \begin{cases} \Phi_2 = \nu_2, \\ \Phi_3 = \nu_3, \\ \Phi_4 = \nu_4, \end{cases} \qquad (6^*)\quad \begin{cases} \nu_2 \pm 180° = arc\, tg \frac{y_7 - y}{x_7 - x}\, \varrho'', \\ \nu_3 \pm 180° = arc\, tg \frac{y_8 - y}{x_8 - x}\, \varrho'', \\ \nu_4 \pm 180° = arc\, tg \frac{y_6 - y}{x_6 - x}\, \varrho'', \end{cases}$$

und die wahrscheinlichsten Beobachtungsfehler nach den Formeln **(110)**:

$$(7^*)\quad \begin{cases} v_2 = \Phi_2 - \varphi_2 = \nu_2 - \varphi_2, \\ v_3 = \Phi_3 - \varphi_3 = \nu_3 - \varphi_3, \\ v_4 = \Phi_4 - \varphi_4 = \nu_4 - \varphi_4. \end{cases}$$

5. Wir zerlegen nun die wahrscheinlichsten Werte $x\ y$ der zu bestimmenden Koordinaten in die Näherungswerte $\mathfrak{x}\ \mathfrak{y}$ und die diesen beizufügenden Aenderungen $d\mathfrak{x}\ d\mathfrak{y}$, setzen also:

$$(8^*)\quad \begin{cases} x = \mathfrak{x} + d\mathfrak{x}, \\ y = \mathfrak{y} + d\mathfrak{y}. \end{cases}$$

Dann ergeben sich die den Näherungswerten $\mathfrak{x}\ \mathfrak{y}$ der Koordinaten entsprechenden Näherungswerte $\mathfrak{r} = \mathfrak{n}$ der orientirten Richtungen nach:

$$(9^*)\quad \begin{cases} \mathfrak{r}_2 = \mathfrak{n}_2, \\ \mathfrak{r}_3 = \mathfrak{n}_3, \\ \mathfrak{r}_4 = \mathfrak{n}_4; \end{cases} \qquad (10^*)\quad \begin{cases} \mathfrak{n}_2 \pm 180° = arc\, tg \frac{y_7 - \mathfrak{y}}{x_7 - \mathfrak{x}}\, \varrho'' \\ \mathfrak{n}_3 \pm 180° = arc\, tg \frac{y_8 - \mathfrak{y}}{x_8 - \mathfrak{x}}\, \varrho'', \\ \mathfrak{n}_4 \pm 180° = arc\, tg \frac{y_6 - \mathfrak{y}}{x_6 - \mathfrak{x}}\, \varrho''. \end{cases}$$

1. Näherungswerte $\mathfrak{x}$ $\mathfrak{y}$ der Koordinaten.

Die Berechnung erfolgt, wenn nicht bereits brauchbare Näherungswerte bekannt sind, wie im § 36 und 37 angegeben ist. Wir nehmen wie im § 36:

$$\mathfrak{x} = 4\,745{,}10\,, \quad \mathfrak{y} = \times 6\,681{,}20\,.$$

2. Näherungswerte $\mathfrak{n}$ der Neigungen.		3. Differenzialquotienten a, b.		
Nach Abteil. 2 der Rechnung im § 36 ist:	$\mathfrak{n}_3 = 62°\,42'\,48''$ $\mathfrak{n}_7 = 193\;49\;13$ $\mathfrak{n}_8 = 280\;57\;04$ $\mathfrak{n}_6 = 333\;21\;30$	Nach Abteil. 2 der Rechnung im § 36 ist:	$a_3 = +\,122{,}3$ $a_7 = -\,18{,}3$ $a_8 = -\,112{,}5$ $a_6 = -\,60{,}0$	$b_3 = -\,63{,}1$ $b_7 = +\,74{,}3$ $b_8 = -\,21{,}8$ $b_6 = -\,119{,}7$

4. Bildung der Faktoren A, B. — 5. Bildung der Abweichungen F.

a) für die auf den gegebenen Punkten beobachteten Richtungen.

P_n.	a.	$A = a$.	b.	$B = b$.		φ.	$\mathfrak{n}$.	$f = \mathfrak{n} - \varphi$.	$F = f$.
♁ 7	− 18,3		+ 74,3			13 49 12,0	49 13	+ 1,0	
♁ 8	− 112,5		− 21,8			100 56 58,0	57 04	+ 6,0	
♁ 6	− 60,0		− 119,7			153 21 24,5	21 30	+ 5,5	
	− 190,8		− 67,2			07 34,5	07 47	+ 12,5	

b) für die auf dem neu zu bestimmenden Punkte beobachteten Richtungen.

P_n.	a.	$A = a - \frac{[a]}{n}$.	b.	$B = b - \frac{[b]}{n}$.	r.	$\varphi = r + \mathfrak{o}$.	$\mathfrak{n}$.	$f = \mathfrak{n} - \varphi$.	$F = f - \frac{[f]}{n}$.
					$\mathfrak{o}$	39 04 00			
♁ 3	+ 122,3	+ 139,4	− 63,1	− 30,5	23 38 45	62 42 45	42 48	+ 3	− 9,0
♁ 7	− 18,3	− 1,2	+ 74,3	+ 106,9	154 45 05	193 49 05	49 13	+ 8	− 4,0
♁ 8	− 112,5	− 95,4	− 21,8	+ 10,8	241 52 52	280 56 52	57 04	+ 12	0,0
♁ 6	− 60,0	− 42,9	− 119,7	− 87,1	294 17 05	333 21 05	21 30	+ 25	+ 13,0
	− 68,5	− 0,1	− 130,3	+ 0,1	33 47	49 47	50 35	+ 48	− 0,0
$\frac{[a]}{n}$	− 17,1	$\frac{[b]}{n}$	− 32,6		$- 4\,\mathfrak{o}$	16 00	$\frac{[f]}{n}$	+ 12,0	
					$= [r]$	33 47			

6. Bildung der Faktoren u. s. w. der Endgleichungen.

P_n.	p.	A.	B.	F.	pAA.	pAB.	pAF.	pBB.	pBF.
♁ 7	0,75	− 18	+ 74	+ 1,0	243	− 999	− 14	4 107	+ 56
♁ 8	0,8	− 112	− 22	+ 6,0	10 035	+ 1 971	− 538	387	− 106
♁ 6	0,8	− 60	− 120	+ 5,5	2 880	+ 5 760	− 264	11 520	− 528
♁ 3	1,0	+ 139	− 31	− 9,0	19 321	− 4 309	− 1 251	961	+ 279
♁ 7	1,0	− 1	+ 107	− 4,0	1	− 107	+ 4	11 449	− 428
♁ 8	1,0	− 95	+ 11	0,0	9 025	− 1 045	0	121	0
♁ 6	1,0	− 43	− 87	+ 13,0	1 849	+ 3 741	− 559	7 569	− 1 131
					+ 43 354	+ 5 012	− 2 622	+ 36 114	− 1 858

6. Auflösung der Endgleichungen und Bildung der wahrscheinlichsten Werte x, y, o.

$[pAA]$.	$[pAB]$.	$[pAF]$.	$[pBB]$.	$[pBF]$.	Probe.			
+ 43 354	+ 5 012	− 2 622	+ 36 114	− 1 858			$+\frac{[a]}{n}d\mathfrak{x}$	− 0,9
	− 0,116	+ 0,060	− 581	+ 304	− 157	− 144	$+\frac{[b]}{n}d\mathfrak{y}$	− 1,4
		− 0,005	+ 35 533	− 1 554	− 68	− 82	$+\frac{[f]}{n}$	+ 12,0
	$d\mathfrak{x}=$	+ 0,055	$d\mathfrak{y}=$	+ 0,044	− 225	− 226	$d\mathfrak{o}=$	+ 9,7
	$\mathfrak{x}=$	4 745,10	$\mathfrak{y}=$	×6 681,20	$=\Sigma$.		$\mathfrak{o}=39°\ 04'\ 00''$	
	$x=$	4 745,16	$y=$	×6 681,24			$o=39\ \ 04\ \ 10$	

7. Berechnung der wahrscheinlichsten Werte ν der Neigungen.

P_n.	y_n. / x_n.	y. / x.	$y_n - y$. / $x_n - x$.		$tg\,\nu$. / ν.
♁ 3	×8 013,62 5 432,42	×6 681,24 4 745,16	+ +	1 332,38 687,26	1,938 68 62° 42′ 53″
♁ 7	×6 036,88 2 125,96		− −	644,36 2 619,20	0,246 01 193 49 15
♁ 8	×4 914,53 5 086,94		− +	1 766,71 341,78	5,169 14 280 56 56
♁ 6	×5 990,33 6 122,25		− +	690,91 1 377,09	0,501 72 333 21 22
	3 722,93	5 705,60	−	1 982,67	

11. Schlufsprobe und mittlere Fehler.

$$[p v v] = [p F F] + \Sigma$$
$$= 326 - 225 = 101\,.$$

$$\mathfrak{m} = \pm\sqrt{\frac{[p v v]}{n-q}} = \pm\sqrt{\frac{97}{7-3}}$$
$$= 4{,}9''.$$

$$\mathfrak{m}_1 = \pm\,\mathfrak{m}\sqrt{\frac{1}{\mathfrak{p}_1}}$$
$$= \pm\,4{,}9\sqrt{\frac{1}{0{,}25}} = \pm\,9{,}8''.$$

8. Wahrscheinlichste Beobachtungsfehler v. — 9. Quadratsummen.

a) für die auf den gegebenen Punkten beobachteten Richtungen.

P_n.	φ.			ν.		$v=\nu-\varphi$.		$A\,d\mathfrak{x}$		$+\ B\,d\mathfrak{y}$		$=\ d\mathfrak{n}$.		$v = F + d\mathfrak{n}$.		pFF.	pvv.
♁ 7	13	49	12	49	15	+	3	−	1,0	+	3,3	+	2,3	+	3,3	1	11
♁ 8	100	56	58	56	56	−	2	−	6,2	−	1,0	−	7,2	−	1,2	29	1
♁ 6	153	21	24	21	22	−	2	−	3,3	−	5,3	−	8,6	−	3,1	30	10
		07	34	07	33	−	1	−	10,5	−	3,0	−	13,5	−	1,0		

b) für die auf dem neu zu bestimmenden Punkte beobachteten Richtungen.

P_n.	$\Phi = r + o$.			ν.		$v=\nu-\Phi$.		$A\,d\mathfrak{x}$		$+\ B\,d\mathfrak{y}$		$=\ d\mathfrak{n}$.		$v = F + d\mathfrak{n}$.		pFF.	pvv.
o	39	04	10														
♁ 3	62	42	55	42	53	−	2	+	7,7	−	1,3	+	6,4	−	2,6	81	7
♁ 7	193	49	15	49	15		0	−	0,1	+	4,7	+	4,6	+	0,6	16	0
♁ 8	280	57	02	56	56	−	6	−	5,2	+	0,5	−	4,7	−	4,7	0	22
♁ 6	333	21	15	21	22	+	7	−	2,4	−	3,8	−	6,2	+	6,8	169	46
$[\Phi]$		50	27	50	27	+	0		0,0	+	0,1	+	0,1	+	0,1	326	97
$-4\,o$		16	40														
$=[r]$		33	47														

Aus diesen Näherungswerten werden die wahrscheinlichsten Werte der orientirten Richtungen durch Beifügung der den Aenderungen $d\mathfrak{x}\ d\mathfrak{y}$ entsprechenden Aenderungen $d\mathfrak{n}$ erhalten nach

$$(11^*)\qquad \begin{cases} \Phi_2 = \nu_2 = \mathfrak{n}_2 + d\mathfrak{n}_2, \\ \Phi_3 = \nu_3 = \mathfrak{n}_3 + d\mathfrak{n}_3, \\ \Phi_4 = \nu_4 = \mathfrak{n}_4 + d\mathfrak{n}_4. \end{cases}$$

Durch Differenzirung der für die Näherungswerte $\mathfrak{r} = \mathfrak{n}$ erhaltenen Ausdrücke nach $\mathfrak{x}$ und $\mathfrak{y}$ ergeben sich wie im § 36, Nr. 4 die Differenzialquotienten:

$$(12^*)\qquad \begin{cases} a_2 = +\dfrac{y_7 - \mathfrak{y}}{\mathfrak{s}_2^2}\varrho'', \\ a_3 = +\dfrac{y_8 - \mathfrak{y}}{\mathfrak{s}_3^2}\varrho'', \\ a_4 = +\dfrac{y_6 - \mathfrak{y}}{\mathfrak{s}_4^2}\varrho'', \end{cases} \qquad (13^*)\qquad \begin{cases} b_2 = -\dfrac{x_7 - \mathfrak{x}}{\mathfrak{s}_2^2}\varrho'', \\ b_3 = -\dfrac{x_8 - \mathfrak{x}}{\mathfrak{s}_3^2}\varrho'', \\ b_4 = -\dfrac{x_6 - \mathfrak{x}}{\mathfrak{s}_4^2}\varrho''. \end{cases}$$

Die Abweichungen zwischen den Näherungswerten der orientirten Richtungen und den Beobachtungsergebnissen sind:

$$(14^*)\qquad \begin{cases} f_2 = \mathfrak{r}_2 - \varphi_2 = \mathfrak{n}_2 - \varphi_2, \\ f_3 = \mathfrak{r}_3 - \varphi_3 = \mathfrak{n}_3 - \varphi_3, \\ f_4 = \mathfrak{r}_4 - \varphi_4 = \mathfrak{n}_4 - \varphi_4. \end{cases}$$

6. Hiernach ergeben sich die umgeformten Fehlergleichungen **(116)** und **(117)** wie folgt:

$$(15^*)\qquad \begin{cases} d\mathfrak{n}_2 = a_2\,d\mathfrak{x} + b_2\,d\mathfrak{y}, \\ d\mathfrak{n}_3 = a_3\,d\mathfrak{x} + b_3\,d\mathfrak{y}, \\ d\mathfrak{n}_4 = a_4\,d\mathfrak{x} + b_4\,d\mathfrak{y}, \end{cases} \qquad (16^*)\qquad \begin{cases} v_2 = f_2 + d\mathfrak{n}_2, \\ v_3 = f_3 + d\mathfrak{n}_3, \\ v_4 = f_4 + d\mathfrak{n}_4, \end{cases} \qquad \begin{matrix} \text{Gewicht } p_2 = 3/4, \\ \text{„} \quad p_3 = 4/5, \\ \text{„} \quad p_4 = 4/5. \end{matrix}$$

Diese Fehlergleichungen stimmen überein mit den reduzirten Fehlergleichungen (30*) und (31*) im § 37, Nr. 6, liefern also auch, da die Gewichte gleich angenommen sind, dieselben Beiträge zu den Endgleichungen wie die Gleichungen (30*) und (31*) a. a. O.; denn die Differenzialquotienten a, b in den Gleichungen (15*) sind dieselben wie die in (30*) im § 37 und nach (1*) und (14*) stimmen die Werte

$$f = \mathfrak{n} - \varphi = \mathfrak{n} - r - \mathfrak{o}_n$$

überein mit den Werten von f nach (11*) und (15*) im § 37, denn diese sind:

$$f = \mathfrak{r} - r = \mathfrak{n} - \mathfrak{o}_n - r.$$

7. Das im § 36 dargelegte Rechnungsverfahren für die auf dem neu zu bestimmenden Punkte beobachteten Richtungen wird nur soweit formell geändert, als die wünschenswerte Uebereinstimmung mit dem vorstehend dargelegten Verahren für die auf den gegebenen Punkten beobachteten Richtungen dies bedingt.

Demnach werden die Abweichungen f gebildet nach:

$$(17^*)\qquad \begin{cases} \varphi_1 = r_1 + \mathfrak{o}, \\ \varphi_2 = r_2 + \mathfrak{o}, \\ \varphi_3 = r_3 + \mathfrak{o}, \\ \varphi_4 = r_4 + \mathfrak{o}, \end{cases} \qquad (18^*)\qquad \begin{cases} f_1 = \mathfrak{n}_1 - \varphi_1, \\ f_2 = \mathfrak{n}_2 - \varphi_2, \\ f_3 = \mathfrak{n}_3 - \varphi_3, \\ f_4 = \mathfrak{n}_4 - \varphi_4, \end{cases}$$

und die wahrscheinlichsten Beobachtungsfehler v nach:

$$(19^*)\qquad \begin{cases} \Phi_1 = r_1 + o, \\ \Phi_2 = r_2 + o, \\ \Phi_3 = r_3 + o, \\ \Phi_4 = r_4 + o, \end{cases} \qquad (20^*)\qquad \begin{cases} v_1 = \nu_1 - \Phi_1, \\ v_2 = \nu_2 - \Phi_2, \\ v_3 = \nu_3 - \Phi_3, \\ v_4 = \nu_4 - \Phi_4, \end{cases}$$

was, wie ohne weiteres zu übersehen ist, zu denselben Ergebnissen führt, wie die Rechnung nach den Formeln **(112)** und **(115)**, **(109)** und **(110)** im § 36.

8. Der mittlere Fehler $\mathfrak{m}$ der Gewichtseinheit oder des arithmetischen Mittels aus den vier für eine jede Richtung vorliegenden Beobachtungsergebnissen kann dann berechnet werden nach:

$$\mathfrak{m} = \pm \sqrt{\frac{[p\,v\,v]}{n-q}} = \pm \sqrt{\frac{[p\,v\,v]}{7-3}} \tag{21*}$$

und der mittlere Fehler $\mathfrak{m}_1$ einer einmaligen Beobachtung einer Richtung in einem Richtungssatze, deren Gewicht $\mathfrak{p}_1 = 0{,}25$ ist, nach:

$$\mathfrak{m}_1 = \pm\, \mathfrak{m} \sqrt{\frac{1}{\mathfrak{p}_1}} = \pm\, \mathfrak{m} \sqrt{\frac{1}{0{,}25}}. \tag{22*}$$

9. Die Rechnung nach dem entwickelten Verfahren gestaltet sich wie folgt: (Siehe die Tabellen auf Seite 182 und 183.)

§ 39. Bestimmung einer geraden Grenzstrecke.

In einem Walde sind an einer verdunkelten geraden Grenzstrecke 5 Punkte P_1, P_2, P_3, P_4, P_5 aufgefunden worden, die Punkte der Grenzlinie sein sollen. Die Interessenten haben sich dahin geeinigt, dafs die gerade Linie, die sich möglichst gut an die aufgefundenen Punkte anschliefst, als Besitzgrenze festgesetzt werden soll.

Zur Lösung der sich hieraus ergebenden Aufgabe ist an der Grenze im Anschlufs an bereits bestimmte Polygonpunkte ein Polygonzug gelegt worden und die Punkte P_1 bis P_5 sind von diesem Polygonzuge aus eingemessen worden, wonach die Koordinaten für sämtliche Punkte im allgemeinen Koordinatensystem berechnet worden sind. Diese Koordinaten sind dann auf eine Abscissenaxe transformirt worden, die ungefähr parallel der zu bestimmenden Grenzlinie liegt, wodurch die folgenden Koordinaten erhalten sind:

P_n.	Abscisse.	Ordinate.
P_1	$a_1 = 0{,}00$	$o_1 = -1{,}10$
P_2	$a_2 = 712{,}53$	$o_2 = -0{,}24$
P_3	$a_3 = 1\,318{,}42$	$o_3 = +2{,}95$
P_4	$a_4 = 1\,731{,}04$	$o_4 = +2{,}18$
P_5	$a_5 = 2\,026{,}50$	$o_5 = +4{,}63$
	$[a] = 5\,788{,}49$	$[o] = +8{,}42$

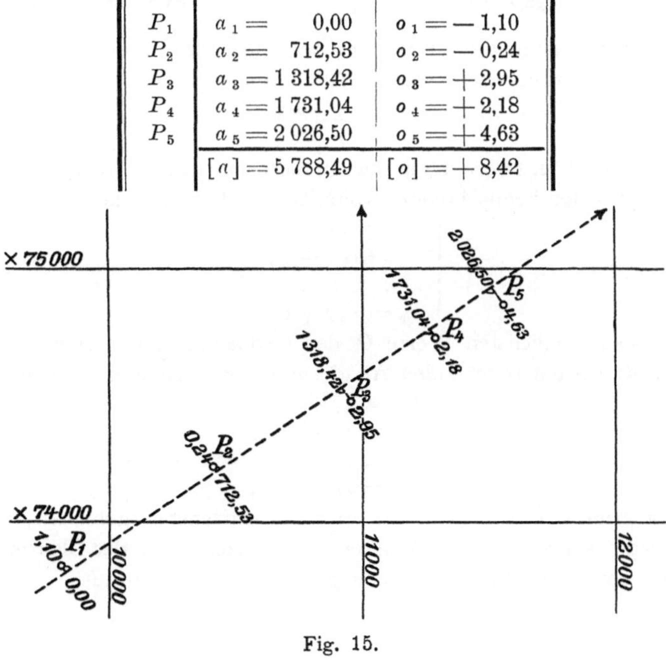

Fig. 15.

1. Die zu suchende gerade Linie ist bestimmt, sobald aus diesen Mafsen der wahrscheinlichste Wert x der Richtungstangente der Linie und der wahrscheinlichste Wert y der Ordinate im Anfangspunkte der Linie ermittelt ist. Bei Ermittelung dieser Werte können die gegebenen Abscissen a als fehlerfreie wahre Werte angesehen werden, da bei der gewählten Lage der Abscissenaxe ein in den zulässigen Grenzen liegender Fehler der Abscissen die Lage der zu bestimmenden Geraden nicht wesentlich beeinflussen kann. Demnach können die Zahlenwerte der Ordinaten o als die einzigen vorliegenden Beobachtungsergebnisse angesehen werden.

2. Für die Beziehungen zwischen den wahren Werten (o_n) der beobachteten Gröfsen und den wahren Werten (x), (y) der zu bestimmenden Gröfsen ergeben sich nach Figur 16 die Gleichungen:

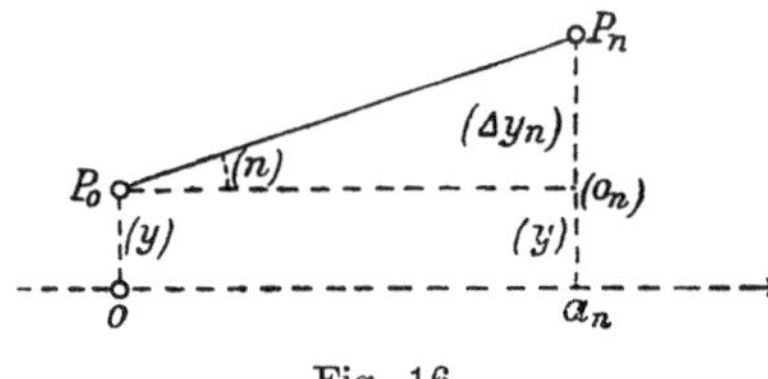

Fig. 16.

$$tg\,(n) = (x) = \frac{(\Delta y_n)}{a_n}, \text{ oder}$$

$$(\Delta y_n) = a_n\,(x), \text{ und demnach:}$$

$$(o_n) = (y) + (\Delta y_n) = (y) + a_n\,(x),$$

oder auf das vorliegende Beispiel angewendet:

$$\text{(108)} \quad \begin{cases} (o_1) = a_1\,(x) + (y), \\ (o_2) = a_2\,(x) + (y), \\ \dots\dots\dots\dots\dots, \\ (o_5) = a_5\,(x) + (y). \end{cases}$$

3. Hiernach ergeben sich die wahrscheinlichsten Werte O der beobachteten Ordinaten aus den wahrscheinlichsten Werten $x\ y$ der zu bestimmenden Gröfsen und die wahrscheinlichsten Beobachtungsfehler v nach:

$$\text{(109)} \quad \begin{cases} O_1 = a_1 x + y, \\ O_2 = a_2 x + y, \\ \dots\dots\dots, \\ O_5 = a_5 x + y; \end{cases} \qquad \text{(110)} \quad \begin{cases} v_1 = O_1 - o_1, \\ v_2 = O_2 - o_2, \\ \dots\dots\dots, \\ v_5 = O_5 - o_5. \end{cases}$$

4. Die zu bestimmenden Gröfsen $x\ y$ werden zerlegt in die Näherungswerte $\mathfrak{x}\ \mathfrak{y}$ und in die diesen beizufügenden kleinen Aenderungen $d\mathfrak{x}\ d\mathfrak{y}$, so dafs ist:

$$\text{(111)} \quad \begin{cases} x = \mathfrak{x} + d\mathfrak{x}, \\ y = \mathfrak{y} + d\mathfrak{y}. \end{cases}$$

Die den Näherungswerten $\mathfrak{x}\ \mathfrak{y}$ der zu bestimmenden Gröfsen entsprechenden Näherungswerte $\mathfrak{o}$ der beobachteten Ordinaten ergeben sich nach:

$$\text{(112)} \quad \begin{cases} \mathfrak{o}_1 = a_1 \mathfrak{x} + \mathfrak{y}, \\ \mathfrak{o}_2 = a_2 \mathfrak{x} + \mathfrak{y}, \\ \dots\dots\dots, \\ \mathfrak{o}_5 = a_5 \mathfrak{x} + \mathfrak{y}, \end{cases}$$

womit die wahrscheinlichsten Werte O der Ordinaten durch Beifügung der den Aenderungen $d\mathfrak{x}\ d\mathfrak{y}$ entsprechenden Aenderungen $d\,\mathfrak{o}$ erhalten werden nach:

$$\text{(113)} \quad \begin{cases} O_1 = \mathfrak{o}_1 + d\mathfrak{o}_1, \\ O_2 = \mathfrak{o}_2 + d\mathfrak{o}_2, \\ \dots\dots\dots, \\ O_5 = \mathfrak{o}_5 + d\mathfrak{o}_5. \end{cases}$$

Die Näherungswerte $\mathfrak{x}\ \mathfrak{y}$ werden hier am einfachsten gefunden, indem für $\mathfrak{y}$ ein abgerundeter Wert von o_1 genommen und $\mathfrak{x}$ nach einer der Gleichungen **(112)**, beispielsweise der letzten dieser Gleichungen gerechnet wird aus:

$$\mathfrak{x} = \frac{o_5 - \mathfrak{y}}{a_5}.$$

5. Differenziren wir die in den Gleichungen **(112)** für die Näherungswerte $\mathfrak{o}$ erhaltenen Ausdrücke nach $\mathfrak{x}$ und $\mathfrak{y}$, so ergiebt sich für die Differenzialquotienten $a=\frac{\partial \mathfrak{o}}{\partial \mathfrak{x}}$, $b=\frac{\partial \mathfrak{o}}{\partial \mathfrak{y}}$:

$$\text{(114)} \quad \left\{ \begin{array}{l|l} a_1 = a_1, & b_1 = +1, \\ a_2 = a_2, & b_2 = +1, \\ \ldots\ldots, & \ldots\ldots\ldots, \\ a_5 = a_5; & b_5 = +1. \end{array} \right.$$

Die Abweichungen f zwischen den Näherungswerten $\mathfrak{o}$ der beobachteten Gröfsen und den Beobachtungsergebnissen o sind:

$$\text{(115)} \quad \left\{ \begin{array}{l} f_1 = \mathfrak{o}_1 - o_1, \\ f_2 = \mathfrak{o}_2 - o_2, \\ \ldots\ldots\ldots\ldots, \\ f_5 = \mathfrak{o}_5 - o_5. \end{array} \right.$$

6. Hiernach ergeben sich die umgeformten Fehlergleichungen:

$$\text{(116)} \quad \left\{ \begin{array}{l} d\mathfrak{o}_1 = a_1\, d\mathfrak{x} + d\mathfrak{y}, \\ d\mathfrak{o}_2 = a_2\, d\mathfrak{x} + d\mathfrak{y}, \\ \ldots\ldots\ldots\ldots\ldots, \\ d\mathfrak{o}_5 = a_5\, d\mathfrak{x} + d\mathfrak{y}, \end{array} \right. \qquad \text{(117)} \quad \left\{ \begin{array}{l} v_1 = f_1 + d\mathfrak{o}_1, \\ v_2 = f_2 + d\mathfrak{o}_2, \\ \ldots\ldots\ldots\ldots, \\ v_5 = f_5 + d\mathfrak{o}_5. \end{array} \right.$$

Diese umgeformten Fehlergleichungen können, indem

$$\text{(135)} \quad \left\{ \begin{array}{l|l} A_1 = a_1 - \frac{[a]}{5}, & F_1 = f_1 - \frac{[f]}{5}, \\ A_2 = a_2 - \frac{[a]}{5}, & F_2 = f_2 - \frac{[f]}{5}, \\ \ldots\ldots\ldots\ldots, & \ldots\ldots\ldots\ldots, \\ A_5 = a_5 - \frac{[a]}{5}, & F_5 = f_5 = \frac{[f]}{5} \end{array} \right.$$

gebildet wird, reduzirt werden auf:

$$\text{(136)} \quad \left\{ \begin{array}{l|l} d\mathfrak{o}_1 = A_1\, d\mathfrak{x}, & v_1 = F_1 + d\mathfrak{o}_1, \\ d\mathfrak{o}_2 = A_2\, d\mathfrak{x}, & v_2 = F_2 + d\mathfrak{o}_2, \\ \ldots\ldots\ldots\ldots, & \ldots\ldots\ldots\ldots, \\ d\mathfrak{o}_5 = A_5\, d\mathfrak{x}, & v_5 = F_5 + d\mathfrak{o}_5. \end{array} \right.$$

7. Aus diesen reduzirten Fehlergleichungen ergiebt sich die Endgleichung:

$$[A A]\, d\mathfrak{x} + [A F] = 0,$$

wonach

$$d\mathfrak{x} = -\frac{[A F]}{[A A]}$$

und weiter:

$$\text{(137)} \quad d\mathfrak{y} = -\frac{[a]}{5}\, d\mathfrak{x} - \frac{[f]}{5}$$

ist.

8. Der mittlere Fehler $\mathfrak{m} = m$ der als gleichgewichtig angenommenen Beobachtungsergebnisse wird erhalten nach:

$$\text{(125)} \quad \mathfrak{m} = m = \pm \sqrt{\frac{[v v]}{n - q}} = \pm \sqrt{\frac{[v v]}{5 - 2}}.$$

9. Die Zahlenwerte der Abscissen a, die in den Formeln **(109)**, **(112)**, **(116)** als Faktoren von x, $\mathfrak{x}$, $d\mathfrak{x}$ auftreten, sind für die auszuführenden Rechnungen unbequem. Es empfiehlt sich daher, dafür in die Rechnung die Werte $a = \frac{a}{1000}$ einzuführen, wonach statt x, $\mathfrak{x}$, $d\mathfrak{x}$ in den angeführten Formeln $1000\, x$, $1000\, \mathfrak{x}$, $1000\, d\mathfrak{x}$ zu setzen und auch in den Formeln **(135)** bis **(137)** a und $1000\, d\mathfrak{x}$ statt a und $d\mathfrak{x}$ zu nehmen ist. Hiernach gestaltet sich die Rechnung wie folgt:

1. Näherungswerte $\mathfrak{x}$, $\mathfrak{y}$ der zu bestimmenden Gröfsen.

$$\mathfrak{y} = -1,0 . \qquad 1000\,\mathfrak{x} = \frac{o_5 - \mathfrak{y}}{\alpha_5} = \frac{+4,6 - (-1,0)}{2,03} = +2,8 .$$

2. Näherungswerte $\mathfrak{o}$ der beobachteten Ordinaten.					3. Abweichungen f.		4. Bildung der Faktoren u. s. w. der Endgleichungen.			
P_n.	$\alpha = \frac{a}{1000}$.	$\alpha \cdot 1000\,\mathfrak{x}$	$+\ \mathfrak{y}$	$= \mathfrak{o}$.	o.	$f = \mathfrak{o} - o$.	$A = \alpha - \frac{[\alpha]}{n}$.	$F = f - \frac{[f]}{n}$.	AA.	AF.
P_1	0,000	0,000	− 1,0	− 1,000	− 1,100	+ 0,100	− 1,158	− 0,457	1,341	+ 0,529
P_2	+ 0,713	+ 1,996	− 1,0	+ 0,996	− 0,240	+ 1,236	− 0,445	+ 0,679	0,198	− 0,302
P_3	+ 1,318	+ 3,690	− 1,0	+ 2,690	+ 2,950	− 0,260	+ 0,160	− 0,817	0,026	− 0,131
P_4	+ 1,731	+ 4,847	− 1,0	+ 3,847	+ 2,180	+ 1,667	+ 0,573	+ 1,110	0,328	+ 0,636
P_5	+ 2,026	+ 5,673	− 1,0	+ 4,673	+ 4,630	+ 0,043	+ 0,868	− 0,514	0,753	− 0,446
$[\alpha]$	+ 5,788	+ 16,206	− 5,0	+ 11,206	+ 8,420	+ 2,786	− 0,002	+ 0,001	+ 2,646	+ 0,286
$\frac{[\alpha]}{n}$	+ 1,158				$\frac{[f]}{n}$	+ 0,557				

5. Wahrscheinlichste Werte x, y der zu bestimmenden Gröfsen.

$$1000\,d\mathfrak{x} = -\frac{[AF]}{[AA]} = -\frac{+0,286}{+2,646} = -0,108 \qquad d\mathfrak{y} = -\frac{[\alpha]}{n}\,1000\,d\mathfrak{x} - \frac{[f]}{n} = +0,125 - 0,557 = -0,432$$

$$1000\,\mathfrak{x} = +2,800 \qquad \mathfrak{y} = -1,000$$

$$1000\,x = +2,692 \qquad y = -1,432 .$$

Gleichung der geraden Linie: $O = -1,432 + \frac{a}{1000}\,2,692$.

6. Wahrscheinlichste Beobachtungsfehler v.							7. Quadratsummen.	
P_n.	$\alpha \cdot 1000\,x$	$+\ y$	$= O$.	$v = O - o$.	$d\mathfrak{o} = A \cdot 1000\,d\mathfrak{x}$.	$v = F + d\mathfrak{o}$.	FF.	vv.
P_1	0,000	− 1,432	− 1,432	− 0,332	+ 0,125	− 0,332	0,209	0,110
P_2	+ 1,919	− 1,432	+ 0,487	+ 0,727	+ 0,048	+ 0,727	0,461	0,529
P_3	+ 3,548	− 1,432	+ 2,116	− 0,834	− 0,017	− 0,834	0,667	0,696
P_4	+ 4,660	− 1,432	+ 3,228	+ 1,048	− 0,062	+ 1,048	1,232	1,098
P_5	+ 5,454	− 1,432	+ 4,022	− 0,608	− 0,094	− 0,608	0.264	0,370
	+ 15,581	− 7,160	+ 8,421	+ 0,001	0,000	+ 0,001	2,833	2,803

8. Schlufsprobe und mittlerer Fehler $\mathfrak{m}$.

$$\Sigma = -\frac{[AF]}{[AA]}[AF] = -\frac{0,286}{2,646}\,0,286 = -0,031 .$$

$$[vv] = [FF] + \Sigma = 2,833 - 0,031 = 2,802 .$$

$$\mathfrak{m} = m = \pm\sqrt{\frac{[vv]}{n-q}} = \pm\sqrt{\frac{2,802}{5-2}} = \pm\,0,97^{\mathrm{m}} .$$

§ 40. Bestimmung der Multiplikationskonstanten eines Distanzmessers.

Behufs Bestimmung der Multiplikationskonstanten k eines Reichenbach'schen Distanzmessers, dessen Additionskonstante $a = 0{,}408^{\mathrm{m}}$ ist, sind in einer nahezu horizontalen Linie 16 Punkte in Entfernungen von ungefähr 15^{m} bis 100^{m} vom Instrument scharf bezeichnet worden. Sodann ist die Entfernung D der Punkte von der Vertikalaxe des Instrumentes durch zwei sorgfältige in verschiedener Richtung ausgeführte direkte Messungen bestimmt worden. Ferner sind die Lattenstücke λ, die die distanzmessenden Fäden auf einer in Centimeter eingeteilten auf den einzelnen Punkten lotrecht aufgestellten Nivellirlatte abschneiden, durch zwei unabhängige Beobachtungen bestimmt worden. Die durch Abzug der Additionskonstanten erhaltenen Entfernungen $D - a$, sowie die arithmetischen Mittel λ der Lattenablesungen sind:

Nr.	$D-a$.	λ.	Nr.	$D-a$.	λ.	Nr.	$D-a$.	λ.	Nr.	$D-a$.	λ.
1	14,847	0,1490	5	37,332	0,3750	9	60,057	0,6025	13	83,562	0,8395
2	20,742	0,2080	6	43,262	0,4335	10	66,312	0,6665	14	88,977	0,8940
3	26,292	0,2640	7	49,452	0,4960	11	71,012	0,7140	15	94,152	0,9480
4	31,422	0,3160	8	54,372	0,5465	12	76,872	0,7720	16	99,412	0,9995

1. Die Entfernung D ergiebt sich mit den Konstanten a und k aus den Latten ablesungen λ nach der Formel

$$D = a + k\,\lambda.$$

Demnach sind die Gleichungen für die Beziehungen zwischen den wahren Werten (λ) der beobachteten Gröfsen und dem wahren Werte (k) der zu bestimmenden Multiplikationskonstanten unter der Voraussetzung, dafs die ermittelten Werte von D und a als die fehlerfreien wahren Werte dieser Gröfsen angesehen werden können,:

$$\text{(108)}\quad \begin{cases} (\lambda_1) = (D_1 - a)\dfrac{1}{(k)}, \\ (\lambda_2) = (D_2 - a)\dfrac{1}{(k)}, \\ \dots\dots\dots\dots\dots, \\ (\lambda_n) = (D_n - a)\dfrac{1}{(k)}. \end{cases}$$

2. Hiernach ergeben sich die wahrscheinlichsten Werte L der beobachteten Gröfsen und die wahrscheinlichsten Beobachtungsfehler v mit dem wahrscheinlichsten Werte k der Multiplikationskonstanten nach:

$$\text{(109)}\quad \begin{cases} L_1 = (D_1 - a)\dfrac{1}{k}, \\ L_2 = (D_2 - a)\dfrac{1}{k}, \\ \dots\dots\dots\dots, \\ L_n = (D_n - a)\dfrac{1}{k}; \end{cases} \qquad \text{(110)}\quad \begin{cases} v_1 = L_1 - \lambda_1 = (D_1 - a)\dfrac{1}{k} - \lambda_1, \\ v_2 = L_2 - \lambda_2 = (D_2 - a)\dfrac{1}{k} - \lambda_2, \\ \dots\dots\dots\dots\dots\dots\dots\dots, \\ v_n - L_n = \lambda_n = (D_n - a)\dfrac{1}{k} - \lambda_n. \end{cases}$$

3. Die mittleren Fehler der Beobachtungsergebnisse λ können proportional den Entfernungen $D - a$, also zu $m = (D - a)\,\mathfrak{m}$ angenommen werden.

Wird dann als Gewichtseinheit das Gewicht eines Wertes λ für $D - a = 1{,}000^{\mathrm{m}}$ genommen, so sind nach Formel **(34)** die Gewichte $p = \frac{1}{(D-a)^2}$.*)

Mit diesen Gewichten folgt weiter:

$$v_1 \sqrt{p_1} = \frac{1}{k} - \frac{\lambda_1}{D_1 - a},$$
$$v_2 \sqrt{p_2} = \frac{1}{k} - \frac{\lambda_2}{D_2 - a},$$
$$\dots\dots\dots\dots,$$
$$v_n \sqrt{p_n} = \frac{1}{k} - \frac{\lambda_n}{D_n - a},$$

und:

$$p_1 v_1 v_1 = \frac{1}{k^2} - 2\frac{1}{k}\frac{\lambda_1}{D_1 - a} + \left(\frac{\lambda_1}{D_1 - a}\right)^2,$$
$$p_2 v_2 v_2 = \frac{1}{k^2} - 2\frac{1}{k}\frac{\lambda_2}{D_2 - a} + \left(\frac{\lambda_2}{D_2 - a}\right)^2,$$
$$\dots\dots\dots\dots\dots\dots,$$
$$p_n v_n v_n = \frac{1}{k^2} - 2\frac{1}{k}\frac{\lambda_n}{D_n - a} + \left(\frac{\lambda_n}{D_n - a}\right)^2,$$
$$[p v v] = n\frac{1}{k^2} - 2\frac{1}{k}\left[\frac{\lambda}{D-a}\right] + \left[\left(\frac{\lambda}{D-a}\right)^2\right],$$

woraus sich durch Differentiation nach k ergiebt:

$$\frac{\partial [p v v]}{\partial k} = -2n\frac{1}{k^3} + 2\frac{1}{k^2}\left[\frac{\lambda}{D-a}\right].$$

Wird dieser Ausdruck gleich Null gesetzt, so folgt daraus für den Wert von k, wofür die Quadratsumme der auf die Gewichtseinheit reduzirten Beobachtungsfehler ein Minimum wird, also für den wahrscheinlichsten Wert von k:

$$\frac{1}{k} = \frac{1}{n}\left[\frac{\lambda}{D-a}\right].$$

Indem dieser Ausdruck für $\frac{1}{k}$ in die obigen Formeln für $v\sqrt{p}$ eingesetzt und alles addirt wird, folgt, dafs:

$$[v\sqrt{p}] = 0$$

sein mufs, womit eine Probe für die richtige Berechnung von $\frac{1}{k}$ gewonnen wird.

Der mittlere Fehler $\mathfrak{m}$ der Gewichtseinheit wird erhalten nach:

$$\mathfrak{m} = \sqrt{\frac{[p v v]}{n-1}}.$$

4. Die Rechnung kann logarithmisch in der Weise durchgeführt werden, dafs gerechnet wird nach:

$$\log\frac{1}{k} = \frac{1}{n}\left[\log\frac{\lambda}{D-a}\right]$$

und:

$$v_1 \sqrt{p_1} = \log\frac{1}{k} - \log\frac{\lambda_1}{D_1 - a},$$
$$v_2 \sqrt{p_2} = \log\frac{1}{k} - \log\frac{\lambda_2}{D_2 - a},$$
$$\dots\dots\dots\dots,$$
$$v_n \sqrt{p_n} = \log\frac{1}{k} - \log\frac{\lambda_n}{D_n - a}$$

*) Dafs die in die Rechnung eingeführten Zahlenwerte von λ als arithmetisches Mittel aus zwei Ablesungen erhalten worden sind, ist hier und im folgenden nicht weiter berücksichtigt, weil beide Ablesungen fast immer genau übereinstimmen und die zweite Ablesung kaum anders als Kontrolablesung anzusehen ist.

Werden die Zahlenwerte von $v\sqrt{p}$ dann in Einheiten der letzten Stelle der Logarithmen von $\frac{\lambda}{D-a}$ oder $\frac{1}{k}$ angesetzt und damit die Zahlenwerte von $p v v$ gebildet, so wird auch der mittlere Fehler $\mathfrak{m}$ der Gewichtseinheit in Einheiten der letzten Stelle dieser Logarithmen erhalten, woraus sich $\mathfrak{m}$ in Metern nach den Tafeldifferenzen der Logarithmen oder durch Division mit 0.434 k ergiebt, wo 0.434 der Modul der gemeinen Logarithmen ist. Aus dem Werte von $\mathfrak{m}$ in Metern ergiebt sich dann weiter der Wert von $\mathfrak{m}$ in Sekunden durch Multiplikation mit $\varrho'' = 206\,000$.

Die mittleren Fehler m der Beobachtungsergebnisse λ ergeben sich nach $m = \pm\,\mathfrak{m}\sqrt{\frac{1}{p}}$ mit den Gewichten $p = \frac{1}{(D-a)^2}$ zu:

$$\begin{aligned} m_1 &= \pm\,(D_1 - a)\,\mathfrak{m}, \\ m_2 &= \pm\,(D_2 - a)\,\mathfrak{m}, \\ &\ldots\ldots\ldots\ldots, \\ m_n &= \pm\,(D_n - a)\,\mathfrak{m}. \end{aligned}$$

5. Nach den für $v\sqrt{p}$ und $\frac{1}{k}$ erhaltenen Formeln können die Werte $\frac{\lambda}{D-a}$ als direkte gleich genaue Beobachtungsergebnisse mit dem Gewichte Eins angesehen werden, woraus der wahrscheinlichste Wert von $\frac{1}{k}$ als einfaches arithmetisches Mittel erhalten wird. Demnach kann noch gleich der mittlere Fehler $M_{\frac{1}{k}}$ von $\frac{1}{k}$ nach Formel **(55)** und **(56)** berechnet werden nach:

$$M_{\frac{1}{k}} = \pm\,\mathfrak{m}\sqrt{\frac{1}{n}},$$

womit sich der mittlere Fehler M_k der Multiplikationskonstanten $k = k^2\left(\frac{1}{k}\right)$ nach Formel **(28)** ergiebt zu:

$$M_k = \pm\,k^2 M_{\frac{1}{k}} = \pm\,k^2\,\mathfrak{m}\sqrt{\frac{1}{n}}.$$

Weiter ergiebt sich dann für den mittleren Fehler M_D einer mit dem benutzten Distanzmesser bestimmten Distanz $D = a + k\,l$ nach Formel **(33)**:

$$M_D = \pm\sqrt{(l\,M_k)^2 + (k\,m)^2},$$

oder da $l\,M_k = \pm\,l\,k^2\,\mathfrak{m}\sqrt{\frac{1}{n}}$ und $m = \pm\,(D-a)\,\mathfrak{m} = \pm\,k\,l\,\mathfrak{m}$, demnach $l\,M_k = \pm\,k\,m\sqrt{\frac{1}{n}}$ ist:

$$\begin{aligned} M_D &= \pm\sqrt{\left(k\,m\sqrt{\frac{1}{n}}\right)^2 + (k\,m)^2} \\ &= \pm\,m\,k\sqrt{1 + \frac{1}{n}}. \end{aligned}$$

6. Hiernach gestaltet sich die Berechnung des wahrscheinlichsten Wertes k der Multiplikationskonstanten und der mittleren Fehler wie folgt:

Nr.	Entfernungen $D-a$. m	Lattenablesungen λ. m	$\log(D-a)$.	$\log\lambda$.	$\log\frac{\lambda}{D-a}$.	$v\sqrt{p} = \log\frac{1}{k} - \log\frac{\lambda}{D-a}$.		pvv.	$m = \pm (D-a)\,\mathfrak{m}$. mm
1	14,847	0,1490	1.17 164	9.17 319	8.00 155	+	36	12 96	± 0,19
2	20,742	0,2080	1.31 685	9.31 806	8.00 121	+	70	49 00	± 0,26
3	26,292	0,2640	1.41 982	9.42 160	8.00 178	+	13	1 69	± 0,33
4	31,422	0,3160	1.49 724	9.49 969	8.00 245	—	54	29 16	± 0,39
5	37,332	0,3750	1.57 208	9.57 403	8.00 195	—	4	16	± 0,47
6	43,262	0,4335	1.63 611	9.63 699	8.00 088	+	103	1 06 09	± 0,54
7	49,452	0,4960	1.69 419	9.69 548	8.00 129	+	62	38 44	± 0,62
8	54,372	0,5465	1.73 538	9.73 759	8.00 221	—	30	9 00	± 0,68
9	60,057	0,6025	1.77 857	9.77 996	8.00 139	+	52	27 04	± 0,75
10	66,312	0,6665	1.82 159	9.82 380	8.00 221	—	30	9 00	± 0,83
11	71,012	0,7140	1.85 133	9.85 370	8.00 237	—	46	21 16	± 0,89
12	76,872	0,7720	1.88 577	9.88 762	8.00 185	+	6	36	± 0,96
13	83,562	0,8395	1.92 201	9.92 402	8.00 201	—	10	1 00	± 1,05
14	88,977	0,8940	1.94 928	9.95 134	8.00 206	—	15	2 25	± 1,11
15	94,152	0,9480	1.97 383	9.97 681	8.00 298	—	107	1 14 49	± 1,18
16	99,412	0,9995	1.99 744	9.99 978	8.00 234	—	43	18 49	± 1,24
	918,077	9,2240	2 313	5 366	3 053	+	3	4 40 29	

$$\log\frac{1}{k} = \frac{1}{n}\left[\log\frac{\lambda}{D-a}\right] = 8.00191. \qquad \mathfrak{m} = \pm\sqrt{\frac{[pvv]}{15}} = \pm\, 54{,}2$$

$$\log k = 1.99809. \qquad = \pm\, 0{,}000\,012\,5^{\mathrm{m}}$$

$$k = 99{,}56. \qquad = \pm\, 2{,}6''.$$

$$M_k = \pm\,\mathfrak{k}^2\,\mathfrak{m}\sqrt{\frac{1}{n}} = \pm\, 99{,}62^2 \cdot 0{,}000\,012\,5 \cdot \sqrt{\frac{1}{16}} = \pm\, 0{,}031\,.$$

$$M_D = \pm\, m\,k\sqrt{1+\frac{1}{n}} = \pm\, m \cdot 99{,}6 \cdot \sqrt{1+\frac{1}{16}} = \pm\, 103\,m\,,$$

oder rund $= \pm\, 100\,m$.

§ 41. Bestimmung einer Distanzteilung für den Okularauszug eines Fernrohrs.

1. Bekanntlich ergiebt sich in einem Fernrohr nur dann ein völlig scharfes und bei Bewegung des Auges vor dem Okular gegen das Fadenkreuz feststehendes Bild von einem in der Entfernung D von der Objektivlinse befindlichen Objekte, wenn die Fadenkreuzebene einen Abstand d von der Objektivlinse hat, der mit der Entfernung D des Objektes von der Objektivlinse und der Brennweite f der Objektivlinse in der Beziehung steht, dafs $\frac{1}{D} + \frac{1}{d} = \frac{1}{f}$ ist. Da die Brennweite f der Objektivlinse nun für jedes Fernrohr eine feststehende konstante Gröfse ist, so kann aus dem Abstande d der Fadenkreuzebene von der Objektivlinse die Entfernung D des Objektes von der Objektivlinse bestimmt werden, das Fernrohr also durch Anbringung einer entsprechenden Teilung an dem Okularkopfe zu einem Distanzmesser eingerichtet werden oder es kann umgekehrt eine solche Teilung benutzt werden, um den Okularkopf für ein in bekannter Entfernung befindliches Objekt ohne weiteres richtig einzustellen. Die Bestimmung der Teilung erfolgt in der Weise, dafs der Okularkopf zunächst mit einer empirischen Teilung, beispielsweise einer

Millimeterteilung versehen wird, dafs dann für eine Reihe verschiedener bekannter Entfernungen der Okularkopf auf ein Objekt scharf eingestellt und die Stellung des Okularkopfes durch Ablesung an der empirischen Teilung bestimmt wird, hiernach aus den so gewonnenen Beobachtungsergebnissen die wahrscheinlichsten Einstellungen für verschiedene Entfernungen berechnet und endlich nach den erhaltenen wahrscheinlichsten Werten die Distanzteilung ausgeführt wird.

2. Bei den Ablesungen zur Bestimmung des Abstandes d der Bild- und Fadenkreuzebene $B\,B$ von der Objektivlinse $O\,O$ wird am einfachsten der Rand $R\,R$ des Hauptrohrs als Marke genommen, so dafs durch die Ablesungen an dieser Marke ein Mafs λ für den Abstand der Bildebene $B\,B$ von dem Rande $R\,R$ gewonnen wird,

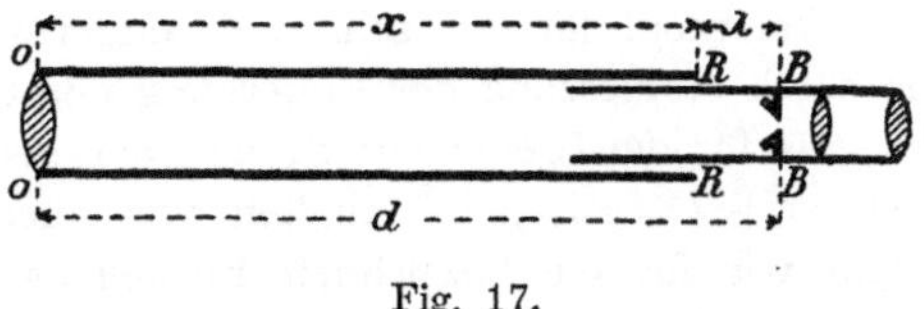

Fig. 17.

das mit dem zu berechnenden Mafse x für den Abstand des Randes $R\,R$ von der Objektivlinse $O\,O$ zusammen dem Abstande d der Bildebene $B\,B$ von der Objektivlinse $O\,O$ gleichkommt. Führen wir demgemäfs in die Formel $\frac{1}{D}+\frac{1}{d}=\frac{1}{f}$ für d den wahren Wert (x) des zu bestimmenden Abstandes $O\,R$ sowie den wahren Wert (λ) der beobachteten Gröfsen ein und bezeichnen wir den wahren Wert der Brennweite f, deren wahrscheinlichster Wert ebenfalls zu berechnen ist, mit (y), so wird:

$$\frac{1}{D}+\frac{1}{(x)+(\lambda)}=\frac{1}{(y)},\text{*)}$$

woraus sich nach einigen einfachen Umformungen die folgenden Gleichungen für die Beziehungen zwischen den wahren Werten der beobachteten Gröfsen und der zu bestimmenden Gröfsen ergeben:

$$\text{(108)}\quad \left\{\begin{array}{l} (\lambda_1)=-(x)+\dfrac{D_1(y)}{D_1-(y)}, \\ (\lambda_2)=-(x)+\dfrac{D_2(y)}{D_2-(y)}, \\ (\lambda_3)=-(x)+\dfrac{D_3(y)}{D_3-(y)}, \\ \dots\dots\dots\dots\dots\dots, \\ (\lambda_n)=-(x)+\dfrac{D_n(y)}{D_n-(y)}. \end{array}\right.$$

3. Hieraus folgt für die Berechnung der wahrscheinlichsten Werte L_1, L_2, L_3, ..., L_n der beobachteten Gröfsen aus den wahrscheinlichsten Werten x, y der zu bestimmenden Gröfsen, sowie für die wahrscheinlichsten Beobachtungsfehler $v_1, v_2, v_3, \dots\, v_n$:

$$\text{(109)}\quad \left\{\begin{array}{l} L_1=-x+\dfrac{D_1 y}{D_1-y}, \\ L_2=-x+\dfrac{D_2 y}{D_2-y}, \\ L_3=-x+\dfrac{D_3 y}{D_3-y}, \\ \dots\dots\dots\dots, \\ L_n=-x+\dfrac{D_n y}{D_n-y}, \end{array}\right. \qquad \text{(110)}\quad \left\{\begin{array}{l} v_1=L_1-\lambda_1, \\ v_2=L_2-\lambda_2, \\ v_3=L_3-\lambda_3, \\ \dots\dots\dots, \\ v_n=L_n-\lambda_n. \end{array}\right.$$

*) Wir beschränken uns auf die Behandlung eines Fernrohrs mit Ramsden'schem Okular und bemerken, dafs für ein Fernrohr mit Huyghens'schem Okular nur die Formelentwickelung etwas weniger einfach ist, die Ausgleichungsrechnung aber dieselbe ist.

4. Die zu bestimmenden Gröſsen x, y werden zerlegt in die Näherungswerte $\mathfrak{x}$, $\mathfrak{y}$ und in die diesen beizufügenden kleinen Aenderungen $d\mathfrak{x}$, $d\mathfrak{y}$, so daſs ist:

$$\textbf{(111)} \qquad \begin{cases} x = \mathfrak{x} + d\mathfrak{x}, \\ y = \mathfrak{y} + d\mathfrak{y}. \end{cases}$$

Aus der Formel $\frac{1}{D} + \frac{1}{d} = \frac{1}{f}$ wird für ein sehr weit entferntes Objekt, wofür $D = \infty$, also $\frac{1}{D} = 0$ gesetzt werden kann,: $\frac{1}{d} = \frac{1}{f}$ oder $d = f$. Wenn wir daher den Okularkopf für ein sehr weit entferntes Objekt richtig einstellen, so erhalten wir durch Abmessung der Entfernung der Objektivlinse, von der Fadenkreuzebene ein Maſs für die Brennweite f, das ein genügender Näherungswert $\mathfrak{y}$ ist. Da nun weiter $x + \lambda = y$ ist, so erhalten wir auch einen genügenden Näherungswert $\mathfrak{x}$, indem wir für die bezeichnete Einstellung des Okularkopfes den entsprechenden Wert von λ an der Teilung des Okularkopfes ablesen und von $\mathfrak{y}$ subtrahiren.

5. Werden die nach **(111)** für x, y gesetzten Werte in die Gleichungen **(109)** eingesetzt und die dadurch entstehenden Ausdrücke für die wahrscheinlichsten Werte L zerlegt nach $F(\mathfrak{x} + d\mathfrak{x}, \mathfrak{y} + d\mathfrak{y}) = F(\mathfrak{x}, \mathfrak{y}) + \frac{\partial F}{\partial \mathfrak{x}} d\mathfrak{x} + \frac{\partial F}{\partial \mathfrak{y}} d\mathfrak{y}$, so ergeben sich zunächst die Differenzialquotienten $a = \frac{\partial F}{\partial \mathfrak{x}}$, $b = \frac{\partial F}{\partial \mathfrak{y}}$ zu:

$$\textbf{(114)} \qquad \begin{cases} a_1 = -1, & b_1 = \frac{(D_1 - \mathfrak{y}) D_1 + D_1 \mathfrak{y}}{(D_1 - \mathfrak{y})^2} = \left(\frac{D_1}{D_1 - \mathfrak{y}}\right)^2, \\ a_2 = -1, & b_2 = \left(\frac{D_2}{D_2 - \mathfrak{y}}\right)^2, \\ a_3 = -1, & b_3 = \left(\frac{D_3}{D_3 - \mathfrak{y}}\right)^2, \\ \ldots\ldots, & \ldots\ldots\ldots\ldots, \\ a_n = -1, & b_n = \left(\frac{D_n}{D_n - \mathfrak{y}}\right)^2, \end{cases}$$

während sich für die Näherungswerte $\mathfrak{l} = F(\mathfrak{x}, \mathfrak{y})$ der beobachteten Gröſsen ergiebt:

$$\textbf{(112)} \qquad \begin{cases} \mathfrak{l}_1 = -\mathfrak{x} + \frac{D_1 \mathfrak{y}}{D_1 - \mathfrak{y}}, \\ \mathfrak{l}_2 = -\mathfrak{x} + \frac{D_2 \mathfrak{y}}{D_2 - \mathfrak{y}}, \\ \mathfrak{l}_3 = -\mathfrak{x} + \frac{D_3 \mathfrak{y}}{D_3 - \mathfrak{y}}, \\ \ldots\ldots\ldots\ldots, \\ \mathfrak{l}_n = -\mathfrak{x} + \frac{D_n \mathfrak{y}}{D_n - \mathfrak{y}}, \end{cases}$$

woraus die wahrscheinlichsten Werte L der beobachteten Gröſsen durch Beifügung der den Aenderungen $d\mathfrak{x}$ und $d\mathfrak{y}$ entsprechenden Aenderungen $d\mathfrak{l}$ erhalten werden nach:

$$\textbf{(113)} \qquad \begin{cases} L_1 = \mathfrak{l}_1 + d\mathfrak{l}_1, \\ L_2 = \mathfrak{l}_2 + d\mathfrak{l}_2, \\ L_3 = \mathfrak{l}_3 + d\mathfrak{l}_3, \\ \ldots\ldots\ldots\ldots, \\ L_n = \mathfrak{l}_n + d\mathfrak{l}_n. \end{cases}$$

Die Abweichungen f zwischen den Näherungswerten $\mathfrak{l}$ der beobachteten Gröſsen und den Beobachtungsergebnissen λ werden erhalten nach:

$$
(115) \qquad \begin{cases} f_1 = \mathfrak{l}_1 - \lambda_1, \\ f_2 = \mathfrak{l}_2 - \lambda_2, \\ f_3 = \mathfrak{l}_3 - \lambda_3, \\ \dots\dots\dots, \\ f_n = \mathfrak{l}_n - \lambda_n. \end{cases}
$$

Hiermit ergeben sich die folgenden umgeformten Fehlergleichungen:

$$
(116) \qquad \begin{cases} d\mathfrak{l}_1 = -d\mathfrak{x} + b_1\,d\mathfrak{y}, \\ d\mathfrak{l}_2 = -d\mathfrak{x} + b_2\,d\mathfrak{y}, \\ d\mathfrak{l}_3 = -d\mathfrak{x} + b_3\,d\mathfrak{y}, \\ \dots\dots\dots\dots, \\ d\mathfrak{l}_n = -d\mathfrak{x} + b_n\,d\mathfrak{y}. \end{cases}
\qquad\qquad
(117) \qquad \begin{cases} v_1 = f_1 + d\mathfrak{l}_1, \\ v_2 = f_2 + d\mathfrak{l}_2, \\ v_3 = f_3 + d\mathfrak{l}_3, \\ \dots\dots\dots, \\ v_n = f_n + d\mathfrak{l}_n. \end{cases}
$$

6. Die Gewichte der Beobachtungsergebnisse nehmen wir sämtlich gleich Eins, wonach die umgeformten Fehlergleichungen reduzirt werden können auf:

$$
(134) \qquad \begin{cases} \mathfrak{v}_1 = f_1 + b_1\,d\mathfrak{y}, & \text{Gewicht} = 1, \\ \mathfrak{v}_2 = f_2 + b_2\,d\mathfrak{y}, & \text{„} = 1, \\ \mathfrak{v}_3 = f_3 + b_3\,d\mathfrak{y}, & \text{„} = 1, \\ \dots\dots\dots\dots, & \dots\dots\dots\dots, \\ \mathfrak{v}_n = f_n + b_n\,d\mathfrak{y}, & \text{„} = 1, \\ \mathfrak{v}_{n+1} = [f] + [b]\,d\mathfrak{y}, & \text{„} = -\frac{1}{n}, \end{cases}
$$

Aus diesen reduzirten Fehlergleichungen ergiebt sich, indem

$$
\mathfrak{B}_2 = [bb] - \frac{[b]}{n}[b], \qquad\qquad \mathfrak{F}_2 = [bf] - \frac{[b]}{n}[f],
$$

gesetzt wird, die reduzirte Endgleichung:

$$
\mathfrak{B}_2\,d\mathfrak{y} + \mathfrak{F}_2 = 0,
$$

wonach

$$
d\mathfrak{y} = -\frac{\mathfrak{F}_2}{\mathfrak{B}_2},
$$

und weiter nach Formel **(137)**

$$
d\mathfrak{x} = +\frac{[b]}{n}d\mathfrak{y} + \frac{[f]}{n}
$$

ist.

Die Rechenproben ergeben sich hier dadurch, dafs nach den Formeln **(127)** und **(129)**

$$
[vv] = \left([ff] - \frac{[f]}{n}[f]\right) - \frac{\mathfrak{F}_2}{\mathfrak{B}_2}\mathfrak{F}_2 = [ff] - [f]\,d\mathfrak{x} + [bf]\,d\mathfrak{y}
$$

und dafs nach den Formeln **(140)**

$$
[v] = 0 \text{ und } [bv] = 0
$$

sein mufs.

7. Der mittlere Fehler $\mathfrak{m}$ der Gewichtseinheit wird erhalten nach

$$
\mathfrak{m} = \pm\sqrt{\frac{[vv]}{n-q}} = \pm\sqrt{\frac{[vv]}{n-2}}.
$$

Wenn, wie im vorliegenden Falle, das Gewicht der in die Rechnung eingeführten Beobachtungsergebnisse λ als Gewichtseinheit genommen worden ist, und diese Beobachtungsergebnisse λ als einfaches arithmetisches Mittel aus r Lattenablesungen gewonnen sind, so ist das Gewicht einer Lattenablesung $\mathfrak{p}_1 = \frac{1}{r}$ und demnach der mittlere Fehler einer Lattenablesung

$$\mathfrak{m}_1 = \pm\, \mathfrak{m} \sqrt{\frac{1}{\mathfrak{p}_1}} = \pm\, \mathfrak{m} \sqrt{r}.$$

8. Die Zahlenrechnung wird wesentlich vereinfacht, wenn an Stelle der oben entwickelten Formeln andere Formeln benutzt werden, die sich wie folgt ergeben:

An Stelle der Differenzialquotienten $b = \left(\frac{D}{D-\mathfrak{y}}\right)^2$, deren Zahlenwerte wenig von Eins verschieden sind, wird gerechnet mit:

$$(b-1) = \left(\frac{D}{D-\mathfrak{y}}\right)^2 - 1 = \left(1 + \frac{\mathfrak{y}}{D-\mathfrak{y}}\right)^2 - 1 = 2\frac{\mathfrak{y}}{D-\mathfrak{y}} + \left(\frac{\mathfrak{y}}{D-\mathfrak{y}}\right)^2.$$

Mit den Zahlenwerten von $b-1$ werden ohne weiteres in gewöhnlicher Weise der Faktor $\mathfrak{B}_2 = [b\,b] - \frac{[b]}{n}[b]$ und das Absolutglied $\mathfrak{F}_2 = [b f] - \frac{[b]}{n}[f]$ der reduzirten Endgleichungen erhalten, denn es ist:

$$\begin{aligned}
[p(b-1)(b-1)] &= [(b-1)(b-1)] - \frac{[b-1]}{n}[b-1] \\
&= [1 - 2b + b\,b] - \frac{[b]-n}{n}([b]-n) \\
&= n - 2[b] + [b\,b] - \left(\frac{[b]}{n} - 1\right)([b]-n) \\
&= n - 2[b] + [b\,b] - \frac{[b]}{n}[b] + [b] + [b] - n \\
&= [b\,b] - \frac{[b]}{n}[b] = \mathfrak{B}_2,
\end{aligned}$$

und ferner:

$$\begin{aligned}
[p(b-1)f] &= [(b-1)f] - \frac{[b-1]}{n}[f] \\
&= [bf] - [f] - \frac{[b]-n}{n}[f] \\
&= [bf] - \frac{[b]}{n}[f] = \mathfrak{F}_2.
\end{aligned}$$

Weiter ergiebt sich für die Näherungswerte $\mathfrak{l}$ der beobachteten Gröfsen

$$\mathfrak{l} = -\mathfrak{x} + \frac{D\mathfrak{y}}{D-\mathfrak{y}} = -\mathfrak{x} + \left(\mathfrak{y} + \frac{\mathfrak{y}^2}{D-\mathfrak{y}}\right) = (\mathfrak{y} - \mathfrak{x}) + \frac{\mathfrak{y}^2}{D-\mathfrak{y}},$$

und ebenso für die wahrscheinlichsten Werte L der beobachteten Gröfsen:

$$L = -x + \frac{Dy}{D-y} = (y-x) + \frac{y^2}{D-y}.$$

Endlich ergeben sich mit den Zahlenwerten von $b-1$ die wahrscheinlichsten Beobachtungsfehler v nach:

$$\begin{aligned}
v = f - dl &= f - d\mathfrak{x} + b\,d\mathfrak{y} \\
&= f - d\mathfrak{x} + d\mathfrak{y} + (b-1)\,d\mathfrak{y} \\
&= f + (d\mathfrak{y} - d\mathfrak{x}) + (b-1)\,d\mathfrak{y}.
\end{aligned}$$

9. Hiernach gestaltet sich die Rechnung in einem Falle, wo die in Abteilung 1 der folgenden Tabelle mitgeteilten Beobachtungsergebnisse erlangt sind, wie folgt:

1. Beobachtungsergebnisse.

Nr.	Entfernung D.	Ablesungen I.	II.	III.	IV.	Mittel λ.	Abweichungen v vom Mittel λ—I.	λ—II.	λ—III.	λ—IV.	$[v]$.	$[vv]$.
	m	mm	mm	mm	mm	mm	mm	mm	mm	mm	mm	
1	5	26,2	25,6	26,2	25,9	25,98	— 0,22	+ 0,38	— 0,22	+ 0,08	+ 0,02	0,248
2	10	17,9	18,1	17,5	17,5	17,75	— 0,15	— 0,35	+ 0,25	+ 0,25	0,00	0,270
3	15	14,6	15,0	14,9	14,9	14,85	+ 0,25	— 0,15	— 0,05	— 0,05	0,00	0,090
4	20	13,5	14,0	13,3	13,9	13,68	+ 0,18	— 0,32	+ 0,38	— 0,22	+ 0,02	0,328
5	30	12,2	12,1	12,1	12,2	12,15	— 0,05	+ 0,05	+ 0,05	— 0,05	0,00	0,010
6	40	11,9	11,8	11,9	11,5	11,78	— 0,12	— 0,02	— 0,12	+ 0,28	+ 0,02	0,108
7	50	11,6	11,3	11,5	11,2	11,40	— 0,20	+ 0,10	— 0,10	+ 0,20	0,00	0,100
8	60	11,4	11,2	11,1	11,2	11,22	— 0,18	+ 0,02	+ 0,12	+ 0,02	— 0,02	0,048
9	80	11,1	11,0	10,9	10,9	10,98	— 0,12	— 0,02	+ 0,08	+ 0,08	+ 0,02	0,028
10	100	10,9	10,9	10,7	10,7	10,80	— 0,10	— 0,10	+ 0,10	+ 0,10	0,00	0,040
11	120	10,8	10,7	10,6	10,6	10,68	— 0,12	— 0,02	+ 0,08	+ 0,08	+ 0,02	0,028
						151,27						1,298

$$\mathfrak{m}_1 = \pm\sqrt{\frac{1,298}{33}} = \pm\, 0,20\ \text{mm}.$$

2. Näherungswerte $\mathfrak{x}$, $\mathfrak{y}$.

Die Brennweite ist durch Abmessung am Fernrohr genähert bestimmt zu 267 mm und das zugehörige λ ist $= 11$ mm, so dafs genommen werden kann:

$\mathfrak{y} = 270$ mm, $\qquad \mathfrak{x} = 270 - 10 = 260$ mm.

3. Berechnung der Differenzialquotienten b. — 4. Abweichungen f.

Nr.	D.	$D-\mathfrak{y}$.	$\frac{\mathfrak{y}}{D-\mathfrak{y}}$.	$\left(\frac{\mathfrak{y}}{D-\mathfrak{y}}\right)^2$.	$b-1 = 2\frac{\mathfrak{y}}{D-\mathfrak{y}} + \left(\frac{\mathfrak{y}}{D-\mathfrak{y}}\right)^2$.	$\mathfrak{l} = 10 + \frac{\mathfrak{y}^2}{D-\mathfrak{y}}$.	λ.	$f = \mathfrak{l} - \lambda$.
	mm	mm				mm	mm	mm
1	5 000	4 730	0,057 08	0,003 26	0,117 42	25,41	25,98	— 0,57
2	10 000	9 730	0,027 75	0,000 77	0,056 27	17,49	17,75	— 0,26
3	15 000	14 730	0,018 33	0,000 34	0,037 00	14,95	14,85	+ 0,10
4	20 000	19 730	0,013 68	0,000 19	0,027 55	13,69	13,68	+ 0,01
5	30 000	29 730	0,009 08	0,000 08	0,018 24	12,45	12,15	+ 0,30
6	40 000	39 730	0,006 80	0,000 05	0,013 65	11,84	11,78	+ 0,06
7	50 000	49 730	0,005 43	0,000 03	0,010 89	11,47	11,40	+ 0,07
8	60 000	59 730	0,004 52	0,000 02	0,009 06	11,22	11,22	0,00
9	80 000	79 730	0,003 39	0,000 01	0,006 79	10,92	10,98	— 0,06
10	100 000	99 730	0,002 71	0,000 01	0,005 43	10,73	10,80	— 0,07
11	120 000	119 730	0,002 26	0,000 01	0,004 53	10,61	10,68	— 0,07
			0,151 03	0,004 77	0,306 83	0,78	1,27	— 0,49
				0,302 06				
				0,306 83				

5. Bildung der Faktoren u. s. w. der Endgleichungen.

Nr.	p.	$b-1$.	f.	$p(b-1)^2$.	$p(b-1)f$.	pff.
1	1	+ 0,117 42	− 0,57	+ 0,013 79	− 0,066 93	+ 0,325
2	1	0,056 27	− 0,26	+ 0,003 17	− 0,014 63	+ 0,068
3	1	0,037 00	+ 0,10	+ 0,001 37	+ 0,003 70	+ 0,010
4	1	0,027 55	+ 0,01	+ 0,000 76	+ 0,000 28	+ 0,000
5	1	0,018 24	+ 0,30	+ 0,000 33	+ 0,005 47	+ 0,090
6	1	0,013 65	+ 0,06	+ 0,000 19	+ 0,000 82	+ 0,004
7	1	0,010 89	+ 0,07	+ 0,000 12	+ 0,000 76	+ 0,005
8	1	0,009 06	0,00	+ 0,000 08	0,000 00	+ 0,000
9	1	0,006 79	− 0,06	+ 0,000 05	− 0,000 41	+ 0,004
10	1	0,005 43	− 0,07	+ 0,000 03	− 0,000 38	+ 0,005
11	1	0,004 53	− 0,07	+ 0,000 02	− 0,000 32	+ 0,005
12	$-\frac{1}{11}$	0,306 83	− 0,49	− 0,008 56	+ 0,013 67	− 0,022
				+ 0,011 35 $= \mathfrak{B}_2$	− 0,057 97 $= \mathfrak{F}_2$	+ 0,494 $= [ff]$ $-\frac{[f]}{n}[f]$

6. Wahrscheinlichste Werte x, y.

$d\mathfrak{y} = -\frac{\mathfrak{F}_2}{\mathfrak{B}_2}$	+ 5,11
$\mathfrak{y}$	270,00
$y = \mathfrak{y} + d\mathfrak{y}$	275,11
$+\frac{[b]}{n} d\mathfrak{y}$	+ 5,25
$+\frac{[f]}{n}$	− 0,04
$d\mathfrak{x}$	+ 5,21
$\mathfrak{x}$	260,00
$x = \mathfrak{x} + d\mathfrak{x}$	265,21

7. Proben.

$[ff] - \frac{[f]}{n}[f]$	+ 0,494
$-\frac{\mathfrak{F}_2}{\mathfrak{B}_2}\mathfrak{F}_2$	− 0,296
$[vv]$	0,198
$[ff]$	+ 0,516
$-[f]\,d\mathfrak{x}$	+ 2,553
$+[(b-1)f]\,d\mathfrak{y}$	− 0,366
$+[f]\,d\mathfrak{y}$	− 2,504
$[vv]$	0,199

8. Wahrscheinlichste Beobachtungsfehler v.

Nr.	$D-y$.	$L = 9{,}90 + \frac{y^2}{D-y}$.	$v = L-\lambda$.	$f - 0{,}10$	$+ (b-1)\,d\mathfrak{y}$	$= v$.	vv.
1	4 725	25,92	− 0,06	− 0,67	+ 0,60	− 0,07	0,005
2	9 725	17,68	− 0,07	− 0,36	+ 0,29	− 0,07	0,005
3	14 725	15,04	+ 0,19	+ 0,00	+ 0,19	+ 0,19	0,036
4	19 725	13,74	+ 0,06	− 0,09	+ 0,14	+ 0,05	0,002
5	29 725	12,45	+ 0,30	+ 0,20	+ 0,09	+ 0,29	0,084
6	39 725	11,81	+ 0,03	− 0,04	+ 0,07	+ 0,03	0,001
7	49 725	11,42	+ 0,02	− 0,03	+ 0,06	+ 0,03	0,001
8	59 725	11,17	− 0,05	− 0,10	+ 0,05	− 0,05	0,002
9	79 725	10,85	− 0,13	− 0,16	+ 0,03	− 0,13	0,017
10	99 725	10,66	− 0,14	− 0,17	+ 0,03	− 0,14	0,020
11	119 725	10,53	− 0,15	− 0,17	+ 0,02	− 0,15	0,022
		1,27	0,00	− 1,59	+ 1,57	− 0,02	0,195

9. Mittlere Fehler.

$$\mathfrak{m} = \pm \sqrt{\frac{[vv]}{n-q}}$$

$$= \pm \sqrt{\frac{0{,}195}{11-2}}$$

$$= \pm\ 0{,}15\ \text{mm},$$

$$\mathfrak{m}_1 = \pm\ \mathfrak{m} \sqrt{\frac{1}{\mathfrak{p}_1}}$$

$$= \pm\ 0{,}15 \sqrt{\frac{1}{0{,}25}}$$

$$= \pm\ 0{,}30\ \text{mm}.$$

V. Abschnitt.

Bedingte Beobachtungen.

1. Kapitel. Allgemeine Entwickelung des Verfahrens.

§ 42. Einleitung.

Im III. Abschnitte haben wir uns bereits mit bedingten Beobachtungen beschäftigt. Die dort gewonnenen Formeln sind anwendbar in dem einfachen Falle, wo nur die eine Bedingung vorliegt, dafs die Summe der direkt beobachteten Gröfsen einen bestimmten Sollbetrag erfüllen mufs. Es kommen nun aber vielfach Fälle vor, wo die direkt beobachteten Gröfsen mehr als eine Bedingung erfüllen müssen und wo die Bedingungen auch nicht so einfach sind, wie in dem besonders behandelten Falle. Nach unserem im § 13 aufgestellten ersten Grundsatze, die gesuchten Gröfsen als einheitliches Endergebnis aus sämtlichen vorliegenden Bestimmungen zu gewinnen, müssen wir daher für diese Fälle ein weiteres Rechnungsverfahren aufstellen, wonach wir solche Werte der beobachteten Gröfsen finden können, die gleichzeitig allen Bedingungen genügen und zwar auch dann, wenn die Bedingungen nicht mehr ganz einfacher Art sind. Diese Werte der beobachteten Gröfsen müssen dann weiter auch unserem im § 13 aufgestellten zweiten Grundsatze entsprechen, dafs zugleich die Quadratsumme der sich ergebenden, auf die Gewichtseinheit zurückgeführten wahrscheinlichsten Werte der Beobachtungsfehler ein Minimum wird.

Beispiel 1: Auf den Punkten P_a, P_b, P_c, P_d sind sämtliche Winkel direkt und unabhängig von einander mit gleicher Genauigkeit beobachtet worden. Das Ergebnis dieser Beobachtungen ist:

Standpunkt P_a.		Standpunkt P_b.	
$\angle P_b P_c$:	39° 48′ 55″,	$\angle P_c P_d$:	52° 04′ 30″,
$\angle P_c P_d$:	33 37 34 ,	$\angle P_d P_a$:	58 52 04 ,
$\angle P_d P_b$:	286 33 15 .	$\angle P_a P_c$:	249 03 13 .
Standpunkt P_c.		**Standpunkt P_d.**	
$\angle P_d P_a$:	34° 04′ 07″,	$\angle P_a P_b$:	47° 41′ 12″,
$\angle P_a P_b$:	29 14 02 ,	$\angle P_b P_c$:	64 37 15 ,
$\angle P_b P_d$:	296 42 15 .	$\angle P_c P_a$:	247 41 14 .

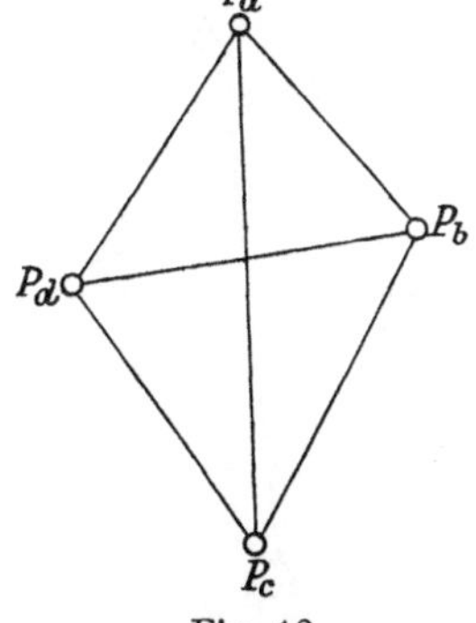

Fig. 18.

Die beobachteten Winkel sollen die Bedingungen erfüllen,

1. dafs auf jedem der 4 Punkte P_a, P_b, P_c, P_d die Summe der Winkel gleich 360° ist,
2. dafs in jedem Dreieck oder Viereck die Summe der Winkel gleich 180° oder 360° ist,
3. dafs die Dreiecksseitenberechnung ohne Fehler abschliefst, wenn dabei von einer der Seiten ausgegangen und auf dieselbe Seite abgeschlossen wird.

Demgemäfs haben wir nun die wahrscheinlichsten Werte der beobachteten Winkel so zu bestimmen, dafs allen diesen Bedingungen genügt und dafs zugleich die Quadratsumme der wahrscheinlichsten Beobachtungsfehler ein Minimum wird.

§ 43. Anzahl der zu erfüllenden Bedingungen.

Bei Anwendung des Rechnungsverfahrens für die Ausgleichung bedingter Beobachtungen werden uns in der Regel die zu erfüllenden Bedingungen nicht von vornherein bekannt sein. Auch wird meistens nicht ohne weiteres angegeben werden können, wie viele und welche Bedingungen zu erfüllen sind. Wir müssen dies aber bei Beginn unserer Arbeit in erster Linie feststellen, da wir sonst sogleich Fehler begehen können, indem wir zu wenig oder zu viel, oder indem wir überflüssige Bedingungen aufstellen, dagegen aber notwendig zu erfüllende Bedingungen aufser Acht lassen.

Für die Feststellung der Anzahl der zu erfüllenden Bedingungen gelangen wir zu einer allgemeinen Regel wie folgt: Die Beobachtungsergebnisse, die wir als bedingte Beobachtungen behandeln, liefern in erster Linie direkte Bestimmungen der beobachteten Gröfsen, in zweiter Linie Bestimmungen für andere gesuchte Gröfsen, die aus den beobachteten Gröfsen abzuleiten sind. Die beobachteten Gröfsen sind entweder unabhängig von einander, oder sie sind abhängig von einander, so dafs sie in einem bestimmten mathematischen Zusammenhange stehen. Wenn die Anzahl der von einander unabhängigen Gröfsen, wofür Beobachtungsergebnisse vorliegen, gleich der Anzahl der gesuchten Gröfsen ist, so wird nur eine einfache nicht versicherte Bestimmung der gesuchten Gröfsen erreicht und demnach sind dann auch keine Bedingungen zu erfüllen. Erst wenn noch Beobachtungsergebnisse für weitere Gröfsen hinzutreten, die überschüssige Bestimmungen liefern, ergeben sich aus dem Zusammenhange der beobachteten Gröfsen unter sich und aus dem Zusammenhange der anderen gesuchten und der beobachteten Gröfsen Zwangsbedingungen für die beobachteten Gröfsen, und zwar ergiebt sich aus jeder überschüssigen Bestimmung eine zu erfüllende Bedingung. Hiernach gelangen wir zu der allgemeinen Regel:

(147). Die Anzahl der zu erfüllenden Bedingungen ist gleich der Anzahl der vorliegenden überschüssigen Bestimmungen der beobachteten und der anderen gesuchten Gröfsen.

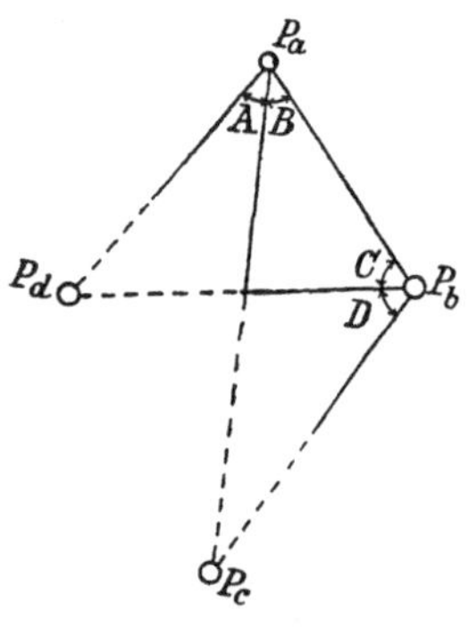

Fig. 19.

Beispiel 1: Die mitgeteilten 12 Winkel sind beobachtet zur Bestimmung der gegenseitigen Lage der 4 Punkte P_a, P_b, P_c, P_d. Zur einfachen nicht versicherten Bestimmung der Punkte genügen 4 von einander unabhängige Winkel, beispielsweise die in Figur 19 mit A, B, C und D bezeichneten Winkel. Jeder der übrigen 8 Winkel liefert eine weitere überschüssige Bestimmung für die Lage der Punkte und damit auch eine zu erfüllende Bedingung.

§ 44. Aufsuchung der zu erfüllenden Bedingungen.

1. Nach Bestimmung der Anzahl der zu erfüllenden Bedingungen sind die Bedingungen selbst festzustellen. Meistens können mehr Bedingungen aufgestellt werden, als notwendig sind. Dann kommt es darauf an, unter den überhaupt möglichen Bedingungen die richtigen und die besten auszuwählen.

Für die Auswahl der richtigen Bedingungen ist als Richtschnur der Grund satz festzuhalten:

(148). Die zu erfüllenden Bedingungen müssen von einander unabhängig sein, so dafs ein und dieselbe Bedingung nicht mehrfach in verschiedener Form vorkommen kann.

(149). Die diesem Grundsatze entsprechenden Bedingungen können wir in jedem Falle feststellen, indem wir zuerst die beobachteten Gröfsen auswählen, die zur einfachen nicht versicherten Bestimmung der gesuchten Gröfsen notwendig sind, und indem wir dann für jede der übrigen beobachteten Gröfsen nacheinander feststellen, welche unabhängige Bedingung durch Hinzutritt derselben zu den bereits betrachteten beobachteten Gröfsen entsteht.

2. Bei diesem Verfahren werden sich in manchen Fällen verschiedene Bedingungen ergeben, je nach der Auswahl der beobachteten Gröfsen, die die einfache nicht versicherte Bestimmung der gesuchten Gröfsen liefern sollen. Diese verschiedenen Bedingungen können in Bezug auf das zu erreichende Endergebnis mehr oder minder gut sein, indem sie die zu stellenden Forderungen mehr oder minder zuverlässig zum Ausdruck bringen. Die besten Bedingungen werden dann gefunden, wenn die Bedingungen aufgestellt werden für die beobachteten Gröfsen, die die günstigsten Bestimmungen der gesuchten Gröfsen liefern; denn die Elemente, die die zuverlässigsten Werte der gesuchten Gröfsen liefern, werden auch den zuverlässigsten Ausdruck für die zu erfüllenden Bedingungen liefern.

Beispiel 1: Nehmen wir wieder die Winkel A, B, C, D als die Winkel, die uns die einfache nicht versicherte Bestimmung der gegenseitigen Lage der Punkte P_a, P_b, P_c, P_d liefern, so erhalten wir durch Hinzutritt

1. des Winkels e die Bedingung, dafs die Summe der Winkel auf P_a gleich 360° sein mufs,
2. des Winkels f dieselbe Bedingung für Punkt P_b,
3. des Winkels $\mathfrak{g}$ die Bedingung, dafs die Summe der Winkel im Dreieck $P_a P_b P_c$ gleich 180° sein mufs,
4. des Winkels $\mathfrak{h}$ dieselbe Bedingung für Dreieck $P_a P_b P_d$;
   ferner erhalten wir durch Hinzutritt der beiden Winkel $\mathfrak{i}$ und $\mathfrak{k}$
5. dieselbe Bedingung wie zu 3 für Dreieck $P_a P_c P_d$ und
6. die Bedingung, dafs im Dreieck $P_a P_c P_d$ die aus der Seite $P_a P_b$ berechneten Seiten $P_a P_c$ und $P_a P_d$ sich verhalten müssen wie die Sinus der gegenüberliegenden Winkel,
7. des Winkels l dieselbe Bedingung wie zu 1 für Punkt P_c,
8. des Winkels m dieselbe Bedingung wie zu 1 für Punkt P_d.

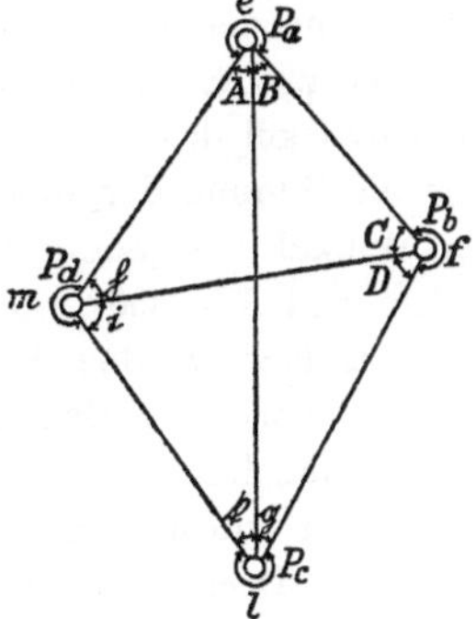

Fig. 20.

3. Zu diesen 8 Bedingungen können wir auch ohne Benutzung der aufgestellten allgemeinen Regeln in folgender, aber weniger einfacher und sicherer Weise gelangen:

Für die beobachteten Winkel können im Ganzen 16 verschiedene Bedingungen aufgestellt werden, nämlich:

a) die 4 Bedingungen, dafs die Summe der Winkel in jedem der 4 Dreiecke $P_a P_b P_c$, $P_a P_c P_d$, $P_a P_b P_d$, $P_b P_c P_d$ gleich 180° sein mufs,

b) die 4 Bedingungen, dafs die Summe der Winkel auf jedem der 4 Punkte P_a, P_b, P_c, P_d gleich 360° sein mufs,

c) die 2 Bedingungen, dafs die Summe der Innenwinkel und die Summe der Aufsenwinkel des Vierecks $P_a P_b P_c P_d$ gleich 360° bezw. 1080° sein mufs,

d) die 6 Bedingungen, dafs, wenn wir von einer der 6 Seiten oder Diagonalen ausgehend dieselbe Seite oder Diagonale aus den anschliefsenden Dreiecken berechnen, die Berechnung ohne Fehler abschliefsen mufs.

Diese 16 Bedingungen sind aber nicht unabhängig von einander und ein Teil derselben ist überflüssig, was sich wie folgt ergiebt:

Durch Erfüllung zweier der unter *a* angeführten 4 Bedingungen, dafs die Summe der Winkel in den vorhandenen Dreiecken 180° sein mufs, für 2 an einer Diagonale liegende Dreiecke, z. B. für die Dreiecke $P_a P_b P_c$ und $P_a P_c P_d$, wird auch die eine der unter c angeführten 2 Bedingungen erfüllt, dafs die Summe der Innenwinkel des Vierecks $P_a P_b P_c P_d$ gleich 360° sein mufs, da die Winkel der beiden Dreiecke die Innenwinkel des Vierecks bilden.

Sodann wird durch Erfüllung einer weiteren der unter a angeführten 4 Bedingungen auch die letzte erfüllt; denn wenn in einem dritten Dreieck, z. B. im Dreieck $P_a P_b P_d$, die Summe der Winkel 180° wird, mufs, nachdem die Erfüllung der Bedingung sichergestellt ist, dafs die Summe der Winkel in dem Viereck $P_a P_b P_c P_d$ gleich 360° wird, auch die Summe der Winkel in dem vierten Dreieck $P_b P_c P_d$ gleich 180° werden.

Ferner wird durch die Erfüllung der unter b angeführten 4 Bedingungen, dafs die Summe der auf einem jeden Punkte beobachteten Winkel gleich 360° sein mufs auch die zweite der unter c aufgestellten Bedingungen erfüllt, dafs die Summe der Aufsenwinkel des Vierecks gleich 1080° sein mufs; denn wenn es sichergestellt ist, dafs die Summe der Innenwinkel des Vierecks gleich 360° wird, und die Summe der Winkel auf jedem Punkte ebenfalls 360° wird, mufs auch die Summe der Aufsenwinkel $4 \cdot 360° - 360° = 1080°$ werden.

Endlich werden durch Erfüllung einer der unter d angeführten 6 Bedingungen auch die übrigen 5 Bedingungen erfüllt; denn durch Erfüllung der einen Bedingung werden die Dreiecksseiten in dreien von den vorhandenen 4 Dreiecken einheitlich festgestellt und in den betreffenden 3 Dreiecken sind die sämtlichen überhaupt vorhandenen Dreiecksseiten enthalten, so dafs diese also sämtlich nach der einen Bedingung einheitlich erhalten werden.

Von den 16 überhaupt möglichen Bedingungen fallen also als überflüssig und in den übrigen Bedingungen mit enthalten aus:

eine von den unter a angeführten, die
zwei unter c angeführten und
fünf von den unter d angeführten, im

ganzen also 8, so dafs 8 notwendig zu erfüllende Bedingungen übrig bleiben, die mit den vorher von uns unter 1 bis 8 bezeichneten übereinstimmen.

§ 45. Aufstellung der Bedingungsgleichungen.

1. Nachdem festgestellt ist, wie viele und welche Bedingungen zu erfüllen sind, müssen diese Bedingungen durch Gleichungen ausgedrückt werden. Da wir es nun aber im folgenden in der Regel mit einer gröfseren Anzahl beobachteter Gröfsen zu thun haben werden, so führen wir für die in diesen Gleichungen und in den weiteren Entwickelungen häufig vorkommenden Gröfsen statt der bisher angewendeten Bezeichnungen einfachere ein, die uns den Ueberblick erleichtern. Wir bezeichnen mit:

I, II III, IV, ... die wahrscheinlichsten Werte der beobachteten Gröfsen,
1, 2, 3, 4, ... die vorliegenden Beobachtungsergebnisse,
(1), (2), (3), (4), ... die Verbesserungen, die wir den Beobachtungsergebnissen 1, 2, 3, 4, ... beilegen müssen, um ihre wahrscheinlichsten Werte I, II, III, IV, ... zu erhalten.

2. Die Gleichungen, durch die die zu erfüllenden Bedingungen ausgedrückt werden müssen, werden zweckmäfsig in der Form angesetzt, dafs bestimmte aus den Bedingungen sich ergebende Funktionen der wahrscheinlichsten Werte der beobachteten Gröfsen gleich den Sollbeträgen S_a, S_b, S_c, ... gesetzt werden, die sie erfüllen müssen, wonach wir allgemein erhalten:

$$\text{(150)} \quad \begin{cases} F_a(\text{I}, \text{II}, \text{III}, \text{IV}, \ldots) = S_a, \\ F_b(\text{I}, \text{II}, \text{III}, \text{IV}, \ldots) = S_b, \\ F_c(\text{I}, \text{II}, \text{III}, \text{IV}, \ldots) = S_c, \\ \ldots\ldots\ldots\ldots\ldots\ldots \end{cases}$$

Wir bezeichnen diese Gleichungen als Bedingungsgleichungen.

Die Anzahl der Bedingungsgleichungen ist immer gleich der Anzahl der zu erfüllenden Bedingungen und somit nach § 43 auch immer gleich der Anzahl der vorliegenden überschüssigen Bestimmungen der gesuchten Gröfsen oder der vorliegenden überschüssigen Beobachtungsergebnisse. Demnach ist die Anzahl q der zuerst zu suchenden wahrscheinlichsten Werte I, II, III, IV, ... der beobachteten Gröfsen immer gröfser als die Anzahl r der Bedingungsgleichungen.

Beispiel 1: Wir nummeriren die vorliegenden Beobachtungsergebnisse nach der unter Nr. 1 eingeführten Bezeichnung fortlaufend mit 1, 2, 3, ... 12 und schreiben diese Nummern als Bezeichnung der betreffenden Winkel in unsere Figur ein zum Anhalt für die Aufstellung der Bedingungsgleichungen.

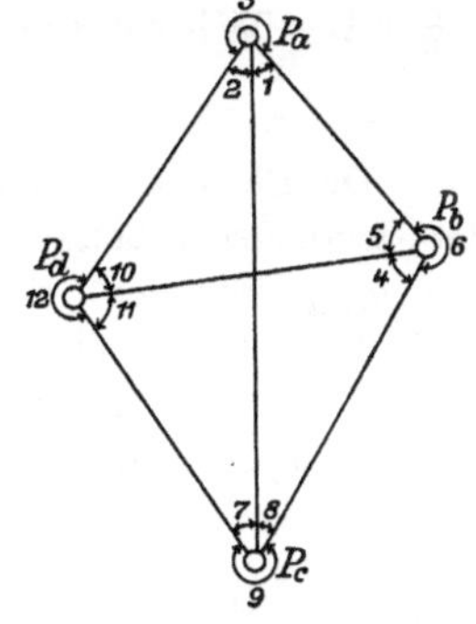

Fig. 21.

Dann erhalten wir nach den im § 44 unter 1 bis 8 aufgestellten Bedingungen, für die wahrscheinlichsten Werte I, II, III, ... XII der beobachteten Winkel die folgenden Bedingungsgleichungen:

a) nach den Bedingungen unter Nr. 1, 2, 7, 8, dafs die Summe der Winkel auf den Punkten P_a, P_b, P_c, P_d die Sollbeträge $S_a = S_b = S_c = S_d = 360°$ erfüllen mufs:

$$\begin{aligned} \text{I} + \text{II} + \text{III} &= 360°, \\ \text{IV} + \text{V} + \text{VI} &= 360°, \\ \text{VII} + \text{VIII} + \text{IX} &= 360°, \\ \text{X} + \text{XI} + \text{XII} &= 360°, \end{aligned}$$

b) nach den Bedingungen unter 3, 4, 5, dafs die Summe der Winkel in den Dreiecken $P_a P_b P_c$, $P_a P_c P_d$, $P_a P_b P_d$ die Sollbeträge $S_e = S_g = S_h = 180°$ erfüllen mufs:

$$\begin{aligned} \text{I} + \text{IV} + \text{V} + \text{VIII} &= 180°, \\ \text{II} + \text{VII} + \text{X} + \text{XI} &= 180°, \\ \text{I} + \text{II} + \text{V} + \text{X} &= 180°, \end{aligned}$$

c) nach der Bedingung unter 6, dafs im Dreieck $P_a P_c P_d$ die aus der Seite $P_a P_b$ berechneten Seiten $P_a P_c$ und $P_a P_d$ sich verhalten müssen wie die Sinus der gegenüberliegenden Winkel:

$$\frac{P_a\,P_c}{P_a\,P_d} = \frac{\dfrac{\sin(\mathrm{IV}+\mathrm{V})}{\sin \mathrm{VIII}}\,P_a\,P_b}{\dfrac{\sin \mathrm{V}}{\sin \mathrm{X}}\,P_a\,P_b} = \frac{\sin(\mathrm{X}+\mathrm{XI})}{\sin \mathrm{VII}} \quad \text{oder:}$$

$$\frac{\sin(\mathrm{IV}+\mathrm{V})\,\sin \mathrm{VII}\,\sin \mathrm{X}}{\sin \mathrm{VIII}\,\sin(\mathrm{X}+\mathrm{XI})\,\sin \mathrm{V}} = 1\,,$$

oder in logarithmischer Form:

$$\log\sin(\mathrm{IV}+\mathrm{V}) - \log\sin \mathrm{VIII} + \log\sin \mathrm{VII} - \log\sin(\mathrm{X}+\mathrm{XI}) + \log\sin \mathrm{X} - \log\sin \mathrm{V} = 0\,,$$

wonach der Sollbetrag für die letzte Bedingungsgleichung $S_i = 0$ ist.

Stellen wir sämtliche Gleichungen zusammen, so haben wir:

$$(150)\quad \left\{\begin{array}{ll} \mathrm{I}+\mathrm{II}+\mathrm{III} = 360^\circ, & \\ & \mathrm{I}+\mathrm{IV}+\mathrm{V}+\mathrm{VIII} = 180^\circ, \\ \mathrm{IV}+\mathrm{V}+\mathrm{VI} = 360^\circ, & \\ & \mathrm{II}+\mathrm{VII}+\mathrm{X}+\mathrm{XI} = 180^\circ, \\ \mathrm{VII}+\mathrm{VIII}+\mathrm{IX} = 360^\circ, & \\ & \mathrm{I}+\mathrm{II}+\mathrm{V}+\mathrm{X} = 180^\circ, \\ \mathrm{X}+\mathrm{XI}+\mathrm{XII} = 360^\circ, & \\ \multicolumn{2}{l}{\log\sin(\mathrm{IV}+\mathrm{V}) - \log\sin \mathrm{VIII} + \log\sin \mathrm{VII} - \log\sin(\mathrm{X}+\mathrm{XI})} \\ \multicolumn{2}{l}{\qquad + \log\sin \mathrm{X} - \log\sin \mathrm{V} = 0.} \end{array}\right.$$

Die Anzahl $q = 12$ der beobachteten Gröfsen ist gröfser als die Anzahl $r = 8$ der Bedingungsgleichungen, wie es sein mufs.

§ 46. Widersprüche zwischen den Sollbeträgen und den Beobachtungsergebnissen.

Die Bedingungsgleichungen **(150)** werden in der Regel durch die vorliegenden Beobachtungsergebnisse nicht streng erfüllt werden, und wenn wir in die Bedingungsgleichungen statt der wahrscheinlichsten Werte der beobachteten Gröfsen I, II, III, IV, ... die wirklich vorliegenden Beobachtungsergebnisse 1, 2, 3, 4, ... einführen, so werden wir auf der rechten Seite der Gleichungen statt der Sollbeträge S_a, S_b, S_c .... andere Beträge Σ_a, Σ_b, Σ_c, ... erhalten, so dafs sein wird:

$$(151)\quad \left\{\begin{array}{l} F_a(1, 2, 3, 4, \ldots) = \Sigma_a, \\ F_b(1, 2, 3, 4, \ldots) = \Sigma_b, \\ F_c(1, 2, 3, 4, \ldots) = \Sigma_c, \\ \ldots\ldots\ldots\ldots \end{array}\right.$$

Die Beträge Σ_a, Σ_b, Σ_c, ... bezeichnen wir als die Beobachtungsergebnisse für die Sollbeträge. Zwischen diesen Beobachtungsergebnissen der Sollbeträge und den Sollbeträgen bestehen Widersprüche $f_a, f_b, f_c, \ldots$ die wir berechnen nach:

$$(152)\quad \left\{\begin{array}{l} f_a = S_a - \Sigma_a, \\ f_b = S_b - \Sigma_b, \\ f_c = S_c - \Sigma_c, \\ \ldots\ldots\ldots \end{array}\right.$$

Beispiel 1: Nach unseren Bedingungsgleichungen **(150)** erhalten wir folgende Formeln zur Berechnung der Beobachtungsergebnisse Σ_a, Σ_b, Σ_c, ... Σ_i für die Sollbeträge:

$$
(151)\quad \begin{cases}
1+2+3=\Sigma_a, & 1+4+5+8=\Sigma_e, \\
4+5+6=\Sigma_b, & 2+7+10+11=\Sigma_g, \\
7+8+9=\Sigma_c, & 1+2+5+10=\Sigma_h, \\
10+11+12=\Sigma_d, & \\
\log\sin(4+5)-\log\sin 8+\log\sin 7-\log\sin(10+11)+\log\sin 10 & \\
\qquad -\log\sin 5=\Sigma_i. &
\end{cases}
$$

Hiernach ergeben sich die Zahlenwerte von $\Sigma_a, \Sigma_b, \Sigma_c, \ldots \Sigma_i$ wie folgt:

1	39	48	55	4	52	04	30	7	34	04	07	10	47	41	12
2	33	37	34	5	58	52	04	8	29	14	02	11	64	37	15
3	286	33	15	6	249	03	13	9	296	42	15	12	247	41	14
Σ_a	359	59	44	Σ_b	359	59	47	Σ_c	360	00	24	Σ_d	359	59	41

1	39	48	55		
4+5	110	56	34	$\log\sin(4+5)$	9.97 032
8	29	14	02	$cpl \log\sin 8$	0.31 124
Σ_e	179	59	31		
2	33	37	34		
7	34	04	07	$\log\sin 7$	9.74 833
10+11	112	18	27	$cpl \log\sin(10+11)$	0.03 378
Σ_g	180	00	08		
1+2	73	26	29		
10	47	41	12	$\log\sin 10$	9.86 892
5	58	52	04	$cpl \log\sin 5$	0.06 754
Σ_h	179	59	45	Σ_i	0.00 013

Weiter ergeben sich die Zahlenwerte der Widersprüche $f_a, f_b, f_c, \ldots f_i$ zu:

$$
(152)\quad \begin{cases}
f_a = S_a - \Sigma_a = 360^\circ 00' 00'' - 359^\circ 59' 44'' = +16'', \\
f_b = S_b - \Sigma_b = 360\ 00\ 00 - 359\ 59\ 47 = +13, \\
f_c = S_c - \Sigma_c = 360\ 00\ 00 - 360\ 00\ 24 = -24, \\
f_d = S_d - \Sigma_d = 360\ 00\ 00 - 359\ 59\ 41 = +19, \\
f_e = S_e - \Sigma_e = 180\ 00\ 00 - 179\ 59\ 31 = +29, \\
f_g = S_g - \Sigma_g = 180\ 00\ 00 - 180\ 00\ 08 = -\ 8, \\
f_h = S_h - \Sigma_h = 180\ 00\ 00 - 179\ 59\ 45 = +15, \\
f_i = S_i - \Sigma_i = 0.00\,000 - 0.00\,013 = -0.00\,013.
\end{cases}
$$

§ 47. Umformung der Bedingungsgleichungen.

Die wahrscheinlichsten Werte der Beobachtungsergebnisse I, II, III, IV, ... erhalten wir aus den Beobachtungsergebnissen 1, 2, 3, 4, ... durch Hinzulegung der Verbesserungen (1), (2), (3), (4), ... Demnach ist:

$$
(153)\quad \begin{cases}
\mathrm{I} = 1 + (1), \\
\mathrm{II} = 2 + (2), \\
\mathrm{III} = 3 + (3), \\
\mathrm{IV} = 4 + (4), \\
\ldots\ldots\ldots\ldots,
\end{cases}
$$

Führen wir diese Ausdrücke für die wahrscheinlichsten Werte der Beobachtungsergebnisse in die Bedingungsgleichungen **(150)** ein, so gehen diese über in:

$$F_a(1+(1),\ 2+(2),\ 3+(3),\ 4+(4),\ \ldots.)=S_a,$$
$$F_b(1+(1),\ 2+(2),\ 3+(3),\ 4+(4),\ \ldots.)=S_b,$$
$$F_c(1+(1),\ 2+(2),\ 3+(3),\ 4+(4),\ \ldots.)=S_c,$$
$$\ldots\ldots\ldots\ldots\ldots\ldots\ldots\ldots$$

Die Verbesserungen (1), (2), (3), (4), ... sind immer verhältnismäfsig kleine Gröfsen, so dafs allgemein:

$$F(1+(1),\ 2+(2),\ 3+(3),\ 4+(4),\ \ldots.)=F(1,\ 2,\ 3,\ 4,\ \ldots.)+\frac{\partial F}{\partial 1}(1)$$
$$+\frac{\partial F}{\partial 2}(2)+\frac{\partial F}{\partial 3}(3)+\frac{\partial F}{\partial 4}(4)+\ldots.$$

ist, womit obige Gleichungen übergehen in:

$$F_a(1,\ 2,\ 3,\ 4,\ \ldots.)+\frac{\partial F_a}{\partial 1}(1)+\frac{\partial F_a}{\partial 2}(2)+\frac{\partial F_a}{\partial 3}(3)+\frac{\partial F_a}{\partial 4}(4)+\ldots.=S_a,$$
$$F_b(1,\ 2,\ 3,\ 4,\ \ldots.)+\frac{\partial F_b}{\partial 1}(1)+\frac{\partial F_b}{\partial 2}(2)+\frac{\partial F_b}{\partial 3}(3)+\frac{\partial F_b}{\partial 4}(4)+\ldots.=S_b,$$
$$F_c(1,\ 2,\ 3,\ 4,\ \ldots.)+\frac{\partial F_c}{\partial 1}(1)+\frac{\partial F_c}{\partial 2}(2)+\frac{\partial F_c}{\partial 3}(3)+\frac{\partial F_c}{\partial 4}(4)+\ldots.=S_c,$$
$$\ldots\ldots\ldots\ldots\ldots\ldots\ldots\ldots$$

Für die partiellen Differenzialquotienten führen wir die folgenden einfacheren Bezeichnungen ein:

$$\textbf{(154)}\quad \left\{\begin{array}{c|c|c|c|c}
a_1=\frac{\partial F_a}{\partial 1}, & a_2=\frac{\partial F_a}{\partial 2}, & a_3=\frac{\partial F_a}{\partial 3}, & a_4=\frac{\partial F_a}{\partial 4}, & \ldots.,\\
b_1=\frac{\partial F_b}{\partial 1}, & b_2=\frac{\partial F_b}{\partial 2}, & b_3=\frac{\partial F_b}{\partial 3}, & b_4=\frac{\partial F_b}{\partial 4}, & \ldots.,\\
c_1=\frac{\partial F_c}{\partial 1}, & c_2=\frac{\partial F_c}{\partial 2}, & c_3=\frac{\partial F_c}{\partial 3}, & c_4=\frac{\partial F_c}{\partial 4}, & \ldots.,\\
\ldots\ldots, & \ldots\ldots, & \ldots\ldots, & \ldots\ldots, & \ldots.,
\end{array}\right.$$

Beachten wir nun, dafs allgemein nach den Formeln **(151)**: $F(1,2,3,4,\ldots.)=\Sigma$ und nach den Formeln **(152)**: $f=S-\Sigma$ ist, so gehen damit unsere obigen Gleichungen über in:

$$\textbf{(155)}\quad \left\{\begin{array}{l}
a_1(1)+a_2(2)+a_3(3)+a_4(4)+\ldots.=f_a,\\
b_1(1)+b_2(2)+b_3(3)+b_4(4)+\ldots.=f_b,\\
c_1(1)+c_2(2)+c_3(3)+c_4(4)+\ldots.=f_c,\\
\ldots\ldots\ldots\ldots\ldots\ldots\ldots\ldots
\end{array}\right.$$

Diese Gleichungen bezeichnen wir als umgeformte Bedingungsgleichungen.

Beispiel 1: Zur Aufstellung der umgeformten Bedingungsgleichungen haben wir nur noch die partiellen Differenzialquotienten $a, b, c, \ldots. i$ zu bilden. Wir erhalten:

$$\textbf{(154)}\quad \left\{\begin{array}{l}
a_1=+1,\ a_2=+1,\ a_3=+1,\ a_4=a_5=a_6=a_7=a_8=a_9=a_{10}=a_{11}=a_{12}=0,\\
b_1=b_2=b_3=0,\ b_4=+1,\ b_5=+1,\ b_6=+1,\ b_7=b_8=b_9=b_{10}=b_{11}=b_{12}=0,\\
c_1=c_2=c_3=c_4=c_5=c_6=0,\ c_7=+1,\ c_8=+1,\ c_9=+1,\ c_{10}=c_{11}=c_{12}=0,\\
d_1=d_2=d_3=d_4=d_5=d_6=d_7=d_8=d_9=0,\ d_{10}=+1,\ d_{11}=+1,\ d_{12}=+1,\\
e_1=+1,\ e_2=e_3=0,\ e_4=+1,\ e_5=+1,\ e_6=e_7=0,\ e_8=+1,\ e_9=e_{10}=e_{11}=e_{12}=0,\\
g_1=0,\ g_2=+1,\ g_3=g_4=g_5=g_6=0,\ g_7=+1,\ g_8=g_9=0,\ g_{10}=+1,\ g_{11}=+1,\ g_{12}=0,\\
h_1=+1,\ h_2=+1,\ h_3=h_4=0,\ h_5=+1,\ h_6=h_7=h_8=h_9=0,\ h_{10}=+1,\ h_{11}=h_{12}=0,\\
i_1=i_2=i_3=0,\ i_4=+M\,cotg\,(4+5),\ i_5=+M\,cotg\,(4+5)-M\,cotg\,5,\ i_6=0,\\
i_7=+M\,cotg\,7,\ i_8=-M\,cotg\,8,\ i_9=0,\ i_{10}=-M\,cotg\,(10+11)+M\,cotg\,10,\\
i_{11}=-M\,cotg\,(10+11),\ i_{12}=0.
\end{array}\right.$$

Unter Heranziehung der im § 46 berechneten Zahlenwerte für die Widersprüche $f_a, f_b, f_c, \ldots f_i$ ergeben sich hiernach die folgenden umgeformten Bedingungsgleichungen:

$$(1)+(2)+(3)=+16'', \quad (4)+(5)+(6)=+13'', \quad (7)+(8)+(9)=-24'', \quad (10)+(11)+(12)=+19'',$$

$$(1)+(4)+(5)+(8)=+29'', \quad (2)+(7)+(10)+(11)=-8'', \quad (1)+(2)+(5)+(10)=+15'',$$

$$+M\,cotg\,(4+5)\frac{1}{\varrho}(4)+(+M\,cotg\,(4+5)-M\,cotg\,5)\frac{1}{\varrho}(5)+M\,cotg\,7\frac{1}{\varrho}(7)-M\,cotg\,8\frac{1}{\varrho}(8)$$
$$+(-M\,cotg\,(10+11)+M\,cotg\,10)\frac{1}{\varrho}(10)-M\,cotg\,(10+11)\frac{1}{\varrho}(11)=-0{,}00\,013.$$

In die letzte Bedingungsgleichung müssen wir noch die Zahlenwerte für M, für die Cotangenten und für $\frac{1}{\varrho}$ *) einführen. Die Zahlenwerte sind:

$$M=0.434\,294, \qquad \frac{1}{\varrho''}=\frac{1}{206\,265},$$

$$cotg\,(4+5)=-0{,}383, \quad cotg\,5=+0{,}604, \quad cotg\,7=+1{,}479, \quad cotg\,8=+1{,}787, \quad cotg\,(10+11)=-0{,}410, \quad cotg\,10=+0{,}910,$$

$$M\frac{1}{\varrho''}=0{,}000\,002\,1055$$

$$M\frac{1}{\varrho''}cotg\,(4+5)=-0{,}000\,000\,806,$$
$$M\frac{1}{\varrho''}cotg\,5=+0{,}000\,001\,272,$$
$$M\frac{1}{\varrho''}cotg\,7=+0{,}000\,003\,114,$$
$$M\frac{1}{\varrho''}cotg\,8=+0{,}000\,003\,763,$$
$$M\frac{1}{\varrho''}cotg\,(10+11)=-0{,}000\,000\,863,$$
$$M\frac{1}{\varrho''}cotg\,10=+0{,}000\,001\,916.$$

Da die Zahlenwerte der Differenzialquotienten für die weiteren Rechnungen unbequem sind, multipliziren wir die ganze letzte Gleichung mit 100 000, wonach wir alle darin vorkommenden Gröfsen in Einheiten der fünften Stelle der Logarithmen erhalten. Hiernach sind unsere umgeformten Bedingungsgleichungen:

$$(155)\quad \left\{\begin{array}{l}(1)+(2)+(3)=+16'',\\(4)+(5)+(6)=+13'',\\(7)+(8)+(9)=-24'',\\(10)+(11)+(12)=+19'',\end{array}\right. \qquad \begin{array}{l}(1)+(4)+(5)+(8)=+29'',\\(2)+(7)+(10)+(11)=-8'',\\(1)+(2)+(5)+(10)=+15'',\end{array}$$

$$-0{,}081\,(4)-0{,}208\,(5)+0{,}311\,(7)-0{,}376\,(8)+0{,}278\,(10)+0{,}086\,(11)=-13.$$

§ 48. Korrelatengleichungen und Endgleichungen.

1. Nach den umgeformten Bedingungsgleichungen

$$(155)\quad \left\{\begin{array}{l}a_1(1)+a_2(2)+a_3(3)+a_4(4)+\ldots f_a,\\b_1(1)+b_2(2)+b_3(3)+b_4(4)+\ldots f_b,\\c_1(1)+c_2(2)+c_3(3)+c_4(4)+\ldots f_c,\\\ldots\ldots\ldots\ldots\ldots\ldots\end{array}\right.$$

*) Die Differenzialquotienten $M\,cotg\,n$ stellen die Aenderungen dar, die die $log\,sin\,n$ für eine Einheit des Bogens n erleiden und $M\,cotg\,n\cdot(n)$ die Aenderungen, die die $log\,sin\,n$ erleiden, wenn dem Bogen n die Verbesserung (n) in Bogenmafs hinzugefügt wird. Da wir nun unsere Rechnung im übrigen nicht in Bogenmafs, sondern in Winkelmafs durchführen, so mufs der Faktor $\frac{1}{\varrho}$ zur Umwandlung der Verbesserungen (n) von Winkelmafs in Bogenmafs hinzugefügt werden.

müssen wir nun die Verbesserungen (1), (2), (3), (4), ..., die zugleich die wahrscheinlichsten Werte der Beobachtungsfehler darstellen, derart bestimmen, dafs erstens diesen Bedingungsgleichungen genügt wird und dafs zweitens die Quadratsumme der auf die Gewichtseinheit reduzirten wahrscheinlichsten Werte der Beobachtungsfehler $(1)\sqrt{p_1}$, $(2)\sqrt{p_2}$, $(3)\sqrt{p_3}$, $(4)\sqrt{p_4}$, ..., also

$$[p(\mathrm{n})(\mathrm{n})] = p_1(1)(1) + p_2(2)(2) + p_3(3)(3) + p_4(4)(4) + \ldots.$$

ein Minimum wird.

2. Um diese Werte der Verbesserungen (1), (2), (3), (4), ... zu finden, nehmen wir $f_a, f_b, f_c, \ldots.$ auf die linke Seite der Gleichungen **(155)** und multipliziren die Gleichungen dann mit den vorläufig noch unbestimmten Koeffizienten $-2k_a$, $-2k_b$, $-2k_c$, ..., womit wir erhalten:

$$\begin{aligned}
&-2a_1k_a(1) - 2a_2k_a(2) - 2a_3k_a(3) - 2a_4k_a(4) - \ldots. + 2k_af_a = 0,\\
&-2b_1k_b(1) - 2b_2k_b(2) - 2b_3k_b(3) - 2b_4k_b(4) - \ldots. + 2k_bf_b = 0,\\
&-2c_1k_c(1) - 2c_2k_c(2) - 2c_3k_c(3) - 2c_4k_c(4) - \ldots. + 2k_cf_c = 0,\\
&\ldots\ldots\ldots\ldots\ldots\ldots\ldots\ldots\ldots\ldots
\end{aligned}$$

Addiren wir diese Gleichungen zu

$$[p(\mathrm{n})(\mathrm{n})] = p_1(1)(1) + p_2(2)(2) + p_3(3)(3) + p_4(4)(4) + \ldots.,$$

so erhalten wir:

$$\begin{aligned}
[p(\mathrm{n})(\mathrm{n})] = {} & p_1(1)(1) - 2a_1k_a(1) - 2b_1k_b(1) - 2c_1k_c(1) - \ldots.\\
& + p_2(2)(2) - 2a_2k_a(2) - 2b_2k_b(2) - 2c_2k_c(2) - \ldots.\\
& + p_3(3)(3) - 2a_3k_a(3) - 2b_3k_b(3) - 2c_3k_c(3) - \ldots.\\
& + p_4(4)(4) - 2a_4k_a(4) - 2b_4k_b(4) - 2c_4k_c(4) - \ldots.\\
& \ldots\ldots\ldots\ldots\ldots\ldots\ldots\ldots\ldots\ldots\\
& + \quad 2k_af_a \quad + \quad 2k_bf_b \quad + \quad 2k_cf_c \quad + \ldots.
\end{aligned}$$

3. Differenziren wir diesen Ausdruck nach (1), (2), (3), (4), ... so ergeben sich die folgenden partiellen Differenzialquotienten:

$$\begin{aligned}
\frac{\partial[p(\mathrm{n})(\mathrm{n})]}{\partial(1)} &= 2p_1(1) - 2a_1k_a - 2b_1k_b - 2c_1k_c - \ldots.,\\
\frac{\partial[p(\mathrm{n})(\mathrm{n})]}{\partial(2)} &= 2p_2(2) - 2a_2k_a - 2b_2k_b - 2c_2k_c - \ldots.,\\
\frac{\partial[p(\mathrm{n})(\mathrm{n})]}{\partial(3)} &= 2p_3(3) - 2a_3k_a - 2b_3k_b - 2c_3k_c - \ldots.,\\
\frac{\partial[p(\mathrm{n})(\mathrm{n})]}{\partial(4)} &= 2p_4(4) - 2a_4k_a - 2b_4k_b - 2c_4k_c - \ldots.,\\
&\ldots\ldots\ldots\ldots\ldots\ldots\ldots\ldots
\end{aligned}$$

Nr.	$a.$	$b.$	$c.$	$d.$	$e.$	$g.$	$h.$	$i.$	$\frac{aa}{p}.$	$\frac{ab}{p}.$	$\frac{ac}{p}.$	$\frac{ad}{p}.$	$\frac{ae}{p}.$	$\frac{ag}{p}.$	$\frac{ah}{p}.$	$\frac{ai}{p}.$	$\frac{bb}{p}.$	$\frac{bc}{p}.$	$\frac{bd}{p}.$	$\frac{be}{p}.$	$\frac{bg}{p}.$	$\frac{bh}{p}.$	$\frac{bi}{p}.$
1	+1				+1		+1		+1				+1		+1								
2	+1					+1	+1		+1					+1	+1								
3	+1								+1														
4		+1			+1			−0,081									+1			+1			−0,081
5		+1			+1		+1	−0,208									+1			+1		+1	−0,208
6		+1															+1						
7			+1			+1		+0,311															
8			+1		+1			−0,376															
9			+1																				
10				+1		+1	+1	+0,278															
11				+1		+1		+0,086															
12				+1																			
									+3				+1	+1	+2		+3			+2		+1	−0,289

Setzen wir diese partiellen Differenzialquotienten gleich Null, so erhalten wir n Ausdrücke für die n Verbesserungen (1), (2), (3), (4), ..., die der Minimumsbedingung genügen:

$$(156) \quad \begin{cases} (1) = \dfrac{a_1}{p_1} k_a + \dfrac{b_1}{p_1} k_b + \dfrac{c_1}{p_1} k_c + \ldots., \\ (2) = \dfrac{a_2}{p_2} k_a + \dfrac{b_2}{p_2} k_b + \dfrac{c_2}{p_2} k_c + \ldots., \\ (3) = \dfrac{a_3}{p_3} k_a + \dfrac{b_3}{p_3} k_b + \dfrac{c_3}{p_3} k_c + \ldots., \\ (4) = \dfrac{a_4}{p_4} k_a + \dfrac{b_4}{p_4} k_b + \dfrac{c_4}{p_4} k_c + \ldots., \\ \ldots\ldots\ldots\ldots\ldots\ldots \end{cases}$$

Die Koeffizienten k_a, k_b, k_c, ..., wodurch in diesen Gleichungen die Verbesserungen (1), (2), (3), (4), ... ausgedrückt sind, bezeichnen wir als Korrelaten und die Gleichungen **(156)** als Korrelatengleichungen.

4. Setzen wir die in den Korrelatengleichungen **(156)** erhaltenen Werte von (1), (2), (3), (4), ... in die umgeformten Bedingungsgleichungen **(155)** ein, so erhalten wir:

$$(157) \quad \begin{cases} \left[\dfrac{aa}{p}\right] k_a + \left[\dfrac{ab}{p}\right] k_b + \left[\dfrac{ac}{p}\right] k_c + \ldots. = f_a, \\ \left[\dfrac{ab}{p}\right] k_a + \left[\dfrac{bb}{p}\right] k_b + \left[\dfrac{bc}{p}\right] k_c + \ldots. = f_b, \\ \left[\dfrac{ac}{p}\right] k_a + \left[\dfrac{bc}{p}\right] k_b + \left[\dfrac{cc}{p}\right] k_c + \ldots. = f_c, \\ \ldots\ldots\ldots\ldots\ldots\ldots \end{cases}$$

Die Anzahl dieser Gleichungen, die wir als Endgleichungen bezeichnen, ist gleich der Anzahl r der Bedingungsgleichungen und gleich der Anzahl der Korrelaten k_a, k_b, k_c .... Durch Auflösung der Endgleichungen erhalten wir demnach bestimmte Werte der Korrelaten k_a, k_b, k_c, ..., und zwar solche, die den Bedingungsgleichungen **(155)** entsprechen.

Berechnen wir dann mit diesen den Bedingungsgleichungen entsprechenden Werten der Korrelaten k_a, k_b, k_c, ... nach den in den Korrelatengleichungen **(156)** erhaltenen, der Minimumsbedingung genügenden Ausdrücken der Verbesserungen (1), (2), (3), (4), ... die Zahlenwerte dieser Verbesserungen, so erhalten wir solche Zahlenwerte, die sowohl den umgeformten Bedingungsgleichungen **(155)** als auch der Minimumsbedingung genügen.

$\frac{cc}{p}$.	$\frac{cd}{p}$.	$\frac{ce}{p}$.	$\frac{cg}{p}$.	$\frac{ch}{p}$.	$\frac{ci}{p}$.	$\frac{dd}{p}$.	$\frac{de}{p}$.	$\frac{dg}{p}$.	$\frac{dh}{p}$.	$\frac{di}{p}$.	$\frac{ee}{p}$.	$\frac{eg}{p}$.	$\frac{eh}{p}$.	$\frac{ei}{p}$.	$\frac{gg}{p}$.	$\frac{gh}{p}$.	$\frac{gi}{p}$.	$\frac{hh}{p}$.	$\frac{hi}{p}$.	$\frac{ii}{p}$.
											+1		+1					+1		
															+1	+1		+1		
											+1		.	−0,081						+0,0066
											+1		+1	−0,208				+1	−0,208	+0,0433
+1			+1		+0,311										+1		+0,311			+0,0967
+1		+1			−0,376						+1			−0,376						+0,1414
+1																				
						+1		+1	+1	+0,278					+1	+1	+0,278	+1	+0,278	+0,0773
						+1		+1		+0,086					+1		+0,086			+0,0074
						+1														
+3		+1	+1		−0,065	+3		+2	+1	+0,364	+4		+2	−0,665	+4	+2	+0,675	+4	+0,070	+0,3727

Die Faktoren der Endgleichungen **(157)** werden ganz in gleicher Weise gebildet wie die Faktoren der Endgleichungen **(118)** für vermittelnde Beobachtungen.

Beispiel 1: Wie im § 42 angegeben ist, sind sämtliche Winkel mit gleicher Genauigkeit beobachtet worden. Wir setzen daher für die folgende Rechnung die Gewichte sämtlicher Winkel $= 1$. Hiermit und mit den im § 47 erhaltenen Faktoren $a_n, b_n, c_n, \ldots i_n$ der umgeformten Bedingungsgleichungen, ergeben sich die folgenden Korrelatengleichungen:

(156)
$$\left\{\begin{array}{ll}
(1) = +k_a + k_e + k_h, & (7) = +k_c + k_g + 0{,}311\,k_i, \\
(2) = +k_a + k_g + k_h, & (8) = +k_c + k_e - 0{,}376\,k_i, \\
(3) = +k_a, & (9) = +k_c, \\
(4) = +k_b + k_e - 0{,}081\,k_i, & (10) = +k_d + k_g + k_h + 0{,}278\,k_i, \\
(5) = +k_b + k_e + k_h - 0{,}208\,k_i, & (11) = +k_d + k_g + 0{,}086\,k_i, \\
(6) = +k_b, & (12) = +k_d.
\end{array}\right.$$

Die Faktoren der Endgleichungen ergeben sich wie folgt: (Siehe die Tabellen auf Seite 208 und 209.)

Damit erhalten wir die Endgleichungen:

(157)
$$\left\{\begin{array}{l}
+3\,k_a \quad . \quad . \quad . \quad + k_e + k_g + 2\,k_h \quad . \quad = +16, \\
. \quad +3\,k_b \quad . \quad . \quad +2\,k_e \quad . \quad + k_h - 0{,}289\,k_i = +13, \\
. \quad . \quad +3\,k_c \quad . \quad + k_e + k_g \quad . \quad - 0{,}065\,k_i = -24, \\
. \quad . \quad . \quad +3\,k_d \quad . \quad +2\,k_g + k_h + 0{,}364\,k_i = +19, \\
+ k_a + 2\,k_b + k_c \quad . \quad +4\,k_e \quad . \quad +2\,k_h - 0{,}665\,k_i = +29, \\
+ k_a \quad . \quad + k_c + 2\,k_d \quad . \quad +4\,k_g + 2\,k_h + 0{,}675\,k_i = -8, \\
+2\,k_a + k_b \quad . \quad + k_d + 2\,k_e + 2\,k_g + 4\,k_h + 0{,}070\,k_i = +15, \\
. \quad -0{,}289\,k_b - 0{,}065\,k_c + 0{,}364\,k_d - 0{,}665\,k_e + 0{,}675\,k_g + 0{,}070\,k_h \\
\qquad + 0{,}373\,k_i = -13.
\end{array}\right.$$

§ 49. Auflösung der Endgleichungen, Rechenproben und mittlere Fehler der Gewichtseinheit und der Beobachtungsergebnisse. *)

1. Führen wir für die Faktoren der Endgleichungen und die Widersprüche einfachere Bezeichnungen ein, indem wir setzen:

(158)
$$\left\{\begin{array}{l|l|l|l|l}
\mathfrak{a}_1 = \left[\frac{aa}{p}\right], & \mathfrak{b}_1 = \left[\frac{ab}{p}\right], & \mathfrak{c}_1 = \left[\frac{ac}{p}\right], & \ldots, & \mathfrak{f}_1 = -f_a, \\
 & \mathfrak{b}_2 = \left[\frac{bb}{p}\right], & \mathfrak{c}_2 = \left[\frac{bc}{p}\right], & \ldots, & \mathfrak{f}_2 = -f_b, \\
 & & \mathfrak{c}_3 = \left[\frac{cc}{p}\right], & \ldots, & \mathfrak{f}_3 = -f_c, \\
 & & & \ldots, & \ldots\ldots,
\end{array}\right.$$

so gehen die Endgleichungen über in:

(159)
$$\left\{\begin{array}{l}
\mathfrak{a}_1 k_a + \mathfrak{b}_1 k_b + \mathfrak{c}_1 k_c + \ldots \mathfrak{f}_1 = 0, \\
\mathfrak{b}_1 k_a + \mathfrak{b}_2 k_b + \mathfrak{c}_2 k_c + \ldots \mathfrak{f}_2 = 0, \\
\mathfrak{c}_1 k_a + \mathfrak{c}_2 k_b + \mathfrak{c}_3 k_c + \ldots \mathfrak{f}_3 = 0, \\
\ldots\ldots\ldots\ldots\ldots\ldots
\end{array}\right.$$

Diese Gleichungen haben genau dieselbe Form wie die Endgleichungen **(121)**; wir lösen sie daher auch auf nach den Formeln **(120 b)**, **(122)**, **(123)** oder nach dem Schema **(124)**.

---

*) Die Gewichte und mittleren Fehler der wahrscheinlichsten Werte der beobachteten Gröfsen und der Funktionen von diesen werden im VII. Abschnitte besonders behandelt.

2. Hierzu ergeben sich Rechenproben durch dreifache Berechnung des Wertes von $[p(\mathrm{n})(\mathrm{n})]$. Zuerst erhalten wir, indem wir die Ausdrücke für die Verbesserungen (1), (2), (3), (4), ... in den Korrelatengleichungen **(156)** quadriren, mit den Gewichten $p_1, p_2, p_3, p_4, \ldots$ multipliziren und dann alles addiren:

$$p_1(1)(1) = \frac{a_1 a_1}{p_1} k_a k_a + \frac{b_1 b_1}{p_1} k_b k_b + \frac{c_1 c_1}{p_1} k_c k_c + \ldots 2\frac{a_1 b_1}{p_1} k_a k_b + 2\frac{a_1 c_1}{p_1} k_a k_c + \ldots 2\frac{b_1 c_1}{p_1} k_b k_c + \ldots$$

$$p_2(2)(2) = \frac{a_2 a_2}{p_2} k_a k_a + \frac{b_2 b_2}{p_2} k_b k_b + \frac{c_2 c_2}{p_2} k_c k_c + \ldots 2\frac{a_2 b_2}{p_2} k_a k_b + 2\frac{a_2 c_2}{p_2} k_a k_c + \ldots 2\frac{b_2 c_2}{p_2} k_b k_c + \ldots$$

$$p_3(3)(3) = \frac{a_3 a_3}{p_3} k_a k_a + \frac{b_3 b_3}{p_3} k_b k_b + \frac{c_3 c_3}{p_3} k_c k_c + \ldots 2\frac{a_3 b_3}{p_3} k_a k_b + 2\frac{a_3 c_3}{p_3} k_a k_c + \ldots 2\frac{b_3 c_3}{p_3} k_b k_c + \ldots$$

$$p_4(4)(4) = \frac{a_4 a_4}{p_4} k_a k_a + \frac{b_4 b_4}{p_4} k_b k_b + \frac{c_4 c_4}{p_4} k_c k_c + \ldots 2\frac{a_4 b_4}{p_4} k_a k_b + 2\frac{a_4 c_4}{p_4} k_a k_c + \ldots 2\frac{b_4 c_4}{p_4} k_b k_c + \ldots$$

. . . .

$$[p(\mathrm{n})(\mathrm{n})] = \left[\frac{aa}{p}\right] k_a k_a + \left[\frac{bb}{p}\right] k_b k_b + \left[\frac{cc}{p}\right] k_c k_c + \ldots 2\left[\frac{ab}{p}\right] k_a k_b + 2\left[\frac{ac}{p}\right] k_a k_c + \ldots 2\left[\frac{bc}{p}\right] k_b k_c + \ldots$$

Multipliziren wir sodann die Endgleichungen **(157)** mit den Korrelaten $k_a, k_b, k_c, \ldots$ und addiren alles, so erhalten wir:

$$\left[\frac{aa}{p}\right] k_a k_a + \left[\frac{ab}{p}\right] k_a k_b + \left[\frac{ac}{p}\right] k_a k_c + \ldots = k_a f_a,$$

$$\left[\frac{ab}{p}\right] k_a k_b + \left[\frac{bb}{p}\right] k_b k_b + \left[\frac{bc}{p}\right] k_b k_c + \ldots = k_b f_b,$$

$$\left[\frac{ac}{p}\right] k_a k_c + \left[\frac{bc}{p}\right] k_b k_c + \left[\frac{cc}{p}\right] k_c k_c + \ldots = k_c f_c,$$

. . . .

$$\left[\frac{aa}{p}\right] k_a k_a + \left[\frac{bb}{p}\right] k_b k_b + \left[\frac{cc}{p}\right] k_c k_c + \ldots 2\left[\frac{ab}{p}\right] k_a k_b + 2\left[\frac{ac}{p}\right] k_a k_c + \ldots 2\left[\frac{bc}{p}\right] k_b k_c + \ldots = [kf].$$

Der oben für $[p(\mathrm{n})(\mathrm{n})]$ erhaltene Ausdruck stimmt überein mit dem hier für $[kf]$ erhaltenen Ausdruck und demnach folgt:

(160) $$[p(\mathrm{n})(\mathrm{n})] = [kf] = -[k\mathfrak{f}].$$

Berücksichtigen wir nun ferner, dafs nach **(158)**

$$[kf] = -\mathfrak{f}_1 k_a - \mathfrak{f}_2 k_b - \mathfrak{f}_3 k_c - \ldots$$

ist und dafs nach Formel **(127)**

$$-\mathfrak{f}_1 k_a - \mathfrak{f}_2 k_b - \mathfrak{f}_3 k_c - \ldots = \frac{\mathfrak{f}_1}{\mathfrak{a}_1}\mathfrak{f}_1 + \frac{\mathfrak{F}_2}{\mathfrak{B}_2}\mathfrak{F}_2 + \frac{\mathfrak{F}_3}{\mathfrak{C}_3}\mathfrak{F}_3 + \ldots$$

sein mufs, so ist auch:

(161) $$[p(\mathrm{n})(\mathrm{n})] = \frac{\mathfrak{f}_1}{\mathfrak{a}_1}\mathfrak{f}_1 + \frac{\mathfrak{F}_2}{\mathfrak{B}_2}\mathfrak{F}_2 + \frac{\mathfrak{F}_3}{\mathfrak{C}_3}\mathfrak{F}_3 + \ldots$$

Zu diesen beiden Werten von $[p\,(\mathrm{n})\,(\mathrm{n})]$, die wir gleich bei Auflösung der Endgleichungen bilden, und die uns zugleich eine Probe für die richtige Durchführung der Auflösung liefern, erhalten wir endlich einen dritten Wert, indem wir nach den Korrelatengleichungen **(156)** die Zahlenwerte der Verbesserungen (1), (2), (3), (4), ... berechnen und mit diesen Werten

(162) $$[p\,(\mathrm{n})\,(\mathrm{n})] = p_1\,(1)\,(1) + p_2\,(2)\,(2) + p_3\,(3)\,(3) + p_4\,(4)\,(4) + \ldots.$$

$\left[\frac{aa}{p}\right]$.	$\left[\frac{ab}{p}\right]$.	$\left[\frac{ac}{p}\right]$.	$\left[\frac{ad}{p}\right]$.	$\left[\frac{ae}{p}\right]$.	$\left[\frac{ag}{p}\right]$.	$\left[\frac{ah}{p}\right]$.	$\left[\frac{ai}{p}\right]$.	$-f_a$.	$\left[\frac{bb}{p}\right]$.	$\left[\frac{bc}{p}\right]$.	$\left[\frac{bd}{p}\right]$.	$\left[\frac{be}{p}\right]$.
+ 3,000	.	.	.	+ 1,000	+ 1,000	+ 2,000	.	− 16,000	+ 3,000	.	.	+ 2,000
	.	.	.	− 0,333	− 0,333	− 0,667	.	+ 5,333	.	.	.	.
								.	+ 3,000	.	.	+ 2,000
								+ 3,327		.	.	− 0,667
								− 1,789				
								− 1,176				
								.				
								.				
								.				
								.				
							$k_a =$	+ 5,695				

$\left[\frac{dd}{p}\right]$.	$\left[\frac{de}{p}\right]$.	$\left[\frac{dg}{p}\right]$.	$\left[\frac{dh}{p}\right]$.	$\left[\frac{di}{p}\right]$.	$-f_d$.	$\left[\frac{ee}{p}\right]$.	$\left[\frac{eg}{p}\right]$.	$\left[\frac{eh}{p}\right]$.	$\left[\frac{ei}{p}\right]$.	$-f_e$.	$\left[\frac{gg}{p}\right]$.
+ 3,000	.	+ 2,000	+ 1,000	+ 0,364	− 19,000	+ 4,000	.	+ 2,000	− 0,665	− 29,000	+ 4,000
.	.	.	.	.	.	− 0,333	− 0,333	− 0,667	.	+ 5,333	− 0,333
.	.	.	.	.	.	− 1,333	.	− 0,667	+ 0,193	+ 8,667	.
.	.	.	.	.	.	− 0,333	− 0,333	.	+ 0,022	− 8,000	− 0,333
+ 3,000	.	+ 2,000	+ 1,000	+ 0,364	− 19,000	.	.	.	.	.	− 1,333
	.	− 0,667	− 0,333	− 0,1213	+ 6,333	+ 2,000	− 0,667	+ 0,667	− 0,450	− 23,000	− 0,222
					+ 6,159		+ 0,333	− 0,333	+ 0,225	+ 11,500	+ 1,778
					+ 1,663					− 11,425	
					− 3,577					+ 1,663	
					.					+ 1,789	
				$k_d =$	+ 10,578				$k_e =$	+ 3,527	

bilden, wodurch wir eine Probe für die richtige Bildung der Faktoren der Endgleichungen erhalten.

(163). Weiter erhalten wir dann eine Probe für die richtige Bildung und Umformung der Bedingungsgleichungen, indem wir zuerst feststellen, ob die erhaltenen Verbesserungen (1), (2), (3), (4), ... den umgeformten Bedingungsgleichungen **(155)** genügen, indem wir sodann nach den Formeln **(153)** durch

$\left[\frac{bg}{p}\right]$.	$\left[\frac{bh}{p}\right]$.	$\left[\frac{bi}{p}\right]$.	$-f_b$.	$\left[\frac{cc}{p}\right]$.	$\left[\frac{cd}{p}\right]$.	$\left[\frac{ce}{p}\right]$.	$\left[\frac{cg}{p}\right]$.	$\left[\frac{ch}{p}\right]$.	$\left[\frac{ci}{p}\right]$.	$-f_c$.
.	+ 1,000	− 0,289	− 13,000	+ 3,000	.	+ 1,000	+ 1,000	.	− 0,065	+ 24,000
.	.	.	.	.	.	.	.	.	.	.
.	+ 1,000	− 0,289	− 13,000	.	.	.	.	.	.	.
.	− 0,333	+ 0,0963	+ 4,333	+ 3,000	.	+ 1,000	+ 1,000	.	− 0,065	+ 24,000
			− 4,890		.	− 0,333	− 0,333	.	+ 0,0217	− 8,000
			+ 1,663							− 1,102
			.							.
			− 2,351							− 1,789
			.							− 1,176
			.							.
		$k_b =$	− 1,245						$k_c =$	− 12,067

$\left[\frac{gh}{p}\right]$.	$\left[\frac{gi}{p}\right]$.	$-f_g$.	$\left[\frac{hh}{p}\right]$.	$\left[\frac{hi}{p}\right]$.	$-f_h$.	$\left[\frac{ii}{p}\right]$.	$-f_i$.	Probe.	
+ 2,000	+ 0,675	+ 8,000	+ 4,000	+ 0,070	− 15,000	+ 0,3727	+ 13,0000		
− 0,667	.	+ 5,333	− 1,333	.	+ 10,667	.	.	+ 85,333	+ 91,120
.	.	.	− 0,333	+ 0,096	+ 4,333	− 0,0278	− 1,2519	+ 56,333	− 16,185
.	+ 0,022	− 8,000	.	.	.	− 0,0014	+ 0,5208	+ 192,000	+ 289,608
− 0,667	− 0,243	+ 12,667	− 0,333	− 0,121	+ 6,333	− 0,0442	+ 2,3053	+ 120,333	+ 200,982
+ 0,222	− 0,150	− 7,667	− 0,222	+ 0,150	+ 7,667	− 0,1012	− 5,1750	+ 264,500	+ 102,283
+ 0,889	+ 0,304	+ 10,333	− 0,444	− 0,152	− 5,167	− 0,0520	− 1,7668	+ 60,055	− 42,928
− 0,500	− 0,171	− 5,812	+ 1,333	+ 0,043	+ 8,833	− 0,0014	− 0,2849	+ 58,521	− 74,850
		+ 8,683		− 0,0322	− 6,625	+ 0,1447	+ 7,3475	+ 373,084	+ 660,101
		+ 2,495			+ 1.635			+ 1210,159	+ 1210,131
	$k_g =$	+ 5,366		$k_h =$	− 4,990	$k_i =$	− 50,777		

Hinzufügung der Verbesserungen (1), (2), (3), (4), ... zu den Beobachtungsergebnissen 1, 2, 3, 4, ... die verbesserten Werte I, II, III, IV, ... bilden und danach feststellen, ob diese verbesserten Werte den Bedingungsgleichungen **(150)** genügen.

3. Die Anzahl der überschüssigen Beobachtungen, wodurch wir die Quadratsumme der auf die Gewichtseinheit reduzirten Beobachtungsfehler zu dividiren haben, um das Quadrat des mittleren Fehlers $\mathfrak{m}$ der Gewichtseinheit zu erhalten, ist gleich der Anzahl r der Bedingungsgleichungen, so dafs also ist:

$$\textbf{(164)} \qquad \mathfrak{m} = \pm \sqrt{\frac{[p(n)(n)]}{r}}.$$

Hiermit erhalten wir die mittleren Fehler $m_1, m_2, m_3, m_4, \ldots$ der Beobachtungsergebnisse 1, 2, 3, 4, ... nach:

$$\textbf{(165)} \qquad m_1 = \pm \mathfrak{m} \sqrt{\frac{1}{p_1}}, \quad m_2 = \pm \mathfrak{m} \sqrt{\frac{1}{p_2}}, \quad m_3 = \pm \mathfrak{m} \sqrt{\frac{1}{p_3}}, \quad m_4 = \pm \mathfrak{m} \sqrt{\frac{1}{p_4}}, \ldots$$

Beispiel 1: Die Auflösung der Endgleichungen **(157)** gestaltet sich nach dem Schema **(124)** wie folgt: (Siehe die Tabellen auf Seite 212 und 213.)

Die Berechnung von $[p(n)(n)]$ nach den Formeln **(160)** und **(161)** ist in den beiden letzten Spalten des Schemas ausgeführt und hat ergeben:

$$\textbf{(161)} \qquad [p(n)(n)] = \frac{\mathfrak{f}_1}{\mathfrak{a}_1}\mathfrak{f}_1 + \frac{\mathfrak{F}_2}{\mathfrak{B}_2}\mathfrak{F}_2 + \frac{\mathfrak{F}_3}{\mathfrak{C}_3}\mathfrak{F}_3 + \ldots = 1210{,}16,$$

$$\textbf{(160)} \qquad [p(n)(n)] = [kf] = [-k\mathfrak{f}] \ldots = 1210{,}13,$$

welche beiden Werte genügend übereinstimmen und somit die richtige Auflösung der Endgleichungen sicherstellen.

Mit den erhaltenen Zahlenwerten der Korrelaten $k_a, k_b, k_c, \ldots k_i$ ergeben sich nach den Korrelatengleichungen **(156)** die folgenden Zahlenwerte der Verbesserungen (1), (2), (3), ... (12):

$$\textbf{(156)} \quad \left\{ \begin{aligned}
(1) &= +k_a + k_e + k_h = +5{,}70 + 3{,}53 - 4{,}99 = +4{,}24'', \\
(2) &= +k_a + k_g + k_h = +5{,}70 + 5{,}37 - 4{,}99 = +6{,}08'', \\
(3) &= +k_a = +5{,}70'', \\
(4) &= +k_b + k_e - 0{,}081\,k_i = -1{,}24 + 3{,}53 - 0{,}081\,(-50{,}78) = +6{,}40'', \\
(5) &= +k_b + k_e + k_h - 0{,}208\,k_i = -1{,}24 + 3{,}53 - 4{,}99 - 0{,}208\,(-50{,}78) = +7{,}86'', \\
(6) &= +k_b = -1{,}24'', \\
(7) &= +k_c + k_g + 0{,}311\,k_i = -12{,}07 + 5{,}37 + 0{,}311\,(-50{,}78) = -22{,}49'', \\
(8) &= +k_c + k_e - 0{,}376\,k_i = -12{,}07 + 3{,}53 - 0{,}376\,(-50{,}78) = +10{,}55'', \\
(9) &= +k_c = -12{,}07'', \\
(10) &= +k_d + k_g + k_h + 0{,}278\,k_i = +10{,}58 + 5{,}37 - 4{,}99 + 0{,}278\,(-50{,}78) = -3{,}16'', \\
(11) &= +k_d + k_g + 0{,}086\,k_i = +10{,}58 + 5{,}37 + 0{,}086\,(-50{,}78) = +11{,}58'', \\
(12) &= +k_d = +10{,}58''.
\end{aligned} \right.$$

Die Quadratsumme dieser Verbesserungen ergiebt sich zu:

$$[p(n)(n)] = p_1(1)(1) + p_2(2)(2) + p_3(3)(3) + \ldots p_{12}(12)(12) = 1210{,}53,$$

welcher Betrag mit den nach den Formeln **(160)** und **(161)** erhaltenen Beträgen genügend übereinstimmt. Setzen wir die Zahlenwerte der Verbesserungen in die umgeformten Bedingungsgleichungen **(155)** ein, so erhalten wir:

$$(155)\left\{\begin{array}{l} +\ 4{,}2+\ 6{,}1+\ 5{,}7=+16{,}0'', \qquad +4{,}2+\ 6{,}4+7{,}9+10{,}6=+29{,}1'', \\ +\ 6{,}4+\ 7{,}9-\ 1{,}2=+13{,}1'', \qquad +6{,}1-22{,}5-3{,}2+11{,}6=-\ 8{,}0'', \\ -22{,}5+10{,}6-12{,}1=-24{,}0'', \qquad +4{,}2+\ 6{,}1+7{,}9-\ 3{,}2=+15{,}0'', \\ -\ 3{,}2+11{,}6+10{,}6=+19{,}0'', \\ -0{,}081\,(+6{,}4)-0{,}208\,(+7{,}9)+0{,}311\,(-22{,}5)-0{,}376\,(+10{,}6)+0{,}278\,(-3{,}2) \\ +0{,}086\,(+11{,}6)=-0{,}5-1{,}6-7{,}0-4{,}0-0{,}9+1{,}0=-13{,}0\,. \end{array}\right.$$

Die erhaltenen Beträge stimmen bis auf eine Einheit der Dezimalstelle mit den Widersprüchen f_a, f_b, f_c, ... f_i überein, die umgeformten Bedingungsgleichungen werden also genügend scharf erfüllt.

Fügen wir nach den Formeln **(153)** den Beobachtungsergebnissen 1, 2, 3, ... 12 die Verbesserungen (1), (2), (3), ... (12) hinzu, so erhalten wir die wahrscheinlichsten Werte I, II, III, ... XII der beobachteten Winkel wie folgt:

$$(153)\left\{\begin{array}{rl} \text{I}= & 1+\ (1)=\ 39^\circ 48'\,55''+\ 4{,}2''=\ 39^\circ 48'\,59{,}2'', \\ \text{II}= & 2+\ (2)=\ 33\ 37\ 34\ +\ 6{,}1\ =\ 33\ 37\ 40{,}1\ , \\ \text{III}= & 3+\ (3)=286\ 33\ 15\ +\ 5{,}7\ =286\ 33\ 20{,}7\ , \\ \text{IV}= & 4+\ (4)=\ 52\ 04\ 30\ +\ 6{,}4\ =\ 52\ 04\ 36{,}4\ , \\ \text{V}= & 5+\ (5)=\ 58\ 52\ 04\ +\ 7{,}9\ =\ 58\ 52\ 11{,}9\ , \\ \text{VI}= & 6+\ (6)=249\ 03\ 13\ -\ 1{,}2\ =249\ 03\ 11{,}8\ , \\ \text{VII}= & 7+\ (7)=\ 34\ 04\ 07\ -22{,}5\ =\ 34\ 03\ 44{,}5\ , \\ \text{VIII}= & 8+\ (8)=\ 29\ 14\ 02\ +10{,}6\ =\ 29\ 14\ 12{,}6\ , \\ \text{IX}= & 9+\ (9)=296\ 42\ 15\ -12{,}1\ =296\ 42\ 02{,}9\ , \\ \text{X}= & 10+(10)=\ 47\ 41\ 12\ -\ 3{,}2\ =\ 47\ 41\ 08{,}8\ , \\ \text{XI}= & 11+(11)=\ 64\ 37\ 15\ +11{,}6\ =\ 64\ 37\ 26{,}6\ , \\ \text{XII}= & 12+(12)=247\ 41\ 14\ +10{,}6\ =247\ 41\ 24{,}6\ . \end{array}\right.$$

Wie nachstehende Zusammenstellung zeigt, erfüllen diese verbesserten Winkel nunmehr auch die Bedingungsgleichungen **(150)** genügend scharf:

I	39	48	59,2	IV	52	04	36,4	VII	34	03	44,5	X	47	41	08,8
II	33	37	40,1	V	58	52	11,9	VIII	29	14	12,6	XI	64	37	26,6
III	286	33	20,7	VI	249	03	11,8	IX	296	42	02,9	XII	247	41	24,6
	360	00	00,0		360	00	00,1		360	00	00,0		360	00	00,0

I	39	48	59,2		
IV + V	110	56	48,3	*log sin* (IV + V)	9.97 031
VIII	29	14	12,6	*cpl log sin* VIII	0.31 120
	180	00	00,1		
II	33	37	40,1		
VII	34	03	44,5	*log sin* VII	9.74 826
X + XI	112	18	35,4	*cpl log sin* (X + XI)	0.03 379
	180	00	00,0		
I + II	73	26	39,3		
X	47	41	08,8	*log sin* X	9.86 892
V	58	52	11,9	*cpl log sin* V	0.06 753
	180	00	00,0		0.00 001

Die Richtigkeit der Rechnung ist hiermit nach allen Seiten sichergestellt.

Der mittlere Fehler der Gewichtseinheit ergiebt sich zu:

(164) $$\mathfrak{m} = \pm\sqrt{\frac{[p(\mathfrak{n})(\mathfrak{n})]}{r}} = \pm\sqrt{\frac{1210}{8}} = \pm\, 12{,}3''.$$

Da sämtliche Beobachtungsergebnisse das Gewicht 1 haben, stimmt der mittlere Fehler m derselben mit dem mittleren Fehler $\mathfrak{m}$ der Gewichtseinheit überein.

§ 50. Bildung der reduzirten Endgleichungen aus reduzirten Bedingungs- und Korrelatengleichungen.*)

1. Die Faktoren der Endgleichungen ergeben sich bei dem Verfahren für bedingte Beobachtungen aus den Faktoren der Bedingungs- und Korrelatengleichungen $a, b, c, \ldots$ und den reziproken Werten $\frac{1}{p_1}, \frac{1}{p_2}, \frac{1}{p_3}, \frac{1}{p_4}, \ldots$ der Gewichte in ganz ähnlicher Weise wie sich diese Faktoren bei dem Verfahren für vermittelnde Beobachtungen aus den Faktoren $a, b, c, \ldots$ der Fehlergleichungen und den Gewichten $p_1, p_2, p_3, \ldots$ ergeben. Daher können wir auch in ähnlicher Weise, wie wir bei dem letzteren Verfahren die reduzirten Endgleichungen in geeigneten Fällen direkt aus reduzirten Fehlergleichungen gebildet haben, bei dem Verfahren für bedingte Beobachtungen die reduzirten Endgleichungen direkt aus reduzirten Bedingungs- und Korrelatengleichungen bilden.

2. Sind die Faktoren $a_1, a_2, a_3, a_4, \ldots$ der ersten Bedingungsgleichung sämtlich gleich $+1$, liegen also die Gleichungen

(155) $$\begin{cases} (1) + (2) + (3) + (4) + \ldots = f_a, \\ b_1(1) + b_2(2) + b_3(3) + b_4(4) + \ldots = f_b, \\ c_1(1) + c_2(2) + c_3(3) + c_4(4) + \ldots = f_c, \\ \ldots\ldots\ldots\ldots\ldots\ldots \end{cases}$$

vor, so ergeben sich daraus die folgenden Korrelaten- und Endgleichungen:

(156) $$\begin{cases} (1) = \frac{1}{p_1} k_a + \frac{b_1}{p_1} k_b + \frac{c_1}{p_1} k_c + \ldots, \\ (2) = \frac{1}{p_2} k_a + \frac{b_2}{p_2} k_b + \frac{c_2}{p_2} k_c + \ldots, \\ (3) = \frac{1}{p_3} k_a + \frac{b_3}{p_3} k_b + \frac{c_3}{p_3} k_c + \ldots, \\ (4) = \frac{1}{p_4} k_a + \frac{b_4}{p_4} k_b + \frac{c_4}{p_4} k_c + \ldots, \\ \ldots\ldots\ldots\ldots\ldots\ldots \end{cases}$$

(157) $$\begin{cases} \left[\frac{1}{p}\right] k_a + \left[\frac{b}{p}\right] k_b + \left[\frac{c}{p}\right] k_c + \ldots = f_a, \\ \left[\frac{b}{p}\right] k_a + \left[\frac{bb}{p}\right] k_b + \left[\frac{bc}{p}\right] k_c + \ldots = f_b, \\ \left[\frac{c}{p}\right] k_a + \left[\frac{bc}{p}\right] k_b + \left[\frac{cc}{p}\right] k_c + \ldots = f_c, \\ \ldots\ldots\ldots\ldots\ldots\ldots \end{cases}$$

Aus der ersten Endgleichung folgt:

$$k_a = -\frac{\left[\frac{b}{p}\right]}{\left[\frac{1}{p}\right]} k_b - \frac{\left[\frac{c}{p}\right]}{\left[\frac{1}{p}\right]} k_c - \ldots + \frac{1}{\left[\frac{1}{p}\right]} f_a.$$

---

*) Vergleiche: Schleiermacher's Methode der Winkelausgleichung in einem Dreiecksnetze von Professor Nell in Darmstadt. Zeitschrift für Vermessungswesen, 1881, Heft 1 und 3, 1883, Heft 12.

Wird dieser Ausdruck für k_a in die beiden letzten Gleichungen eingesetzt, so ergeben sich die folgenden reduzirten Endgleichungen:

$$\left(\left[\frac{bb}{p}\right]-\frac{\left[\frac{b}{p}\right]\left[\frac{b}{p}\right]}{\left[\frac{1}{p}\right]}\right)k_b+\left(\left[\frac{bc}{p}\right]-\frac{\left[\frac{b}{p}\right]\left[\frac{c}{p}\right]}{\left[\frac{1}{p}\right]}\right)k_c+\ldots.=f_b-\frac{\left[\frac{b}{p}\right]}{\left[\frac{1}{p}\right]}f_a,$$

$$\left(\left[\frac{bc}{p}\right]-\frac{\left[\frac{b}{p}\right]\left[\frac{c}{p}\right]}{\left[\frac{1}{p}\right]}\right)k_b+\left(\left[\frac{cc}{p}\right]-\frac{\left[\frac{c}{p}\right]\left[\frac{c}{p}\right]}{\left[\frac{1}{p}\right]}\right)k_c+\ldots.=f_c-\frac{\left[\frac{c}{p}\right]}{\left[\frac{1}{p}\right]}f_a,$$

. . . .

3. Dieselben reduzirten Endgleichungen ergeben sich aus den folgenden reduzirten Bedingungs- und Korrelatengleichungen:

$$(166)\quad \begin{cases} b_1((1))+b_2((2))+b_3((3))+b_4((4))+\ldots.+\left[\frac{b}{p}\right]((n+1))=f_b-\frac{\left[\frac{b}{p}\right]}{\left[\frac{1}{p}\right]}f_a, \\ c_1((1))+c_2((2))+c_3((3))+c_4((4))+\ldots.+\left[\frac{c}{p}\right]((n+1))=f_c-\frac{\left[\frac{c}{p}\right]}{\left[\frac{1}{p}\right]}f_a, \\ \ldots\ldots\ldots\ldots\ldots\ldots\ldots\ldots \end{cases}$$

$$(167)\quad \begin{cases} ((1))=\frac{b_1}{p_1}k_b+\frac{c_1}{p_1}k_c+\ldots., \\ ((2))=\frac{b_2}{p_2}k_b+\frac{c_2}{p_2}k_c+\ldots. \\ ((3))=\frac{b_3}{p_3}k_b+\frac{c_3}{p_3}k_c+\ldots., \\ ((4))=\frac{b_4}{p_4}k_b+\frac{c_4}{p_4}k_c+\ldots., \\ \ldots\ldots\ldots\ldots\ldots, \\ ((n+1))=-\frac{\left[\frac{b}{p}\right]}{\left[\frac{1}{p}\right]}k_b-\frac{\left[\frac{c}{p}\right]}{\left[\frac{1}{p}\right]}k_c-\ldots., \end{cases}$$

Denn wenn die in den reduzirten Korrelatengleichungen für $((1))$, $((2))$, $((3))$, $((4))$, ... gegebenen Ausdrücke in die reduzirten Bedingungsgleichungen eingesetzt werden, so liefern sie die Beiträge $\left[\frac{bb}{p}\right]$, $\left[\frac{bc}{p}\right]$, ... $\left[\frac{cc}{p}\right]$, ... zu den Faktoren der reduzirten Endgleichungen und wenn der Ausdruck für $((n+1))$ in dieselben Gleichungen eingesetzt wird, so liefert er die Beiträge $-\frac{\left[\frac{b}{p}\right]\left[\frac{b}{p}\right]}{\left[\frac{1}{p}\right]}$, $-\frac{\left[\frac{b}{p}\right]\left[\frac{c}{p}\right]}{\left[\frac{1}{p}\right]}$, ... $-\frac{\left[\frac{c}{p}\right]\left[\frac{c}{p}\right]}{\left[\frac{1}{p}\right]}$, ..., so daſs also die Ausdrücke für $((1))$, $((2))$, $((3))$, $((4))$, ... $((n+1))$ zusammen die Faktoren der obigen reduzirten Endgleichungen liefern.

Nachdem k_b, k_c, ... durch Auflösung der reduzirten Endgleichungen berechnet sind, ergiebt sich k_a nach der bereits angeführten Formel:

$$(168)\quad k_a=-\frac{\left[\frac{b}{p}\right]}{\left[\frac{1}{p}\right]}k_b-\frac{\left[\frac{c}{p}\right]}{\left[\frac{1}{p}\right]}k_c-\ldots.+\frac{1}{\left[\frac{1}{p}\right]}f_a=((n+1))+\frac{1}{\left[\frac{1}{p}\right]}f_a.$$

Ferner ergiebt sich für die wahrscheinlichsten Werte der Verbesserungen (1), (2), (3), (4), ... aus den Korrelatengleichungen **(156)** und **(167)**:

$$(169)\quad \begin{cases} (1) = ((1)) + \frac{1}{p_1} k_a, \\ (2) = ((2)) + \frac{1}{p_2} k_a, \\ (3) = ((3)) + \frac{1}{p_3} k_a, \\ (4) = ((4)) + \frac{1}{p_4} k_a, \\ \dots\dots\dots\dots \end{cases}$$

Dem sich bei Auflösung der reduzirten Endgleichungen ergebenden Betrage $\frac{\mathfrak{F}_2}{\mathfrak{B}_2}\mathfrak{F}_2 + \frac{\mathfrak{F}_3}{\mathfrak{C}_3}\mathfrak{F}_3 + \dots$ ist nach Formel **(161)** der Betrag $\frac{\mathfrak{f}_1}{\mathfrak{a}_1}\mathfrak{f}_1$, oder da hier $\mathfrak{a}_1 = \left[\frac{1}{p}\right]$, $\mathfrak{f}_1 = -f_a$ ist, der Betrag $\frac{f_a}{\left[\frac{1}{p}\right]} f_a$ hinzufügen, um $[p(n)(n)]$ zu erhalten.

4. Die Formeln **(166)** bis **(169)** vereinfachen sich, wenn die Gewichte p_1, p_2, p_3, p_4, ... sämtlich gleich 1 sind, wie folgt:

$$(170)\quad \begin{cases} b_1((1)) + b_2((2)) + b_3((3)) + b_4((4)) + \dots + [b]((n+1)) = f_b - \frac{[b]}{n} f_a, \\ c_1((1)) + c_2((2)) + c_3((3)) + c_4((4)) + \dots + [c]((n+1)) = f_c - \frac{[c]}{n} f_a, \\ \dots\dots\dots\dots\dots\dots\dots\dots, \end{cases}$$

$$(171)\quad \begin{cases} ((1)) = b_1 k_b + c_1 k_c + \dots, \\ ((2)) = b_2 k_b + c_2 k_c + \dots, \\ ((3)) = b_3 k_b + c_3 k_c + \dots, \\ ((4)) = b_4 k_b + c_4 k_c + \dots, \\ \dots\dots\dots\dots\dots\dots, \\ ((n+1)) = -\frac{[b]}{n} k_b - \frac{[c]}{n} k_c - \dots, \end{cases}$$

$$(172)\quad k_a = -\frac{[b]}{n} k_b - \frac{[c]}{n} k_c - \dots + \frac{1}{n} f_a = ((n+1)) + \frac{1}{n} f_a,$$

$$(173)\quad \begin{cases} (1) = ((1)) + k_a, \\ (2) = ((2)) + k_a, \\ (3) = ((3)) + k_a, \\ (4) = ((4)) + k_a, \\ \dots\dots\dots\dots \end{cases}$$

Dem sich bei Auflösung der reduzirten Endgleichungen ergebenden Betrage $\frac{\mathfrak{F}_2}{\mathfrak{B}_2}\mathfrak{F}_2 + \frac{\mathfrak{F}_3}{\mathfrak{C}_3}\mathfrak{F}_3 + \dots$ ist in diesem Falle der Betrag $\frac{f_a}{n} f_a$ hinzuzufügen, um $[(n)(n)]$ zu erhalten.

5. Bei Anwendung der Formeln **(166)** bis **(169)** oder der Formeln **(170)** bis **(173)** ist zu beachten, dafs bei Bildung der Zahlenwerte von $\left[\frac{1}{p}\right]$, $\left[\frac{b}{p}\right]$, $\left[\frac{c}{p}\right]$, ... und von n, $[b]$, $[c]$, ... nur diejenigen Zahlenwerte von b, c, ... p anzurechnen sind, die in Korrelatengleichungen stehen, worin die Faktoren $a = +1$ vorkommen und dafs hierbei alle Korrelatengleichungen unberücksichtigt bleiben, worin die Faktoren $a = 0$ sind oder nicht vorkommen, da diese letzteren

Korrelatengleichungen keine Beiträge zu den Faktoren $\left[\frac{aa}{p}\right]$, $\left[\frac{ab}{p}\right]$, $\left[\frac{ac}{p}\right]$, ... der Endgleichungen, woraus die Gröfsen $\left[\frac{1}{p}\right]$, $\left[\frac{b}{p}\right]$, $\left[\frac{c}{p}\right]$, ..., n, $[b]$, $[c]$, ... in der vorstehenden Formelentwickelung hervorgegangen sind, liefern.

6. Die Widersprüche $f_b - \frac{\left[\frac{b}{p}\right]}{\left[\frac{1}{p}\right]} f_a$, $f_c - \frac{\left[\frac{c}{p}\right]}{\left[\frac{1}{p}\right]} f_a$, ... in den reduzirten Bedingungsgleichungen **(166)** können in der Weise gebildet werden, dafs den Beobachtungsergebnissen 1, 2, 3, 4, ... zunächst Verbesserungen v_1, v_2, v_3, v_4, ... beigefügt werden, die nach dem Verfahren für direkte Beobachtungen mehrerer Gröfsen, deren Summe einen bekannten Sollbetrag erfüllen mufs, aus der ersten Bedingungsgleichung berechnet werden und dafs dann die Widersprüche mit den so verbesserten Beobachtungsergebnissen $1 + v_1$, $2 + v_2$, $3 + v_3$, $4 + v_4$, ... berechnet werden. Die Verbesserungen v_1, v_2, v_3, v_4, ... ergeben sich nach den Formeln **(102)** wie folgt:

(102) $$v_1 = \frac{\frac{1}{p_1}}{\left[\frac{1}{p}\right]} f_a, \quad v_2 = \frac{\frac{1}{p_2}}{\left[\frac{1}{p}\right]} f_a, \quad v_3 = \frac{\frac{1}{p_3}}{\left[\frac{1}{p}\right]} f_a, \quad v_4 = \frac{\frac{1}{p_4}}{\left[\frac{1}{p}\right]} f_a, \ldots.$$

Mit diesen Verbesserungen ergeben sich die Widersprüche nach den Formeln **(151)** und **(152)** zu:

$$F_b\left(\left(1 + \frac{\frac{1}{p_1}}{\left[\frac{1}{p}\right]} f_a\right), \left(2 + \frac{\frac{1}{p_2}}{\left[\frac{1}{p}\right]} f_a\right), \left(3 + \frac{\frac{1}{p_3}}{\left[\frac{1}{p}\right]} f_a\right), \left(4 + \frac{\frac{1}{p_4}}{\left[\frac{1}{p}\right]} f_a\right), \ldots\right)$$

$$= F_b(1, 2, 3, 4, \ldots) + \frac{\frac{b_1}{p_1}}{\left[\frac{1}{p}\right]} f_a + \frac{\frac{b_2}{p_2}}{\left[\frac{1}{p}\right]} f_a + \frac{\frac{b_3}{p_3}}{\left[\frac{1}{p}\right]} f_a + \frac{\frac{b_4}{p_4}}{\left[\frac{1}{p}\right]} f_a \ldots$$

$$= \Sigma_b + \frac{\left[\frac{b}{p}\right]}{\left[\frac{1}{p}\right]} f_a,$$ so dafs

$$S_b - F_b\left(\left(1 + \frac{\frac{1}{p_1}}{\left[\frac{1}{p}\right]} f_a\right), \left(2 + \frac{\frac{1}{p_2}}{\left[\frac{1}{p}\right]} f_a\right), \left(3 + \frac{\frac{1}{p_3}}{\left[\frac{1}{p}\right]} f_a\right), \left(4 + \frac{\frac{1}{p_4}}{\left[\frac{1}{p}\right]} f_a\right), \ldots\right)$$

$$= S_b - \Sigma_b - \frac{\left[\frac{b}{p}\right]}{\left[\frac{1}{p}\right]} f_a = f_b - \frac{\left[\frac{b}{p}\right]}{\left[\frac{1}{p}\right]} f_a$$

und ebenso

$$S_c - F_c\left(\left(1 + \frac{\frac{1}{p_1}}{\left[\frac{1}{p}\right]} f_a\right), \left(2 + \frac{\frac{1}{p_2}}{\left[\frac{1}{p}\right]} f_a\right), \left(3 + \frac{\frac{1}{p_3}}{\left[\frac{1}{p}\right]} f_a\right), \left(4 + \frac{\frac{1}{p_4}}{\left[\frac{1}{p}\right]} f_a\right), \ldots\right)$$

$$= f_c - \frac{\left[\frac{c}{p}\right]}{\left[\frac{1}{p}\right]} f_a$$

. . . .

wird.

Die Verbesserungen $(\mathbf{1})=(1)-v_1$, $(\mathbf{2})=(2)-v_2$, $(\mathbf{3})=(3)-v_3$, $(\mathbf{4})=(4)-v_4$, ... die an den bereits durch Zusatz von v_1, v_2, v_3, v_4, verbesserten Beobachtungsergebnissen noch anzubringen sind, ergeben sich nach den unveränderten Korrelatengleichungen, wenn k_a nach der Formel berechnet wird, die sich aus der Formel **(168)** durch Weglassung des letzten Gliedes ergiebt, wenn k_a also gerechnet wird nach:

$$k_a = -\frac{\left[\frac{b}{p}\right]}{\left[\frac{1}{p}\right]} k_b - \frac{\left[\frac{c}{p}\right]}{\left[\frac{1}{p}\right]} k_c - \ldots . = ((n+1)).$$

Sind die Gewichte p_1, p_2, p_3, p_4, ... sämtlich $=1$, so ergiebt sich die den Beobachtungsergebnissen beizufügende Verbesserung v nach Formel **(93)** zu:

$$v = \frac{1}{n} f_a,$$

wonach mit den verbesserten Beobachtungsergebnissen $1+\frac{1}{n} f_a$, $2+\frac{1}{n} f_a$, $3+\frac{1}{n} f_a$, $4+\frac{1}{n} f_a$, ... die Widersprüche $f_b - \frac{[b]}{n} f_a$, $f_c - \frac{[c]}{n} f_a$, ... der reduzirten Bedingungsgleichungen **(170)** erhalten werden.

Zur Erlangung der Verbesserungen $(\mathbf{1})=(1)-v$, $(\mathbf{2})=(2)-v$, $(\mathbf{3})=(3)-v$, $(\mathbf{4})=(4)-v$, ... ist k_a dann zu rechnen nach:

$$k_a = -\frac{[b]}{n} k_b - \frac{[c]}{n} k_c - \ldots . = ((n+1)).$$

Beispiel 1: Die in unserem Beispiele erhaltenen Bedingungs- und Korrelatengleichungen sind, wenn wir zur Gewinnung einer besseren Uebersicht, für alle Faktoren, die nicht $=0$ sind, die Bezeichnungen a, b, c, ... wieder einführen:

$$(155)\quad \begin{cases} a_1\,(1)+a_2\,(2)+a_3\,(3)=f_a, & e_1(1)+e_4(4)+e_5\,(5)+e_8\,(8)=f_e,\\ b_4\,(4)+b_5\,(5)+b_6\,(6)=f_b, & g_2(2)+g_7(7)+g_{10}(10)+g_{11}(11)=f_g,\\ c_7\,(7)+c_8\,(8)+c_9\,(9)=f_c, & h_1(1)+h_2(2)+h_5\,(5)+h_{10}(10)=f_h,\\ d_{10}(10)+d_{11}(11)+d_{12}(12)=f_d, & \\ i_4(4)+i_5(5)+i_7(7)+i_8(8)+i_{10}(10)+i_{11}(11)=f_i, & \end{cases}$$

$$(156)\quad \begin{cases} (1)=a_1 k_a+e_1 k_e+h_1 k_h, & (7)=c_7\,k_c+g_7\,k_g+i_7\,k_i,\\ (2)=a_2 k_a+g_2 k_g+h_2 k_h, & (8)=c_8\,k_c+e_8\,k_e+i_8\,k_i,\\ (3)=a_3 k_a, & (9)=c_9\,k_c,\\ (4)=b_4 k_b+e_4 k_e+i_4 k_i, & (10)=d_{10} k_d+g_{10} k_g+h_{10} k_h+i_{10} k_i,\\ (5)=b_5 k_b+e_5 k_e+h_5 k_h+i_5 k_i, & (11)=d_{11} k_d+g_{11} k_g+i_{11} k_i,\\ (6)=b_6 k_b, & (12)=d_{12} k_d. \end{cases}$$

In diesen Gleichungen ist $a_1=a_2=a_3=+1$ und sämtliche Gewichte sind ebenfalls $=1$. Wir können die Gleichungen also nach den Formeln **(170)** und **(171)** reduziren. Zu diesem Zwecke bilden wir zuerst n, $[b]$, $[c]$, ..., wobei wir nach Nr. 5 nur die drei ersten Korrelatengleichungen berücksichtigen, da nur in diesen die Faktoren a vorkommen. Wir erhalten:

$$n=3, [b]=0, [c]=0, [d]=0, [e]=+e_1, [g]=+g_2, [h]=h_1+h_2, [i]=0,$$

und damit die reduzirten Bedingungs- und Korrelatengleichungen:

$$(170)\quad \begin{cases} b_4\,(4)+b_5\,(5)+b_6\,(6)=f_b, & e_1((1))+e_4(4)+e_5(5)+e_8(8)+e_1((13))=f_e-\frac{e_1}{3}f_a,\\ c_7\,(7)+c_8\,(8)+c_9\,(9)=f_c, & g_2((2))+g_7(7)+g_{10}(10)+g_{11}(11)+g_2((13))=f_g-\frac{g_2}{3}f_a,\\ d_{10}(10)+d_{11}(11)+d_{12}(12)=f_d, & h_1((1))+h_2((2))+h_5(5)+h_{10}(10)+(h_1+h_2)((13))=f_h-\frac{h_1+h_2}{3}f_a,\\ i_4(4)+i_5(5)+i_7(7)+i_8(8)+i_{10}(10)+i_{11}(11)=f_i, & \end{cases}$$

$$(171)\quad \begin{cases} ((1))=e_1k_e+h_1k_h, & (7)=c_7k_c+g_7k_g+i_7k_i,\\ ((2))=g_2k_g+h_2k_h, & (8)=c_8k_c+e_8k_e+i_8k_i,\\ ((3))=0, & (9)=c_9k_c,\\ (4)=b_4k_b+e_4k_e+i_4k_i, & (10)=d_{10}k_d+g_{10}k_g+h_{10}k_h+i_{10}k_i,\\ (5)=b_5k_b+e_5k_e+h_5k_h+i_5k_i, & (11)=d_{11}k_d+g_{11}k_g+i_{11}k_i,\\ (6)=b_6k_b, & (12)=d_{12}k_d,\\ & ((13))=-\frac{e_1}{3}k_e-\frac{g_2}{3}k_g-\frac{h_1+h_2}{3}k_h. \end{cases}$$

$$(172)\quad k_a=((13))+\frac{1}{3}f_a. \qquad (173)\quad \begin{cases} (1)=((1))=k_a,\\ (2)=((2))=k_a,\\ (3)=k_a. \end{cases}$$

In diesen reduzirten Bedingungs- und Korrelatengleichungen ist nun weiter $b_4=b_5=b_6=+1$, während die übrigen Faktoren b sämtlich gleich Null sind, so dafs wir diese Gleichungen nach den Formeln **(170)** und **(171)** weiter reduziren können. Die Faktoren b kommen nur in der 4., 5. und 6. Korrelatengleichung vor, und wir erhalten:

$$n=3,\ [c]=0,\ [d]=0,\ [e]=e_4+e_5,\ [g]=0,\ [h]=h_5,\ [i]=i_4+i_5.$$

Nach Ausführung dieser Reduktion erhalten wir Gleichungen, worin die nur in der 7., 8. und 9. Korrelatengleichung vorkommenden Faktoren c ebenfalls gleich $+1$ sind, so dafs wir weiter reduziren können. Wir erhalten hierfür:

$$n=3,\ [d]=0,\ [e]=e_8,\ [g]=g_7,\ [h]=0,\ [i]=i_7+i_8.$$

Auch nach Ausführung dieser Reduktion können wir noch weiter reduziren, da in den reduzirten Gleichungen $d_{10}=d_{11}=d_{12}=+1$ ist, und weitere Faktoren d nicht vorkommen. Wir erhalten hierfür aus der 10., 11. und 12. Korrelatengleichung:

$$n=3,\ [e]=0,\ [g]=g_{10}+g_{11},\ [h]=h_{10},\ [i]=i_{10}+i_{11}.$$

Führen wir die vorbezeichneten 3 Reduktionen gemeinschaftlich aus, so ergeben sich die folgenden reduzirten Bedingungs- und Korrelatengleichungen:

$$(170)\quad \begin{cases} e_1((1))+e_4((4))+e_5((5))+e_8((8))+e_1((13))+(e_4+e_5)((14))\\ \qquad +e_8((15))=f_e-\frac{e_1}{3}f_a-\frac{e_4+e_5}{3}f_b-\frac{e_8}{3}f_c,\\ g_2((2))+g_7((7))+g_{10}((10))+g_{11}((11))+g_2((13))+g_7((15))\\ \qquad +(g_{10}+g_{11})((16))=f_g-\frac{g_2}{3}f_a-\frac{g_7}{3}f_c-\frac{g_{10}+g_{11}}{3}f_d,\\ h_1((1))+h_2((2))+h_5((5))+h_{10}((10))+(h_1+h_2)((13))+h_5((14))\\ \qquad +h_{10}((16))=f_h-\frac{h_1+h_2}{3}f_a-\frac{h_5}{3}f_b-\frac{h_{10}}{3}f_d,\\ i_4((4))+i_5((5))+i_7((7))+i_8((8))+i_{10}((10))+i_{11}((11))\\ \qquad +(i_4+i_5)((14))+(i_7+i_8)((15))+(i_{10}+i_{11})((16))\\ \qquad =f_i-\frac{i_4+i_5}{3}f_b-\frac{i_7+i_8}{3}f_c-\frac{i_{10}+i_{11}}{3}f_d, \end{cases}$$

$$
(171)\quad \left\{
\begin{aligned}
&((1)) = e_1 k_e + h_1 k_h, && ((10)) = g_{10} k_g + h_{10} k_h + i_{10} k_i,\\
&((2)) = g_2 k_g + h_2 k_h, && ((11)) = g_{11} k_g + i_{11} k_i,\\
&((3)) = 0, && ((12)) = 0,\\
&((4)) = e_4 k_e + i_4 k_i, && ((13)) = -\frac{e_1}{3} k_e - \frac{g_2}{3} k_g - \frac{h_1 + h_2}{3} k_h,\\
&((5)) = e_5 k_e + h_5 k_h + i_5 k_i, && ((14)) = -\frac{e_4 + e_5}{3} k_e - \frac{h_5}{3} k_h - \frac{i_4 + i_5}{3} k_i,\\
&((6)) = 0, && \\
&((7)) = g_7 k_g + i_7 k_i, && ((15)) = -\frac{e_8}{3} k_e - \frac{g_7}{3} k_g - \frac{i_7 + i_8}{3} k_i,\\
&((8)) = e_8 k_e + i_8 k_i, && \\
&((9)) = 0, && ((16)) = -\frac{g_{10} + g_{11}}{3} k_g - \frac{h_{10}}{3} k_h - \frac{i_{10} + i_{11}}{3} k_i,
\end{aligned}
\right.
$$

oder wenn für e, g, h, i, f die im § 47 erhaltenen Zahlenwerte eingeführt werden:

$$
(170)\quad \left\{
\begin{aligned}
&((1)) + ((4)) + ((5)) + ((8)) + ((13)) + 2((14)) + ((15))\\
&\qquad = +29 - \frac{1}{3}(+16) - \frac{2}{3}(+13) - \frac{1}{3}(-24) = +23,\\
&((2)) + ((7)) + ((10)) + ((11)) + ((13)) + ((15)) + 2((16))\\
&\qquad = -8 - \frac{1}{3}(+16) - \frac{1}{3}(-24) - \frac{2}{3}(+19) = -18,\\
&((1)) + ((2)) + ((5)) + ((10)) + 2((13)) + ((14)) + ((16))\\
&\qquad = +15 - \frac{2}{3}(+16) - \frac{1}{3}(+13) - \frac{1}{3}(+19) = -6{,}333,\\
&-0{,}081((4)) - 0{,}208((5)) + 0{,}311((7)) - 0{,}376((8)) + 0{,}278((10))\\
&\qquad + 0{,}086((11)) - 0{,}289((14)) - 0{,}065((15)) + 0{,}364((16)) = -13\\
&\qquad - \frac{-0{,}289}{3}(+13) - \frac{-0{,}065}{3}(-24) - \frac{+0{,}364}{3}(+19) = -14{,}573,
\end{aligned}
\right.
$$

Nr.		$p.$	$e.$	$g.$	$h.$	$i.$	$f.$	$\frac{ee}{p}.$	$\frac{eg}{p}.$	$\frac{eh}{p}.$	$\frac{ei}{p}.$	$\frac{ef}{p}.$
1	$a_1 = +1$	1	+1	.	+1	.		+1	.	+1	.	
2	$a_2 = +1$	1	.	+1	+1	.		.	.	.	.	
3	$a_3 = +1$	1	.	.	.	.		.	.	.	.	
4	$b_4 = +1$	1	+1	.	.	−0,081		+1	.	.	−0,081	
5	$b_5 = +1$	1	+1	.	+1	−0,208		+1	.	+1	−0,208	
6	$b_6 = +1$	1	.	.	.	.		.	.	.	.	
7	$c_7 = +1$	1	.	+1	.	+0,311		.	.	.	.	
8	$c_8 = +1$	1	+1	.	.	−0,376		+1	.	.	−0,376	
9	$c_9 = +1$	1	.	.	.	.		.	.	.	.	
10	$d_{10} = +1$	1	.	+1	+1	+0,278		.	.	.	.	
11	$d_{11} = +1$	1	.	+1	.	+0,086		.	.	.	.	
12	$d_{12} = +1$	1	.	.	.	.		.	.	.	.	
13		−3	+1	+1	+2	.	$f_a = +16$	$-^1/_3$	$-^1/_3$	$-^2/_3$	.	$-^{16}/_3$
14		−3	+2	.	+1	−0,289	$f_b = +13$	$-^4/_3$	.	$-^2/_3$	+0,193	$-^{26}/_3$
15		−3	+1	+1	.	−0,065	$f_c = -24$	$-^1/_3$	$-^1/_3$	.	+0,022	$+^{24}/_3$
16		−3	.	+2	+1	+0,364	$f_d = +19$	.	.	.	.	.
											$f_e =$	+29,000
								+2	$-^2/_3$	$+^2/_3$	−0,450	+23,000

$$
(171)\quad \left\{ \begin{array}{l|l|l}
((1)) = k_e + k_h, & ((7)) = k_g + 0{,}311\,k_i, & ((13)) = -\frac{1}{3}k_e - \frac{1}{3}k_g - \frac{2}{3}k_h, \\
((2)) = k_g + k_h, & ((8)) = k_e - 0{,}376\,k_i, & \\
((3)) = 0, & ((9)) = 0, & ((14)) = -\frac{2}{3}k_e - \frac{1}{3}k_h - \frac{-0{,}289}{3}k_i, \\
((4)) = k_e - 0{,}081\,k_i, & ((10)) = k_g + k_h & \\
((5)) = k_e + k_h & \qquad + 0{,}278\,k_i, & ((15)) = -\frac{1}{3}k_e - \frac{1}{3}k_g - \frac{-0{,}065}{3}k_i, \\
\qquad - 0{,}208\,k_i, & ((11)) = k_g + 0{,}086\,k_i, & ((16)) = -\frac{2}{3}k_g - \frac{1}{3}k_h - \frac{+0{,}364}{3}k_i, \\
((6)) = 0, & ((12)) = 0, &
\end{array} \right.
$$

Weiter erhalten wir nach den Formeln **(172)** und **(173)**:

$$
(172)\quad k_a = ((13)) + \frac{1}{3}f_a, \;\Big|\; k_b = ((14)) + \frac{1}{3}f_b, \;\Big|\; k_c = ((15)) + \frac{1}{3}f_c, \;\Big|\; k_d = ((16)) + \frac{1}{3}f_d,
$$

$$
(173)\quad \left\{ \begin{array}{l|l|l|l}
(1) = ((1)) + k_a, & (4) = ((4)) + k_b, & (7) = ((7)) = k_c, & (10) = ((10)) + k_d, \\
(2) = ((2)) + k_a, & (5) = ((5)) + k_b, & (8) = ((8)) = k_c, & (11) = ((11)) + k_d, \\
(3) = k_a, & (6) = k_b, & (9) = k_c, & (12) = k_d.
\end{array} \right.
$$

Aus den Faktoren der reduzirten Korrelatengleichungen **(171)** ergeben sich die Faktoren der reduzirten Endgleichungen in gewohnter Weise, wie die nachfolgende Tabelle zeigt.

In diese Tabelle ist alles mit aufgenommen, was erforderlich ist, um ohne weiteres die sämtlichen Faktoren der reduzirten Endgleichungen aus den Faktoren der Korrelatengleichungen **(156)** zu bilden. Letztere sind in die 2. bis 7. Spalte der Tabelle unter Nr. 1 bis 12 eingetragen. Daraus ergeben sich die Faktoren der 13., 14., 15. und 16. reduzirten Korrelatengleichung als Summe der Faktoren e, g, h, i in den die Faktoren a, b, c, d enthaltenden Korrelatengleichungen 1 bis 3, 4 bis 6. 7 bis 9, 10 bis 12 mit dem Gewichte, welches gleich ist der negativen Anzahl der betreffenden Korrelatengleichungen. In die 8. Spalte sind die Widersprüche

$\frac{gg}{p}$.	$\frac{gh}{p}$.	$\frac{gi}{p}$.	$\frac{gf}{p}$.	$\frac{hh}{p}$.	$\frac{hi}{p}$.	$\frac{hf}{p}$.	$\frac{ii}{p}$.	$\frac{if}{p}$.	$-\frac{ff}{p}$.
.	.	.		+1	.		.		
+1	+1	.		+1	.		.		
.	.	.		.	.		.		
.	.	.		.	.		+0,0066		
.	.	.		+1	−0,208		+0,0433		
.	.	.		.	.		.		
+1	.	+0,311		.	.		+0,0967		
.	.	.		.	.		+0,1414		
.	.	.		.	.		.		
+1	+1	+0,278		+1	+0,278		+0,0773		
+1	.	+0,086		.	.		+0,0074		
.	.	.		.	.		.		
−1/3	−2/3	.	−16/3	−4/3	.	−32/3	.		256/3
.	.	.	.	−1/3	+0,096	−13/3	−0,0278	+ 1,2523	169/3
−1/3	.	+0,022	+24/3	.	.	.	−0,0014	− 0,5200	576/3
−4/3	−2/3	−0,243	−38/3	−1/3	−0,121	−19/3	−0,0442	− 2,3053	361/3
		$f_g =$	− 8,000		$f_h =$	+ 15,000	$f_i =$	− 13,0000	
+2	+2/3	+0,454	−18,000	+2	+0,045	− 6,333	+0,2993	−14,5730	454,000

f_a, f_b, f_c, f_d eingetragen, die mit den Faktoren und reziproken Werten der Gewichte der 13., 14., 15., 16. reduzirten Korrelatengleichung multiplizirt die Beträge liefern, die zusammen mit den Widersprüchen f_e, f_g, f_h, f_i die Widersprüche der reduzirten Endgleichungen liefern. Wie danach aus den in der 3. bis 8. Spalte eingetragenen Zahlenwerten die Faktoren der reduzirten Endgleichungen gebildet sind, ist ohne weiteres ersichtlich.

In die letzte Spalte sind die Beträge

$\left[\frac{ee}{p}\right]$.	$\left[\frac{eg}{p}\right]$.	$\left[\frac{eh}{p}\right]$.	$\left[\frac{ei}{p}\right]$.	$-\left[\frac{ef}{p}\right]$.	$\left[\frac{gg}{p}\right]$.	$\left[\frac{gh}{p}\right]$.	$\left[\frac{gi}{p}\right]$.
+ 2,000	− 0,667	+ 0,667	− 0,450	− 23,000	+ 2,000	+ 0,667	+ 0,454
	+ 0,333	− 0,333	+ 0,225	+ 11,500	− 0,222	+ 0,222	− 0,150
				− 11,423	+ 1,778	+ 0,889	+ 0,304
				+ 1,663		− 0,500	− 0,171
				+ 1,788			
			$k_e =$	+ 3,528			$k_g =$

Mit den für k_e, k_g, k_h, k_i erhaltenen Zahlenwerten ergeben sich nach den reduzirten Korrelatengleichungen **(171)** die Zahlenwerte für $((1)), ((2)), ((3)), \ldots ((16))$ wie folgt:

$$((\ 1)) = k_e + k_h = -1{,}46\,,$$
$$((\ 2)) = k_g + k_h = +0{,}38\,,$$
$$((\ 3)) = 0{,}00\,,$$
$$((\ 4)) = k_e - 0{,}081\,k_i = +7{,}64\,,$$
$$((\ 5)) = k_e + k_h - 0{,}208\,k_i = +9{,}11\,,$$
$$((\ 6)) = 0{,}00\,,$$
$$((\ 7)) = k_g + 0{,}311\,k_i = -10{,}44\,,$$
$$((\ 8)) = k_e - 0{,}376\,k_i = +22{,}63\,,$$
$$((\ 9)) = 0{,}00\,,$$
$$((10)) = k_g + k_h + 0{,}278\,k_i = -13{,}75\,,$$
$$((11)) = k_g + 0{,}086\,k_i = +0{,}99\,,$$
$$((12)) = 0{,}00\,,$$
$$((13)) = -\frac{1}{3}k_e - \frac{1}{3}k_g - \frac{2}{3}k_h = +0{,}362\,,$$
$$((14)) = -\frac{2}{3}k_e - \frac{1}{3}k_h - \frac{-0{,}289}{3}k_i = -5{,}583\,,$$
$$((15)) = -\frac{1}{3}k_e - \frac{1}{3}k_g - \frac{-0{,}065}{3}k_i = -4{,}064\,,$$
$$((16)) = -\frac{2}{3}k_g - \frac{1}{3}k_h - \frac{+0{,}364}{3}k_i = +4{,}251\,.$$

Hiermit ergiebt sich nach den Formeln **(172)**:

$$k_a = ((13)) + \frac{1}{3}f_a = +5{,}695\,,$$
$$k_b = ((14)) + \frac{1}{3}f_b = -1{,}250\,,$$
$$k_c = ((15)) + \frac{1}{3}f_c = -12{,}064,$$
$$k_d = ((16)) + \frac{1}{3}f_d = +10{,}584.$$

$$\frac{\mathfrak{f}_1}{\mathfrak{a}_1}\mathfrak{f}_1+\frac{\mathfrak{F}_2}{\mathfrak{B}_2}\mathfrak{F}_2+\frac{\mathfrak{F}_3}{\mathfrak{C}_3}\mathfrak{F}_3+\frac{\mathfrak{F}_4}{\mathfrak{D}_4}\mathfrak{F}_4=\frac{f_a}{3}f_a+\frac{f_b}{3}f_b+\frac{f_c}{3}f_c+\frac{f_d}{3}f_d=-\left[\frac{ff}{p}\right]$$

aufgenommen, die die durch die Reduktion weggefallenen 4 ersten reduzirten Endgleichungen zu der nach Formel **(161)** zu berechnenden Fehlerquadratsumme liefern.

Die Auflösung der reduzirten Endgleichungen ist in der folgenden Tabelle durchgeführt.

$-\left[\frac{gf}{p}\right]$.	$\left[\frac{hh}{p}\right]$.	$\left[\frac{hi}{p}\right]$.	$-\left[\frac{hf}{p}\right]$.	$\left[\frac{ii}{p}\right]$.	$-\left[\frac{if}{p}\right]$.	Probe.	
+ 18,000	+ 2,000	+ 0,045	+ 6,333	+ 0,2993	+ 14,5730	+ 454,000	+ 454,000
− 7,667	− 0,222	+ 0,150	+ 7,667	− 0,1012	− 5,1750	+ 264,500	+ 81,144
+ 10,333	− 0,445	− 0,152	− 5,167	− 0,0520	− 1,7668	+ 60,055	− 96,534
− 5,812	+ 1,333	+ 0,043	+ 8,833	− 0,0014	− 0,2849	+ 58,521	+ 31,591
+ 8,681		− 0,0322	− 6,625	+ 0,1447	+ 7,3463	+ 372,967	+ 739,857
+ 2,494			+ 1,637			+ 1210,043	+ 1210,058
+ 5,363		$k_h =$	− 4,988	$k_i =$	− 50,769		

Endlich ergeben sich die wahrscheinlichsten Werte der Verbesserungen (1), (2), (3), ...(12) nach den Formeln **(173)** mit:

$$\begin{aligned}
(1)&=((1))+k_a=+4{,}24, & (7)&=((7))+k_c=-22{,}50,\\
(2)&=((2))+k_a=+6{,}08, & (8)&=((8))+k_c=+10{,}57,\\
(3)&=+k_a=+5{,}70, & (9)&=+k_c=-12{,}06,\\
(4)&=((4))+k_b=+6{,}39, & (10)&=((10))+k_d=-\ 3{,}17,\\
(5)&=((5))+k_b=+7{,}86, & (11)&=((11))+k_d=+11{,}57,\\
(6)&=+k_b=-1{,}25, & (12)&=+k_d=+10{,}58,
\end{aligned}$$

Die Zahlenwerte stimmen mit den im § 49 erhaltenen Zahlenwerten bis auf kleine Abweichungen in der letzten Stelle überein.

Nach dem unter Nr. 6 geschilderten Verfahren ergeben sich die in die reduzirten Endgleichungen einzusetzenden Widersprüche wie folgt:

	n.			v.	n = n + v.				n.			v.	n = n + v.		
1	39	48	55	+ 5,3	39	49	00,3	7	34	04	07	− 8,0	34	03	59,0
2	33	37	34	+ 5,3	33	37	39,3	8	29	14	02	− 8,0	29	13	54,0
3	286	33	15	+ 5,3	286	33	20,3	9	296	42	15	− 8,0	296	42	07,0
Σ_a	359	59	44	+ 15,9	359	59	59,9	Σ_c	360	00	24	− 24,0	360	00	00,0
S_a	360	00	00					S_c	360	00	00				
f_a		+	16					f_c		−	24				
4	52	04	30	+ 4,3	52	04	34,3	10	47	41	12	+ 6,3	47	41	18,3
5	58	52	04	+ 4,3	58	52	08,3	11	64	37	15	+ 6,3	64	37	21,3
6	249	03	13	+ 4,3	249	03	17,3	12	247	41	14	+ 6,3	247	41	20,3
Σ_b	359	59	47	+ 12,9	359	59	59,9	Σ_d	359	59	41	+ 18,9	359	59	59,9
S_b	360	00	00					S_d	360	00	00				
f_b		+	13					f_d		+	19				

	°	′	″		
1	39	49	00,3		
4 + **5**	110	56	42,7	*log sin* (**4** + **5**)	9.97 031
8	29	13	54,0	*cpl log sin* **8**	0.31 127
Σ_e	179	59	37,0		
S_e	180	00	00,0		
f_e		+	23,0		
2	33	37	39,3		
7	34	03	59,0	*log sin* **7**	9.74 831
10 + **11**	112	18	39,7	*cpl log sin* (**10** + **11**)	0.03 379
Σ_g	180	00	18,0		
S_g	180	00	00,0		
f_g		—	18,0		
1 + **2**	73	26	39,7		
10	47	41	18,3	*log sin* **10**	9.86 894
5	58	52	08,3	*cpl log sin* **5**	0.06 753
Σ_h	180	00	06,3	Σ_i	0.00 015
S_h	180	00	00,0	S_i	0.00 000
f_h		—	6,3	f_i	— 15

Die Faktoren der reduzirten Endgleichungen werden im übrigen ebenso gebildet, wie auf Seite 222 und 223 gezeigt ist. Die Auflösung der reduzirten Endgleichungen ergiebt:

$$k_e = +2{,}97, \quad k_g = +5{,}81, \quad k_h = -4{,}87, \quad k_i = -53{,}73.$$

Hiermit ergiebt sich nach den Formeln (**171**):

$((1)) = -1{,}90,$	$((7)) = -10{,}90,$	
$((2)) = +0{,}94,$	$((8)) = +23{,}17,$	$((13)) = +0{,}32 = k_a,$
$((3)) = 0{,}00,$	$((9)) = 0{,}00,$	$((14)) = -5{,}53 = k_b,$
$((4)) = +7{,}32,$	$((10)) = -14{,}00,$	$((15)) = -4{,}09 = k_c,$
$((5)) = +9{,}28,$	$((11)) = +1{,}19,$	$((16)) = +4{,}27 = k_d,$
$((6)) = 0{,}00,$	$((12)) = 0{,}00,$	

Sodann ergeben sich die Verbesserungen (**1**), (**2**), (**3**), ... (**12**), die den bereits einmal durch Zulegung von v_1, v_2, v_3, ... v_{12} verbesserten Winkeln **1**, **2**, **3**, ... **12** noch beizufügen sind, nach den Formeln (**173**) zu:

(**1**) = — 1,6,	(**4**) = + 1,8,	(**7**) = — 15,0,	(**10**) = — 9,7,
(**2**) = + 1,3,	(**5**) = + 3,8,	(**8**) = + 19,1,	(**11**) = + 5,5,
(**3**) = + 0,3,	(**6**) = — 5,5,	(**9**) = — 4,1,	(**12**) = + 4,3.

Durch Zulegung dieser Verbesserungen ergeben sich die wahrscheinlichsten Werte I, II, III, ... XII der Winkel zu:

I	= **1** + (**1**) =	39° 49′ 00,3″	— 1,6″	=	39° 48′ 58,7″,
II	= **2** + (**2**) =	33 37 39,3	+ 1,3	=	33 37 40,6 ,
III	= **3** + (**3**) =	286 33 20,3	+ 0,3	=	286 33 20,6 ,
IV	= **4** + (**4**) =	52 04 34,3	+ 1,8	=	52 04 36,1 ,
V	= **5** + (**5**) =	58 52 08,3	+ 3,8	=	58 52 12,1 ,
VI	= **6** + (**6**) =	249 03 17,3	— 5,5	=	249 03 11,8 ,
VII	= **7** + (**7**) =	34 03 59,0	— 15,0	=	34 03 44,0 ,
VIII	= **8** + (**8**) =	29 13 54,0	+ 19,1	=	29 14 13,1 ,
IX	= **9** + (**9**) =	296 42 07,0	— 4,1	=	296 42 02,9 ,
X	= **10** + (**10**) =	47 41 18,3	— 9,7	=	47 41 08,6 ,
XI	= **11** + (**11**) =	64 37 21,3	+ 5,5	=	64 37 26,8 ,
XII	= **12** + (**12**) =	247 41 20,3	+ 4,3	=	247 41 24,6 ,

die mit den im § 49 erhaltenen Werten bis auf 0,5″ übereinstimmen. Diese im Verhältnis zu den Beobachtungsfehlern bedeutungslose Abweichung rührt davon her, daſs sich bei dem hier eingeschlagenen Verfahren $f_h = -6{,}3$ und $f_i = -15$ ergeben hat, während sich im § 49 hierfür $-6{,}333$ und $-14{,}5742$ ergeben hat.

§ 51. Systematische Anordnung der Rechnungen.

1. Bei der praktischen Anwendung des Verfahrens für bedingte Beobachtungen kann die Aufstellung des Formelapparates in der Regel auf die Aufstellung der Bedingungsgleichungen **(150)** eingeschränkt werden, wenn die ganze Rechnung in zweckmäſsiger Weise systematisch geordnet wird. Nur in einzelnen Fällen kann allenfalls noch die Aufstellung der Formeln **(154)** für die Differenzialquotienten erforderlich werden. Dabei gewinnen die Rechnungen meistens noch an Uebersichtlichkeit und auch an Sicherheit, da mehr Proben in einfachster Weise gezogen werden können. Um zu zeigen, wie dies zu ermöglichen ist, ist das Beispiel 1 in solcher Weise geordnet auf Seite 228 bis 231 nochmals mitgeteilt. Zur Erläuterung diene folgendes:

2. Zuerst werden die Beobachtungsergebnisse durch arabische Ziffern fortlaufend nummerirt und die Nummern in die sich auf die vorliegende Aufgabe beziehende Figur übersichtlich eingetragen.

3. Sodann wird nach dem in den §§ 43 und 44 dargelegten Verfahren oder nach speziellen später zu entwickelnden Regeln die Anzahl der zu erfüllenden Bedingungen festgestellt und die Aufsuchung der zu erfüllenden Bedingungen durchgeführt.

4. Hiernach werden die Objekte, worauf sich die zu erfüllenden Bedingungen beziehen, in geregelter Ordnung durch Buchstaben bezeichnet. Diese Buchstaben werden durch die ganze Rechnung beibehalten zur Bezeichnung der Faktoren der betreffenden umgeformten Bedingungsgleichungen und als Indices aller Gröſsen, die zu den Bedingungsgleichungen gehören. Deshalb werden Buchstaben, die in den allgemeinen Formeln eine besondere Bedeutung haben, hierbei nicht verwendet.

Wenn ein Teil der Bedingungsgleichungen später durch Reduktion der Bedingungs- und Korrelatengleichungen nach dem im § 50 dargelegten Verfahren wegfallen kann, werden die Objekte, wofür diese Bedingungsgleichungen gelten, zweckmäſsig durch die ersten oder durch die letzten Buchstaben bezeichnet.

Die Buchstaben zur Bezeichnung der Objekte werden ebenfalls in die Hauptfigur oder in Nebenfiguren für die einzelnen Objekte eingetragen.

Im vorliegenden Beispiele sind die 4 Punkte △ 1, △ 2, △ 3, △ 4, deren Winkel die Bedingungen erfüllen müssen, daſs die Winkelsumme 360° ist, mit P_a, P_b, P_c, P_d bezeichnet. Es sind für diese Objekte die ersten Buchstaben gewählt, weil die zugehörigen Bedingungsgleichungen später durch Reduktion der Bedingungs- und Korrelatengleichungen wegfallen. Sodann sind die Dreiecke △△ 1 2 3, △△ 3 1 4, △△ 4 1 2, deren Winkel die Bedingung erfüllen müssen, daſs die Winkelsumme 180° ist, in der Reihenfolge, wie sie in der folgenden Seitenberechnung vorkommen, mit e, g, h bezeichnet, unter Vermeidung des Buchstabens f, der in den allgemeinen Formeln zur Bezeichnung der Widersprüche dient. Die Bezeichnungen sind in kleine in die Hauptfigur eingezeichnete Dreiecke eingetragen. Endlich ist das Viereck △△ 1 2 3 4, worin die Bedingung erfüllt werden muſs, daſs die Seitenberechnung ohne Fehler abschlieſst, mit i bezeichnet. Ferner ist auch in den kleinen Dreiecken, worin die Bezeichnungen e, g, h eingetragen sind, die Grundlinie durch

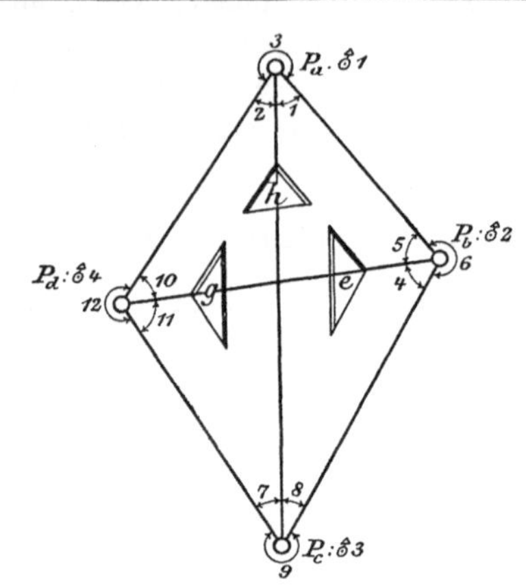

Fig. 22.

1. Bedingungsgleichungen.

P_a: I + II + III = 360°,

P_b: IV + V + VI = 360°,

P_c: VII + VIII + IX = 360°,

P_d: X + XI + XII = 360°,

Δ_e: I + IV + V + VIII = 180°,

Δ_g: II + VII + X + XI = 180°,

Δ_h: I + II + V + X = 180°,

$$\oplus i: \frac{\sin(\mathrm{IV}+\mathrm{V}) \sin \mathrm{VII} \sin \mathrm{X}}{\sin \mathrm{VIII} \sin(\mathrm{X}+\mathrm{XI}) \sin \mathrm{V}} = 1.$$

2. Berechnung der Widersprüche und Zusammenstellung der Verbesserungen.

Bezeichnung der Punkte.	Bezeichnung der Winkel.	Beobachtete Winkel n. °	'	"	v.	"	n = n + v. °	'	"	Verbesserungen (n).		"
1.	2.	3.			4.		5.			6.		
P_a : ♁1	1	39	48	55	+	5,3	39	49	00,3	(**1**)	—	1,1
	2	33	37	34	+	5,3	33	37	39,3	(**2**)	+	1,0
	3	286	33	15	+	5,3	286	33	20,3	(**3**)	+	0,1
	Σ_a	359	59	44	+	15,9	359	59	59,9			0,0
	S_a	360	00	00								
	f_a		+	16								
P_b : ♁2	4	52	04	30	+	4,3	52	04	34,3	(**4**)	+	2,0
	5	58	52	04	+	4,3	58	52	08,3	(**5**)	+	3,5
	6	249	03	13	+	4,3	249	03	17,3	(**6**)	—	5,5
	Σ_b	359	59	47	+	12,9	359	59	59,9			0,0
	S_b	360	00	00								
	f_b		+	13								
P_c : ♁3	7	34	04	07	—	8,0	34	03	59,0	(**7**)	—	14,8
	8	29	14	02	—	8,0	29	13	54,0	(**8**)	+	18,8
	9	296	42	15	—	8,0	296	42	07,0	(**9**)	—	4,0
	Σ_c	360	00	24	—	24,0	360	00	00,0			0,0
	S_c	360	00	00								
	f_c		—	24								
P_d : ♁4	10	47	41	12	+	6,3	47	41	18,3	(**10**)	—	9,4
	11	64	37	15	+	6,3	64	37	21,3	(**11**)	+	5,4
	12	247	41	14	+	6,3	247	41	20,3	(**12**)	+	4,0
	Σ_d	359	59	41	+	18,9	359	59	59,9			0,0
	S_d	360	00	00								
	f_d		+	19								

2a. Berechnung der Widersprüche und Zusammenstellung der Verbesserungen.

Bezeichnung der Dreiecke.	Punkte.	Winkel.	Winkel n. °	′	″	Verbesserungen (n) der Winkel.		″	cpl log sin α. log sin β.	Verbesserungen i (n) der Logarithmen.		
1.	2.	3.	4.			5.			6.	7.		
e.	△ 3	α: **8**	29	13	54,0	(**8**)	+	18,8	0.31 127	— 0,38 (**8**)	—	7,1
	△ 2	β: **4** + **5**	110	56	42,6	(**4**) + (**5**)	+	5,5	9.97 031	— 0,08 ((**4**) + (**5**))	—	0,4
	△ 1	γ: **1**	39	49	00,3	(**1**)	—	1,1				
		Σ_e	179	59	36,9		+	23,2				
		S_e	180	00	00,0							
		f_e		+	23,1							
g.	△ 4	α: **10** + **11**	112	18	39,6	(**10**) + (**11**)	—	4,0	0.03 379	+ 0,08 ((**10**) + (**11**))	—	0,3
	△ 3	β: **7**	34	03	59,0	(**7**)	—	14,8	9.74 831	+ 0,32 (**7**)	—	4,7
	△ 1	γ: **2**	33	37	39,3	(**2**)	+	1,0				
		Σ_g	180	00	17,9		—	17,8				
		S_g	180	00	00,0							
		f_g		—	17,9							
h.	△ 2	α: **5**	58	52	08,3	(**5**)	+	3,5	0.06 753	— 0,12 (**5**)	—	0,4
	△ 4	β: **10**	47	41	18,3	(**10**)	—	9,4	9.86 894	+ 0,20 (**10**)	—	1,9
	△ 1	γ: **1** + **2**	73	26	39,6	(**1**) + (**2**)	—	0,1				
		Σ_h	180	00	06,2		—	6,0	0.00 015	$= \Sigma_i$	—	14,8
		S_h	180	00	00,0				0.00 000	$= S_i$		
		f_h		—	6,2				— 15	$= f_i$		

3. Faktoren der Korrelatengleichungen. — 4. Bildung der Faktoren der Endgleichungen.

Nr.		p.	e.	g.	h.	i.	$\frac{ee}{p}$.	$\frac{eg}{p}$.	$\frac{eh}{p}$.	$\frac{ei}{p}$.	$\frac{gg}{p}$.	$\frac{gh}{p}$.	$\frac{gi}{p}$.	$\frac{hh}{p}$.	$\frac{hi}{p}$.	$\frac{ii}{p}$.
1	$a_1 = +1$	1	+1	.	+1	.	+1	.	+1	.	.	.	.	+1	.	.
2	$a_2 = +1$	1	.	+1	+1	.	.	.	.	.	+1	+1	.	+1	.	.
3	$a_3 = +1$	1	.	.	.	.	.	.	.	.	.	.	.	.	.	.
4	$b_4 = +1$	1	+1	.	.	— 0,08	+1	.	.	— 0,08	.	.	.	.	.	+ 0,0064
5	$b_5 = +1$	1	+1	.	+1	— 0,20	+1	.	+1	— 0,20	.	.	.	+1	— 0,20	+ 0,0400
6	$b_6 = +1$	1	.	.	.	.	.	.	.	.	.	.	.	.	.	.
7	$c_7 = +1$	1	.	+1	.	+ 0,32	.	.	.	.	+1	.	+ 0,32	.	.	+ 0,1024
8	$c_8 = +1$	1	+1	.	.	— 0,38	+1	.	.	— 0,38	.	.	.	.	.	+ 0,1444
9	$c_9 = +1$	1	.	.	.	.	.	.	.	.	.	.	.	.	.	.
10	$d_{10} = +1$	1	.	+1	+1	+ 0,28	.	.	.	.	+1	+1	+ 0,28	+1	+ 0,28	+ 0,0784
11	$d_{11} = +1$	1	.	+1	.	+ 0,08	.	.	.	.	+1	.	+ 0,08	.	.	+ 0,0064
12	$d_{12} = +1$	1	.	.	.	.	.	.	.	.	.	.	.	.	.	.
13		— 3	+1	+1	+2	.	— 1/3	— 1/3	— 2/3	.	— 1/3	— 2/3	.	— 4/3	.	.
14		— 3	+2	.	+1	— 0,28	— 4/3	.	— 2/3	+ 0,19	.	.	.	— 1/3	+ 0,09	— 0,0261
15		— 3	+1	+1	.	— 0,06	— 1/3	— 1/3	.	+ 0,02	— 1/3	.	+ 0,02	.	.	— 0,0012
16		— 3	.	+2	+1	+ 0,36	.	.	.	.	— 4/3	— 2/3	— 0,24	— 1/3	— 0,12	— 0,0432
							+ 2	— 2/3	+ 2/3	— 0,45	+ 2	+ 2/3	+ 0,46	+ 2	+ 0,05	+ 0,3075

5. Auflösung der

$\left[\frac{ee}{p}\right]$.	$\left[\frac{eg}{p}\right]$.	$\left[\frac{eh}{p}\right]$.	$\left[\frac{ei}{p}\right]$.	$-f_e$.	$\left[\frac{gg}{p}\right]$.	$\left[\frac{gh}{p}\right]$.	$\left[\frac{gi}{p}\right]$.
+ 2,00	— 0,67	+ 0,67	— 0,45	— 23,10	+ 2,00	+ 0,67	+ 0,46
	+ 0,33	— 0,33	+ 0,225	+ 11,55	— 0,22	+ 0,22	— 0,15
				— 11,46	+ 1,78	+ 0,89	+ 0,31
				+ 1,55		— 0,50	— 0,174
				+ 1,82			
			$k_e =$	+ 3,46			$k_g =$

6. Berechnung der Verbesserungen (n).

Nr.	$\frac{e}{p}k_e$	+ $\frac{g}{p}k_g$	+ $\frac{h}{p}k_h$	+ $\frac{i}{p}k_i$	= (n).	(n).		(n)(n).
1	+ 3,46	.	— 4,66	.	— 1,20	$((1)) + k_a$	— 1,06	1,1
2	.	+ 5,47	— 4,66	.	+ 0,81	$((2)) + k_a$	+ 0,95	0,9
3	.	.	.	.	.	$((3)) + k_a$	+ 0,14	0,0
4	+ 3,46	.	.	+ 4,08	+ 7,54	$((4)) + k_b$	+ 2,02	4,1
5	+ 3,46	.	— 4,66	+ 10,19	+ 8,99	$((5)) + k_b$	+ 3,47	12,0
6	.	.	.	.		$((6)) + k_b$	— 5,52	30,5
7	.	+ 5,47	.	— 16,30	— 10,83	$((7)) + k_c$	— 14,82	219,6
8	+ 3,46	.	.	+ 19,36	+ 22,82	$((8)) + k_c$	+ 18,83	354,6
9	.	.	.			$((9)) + k_c$	— 3,99	15,9
10	.	+ 5,47	— 4,66	— 14,27	— 13,46	$((10)) + k_d$	— 9,45	89,3
11	.	+ 5,47	.	— 4,08	+ 1,39	$((11)) + k_d$	+ 5,40	29,2
12	.	.	.	.	.	$((12)) + k_d$	+ 4,01	16,1
							$[p(\mathrm{n})(\mathrm{n})]$	773,3
13	— 1,15	— 1,82	+ 3,11	.	+ 0,14	$= k_a$	$\frac{f_a}{3} f_a$	85,3
14	— 2,31	.	+ 1,55	— 4,76	— 5,52	$= k_b$		
15	— 1,15	— 1,82	.	— 1,02	— 3,99	$= k_c$	$\frac{f_b}{3} f_b$	56,3
16	.	— 3,65	+ 1,55	+ 6,11	+ 4,01	$= k_d$		
	+ 9,23	+ 14,59	— 12,43	— 0,69	+ 10,70		$\frac{f_c}{3} f_c$	192,0
							$\frac{f_d}{3} f_d$	120,3
							$[p(\mathrm{n})(\mathrm{n})]$	1227,2

$$\mathfrak{m} = m = \pm\sqrt{\frac{[p(\mathrm{n})(\mathrm{n})]}{r}} = \pm\sqrt{\frac{1227,2}{8}} = \pm\ 12,4''$$

E n d g l e i c h u n g e n.

$-f_g$.	$\left[\frac{hh}{p}\right]$.	$\left[\frac{hi}{p}\right]$.	$-f_h$.	$\left[\frac{ii}{p}\right]$.	$-f_i$.	Probe.	
+ 17,90	+ 2,00	+ 0,05	+ 6,20	+ 0,308	+ 15,000		
− 7,70	− 0,22	+ 0,15	+ 7,70	− 0,101	− 5,198	− 266,80	− 79,93
+ 10,20	− 0,45	− 0,15	− 5,10	− 0,054	− 1,775	− 58,45	+ 97,91
− 5,73	+ 1,33	+ 0,05	+ 8,80	− 0,002	− 0,334	− 58,08	− 28,89
+ 8,87		− 0,038	− 6,60	+ 0,151	+ 7,693	− 391,96	− 764,25
+ 2,33			+ 1,94			− 775,29	− 775,16
+ 5,47		$k_h =$	− 4,66	$k_i =$	− 50,95		

7. Zusammenstellung der ausgeglichenen Winkel und Logarithmen.

Bezeichnung der Punkte.	Bezeichnung der Winkel.	Ausgeglichene Winkel n + (n). °	′	″	Bezeichnung der Dreiecke.	Punkte.	Winkel.	Ausgeglichene Winkel n + (n). °	′	″	cpl log sin α. log sin β.
1.	2.	3.			4.	5.	6.	7.			8.
P_a : ♁ 1	I	39	48	59,2	*e*	♁ 3	α : VIII	29	14	12,8	0.31 120
	II	33	37	40,3		♁ 2	β : IV + V	110	56	48,1	9.97 031
	III	286	33	20,4		♁ 1	γ : I	39	48	59,2	
		359	59	59,9				180	00	00,1	
P_b : ♁ 2	IV	52	04	36,3	*g*	♁ 4	α : X + XI	112	18	35,6	0.03 379
	V	58	52	11,8		♁ 3	β : VII	34	03	44,2	9.74 826
	VI	249	03	11,8		♁ 1	γ : II	33	37	40,3	
		359	59	59,9				180	00	00,1	
P_c : ♁ 3	VII	34	03	44,2	*h*	♁ 2	α : V	58	52	11,8	0.06 753
	VIII	29	14	12,8		♁ 4	β : X	47	41	08,9	9.86 892
	IX	296	42	03,0		♁ 1	γ : I + II	73	26	39,5	
		360	00	00,0				180	00	00,2	0.00 001
P_d : ♁ 4	X	47	41	08,9							
	XI	64	37	26,7							
	XII	247	41	24,3							
		359	59	59,9							

eine stärker gezogene Linie und die aus der Grundlinie zu berechnende Seite durch eine Doppellinie bezeichnet.

5. Nach diesen Vorbereitungen können die Bedingungsgleichungen **(150)** ohne weiteres nach der Figur hingeschrieben werden. Für die Aufstellung der Seitengleichungen kann noch die Regel gemerkt werden, dafs in den Nenner die Sinus der Winkel kommen, die der Grundlinie gegenüber liegen und in den Zähler die Sinus der Winkel, die der aus der Grundlinie zu berechnenden Seite gegenüber liegen.

Für das vorliegende Beispiel sind die Bedingungsgleichungen auf Seite 228 in Abteilung 1 der Tabelle aufgestellt.

6. Die Bedingungsgleichungen **(150)** geben allen erforderlichen Anhalt, um die Rechnung nach den allgemeinen Formeln **(151)** bis **(173)** durchführen zu können.

Zunächst werden für die Objekte, wofür die Bedingungsgleichungen reduzirt werden sollen, die Widersprüche f nach den Formeln **(151)** und **(152)** berechnet und die Beobachtungsergebnisse nach den Formeln **(93)** und **(94)** oder **(102)** und **(103)** verbessert.

Für das vorliegende Beispiel ist dies auf Seite 228, Abteilung 2 der Tabellen in den Spalten 1 bis 5 durchgeführt.

Mit den verbesserten Beobachtungsergebnissen werden die übrigen Widersprüche f ebenfalls nach den Formeln **(151)** und **(152)** berechnet.

Dies ist auf Seite 229, Abteilung 2a, in den Spalten 1 bis 4 und 6 durchgeführt. Hierbei sind die Winkel in den Dreiecken so angesetzt worden, dafs als $\angle \alpha$ immer der Winkel genommen worden ist, der der Grundlinie des Dreiecks gegenüber liegt, wofür in der Seitenberechnung also $cpl \log \sin \alpha$ anzusetzen ist, während als $\angle \beta$ der Winkel genommen worden ist, der der aus der Grundlinie zu berechnenden Seite gegenüber liegt, wofür also in der Dreiecksberechnung $\log \sin \beta$ anzusetzen ist.

7. Den in der Berechnung der Widersprüche vorkommenden Gröfsen werden sogleich die Ausdrücke für die Verbesserungen beigeschrieben, die sie erhalten müssen, damit die Bedingungsgleichungen **(150)** erfüllt werden. Die allgemeine Form für diese Ausdrücke ist $\frac{\partial F}{\partial n}(n)$. Für den Differenzialquotienten $\frac{\partial F}{\partial n}$ brauchen nur in seltenen Fällen die Formeln aufgestellt und die Zahlenwerte nach diesen Formeln berechnet zu werden, vielmehr kann in den meisten Fällen der Differenzialquotient ohne weiteres hingeschrieben werden. Am häufigsten ist er $+1$ oder -1. Wenn der Widerspruch f logarithmisch berechnet und in Einheiten der letzten Stelle der Logarithmen ausgedrückt wird, ist $\frac{\partial F}{\partial n}$ gleich der meistens genügend genau aus der Logarithmentafel zu entnehmenden logarithmischen Differenz für eine Einheit der Verbesserung (n). Beispielsweise ist, wenn $n = +225{,}23$ ist und die Verbesserungen in Centimeter ausgedrückt werden, $\log 225{,}23 = 2.35\,263$ und $\frac{\partial \log n}{\partial n} = +1{,}9$, denn wie ohne weiteres aus der Logarithmentafel zu entnehmen ist, ändert sich $\log 225{,}23$ um 1,9 Einheiten der letzten Stelle des Logarithmus, wenn die Verbesserung (n) sich um einen Centimeter ändert. Ferner ist, wenn $n = +36^\circ\, 28'\, 20''$ ist und (n) in Sekunden ausgedrückt wird, $\log \sin 36^\circ\, 28'\, 20'' = 9.77\,411$ und $\frac{\partial \log \sin n}{\partial n} = +0{,}28$, oder wenn $n = +132^\circ\, 28{,}7'$

ist und (n) in Minuten ausgedrückt wird, *log sin* 132° 28,7′ = 9.86 778 und $\frac{\partial \, log \, sin \, n}{\partial n}$ = — 11, oder wenn n = 58° 32′ ist und (n) in Minuten ausgedrückt wird, *cpl log sin* 58° 32′ = 0.06 91 und $\frac{\partial \, cpl \, log \, sin \, n}{\partial n} = -0{,}8$.

Im vorliegenden Beispiele sind die Ausdrücke für die Verbesserungen $\frac{\partial F}{\partial n}$ (n) auf Seite 228, Abteilung 2, im ersten Teile der Spalte 6 und auf Seite 229, Abteilung 2a, im ersten Teile der Spalten 5 und 7 zusammengestellt.

8. Die Summe der Verbesserungen mufs gleich sein den vorhandenen Widersprüchen, wonach die umgeformten Bedingungsgleichungen **(155)** ohne weiteres nach der Zusammenstellung der Ausdrücke für die Verbesserungen hingeschrieben werden können.

Beispielsweise ergeben sich aus Abteilung 2a, Spalte 4 und 5, sowie 6 und 7 die umgeformten Bedingungsgleichungen für Dreieck *g* und Viereck *i* wie folgt:

$$(\mathbf{2}) + (\mathbf{7}) + (\mathbf{10}) + (\mathbf{11}) = -17{,}9,$$

$$-0{,}08(\mathbf{4}) + (-0{,}08 - 0{,}12 = -0{,}20)(\mathbf{5}) + 0{,}32(\mathbf{7}) - 0{,}38(\mathbf{8})$$
$$+ (+0{,}08 + 0{,}20 = +0{,}28)(\mathbf{10}) + 0{,}08(\mathbf{11}) = -15.$$

Es ist aber gar nicht nötig, diese umgeformten Bedingungsgleichungen erst aufzustellen, vielmehr können nach der Zusammenstellung der Ausdrücke für die Verbesserungen sogleich die Faktoren der Korrelatengleichungen zusammengestellt werden, wie es auf Seite 229 in Abteilung 3 der Tabelle geschehen ist. Zu dieser Zusammenstellung und zu den folgenden ganz schematischen Rechnungen sind weitere Erläuterungen kaum noch nötig. Es sei nur noch darauf hingewiesen, dafs nach Berechnung der Verbesserungen (**n**) in Abteilung 6 der Tabelle in Abteilung 2 und 2a den im ersten Teile der Spalten 6, 5 und 7 stehenden Ausdrücken der Verbesserungen im zweiten Teile der Spalten ihre Zahlenwerte beigefügt sind und dafs durch ihre Aufsummirung festgestellt ist, dafs ihre Summe in der That gleich den vorhandenen Widersprüchen ist.

2. Kapitel. Anwendung des Verfahrens auf die Bestimmung von Knotenpunkten in Polygonnetzen.

§ 52. Spezielle Regeln für die Feststellung der zu erfüllenden Bedingungen.

1. In einem Polygonnetze ergiebt sich die Anzahl *r* der zu erfüllenden Bedingungen aus der Anzahl n_p der zu bestimmenden Knotenpunkte und aus der Anzahl n_z der gemessenen Züge.*)

Ein Zug genügt zur gegenseitigen nicht versicherten Festlegung zweier Knotenpunkte. Um die weiteren Knotenpunkte gegen die beiden ersten Knotenpunkte einfach unversichert festzulegen, genügt für jeden weiteren Knotenpunkt ein Zug. Demnach sind für die einfache, nicht versicherte gegenseitige Festlegung von n_p Knotenpunkten $n_p - 1$ Züge erforderlich, während alle weiteren Züge je eine überschüssige Bestimmung und somit auch nach Regel **(147)** je eine zu erfüllende Bedingung liefern.

---

*) Wenn in einem Polygonnetze die rechtwinkligen Koordinaten der Knotenpunkte aus den gemessenen Winkeln und Strecken der Polygonseiten bestimmt werden sollen, so ergeben sich 3 Gruppen von Bedingungsgleichungen und zwar je eine Gruppe für die Winkel, für die Ordinatenunterschiede und für die Abscissenunterschiede. Jede Gruppe wird aus bekannten Gründen für sich behandelt und das hier und im folgenden Gesagte gilt dann für die einzelnen Gruppen von Bedingungsgleichungen.

(174). Wenn demnach n_p **neu zu bestimmende** Knotenpunkte eines Polygonnetzes durch n_z Züge mit einander verbunden sind, so ist die Anzahl r der zu erfüllenden Bedingungen:

$$r = n_z - (n_p - 1) = n_z - n_p + 1 .$$

Beispiel 1: In dem nebenstehend dargestellten Netze sind behufs Bestimmung der Höhen der $n_p = 5$ Punkte P_1, P_2, P_3, P_4, P_5 die Höhenunterschiede zwischen diesen Punkten in den dargestellten $n_z = 9$ Zügen oder Strahlen durch 6 malige gegenseitige Beobachtung der Zenithdistanzen bestimmt. Bei Berechnung der Höhen nach dem Verfahren für bedingte Beobachtungen ergeben sich demnach

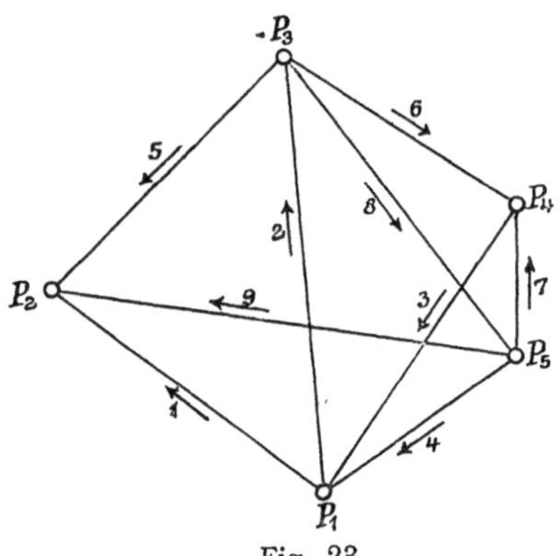

Fig. 23.

(174) $r = n_z - n_p + 1 = 9 - 5 + 1 = 5$

zu erfüllende Bedingungen.

2. Wenn das Polygonnetz an gegebene Punkte angeschlossen ist, so genügt ein Anschlufszug, um das Netz einfach, nicht versichert gegen die gegebenen Punkte festzulegen. Alle weiteren Anschlufszüge liefern je eine überschüssige Bestimmung und somit auch je eine zu erfüllende Bedingung, so dafs durch n_a Anschlufszüge $n_a - 1$ Bedingungen hinzukommen.

(175). Wenn demnach n_p **neu zu bestimmende** Knotenpunkte eines Polygonnetzes durch n_z Züge mit einander und durch n_a Züge mit gegebenen Anschlufspunkten verbunden sind, so dafs im ganzen $N_z = n_z + n_a$ Züge vorhanden sind, so ist die Anzahl r der zu erfüllenden Bedingungen:

$$r = n_z - n_p + 1 + (n_a - 1) = N_z - n_p .$$

Die Regeln **(174)** und **(175)** gelten auch für den Fall, dafs für je eine, an einen neu zu bestimmenden Knotenpunkt anschliefsende Polygonseite die Neigung gegen die Abscissenlinie des Koordinatensystems aus den Winkeln des Polygonnetzes zu bestimmen ist und ferner auch für den Fall, dafs n_p Strahlen, deren Richtungen neu zu bestimmen sind, durch n_z Winkel gegenseitig festgelegt und durch n_a Winkel an Strahlen angeschlossen sind, deren Richtungen gegeben und unverändert beizubehalten sind.

Beispiel 2: In dem bereits im § 21 und im § 35 behandelten Nivellementsnetze sind die $n_p = 6$ neu zu bestimmenden Knotenpunkte ⊙ ⊙ 2, 3, 4, 5, 6, 7 durch $N_z = 11$ Züge untereinander und mit den gegebenen Punkten ▣ ▣ **1, 57, 58, 59,** verbunden.*) Bei Behandlung dieses Netzes nach dem Verfahren für bedingte Beobachtungen ergeben sich demnach

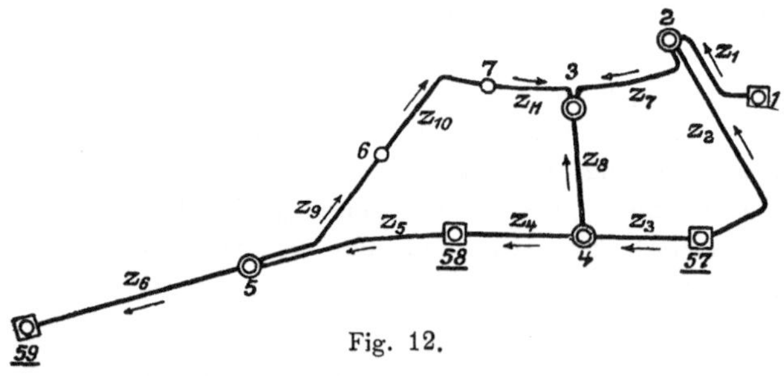

Fig. 12.

*) Die Züge 9, 10 und 11 können auch als ein Zug behandelt werden, womit die ⊙⊙ 6 und 7 als Knotenpunkte ausscheiden. Damit vermindert sich die Anzahl der Züge und der neu zu bestimmenden Knotenpunkte um 2, während die Anzahl der zu erfüllenden Bedingungen unverändert bleibt.

(175) $$r = N_z - n_p = 11 - 6 = 5$$
zu erfüllende Bedingungen.

3. In Nivellements- und anderen Polygonnetzen, wo keine sich überschneidenden Züge vorkommen, und die nicht an mehrere gegebene Punkte angeschlossen sind, ist die Anzahl der zu erfüllenden Bedingungen gleich der Anzahl der vorhandenen geschlossenen Polygone. Die zu erfüllenden Bedingungen ergeben sich dann ohne weiteres daraus, dafs in jedem geschlossenen Polygon die Summe der wahrscheinlichsten Werte der beobachteten Gröfsen ihren Sollbetrag erfüllen mufs.

In solchen Fällen, wo sich überschneidende Züge vorkommen, können die zu erfüllenden Bedingungen auch immer in einfacher Weise festgestellt werden, indem zunächst die Beobachtungsergebnisse ausgewählt werden, die zur einfachen, nicht versicherten Bestimmung der gesuchten Gröfsen ausreichen, und indem dann nach einander für jedes überschüssige Beobachtungsergebnis nach der Figur festgestellt wird, welche Bedingung sich durch seinen Hinzutritt ergiebt.

Beispiel 1: Zur einfachen, nicht versicherten Bestimmung der gegenseitigen Höhenlage der Punkte P_1, P_2, P_3, P_4, P_5 reichen die Höhenunterschiede der Strahlen 1, 2, 3, 4 aus.

Durch Hinzutritt des Höhenunterschiedes	ergiebt sich die Bedingung, dafs die Summe der in einheitlicher Richtung genommenen Höhenunterschiede
des Strahles 5	im Dreieck $P_1 P_2 P_3$ gleich Null sein mufs,
„ „ 6	„ „ $P_1 P_3 P_4$ „ „ „ „ ,
„ „ 7	„ „ $P_1 P_4 P_5$ „ „ „ „ ,
„ „ 8	„ „ $P_3 P_4 P_5$ „ „ „ „ ,
„ „ 9	„ „ $P_1 P_2 P_5$ „ „ „ „ .

Hiermit sind die zu erfüllenden 5 Bedingungen festgestellt und zwar derart, dafs die Bedingungen sämtlich von einander unabhängig sind, wie es sein mufs.*)

4. Wenn Nivellements- oder andere Polygonnetze, worin keine sich überschneidenden Züge vorkommen, an gegebene Punkte angeschlossen sind, so ergiebt sich eine bildliche Darstellung der sämtlichen geschlossenen Polygone, wofür je eine Bedingung aufzustellen ist, indem die gegebenen Punkte in der Netzskizze durch einen Polygonzug mit einander verbunden werden, dabei aber aus dem Polygonzuge kein geschlossenes Polygon gebildet wird, indem die das Polygon vollends schliefsende Verbindungslinie weggelassen wird.

In anderen Fällen wird zweckmäfsig in der Weise vorgegangen, dafs zuerst so, wie unter Nr. 3 erläutert ist, die Bedingungen festgestellt werden, die ohne Berücksichtigung der gegebenen Stücke zu erfüllen sind, dafs dann ein gegebenes Stück ausgewählt wird, das zum einfachen, nicht versicherten Anschlufs genügt, und dafs nunmehr für jedes weitere gegebene Stück nacheinander festgestellt wird, welche Bedingung sich durch seinen Hinzutritt ergiebt.

---

*) Das hier dargestellte Verfahren kann auch eingeschlagen werden, wenn die Bedingungen festzustellen sind, die die behufs Bestimmung von Strahlen-Richtungen unabhängig von einander beobachteten Winkel erfüllen müssen. Man braucht nur die Strahlen als Punkte und die Winkel als Verbindungslinien der betreffenden Punkte darzustellen, um nach der sich ergebenden Figur die zu erfüllenden Bedingungen einfach und sicher festzustellen. Für die Bestimmung der Anzahl r der zu erfüllenden Bedingungen können die Formeln (**174**) und (**175**) angewendet werden, wenn unter n_z und N_z die Anzahl der beobachteten Winkel, unter n_p die Anzahl der neu zu bestimmenden Richtungen verstanden wird.

Auch die weitere Durchführung der Rechnung kann ebenso erfolgen, wie im folgenden für die Beispiele 1 und 2 gezeigt wird.

Beispiel 2: In untenstehender Figur ist das Nivellementsnetz durch Hinzufügung des die gegebenen Punkte verbindenden Polygonzuges ⊙ **1** — ⊙ **57** — ⊙ **58** — ⊙ **59** ergänzt, womit eine Darstellung der 5 geschlossenen Polygone a, b, c, d, e gewonnen ist, worin die Bedingung zu erfüllen ist, dafs die Summe der Höhenunterschiede gleich Null sein mufs.

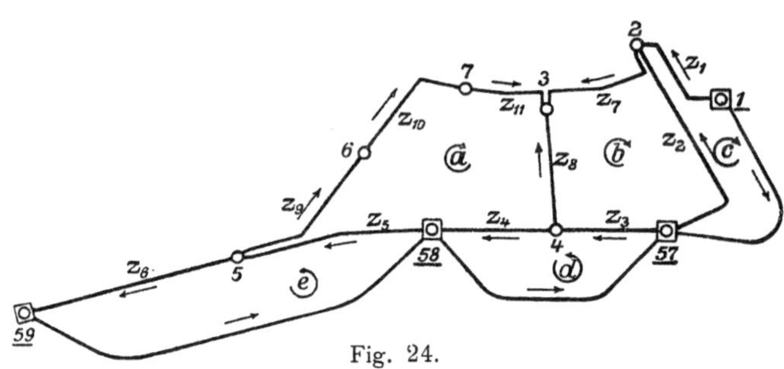

Fig. 24.

§ 53. Aufstellung der Bedingungsgleichungen und weitere Durchführung der Rechnung.

Nachdem die zu erfüllenden Bedingungen festgestellt sind, können die Bedingungsgleichungen hingeschrieben werden und kann die weitere Rechnung in der im § 51 dargelegten Weise durchgeführt werden. Es kann aber für Polygonnetze noch eine weitere Vereinfachung erreicht werden, indem für die Bildung der Faktoren der Endgleichungen mechanische Regeln aufgestellt werden, wonach diese Faktoren direkt aus den Gewichten der Beobachtungsergebnisse gewonnen werden können. Diese Regeln können besser für das Beispiel 2 entwickelt werden als für das Beispiel 1, weshalb wir das Beispiel 2 hier zuerst behandeln.

Beispiel 2: Die Polygone, wofür die Bedingungsgleichungen aufzustellen sind, sind bereits in obenstehender Figur mit a, b, c, d, e bezeichnet. Die „Polygonrichtung", die wir bei Zusammenstellung der Höhenunterschiede in den einzelnen Polygonen innehalten, ist durch die die Buchstaben umschliefsenden Pfeile bezeichnet, während die Richtung, worin die beobachteten Höhenunterschiede genommen sind, durch die neben den Zuglinien eingetragenen Pfeile bezeichnet ist. Stimmt Polygonrichtung und Zugrichtung überein, so ist der Höhenunterschied in den Bedingungsgleichungen im positiven Sinne, im anderen Falle im negativen Sinne zu nehmen. Sind I, II, III, ... XI nun die wahrscheinlichsten Werte der Höhenunterschiede in den Zügen 1, 2, 3, ... 11, so ergeben sich nach unserer Figur folgende Bedingungsgleichungen:

$$\begin{aligned}
\text{Polygon } a: &\quad + \mathrm{IV} + \mathrm{V} + \mathrm{IX} + \mathrm{X} + \mathrm{XI} - \mathrm{VIII} = 0 = S_a, \\
\text{„} \quad b: &\quad - \mathrm{II} + \mathrm{III} + \mathrm{VIII} - \mathrm{VII} = 0 = S_b, \\
\text{„} \quad c: &\quad + \mathrm{II} - \mathrm{I} + \Delta H_1^{57} = 0 = S_c, \\
\text{„} \quad d: &\quad + \mathrm{III} + \mathrm{IV} + \Delta H_{58}^{57} = 0 = S_d, \\
\text{„} \quad e: &\quad + \mathrm{V} + \mathrm{VI} + \Delta H_{59}^{58} = 0 = S_e.
\end{aligned}$$

Hiernach ergeben sich die Faktoren der Endgleichungen wie folgt:

Nr.	p.	a.	b.	c.	d.	e.	$\frac{aa}{p}$.	$\frac{ab}{p}$.	$\frac{ac}{p}$.	$\frac{ad}{p}$.	$\frac{ae}{p}$.	$\frac{bb}{p}$.	$\frac{bc}{p}$.	$\frac{bd}{p}$.	$\frac{be}{p}$.	$\frac{cc}{p}$.	$\frac{cd}{p}$.	$\frac{ce}{p}$.	$\frac{dd}{p}$.	$\frac{de}{p}$.	$\frac{ee}{p}$.
1	p_1	·	·	-1	·	·	·	·	·	·	·	·	·	·	·	$+\frac{1}{p_1}$	·	·	·	·	·
2	p_2	·	-1	$+1$	·	·	·	·	·	·	·	$+\frac{1}{p_2}$	$-\frac{1}{p_2}$	·	·	$+\frac{1}{p_2}$	·	·	·	·	·
3	p_3	·	$+1$	·	$+1$	·	·	·	·	·	·	$+\frac{1}{p_3}$	·	$+\frac{1}{p_3}$	·	·	·	·	$+\frac{1}{p_3}$	·	·
4	p_4	$+1$	·	·	$+1$	·	$+\frac{1}{p_4}$	·	·	$+\frac{1}{p_4}$	·	·	·	·	·	·	·	·	$+\frac{1}{p_4}$	·	·
5	p_5	$+1$	·	·	·	$+1$	$+\frac{1}{p_5}$	·	·	·	$+\frac{1}{p_5}$	·	·	·	·	·	·	·	·	·	$+\frac{1}{p_5}$
6	p_6	·	·	·	·	$+1$	·	·	·	·	·	·	·	·	·	·	·	·	·	·	$+\frac{1}{p_6}$
7	p_7	·	-1	·	·	·	·	·	·	·	·	$+\frac{1}{p_7}$	·	·	·	·	·	·	·	·	·
8	p_8	-1	$+1$	·	·	·	$+\frac{1}{p_8}$	$-\frac{1}{p_8}$	·	·	·	$+\frac{1}{p_8}$	·	·	·	·	·	·	·	·	·
9	p_9	$+1$	·	·	·	·	$+\frac{1}{p_9}$	·	·	·	·	·	·	·	·	·	·	·	·	·	·
10	p_{10}	$+1$	·	·	·	·	$+\frac{1}{p_{10}}$	·	·	·	·	·	·	·	·	·	·	·	·	·	·
11	p_{11}	$+1$	·	·	·	·	$+\frac{1}{p_{11}}$	·	·	·	·	·	·	·	·	·	·	·	·	·	·

Vergleichen wir die in den einzelnen Spalten stehenden Summanden mit Figur 24, so ergiebt sich folgendes:

$\left[\frac{aa}{p}\right]$ ist gleich der Summe der reziproken Werte der Gewichte der Züge, die in dem Polygon a vorkommen, und ebenso sind $\left[\frac{bb}{p}\right]$, $\left[\frac{cc}{p}\right]$, $\left[\frac{dd}{p}\right]$, $\left[\frac{ee}{p}\right]$ gleich der Summe der reziproken Werte der Gewichte der Züge, die in den Polygonen b, c, d, e vorkommen.

Ferner ist $\left[\frac{ab}{p}\right]$ gleich dem reziproken Werte des Gewichtes des Zuges, den die Polygone a und b gemeinschaftlich haben, und ebenso sind $\left[\frac{ad}{p}\right]$, $\left[\frac{ae}{p}\right]$, $\left[\frac{bc}{p}\right]$, $\left[\frac{bd}{p}\right]$ gleich den reziproken Werten der Gewichte der Züge, die die Polygone a und d, a und e, b und c, b und d gemeinschaftlich haben, während $\left[\frac{ac}{p}\right]$, $\left[\frac{be}{p}\right]$, $\left[\frac{cd}{p}\right]$, $\left[\frac{ce}{p}\right]$, $\left[\frac{de}{p}\right]$ gleich Null sind, entsprechend dem, dafs die Polygone a und c, b und e, c und d, c und e, d und e keinen Zug gemeinschaftlich haben. Das Vorzeichen der Produktensummen $\left[\frac{ab}{p}\right]$, $\left[\frac{ad}{p}\right]$, $\left[\frac{ae}{p}\right]$, $\left[\frac{bc}{p}\right]$, $\left[\frac{bd}{p}\right]$ ist positiv, wo der gemeinschaftliche Zug in den beiden benachbarten Polygonen in gleicher Polygonrichtung, dagegen negativ, wo der gemeinschaftliche Zug in den beiden benachbarten Polygonen in entgegengesetzter Polygonrichtung genommen ist und deshalb der wahrscheinlichste Wert für den gemeinschaftlichen Zug in den beiden betreffenden Bedingungsgleichungen gleiches oder entgegengesetztes Vorzeichen hat.

Hiernach ergeben sich folgende Regeln für die Bildung der Faktoren der Endgleichungen:

1. $\left[\frac{aa}{p}\right]$, $\left[\frac{bb}{p}\right]$, $\left[\frac{cc}{p}\right]$, $\left[\frac{dd}{p}\right]$, ... sind gleich der Summe der reziproken Werte der Gewichte der Züge, die den Polygonen a, b, c, d, ... angehören.

2. Berechnung der Widersprüche, Zusammenstellung der reziproken Werte der Gewichte, sowie der Verbesserungen.

Der Züge Anfangspunkt	Der Züge Endpunkt	Höhenunterschiede	m	$\frac{1}{p}$.	Verbesserungen	mm
		Polygon a.				
4	**58**	+ 4	0,4815	0,98	+ (4)	− 2,0
58	5	+ 5	0,3038	1,79	+ (5)	− 3,9
5	6	+ 9	×8,2362	1,43	+ (9)	− 0,3
6	7	+ 10	×7,3380	1,09	+ (10)	− 0,2
7	3	+ 11	0,3545	0,91	+ (11)	− 0,2
3	4	− 8	3,2962	1,02	− (8)	− 3,6
		$-f_a = \Sigma_a =$	0,0102	7,22		− 10,2
		Polygon b.				
2	**57**	− 2	×9,4375	2,27	− (2)	+ 5,7
57	4	+ 3	×9,5052	0,89	+ (3)	+ 1,3
4	3	+ 8	×6,7038	1,02	+ (8)	+ 3,6
3	2	− 7	4,3378	1,56	− (7)	+ 5,1
		$-f_b = \Sigma_b =$	×9,9843	5,74		+ 15,7

Der Züge Anfangspunkt	Der Züge Endpunkt	Höhenunterschiede	m	$\frac{1}{p}$.	Verbesserungen	mm
		Polygon c.				
57	2	+ 2	0,5625	2,27	+ (2)	− 5,7
2	**1**	− 1	×7,0252	1,22	− (1)	+ 1,0
1	**57**	+ ΔH	2,4170			
		$-f_c = \Sigma_c =$	0,0047	3,49		− 4,7
		Polygon d.				
57	4	+ 3	×9,5052	0,89	+ (3)	+ 1,3
4	**58**	+ 4	0,4815	0,98	+ (4)	− 2,0
58	**57**	+ ΔH	0,0140			
		$-f_d = \Sigma_d =$	0,0007	1,87		− 0,7
		Polygon e.				
58	5	+ 5	0,3038	1,79	+ (5)	− 3,9
5	**59**	+ 6	×8,9010	2,00	+ (6)	− 3,9
59	**58**	+ ΔH	0,8030			
		$-f_e = \Sigma_e =$	0,0078	3,79		− 7,8

3. Auflösung der Endgleichungen.

$\left[\frac{aa}{p}\right]$.	$\left[\frac{ab}{p}\right]$.	$\left[\frac{ac}{p}\right]$.	$\left[\frac{ad}{p}\right]$.	$\left[\frac{ae}{p}\right]$.	$-f_a$. mm	$\left[\frac{bb}{p}\right]$.	$\left[\frac{bc}{p}\right]$.	$\left[\frac{bd}{p}\right]$.	$\left[\frac{be}{p}\right]$.	$-f_b$. mm
+ 7,22	− 1,02	.	+ 0,98	+ 1,79	+ 10,20	+ 5,74	− 2,27	+ 0,89	.	− 15,70
	+ 0,141	.	− 0,136	− 0,248	− 1,41	− 0,14	.	+ 0,14	+ 0,25	+ 1,44
					+ 0,48	+ 5,60	− 2,27	+ 1,03	+ 0,25	− 14,26
					+ 0,25		+ 0,405	− 0,184	− 0,045	+ 2,55
					.					+ 0,09
					+ 0,47					+ 0,34
										+ 0,32
				$k_a =$	− 0,21				$k_b =$	+ 3,30

$\left[\frac{cc}{p}\right]$.	$\left[\frac{cd}{p}\right]$.	$\left[\frac{ce}{p}\right]$.	$-f_c$. mm	$\left[\frac{dd}{p}\right]$.	$\left[\frac{de}{p}\right]$.	$-f_d$. mm	$\left[\frac{ee}{p}\right]$.	$-f_e$. mm	Probe.	
+ 3,49	.	.	+ 4,70	+ 1,87	.	+ 0,70	+ 3,79	+ 7,80		.
.	.	.	.	− 0,13	− 0,24	− 1,39	− 0,44	− 2,53	− 14,38	− 2,14
− 0,92	+ 0,42	+ 0,10	− 5,78	− 0,19	− 0,05	+ 2,62	− 0,01	+ 0,64	− 36,36	− 51,81
+ 2,57	+ 0,42	+ 0,10	− 1,08	− 0,07	− 0,02	+ 0,18	− 0,00	+ 0,04	− 0,45	+ 3,76
	− 0,163	− 0,039	+ 0,42	+ 1,48	− 0,31	+ 2,11	− 0,06	+ 0,44	− 3,02	− 1,29
			+ 0,08		+ 0,209	− 1,43	+ 3,28	+ 6,39	− 12,46	− 15,21
			+ 0,30			− 0,41			− 66,67	− 66,69
		$k_c =$	+ 0,80		$k_d =$	− 1,84	$k_e =$	− 1,95		

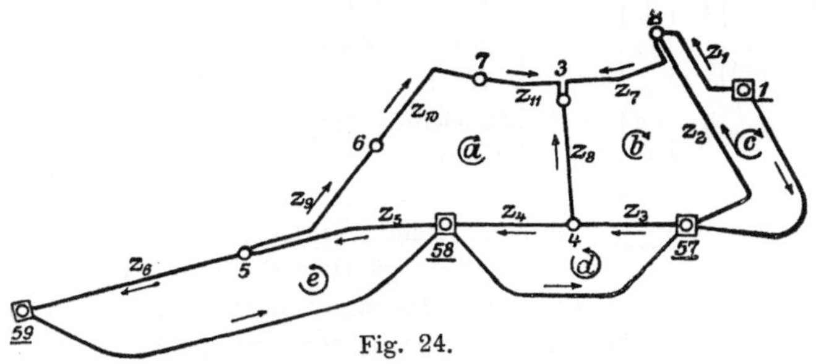

Fig. 24.

1. Bedingungsgleichungen.

Polygon a: $+\mathrm{IV}+\mathrm{V}+\mathrm{IX}+\mathrm{X}+\mathrm{XI}-\mathrm{VIII}=0=S_a$,

„ b: $-\mathrm{II}+\mathrm{III}+\mathrm{VIII}-\mathrm{VII}=0=S_b$,

„ c: $+\mathrm{II}-\mathrm{I}+\Delta H_1^{57}=0=S_c$,

„ d: $+\mathrm{III}+\mathrm{IV}+\Delta H_{58}^{57}=0=S_d$,

„ e: $+\mathrm{V}+\mathrm{VI}+\Delta H_{59}^{58}=0=S_e$.

4. Berechnung der Verbesserungen (n).

Nr.	$\frac{1}{p}$	$\frac{a}{p}k_a$ +	$\frac{b}{p}k_b$ +	$\frac{c}{p}k_c$ +	$\frac{d}{p}k_d$ +	$\frac{e}{p}k_e$ =	(n)	(n)(n)	p	p(n)(n)
1	1,22	.	.	− 0,98	.	.	− 0,98	0,96	0,82	0,79
2	2,27	.	− 7,49	+ 1,82	.	.	− 5,67	32,15	0,44	14,15
3	0,89	.	+ 2,94	.	− 1,64	.	+ 1,30	1,69	1,12	1,89
4	0,98	− 0,21	.	.	− 1,80	.	− 2,01	4,04	1,02	4,12
5	1,79	− 0,38	.	.	.	− 3,49	− 3,87	14,98	0,56	8,39
6	2,00	.	.	.	.	− 3,90	− 3,90	15,21	0,50	7,60
7	1,56	.	− 5,15	.	.	.	− 5,15	26,52	0,64	16,97
8	1,02	+ 0,21	+ 3,37	.	.	.	+ 3,58	12,82	0,98	12,56
9	1,43	− 0,30	.	.	.	.	− 0,30	0,09	0,70	0,06
10	1,09	− 0,23	.	.	.	.	− 0,23	0,05	0,92	0,05
11	0,91	− 0,19	.	.	.	.	− 0,19	0,04	1,10	0,04
		− 1,10	− 6,33	+ 0,84	− 3,44	− 7,39	− 17,42			66,62

5. Mittlere Fehler.

$$\mathfrak{m}=\pm\sqrt{\frac{[p\,(n)\,(n)]}{r}}=\pm\sqrt{\frac{66{,}62}{5}}=\pm\,3{,}7\,\mathrm{mm}.$$

$$\mathfrak{m}_{1\,\mathrm{km}}=\pm\,\mathfrak{m}\sqrt{\frac{1}{\mathfrak{p}_{1\,\mathrm{km}}}}=\pm\,3{,}7\sqrt{\frac{1}{0{,}25}}=\pm\,7{,}4\,\mathrm{mm}.$$

6. Zusammenstellung der verbesserten Höhenunterschiede.

Polygon a.

Der Züge Anfangspunkt	Der Züge Endpunkt	Höhenunterschiede	
4	**58**	+ IV	0,4795
58	5	+ V	0,2999
5	6	+ IX	×8,2359
6	7	+ X	×7,3378
7	3	+ XI	0,3543
3	4	− VIII	3,2926
			0,0000

Polygon b.

Der Züge Anfangspunkt	Der Züge Endpunkt	Höhenunterschiede	
2	**57**	− II	×9,4432
57	4	+ III	×9,5065
4	3	+ VIII	×6,7074
3	2	− VII	4,3429
			0,0000

Polygon c.

Der Züge Anfangspunkt	Der Züge Endpunkt	Höhenunterschiede	
57	2	+ II	0,5568
2	**1**	− I	×7,0262
1	**57**	+ ΔH	2,4170
			0,0000

Polygon d.

Der Züge Anfangspunkt	Der Züge Endpunkt	Höhenunterschiede	
57	4	+ III	×9,5065
4	**58**	+ IV	0,4795
58	**57**	+ ΔH	0,0140
			0,0000

Polygon e.

Der Züge Anfangspunkt	Der Züge Endpunkt	Höhenunterschiede	
58	5	+ V	0,2999
5	**59**	+ VI	×8,8971
59	**58**	+ ΔH	0,8030
			0,0000

2. $\left[\frac{ab}{p}\right]$, $\left[\frac{ac}{p}\right]$, $\left[\frac{ad}{p}\right]$, ... $\left[\frac{bc}{p}\right]$, $\left[\frac{bd}{p}\right]$, ... $\left[\frac{cd}{p}\right]$, ... } sind gleich den reziproken Werten des Gewichtes der den Polygonen { a u. b, a u. c, a u. d, ... b u. c, b u. d, ... c u. d, ... } gemeinschaftlichen Züge,

und zwar mit positivem Vorzeichen, wenn die Höhenunterschiede des gemeinschaftlichen Zuges in beiden Polygonen in gleicher Richtung, mit negativem Vorzeichen, wenn sie in beiden Polygonen in entgegengesetzter Richtung genommen sind und deshalb der wahrscheinlichste Wert für den gemeinschaftlichen Zug in den beiden betreffenden Bedingungsgleichungen gleiches oder entgegengesetztes Vorzeichen hat.

Diese Regeln gelten allgemein für alle Polygonnetze, einerlei ob sie an gegebene Punkte angeschlossen sind oder nicht.

Werden demnach bei Berechnung der Widersprüche f gleich die Summen der reziproken Werte der Gewichte der in dieser Berechnung vorkommenden Beobachtungsergebnisse mit gebildet, so können danach die Faktoren der Endgleichungen ohne weiteres hingeschrieben werden.

Mit Benutzung dieser Regeln für die Bildung der Faktoren der Endgleichungen kann die Rechnung durchgeführt werden wie folgt: (Siehe die Tabellen auf Seite 238 und 239.)

Beispiel 1: Für das im § 52 behandelte trigonometrische Höhennetz sind die Beobachtungsergebnisse und deren Gewichte in folgender Tabelle zusammengestellt:

Strahl.	Strahlenlänge km		Höhenunterschied. m	Gewicht p.	$\frac{1}{p}$.	Strahl.	Strahlenlänge. km		Höhenunterschied. m	Gewicht p.	$\frac{1}{p}$.
$P_1 P_2$	17,0	1	+ 17,582	1,38	0,72	$P_3 P_4$	13.9	6	— 25,711	2,07	0,48
$P_1 P_3$	21,7	2	+ 8,821	0,85	1,18	$P_5 P_4$	6,9	7	— 28,104	8,35	0,12
$P_4 P_1$	16.9	3	+ 16.911	1,40	0,71	$P_3 P_5$	18.6	8	+ 2,471	1.15	0,87
$P_5 P_1$	11,8	4	— 11,205	2,86	0,35	$P_5 P_2$	23,6	9	+ 6,272	0,72	1,39
$P_3 P_2$	16,7	5	+ 8,931	1,44	0,69						

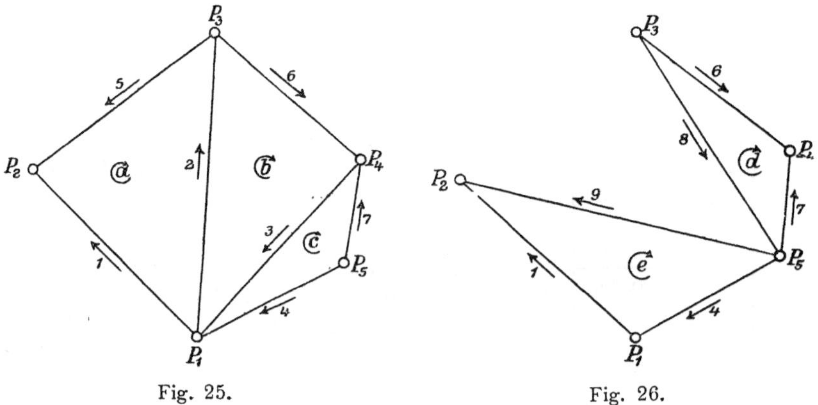

Fig. 25. Fig. 26.

Die Gewichtseinheit ist das Gewicht eines Höhenunterschiedes für einen Strahl von 20km Länge in nahezu horizontaler Richtung.

Die Dreiecke, wofür nach § 52, Nr. 3 die Bedingungsgleichungen aufzustellen sind, zeichnen wir uns nochmals getrennt auf, bezeichnen sie mit a, b, c, d, e und kennzeichnen die Richtung, die wir bei Zusammenstellung der Höhenunterschiede innehalten wollen, durch um die Buchstaben gezogene Pfeile. Dann ergeben sich die Bedingungsgleichungen wie folgt:

$$
\begin{aligned}
\Delta a: &\ + \mathrm{I} - \mathrm{V} - \mathrm{II} = 0 = S_a,\\
\Delta b: &\ + \mathrm{II} + \mathrm{VI} + \mathrm{III} = 0 = S_b,\\
\Delta c: &\ - \mathrm{III} - \mathrm{VII} + \mathrm{IV} = 0 = S_c,\\
\Delta d: &\ + \mathrm{VI} - \mathrm{VII} - \mathrm{VIII} = 0 = S_d,\\
\Delta e: &\ + \mathrm{I} - \mathrm{IX} + \mathrm{IV} = 0 = S_e.
\end{aligned}
$$

Die weitere Rechnung gestaltet sich ganz ebenso wie beim Beispiele 2, weshalb wir ihre Durchführung unterlassen.

3. Kapitel. Anwendung des Verfahrens auf die Berechnung von Dreiecksnetzen.

§ 54. Spezielle Regeln für die Feststellung der Gesamtanzahl der zu erfüllenden Bedingungen.

1. Bei der Berechnung von Dreiecksnetzen ist in erster Linie darüber zu entscheiden, wie die auf den einzelnen Standpunkten erlangten Beobachtungsergebnisse behandelt und in die weiteren Rechnungen eingeführt werden sollen.

Bei Dreiecksnetzen niederer Ordnung und auch bei Dreiecksnetzen höherer Ordnung, die lediglich gelegt werden, um den Dreiecksnetzen niederer Ordnung als Grundlage zu dienen und die nicht für weitergehende wissenschaftliche Zwecke benutzt werden sollen,*) können die auf den einzelnen Standpunkten erlangten Beobachtungsergebnisse für sich ausgeglichen werden und können die hierdurch gewonnenen wahrscheinlichsten Werte der Winkel oder Richtungen in der Regel ohne weiteres als unabhängige Beobachtungsergebnisse**) in die Berechnung des Dreiecksnetzes eingeführt werden.

Wenn aber eine möglichst grofse Genauigkeit der Rechnungsergebnisse gefordert werden mufs, so müssen entweder die Bedingungen, die sich für die auf den einzelnen Standpunkten beobachteten Winkel oder Richtungen ergeben, den sich im übrigen für das Dreiecksnetz ergebenden Bedingungen hinzugefügt werden und die sich daraus ergebenden Rechnungen im Zusammenhange durchgeführt werden, wie es im 1. Kapitel dieses Abschnittes für ein einfaches Beispiel gezeigt ist, oder es mufs das im folgenden Abschnitte behandelte Verfahren für bedingte

---

*) Vergleiche: Die Verbindungs-Triangulation zwischen dem Rheinischen Dreiecksnetze der Europäischen Gradmessung und der Triangulation des Dortmunder Kohlenreviers der Landesaufnahme von Dr. phil. C. Reinhertz, Stuttgart, Karl Wittwer, 1889, worin ausführlich über die bezeichnete, von der Preufsischen Katasterverwaltung lediglich für die Neumessung gröfserer Komplexe ausgeführte Triangulation I. Ordnung berichtet ist.

**) Vergleiche die Einleitung zum II. Teile, § 15, Nr. 3, Seite 55.

vermittelnde Beobachtungen eingeschlagen werden. Welches dieser beiden Verfahren zu wählen ist, wird in der Regel danach zu entscheiden sein, ob das eine oder das andere einfacher zum Ziele führt.

Da nun im vorhergehenden bereits in genügendem Umfange erläutert ist, wie die Ausgleichung der auf einem Standpunkte beobachteten Winkel oder Richtungen durchzuführen ist, oder wie die sich dafür ergebenden Bedingungen festzustellen sind,*) so wird im folgenden nur behandelt, wie die sich im übrigen für ein Dreiecksnetz ergebenden Bedingungen festzustellen sind und wie danach die Rechnungen weiter zu führen sind, wenn die aus den Beobachtungen auf den einzelnen Standpunkten folgenden wahrscheinlichsten Werte der Winkel oder Richtungen in die Dreiecksnetzberechnung eingeführt werden ohne Rücksicht darauf, wie diese Werte gewonnen sind.

Wir machen in dieser Beziehung nur eine Ausnahme für die einfachen Fälle, wo auf einem Punkte entweder die sämtlichen den Horizont schliefsenden Winkel oder wo neben den Einzelwinkeln einzelne Winkelsummen unabhängig von einander beobachtet sind und die Beobachtungsergebnisse als unabhängige Winkel in die Dreiecksberechnung eingeführt werden, um diese einfachen Fälle gleich in ihrem ganzen Umfange im Zusammenhange zu behandeln und um für Dreiecksnetze mit unabhängigen Winkeln allgemein gültige Formeln zur Berechnung der Anzahl der zu erfüllenden Bedingungen aufstellen zu können.

2. In Dreiecksnetzen ergiebt sich die Anzahl der zu erfüllenden Bedingungen verschieden je nachdem Winkel oder Richtungen in die Rechnung eingeführt werden.

Werden Winkel eingeführt, so sind zur einfachen, nicht versicherten Bestimmung der gegenseitigen Lage der ersten 3 Punkte 2 Winkel in einem Dreieck und für jeden weiteren Punkt ebenfalls 2 Winkel genügend. Wenn n_p Punkte vorhanden sind, so sind zur einfachen nicht versicherten Bestimmung ihrer gegenseitigen Lage $2 + 2(n_p - 3) = 2n_p - 4$ Winkel genügend. Alle übrigen Winkel sind überschüssig und liefern je eine Bedingung, so dafs, wenn n_w Winkel vorliegen, die Anzahl der zu erfüllenden Bedingungen $n_w - (2n_p - 4) = n_w - 2n_p + 4$ ist.

Werden Richtungen in die Dreiecksnetzberechnung eingeführt, so sind zuerst die auf den einzelnen Standpunkten beobachteten Richtungen gegenseitig zu orientiren. Zur einfachen, nicht versicherten gegenseitigen Orientirung der Richtungen ist für jeden Standpunkt eine Richtung genügend, so dafs also zur einfachen, nicht versicherten gegenseitigen Orientirung der auf n_{st} Standpunkten beobachteten Richtungen n_{st} Richtungen genügen. Ferner sind zur einfachen, nicht versicherten Bestimmung der gegenseitigen Lage der ersten 3 Punkte 2 orientirte Richtungen und für jeden weiteren Punkt ebenfalls 2 orientirte Richtungen genügend, so dafs also für n_p Punkte $2 + 2(n_p - 3) = 2n_p - 4$ orientirte Richtungen genügen. Im Ganzen genügen also zur einfachen nicht versicherten Bestimmung der gegenseitigen Lage von n_p Punkten aus Richtungen, die auf n_{st} Standpunkten beobachtet sind, $n_{st} + 2n_p - 4$ Richtungen. Alle weiteren Richtungen sind überschüssig und liefern

*) Vergl. das Beispiel im § 20 und die §§ 32—34, sowie die §§ 52 und 53, insbesondere die Note zu § 52, Nr. 3, Seite 235.

Die Ausgleichung von Richtungsbeobachtungen in unvollständigen Sätzen nach dem Verfahren für bedingte Beobachtungen ist nicht behandelt, weil für solche Beobachtungen in der Regel bei der Berechnung des Dreiecksnetzes zweckmäfsiger das Verfahren für bedingte vermittelnde Beobachtungen eingeschlagen wird.

Siehe ferner Gaufs, Die trigonometrischen und polygonometrischen Rechnungen u. s. w. 2. Auflage, I. Teil, Abschnitt V.

je eine Bedingung. Demnach ist die Anzahl der zu erfüllenden Bedingungen, wenn n_r Richtungen vorliegen, gleich $n_r - (n_{st} + 2n_p - 4) = n_r - n_{st} - 2n_p + 4$.

Ist das Netz angeschlossen an n_a Dreiecksseiten, deren Neigungen oder Richtungen gegeben und unverändert beizubehalten sind, so genügt eine Anschlufsseite zum einfachen, nicht versicherten Anschlufs, so dafs $n_a - 1$ Anschlüsse überschüssig sind und demnach in diesem Falle zu der oben berechneten Anzahl von Bedingungen noch $n_a - 1$ Bedingungen hinzukommen. Bei der Abzählung der im Dreiecksnetze beobachteten Winkel oder Richtungen ist in diesem Falle zu beachten, dafs die Anschlufswinkel oder Anschlufsrichtungen nicht mitzuzählen sind, wenn die betreffenden Anschlufsseiten nicht dem eigentlichen Dreiecksnetze angehören.*)

Ebenso ist, wenn das Dreiecksnetz an s_a Dreiecksseiten angeschlossen ist, deren Längen gegeben und unverändert beizubehalten sind, eine Dreiecksseite zum einfachen, nicht versicherten Anschlufs genügend. Die überschüssigen $s_a - 1$ Anschlufsdreiecksseiten liefern demnach noch weitere $s_a - 1$ Bedingungen zu den übrigen.

Für lediglich durch Rückwärtseinschneiden bestimmte Dreieckspunkte erhalten die Bedingungsgleichungen eine so komplizirte Form, dafs solche Dreieckspunkte zweckmäfsig aus dem nach dem Verfahren für bedingte Beobachtungen auszugleichenden Netze ausgeschieden werden und besonders nach dem Verfahren für vermittelnde Beobachtungen berechnet werden. Bei Abzählung der Punkte und Richtungen werden diese Punkte und die darauf beobachteten Winkel oder Richtungen daher ausgeschlossen.

Hiernach ergeben sich die folgenden Regeln:

In Dreiecksnetzen, woraus rückwärts eingeschnittene Punkte und die auf diesen beobachteten Winkel oder Richtungen ausgeschieden sind, ist die Gesamtanzahl r der zu erfüllenden Bedingungen,

(176) wenn zur gegenseitigen Festlegung von n_p Punkten n_w Winkel vorliegen,:

$$r = n_w - 2n_p + 4,$$

(177) wenn zur gegenseitigen Festlegung von n_p Punkten n_r Richtungen auf n_{st} Standpunkten vorliegen,:

$$r = n_r - 2n_p - n_{st} + 4,$$

(178) wenn das Netz aufserdem noch an n_a Dreiecksseiten angeschlossen ist, deren Neigung oder Richtung gegeben und unverändert beizubehalten ist, gleich der sich nach **(176)** oder **(177)** ergebenden Anzahl plus $n_a - 1$,

(179) wenn das Netz aufserdem noch an s_a Dreiecksseiten angeschlossen ist, deren Länge gegeben ist, gleich der sich nach **(176)** oder **(177)** und **(178)** ergebenden Anzahl plus $s_a - 1$.

Bei Abzählung der beobachteten Winkel oder Richtungen werden Anschlufswinkel oder Anschlufsrichtungen nicht mitgezählt, wenn

---

*) Siehe Beispiel 4, Seite 244.

die betreffenden Anschlufsseiten nicht dem eigentlichen Dreiecksnetze angehören.

Beispiele: In den Zeichnungen zu den nachfolgenden Beispielen sind die Punkte, Winkel oder Richtungen für sich fortlaufend nummerirt, so dafs die letzte Nummer, die durch Unterstreichen gekennzeichnet ist, die Anzahl der Punkte, Winkel oder Richtungen angiebt.

Gegebene Punkte sind durch Doppelkreise, gegebene Dreiecksseiten durch dicke Linien hervorgehoben.

Beispiel 1.

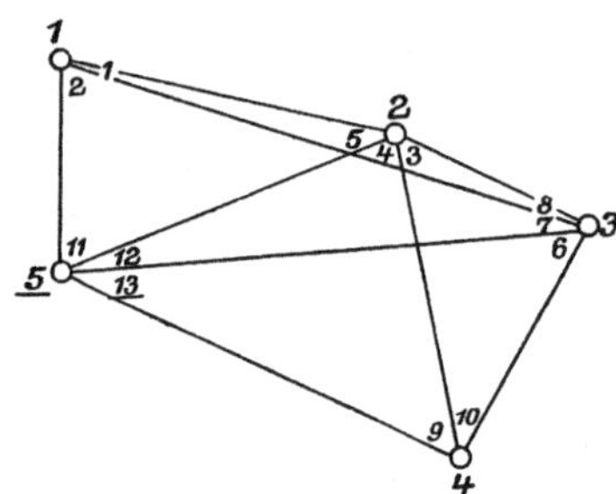

Fig. 27.

(176) $r = n_w - 2\,n_p + 4$

$= 13 - 2 \,.\, 5 + 4 = 7$

Beispiel 2.

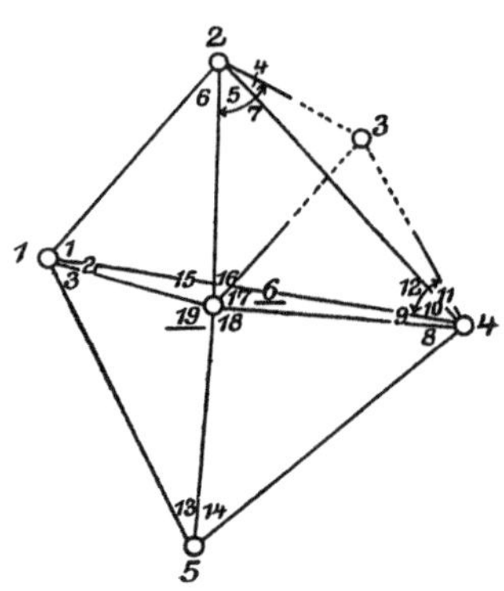

Fig. 28.

(176) $r = n_w - 2\,n_p + 4$

$= 19 - 2 \,.\, 6 + 4 = 11\,.$

Beispiel 3.

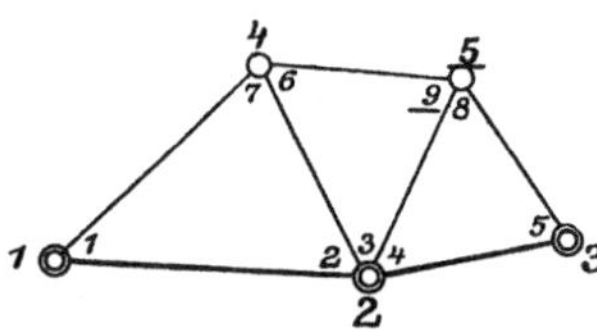

Fig. 29.

(176) $r = (n_w - 2n_p + 4 = 9 - 2.5 + 4 = 3)$

(178) $+ (n_a - 1 = 2 - 1 = 1)$

$+ (s_a - 1 = 2 - 1 = 1) = 5\,.$

Beispiel 4.

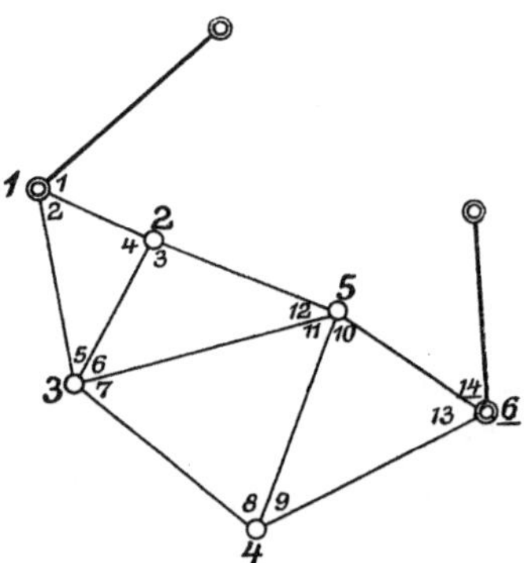

Fig. 30.

(176) $r = (n_w - 2n_p + 4 = 12 - 2.6 + 4 = 4)$

$+ (n_a - 1 = 2 - 1 = 1) = 5\,.$

Beispiel 5.

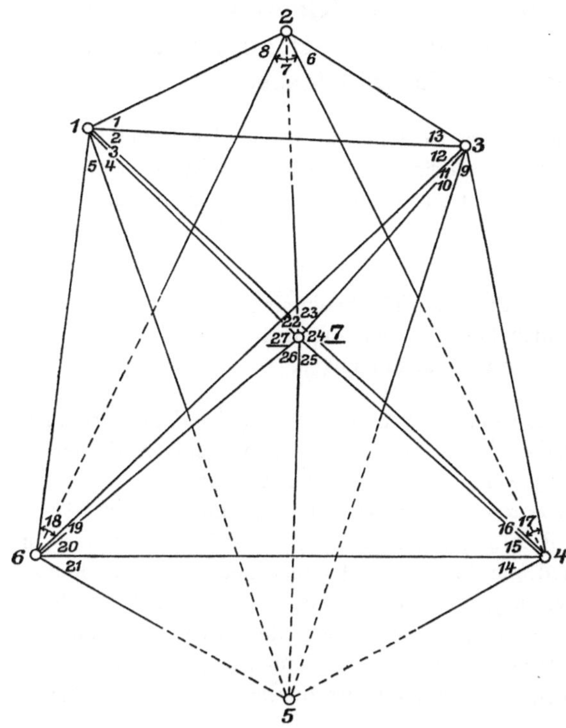

Fig. 31.

$$(176)\quad r = n_w - 2\,n_p + 4 = 27 - 2\,.\,7 + 4 = 17\,.$$

Beispiel 6.

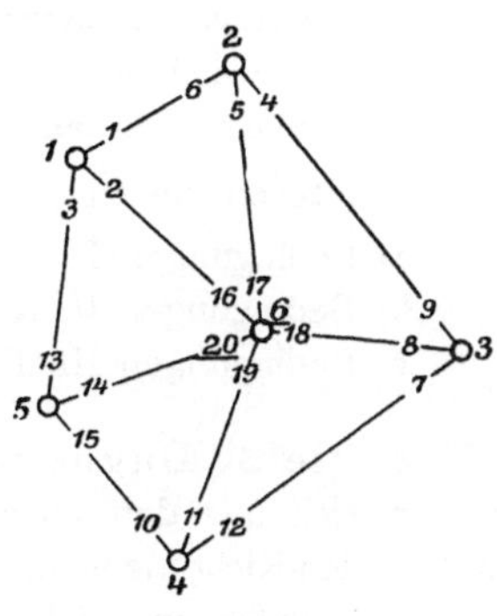

Fig. 32.

$$(177)\quad \begin{aligned} r &= n_r - 2\,n_p - n_{st} + 4 \\ &= 20 - 2\,.\,6 - 6 \quad + 4 \\ &= 6\,. \end{aligned}$$

Beispiel 7.

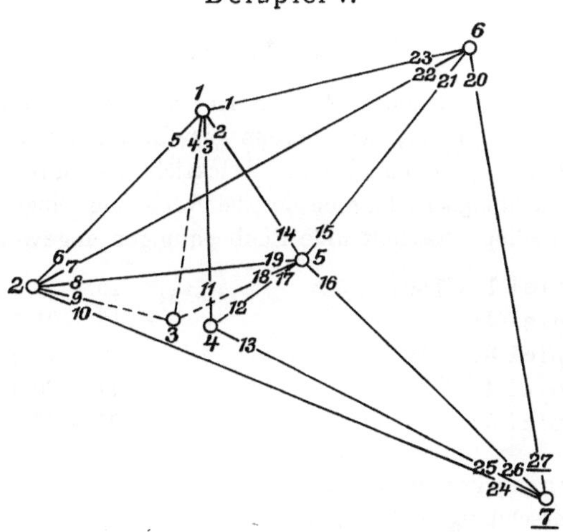

Fig. 33.

$$(177)\quad \begin{aligned} r &= n_r - 2\,n_p - n_{st} + 4 \\ &= 27 - 2\,.\,7 - 6 + 4 = 11\,. \end{aligned}$$

§ 55. Einteilung der Bedingungen in Klassen und spezielle Regeln für die Feststellung der Anzahl der zu erfüllenden Bedingungen einer jeden Klasse.

1. Für die sichere Feststellung der richtigen zu erfüllenden Bedingungen in Dreiecksnetzen ist es zweckmäfsig, die Bedingungen in 3 Klassen einzuteilen und festzustellen, wie viel von den überhaupt zu erfüllenden Bedingungen auf die verschiedenen Klassen entfallen.

Wir teilen die zu erfüllenden Bedingungen demnach ein in

a) Bedingungen I. Klasse oder Stationswinkelbedingungen,
b) Bedingungen II. Klasse oder Netzwinkelbedingungen und
c) Bedingungen III. Klasse oder Seitenbedingungen.

2. Die Bedingungen I. Klasse oder Stationswinkelbedingungen ergeben sich aus den überschüssigen Winkeln, die zur gegenseitigen Festlegung der Strahlen-Richtungen auf den einzelnen Stationspunkten vorliegen.

Zur einfachen, nicht versicherten gegenseitigen Festlegung der auf einem Standpunkte zu bestimmenden Richtungen genügen $n-1$ Winkel, wenn n die Anzahl der Richtungen ist. Sind nun in einem Dreiecksnetze n_{st} Standpunkte vorhanden und auf diesen n_r Richtungen zu bestimmen, so genügen demnach zur einfachen, nicht versicherten gegenseitigen Festlegung der Richtungen auf den einzelnen Standpunkten $n_r - n_{st}$ Winkel, so dafs, wenn überhaupt n_w Winkel vorliegen, $n_w - (n_r - n_{st}) = n_w - n_r + n_{st}$ Winkel überschüssig sind und ebensoviele Bedingungen I. Klasse zu erfüllen sind.

Wir erhalten daher als Regel:

(180). In Dreiecksnetzen ist die Anzahl r_I der zu erfüllenden Bedingungen I. Klasse oder Stationswinkelbedingungen, wenn n_w Winkel zur Bestimmung von n_r Richtungen auf n_{st} Standpunkten vorliegen,:

$$r_I = n_w - n_r + n_{st}.$$

Falls keine Winkel sondern Richtungen vorliegen, so kommen keine Bedingungen I. Klasse vor, denn, wie bereits angeführt ist,*) werden entweder die endgültigen Werte der Richtungen ohne Rücksicht auf ihre Ableitung aus den unmittelbaren Beobachtungsergebnissen in die Rechnung eingeführt oder es wird das Verfahren für bedingte vermittelnde Beobachtungen angewendet.

Beispiel 1: **(180)** $r_I = n_w - n_r + n_{st} = 13 - 18 + 5 = 0,$
Beispiel 2: $= 19 - 21 + 5 = 3,$
Beispiel 3: $= 9 - 14 + 5 = 0,$
Beispiel 4: $= 14 - 20 + 6 = 0,$
Beispiel 5: $= 27 - 32 + 6 = 1.$

3. Die Bedingungen II. Klasse oder Netzwinkelbedingungen ergeben sich aus den überschüssigen Winkelbestimmungen, die in den einzelnen, geschlossene Dreiecke oder Polygone bildenden Teilen des Dreiecksnetzes vorhanden sind.

---

*) Vergleiche § 54, Nr. 1.

In einem geschlossenen Polygone mit n_{st} Punkten ist, wenn sämtliche Winkel bestimmt sind, ein Winkel überschüssig, die Anzahl der zu erfüllenden Bedingungen also gleich eins, oder gleich $n_{st} - (n_{st} - 1)$. Tritt nun eine weitere irgend zwei Punkte des Polygons verbindende Linie hinzu, an deren beiden Enden die Winkel bestimmt sind, die die neue Linie mit den vorhandenen Linien bildet, so entstehen zwei geschlossene Polygone und in jedem dieser Polygone ist ein Winkel überschüssig. Damit kommt auch eine neue Bedingung hinzu, so dafs die Anzahl $(n_{st} + 1) - (n_{st} - 1)$ wird. Treten weitere neue Linien hinzu, an deren beiden Enden die Winkel bestimmt sind, so kommt mit jeder neuen Linie auch eine neue Bedingung hinzu und wenn n_n neue Linien hinzugekommen sind, so ist die Gesamtanzahl der Bedingungen $(n_{st} + n_n) - (n_{st} - 1)$. Da nun in dem ursprünglichen Polygone n_{st} Linien vorhanden sind, so stellt $n_{st} + n_n$ die Anzahl aller überhaupt vorhandenen Linien dar, an deren beiden Enden die Winkel bestimmt sind, und wenn wir diese Anzahl mit n_l bezeichnen, so erhalten wir für die Anzahl r_{II} der Bedingungsgleichungen II. Klasse: $r_{II} = n_l - n_{st} + 1$.

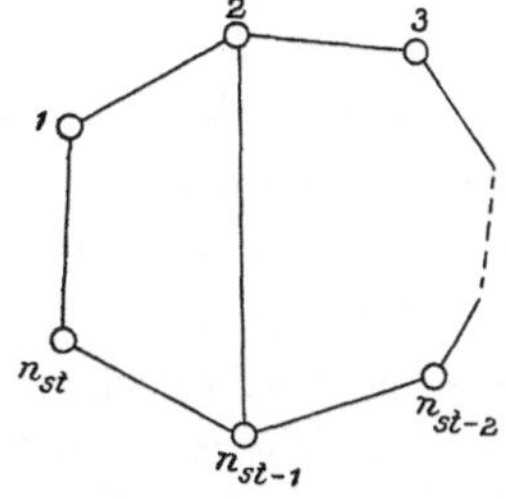

Fig. 34.

Durch Linien, wofür nur an einem Ende die Winkel bestimmt sind, die sie mit anderen Linien bilden, entstehen keine neuen geschlossenen Polygone, worin ein Winkel überschüssig ist; es kommt dadurch also auch keine neue Bedingung hinzu. Bei Bestimmung der Anzahl n_l der Linien müssen daher auch alle solche Linien ausgeschlossen werden. Ebenso müssen auch bei Bestimmung der Anzahl n_{st} der Punkte alle die Punkte ausgeschlossen werden, die nur durch einseitig bestimmte Linien festgelegt, also vorwärts eingeschnitten und keine Standpunkte sind, worauf Winkel beobachtet sind.

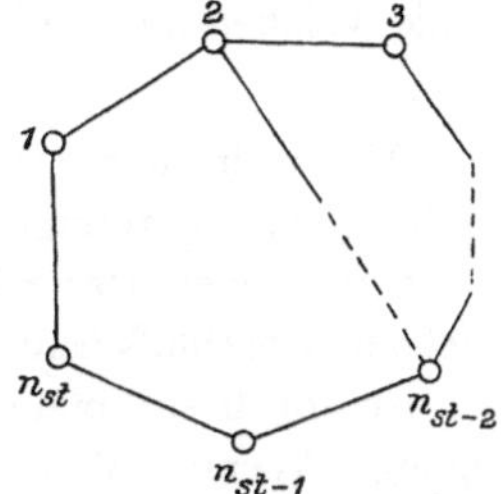

Fig. 35.

Wenn das Dreiecksnetz an Dreiecksseiten angeschlossen ist, deren Neigungen gegen eine Abscissenaxe gegeben und unverändert beizubehalten sind, so genügt die Neigung einer gegebenen Dreiecksseite zur einfachen, nicht versicherten Bestimmung der Neigungen der neu zu bestimmenden Dreiecksseiten. Die Neigungen aller übrigen gegebenen Dreiecksseiten sind überschüssig und liefern je eine zu erfüllende Bedingung. Wenn also die Neigungen von n_a Dreiecksseiten zum Anschlufs gegeben sind, so liefern sie $n_a - 1$ Bedingungen, womit die Gesamtzahl aller Bedingungen II. Klasse $r_{II} = n_l - n_{st} + 1 + (n_a - 1) = n_l + n_a - n_{st}$ wird.

Demnach erhalten wir als Regel:

In Dreiecksnetzen ist die Anzahl r_{II} der Bedingungen II. Klasse oder der Netzwinkelbedingungen,

(181) wenn n_{st} Standpunkte durch n_l Linien verbunden sind, an deren **beiden** Enden die Winkel bestimmt sind,:

$$r_{II} = n_l - n_{st} + 1,$$

(182) wenn das Netz aufserdem an n_a Dreiecksseiten angeschlossen ist, deren Neigungen gegeben und unverändert beizubehalten sind,:

$$r_{II} = n_l - n_{st} + n_a.$$

Beispiel 1: **(181)** $r_{II} = n_l - n_{st} + 1 = 9 - 5 + 1 = 5$,
Beispiel 2: $= 9 - 5 + 1 = 5$,
Beispiel 3: **(182)** $r_{II} = n_l - n_{st} + n_a = 7 - 5 + 2 = 4$,
Beispiel 4: $= 9 - 6 + 2 = 5$,
Beispiel 5: **(181)** $r_{II} = n_l - n_{st} + 1 = 12 - 6 + 1 = 7$,
Beispiel 6: $= 10 - 6 + 1 = 5$,
Beispiel 7: $= 12 - 6 + 1 = 7$.

4. Die Bedingungen III. Klasse oder Seitenbedingungen in Dreiecksnetzen ergeben sich aus den überschüssigen Dreiecksseiten, die zur Bestimmung der Dreieckspunkte vorhanden sind.

Zur einfachen, nicht versicherten Bestimmung der gegenseitigen Lage der ersten beiden Dreieckspunkte genügt eine Dreiecksseite, während für den einfachen, nicht versicherten Anschlufs eines jeden weiteren Punktes zwei Dreiecksseiten erforderlich sind. Sind also n_p Dreieckspunkte ihrer Lage nach gegenseitig festzulegen, so genügen hierzu $1 + 2(n_p - 2) = 2n_p - 3$ Dreiecksseiten. Alle weiteren Dreiecksseiten sind überschüssig und liefern je eine Bedingung, so dafs, wenn überhaupt n_s Dreiecksseiten bestimmt sind, die Anzahl r_{III} der Bedingungen III. Klasse $r_{III} = n_s - 2n_p + 3$ ist.

Hierbei ist es einerlei, wie die Dreiecksseiten bestimmt sind, also auch, ob die Winkel an beiden Enden oder nur an einem Ende der Dreiecksseite bestimmt sind.

Wenn in dem Dreiecksnetze Dreiecksseiten vorhanden sind, deren Länge gegeben ist, so genügt eine solche Dreiecksseite, um daraus die Länge aller neu zu bestimmenden Dreiecksseiten einfach, nicht versichert abzuleiten. Jede weitere gegebene Anschlufsseite liefert eine überschüssige Bestimmung des Längenmafses der neu zu bestimmenden Dreiecksseiten und somit auch eine zu erfüllende Bedingung. Wenn daher s_a Dreiecksseiten vorhanden sind, deren Länge gegeben ist, so wird die Anzahl der Bedingungen III. Klasse $r_{III} = n_s - 2n_p + 3 + (s_a - 1) = n_s - 2n_p + s_a + 2$.

Demnach ergiebt sich die Regel:

Die Anzahl r_{III} der Bedingungen III. Klasse oder der Seitenbedingungen in Dreiecksnetzen ist,

(183) wenn n_p Dreieckspunkte durch n_s Dreiecksseiten verbunden sind,:

$$r_{III} = n_s - 2n_p + 3,$$

(184) wenn aufserdem die Längen für s_a Dreiecksseiten des Dreiecksnetzes gegeben sind,:

$$r_{III} = n_s - 2n_p + s_a + 2.$$

Beispiel 1: **(183)** $r_{III} = n_s - 2n_p + 3 = 9 - 2 \cdot 5 + 3 = 2$,
Beispiel 2: $= 12 - 2 \cdot 6 + 3 = 3$,
Beispiel 3: **(184)** $r_{III} = n_s - 2n_p + s_a + 2 = 7 - 2 \cdot 5 + 2 + 2 = 1$,
Beispiel 4: **(183)** $r_{III} = n_s - 2n_p + 3 = 9 - 2 \cdot 6 + 3 = 0$,
Beispiel 5: $= 20 - 2 \cdot 7 + 3 = 9$,
Beispiel 6: $= 10 - 2 \cdot 6 + 3 = 1$,
Beispiel 7: $= 15 - 2 \cdot 7 + 3 = 4$.

5. Die Summe $r_I + r_{II} + r_{III}$ der sich nach den Regeln **(180)** bis **(184)** ergebenden Bedingungen I., II. und III. Klasse mufs übereinstimmen mit der sich nach den Regeln **(176)** bis **(179)** ergebenden Gesamtanzahl r aller in einem Dreiecksnetze zu erfüllenden Bedingungen, womit eine Sicherung für die richtige Bestimmung der Anzahl der Bedingungen gewonnen wird.

§ 56. Aufsuchung der zu erfüllenden Bedingungen.

1. Die Bedingungen I. Klasse können in jedem Falle gefunden werden, indem zuerst für jeden einzelnen Standpunkt festgestellt wird, wie viel Bedingungen die vorliegenden Winkel nach Regel **(180)** erfüllen müssen, und indem diese Bedingungen nach der im § 52, Nr. 3 gegebenen Anleitung aufgesucht werden. Vielfach werden die Bedingungen I. Klasse aber ohne weiteres nach der Figur, worin die vorliegenden Winkel bezeichnet sind, gefunden und hingeschrieben werden können.

Beispiele: Nach § 55, Nr. 2 sind im Beispiele 2: $r_I = 3$ und im Beispiele 5: $r_I = 1$ Bedingungen I. Klasse zu erfüllen, in allen übrigen Beispielen keine. Nach Figur 28 sind die 3 Bedingungen des Beispieles 2:

1. dafs die Summe der wahrscheinlichsten Werte der Winkel 4 und 5 gleich sein mufs dem wahrscheinlichsten Werte des Winkels 7,
2. dafs die Summe der wahrscheinlichsten Werte der Winkel 10 und 11 gleich sein mufs dem wahrscheinlichsten Werte des Winkels 12 und
3. dafs die Summe der wahrscheinlichsten Werte der Winkel auf Punkt 6 gleich $360°$ sein mufs.

Ebenso ist die eine Bedingung des Beispieles 5 nach Figur 31 die, dafs die Summe der wahrscheinlichsten Werte der Winkel auf Punkt 7 gleich $360°$ sein mufs.

2. Die Bedingungen II. Klasse werden am einfachsten und sichersten in der Weise festgestellt, dafs, wenn das Netz nicht sehr einfach ist, zuerst alle geschlossenen Dreiecke und Polygone, worin sämtliche Winkel bestimmt sind und die einfach ohne Diagonalverbindungen aneinander hängen, besonders aufgezeichnet werden. Für jedes dieser geschlossenen Dreiecke und Polygone ergiebt sich dann die eine Bedingung II. Klasse, dafs die Summe der wahrscheinlichsten Werte der Winkel den Sollbetrag $180°$ oder $(n-2) \cdot 180°$ erfüllen mufs. Werden dann die übrigen Diagonallinien, an deren beiden Enden die Winkel bestimmt sind, einzeln nach einander hinzugenommen und jedesmal für eines der beiden Dreiecke oder Polygone, die durch Hinzutritt einer Diagonallinie entstehen, die Bedingung angesetzt, dafs die Summe der wahrscheinlichsten Werte der Winkel den Sollbetrag $180°$ oder $(n-2) \cdot 180°$ erfüllen mufs, so werden damit alle Bedingungen II. Klasse gefunden bis auf die, die sich aus dem Anschlufs des Netzes an Dreiecksseiten ergeben, deren Neigungen gegeben und unverändert beizubehalten sind. Letztere werden dann gefunden, indem zuerst eine gegebene Dreiecksseite aufgenommen und dann einzeln festgestellt wird, welche Bedingung sich durch Hinzutritt jeder einzelnen der weiteren gegebenen Dreiecksseiten ergiebt.

Beispiel 1: Für die einfach aneinanderhängenden Dreiecke a, b, c ergeben sich zunächst die 3 Bedingungen, daſs in jedem dieser Dreiecke die Summe der wahrscheinlichsten Werte der Winkel 180° sein muſs. Durch Hinzutritt der Diagonallinie 5—3 ergiebt sich dann weiter die Bedingung, daſs dies auch der Fall sein muſs für das Dreieck d und durch Hinzutritt der Diagonallinie 1—3 für das Dreieck e, womit die aufzusuchenden 5 Bedingungen II. Klasse bestimmt sind.

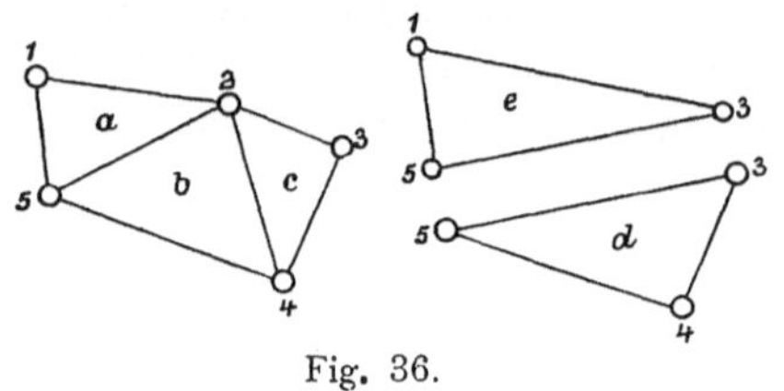

Fig. 36.

Beispiel 2: In gleicher Weise ergiebt sich für das Beispiel 2, daſs die 5 Bedingungen II. Klasse aufzustellen sind für die in den Figuren 37 dargestellten Dreicke a, b, c, d und e.

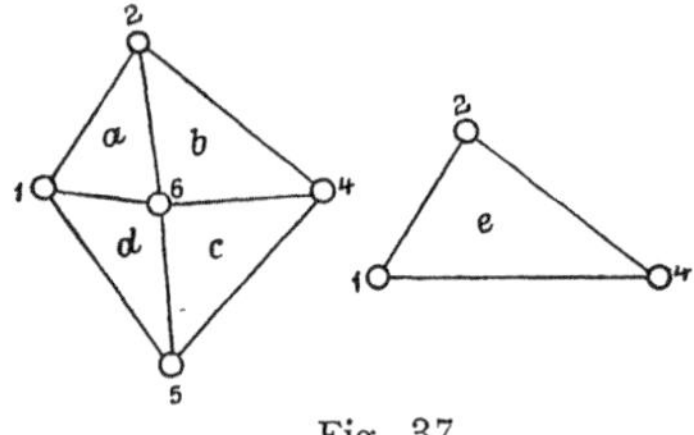

Fig. 37.

Beispiel 3: Die ersten 3 Bedingungen II. Klasse sind aufzustellen für die 3 einfach aneinanderhängenden Dreiecke, woraus das Netz besteht, und die vierte Bedingung ergiebt sich daraus, daſs die Summe der wahrscheinlichsten Werte der Winkel auf Punkt 2 gleich sein muſs dem Unterschiede der gegebenen Neigungen der Dreiecksseiten 2—1 und 2—3.

Beispiel 4: Ebenso ergeben sich die ersten 4 Bedingungen für die 4 Dreiecke des Netzes und die fünfte daraus, daſs die Summe der Winkel an dem Polygonzuge 1 — 3 — 4 — 6 gleich sein muſs dem Unterschiede der gegebenen Neigungen für die beiden Anschluſsseiten plus $n \cdot 180°$.

Beispiel 5: Wie beim Beispiele 1 und 2 ergeben sich hier die in den Figuren 38 dargestellten Dreiecke a, b, c, d, e, g, h, wofür die 7 Bedingungen II. Klasse anzusetzen sind.

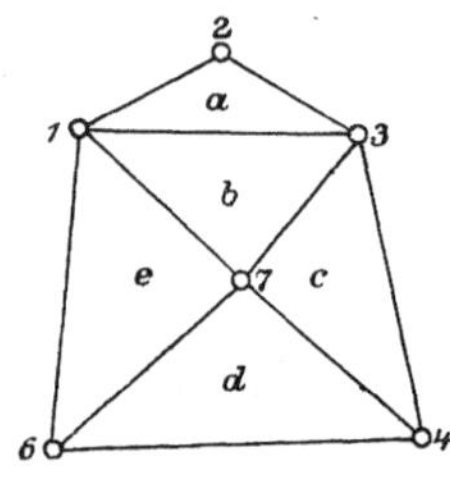

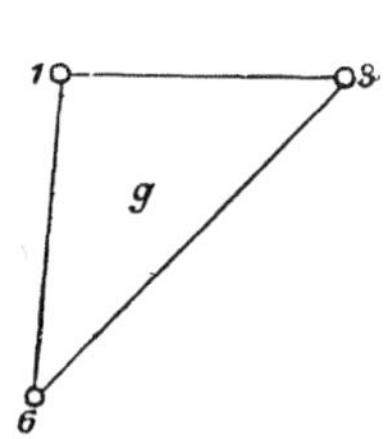

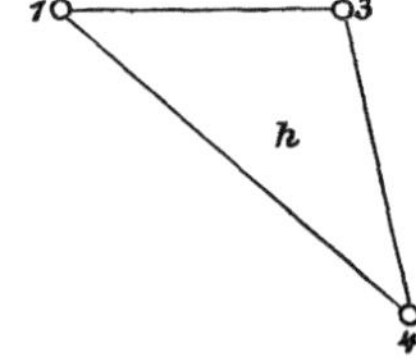

Fig. 38.

Beispiel 6: Die 5 Bedingungen II. Klasse sind anzusetzen für die 5 einfach aneinanderhängenden Dreiecke, woraus das Netz besteht.

Beispiel 7: Die 7 Dreiecke, wofür die Bedingungen II. Klasse anzusetzen sind, sind in den nebenstehenden Figuren 39 dargestellt.

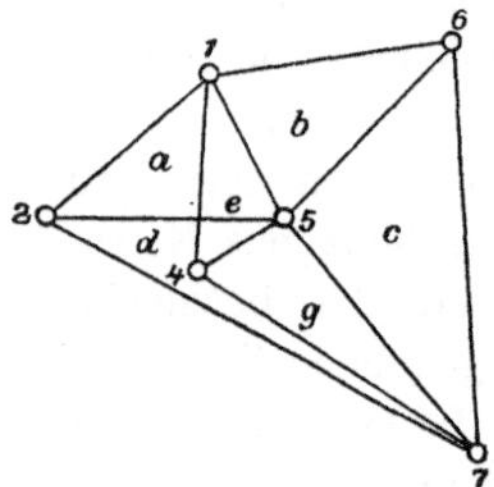

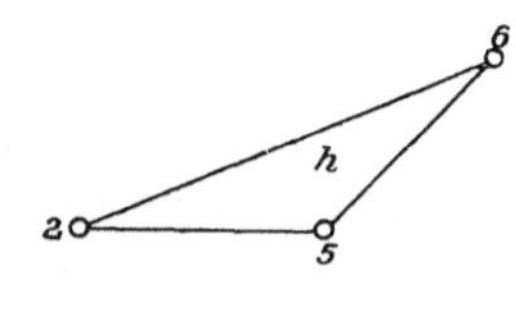

Fig. 39.

3. Behufs Aufsuchung der Bedingungen III. Klasse zerlegen wir das Dreiecksnetz nötigenfalls in kleinere Teile und zwar so, dafs in jedem Teile nur eine einzige Linie überschüssig ist, also nur eine Bedingung zu erfüllen ist und dafs in jedem Teile mindestens ein Punkt vorhanden ist, der mit allen übrigen Punkten des Teiles durch Dreiecksseiten verbunden ist. Wir bezeichnen diese einzelnen Teile als Centralsysteme und den Punkt eines jeden Centralsystems, der mit allen übrigen Punkten des Systems durch Dreiecksseiten verbunden ist, als Centralpunkt.

Die einfachsten Formen der Centralsysteme sind Vierecke mit 2 Diagonalen oder Polygone, deren Eckpunkte sämtlich durch Dreiecksseiten mit einem anderen Punkte, dem Centralpunkte, verbunden sind.

In der Regel wird die Anzahl der Centralsysteme mit der Anzahl der zu erfüllenden Bedingungen III. Klasse übereinstimmen (abgesehen von den Bedingungsgleichungen III. Klasse, die aus dem Anschlufs an ihrer Länge nach gegebene Dreiecksseiten folgen), so dafs mit Aufsuchung aller Centralsysteme auch der erforderliche Anhalt für die Aufstellung der Bedingungen III. Klasse gewonnen wird. Für die abweichenden Ausnahmefälle können keine allgemeinen Regeln gegeben werden; es wird aber meistens leicht sein, in diesen aufsergewöhnlichen Fällen die noch zu erfüllenden Bedingungen aufzufinden.

Die einzelnen Centralsysteme werden einfach und sicher gefunden wie folgt: Es wird ein Centralsystem aus dem Dreiecksnetze herausgezeichnet und dann untersucht, ob noch weitere Dreiecksseiten vorhanden sind, die die Punkte dieses Centralsystems mit einander verbinden. Ist dies der Fall, so werden zuerst die Centralsysteme festgestellt, die sich durch Hinzunahme jeder einzelnen dieser Verbindungsdreiecksseiten ergeben. Sodann wird ein neuer Punkt mit den Dreiecksseiten hinzugenommen, die diesen Punkt mit den Punkten des ersten Centralsystems verbinden. Zwei der hinzugenommenen Dreiecksseiten sind dann erforderlich zur einfachen, nicht versicherten Bestimmung des neuen Punktes, alle übrigen hinzugenommenen Dreiecksseiten liefern je eine neue Bedingung und demnach auch je ein neues Centralsystem. Nachdem diese neuen Centralsysteme festgestellt sind, werden die weiteren Punkte samt den sie mit den vorher aufgenommenen Punkten verbindenden Dreiecksseiten nacheinander einzeln hinzugenommen und wird weiter verfahren wie nach Hinzunahme des ersten Punktes.

Die Bedingungen III. Klasse, die sich ergeben aus dem Anschlusse des Netzes an Dreiecksseiten, deren Längen gegeben sind, werden gefunden, indem zuerst eine gegebene Dreiecksseite in das Netz aufgenommen wird und dann für jede einzelne der weiter gegebenen Dreiecksseiten festgestellt wird, welche Bedingung sich durch ihren Hinzutritt ergiebt.

Beispiel 1: Wir nehmen zuerst das in Figur 40 dargestellte Centralsystem heraus. Dann ist nur noch Punkt 4 übrig, der mit den Punkten des ersten Centralsystems durch 3 Dreiecksseiten verbunden ist, so dafs sich durch Hinzunahme dieses Punktes mit seinen Dreiecksseiten $3 - 2 = 1$ neues Centralsystem ergiebt und zwar das in Figur 41 dargestellte. Hiermit sind die Centralsysteme festgestellt, wofür die 2 zu erfüllenden Bedingungen III. Klasse aufzustellen sind.

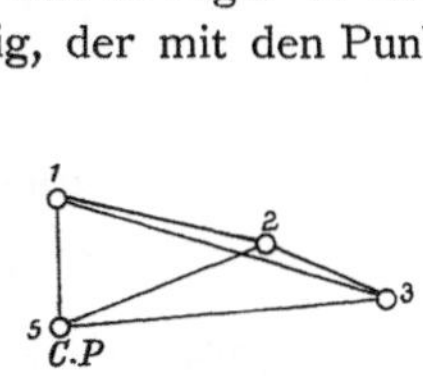

Fig. 40.

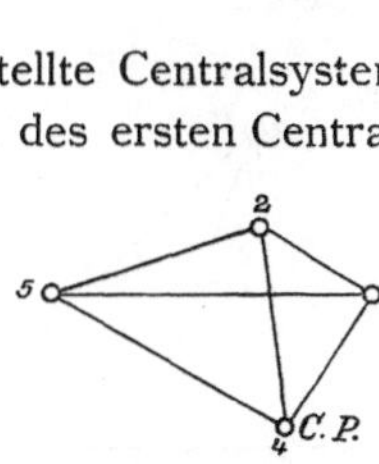

Fig. 41.

Beispiel 2: Zuerst ist das in Figur 42 dargestellte Centralsystem herausgenommen. Durch die die Punkte 1 und 4 dieses Centralsystems verbindende Dreiecksseite ergiebt sich das in Figur 43 und durch die Hinzunahme des Punktes 3 mit seinen 3 Dreiecksseiten das in Figur 44 dargestellte Centralsystem.

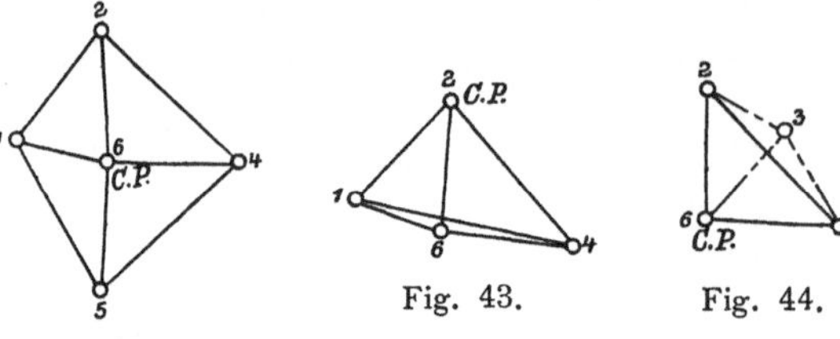

Fig. 42. Fig. 43. Fig. 44.

Beispiel 3: Es ist kein Centralsystem vorhanden, worin eine Bedingung III. Klasse zu erfüllen ist. Die einzige Bedingung dieser Art ergiebt sich daraus, dafs die Dreiecksseitenberechnung, von der ihrer Länge nach gegebenen und unverändert beizubehaltenden Seite 2 — 1 ausgehend, auf die ebenfalls ihrer Länge nach gegebene und unverändert beizubehaltende Dreiecksseite 2 — 3 ohne Abweichung abschliefsen mufs.

Im Beispiele 4 ist keine Bedingungsgleichung III. Klasse zu erfüllen.

Beispiel 5: Zuerst ist das in Figur 45 dargestellte Centralsystem herausgenommen, wonach sich die beiden in Figur 46 und 47 dargestellten Centralsysteme

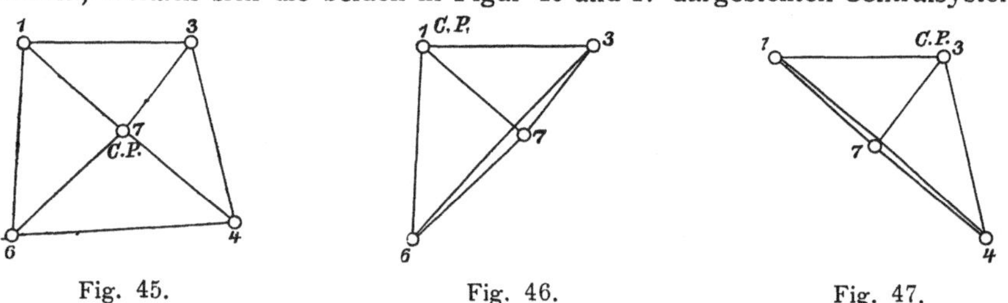

Fig. 45. Fig. 46. Fig. 47.

durch Hinzunahme der die Punkte 3 und 6, 1 und 4 verbindenden Dreiecksseiten ergeben. Die drei weiteren, in den Figuren 48 bis 50 dargestellten Centralsysteme folgen durch Hinzutritt des Punktes 2 mit seinen 5 — 2 = 3 überschüssigen Dreiecksseiten und die drei letzten, in den Figuren 51 bis 53 dargestellten Centralsysteme durch Hinzutritt des Punktes 5 ebenfalls mit 5 — 2 = 3 überschüssigen Dreiecksseiten.

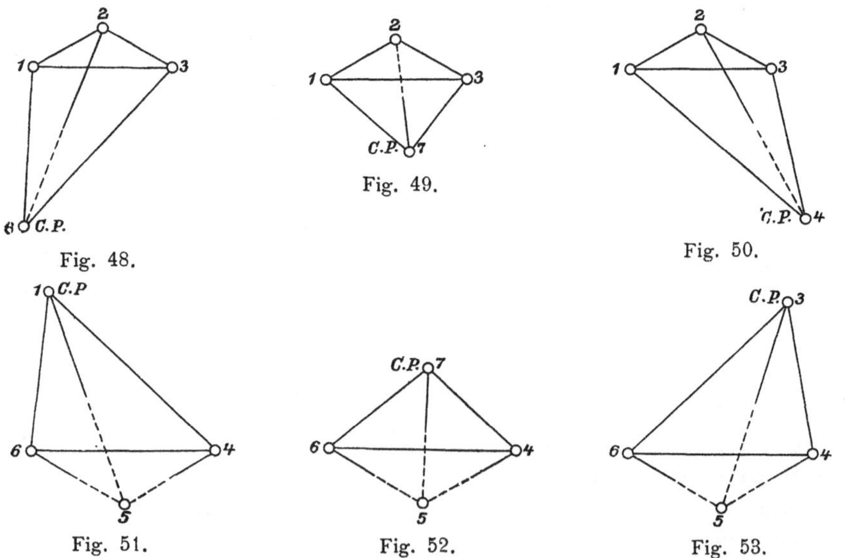

Fig. 48. Fig. 49. Fig. 50.

Fig. 51. Fig. 52. Fig. 53.

Beispiel 6: Das Netz bildet ein Centralsystem.

4. Die sich für jedes Centralsystem ergebende Bedingung III. Klasse ist die, dafs die Dreiecksseitenberechnung, von einer Seite als Anfangsseite ausgehend und auf dieselbe Seite als Schlufsseite zurückführend, für Anfangs- und Schlufsseite dasselbe Mafs ergeben mufs. Die Dreiecke, deren Winkel in die aus dieser Bedingung folgenden Bedingungsgleichung eingeführt werden, haben eine gemeinschaftliche Spitze, den Centralpunkt.

In den Diagonal-Vierecken, die Centralsysteme bilden, kann jeder Eckpunkt als Centralpunkt gewählt werden*) und durch die Wahl des Centralpunktes werden die Dreiecke bestimmt, deren Winkel in die Bedingungsgleichung eingeführt werden müssen.

Beispielsweise ergiebt sich für das in Figur 54 dargestellte Centralsystem nach § 45, Seite 203 und 204, wenn der Punkt 2 als Centralpunkt genommen wird, die Bedingungsgleichung:

$$\frac{\sin\,(\mathrm{V}+\mathrm{VI})\,\sin\,\mathrm{VII}\,\sin\,\mathrm{I}}{\sin\,\mathrm{VIII}\,\sin\,(\mathrm{I}+\mathrm{II})\,\sin\,\mathrm{VI}}=1,$$

dagegen, wenn der Punkt 4 als Centralpunkt genommen wird, die Bedingungsgleichung:

$$\frac{\sin\,(\mathrm{I}+\mathrm{II})\,\sin\,\mathrm{III}\,\sin\,\mathrm{V}}{\sin\,\mathrm{IV}\,\sin\,(\mathrm{V}+\mathrm{VI})\,\sin\,\mathrm{II}}=1.$$

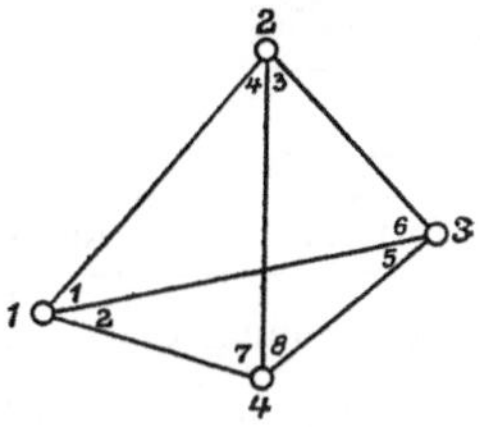

Fig. 54.

Während die Winkel der drei am Centralpunkte liegenden Dreiecke in der Bedingungsgleichung erscheinen, fehlen die Winkel des vierten, nicht am Centralpunkte liegenden Dreiecks.

Wir nehmen für die in den Figuren 40 bis 53 dargestellten Centralsysteme die Punkte als Centralpunkte, die in den Figuren durch *C. P.* bezeichnet sind.

§ 57. Aufstellung der Bedingungsgleichungen und weitere Durchführung der Rechnungen.

Die Aufstellung der Bedingungsgleichungen und die weitere Durchführung der Rechnungen für Dreiecksnetze ist bereits im 1. Kapitel dieses Abschnittes ausführlich an einem einfachen Beispiele erläutert worden. Es folgt daher hier nur noch die vollständige Rechnung für Beispiel 1, worin mehrere Centralsysteme vorkommen und in dem unabhängige Winkel in die Rechnung eingeführt sind, sowie für Beispiel 6, worin Richtungen in die Rechnung eingeführt sind. Weitere Erläuterungen zu diesen Rechnungen werden nicht erforderlich sein.

---

*) Als Centralpunkt kann auch der Durchschnittspunkt der beiden Diagonalen oder der Durchschnittspunkt der Verlängerungen zweier gegenüber liegender Seiten des Vierecks genommen werden. Hierbei ergeben sich aber achtgliedrige Bedingungsgleichungen, während bei Annahme eines Eckpunktes als Centralpunkt sich nur sechsgliedrige Bedingungsgleichungen ergeben.

Beispiel 1.

Dreiecke a, b, c.

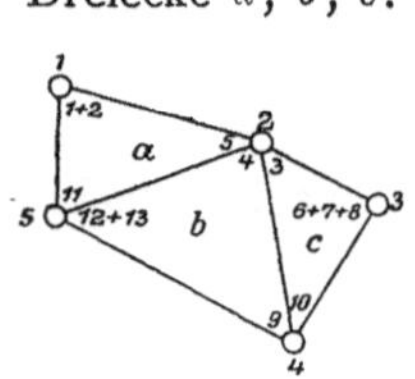

Fig. 55.

Dreiecke d, e.

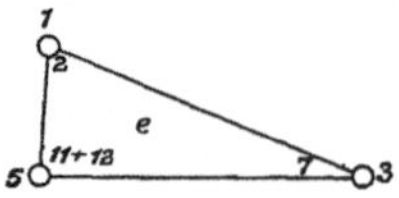

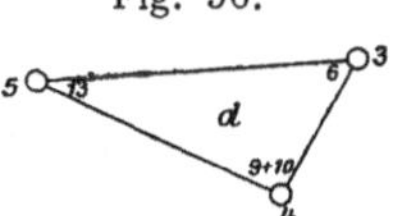

Fig. 56.

Fig. 57.

1. Bedingungsgleichungen.

Δa: I + II + V + XI = 180°,

Δb: IV + IX + XII + XIII = 180°,

Δc: III + VI + VII + VIII + X = 180°,

Δd: VI + IX + X + XIII = 180°,

Δe: II + VII + XI + XII = 180°,

$$\text{C.S.}g\text{:}\ \frac{\sin(\text{I}+\text{II})\sin(\text{III}+\text{IV})\sin\text{VII}}{\sin\text{V}\sin(\text{VII}+\text{VIII})\sin\text{II}} = 1,$$

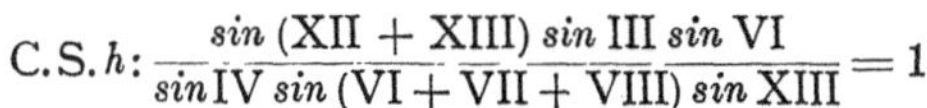

$$\text{C.S.}h\text{:}\ \frac{\sin(\text{XII}+\text{XIII})\sin\text{III}\sin\text{VI}}{\sin\text{IV}\sin(\text{VI}+\text{VII}+\text{VIII})\sin\text{XIII}} = 1.$$

Centralsystem g.

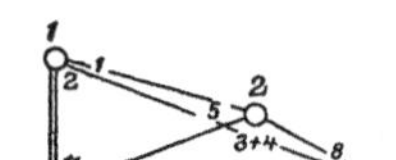

Fig. 58.

Centralsystem h.

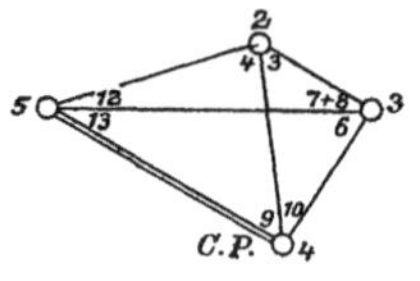

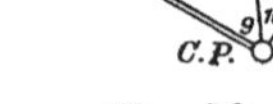

Fig. 59.

2. Berechnung der Widersprüche und Zusammenstellung der Verbesserungen.

Bezeichnung der Drei-ecke.	Punkte.	Winkel.	Beobachtete Winkel n. °	′	″	v.	″	**n** = n + v. °	′	″	Verbesserungen (**n**).		″
a	2	α: 5	34	19	18,9	—	0,95	34	19	17,95	(**5**)	+	0,24
	1	β: 1	3	21	34,9	—	0,95	3	21	33,95	(**1**)	+	1,92
		+ 2	74	18	48,0	—	0,95	74	18	47,05	(**2**)	—	1,09
	5	γ: 11	68	00	22,0	—	0,95	68	00	21,05	(**11**)	—	1,03
		Σ_a	180	00	03,8	—	3,80	180	00	00,00		+	0,04
		f_a			—3,8								
b	2	α: 4	82	12	44,7	—	1,27	82	12	43,43	(**4**)	+	1,24
	5	β: 12	16	19	50,0	—	1,28	16	19	48,72	(**12**)	+	0,23
		+ 13	30	04	53,2	—	1,27	30	04	51,93	(**13**)	—	0,97
	4	γ: 9	51	22	37,2	—	1,28	51	22	35,92	(**9**)	—	0,51
		Σ_b	180	00	05,1	—	5,10	180	00	00,00		—	0,01
		f_b			—5,1								
c	3	α: 6	55	59	55,4	—	0,84	55	59	54,56	(**6**)	—	0,49
		+ 7	21	21	06,1	—	0,84	21	21	05,26	(**7**)	—	0,17
		+ 8	5	02	46,6	—	0,84	5	02	45,76	(**8**)	+	0,01
	2	β: 3	55	03	34,9	—	0,84	55	03	34,06	(**3**)	+	1,43
	4	γ: 10	42	32	41,2	—	0,84	42	32	40,36	(**10**)	—	0,81
		Σ_c	180	00	04,2	—	4,20	180	00	00,00		—	0,03
		f_c			—4,2								
d	5	α: 13						30	04	51,93	(**13**)	—	0,97
	3	β: 6						55	59	54,56	(**6**)	—	0,49
	4	γ: 9						51	22	35,92	(**9**)	—	0,51
		+ 10						42	32	40,36	(**10**)	—	0,81
							Σ_d	180	00	02,77		—	2,78
							f_d			—2,77			
e	1	α: 2						74	18	47,05	(**2**)	—	1,09
	3	β: 7						21	21	05,26	(**7**)	—	0,17
	5	γ: 11						68	00	21,05	(**11**)	—	1,03
		+ 12						16	19	48,72	(**12**)	+	0,23
							Σ_e	180	00	02,08		—	2,06
							f_e			—2,08			

2. Berechnung der Widersprüche und Zusammenstellung der Verbesserungen.

Bezeichnung der Dreiecke.	Punkte.	Winkel.	Winkel n. °	′	″	*cpl log sin* α. *log sin* β.	Verbesserungen g (n) und h (n) der *log*.		
						Centralsystem g.			
a	△ 2	α: 5	34	19	17,95	0.248 8455	— 30,8 ((**5**) = + 0,24)	—	7,4
	△ 1	β: 1 + 2	77	40	21,00	9.989 8694	+ 4,6 ((**1**) + (**2**) = + 0,83)	+	3,8
.	△ 3	α: 7 + 8	26	23	51,02	0.352 0343	— 42,4 ((**7**) + (**8**) = — 0,16)	+	6,8
	△ 2	β: 3 + 4	137	16	17,49	9.831 5657	— 22,8 ((**3**) + (**4**) = + 2,67)	—	60,9
e	△ 1	α: 2	74	18	47,05	0.016 4849	— 5,9 ((**2**) = — 1,09)	+	6,4
	△ 3	β: 7	21	21	05,26	9.561 2063	+ 53,9 ((**7**) = — 0,17)	—	9,2
					Σ_g	0.000 0061		—	60,5
					f_g	— 61			
						Centralsystem h.			
b	△ 2	α: 4	82	12	43,43	0.004 0243	— 2,8 ((**4**) = + 1,24)	—	3,5
	△ 5	β: 12 + 13	46	24	40,65	9.859 9231	+ 20,1 ((**12**) + (**13**) = — 0,74)	—	14,9
c	△ 3	α: 6 + 7 + 8	82	23	45,58	0.003 8359	— 2,8 ((**6**)+(**7**)+(**8**) = — 0,65)	+	1,8
	△ 2	β: 3	55	03	34,06	9.913 6798	+ 14,7 ((**3**) = + 1,43)	+	21,0
d	△ 5	α: 13	30	04	51,93	0.299 9671	— 36,3 ((**13**) = — 0,97)	+	35,2
	△ 3	β: 6	55	59	54,56	9.918 5665	+ 14,2 ((**6**) = — 0,49)	—	7,0
					Σ_h	9.999 9967		+	32,6
					f_h	+ 33			

3. Faktoren der Korrelatengleichungen. — **4. Bildung der Faktoren der Endgleichungen.**

Nr.		p.	d.	e.	g.	h.	$\frac{dd}{p}$.	$\frac{de}{p}$.	$\frac{dg}{p}$.	$\frac{dh}{p}$.	$\frac{ee}{p}$.	$\frac{eg}{p}$.	$\frac{eh}{p}$.	$\frac{gg}{p}$.	$\frac{gh}{p}$.	$\frac{hh}{p}$.
5	$a_5 = +1$	1	.	.	—30,8	.	.	.	.	.	.	.	.	+ 948,6	.	.
1	$a_1 = +1$	1	.	.	+ 4,6	.	.	.	.	.	.	.	.	+ 21,2	.	.
2	$a_2 = +1$	1	.	+1	— 1,3	.	.	.	.	.	+1	— 1,3	.	+ 1,7	.	.
11	$a_{11} = +1$	1	.	+1	.	.	.	.	.	.	+1	.	.	.	.	.
4	$b_4 = +1$	1	.	.	—22,8	— 2,8	.	.	.	.	.	.	.	+ 519,8	+ 63,8	+ 7,8
12	$b_{12} = +1$	1	.	+1	.	+20,1	.	.	.	.	+1	.	+20,1	.	.	+404,0
13	$b_{13} = +1$	1	+1	.	.	—16,2	+1	.	.	—16,2	.	.	.	.	.	+262,4
9	$b_9 = +1$	1	+1	.	.	.	+1	.	.	.	.	.	.	.	.	.
6	$c_6 = +1$	1	+1	.	.	+11,4	+1	.	.	+11,4	.	.	.	.	.	+130,0
7	$c_7 = +1$	1	.	+1	+11,5	— 2,8	.	.	.	.	+1	+11,5	— 2,8	+ 132,2	— 32,2	+ 7,8
8	$c_8 = +1$	1	.	.	—42,4	— 2,8	.	.	.	.	.	.	.	+1797,8	+118,7	+ 7,8
3	$c_3 = +1$	1	.	.	—22,8	+14,7	.	.	.	.	.	.	.	+ 519,8	—335,2	+216,1
10	$c_{10} = +1$	1	+1	.	.	.	+1	.	.	.	.	.	.	.	.	.
14		—4	.	+2	—27,5	.	.	.	.	.	—1	+13,8	.	— 189,1	.	.
15		—4	+2	+1	—22,8	+ 1,1	—1	—0,5	+11,4	— 0,6	—0,25	+ 5,7	— 0,3	— 130,0	+ 6,3	— 0,3
16		—5	+2	+1	—53,7	+20,5	—0,8	—0,4	+21,5	— 8,2	—0,20	+10,7	— 4,1	— 576,7	+220,2	— 84,0
							+2,2	—0,9	+32,9	—13,6	+2,55	+40,4	+12,9	+3045,3	+ 41,6	+951,6

5. Auflösung der

$\left[\frac{dd}{p}\right]$.	$\left[\frac{de}{p}\right]$.	$\left[\frac{dg}{p}\right]$.	$\left[\frac{dh}{p}\right]$.	$-f_d$.	$\left[\frac{ee}{p}\right]$.	$\left[\frac{eg}{p}\right]$.	$\left[\frac{eh}{p}\right]$.	$-f_e$.
+ 2,2	− 0,9	+ 32,9	− 13,6	+ 2,77	+ 2,550	+ 40,400	+ 12,900	+ 2,080
	+ 0,409	− 14,955	+ 6,182	− 1,259	− 0,368	+ 13,459	− 5,564	+ 1,133
				+ 0,174	+ 2,182	+ 53,859	+ 7,336	+ 3,213
				− 0,707		− 24,683	− 3,362	− 1,472
				− 1,118				− 0,094
								− 1,168
			$k_d =$	− 2,910			$k_e =$	− 2,734

6. Berechnung der Verbesserungen (n).

Nr.	$\frac{d}{p}k_d$ +	$\frac{e}{p}k_e$ +	$\frac{g}{p}k_g$ +	$\frac{h}{p}k_h$ =	((n)).	(n).		(n)(n).
5	.	.	− 1,46	.	− 1,46	((5)) + k_a	+ 0,24	0,058
1	.	.	+ 0,22	.	+ 0,22	((1)) + k_a	+ 1,92	3,686
2	.	− 2,73	− 0,06	.	− 2,79	((2)) + k_a	− 1,09	1,188
11	.	− 2,73		.	− 2,73	((11)) + k_a	− 1,03	1,061
4	.	.	− 1,08	− 0,08	− 1,16	((4)) + k_b	+ 1,24	1,538
12	.	− 2,73		+ 0,56	− 2,17	((12)) + k_b	+ 0,23	0,053
13	− 2,91	.		− 0,46	− 3,37	((13)) + k_b	− 0,97	0,941
9	− 2,91	.			− 2,91	((9)) + k_b	− 0,51	0,260
6	− 2,91	.	.	+ 0,32	− 2,59	((6)) + k_c	− 0,49	0,240
7		− 2,73	+ 0,54	− 0,08	− 2,27	((7)) + k_c	− 0,17	0,029
8		.	− 2,01	− 0,08	− 2,09	((8)) + k_c	+ 0,01	0,000
3		.	− 1,08	+ 0,41	− 0,67	((3)) + k_c	+ 1,43	2,045
10	− 2,91	.			− 2,91	((10)) + k_c	− 0,81	0,656
14	.	+ 1,37	+ 0,33	.	+ 1,70	$= k_a$	$[p\,(n)(n)]$	11,755
15	+ 1,46	+ 0,68	+ 0,27	− 0,01	+ 2,40	$= k_b$	$\frac{f_a}{4} f_a$	3,610
16	+ 1,16	+ 0,55	+ 0,51	− 0,12	+ 2,10	$= k_c$	$\frac{f_b}{4} f_b$	6,502
	− 9,02	− 8,32	− 3,82	+ 0,46	− 20,70		$\frac{f_c}{5} f_c$	3,528
							$[p\,(n)(n)]$	25,395

7. Zusammenstellung

Dreiecke.	Punkte.	Winkel.	Ausgeglichene Winkel n + (n). °	′	″
a	♁ 2	α: V	34	19	18,19
	♁ 1	β: I	3	21	35,87
		+ II	74	18	45,96
	♁ 5	γ: XI	68	00	20,02
			180	00	00,04
b	♁ 2	α: IV	82	12	44,67
	♁ 5	β: XII	16	19	48,95
		+ XIII	30	04	50,96
	♁ 4	γ: IX	51	22	35,41
			179	59	59,99
c	♁ 3	α: VI	55	59	54,07
		+ VII	21	21	05,09
		+ VIII	5	02	45,77
	♁ 2	β: III	55	03	35,49
	♁ 4	γ: X	42	32	39,55
			179	59	59,97

$$\mathfrak{m} = \pm\sqrt{\frac{[p\,(n)(n)]}{r}} = \pm\sqrt{\frac{25{,}395}{7}} = \pm\, 1{,}9''$$

Endgleichungen.

$\left[\frac{gg}{p}\right]$.	$\left[\frac{gh}{p}\right]$.	$-f_g$.	$\left[\frac{hh}{p}\right]$.	$-f_h$.	Probe.	
+ 3 045,30	+ 41,60	+ 61,000	+ 951,60	− 33,000		
− 492,00	+ 203,38	− 41,424	− 84,07	+ 17,124	− 3,488	− 8,061
− 1 329,42	− 181,08	− 79,307	− 24,66	− 10,802	− 4,731	− 5,687
+ 1 223,88	+ 63,90	− 59,731	− 3,34	+ 3,119	− 2,915	+ 2,885
	− 0,0522	+ 0,0488	+ 839,53	− 23,559	− 0,661	− 0,927
		− 0,0015			− 11,795	− 11,790
	$k_g =$	+ 0,0473	$k_h =$	+ 0,0281		

der ausgeglichenen Winkel und *log*.

Bezeichnung der			Ausgeglichene Winkel n + (n).		
Dreiecke.	Punkte.	Winkel.	°	′	″
d	♁ 5	α: XIII	30	04	50,96
	♁ 3	β: VI	55	59	54,07
	♁ 4	γ: IX	51	22	35,41
		+ X	42	32	39,55
			179	59	59,99
e	♁ 1	α: II	74	18	45,96
	♁ 3	β: VII	21	21	05,09
	♁ 5	γ: XI	68	00	20,02
		+ XII	16	19	48,95
			180	00	00,02

Bezeichnung der			Ausgeglichene Winkel n + (n).			*cpl log sin α*. *log sin β*.
Dreiecke.	Punkte.	Winkel.	°	′	″	
Centralsystem *g*.						
a	♁ 2	α: V	34	19	18,19	0.248 8448
	♁ 1	β: I + II	77	40	21,83	9.989 8697
.	♁ 3	α: VII + VIII	26	23	50,86	0.352 0350
	♁ 2	β: III + IV	137	16	20,16	9.831 5596
e	♁ 1	α: II	74	18	45,96	0.016 4856
	♁ 3	β: VII	21	21	05,09	9.561 2053
						0.000 0000
Centralsystem *h*.						
b	♁ 2	α: IV	82	12	44,67	0.004 0240
	♁ 5	β: XII + XIII	46	24	39,91	9.859 9216
c	♁ 3	α: VI + VII + VIII	82	23	44,93	0.003 8361
	♁ 2	β: III	55	03	35,49	9.913 6819
d	♁ 5	α: XIII	30	04	50,96	0.299 9706
	♁ 3	β: VI	55	59	54,07	9.918 5658
						0.000 0000

Beispiel 6.

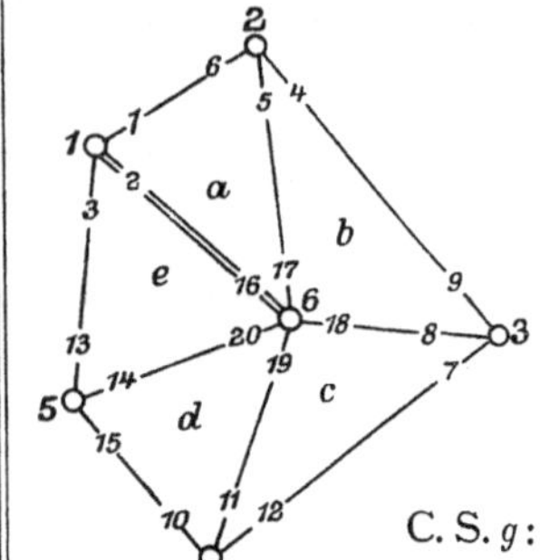

Fig. 60.

1. Bedingungsgleichungen.

$\Delta a:\; -\;\mathrm{V}+\mathrm{VI}-\mathrm{I}+\mathrm{II}-\mathrm{XVI}+\mathrm{XVII}=180^\circ,$

$\Delta b:\; -\mathrm{VIII}+\mathrm{IX}-\mathrm{IV}+\mathrm{V}-\mathrm{XVII}+\mathrm{XVIII}=180^\circ,$

$\Delta c:\; -\;\mathrm{XI}+\mathrm{XII}-\mathrm{VII}+\mathrm{VIII}-\mathrm{XVIII}+\mathrm{XIX}=180^\circ,$

$\Delta d:\; -\mathrm{XIV}+\mathrm{XV}-\mathrm{X}+\mathrm{XI}-\mathrm{XIX}+\mathrm{XX}=180^\circ,$

$\Delta e:\; -\;\mathrm{II}+\mathrm{III}-\mathrm{XIII}+\mathrm{XIV}-\mathrm{XX}+\mathrm{XVI}=180^\circ,$

$$\text{C. S. } g:\; \frac{\sin(-\mathrm{I}+\mathrm{II})\sin(-\mathrm{IV}+\mathrm{V})\sin(-\mathrm{VII}+\mathrm{VIII})\sin(-\mathrm{X}+\mathrm{XI})\sin(-\mathrm{XIII}+\mathrm{XIV})}{\sin(-\mathrm{V}+\mathrm{VI})\sin(-\mathrm{VIII}+\mathrm{IX})\sin(-\mathrm{XI}+\mathrm{XII})\sin(-\mathrm{XIV}+\mathrm{XV})\sin(-\mathrm{II}+\mathrm{III})}=1.$$

2. Berechnung der Widersprüche und Zusammenstellung der Verbesserungen.

Bezeichnung der Dreiecke	Punkte	Winkel	Beobachtete Winkel n. °	′	″	Verbesserungen (n).		″	cpl log sin α. log sin β.	Verbesserungen g (n) der log.		
a	⚶ 2	$\alpha: -5+6$	65	08	50,6	$-(5)+(6)$	—	0,47	0 042 205	$-1{,}0\,(-(5)+(6))$	+	0,5
	⚶ 1	$\beta: -1+2$	71	47	42,3	$-(1)+(2)$	—	0,89	9.977 699	$+0{,}7\,(-(1)+(2))$	—	0,6
	⚶ 6	$\gamma: -16+17$	43	03	29,3	$-(16)+(17)$	—	0,82				
		Σ_a	180	00	02,2		—	2,18				
		f_a			— 2,2							
b	⚶ 3	$\alpha: -8+9$	46	31	26,1	$-(8)+(9)$	+	1,02	0.139 266	$-2{,}0\,(-(8)+(9))$	—	2,0
	⚶ 2	$\beta: -4+5$	33	40	11,2	$-(4)+(5)$	+	0,09	9.743 828	$+3{,}1\,(-(4)+(5))$	+	0,3
	⚶ 6	$\gamma: -17+18$	99	48	21,0	$-(17)+(18)$	+	0,58				
		Σ_b	179	59	58,3		+	1,69				
		f_b			+ 1,7							
c	⚶ 4	$\alpha: -11+12$	38	12	31,4	$-(11)+(12)$	+	1,33	0.208 640	$-2{,}6\,(-(11)+(12))$	—	3,5
	⚶ 3	$\beta: -7+8$	39	29	53,6	$-(7)+(8)$	—	0,36	9.803 494	$+2{,}6\,(-(7)+(8))$	—	0,9
	⚶ 6	$\gamma: -18+19$	102	17	33,8	$-(18)+(19)$	+	0,25				
		Σ_c	179	59	58,8		+	1,22				
		f_c			+ 1,2							
d	⚶ 5	$\alpha: -14+15$	58	11	22,0	$-(14)+(15)$	+	1,37	0.070 685	$-1{,}3\,(-(14)+(15))$	—	1,8
	⚶ 4	$\beta: -10+11$	67	14	23,9	$-(10)+(11)$	—	0,38	9.964 794	$+0{,}9\,(-(10)+(11))$	—	0,3
	⚶ 6	$\gamma: -19+20$	54	34	12,6	$-(19)+(20)$	+	0,49				
		Σ_d	179	59	58,5		+	1,48				
		f_d			+ 1,5							
e	⚶ 1	$\alpha: -2+3$	54	16	28,0	$-(2)+(3)$	+	0,28	0.090 539	$-1{,}5\,(-(2)+(3))$	—	0,4
	⚶ 5	$\beta: -13+14$	65	27	10,2	$-(13)+(14)$	—	1,31	9.958 860	$+0{,}9\,(-(13)+(14))$	—	1,2
	⚶ 6	$\gamma: -20+16$	60	16	23,3	$-(20)+(16)$	—	0,50				
		Σ_e	180	00	01,5		—	1,53	0.000 010	$=\Sigma_g$	—	9,9
		f_e			— 1,5				— 10	$=f_g$		

3. Faktoren der Korrelatengleichungen.							4. Bildung der Faktoren der Endgleichungen.																				
Nr.	*a.*	*b.*	*c.*	*d.*	*e.*	*g.*	*aa.*	*ab.*	*ac.*	*ad.*	*ae.*	*ag.*	*bb.*	*bc.*	*bd.*	*be.*	*bg.*	*cc.*	*cd.*	*ce.*	*cg.*	*dd.*	*de.*	*dg.*	*ee.*	*eg.*	*gg.*
1	—1	.	.	.	.	—0,7	+1	.	.	.	.	+0,7	.	.	.	.	.	.	.	.	.	.	.	.	.	.	+ 0,49
2	+1	.	.	.	—1	+2,2	+1	.	.	.	—1	+2,2	.	.	.	.	.	.	.	.	.	.	.	.	+1	—2,2	4,84
3	.	.	.	.	+1	—1,5	.	.	.	.	.	.	.	.	.	.	.	.	.	.	.	.	.	.	+1	—1,5	2,25
4	.	—1	.	.	.	—3,1	.	.	.	.	.	.	+1	.	.	.	+3,1	.	.	.	.	.	.	.	.	.	9,61
5	—1	+1	.	.	.	+4,1	+1	—1	.	.	.	—4,1	+1	.	.	.	+4,1	.	.	.	.	.	.	.	.	.	16,81
6	+1	.	.	.	.	—1,0	+1	.	.	.	.	—1,0	.	.	.	.	.	.	.	.	.	.	.	.	.	.	1,00
7	.	.	—1	.	.	—2,6	.	.	.	.	.	.	.	.	.	.	.	+1	.	.	+2,6	.	.	.	.	.	6,76
8	.	—1	+1	.	.	+4,6	.	.	.	.	.	.	+1	—1	.	.	—4,6	+1	.	.	+4,6	.	.	.	.	.	21,16
9	.	+1	.	.	.	—2,0	.	.	.	.	.	.	+1	.	.	.	—2,0	.	.	.	.	.	.	.	.	.	4,00
10	.	.	.	—1	.	—0,9	.	.	.	.	.	.	.	.	.	.	.	.	.	.	.	+1	.	+0,9	.	.	0,81
11	.	.	—1	+1	.	+3,5	.	.	.	.	.	.	.	.	.	.	.	+1	—1	.	—3,5	+1	.	+3,5	.	.	12,25
12	.	.	+1	.	.	—2,6	.	.	.	.	.	.	.	.	.	.	.	+1	.	.	—2,6	.	.	.	.	.	6,76
13	.	.	.	.	—1	—0,9	.	.	.	.	.	.	.	.	.	.	.	.	.	.	.	.	.	.	+1	+0,9	0,81
14	.	.	.	—1	+1	+2,2	.	.	.	.	.	.	.	.	.	.	.	.	.	.	.	+1	—1	—2,2	+1	+2,2	4,84
15	.	.	.	+1	.	—1,3	.	.	.	.	.	.	.	.	.	.	.	.	.	.	.	+1	.	—1,3	.	.	1,69
16	—1	.	.	.	+1	.	+1	.	.	.	—1	.	.	.	.	.	.	.	.	.	.	.	.	.	+1	.	.
17	+1	—1	.	.	.	.	+1	—1	.	.	.	.	+1	.	.	.	.	.	.	.	.	.	.	.	.	.	.
18	.	+1	—1	.	.	.	.	.	.	.	.	.	+1	—1	.	.	.	+1	.	.	.	.	.	.	.	.	.
19	.	.	+1	—1	.	.	.	.	.	.	.	.	.	.	.	.	.	+1	—1	.	.	+1	.	.	.	.	.
20	.	.	.	+1	—1	.	.	.	.	.	.	.	.	.	.	.	.	.	.	.	.	+1	—1	.	+1	.	.
							+6	—2	.	.	—2	—2,2	+6	—2	.	.	+0,6	+6	—2	.	+1,1	+6	—2	+0,9	+6	—0,6	+94,08

5. Auflösung der

$[aa]$.	$[ab]$.	$[ac]$.	$[ad]$.	$[ae]$.	$[ag]$.	$-f_a$.	$[bb]$.	$[bc]$.	$[bd]$.	$[be]$.	$[bg]$.	$-f_b$.	$[cc]$.	$[cd]$.
+6	−2	.	.	−2	−2,2	+2,2	+6,000	−2,000	.	.	+0,600	−1,700	+6,000	−2,000
	+0,333	.	.	+0,333	+0,367	−0,367	−0,667	.	.	−0,667	−0,733	+0,733	.	.
						−0,047	+5,333	−2,000	.	−0,667	−0,133	−0,967	−0,750	.
						−0,098		+0,375	.	+0,125	+0,025	+0,181	+5,250	−2,000
						.						−0,003		+0,381
						.						−0,037		
						+0,100						.		
												+0,161		
					$k_a =$	−0,412					$k_b =$	+0,302		

6. Berechnung der Verbesserungen (n).

Nr.	$a k_a$ +	$b k_b$ +	$c k_c$ +	$d k_d$ +	$e k_e$ +	$g k_g$	= (n).	(n)(n).
1	+ 0,41	.	.	.	.	+ 0,09	+ 0,50	0,250
2	− 0,41	.	.	.	+ 0,30	− 0,28	− 0,39	0,152
3	.	.	.	.	− 0,30	+ 0,19	− 0,11	0,012
4	.	− 0,30	.	.	.	+ 0,40	+ 0,10	0,010
5	+ 0,41	+ 0,30	.	.	.	− 0,52	+ 0,19	0,036
6	− 0,41	.	.	.	.	+ 0,13	− 0,28	0,078
7	.	.	− 0,43	.	.	+ 0,33	− 0,10	0,010
8	.	− 0,30	+ 0,43	.	.	− 0,59	− 0,46	0,212
9	.	+ 0,30	.	.	.	+ 0,26	+ 0,56	0,314
10	.	.	.	− 0,31	.	+ 0,12	− 0,19	0,036
11	.	.	− 0,43	+ 0,31	.	− 0,45	− 0,57	0,325
12	.	.	+ 0,43	.	.	+ 0,33	+ 0,76	0,578
13	.	.	.	.	+ 0,30	+ 0,12	+ 0,42	0,176
14	.	.	.	− 0,31	− 0,30	− 0,28	− 0,89	0,792
15	.	.	.	+ 0,31	.	+ 0,17	+ 0,48	0,230
16	+ 0,41	.	.	.	− 0,30	.	+ 0,11	0,012
17	− 0,41	− 0,30	.	.	.	.	− 0,71	0,504
18	.	+ 0,30	− 0,43	.	.	.	− 0,13	0,017
19	.	.	+ 0,43	− 0,31	.	.	+ 0,12	0,014
20	.	.	.	+ 0,31	+ 0,30	.	+ 0,61	0,372
	0,00	0,00	0,00	0,00	0,00	+ 0,02	+ 0,02	4,130

$$\mathfrak{m} = \pm\sqrt{\frac{[(n)(n)]}{r}} = \pm\sqrt{\frac{4,130}{6}} = \pm\, 0,83''$$

7. Zusammenstellung

Nummer der Punkte.	Richtungen.	Beobachtete Richtungen r. °	′	″
♁ 1	1	0	00	00,0
	2	71	47	42,3
	3	126	04	10,3
♁ 2	4	81	34	03,1
	5	115	14	14,3
	6	180	23	04,9
♁ 3	7	78	18	00,2
	8	117	47	53,8
	9	164	19	19,9
♁ 4	10	89	02	18,8
	11	156	16	42,7
	12	194	29	14,1
♁ 5	13	0	00	00,0
	14	65	27	10,2
	15	123	38	32,2
♁ 6	16	0	00	00,0
	17	43	03	29,3
	18	142	51	50,3
	19	245	09	24,1
	20	299	43	36,7
= [(n)(n)]				47,2

Endgleichungen.

[ce].	[cg].	$-f_c$.	[dd].	[de].	[dg].	$-f_d$.	[ee].	[eg].	$-f_e$.	[gg].	$-f_g$.	Probe.	
.	+1,100	−1,200	+6,000	−2,000	+0,900	−1,500	+6,000	−0,600	+1,500	+94,080	+10,000		
.	.	.	.	.	.	.	−0,667	−0,733	+0,733	− 0,807	+ 0,807	−0,807	−0,906
−0,250	−0,050	−0,362	.	.	.	.	−0,083	−0,017	−0,121	− 0,003	− 0,024	−0,175	−0,513
−0,250	+1,050	−1,562	−0,762	−0,095	+0,400	−0,595	−0,012	+0,050	−0,075	− 0,210	+ 0,312	−0,465	−0,516
+0,048	−0,200	+0,298	+5,238	−2,095	+1,300	−2,095	−0,838	+0,520	−0,838	− 0,323	+ 0,520	−0,838	−0,471
		+0,026		+0,400	−0,248	+0,400	+4,400	−0,780	+1,199	− 0,138	+ 0,212	−0,326	−0,442
		−0,014				+0,032		+0,177	−0,272	+92,599	+11,827	−1,511	−1,277
		+0,120				−0,118			−0,023			−4,122	−4,125
	$k_c =$	+0,430			$k_d =$	+0,314		$k_e =$	−0,295	$k_g =$	−0,1277		

der ausgeglichenen Richtungen, Winkel und *log*.

Ausgeglichene Richtungen $r + (n)$. °	′	″	Bezeichnung der Dreiecke.	Punkte.	Winkel.	Ausgeglichene Winkel. °	′	″	*cpl log sin α.* *log sin β.*
0	00	00,5	*a*	$\overset{\triangle}{\odot}$ 2	α: − V + VI	65	08	50,1	0.042 206
71	47	41,9		$\overset{\triangle}{\odot}$ 1	β: − I + II	71	47	41,4	9.977 698
126	04	10,2		$\overset{\triangle}{\odot}$ 6	γ: − XVI + XVII	43	03	28,5	
81	34	03,2				180	00	00,0	
115	14	14,5							
180	23	04,6	*b*	$\overset{\triangle}{\odot}$ 3	α: − VIII + IX	46	31	27,2	0.139 264
				$\overset{\triangle}{\odot}$ 2	β: − IV + V	33	40	11,3	9.743 828
78	18	00,1		$\overset{\triangle}{\odot}$ 6	γ: − XVII + XVIII	99	48	21,6	
117	47	53,3							
164	19	20,5				180	00	00,1	
89	02	18,6	*c*	$\overset{\triangle}{\odot}$ 4	α: − XI + XII	38	12	32,8	0.208 637
156	16	42,1		$\overset{\triangle}{\odot}$ 3	β: − VII + VIII	39	29	53,2	9.803 493
194	29	14,9		$\overset{\triangle}{\odot}$ 6	γ: − XVIII + XIX	102	17	34,0	
0	00	00,4				180	00	00,0	
65	27	09,3							
123	38	32,7	*d*	$\overset{\triangle}{\odot}$ 5	α: − XIV + XV	58	11	23,4	0.070 684
0	00	00,1		$\overset{\triangle}{\odot}$ 4	β: − X + XI	67	14	23,5	9.964 793
43	03	28,6		$\overset{\triangle}{\odot}$ 6	γ: − XIX + XX	54	34	13,1	
142	51	50,2				180	00	00,0	
245	09	24,2							
299	43	37,3	*e*	$\overset{\triangle}{\odot}$ 1	α: − II + III	54	16	28,3	0.090 539
		47,2		$\overset{\triangle}{\odot}$ 5	β: − XIII + XIV	65	27	08,9	9.958 859
				$\overset{\triangle}{\odot}$ 6	γ: − XX + XVI	60	16	22,7	
						179	59	59,9	0.000 001

4. Kapitel. Anwendung des Verfahrens auf die Berechnung von Liniennetzen.

§ 58. Entwickelung der Formeln und Durchführung der Rechnungen.

1. In Liniennetzen, deren einzelne Strecken gemessen sind, sind zur einfachen, nicht versicherten gegenseitigen Festlegung der ersten drei Punkte auch drei Strecken erforderlich. Zum einfachen, nicht versicherten Anschlufs eines jeden weiteren Punktes sind 2 weitere Strecken erforderlich. Demnach sind zur einfachen, nicht versicherten gegenseitigen Festlegung von n_p Punkten $3+2(n_p-3)$ gemessene Strecken erforderlich, und wenn das Liniennetz n_s gemessene Strecken umfafst, so sind $n_s-3-2(n_p-3)=n_s-2n_p+3$ Strecken überschüssig und ebenso viele Bedingungen zu erfüllen.

In der Regel wird verlangt, dafs die einzelnen Strecken der im Felde ausgerichteten Linien des Netzes, wovon andere Linien des Netzes abgehen, auch nach der Ausgleichung wieder in gleicher Richtung liegen, also wieder eine gerade Linie bilden sollen. Dann genügt zur einfachen, nicht versicherten Bestimmung der Richtung einer jeden geraden Linie eine Strecke, während sich aus der angeführten Zwangsbedingung für alle weiteren Strecken der geraden Linien je eine überschüssige Bestimmung ihrer Richtung und damit auch je eine zu erfüllende Bedingung ergiebt. Wenn demnach n_g gerade Linien mit n_{sg} Strecken, die auch nach der Ausgleichung wieder eine Gerade bilden sollen, vorhanden sind, so treten zu den im übrigen zu erfüllenden Bedingungen noch $n_{sg}-n_g$ Bedingungen hinzu, so dafs im ganzen $n_s-2n_p+3+n_{sg}-n_g$ Bedingungen zu erfüllen sind.

Wir erhalten damit die Regel:

(185) Wenn in einem Liniennetze zur Bestimmung von n_p Punkten n_s Strecken gemessen sind und n_{sg} von diesen Strecken in n_g geraden Linien liegen, die gerade bleiben sollen, so ist die Anzahl r der zu erfüllenden Bedingungen:

$$r=n_s-2n_p+3+n_{sg}-n_g.$$

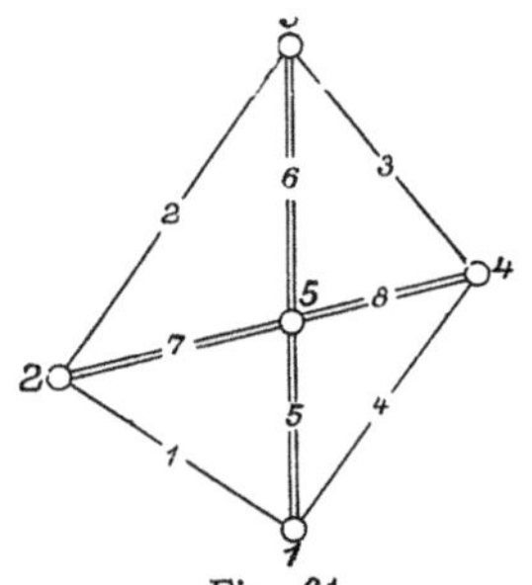

Fig. 61.

Beispiel: Zur Bestimmung der gegenseitigen Lage der $n_p=5$ Punkte 1 bis 5 sind die $n_s=8$ Strecken 1 bis 8 gemessen worden. Die $n_{sg}=4$ Strecken 5 bis 8 der $n_g=2$ geraden Linien 1—3 und 2—4 sollen auch nach der Ausgleichung wieder gerade Linien bilden. Dann ist die Anzahl der zu erfüllenden Bedingungen:

$$\textbf{(185)}\qquad \begin{aligned} r&=n_s-2n_p+3+n_{sg}-n_g\\ &=8-2\cdot 5+3+4-2=3. \end{aligned}$$

2. Die Aufsuchung der zu erfüllenden Bedingungen erfolgt wieder am einfachsten und sichersten, indem zuerst die zur einfachen, nicht versicherten Bestimmung der Punkte genügenden Strecken aufgezeichnet werden und dann festgestellt wird, welche Bedingungen sich durch Hinzunahme der übrigen Strecken und der Zwangsbedingungen der Geradlinigkeit der davon betroffenen Strecken ergeben.

Beispiel: Zur einfachen, nicht versicherten Bestimmung der gegenseitigen Lage der Punkte 1 bis 5 genügen die Längen der in Figur 62 dargestellten Strecken 1 bis 3 und 5 bis 8.

Die gegenseitige Lage der Punkte kann festgestellt werden, indem entweder die Polarkoordinaten oder die rechtwinkeligen Koordinaten der Punkte in einem oder wenn nötig in mehreren zusammenhängenden Systemen bestimmt werden.

Wir wählen die erstere Form*) und können dann die Bedingungen für die Geradheit der Linien in zwei verschiedenen Formen aufstellen. Bezeichnen wir die aus den ausgeglichenen Längen I, II, III, ... hervorgehenden Winkel, wie in Figur 63 mit $\alpha_1, \alpha_2, \alpha_3, \ldots.$ und $\beta_1, \beta_2, \beta_3, \ldots.$, so ergeben sich die Bedingungen:

a) dafs die Summen der an einem Schnittpunkte zweier Geraden an einer Seite einer der Geraden zusammenliegenden Winkel
$\alpha_1 + \alpha_2 = 180^\circ, \quad \alpha_2 + \alpha_3 = 180^\circ, \ldots.$
sein müssen, oder

b) dafs die Winkel β_1^1 und β_1^{12}, β_2^2 und $\beta_2^{23}, \ldots.$ aus den Dreiecken 1 und 1 + 2, 2 und 2 + 3, ... übereinstimmend erhalten werden müssen.

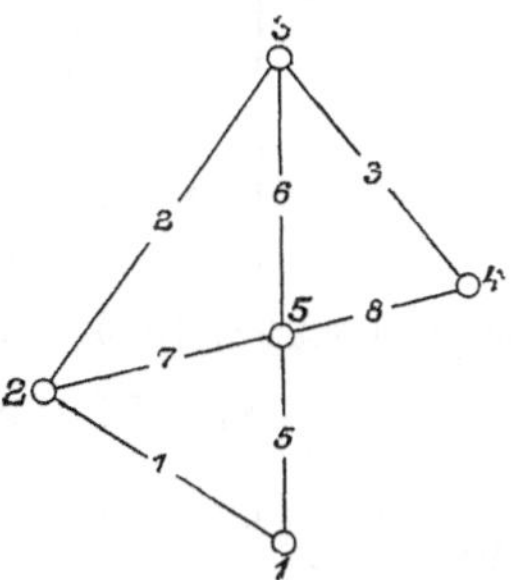

Fig. 62.

In gleicher Weise können auch die durch den Hinzutritt neuer Seiten entstehenden Bedingungen angesetzt werden, indem z. B. für die durch den Hinzutritt der Seite 1—4 zu den in Figur 62 enthaltenen Seiten entstehende Bedingung angesetzt wird:

a) $\alpha_3 + \alpha_4 = 180^\circ$, oder

b) $\alpha_2 = \alpha_4$.

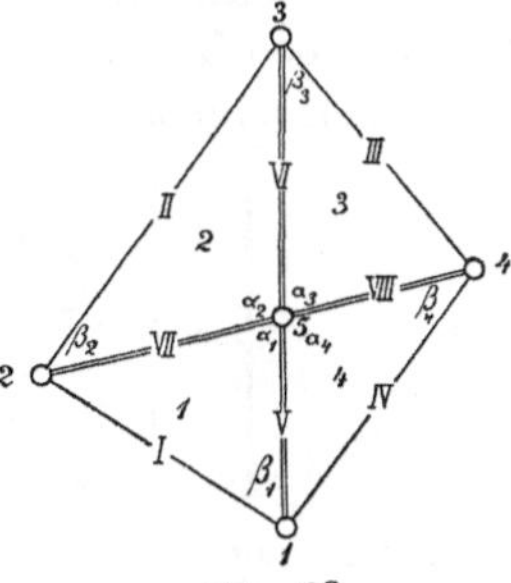

Fig. 63.

Aus den Bedingungen a folgt:

(1*) a) $tg^2\frac{1}{2}\alpha_1 \cdot tg^2\frac{1}{2}\alpha_2 = 1, \quad tg^2\frac{1}{2}\alpha_2 \cdot tg^2\frac{1}{2}\alpha_3 = 1, \ldots.$

und aus den Bedingungen b:

(2*) b) $tg^2\frac{1}{2}\beta_1^1 cotg^2\frac{1}{2}\beta_1^{12} = 1, \quad tg^2\frac{1}{2}\beta_2^2 cotg^2\frac{1}{2}\beta_2^{23} = 1, \ldots.$

Gehen wir jetzt von den Winkeln auf die Seiten über und bezeichnen dabei mit $A_1, A_2, A_3, \ldots.$ die den Winkeln $\alpha_1, \alpha_2, \alpha_3, \ldots.$ gegenüberliegenden Seiten, mit $B_1, B_2, B_3, \ldots.$ die den Winkeln $\beta_1, \beta_2, \beta_3, \ldots.$ gegenüberliegenden Seiten, mit $C_1, C_2, C_3, \ldots.$ die dritten Seiten der Dreiecke, endlich mit $S_1, S_2, S_3, \ldots, S_{12}, S_{23}, \ldots.$ die halbe Summe der Seiten in den Dreiecken 1, 2, 3, ..., 1 + 2, 2 + 3, ..., so folgt weiter:

$$(3^*) \quad \text{a)} \begin{cases} \dfrac{(S_1 - B_1)(S_1 - C_1)}{S_1(S_1 - A_1)} \cdot \dfrac{(S_2 - B_2)(S_2 - C_2)}{S_2(S_2 - A_2)} = 1, \\ \dfrac{(S_2 - B_2)(S_2 - C_2)}{S_2(S_2 - A_2)} \cdot \dfrac{(S_3 - B_3)(S_3 - C_3)}{S_3(S_3 - A_3)} = 1, \\ \ldots\ldots\ldots\ldots\ldots\ldots\ldots\ldots \end{cases}$$

$$(4^*) \quad \text{b)} \begin{cases} \dfrac{(S_1 - A_1)(S_1 - C_1)}{S_1(S_1 - B_1)} \cdot \dfrac{S_{12}(S_{12} - A_2)}{(S_{12} - A_1)(S_{12} - (C_1 + B_2))} = 1, \\ \dfrac{(S_2 - A_2)(S_2 - C_2)}{S_2(S_2 - B_2)} \cdot \dfrac{S_{23}(S_{23} - A_3)}{(S_{23} - A_2)(S_{23} - (C_2 + B_3))} = 1, \\ \ldots\ldots\ldots\ldots\ldots\ldots\ldots\ldots \end{cases}$$

Die Bedingungsgleichungen a sind etwas einfacher als die Bedingungsgleichungen b und wir benutzen daher auch im folgenden nur die ersteren.

3. Die weitere Entwickelung wird lediglich für unser Beispiel durchgeführt, weil sowohl die theoretische Entwickelung, wie auch die praktische Anwendung in anderen Fällen ganz ähnlich ist.

---

*) Nach Gaufs, Die trig. und polyg. Rechnungen u. s. w. 2. Auflage, 1. Teil. Seite 538 u. f.

Die 3 aufzustellenden Bedingungsgleichungen ergeben sich nach Figur 63 für die Geradheit der beiden Linien 1—3 und 2—4, sowie für den Hinzutritt der Linie 1—4 zu den in Figur 62 dargestellten Linien mit:

$$(5^*)\quad \begin{cases} \frac{(S_1 - \mathrm{VII})(S_1 - \mathrm{V})}{S_1(S_1 - \mathrm{I})} \cdot \frac{(S_2 - \mathrm{VI})(S_2 - \mathrm{VII})}{S_2(S_2 - \mathrm{II})} = 1, \\ \frac{(S_2 - \mathrm{VI})(S_2 - \mathrm{VII})}{S_2(S_2 - \mathrm{II})} \cdot \frac{(S_3 - \mathrm{VIII})(S_3 - \mathrm{VI})}{S_3(S_3 - \mathrm{III})} = 1, \\ \frac{(S_3 - \mathrm{VIII})(S_3 - \mathrm{VI})}{S_3(S_3 - \mathrm{III})} \cdot \frac{(S_4 - \mathrm{V})(S_4 - \mathrm{VIII})}{S_4(S_4 - \mathrm{IV})} = 1, \end{cases}$$

oder in logarithmischer Form:

$$\textbf{(150)}\quad \begin{cases} \log \frac{(S_1 - \mathrm{VII})(S_1 - \mathrm{V})}{S_1(S_1 - \mathrm{I})} + \log \frac{(S_2 - \mathrm{VI})(S_2 - \mathrm{VII})}{S_2(S_2 - \mathrm{II})} = 0 = S_a, \\ \log \frac{(S_2 - \mathrm{VI})(S_2 - \mathrm{VII})}{S_2(S_2 - \mathrm{II})} + \log \frac{(S_3 - \mathrm{VIII})(S_3 - \mathrm{VI})}{S_3(S_3 - \mathrm{III})} = 0 = S_b, \\ \log \frac{(S_3 - \mathrm{VIII})(S_3 - \mathrm{VI})}{S_3(S_3 - \mathrm{III})} + \log \frac{(S_4 - \mathrm{V})(S_4 - \mathrm{VIII})}{S_4(S_4 - \mathrm{IV})} = 0 = S_c. \end{cases}$$

Bezeichnen wir nun die halben Summen der bei den Messungen erhaltenen Längen in den Dreiecken 1, 2, 3, ... mit $s_1, s_2, s_3, \ldots$, so ergiebt sich für die Beobachtungsergebnisse der Sollbeträge:

$$\textbf{(151)}\quad \begin{cases} \log \frac{(s_1 - 7)(s_1 - 5)}{s_1(s_1 - 1)} + \log \frac{(s_2 - 6)(s_2 - 7)}{s_2(s_2 - 2)} = \Sigma_a, \\ \log \frac{(s_2 - 6)(s_2 - 7)}{s_2(s_2 - 2)} + \log \frac{(s_3 - 8)(s_3 - 6)}{s_3(s_3 - 3)} = \Sigma_b, \\ \log \frac{(s_3 - 8)(s_3 - 6)}{s_3(s_3 - 3)} + \log \frac{(s_4 - 5)(s_4 - 8)}{s_4(s_4 - 4)} = \Sigma_c, \end{cases}$$

oder indem wir

$$(6^*)\quad \begin{cases} \log \frac{(s_1 - 7)(s_1 - 5)}{s_1(s_1 - 1)} = \Sigma_1, & \log \frac{(s_3 - 8)(s_3 - 6)}{s_3(s_3 - 3)} = \Sigma_3 \\ \log \frac{(s_2 - 6)(s_2 - 7)}{s_2(s_2 - 2)} = \Sigma_2, & \log \frac{(s_4 - 5)(s_4 - 8)}{s_4(s_4 - 4)} = \Sigma_4 \end{cases}$$

setzen:

$$(7^*)\quad \begin{cases} \Sigma_1 + \Sigma_2 = \Sigma_a, \\ \Sigma_2 + \Sigma_3 = \Sigma_b, \\ \Sigma_3 + \Sigma_4 = \Sigma_c. \end{cases}$$

Danach sind die Widersprüche zwischen den Sollbeträgen und den Beobachtungsergebnissen der Sollbeträge:

$$\textbf{(152)}\quad \begin{cases} f_a = S_a - \Sigma_a = -\Sigma_a, \\ f_b = S_b - \Sigma_b = -\Sigma_b, \\ f_c = S_c - \Sigma_c = -\Sigma_c, \end{cases}$$

Die wahrscheinlichsten Werte der Längen I, II, III, ... und der halben Summen der Seitenlängen $S_1, S_2, S_3, \ldots$ ergeben sich aus den Messungsergebnissen 1, 2, 3, ... und $s_1, s_2, s_3, \ldots$ durch Hinzufügung der Verbesserungen (1), (2), (3), ... und $(s_1), (s_2), (s_3), \ldots$ nach:

$$\textbf{(153)}\quad \begin{cases} \mathrm{I} = 1 + (1), \\ \mathrm{II} = 2 + (2), \\ \mathrm{III} = 3 + (3), \\ \ldots\ldots\ldots \\ \mathrm{VIII} = 8 + (8), \end{cases} \qquad \begin{aligned} S_1 &= s_1 + (s_1), \\ S_2 &= s_2 + (s_2), \\ S_3 &= s_3 + (s_3), \\ S_4 &= s_4 + (s_4). \end{aligned}$$

Die Zahlenwerte der für die Bildung der umgeformten Bedingungsgleichungen erforderlichen Differenzialquotienten können ohne weiteres aus der Logarithmentafel entnommen werden. Sie sind gleich den Differenzen $\Delta\, log\,(s_m - n)$ der Logarithmen $log\,(s_m - n)$ für je 1 Centimeter von $(s_m - n)$, wenn die Verbesserungen (s_m) und (n) in Centimetern genommen werden.

Hiernach liefert

$$(8^*) \quad log\,\frac{(s_1-7)(s_1-5)}{s_1(s_1-1)} = log\,(s_1-7) + log\,(s_1-5) + cpl\,log\,(s_1-1) + cpl\,log\,s_1$$

folgenden Beitrag zu den umgeformten Bedingungsgleichungen:

$$(9^*) \quad \left\{\Delta\,log\,(s_1-7) + \Delta\,log\,(s_1-5) + \Delta\,cpl\,log\,(s_1-1) + \Delta\,cpl\,log\,s_1\right\}(s_1)$$
$$- \Delta\,log\,(s_1-7)(7) - \Delta\,log\,(s_1-5)(5) - \Delta\,cpl\,log\,(s_1-1)(1),$$

oder wenn

$$(10^*) \quad \Delta\,log\,(s_1-7) + \Delta\,log\,(s_1-5) + \Delta\,cpl\,log\,(s_1-1) + \Delta\,cpl\,log\,s_1 = [\Delta\,log\,s_1]$$

gesetzt wird:

$$(11^*) \quad [\Delta\,log\,s_1](s_1) - \Delta\,log\,(s_1-7)(7) - \Delta\,log\,(s_1-5)(5) - \Delta\,cpl\,log\,(s_1-1)(1).$$

Wird nun beachtet, dafs $s_1 = \frac{1}{2}(1+5+7)$ und demnach auch $(s_1) = \frac{1}{2}((1)+(5)+7))$ ist, so wird aus letzterem Ausdruck:

$$\left(\frac{1}{2}[\Delta\,log\,s_1] - \Delta\,log\,(s_1-7)\right)(7) + \left(\frac{1}{2}[\Delta\,log\,s_1] - \Delta\,log\,(s_1-5)\right)(5)$$
$$- \left(\frac{1}{2}[\Delta\,log\,s_1] - \Delta\,cpl\,log\,(s_1-1)\right)(1),$$

oder wenn wir

$$(12^*) \quad \frac{1}{2}[\Delta\,log\,s_m] - \Delta\,log\,(s_m - n) = \sigma_m^n$$

setzen:

$$(13^*) \quad \sigma_1{}^7(7) + \sigma_1{}^5(5) + \sigma_1{}^1(1).$$

Somit ergeben sich die folgenden umgeformten Bedingungsgleichungen:

$$(14^*) \quad \begin{cases} \sigma_1{}^1(1) + \sigma_1{}^5(5) + \sigma_1{}^7(7) + \sigma_2{}^2(2) + \sigma_2{}^6(6) + \sigma_2{}^7(7) = f_a, \\ \sigma_2{}^2(2) + \sigma_2{}^6(6) + \sigma_2{}^7(7) + \sigma_3{}^3(3) + \sigma_3{}^6(6) + \sigma_3{}^8(8) = f_b, \\ \sigma_3{}^3(3) + \sigma_3{}^6(6) + \sigma_3{}^8(8) + \sigma_4{}^4(4) + \sigma_4{}^5(5) + \sigma_4{}^8(8) = f_c, \end{cases}$$

welche, wenn wir die Faktoren von (1), (2), (3), ... der ersten Gleichung mit $a_1, a_2, a_3, \ldots$, die der zweiten mit $b_1, b_2, b_3, \ldots$, die der dritten mit $c_1, c_2, c_3, \ldots$ bezeichnen, in die allgemeine Form der umgeformten Bedingungsgleichungen

$$\textbf{(155)} \quad \begin{cases} a_1(1) + a_2(2) + a_5(5) + a_6(6) + a_7(7) = f_a, \\ b_2(2) + b_3(3) + b_6(6) + b_7(7) + b_8(8) = f_b, \\ c_3(3) + c_4(4) + c_5(5) + c_6(6) + c_8(8) = f_c, \end{cases}$$

übergehen.

Hiernach braucht die Entwickelung nicht weiter geführt zu werden, da sich alles weitere in gewöhnlicher Weise ergiebt.

Die Rechnung kann schematisch geordnet werden, so dafs bei derselben kaum auf die Formeln zurückgegriffen werden braucht, wie das folgende Beispiel zeigt:

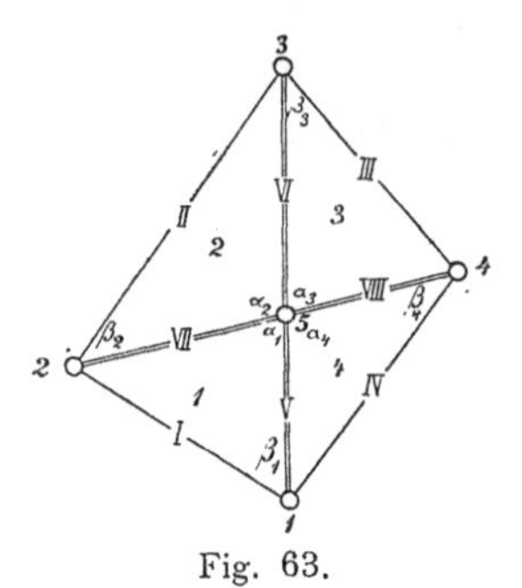

Fig. 63.

1. Bedingungsgleichungen.

$$\log \frac{(S_1 - \text{VII})(S_1 - \text{V})}{S_1 (S_1 - \text{I})} + \log \frac{(S_2 - \text{VI})(S_2 - \text{VII})}{S_2 (S_2 - \text{II})} = 0\,,$$

$$\log \frac{(S_2 - \text{VI})(S_2 - \text{VII})}{S_2 (S_2 - \text{II})} + \log \frac{(S_3 - \text{VIII})(S_3 - \text{VI})}{S_3 (S_3 - \text{III})} = 0\,,$$

$$\log \frac{(S_3 - \text{VIII})(S_3 - \text{VI})}{S_3 (S_3 - \text{III})} + \log \frac{(S_4 - \text{V})(S_4 - \text{VIII})}{S_4 (S_4 - \text{IV})} = 0\,.$$

2. Berechnung der Widersprüche und Zusammenstellung der Verbesserungen. | 6. Ausgeglichene Längen.

Bezeichnung der: Dreiecke.	Längen.		Gemessene Längen n.	Verbesserungen (n).	cm		$\log (s-c)$. $\log (s-b)$. $cpl \log (s-a)$. $cpl \log s$.	Verbesserungen der Logarithmen $v = \Delta \log \cdot ((s)-(n))$. $\Delta \log$.	v.	$\sigma = \frac{1}{2}[\Delta \log] - \Delta \log$. σ.	(n).	$N = n + (n)$.	$Log\ N$.
1	$s-c$		43,900	$(s_1)-(5)$	+ 3,0		1.64 246	+ 10,0	+ 30	− 10,2	(5)	43,930	1.64 276
	$s-b$		33,830	$(s_1)-(7)$	+ 1,9		1.52 930	+ 13,0	+ 25	− 13,2	(7)	33,849	1.52 955
	$s-a$		23,050	$(s_1)-(1)$	− 2,2		8.63 733	− 19,0	+ 42	+ 18,8	(1)	23,028	8.63 775
	s		100,780	(s_1)	+ 2,6		7.99 663	− 4,3	− 11			100,806	7.99 651
	c	5	56,88	(5)	− 0,4	Σ_1	9.80 572	− 0,3	+ 86			56,876	9.80 657
	b	7	66,95	(7)	+ 0,7	Σ_2	0.19 729	− 0,2	− 384			66,957	0.19 344
	a	1	77,73	(1)	+ 4,8	Σ_a	0.00 301		− 298			77,778	0.00 001
	$2s$		201,56	$2(s_1)$	+ 5,1	f_a	− 301					201,611	
2	$s-c$		61,675	$(s_2)-(7)$	+ 2,3		1.79 010	+ 7,0	+ 16	− 15,2	(7)	61,698	1.79 027
	$s-b$		51,325	$(s_2)-(6)$	− 10,3		1.71 033	+ 8,0	− 82	− 16,2	(6)	51,222	1.70 946
	$s-a$		15,625	$(s_2)-(2)$	+ 11,0		8.80 618	− 28,0	− 308	+ 19,8	(2)	15,735	8.80 314
	s		128,625	(s_2)	+ 3,0		7.89 068	− 3,4	− 10			128,655	7.89 057
	c	7	66,95	(7)	+ 0,7	Σ_2	0.19 729	− 16,4	− 384			66,957	0.19 344
	b	6	77,30	(6)	+ 13,3	Σ_3	9.81 105	− 8,2	− 448			77,433	9.80 650
	a	2	113,00	(2)	− 8,0	Σ_b	0.00 834		− 832			112,920	9.99 994
	$2s$		257,25	$2(s_2)$	+ 6,0	f_b	− 834					257,310	
3	$s-c$		30,635	$(s_3)-(6)$	− 10,5		1.48 622	+ 14,0	− 147	− 14,0	(6)	30,530	1.48 473
	$s-b$		53,735	$(s_3)-(8)$	− 2,0		1.73 026	+ 8,0	− 16	− 8,0	(8)	53,715	1.73 010
	$s-a$		23,565	$(s_3)-(3)$	+ 15,2		8.62 773	− 18,0	− 274	+ 18,0	(3)	23,717	8.62 494
	s		107,935	(s_3)	+ 2,8		7.96 684	− 4,0	− 11			107,963	7.96 673
	c	6	77,30	(6)	+ 13,3	Σ_3	9.81 105	0,0	− 448			77,433	9.80 650
	b	8	54,20	(8)	+ 4,8	Σ_4	0.19 498	0,0	− 154			54,248	0.19 342
	a	3	84,37	(3)	− 12,4	Σ_c	0.00 603		− 602			84,246	9.99 992
	$2s$		215,87	$2(s_3)$	+ 5,7	f_c	− 603					215,927	

Bezeichnung der Dreiecke.	Längen.		Gemessene Längen (n).	Verbesserungen (n).	cm		$log (s - c)$. $log (s - b)$. $cpl\, log (s - a)$. $cpl\, log\, s$.	Verbesserungen der Logarithmen $v = \Delta log \cdot ((s) - (n))$. Δlog.	v.	$\sigma = \frac{1}{2} [\Delta log] - \Delta log$. σ.	(n).	$N = n + (n)$.	$Log\, N$.
4	$s - c$		44,740	$(s_4) - (8)$	− 4,0		1.65 070	+ 9,0	− 36	− 20,0	(8)	44,700	1.65 031
	$s - b$		42,060	$(s_4) - (5)$	+ 1,2		1.62 387	+ 10,0	+ 12	− 21,0	(5)	42,072	1.62 399
	$s - a$		12,140	$(s_4) - (4)$	+ 3,5		8.91 578	− 36,0	− 126	+ 25,0	(4)	12,175	8.91 453
	s		98.940	(s_4)	+ 0,8		8.00 463	− 5,0	− 4			98,948	8.00 459
	c	8	54,20	(8)	+ 4,8	Σ_4	0.19 498	− 22,0	− 154			54,248	0.19 342
	b	5	56,88	(5)	− 0,4			− 11,0				56,876	
	a	4	86,80	(4)	− 2,7							86,773	
	$2s$		197,88	$2 (s_4)$	+ 1,7							197,897	

3. Bildung der Faktoren der Endgleichungen.

Nr.	p.	a.	b.	c.	$\frac{a}{p}$.	$\frac{b}{p}$.	$\frac{c}{p}$.	$\frac{aa}{p}$.	$\frac{ab}{p}$.	$\frac{ac}{p}$.	$\frac{bb}{p}$.	$\frac{bc}{p}$.	$\frac{cc}{p}$.
1	1,29	+ 18,8	.	.	+ 14,6	.	.	+ 274,5	.	.	.	.	.
2	0,88	+ 19,8	+ 19,8	.	+ 22,5	+ 22,5	.	445,5	+ 445,5	.	+ 445,5	.	.
3	1,18	.	+ 18,0	+ 18,0	.	+ 15,3	+ 15,3	.	.	.	275,4	+ 275,4	+ 275,4
4	1,15	.	.	+ 25,0	.	.	+ 21,7	.	.	.	.	.	542,5
5	1,76	− 10,2	.	− 21,0	− 5,8	.	− 11,9	59,2	.	+ 121,4	.	.	249,9
6	1,29	− 16,2	− 30,2	− 14,0	− 12,6	− 23,4	− 10,9	204,1	+ 379,1	+ 176,6	706,7	+ 329,2	152,6
7	1,49	− 28,4	− 15,2	.	− 19,1	− 10,2	.	542,4	+ 289,7	.	155,0	.	.
8	1,85	.	− 8,0	− 28,0	.	− 4,3	− 15,1	.	.	.	34,4	+ 120,8	422,8
					− 0,4	− 0,1	− 0,9	+ 1525,7	+ 1114,3	+ 298,0	+ 1617,0	+ 725,4	+ 1643,2

4. Auflösung der Endgleichungen.

$\left[\frac{aa}{p}\right]$.	$\left[\frac{ab}{p}\right]$.	$\left[\frac{ac}{p}\right]$.	$-f_a$.	$\left[\frac{bb}{p}\right]$.	$\left[\frac{bc}{p}\right]$.	$-f_b$.	$\left[\frac{cc}{p}\right]$.	$-f_c$.	Probe.	
+ 1526	+ 1114	+ 298	+ 301	+ 1617	+ 725	+ 834	+ 1643	+ 603		
	− 0,730	− 0,196	− 0,197	− 813	− 218	− 220	− 58	− 59	− 59	+ 99
			+ 0,024	+ 804	+ 507	+ 614	− 320	− 387	− 469	− 572
			+ 0,501		− 0,631	− 0,764	+ 1265	+ 157	− 19	− 75
						+ 0,078			− 547	− 548
		$k_a =$	+ 0,328		$k_b =$	− 0,686	$k_c =$	− 0,124		

5. Verbesserungen (n) und Quadratsumme $[p (n) (n)]$.

Nr.	$\frac{a}{p} k_a$.	$\frac{b}{p} k_b$.	$\frac{c}{p} k_c$.	(n).	(n) (n).	p (n) (n).	Nr.	$\frac{a}{p} k_a$.	$\frac{b}{p} k_b$.	$\frac{c}{p} k_c$.	(n).	(n) (n).	p (n) (n).
1	+ 4,8	.	.	+ 4,8	23	30	5	− 1,9	.	+ 1,5	− 0,4	0	0
2	+ 7,4	− 15,4	.	− 8,0	64	56	6	− 4,1	+ 16,0	+ 1,4	+ 13,3	177	228
3	.	− 10,5	− 1,9	− 12,4	154	182	7	− 6,3	+ 7,0	.	+ 0,7	0	0
4	.	.	− 2,7	− 2,7	7	8	8	.	+ 2,9	+ 1,9	+ 4,8	23	43
								− 0,1	0,0	+ 0,2	+ 0,1		547

VI. Abschnitt.

Bedingte vermittelnde Beobachtungen.

§ 59. Aufstellung der allgemeinen Formeln.

1. Wenn n Beobachtungsergebnisse $\lambda_1, \lambda_2, \lambda_3, \ldots. \lambda_n$ zur Bestimmung der wahrscheinlichsten Werte $x, y, z, \ldots.$ von q Gröfsen vorliegen und diese wahrscheinlichsten Werte $x, y, z \ldots.$ zugleich r Bedingungen erfüllen sollen, so können zuerst nach dem im IV. Abschnitte dargestellten Verfahren für die Zusätze $d\mathfrak{x}$, $d\mathfrak{y}$, $d\mathfrak{z}, \ldots.$ zu den Näherungswerten $\mathfrak{x}, \mathfrak{y}, \mathfrak{z}, \ldots.$ der zu bestimmenden Gröfsen die folgenden n umgeformten Fehlergleichungen nach den Formeln **(116)** und **(117)** aufgestellt werden:

$$(186)\quad \begin{cases} v_1 = a_1 d\mathfrak{x} + b_1 d\mathfrak{y} + c_1 d\mathfrak{z} + \ldots. + f_1, \\ v_2 = a_2 d\mathfrak{x} + b_2 d\mathfrak{y} + c_2 d\mathfrak{z} + \ldots. + f_2, \\ v_3 = a_3 d\mathfrak{x} + b_3 d\mathfrak{y} + c_3 d\mathfrak{z} + \ldots. + f_3, \\ \ldots\ldots\ldots\ldots\ldots\ldots\ldots\ldots \\ v_n = a_n d\mathfrak{x} + b_n d\mathfrak{y} + c_n d\mathfrak{z} + \ldots. + f_n. \end{cases}$$

Ferner können nach dem im V. Abschnitte dargestellten Verfahren, indem in die Bedingungsgleichungen **(150)** die wahrscheinlichsten Werte $x, y, z, \ldots.$ und in die Gleichungen **(151)** die Näherungswerte $\mathfrak{x}, \mathfrak{y}, \mathfrak{z}, \ldots.$ eingeführt werden, die folgenden r umgeformten Bedingungsgleichungen nach den Formeln **(155)** aufgestellt werden:

$$(187)\quad \begin{cases} A_1 d\mathfrak{x} + A_2 d\mathfrak{y} + A_3 d\mathfrak{z} + \ldots. - f_A = 0, \\ B_1 d\mathfrak{x} + B_2 d\mathfrak{y} + B_3 d\mathfrak{z} + \ldots. - f_B = 0, \\ \ldots\ldots\ldots\ldots\ldots\ldots\ldots\ldots \end{cases}$$

Nach den in den §§ 22 und 43 gegebenen Erläuterungen mufs dann die Anzahl n der vorliegenden Beobachtungsergebnisse gröfser sein als die Anzahl q der zu bestimmenden Gröfsen, und diese Anzahl q mufs gröfser sein, als die Anzahl r der zu erfüllenden Bedingungen; es mufs also $n > q > r$ sein.

2. Nach unseren allgemeinen Grundsätzen (§ 13) müssen wir nun die wahrscheinlichsten Werte $x, y, z, \ldots.$, oder die Zusätze $d\mathfrak{x}, d\mathfrak{y}, d\mathfrak{z}, \ldots.$ zu den Näherungswerten $\mathfrak{x}, \mathfrak{y}, \mathfrak{z}, \ldots.$ der zu bestimmenden Gröfsen derart bestimmen, dafs die Quadratsumme der auf die Gewichtseinheit reduzirten wahrscheinlichsten Werte der Beobachtungsfehler

$$(1^*)\qquad [pvv] = p_1 v_1 v_1 + p_2 v_2 v_2 + p_3 v_3 v_3 + \ldots. p_n v_n v_n$$

ein Minimum wird und dafs zugleich die Bedingungsgleichungen erfüllt werden.

Dies erreichen wir in folgender Weise:

Wir setzen in (1*) für $v_1, v_2, v_3, \ldots. v_n$ die Ausdrücke nach den Formeln **(186)** und addiren dazu die mit $-2k_A, -2k_B, \ldots.$ multiplizirten Bedingungsgleichungen **(187)**, deren Summe gleich Null ist, womit wir erhalten:

$$(2^*)\quad \begin{aligned} [pvv] = [paa]\,d\mathfrak{x}\,d\mathfrak{x} &+ 2[pab]\,d\mathfrak{x}\,d\mathfrak{y} + 2[pac]\,d\mathfrak{x}\,d\mathfrak{z} + \ldots. 2[paf]\,d\mathfrak{x} \\ &+ [pbb]\,d\mathfrak{y}\,d\mathfrak{y} + 2[pbc]\,d\mathfrak{y}\,d\mathfrak{z} + \ldots. 2[pbf]\,d\mathfrak{y} \\ &\qquad + [pcc]\,d\mathfrak{z}\,d\mathfrak{z} + \ldots. 2[pcf]\,d\mathfrak{z} \\ &\qquad\qquad \ldots\ldots\ldots\ldots \\ &\qquad\qquad + [pff] \\ -2A_1 k_A d\mathfrak{x} &- 2A_2 k_A d\mathfrak{y} - 2A_3 k_A d\mathfrak{z} - \ldots. + 2k_A f_A \\ -2B_1 k_B d\mathfrak{x} &- 2B_2 k_B d\mathfrak{y} - 2B_3 k_B d\mathfrak{z} - \ldots. + 2k_B f_B \end{aligned}$$

Dann differenziren wir $[pvv]$ nach $d\mathfrak{x}, d\mathfrak{y}, d\mathfrak{z}, \ldots.$, setzen die Differenzialquotienten gleich Null, dividiren durch 2 und fügen die mit -1 multiplizirten Bedingungsgleichungen **(187)** hinzu, womit wir erhalten:

$$(188\text{a})\quad \begin{cases} [p\,a\,a]\,d\mathfrak{x}+[p\,a\,b]\,d\mathfrak{y}+[p\,a\,c]\,d\mathfrak{z}+\ldots.-A_1 k_A-B_1 k_B-\ldots.+[p\,a\,f]=0,\\ [p\,a\,b]\,d\mathfrak{x}+[p\,b\,b]\,d\mathfrak{y}+[p\,b\,c]\,d\mathfrak{z}+\ldots.-A_2 k_A-B_2 k_B-\ldots.+[p\,b\,f]=0,\\ [p\,a\,c]\,d\mathfrak{x}+[p\,b\,c]\,d\mathfrak{y}+[p\,c\,c]\,d\mathfrak{z}+\ldots.-A_3 k_A-B_3 k_B-\ldots.+[p\,c\,f]=0,\\ \ldots\ldots\ldots\ldots\ldots\ldots\ldots\ldots\ldots\ldots \end{cases}$$

$$(188\text{b})\quad \begin{cases} -A_1\,d\mathfrak{x}-A_2\,d\mathfrak{y}-A_3\,d\mathfrak{z}-\ldots\ldots\ldots\ldots+f_A=0,\\ -B_1\,d\mathfrak{x}-B_2\,d\mathfrak{y}-B_3\,d\mathfrak{z}-\ldots\ldots\ldots\ldots+f_B=0,\\ \ldots\ldots\ldots\ldots\ldots\ldots\ldots\ldots\ldots\ldots \end{cases}$$

Die Anzahl dieser Gleichungen **(188 a)** und **(188 b)**, die wir wiederum als Endgleichungen bezeichnen, ist gleich der Anzahl der zu bestimmenden Gröfsen $d\mathfrak{x}, d\mathfrak{y}, d\mathfrak{z}, \ldots$ und der Korrelaten $k_A, k_B, \ldots$, so dafs wir die Zahlenwerte dieser sämtlichen Gröfsen durch Auflösung der Endgleichungen nach dem im § 27 behandelten Verfahren erhalten können. Diese Zahlenwerte sind dann auch die, wofür $[p\,v\,v]$ ein Minimum wird und die zugleich die Bedingungsgleichungen erfüllen.

Die wahrscheinlichsten Werte $x, y, z, \ldots.$ der zu bestimmenden Gröfsen ergeben sich dann aus den Näherungswerten $\mathfrak{x}, \mathfrak{y}, \mathfrak{z}, \ldots.$ und den Aenderungen $d\mathfrak{x}, d\mathfrak{y}, d\mathfrak{z}, \ldots.$ nach:

$$(189)\quad \begin{cases} x=\mathfrak{x}+d\mathfrak{x},\\ y=\mathfrak{y}+d\mathfrak{y},\\ z=\mathfrak{z}+d\mathfrak{z},\\ \ldots\ldots\ldots \end{cases}$$

3. Für die Quadratsumme $[p\,v\,v]$ kann ein einfacher Ausdruck gewonnen werden: Schreiben wir die Gleichung (2*) wie folgt:

$$\begin{aligned}[p\,v\,v]=&[p\,a\,a]\,d\mathfrak{x}\,d\mathfrak{x}+[p\,a\,b]\,d\mathfrak{x}\,d\mathfrak{y}+[p\,a\,c]\,d\mathfrak{x}\,d\mathfrak{z}+\ldots.\\ &+[p\,a\,b]\,d\mathfrak{y}\,d\mathfrak{x}+[p\,b\,b]\,d\mathfrak{y}\,d\mathfrak{y}+[p\,b\,c]\,d\mathfrak{y}\,d\mathfrak{z}+\ldots.\\ &+[p\,a\,c]\,d\mathfrak{z}\,d\mathfrak{x}+[p\,b\,c]\,d\mathfrak{z}\,d\mathfrak{y}+[p\,c\,c]\,d\mathfrak{z}\,d\mathfrak{z}+\ldots.\\ &\ldots\ldots\ldots\ldots\ldots\ldots\ldots\ldots\\ &-A_1 k_A\,d\mathfrak{x}-A_2 k_A\,d\mathfrak{y}-A_3 k_A\,d\mathfrak{z}-\ldots.\\ &-B_1 k_B\,d\mathfrak{x}-B_2 k_B\,d\mathfrak{y}-B_3 k_B\,d\mathfrak{z}-\ldots.\\ &\ldots\ldots\ldots\ldots\ldots\ldots\ldots\ldots\\ &+[p\,a\,f]\,d\mathfrak{x}+[p\,b\,f]\,d\mathfrak{y}+[p\,c\,f]\,d\mathfrak{z}+\ldots.\\ &-A_1\,d\mathfrak{x}\,k_A-B_1\,d\mathfrak{x}\,k_B-\ldots.\\ &-A_2\,d\mathfrak{y}\,k_A-B_2\,d\mathfrak{y}\,k_B-\ldots.\\ &-A_3\,d\mathfrak{z}\,k_A-B_3\,d\mathfrak{z}\,k_B-\ldots.\\ &\ldots\ldots\ldots\ldots\ldots\ldots\\ &+f_A\,k_A+f_B\,k_B+\ldots.\\ &+[p\,a\,f]\,d\mathfrak{x}+[p\,b\,f]\,d\mathfrak{y}+[p\,c\,f]\,d\mathfrak{z}+\ldots.+[p\,f\,f]\\ &+k_A\,f_A+k_B\,f_B+\ldots\ldots\ldots\ldots\end{aligned}$$

und vergleichen wir die untereinanderstehenden Summanden mit **(188 a)** und **(188 b)** so folgt, dafs ist:

$$(190)\quad \begin{aligned}[p\,v\,v]=&[p\,f\,f]+[p\,a\,f]\,d\mathfrak{x}+[p\,b\,f]\,d\mathfrak{y}+[p\,c\,f]\,d\mathfrak{z}+\ldots.\\ &+k_A f_A+k_B f_B+\ldots.\end{aligned}$$

4. Die Anzahl der überschüssigen Bestimmungen ist gleich der Anzahl $n+r$ der vorliegenden Bestimmungen weniger der Anzahl q der zu bestimmenden Gröfsen, so dafs sich der mittlere Fehler $\mathfrak{m}$ der Gewichtseinheit ergiebt nach:

$$(191)\quad \mathfrak{m}=\pm\sqrt{\frac{[p\,v\,v]}{n-q+r}}.$$

§ 60. Getrennte Bestimmung der wahrscheinlichsten Werte der zu bestimmenden Gröfsen nach dem Verfahren für vermittelnde Beobachtungen und der diesen Werten noch beizufügenden Verbesserungen nach dem Verfahren für bedingte Beobachtungen.

1. In den Fällen, wo das Verfahren für bedingte vermittelnde Beobachtungen Anwendung findet, ist es in der Regel zweckmäfsig, in der Weise vorzugehen, dafs zuerst, ohne Rücksicht auf die Bedingungsgleichungen, nach dem im IV. Abschnitte dargelegten Verfahren für vermittelnde Beobachtungen diejenigen Zusätze $d\mathfrak{x}_0$, $d\mathfrak{y}_0$, $d\mathfrak{z}_0$, ... zu den Näherungswerten $\mathfrak{x}$, $\mathfrak{y}$, $\mathfrak{z}$, ... der zu bestimmenden Gröfsen ermittelt werden, wofür die Quadratsumme $[p v_0 v_0]$ der bei diesem Verfahren übrigbleibenden, auf die Gewichtseinheit reduzirten Fehler zu einem Minimum wird, und dafs danach diejenigen Zusätze (1), (2), (3), ... ermittelt werden, die weiter erforderlich sind, damit die wahrscheinlichsten Werte der zu bestimmenden Gröfsen auch den Bedingungsgleichungen genügen und wofür zugleich die Quadratsumme $[p v v]$ der aus der Gesamtausgleichung folgenden wahrscheinlichsten Werte der auf die Gewichtseinheit reduzirten Beobachtungsfehler ein Minimum wird. Dann erhalten wir die Aenderungen $d\mathfrak{x}$, $d\mathfrak{y}$, $d\mathfrak{z}$, ... nach:

$$\text{(192)}\quad \begin{cases} d\mathfrak{x} = d\mathfrak{x}_0 + (1), \\ d\mathfrak{y} = d\mathfrak{y}_0 + (2), \\ d\mathfrak{z} = d\mathfrak{z}_0 + (3), \\ \dots\dots\dots\dots \end{cases}$$

2. Bei diesem Verfahren ergeben sich die umgeformten Fehlergleichungen:

$$\text{(193)}\quad \begin{cases} v_{01} = a_1 d\mathfrak{x}_0 + b_1 d\mathfrak{y}_0 + c_1 d\mathfrak{z}_0 + \dots f_1, \\ v_{02} = a_2 d\mathfrak{x}_0 + b_2 d\mathfrak{y}_0 + c_2 d\mathfrak{z}_0 + \dots f_2, \\ v_{03} = a_3 d\mathfrak{x}_0 + b_3 d\mathfrak{y}_0 + c_3 d\mathfrak{z}_0 + \dots f_3, \\ \dots\dots\dots\dots\dots\dots\dots\dots \\ v_{0n} = a_n d\mathfrak{x}_0 + b_n d\mathfrak{y}_0 + c_n d\mathfrak{z}_0 + \dots f_n, \end{cases}$$

und die Endgleichungen für $d\mathfrak{x}_0$, $d\mathfrak{y}_0$, $d\mathfrak{z}_0$, ...

$$\text{(194)}\quad \begin{cases} [paa]d\mathfrak{x}_0 + [pab]d\mathfrak{y}_0 + [pac]d\mathfrak{z}_0 + \dots [paf] = 0, \\ [pab]d\mathfrak{x}_0 + [pbb]d\mathfrak{y}_0 + [pbc]d\mathfrak{z}_0 + \dots [pbf] = 0, \\ [pac]d\mathfrak{x}_0 + [pbc]d\mathfrak{y}_0 + [pcc]d\mathfrak{z}_0 + \dots [pcf] = 0, \\ \dots\dots\dots\dots\dots\dots\dots\dots\dots\dots \end{cases}$$

wonach wir

$$\text{(195)}\quad \begin{cases} x_0 = \mathfrak{x} + d\mathfrak{x}_0, \\ y_0 = \mathfrak{y} + d\mathfrak{y}_0, \\ z_0 = \mathfrak{z} + d\mathfrak{z}_0, \\ \dots\dots\dots\dots \end{cases}$$

erhalten.

Bei Auflösung dieser Endgleichungen ergiebt sich nach den Formeln **(127)** und **(129)**:

$$\text{(196)}\quad \begin{aligned} [p v_0 v_0] &= [pff] - \frac{\mathfrak{f}_1}{\mathfrak{a}_1}\mathfrak{f}_1 - \frac{\mathfrak{F}_2}{\mathfrak{B}_2}\mathfrak{F}_2 - \frac{\mathfrak{F}_3}{\mathfrak{C}_3}\mathfrak{F}_3 - \dots \\ &= [pff] + \mathfrak{f}_1 d\mathfrak{x}_0 + \mathfrak{f}_2 d\mathfrak{y}_0 + \mathfrak{f}_3 d\mathfrak{z}_0 + \dots, \end{aligned}$$

und damit nach Formel **(125)** der lediglich aus dem Verfahren für vermittelnde Beobachtungen folgende mittlere Fehler $\mathfrak{m}_1$ der Gewichtseinheit nach:

$$\text{(197)}\quad \mathfrak{m}_1 = \pm\sqrt{\frac{[p v_0 v_0]}{n-q}}.$$

3. Die Bedingungsgleichungen, woraus die umgeformten Bedingungsgleichungen **(187)** folgen, sind:

(198)
$$\begin{cases} F_A(x, y, z, \ldots.) = S_A, \\ F_B(x, y, z, \ldots.) = S_B, \\ \ldots\ldots\ldots\ldots \end{cases}$$

Nun benutzen wir bei Berechnung der Widersprüche nach den Formeln **(151)** und **(152)** nicht die Näherungswerte $\mathfrak{x}, \mathfrak{y}, \mathfrak{z}, \ldots.$ der zu bestimmenden Gröfsen, sondern die bereits durch die Aenderungen $d\mathfrak{x}_0, d\mathfrak{y}_0, d\mathfrak{z}_0, \ldots.$ verbesserten Werte $x_0 = \mathfrak{x} + d\mathfrak{x}_0$, $y_0 = \mathfrak{y} + d\mathfrak{y}_0$, $z_0 = \mathfrak{z} + d\mathfrak{z}_0, \ldots.$, rechnen also nach den Formeln:

(199)
$$\begin{cases} F_A(x_0, y_0, z_0, \ldots.) = \Sigma_a, \\ F_B(x_0, y_0, z_0, \ldots.) = \Sigma_b, \\ \ldots\ldots\ldots\ldots \end{cases}$$

(200)
$$\begin{cases} f_a = S_A - \Sigma_a, \\ f_b = S_B - \Sigma_b, \\ \ldots\ldots\ldots \end{cases}$$

Die wahrscheinlichsten Werte $x, y, z, \ldots.$ der zu bestimmenden Gröfsen erhalten wir dann nach:

(202)
$$\begin{cases} x = x_0 + (1), \\ y = y_0 + (2), \\ z = z_0 + (3), \\ \ldots\ldots\ldots \end{cases}$$

Die sich nach den Formeln **(199)** und **(200)** ergebenden Widersprüche müssen allein durch die noch anzubringenden Verbesserungen $(1), (2), (3), \ldots.$ vernichtet werden und somit müssen, wenn wir für die Differenzialquotienten von $F_A(x_0, y_0, z_0, \ldots.)$, $F_B(x_0, y_0, z_0, \ldots.)$, ... nach $x_0, y_0, z_0, \ldots.$ die Bezeichnungen:

(201)
$$\begin{cases} A_1 = \frac{\partial F_A}{\partial x_0}, & A_2 = \frac{\partial F_A}{\partial y_0}, & A_3 = \frac{\partial F_A}{\partial z_0}, & \ldots., \\ B_2 = \frac{\partial F_B}{\partial x_0}, & B_2 = \frac{\partial F_B}{\partial y_0}, & B_3 = \frac{\partial F_B}{\partial z_0}, & \ldots., \\ \ldots\ldots & \ldots\ldots & \ldots\ldots & \ldots., \end{cases}$$

nehmen, die umgeformten Bedingungsgleichungen sein:

(203)
$$\begin{cases} A_1(1) + A_2(2) + A_3(3) + \ldots. = f_a, \\ B_1(1) + B_2(2) + B_3(3) + \ldots. = f_b, \\ \ldots\ldots\ldots\ldots\ldots \end{cases}$$

4. Setzen wir in die Endgleichungen **(188** a) für $d\mathfrak{x}, d\mathfrak{y}, d\mathfrak{z}, \ldots.$ nach den Formeln **(192)** die Ausdrücke $d\mathfrak{x}_0 + (1)$, $d\mathfrak{y}_0 + (2)$, $d\mathfrak{z}_0 + (3), \ldots.$ und subtrahiren von den sich dadurch ergebenden Gleichungen die Gleichungen **(194)**, so erhalten wir mit Hinzuziehung der Gleichungen **(203)** die folgenden Gleichungen zur Bestimmung der Verbesserungen $(1), (2), (3), \ldots.$

(1 a*)
$$\begin{cases} [paa](1) + [pab](2) + [pac](3) + \ldots. - A_1 k_A - B_1 k_B - \ldots. = 0, \\ [pab](1) + [pbb](2) + [pbc](3) + \ldots. - A_2 k_A - B_2 k_B - \ldots. = 0, \\ [pac](1) + [pbc](2) + [pcc](3) + \ldots. - A_3 k_A - B_3 k_B - \ldots. = 0, \\ \ldots\ldots\ldots\ldots\ldots\ldots\ldots\ldots \end{cases}$$

(1 b*)
$$\begin{cases} A_1(1) + \quad A_2(2) + \quad A_3(3) + \ldots\ldots\ldots\ldots = f_a, \\ B_1(1) + \quad B_2(2) + \quad B_3(3) + \ldots\ldots\ldots\ldots = f_b, \\ \ldots\ldots\ldots\ldots\ldots\ldots\ldots\ldots \end{cases}$$

5. Diese Gleichungen lösen wir auf wie folgt:

Wir drücken die Verbesserungen $(1), (2), (3), \ldots.$ durch die Korrelaten $k_A, k_B, \ldots.$ aus mittelst der Koeffizienten $Q_{11}, Q_{12}, Q_{13}, \ldots.; Q_{21}, Q_{22}, Q_{23}, \ldots$ $Q_{31}, Q_{32}, Q_{33}, \ldots.; \ldots.$, und diese Koeffizienten setzen wir derart fest, dafs sie den folgenden Gleichungen genügen:

(204 a)
$$\begin{cases} [paa]Q_{11} + [pab]Q_{12} + [pac]Q_{13} + \ldots = 1, \\ [pab]Q_{11} + [pbb]Q_{12} + [pbc]Q_{13} + \ldots = 0, \\ [pac]Q_{11} + [pbc]Q_{12} + [pcc]Q_{13} + \ldots = 0, \\ \ldots\ldots\ldots\ldots\ldots\ldots\ldots\ldots ; \end{cases}$$

(204 b)
$$\begin{cases} [paa]Q_{21} + [pab]Q_{22} + [pac]Q_{23} + \ldots = 0, \\ [pab]Q_{21} + [pbb]Q_{22} + [pbc]Q_{23} + \ldots = 1, \\ [pac]Q_{21} + [pbc]Q_{22} + [pcc]Q_{23} + \ldots = 0, \\ \ldots\ldots\ldots\ldots\ldots\ldots\ldots\ldots ; \end{cases}$$

(204 c)
$$\begin{cases} [paa]Q_{31} + [pab]Q_{32} + [pac]Q_{33} + \ldots = 0, \\ [pab]Q_{31} + [pbb]Q_{32} + [pbc]Q_{33} + \ldots = 0, \\ [pac]Q_{31} + [pbc]Q_{32} + [pcc]Q_{33} + \ldots = 1, \\ \ldots\ldots\ldots\ldots\ldots\ldots\ldots\ldots ; \end{cases}$$

u. s. w.

Nun multipliziren wir zuerst die Gleichungen (1 a*) mit den Koeffizienten $Q_{11}, Q_{12}, Q_{13}, \ldots$, addiren danach alle Gleichungen und beachten die Gleichungen **(204 a)**, womit folgt:

(2 a*)
$$\begin{aligned} (1) = &+ A_1 Q_{11} k_A + B_1 Q_{11} k_B + \ldots \\ &+ A_2 Q_{12} k_A + B_2 Q_{12} k_B + \ldots \\ &+ A_3 Q_{13} k_A + B_3 Q_{13} k_B + \ldots \\ &\ldots\ldots\ldots\ldots\ldots\ldots \end{aligned}$$

Sodann multipliziren wir die Gleichungen (1 a*) mit den Koeffizienten $Q_{21}, Q_{22}, Q_{23}, \ldots$, addiren danach alle Gleichungen und beachten die Gleichungen **(204 b)**, womit folgt:

(2 b*)
$$\begin{aligned} (2) = &+ A_1 Q_{21} k_A + B_1 Q_{21} k_B + \ldots \\ &+ A_2 Q_{22} k_A + B_2 Q_{22} k_B + \ldots \\ &+ A_3 Q_{23} k_A + B_3 Q_{23} k_B + \ldots \\ &\ldots\ldots\ldots\ldots\ldots\ldots \end{aligned}$$

Ferner multipliziren wir die Gleichungen (1 a*) mit den Koeffizienten $Q_{31}, Q_{32}, Q_{33}, \ldots$, addiren danach alle Gleichungen und beachten die Gleichungen **(204 c)**, womit folgt:

2 c*)
$$\begin{aligned} (3) = &+ A_1 Q_{31} k_A + B_1 Q_{31} k_B + \ldots \\ &+ A_2 Q_{32} k_A + B_2 Q_{32} k_B + \ldots \\ &+ A_3 Q_{33} k_A + B_3 Q_{33} k_B + \ldots \\ &\ldots\ldots\ldots\ldots\ldots\ldots \end{aligned}$$

u. s. w.

Wird dann zur Vereinfachung der Ausdrücke für (1), (2), (3), ... noch gesetzt:

(205 a)
$$\begin{cases} (\mathfrak{A}_1) = + A_1 Q_{11} + A_2 Q_{12} + A_3 Q_{13} + \ldots, \\ (\mathfrak{A}_2) = + A_1 Q_{21} + A_2 Q_{22} + A_3 Q_{23} + \ldots, \\ (\mathfrak{A}_3) = + A_1 Q_{31} + A_2 Q_{32} + A_3 Q_{33} + \ldots, \\ \ldots\ldots\ldots\ldots\ldots\ldots\ldots \end{cases}$$

(205 b)
$$\begin{cases} (\mathfrak{B}_1) = + B_1 Q_{11} + B_2 Q_{12} + B_3 Q_{13} + \ldots, \\ (\mathfrak{B}_2) = + B_1 Q_{21} + B_2 Q_{22} + B_3 Q_{23} + \ldots, \\ (\mathfrak{B}_3) = + B_1 Q_{31} + B_2 Q_{32} + B_3 Q_{33} + \ldots, \\ \ldots\ldots\ldots\ldots\ldots\ldots\ldots \end{cases}$$
$$\ldots\ldots\ldots\ldots\ldots\ldots\ldots\ldots$$

so wird aus den Gleichungen (2 a*), (2 b*), (2 c*), ...:

(206)
$$\begin{cases} (1) = (\mathfrak{A}_1) k_A + (\mathfrak{B}_1) k_B + \ldots, \\ (2) = (\mathfrak{A}_2) k_A + (\mathfrak{B}_2) k_B + \ldots, \\ (3) = (\mathfrak{A}_3) k_A + (\mathfrak{B}_3) k_B + \ldots, \\ \ldots\ldots\ldots\ldots\ldots\ldots \end{cases}$$

Diese Gleichungen haben die Form der Korrelatengleichungen **(156)** und wir bezeichnen sie auch als Korrelatengleichungen.

Eine zweite Form dieser Gleichung ergiebt sich durch Einführung der Hülfsgröfsen

(207)
$$\begin{cases} [1] = +A_1 k_A + B_1 k_B + \ldots., \\ [2] = +A_2 k_A + B_2 k_B + \ldots., \\ [3] = +A_3 k_A + A_3 k_B + \ldots., \\ \ldots\ldots\ldots\ldots\ldots\ldots \end{cases}$$

wofür nach (1a*) auch gilt:

(3*)
$$\begin{cases} [1] = [paa](1) + [pab](2) + [pac](3) + \ldots., \\ [2] = [pab](1) + [pbb](2) + [pbc](3) + \ldots., \\ [3] = [pac](1) + [pbc](2) + [pcc](3) + \ldots., \\ \ldots\ldots\ldots\ldots\ldots\ldots\ldots\ldots \end{cases}$$

Mit diesen Hülfsgröfsen folgt für (1), (2), (3), ... aus (2a*), (2b*), (2c*), ...

(208)
$$\begin{cases} (1) = [1]Q_{11} + [2]Q_{12} + [3]Q_{13} + \ldots., \\ (2) = [1]Q_{21} + [2]Q_{22} + [3]Q_{23} + \ldots., \\ (3) = [1]Q_{31} + [2]Q_{32} + [3]Q_{33} + \ldots., \\ \ldots\ldots\ldots\ldots\ldots\ldots\ldots\ldots \end{cases}$$

6. Durch Einsetzen der in den Korrelatengleichungen **(206)** für (1), (2), (3), ... erhaltenen Ausdrücke in die Bedingungsgleichungen (1b*) erhalten wir die reduzirten Endgleichungen:

(209)
$$\begin{cases} [A(\mathfrak{A})]k_A + [A(\mathfrak{B})]k_B + \ldots. = f_a, \\ [B(\mathfrak{A})]k_A + [B(\mathfrak{B})]k_B + \ldots. = f_b, \\ \ldots\ldots\ldots\ldots\ldots\ldots\ldots\ldots \end{cases}$$

Wie nach den Gleichungen **(205)** ohne weiteres zu übersehen ist, ist:

$$[A(\mathfrak{B})] = [B(\mathfrak{A})], \ldots.,$$
$$\ldots.,$$

Wird nun gesetzt:

(210)
$$\begin{cases} \mathfrak{a}_1 = [A(\mathfrak{A})], \quad \mathfrak{b}_1 = [A(\mathfrak{B})] = [B(\mathfrak{A})], \quad \ldots., \quad \mathfrak{f}_1 = -f_a, \\ \qquad\qquad\qquad\quad \mathfrak{b}_2 = [B(\mathfrak{B})], \quad \ldots., \quad \mathfrak{f}_2 = -f_b, \\ \ldots\ldots\ldots\ldots\ldots\ldots, \end{cases}$$

so gehen die Endgleichungen über in:

(211)
$$\begin{cases} \mathfrak{a}_1 k_A + \mathfrak{b}_1 k_B + \ldots. \mathfrak{f}_1 = 0, \\ \mathfrak{b}_1 k_A + \mathfrak{b}_2 k_B + \ldots. \mathfrak{f}_2 = 0, \\ \ldots\ldots\ldots\ldots\ldots\ldots \end{cases}$$

welche Gleichungen, nach dem im § 27 dargelegten Verfahren aufgelöst, uns die Zahlenwerte der Korrelaten k_A, k_B, ... und somit auch nach den Korrelatengleichungen **(206)** die Zahlenwerte der gesuchten Verbesserungen (1), (2), (3), ... liefern, wozu sich die Probe ergiebt, dafs

(212)
$$\begin{aligned} [kf] &= -[k\mathfrak{f}] \\ &= \frac{\mathfrak{f}_1}{\mathfrak{a}_1}\mathfrak{f}_1 + \frac{\mathfrak{F}_2}{\mathfrak{B}_2}\mathfrak{F}_2 + \ldots. \\ &= (1)[1] + (2)[2] + (3)[3] + \ldots. \end{aligned}$$

sein mufs. Die Gleichheit der ersten beiden Summen folgt aus den Formeln **(127)** und **(129)**, und dafs diesen Summen auch die letzte Summe gleich sein mufs, ergiebt sich aus der Uebereinstimmung der Ausdrücke, die sich nach den Formeln (2*) und **(207)** für $(1)[1] + (2)[2] + (3)[3] + \ldots.$ und nach den Formeln **(205)** und **(209)** für $[kf]$ ergeben.

Aus $[kf]$ ergiebt sich, wie nach Formel **(164)** ein lediglich aus der Netzausgleichung folgender zweiter Wert $\mathfrak{m}_2$ des mittleren Fehlers der Gewichtseinheit nach:

(213)
$$\mathfrak{m}_2 = \pm\sqrt{\frac{[kf]}{r}}.$$

7. Die Quadratsumme $[pvv]$ der auf die Gewichtseinheit reduzirten wahrscheinlichsten Beobachtungsfehler ist nach Formel **(190)**:

$$[pvv] = [pff] + [paf]d\mathfrak{x} + [pbf]d\mathfrak{y} + [pcf]d\mathfrak{z} + \dots \\ + k_A f_A + k_B f_B + \dots$$

Nun ist nach den Bedingungsgleichungen (**187**):

$$f_A = A_1 d\mathfrak{x} + A_2 d\mathfrak{y} + A_3 d\mathfrak{z} + \dots, \\ f_B = B_1 d\mathfrak{x} + B_2 d\mathfrak{y} + B_3 d\mathfrak{z} + \dots, \\ \dots\dots\dots\dots\dots\dots$$

Wird dies in (**190**) eingesetzt, und werden zugleich für $d\mathfrak{x}$, $d\mathfrak{y}$, $d\mathfrak{z}$, ... nach (**192**) $d\mathfrak{x}_0 + (1)$, $d\mathfrak{y}_0 + (2)$, $d\mathfrak{z}_0 + (3)$, ... gesetzt, so wird:

$$\begin{aligned}[pvv] = [pff] &+ [paf]d\mathfrak{x}_0 + [pbf]d\mathfrak{y}_0 + [pcf]d\mathfrak{z}_0 + \dots \\ &+ [paf](1) + [pbf](2) + [pcf](3) + \dots \\ &+ A_1 k_A d\mathfrak{x}_0 + A_2 k_A d\mathfrak{y}_0 + A_3 k_A d\mathfrak{z}_0 + \dots \\ &+ B_1 k_B d\mathfrak{x}_0 + B_2 k_B d\mathfrak{y}_0 + B_3 k_B d\mathfrak{z}_0 + \dots \\ &\dots\dots\dots\dots\dots\dots \\ &+ A_1 k_A (1) + A_2 k_A (2) + A_3 k_A (3) + \dots \\ &+ B_1 k_B (1) + B_2 k_B (2) + B_3 k_B (3) + \dots \\ &\dots\dots\dots\dots\dots\dots\end{aligned}$$

Werden hierin für $[paf]$, $[pbf]$, $[pcf]$, ... auf der zweiten Zeile die sich aus den Endgleichungen (**194**) ergebenden Werte und für $A_1(1) + A_2(2) + A_3(3) + \dots$, $B_1(1) + B_2(2) + B_3(3) + \dots$, ... nach den Bedingungsgleichungen (**203**) die Widersprüche f_a, f_b, ... eingeführt, so wird:

$$\begin{aligned}[pvv] = [pff] &+ [paf]\,d\mathfrak{x}_0 + [pbf]\,d\mathfrak{y}_0 + [pcf]\,d\mathfrak{z}_0 + \dots \\ &- [paa](1)d\mathfrak{x}_0 - [pab](1)d\mathfrak{y}_0 - [pac](1)d\mathfrak{z}_0 - \dots \\ &- [pab](2)d\mathfrak{x}_0 - [pbb](2)d\mathfrak{y}_0 - [pbc](2)d\mathfrak{z}_0 - \dots \\ &- [pac](3)d\mathfrak{x}_0 - [pbc](3)d\mathfrak{y}_0 - [pcc](3)d\mathfrak{z}_0 - \dots \\ &\dots\dots\dots\dots\dots\dots \\ &+ A_1 k_A d\mathfrak{x}_0 + A_2 k_A d\mathfrak{y}_0 + A_3 k_A d\mathfrak{z}_0 + \dots \\ &+ B_1 k_B d\mathfrak{x}_0 + B_2 k_B d\mathfrak{y}_0 + B_3 k_B d\mathfrak{z}_0 + \dots \\ &\dots\dots\dots\dots\dots\dots \\ &+ k_A f_a + k_B f_b + \dots\dots\dots\end{aligned}$$

Durch Vergleichung der untereinanderstehenden Summanden mit den Gleichungen (1a*) folgt hieraus:

$$(4^*) \qquad [pvv] = [pff] + [paf]d\mathfrak{x}_0 + [pbf]d\mathfrak{y}_0 + [pcf]d\mathfrak{z}_0 + \dots \\ + k_A f_a + k_B f_b + \dots$$

Der auf der ersten Zeile stehende Teil dieses Ausdruckes ist nach den Formeln (**127**) und (**129**) gleich der Quadratsumme $[pv_0v_0]$, die sich bei Auflösung der Endgleichungen (**194**) ergiebt, und der auf der zweiten Zeile stehende Teil $[kf]$ des Ausdruckes ist der durch die Netzausgleichung hinzukommende Beitrag zur Fehlerquadratsumme, so dafs also

$$(\mathbf{214}) \qquad [pvv] = [pv_0v_0] + [kf]$$

ist, womit sich der mittlere Fehler $\mathfrak{m}$ der Gewichtseinheit aus der Gesamtausgleichung ergiebt nach:

$$(\mathbf{215}) \qquad \mathfrak{m} = \pm\sqrt{\frac{[pvv]}{n-q+r}} = \pm\sqrt{\frac{[pv_0v_0] + [kf]}{n-q+r}}.$$

8. Ueberblicken wir das entwickelte Verfahren nochmals, so ergiebt sich der folgende Rechnungsgang:

a) Aus den vorliegenden Beobachtungsergebnissen werden ohne Rücksicht auf die zu erfüllenden Bedingungen nach dem im IV. Abschnitte dargelegten

Verfahren für vermittelnde Beobachtungen unter Berücksichtigung der Formeln (**192**) bis (**197**) die Zahlenwerte von $d\mathfrak{x}_0$. $d\mathfrak{y}_0$, $d\mathfrak{z}_0$, ..., x_0, y_0, z_0, ..., $[p v_0 v_0]$ und $\mathfrak{m}_1$ berechnet.

b) Hierbei werden die aus den Gleichungen (**204**) folgenden Zahlenwerte der Koeffizienten Q_{11}, Q_{12}, Q_{13}, ...; Q_{21}, Q_{22}, Q_{23}, ...; Q_{31}, Q_{32}, Q_{33}, ...; .... berechnet *), und falls die Hülfsgröfsen [1], [2], [3], ... benutzt werden sollen, die Gleichungen (**208**) mit den erhaltenen Zahlenwerten angesetzt.

c) Dann werden die Bedingungsgleichungen nach dem im V. Abschnitte dargelegten Verfahren aufgestellt und umgeformt, wobei nach den Formeln (**198**) bis (**202**) die erhaltenen Zahlenwerte von x_0, y_0, z_0, ... als Beobachtungsergebnisse eingeführt werden.

d) Hiernach werden die Koeffizienten $(\mathfrak{A}_1)$, $(\mathfrak{A}_2)$, $(\mathfrak{A}_3)$, ...; $(\mathfrak{B}_1)$, $(\mathfrak{B}_2)$, $(\mathfrak{B}_3)$, ...; .... nach den Formeln (**205**) gebildet und die Korrelatengleichungen (**206**) angesetzt, oder es werden die Gleichungen (**207**) für die Hülfsgröfsen [1], [2], [3], ... angesetzt und die Korrelatengleichungen (**206**) durch Substitution der für [1], [2], [3], ... erhaltenen Ausdrücke in die Gleichungen (**208**) gewonnen.

e) Mit den Zahlenwerten der Differenzialquotienten A_1, A_2, A_3, ... B_1, B_2, B_3, ...; .... und der Koeffizienten $(\mathfrak{A}_1)$, $(\mathfrak{A}_2)$, $(\mathfrak{A}_3)$, ...; $(\mathfrak{B}_1)$, $(\mathfrak{B}_2)$, $(\mathfrak{B}_3)$, ...; .... ergeben sich dann die Faktoren $[A(\mathfrak{A})]$, $[A(\mathfrak{B})] = [B(\mathfrak{A})]$, ...; $[B(\mathfrak{B})]$, ...; .... der Endgleichungen, die nach dem im § 27 dargelegten Verfahren aufgelöst, die Zahlenwerte der Korrelaten k_A, k_B, ... liefern, womit nach den Formeln (**206**) die Verbesserungen (1), (2), (3), ... und nach den Formeln (**202**) die wahrscheinlichsten Werte x, y, z, ... der zu bestimmenden Gröfsen erhalten werden.

Hierbei werden auch die Zahlenwerte von $[kf]$ und $\mathfrak{m}_2$, sowie endlich von $[pvv] = [p v_0 v_0] + [kf]$ und $\mathfrak{m}$ erhalten.

9. Das vorstehend behandelte Verfahren wird in der Regel bei der Ausgleichung von Hauptdreiecksnetzen angewandt. Aus den Ergebnissen der Stationsbeobachtungen werden nach dem Verfahren für vermittelnde Beobachtungen die wahrscheinlichsten Werte x_0, y_0, z_0, ... der Richtungen abgeleitet, und diese werden dann in die Bedingungsgleichungen eingeführt.

In den Publikationen der Preufsischen Landesaufnahme und im wesentlichen hiermit übereinstimmend in allen ähnlichen Publikationen werden im Anschlufs an die Ergebnisse der Stationsbeobachtungen die daraus folgenden Endgleichungen (**194**), die reduzirten Endgleichungen, die Näherungswerte $\mathfrak{x}$, $\mathfrak{y}$, $\mathfrak{z}$, ... (Annahme) **), die denselben beizufügenden Aenderungen $d\mathfrak{x}_0$, $d\mathfrak{y}_0$, $d\mathfrak{z}_0$, ... $(A, B, C, ...)$, die Werte $x_0 = \mathfrak{x} + d\mathfrak{x}_0$, $y_0 = \mathfrak{y} + d\mathfrak{y}_0$, $z_0 = \mathfrak{z} + d\mathfrak{z}_0$, ... (Nach Anbringung der Reduktionen auf das Centrum der Stationen: Ergebnis mit Einschlufs sämtlicher Reduktionen), die Gleichungen (**208**), $[p v_0 v_0]$ $((VV))$ und $n - q$ (Divisor) alles in Zahlenwerten mitgeteilt. Hiernach folgen die Bedingungsgleichungen (**198**) und die umgeformten Bedingungsgleichungen (**203**), letztere mit den Zahlenwerten der Faktoren und der Widersprüche, sodann die Gleichungen (**207**) (Ausdrücke der Gröfsen [1], [2], [3], ... durch die Faktoren oder

---

*) Wie dies zweckmäfsig geschehen kann, ist im folgenden § 62 dargelegt.

**) Das in Klammern beigefügte sind die von den unserigen abweichenden Bezeichnungen der Landesaufnahme.

Korrelate I, II, III, ...), die Korrelatengleichungen (206) (Darstellung der Verbesserungen (1), (2), (3),.... durch die Faktoren oder Korrelate I, II, III, ...), die Endgleichungen (209), die bei Auflösung der letzteren sich ergebenden reduzirten Endgleichungen, die Korrelaten k_A, k_B, k_C, ... (Faktoren oder Korrelate I, II, III, ...), $[kf]$ ((𝔙𝔙)), die Verbesserungen (1), (2), (3), ..., $[pvv]=[[pv_0v_0]]+[kf]$ (Summe der mit den Gewichten multiplizirten Fehlerquadrate), $[n-q]+r$ (Beitrag zum Divisor), $\mathfrak{m}^2=\frac{[pvv]}{[n-q]+r}(\varepsilon\varepsilon)$, $\mathfrak{m}(\varepsilon)$.

§ 61. Anwendung des Verfahrens auf die Berechnung von Dreiecksnetzen.

1. Um ein einfaches, übersichtliches Beispiel für die Anwendung des entwickelten Verfahrens zu erhalten, nehmen wir aus den Hauptdreiecken der Landesaufnahme den in Figur 64 dargestellten Teil der Elbkette heraus und behandeln diesen Teil als selbstständiges Dreiecksnetz.

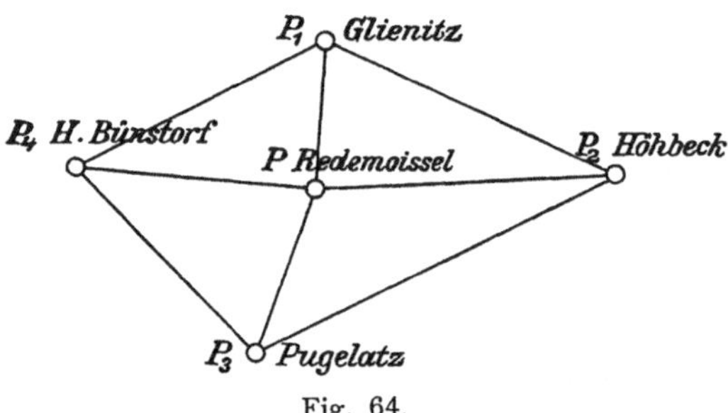

Fig. 64.

Für den Punkt P = Redemoissel haben wir bereits im § 32 aus den auf diesem Punkte beobachteten Winkeln die wahrscheinlichsten Werte R_1, R_2, R_3, R_4 der Richtungen nach den Punkten P_1 = Glienitz, P_2 = Höhbeck, P_3 = Pugelatz, P_4 = Hohen-Bünstorf nach dem Verfahren für vermittelnde Beobachtungen abgeleitet. Bei den über dem Centrum des Punktes P ausgeführten Winkelbeobachtungen sind die Lichter von excentrisch stehenden Heliotropen eingestellt worden, so dafs die im § 32 erhaltenen wahrscheinlichsten Werte der Richtungen noch auf das Centrum der Punkte P_1, P_2, P_3, P_4 zu reduziren sind wie folgt:

Zielpunkte.	Richtungen R.*)			Reduktion auf das Centrum.	Reduzirte Richtungen.		
	°	′	″	″	°	′	″
P_1	0	00	00,000	− 8,320**)	359	59	51,680
P_2	82	48	00,639	+ 0,755	82	48	01,394
P_3	195	42	46,108	+ 11,163	195	42	57,271
P_4	269	07	58,369	+ 7,262	269	08	05,631
			45,116	+ 10,860			55,976

*) Vergleiche § 32, Seite 134.

**) Nach: Die Königlich Preufsische Landes-Triangulation, Hauptdreiecke, Vierter Teil, zweite Abteilung, Seite 87.

Diese reduzirten Richtungen führen wir als die nach den Formeln (**192**) bis (**195**) erhaltenen Richtungen R_{01}, R_{02}, R_{03}, R_{04} in die weiteren Rechnungen ein.

Ferner übernehmen wir aus der Veröffentlichung der Landes-Aufnahme noch:

(**196**) $$[p v_0 v_0] = 76{,}10, \quad n - q = 33,$$

wonach ist:

(**197**) $$\mathfrak{m}_1 = \pm \sqrt{\frac{[p v_0 v_0]}{n-q}} = \pm 1{,}52''.\text{*)}$$

Die übrigen in die Rechnungen einzuführenden Richtungen u. s. w. sind:

Zielpunkte.	P_1: Glienitz. (S. 86.)**)				Zielpunkte.	P_3: Pugelatz. (S. 90.)			
P_2	R_{05}	0	00	00,000	P_4	R_{011}	296	17	57,200
P	R_{06}	68	22	57,457	P	R_{012}	0	00	00,000
P_4	R_{07}	125	12	31,950	P_2	R_{013}	42	29	18,595
	$[p v_0 v_0] = 15{,}22$, $n - q = 22$, $\mathfrak{m}_1 = 0{,}83''$.					$[p v_0 v_0] = 42{,}72$ $n - q = 22$, $\mathfrak{m}_1 = 1{,}98''$.			
	P_2: Höhbeck. (S. 92.)					P_4: H. Bünstorf. (S. 83.)			
P_3	R_{08}	190	37	08,596	P_1	R_{014}	55	06	49,095
P	R_{09}	215	12	55,478	P	R_{015}	87	25	30,469
P_1	R_{010}	244	01	50,220	P_3	R_{016}	130	18	20,303
	$[p v_0 v_0] = 29{,}48$, $n - q = 22$, $\mathfrak{m}_1 = 1{,}16''$.					$[p v_0 v_0] = 26{,}23$, $n - q = 22$, $\mathfrak{m}_1 = 1{,}09''$.			

2. Zur weiteren Fortführung der Berechnung müssen wir nun die Bedingungsgleichungen (**198**) aufstellen. Die Gesamtanzahl r der zu erfüllenden Bedingungen ist in dem vorliegenden Dreiecksnetze, worin zur gegenseitigen Festlegung von $n_p = 5$ Punkten $n_r = 16$ Richtungen auf $n_{st} = 5$ Standpunkten bestimmt worden sind, nach Regel (**177**):

$$r = n_r - 2n_p - n_{st} + 4 = 16 - 2 \cdot 5 - 5 + 4 = 5.$$

Diese Bedingungen zerfallen in Bedingungen II. Klasse und Bedingungen III. Klasse und zwar, da hier $n_{st} = 5$ Standpunkte durch $n_l = 8$ Linien verbunden sind, an deren beiden Enden die Winkel bestimmt sind, nach Regel (**181**) in

$$r_{II} = n_l - n_{st} + 1 = 8 - 5 + 1 = 4$$

Bedingungen II. Klasse, und da hier ferner $n_p = 5$ Dreieckspunkte durch $n_s = 8$ Dreiecksseiten verbunden sind, nach Regel (**183**) in

*) Wir benutzen hier nicht die im § 32, Seite 134 erhaltenen Werte $[p v_0 v_0] = p[v v] = 3{,}192$, $n - q = 3$, $\mathfrak{m}_1 = 1{,}03''$, sondern die einen besseren Anhalt für die Beurteilung der Messungsergebnisse gebenden, aus den Unterschieden zwischen den wahrscheinlichsten Werten der Winkel und den einzelnen Satzmitteln abgeleiteten Werte der Landes-Aufnahme.

**) Die beigesetzten Seitenzahlen weisen auf die Seiten des angeführten Bandes der Hauptdreiecke hin, wovon die Richtungen entnommen sind.

$$r_{III} = n_s - 2\,n_p + 3 = 8 - 2 \cdot 5 + 3 = 1$$

Bedingung III. Klasse.

Nach Figur 65, worin die Nummern der Richtungen enthalten sind, ergeben sich die den 5 Bedingungen entsprechenden Bedingungsgleichungen **(198)** in einfachster Weise wie folgt:

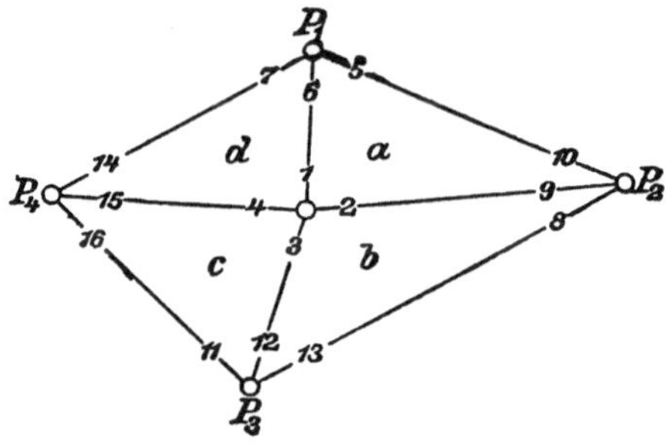

Fig. 65.

(198)
$$\begin{cases} \varDelta a\colon\; -R_9 + R_{10} - R_5 + R_6 - R_1 + R_2 = S_A = 180^\circ 00' 01{,}669'',^{*)} \\ \varDelta b\colon\; -R_{12} + R_{13} - R_8 + R_9 - R_2 + R_3 = S_B = 180\;\; 00\;\; 01{,}841\;, \\ \varDelta c\colon\; -R_{15} + R_{16} - R_{11} + R_{12} - R_3 + R_4 = S_C = 180\;\; 00\;\; 01{,}556\;, \\ \varDelta d\colon\; -R_6 + R_7 - R_{14} + R_{15} - R_4 + R_1 = S_D = 180\;\; 00\;\; 01{,}365\;, \\ \text{C.S.}e\colon\; -\log\sin(-R_9 + R_{10}) + \log\sin(-R_5 + R_6) - \log\sin(-R_{12} + R_{13}) \\ \quad + \log\sin(-R_8 + R_9) - \log\sin(-R_{15} + R_{16}) + \log\sin(-R_{11} + R_{12}) \\ \quad - \log\sin(-R_6 + R_7) + \log\sin(-R_{14} + R_{15}) = S_E \doteq 0\,. \end{cases}$$

3. Werden in diese Gleichungen die Werte R_{01}, R_{02}, R_{03}, ... der Richtungen eingeführt, die nach dem Verfahren für vermittelnde Beobachtungen aus den Beobachtungsergebnissen gewonnen sind, so ergiebt sich für die diesen Richtungswerten entsprechenden Beträge $\varSigma_a$, $\varSigma_b$, $\varSigma_c$, ...:

(199)
$$\begin{cases} -R_{09} + R_{010} - R_{05} + R_{06} - R_{01} + R_{02} = \varSigma_a, \\ -R_{012} + R_{013} - R_{08} + R_{09} - R_{02} + R_{03} = \varSigma_b, \\ -R_{015} + R_{016} - R_{011} + R_{012} - R_{03} + R_{04} = \varSigma_c, \\ -R_{06} + R_{07} - R_{014} + R_{015} - R_{04} + R_{01} = \varSigma_d, \\ -\log\sin(-R_{09} + R_{010}) + \log\sin(-R_{05} + R_{06}) - \log\sin(-R_{012} + R_{013}) \\ + \log\sin(-R_{08} + R_{09}) - \log\sin(-R_{015} + R_{016}) + \log\sin(-R_{011} + R_{012}) \\ - \log\sin(-R_{06} + R_{07}) + \log\sin(-R_{014} + R_{015}) = \varSigma_e, \end{cases}$$

wonach für die Abweichungen f_a, f_b, f_c, ... zwischen den Sollbeträgen S_A, S_B, S_C, ... und den Beträgen $\varSigma_a$, $\varSigma_b$, $\varSigma_c$, ... folgt:

(200)
$$\begin{cases} f_a = S_A - \varSigma_a, \\ f_b = S_B - \varSigma_b, \\ f_c = S_C - \varSigma_c, \\ f_d = S_D - \varSigma_d, \\ f_e = S_E - \varSigma_e. \end{cases}$$

4. Differenziren wir die Gleichungen **(199)** nach R_{01}, R_{02}, R_{03}, ..., so erhalten wir folgende Differenzialquotienten:

---

*) Die Sollbeträge 180° + sphärischer Excefs sind entnommen von Seite 130 und 131 des angeführten Bandes der Hauptdreiecke.

$$
(201) \quad \left\{ \begin{array}{l}
A_1 = -1,\ A_2 = +1,\ A_5 = -1,\ A_6 = +1,\ A_9 = -1,\ A_{10} = +1, \\
B_2 = -1,\ B_3 = +1,\ B_8 = -1,\ B_9 = +1,\ B_{12} = -1,\ B_{13} = +1, \\
C_3 = -1,\ C_4 = +1,\ C_{11} = -1,\ C_{12} = +1,\ C_{15} = -1,\ C_{16} = +1, \\
D_1 = +1,\ D_4 = -1,\ D_6 = -1,\ D_7 = +1,\ D_{14} = -1,\ D_{15} = +1, \\
E_5 = -M \operatorname{cotg}(-R_{05} + R_{06}), \\
E_6 = +M \operatorname{cotg}(-R_{05} + R_{06}) + M \operatorname{cotg}(-R_{06} + R_{07}), \\
E_7 = -M \operatorname{cotg}(-R_{06} + R_{07}), \quad E_8 = -M \operatorname{cotg}(-R_{08} + R_{09}), \\
E_9 = +M \operatorname{cotg}(-R_{08} + R_{09}) + M \operatorname{cotg}(-R_{09} + R_{010}), \\
E_{10} = -M \operatorname{cotg}(-R_{09} + R_{010}), \quad E_{11} = -M \operatorname{cotg}(-R_{011} + R_{012}), \\
E_{12} = +M \operatorname{cotg}(-R_{011} + R_{012}) + M \operatorname{cotg}(-R_{012} + R_{013}), \\
E_{13} = -M \operatorname{cotg}(-R_{012} + R_{013}), \quad E_{14} = -M \operatorname{cotg}(-R_{014} + R_{015}), \\
E_{15} = +M \operatorname{cotg}(-R_{014} + R_{015}) + M \operatorname{cotg}(-R_{015} + R_{016}), \\
E_{16} = -M \operatorname{cotg}(-R_{015} + R_{016}).
\end{array} \right.
$$

5. Aus den nach dem Verfahren für vermittelnde Beobachtungen erhaltenen Werten $R_{01}, R_{02}, R_{03}, \ldots\ R_{016}$ der Richtungen werden die wahrscheinlichsten Werte $R_1, R_2, R_3, \ldots\ R_{16}$ der Richtungen erhalten durch Beifügung der Verbesserungen (1), (2), (3), ... (16), so dafs wird:

$$
(202) \quad \left\{ \begin{array}{l}
R_1 = R_{01} + (1), \\
R_2 = R_{02} + (2), \\
R_3 = R_{03} + (3), \\
\ldots\ldots\ldots\ldots, \\
R_{16} = R_{016} + (16).
\end{array} \right.
$$

6. Behufs Bildung der umgeformten Bedingungsgleichungen **(203)** setzen wir hier zuerst die Zahlenwerte an, die den Differenzialquotienten E_5, E_6, E_7, ... E_{16} entsprechend in die fünfte umgeformte Bedingungsgleichung einzuführen sind: *)

$$
\begin{array}{l|l}
M \frac{1}{\varrho''} \operatorname{cotg}(-R_{05} + R_{06}) = +0{,}083, & M \frac{1}{\varrho''} \operatorname{cotg}(-R_{011} + R_{012}) = +0{,}104, \\
M \frac{1}{\varrho''} \operatorname{cotg}(-R_{06} + R_{07}) = +0{,}138, & M \frac{1}{\varrho''} \operatorname{cotg}(-R_{012} + R_{013}) = +0{,}230, \\
M \frac{1}{\varrho''} \operatorname{cotg}(-R_{08} + R_{09}) = +0{,}460, & M \frac{1}{\varrho''} \operatorname{cotg}(-R_{014} + R_{015}) = +0{,}333, \\
M \frac{1}{\varrho''} \operatorname{cotg}(-R_{09} + R_{010}) = +0{,}383, & M \frac{1}{\varrho''} \operatorname{cotg}(-R_{015} + R_{016}) = +0{,}227,
\end{array}
$$

Die Zahlenwerte sind mit 100 000 multiplizirt angesetzt, wonach wir den Widerspruch f_e in Einheiten der fünften Dezimalstelle der Logarithmen zu nehmen haben.

Mit diesen Zahlenwerten und mit den unter Nr. 4 erhaltenen Zahlenwerten der Differenzialquotienten A, B, C, D ergeben sich die folgenden umgeformten Fehlergleichungen:

$$
(203) \quad \left\{ \begin{array}{l}
-(1) + (2) - (5) + (6) - (9) + (10) = f_a, \\
-(2) + (3) - (8) + (9) - (12) + (13) = f_b, \\
-(3) + (4) - (11) + (12) - (15) + (16) = f_c, \\
+(1) - (4) - (6) + (7) - (14) + (15) = f_d, \\
-0{,}083\,(5) + 0{,}221\,(6) - 0{,}138\,(7) - 0{,}460\,(8) + 0{,}843\,(9) - 0{,}383\,(10) \\
-0{,}104\,(11) + 0{,}334\,(12) - 0{,}230\,(13) - 0{,}333\,(14) + 0{,}560\,(15) - 0{,}227\,(16) = f_e.
\end{array} \right.
$$

*) Vergleiche § 47, Seite 207.

7. Nach § 32, Nr. 4, Seite 133 sind die Endgleichungen **(194)**, woraus sich die Aenderungen $d\mathfrak{r}_{01}$, $d\mathfrak{r}_{02}$, $d\mathfrak{r}_{03}$, $d\mathfrak{r}_{04}$ für die Näherungswerte der Richtungen auf dem Punkte P ergeben,:

$$\begin{aligned}
([paa]=\nu p)\,d\mathfrak{r}_{01}+([paf]=-p(s_1-\sigma_1))&=0,\\
([pbb]=\nu p)\,d\mathfrak{r}_{02}+([pbf]=-p(s_2-\sigma_2))&=0,\\
([pcc]=\nu p)\,d\mathfrak{r}_{03}+([pcf]=-p(s_3-\sigma_3))&=0,\\
([pdd]=\nu p)\,d\mathfrak{r}_{04}+([pdf]=-p(s_4-\sigma_4))&=0.
\end{aligned}$$

Die Endgleichungen **(194)**, woraus sich die Aenderungen $d\mathfrak{r}_{05}$, $d\mathfrak{r}_{06}, \ldots . d\mathfrak{r}_{016}$ für die Näherungswerte der Richtungen auf den Punkten P_1, P_2, P_3, P_4 ergeben, stehen mit diesen Endgleichungen in keiner Verbindung, so dafs wir zunächst zur Bestimmung der Koeffizienten Q_{11}, Q_{12}, Q_{13}, Q_{14}; Q_{22}, Q_{23}, Q_{24}; Q_{33}, Q_{34}; Q_{44} die folgenden Gleichungen **(204)** erhalten:

$$\begin{array}{l|l|l|l}
\nu p\, Q_{11}=1, & \nu p\, Q_{21}=0, & \nu p\, Q_{31}=0, & \nu p\, Q_{41}=0,\\
\nu p\, Q_{12}=0, & \nu p\, Q_{22}=1, & \nu p\, Q_{32}=0, & \nu p\, Q_{42}=0,\\
\nu p\, Q_{13}=0, & \nu p\, Q_{23}=0, & \nu p\, Q_{33}=1, & \nu p\, Q_{43}=0,\\
\nu p\, Q_{14}=0, & \nu p\, Q_{24}=0, & \nu p\, Q_{34}=0, & \nu p\, Q_{44}=1.
\end{array}$$

Hieraus folgt, dafs

$$Q_{11}=\frac{1}{\nu p}, \quad\Big|\quad Q_{22}=\frac{1}{\nu p}, \quad\Big|\quad Q_{33}=\frac{1}{\nu p}, \quad\Big|\quad Q_{44}=\frac{1}{\nu p}$$

ist, während alle übrigen Koeffizienten gleich Null sind. Hierin ist $\nu=4$, $p=6$, also $\frac{1}{\nu p}=\frac{1}{24}=0{,}0417$.

Wenn wir nun annehmen, dafs auf den Punkten P_1, P_2, P_3, P_4 die Winkel zur Bestimmung der je $\nu=3$ Richtungen ebenso beobachtet seien, wie auf dem Punkte P und zur Erreichung des gleichen Gewichtes für alle Richtungen die Winkel so oft beobachtet seien, dafs $p=8$ ist*), so erhalten wir weiter auch

$$Q_{55}=Q_{66}=Q_{77}=\ldots . Q_{16\,16}=\frac{1}{\nu p}=\frac{1}{24}=0{,}0417$$

und für alle übrigen Koeffizienten Null.**)

8. Hiernach ergeben sich mit den unter Nr. 6 in den umgeformten Fehlergleichungen gegebenen Zahlenwerten der Differenzialquotienten A, B, ... E die folgenden Koeffizienten $(\mathfrak{A})$, $(\mathfrak{B})$, ... $(\mathfrak{E})$:

$$(205)\left\{\begin{array}{l}
\begin{array}{l|l|l|l}
(\mathfrak{A}_1)=-0{,}0417, & (\mathfrak{B}_2)=-0{,}0417, & (\mathfrak{C}_3)=-0{,}0417, & (\mathfrak{D}_1)=+0{,}0417,\\
(\mathfrak{A}_2)=+0{,}0417, & (\mathfrak{B}_3)=+0{,}0417, & (\mathfrak{C}_4)=+0{,}0417, & (\mathfrak{D}_4)=-0{,}0417,\\
(\mathfrak{A}_5)=-0{,}0417, & (\mathfrak{B}_8)=-0{,}0417, & (\mathfrak{C}_{11})=-0{,}0417, & (\mathfrak{D}_6)=-0{,}0417,\\
(\mathfrak{A}_6)=+0{,}0417, & (\mathfrak{B}_9)=+0{,}0417, & (\mathfrak{C}_{12})=+0{,}0417, & (\mathfrak{D}_7)=+0{,}0417,\\
(\mathfrak{A}_9)=-0{,}0417, & (\mathfrak{B}_{12})=-0{,}0417, & (\mathfrak{C}_{15})=-0{,}0417, & (\mathfrak{D}_{14})=-0{,}0417,\\
(\mathfrak{A}_{10})=+0{,}0417, & (\mathfrak{B}_{13})=+0{,}0417, & (\mathfrak{C}_{16})=+0{,}0417, & (\mathfrak{D}_{15})=+0{,}0417,
\end{array}\\
\hline
\begin{array}{lll}
(\mathfrak{E}_5)=-0{,}003\,46, & (\mathfrak{E}_9)=+0{,}035\,15, & (\mathfrak{E}_{13})=-0{,}009\,59,\\
(\mathfrak{E}_6)=+0{,}009\,22, & (\mathfrak{E}_{10})=-0{,}015\,97, & (\mathfrak{E}_{14})=-0{,}013\,89,\\
(\mathfrak{E}_7)=-0{,}005\,75, & (\mathfrak{E}_{11})=-0{,}004\,34, & (\mathfrak{E}_{15})=+0{,}023\,35,\\
(\mathfrak{E}_8)=-0{,}019\,18, & (\mathfrak{E}_{12})=+0{,}013\,93, & (\mathfrak{E}_{16})=-0{,}009\,47,
\end{array}
\end{array}\right.$$

und die Korrelatengleichungen:***)

*) In Wirklichkeit sind die Winkel anders beobachtet worden, insofern als auf den Punkten nicht nur die je 3 Richtungen, die wir in unserem Beispiele benutzen, bestimmt worden sind.

**) In den Veröffentlichungen der Landesaufnahme sind die Zahlenwerte der Koeffizienten Q in den im Winkelregister bei jedem Standpunkte angesetzten Gewichtsgleichungen enthalten.

***) Bei der Landesaufnahme: „Darstellung der Verbesserungen (1), (2), (3), ... durch die Korrelate I, II, III, ...

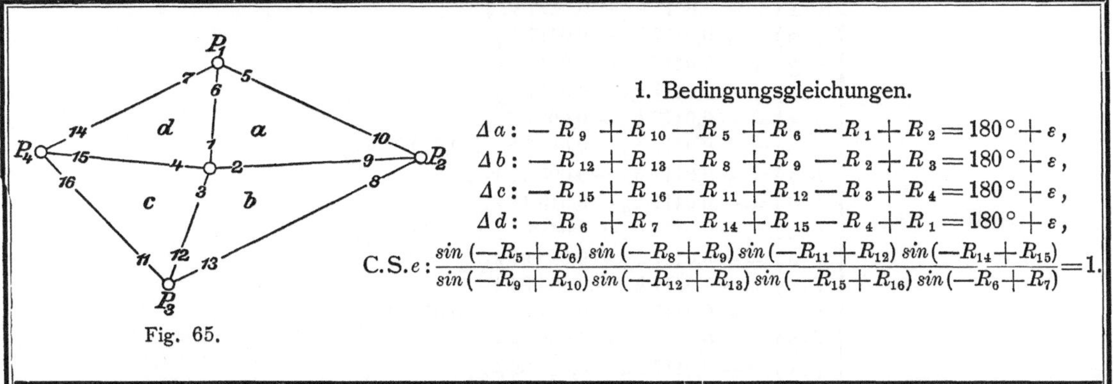

Fig. 65.

1. Bedingungsgleichungen.

$$\Delta a: -R_9 + R_{10} - R_5 + R_6 - R_1 + R_2 = 180° + \varepsilon,$$

$$\Delta b: -R_{12} + R_{13} - R_8 + R_9 - R_2 + R_3 = 180° + \varepsilon,$$

$$\Delta c: -R_{15} + R_{16} - R_{11} + R_{12} - R_3 + R_4 = 180° + \varepsilon,$$

$$\Delta d: -R_6 + R_7 - R_{14} + R_{15} - R_4 + R_1 = 180° + \varepsilon,$$

$$\text{C.S.}e: \frac{\sin(-R_5+R_6)\sin(-R_8+R_9)\sin(-R_{11}+R_{12})\sin(-R_{14}+R_{15})}{\sin(-R_9+R_{10})\sin(-R_{12}+R_{13})\sin(-R_{15}+R_{16})\sin(-R_6+R_7)} = 1.$$

2. Berechnung der Widersprüche und Zusammenstellung der Verbesserungen.

Bezeichnung der Dreiecke.	Punkte.	Winkel.	Winkel. °	'	"	Verbesserungen der Winkel.		"	*cpl log sin α.* *log sin β.*	Verbesserungen der *log.*		
1.	2.	3.	4.			5.			6.	7.		
a	P_2	$\alpha: -R_{09} + R_{010}$	28	48	54,74	$-(9)+(10)$	−	0,233	0.316 9653	$-0{,}383(-(9)+(10))$	+	0,089
	P_1	$\beta: -R_{05} + R_{06}$	68	22	57,46	$-(5)+(6)$	+	0,060	9.968 3264	$+0{,}083(-(5)+(6))$	+	0,005
	P	$\gamma: -R_{01} + R_{02}$	82	48	09,71	$-(1)+(2)$	−	0,067				
		Σ_a	180	00	01,91		−	0,240				
		S_A	180	00	01,67							
		f_a		−	0,24							
b	P_3	$\alpha: -R_{012} + R_{013}$	42	29	18,60	$-(12)+(13)$	+	0,047	0.170 4118	$-0{,}230(-(12)+(13))$	−	0,011
	P_2	$\beta: -R_{08} + R_{09}$	24	35	46,88	$-(8)+(9)$	+	0,325	9.619 3261	$+0{,}460(-(8)+(9))$	+	0,150
	P	$\gamma: -R_{02} + R_{03}$	112	54	55,88	$-(2)+(3)$	+	0,109				
		Σ_b	180	00	01,36		+	0,481				
		S_B	180	00	01,84							
		f_b		+	0,48							
c	P_4	$\alpha: -R_{015} + R_{016}$	42	52	49,83	$-(15)+(16)$	+	0,226	0.167 1900	$-0{,}227(-(15)+(16))$	−	0,051
	P_3	$\beta: -R_{011} + R_{012}$	63	42	02,80	$-(11)+(12)$	+	0,155	9.952 5466	$+0{,}104(-(11)+(12))$	+	0,016
	P	$\gamma: -R_{03} + R_{04}$	73	25	08,36	$-(3)+(4)$	+	0,187				
		Σ_c	180	00	00,99		+	0,568				
		S_C	180	00	01,56							
		f_c		+	0,57							
d	P_1	$\alpha: -R_{06} + R_{07}$	56	49	34,49	$-(6)+(7)$	−	0,147	0.077 2667	$-0{,}138(-(6)+(7))$	+	0,020
	P_4	$\beta: -R_{014} + R_{015}$	32	18	41,37	$-(14)+(15)$	−	0,173	9.727 9655	$+0{,}333(-(14)+(15))$	−	0,058
	P	$\gamma: -R_{04} + R_{01}$	90	51	46,05	$-(4)+(1)$	−	0,229				
		Σ_d	180	00	01,91		−	0,549	9.999 9984	$= \Sigma_e$	+	0,160
		S_D	180	00	01,36				0.000 0000	$= S_E$		
		f_d		−	0,55				+ 0,16	$= f_e$		

$$(206)\quad \begin{cases} (1) = -0{,}0417\,k_A + 0{,}0417\,k_D\,, \\ (2) = +0{,}0417\,k_A - 0{,}0417\,k_B\,, \\ (3) = +0{,}0417\,k_B - 0{,}0417\,k_C\,, \\ (4) = +0{,}0417\,k_C - 0{,}0417\,k_D\,, \\ (5) = -0{,}0417\,k_A - 0{,}003\,46\,k_E\,, \\ (6) = +0{,}0417\,k_A - 0{,}0417\,k_D + 0{,}009\,22\,k_E\,, \\ (7) = +0{,}0417\,k_D - 0{,}005\,75\,k_E\,, \\ (8) = -0{,}0417\,k_B - 0{,}019\,18\,k_E\,, \\ (9) = -0{,}0417\,k_A + 0{,}0417\,k_B + 0{,}035\,15\,k_E\,, \\ (10) = +0{,}0417\,k_A - 0{,}015\,97\,k_E\,, \\ (11) = -0{,}0417\,k_C - 0{,}004\,34\,k_E\,, \\ (12) = -0{,}0417\,k_B + 0{,}0417\,k_C + 0{,}013\,93\,k_E\,, \\ (13) = +0{,}0417\,k_B - 0{,}009\,59\,k_E\,, \\ (14) = -0{,}0417\,k_D - 0{,}013\,89\,k_E\,, \\ (15) = -0{,}0417\,k_C + 0{,}0417\,k_D + 0{,}023\,35\,k_E\,, \\ (16) = +0{,}0417\,k_C - 0{,}009\,47\,k_E\,. \end{cases}$$

3. Bildung der Faktoren

Nr.	*A.*	*B.*	*C.*	*D.*	*E.*	(𝔄).*)	(𝔅).*)	(ℭ).*)	(𝔇).*)	(𝔈).*)	*A*(𝔄).	*A*(𝔅).	*A*(ℭ).
1	−1	.	.	+1	.	−4,17	.	.	+4,17	.	+ 4,17	.	.
2	+1	−1	.	.	.	+4,17	−4,17	.	.	.	+ 4,17	−4,17	.
3	.	+1	−1	.	.	.	+4,17	−4,17	.	.	.	.	.
4	.	.	+1	−1	.	.	.	+4,17	−4,17	.	.	.	.
5	−1	.	.	.	−0,083	−4,17	.	.	.	−0,346	+ 4,17	.	.
6	+1	.	.	−1	+0,221	+4,17	.	.	−4,17	+0,922	+ 4,17	.	.
7	.	.	.	+1	−0,138	.	.	.	+4,17	−0,575	.	.	.
8	.	−1	.	.	−0,460	.	−4,17	.	.	−1,918	.	.	.
9	−1	+1	.	.	+0,843	−4,17	+4,17	.	.	+3,515	+ 4,17	−4,17	.
10	+1	.	.	.	−0,383	+4,17	.	.	.	−1,597	+ 4,17	.	.
11	.	.	−1	.	−0,104	.	.	−4,17	.	−0,434	.	.	.
12	.	−1	+1	.	+0,334	.	−4,17	+4,17	.	+1,393	.	.	.
13	.	+1	.	.	−0,230	.	+4,17	.	.	−0,959	.	.	.
14	.	.	.	−1	−0,333	.	.	.	−4,17	−1,389	.	.	.
15	.	.	−1	+1	+0,560	.	.	−4,17	+4,17	+2,335	.	.	.
16	.	.	+1	.	−0,227	.	.	+4,17	.	−0,947	.	.	.
											+ 25,02	− 8,34	.

4. Auflösung der

[*A*(𝔄)].	[*A*(𝔅)].	[*A*(ℭ)].	[*A*(𝔇)].	[*A*(𝔈)].	$-f_a$.*)	[*B*(𝔅)].	[*B*(ℭ)].	[*B*(𝔇)].	[*B*(𝔈)].	$-f_b$.*)
+ 25,02	− 8,34	.	− 8,34	− 3,844	+ 24,0	+ 25,02	− 8,34	.	+ 3,081	− 48,0
	+ 0,333	.	+ 0,333	+ 0,1536	− 0,959	− 2,78	.	− 2,78	− 1,281	+ 8,0
					+ 0,297	+ 22,24	− 8,34	− 2,78	+ 1,800	− 40,0
					− 0,536		+ 0,375	+ 0,125	− 0,0809	+ 1,799
					.					− 0,156
					+ 0,814					− 0,201
										+ 1,001
				k_A	− 0,384				k_B	+ 2,443

*) Die Koeffizienten (𝔄), (𝔅), ... (𝔈) und die Widersprüche f_a, f_b, ...f_e sind hier mit 100 multiplizirt angesetzt.

Dieselben Korrelatengleichungen erhalten wir, wenn wir nach den Formeln (**207**) die Ausdrücke

$[1] = -k_A + k_D$,	$[9] = -k_A + k_B + 0{,}843\,k_E$,
$[2] = +k_A - k_B$,	$[10] = +k_A - 0{,}383\,k_E$,
$[3] = +k_B - k_C$,	$[11] = -k_C - 0{,}104\,k_E$,
$[4] = +k_C - k_D$,	$[12] = -k_B + k_C + 0{,}334\,k_E$,
$[5] = -k_A - 0{,}083\,k_E$,	$[13] = +k_B - 0{,}230\,k_E$,
$[6] = +k_A - k_D + 0{,}221\,k_E$,	$[14] = -k_D - 0{,}333\,k_E$,
$[7] = +k_D - 0{,}138\,k_E$,	$[15] = -k_C + k_D + 0{,}560\,k_E$,
$[8] = -k_B - 0{,}460\,k_E$,	$[16] = +k_C - 0{,}227\,k_E$

bilden*) und diese zusammen mit den unter Nr. 7 erhaltenen Zahlenwerten der Koeffizienten Q in die Gleichungen (**208**) einsetzen.

9. Die weiteren Rechnungen können ohne weiteres nach den allgemeinen Formeln (**209**) bis (**215**) ausgeführt werden. Wir lassen daher hier sogleich die gesamte Zahlenrechnung folgen: (Siehe die Tabellen auf Seite 281 bis 284.)

der Endgleichungen.

A(𝔇).	A(𝔈).	B(𝔅).	B(ℭ).	B(𝔇).	B(𝔈).	C(ℭ).	C(𝔇).	C(𝔈).	D(𝔇).	D(𝔈).	E(𝔈).
− 4,17	.	.	.	.	.	.	.	.	+ 4,17	.	.
.	.	+ 4,17	.	.	.	.	.	.	.	.	.
.	.	+ 4,17	− 4,17	.	.	+ 4,17	.	.	.	.	.
.	.	.	.	.	.	+ 4,17	− 4,17	.	+ 4,17	.	.
.	+ 0,346	.	.	.	.	.	.	.	.	.	+ 0,0287
− 4,17	+ 0,922	.	.	.	.	.	.	.	+ 4,17	− 0,922	+ 0,2038
.	.	.	.	.	.	.	.	.	+ 4,17	− 0,575	+ 0,0794
.	.	+ 4,17	.	.	+ 1,918	.	.	.	.	.	+ 0,8823
.	− 3,515	+ 4,17	.	.	+ 3,515	.	.	.	.	.	+ 2,9631
.	− 1,597	.	.	.	.	.	.	.	.	.	+ 0,6117
.	.	.	.	.	.	+ 4,17	.	+ 0,434	.	.	+ 0,0451
.	.	+ 4,17	− 4,17	.	− 1,393	+ 4,17	.	+ 1,393	.	.	+ 0,4653
.	.	+ 4,17	.	.	− 0,959	.	.	.	.	.	+ 0,2206
.	.	.	.	.	.	.	.	.	+ 4,17	+ 1,389	+ 0,4625
.	.	.	.	.	.	+ 4,17	− 4,17	− 2,335	+ 4,17	+ 2,335	+ 1,3076
.	.	.	.	.	.	+ 4,17	.	− 0,947	.	.	+ 0,2150
− 8,34	− 3,844	+ 25,02	− 8,34	.	+ 3,081	+ 25,02	− 8,34	− 1,455	+ 25,02	+ 2,227	+ 7,4851

Endgleichungen.

[C(ℭ)].	[C(𝔇)].	[C(𝔈)].	$-f_c$.*)	[D(𝔇)].	[D(𝔈)].	$-f_d$.*)	[E(𝔈)].	$-f_e$.*)	Probe.	
+ 25,02	− 8,34	− 1,455	− 57,0	+ 25,02	+ 2,227	+ 55,0	+ 7,485	− 16,00		
.	.	.	.	− 2,78	− 1,281	+ 8,0	− 0,591	+ 3,69	+ 0,230	+ 0,092
− 3,13	− 1,05	+ 0,675	− 15,0	− 0,35	+ 0,225	− 5,0	− 0,146	+ 3,24	+ 0,719	+ 1,173
+ 21,89	− 9,39	− 0,780	− 72,0	− 4,03	− 0,335	− 30,9	− 0,028	− 2,57	+ 2,368	+ 1,521
	+ 0,429	+ 0,0356	+ 3,289	+ 17,86	+ 0,836	+ 27,1	− 0,039	− 1,27	+ 0,411	+ 0,884
			+ 0,069		− 0,0468	− 1,517	+ 6,681	− 12,91	+ 0,249	+ 0,309
			− 0,689			− 0,090			+ 3,977	+ 3,979
		k_C	+ 2,669		k_D	− 1,607	k_E	+ 1,932		

*) Bei der Landesaufnahme: Ausdrücke der Gröfsen [1], [2], [3], ... durch die Korrelate I, II, III, ...

5. Berechnung der Verbesserungen (n).

Nr.	$(\mathfrak{A}) k_A$	$+ (\mathfrak{B}) k_B$	$+ (\mathfrak{C}) k_C$	$+ (\mathfrak{D}) k_D$	$+ (\mathfrak{E}) k_E$	$= (n)$.	[n].	(n)[n].
1	+ 0,016	.	.	— 0,067	.	— 0,051	— 1,22	0,062
2	— 0,016	— 0,102	.	.	.	— 0,118	— 2,83	0,334
3	.	+ 0,102	— 0,111	.	.	— 0,009	— 0,23	0,002
4	.	.	+ 0,111	+ 0,067	.	+ 0,178	+ 4,28	0,762
5	+ 0,016	.	.	.	— 0,007	+ 0,009	+ 0,22	0,002
6	— 0,016	.	.	+ 0,067	+ 0,018	+ 0,069	+ 1,65	0,114
7	.	.	.	— 0,067	— 0,011	— 0,078	— 1,87	0,146
8	.	— 0,102	.	.	— 0,037	— 0,139	— 3,33	0,463
9	+ 0,016	+ 0,102	.	.	+ 0,068	+ 0,186	+ 4,46	0,830
10	— 0,016	.	.	.	— 0,031	— 0,047	— 1,12	0,053
11	.	.	— 0,111	.	— 0,008	— 0,119	— 2,87	0,342
12	.	— 0,102	+ 0,111	.	+ 0,027	+ 0,036	+ 0,87	0,031
13	.	+ 0,102	.	.	— 0,019	+ 0,083	+ 2,00	0,166
14	.	.	.	+ 0,067	— 0,027	+ 0,040	+ 0,96	0,038
15	.	.	— 0,111	— 0,067	+ 0,045	— 0,133	— 3,19	0,424
16	.	.	+ 0,111	.	— 0,018	+ 0,093	+ 2,23	0,207
	0,000	0,000	0,000	0,000	0,000	0,000	+ 0,01	3,976

7. Mittlere Fehler.

	Quadrat-summe.	Divisor.	Mittleres Fehlerquadrat.	Mittlerer Fehler. ″
P	76,10	33	2,31	1,52
P_1	15,22	22	0,69	0,83
P_2	29,48	22	1,34	1,16
P_3	42,72	22	1,94	1,39
P_5	26,23	22	1,19	1,09
Netz	3,98	5	0,80	0,89
	193,73	126	1,54	1,24

6. Zusammenstellung der ausgeglichenen Winkel und Logarithmen.

Bezeichnung der Dreiecke.	Punkte.	Winkel.	Ausgeglichene Winkel. °	′	″	*cpl log sin* α. *log sin* β.
1.	2.	3.	4.			5.
a	P_2	$\alpha: -R_9 + R_{10}$	28	48	54,51	0.316 9662
	P_1	$\beta: -R_5 + R_6$	68	22	57,52	9.968 3264
	P	$\gamma: -R_1 + R_2$	82	48	09,64	
			180	00	01,67	
b	P_3	$\alpha: -R_{12} + R_{13}$	42	29	18,65	0.170 4117
	P_2	$\beta: -R_8 + R_9$	24	35	47,20	9.619 3275
	P	$\gamma: -R_2 + R_3$	112	54	55,99	
			180	00	01,84	
c	P_4	$\alpha: -R_{15} + R_{16}$	42	52	50,06	0.167 1895
	P_3	$\beta: -R_{11} + R_{12}$	63	42	02,95	9.952 5468
	P	$\gamma: -R_3 + R_4$	73	25	08,55	
			180	00	01,56	
d	P_1	$\alpha: -R_6 + R_7$	56	49	34,34	0.077 2669
	P_4	$\beta: -R_{14} + R_{15}$	32	18	41,20	9.727 9649
	P	$\gamma: -R_4 + R_1$	90	51	45,82	
			180	00	01,36	9.999 9999

10. Wenn, wie im vorliegenden Beispiele, alle nicht quadratischen Faktoren der Endgleichungen (**194**) gleich Null sind, so werden nach den Gleichungen (**204**) auch alle die Koeffizienten Q_{12}, Q_{13}, ..., Q_{21}, Q_{23}, ..., Q_{31}, Q_{32}, ... gleich Null, während $Q_{11}=\frac{1}{[p\,a\,a]}$, $Q_{22}=\frac{1}{[p\,b\,b]}$, $Q_{33}=\frac{1}{[p\,c\,c]}$, ... wird, womit sich dann nach den Formeln (**205**) für die Koeffizienten $(\mathfrak{A})$, $(\mathfrak{B})$, ... ergiebt:

$$(\mathfrak{A}_1)=\frac{A_1}{[p\,a\,a]},\quad (\mathfrak{A}_2)=\frac{A_2}{[p\,b\,b]},\quad (\mathfrak{A}_3)=\frac{A_3}{[p\,c\,c]},\ \ldots.,$$
$$(\mathfrak{B}_1)=\frac{B_1}{[p\,a\,a]},\quad (\mathfrak{B}_2)=\frac{B_2}{[p\,b\,b]},\quad (\mathfrak{B}_3)=\frac{B_3}{[p\,c\,c]},\ \ldots.,$$
$$\ldots\ldots\ldots\ldots\ldots\ldots\ldots,$$

während die Korrelatengleichungen (**206**), wenn wir noch die Bezeichnungen $P_1=[p\,a\,a]$, $P_2=[p\,b\,b]$, $P_3=[p\,c\,c]$, ... einführen, übergehen in:

$$(1)=\frac{A_1}{P_1}k_A+\frac{B_1}{P_1}k_B+\ldots.,$$
$$(2)=\frac{A_2}{P_2}k_A+\frac{B_2}{P_2}k_B+\ldots.,$$
$$(3)=\frac{A_3}{P_3}k_A+\frac{B_3}{P_3}k_B+\ldots.,$$
$$\ldots\ldots\ldots\ldots,$$

und die Endgleichungen (**209**) in:

$$\left[\frac{A\,A}{P}\right]k_A+\left[\frac{A\,B}{P}\right]k_B+\ldots.=f_a,$$
$$\left[\frac{A\,B}{P}\right]k_A+\left[\frac{B\,B}{P}\right]k_B+\ldots.=f_b,$$
$$\ldots\ldots\ldots\ldots\ldots$$

Diese Korrelaten- und Endgleichungen stimmen überein mit den im V. Abschnitte aufgestellten Korrelatengleichungen (**156**) und Endgleichungen (**157**), woraus folgt, daſs wir in dem vorbezeichneten Falle den zweiten Teil der Ausgleichung auch ohne weiteres ganz nach dem im V. Abschnitte behandelten Verfahren für bedingte Beobachtungen durchführen können, wenn wir die nach dem Verfahren für vermittelnde Beobachtungen erhaltenen Werte x_0, y_0, z_0, ... als unabhängige Beobachtungsergebnisse mit den Gewichten P_1, P_2, P_3, ... einführen.

VII. Abschnitt.

Gewichte und mittlere Fehler der wahrscheinlichsten Werte der zu bestimmenden Gröſsen und von Funktionen derselben.

1. Kapitel. Für vermittelnde Beobachtungen.

§ 62. Gewichte und mittlere Fehler der wahrscheinlichsten Werte der zu bestimmenden Gröſsen.

1. Die Gewichte P_x, P_y, P_z, ... der wahrscheinlichsten Werte x, y, z, ... der zu bestimmenden Gröſsen ergeben sich mit den bekannten Gewichten p_1, p_2, p_3, ... p_n der Beobachtungsergebnisse λ_1, λ_2, λ_3, ... λ_n nach den Formeln (**40**) bis (**45**), sobald wir die wahrscheinlichsten Werte x, y, z, ... als Funktionen der unabhängigen Beobachtungsergebnisse λ_1, λ_2, λ_3, ... λ_n dargestellt haben. Aus den Formeln (**111**)

$$x = \mathfrak{x} + d\mathfrak{x},$$
$$y = \mathfrak{y} + d\mathfrak{y},$$
$$z = \mathfrak{z} + d\mathfrak{z},$$
$$\ldots\ldots\ldots$$

folgt nun, dafs die Gewichte der wahrscheinlichsten Werte $x, y, z, \ldots$ gleich den Gewichten der Aenderungen $d\mathfrak{x}, d\mathfrak{y}, d\mathfrak{z}, \ldots$ der Näherungswerte $\mathfrak{x}, \mathfrak{y}, \mathfrak{z}, \ldots$ sind; denn die Gewichte $p_{\mathfrak{x}}, p_{\mathfrak{y}}, p_{\mathfrak{z}}, \ldots$ der fest bestimmten Näherungswerte sind $= \infty$ und demnach ist $\frac{1}{p_{\mathfrak{x}}} = \frac{1}{p_{\mathfrak{y}}} = \frac{1}{p_{\mathfrak{z}}} \ldots = 0$, womit nach Formel **(41)** folgt, dafs

$$\frac{1}{P_x} = \frac{1}{P_{d\mathfrak{x}}}, \quad \frac{1}{P_y} = \frac{1}{P_{d\mathfrak{y}}}, \quad \frac{1}{P_z} = \frac{1}{P_{d\mathfrak{z}}}, \quad \ldots$$

ist. Ebenso sind auch die Gewichte der Beobachtungsergebnisse $\lambda_1, \lambda_2, \lambda_3, \ldots \lambda_n$ gleich den Gewichten der Abweichungen $f_1, f_2, f_3, \ldots f_n$ zwischen den Beobachtungsergebnissen $\lambda_1, \lambda_2, \lambda_3, \ldots \lambda_n$ und ihren Näherungswerten $l_1, l_2, l_3, \ldots l_n$, da letztere aus den Näherungswerten $\mathfrak{x}, \mathfrak{y}, \mathfrak{z}, \ldots$ der zu bestimmenden Gröfsen immer mit solcher Genauigkeit berechnet werden können, dafs ihnen auch das Gewicht ∞ zugeschrieben werden kann. Demnach können wir auch die Gewichte $P_x, P_y, P_z, \ldots$ der wahrscheinlichsten Werte $x, y, z, \ldots$ nach den Formeln **(40)** bis **(45)** erhalten, wenn wir die Aenderungen $d\mathfrak{x}, d\mathfrak{y}, d\mathfrak{z}, \ldots$ als Funktionen der Abweichungen $f_1, f_2, f_3, \ldots f_n$ darstellen.

2. Um die Aenderungen $d\mathfrak{x}, d\mathfrak{y}, d\mathfrak{z}, \ldots$ als Funktionen der Abweichungen $f_1, f_2, f_3, \ldots f_n$ darzustellen, lösen wir zuerst die Endgleichungen

$$\text{(216)} \quad \left\{ \begin{array}{l} [paa]\,d\mathfrak{x} + [pab]\,d\mathfrak{y} + [pac]\,d\mathfrak{z} + \ldots [paf] = 0, \\ [pab]\,d\mathfrak{x} + [pbb]\,d\mathfrak{y} + [pbc]\,d\mathfrak{z} + \ldots [pbf] = 0, \\ [pac]\,d\mathfrak{x} + [pbc]\,d\mathfrak{y} + [pcc]\,d\mathfrak{z} + \ldots [pcf] = 0, \\ \ldots\ldots\ldots\ldots\ldots\ldots\ldots\ldots \end{array} \right.$$

allgemein nach $d\mathfrak{x}, d\mathfrak{y}, d\mathfrak{z}, \ldots$ auf und zwar mit Hülfe der Koeffizienten Q_{11}, $Q_{12}, Q_{13}, \ldots; Q_{21}, Q_{22}, Q_{23}, \ldots; Q_{31}, Q_{32}, Q_{33}, \ldots; \ldots$, die wir wiederum, wie im § 60 derart festsetzen, dafs sie den folgenden Gleichungen genügen:

$$\text{(217a)} \quad \left\{ \begin{array}{l} [paa]\,Q_{11} + [pab]\,Q_{12} + [pac]\,Q_{13} + \ldots = 1, \\ [pab]\,Q_{11} + [pbb]\,Q_{12} + [pbc]\,Q_{13} + \ldots = 0, \\ [pac]\,Q_{11} + [pbc]\,Q_{12} + [pcc]\,Q_{13} + \ldots = 0, \\ \ldots\ldots\ldots\ldots\ldots\ldots\ldots\ldots; \end{array} \right.$$

$$\text{(217b)} \quad \left\{ \begin{array}{l} [paa]\,Q_{21} + [pab]\,Q_{22} + [pac]\,Q_{23} + \ldots = 0, \\ [pab]\,Q_{21} + [pbb]\,Q_{22} + [pbc]\,Q_{23} + \ldots = 1, \\ [pac]\,Q_{21} + [pbc]\,Q_{22} + [pcc]\,Q_{23} + \ldots = 0, \\ \ldots\ldots\ldots\ldots\ldots\ldots\ldots\ldots; \end{array} \right.$$

$$\text{(217c)} \quad \left\{ \begin{array}{l} [paa]\,Q_{31} + [pab]\,Q_{32} + [pac]\,Q_{33} + \ldots = 0, \\ [pab]\,Q_{31} + [pbb]\,Q_{32} + [pbc]\,Q_{33} + \ldots = 0, \\ [pac]\,Q_{31} + [pbc]\,Q_{32} + [pcc]\,Q_{33} + \ldots = 1, \\ \ldots\ldots\ldots\ldots\ldots\ldots\ldots\ldots; \end{array} \right.$$

$$\ldots\ldots\ldots\ldots\ldots\ldots\ldots\ldots$$

Wir multipliziren die Endgleichungen **(216)** zuerst mit den Koeffizienten $Q_{11}, Q_{12}, Q_{13}, \ldots$, addiren danach alle Gleichungen und erhalten unter Beachtung der Gleichungen **(217a)**:

$$\text{(1a*)} \quad d\mathfrak{x} = -[paf]\,Q_{11} - [pbf]\,Q_{12} - [pcf]\,Q_{13} - \ldots$$

Sodann multipliziren wir die Endgleichungen **(216)** mit den Koeffizienten $Q_{21}, Q_{22}, Q_{23}, \ldots$, addiren danach alle Gleichungen und erhalten unter Beachtung der Gleichungen **(217b)**:

$$\text{(1b*)} \quad d\mathfrak{y} = -[paf]\,Q_{21} - [pbf]\,Q_{22} - [pcf]\,Q_{23} - \ldots$$

Ferner multipliziren wir die Endgleichungen **(216)** auch mit den Koeffizienten $Q_{31}, Q_{32}, Q_{33}, \ldots.$, addiren danach alle Gleichungen und erhalten unter Beachtung der Gleichungen **(217c)**:

$$(1c^*) \qquad d\mathfrak{z} = -[paf]\,Q_{31} - [pbf]\,Q_{32} - [pcf]\,Q_{33} - \ldots.$$

u. s. w.

3. Die Gleichungen (1*) können wir auch schreiben wie folgt:

$$(1a^*) \qquad \begin{aligned} d\mathfrak{x} = & -p_1 a_1 f_1 Q_{11} - p_1 b_1 f_1 Q_{12} - p_1 c_1 f_1 Q_{13} - \ldots. \\ & -p_2 a_2 f_2 Q_{11} - p_2 b_2 f_2 Q_{12} - p_2 c_2 f_2 Q_{13} - \ldots. \\ & -p_3 a_3 f_3 Q_{11} - p_3 b_3 f_3 Q_{12} - p_3 c_3 f_3 Q_{13} - \ldots. \\ & \ldots\ldots\ldots\ldots\ldots\ldots\ldots\ldots \\ & -p_n a_n f_n Q_{11} - p_n b_n f_n Q_{12} - p_n c_n f_n Q_{13} - \ldots., \end{aligned}$$

$$(1b^*) \qquad \begin{aligned} d\mathfrak{y} = & -p_1 a_1 f_1 Q_{21} - p_1 b_1 f_1 Q_{22} - p_1 c_1 f_1 Q_{23} - \ldots. \\ & -p_2 a_2 f_2 Q_{21} - p_2 b_2 f_2 Q_{22} - p_2 c_2 f_2 Q_{23} - \ldots. \\ & -p_3 a_3 f_3 Q_{21} - p_3 b_3 f_3 Q_{22} - p_3 c_3 f_3 Q_{23} - \ldots. \\ & \ldots\ldots\ldots\ldots\ldots\ldots\ldots\ldots \\ & -p_n a_n f_n Q_{21} - p_n b_n f_n Q_{22} - p_n c_n f_n Q_{23} - \ldots., \end{aligned}$$

$$(1c^*) \qquad \begin{aligned} d\mathfrak{z} = & -p_1 a_1 f_1 Q_{31} - p_1 b_1 f_1 Q_{32} - p_1 c_1 f_1 Q_{33} - \ldots. \\ & -p_2 a_2 f_2 Q_{31} - p_2 b_2 f_2 Q_{32} - p_2 c_2 f_2 Q_{33} - \ldots. \\ & -p_3 a_3 f_3 Q_{31} - p_3 b_3 f_3 Q_{32} - p_3 c_3 f_3 Q_{33} - \ldots. \\ & \ldots\ldots\ldots\ldots\ldots\ldots\ldots\ldots \\ & -p_n a_n f_n Q_{31} - p_n b_n f_n Q_{32} - p_n c_n f_n Q_{33} - \ldots., \\ & \ldots\ldots\ldots\ldots\ldots\ldots\ldots\ldots \end{aligned}$$

Setzen wir nun:

$$(2a^*) \qquad \left\{ \begin{aligned} \alpha_1 &= \sqrt{p_1}\, a_1 Q_{11} + \sqrt{p_1}\, b_1 Q_{12} + \sqrt{p_1}\, c_1 Q_{13} + \ldots., \\ \alpha_2 &= \sqrt{p_2}\, a_2 Q_{11} + \sqrt{p_2}\, b_2 Q_{12} + \sqrt{p_2}\, c_2 Q_{13} + \ldots., \\ \alpha_3 &= \sqrt{p_3}\, a_3 Q_{11} + \sqrt{p_3}\, b_3 Q_{12} + \sqrt{p_3}\, c_3 Q_{13} + \ldots., \\ & \ldots\ldots\ldots\ldots\ldots\ldots\ldots\ldots, \\ \alpha_n &= \sqrt{p_n}\, a_n Q_{11} + \sqrt{p_n}\, b_n Q_{12} + \sqrt{p_n}\, c_n Q_{13} + \ldots.; \end{aligned} \right.$$

$$(2b^*) \qquad \left\{ \begin{aligned} \beta_1 &= \sqrt{p_1}\, a_1 Q_{21} + \sqrt{p_1}\, b_1 Q_{22} + \sqrt{p_1}\, c_1 Q_{23} + \ldots., \\ \beta_2 &= \sqrt{p_2}\, a_2 Q_{21} + \sqrt{p_2}\, b_2 Q_{22} + \sqrt{p_2}\, c_2 Q_{23} + \ldots., \\ \beta_3 &= \sqrt{p_3}\, a_3 Q_{21} + \sqrt{p_3}\, b_3 Q_{22} + \sqrt{p_3}\, c_3 Q_{23} + \ldots., \\ & \ldots\ldots\ldots\ldots\ldots\ldots\ldots\ldots, \\ \beta_n &= \sqrt{p_n}\, a_n Q_{21} + \sqrt{p_n}\, b_n Q_{22} + \sqrt{p_n}\, c_n Q_{23} + \ldots.; \end{aligned} \right.$$

$$(2c^*) \qquad \left\{ \begin{aligned} \gamma_1 &= \sqrt{p_1}\, a_1 Q_{31} + \sqrt{p_1}\, b_1 Q_{32} + \sqrt{p_1}\, c_1 Q_{33} + \ldots., \\ \gamma_2 &= \sqrt{p_2}\, a_2 Q_{31} + \sqrt{p_2}\, b_2 Q_{32} + \sqrt{p_2}\, c_2 Q_{33} + \ldots., \\ \gamma_3 &= \sqrt{p_3}\, a_3 Q_{31} + \sqrt{p_3}\, b_3 Q_{32} + \sqrt{p_3}\, c_3 Q_{33} + \ldots., \\ & \ldots\ldots\ldots\ldots\ldots\ldots\ldots\ldots, \\ \gamma_n &= \sqrt{p_n}\, a_n Q_{31} + \sqrt{p_n}\, b_n Q_{32} + \sqrt{p_n}\, c_n Q_{33} + \ldots., \\ & \ldots\ldots\ldots\ldots\ldots\ldots\ldots\ldots, \end{aligned} \right.$$

so gehen die Formeln (1*) über in:

$$(3^*) \qquad \left\{ \begin{aligned} d\mathfrak{x} &= \alpha_1 \sqrt{p_1} f_1 + \alpha_2 \sqrt{p_2} f_2 + \alpha_3 \sqrt{p_3} f_3 + \ldots.\ \alpha_n \sqrt{p_n} f_n = [\alpha \sqrt{p} f], \\ d\mathfrak{y} &= \beta_1 \sqrt{p_1} f_1 + \beta_2 \sqrt{p_2} f_2 + \beta_3 \sqrt{p_3} f_3 + \ldots.\ \beta_n \sqrt{p_n} f_n = [\beta \sqrt{p} f], \\ d\mathfrak{z} &= \gamma_1 \sqrt{p_1} f_1 + \gamma_2 \sqrt{p_2} f_2 + \gamma_3 \sqrt{p_3} f_3 + \ldots.\ \gamma_n \sqrt{p_n} f_n = [\gamma \sqrt{p} f], \\ & \ldots\ldots\ldots\ldots\ldots\ldots\ldots\ldots \end{aligned} \right.$$

womit die Aenderungen $d\mathfrak{x}$, $d\mathfrak{y}$, $d\mathfrak{z}$, ... als lineare Funktionen der Abweichungen $f_1, f_2, f_3, \ldots. f_n$, deren Gewichte $p_1, p_2, p_3, \ldots. p_n$ sind, dargestellt sind.

4. Unter Beachtung der Ausführungen unter Nr. 1 ergiebt sich hiernach und nach Formel (**43**) für die Gewichte P_x, P_y, P_z, ... der wahrscheinlichsten Werte $x, y, z, \dots$ der zu bestimmenden Gröfsen:

$$(4^*)\quad \begin{cases} \frac{1}{P_x} = \alpha_1\alpha_1 + \alpha_2\alpha_2 + \alpha_3\alpha_3 + \dots \alpha_n\alpha_n = [\alpha\alpha], \\ \frac{1}{P_y} = \beta_1\beta_1 + \beta_2\beta_2 + \beta_3\beta_3 + \dots \beta_n\beta_n = [\beta\beta], \\ \frac{1}{P_z} = \gamma_1\gamma_1 + \gamma_2\gamma_2 + \gamma_3\gamma_3 + \dots \gamma_n\gamma_n = [\gamma\gamma], \\ \dots\dots\dots\dots \end{cases}$$

und danach für die mittleren Fehler M_x, M_y, M_z, ... der wahrscheinlichsten Werte $x, y, z, \dots$ der zu bestimmenden Gröfsen nach Formel (**35**):

$$(5^*)\quad M_x = \pm\, \mathfrak{m}\sqrt{\frac{1}{P_x}},\qquad M_y = \pm\, \mathfrak{m}\sqrt{\frac{1}{P_y}},\qquad M_z = \pm\, \mathfrak{m}\sqrt{\frac{1}{P_z}}\ \dots$$

5. Wenn nun auch im Vorstehenden sämtliche Formeln gegeben sind, wonach die Gewichte P_x, P_y, P_z, ... erhalten werden können, so sind doch noch weitere Entwickelungen notwendig, um zu Formeln zu gelangen, wonach die Zahlenwerte dieser Gewichte einfacher erhalten werden können, wie nach den bisher entwickelten Formeln.

Multipliziren wir zu dem Zwecke die Gleichungen (2*) zuerst mit $\sqrt{p_1}\,\alpha_1$, $\sqrt{p_2}\,\alpha_2$, $\sqrt{p_3}\,\alpha_3$, ... $\sqrt{p_n}\,\alpha_n$, sodann mit $\sqrt{p_1}\,b_1$, $\sqrt{p_2}\,b_2$, $\sqrt{p_3}\,b_3$, ... $\sqrt{p_n}\,b_n$, ferner mit $\sqrt{p_1}\,c_1$, $\sqrt{p_2}\,c_2$, $\sqrt{p_3}\,c_3$, ... $\sqrt{p_n}\,c_n$ u. s. w. und addiren wir danach die einzelnen Gleichungsgruppen, so erhalten wir unter Beachtung der Gleichungen (**217**):

$$(6\,a^*)\quad \begin{cases} [\sqrt{p}\,a\,\alpha] = [p\,a\,a]\,Q_{11} + [p\,a\,b]\,Q_{12} + [p\,a\,c]\,Q_{13} + \dots = 1, \\ [\sqrt{p}\,b\,\alpha] = [p\,a\,b]\,Q_{11} + [p\,b\,b]\,Q_{12} + [p\,b\,c]\,Q_{13} + \dots = 0, \\ [\sqrt{p}\,c\,\alpha] = [p\,a\,c]\,Q_{11} + [p\,b\,c]\,Q_{12} + [p\,c\,c]\,Q_{13} + \dots = 0, \\ \dots\dots\dots\dots; \end{cases}$$

$$(6\,b^*)\quad \begin{cases} [\sqrt{p}\,a\,\beta] = [p\,a\,a]\,Q_{21} + [p\,a\,b]\,Q_{22} + [p\,a\,c]\,Q_{23} + \dots = 0, \\ [\sqrt{p}\,b\,\beta] = [p\,a\,b]\,Q_{21} + [p\,b\,b]\,Q_{22} + [p\,b\,c]\,Q_{23} + \dots = 1, \\ [\sqrt{p}\,c\,\beta] = [p\,a\,c]\,Q_{21} + [p\,b\,c]\,Q_{22} + [p\,c\,c]\,Q_{23} + \dots = 0, \\ \dots\dots\dots\dots; \end{cases}$$

$$(6\,c)\quad \begin{cases} [\sqrt{p}\,a\,\gamma] = [p\,a\,a]\,Q_{31} + [p\,a\,b]\,Q_{32} + [p\,a\,c]\,Q_{33} + \dots = 0, \\ [\sqrt{p}\,b\,\gamma] = [p\,a\,b]\,Q_{31} + [p\,b\,b]\,Q_{32} + [p\,b\,c]\,Q_{33} + \dots = 0, \\ [\sqrt{p}\,c\,\gamma] = [p\,a\,c]\,Q_{31} + [p\,b\,c]\,Q_{32} + [p\,c\,c]\,Q_{33} + \dots = 1, \\ \dots\dots\dots\dots; \end{cases}$$

$$\dots\dots\dots\dots$$

Multipliziren wir nun weiter die Gleichungen (2*) zuerst mit $\alpha_1, \alpha_2, \alpha_3, \dots \alpha_n$; sodann mit $\beta_1, \beta_2, \beta_3, \dots \beta_n$; ferner mit $\lambda_1, \lambda_2, \lambda_3, \dots \lambda_n$ u. s. w. und addiren wir danach alle Gleichungsgruppen unter Beachtung der Gleichungen (6*), so folgt:

$$(7^*)\quad \begin{cases} [\alpha\alpha] = [\sqrt{p}\,a\,\alpha]\,Q_{11} + [\sqrt{p}\,b\,\alpha]\,Q_{12} + [\sqrt{p}\,c\,\alpha]\,Q_{13} + \dots = Q_{11}, \\ [\alpha\beta] = [\sqrt{p}\,a\,\beta]\,Q_{11} + [\sqrt{p}\,b\,\beta]\,Q_{12} + [\sqrt{p}\,c\,\beta]\,Q_{13} + \dots = Q_{12} = Q_{21}, \\ [\alpha\gamma] = [\sqrt{p}\,a\,\gamma]\,Q_{11} + [\sqrt{p}\,b\,\gamma]\,Q_{12} + [\sqrt{p}\,c\,\gamma]\,Q_{13} + \dots = Q_{13} = Q_{31}, \\ \dots\dots\dots\dots; \\ [\beta\beta] = [\sqrt{p}\,a\,\beta]\,Q_{21} + [\sqrt{p}\,b\,\beta]\,Q_{22} + [\sqrt{p}\,c\,\beta]\,Q_{23} + \dots = Q_{22}, \\ [\beta\gamma] = [\sqrt{p}\,a\,\gamma]\,Q_{21} + [\sqrt{p}\,b\,\gamma]\,Q_{22} + [\sqrt{p}\,c\,\gamma]\,Q_{23} + \dots = Q_{23} = Q_{32}; \\ \dots\dots\dots\dots \\ [\gamma\gamma] = [\sqrt{p}\,a\,\gamma]\,Q_{31} + [\sqrt{p}\,b\,\gamma]\,Q_{32} + [\sqrt{p}\,c\,\gamma]\,Q_{33} + \dots = Q_{33}, \\ \dots\dots\dots\dots \end{cases}$$

Hiernach und nach den Formeln (4*) und (5*) ist dann:

(220) $\frac{1}{P_x} = [\alpha\alpha] = Q_{11}, \quad \frac{1}{P_y} = [\beta\beta] = Q_{22}, \quad \frac{1}{P_z} = [\gamma\gamma] = Q_{33}, \quad \ldots\ldots,$

(221) $M_x = \pm \mathfrak{m}\sqrt{\frac{1}{P_x}}, \quad M_y = \pm \mathfrak{m}\sqrt{\frac{1}{P_y}}, \quad M_z = \pm \mathfrak{m}\sqrt{\frac{1}{P_z}}, \quad \ldots\ldots,$

Die Koeffizienten $Q_{11}, Q_{22}, Q_{33}, \ldots.$ sind bestimmt durch die Gleichungen (**217**) und somit erhalten wir die reziproken Werte der Gewichte $P_x, P_y, P_z, \ldots.$ durch Auflösung der Gleichungen (**217**) nach diesen Koeffizienten.

6. Die Gleichungen (**217**) haben die Form der Endgleichungen (**118**), so daſs wir sie nach dem im § 27 behandelten Verfahren auflösen können. Die Faktoren $[paa], [pab], [pac], \ldots.; [pbb], [pbc] \ldots.; [pcc]; \ldots.; \ldots.$ der Koeffizienten $Q_{11}, Q_{12}, Q_{13}, \ldots.; Q_{21}, Q_{22}, Q_{23}, \ldots.; Q_{31}, Q_{32}, Q_{33}, \ldots.; \ldots.$ stimmen überein mit den Faktoren der Aenderungen $d\mathfrak{x}, d\mathfrak{y}, d\mathfrak{z}, \ldots.$ in den Endgleichungen (**118**), wonach, wenn die Auflösung dieser Endgleichungen vorliegt, es bei Auflösung der Gleichungen (**217**) entbehrlich ist, die Faktoren $\mathfrak{B}_2, \mathfrak{C}_2, \ldots.; \mathfrak{C}_3, \ldots.; \ldots.$ der reduzirten Endgleichungen nach den Formeln (**120** b) neu zu bilden und die Auflösung der Gleichungen (**217**) beschränkt werden kann auf die nach den Formeln (**120** b) erfolgende Bildung der Werte $\mathfrak{F}_2, \mathfrak{F}_3, \ldots.$ und auf die Berechnung der Koeffizienten $Q_{11}, Q_{12}, Q_{13}, \ldots.; Q_{21}, Q_{22}, Q_{23}, \ldots.; Q_{31}, Q_{32}, Q_{33}, \ldots.; \ldots.,$ oder da nach den Gleichungen (7*) $Q_{12} = Q_{21}, Q_{13} = Q_{31}, \ldots.; Q_{23} = Q_{32}, \ldots.; \ldots.$ ist, auf die Berechnung der Koeffizienten $Q_{11}, Q_{12}, Q_{13}, \ldots.; Q_{22}, Q_{23}, \ldots.; Q_{33}, \ldots.; \ldots.$

Zuerst ist nun für die Gleichungen (**217** a):

(**218** a)

$$\mathfrak{f}_1 = -1, \quad \mathfrak{f}_2 = 0, \quad \mathfrak{f}_3 = 0, \quad \ldots.,$$

und somit nach den Formeln (**120** b).

$$\mathfrak{F}_2 = -\frac{\mathfrak{b}_1}{\mathfrak{a}_1}\mathfrak{f}_1, \quad \mathfrak{F}_3 = -\frac{\mathfrak{c}_1}{\mathfrak{a}_1}\mathfrak{f}_1 - \frac{\mathfrak{C}_2}{\mathfrak{B}_2}\mathfrak{F}_2, \quad \ldots.$$

und nach den Formeln (**123**) für die aus diesen Gleichungen zu berechnenden Koeffizienten $Q_{11}, Q_{12}, Q_{13}, \ldots.,$:

$$\ldots\ldots\ldots,$$

$$Q_{13} = \ldots. - \frac{\mathfrak{F}_3}{\mathfrak{C}_3},$$

$$Q_{12} = -\frac{\mathfrak{C}_2}{\mathfrak{B}_2}Q_{13} - \ldots. - \frac{\mathfrak{F}_2}{\mathfrak{B}_2},$$

$$Q_{11} = -\frac{\mathfrak{b}_1}{\mathfrak{a}_1}Q_{12} - \frac{\mathfrak{c}_1}{\mathfrak{a}_1}Q_{13} - \ldots. - \frac{\mathfrak{f}_1}{\mathfrak{a}_1}.$$

Sodann ist für die Gleichungen (**217** b):

(**218** b)

$$\mathfrak{f}_1 = 0, \quad \mathfrak{f}_2 = -1, \quad \mathfrak{f}_3 = 0, \quad \ldots.,$$

und somit nach den Formeln (**120** b):

$$\mathfrak{F}_2 = -1, \quad \mathfrak{F}_3 = -\frac{\mathfrak{C}_2}{\mathfrak{F}_2}\mathfrak{F}_2 \quad \ldots.,$$

und nach den Formeln (**123**) für die aus diesen Gleichungen zu berechnenden Koeffizienten $Q_{22}, Q_{23}, \ldots.,$:

$$\ldots\ldots,$$

$$Q_{23} = \ldots. - \frac{\mathfrak{F}_3}{\mathfrak{C}_3},$$

$$Q_{22} = -\frac{\mathfrak{C}_2}{\mathfrak{B}_2}Q_{23} - \ldots. - \frac{\mathfrak{F}_2}{\mathfrak{B}_2},$$

Ferner ist für die Gleichungen (**217** c):

(**218** c)

$$\mathfrak{f}_1 = 0\,, \quad | \quad \mathfrak{f}_2 = 0\,, \quad | \quad \mathfrak{f}_3 = -1\,, \quad | \quad \ldots\ldots,$$

und somit nach den Formeln (**120** b):

$$\mathfrak{F}_2 = 0\,, \quad | \quad \mathfrak{F}_3 = -1\,, \quad | \quad \ldots\ldots,$$

und nach den Formeln (**123**) für die aus diesen Gleichungen zu berechnenden Koeffizienten $Q_{33}, \ldots\ldots$:

$$\ldots\ldots\ldots,$$

$$Q_{33} = \ldots\ldots - \frac{\mathfrak{F}_3}{\mathfrak{C}_3}\,,$$

u. s. w.

Mit den in den Gleichungen (**218**) für $\mathfrak{f}_1, \mathfrak{f}_2, \mathfrak{f}_3, \ldots\ldots, \mathfrak{F}_2, \mathfrak{F}_3, \ldots\ldots$ angeführten Werten ergeben sich nach Formel (**127**) die Rechenproben:

(**219**)

$\mathfrak{f}_1 = -1$	$\mathfrak{f}_2 = 0$	$\mathfrak{f}_3 = 0$	$\mathfrak{f}_4 = 0$	$\mathfrak{f}_5 = 0$	Probe.	$\mathfrak{f}_2 = -1$	$\mathfrak{f}_3 = 0$	$\mathfrak{f}_4 = 0$
	$-\frac{\mathfrak{b}_1}{\mathfrak{a}_1}\mathfrak{f}_1$	$-\frac{\mathfrak{c}_1}{\mathfrak{a}_1}\mathfrak{f}_1$	$-\frac{\mathfrak{d}_1}{\mathfrak{a}_1}\mathfrak{f}_1$	$-\frac{\mathfrak{e}_1}{\mathfrak{a}_1}\mathfrak{f}_1$	$+\frac{\mathfrak{f}_1}{\mathfrak{a}_1}\mathfrak{f}_1$	$\mathfrak{F}_2 = -1$	$-\frac{\mathfrak{C}_2}{\mathfrak{B}_2}\mathfrak{F}_2$	$-\frac{\mathfrak{D}_2}{\mathfrak{B}_2}\mathfrak{F}_2$
$-\frac{\mathfrak{f}_1}{\mathfrak{a}_1}$	$= \mathfrak{F}_2$	$-\frac{\mathfrak{C}_2}{\mathfrak{B}_2}\mathfrak{F}_2$	$-\frac{\mathfrak{D}_2}{\mathfrak{B}_2}\mathfrak{F}_2$	$-\frac{\mathfrak{E}_2}{\mathfrak{B}_2}\mathfrak{F}_2$	$+\frac{\mathfrak{F}_2}{\mathfrak{B}_2}\mathfrak{F}_2$	$-\frac{\mathfrak{F}_2}{\mathfrak{B}_2}$	$= \mathfrak{F}_3$	$-\frac{\mathfrak{D}_3}{\mathfrak{C}_3}\mathfrak{F}_3$
$-\frac{\mathfrak{e}_1}{\mathfrak{a}_1}Q_{15}$	$-\frac{\mathfrak{F}_2}{\mathfrak{B}_2}$	$= \mathfrak{F}_3$	$-\frac{\mathfrak{D}_3}{\mathfrak{C}_3}\mathfrak{F}_3$	$-\frac{\mathfrak{E}_3}{\mathfrak{C}_3}\mathfrak{F}_3$	$+\frac{\mathfrak{F}_3}{\mathfrak{C}_3}\mathfrak{F}_3$	$-\frac{\mathfrak{E}_2}{\mathfrak{B}_2}Q_{25}$	$-\frac{\mathfrak{F}_3}{\mathfrak{C}_3}$	$= \mathfrak{F}_4$
$-\frac{\mathfrak{d}_1}{\mathfrak{a}_1}Q_{14}$	$-\frac{\mathfrak{E}_2}{\mathfrak{B}_2}Q_{15}$	$-\frac{\mathfrak{F}_3}{\mathfrak{C}_3}$	$= \mathfrak{F}_4$	$-\frac{\mathfrak{E}_4}{\mathfrak{D}_4}\mathfrak{F}_4$	$+\frac{\mathfrak{F}_4}{\mathfrak{D}_4}\mathfrak{F}_4$	$-\frac{\mathfrak{D}_2}{\mathfrak{B}_2}Q_{24}$	$-\frac{\mathfrak{E}_3}{\mathfrak{C}_3}Q_{25}$	$-\frac{\mathfrak{F}_4}{\mathfrak{D}_4}$
$-\frac{\mathfrak{c}_1}{\mathfrak{a}_1}Q_{13}$	$-\frac{\mathfrak{D}_2}{\mathfrak{B}_2}Q_{14}$	$-\frac{\mathfrak{E}_3}{\mathfrak{C}_3}Q_{15}$	$-\frac{\mathfrak{F}_4}{\mathfrak{D}_4}$	$= \mathfrak{F}_5$	$+\frac{\mathfrak{F}_5}{\mathfrak{E}_5}\mathfrak{F}_5$	$-\frac{\mathfrak{C}_2}{\mathfrak{B}_2}Q_{23}$	$-\frac{\mathfrak{D}_3}{\mathfrak{C}_3}Q_{24}$	$-\frac{\mathfrak{E}_4}{\mathfrak{D}_4}Q_{25}$
$-\frac{\mathfrak{b}_1}{\mathfrak{a}_1}Q_{12}$	$-\frac{\mathfrak{C}_2}{\mathfrak{B}_2}Q_{13}$	$-\frac{\mathfrak{D}_3}{\mathfrak{C}_3}Q_{14}$	$-\frac{\mathfrak{E}_4}{\mathfrak{D}_4}Q_{15}$	$-\frac{\mathfrak{F}_5}{\mathfrak{E}_5}$		$= Q_{22}$	$= Q_{23}$	$= Q_{24}$
$= Q_{11}$	$= Q_{12}$	$= Q_{13}$	$= Q_{14}$	$= Q_{15}$	$= Q_{11}$			

§ 63. Gewichte und mittlere Fehler einer Funktion der wahrscheinlichsten Werte der zu bestimmenden Gröſsen.

1. Wenn das Gewicht P_L und der mittlere Fehler M_L einer Funktion

(**222**) $$L = \varphi(x, y, z, \ldots\ldots)$$

der wahrscheinlichsten Werte $x, y, z, \ldots\ldots$ der zu bestimmenden Gröſsen, die in ein und derselben Ausgleichungsrechnung vorkommen, ermittelt werden soll, so dürfen wir dies nicht ohne weiteres nach den Formeln (**45**) und (**33**) ausführen, weil die Werte $x, y, z, \ldots\ldots$ nicht unabhängig von einander sind, sondern sämtlich Funktionen der von einander unabhängigen Beobachtungsergebnisse $\lambda_1, \lambda_2, \lambda_3, \ldots\ldots \lambda_n$ oder der Abweichungen $f_1, f_2, f_3, \ldots\ldots f_n$ sind. Deshalb müssen wir, um das Gewicht oder den mittleren Fehler von L zu finden, L zuerst als Funktion von $\lambda_1, \lambda_2, \lambda_3, \ldots\ldots \lambda_n$ oder $f_1, f_2, f_3, \ldots\ldots f_n$ darstellen.

Führen wir für die partiellen Differenzialquotienten von $\varphi\,(x, y, z, \ldots\ldots) = \varphi(\mathfrak{x} + d\mathfrak{x}, \mathfrak{y} + d\mathfrak{y}, \mathfrak{z} + d\mathfrak{z}, \ldots\ldots)$ nach $\mathfrak{x}, \mathfrak{y}, \mathfrak{z}, \ldots\ldots$ die Bezeichnungen

(**223**) $$l_1 = \frac{\partial\varphi}{\partial\mathfrak{x}}\,, \quad l_2 = \frac{\partial\varphi}{\partial\mathfrak{y}}\,, \quad l_3 = \frac{\partial\varphi}{\partial\mathfrak{z}}\,, \quad \ldots\ldots$$

ein, so wird:

(1*) $$L = \varphi(x, y, z, \ldots\ldots) = \varphi(\mathfrak{x}, \mathfrak{y}, \mathfrak{z}, \ldots\ldots) + l_1\,d\mathfrak{x} + l_2\,d\mathfrak{y} + l_3\,d\mathfrak{z} + \ldots\ldots$$

und wenn hierin für $d\mathfrak{x}, d\mathfrak{y}, d\mathfrak{z}, \ldots\ldots$ die Werte in (3*) des § 62 eingesetzt werden

$$(\mathbf{218}\,a)\qquad Q_{11}=\frac{\mathfrak{f}_1}{\mathfrak{a}_1}\mathfrak{f}_1+\frac{\mathfrak{F}_2}{\mathfrak{B}_2}\mathfrak{F}_2+\frac{\mathfrak{F}_3}{\mathfrak{C}_3}\mathfrak{F}_3+\ldots,$$

$$(\mathbf{218}\,b)\qquad Q_{22}=\frac{\mathfrak{F}_2}{\mathfrak{B}_2}\mathfrak{F}_2+\frac{\mathfrak{F}_3}{\mathfrak{B}_3}\mathfrak{F}_3+\ldots$$

$$(\mathbf{218}\,c)\qquad Q_{33}=\frac{\mathfrak{F}_3}{\mathfrak{C}_3}\mathfrak{F}_3+\ldots,$$

$$\ldots\ldots\ldots\ldots$$

Nach diesen Formeln ist für einen Fall, wo die Gewichte für 5 zu bestimmende Gröfsen zu berechnen sind, das folgende Schema zur Berechnung von Q_{11}, Q_{12}, ... Q_{15}; Q_{22}, Q_{23}, ... Q_{25}; Q_{33}, Q_{34}, Q_{35}; Q_{44}, Q_{45}; Q_{55} aufgestellt, wonach das Rechenschema auch für jeden anderen Fall ohne weiteres angeordnet werden kann:

$\mathfrak{f}_5=0$	Probe.	$\mathfrak{f}_3=-1$	$\mathfrak{f}_4=0$	$\mathfrak{f}_5=0$	Probe.	$\mathfrak{f}_4=-1$	$\mathfrak{f}_5=0$	Probe.	$\mathfrak{f}_5=-1$
$-\frac{\mathfrak{E}_2}{\mathfrak{B}_2}\mathfrak{F}_2$	$+\frac{\mathfrak{F}_2}{\mathfrak{B}_2}\mathfrak{F}_2$	$\mathfrak{F}_3=-1$	$-\frac{\mathfrak{D}_3}{\mathfrak{C}_3}\mathfrak{F}_3$	$-\frac{\mathfrak{E}_3}{\mathfrak{C}_3}\mathfrak{F}_3$	$+\frac{\mathfrak{F}_3}{\mathfrak{C}_3}\mathfrak{F}_3$	$\mathfrak{F}_4=-1$	$-\frac{\mathfrak{E}_4}{\mathfrak{D}_4}\mathfrak{F}_4$	$+\frac{\mathfrak{F}_4}{\mathfrak{D}_4}\mathfrak{F}_4$	$\mathfrak{F}_5=-1$
$-\frac{\mathfrak{E}_3}{\mathfrak{C}_3}\mathfrak{F}_3$	$+\frac{\mathfrak{F}_3}{\mathfrak{C}_3}\mathfrak{F}_3$	$-\frac{\mathfrak{F}_3}{\mathfrak{C}_3}$	$=\mathfrak{F}_4$	$-\frac{\mathfrak{E}_4}{\mathfrak{D}_4}\mathfrak{F}_4$	$+\frac{\mathfrak{F}_4}{\mathfrak{D}_4}\mathfrak{F}_4$	$-\frac{\mathfrak{F}_4}{\mathfrak{D}_4}$	$=\mathfrak{F}_5$	$+\frac{\mathfrak{F}_5}{\mathfrak{E}_5}\mathfrak{F}_5$	$-\frac{\mathfrak{F}_5}{\mathfrak{E}_5}$
$-\frac{\mathfrak{E}_4}{\mathfrak{D}_4}\mathfrak{F}_4$	$+\frac{\mathfrak{F}_4}{\mathfrak{D}_4}\mathfrak{F}_4$	$-\frac{\mathfrak{E}_3}{\mathfrak{C}_3}Q_{35}$	$-\frac{\mathfrak{F}_4}{\mathfrak{D}_4}$	$=\mathfrak{F}_5$	$+\frac{\mathfrak{F}_5}{\mathfrak{E}_5}\mathfrak{F}_5$	$-\frac{\mathfrak{E}_4}{\mathfrak{D}_4}Q_{45}$	$-\frac{\mathfrak{F}_5}{\mathfrak{E}_5}$		$=Q_{55}$
$=\mathfrak{F}_5$	$+\frac{\mathfrak{F}_5}{\mathfrak{E}_5}\mathfrak{F}_5$	$-\frac{\mathfrak{D}_3}{\mathfrak{C}_3}Q_{34}$	$-\frac{\mathfrak{E}_4}{\mathfrak{D}_4}Q_{35}$	$-\frac{\mathfrak{F}_5}{\mathfrak{E}_5}$		$=Q_{44}$	$=Q_{45}$	$=Q_{44}$	
$-\frac{\mathfrak{F}_5}{\mathfrak{E}_5}$		$=Q_{33}$	$=Q_{34}$	$=Q_{35}$	$=Q_{33}$				
$=Q_{25}$	$=Q_{22}$								

$$(2^*)\qquad \begin{aligned} L=\varphi(\mathfrak{x},\mathfrak{y},\mathfrak{z},\ldots)&+(\alpha_1 l_1+\beta_1 l_2+\gamma_1 l_3+\ldots)\sqrt{p_1}f_1\\ &+(\alpha_2 l_1+\beta_2 l_2+\gamma_2 l_3+\ldots)\sqrt{p_2}f_2\\ &+(\alpha_3 l_1+\beta_3 l_2+\gamma_3 l_3+\ldots)\sqrt{p_3}f_3\\ &\ldots\ldots\ldots\ldots\\ &+(\alpha_n l_1+\beta_n l_2+\gamma_n l_3+\ldots)\sqrt{p_n}f_n.\end{aligned}$$

Hiermit erhalten wir dann nach Formel (**43**) für das Gewicht P_L von L:

$$(3^*)\qquad \begin{aligned}\frac{1}{P_L}=&(\alpha_1 l_1+\beta_1 l_2+\gamma_1 l_3+\ldots)^2,\\ &+(\alpha_2 l_1+\beta_2 l_2+\gamma_2 l_3+\ldots)^2,\\ &+(\alpha_3 l_1+\beta_3 l_2+\gamma_3 l_3+\ldots)^2,\\ &\ldots\ldots\ldots\ldots\\ &+(\alpha_n l_1+\beta_n l_2+\gamma_n l_3+\ldots)^2,\end{aligned}$$

oder:

$$(4^*)\qquad \begin{aligned}\frac{1}{P_L}=[\alpha\alpha]l_1 l_1&+2[\alpha\beta]l_1 l_2+2[\alpha\gamma]l_1 l_3+\ldots\\ &+\ [\beta\beta]l_2 l_2+2[\beta\gamma]l_2 l_3+\ldots\\ &\qquad\qquad +\ [\gamma\gamma]l_3 l_3+\ldots\\ &\qquad\qquad\qquad +\ldots,\end{aligned}$$

oder nach den Gleichungen (7*) des § 62:

$$(\mathbf{224})\qquad \begin{aligned}\frac{1}{P_L}=l_1 l_1 Q_{11}&+2 l_1 l_2 Q_{12}+2 l_1 l_3 Q_{13}+\ldots\\ &+\ l_2 l_2 Q_{22}+2 l_2 l_3 Q_{23}+\ldots\\ &\qquad\qquad +\ l_3 l_3 Q_{33}+\ldots\\ &\qquad\qquad\qquad +\ldots\end{aligned}$$

2. Führen wir noch die Hülfsgröfsen Q_1, Q_2, Q_3, ... ein und setzen diese derart fest, dafs

$$\text{(225)}\qquad \left\{\begin{array}{l} [paa]\,Q_1+[pab]\,Q_2+[pac]\,Q_3+\ldots\ldots=l_1, \\ [pab]\,Q_1+[pbb]\,Q_2+[pbc]\,Q_3+\ldots\ldots=l_2, \\ [pac]\,Q_1+[pbc]\,Q_2+[pcc]\,Q_3+\ldots\ldots=l_3, \\ \ldots\ldots\ldots\ldots\ldots\ldots\ldots\ldots\ldots\ldots \end{array}\right.$$

und damit nach (1*) und (7*) des § 62:

$$\text{(5*)}\qquad \left\{\begin{array}{l} Q_1=l_1\,Q_{11}+l_2\,Q_{12}+l_3\,Q_{13}+\ldots\ldots, \\ Q_2=l_1\,Q_{12}+l_2\,Q_{22}+l_3\,Q_{23}+\ldots\ldots, \\ Q_3=l_1\,Q_{13}+l_2\,Q_{23}+l_3\,Q_{33}+\ldots\ldots, \\ \ldots\ldots\ldots\ldots\ldots\ldots\ldots\ldots \end{array}\right.$$

wird, so wird:

$$\text{(227a)}\qquad \frac{1}{P_L}=l_1\,Q_1+l_2\,Q_2+l_3\,Q_3+\ldots\ldots=[l\,Q].$$

Indem wir dann weiter die Bezeichnungen der Formeln (**120** a) einführen jedoch für $\mathfrak{f}_1$, $\mathfrak{f}_2$, $\mathfrak{f}_3$, ... die Differenzialquotienten l_1, l_2, l_3, ... nehmen, dann die Gröfsen $\mathfrak{B}_2$, $\mathfrak{C}_2$, ...; $\mathfrak{C}_3$, ...; .... nach den Formeln (**120** b) und dazu:

$$\text{(226)}\qquad \mathfrak{L}_2=l_2-\frac{\mathfrak{b}_1}{\mathfrak{a}_1}\,l_1, \quad\Big|\quad \mathfrak{L}_3=l_3-\frac{\mathfrak{c}_1}{\mathfrak{a}_1}\,l_1-\frac{\mathfrak{C}_2}{\mathfrak{B}_2}\,\mathfrak{L}_2, \quad\Big|\quad \ldots\ldots$$

bilden, erhalten wir nach Formel (**127**) noch einen zweiten Ausdruck für $\frac{1}{P_L}$, nämlich:

$$\text{(227b)}\qquad \frac{1}{P_L}=\frac{l_1}{\mathfrak{a}_1}\,l_1+\frac{\mathfrak{L}_2}{\mathfrak{B}_2}\,\mathfrak{L}_2+\frac{\mathfrak{L}_3}{\mathfrak{C}_3}\,\mathfrak{L}_3+\ldots\ldots$$

Hiernach folgt nach Formel (**35**) für den mittleren Fehler M_L von L:

$$\text{(228)}\qquad M_L=\pm\,\mathfrak{m}\sqrt{\frac{1}{P_L}}.$$

3. Die Zahlenwerte von Q_1, Q_2, Q_3, ... und von $\frac{1}{P_L}$ können zweckmäfsig nach dem folgenden Schema (**229**) für die Auflösung der Gleichungen (**225**) berechnet werden, das dem Schema für die Auflösung der Endgleichungen (**118**) nachgebildet ist, mit Weglassung der Berechnung der Gröfsen $\mathfrak{B}_2$, $\mathfrak{C}_2$, ...; $\mathfrak{C}_3$, ...; ...., deren Zahlenwerte ebenso wie die der Gröfsen $\mathfrak{a}_1$, $\mathfrak{b}_1$, $\mathfrak{c}_1$, ... unverändert aus der Auflösung der Endgleichungen im Schema (**124**) zu übernehmen sind. Das Schema ist eingerichtet für den Fall, dafs $q=5$ Endgleichungen vorliegen; für jeden anderen Fall kann es leicht vereinfacht oder erweitert werden.

(**229**)

l_1	l_2	l_3	l_4	l_5	Gewicht P_L.	
	$-\frac{\mathfrak{b}_1}{\mathfrak{a}_1}\,l_1$	$-\frac{\mathfrak{c}_1}{\mathfrak{a}_1}\,l_1$	$-\frac{\mathfrak{d}_1}{\mathfrak{a}_1}\,l_1$	$-\frac{\mathfrak{e}_1}{\mathfrak{a}_1}\,l_1$	$+\frac{l_1}{\mathfrak{a}_1}\,l_1$	$+l_1\,Q_1$
$+\frac{l_1}{\mathfrak{a}_1}$	$=\mathfrak{L}_2$	$-\frac{\mathfrak{C}_2}{\mathfrak{B}_2}\,\mathfrak{L}_2$	$-\frac{\mathfrak{D}_2}{\mathfrak{B}_2}\,\mathfrak{L}_2$	$-\frac{\mathfrak{E}_2}{\mathfrak{B}_2}\,\mathfrak{L}_2$	$+\frac{\mathfrak{L}_2}{\mathfrak{B}_2}\,\mathfrak{L}_2$	$+l_2\,Q_2$
$-\frac{\mathfrak{e}_1}{\mathfrak{a}_1}\,Q_5$	$+\frac{\mathfrak{L}_2}{\mathfrak{B}_2}$	$=\mathfrak{L}_3$	$-\frac{\mathfrak{D}_3}{\mathfrak{C}_3}\,\mathfrak{L}_3$	$-\frac{\mathfrak{E}_3}{\mathfrak{C}_3}\,\mathfrak{L}_3$	$+\frac{\mathfrak{L}_3}{\mathfrak{C}_3}\,\mathfrak{L}_3$	$+l_3\,Q_3$
$-\frac{\mathfrak{d}_1}{\mathfrak{a}_1}\,Q_4$	$-\frac{\mathfrak{C}_2}{\mathfrak{B}_2}\,Q_5$	$+\frac{\mathfrak{L}_3}{\mathfrak{C}_3}$	$=\mathfrak{L}_4$	$-\frac{\mathfrak{E}_4}{\mathfrak{D}_4}\,\mathfrak{L}_4$	$+\frac{\mathfrak{L}_4}{\mathfrak{D}_4}\,\mathfrak{L}_4$	$+l_4\,Q_4$
$-\frac{\mathfrak{c}_1}{\mathfrak{a}_1}\,Q_3$	$-\frac{\mathfrak{D}_2}{\mathfrak{B}_2}\,Q_4$	$-\frac{\mathfrak{E}_3}{\mathfrak{C}_3}\,Q_5$	$+\frac{\mathfrak{L}_4}{\mathfrak{D}_4}$	$=\mathfrak{L}_5$	$+\frac{\mathfrak{L}_5}{\mathfrak{E}_5}\,\mathfrak{L}_5$	$+l_5\,Q_5$
$-\frac{\mathfrak{b}_1}{\mathfrak{a}_1}\,Q_2$	$-\frac{\mathfrak{C}_2}{\mathfrak{B}_2}\,Q_3$	$-\frac{\mathfrak{D}_3}{\mathfrak{C}_3}\,Q_4$	$-\frac{\mathfrak{E}_4}{\mathfrak{D}_4}\,Q_5$	$+\frac{\mathfrak{L}_5}{\mathfrak{E}_5}$	$=\frac{1}{P_L}=$	
$=Q_1$	$=Q_2$	$=Q_3$	$=Q_4$	$=Q_5$		

§ 64. Beispiele zu dem in den §§ 62 und 63 entwickelten Verfahren.

Die entwickelten Formeln u. s. w. wollen wir jetzt auf die im IV. Abschnitte behandelten Beispiele anwenden, soweit dies von Interesse ist.

1. Zu § 31. Bogenschnitt gemessener Längen.

Zur Berechnung der Gewichte P_x, P_y und der mittleren Fehler M_x, M_y der wahrscheinlichsten Werte x, y der Koordinaten des Punktes P haben wir:

$$(218\,\text{a})\quad \begin{cases} \mathfrak{f}_1 = -1, \\ \mathfrak{F}_2 = +\dfrac{\mathfrak{b}_1}{\mathfrak{a}_1}, \\ Q_{12} = -\dfrac{\mathfrak{F}_2}{\mathfrak{B}_2}, \\ Q_{11} = -\dfrac{\mathfrak{b}_1}{\mathfrak{a}_1} Q_{12} + \dfrac{1}{\mathfrak{a}_1}; \end{cases} \qquad (220)\quad \begin{cases} \dfrac{1}{P_x} = Q_{11}, \\ \dfrac{1}{P_y} = Q_{22}; \end{cases}$$

$$(218\,\text{b})\quad \begin{cases} \mathfrak{F}_2 = -1, \\ Q_{22} = +\dfrac{1}{\mathfrak{B}_2}; \end{cases} \qquad (221)\quad \begin{cases} M_x = \pm \mathfrak{m}\sqrt{\dfrac{1}{P_x}}, \\ M_y = \pm \mathfrak{m}\sqrt{\dfrac{1}{P_y}}. \end{cases}$$

Die vier Formeln zur Berechnung von Q_{11} können zusammengefafst werden zu:

$$Q_{11} = +\frac{\mathfrak{b}_1}{\mathfrak{a}_1}\frac{\mathfrak{b}_1}{\mathfrak{a}_1}\frac{1}{\mathfrak{B}_2} + \frac{1}{\mathfrak{a}_1} = +\frac{1}{\mathfrak{B}_2}\frac{1}{\mathfrak{a}_1}\left(\frac{\mathfrak{b}_1}{\mathfrak{a}_1}\mathfrak{b}_1 + \mathfrak{B}_2\right)$$
$$= +\frac{1}{\mathfrak{B}_2}\frac{1}{\mathfrak{a}_1}\left(\frac{\mathfrak{b}_1}{\mathfrak{a}_1}\mathfrak{b}_1 + \mathfrak{b}_2 - \frac{\mathfrak{b}_1}{\mathfrak{a}_1}\mathfrak{b}_1\right) = +\frac{1}{\mathfrak{B}_2}\frac{\mathfrak{b}_2}{\mathfrak{a}_1},$$

so dafs wir für den Fall, dafs nur 2 zu bestimmende Gröfsen x, y vorliegen, die einfachen Formeln haben:

$$Q_{11} = +\frac{1}{\mathfrak{B}_2}\frac{\mathfrak{b}_2}{\mathfrak{a}_1}, \qquad Q_{22} = +\frac{1}{\mathfrak{B}_2}.$$

Hiernach gestaltet sich die Auflösung der Endgleichungen und die Berechnung der wahrscheinlichsten Werte x, y der Koordinaten, sowie der Gewichte P_x, P_y und der mittleren Fehler M_x, M_y in unserem Beispiele wie folgt:

$\mathfrak{a}_1$	+	15,17	$\mathfrak{b}_1$	+	0,62	$\mathfrak{f}_1$	−	2,45	$\mathfrak{b}_2$	+	11,82	$\mathfrak{f}_2$	−	2,93	Probe.		
			$-\frac{\mathfrak{b}_1}{\mathfrak{a}_1}$	−	0,041	$-\frac{\mathfrak{f}_1}{\mathfrak{a}_1}$	+	0,161	$-\frac{\mathfrak{b}_1}{\mathfrak{a}_1}\mathfrak{b}_1$	−	0,03	$-\frac{\mathfrak{b}_1}{\mathfrak{a}_1}\mathfrak{f}_1$	+	0,10	$-\frac{\mathfrak{f}_1}{\mathfrak{a}_1}\mathfrak{f}_1$	−	0,394
						$-\frac{\mathfrak{b}_1}{\mathfrak{a}_1}d\mathfrak{y}$	−	0,010	$\mathfrak{B}_2$	+	11,79	$\mathfrak{F}_2$	−	2,83	$-\frac{\mathfrak{F}_2}{\mathfrak{B}_2}\mathfrak{F}_2$	−	0,679
			$\frac{\mathfrak{b}_2}{\mathfrak{a}_1}$		0,78	$d\mathfrak{x}$	+	0,151				$d\mathfrak{y} = -\frac{\mathfrak{F}_2}{\mathfrak{B}_2}$	+	0,240	Σ	−	1,073
$Q_{11} = \frac{1}{P_x} = \frac{\mathfrak{b}_2}{\mathfrak{a}_1}\frac{1}{\mathfrak{B}_2}$					0,0661	$Q_{22} = \frac{1}{P_y} = \frac{1}{\mathfrak{B}_2}$					0,0848				$\mathfrak{f}_1\,d\mathfrak{x}$	−	0,370
			P_x		15,1				P_y		11,8				$\mathfrak{f}_2\,d\mathfrak{y}$	−	0,703
															Σ	−	1,073

$x = \mathfrak{x} + d\mathfrak{x} = 6\,323{,}76 + 0{,}15 = 6\,323{,}91\,\text{m}$,	$M_x = \pm \mathfrak{m}\sqrt{\frac{1}{P_x}} = \pm 0{,}50 \cdot 0{,}26 = \pm 0{,}13\,\text{m}$,
$y = \mathfrak{y} + d\mathfrak{y} = 2\,306{,}00 + 0{,}24 = 2\,306{,}24\,\text{m}$,	$M_y = \pm \mathfrak{m}\sqrt{\frac{1}{P_y}} = \pm 0{,}50 \cdot 0{,}29 = \pm 0{,}14\,\text{m}$,

2. Zu § 32. Richtungsbestimmungen aus Winkelbeobachtungen.

1. Den im § 32, Nr. 4 entwickelten allgemeinen Endgleichungen entsprechen auch die Endgleichungen:

$$\textbf{(118)}\quad \begin{cases} \nu p\, d\mathfrak{r}_1 = -[paf], \\ \nu p\, d\mathfrak{r}_2 = -[pbf], \\ \nu p\, d\mathfrak{r}_3 = -[pcf], \\ \dots\dots\dots\dots \end{cases}$$

Demnach sind die hier zu benützenden Faktoren der Endgleichungen:

$$\textbf{(120 a)}\quad \begin{cases} \mathfrak{a}_1 = +\nu p, & \mathfrak{b}_1 = 0, & \mathfrak{c}_1 = 0, \dots\dots, \\ & \mathfrak{b}_2 = +\nu p, & \mathfrak{c}_2 = 0, \dots\dots, \\ & & \mathfrak{c}_3 = +\nu p, \dots, \\ & & \dots; \end{cases}$$

$$\textbf{(120 b)}\quad \begin{cases} \mathfrak{B}_2 = \mathfrak{b}_2 = +\nu p, & \mathfrak{C}_2 = 0, & \dots\dots, \\ & \mathfrak{C}_3 = \mathfrak{c}_3 = +\nu p, & \dots\dots, \\ & & \dots\dots \end{cases}$$

Hiermit ergiebt sich nach den Formeln (**218**)

$$\textbf{(218 a)}\quad \begin{cases} \mathfrak{f}_1 = -1, & \mathfrak{f}_2 = 0, & \mathfrak{f}_3 = 0, \dots, \\ & \mathfrak{F}_2 = 0, & \mathfrak{F}_3 = 0, \dots, \\ Q_{11} = \frac{1}{\nu p}, & Q_{12} = 0, & Q_{13} = 0, \dots \end{cases}$$

$$\textbf{(218 b)}\quad \begin{cases} \mathfrak{f}_1 = 0, & \mathfrak{f}_2 = -1, & \mathfrak{f}_3 = 0, \dots, \\ & \mathfrak{F}_2 = -1, & \mathfrak{F}_3 = 0, \dots, \\ Q_{22} = \frac{1}{\nu p}, & Q_{23} = 0, \dots, \end{cases}$$

$$\textbf{(218 c)}\quad \begin{cases} \mathfrak{f}_1 = 0, & \mathfrak{f}_2 = 0, & \mathfrak{f}_3 = -1, \dots, \\ & \mathfrak{F}_2 = 0, & \mathfrak{F}_3 = -1, \dots, \\ Q_{33} = \frac{1}{\nu p}, \dots \\ \dots\dots\dots\dots\dots\dots \end{cases}$$

Hiernach ist $Q_{11} = Q_{22} = Q_{33} = \dots = \frac{1}{\nu p}$, ferner das für alle ausgeglichenen Richtungen gleiche Gewicht P nach Formel (**220**):

$$P = \nu p,$$

und der ebenfalls für alle Richtungen gleiche mittlere Fehler M nach Formel (**221**):

$$M = \pm\, \mathfrak{m} \sqrt{\frac{1}{\nu p}}.$$

In unserem Beispiele sind zur Bestimmung von $\nu = 4$ Richtungen die Winkel derart beobachtet worden, dafs das Gewicht der Beobachtungsergebnisse $p = 6$ ist. Somit ist das Gewicht der ausgeglichenen Richtungen

$$P = \nu p = 4 \cdot 6 = 24$$

und ihr mittlerer Fehler

$$M = \pm\, \mathfrak{m} \sqrt{\frac{1}{\nu p}} = \pm\, 1{,}03 \sqrt{\frac{1}{24}} = \pm\, 0{,}21''.$$

2. Der wahrscheinlichste Wert $W_{n \cdot m}$ eines Winkels wird aus den ausgeglichenen Richtungen R_n und R_m erhalten nach:

$$W_{n \cdot m} = -R_n + R_m.$$

Somit ist nach Formel (**223**):

$$l_n = \frac{\partial W_{n \cdot m}}{\partial R_n} = -1, \qquad l_m = \frac{\partial W_{n \cdot m}}{\partial R_m} = +1,$$

sodann, da nach Nr. 1: $Q_{nn} = Q_{mm} = \frac{1}{\nu p}$, $Q_{nm} = 0$ ist, nach Formel (**224**):

$$\frac{1}{P_W} = \frac{1}{\nu p} + \frac{1}{\nu p} = \frac{2}{\nu p} \text{ oder } P_W = \frac{1}{2} \nu p,$$

ferner nach Formel (**228**):

$$M_W = \pm \mathfrak{m} \sqrt{\frac{1}{P_W}} = \pm \mathfrak{m} \sqrt{\frac{2}{\nu p}},$$

wonach in unserem Beispiele das Gewicht der wahrscheinlichsten Werte W der Winkel

$$P_W = \frac{1}{2} \nu p = \frac{1}{2} \cdot 4 \cdot 6 = 12,$$

und ihr mittlerer Fehler:

$$M_W = \pm \mathfrak{m} \sqrt{\frac{2}{\nu p}} = \pm 1{,}03 \sqrt{\frac{1}{12}} = \pm 0{,}30''$$

ist.

3. Zu § 33. Richtungsbestimmungen aus Richtungssätzen.

1. Verfahren.

Im § 33 haben wir zur Bestimmung der Richtungsänderungen $d\mathfrak{r}_1, d\mathfrak{r}_2, \ldots. d\mathfrak{r}_6$ unter Nr. 14 die Endgleichungen

$$\begin{array}{ll|ll} 3\,d\mathfrak{r}_1 - d\mathfrak{o}^{III} = 0, & & 3\,d\mathfrak{r}_4 - d\mathfrak{o}^{I} = 0, \\ 3\,d\mathfrak{r}_2 - d\mathfrak{o}^{I} = 0, & & 3\,d\mathfrak{r}_5 - d\mathfrak{o}^{IV} = 0, \\ 3\,d\mathfrak{r}_3 - d\mathfrak{o}^{IV} = 0, & & 3\,d\mathfrak{r}_6 - d\mathfrak{o}^{II} = 0, \end{array}$$

und zur Bestimmung der Aenderungen $d\mathfrak{o}^I$, $d\mathfrak{o}^{II}$, $d\mathfrak{o}^{III}$, $d\mathfrak{o}^{IV}$ der Orientirungswinkel unter Nr. 13 die Endgleichungen

$$\begin{array}{lllll} +\frac{11}{3} d\mathfrak{o}^I & . & . & +\frac{1}{3} d\mathfrak{o}^{IV} & -45{,}7 = 0, \\ . & +\frac{13}{3} d\mathfrak{o}^{II} & -\frac{1}{3} d\mathfrak{o}^{III} & . & +47{,}3 = 0, \\ . & -\frac{1}{3} d\mathfrak{o}^{II} & +\frac{13}{3} d\mathfrak{o}^{III} & . & +22{,}6 = 0, \\ +\frac{1}{3} d\mathfrak{o}^I & . & . & +\frac{11}{3} d\mathfrak{o}^{IV} & -24{,}3 = 0. \end{array}$$

Von den diesen Endgleichungen entsprechenden reduzirten Endgleichungen (**122**) stimmen die ersten acht überein mit den angeführten Gleichungen und die beiden letzten sind

$$+4{,}30\, d\mathfrak{o}^{III} + 26{,}2 = 0,$$
$$+3{,}64\, d\mathfrak{o}^{IV} - 20{,}2 = 0.$$

Demnach sind die Faktoren der reduzirten Endgleichungen mit den Bezeichnungen der Formeln (**120** a) und (**120** b):

$\mathfrak{a}_1 = +3,$	$\mathfrak{b}_1 = 0,$	$\mathfrak{c}_1 = 0,$	$\mathfrak{d}_1 = 0,$	$\mathfrak{e}_1 = 0,$	$\mathfrak{g}_1 = 0,$	$\mathfrak{h}_1 = 0,$	$\mathfrak{i}_1 = 0,$	$\mathfrak{k}_1 = -1,$	$\mathfrak{l}_1 = 0,$
	$\mathfrak{B}_2 = +3,$	$\mathfrak{C}_2 = 0,$	$\mathfrak{D}_2 = 0,$	$\mathfrak{E}_2 = 0$	$\mathfrak{G}_2 = 0,$	$\mathfrak{H}_2 = -1,$	$\mathfrak{J}_2 = 0,$	$\mathfrak{K}_2 = 0,$	$\mathfrak{L}_2 = 0,$
		$\mathfrak{C}_3 = +3,$	$\mathfrak{D}_3 = 0,$	$\mathfrak{E}_3 = 0,$	$\mathfrak{G}_3 = 0,$	$\mathfrak{H}_3 = 0,$	$\mathfrak{J}_3 = 0,$	$\mathfrak{K}_3 = 0,$	$\mathfrak{L}_3 = -1,$
			$\mathfrak{D}_4 = +3,$	$\mathfrak{E}_4 = 0,$	$\mathfrak{G}_4 = 0,$	$\mathfrak{H}_4 = -1,$	$\mathfrak{J}_4 = 0,$	$\mathfrak{K}_4 = 0,$	$\mathfrak{L}_4 = 0,$
				$\mathfrak{E}_5 = +3,$	$\mathfrak{G}_5 = 0,$	$\mathfrak{H}_5 = 0,$	$\mathfrak{J}_5 = 0,$	$\mathfrak{K}_5 = 0,$	$\mathfrak{L}_5 = -1,$
					$\mathfrak{G}_6 = +3,$	$\mathfrak{H}_6 = 0,$	$\mathfrak{J}_6 = -1,$	$\mathfrak{K}_6 = 0,$	$\mathfrak{L}_6 = 0,$
						$\mathfrak{H}_7 = +3{,}67,$	$\mathfrak{J}_7 = 0,$	$\mathfrak{K}_7 = 0,$	$\mathfrak{L}_7 = +0{,}33,$
							$\mathfrak{J}_8 = +4{,}33,$	$\mathfrak{K}_8 = -0{,}33,$	$\mathfrak{L}_8 = 0,$
								$\mathfrak{K}_9 = +4{,}30,$	$\mathfrak{L}_9 = 0,$
									$\mathfrak{L}_{10} = +3{,}64.$

Damit ergeben sich die Gewichtskoeffizienten $Q_{11}, Q_{22}, \ldots. Q_{66}$ nach den Formeln (**218**) wie folgt:

$$\mathfrak{f}_1 = -1, \; \mathfrak{F}_2 = \mathfrak{F}_3 = \mathfrak{F}_4 = \mathfrak{F}_5 = \mathfrak{F}_6 = \mathfrak{F}_7 = \mathfrak{F}_8 = 0, \; \mathfrak{F}_9 = -\frac{\mathfrak{k}_1}{\mathfrak{a}_1}\mathfrak{f}_1 = -\frac{1}{3}, \; \mathfrak{F}_{10} = 0,$$

$$Q_{11} = \frac{\mathfrak{f}_1}{\mathfrak{a}_1}\mathfrak{f}_1 + \frac{\mathfrak{F}_9}{\mathfrak{K}_9}\mathfrak{F}_9 = \frac{1}{3} + \frac{0{,}33}{4{,}30}\,0{,}33 = 0{,}36;$$

$$\mathfrak{F}_2 = -1, \; \mathfrak{F}_3 = \mathfrak{F}_4 = \mathfrak{F}_5 = \mathfrak{F}_6 = 0, \; \mathfrak{F}_7 = -\frac{\mathfrak{H}_2}{\mathfrak{B}_2}\mathfrak{F}_2 = -\frac{1}{3}, \; \mathfrak{F}_8 = \mathfrak{F}_9 = 0,$$

$$\mathfrak{F}_{10} = -\frac{\mathfrak{L}_7}{\mathfrak{H}_7}\mathfrak{F}_7 = +0{,}03,$$

$$Q_{22} = \frac{\mathfrak{F}_2}{\mathfrak{B}_2}\mathfrak{F}_2 + \frac{\mathfrak{F}_7}{\mathfrak{H}_7}\mathfrak{F}_7 + \frac{\mathfrak{F}_{10}}{\mathfrak{L}_{10}}\mathfrak{F}_{10} = \frac{1}{3} + \frac{0{,}33}{3{,}67}\,0{,}33 + \frac{0{,}03}{3{,}64}\,0{,}03 = 0{,}36;$$

$$\mathfrak{F}_3 = -1, \; \mathfrak{F}_4 = \mathfrak{F}_5 = \mathfrak{F}_6 = \mathfrak{F}_7 = \mathfrak{F}_8 = \mathfrak{F}_9 = 0, \; \mathfrak{F}_{10} = -\frac{\mathfrak{L}_3}{\mathfrak{C}_3}\mathfrak{F}_3 = -\frac{1}{3},$$

$$Q_{33} = \frac{\mathfrak{F}_3}{\mathfrak{C}_3}\mathfrak{F}_3 + \frac{\mathfrak{F}_{10}}{\mathfrak{L}_{10}}\mathfrak{F}_{10} = \frac{1}{3} + \frac{0{,}33}{3{,}64}\,0{,}33 = 0{,}36;$$

$$\mathfrak{F}_4 = -1, \; \mathfrak{F}_5 = \mathfrak{F}_6 = 0, \; \mathfrak{F}_7 = -\frac{\mathfrak{H}_4}{\mathfrak{D}_4}\mathfrak{F}_4 = -\frac{1}{3}, \; \mathfrak{F}_8 = \mathfrak{F}_9 = 0, \; \mathfrak{F}_{10} = \frac{\mathfrak{L}_7}{\mathfrak{H}_7}\mathfrak{F}_7 = +0{,}03,$$

$$Q_{44} = \frac{\mathfrak{F}_4}{\mathfrak{D}_4}\mathfrak{F}_4 + \frac{\mathfrak{F}_7}{\mathfrak{H}_7}\mathfrak{F}_7 + \frac{\mathfrak{F}_{10}}{\mathfrak{L}_{10}}\mathfrak{F}_{10} = \frac{1}{3} + \frac{0{,}33}{3{,}67}\,0{,}33 + \frac{0{,}03}{3{,}64}\,0{,}03 = 0{,}36;$$

$$\mathfrak{F}_5 = -1, \; \mathfrak{F}_6 = \mathfrak{F}_7 = \mathfrak{F}_8 = \mathfrak{F}_9 = 0, \; \mathfrak{F}_{10} = -\frac{\mathfrak{L}_5}{\mathfrak{E}_5}\mathfrak{F}_5 = -0{,}33,$$

$$Q_{55} = \frac{\mathfrak{F}_5}{\mathfrak{E}_5}\mathfrak{F}_5 + \frac{\mathfrak{F}_{10}}{\mathfrak{L}_{10}}\mathfrak{F}_{10} = \frac{1}{3} + \frac{0{,}33}{3{,}64}\,0{,}33 = 0{,}36;$$

Auflösung der

$\mathfrak{a}_1$	+ 111	$\mathfrak{b}_1$	− 9	$\mathfrak{c}_1$	− 9	$\mathfrak{d}_1$	+ 3			$\mathfrak{b}_2$	+ 103	$\mathfrak{c}_2$
		$-\frac{\mathfrak{b}_1}{\mathfrak{a}_1}$	+ 0,081	$-\frac{\mathfrak{c}_1}{\mathfrak{a}_1}$	+ 0,081	$-\frac{\mathfrak{d}_1}{\mathfrak{a}_1}$	− 0,027			$-\frac{\mathfrak{b}_1}{\mathfrak{a}_1}\mathfrak{b}_1$	− 1	$-\frac{\mathfrak{b}_1}{\mathfrak{a}_1}\mathfrak{c}_1$
										$\mathfrak{B}_2$	+ 102	$\mathfrak{C}_2$
												$-\frac{\mathfrak{C}_2}{\mathfrak{B}_2}$

Berechnung der

$\mathfrak{f}_1$	− 24	$\mathfrak{f}_2$	0,00	$\mathfrak{f}_3$	0,00	$\mathfrak{f}_4$	0,00	Probe.		$\mathfrak{f}_2$	− 24	$\mathfrak{f}_3$
		$-\frac{\mathfrak{b}_1}{\mathfrak{a}_1}\mathfrak{f}_1$	− 1,94	$-\frac{\mathfrak{c}_1}{\mathfrak{a}_1}\mathfrak{f}_1$	− 1,94	$-\frac{\mathfrak{d}_1}{\mathfrak{a}_1}\mathfrak{f}_1$	+ 0,65	$+\frac{\mathfrak{f}_1}{\mathfrak{a}_1}\mathfrak{f}_1$	+ 5,18	$\mathfrak{F}_2$	− 24	$-\frac{\mathfrak{C}_2}{\mathfrak{B}_2}\mathfrak{F}_2$
$-\frac{\mathfrak{f}_1}{\mathfrak{a}_1}$	+ 0,216	$\mathfrak{F}_2$	− 1,94	$-\frac{\mathfrak{C}_2}{\mathfrak{B}_2}\mathfrak{F}_2$	+ 0,11	$-\frac{\mathfrak{D}_2}{\mathfrak{B}_2}\mathfrak{F}_2$	− 0,10	$+\frac{\mathfrak{F}_2}{\mathfrak{B}_2}\mathfrak{F}_2$	+ 0,04	$-\frac{\mathfrak{F}_2}{\mathfrak{B}_2}$	+ 0,235	$\mathfrak{F}_3$
$-\frac{\mathfrak{d}_1}{\mathfrak{a}_1}Q_{14}$	0,000	$-\frac{\mathfrak{F}_2}{\mathfrak{B}_2}$	+ 0,019	$\mathfrak{F}_3$	− 1,83	$-\frac{\mathfrak{D}_3}{\mathfrak{C}_3}\mathfrak{F}_3$	− 0,09	$+\frac{\mathfrak{F}_3}{\mathfrak{C}_3}\mathfrak{F}_3$	+ 0,03	$-\frac{\mathfrak{D}_2}{\mathfrak{B}_2}Q_{24}$	+ 0,001	$-\frac{\mathfrak{F}_3}{\mathfrak{C}_3}$
$-\frac{\mathfrak{c}_1}{\mathfrak{a}_1}Q_{13}$	+ 0,001	$-\frac{\mathfrak{D}_2}{\mathfrak{B}_2}Q_{14}$	0,000	$-\frac{\mathfrak{F}_3}{\mathfrak{C}_3}$	+ 0,018	$\mathfrak{F}_4$	+ 0,46	$+\frac{\mathfrak{F}_4}{\mathfrak{D}_4}\mathfrak{F}_4$	+ 0,00	$-\frac{\mathfrak{C}_2}{\mathfrak{B}_2}Q_{23}$	+ 0,001	$-\frac{\mathfrak{D}_3}{\mathfrak{C}_3}Q_{24}$
$-\frac{\mathfrak{b}_1}{\mathfrak{a}_1}Q_{12}$	+ 0,001	$-\frac{\mathfrak{C}_2}{\mathfrak{B}_2}Q_{13}$	− 0,001	$-\frac{\mathfrak{D}_3}{\mathfrak{C}_3}Q_{14}$	0,000	$-\frac{\mathfrak{F}_4}{\mathfrak{D}_4}$		24 Q_{11}	+ 5,25	Q_{22}	+ 0,237	Q_{23}
Q_{11}	+ 0,218	Q_{12}	+ 0,018	Q_{13}	+ 0,018	$= Q_{14}$	− 0,004	Q_{11}	+ 0,219			

$$\mathfrak{F}_6 = -1\,,\ \mathfrak{F}_7 = 0\,,\ \mathfrak{F}_8 = -\frac{\mathfrak{J}_6}{\mathfrak{K}_6}\mathfrak{F}_6 = -\frac{1}{3}\,,\ \mathfrak{F}_9 = -\frac{\mathfrak{K}_8}{\mathfrak{J}_8}\mathfrak{F}_8 = -0{,}03\,,\ \mathfrak{F}_{10} = 0\,,$$

$$Q_{66} = \frac{\mathfrak{F}_6}{\mathfrak{G}_6}\mathfrak{F}_6 + \frac{\mathfrak{F}_8}{\mathfrak{J}_8}\mathfrak{F}_8 + \frac{\mathfrak{F}_9}{\mathfrak{K}_9}\mathfrak{F}_9 = \frac{1}{3} + \frac{0{,}33}{4{,}33}\,0{,}33 + \frac{0{,}03}{4{,}30}\,0{,}03 = 0{,}36\,.$$

Hiernach sind die Gewichte $P_1, P_2, \ldots. P_6$ und die mittleren Fehler M_1, $M_2, \ldots. M_6$ der wahrscheinlichsten Werte R_1, $R_2, \ldots. R_6$ der Richtungen sämtlich:

(220) $$P = \frac{1}{Q} = \frac{1}{0{,}36} = 2{,}8\,,$$ (221) $$M = \pm\,\mathfrak{m}\sqrt{Q} = \pm\,13{,}0 \cdot 0{,}6 = \pm\,7{,}8''.$$

Wenn in allen Sätzen alle Richtungen vorkommen, wird $\mathfrak{a}_1 = \mathfrak{B}_2 = \mathfrak{C}_3 = \ldots. = n$ und werden alle übrigen Faktoren der reduzirten Endgleichungen $= 0$, so dafs dann $P = n$ wird. *)

4. Zu § 34. Richtungsbestimmungen aus Richtungssätzen.

2. Verfahren.

In dem im § 34 behandelten Beispiele sind die wahrscheinlichsten Werte R_1, R_2, R_3, R_4 der Richtungen, deren Gewichte P_1, P_2, P_3, P_4 und mittleren Fehler M_1, M_2, M_3, M_4 uns allein interessiren, vollständig bestimmt durch die aus den reduzirten Fehlergleichungen abgeleiteten Endgleichungen. Wir können deshalb auch die Gewichtsberechnung ohne weiteres an die Auflösung dieser Endgleichungen anschliefsen. Da wir sämtliche Endgleichungen mit 24 multiplizirt haben, müssen wir in der Gewichtsberechnung auch die Werte $\mathfrak{f} = -1$ mit 24 multiplizirt ansetzen und in den Proben erhalten wir als Summe den 24 fachen Betrag der Koeffizienten Q_{11}, Q_{22}, Q_{33}, ... Hiernach gestaltet sich die Gewichtsberechnung, der wir die Auflösung der Endgleichungen nach § 34, so weit es der besseren Uebersicht wegen nöthig ist, voranstellen, wie folgt:

Endgleichungen.

+ 7	$\mathfrak{b}_2$	− 5			$\mathfrak{c}_3$	+ 103	$\mathfrak{b}_3$	− 5			$\mathfrak{b}_4$	+ 103
− 1	$-\frac{\mathfrak{b}_1}{\mathfrak{a}_1}\mathfrak{b}_1$	0			$-\frac{\mathfrak{c}_1}{\mathfrak{a}_1}\mathfrak{c}_1$	− 1	$-\frac{\mathfrak{c}_1}{\mathfrak{a}_1}\mathfrak{b}_1$	0			$-\frac{\mathfrak{b}_1}{\mathfrak{a}_1}\mathfrak{b}_1$	0
+ 6	$\mathfrak{D}_2$	− 5			$-\frac{\mathfrak{C}_2}{\mathfrak{B}_2}\mathfrak{C}_2$	0	$-\frac{\mathfrak{C}_2}{\mathfrak{B}_2}\mathfrak{D}_2$	0			$-\frac{\mathfrak{D}_2}{\mathfrak{B}_2}\mathfrak{D}_2$	0
− 0,059	$-\frac{\mathfrak{D}_2}{\mathfrak{B}_2}$	+ 0,049			$\mathfrak{C}_3$	+ 102	$\mathfrak{D}_3$	− 5			$-\frac{\mathfrak{D}_3}{\mathfrak{C}_3}\mathfrak{D}_3$	0
							$-\frac{\mathfrak{D}_3}{\mathfrak{C}_3}$	+ 0,049			$\mathfrak{D}_4$	+ 103

Gewichtskoeffizienten Q.

0	$\mathfrak{f}_4$	0	Probe.		$\mathfrak{f}_3$	− 24	$\mathfrak{f}_4$	0	Probe.		$\mathfrak{f}_4$	− 24
+ 1,42	$-\frac{\mathfrak{D}_2}{\mathfrak{B}_2}\mathfrak{F}_2$	− 1,18	$+\frac{\mathfrak{F}_2}{\mathfrak{B}_2}\mathfrak{F}_2$	+ 5,64	$\mathfrak{F}_3$	− 24	$-\frac{\mathfrak{D}_3}{\mathfrak{C}_3}\mathfrak{F}_3$	− 1,18	$+\frac{\mathfrak{F}_3}{\mathfrak{C}_3}\mathfrak{F}_3$	+ 5,64	$\mathfrak{F}_4$	− 24
+ 1,42	$-\frac{\mathfrak{D}_3}{\mathfrak{C}_3}\mathfrak{F}_3$	+ 0,07	$+\frac{\mathfrak{F}_3}{\mathfrak{C}_3}\mathfrak{F}_3$	+ 0,02	$-\frac{\mathfrak{F}_3}{\mathfrak{C}_3}$	+ 0,235	$\mathfrak{F}_4$	− 1,18	$+\frac{\mathfrak{F}_4}{\mathfrak{D}_4}\mathfrak{F}_4$	+ 0,01	$-\frac{\mathfrak{F}_4}{\mathfrak{D}_4}$	
− 0,014	$\mathfrak{F}_4$	− 1,11	$+\frac{\mathfrak{F}_4}{\mathfrak{D}_4}\mathfrak{F}_4$	+ 0,01	$-\frac{\mathfrak{D}_3}{\mathfrak{C}_3}Q_{34}$	+ 0,001	$-\frac{\mathfrak{F}_4}{\mathfrak{D}_4}$		$24\,Q_{33}$	+ 5,65	$= Q_{44}$	+ 0,233
+ 0,001	$-\frac{\mathfrak{F}_4}{\mathfrak{D}_4}$		$24\,Q_{22}$	+ 5,67	Q_{33}	+ 0,236	$= Q_{34}$	+ 0,011	Q_{33}	+ 0,235		
− 0,013	$= Q_{24}$	+ 0,011	Q_{22}	+ 0,236								

*) Es liegt dann auch der im § 61, Nr. 10, Seite 285, bezeichnete Fall vor.

Mit den für Q_{11}, Q_{22}, Q_{33}, Q_{44} erhaltenen Zahlenwerten wird:

$$(220)\quad \begin{cases} P_1 = \dfrac{1}{Q_{11}} = \dfrac{1}{0{,}218} = 4{,}6\,, \\ P_2 = \dfrac{1}{Q_{22}} = \dfrac{1}{0{,}237} = 4{,}2\,, \\ P_3 = \dfrac{1}{Q_{33}} = \dfrac{1}{0{,}236} = 4{,}2\,, \\ P_4 = \dfrac{1}{Q_{44}} = \dfrac{1}{0{,}233} = 4{,}3\,, \end{cases} \qquad (221)\quad \begin{cases} M_1 = \pm\, \mathfrak{m}\sqrt{Q_{11}} = \pm\, 12{,}5 \cdot 0{,}47 = \pm\, 5{,}9'', \\ M_2 = \pm\, \mathfrak{m}\sqrt{Q_{22}} = \pm\, 12{,}5 \cdot 0{,}49 = \pm\, 6{,}1\;\;, \\ M_3 = \pm\, \mathfrak{m}\sqrt{Q_{33}} = \pm\, 12{,}5 \cdot 0{,}49 = \pm\, 6{,}1\;\;, \\ M_4 = \pm\, \mathfrak{m}\sqrt{Q_{44}} = \pm\, 12{,}5 \cdot 0{,}48 = \pm\, 6{,}0\;\;. \end{cases}$$

Das Gewicht einer einmaligen Beobachtung einer Richtung in beiden Fernrohrlagen, das gewöhnlich gleich Eins genommen wird, ist im vorliegenden Beispiele nach § 34 gleich 0,5 genommen. Um die Gewichte P_1, P_2, P_3, P_4 daher auf die gebräuchliche Gewichtseinheit zu beziehen, müssen die für diese Gewichte erhaltenen Zahlenwerte noch mit 2 multiplizirt werden, womit sich für die wahrscheinlichsten Werte der Richtungen R_1, R_2, R_3, R_4 die Gewichte 9,2, 8,4, 8,4, 8,6 ergeben.

5. Zu § 35. Bestimmung der Hauptpunkte eines Polygonnetzes.

Die zur Berechnung der Gewichte P_2, P_3, ... P_7 und der mittleren Fehler M_2, M_3, ... M_7 der wahrscheinlichsten Werte H_2, H_3, ... H_7 der Höhen der Hauptpunkte 2, 3, ... 7 des Nivellementsnetzes zu benutzenden Faktoren der reduzirten Endgleichungen und die zu benutzenden aus solchen gebildeten Quotienten sind nach § 35, Nr. 10:

$$\begin{array}{l|l|l|l|l|l}
\mathfrak{a}_1 = +1{,}90\,, & -\dfrac{\mathfrak{b}_1}{\mathfrak{a}_1} = +0{,}34\,, & -\dfrac{\mathfrak{c}_1}{\mathfrak{a}_1} = 0\,, & -\dfrac{\mathfrak{d}_1}{\mathfrak{a}_1} = 0\,, & -\dfrac{\mathfrak{e}_1}{\mathfrak{a}_1} = 0\,, & -\dfrac{\mathfrak{g}_1}{\mathfrak{a}_1} = 0\,, \\
 & \mathfrak{B}_2 = +2{,}50\,, & -\dfrac{\mathfrak{C}_2}{\mathfrak{B}_2} = +0{,}39\,, & -\dfrac{\mathfrak{D}_2}{\mathfrak{B}_2} = 0\,, & -\dfrac{\mathfrak{E}_2}{\mathfrak{B}_2} = 0\,, & -\dfrac{\mathfrak{G}_2}{\mathfrak{B}_2} = +0{,}44\,, \\
 & & \mathfrak{C}_3 = +2{,}74\,, & -\dfrac{\mathfrak{D}_3}{\mathfrak{C}_3} = 0\,, & -\dfrac{\mathfrak{E}_3}{\mathfrak{C}_3} = 0\,, & -\dfrac{\mathfrak{G}_3}{\mathfrak{C}_3} = +0{,}16\,, \\
 & & & \mathfrak{D}_4 = +1{,}76\,, & -\dfrac{\mathfrak{E}_4}{\mathfrak{D}_4} = +0{,}40\,, & -\dfrac{\mathfrak{G}_4}{\mathfrak{D}_4} = 0\,, \\
 & & & & \mathfrak{E}_5 = +1{,}34\,, & -\dfrac{\mathfrak{G}_5}{\mathfrak{E}_5} = +0{,}69\,, \\
 & & & & & \mathfrak{G}_6 = +0{,}84\,.
\end{array}$$

Damit ergeben sich die Gewichtskoeffizienten Q_{11}, Q_{22}, ... Q_{66} wie folgt:

$\mathfrak{f}_1$	-1	$\mathfrak{f}_2$	.	$\mathfrak{f}_3$	.	$\mathfrak{f}_4$	.	$\mathfrak{f}_5$	.	$\mathfrak{f}_6$	.	Probe.	
		$-\frac{\mathfrak{b}_1}{\mathfrak{a}_1}\mathfrak{f}_1$	$-0{,}34$	$-\frac{\mathfrak{c}_1}{\mathfrak{a}_1}\mathfrak{f}_1$	.	$-\frac{\mathfrak{d}_1}{\mathfrak{a}_1}\mathfrak{f}_1$	.	$-\frac{\mathfrak{e}_1}{\mathfrak{a}_1}\mathfrak{f}_1$	.	$-\frac{\mathfrak{g}_1}{\mathfrak{a}_1}\mathfrak{f}_1$	.	$+\frac{\mathfrak{f}_1}{\mathfrak{a}_1}\mathfrak{f}_1$	$+0{,}53$
$-\frac{\mathfrak{f}_1}{\mathfrak{a}_1}$	$+0{,}53$	$\mathfrak{F}_2$	$-0{,}34$	$-\frac{\mathfrak{C}_2}{\mathfrak{B}_2}\mathfrak{F}_2$	$-0{,}13$	$-\frac{\mathfrak{D}_2}{\mathfrak{B}_2}\mathfrak{F}_2$	.	$-\frac{\mathfrak{E}_2}{\mathfrak{B}_2}\mathfrak{F}_2$	.	$-\frac{\mathfrak{G}_2}{\mathfrak{B}_2}\mathfrak{F}_2$	$-0{,}15$	$+\frac{\mathfrak{F}_2}{\mathfrak{B}_2}\mathfrak{F}_2$	$+0{,}05$
$-\frac{\mathfrak{g}_1}{\mathfrak{a}_1}Q_{16}$	.	$-\frac{\mathfrak{F}_2}{\mathfrak{B}_2}$	$+0{,}14$	$\mathfrak{F}_3$	$-0{,}13$	$-\frac{\mathfrak{D}_3}{\mathfrak{C}_3}\mathfrak{F}_3$	.	$-\frac{\mathfrak{E}_3}{\mathfrak{C}_3}\mathfrak{F}_3$	.	$-\frac{\mathfrak{G}_3}{\mathfrak{C}_3}\mathfrak{F}_3$	$-0{,}02$	$+\frac{\mathfrak{F}_3}{\mathfrak{C}_3}\mathfrak{F}_3$	$+0{,}01$
$-\frac{\mathfrak{e}_1}{\mathfrak{a}_1}Q_{15}$	.	$-\frac{\mathfrak{G}_2}{\mathfrak{B}_2}Q_{16}$	$+0{,}09$	$-\frac{\mathfrak{F}_3}{\mathfrak{C}_3}$	$+0{,}05$	$\mathfrak{F}_4$	.	$-\frac{\mathfrak{E}_4}{\mathfrak{D}_4}\mathfrak{F}_4$	.	$-\frac{\mathfrak{G}_4}{\mathfrak{D}_4}\mathfrak{F}_4$	.	$+\frac{\mathfrak{F}_4}{\mathfrak{D}_4}\mathfrak{F}_4$	.
$-\frac{\mathfrak{d}_1}{\mathfrak{a}_1}Q_{14}$	.	$-\frac{\mathfrak{E}_2}{\mathfrak{B}_2}Q_{15}$	.	$-\frac{\mathfrak{G}_3}{\mathfrak{C}_3}Q_{16}$	$+0{,}03$	$-\frac{\mathfrak{F}_4}{\mathfrak{D}_4}$	.	$\mathfrak{F}_5$	.	$-\frac{\mathfrak{G}_5}{\mathfrak{E}_5}\mathfrak{F}_5$	.	$+\frac{\mathfrak{F}_5}{\mathfrak{E}_5}\mathfrak{F}_5$	.
$-\frac{\mathfrak{c}_1}{\mathfrak{a}_1}Q_{13}$	.	$-\frac{\mathfrak{D}_2}{\mathfrak{B}_2}Q_{14}$	.	$-\frac{\mathfrak{E}_3}{\mathfrak{C}_3}Q_{15}$	.	$-\frac{\mathfrak{G}_4}{\mathfrak{D}_4}Q_{16}$	.	$-\frac{\mathfrak{F}_5}{\mathfrak{E}_5}$	.	$\mathfrak{F}_6$	$-0{,}17$	$+\frac{\mathfrak{F}_6}{\mathfrak{G}_6}\mathfrak{F}_6$	$+0{,}03$
$-\frac{\mathfrak{b}_1}{\mathfrak{a}_1}Q_{12}$	$+0{,}08$	$-\frac{\mathfrak{C}_2}{\mathfrak{B}_2}Q_{13}$	$+0{,}03$	$-\frac{\mathfrak{D}_3}{\mathfrak{C}_3}Q_{14}$	.	$-\frac{\mathfrak{E}_4}{\mathfrak{D}_4}Q_{15}$	$+0{,}06$	$-\frac{\mathfrak{G}_5}{\mathfrak{E}_5}Q_{16}$	$+0{,}14$	$-\frac{\mathfrak{F}_6}{\mathfrak{G}_6}$			
Q_{11}	$+0{,}61$	Q_{12}	$+0{,}26$	Q_{13}	$+0{,}08$	Q_{14}	$+0{,}06$	Q_{15}	$+0{,}14$	$= Q_{16}$	$+0{,}20$	Q_{11}	$+0{,}62$

$\mathfrak{f}_2$	-1	$\mathfrak{f}_3$	.	$\mathfrak{f}_4$	.	$\mathfrak{f}_5$	.	$\mathfrak{f}_6$	.	Probe.	
$\mathfrak{F}_2$	-1	$-\frac{\mathfrak{E}_2}{\mathfrak{B}_2}\mathfrak{F}_2$	$-0{,}39$	$-\frac{\mathfrak{D}_2}{\mathfrak{B}_2}\mathfrak{F}_2$	.	$-\frac{\mathfrak{E}_2}{\mathfrak{B}_2}\mathfrak{F}_2$	.	$-\frac{\mathfrak{G}_2}{\mathfrak{B}_2}\mathfrak{F}_2$	$-0{,}44$	$+\frac{\mathfrak{F}_2}{\mathfrak{B}_2}\mathfrak{F}_2$	$+0{,}40$
$-\frac{\mathfrak{F}_2}{\mathfrak{B}_2}$	$+0{,}40$	$\mathfrak{F}_3$	$-0{,}39$	$-\frac{\mathfrak{D}_3}{\mathfrak{E}_3}\mathfrak{F}_3$	.	$-\frac{\mathfrak{E}_3}{\mathfrak{E}_3}\mathfrak{F}_3$	.	$-\frac{\mathfrak{G}_3}{\mathfrak{E}_3}\mathfrak{F}_3$	$-0{,}06$	$+\frac{\mathfrak{F}_3}{\mathfrak{E}_3}\mathfrak{F}_3$	$+0{,}05$
$-\frac{\mathfrak{G}_2}{\mathfrak{B}_2}Q_{26}$	$+0{,}26$	$-\frac{\mathfrak{F}_3}{\mathfrak{E}_3}$	$+0{,}14$	$\mathfrak{F}_4$	.	$-\frac{\mathfrak{E}_4}{\mathfrak{D}_4}\mathfrak{F}_4$	.	$-\frac{\mathfrak{G}_4}{\mathfrak{D}_4}\mathfrak{F}_4$	.	$+\frac{\mathfrak{F}_4}{\mathfrak{D}_4}\mathfrak{F}_4$	.
$-\frac{\mathfrak{E}_2}{\mathfrak{B}_2}Q_{25}$	.	$-\frac{\mathfrak{G}_3}{\mathfrak{E}_3}Q_{26}$	$+0{,}10$	$-\frac{\mathfrak{F}_4}{\mathfrak{D}_4}$	.	$\mathfrak{F}_5$	.	$-\frac{\mathfrak{G}_5}{\mathfrak{E}_5}\mathfrak{F}_5$	.	$+\frac{\mathfrak{F}_5}{\mathfrak{D}_5}\mathfrak{F}_5$	.
$-\frac{\mathfrak{D}_2}{\mathfrak{B}_2}Q_{24}$	.	$-\frac{\mathfrak{E}_3}{\mathfrak{E}_3}Q_{25}$	.	$-\frac{\mathfrak{G}_4}{\mathfrak{D}_4}Q_{26}$	.	$-\frac{\mathfrak{F}_5}{\mathfrak{E}_5}$	.	$\mathfrak{F}_6$	$-0{,}50$	$+\frac{\mathfrak{F}_6}{\mathfrak{G}_6}\mathfrak{F}_6$	$+0{,}30$
$-\frac{\mathfrak{E}_2}{\mathfrak{B}_2}Q_{23}$	$+0{,}09$	$-\frac{\mathfrak{D}_3}{\mathfrak{E}_3}Q_{24}$	.	$-\frac{\mathfrak{E}_4}{\mathfrak{D}_4}Q_{25}$	$+0{,}16$	$-\frac{\mathfrak{G}_5}{\mathfrak{E}_5}Q_{26}$	$+0{,}41$	$-\frac{\mathfrak{F}_6}{\mathfrak{G}_6}$			
Q_{22}	$+0{,}75$	Q_{23}	$+0{,}24$	Q_{24}	$+0{,}16$	Q_{25}	$+0{,}41$	$=Q_{26}$	$+0{,}60$	Q_{22}	$+0{,}75$

$\mathfrak{f}_3$	-1	$\mathfrak{f}_4$	.	$\mathfrak{f}_5$	.	$\mathfrak{f}_6$	.	Probe.	
$\mathfrak{F}_3$	-1	$-\frac{\mathfrak{D}_3}{\mathfrak{E}_3}\mathfrak{F}_3$	.	$-\frac{\mathfrak{E}_3}{\mathfrak{E}_3}\mathfrak{F}_3$	.	$-\frac{\mathfrak{G}_3}{\mathfrak{E}_3}\mathfrak{F}_3$	$-0{,}16$	$+\frac{\mathfrak{F}_3}{\mathfrak{E}_3}\mathfrak{F}_3$	$+0{,}36$
$-\frac{\mathfrak{F}_3}{\mathfrak{E}_3}$	$+0{,}36$	$\mathfrak{F}_4$	.	$-\frac{\mathfrak{E}_4}{\mathfrak{D}_4}\mathfrak{F}_4$	.	$-\frac{\mathfrak{G}_4}{\mathfrak{D}_4}\mathfrak{F}_4$	.	$+\frac{\mathfrak{F}_4}{\mathfrak{D}_4}\mathfrak{F}_4$	.
$-\frac{\mathfrak{G}_3}{\mathfrak{E}_3}Q_{36}$	$+0{,}03$	$-\frac{\mathfrak{F}_4}{\mathfrak{D}_4}$	.	$\mathfrak{F}_5$	.	$-\frac{\mathfrak{G}_5}{\mathfrak{E}_5}\mathfrak{F}_5$	.	$+\frac{\mathfrak{F}_5}{\mathfrak{E}_5}\mathfrak{F}_5$	.
$-\frac{\mathfrak{E}_3}{\mathfrak{E}_3}Q_{35}$	.	$-\frac{\mathfrak{G}_4}{\mathfrak{D}_4}Q_{36}$	.	$-\frac{\mathfrak{F}_5}{\mathfrak{E}_5}$	.	$\mathfrak{F}_6$	$-0{,}16$	$+\frac{\mathfrak{F}_6}{\mathfrak{G}_6}\mathfrak{F}_6$	$+0{,}03$
$-\frac{\mathfrak{D}_3}{\mathfrak{E}_3}Q_{34}$	.	$-\frac{\mathfrak{E}_4}{\mathfrak{D}_4}Q_{35}$	$+0{,}05$	$-\frac{\mathfrak{G}_5}{\mathfrak{E}_5}Q_{36}$	$+0{,}13$	$-\frac{\mathfrak{F}_6}{\mathfrak{G}_6}$			
Q_{33}	$+0{,}39$	Q_{34}	$+0{,}05$	Q_{35}	$+0{,}13$	$=Q_{36}$	$+0{,}19$	Q_{33}	$+0{,}39$

$\mathfrak{f}_4$	-1	$\mathfrak{f}_5$	.	$\mathfrak{f}_6$	.	Probe.	
$\mathfrak{F}_4$	-1	$-\frac{\mathfrak{E}_4}{\mathfrak{D}_4}\mathfrak{F}_4$	$-0{,}40$	$-\frac{\mathfrak{G}_4}{\mathfrak{D}_4}\mathfrak{F}_4$	.	$+\frac{\mathfrak{F}_4}{\mathfrak{D}_4}\mathfrak{F}_4$	$+0{,}57$
$-\frac{\mathfrak{F}_4}{\mathfrak{D}_4}$	$+0{,}57$	$\mathfrak{F}_5$	$-0{,}40$	$-\frac{\mathfrak{G}_5}{\mathfrak{E}_5}\mathfrak{F}_5$	$-0{,}28$	$+\frac{\mathfrak{F}_5}{\mathfrak{E}_5}\mathfrak{F}_5$	$+0{,}12$
$-\frac{\mathfrak{G}_4}{\mathfrak{D}_4}Q_{46}$	.	$-\frac{\mathfrak{F}_5}{\mathfrak{E}_5}$	$+0{,}30$	$\mathfrak{F}_6$	$-0{,}28$	$+\frac{\mathfrak{F}_6}{\mathfrak{G}_6}\mathfrak{F}_6$	$+0{,}09$
$-\frac{\mathfrak{E}_4}{\mathfrak{D}_4}Q_{45}$	$+0{,}21$	$-\frac{\mathfrak{G}_5}{\mathfrak{E}_5}Q_{46}$	$+0{,}23$	$-\frac{\mathfrak{F}_6}{\mathfrak{G}_6}$			
Q_{44}	$+0{,}78$	Q_{45}	$+0{,}53$	$=Q_{46}$	$+0{,}33$	Q_{44}	$+0{,}78$

$\mathfrak{f}_5$	-1	$\mathfrak{f}_6$	.	Probe.	
$\mathfrak{F}_5$	-1	$-\frac{\mathfrak{G}_5}{\mathfrak{E}_5}\mathfrak{F}_5$	$-0{,}69$	$+\frac{\mathfrak{F}_5}{\mathfrak{E}_5}\mathfrak{F}_5$	$+0{,}75$
$-\frac{\mathfrak{F}_5}{\mathfrak{E}_5}$	$+0{,}75$	$\mathfrak{F}_6$	$-0{,}69$	$+\frac{\mathfrak{F}_6}{\mathfrak{G}_6}\mathfrak{F}_6$	$+0{,}57$
$-\frac{\mathfrak{G}_5}{\mathfrak{E}_5}Q_{56}$	$+0{,}57$	$-\frac{\mathfrak{F}_6}{\mathfrak{G}_6}$			
Q_{55}	$+1{,}32$	$=Q_{56}$	$+0{,}82$	Q_{55}	$+1{,}32$
$\mathfrak{F}_6$	-1			$Q_{66}=-\frac{\mathfrak{F}_6}{\mathfrak{G}_6}$	$1{,}19$

Hiernach wird:

$$\text{(220)}\quad \begin{cases} P_2=\frac{1}{Q_{11}}=\frac{1}{0{,}61}=1{,}64\,, & P_3=\frac{1}{Q_{22}}=\frac{1}{0{,}75}=1{,}33\,, & P_4=\frac{1}{Q_{33}}=\frac{1}{0{,}39}=2{,}56\,, \\ P_5=\frac{1}{Q_{44}}=\frac{1}{0{,}78}=1{,}28\,, & P_6=\frac{1}{Q_{55}}=\frac{1}{1{,}32}=0{,}76\,, & P_7=\frac{1}{Q_{66}}=\frac{1}{1{,}19}=0{,}84\,, \end{cases}$$

$$\text{(221)}\quad \begin{cases} M_2=\pm\,\mathfrak{m}\sqrt{Q_{11}}=\pm\,3{,}7\cdot 0{,}78=\pm\,2{,}9^{\text{mm}}, & M_5=\pm\,\mathfrak{m}\sqrt{Q_{44}}=\pm\,3{,}7\cdot 0{,}88=\pm\,3{,}3^{\text{mm}}, \\ M_3=\pm\,\mathfrak{m}\sqrt{Q_{22}}=\pm\,3{,}7\cdot 0{,}87=\pm\,3{,}2^{\text{mm}}, & M_6=\pm\,\mathfrak{m}\sqrt{Q_{55}}=\pm\,3{,}7\cdot 1{,}15=\pm\,4{,}3^{\text{mm}}, \\ M_4=\pm\,\mathfrak{m}\sqrt{Q_{33}}=\pm\,3{,}7\cdot 0{,}62=\pm\,2{,}3^{\text{mm}}, & M_7=\pm\,\mathfrak{m}\sqrt{Q_{66}}=\pm\,3{,}7\cdot 1{,}09=\pm\,4{,}0^{\text{mm}}. \end{cases}$$

Die Gewichte sind nach § 35 in unserer Rechnung derart angesetzt, daſs das Gewicht eines einmaligen Nivellements einer Strecke von 1 Kilometer Länge mit

Zielweiten von 50 Meter $\mathfrak{p}_{1\,\text{km}} = 0{,}25$ ist. Daher müssen wir die erhaltenen Zahlenwerte der Gewichte $P_2, P_3, \ldots. P_6$ mit 4 multipliziren, um sie auf die gebräuchliche Gewichtseinheit zu beziehen, womit wir 6,6, 5,3, 10,2, 5,1, 3,0, 3,4 als Gewichte der wahrscheinlichsten Werte $H_2, H_3, \ldots. H_7$ der Höhen der Punkte 2, 3, ... 7 erhalten.

6. Zu § 36. Rückwärtseinschneiden.

1. Zur Bestimmung der wahrscheinlichsten Werte x, y, o der Koordinaten des Punktes P und des Orientirungswinkels haben wir nach § 36, Nr. 5 und 7 die reduzirten Endgleichungen:

$$\begin{aligned} +4\,do + 68{,}5\,d\mathfrak{x} + 130{,}3\,d\mathfrak{y} - 48 &= 0, \\ +30\,196\,d\mathfrak{x} - 1\,720\,d\mathfrak{y} - 1\,806 &= 0, \\ +20\,002\,d\mathfrak{y} - 1\,383 &= 0, \end{aligned}$$

wonach die bei Berechnung der Gewichtskoeffizienten Q zu benutzenden Faktoren der Endgleichungen und die sich aus diesen ergebenden Quotienten sind:

$$\mathfrak{a}_1 = +4, \quad \begin{array}{l} \mathfrak{b}_1 = +68{,}5, \\ \mathfrak{B}_2 = +30\,196, \end{array} \quad \begin{array}{l} \mathfrak{c}_1 = +130{,}3, \\ \mathfrak{C}_2 = -1\,720, \\ \mathfrak{C}_3 = +20\,002, \end{array} \quad -\frac{\mathfrak{b}_1}{\mathfrak{a}_1} = -17{,}1, \quad \begin{array}{l} -\dfrac{\mathfrak{c}_1}{\mathfrak{a}_1} = -32{,}6, \\ -\dfrac{\mathfrak{C}_2}{\mathfrak{B}_2} = +0{,}057. \end{array}$$

Hiermit ergeben sich die Gewichtskoeffizienten Q_{11}, Q_{22}, Q_{33} wie folgt:

$\mathfrak{f}_1$	-1	$\mathfrak{f}_2$	0,0	$\mathfrak{f}_3$	0,0	Probe.	
		$-\frac{\mathfrak{b}_1}{\mathfrak{a}_1}\mathfrak{f}_1$	$+17{,}1$	$-\frac{\mathfrak{c}_1}{\mathfrak{a}_1}\mathfrak{f}_1$	$+32{,}6$	$+\frac{\mathfrak{f}_1}{\mathfrak{a}_1}\mathfrak{f}_1$	$+0{,}25$
$-\frac{\mathfrak{f}_1}{\mathfrak{a}_1}$	$+0{,}25$	$\mathfrak{F}_2$	$+17{,}1$	$-\frac{\mathfrak{C}_2}{\mathfrak{B}_2}\mathfrak{F}_2$	$+1{,}0$	$+\frac{\mathfrak{F}_2}{\mathfrak{B}_2}\mathfrak{F}_2$	$+0{,}01$
$-\frac{\mathfrak{c}_1}{\mathfrak{a}_1}Q_{13}$	$+0{,}05$	$-\frac{\mathfrak{F}_2}{\mathfrak{B}_2}$	$-0{,}000\,57$	$\mathfrak{F}_3$	$+33{,}6$	$+\frac{\mathfrak{F}_3}{\mathfrak{C}_3}\mathfrak{F}_3$	$+0{,}06$
$-\frac{\mathfrak{b}_1}{\mathfrak{a}_1}Q_{12}$	$+0{,}01$	$-\frac{\mathfrak{C}_2}{\mathfrak{B}_2}Q_{13}$	$-0{,}000\,10$	$-\frac{\mathfrak{F}_3}{\mathfrak{C}_3}$			
Q_{11}	$+0{,}31$	Q_{12}	$-0{,}000\,67$	$=Q_{13}$	$-0{,}001\,68$	Q_{11}	$+0{,}32$
$\mathfrak{f}_2 =$	-1	$\mathfrak{f}_3$	0,000			$\mathfrak{f}_3$	-1
$\mathfrak{F}_2$	-1	$-\frac{\mathfrak{C}_2}{\mathfrak{B}_2}\mathfrak{F}_2$	$-0{,}057$			$\mathfrak{F}_3$	-1
$-\frac{\mathfrak{F}_2}{\mathfrak{B}_2}$	$+0{,}000\,033$	$\mathfrak{F}_3$	$-0{,}057$		$=Q_{33}$	$-\frac{\mathfrak{F}_3}{\mathfrak{C}_3}$	$+0{,}000\,050$
$-\frac{\mathfrak{C}_2}{\mathfrak{B}_2}Q_{23}$	$+0{,}000\,000$	$-\frac{\mathfrak{F}_3}{\mathfrak{C}_3}$					
Q_{22}	$+0{,}000\,033$	$=Q_{23}$	$+0{,}000\,003$				

Die Gewichte und mittleren Fehler P_o, M_o des wahrscheinlichsten Wertes o des Orientirungswinkels und P_x, P_y, M_x, M_y der wahrscheinlichsten Werte x, y der Koordinaten des Punktes P ergeben sich hiernach zu:

$$\text{(220)} \begin{cases} P_o = \dfrac{1}{Q_{11}} = \dfrac{1}{0{,}31} = 3{,}2, \\ P_x = \dfrac{1}{Q_{22}} = \dfrac{1}{0{,}000\,033} = 30\,300, \\ P_y = \dfrac{1}{Q_{33}} = \dfrac{1}{0{,}000\,050} = 20\,000; \end{cases}$$

$$\text{(221)} \begin{cases} M_o = \pm\,\mathfrak{m}\sqrt{Q_{11}} = \pm\,7{,}9 \cdot 0{,}56 = \pm\,4{,}4'', \\ M_x = \pm\,\mathfrak{m}\sqrt{Q_{22}} = \pm\,7{,}9 \cdot 0{,}00\,57 = \pm\,0{,}045^{\text{m}} = \pm\,4{,}5^{\text{cm}}, \\ M_y = \pm\,\mathfrak{m}\sqrt{Q_{33}} = \pm\,7{,}9 \cdot 0{,}00\,71 = \pm\,0{,}056^{\text{m}} = \pm\,5{,}6^{\text{cm}}, \end{cases}$$

2. Indem wir die im § 36, Nr. 3 und 5 entwickelten Gleichungen (**113**) und (**116**) zusammenfassen und in den sich ergebenden Gleichungen für a_n und b_n ihre Zahlenwerte nach § 36, Nr. 7 setzen, erhalten wir für die wahrscheinlichsten Werte R_1, R_2, R_3, R_4 der Richtungen:

$$\begin{aligned} R_1 &= \mathfrak{r}_1 - d\mathfrak{o} + 122{,}3\, d\mathfrak{x} - 63{,}1\, d\mathfrak{y}, \\ R_2 &= \mathfrak{r}_2 - d\mathfrak{o} - 18{,}3\, d\mathfrak{x} + 74{,}3\, d\mathfrak{y}, \\ R_3 &= \mathfrak{r}_3 - d\mathfrak{o} - 112{,}5\, d\mathfrak{x} - 21{,}8\, d\mathfrak{y}, \\ R_4 &= \mathfrak{r}_4 - d\mathfrak{o} - 60{,}0\, d\mathfrak{x} - 119{,}7\, d\mathfrak{y}, \end{aligned}$$

Hiernach sind zunächst für die Richtung R_1 die Differenzialquotienten l_1, l_2, l_3 nach Formel (**223**):

$$l_1 = -1, \qquad l_2 = +122{,}3, \qquad l_3 = -63{,}1,$$

womit sich das Gewicht P_1 von R_1 nach den Formeln (**226**) bis (**228**) ergiebt wie folgt:

l_1	-1	l_2	$+122$	l_3	-63	Gewicht P_1 und mittlerer Fehler M_1.			
		$-\frac{\mathfrak{b}_1}{\mathfrak{a}_1} l_1$	$+17$	$-\frac{\mathfrak{c}_1}{\mathfrak{a}_1} l_1$	$+33$	$+\frac{l_1}{\mathfrak{a}_1} l_1$	$+0{,}25$	$+l_1 Q_1$	$+0{,}29$
$+\frac{l_1}{\mathfrak{a}_1}$	$-0{,}25$	$\mathfrak{L}_2$	$+139$	$-\frac{\mathfrak{C}_2}{\mathfrak{B}_2}\mathfrak{L}_2$	$+8$	$+\frac{\mathfrak{L}_2}{\mathfrak{B}_2}\mathfrak{L}_2$	$+0{,}64$	$+l_2 Q_2$	$+0{,}55$
$-\frac{\mathfrak{c}_1}{\mathfrak{a}_1} Q_3$	$+0{,}04$	$+\frac{\mathfrak{L}_2}{\mathfrak{B}_2}$	$+0{,}00\,46$	$\mathfrak{L}_3$	-22	$+\frac{\mathfrak{L}_3}{\mathfrak{C}_3}\mathfrak{L}_3$	$+0{,}02$	$+l_3 Q_3$	$+0{,}07$
$-\frac{\mathfrak{b}_1}{\mathfrak{a}_1} Q_2$	$-0{,}08$	$-\frac{\mathfrak{C}_2}{\mathfrak{B}_2} Q_3$	$-0{,}00\,01$	$+\frac{\mathfrak{L}_3}{\mathfrak{C}_3}$		$\frac{1}{P_1}$	$+0{,}91$	$\frac{1}{P_1}$	$+0{,}91$
Q_1	$-0{,}29$	Q_2	$+0{,}00\,45$	$= Q_3$	$-0{,}00\,11$	P_1	$1{,}1$	M_1	$\pm 7{,}4''$

In derselben Weise erhalten wir auch die Gewichte P_2, P_3, P_4 und die mittleren Fehler M_2, M_3, M_4 der wahrscheinlichsten Werte R_2, R_3, R_4 der Richtungen nach den Punkten P_2, P_3, P_4. Die Zahlenwerte sind:

$P_1 = 1{,}1,$	$M_1 = \pm 7{,}4'',$
$P_2 = 1{,}2,$	$M_2 = \pm 7{,}1'',$
$P_3 = 1{,}8,$	$M_3 = \pm 5{,}8'',$
$P_4 = 1{,}4,$	$M_4 = \pm 6{,}6''.$

7. Zu § 37. Vorwärtseinschneiden.

1. Nach Gleichung (33*) im § 37, Nr. 6 und nach § 37, Nr. 8 sind die reduzirten Endgleichungen (**122**) zur Bestimmung der wahrscheinlichsten Werte o_7, o_8, o_6 der Orientirungswinkel für die auf den Punkten P_7, P_8, P_6 beobachteten Richtungen und der wahrscheinlichsten Werte x, y der Koordinaten des Punktes P:

$$\begin{aligned} 4\, d\mathfrak{o}_7 + 18\, d\mathfrak{x} - 74\, d\mathfrak{y} + 1{,}0 &= 0, \\ 5\, d\mathfrak{o}_8 + 112\, d\mathfrak{x} + 22\, d\mathfrak{y} - 6{,}0 &= 0, \\ 5\, d\mathfrak{o}_6 + 60\, d\mathfrak{x} + 120\, d\mathfrak{y} - 5{,}5 &= 0, \\ +13\,158\, d\mathfrak{x} + 6\,732\, d\mathfrak{y} - 816 &= 0, \\ +12\,567\, d\mathfrak{y} - 160 &= 0, \end{aligned}$$

und hiernach die bei Berechnung der Gewichtskoeffizienten Q zu benutzenden Faktoren der Endgleichungen, sowie die sich aus diesen ergebenden Quotienten:

$\mathfrak{a}_1 = +4,$	$\mathfrak{b}_1 = 0,$	$\mathfrak{c}_1 = 0,$	$\mathfrak{d}_1 = +18,$	$\mathfrak{e}_1 = -74,$
	$\mathfrak{B}_2 = +5,$	$\mathfrak{C}_2 = 0,$	$\mathfrak{D}_2 = +112,$	$\mathfrak{E}_2 = +22,$
		$\mathfrak{C}_3 = +5,$	$\mathfrak{D}_3 = +60,$	$\mathfrak{E}_3 = +120,$
			$\mathfrak{D}_4 = +13\,158,$	$\mathfrak{E}_4 = +6{,}732,$
				$\mathfrak{E}_5 = +12\,567,$

$\mathfrak{a}_1 = +4, \quad -\frac{\mathfrak{b}_1}{\mathfrak{a}_1} = 0, \quad -\frac{\mathfrak{c}_1}{\mathfrak{a}_1} = 0, \quad -\frac{\mathfrak{d}_1}{\mathfrak{a}_1} = -\ 4{,}5, \quad -\frac{\mathfrak{e}_1}{\mathfrak{a}_1} = +18{,}5,$

$\mathfrak{B}_2 = +5, \quad -\frac{\mathfrak{C}_2}{\mathfrak{B}_2} = 0, \quad -\frac{\mathfrak{D}_2}{\mathfrak{B}_2} = -22{,}4, \quad -\frac{\mathfrak{E}_2}{\mathfrak{B}_2} = -\ 4{,}4;$

$\mathfrak{C}_3 = +5, \quad -\frac{\mathfrak{D}_3}{\mathfrak{C}_3} = -12{,}0, \quad -\frac{\mathfrak{E}_3}{\mathfrak{C}_3} = -24{,}0,$

$\mathfrak{D}_4 = +13\,158, \quad -\frac{\mathfrak{E}_4}{\mathfrak{D}_4} = -\ 0{,}512,$

$\mathfrak{E}_5 = +12\,562.$

Damit ergeben sich die Zahlenwerte von $Q_{11}, Q_{22}, \ldots Q_{55}$ wie folgt:

$\mathfrak{f}_1$	-1	$\mathfrak{f}_2$	.	$\mathfrak{f}_3$	.	$\mathfrak{f}_4$	.	$\mathfrak{f}_5$	.	Probe.	
		$-\frac{\mathfrak{b}_1}{\mathfrak{a}_1}\mathfrak{f}_1$	.	$-\frac{\mathfrak{c}_1}{\mathfrak{a}_1}\mathfrak{f}_1$	.	$-\frac{\mathfrak{d}_1}{\mathfrak{a}_1}\mathfrak{f}_1$	+4,5	$-\frac{\mathfrak{e}_1}{\mathfrak{a}_1}\mathfrak{f}_1$	−18,5	$+\frac{\mathfrak{f}_1}{\mathfrak{a}_1}\mathfrak{f}_1$	+0,25
$-\frac{\mathfrak{f}_1}{\mathfrak{a}_1}$	+0,25	$\mathfrak{F}_2$	.	$-\frac{\mathfrak{C}_2}{\mathfrak{B}_2}\mathfrak{F}_2$	.	$-\frac{\mathfrak{D}_2}{\mathfrak{B}_2}\mathfrak{F}_2$	.	$-\frac{\mathfrak{E}_2}{\mathfrak{B}_2}\mathfrak{F}_2$	. —	$+\frac{\mathfrak{F}_2}{\mathfrak{B}_2}\mathfrak{F}_2$	.
$-\frac{\mathfrak{e}_1}{\mathfrak{a}_1}Q_{15}$	+0,03	$-\frac{\mathfrak{F}_2}{\mathfrak{B}_2}$	.	$\mathfrak{F}_3$	.	$-\frac{\mathfrak{D}_3}{\mathfrak{C}_3}\mathfrak{F}_3$	.	$-\frac{\mathfrak{E}_3}{\mathfrak{C}_3}\mathfrak{F}_3$	.	$+\frac{\mathfrak{F}_3}{\mathfrak{C}_3}\mathfrak{F}_3$	.
$-\frac{\mathfrak{d}_1}{\mathfrak{a}_1}Q_{14}$	+0,01	$-\frac{\mathfrak{E}_2}{\mathfrak{B}_2}Q_{15}$	−0,007	$-\frac{\mathfrak{F}_3}{\mathfrak{C}_3}$	.	$\mathfrak{F}_4$	+4,5	$-\frac{\mathfrak{E}_4}{\mathfrak{D}_4}\mathfrak{F}_4$	− 2,3	$+\frac{\mathfrak{F}_4}{\mathfrak{D}_4}\mathfrak{F}_4$	+0,00
$-\frac{\mathfrak{c}_1}{\mathfrak{a}_1}Q_{13}$	.	$-\frac{\mathfrak{D}_2}{\mathfrak{B}_2}Q_{14}$	+0,026	$-\frac{\mathfrak{E}_3}{\mathfrak{C}_3}Q_{15}$	−0,040	$-\frac{\mathfrak{F}_4}{\mathfrak{D}_4}$	−0,000 34	$\mathfrak{F}_5$	−20,8	$+\frac{\mathfrak{F}_5}{\mathfrak{E}_5}\mathfrak{F}_5$	+0,03
$-\frac{\mathfrak{b}_1}{\mathfrak{a}_1}Q_{12}$	.	$-\frac{\mathfrak{C}_2}{\mathfrak{B}_2}Q_{13}$	.	$-\frac{\mathfrak{D}_3}{\mathfrak{C}_3}Q_{14}$	+0,014	$-\frac{\mathfrak{E}_4}{\mathfrak{D}_4}Q_{15}$	−0,000 84	$-\frac{\mathfrak{F}_5}{\mathfrak{E}_5}$		—	
Q_{11}	+0,29	Q_{12}	+0,019	Q_{13}	−0,026	Q_{14}	−0,001 18	$= Q_{15}$	+0,001 66	Q_{11}	+0,28

$\mathfrak{f}_2$	-1	$\mathfrak{f}_3$	.	$\mathfrak{f}_4$	.	$\mathfrak{f}_5$	.	Probe.	
$\mathfrak{F}_2$	-1	$-\frac{\mathfrak{C}_2}{\mathfrak{B}_2}\mathfrak{F}_2$	.	$-\frac{\mathfrak{D}_2}{\mathfrak{B}_2}\mathfrak{F}_2$	+22,4	$-\frac{\mathfrak{E}_2}{\mathfrak{B}_2}\mathfrak{F}_2$	+4,4	$+\frac{\mathfrak{F}_2}{\mathfrak{B}_2}\mathfrak{F}_2$	+0,20
$-\frac{\mathfrak{F}_2}{\mathfrak{B}_2}$	+0,20	$\mathfrak{F}_3$	.	$-\frac{\mathfrak{D}_3}{\mathfrak{C}_3}\mathfrak{F}_3$	.	$-\frac{\mathfrak{E}_3}{\mathfrak{C}_3}\mathfrak{F}_3$	.	$+\frac{\mathfrak{F}_3}{\mathfrak{C}_3}\mathfrak{F}_3$	.
$-\frac{\mathfrak{E}_2}{\mathfrak{B}_2}Q_{25}$	+0,00	$-\frac{\mathfrak{F}_3}{\mathfrak{C}_3}$	.	$\mathfrak{F}_4$	+22,4	$-\frac{\mathfrak{E}_4}{\mathfrak{D}_4}\mathfrak{F}_4$	−11,5	$+\frac{\mathfrak{F}_4}{\mathfrak{D}_4}\mathfrak{F}_4$	+0,04
$-\frac{\mathfrak{D}_2}{\mathfrak{B}_2}Q_{24}$	+0,03	$-\frac{\mathfrak{E}_3}{\mathfrak{C}_3}Q_{25}$	+0,013	$-\frac{\mathfrak{F}_4}{\mathfrak{D}_4}$	−0,00 17	$\mathfrak{F}_5$	−7,1	$+\frac{\mathfrak{F}_5}{\mathfrak{E}_5}\mathfrak{F}_5$	+0,00
$-\frac{\mathfrak{C}_2}{\mathfrak{B}_2}Q_{23}$	.	$-\frac{\mathfrak{D}_3}{\mathfrak{C}_3}Q_{24}$	+0,017	$-\frac{\mathfrak{E}_4}{\mathfrak{D}_4}Q_{25}$	+0,00 03	$-\frac{\mathfrak{F}_5}{\mathfrak{E}_5}$			
Q_{22}	+0,23	Q_{23}	+0,030	Q_{24}	−0,00 14	$= Q_{25}$	+0,000 56	Q_{22}	+0,24

$\mathfrak{f}_3$	-1	$\mathfrak{f}_4$	.	$\mathfrak{f}_5$	.	Probe.	
$\mathfrak{F}_2$	-1	$-\frac{\mathfrak{D}_3}{\mathfrak{C}_3}\mathfrak{F}_3$	+12,0	$-\frac{\mathfrak{E}_3}{\mathfrak{C}_3}\mathfrak{F}_3$	+24,0	$+\frac{\mathfrak{F}_3}{\mathfrak{C}_3}\mathfrak{F}_3$	+0,20
$-\frac{\mathfrak{F}_3}{\mathfrak{C}_3}$	+0,20	$\mathfrak{F}_4$	+12,0	$-\frac{\mathfrak{E}_4}{\mathfrak{D}_4}\mathfrak{F}_4$	− 6,1	$+\frac{\mathfrak{F}_4}{\mathfrak{D}_4}\mathfrak{F}_4$	+0,01
$-\frac{\mathfrak{E}_3}{\mathfrak{C}_3}Q_{35}$	+0,03	$-\frac{\mathfrak{F}_4}{\mathfrak{D}_4}$	−0,000 91	$\mathfrak{F}_5$	+17,9	$+\frac{\mathfrak{F}_5}{\mathfrak{D}_5}\mathfrak{F}_5$	+0,03
$-\frac{\mathfrak{D}_3}{\mathfrak{C}_3}Q_{34}$	+0,00	$-\frac{\mathfrak{E}_4}{\mathfrak{D}_4}Q_{35}$	+0,000 73	$-\frac{\mathfrak{F}_5}{\mathfrak{E}_5}$			
Q_{33}	+0,23	Q_{34}	−0,000 18	$= Q_{35}$	−0,001 42	Q_{33}	+0,24

$\mathfrak{f}_4$	-1	$\mathfrak{f}_5$		$\mathfrak{f}_5$	-1
$\mathfrak{F}_4$	-1	$-\frac{\mathfrak{E}_4}{\mathfrak{D}_4}\mathfrak{F}_4$	$+0{,}512$	$\mathfrak{F}_5$	-1
$-\frac{\mathfrak{F}_4}{\mathfrak{D}_4}$	$+0{,}000\,076$	$\mathfrak{F}_5$	$+0{,}512$	$-\frac{\mathfrak{F}_5}{\mathfrak{E}_5}$	
$-\frac{\mathfrak{E}_4}{\mathfrak{D}_4}Q_{45}$	$+0{,}000\,021$	$-\frac{\mathfrak{F}_5}{\mathfrak{E}_5}$		$=Q_{55}$	$+0{,}000\,080$
Q_{44}	$+0{,}000\,097$	$=Q_{45}$	$-0{,}000\,041$		

Hiernach wird:

$$
(220)\quad\begin{cases}
P_{o_7}=\frac{1}{Q_{11}}=\frac{1}{0{,}29}=3{,}4\,, \\
P_{o_8}=\frac{1}{Q_{22}}=\frac{1}{0{,}23}=4{,}3\,, \\
P_{o_6}=\frac{1}{Q_{33}}=\frac{1}{0{,}23}=4{,}3\,, \\
P_x=\frac{1}{Q_{44}}=\frac{1}{0{,}000\,10}=10\,000\,, \\
P_y=\frac{1}{Q_{55}}=\frac{1}{0{,}000\,08}=12\,500\,.
\end{cases}
$$

$$
(221)\quad\begin{cases}
M_{o_7}=\pm\,\mathfrak{m}\sqrt{Q_{11}}=\pm\,5{,}0\cdot 0{,}54\;=\pm\,2{,}6'', \\
M_{o_8}=\pm\,\mathfrak{m}\sqrt{Q_{22}}=\pm\,5{,}0\cdot 0{,}48\;=\pm\,2{,}4'', \\
M_{o_6}=\pm\,\mathfrak{m}\sqrt{Q_{33}}=\pm\,5{,}0\cdot 0{,}48\;=\pm\,2{,}4'', \\
M_x=\pm\,\mathfrak{m}\sqrt{Q_{44}}=\pm\,5{,}0\cdot 0{,}010=\pm\,0{,}050\,\mathrm{m}=\pm\,5{,}0\,\mathrm{cm}\,, \\
M_y=\pm\,\mathfrak{m}\sqrt{Q_{55}}=\pm\,5{,}0\cdot 0{,}009=\pm\,0{,}045\,\mathrm{m}=\pm\,4{,}5\,\mathrm{cm}\,.
\end{cases}
$$

2. Die wahrscheinlichsten Werte R_5, R_6, R_7, R_8 der Richtungen auf ⛢ 7 ergeben sich nach (13*) und (16*) im § 37, Nr. 3 und 5 mit den Zahlenwerten im § 37, Nr. 8 nach:

$$
\begin{aligned}
R_5 &= \mathfrak{r}_5 - d\mathfrak{o}_7\,, \\
R_6 &= \mathfrak{r}_6 - d\mathfrak{o}_7 - 18\,d\mathfrak{x} + 74\,d\mathfrak{y}\,, \\
R_7 &= \mathfrak{r}_7 - d\mathfrak{o}_7\,, \\
R_8 &= \mathfrak{r}_8 - d\mathfrak{o}_8\,.
\end{aligned}
$$

Demnach sind die Gewichte P_5, P_7, P_8 und die mittleren Fehler M_5, M_7, M_8 der Richtungen R_5, R_7, R_8 gleich dem Gewichte $P_{o_7}=3{,}4$ und dem mittleren Fehler $M_{o_7}=\pm\,2{,}6''$ des Orientirungswinkels o_7, während sich das Gewicht P_6 und der mittlere Fehler M_6 der Richtung R_6 wie folgt ergiebt:

l_1	-1	l_4	-18	l_5	$+74$	Gewicht P_6 und mittlerer Fehler M_6.			
		$-\frac{\mathfrak{b}_1}{\mathfrak{a}_1}l_1$	$+4$	$-\frac{\mathfrak{e}_1}{\mathfrak{a}_1}l_1$	-18	$+\frac{l_1}{\mathfrak{a}_1}l_1$	$+0{,}25$	$+l_1Q_1$	$+0{,}14$
$+\frac{l_1}{\mathfrak{a}_1}$	$-0{,}25$	$\mathfrak{L}_4$	-14	$-\frac{\mathfrak{E}_4}{\mathfrak{D}_4}\mathfrak{L}_4$	$+7$	$+\frac{\mathfrak{L}_4}{\mathfrak{D}_4}\mathfrak{L}_4$	$+0{,}02$	$+l_4Q_4$	$+0{,}07$
$-\frac{\mathfrak{e}_1}{\mathfrak{a}_1}Q_5$	$+0{,}09$	$+\frac{\mathfrak{L}_4}{\mathfrak{D}_4}$	$-0{,}00\,11$	$\mathfrak{L}_5$	$+63$	$+\frac{\mathfrak{L}_5}{\mathfrak{E}_5}\mathfrak{L}_5$	$+0{,}32$	$+l_5Q_5$	$+0{,}37$
$-\frac{\mathfrak{b}_1}{\mathfrak{a}_1}Q_4$	$+0{,}02$	$-\frac{\mathfrak{E}_4}{\mathfrak{D}_4}Q_5$	$-0{,}00\,26$	$-\frac{\mathfrak{L}_5}{\mathfrak{E}_5}$		$\frac{1}{P_6}$	$+0{,}59$	$\frac{1}{P_6}$	$=0{,}58$
Q_1	$-0{,}14$	Q_4	$-0{,}00\,37$	$=Q_5$	$+0{,}00\,50$	P_6	$1{,}7$	M_6	$\pm\,3{,}8''$

Die Gewichte und mittleren Fehler der wahrscheinlichsten Werte der übrigen Richtungen ergeben sich in ähnlicher Weise.

8. Zu § 38. Kombinirtes Vorwärts- und Rückwärtseinschneiden.

Die Berechnung der Gewichte P_x, P_y und der mittleren Fehler M_x, M_y der Koordinaten x, y des neu bestimmten Punktes P kann in Verbindung mit der Auflösung der Endgleichungen u. s. w. ebenso durchgeführt werden wie es unter Nr. 1 dieses Paragraphen geschehen ist:

$\mathfrak{a}_1$	$+43\,354$	$\mathfrak{b}_1$	$+5\,012$	$\mathfrak{f}_1$	$-2\,622$	$\mathfrak{b}_2$	$+36\,114$	$\mathfrak{f}_2$	$-1\,858$	Probe.	
		$-\frac{\mathfrak{b}_1}{\mathfrak{a}_1}$	$-0{,}116$	$-\frac{\mathfrak{f}_1}{\mathfrak{a}_1}$	$+0{,}060$	$-\frac{\mathfrak{b}_1}{\mathfrak{a}_1}\mathfrak{b}_1$	-581	$-\frac{\mathfrak{b}_1}{\mathfrak{a}_1}\mathfrak{f}_1$	$+304$	$-\frac{\mathfrak{f}_1}{\mathfrak{a}_1}\mathfrak{f}_1$	-159
				$-\frac{\mathfrak{b}_1}{\mathfrak{a}_1}d\mathfrak{y}$	$-0{,}005$	$\mathfrak{B}_2$	$+35\,533$	$\mathfrak{F}_2$	$-1\,554$	$-\frac{\mathfrak{F}_2}{\mathfrak{B}_2}\mathfrak{F}_2$	-68
		$\frac{\mathfrak{b}_2}{\mathfrak{a}_1}$	$0{,}83$	$d\mathfrak{x}$	$+0{,}055$			$d\mathfrak{y}=-\frac{\mathfrak{F}_2}{\mathfrak{B}_2}$	$+0{,}044$	Σ	-227
		$Q_{11}=\frac{1}{P_x}=\frac{\mathfrak{b}_2}{\mathfrak{a}_1}\frac{1}{\mathfrak{B}_2}$	$0{,}000\,023$			$Q_{22}=\frac{1}{P_y}=\frac{1}{\mathfrak{B}_2}$	$0{,}000\,028$			$\mathfrak{f}_1\,d\mathfrak{x}$	-144
		P_x	$44\,000$			P_y	$36\,000$			$\mathfrak{f}_2\,d\mathfrak{y}$	-82
										Σ	-226

$x=\mathfrak{x}+d\mathfrak{x}=\ 4\,745{,}10+0{,}06=\ 4\,745{,}16$ | $M_x=\pm\,\mathfrak{m}\sqrt{\frac{1}{P_x}}=\pm\,4{,}9\cdot 0{,}0048=\pm\,0{,}024^{\mathrm{m}}$

$y=\mathfrak{y}+d\mathfrak{y}=\times 6\,681{,}20+0{,}04=\times 6\,681{,}24$ | $M_y=\pm\,\mathfrak{m}\sqrt{\frac{1}{P_y}}=\pm\,4{,}9\cdot 0{,}0053=\pm\,0{,}026^{\mathrm{m}}$

9. Zu § 39. Bestimmung einer geraden Grenzstrecke.

1. Die reduzirten Endgleichungen zur Bestimmung der wahrscheinlichsten Werte x und y der Richtungstangente und der Anfangsordinate der Geraden sind nach § 39, Nr. 7 und 9:

$$+5\,d\mathfrak{y}+5\,788\,d\mathfrak{x}+2{,}786=0\,,$$
$$+2\,646\,000\,d\mathfrak{x}+286\quad=0\,,$$

wonach die bei Berechnung der Gewichtskoeffizienten Q zu benutzenden Faktoren der Endgleichungen sind:

$$\mathfrak{a}_1=+5\,,\qquad \mathfrak{b}_1=+5\,788\,,\quad \mathfrak{B}_2=+2\,646\,000\,,$$

Damit ergiebt sich nach den Formeln (**218** a) und (**218** b):

$$\mathfrak{F}_2=+\frac{\mathfrak{b}_1}{\mathfrak{a}_1}=+1\,158\,,\qquad Q_{12}=-\frac{\mathfrak{F}_2}{\mathfrak{B}_2}=-0{,}000\,437\,,$$

$$Q_{11}=+\frac{\mathfrak{b}_1}{\mathfrak{a}_1}Q_{12}+\frac{1}{\mathfrak{a}_1}=+0{,}707\,,\qquad Q_{22}=+\frac{1}{\mathfrak{B}_2}=+0{,}000\,000\,378\,.$$

Hiernach ergeben sich die Gewichte P_y, P_x und die mittleren Fehler M_y, M_x der wahrscheinlichsten Werte y, x der Anfangsordinate und der Richtungstangente der Geraden zu:

$$\text{(220)}\ \begin{cases} P_y=\frac{1}{Q_{11}}=1{,}41\,, \\ P_x=\frac{1}{Q_{22}}=2\,650\,00\,; \end{cases}\qquad \text{(221)}\ \begin{cases} M_y=\pm\,\mathfrak{m}\sqrt{Q_{11}}=\pm\,0{,}97\cdot 0{,}84=\pm\,0{,}81^{\mathrm{m}}\,, \\ M_x=\pm\,\mathfrak{m}\sqrt{Q_{22}}=\pm\,0{,}97\cdot 0{,}000\,61=\pm\,0{,}000\,59\,. \end{cases}$$

2. Nach den im § 39, Nr. 4 und 6 gewonnenen Gleichungen (**113**) und (**116**) ergiebt sich der wahrscheinlichste Wert O_n der Ordinate eines Punktes P_n nach:

$$O_n=\mathfrak{o}_n+d\mathfrak{y}+a_n\,d\mathfrak{x}$$

und somit für das Gewicht P_n von O_n nach den Formeln (**223**) und (**224**):

$$l_1=\frac{\partial O_n}{\partial\mathfrak{y}}=+1\,,\qquad l_2=\frac{\partial O_n}{\partial\mathfrak{x}}=+a_n\,,$$

$$\begin{aligned}\frac{1}{P_n}&=l_1\,l_1\,Q_{11}+2\,l_1\,l_2\,Q_{12}+l_2\,l_2\,Q_{22}\\ &=\quad Q_{11}+2\,a_n\quad Q_{12}+a_n\,a_n\,Q_{22}\\ &=0{,}707-0{,}000\,87\cdot a_n+0{,}000\,000\,378\cdot a_n\,a_n\,.\end{aligned}$$

Hiernach erhalten wir für die Gewichte $P_1, P_2, \ldots. P_5$ und die mittleren Fehler $M_1, M_2, \ldots. M_5$ der wahrscheinlichsten Werte $O_1, O_2, \ldots. O_5$ der Ordinaten der eingemessenen Punkte $P_1, P_2, \ldots. P_5$ der Geraden:

Nr. der Punkte.	a.	$a\,a$.	Q_{11}.	$2\,a\,Q_{12}$.	$a\,a\,Q_{22}$.	$\frac{1}{P}$.	P.	$\sqrt{\frac{1}{P}}$.	$M = \pm\,\mathfrak{m}\sqrt{\frac{1}{P}}$.
1	0	0	+ 0,707	— 0,000	+ 0,000	+ 0,707	1,4	0,84	± 0,81
2	713	508 000	+ 0,707	— 0,620	+ 0,192	+ 0,279	3,6	0,53	± 0,51
3	1 318	1 737 000	+ 0,707	— 1,148	+ 0,657	+ 0,216	4,6	0,46	± 0,45
4	1 731	2 996 000	+ 0,707	— 1,505	+ 1,132	+ 0,334	3,0	0,58	± 0,56
5	2 026	4 105 000	+ 0,707	— 1,766	+ 1,552	+ 0,493	2,0	0,70	± 0,68
	5 788	9 346 000	+ 3,535	— 5,039	+ 3,533	+ 2,029			

10. Zu § 41. Bestimmung einer Distanzteilung für den Okularauszug eines Fernrohrs.

1. Die reduzirten Endgleichungen zur Bestimmung der wahrscheinlichsten Werte x und y des Abstandes der Einstellmarke für den Okularauszug von der Objektivlinse und der Brennweite der Objektivlinse sind nach § 41, Nr. 6 und 9:

$$+11\,d\mathfrak{x} - 11{,}307\,d\mathfrak{y} + 0{,}49 = 0\,,$$
$$+0{,}011\,35\,d\mathfrak{y} - 0{,}057\,97 = 0\,,$$

wonach die bei Berechnung der Gewichtskoeffizienten Q zu benutzenden Faktoren der Endgleichungen sind:

$$\mathfrak{a}_1 = +11\,, \quad \Big| \quad \mathfrak{b}_1 = -11{,}307$$
$$\mathfrak{B}_2 = +\ 0{,}011\,35\,.$$

Damit ergiebt sich nach den Formeln (**218** a) und (**218** b):

$$\mathfrak{F}_2 = +\frac{\mathfrak{b}_1}{\mathfrak{a}_1} = -1{,}028\,, \quad \Big| \quad Q_{12} = -\frac{\mathfrak{F}_2}{\mathfrak{B}_2} = +90{,}57\,,$$
$$Q_{11} = -\frac{\mathfrak{b}_1}{\mathfrak{a}_1}\,Q_{12} + \frac{1}{\mathfrak{a}_1} = +93{,}20\,, \quad \Big| \quad Q_{22} = +\frac{1}{\mathfrak{B}_2} = +88{,}11$$

und für die Gewichte P_x, P_y und die mittleren Fehler M_x, M_y der wahrscheinlichsten Werte x, y:

$$(\mathbf{220})\ \begin{cases} P_x = \frac{1}{Q_{11}} = 0{,}001\,07\,, \\ P_y = \frac{1}{Q_{22}} = 0{,}001\,14\,; \end{cases} \quad (\mathbf{221})\ \begin{cases} M_x = \pm\,\mathfrak{m}\sqrt{Q_{11}} = \pm\,0{,}15\cdot 9{,}6 = \pm\,1{,}4^{\mathrm{mm}}\,, \\ M_y = \pm\,\mathfrak{m}\sqrt{Q_{22}} = \pm\,0{,}15\cdot 9{,}4 = \pm\,1{,}4^{\mathrm{mm}}\,. \end{cases}$$

2. Nach den im § 41, Nr. 5 gewonnenen Gleichungen (**113**) und (**116**) ergiebt sich der wahrscheinlichste Wert L_n der Ablesung am Okularauszuge nach:

$$L_n = \mathfrak{l}_n - d\mathfrak{x} + b_n\,d\mathfrak{y}$$

und somit für das Gewicht P_n von L_n nach den Formeln (**223**), (**226**) und (**227**):

$$(\mathbf{223}) \qquad l_1 = -\frac{\partial L_n}{\partial \mathfrak{x}} = -1\,, \quad \Big| \quad l_2 = \frac{\partial L_n}{\partial \mathfrak{y}} = +b_n\,,$$

$$(\mathbf{226}) \qquad \mathfrak{L}_2 = l_2 - \frac{\mathfrak{b}_1}{\mathfrak{a}_1}\,l_1 = b_n - 1{,}027\,89\,;$$

$$(\mathbf{227}) \qquad \frac{1}{P_{L_n}} = \frac{l_1}{\mathfrak{a}_1}\,l_1 + \frac{\mathfrak{L}_2}{\mathfrak{B}_2}\,\mathfrak{L}_2 = 0{,}091 + \frac{\mathfrak{L}_2\,\mathfrak{L}_2}{0{,}011\,35}\,.$$

Hiernach erhalten wir für die Gewichte P_1, P_6, P_{11} und die mittleren Fehler M_1, M_6, M_{11} der wahrscheinlichsten Werte L_1, L_6, L_{11}:

$$\mathfrak{L}_{2\,1} = 1{,}117\,42 - 1{,}027\,89 = +0{,}089\,53\,,$$
$$\mathfrak{L}_{2\,6} = 1{,}013\,65 - 1{,}027\,89 = -0{,}014\,24\,,$$
$$\mathfrak{L}_{2\,11} = 1{,}004\,53 - 1{,}027\,89 = -0{,}023\,36\,;$$

$$\frac{1}{P_1} = 0{,}091 + 0{,}706 = 0{,}797\,, \qquad P_1 = 1{,}2\,,$$
$$\frac{1}{P_6} = 0{,}091 + 0{,}018 = 0{,}109\,, \qquad P_6 = 9{,}2\,,$$
$$\frac{1}{P_{11}} = 0{,}091 + 0{,}048 = 0{,}139\,, \qquad P_{11} = 7{,}2\,;$$

$$M_1 = \pm\,\mathfrak{m}\sqrt{\frac{1}{P_1}} = \pm\,0{,}15 \cdot 0{,}89 = \pm\,0{,}13^{\text{mm}}\,,$$
$$M_6 = \pm\,\mathfrak{m}\sqrt{\frac{1}{P_6}} = \pm\,0{,}15 \cdot 0{,}33 = \pm\,0{,}05^{\text{mm}}\,,$$
$$M_{11} = \pm\,\mathfrak{m}\sqrt{\frac{1}{P_{11}}} = \pm\,0{,}15 \cdot 0{,}37 = \pm\,0{,}06^{\text{mm}}\,.$$

2. Kapitel. Für bedingte Beobachtungen.

§ 65. Gewicht und mittlerer Fehler einer Funktion der wahrscheinlichsten Werte der beobachteten Gröfsen.

1. Das Gewicht P_L und der mittlere Fehler M_L einer Funktion

(230) $$L = \varphi\,(\mathrm{I}, \mathrm{II}, \mathrm{III}, \mathrm{IV}, \ldots)$$

der wahrscheinlichsten Werte I, II, III, IV, ... der beobachteten Gröfsen kann angegeben werden, sobald L als Funktion der unabhängigen Beobachtungsergebnisse 1, 2, 3, 4, ..., deren Gewichte p_1, p_2, p_3, p_4, ... wir kennen, dargestellt ist. Demnach zerlegen wir die wahrscheinlichsten Werte I, II, III, IV, ... der beobachteten Gröfsen in die Beobachtungsergebnisse 1, 2, 3, 4, ... und in die diesen zukommenden Verbesserungen (1), (2), (3), (4), ..., so dafs

(1*) $$L = \varphi\,(1 + (1),\ 2 + (2),\ 3 + (3),\ 4 + (4), \ldots)$$

wird. Bezeichnen wir nun die partiellen Differenzialquotienten von $\varphi\,(1, 2, 3, 4, \ldots)$ nach 1, 2, 3, 4, ... mit l_1, l_2, l_3, l_4, ..., so dafs also

(231) $$\begin{cases} l_1 = \dfrac{\partial \varphi\,(1, 2, 3, 4, \ldots)}{\partial 1}\,, \\ l_2 = \dfrac{\partial \varphi\,(1, 2, 3, 4, \ldots)}{\partial 2}\,, \\ l_3 = \dfrac{\partial \varphi\,(1, 2, 3, 4, \ldots)}{\partial 3}\,, \\ l_4 = \dfrac{\partial \varphi\,(1, 2, 3, 4, \ldots)}{\partial 4}\,, \\ \ldots\ldots\ldots\ldots\ldots\ldots, \end{cases}$$

ist, so geht die Gleichung (1*) über in:

(2*) $$L = \varphi\,(1, 2, 3, 4, \ldots) + l_1(1) + l_2(2) + l_3(3) + l_4(4) + \ldots$$

Setzen wir in diese Gleichung für (1), (2), (3), (4), ... die dafür in den Korrelatengleichungen **(156)** gegebenen Ausdrücke, so folgt:

(3*) $$L = \varphi\,(1, 2, 3, 4, \ldots) + \left[\frac{a\,l}{p}\right] k_a + \left[\frac{b\,l}{p}\right] k_b + \left[\frac{c\,l}{p}\right] k_c + \ldots$$

2. Die Korrelaten k_a, k_b, k_c, ... können wir nun nach den Endgleichungen **(157)** zuerst als Funktionen der Widersprüche f_a, f_b, f_c .... und dann nach den Gleichungen **(151)** und **(152)** als Funktionen der Beobachtungsergebnisse 1, 2, 3, 4, ... darstellen. Zu diesem Zwecke führen wir die Koeffizienten q_{11}, q_{12}, q_{13}, ...; q_{21}, p_{22}, q_{23}, ...; q_{31}, q_{32}, q_{33}, ...; .... ein, und setzen sie derart fest, dafs wird:

$$(4^*)\quad \left\{\begin{array}{l}
\left[\frac{a\,a}{p}\right] q_{11} + \left[\frac{a\,b}{p}\right] q_{12} + \left[\frac{a\,c}{p}\right] q_{13} + \ldots\ldots = 1, \\
\left[\frac{a\,b}{p}\right] q_{11} + \left[\frac{b\,b}{p}\right] q_{12} + \left[\frac{b\,c}{p}\right] q_{13} + \ldots\ldots = 0, \\
\left[\frac{a\,c}{p}\right] q_{11} + \left[\frac{b\,c}{p}\right] q_{12} + \left[\frac{c\,c}{p}\right] q_{13} + \ldots\ldots = 0, \\
\ldots\ldots\ldots\ldots\ldots\ldots\ldots\ldots\ldots\ldots\ldots\ldots\ldots ; \\
\left[\frac{a\,a}{p}\right] q_{21} + \left[\frac{a\,b}{p}\right] q_{22} + \left[\frac{a\,c}{p}\right] q_{23} + \ldots\ldots = 0, \\
\left[\frac{a\,b}{p}\right] q_{21} + \left[\frac{b\,b}{p}\right] q_{22} + \left[\frac{b\,c}{p}\right] q_{23} + \ldots\ldots = 1, \\
\left[\frac{a\,c}{p}\right] q_{21} + \left[\frac{b\,c}{p}\right] q_{22} + \left[\frac{c\,c}{p}\right] q_{23} + \ldots\ldots = 0, \\
\ldots\ldots\ldots\ldots\ldots\ldots\ldots\ldots\ldots\ldots\ldots\ldots\ldots ; \\
\left[\frac{a\,a}{p}\right] q_{31} + \left[\frac{a\,b}{p}\right] q_{32} + \left[\frac{a\,c}{p}\right] q_{33} + \ldots\ldots = 0, \\
\left[\frac{a\,b}{p}\right] q_{31} + \left[\frac{b\,b}{p}\right] q_{32} + \left[\frac{b\,c}{p}\right] q_{33} + \ldots\ldots = 0, \\
\left[\frac{a\,c}{p}\right] q_{31} + \left[\frac{b\,c}{p}\right] q_{32} + \left[\frac{c\,c}{p}\right] q_{33} + \ldots\ldots = 1, \\
\ldots\ldots\ldots\ldots\ldots\ldots\ldots\ldots\ldots\ldots\ldots\ldots\ldots
\end{array}\right.$$

u. s. w.

Dann erhalten wir ähnlich wie im § 62, Nr. 2:

$$(5^*)\quad \left\{\begin{array}{l}
k_a = f_a q_{11} + f_b q_{12} + f_c q_{13} + \ldots\ldots, \\
k_b = f_a q_{21} + f_b q_{22} + f_c q_{23} + \ldots\ldots, \\
k_c = f_a q_{31} + f_b q_{32} + f_c q_{33} + \ldots\ldots, \\
\ldots\ldots\ldots\ldots\ldots\ldots\ldots\ldots\ldots\ldots
\end{array}\right.$$

Beachten wir nun, dafs nach den Gleichungen **(151)** und **(152)**

$$(6^*)\quad \left\{\begin{array}{l}
f_a = S_a - F_a(1, 2, 3, 4, \ldots\ldots), \\
f_b = S_b - F_b(1, 2, 3, 4, \ldots\ldots), \\
f_c = S_c - F_c(1, 2, 3, 4 \ldots\ldots), \\
\ldots\ldots\ldots\ldots\ldots\ldots\ldots\ldots\ldots\ldots
\end{array}\right.$$

ist, so erhalten wir:

$$(7^*)\quad \left\{\begin{array}{l}
k_a = (S_a - F_a(1, 2, 3, 4, \ldots\ldots))\, q_{11} + (S_b - F_b(1, 2, 3, 4, \ldots\ldots))\, q_{12} \\
\qquad + (S_c - F_c(1, 2, 3, 4, \ldots\ldots))\, q_{13} + \ldots\ldots, \\
k_b = (S_a - F_a(1, 2, 3, 4, \ldots\ldots))\, q_{21} + (S_b - F_b(1, 2, 3, 4, \ldots\ldots))\, q_{22} \\
\qquad + (S_c - F_c(1, 2, 3, 4, \ldots\ldots))\, q_{23} + \ldots\ldots, \\
k_c = (S_a - F_a(1, 2, 3, 4, \ldots\ldots))\, q_{31} + (S_b - F_b(1, 2, 3, 4, \ldots\ldots))\, q_{32} \\
\qquad + (S_c - F_c(1, 2, 3, 4, \ldots\ldots))\, q_{33} + \ldots\ldots, \\
\ldots\ldots\ldots\ldots\ldots\ldots\ldots\ldots\ldots\ldots\ldots\ldots\ldots\ldots\ldots\ldots\ldots\ldots
\end{array}\right.$$

3. Die Ausdrücke für k_a, k_b, k_c, ... setzen wir nun in die Gleichung (3* ein und erhalten damit L als Funktion von 1, 2, 3, 4, ... wie folgt:

$$(8^*)\quad \begin{aligned} L = {} & \varphi(1, 2, 3, 4, \ldots) \\ & + (S_a - F_a(1, 2, 3, 4, \ldots))\left(\left[\frac{a\,l}{p}\right] q_{11} + \left[\frac{b\,l}{p}\right] q_{12} + \left[\frac{c\,l}{p}\right] q_{13} + \ldots\right) \\ & + (S_b - F_b(1, 2, 3, 4, \ldots))\left(\left[\frac{a\,l}{p}\right] q_{21} + \left[\frac{b\,l}{p}\right] q_{22} + \left[\frac{c\,l}{p}\right] q_{23} + \ldots\right) \\ & + (S_c - F_c(1, 2, 3, 4, \ldots))\left(\left[\frac{a\,l}{p}\right] q_{31} + \left[\frac{b\,l}{p}\right] q_{32} + \left[\frac{c\,l}{p}\right] q_{33} + \ldots\right) \\ & + \ldots\ldots\ldots\ldots\ldots\ldots\ldots\ldots\ldots\ldots \end{aligned}$$

Diesen Ausdruck vereinfachen wir noch durch Einführung der Koeffizienten $r_a, r_b, r_c, \ldots,$ die wir so festsetzen, dafs sie den folgenden Gleichungen genügen:

$$(232)\quad \begin{cases} \left[\frac{a\,a}{p}\right] r_a + \left[\frac{a\,b}{p}\right] r_b + \left[\frac{a\,c}{p}\right] r_c + \ldots \left[\frac{a\,l}{p}\right] = 0, \\ \left[\frac{a\,b}{p}\right] r_a + \left[\frac{b\,b}{p}\right] r_b + \left[\frac{b\,c}{p}\right] r_c + \ldots \left[\frac{b\,l}{p}\right] = 0, \\ \left[\frac{a\,c}{p}\right] r_a + \left[\frac{b\,c}{p}\right] r_b + \left[\frac{c\,c}{p}\right] r_c + \ldots \left[\frac{c\,l}{p}\right] = 0, \\ \ldots\ldots\ldots\ldots\ldots\ldots\ldots\ldots \end{cases}$$

Indem wir diese Gleichungen ebenso auflösen, wie wir unter Nr. 2 die Endgleichungen **(157)** aufgelöst haben, erhalten wir:

$$(9^*)\quad \begin{cases} r_a = -\left[\frac{a\,l}{p}\right] q_{11} - \left[\frac{b\,l}{p}\right] q_{12} - \left[\frac{c\,l}{p}\right] q_{13} - \ldots, \\ r_b = -\left[\frac{a\,l}{p}\right] q_{21} - \left[\frac{b\,l}{p}\right] q_{22} - \left[\frac{c\,l}{p}\right] q_{23} - \ldots, \\ r_c = -\left[\frac{a\,l}{p}\right] q_{31} - \left[\frac{b\,l}{p}\right] q_{32} - \left[\frac{c\,l}{p}\right] q_{33} - \ldots, \\ \ldots\ldots\ldots\ldots\ldots\ldots\ldots\ldots, \end{cases}$$

womit die Gleichung (8*) übergeht in:

$$(10^*)\quad \begin{aligned} L = \varphi(1, 2, 3, 4, \ldots) & - (S_a - F_a(1, 2, 3, 4, \ldots))\, r_a \\ & - (S_b - F_b(1, 2, 3, 4, \ldots))\, r_b \\ & - (S_c - F_c(1, 2, 3, 4, \ldots))\, r_c \\ & - \ldots\ldots\ldots\ldots\ldots \end{aligned}$$

4. Um nun das Gewicht P_L von L nach Formel **(45)** zu erhalten, bilden wir zuerst die partiellen Differenzialquotienten

$$(11^*)\quad L_1 = \frac{\partial L}{\partial 1}, \quad L_2 = \frac{\partial L}{\partial 2}, \quad L_3 = \frac{\partial L}{\partial 3}, \quad L_4 = \frac{\partial L}{\partial 4}, \ldots$$

unter Beachtung der durch die Formeln **(154)** und **(231)** eingeführten Bezeichnungen $a_n, b_n, c_n, \ldots,$ und l_n, und erhalten:

$$(233)\quad \begin{cases} L_1 = \frac{\partial L}{\partial 1} = l_1 + a_1 r_a + b_1 r_b + c_1 r_c + \ldots, \\ L_2 = \frac{\partial L}{\partial 2} = l_2 + a_2 r_a + b_2 r_b + c_2 r_c + \ldots, \\ L_3 = \frac{\partial L}{\partial 3} = l_3 + a_3 r_a + b_3 r_b + c_3 r_c + \ldots, \\ L_4 = \frac{\partial L}{\partial 4} = l_4 + a_4 r_a + b_4 r_b + c_4 r_c + \ldots, \\ \ldots\ldots\ldots\ldots\ldots\ldots\ldots\ldots \end{cases}$$

Dann ist nach Formel **(45)**:

$$(12^*)\quad \frac{1}{P_L} = L_1 L_1 \frac{1}{p_1} + L_2 L_2 \frac{1}{p_2} + L_3 L_3 \frac{1}{p_3} + L_4 L_4 \frac{1}{p_4} + \ldots = \left[\frac{L\,L}{p}\right].$$

5. Aufser dieser Formel können wir nun noch zwei weitere Formeln für die Berechnung des Gewichtes $\frac{1}{P_L}=\left[\frac{LL}{p}\right]$ gewinnen. Quadriren wir nämlich die letzten Ausdrücke für $L_1, L_2, L_3, L_4, \ldots.$, dividiren die Quadrate durch die Gewichte $p_1, p_2, p_3, p_4, \ldots.$ und addiren alles, so erhalten wir:

$$
(13^*)\quad \begin{aligned}
\frac{1}{P_L}=\left[\frac{LL}{p}\right]=\left[\frac{ll}{p}\right] &+\left[\frac{al}{p}\right]r_a+\left[\frac{bl}{p}\right]r_b+\left[\frac{cl}{p}\right]r_c+\ldots.\\
&+\left[\frac{al}{p}\right]r_a+\left[\frac{aa}{p}\right]r_a r_a+\left[\frac{ab}{p}\right]r_b r_a+\left[\frac{ac}{p}\right]r_c r_a+\ldots.\\
&+\left[\frac{bl}{p}\right]r_b+\left[\frac{ab}{p}\right]r_a r_b+\left[\frac{bb}{p}\right]r_b r_b+\left[\frac{bc}{p}\right]r_c r_b+\ldots.\\
&+\left[\frac{cl}{p}\right]r_c+\left[\frac{ac}{p}\right]r_a r_c+\left[\frac{bc}{p}\right]r_b r_c+\left[\frac{cc}{p}\right]r_c r_c+\ldots.\\
&+\ldots\ldots\ldots\ldots\ldots\ldots\ldots\ldots\ldots\ldots.
\end{aligned}
$$

Beachten wir nun, dafs wir in diesem Ausdrucke in den auf die erste Vertikalreihe folgenden Vertikalreihen $r_a, r_b, r_c, \ldots.$ als Faktor herausziehen können und dafs die dann übrigbleibenden Werte nach den Gleichungen **(232)** gleich Null sind, so folgt:

$$
(14^*)\qquad \frac{1}{P_L}=\left[\frac{LL}{p}\right]=\left[\frac{ll}{p}\right]+\left[\frac{al}{p}\right]r_a+\left[\frac{bl}{p}\right]r_b+\left[\frac{cl}{p}\right]r_c+\ldots.
$$

Indem wir dann noch nach den Formeln (**120** a) für die Faktoren der Gleichungen (4*) die einfacheren Bezeichnungen

$$
(\mathbf{234}\,a)\quad \left\{\begin{array}{llllll}
\mathfrak{a}_1=\left[\frac{aa}{p}\right], & \mathfrak{b}_1=\left[\frac{ab}{p}\right], & \mathfrak{c}_1=\left[\frac{ac}{p}\right], & \ldots., & \mathfrak{l}_1=\left[\frac{al}{p}\right],\\
 & \mathfrak{b}_2=\left[\frac{bb}{p}\right], & \mathfrak{c}_2=\left[\frac{bc}{p}\right], & \ldots., & \mathfrak{l}_2=\left[\frac{bl}{p}\right],\\
 & & \mathfrak{c}_3=\left[\frac{cc}{p}\right], & \ldots., & \mathfrak{l}_3=\left[\frac{cl}{p}\right],\\
 & & & \ldots., & \ldots\ldots\ldots
\end{array}\right.
$$

einführen und nach den Formeln (**120** b)

$$
(\mathbf{234}\,b)\quad \left\{\begin{array}{llll}
\mathfrak{B}_2=\mathfrak{b}_2-\frac{\mathfrak{b}_1}{\mathfrak{a}_1}\mathfrak{b}_1, & \mathfrak{C}_2=\mathfrak{c}_2-\frac{\mathfrak{b}_1}{\mathfrak{a}_1}\mathfrak{c}_1, & \ldots., & \mathfrak{L}_2=\mathfrak{l}_2-\frac{\mathfrak{b}_1}{\mathfrak{a}_1}\mathfrak{l}_1,\\
 & \mathfrak{C}_3=\mathfrak{c}_3-\frac{\mathfrak{c}_1}{\mathfrak{a}_1}\mathfrak{c}_1-\frac{\mathfrak{C}_2}{\mathfrak{B}_2}\mathfrak{C}_2, & \ldots., & \mathfrak{L}_3=\mathfrak{l}_3-\frac{\mathfrak{c}_1}{\mathfrak{a}_1}\mathfrak{l}_1-\frac{\mathfrak{C}_2}{\mathfrak{B}_2}\mathfrak{L}_2.\\
 & & \ldots., & \ldots\ldots\ldots\ldots
\end{array}\right.
$$

bilden, erhalten wir weiter unter Beachtung der auch hier anwendbaren Formel **(127)**:

$$
(\mathbf{235})\quad \begin{aligned}
\frac{1}{P_L}=\left[\frac{LL}{p}\right]&=\frac{L_1L_1}{p_1}+\frac{L_2L_2}{p_2}+\frac{L_3L_3}{p_3}+\frac{L_4L_4}{p_4}+\ldots.\\
&=\left[\frac{ll}{p}\right]+\mathfrak{l}_1 r_a+\mathfrak{l}_2 r_b+\mathfrak{l}_3 r_c+\ldots.\\
&=\left[\frac{ll}{p}\right]-\frac{\mathfrak{l}_1}{\mathfrak{a}_1}\mathfrak{l}_1-\frac{\mathfrak{L}_2}{\mathfrak{B}_2}\mathfrak{L}_2-\frac{\mathfrak{L}_3}{\mathfrak{C}_3}\mathfrak{L}_3-\ldots.
\end{aligned}
$$

Damit ergiebt sich dann auch der mittlere Fehler M_L von L nach Formel **(35)** zu:

$$
(\mathbf{236})\qquad M_L=\pm\,\mathfrak{m}\sqrt{\frac{1}{P_L}}.
$$

6. Die praktische Durchführung der Gewichtsberechnung wird zweckmäfsig wie folgt angeordnet:

Es werden die Differenzialquotienten $l_1, l_2, l_3, l_4, \ldots.$ nach Formel **(231)** und danach $\left[\frac{al}{p}\right], \left[\frac{bl}{p}\right], \left[\frac{cl}{p}\right], \ldots. \left[\frac{ll}{p}\right]$ gebildet.

Sodann wird weiter gerechnet nach dem folgenden Schema, das für den Fall eingerichtet ist, wo $r=5$ Endgleichungen vorliegen und das für jeden anderen Fall leicht vereinfacht oder erweitert werden kann:

(237)

$\left[\frac{al}{p}\right].$	$\left[\frac{bl}{p}\right].$	$\left[\frac{cl}{p}\right].$	$\left[\frac{dl}{p}\right].$	$\left[\frac{el}{p}\right].$	Gewicht P_L.	
$\mathfrak{l}_1$	$\mathfrak{l}_2$	$\mathfrak{l}_3$	$\mathfrak{l}_4$	$\mathfrak{l}_5$	$\left[\frac{ll}{p}\right]$	$\left[\frac{ll}{p}\right]$
	$-\frac{\mathfrak{b}_1}{\mathfrak{a}_1}\mathfrak{l}_1$	$-\frac{\mathfrak{c}_1}{\mathfrak{a}_1}\mathfrak{l}_1$	$-\frac{\mathfrak{d}_1}{\mathfrak{a}_1}\mathfrak{l}_1$	$-\frac{\mathfrak{e}_1}{\mathfrak{a}_1}\mathfrak{l}_1$	$-\frac{\mathfrak{l}_1}{\mathfrak{a}_1}\mathfrak{l}_1$	$+\mathfrak{l}_1 r_a$
$-\frac{\mathfrak{l}_1}{\mathfrak{a}_1}$	$=\mathfrak{L}_2$	$-\frac{\mathfrak{C}_2}{\mathfrak{B}_2}\mathfrak{L}_2$	$-\frac{\mathfrak{D}_2}{\mathfrak{B}_2}\mathfrak{L}_2$	$-\frac{\mathfrak{E}_2}{\mathfrak{B}_2}\mathfrak{L}_2$	$-\frac{\mathfrak{L}_2}{\mathfrak{B}_2}\mathfrak{L}_2$	$+\mathfrak{l}_2 r_b$
$-\frac{\mathfrak{e}_1}{\mathfrak{a}_1}r_e$	$-\frac{\mathfrak{L}_2}{\mathfrak{B}_2}$	$=\mathfrak{L}_3$	$-\frac{\mathfrak{D}_3}{\mathfrak{C}_3}\mathfrak{L}_3$	$-\frac{\mathfrak{E}_3}{\mathfrak{C}_3}\mathfrak{L}_3$	$-\frac{\mathfrak{L}_3}{\mathfrak{C}_3}\mathfrak{L}_3$	$+\mathfrak{l}_3 r_c$
$-\frac{\mathfrak{d}_1}{\mathfrak{a}_1}r_d$	$-\frac{\mathfrak{E}_2}{\mathfrak{B}_2}r_e$	$-\frac{\mathfrak{L}_3}{\mathfrak{C}_3}$	$=\mathfrak{L}_4$	$-\frac{\mathfrak{E}_4}{\mathfrak{D}_4}\mathfrak{L}_4$	$-\frac{\mathfrak{L}_4}{\mathfrak{D}_4}\mathfrak{L}_4$	$+\mathfrak{l}_4 r_d$
$-\frac{\mathfrak{c}_1}{\mathfrak{a}_1}r_c$	$-\frac{\mathfrak{D}_2}{\mathfrak{B}_2}r_d$	$-\frac{\mathfrak{E}_3}{\mathfrak{C}_3}r_e$	$-\frac{\mathfrak{L}_4}{\mathfrak{D}_4}$	$=\mathfrak{L}_5$	$-\frac{\mathfrak{L}_5}{\mathfrak{E}_5}\mathfrak{L}_5$	$+\mathfrak{l}_5 r_e$
$-\frac{\mathfrak{b}_1}{\mathfrak{a}_1}r_b$	$-\frac{\mathfrak{C}_2}{\mathfrak{B}_2}r_c$	$-\frac{\mathfrak{D}_3}{\mathfrak{C}_3}r_d$	$-\frac{\mathfrak{E}_4}{\mathfrak{D}_4}r_e$	$-\frac{\mathfrak{L}_5}{\mathfrak{E}_5}$	$=\frac{1}{P_L}=$	
$=r_a$	$=r_b$	$=r_c$	$=r_d$	$=r_e$		

Wie leicht zu ersehen ist, ist dies Schema zur Auflösung der Gleichungen **(232)** ebenso gebildet wie das Schema **(229)** zur Auflösung der Gleichungen **(225)**.

Die Zahlenwerte der Gröfsen $\mathfrak{B}_2$, $\mathfrak{C}_2$, $\mathfrak{D}_2$, $\mathfrak{E}_2$; $\mathfrak{C}_3$, $\mathfrak{D}_3$, $\mathfrak{E}_3$; $\mathfrak{D}_4$, $\mathfrak{E}_4$; $\mathfrak{E}_5$ sind auch hier unverändert aus der Auflösung der Endgleichungen **(157)** zu übernehmen.

In den beiden letzten mit Gewicht P_L überschriebenen Spalten werden die nach den beiden letzten Ausdrücken der Formel **(235)** folgenden Werte für $\frac{1}{P_L}$ erhalten.

Ein dritter Wert für $\frac{1}{P_L}$ kann dann noch erhalten werden, indem nach den Formeln **(233)** die einzelnen Werte von L_1, L_2, L_3, L_4, ... und danach $\frac{1}{P_L}=\left[\frac{LL}{p}\right]$ gebildet wird.

7. Wenn die Gewichte P_I, P_{II}, P_{III}, P_{IV}, ... und die mittleren Fehler M_I, M_{II}, M_{III}, M_{IV}, ... für die wahrscheinlichsten Werte I, II, III, IV, ... der beobachteten Gröfsen, also für die einfachen Funktionen

$$L_I=\mathrm{I},\quad L_{II}=\mathrm{II},\quad L_{III}=\mathrm{III},\quad L_{IV}=\mathrm{IV},\quad \ldots .$$

anzugeben sind, so wird nach den Formeln **(231)**

$$(238)\quad \left\{\begin{array}{l|l|l|l|l}
\text{für } L_I = \mathrm{I}:\ l_1=1, & l_2=0, & l_3=0, & l_4=0, & \ldots, \\
\text{„ } L_{II} = \mathrm{II}:\ l_1=0, & l_2=1, & l_3=0, & l_4=0, & \ldots, \\
\text{„ } L_{III} = \mathrm{III}:\ l_1=0, & l_2=0, & l_3=1, & l_4=0, & \ldots, \\
\text{„ } L_{IV} = \mathrm{IV}:\ l_1=0, & l_2=0, & l_3=0, & l_4=1, & \ldots, \\
\ldots\ldots\ldots:\ \ldots, & \ldots, & \ldots, & \ldots, & \ldots
\end{array}\right.$$

Dementsprechend wird dann

$$(239)\quad \left\{\begin{array}{l|l|l|l|l} \text{für } L_I = \text{I}: \left[\frac{ll}{p}\right]=\frac{1}{p_1}, & \left[\frac{al}{p}\right]=\frac{a_1}{p_1}, & \left[\frac{bl}{p}\right]=\frac{b_1}{p_1}, & \left[\frac{cl}{p}\right]=\frac{c_1}{p_1}, & \ldots., \\ \;\text{„}\; L_{II} = \text{II}: \left[\frac{ll}{p}\right]=\frac{1}{p_2}, & \left[\frac{al}{p}\right]=\frac{a_2}{p_2}, & \left[\frac{bl}{p}\right]=\frac{b_2}{p_2}, & \left[\frac{cl}{p}\right]=\frac{c_2}{p_2}, & \ldots., \\ \;\text{„}\; L_{III} = \text{III}: \left[\frac{ll}{p}\right]=\frac{1}{p_3}, & \left[\frac{al}{p}\right]=\frac{a_3}{p_3}, & \left[\frac{bl}{p}\right]=\frac{b_3}{p_3}, & \left[\frac{cl}{p}\right]=\frac{c_3}{p_3}, & \ldots., \\ \;\text{„}\; L_{IV} = \text{IV}: \left[\frac{ll}{p}\right]=\frac{1}{p_4}, & \left[\frac{al}{p}\right]=\frac{a_4}{p_4}, & \left[\frac{bl}{p}\right]=\frac{b_4}{p_4}, & \left[\frac{cl}{p}\right]=\frac{c_4}{p_4}, & \ldots., \\ \ldots\ldots\ldots\ldots, & \ldots\ldots, & \ldots\ldots, & \ldots\ldots, & \ldots.. \end{array}\right.$$

Im Uebrigen finden die vorentwickelten Formeln unverändert Anwendung

§ 66. Beispiele zu dem im § 65 entwickelten Verfahren.

Zur weiteren Erläuterung des Verfahrens wenden wir die im § 65 entwickelten Formeln u. s. w. auf einige der im V. Abschnitte behandelten Beispiele an.

1. Zu §§ 52 und 53. Bestimmung von Knotenpunkten in Polygonnetzen.

Die wahrscheinlichsten Werte der Höhen $H_2, H_3, \ldots. H_7$ der Punkte 2, 3, ...7 können aus den gegebenen Höhen und den wahrscheinlichsten Werten I, II, ... XI der Höhenunterschiede berechnet werden nach:

$$(230)\quad \left\{\begin{array}{l|l} H_2 = \mathbf{H}_1 + \text{I}, & H_5 = \mathbf{H}_{58} + \text{V}, \\ H_3 = \mathbf{H}_1 + \text{I} + \text{VII}, & H_6 = \mathbf{H}_{58} + \text{V} + \text{IX}, \\ H_4 = \mathbf{H}_{57} + \text{III}, & H_7 = \mathbf{H}_1 + \text{I} + \text{VII} - \text{XI}. \end{array}\right.$$

Die sich hieraus nach den Formeln **(231)** ergebenden Differenzialquotienten l sind in nachfolgender Tabelle mit den reziproken Werten $\frac{1}{p}$ der Gewichte und den Differenzialquotienten a, b, c, d, e (nach § 53) zusammengestellt.

Nr.	$\frac{1}{p}$.	a.	b.	c.	d.	e.	Differenzialquotienten l für H_2,	H_3,	H_4,	H_5,	H_6,	H_7.
1	1,22	.	.	−1	.	.	+1	+1	.	.	.	+1
2	2,27	.	−1	+1	.	.	.	.	.	.	.	.
3	0,89	.	+1	.	+1	.	.	.	+1	.	.	.
4	0,98	+1	.	.	+1	.	.	.	.	.	.	.
5	1,79	+1	.	.	.	+1	.	.	.	+1	+1	.
6	2,00	.	.	.	.	+1	.	.	.	.	.	.
7	1,56	.	−1	.	.	.	.	+1	.	.	.	+1
8	1,02	−1	+1	.	.	.	.	.	.	.	.	.
9	1,43	+1	.	.	.	.	.	.	.	.	+1	.
10	1,09	+1	.	.	.	.	.	.	.	.	.	.
11	0,91	+1	.	.	.	.	.	.	.	.	.	−1

Hiernach ergiebt sich

$$\begin{array}{llll} \text{für } H_2: & \left[\frac{al}{p}\right]=0, & \left[\frac{bl}{p}\right]=0, & \left[\frac{cl}{p}\right]=-1{,}22, \\ & \left[\frac{dl}{p}\right]=0, & \left[\frac{el}{p}\right]=0, & \left[\frac{ll}{p}\right]=+1{,}22, \\ \text{„}\; H_3: & \left[\frac{al}{p}\right]=0, & \left[\frac{bl}{p}\right]=-1{,}56, & \left[\frac{cl}{p}\right]=-1{,}22, \\ & \left[\frac{dl}{p}\right]=0, & \left[\frac{el}{p}\right]=0, & \left[\frac{ll}{p}\right]=+2{,}78, \end{array}$$

für H_4: $\left[\frac{a\,l}{p}\right]=0$, $\left[\frac{b\,l}{p}\right]=+0{,}89$, $\left[\frac{c\,l}{p}\right]=0$,

$\left[\frac{d\,l}{p}\right]=+0{,}89$, $\left[\frac{c\,l}{p}\right]=0$, $\left[\frac{l\,l}{p}\right]=+0{,}89$,

„ H_5: $\left[\frac{a\,l}{p}\right]=+1{,}79$, $\left[\frac{b\,l}{p}\right]=0$, $\left[\frac{c\,l}{p}\right]=0$,

$\left[\frac{d\,l}{p}\right]=0$, $\left[\frac{e\,l}{p}\right]=+1{,}79$, $\left[\frac{l\,l}{p}\right]=+1{,}79$,

„ H_6: $\left[\frac{a\,l}{p}\right]=+3{,}22$, $\left[\frac{b\,l}{p}\right]=0$, $\left[\frac{c\,l}{p}\right]=0$,

$\left[\frac{d\,l}{p}\right]=0$, $\left[\frac{e\,l}{p}\right]=+1{,}79$, $\left[\frac{l\,l}{p}\right]=+3{,}22$,

„ H_7: $\left[\frac{a\,l}{p}\right]=-0{,}91$, $\left[\frac{b\,l}{p}\right]=-1{,}56$, $\left[\frac{c\,l}{p}\right]=-1{,}22$,

$\left[\frac{d\,l}{p}\right]=0$, $\left[\frac{e\,l}{p}\right]=0$, $\left[\frac{l\,l}{p}\right]=+3{,}69$.

Die bei der Gewichtsberechnung zu benutzenden, bei der Auflösung der Endgleichungen im § 53 gebildeten Zahlenwerte sind:

$\mathfrak{a}_1=+7{,}22$, $-\frac{\mathfrak{b}_1}{\mathfrak{a}_1}=+0{,}141$, $-\frac{\mathfrak{c}_1}{\mathfrak{a}_1}=0{,}000$, $-\frac{\mathfrak{d}_1}{\mathfrak{a}_1}=-0{,}136$, $-\frac{\mathfrak{e}_1}{\mathfrak{a}_1}=-0{,}248$,

$\mathfrak{B}_2=+5{,}60$, $-\frac{\mathfrak{C}_2}{\mathfrak{B}_2}=+0{,}405$, $-\frac{\mathfrak{D}_2}{\mathfrak{B}_2}=-0{,}184$, $-\frac{\mathfrak{E}_2}{\mathfrak{B}_2}=-0{,}045$,

$\mathfrak{C}_3=+2{,}57$, $-\frac{\mathfrak{D}_3}{\mathfrak{C}_3}=-0{,}163$, $-\frac{\mathfrak{E}_3}{\mathfrak{C}_3}=-0{,}039$,

$\mathfrak{D}_4=+1{,}48$, $-\frac{\mathfrak{E}_4}{\mathfrak{D}_4}=+0{,}209$,

$\mathfrak{E}_5=+3{,}28$.

Mit diesen Zahlenwerten ergiebt sich das Gewicht P_2 für den wahrscheinlichsten Wert H_2 der Höhe des Punktes 2 nach den Formeln **(232)** bis **(235)** im Schema **(237)** wie folgt:

$\left[\frac{a\,l}{p}\right]$.		$\left[\frac{b\,l}{p}\right]$.		$\left[\frac{c\,l}{p}\right]$.		$\left[\frac{d\,l}{p}\right]$.		$\left[\frac{c\,l}{p}\right]$.		Gewicht P_2.			
$\mathfrak{l}_1$	.	$\mathfrak{l}_2$	.	$\mathfrak{l}_3$	−1,22	$\mathfrak{l}_4$	.	$\mathfrak{l}_5$	.	$\left[\frac{l\,l}{p}\right]$	+1,22	$\left[\frac{l\,l}{p}\right]$	+1,22
		$-\frac{\mathfrak{b}_1}{\mathfrak{a}_1}\mathfrak{l}_1$	.	$-\frac{\mathfrak{c}_1}{\mathfrak{a}_1}\mathfrak{l}_1$	.	$-\frac{\mathfrak{d}_1}{\mathfrak{a}_1}\mathfrak{l}_1$	.	$-\frac{\mathfrak{e}_1}{\mathfrak{a}_1}\mathfrak{l}_1$	.	$-\frac{\mathfrak{l}_1}{\mathfrak{a}_1}\mathfrak{l}_1$	.	$+\mathfrak{l}_1 r_a$	.
$-\frac{\mathfrak{l}_1}{\mathfrak{a}_1}$		$=\mathfrak{L}_2$	.	$-\frac{\mathfrak{C}_2}{\mathfrak{B}_2}\mathfrak{L}_2$	.	$-\frac{\mathfrak{D}_2}{\mathfrak{B}_2}\mathfrak{L}_2$	.	$-\frac{\mathfrak{E}_2}{\mathfrak{B}_2}\mathfrak{L}_2$	.	$-\frac{\mathfrak{L}_2}{\mathfrak{B}_2}\mathfrak{L}_2$	.	$+\mathfrak{l}_2 r_b$	.
$-\frac{\mathfrak{e}_1}{\mathfrak{a}_1}r_e$		$-\frac{\mathfrak{L}_2}{\mathfrak{B}_2}$		$=\mathfrak{L}_3$	−1,22	$-\frac{\mathfrak{D}_3}{\mathfrak{C}_3}\mathfrak{L}_3$	+0,20	$-\frac{\mathfrak{E}_3}{\mathfrak{C}_3}\mathfrak{L}_3$	+0,05	$-\frac{\mathfrak{L}_3}{\mathfrak{C}_3}\mathfrak{L}_3$	−0,58	$+\mathfrak{l}_3 r_c$	−0,61
$-\frac{\mathfrak{d}_1}{\mathfrak{a}_1}r_d$		$-\frac{\mathfrak{E}_2}{\mathfrak{B}_2}r_e$		$-\frac{\mathfrak{L}_3}{\mathfrak{C}_3}$	+0,475	$=\mathfrak{L}_4$	+0,20	$-\frac{\mathfrak{E}_4}{\mathfrak{D}_4}\mathfrak{L}_4$	+0,04	$-\frac{\mathfrak{L}_4}{\mathfrak{D}_4}\mathfrak{L}_4$	−0,03	$+\mathfrak{l}_4 r_d$	.
$-\frac{\mathfrak{c}_1}{\mathfrak{a}_1}r_c$		$-\frac{\mathfrak{D}_2}{\mathfrak{B}_2}r_d$		$-\frac{\mathfrak{E}_3}{\mathfrak{C}_3}r_e$	+0,001	$-\frac{\mathfrak{L}_4}{\mathfrak{D}_4}$	−0,135	$=\mathfrak{L}_5$	+0,09	$-\frac{\mathfrak{L}_5}{\mathfrak{E}_5}\mathfrak{L}_5$	0,00	$+\mathfrak{l}_5 r_e$	.
$-\frac{\mathfrak{b}_1}{\mathfrak{a}_1}r_b$		$-\frac{\mathfrak{C}_2}{\mathfrak{B}_2}r_c$		$-\frac{\mathfrak{D}_3}{\mathfrak{C}_3}r_d$	+0,023	$-\frac{\mathfrak{E}_4}{\mathfrak{D}_4}r_e$	−0,006	$-\frac{\mathfrak{L}_5}{\mathfrak{E}_5}$		$=\frac{1}{P_2}$	0,61	$=\frac{1}{P_2}$	0,61
$=r_a$		$=r_b$		$=r_c$	+0,499	$=r_d$	−0,141	$=r_e$	−0,027			P_2	1,64

Die übrigen Gewichte ergeben sich mit den vorher für die Höhen H_3, H_4, ... H_7 gebildeten Zahlenwerten von $\left[\frac{al}{p}\right]$, $\left[\frac{bl}{p}\right]$, ... $\left[\frac{el}{p}\right]$, $\left[\frac{ll}{p}\right]$ ganz in derselben Weise, wie das Gewicht P_2. Die sämtlichen Gewichte und die mittleren Fehler der wahrscheinlichsten Werte der Höhen H_2, H_3, . . . H_7 sind:

$$(235) \quad P_2 = 1{,}64\,, \quad P_3 = 1{,}32\,, \quad P_4 = 2{,}53\,, \quad P_5 = 1{,}30\,, \quad P_6 = 0{,}77\,, \quad P_7 = 0{,}83\,;$$

$$(236) \quad M_2 = \pm\, \mathfrak{m} \sqrt{\frac{1}{P_2}} = \pm\, 3{,}7 \sqrt{\frac{1}{1{,}64}} = \pm\, 2{,}9\,\text{mm}, \quad M_3 = \pm\, 3{,}7 \sqrt{\frac{1}{1{,}32}} = \pm\, 3{,}2\,\text{mm},$$

$$M_4 = \pm\, 3{,}7 \sqrt{\frac{1}{2{,}53}} = \pm\, 2{,}3\,\text{mm}, \quad M_5 = \pm\, 3{,}7 \sqrt{\frac{1}{1{,}30}} = \pm\, 3{,}2\,\text{mm},$$

$$M_6 = \pm\, 3{,}7 \sqrt{\frac{1}{0{,}77}} = \pm\, 4{,}2\,\text{mm}, \quad M_7 = \pm\, 3{,}7 \sqrt{\frac{1}{0{,}83}} = \pm\, 4{,}1\,\text{mm}.$$

Die Gewichte sind nach § 35 in unserer Rechnung derart angesetzt, daſs das Gewicht eines einmaligen Nivellements einer Strecke von 1 Kilometer Länge mit Zielweiten von 50 Meter $\mathfrak{p}_{1\,\text{km}} = 0{,}25$ ist. Daher müssen wir die erhaltenen Zahlenwerte der Gewichte $P_2, P_3, \ldots. P_6$ mit 4 multipliziren, um sie auf die gebräuchliche Gewichtseinheit zu beziehen, womit wir 6,6, 5,3, 10,1, 5,2, 3,1, 3,3 als Gewichte der wahrscheinlichsten Werte $H_2, H_3, \ldots. H_7$ der Höhen der Punkte 2, 3, ... 7 erhalten.*)

2. Zu §§ 54 bis 57. Berechnung von Dreiecksnetzen.

a) Wir berechnen zuerst für das als Beispiel 1 gegebene Dreiecksnetz das Gewicht und den mittleren Fehler eines der ausgeglichenen Winkel und zwar des Winkels

$$(230) \qquad L = \text{I}\,.$$

hierfür ist:

$$(238) \qquad l_1 = +1\,, \quad l_2 = 0\,, \quad l_3 = 0\,, \ldots.\; l_{13} = 0\,.$$

Sodann ergiebt sich mit den im § 57, Abteilung 3 der Tabelle auf Seite 255 nachgewiesenen Zahlenwerten der Differenzialquotienten:

$$a_1 = +1\,, \quad b_1 = c_1 = d_1 = e_1 = 0\,, \quad g_1 = +4{,}6\,, \quad h_1 = 0$$

und den Gewichten $p = 1$:

$$(239) \quad \begin{cases} \left[\frac{a\,l}{p}\right] = +1\,, \quad \left[\frac{b\,l}{p}\right] = \left[\frac{c\,l}{p}\right] = \left[\frac{d\,l}{p}\right] = \left[\frac{e\,l}{p}\right] = 0\,, \quad \left[\frac{g\,l}{p}\right] = +4{,}6\,, \\ \left[\frac{h\,l}{p}\right] = 0\,, \quad \left[\frac{l\,l}{p}\right] = +1\,. \end{cases}$$

Die bei der Gewichtsberechnung zu benutzenden, bei der Auflösung der Endgleichungen im § 57, Seite 256 und 257 gebildeten Zahlenwerte sind:

$$\mathfrak{D}_4 = +2{,}2\,, \quad -\frac{\mathfrak{E}_4}{\mathfrak{D}_4} = +0{,}409\,, \quad -\frac{\mathfrak{G}_4}{\mathfrak{D}_4} = -14{,}955\,, \quad -\frac{\mathfrak{H}_4}{\mathfrak{D}_4} = +6{,}182\,,$$

$$\mathfrak{E}_5 = +2{,}182\,, \quad -\frac{\mathfrak{G}_5}{\mathfrak{E}_5} = -24{,}683\,, \quad -\frac{\mathfrak{H}_5}{\mathfrak{E}_5} = -3{,}362\,,$$

$$\mathfrak{G}_6 = +1223{,}88\,, \quad -\frac{\mathfrak{H}_6}{\mathfrak{G}_6} = -0{,}0522\,,$$

$$\mathfrak{H}_7 = +839{,}53\,,$$

und die aus der Zusammenstellung der Faktoren der Korrelatengleichungen im § 57, Seite 255, Abteilung 3, folgenden Zahlenwerte sind:

*) Vergleiche § 64, Seite 298 u. f.

$\left[\frac{al}{p}\right]$.		$\left[\frac{bl}{p}\right]$.		$\left[\frac{cl}{p}\right]$.		$\left[\frac{dl}{p}\right]$.		$\left[\frac{el}{p}\right]$.		$\left[\frac{gl}{p}\right]$.		$\left[\frac{hl}{p}\right]$.		Gewicht P_I.			
$\mathfrak{l}_1$	+1,00	$\mathfrak{l}_2$	.	$\mathfrak{l}_3$	.	$\mathfrak{l}_4$	.	$\mathfrak{l}_5$	.	$\mathfrak{l}_6$	+ 4,60	$\mathfrak{l}_7$	.	$\left[\frac{ll}{p}\right]$	+1,00	$\left[\frac{ll}{p}\right]$	+1,00
		$-\frac{\mathfrak{b}_1}{\mathfrak{a}_1}\mathfrak{l}_1$	.	$-\frac{\mathfrak{c}_1}{\mathfrak{a}_1}\mathfrak{l}_1$	.	$-\frac{\mathfrak{d}_1}{\mathfrak{a}_1}\mathfrak{l}_1$	.	$-\frac{\mathfrak{e}_1}{\mathfrak{a}_1}\mathfrak{l}_1$	−0,5	$-\frac{\mathfrak{g}_1}{\mathfrak{a}_1}\mathfrak{l}_1$	+ 6,88	$-\frac{\mathfrak{h}_1}{\mathfrak{a}_1}\mathfrak{l}_1$	.	$-\frac{\mathfrak{l}_1}{\mathfrak{a}_1}\mathfrak{l}_1$	−0,25	$+\mathfrak{l}_1 r_a$	−0,74
$-\frac{\mathfrak{l}_1}{\mathfrak{a}_1}$	−0,250	$=\mathfrak{L}_2$	.	$-\frac{\mathfrak{C}_2}{\mathfrak{B}_2}\mathfrak{L}_2$	.	$-\frac{\mathfrak{D}_2}{\mathfrak{B}_2}\mathfrak{L}_2$	.	$-\frac{\mathfrak{E}_2}{\mathfrak{B}_2}\mathfrak{L}_2$	.	$-\frac{\mathfrak{G}_2}{\mathfrak{B}_2}\mathfrak{L}_2$	.	$-\frac{\mathfrak{H}_2}{\mathfrak{B}_2}\mathfrak{L}_2$	.	$-\frac{\mathfrak{L}_2}{\mathfrak{B}_2}\mathfrak{L}_2$	.	$+\mathfrak{l}_2 r_b$	.
$-\frac{\mathfrak{h}_1}{\mathfrak{a}_1}r_h$	.	$-\frac{\mathfrak{L}_2}{\mathfrak{B}_2}$	.	$=\mathfrak{L}_3$	.	$-\frac{\mathfrak{D}_3}{\mathfrak{C}_3}\mathfrak{L}_3$	.	$-\frac{\mathfrak{E}_3}{\mathfrak{C}_3}\mathfrak{L}_3$	.	$-\frac{\mathfrak{G}_3}{\mathfrak{C}_3}\mathfrak{L}_3$	.	$-\frac{\mathfrak{H}_3}{\mathfrak{C}_3}\mathfrak{L}_3$	.	$-\frac{\mathfrak{L}_3}{\mathfrak{C}_3}\mathfrak{L}_3$	.	$+\mathfrak{l}_3 r_c$	.
$-\frac{\mathfrak{g}_1}{\mathfrak{a}_1}r_g$	−0,134	$-\frac{\mathfrak{H}_2}{\mathfrak{B}_2}r_h$	+0,000	$-\frac{\mathfrak{L}_3}{\mathfrak{C}_3}$	.	$=\mathfrak{L}_4$	.	$-\frac{\mathfrak{E}_4}{\mathfrak{D}_4}\mathfrak{L}_4$	.	$-\frac{\mathfrak{G}_4}{\mathfrak{D}_4}\mathfrak{L}_4$	.	$-\frac{\mathfrak{H}_4}{\mathfrak{D}_4}\mathfrak{L}_4$	.	$-\frac{\mathfrak{L}_4}{\mathfrak{D}_4}\mathfrak{L}_4$	.	$+\mathfrak{l}_4 r_d$	.
$-\frac{\mathfrak{e}_1}{\mathfrak{a}_1}r_e$	−0,356	$-\frac{\mathfrak{G}_2}{\mathfrak{B}_2}r_g$	−0,111	$-\frac{\mathfrak{H}_3}{\mathfrak{C}_3}r_h$	+0,002	$-\frac{\mathfrak{L}_4}{\mathfrak{D}_4}$	.	$=\mathfrak{L}_5$	−0,5	$-\frac{\mathfrak{G}_5}{\mathfrak{E}_5}\mathfrak{L}_5$	+12,34	$-\frac{\mathfrak{H}_5}{\mathfrak{E}_5}\mathfrak{L}_5$	+1,68	$-\frac{\mathfrak{L}_5}{\mathfrak{E}_5}\mathfrak{L}_5$	−0,11	$+\mathfrak{l}_5 r_e$	.
$-\frac{\mathfrak{d}_1}{\mathfrak{a}_1}r_d$	.	$-\frac{\mathfrak{E}_2}{\mathfrak{B}_2}r_e$	−0,178	$-\frac{\mathfrak{G}_3}{\mathfrak{C}_3}r_g$	−0,209	$-\frac{\mathfrak{H}_4}{\mathfrak{D}_4}r_h$	−0,003	$-\frac{\mathfrak{L}_5}{\mathfrak{E}_5}$	+0,229	$=\mathfrak{L}_6$	+23,82	$-\frac{\mathfrak{H}_6}{\mathfrak{G}_6}\mathfrak{L}_6$	−1,24	$-\frac{\mathfrak{L}_6}{\mathfrak{G}_6}\mathfrak{L}_6$	−0,46	$+\mathfrak{l}_6 r_g$	−0,09
$-\frac{\mathfrak{c}_1}{\mathfrak{a}_1}r_c$	.	$-\frac{\mathfrak{D}_2}{\mathfrak{B}_2}r_d$	−0,290	$-\frac{\mathfrak{E}_3}{\mathfrak{C}_3}r_e$	−0,178	$-\frac{\mathfrak{G}_4}{\mathfrak{D}_4}r_g$	+0,292	$-\frac{\mathfrak{H}_5}{\mathfrak{E}_5}r_h$	+0,002	$-\frac{\mathfrak{L}_6}{\mathfrak{G}_6}$	−0,0195	$=\mathfrak{L}_7$	+0,44	$-\frac{\mathfrak{L}_7}{\mathfrak{H}_7}\mathfrak{L}_7$	−0,00	$+\mathfrak{l}_7 r_h$	.
$-\frac{\mathfrak{b}_1}{\mathfrak{a}_1}r_b$	.	$-\frac{\mathfrak{C}_2}{\mathfrak{B}_2}r_c$	.	$-\frac{\mathfrak{D}_3}{\mathfrak{C}_3}r_d$	−0,232	$-\frac{\mathfrak{E}_4}{\mathfrak{D}_4}r_e$	+0,291	$-\frac{\mathfrak{G}_5}{\mathfrak{E}_5}r_g$	+0,481	$-\frac{\mathfrak{H}_6}{\mathfrak{G}_6}r_h$	+0,0000	$-\frac{\mathfrak{L}_7}{\mathfrak{H}_7}$	−0,0005	$=\frac{1}{P_I}$	+0,18	$=\frac{1}{P_I}$	+0,17
$=r_a$	−0,740	$=r_b$	−0,579	$=r_c$	−0,617	$=r_d$	+0,580	$=r_e$	+0,712	$=r_g$	−0,0195	$=r_h$		$M_I = \pm\, \mathfrak{m}\sqrt{\frac{1}{P_I}}$		P_I	5,7

$$= \pm\, 1{,}9\sqrt{0{,}175} = \pm\, 0{,}75''$$

$$\mathfrak{a}_1 = +4\,,\quad -\frac{\mathfrak{b}_1}{\mathfrak{a}_1} = 0\,,\quad -\frac{\mathfrak{c}_1}{\mathfrak{a}_1} = 0\,,\quad -\frac{\mathfrak{d}_1}{\mathfrak{a}_1} = 0\,,\quad -\frac{\mathfrak{e}_1}{\mathfrak{a}_1} = -0{,}5\,,$$

$$-\frac{\mathfrak{g}_1}{\mathfrak{a}_1} = +\ 6{,}88\,,\quad -\frac{\mathfrak{h}_1}{\mathfrak{a}_1} = 0\,,$$

$$\mathfrak{B}_2 = +4\,,\quad -\frac{\mathfrak{C}_2}{\mathfrak{B}_2} = 0\,,\quad -\frac{\mathfrak{D}_2}{\mathfrak{B}_2} = -\ 0{,}5\,,\quad -\frac{\mathfrak{E}_2}{\mathfrak{B}_2} = -0{,}25\,,$$

$$-\frac{\mathfrak{G}_2}{\mathfrak{B}_2} = +\ 5{,}70\,,\quad -\frac{\mathfrak{H}_2}{\mathfrak{B}_2} = -0{,}28\,,$$

$$\mathfrak{C}_3 = +5\,,\quad -\frac{\mathfrak{D}_3}{\mathfrak{C}_3} = -\ 0{,}4\,,\quad -\frac{\mathfrak{E}_3}{\mathfrak{C}_3} = -\ 0{,}20\,,$$

$$-\frac{\mathfrak{G}_3}{\mathfrak{C}_3} = +10{,}74\,,\quad -\frac{\mathfrak{H}_3}{\mathfrak{C}_3} = -4{,}10\,.$$

Mit diesen Zahlenwerten ergeben sich das Gewicht P_I und der mittlere Fehler M_I für den wahrscheinlichsten Wert I des Winkels 2 1 3 nach den Formeln **(232)** bis **(236)** im Schema **(237)** wie folgt: (Siehe die Tabelle auf Seite 314.)

b) Der wahrscheinlichste Wert S_{5-3} der Dreiecksseite 5—3 ergiebt sich aus dem wahrscheinlichsten Wert S_{5-1} der Dreiecksseite 5—1 nach:

$$S_{5-3} = \frac{\sin \mathrm{II}}{\sin \mathrm{VII}}\, S_{5-1}\,,$$

oder es ist:

(230) $$L = \log S_{5-3} = \log \sin \mathrm{II} - \log \sin \mathrm{VII} + \log S_{5-1}\,.$$

Um hiernach den mittleren Fehler M_{5-3} von $L = \log S_{5-3}$ zu erhalten, differenziren wir nach 1, 2, 3, ... 13 und erhalten:

(231) $$l_1 = 0\,,\quad l_2 = 1000\,0000\, M \frac{1}{\varrho''} \cot g\, 2 = +5{,}9\,,\quad l_3 = l_4 = l_5 = l_6 = 0\,,$$

$$l_7 = 1000\,0000\, M \frac{1}{\varrho''} \cot g\, 7 = -53{,}9\,,\quad l_8 = l_9 = \ldots . l_{13} = 0\,.$$

Nach § 57, Seite 255, Abteilung 3, ist ferner:

$$p_2 = 1\,,\ a_2 = +1\,,\ b_2 = 0\,,\ c_2 = 0\,,\ d_2 = 0\,,\ e_2 = +1\,,\ g_2 = -\ 1{,}3\,,\ h_2 = 0\,,$$
$$p_7 = 1\,,\ a_7 = 0\,,\ b_7 = 0\,,\ c_7 = +1\,,\ d_7 = 0\,,\ e_7 = +1\,,\ g_7 = +11{,}5\,,\ h_7 = -2{,}8\,,$$

womit sich ergiebt:

$$\left[\frac{a\,l}{p}\right] = +5{,}9\,,\quad \left[\frac{b\,l}{p}\right] = 0\,,\quad \left[\frac{c\,l}{p}\right] = -53{,}9\,,\quad \left[\frac{d\,l}{p}\right] = 0\,,\quad \left[\frac{e\,l}{p}\right] = -48{,}0\,,$$

$$\left[\frac{g\,l}{p}\right] = -627{,}5\,,\quad \left[\frac{h\,l}{p}\right] = +150{,}9\,,\quad \left[\frac{l\,l}{p}\right] = +2940{,}0\,.$$

Mit diesen Zahlenwerten ergeben sich das Gewicht p_{5-3} und der mittlere Fehler m_{5-3}, die für die Dreiecksseite 5—1 aus der vorliegenden Dreiecksnetzausgleichung entspringen, wie folgt: (Siehe die Tabelle auf Seite 316.)

Für den wahrscheinlichsten Wert $\log S_{5-1}$ der Dreiecksseite 5—1 ist in der Ausgleichung eines anschliefsenden Dreiecksnetzes der mittlere Fehler $M_{5-1} = \pm\ 18{,}9$ erhalten, womit sich

$$M_{5-3} = \pm\sqrt{M_{5-1}^2 + m_{5-3}^2} = \pm\ \sqrt{52{,}6^2 + 18{,}9^2} = \pm\ 55{,}9 \text{ Einheiten}$$

der siebenten Dezimalstelle der Logarithmen ergiebt.

$\left[\frac{a\,l}{p}\right]$.		$\left[\frac{b\,l}{p}\right]$.		$\left[\frac{c\,l}{p}\right]$.		$\left[\frac{d\,l}{p}\right]$.		$\left[\frac{c\,l}{p}\right]$.		$\left[\frac{g\,l}{p}\right]$.		$\left[\frac{h\,l}{p}\right]$.		Gewicht p_{5-3}.			
$\mathfrak{l}_1$	+5,9	$\mathfrak{l}_2$	.	$\mathfrak{l}_3$	—53,9	$\mathfrak{l}_4$	.	$\mathfrak{l}_5$	—48,0	$\mathfrak{l}_6$	—627,5	$\mathfrak{l}_7$	+150,9	$\left[\frac{l\,l}{p}\right]$	+2940	$\left[\frac{l\,l}{p}\right]$	+2940
		$-\frac{\mathfrak{b}_1}{\mathfrak{a}_1}\mathfrak{l}_1$	.	$-\frac{\mathfrak{c}_1}{\mathfrak{a}_1}\mathfrak{l}_1$	.	$-\frac{\mathfrak{d}_1}{\mathfrak{a}_1}\mathfrak{l}_1$	.	$-\frac{\mathfrak{e}_1}{\mathfrak{a}_1}\mathfrak{l}_1$	— 3,0	$-\frac{\mathfrak{g}_1}{\mathfrak{a}_1}\mathfrak{l}_1$	+ 40,6	$-\frac{\mathfrak{h}_1}{\mathfrak{a}_1}\mathfrak{l}_1$	.	$-\frac{\mathfrak{l}_1}{\mathfrak{a}_1}\mathfrak{l}_1$	— 9	$+l_1 r_a$	+ 12
$-\frac{\mathfrak{l}_1}{\mathfrak{a}_1}$	—1,48	$=\mathfrak{L}_2$	.	$-\frac{\mathfrak{C}_2}{\mathfrak{B}_2}\mathfrak{L}_2$	.	$-\frac{\mathfrak{D}_2}{\mathfrak{B}_2}\mathfrak{L}_2$	.	$-\frac{\mathfrak{E}_2}{\mathfrak{B}_2}\mathfrak{L}_2$	.	$-\frac{\mathfrak{G}_2}{\mathfrak{B}_2}\mathfrak{L}_2$	.	$-\frac{\mathfrak{H}_2}{\mathfrak{B}_2}\mathfrak{L}_2$	.	$-\frac{\mathfrak{L}_2}{\mathfrak{B}_2}\mathfrak{L}_2$	.	$+l_2 r_b$	.
$-\frac{\mathfrak{h}_1}{\mathfrak{a}_1}r_h$	.	$-\frac{\mathfrak{L}_2}{\mathfrak{B}_2}$	.	$=\mathfrak{L}_3$	—53,9	$-\frac{\mathfrak{D}_3}{\mathfrak{C}_3}\mathfrak{L}_3$	+21,6	$-\frac{\mathfrak{E}_3}{\mathfrak{C}_3}\mathfrak{L}_3$	+10,8	$-\frac{\mathfrak{G}_3}{\mathfrak{C}_3}\mathfrak{L}_3$	—578,9	$-\frac{\mathfrak{H}_3}{\mathfrak{C}_3}\mathfrak{L}_3$	+221,0	$-\frac{\mathfrak{L}_3}{\mathfrak{C}_3}\mathfrak{L}_3$	— 581	$+l_3 r_c$	—1596
$-\frac{\mathfrak{g}_1}{\mathfrak{a}_1}r_g$	+4,29	$-\frac{\mathfrak{H}_2}{\mathfrak{B}_2}r_h$	+ 0,22	$-\frac{\mathfrak{L}_3}{\mathfrak{C}_3}$	+10,78	$=\mathfrak{L}_4$	+21,6	$-\frac{\mathfrak{E}_4}{\mathfrak{D}_4}\mathfrak{L}_4$	+ 8,8	$-\frac{\mathfrak{G}_4}{\mathfrak{D}_4}\mathfrak{L}_4$	—323,0	$-\frac{\mathfrak{H}_4}{\mathfrak{D}_4}\mathfrak{L}_4$	+133,5	$-\frac{\mathfrak{L}_4}{\mathfrak{D}_4}\mathfrak{L}_4$	— 212	$+l_4 r_d$	.
$-\frac{\mathfrak{e}_1}{\mathfrak{a}_1}r_e$	—0,80	$-\frac{\mathfrak{G}_2}{\mathfrak{B}_2}r_g$	+ 3,55	$-\frac{\mathfrak{H}_3}{\mathfrak{C}_3}r_h$	+ 3,17	$-\frac{\mathfrak{L}_4}{\mathfrak{D}_4}$	— 9,82	$=\mathfrak{L}_5$	—31,4	$-\frac{\mathfrak{G}_5}{\mathfrak{E}_5}\mathfrak{L}_5$	+775,0	$-\frac{\mathfrak{H}_5}{\mathfrak{E}_5}\mathfrak{L}_5$	+105,6	$-\frac{\mathfrak{L}_5}{\mathfrak{E}_5}\mathfrak{L}_5$	— 452	$+l_5 r_e$	— 77
$-\frac{\mathfrak{d}_1}{\mathfrak{a}_1}r_d$	.	$-\frac{\mathfrak{E}_2}{\mathfrak{B}_2}r_e$	— 0,40	$-\frac{\mathfrak{G}_3}{\mathfrak{C}_3}r_g$	+ 6,69	$-\frac{\mathfrak{H}_4}{\mathfrak{D}_4}r_h$	— 4,77	$-\frac{\mathfrak{L}_5}{\mathfrak{E}_5}$	+14,39	$=\mathfrak{L}_6$	—713,8	$-\frac{\mathfrak{H}_6}{\mathfrak{G}_6}\mathfrak{L}_6$	+ 37,2	$-\frac{\mathfrak{L}_6}{\mathfrak{G}_6}\mathfrak{L}_6$	— 416	$+l_6 r_g$	— 391
$-\frac{\mathfrak{c}_1}{\mathfrak{a}_1}r_c$	.	$-\frac{\mathfrak{D}_2}{\mathfrak{B}_2}r_d$	+11,62	$-\frac{\mathfrak{E}_3}{\mathfrak{C}_3}r_e$	— 0,32	$-\frac{\mathfrak{G}_4}{\mathfrak{D}_4}r_g$	— 9,32	$-\frac{\mathfrak{H}_5}{\mathfrak{E}_5}r_h$	+ 2,60	$-\frac{\mathfrak{L}_6}{\mathfrak{G}_6}$	+0,583	$=\mathfrak{L}_7$	+648,2	$-\frac{\mathfrak{L}_7}{\mathfrak{H}_7}\mathfrak{L}_7$	— 500	$+l_7 r_h$	— 116
$-\frac{\mathfrak{b}_1}{\mathfrak{a}_1}r_b$	.	$-\frac{\mathfrak{C}_2}{\mathfrak{B}_2}r_c$	.	$-\frac{\mathfrak{D}_3}{\mathfrak{C}_3}r_d$	+ 9,30	$-\frac{\mathfrak{E}_4}{\mathfrak{D}_4}r_e$	+ 0,66	$-\frac{\mathfrak{G}_5}{\mathfrak{E}_5}r_g$	—15,38	$-\frac{\mathfrak{H}_6}{\mathfrak{G}_6}r_h$	+0,040	$-\frac{\mathfrak{L}_7}{\mathfrak{H}_7}$		$=\frac{1}{p_{5-3}}$	+ 770	$=\frac{1}{p_{5-3}}$	+ 772
$=r_a$	+2,01	$=r_b$	+14,99	$=r_c$	+29,62	$=r_d$	—23,25	$=r_e$	+ 1,61	$=r_g$	+0,623	$=r_h$	—0,772			p_{5-3}	0,00 130

$$m_{5-3} = \pm\,\mathfrak{m}\sqrt{\frac{1}{p_{5-3}}} = \pm\,1{,}9\sqrt{770} = \pm\,52{,}6$$

3. Kapitel. Für bedingte vermittelnde Beobachtungen.

§ 67. Gewicht und mittlerer Fehler einer Funktion der wahrscheinlichsten Werte der zu bestimmenden Gröfsen.

1. Sollen wir das Gewicht P_L und den mittleren Fehler M_L einer Funktion

(**240**) $$L = \varphi(x, y, z, \ldots)$$

der nach dem Verfahren für bedingte vermittelnde Beobachtungen erhaltenen wahrscheinlichsten Werte $x, y, z, \ldots$ der zu bestimmenden Gröfsen ermitteln, so können wir die Werte $x, y, z, \ldots$ zuerst zerlegen in die Näherungswerte $\mathfrak{x}, \mathfrak{y}, \mathfrak{z}, \ldots$, die diesen nach dem Verfahren für vermittelnde Beobachtungen beizufügenden Aenderungen $d\mathfrak{x}_0, d\mathfrak{y}_0, d\mathfrak{z}_0, \ldots$ und die nach dem Verfahren für bedingte Beobachtungen noch hinzukommenden Verbesserungen (1), (2), (3), ..., so dafs wird:

(1*) $$L = \varphi\big(\mathfrak{x} + d\mathfrak{x}_0 + (1),\ \mathfrak{y} + d\mathfrak{y}_0 + (2),\ \mathfrak{z} + d\mathfrak{z}_0 + (3), \ldots\big)$$

oder, wenn

(**241**) $$l_1 = \frac{\partial \varphi}{\partial \mathfrak{x}}, \quad l_2 = \frac{\partial \varphi}{\partial \mathfrak{y}}, \quad l_3 = \frac{\partial \varphi}{\partial \mathfrak{z}}, \quad \ldots$$

gesetzt wird,:

(2*) $$L = \varphi(\mathfrak{x}, \mathfrak{y}, \mathfrak{z}, \ldots) + l_1 d\mathfrak{x}_0 + l_2 d\mathfrak{y}_0 + l_3 d\mathfrak{z}_0 + \ldots$$
$$+ l_1(1) + l_2(2) + l_3(3) + \ldots$$

Wenn wir dann die Verbesserungen (1), (2), (3), ... durch die Aenderungen $d\mathfrak{x}_0, d\mathfrak{y}_0, d\mathfrak{z}_0, \ldots$ ausdrücken, so dafs L als Funktion dieser nach dem Verfahren für vermittelnde Beobachtungen erhaltenen Werte erscheint, so können wir das Gewicht $\frac{1}{P_L}$ nach den im § 63 erhaltenen Formeln angeben.

2. Setzen wir demnach in Gleichung (2*) für (1), (2), (3), ... die dafür in den Korrelatengleichungen (**206**) gegebenen Ausdrücke, so wird

(3*) $$L = \varphi(\mathfrak{x}, \mathfrak{y}, \mathfrak{z}, \ldots) + l_1 d\mathfrak{x}_0 + l_2 d\mathfrak{y}_0 + l_3 d\mathfrak{z}_0 + \ldots$$
$$+ [(\mathfrak{A})l]k_A + [(\mathfrak{B})l]k_B + \ldots\ldots$$

Aehnlich wie im § 65, Nr. 2 stellen wir nun $k_A, k_B, \ldots$ zunächst als Funktion der Widersprüche $f_a, f_b, \ldots$ und dann als Funktion der $d\mathfrak{x}_0, d\mathfrak{y}_0, d\mathfrak{z}_0, \ldots$ dar, indem wir zuerst die Endgleichungen

(**209**) $$\begin{cases} [A(\mathfrak{A})]k_A + [A(\mathfrak{B})]k_B + \ldots = f_a, \\ [A(\mathfrak{B})]k_A + [B(\mathfrak{B})]k_B + \ldots = f_b, \\ \ldots\ldots\ldots\ldots\ldots\ldots\ldots \end{cases}$$

mit Hülfe der Koeffizienten $q_{11}, q_{12}, \ldots; q_{21}, q_{22}, \ldots; \ldots$ auflösen.

Diese Koeffizienten setzen wir derart fest, dafs wird:

(4*) $$\begin{cases} [A(\mathfrak{A})]q_{11} + [A(\mathfrak{B})]q_{12} + \ldots = 1, \\ [A(\mathfrak{B})]q_{11} + [B(\mathfrak{B})]q_{12} + \ldots = 0, \\ \ldots\ldots\ldots\ldots\ldots\ldots\ldots; \\ [A(\mathfrak{A})]q_{21} + [A(\mathfrak{B})]q_{22} + \ldots = 0, \\ [A(\mathfrak{B})]q_{21} + [B(\mathfrak{B})]q_{22} + \ldots = 1, \\ \ldots\ldots\ldots\ldots\ldots\ldots\ldots; \\ \text{u. s. w.} \end{cases}$$

Dann erhalten wir ähnlich wie im § 62, Nr. 2:

$$(5^*)\quad \begin{cases} k_A = f_a q_{11} + f_b q_{12} + \cdots, \\ k_B = f_a q_{21} + f_b q_{22} + \cdots, \\ \cdots\cdots\cdots\cdots \end{cases}$$

Nun ist nach den Gleichungen **(199)** und **(200)**

$$(6^*)\quad \begin{cases} f_a = S_A - F_A(\mathfrak{x} + d\mathfrak{x}_0,\ \mathfrak{y} + d\mathfrak{y}_0,\ \mathfrak{z} + d\mathfrak{z}_0, \ldots), \\ f_b = S_B - F_B(\mathfrak{x} + d\mathfrak{x}_0,\ \mathfrak{y} + d\mathfrak{y}_0,\ \mathfrak{z} + d\mathfrak{z}_0, \ldots), \\ \cdots\cdots\cdots\cdots, \end{cases}$$

oder mit Einführung der Differenzialquotienten $A_1, A_2, A_3, \ldots; B_1, B_2, B_3, \ldots; \ldots$ nach den Formeln **(201)**:

$$(7^*)\quad \begin{cases} f_a = \big(S_A - F_A(\mathfrak{x}, \mathfrak{y}, \mathfrak{z}, \ldots) - A_1 d\mathfrak{x}_0 - A_2 d\mathfrak{y}_0 - A_3 d\mathfrak{z}_0 - \cdots\big) \\ f_b = \big(S_B - F_B(\mathfrak{x}, \mathfrak{y}, \mathfrak{z}, \ldots) - B_1 d\mathfrak{x}_0 - B_2 d\mathfrak{y}_0 - B_3 d\mathfrak{z}_0 - \cdots\big), \\ \cdots\cdots\cdots\cdots \end{cases}$$

Hiermit wird:

$$(8^*)\quad \begin{cases} k_A = \big(S_A - F_A(\mathfrak{x}, \mathfrak{y}, \mathfrak{z}, \ldots) - A_1 d\mathfrak{x}_0 - A_2 d\mathfrak{y}_0 - A_3 d\mathfrak{z}_0 - \cdots\big) q_{11} \\ \quad + \big(S_B - F_B(\mathfrak{x}, \mathfrak{y}, \mathfrak{z}, \ldots) - B_1 d\mathfrak{x}_0 - B_2 d\mathfrak{y}_0 - B_3 d\mathfrak{z}_0 - \cdots\big) q_{12} \\ \quad + \cdots\cdots\cdots\cdots, \\ k_B = \big(S_A - F_A(\mathfrak{x}, \mathfrak{y}, \mathfrak{z}, \ldots) - A_1 d\mathfrak{x}_0 - A_2 d\mathfrak{y}_0 - A_3 d\mathfrak{z}_0 - \cdots\big) q_{21} \\ \quad + \big(S_B - F_B(\mathfrak{x}, \mathfrak{y}, \mathfrak{z}, \ldots) - B_1 d\mathfrak{x}_0 - B_2 d\mathfrak{y}_0 - B_3 d\mathfrak{z}_0 - \cdots\big) q_{22} \\ \quad + \cdots\cdots\cdots\cdots, \\ \qquad\qquad \text{u. s. w.} \end{cases}$$

Diese Ausdrücke für $k_A, k_B, \ldots$ in (3*) eingesetzt, giebt:

$$(9^*)\quad \begin{aligned} L = \varphi(\mathfrak{x}, \mathfrak{y}, \mathfrak{z}, \ldots) &\qquad + l_1 d\mathfrak{x}_0 + l_2 d\mathfrak{y}_0 + l_3 d\mathfrak{z}_0 + \cdots \\ + \big(S_A - F_A(\mathfrak{x}, \mathfrak{y}, \mathfrak{z}, \ldots) - A_1 d\mathfrak{x}_0 - A_2 d\mathfrak{y}_0 - A_3 d\mathfrak{z}_0 - \cdots\big) &\big([(\mathfrak{A})\,l]\,q_{11} \\ &+ [(\mathfrak{B})\,l]\,q_{12} + \cdots\big) \\ + \big(S_B - F_B(\mathfrak{x}, \mathfrak{y}, \mathfrak{z}, \ldots) - B_1 d\mathfrak{x}_0 - B_2 d\mathfrak{y}_0 - B_3 d\mathfrak{z}_0 - \cdots\big) &\big([(\mathfrak{B})\,l]\,q_{21} \\ &+ [(\mathfrak{B})\,l]\,q_{22} + \cdots\big) \\ + \cdots\cdots\cdots\cdots \end{aligned}$$

Dieser Ausdruck für L kann noch vereinfacht werden durch Einführung der Koeffizienten $r_A, r_B, \ldots$ Wir setzen:

$$(\mathbf{242})\quad \begin{cases} [A(\mathfrak{A})]\,r_A + [A(\mathfrak{B})]\,r_B + \cdots [(\mathfrak{A})\,l] = 0, \\ [A(\mathfrak{B})]\,r_A + [B(\mathfrak{B})]\,r_B + \cdots [(\mathfrak{B})\,l] = 0, \\ \cdots\cdots\cdots\cdots \end{cases}$$

und erhalten daraus ebenso wie wir oben die Ausdrücke (5*) für $k_A, k_B, \ldots$ aus den Endgleichungen **(209)** erhalten haben:

$$(10^*)\quad \begin{cases} r_A = -[(\mathfrak{A})\,l]\,q_{11} - [(\mathfrak{B})\,l]\,q_{12} - \cdots, \\ r_B = -[(\mathfrak{A})\,l]\,q_{21} - [(\mathfrak{B})\,l]\,q_{22} - \cdots, \\ \cdots\cdots\cdots\cdots, \end{cases}$$

womit Gleichung (9*) übergeht in:

$$(11^*)\quad \begin{aligned} L = \varphi(\mathfrak{x}, \mathfrak{y}, \mathfrak{z}, \ldots) &\qquad + l_1 d\mathfrak{x}_0 + l_2 d\mathfrak{y}_0 + l_3 d\mathfrak{z}_0 + \cdots \\ &+ \big(-S_A + F_A(\mathfrak{x}, \mathfrak{y}, \mathfrak{z}, \ldots) + A_1 d\mathfrak{x}_0 + A_2 d\mathfrak{y}_0 + A_3 d\mathfrak{z}_0 + \cdots\big)\,r_A \\ &+ \big(-S_B + F_B(\mathfrak{x}, \mathfrak{y}, \mathfrak{z}, \ldots) + B_1 d\mathfrak{x}_0 + B_2 d\mathfrak{y}_0 + B_3 d\mathfrak{z}_0 + \cdots\big)\,r_B \\ &+ \cdots\cdots\cdots\cdots \end{aligned}$$

3. Hiernach sind die partiellen Differenzialquotienten von L nach $d\mathfrak{x}_0$, $d\mathfrak{y}_0$ $d\mathfrak{z}_0, \ldots$:

$$(243)\quad \begin{cases} L_1 = \dfrac{\partial L}{\partial d\mathfrak{x}_0} = l_1 + A_1 r_A + B_1 r_B + \ldots., \\ L_2 = \dfrac{\partial L}{\partial d\mathfrak{y}_0} = l_2 + A_2 r_A + B_2 r_B + \ldots., \\ L_3 = \dfrac{\partial L}{\partial d\mathfrak{z}_0} = l_3 + A_3 r_A + B_3 r_B + \ldots., \\ \ldots\ldots\ldots\ldots\ldots\ldots\ldots\ldots, \end{cases}$$

womit, nachdem die Zahlenwerte von $r_A, r_B, \ldots.$ durch Auflösung der Gleichungen **(242)** erlangt sind, nach den Formeln **(224)** bis **(228)** weiter gerechnet werden kann, indem für die hierin vorkommenden Differenzialquotienten $l_1, l_2, l_3, \ldots.$ die sich nach den Formeln **(243)** ergebenden Differenzialquotienten $L_1, L_2, L_3, \ldots.$ gesetzt werden.

4. Ebenso wie wir aber die Berechnung der wahrscheinlichsten Werte $x, y, z, \ldots.$ der zu bestimmenden Gröfsen nach dem Verfahren für bedingte vermittelnde Beobachtungen in zwei Teile getrennt haben, können wir nun auch zweckmäfsig die Gewichtsberechnung in zwei Teile derart trennen, dafs der eine Teil nach dem Verfahren für vermittelnde Beobachtungen, der andere Teil nach dem Verfahren für bedingte Beobachtungen durchgeführt wird.

Setzen wir die in den Formeln **(243)** gegebenen Ausdrücke für $L_1, L_2, L_3, \ldots.$ in die aus den Formeln **(225)** folgenden Formeln

$$(12^*)\quad \begin{cases} [paa]\,Q_1 + [pab]\,Q_2 + [pac]\,Q_3 + \ldots. = L_1, \\ [pab]\,Q_1 + [pbb]\,Q_2 + [pbc]\,Q_3 + \ldots. = L_2, \\ [pac]\,Q_1 + [pbc]\,Q_2 + [pcc]\,Q_3 + \ldots. = L_3, \\ \ldots\ldots\ldots\ldots\ldots\ldots\ldots\ldots \end{cases}$$

ein und beachten die Formeln **(205)**, so erhalten wir nach den Formeln (1*) im § 62:

$$(13^*)\quad \begin{cases} Q_1 = l_1 Q_{11} + l_2 Q_{12} + l_3 Q_{13} + \ldots. + (\mathfrak{A}_1) r_A + (\mathfrak{B}_1) r_B + \ldots., \\ Q_2 = l_1 Q_{12} + l_2 Q_{22} + l_3 Q_{23} + \ldots. + (\mathfrak{A}_2) r_A + (\mathfrak{B}_2) r_B + \ldots., \\ Q_3 = l_1 Q_{13} + l_2 Q_{23} + l_3 Q_{33} + \ldots. + (\mathfrak{A}_3) r_A + (\mathfrak{B}_3) r_B + \ldots., \\ \ldots\ldots\ldots\ldots\ldots\ldots\ldots\ldots \end{cases}$$

Führen wir nun die Hülfsgröfsen $q_1, q_2, q_3, \ldots.$ ein und setzen sie derart fest, dafs

$$(244)\quad \begin{cases} [paa]\,q_1 + [pab]\,q_2 + [pac]\,q_3 + \ldots. = l_1, \\ [pab]\,q_1 + [pbb]\,q_2 + [pbc]\,q_3 + \ldots. = l_2, \\ [pac]\,q_1 + [pbc]\,q_2 + [pcc]\,q_3 + \ldots. = l_3, \\ \ldots\ldots\ldots\ldots\ldots\ldots\ldots\ldots \end{cases}$$

wird, so wird wieder nach den Formeln (1*) im § 62:

$$(14^*)\quad \begin{cases} q_1 = l_1 Q_{11} + l_2 Q_{12} + l_3 Q_{13} + \ldots., \\ q_2 = l_1 Q_{12} + l_2 Q_{22} + l_3 Q_{23} + \ldots., \\ q_3 = l_1 Q_{13} + l_2 F_{23} + l_3 Q_{33} + \ldots., \\ \ldots\ldots\ldots\ldots\ldots\ldots\ldots\ldots \end{cases}$$

und damit:

$$(15^*)\quad \begin{cases} Q_1 = q_1 + (\mathfrak{A}_1) r_A + (\mathfrak{B}_1) r_B + \ldots., \\ Q_2 = q_2 + (\mathfrak{A}_2) r_A + (\mathfrak{B}_2) r_B + \ldots., \\ Q_3 = q_3 + (\mathfrak{A}_3) r_A + (\mathfrak{B}_3) r_B + \ldots., \\ \ldots\ldots\ldots\ldots\ldots\ldots\ldots\ldots \end{cases}$$

Setzen wir diese Ausdrücke für $Q_1, Q_2, Q_3, \ldots.$ und die in den Formeln **(243)** gegebenen Ausdrücke für $L_1, L_2, L_3, \ldots.$ in die aus Formel **(227)** folgende Formel

$$(16^*)\quad \frac{1}{P_L} = L_1 Q_1 + L_2 Q_2 + L_3 Q_3 + \ldots.$$

ein, so ergiebt sich:

(17*)
$$\begin{aligned}\frac{1}{P_L} = \; & [lq] + [(\mathfrak{A})l]\, r_A + [(\mathfrak{B})l]\, r_B + \ldots\ldots \\ & + [Aq]\, r_A + [A(\mathfrak{A})]\, r_A r_A + [A(\mathfrak{B})]\, r_A r_B + \ldots\ldots \\ & + [Bq]\, r_B + [B(\mathfrak{A})]\, r_B r_A + [B(\mathfrak{B}))\, r_B r_B + \ldots\ldots \\ & + \ldots\ldots\ldots\ldots\ldots\ldots\ldots\ldots\ldots\ldots ,\end{aligned}$$

woraus mit Beachtung der Gleichungen **(242)** wird:

(18*)
$$\frac{1}{P_L} = [lq] + [Aq]\, r_A + [Bq]\, r_B + \ldots\ldots$$

Nun ist nach den Gleichungen (14*):

(19*)
$$\begin{aligned}[Aq] = \; & A_1 l_1 Q_{11} + A_1 l_2 Q_{12} + A_1 l_3 Q_{13} + \ldots\ldots \\ & + A_2 l_1 Q_{12} + A_2 l_2 Q_{22} + A_2 l_3 Q_{23} + \ldots\ldots \\ & + A_3 l_1 Q_{13} + A_3 l_2 Q_{23} + A_3 l_3 Q_{33} + \ldots\ldots \\ & + \ldots\ldots\ldots\ldots\ldots\ldots\ldots\ldots ,\end{aligned}$$

woraus nach den Formeln **(205)** wird:

(20a*)
$$[Aq] = +(\mathfrak{A}_1)\, l_1 + (\mathfrak{A}_2)\, l_2 + (\mathfrak{A}_3)\, l_3 + \ldots\ldots = +[(\mathfrak{A})\, l].$$

Ebenso ist:

(20b*)
$$[Bq] = +(\mathfrak{B}_1)\, l_1 + (\mathfrak{B}_2)\, l_2 + (\mathfrak{B}_3)\, l_3 + \ldots\ldots = +[(\mathfrak{B})\, l],$$

u. s. w.

Damit wird:

(21*)
$$\frac{1}{P_L} = [lq] + [(\mathfrak{A})l]\, r_A + [(\mathfrak{B})l]\, r_B + \ldots\ldots$$

Hierin ist $[lq]$ der Wert, den wir bei Auflösung der Gleichungen **(244)** nach dem im § 63 dargelegten Verfahren mit

(245)
$$\left\{\begin{array}{l|l|l|l|l} \mathfrak{a}_1 = [paa], & \mathfrak{b}_1 = [pab], & \mathfrak{c}_1 = [pac], & \ldots\ldots, & l_1, \\ & \mathfrak{b}_2 = [pbb], & \mathfrak{c}_2 = [pbc], & \ldots\ldots, & l_2, \\ & & \mathfrak{c}_3 = [pcc], & \ldots\ldots, & l_3, \\ & & & \ldots\ldots, & \ldots\ldots, \\ \mathfrak{B}_2 = \mathfrak{b}_2 - \frac{\mathfrak{b}_1}{\mathfrak{a}_1}\mathfrak{b}_1, & \mathfrak{C}_2 = \mathfrak{c}_2 - \frac{\mathfrak{b}_1}{\mathfrak{a}_1}\mathfrak{c}_1, & & \ldots\ldots, & \mathfrak{L}_2 = l_2 - \frac{\mathfrak{b}_1}{\mathfrak{a}_1} l_1, \\ & \mathfrak{C}_3 = \mathfrak{c}_3 - \frac{\mathfrak{c}_1}{\mathfrak{a}_1}\mathfrak{c}_1 - \frac{\mathfrak{C}_2}{\mathfrak{B}_2}\mathfrak{C}_2, & & \ldots\ldots, & \mathfrak{L}_3 = l_3 - \frac{\mathfrak{c}_1}{\mathfrak{a}_1} l_1 - \frac{\mathfrak{C}_2}{\mathfrak{B}_2}\mathfrak{L}_2, \\ & & & \ldots\ldots, & \ldots\ldots\ldots\ldots\ldots\ldots \end{array}\right.$$

nach den Formeln **(227)** und **(226)** im § 63 erhalten, nämlich:

(246)
$$\begin{aligned}[lq] & = l_1 q_1 + l_2 q_2 + l_3 q_3 + \ldots\ldots \\ & = \frac{l_1}{\mathfrak{a}_1} l_1 + \frac{\mathfrak{L}_2}{\mathfrak{B}_2}\mathfrak{L}_2 + \frac{\mathfrak{L}_3}{\mathfrak{C}_3}\mathfrak{L}_3 + \ldots\ldots\end{aligned}$$

Die Auflösung der Gleichungen **(243)** und die Berechnung von $[lq]$ wird zweckmäfsig nach folgendem Schema ausgeführt:

(247)

l_1	l_2	l_3	....	$[lq]$.	
	$-\frac{\mathfrak{b}_1}{\mathfrak{a}_1} l_1$	$-\frac{\mathfrak{c}_1}{\mathfrak{a}_1} l_1$	....	$+\frac{l_1}{\mathfrak{a}_1} l_1$	$+l_1 q_1$
$+\frac{l_1}{\mathfrak{a}_1}$	$=\mathfrak{L}_2$	$-\frac{\mathfrak{C}_2}{\mathfrak{B}_2}\mathfrak{C}_2$	....	$+\frac{\mathfrak{L}_2}{\mathfrak{B}_2}\mathfrak{L}_2$	$+l_2 q_2$
....	$+\frac{\mathfrak{L}_2}{\mathfrak{C}_2}$	$=\mathfrak{L}_3$	....	$+\frac{\mathfrak{L}_3}{\mathfrak{C}_3}\mathfrak{L}_3$	$+l_3 q_3$
$-\frac{\mathfrak{c}_1}{\mathfrak{a}_1} q_3$	....	$+\frac{\mathfrak{L}_3}{\mathfrak{C}_3}$	....	....	....
$-\frac{\mathfrak{b}_1}{\mathfrak{a}_1} q_2$	$-\frac{\mathfrak{C}_2}{\mathfrak{B}_2} q_3$	....	....	$= [lq] =$	
$=q_1$	$=q_2$	$=q_3$	....		

Indem wir dann die Gleichungen **(242)** nach dem im § 65, Nr. 6 dargelegten Verfahren auflösen mit:

(248)
$$\left\{\begin{array}{l|l|l|l} \mathfrak{a}_1 = [A(\mathfrak{A})], & \mathfrak{b}_1 = [A(\mathfrak{B})], & \ldots\ldots, & \mathfrak{l}_1 = [(\mathfrak{A})l], \\ & \mathfrak{b}_2 = [B(\mathfrak{B})], & \ldots\ldots, & \mathfrak{l}_2 = [(\mathfrak{B})l], \\ & & \ldots\ldots, & \ldots\ldots\ldots, \\ \mathfrak{B}_2 = \mathfrak{b}_2 - \dfrac{\mathfrak{b}_1}{\mathfrak{a}_1}\mathfrak{b}_1, & \ldots\ldots, & \mathfrak{L}_2 = \mathfrak{l}_2 - \dfrac{\mathfrak{b}_1}{\mathfrak{a}_1}\mathfrak{l}_1, & \\ & \ldots\ldots, & \ldots\ldots\ldots\ldots, & \end{array}\right.$$

erhalten wir weiter für $\frac{1}{P_L}$ nach Formel (21*) und **(235)**:

(249)
$$\frac{1}{P_L} = [lq] + \mathfrak{l}_1 r_A + \mathfrak{l}_2 r_B + \ldots\ldots,$$
$$= [lq] - \frac{\mathfrak{l}_1}{\mathfrak{a}_1}\mathfrak{l}_1 - \frac{\mathfrak{L}_2}{\mathfrak{B}_2}\mathfrak{L}_2 - \ldots\ldots$$

Sodann ergiebt sich auch der mittlere Fehler M_L von L nach

(250)
$$M_L = \pm\, \mathfrak{m} \sqrt{\frac{1}{P_L}}.$$

Die Auflösung der Gleichungen **(242)** und die Berechnung des Gewichtes P_L wird zweckmäfsig nach folgendem Schema ausgeführt:

(251)

$[(\mathfrak{A})l]$	$[(\mathfrak{B})l]$	....	Gewicht P_L.	
$\mathfrak{l}_1$	$\mathfrak{l}_2$	....	$[lq]$	$[lq]$
	$-\frac{\mathfrak{b}_1}{\mathfrak{a}_1}\mathfrak{l}_1$	....	$-\frac{\mathfrak{l}_1}{\mathfrak{a}_1}\mathfrak{l}_1$	$+\mathfrak{l}_1 r_A$
$-\frac{\mathfrak{l}_1}{\mathfrak{a}_1}$	$=\mathfrak{L}_2$	....	$-\frac{\mathfrak{L}_2}{\mathfrak{B}_2}\mathfrak{L}_2$	$+\mathfrak{l}_2 r_B$
....	$-\frac{\mathfrak{L}_2}{\mathfrak{B}_2}$	....	....	....
$-\frac{\mathfrak{b}_1}{\mathfrak{a}_1} r_B$	....	....	$= \frac{1}{P_L} =$	
$= r_A$	$= r_B$	....		

5. Wenn die Gewichte $P_x, P_y, P_z, \ldots$ und die mittleren Fehler M_x, M_y $M_z, \ldots$ für die wahrscheinlichsten Werte $x, y, z, \ldots$ der zu bestimmenden Gröfsen, also für die einfachen Funktionen

$$L_x = x, \quad L_y = y, \quad L_z = z, \quad \ldots$$

anzugeben sind, so wird nach den Formeln **(241)**:

(252)
$$\left\{\begin{array}{llll} \text{für } L_x = x: & l_1 = 1, & l_2 = 0, & l_3 = 0, \quad \ldots\ldots, \\ \;\;\text{„}\;\; L_y = y: & l_1 = 0, & l_2 = 1, & l_3 = 0, \quad \ldots\ldots, \\ \;\;\text{„}\;\; L_z = z: & l_1 = 0, & l_2 = 0, & l_3 = 1, \quad \ldots\ldots, \\ \ldots\ldots, & \ldots\ldots & \ldots\ldots & \ldots\ldots\ldots\ldots \end{array}\right.$$

Dementsprechend wird dann:

(253)
$$\left\{\begin{array}{lll} \text{für } L_x = x: & [(\mathfrak{A})l] = (\mathfrak{A}_1), & [(\mathfrak{B})l] = (\mathfrak{B}_1), \quad \ldots\ldots, \\ \;\;\text{„}\;\; L_y = y: & [(\mathfrak{A})l] = (\mathfrak{A}_2), & [(\mathfrak{B})l] = (\mathfrak{B}_2), \quad \ldots\ldots, \\ \;\;\text{„}\;\; L_z = z: & [(\mathfrak{A})l] = (\mathfrak{A}_3), & [(\mathfrak{B})l] = (\mathfrak{B}_3), \quad \ldots\ldots, \\ \ldots\ldots & \ldots\ldots\ldots\ldots & \ldots\ldots\ldots\ldots \end{array}\right.$$

und ferner:

$$
(254)\quad \begin{cases} \text{für } L_x = x: & q_1 = Q_{11}, \quad q_2 = Q_{12}, \quad q_3 = Q_{13}, \quad \ldots, \quad [lq] = Q_{11}, \\ \;\;\text{"}\; L_y = y: & q_1 = Q_{12}, \quad q_2 = Q_{22}, \quad q_3 = Q_{23}, \quad \ldots, \quad [lq] = Q_{22}, \\ \;\;\text{"}\; L_z = z: & q_1 = Q_{13}, \quad q_2 = Q_{23}, \quad q_3 = Q_{33}, \quad \ldots, \quad [lq] = Q_{33}, \\ \ldots\ldots\ldots & \ldots\ldots\ldots\ldots\ldots\ldots\ldots\ldots\ldots\ldots \end{cases}
$$

Im Uebrigen finden die vorentwickelten Formeln unverändert Anwendung.

§ 68. Beispiel zu dem im § 67 entwickelten Verfahren.

1. Wir wenden das im § 67 entwickelte Verfahren auf das im § 61 behandelte Dreiecksnetz an, indem wir das Gewicht P_W und den mittleren Fehler M_W des wahrscheinlichsten Wertes des Winkels $P_1 \, P P_2$ berechnen.

Der wahrscheinlichste Wert W dieses Winkels ergiebt sich aus den wahrscheinlichsten Werten R der Richtungen nach:

$$(240)\qquad W = -R_1 + R_2 ,$$

wonach die Differenzialquotienten $l = \frac{\partial W}{\partial R}$ sind:

$$(241)\qquad l_1 = -1, \quad l_2 = +1, \quad l_3 = l_4 = \ldots l_{16} = 0 .$$

Nach § 61, Nr. 7 sind die quadratischen Faktoren $[p\,a\,a]$, $[p\,b\,b]$, $[p\,c\,c]$, ... der Endgleichungen **(194)** sämtlich gleich $\nu\, p = 24$, während alle übrigen Faktoren $= 0$ sind. Demnach erhalten wir zur Bestimmung der Koeffizienten $q_1, q_2, q_3, q_4, \ldots q_{16}$ die Gleichungen:

$$
(244)\quad \begin{cases} (\nu p = 24)\, q_1 = -1, & \text{und demnach:} \quad q_1 = -0{,}0417, \\ (\nu p = 24)\, q_2 = +1, & q_2 = +0{,}0417, \\ (\nu p = 24)\, q_3 = 0, & q_3 = 0{,}0, \\ (\nu p = 24)\, q_4 = 0, & q_4 = 0{,}0, \\ \ldots\ldots\ldots\ldots, & \ldots\ldots, \\ (\nu p = 24)\, q_{16} = 0, & q_{16} = 0{,}0 . \end{cases}
$$

Somit ist

$$(246)\qquad [l\,q] = l_1 q_1 + l_2 q_2 + l_3 q_3 + l_4 q_4 + \ldots l_{16} q_{16} = +0{,}0834 .$$

2. Weiter ergeben sich mit den im § 61, Nr. 8 zusammengestellten Zahlenwerten der Koeffizienten $(\mathfrak{A})$, $(\mathfrak{B})$, $(\mathfrak{C})$, $(\mathfrak{D})$, $(\mathfrak{E})$ die folgenden Absolutglieder der Gleichungen **(241)**:

$$[(\mathfrak{A})\, l] = +0{,}0834, \quad [(\mathfrak{B})\, l] = -0{,}0417, \quad [(\mathfrak{C})\, l] = 0{,}0,$$
$$[(\mathfrak{D})\, l] = -0{,}0417, \quad [(\mathfrak{E})\, l = 0{,}0 .$$

Die übrigen zur Berechnung des Gewichtes P_W nach den Formeln **(248)** und **(249)** erforderlichen Zahlenwerte sind nach § 61, Nr. 9, Abteilung 4 der Tabelle auf Seite 282 und 283:

$$
\begin{aligned}
\mathfrak{a}_1 = +0{,}250, \quad -\frac{\mathfrak{b}_1}{\mathfrak{a}_1} = +0{,}333, \quad -\frac{\mathfrak{c}_1}{\mathfrak{a}_1} = 0{,}0, \quad -\frac{\mathfrak{d}_1}{\mathfrak{a}_1} = +0{,}333, \quad -\frac{\mathfrak{e}_1}{\mathfrak{a}_1} = +0{,}1536, \\
\mathfrak{B}_2 = +0{,}222, \quad -\frac{\mathfrak{C}_2}{\mathfrak{B}_2} = +0{,}375, \quad -\frac{\mathfrak{D}_2}{\mathfrak{B}_2} = +0{,}125, \quad -\frac{\mathfrak{E}_2}{\mathfrak{B}_2} = -0{,}0809, \\
\mathfrak{C}_3 = +0{,}219, \quad -\frac{\mathfrak{D}_3}{\mathfrak{C}_3} = +0{,}429, \quad -\frac{\mathfrak{E}_3}{\mathfrak{C}_3} = +0{,}0356, \\
\mathfrak{D}_4 = +0{,}179, \quad -\frac{\mathfrak{E}_4}{\mathfrak{D}_4} = -0{,}0468, \\
\mathfrak{E}_5 = +0{,}0668 .
\end{aligned}
$$

Hiermit ergeben sich das Gewicht P_W und der mittlere Fehler M_W des wahrscheinlichsten Wertes W des Winkels $P_1\ P P_2$ im Schema **(251)** wie folgt:

$[(\mathfrak{A})\mathfrak{l}]$		$[(\mathfrak{B})\mathfrak{l}]$		$[(\mathfrak{C})\mathfrak{l}]$		$[(\mathfrak{D})\mathfrak{l}]$		$[(\mathfrak{E})\mathfrak{l}]$		Gewicht P_W.			
$\mathfrak{l}_1$	+ 0,0834	$\mathfrak{l}_2$	− 0,0417	$\mathfrak{l}_3$	.	$\mathfrak{l}_4$	− 0,0417	$\mathfrak{l}_5$	.	$[\mathfrak{l}q]$	+ 0,0834	$[\mathfrak{l}q]$	+ 0,0834
		$-\frac{\mathfrak{b}_1}{\mathfrak{a}_1}\mathfrak{l}_1$	+ 0,0278	$-\frac{\mathfrak{c}_1}{\mathfrak{a}_1}\mathfrak{l}_1$	.	$-\frac{\mathfrak{d}_1}{\mathfrak{a}_1}\mathfrak{l}_1$	+ 0,0278	$-\frac{\mathfrak{e}_1}{\mathfrak{a}_1}\mathfrak{l}_1$	+ 0,0128	$-\frac{\mathfrak{l}_1}{\mathfrak{a}_1}\mathfrak{l}_1$	− 0,0278	$+\mathfrak{l}_1 r_A$	− 0,0243
$-\frac{\mathfrak{l}_1}{\mathfrak{a}_1}$	− 0,0336	$=\mathfrak{L}_2$	− 0,0139	$-\frac{\mathfrak{C}_2}{\mathfrak{B}_2}\mathfrak{L}_2$	− 0,0052	$-\frac{\mathfrak{D}_2}{\mathfrak{B}_2}\mathfrak{L}_2$	− 0,0017	$-\frac{\mathfrak{E}_2}{\mathfrak{B}_2}\mathfrak{L}_2$	+ 0,0011	$-\frac{\mathfrak{L}_2}{\mathfrak{B}_2}\mathfrak{L}_2$	− 0,0009	$+\mathfrak{l}_2 r_B$	− 0,0049
$-\frac{\mathfrak{e}_1}{\mathfrak{a}_1}r_E$	− 0,3333	$-\frac{\mathfrak{L}_2}{\mathfrak{B}_2}$	+ 0,0626	$=\mathfrak{L}_3$	− 0,0052	$-\frac{\mathfrak{D}_3}{\mathfrak{C}_3}\mathfrak{L}_3$	− 0,0022	$-\frac{\mathfrak{E}_3}{\mathfrak{C}_3}\mathfrak{L}_3$	− 0,0002	$-\frac{\mathfrak{L}_3}{\mathfrak{C}_3}\mathfrak{L}_3$	− 0,0001	$+\mathfrak{l}_3 r_C$	.
$-\frac{\mathfrak{d}_1}{\mathfrak{a}_1}r_D$	+ 0,0366	$-\frac{\mathfrak{E}_2}{\mathfrak{B}_2}r_E$	+ 0,0176	$-\frac{\mathfrak{L}_3}{\mathfrak{C}_3}$	+ 0,0237	$=\mathfrak{L}_4$	− 0,0178	$-\frac{\mathfrak{E}_4}{\mathfrak{D}_4}\mathfrak{L}_4$	+ 0,0008	$-\frac{\mathfrak{L}_4}{\mathfrak{D}_4}\mathfrak{L}_4$	− 0,0018	$+\mathfrak{l}_4 r_D$	− 0,0046
$-\frac{\mathfrak{c}_1}{\mathfrak{a}_1}r_C$	.	$-\frac{\mathfrak{D}_2}{\mathfrak{B}_2}r_D$	+ 0,0138	$-\frac{\mathfrak{E}_3}{\mathfrak{C}_3}r_E$	− 0,0077	$-\frac{\mathfrak{L}_4}{\mathfrak{D}_4}$	+ 0,0994	$=\mathfrak{L}_5$	+ 0,0145	$-\frac{\mathfrak{L}_5}{\mathfrak{E}_5}\mathfrak{L}_5$	− 0,0031	$+\mathfrak{l}_5 r_E$	.
$-\frac{\mathfrak{b}_1}{\mathfrak{a}_1}r_B$	+ 0,0392	$-\frac{\mathfrak{C}_2}{\mathfrak{B}_2}r_C$	+ 0,0237	$-\frac{\mathfrak{D}_3}{\mathfrak{C}_3}r_D$	+ 0,0472	$-\frac{\mathfrak{E}_4}{\mathfrak{D}_4}r_E$	+ 0,0102	$-\frac{\mathfrak{L}_5}{\mathfrak{E}_5}$		$\frac{1}{P_W}$	+ 0,0497	$\frac{1}{P_W}$	+ 0,0496
$=r_A$	− 0,2911	$=r_B$	+ 0,1177	$=r_C$	+ 0,0632	$=r_D$	+ 0,1096	$=r_E$	− 0,217			P_W	20,2

$$M_W = \pm \mathfrak{m} \sqrt{\frac{1}{P_W}} = \pm 1{,}24 \sqrt{0{,}0496} = \pm 0{,}27''$$

FORMELN.

I. Teil. Theorie der Beobachtungsfehler.

Hauptsätze der Wahrscheinlichkeitsrechnung.

I. Sämtliche Fälle sind gleich wahrscheinlich:

W = Wahrscheinlichkeit für das Eintreffen eines Ereignisses,

W_n = Wahrscheinlichkeit für das Nichteintreffen des Ereignisses,

n = Anzahl der für das Eintreffen des Ereignisses günstigen Fälle,

N = Anzahl aller möglichen Fälle.

$$(1)\quad W = \frac{n}{N}. \qquad\qquad (2)\quad W_n = \frac{N-n}{N}.$$

$$(3)\quad W + W_n = \frac{n}{N} + \frac{N-n}{N} = \frac{N}{N} = 1 = \text{der Gewifsheit.}$$

II. Die Fälle sind nicht gleich wahrscheinlich:

W = Wahrscheinlichkeit für das Eintreffen eines Ereignisses.

$w_1, w_2, w_3, \ldots$ = Wahrscheinlichkeiten der für das Eintreffen des Ereignisses günstigsten Fälle.

$$(4)\quad W = w_1 + w_2 + w_3 + \ldots\ldots$$

III. Die Ereignisse sind von einander unabhängig.

W_z = Wahrscheinlichkeit für das Zusammentreffen mehrerer Ereignisse,

$w_1, w_2, w_3, \ldots$ = Wahrscheinlichkeiten für das Eintreffen der Ereignisse.

$$(5)\quad W_z = w_1 \cdot w_2 \cdot w_3 \ldots\ldots$$

IV. Die Ereignisse sind von einander abhängig.

w = Wahrscheinlichkeit für das Eintreffen des ersten Ereignisses,

ω = Wahrscheinlichkeit dafür, dafs nach dem Eintreffen des ersten Ereignisses auch das zweite eintrifft.

$$(6)\quad W_z = w \cdot \omega.$$

Theorie der Beobachtungsfehler.

y = Wahrscheinlichkeit dafür, dafs ein Beobachtungsfehler x vorkommt,

W_0 = Wahrscheinlichkeit dafür, dafs der Beobachtungsfehler Null vorkommt,

W_a^b = Wahrscheinlichkeit dafür, dafs der Beobachtungsfehler zwischen a und b fällt,

$e = 2{,}718\,281\ldots$ = Grundzahl der natürlichen Logarithmen,

$\pi = 3{,}141\,592\ldots$ = halber Umfang des Kreises vom Radius $r = 1$,

$d =$ durchschnittlicher Fehler,
$m =$ mittlerer Fehler,
$w =$ wahrscheinlicher Fehler,
$(v_1), (v_2), (v_3), \ldots (v_n) =$ wahre Beobachtungsfehler.

(7) Der zufällige Beobachtungsfehler eines Messungsergebnisses ist gleich der algebraischen Summe der in sehr grofser Anzahl auftretenden, sehr kleinen, gleich grofsen, positiven und negativen zufälligen Einzelfehler, und die Wahrscheinlichkeit für das Vorkommen positiver und negativer Einzelfehler ist gleich.

(8) Es ist am wahrscheinlichsten, dafs der Beobachtungsfehler Null vorkommt.

Die Wahrscheinlichkeit für das Vorkommen der verschiedenen Beobachtungsfehler ist verhältnismäfsig sehr viel kleiner für gröfsere als für kleinere Beobachtungsfehler, sie ist verschwindend klein für sehr grofse Beobachtungsfehler.

Das Vorkommen gleich grofser positiver und negativer Beobachtungsfehler ist gleich wahrscheinlich.

(9) $y = W_0 \cdot e^{-\frac{xx}{N}}$. **(10)** $y = \frac{1}{\sqrt{N\pi}} e^{-\frac{xx}{N}}$.

(11) $$y = \frac{1}{\sqrt{N\pi}} \left(1 - \frac{xx}{N} + \frac{1}{2!}\left(\frac{xx}{N}\right)^2 - \frac{1}{3!}\left(\frac{xx}{N}\right)^3 + \frac{1}{4!}\left(\frac{xx}{N}\right)^4 - \ldots\ldots\right).$$

(12) $d = \frac{[\pm(v)]}{n}$. **(13)** $m = \pm\sqrt{\frac{[(v)(v)]}{n}}$.

(14) $d = \frac{\sqrt{N}}{\sqrt{\pi}} = 0{,}564\,190\sqrt{N}$. **(15)** $m = \sqrt{\frac{1}{2}} \cdot \sqrt{N} = 0{,}707\,107\sqrt{N}$.

(16) $w = 0{,}476\,9363\sqrt{N} = \omega\sqrt{N}$.

(17) $d = 0{,}797\,885\,m$, **(18)** $w = 0{,}674\,490\,m$,

(19) $$W_{rd} = e^{-\frac{r^2}{\pi}} = 1 - \frac{r^2}{\pi} + \frac{1}{2!}\left(\frac{r^2}{\pi}\right)^2 - \frac{1}{3!}\left(\frac{r^2}{\pi}\right)^3 + \frac{1}{4!}\left(\frac{r^2}{\pi}\right)^4 - \ldots.$$

(20) $$W_{rm} = e^{-\frac{r^2}{2}} = 1 - \frac{r^2}{2} + \frac{1}{2!}\left(\frac{r^2}{2}\right)^2 - \frac{1}{3!}\left(\frac{r^2}{2}\right)^3 + \frac{1}{4!}\left(\frac{r^2}{2}\right)^4 - \ldots.$$

(21) $$W_{rw} = e^{-(\omega r)^2} = 1 - (\omega r)^2 + \frac{1}{2!}(\omega r)^4 - \frac{1}{3!}(\omega r)^6 + \frac{1}{4!}(\omega r)^8 - \ldots.$$

(22) $$W_{-rd}^{+rd} = \frac{2}{\sqrt{\pi}}\left(\frac{r}{\sqrt{\pi}} - \frac{1}{3}\left(\frac{r}{\sqrt{\pi}}\right)^3 + \frac{1}{5\cdot 2!}\left(\frac{r}{\sqrt{\pi}}\right)^5 - \frac{1}{7\cdot 3!}\left(\frac{r}{\sqrt{\pi}}\right)^7 + \frac{1}{9\cdot 4!}\left(\frac{r}{\sqrt{\pi}}\right)^9 - \ldots\right),$$

(23) $$W_{-rm}^{+rm} = \frac{2}{\sqrt{\pi}}\left(\frac{r}{\sqrt{2}} - \frac{1}{3}\left(\frac{r}{\sqrt{2}}\right)^3 + \frac{1}{5\cdot 2!}\left(\frac{r}{\sqrt{2}}\right)^5 - \frac{1}{7\cdot 3!}\left(\frac{r}{\sqrt{2}}\right)^7 + \frac{1}{9\cdot 4!}\left(\frac{r}{\sqrt{2}}\right)^9 - \ldots\right),$$

(24) $$W_{-rw}^{+rw} = \frac{2}{\sqrt{\pi}}\left(\omega r - \frac{1}{3}(\omega r)^3 + \frac{1}{5\cdot 2!}(\omega r)^5 - \frac{1}{7\cdot 3!}(\omega r)^7 + \frac{1}{9\cdot 4!}(\omega r)^9 - \ldots\right),$$

(25)

Es ist die Wahrscheinlichkeit dafür, dafs ein Beobachtungsfehler vorkommt, der den r fachen mittleren Fehler	nicht überschreitet	überschreitet
für $r = 1{,}0$:	0,682 7,	0,317 3,
„ $r = 2{,}0$:	0,954 5,	0,045 5,
„ $r = 3{,}0$:	0,997 278,	0,002 722,
„ $r = 3{,}5$:	0,999 533 8,	0,000 466 2,
„ $r = 4{,}0$:	0,999 936 62,	0,000 063 38,
„ $r = 5.0$:	0,999 999 427,	0,000 000 573.

(26)

Unter $n=1000$ Fehlern wird der r fache mittlere Fehler wahrscheinlich überschritten		Dafs der r fache mittlere Fehler überschritten wird, kommt wahrscheinlich einmal vor	
für $r=1{,}0$:	bei 317,3 Fehlern,	für $r=1{,}0$:	bei je 3,1 Fehlern,
„ $r=2{,}0$:	„ 45,5 „	„ $r=2{,}0$:	„ „ 22,0 „
„ $r=3{,}0$:	„ 2,7 „	„ $r=3{,}0$:	„ „ 368 „
„ $r=3{,}5$:	„ 0,47 „	„ $r=3{,}5$:	„ „ 2 150 „
„ $r=4{,}0$:	„ 0,063 „	„ $r=4{,}0$:	„ „ 15 800 „
„ $r=5{,}0$:	„ 0,0006 „	„ $r=5{,}0$:	„ „ 1 750 000 „

(27) Der höchstens zulässige Beobachtungsfehler ist gleich $\pm 3m$ bis $\pm 3{,}5m$, ausnahmsweise $\pm 3{,}5m$ bis $\pm 4m$.

Fortpflanzung der Beobachtungsfehler.

M = mittlerer Fehler von X,
$m_x, m_y, m_z, \ldots$ = mittlere Fehler von $x, y, z, \ldots$,
m = mittlerer Fehler von $x_1, x_2, x_3, \ldots x_n$,
$a, b, c, \ldots$ = Konstante.

(28) $X = ax, \qquad M = \pm\, a\, m_x.$

(29) $X = x \pm y \pm z \pm \ldots, \qquad M = \pm\sqrt{m_x^2 + m_y^2 + m_z^2 + \ldots}$

(30) $X = x_1 \pm x_2 \pm x_3 \pm \ldots x_n, \qquad M = \pm\, m\sqrt{n}.$

(31) $X = ax \pm by \pm cz \pm \ldots, \qquad M = \pm\sqrt{(a\,m_x)^2 + (b\,m_y)^2 + (c\,m_z)^2 + \ldots}$

(32) $X = a(x_1 \pm x_2 \pm x_3 \pm \ldots x_n), \qquad M = \pm\, a\, m\sqrt{n}.$

(33) $X = f(x, y, z, \ldots), \qquad M = \pm\sqrt{\left(\frac{\partial f}{\partial x} m_x\right)^2 + \left(\frac{\partial f}{\partial y} m_y\right)^2 + \left(\frac{\partial f}{\partial z} m_z\right)^2 + \ldots}$

Berechnung der Gewichte und mittleren Fehler.

$m_1, m_2, m_3, \ldots m_n$ = mittlere Fehler
$p_1, p_2, p_3, \ldots p_n$ = Gewichte
$z_1, z_2, z_3, \ldots z_n$ = Gewichtsverhältniszahlen
} der Gröfsen $\lambda_1, \lambda_2, \lambda_3, \ldots \lambda_n$,

$\mathfrak{m}$ = mittlerer Fehler
$\mathfrak{p}$ = 1 = Gewicht
$\mathfrak{z}$ = Gewichtsverhältniszahl
} der Gewichtseinheit,

$\mathfrak{m}_0$ = mittlerer Fehler
$\mathfrak{p}_0$ = Gewicht
} einer vorläufig angenommenen Gewichtseinheit,

$k = \mathfrak{m}^2$ = Gewichtskonstante.

(34) $p_1 = \frac{k}{m_1 m_1}, \quad p_2 = \frac{k}{m_2 m_2}, \quad p_3 = \frac{k}{m_3 m_3}, \quad \ldots\; p_n = \frac{k}{m_n m_n}.$

(35) $m_1 = \pm\,\mathfrak{m}\sqrt{\frac{1}{p_1}}, \quad m_2 = \pm\,\mathfrak{m}\sqrt{\frac{1}{p_2}}, \quad m_3 = \pm\,\mathfrak{m}\sqrt{\frac{1}{p_3}}, \quad \ldots m_n = \pm\,\mathfrak{m}\sqrt{\frac{1}{p_n}}.$

(36) $(\mathfrak{p}=1) : p_1 : p_2 : p_3 : \ldots p_n = \frac{1}{\mathfrak{m}\mathfrak{m}} : \frac{1}{m_1 m_1} : \frac{1}{m_2 m_2} : \frac{1}{m_3 m_3} : \ldots \frac{1}{m_n m_n}.$

(37) $\mathfrak{m} : m_1 : m_2 : m_3 : \ldots m_n = \sqrt{\frac{1}{\mathfrak{p}=1}} : \sqrt{\frac{1}{p_1}} : \sqrt{\frac{1}{p_2}} : \sqrt{\frac{1}{p_3}} : \ldots \sqrt{\frac{1}{p_n}}.$

(38) $p_1 = \frac{z_1}{\mathfrak{z}}, \quad p_2 = \frac{z_2}{\mathfrak{z}}, \quad p_3 = \frac{z_3}{\mathfrak{z}}, \quad \ldots . p_n = \frac{z_n}{\mathfrak{z}}.$

(39) $\mathfrak{m} = \pm \mathfrak{m}_0 \sqrt{\frac{1}{\mathfrak{p}_0 = \mathfrak{z}}}.$

Fortpflanzung der Gewichte.

$P =$ Gewicht von X,
$p_x, p_y, p_z, \ldots =$ Gewichte von $x, y, z, \ldots$,
$p =$ Gewicht von $x_1, x_2, x_3, \ldots x_n$,
$a, b, c, \ldots =$ Konstante.

(40) $X = a x, \qquad \frac{1}{P} = a^2 \frac{1}{p_x}.$

(41) $X = x \pm y \pm z \pm \ldots, \qquad \frac{1}{P} = \frac{1}{p_x} + \frac{1}{p_y} + \frac{1}{p_z} + \ldots$

(42) $X = x_1 \pm x_2 \pm x_3 \pm \ldots x_n, \qquad \frac{1}{P} = n \frac{1}{p}.$

(43) $X = a x \pm b y \pm c z \pm \ldots, \qquad \frac{1}{P} = a^2 \frac{1}{p_x} + b^2 \frac{1}{p_y} + c^2 \frac{1}{p_z} + \ldots$

(44) $X = a(x_1 \pm x_2 \pm x_3 \pm \ldots x_n), \qquad \frac{1}{P} = a^2 n \frac{1}{p}.$

(45) $X = f(x, y, z, \ldots), \qquad \frac{1}{P} = \left(\frac{\partial f}{\partial x}\right)^2 \frac{1}{p_x} + \left(\frac{\partial f}{\partial y}\right)^2 \frac{1}{p_y} + \left(\frac{\partial f}{\partial z}\right)^2 \frac{1}{p_z} + \ldots$

II. Teil. Theorie der Beobachtungsfehler.

$(x), (y), (z), \ldots =$ wahre Werte } der zu bestimmenden Gröfsen,
$x, y, z, \ldots =$ wahrscheinlichste Werte } der zu bestimmenden Gröfsen,
$\mathfrak{x}, \mathfrak{y}, \mathfrak{z}, \ldots =$ Näherungswerte } der zu bestimmenden Gröfsen,
$q \ldots =$ Anzahl } der zu bestimmenden Gröfsen,
$d\mathfrak{x}, d\mathfrak{y}, d\mathfrak{z}, \ldots =$ Aenderungen der Näherungswerte $\mathfrak{x}, \mathfrak{y}, \mathfrak{z}, \ldots$, wodurch diese in $x, y, z, \ldots$ übergehen,
$\lambda_1, \lambda_2, \lambda_3, \ldots \lambda_n =$ Beobachtungsergebnisse,
$(\lambda_1), (\lambda_2), (\lambda_3), \ldots (\lambda_n) =$ wahre Werte } der beobachteten Gröfsen,
$L_1, L_2, L_3, \ldots L_n =$ wahrscheinlichste Werte } der beobachteten Gröfsen,
$\mathfrak{l}_1, \mathfrak{l}_2, \mathfrak{l}_3, \ldots \mathfrak{l}_n =$ Näherungswerte } der beobachteten Gröfsen,
$n \ldots =$ Anzahl } der beobachteten Gröfsen,
$d\mathfrak{l}_1, d\mathfrak{l}_2, d\mathfrak{l}_3, \ldots d\mathfrak{l}_n =$ Aenderungen der Näherungswerte $\mathfrak{l}_1, \mathfrak{l}_2, \mathfrak{l}_3 \ldots \mathfrak{l}_n$, wodurch diese in $L_1, L_2, L_3, \ldots L_n$ übergehen,
$(v_1), (v_2), (v_3), \ldots (v_n) =$ wahre Werte } der Beobachtungsfehler,
$v_1, v_2, v_3, \ldots v_n =$ wahrscheinlichste Werte } der Beobachtungsfehler,
$f_1, f_2, f_3, \ldots f_n =$ Abweichungen der Beobachtungsergebnisse $\lambda_1, \lambda_2, \lambda_3, \ldots \lambda_n$ von den Näherungswerten $\mathfrak{l}_1, \mathfrak{l}_2, \mathfrak{l}_3, \ldots \mathfrak{l}_n$,

$\mathfrak{p} = 1$ ...... = Gewicht, $\mathfrak{m}$ ...... = mittlerer Fehler } der Gewichtseinheit,

$p_1, p_2, p_3, \ldots p_n$ = Gewichte, $m_1, m_2, m_3, \ldots m_n$ = mittlere Fehler } der Beobachtungsergebnisse $\lambda_1, \lambda_2, \lambda_3, \ldots \lambda_n$,

$P_x, P_y, P_z, \ldots$ = Gewichte, $M_x, M_y, M_z, \ldots$ = mittlere Fehler } der wahrscheinlichsten Werte $x, y, z, \ldots$ der zu bestimmenden Gröfsen.

Wo in einzelnen Abschnitten abweichende Bezeichnungen gebraucht werden, werden sie besonders am Anfange des betreffenden Abschnittes angeführt.

Grundformeln.

$$p_1 v_1 v_1 + p_2 v_2 v_2 + p_3 v_3 v_3 + \ldots p_n v_n v_n = [p v v] = \text{Minimum}. \tag{46}$$

$$\mathfrak{m} = \pm \sqrt{\frac{[p v v]}{n - q}}. \tag{47}$$

Direkte Beobachtungen.

Direkte gleich genaue Beobachtungen.

$$x = \frac{[\lambda]}{n} = \frac{\lambda_1 + \lambda_2 + \lambda_3 \ldots \lambda_n}{n}. \tag{48}$$

$$\left\{\begin{array}{l} \lambda_1 = l + d l_1, \\ \lambda_2 = l + d l_2, \\ \lambda_3 = l + d l_3, \\ \ldots\ldots\ldots, \\ \lambda_n = l + d l_n. \end{array}\right. \tag{49}$$

$$x = l + \frac{d l_1 + d l_2 + d l_3 + \ldots d l_n}{n} = l + \frac{[d l]}{n}. \tag{50}$$

$$\left\{\begin{array}{l} v_1 = x - \lambda_1, \\ v_2 = x - \lambda_2, \\ v_3 = x - \lambda_3, \\ \ldots\ldots\ldots, \\ v_n = x - \lambda_n. \end{array}\right. \tag{51}$$

$$[v] = 0. \tag{52}$$

$$\mathfrak{m} = \pm \sqrt{p} \sqrt{\frac{[v v]}{n - 1}}. \tag{53}$$

$$m = \pm \mathfrak{m} \sqrt{\frac{1}{p}} = \pm \sqrt{\frac{[v v]}{n - 1}}. \tag{54}$$

$$P = n p. \tag{55}$$

$$M = \pm \mathfrak{m} \sqrt{\frac{1}{P}} = \pm \mathfrak{m} \sqrt{\frac{1}{n p}} = \pm \sqrt{\frac{[v v]}{n (n - 1)}} = \pm m \sqrt{\frac{1}{n}}. \tag{56}$$

$$[v v] = [\lambda \lambda] - \frac{[\lambda][\lambda]}{n} = [d l\, d l] - \frac{[d l][d l]}{n}. \tag{57}$$

Direkte ungleich genaue Beobachtungen.

$$x = \frac{[p \lambda]}{[p]} = \frac{p_1 \lambda_1 + p_2 \lambda_2 + p_3 \lambda_3 + \ldots p_n \lambda_n}{p_1 + p_2 + p_3 + \ldots p_n}. \tag{58}$$

$$\left\{\begin{array}{l} \lambda_1 = l + d l_1, \\ \lambda_2 = l + d l_2, \\ \lambda_3 = l + d l_3, \\ \ldots\ldots\ldots, \\ \lambda_n = l + d l_n. \end{array}\right. \tag{59}$$

(60) $$x = l + \frac{p_1 dl_1 + p_2 dl_2 + p_3 dl_3 + \ldots p_n dl_n}{p_1 + p_2 + p_3 \ldots p_n} = l + \frac{[p\,dl]}{[p]}.$$

(61) $$\begin{cases} v_1 = x - \lambda_1, \\ v_2 = x - \lambda_2, \\ v_3 = x - \lambda_3, \\ \ldots\ldots\ldots, \\ v_n = x - \lambda_n. \end{cases}$$

(62) $$[pv] = 0.$$

(63) $$\mathfrak{m} = \pm\sqrt{\frac{[pvv]}{n-1}},$$

(64) $$\begin{cases} m_1 = \pm\, \mathfrak{m}\sqrt{\frac{1}{p_1}}, \\ m_2 = \pm\, \mathfrak{m}\sqrt{\frac{1}{p_2}}, \\ m_3 = \pm\, \mathfrak{m}\sqrt{\frac{1}{p_3}}, \\ \ldots\ldots\ldots\ldots, \\ m_n = \pm\, \mathfrak{m}\sqrt{\frac{1}{p_n}}. \end{cases}$$

(65) $$P = [p].$$

(66) $$M = \pm\, \mathfrak{m}\sqrt{\frac{1}{P}} = \pm\, \mathfrak{m}\sqrt{\frac{1}{[p]}} = \pm\sqrt{\frac{[pvv]}{[p](n-1)}}.$$

(67) $$[pvv] = [p\lambda\lambda] - \frac{[p\lambda][p\lambda]}{[p]} = [p\,dl\,dl] - \frac{[p\,dl][p\,dl]}{[p]}.$$

Berechnung des mittleren Fehlers aus Beobachtungsdifferenzen.

$\lambda'_1, \lambda'_2, \lambda'_3, \ldots \lambda'_n$, $\lambda''_1, \lambda''_2, \lambda''_3, \ldots \lambda''_n$ = Beobachtungsergebnisse,

$\Delta_1, \Delta_2, \Delta_3, \ldots \Delta_n$ = Beobachtungsdifferenzen $\lambda' - \lambda''$,

k ……, $kl_1, kl_2, kl_3, \ldots kl_n$ = regelmäſsiger Teil der Beobachtungsdifferenzen

$\delta_1, \delta_2, \delta_3, \ldots \delta_n$ = zufälliger Teil der Beobachtungsdifferenzen

Die nachstehend mit * bezeichneten Formeln gelten für den Fall, daſs die Beobachtungsergebnisse $\lambda_1, \lambda_2, \lambda_3, \ldots \lambda_n$ gleich genau sind: die übrigen Formeln gelten allgemein.

a_1) Der regelmäſsige Teil der Beobachtungsdifferenzen ist für alle Beobachtungsergebnisse gleich:

(68) $$\begin{cases} \Delta_1 = \lambda'_1 - \lambda''_1, \\ \Delta_2 = \lambda'_2 - \lambda''_2, \\ \Delta_3 = \lambda'_3 - \lambda''_3, \\ \ldots\ldots\ldots\ldots, \\ \Delta_n = \lambda'_n - \lambda''_n \end{cases}$$

(69)* $$k = \frac{[\Delta]}{n}.$$

(70) $$k = \frac{[p\Delta]}{[p]}.$$

(71) $$\begin{cases} \delta_1 = k - \Delta_1, \\ \delta_2 = k - \Delta_2, \\ \delta_3 = k - \Delta_3, \\ \ldots\ldots\ldots, \\ \delta_n = k - \Delta_n. \end{cases}$$

(72)* $$[\delta\delta] = [\Delta\Delta] - \frac{[\Delta]}{n}[\Delta] = [\Delta\Delta] - nkk,$$

(73) $$[p\delta\delta] = [p\Delta\Delta] - \frac{[p\Delta]}{[p]}[p\Delta] = [p\Delta\Delta] - [p]kk.$$

a_2) Der regelmäſsige Teil der Beobachtungsdifferenzen $\Delta_1, \Delta_2, \Delta_3, \ldots \Delta_n$ ist proportional den Gröſsen $l_1, l_2, l_3, \ldots l_n$:

(74) $$\begin{cases} \Delta_1 = \lambda'_1 - \lambda''_1, \\ \Delta_2 = \lambda'_2 - \lambda''_2, \\ \Delta_3 = \lambda'_3 - \lambda''_3, \\ \ldots\ldots\ldots\ldots, \\ \Delta_n = \lambda'_n - \lambda''_n. \end{cases}$$

(75)* $$k = \frac{[l\Delta]}{[ll]},$$

(76) $$k = \frac{[pl\Delta]}{[pll]}.$$

(77) $$\begin{cases} \delta_1 = kl_1 - \Delta_1, \\ \delta_2 = kl_2 - \Delta_2, \\ \delta_3 = kl_3 - \Delta_3, \\ \ldots\ldots\ldots\ldots, \\ \delta_n = kl_n - \Delta_n. \end{cases}$$

b_1) Der regelmäſsige Teil der Beobachtungsdifferenzen wird aus den vorliegenden Beobachtungsergebnissen berechnet:

(78)* $$\mathfrak{m} = \pm\sqrt{p}\sqrt{\frac{[\delta\delta]}{2(n-1)}}.$$

(79)* $$m = \pm\, \mathfrak{m}\sqrt{\frac{1}{p}} = \pm\sqrt{\frac{[\delta\delta]}{2(n-1)}},$$

$$(80)^* \quad m_k = \pm \mathfrak{m}\sqrt{\frac{1}{p_k}} = \pm \mathfrak{m}\sqrt{\frac{2}{np}} = \pm\sqrt{\frac{[\delta\delta]}{n(n-1)}}.$$

$$(81)^* \quad m_k = \pm \mathfrak{m}\sqrt{\frac{1}{p_k}} = \pm \mathfrak{m}\sqrt{\frac{2}{p[ll]}} = \pm\sqrt{\frac{[\delta\delta]}{[ll](n-1)}}.$$

$$(82) \quad \mathfrak{m} = \pm\sqrt{\frac{[p\delta\delta]}{2(n-1)}}.$$

$$(83) \quad \begin{cases} m_1 = \pm \mathfrak{m}\sqrt{\frac{1}{p_1}}, \\ m_2 = \pm \mathfrak{m}\sqrt{\frac{1}{p_2}}, \\ m_3 = \pm \mathfrak{m}\sqrt{\frac{1}{p_3}}, \\ \dots\dots\dots, \\ m_n = \pm \mathfrak{m}\sqrt{\frac{1}{p_n}}. \end{cases}$$

$$(84) \quad m_k = \pm \mathfrak{m}\sqrt{\frac{1}{p_k}} = \pm \mathfrak{m}\sqrt{\frac{2}{[p]}} = \pm\sqrt{\frac{[p\delta\delta]}{[p](n-1)}}.$$

$$(85) \quad m_k = \pm \mathfrak{m}\sqrt{\frac{1}{p_k}} = \pm \mathfrak{m}\sqrt{\frac{2}{[pll]}} = \pm\sqrt{\frac{[p\delta\delta]}{[pll](n-1)}}.$$

b_2) Der regelmäfsige Teil der Beobachtungsdifferenzen ist voraus bekannt:

$$(86)^* \quad \mathfrak{m} = \pm \sqrt{p}\sqrt{\frac{[\delta\delta]}{2n}}.$$

$$(87)^* \quad m = \pm \mathfrak{m}\sqrt{\frac{1}{p}} = \pm\sqrt{\frac{[\delta\delta]}{2n}}.$$

$$(88) \quad \mathfrak{m} = \pm\sqrt{\frac{[p\delta\delta]}{2n}}.$$

$$(89) \quad \begin{cases} m_1 = \pm \mathfrak{m}\sqrt{\frac{1}{p_1}}, \\ m_2 = \pm \mathfrak{m}\sqrt{\frac{1}{p_2}}, \\ m_3 = \pm \mathfrak{m}\sqrt{\frac{1}{p_3}}, \\ \dots\dots\dots, \\ m_n = \pm \mathfrak{m}\sqrt{\frac{1}{p_n}}. \end{cases}$$

Direkte gleich genaue Beobachtungen mehrerer Gröfsen, deren Summe einen bekannten Sollbetrag erfüllen mufs.

$x_1, x_2, x_3, \dots x_n$ = wahrscheinlichste Werte der beobachteten Gröfsen,
$\alpha_1, \alpha_2, \alpha_3, \dots \alpha_n$ = Beobachtungsergebnisse,
v . . . . = wahrscheinlichster Wert der Verbesserungen der Beobachtungsergebnisse,
S . . . . = Sollbetrag,
Σ . . . . = Beobachtungsergebnis für den Sollbetrag,
f . . . . = Widerspruch zwischen Sollbetrag und Beobachtungsergebnis.

$$(90) \quad x_1 + x_2 + x_3 + \dots x_n = S.$$

$$(91) \quad \alpha_1 + \alpha_2 + \alpha_3 + \dots \alpha_n = \Sigma.$$

$$(92) \quad f = S - \Sigma.$$

$$(93) \quad v = \frac{1}{n}f.$$

$$(94) \quad \begin{cases} x_1 = \alpha_1 + v, \\ x_2 = \alpha_2 + v, \\ x_3 = \alpha_3 + v, \\ \dots\dots\dots, \\ x_n = \alpha_n + v. \end{cases}$$

(95) $\mathfrak{m} = \pm f \sqrt{\frac{1}{n} p}$.

(96) $m_\alpha = \pm \mathfrak{m} \sqrt{\frac{1}{p}} = \pm f \sqrt{\frac{1}{n}}$.

(97) $\frac{1}{P_x} = \frac{1}{p}\left(1 - \frac{1}{n}\right)$.

(98) $M_x = \pm \mathfrak{m} \sqrt{\frac{1}{P_x}} = \pm \mathfrak{m} \sqrt{\frac{1}{p}\left(1 - \frac{1}{n}\right)} = \pm f \sqrt{\frac{1}{n}\left(1 - \frac{1}{n}\right)}$.

Direkte ungleich genaue Beobachtungen mehrerer Gröfsen, deren Summe einen bestimmten Sollbetrag erfüllen mufs.

$x, y, z, \ldots\ldots =$ wahrscheinlichste Werte der beobachteten Gröfsen,
$\alpha, \beta, \gamma, \ldots\ldots =$ Beobachtungsergebnisse,
$v_\alpha, v_\beta, v_\gamma, \ldots\ldots =$ wahrscheinlichste Werte der Verbesserungen der Beobachtungsergebnisse,
$S, \Sigma, f, \ldots\ldots =$ wie vorstehend.

(99) $x + y + z + \ldots = S$.

(100) $\alpha + \beta + \gamma + \ldots = \Sigma$.

(101) $f = S - \Sigma$.

(102) $v_\alpha = \frac{\frac{1}{p_\alpha}}{\left[\frac{1}{p}\right]} f, \quad v_\beta = \frac{\frac{1}{p_\beta}}{\left[\frac{1}{p}\right]} f, \quad v_\gamma = \frac{\frac{1}{p_\gamma}}{\left[\frac{1}{p}\right]} f, \quad \ldots\ldots$

(103) $x = \alpha + v_\alpha, \quad y = \beta + v_\beta, \quad z = \gamma + v_\gamma, \quad \ldots\ldots$

(104) $\mathfrak{m} = \pm f \sqrt{\frac{1}{\left[\frac{1}{p}\right]}}$.

(105) $m_\alpha = \pm \mathfrak{m} \sqrt{\frac{1}{p_\alpha}}, \quad m_\beta = \pm \mathfrak{m} \sqrt{\frac{1}{p_\beta}}, \quad m_\gamma = \pm \mathfrak{m} \sqrt{\frac{1}{p_\gamma}}, \quad \ldots\ldots$

(106) $\frac{1}{P_x} = \frac{1}{p_\alpha}\left(1 - \frac{\frac{1}{p_\alpha}}{\left[\frac{1}{p}\right]}\right), \quad \frac{1}{P_y} = \frac{1}{p_\beta}\left(1 - \frac{\frac{1}{p_\beta}}{\left[\frac{1}{p}\right]}\right), \quad \frac{1}{P_z} = \frac{1}{p_\gamma}\left(1 - \frac{\frac{1}{p_\gamma}}{\left[\frac{1}{p}\right]}\right), \quad \ldots\ldots$

(107) $M_x = \pm \mathfrak{m} \sqrt{\frac{1}{P_x}} = \pm \mathfrak{m} \sqrt{\frac{1}{p_\alpha}\left(1 - \frac{\frac{1}{p_\alpha}}{\left[\frac{1}{p}\right]}\right)}, \quad M_y = \pm \mathfrak{m} \sqrt{\frac{1}{P_y}} = \pm \mathfrak{m} \sqrt{\frac{1}{p_\beta}\left(1 - \frac{\frac{1}{p_\beta}}{\left[\frac{1}{p}\right]}\right)}, \quad M_z = \pm \mathfrak{m} \sqrt{\frac{1}{P_z}} = \pm \mathfrak{m} \sqrt{\frac{1}{p_\gamma}\left(1 - \frac{\frac{1}{p_\gamma}}{\left[\frac{1}{p}\right]}\right)}, \quad \ldots\ldots$

Vermittelnde Beobachtungen.

Gleichungen für die Beziehungen zwischen den wahren Werten der beobachteten Gröfsen und der zu bestimmenden Gröfsen.

$$(108)\quad \begin{cases} (\lambda_1) = F_1((x), (y), (z), \ldots), \\ (\lambda_2) = F_2((x), (y), (z), \ldots), \\ (\lambda_3) = F_3((x), (y), (z), \ldots), \\ \ldots\ldots\ldots\ldots, \\ (\lambda_n) = F_n((x), (y), (z), \ldots). \end{cases}$$

Die Anzahl q der zu bestimmenden Gröfsen ist kleiner als die Anzahl n der Gleichungen.

Fehlergleichungen.

$$(109)\quad \begin{cases} L_1 = F_1(x, y, z, \ldots\ldots), \\ L_2 = F_2(x, y, z, \ldots\ldots), \\ L_3 = F_3(x, y, z, \ldots\ldots), \\ \ldots\ldots\ldots\ldots, \\ L_n = F_n(x, y, z, \ldots\ldots). \end{cases} \qquad (110)\quad \begin{cases} v_1 = L_1 - \lambda_1, \\ v_2 = L_2 - \lambda_2, \\ v_3 = L_3 - \lambda_3, \\ \ldots\ldots, \\ v_n = L_n - \lambda_n. \end{cases}$$

Wahrscheinlichste Werte der zu bestimmenden Gröfsen.

$$(111)\quad \begin{cases} x = \mathfrak{x} + d\mathfrak{x}, \\ y = \mathfrak{y} + d\mathfrak{y}, \\ z = \mathfrak{z} + d\mathfrak{z}, \\ \ldots\ldots \end{cases}$$

Faktoren und Absolutglieder der umgeformten Fehlergleichungen.

$$(114)\quad \begin{cases} a_1 = \frac{\partial F_1}{\partial \mathfrak{x}}, & b_1 = \frac{\partial F_1}{\partial \mathfrak{y}}, & c_1 = \frac{\partial F_1}{\partial \mathfrak{z}}, & \ldots, \\ a_2 = \frac{\partial F_2}{\partial \mathfrak{x}}, & b_2 = \frac{\partial F_2}{\partial \mathfrak{y}}, & c_2 = \frac{\partial F_2}{\partial \mathfrak{z}}, & \ldots, \\ a_3 = \frac{\partial F_3}{\partial \mathfrak{x}}, & b_3 = \frac{\partial F_3}{\partial \mathfrak{y}}, & c_3 = \frac{\partial F_3}{\partial \mathfrak{z}}, & \ldots, \\ \ldots\ldots, & \ldots\ldots, & \ldots\ldots, & \ldots, \\ a_n = \frac{\partial F_n}{\partial \mathfrak{x}}, & b_n = \frac{\partial F_n}{\partial \mathfrak{y}}, & c_n = \frac{\partial F_n}{\partial \mathfrak{z}}, & \ldots\ldots \end{cases}$$

$$(112)\quad \begin{cases} \mathfrak{l}_1 = F_1(\mathfrak{x}, \mathfrak{y}, \mathfrak{z}, \ldots), \\ \mathfrak{l}_2 = F_2(\mathfrak{x}, \mathfrak{y}, \mathfrak{z}, \ldots), \\ \mathfrak{l}_3 = F_3(\mathfrak{x}, \mathfrak{y}, \mathfrak{z}, \ldots), \\ \ldots\ldots\ldots\ldots, \\ \mathfrak{l}_n = F_n(\mathfrak{x}, \mathfrak{y}, \mathfrak{z}, \ldots). \end{cases} \quad (113)\quad \begin{cases} L_1 = \mathfrak{l}_1 + d\mathfrak{l}_1, \\ L_2 = \mathfrak{l}_2 + d\mathfrak{l}_2, \\ L_3 = \mathfrak{l}_3 + d\mathfrak{l}_3, \\ \ldots\ldots, \\ L_n = \mathfrak{l}_n + d\mathfrak{l}_n. \end{cases} \quad (115)\quad \begin{cases} f_1 = \mathfrak{l}_1 - \lambda_1, \\ f_2 = \mathfrak{l}_2 - \lambda_2, \\ f_3 = \mathfrak{l}_3 - \lambda_3, \\ \ldots\ldots, \\ f_n = \mathfrak{l}_n - \lambda_n. \end{cases}$$

Umgeformte Fehlergleichungen.

$$(116)\quad \begin{cases} d\mathfrak{l}_1 = a_1 d\mathfrak{x} + b_1 d\mathfrak{y} + c_1 d\mathfrak{z} + \ldots, \\ d\mathfrak{l}_2 = a_2 d\mathfrak{x} + b_2 d\mathfrak{y} + c_2 d\mathfrak{z} + \ldots, \\ d\mathfrak{l}_3 = a_3 d\mathfrak{x} + b_3 d\mathfrak{y} + c_3 d\mathfrak{z} + \ldots, \\ \ldots\ldots\ldots\ldots\ldots\ldots, \\ d\mathfrak{l}_n = a_n d\mathfrak{x} + b_n d\mathfrak{y} + c_n d\mathfrak{z} + \ldots\ldots \end{cases} \qquad (117)\quad \begin{cases} v_1 = f_1 + d\mathfrak{l}_1, \\ v_2 = f_2 + d\mathfrak{l}_2, \\ v_3 = f_3 + d\mathfrak{l}_3, \\ \ldots\ldots, \\ v_n = f_n + d\mathfrak{l}_n. \end{cases}$$

Endgleichungen.

$$(118)\quad \begin{cases} [paa]\,d\mathfrak{x}+[pab]\,d\mathfrak{y}+[pac]\,d\mathfrak{z}+\ldots+[paf]=0, \\ [pab]\,d\mathfrak{x}+[pbb]\,d\mathfrak{y}+[pbc]\,d\mathfrak{z}+\ldots+[pbf]=0, \\ [pac]\,d\mathfrak{x}+[pbc]\,d\mathfrak{y}+[pcc]\,d\mathfrak{z}+\ldots+[pcf]=0, \\ \ldots\ldots\ldots\ldots\ldots\ldots\ldots\ldots\ldots\ldots \end{cases}$$

(119)

$d\mathfrak{x}$	$d\mathfrak{y}$	$d\mathfrak{z}$	.....	
$[paa]$	$[pab]$	$[pac]$	.....	$d\mathfrak{x}+[paf]=0,$
	$[pbb]$	$[pbc]$	.....	$d\mathfrak{y}+[pbf]=0,$
		$[pcc]$	.....	$d\mathfrak{z}+[pcf]=0,$
			.....	....

$$(120\text{a})\quad \begin{cases} \mathfrak{a}_1=[paa], & \mathfrak{b}_1=[pab], & \mathfrak{c}_1=[pac], & \ldots & \mathfrak{f}_1=[paf], \\ & \mathfrak{b}_2=[pbb], & \mathfrak{c}_2=[pbc], & \ldots & \mathfrak{f}_2=[pbf], \\ & & \mathfrak{c}_3=[pcc], & \ldots & \mathfrak{f}_3=[pcf], \\ & & & \ldots & \ldots\ldots\ldots, \end{cases}$$

$$(121)\quad \begin{cases} \mathfrak{a}_1 d\mathfrak{x}+\mathfrak{b}_1 d\mathfrak{y}+\mathfrak{c}_1 d\mathfrak{z}+\ldots\mathfrak{f}_1=0, \\ \mathfrak{b}_1 d\mathfrak{x}+\mathfrak{b}_2 d\mathfrak{y}+\mathfrak{c}_2 d\mathfrak{z}+\ldots\mathfrak{f}_2=0, \\ \mathfrak{c}_1 d\mathfrak{x}+\mathfrak{c}_2 d\mathfrak{y}+\mathfrak{c}_3 d\mathfrak{z}+\ldots\mathfrak{f}_3=0, \\ \ldots\ldots\ldots\ldots\ldots\ldots\ldots\ldots \end{cases}$$

Rechenschema (124) für die Auflösung

$[paa]$		$[pab]$		$[pac]$		....	$[paf]$		$[pbb]$		$[pbc]$		....
$\mathfrak{a}_1$		$\mathfrak{b}_1$		$\mathfrak{c}_1$		....	$\mathfrak{f}_1$		$\mathfrak{b}_2$		$\mathfrak{c}_2$		....
		$-\frac{\mathfrak{b}_1}{\mathfrak{a}_1}$		$-\frac{\mathfrak{c}_1}{\mathfrak{a}_1}$		....	$-\frac{\mathfrak{f}_1}{\mathfrak{a}_1}$		$-\frac{\mathfrak{b}_1}{\mathfrak{a}_1}\mathfrak{b}_1$		$-\frac{\mathfrak{b}_1}{\mathfrak{a}_1}\mathfrak{c}_1$		....
							....	....	$=\mathfrak{B}_2$		$=\mathfrak{C}_2$		....
							$-\frac{\mathfrak{c}_1}{\mathfrak{a}_1}d\mathfrak{z}$				$-\frac{\mathfrak{C}_2}{\mathfrak{B}_2}$		....
							$-\frac{\mathfrak{b}_1}{\mathfrak{a}_1}d\mathfrak{y}$						
							$=d\mathfrak{x}$						

Mittlere Fehler der Gewichtseinheit und der Beobachtungsergebnisse.

$$(125)\quad \mathfrak{m}=\pm\sqrt{\frac{[pvv]}{n-q}},$$

$$(126)\quad m_1=\pm\,\mathfrak{m}\sqrt{\frac{1}{p_1}},\quad m_2=\pm\,\mathfrak{m}\sqrt{\frac{1}{p_2}},\quad m_3=\pm\,\mathfrak{m}\sqrt{\frac{1}{p_3}},\ \ldots\, m_n=\pm\,\mathfrak{m}\sqrt{\frac{1}{p_n}}.$$

Faktoren und Absolutglieder der reduzirten Endgleichungen.

$$
(120^{\mathrm{b}})\quad \left\{\begin{array}{l|l|l|l}
\mathfrak{B}_2 = \mathfrak{b}_2 - \frac{\mathfrak{b}_1}{\mathfrak{a}_1}\mathfrak{b}_1, & \mathfrak{C}_2 = \mathfrak{c}_2 - \frac{\mathfrak{b}_1}{\mathfrak{a}_1}\mathfrak{c}_1, & \ldots. & \mathfrak{F}_2 = \mathfrak{f}_2 - \frac{\mathfrak{b}_1}{\mathfrak{a}_1}\mathfrak{f}_1, \\
 & \mathfrak{C}_3 = \mathfrak{c}_3 - \frac{\mathfrak{c}_1}{\mathfrak{a}_1}\mathfrak{c}_1 - \frac{\mathfrak{C}_2}{\mathfrak{B}_2}\mathfrak{C}_2, & \ldots. & \mathfrak{F}_3 = \mathfrak{f}_3 - \frac{\mathfrak{c}_1}{\mathfrak{a}_1}\mathfrak{f}_1 - \frac{\mathfrak{C}_2}{\mathfrak{B}_2}\mathfrak{F}_2, \\
 & & \ldots. & \ldots\ldots\ldots\ldots\ldots\ldots
\end{array}\right.
$$

Reduzirte Endgleichungen.

$$
(122)\quad \left\{\begin{array}{r}
\mathfrak{a}_1 d\mathfrak{x} + \mathfrak{b}_1 d\mathfrak{y} + \mathfrak{c}_1 d\mathfrak{z} + \ldots.\ \mathfrak{f}_1 = 0, \\
\mathfrak{B}_2 d\mathfrak{y} + \mathfrak{C}_2 d\mathfrak{z} + \ldots.\ \mathfrak{F}_2 = 0, \\
\mathfrak{C}_3 d\mathfrak{z} + \ldots.\ \mathfrak{F}_3 = 0, \\
\ldots\ldots\ldots\ldots
\end{array}\right.
$$

$$
(123)\quad \left\{\begin{array}{r}
\ldots\ldots\ldots\ldots, \\
d\mathfrak{z} = \ldots. - \frac{\mathfrak{F}_3}{\mathfrak{C}_3}, \\
d\mathfrak{y} = -\frac{\mathfrak{C}_2}{\mathfrak{B}_2} d\mathfrak{z} \ldots. - \frac{\mathfrak{F}_2}{\mathfrak{B}_2}, \\
d\mathfrak{x} = -\frac{\mathfrak{b}_1}{\mathfrak{a}_1} d\mathfrak{y} - \frac{\mathfrak{c}_1}{\mathfrak{a}_1} d\mathfrak{z} \ldots. - \frac{\mathfrak{f}_1}{\mathfrak{a}_1}.
\end{array}\right.
$$

der Endgleichungen mit Probe (127).

$[pbf]$		$[pcc]$		....	$[pcf]$		....	Probe.			
$\mathfrak{f}_2$		$\mathfrak{c}_3$		....	$\mathfrak{f}_3$		....				
$-\frac{\mathfrak{b}_1}{\mathfrak{a}_1}\mathfrak{f}_1$		$-\frac{\mathfrak{c}_1}{\mathfrak{a}_1}\mathfrak{c}_1$		....	$-\frac{\mathfrak{c}_1}{\mathfrak{a}_1}\mathfrak{f}_1$		....	$-\frac{\mathfrak{f}_1}{\mathfrak{a}_1}\mathfrak{f}_1$		$\mathfrak{f}_1 d\mathfrak{x}$	
$=\mathfrak{F}_2$		$-\frac{\mathfrak{C}_2}{\mathfrak{B}_2}\mathfrak{C}_2$		...	$-\frac{\mathfrak{C}_2}{\mathfrak{B}_2}\mathfrak{F}_2$		....	$-\frac{\mathfrak{F}_2}{\mathfrak{B}_2}\mathfrak{F}_2$		$\mathfrak{f}_2 d\mathfrak{y}$	
$-\frac{\mathfrak{F}_2}{\mathfrak{B}_2}$		$=\mathfrak{C}_3$		...	$=\mathfrak{F}_3$		....	$-\frac{\mathfrak{F}_3}{\mathfrak{C}_3}\mathfrak{F}_3$		$\mathfrak{f}_3 d\mathfrak{z}$	
....	....			....	$-\frac{\mathfrak{F}_3}{\mathfrak{C}_3}$		....	....	....	....	....
$-\frac{\mathfrak{C}_2}{\mathfrak{B}_2} d\mathfrak{z}$					....	....	....	$=\Sigma$		$=\Sigma$	
$=d\mathfrak{y}$					$=d\mathfrak{z}$		....				

Rechenproben.

$$
(127)\quad -\frac{\mathfrak{f}_1}{\mathfrak{a}_1}\mathfrak{f}_1 - \frac{\mathfrak{F}_2}{\mathfrak{B}_2}\mathfrak{F}_2 - \frac{\mathfrak{F}_3}{\mathfrak{C}_3}\mathfrak{F}_3 - \ldots. = \mathfrak{f}_1 d\mathfrak{x} + \mathfrak{f}_2 d\mathfrak{y} + \mathfrak{f}_3 d\mathfrak{z} + \ldots. = \Sigma.
$$

(127a) $L_1,\ L_2,\ L_3,\ \ldots. L_n$ übereinstimmend nach den Formeln **(109)** und **(113)**.

(127b) $v_1,\ v_2,\ v_3,\ \ldots.\ v_n$ übereinstimmend nach den Formeln **(110)** und **(117)**.

$$
(128)\quad \left\{\begin{array}{l}
[pav] = 0, \\
[pbv] = 0, \\
[pcv] = 0, \\
\ldots\ldots\ldots
\end{array}\right.
\qquad\qquad (129)\quad [pvv] = [pff] + \Sigma.
$$

Bildung der reduzirten Endgleichungen aus reduzirten Fehlergleichungen.

1. Die n umgeformten Fehlergleichungen

$$\begin{array}{ll} v_1 = f_1 \pm d\mathfrak{x} + b_1\, d\mathfrak{y} + c_1\, d\mathfrak{z} + \ldots, & \text{Gewicht} = p_1, \\ v_2 = f_2 \pm d\mathfrak{x} + b_2\, d\mathfrak{y} + c_2\, d\mathfrak{z} + \ldots, & \quad " \quad = p_2, \\ v_3 = f_3 \pm d\mathfrak{x} + b_3\, d\mathfrak{y} + c_3\, d\mathfrak{z} + \ldots, & \quad " \quad = p_3, \\ \ldots\ldots\ldots\ldots\ldots\ldots\ldots, & \ldots\ldots\ldots, \\ v_n = f_n \pm d\mathfrak{x} + b_n\, d\mathfrak{y} + c_n\, d\mathfrak{z} + \ldots, & \quad " \quad = p_n, \end{array}$$

worin $a_1 = a_2 = a_3 = \ldots a_n = +1$ oder $= -1$ ist, können reduzirt werden auf die $d\mathfrak{x}$ nicht enthaltenden Fehlergleichungen:

$$(130)\quad \left\{\begin{array}{ll} \mathfrak{v}_1 = f_1 + b_1\, d\mathfrak{y} + c_1\, d\mathfrak{z} + \ldots, & \text{Gewicht} = p_1, \\ \mathfrak{v}_2 = f_2 + b_2\, d\mathfrak{y} + c_2\, d\mathfrak{z} + \ldots, & \quad " \quad = p_2, \\ \mathfrak{v}_3 = f_3 + b_3\, d\mathfrak{y} + c_3\, d\mathfrak{z} + \ldots, & \quad " \quad = p_3, \\ \ldots\ldots\ldots\ldots\ldots\ldots\ldots, & \ldots\ldots\ldots, \\ \mathfrak{v}_n = f_n + b_n\, d\mathfrak{y} + c_n\, d\mathfrak{z} + \ldots, & \quad " \quad = p_n, \\ \mathfrak{v}_{n+1} = [pf] + [pb]\, d\mathfrak{y} + [pc]\, d\mathfrak{z} + \ldots, & \quad " \quad = -\dfrac{1}{[p]}, \end{array}\right.$$

oder, indem

$$(131)\quad \left\{\begin{array}{l|l|l|l} F_1 = f_1 - \dfrac{[pf]}{[p]}, & B_1 = b_1 - \dfrac{[pb]}{[p]}, & C_1 = c_1 - \dfrac{[pc]}{[p]}, & \ldots\ldots, \\ F_2 = f_2 - \dfrac{[pf]}{[p]}, & B_2 = b_2 - \dfrac{[pb]}{[p]}, & C_2 = c_2 - \dfrac{[pc]}{[p]}, & \ldots\ldots, \\ F_3 = f_3 - \dfrac{[pf]}{[p]}, & B_3 = b_3 - \dfrac{[pb]}{[p]}, & C_3 = c_3 - \dfrac{[pc]}{[p]}, & \ldots\ldots, \\ \ldots\ldots\ldots, & \ldots\ldots\ldots, & \ldots\ldots\ldots, & \ldots\ldots, \\ F_n = f_n - \dfrac{[pf]}{[p]}, & B_n = b_n - \dfrac{[pb]}{[p]}, & C_n = c_n - \dfrac{[pc]}{[p]}, & \ldots\ldots, \end{array}\right.$$

gebildet wird, wobei $[pF] = [pB] = [pC] = \ldots = 0$ werden mufs, auf die Fehlergleichungen:

$$(132)\quad \left\{\begin{array}{ll} v_1 = F_1 + B_1\, d\mathfrak{y} + C_1\, d\mathfrak{z} + \ldots, & \text{Gewicht} = p_1, \\ v_2 = F_2 + B_2\, d\mathfrak{y} + C_2\, d\mathfrak{z} + \ldots, & \quad " \quad = p_2, \\ v_3 = F_3 + B_3\, d\mathfrak{y} + C_3\, d\mathfrak{z} + \ldots, & \quad " \quad = p_3, \\ \ldots\ldots\ldots\ldots\ldots\ldots\ldots, & \ldots\ldots\ldots, \\ v_n = F_n + B_n\, d\mathfrak{y} + C_n\, d\mathfrak{z} + \ldots, & \quad " \quad = p_n. \end{array}\right.$$

Nachdem $d\mathfrak{y}, d\mathfrak{z}, \ldots$ aus den reduzirten Endgleichungen bestimmt sind, erhalten wir $d\mathfrak{x}$ nach:

$$(133)\quad d\mathfrak{x} = \mp \frac{[pf]}{[p]} \mp \frac{[pb]}{[p]}\, d\mathfrak{y} \mp \frac{[pc]}{[p]}\, d\mathfrak{z} \mp \ldots,$$

worin das $\left\{\begin{array}{l}\text{obere}\\ \text{untere}\end{array}\right\}$ Vorzeichen gilt, wenn das Vorzeichen von $d\mathfrak{x}$ in den umgeformten Fehlergleichungen $\left\{\begin{array}{l}\text{positiv}\\ \text{negativ}\end{array}\right\}$ ist.

Um nach Formel **(129)** den richtigen Wert von $[pvv]$ zu erhalten, kann erstens dem sich bei Auflösung der reduzirten Endgleichungen nach Formel **(127)** für Σ ergebenden Betrage $-\frac{\mathfrak{F}_2}{\mathfrak{B}_2}\mathfrak{F}_2 - \frac{\mathfrak{F}_3}{\mathfrak{C}_3}\mathfrak{F}_3 - \ldots$ noch $-\frac{[pf]}{[p]}[pf]$ hinzugesetzt werden, oder es kann zweitens bei Benutzung der Formeln **(130)** der aus der $n+1$ ten Fehlergleichung entspringende Betrag $-\frac{[pf]}{[p]}[pf]$ mit in $[pff]$ aufgenommen werden, oder es kann drittens bei Benutzung der Formeln **(131)** und **(132)** $[pFF]$ statt $[pff]$ gebildet und in Formel **(129)** eingesetzt werden.

Wenn $p_1 = p_2 = p_3 = \ldots p_n = 1$ ist, so vereinfachen sich die Formeln **(130)** bis **(133)** wie folgt:

$$(134)\quad \begin{cases} \mathfrak{v}_1 = f_1 + b_1 d\mathfrak{y} + c_1 d\mathfrak{z} + \ldots, & \text{Gewicht} = +1, \\ \mathfrak{v}_2 = f_2 + b_2 d\mathfrak{y} + c_2 d\mathfrak{z} + \ldots, & \text{"} \quad = +1, \\ \mathfrak{v}_3 = f_3 + b_3 d\mathfrak{y} + c_3 d\mathfrak{z} + \ldots, & \text{"} \quad = +1, \\ \ldots\ldots\ldots\ldots\ldots\ldots, & \ldots\ldots\ldots, \\ \mathfrak{v}_n = f_n + b_n d\mathfrak{y} + c_n d\mathfrak{z} + \ldots, & \text{"} \quad = +1, \\ \mathfrak{v}_{n+1} = [f] + [b] d\mathfrak{y} + [c] d\mathfrak{z} + \ldots, & \text{"} \quad = -\frac{1}{n}; \end{cases}$$

$$(135)\quad \begin{cases} F_1 = f_1 - \frac{[f]}{n}, & B_1 = b_1 - \frac{[b]}{n}, & C_1 = c_1 - \frac{[c]}{n}, & \ldots, \\ F_2 = f_2 - \frac{[f]}{n}, & B_2 = b_2 - \frac{[b]}{n}, & C_2 = c_2 - \frac{[c]}{n}, & \ldots, \\ F_3 = f_3 - \frac{[f]}{n}, & B_3 = b_3 - \frac{[b]}{n}, & C_3 = c_3 - \frac{[c]}{n}, & \ldots, \\ \ldots\ldots, & \ldots\ldots, & \ldots\ldots, & \ldots, \\ F_n = f_n - \frac{[f]}{n}, & B_n = b_n - \frac{[b]}{n}, & C_n = c_n - \frac{[c]}{n}, & \ldots, \end{cases}$$

wo $[F] = [B] = [C] = \ldots = 0$ sein mufs;

$$(136)\quad \begin{cases} v_1 = F_1 + B_1 d\mathfrak{y} + C_1 d\mathfrak{z} + \ldots, & \text{Gewicht} = +1, \\ v_2 = F_2 + B_2 d\mathfrak{y} + C_2 d\mathfrak{z} + \ldots, & \text{"} \quad = +1, \\ v_3 = F_3 + B_3 d\mathfrak{y} + C_3 d\mathfrak{z} + \ldots, & \text{"} \quad = +1, \\ \ldots\ldots\ldots\ldots\ldots\ldots, & \ldots\ldots\ldots, \\ v_n = F_n + B_n d\mathfrak{y} + C_n d\mathfrak{z} + \ldots, & \text{"} \quad = +1. \end{cases}$$

Nachdem $d\mathfrak{y}$, $d\mathfrak{z}$, ... aus den reduzirten Endgleichungen bestimmt sind, erhalten wir $d\mathfrak{x}$ nach:

$$(137)\quad d\mathfrak{x} = \mp \frac{[f]}{n} \mp \frac{[b]}{n} d\mathfrak{y} \mp \frac{[c]}{n} d\mathfrak{z} \mp \ldots,$$

worin das $\left\{\begin{matrix}\text{obere}\\ \text{untere}\end{matrix}\right\}$ Vorzeichen gilt, wenn das Vorzeichen von $d\mathfrak{x}$ in den umgeformten Fehlergleichungen $\left\{\begin{matrix}\text{positiv}\\ \text{negativ}\end{matrix}\right\}$ ist.

Um nach Formel **(129)** in diesem Falle den richtigen Wert von $[pvv]$ zu erhalten, kann erstens dem sich bei Auflösung der reduzirten Endgleichungen nach Formel **(127)** für Σ ergebenden Betrage $-\frac{\mathfrak{F}_2}{\mathfrak{B}_2}\mathfrak{F}_2 - \frac{\mathfrak{F}_3}{\mathfrak{C}_3}\mathfrak{F}_3 - \ldots$ noch $-\frac{[f]}{n}[f]$ hinzugesetzt, oder es kann zweitens bei Benutzung der Formeln **(134)** der aus der $n+1$ ten Fehlergleichung entspringende Betrag $-\frac{[f]}{n}[f]$ mit in $[pff]$ aufgenommen werden, oder es kann drittens bei Benutzung der Formeln **(135)** und **(136)** $[FF]$ statt $[ff]$ gebildet und in Formel **(129)** eingesetzt werden.

Mit den nach den Formeln **(130)** oder **(134)** erhaltenen Werten $\mathfrak{v}_1, \mathfrak{v}_2, \mathfrak{v}_3, \ldots \mathfrak{v}_n$ ergeben sich die wahrscheinlichsten Werte $v_1, v_2, v_3, \ldots v_n$ der Beobachtungsfehler nach:

$$(138)\quad \begin{cases} v_1 = \mathfrak{v}_1 \pm d\mathfrak{x}, \\ v_2 = \mathfrak{v}_2 \pm d\mathfrak{x}, \\ v_3 = \mathfrak{v}_3 \pm d\mathfrak{x}, \\ \ldots\ldots\ldots, \\ v_n = \mathfrak{v}_n \pm d\mathfrak{x}. \end{cases}$$

Die Proben nach den Formeln **(128)** sind:

$$(139)\quad \begin{cases} [pv] = 0, \\ [pbv] = 0, \\ [pcv] = 0, \\ \ldots\ldots, \end{cases} \qquad \text{oder wenn sämtliche Gewichte gleich 1 sind:} \qquad (140)\quad \begin{cases} [v] = 0, \\ [bv] = 0, \\ [cv] = 0, \\ \ldots\ldots \end{cases}$$

2. Die n umgeformten Fehlergleichungen

$$\begin{array}{ll} v_1 = f_1 + a\,d\mathfrak{x} + b\,d\mathfrak{y} + c\,d\mathfrak{z} + \ldots, & \text{Gewicht} = p_1, \\ v_2 = f_2 + a\,d\mathfrak{x} + b\,d\mathfrak{y} + c\,d\mathfrak{z} + \ldots, & \quad\text{"}\quad = p_2, \\ v_3 = f_3 + a\,d\mathfrak{x} + b\,d\mathfrak{y} + c\,d\mathfrak{z} + \ldots, & \quad\text{"}\quad = p_3, \\ \ldots\ldots\ldots\ldots, & \ldots\ldots, \\ v_n = f_n + a\,d\mathfrak{x} + b\,d\mathfrak{y} + c\,d\mathfrak{z} + \ldots, & \quad\text{"}\quad = p_n, \end{array}$$

worin $a_1 = a_2 = a_3 = \ldots a_n = a$, $b_1 = b_2 = b_3 = \ldots b_n = b$, $c_1 = c_2 = c_3 = \ldots c_n = c$, ... ist, können reduzirt werden auf die eine Fehlergleichung

$$\textbf{(141)} \quad \mathfrak{v} = \frac{[pf]}{[p]} + a\,d\mathfrak{x} + b\,d\mathfrak{y} + c\,d\mathfrak{z} + \ldots, \quad \text{Gewicht} = [p].$$

3. Die Fehlergleichung

$$v = f + a\,d\mathfrak{x} + b\,d\mathfrak{y} + c\,d\mathfrak{z} + \ldots, \quad \text{Gewicht} = p$$

kann ersetzt werden durch die Fehlergleichung

$$\textbf{(142)} \quad q\,v = q\,f + q\,a\,d\mathfrak{x} + q\,b\,d\mathfrak{y} + q\,c\,d\mathfrak{z} + \ldots, \quad \text{Gewicht} = \frac{p}{q^2};$$

4. Die n Fehlergleichungen

$$\begin{array}{ll} v_1 = f_1 \pm d\mathfrak{x}, & \text{Gewicht} = p_1, \\ v_2 = f_2 \pm d\mathfrak{x} + b\,d\mathfrak{y} + c\,d\mathfrak{z} + \ldots, & \quad\text{"}\quad = p_2 \\ v_3 = f_3 \pm d\mathfrak{x}, & \quad\text{"}\quad = p_3, \\ \ldots\ldots, & \ldots\ldots, \\ v_n = f_n \pm d\mathfrak{x}, & \quad\text{"}\quad = p_n, \end{array}$$

können reduzirt werden auf die eine Fehlergleichung

$$\textbf{(143)} \quad \mathfrak{v} = f_2 - \frac{[pf] - p_2 f_2}{[p] - p_2} + b\,d\mathfrak{y} + c\,d\mathfrak{z} + \ldots, \quad \text{Gewicht} = p_2 - \frac{p_2^2}{[p]} = \frac{([p] - p_2)\,p_2}{[p]}.$$

Alsdann ist:

$$\textbf{(144)} \quad d\mathfrak{x} = \mp \frac{[pf]}{[p]} \mp \frac{p_2}{[p]} b\,d\mathfrak{y} \mp \frac{p_2}{[p]} c\,d\mathfrak{z} \mp \ldots,$$

worin das $\left\{\begin{matrix}\text{obere}\\ \text{untere}\end{matrix}\right\}$ Vorzeichen gilt, wenn das Vorzeichen von $d\mathfrak{x}$ in den umgeformten Fehlergleichungen $\left\{\begin{matrix}\text{positiv}\\ \text{negativ}\end{matrix}\right\}$ ist.

Ebenso wie bei Anwendung der Formeln **(130)** bis **(133)** mufs auch bei Anwendung der Formeln **(143)** und **(144)** dem sich bei Auflösung der reduzirten Endgleichungen nach Formel **(127)** für Σ ergebenden Betrage $-\frac{\mathfrak{F}_2}{\mathfrak{B}_2}\mathfrak{F}_2 - \frac{\mathfrak{F}_3}{\mathfrak{C}_3}\mathfrak{F}_3 - \ldots$ noch $-\frac{[pf]}{[p]}[pf]$ hinzugesetzt werden, um nach Formel **(129)** den richtigen Wert von $[pvv]$ zu erhalten.

In dem Falle, dafs $p_1 = p_2 = p_3 = \ldots p_n = 1$ ist, vereinfachen sich die Formeln **(143)** und **(144)** wie folgt:

$$\textbf{(145)} \quad \mathfrak{v} = f_2 - \frac{[f] - f_2}{n - 1} + b\,d\mathfrak{y} + c\,d\mathfrak{z} + \ldots, \quad \text{Gewicht} = 1 - \frac{1}{n} = \frac{n-1}{n},$$

$$\textbf{(146)} \quad d\mathfrak{x} = \mp \frac{[f]}{n} \mp \frac{1}{n} b\,d\mathfrak{y} \mp \frac{1}{n} c\,d\mathfrak{z} \mp \ldots,$$

worin bezüglich der Vorzeichen das zu Formel **(144)** gesagte gilt.

Der erforderliche Zusatz zu dem Σ Betrage $-\frac{\mathfrak{F}_2}{\mathfrak{B}_2}\mathfrak{F}_2 - \frac{\mathfrak{F}_3}{\mathfrak{C}_3}\mathfrak{F}_3 - \ldots$ ist hier $-\frac{[f]}{n}[f]$.

Bedingte Beobachtungen.

I, II, III, IV, ... = wahrscheinlichste Werte der beobachteten Gröfsen.

1, 2, 3, 4, ... = Beobachtungsergebnisse.

(1), (2), (3), (4), ... = Verbesserungen der Beobachtungsergebnisse 1, 2, 3, 4, ... und wahrscheinlichste Beobachtungsfehler.

S_a, S_b, S_c, ... = durch die wahrscheinlichsten Werte der beobachteten Gröfsen zu erfüllende Sollbeträge.

Σ_a, Σ_b, Σ_c, ... = Beobachtungsergebnisse für die Sollbeträge.

(147) Die Anzahl r der zu erfüllenden Bedingungen ist gleich der Anzahl der vorliegenden überschüssigen Bestimmungen der gesuchten Gröfsen.

(148) Die zu erfüllenden Bedingungen müssen von einander unabhängig sein, so dafs ein und dieselbe Bedingung nicht mehrfach in verschiedener Form vorkommen kann.

(149) Die diesem Grundsatze entsprechenden Bedingungen werden in jedem Falle gefunden, indem zuerst die beobachteten Gröfsen ausgewählt werden, die zur einfachen nicht versicherten Bestimmung der gesuchten Gröfsen notwendig sind, und indem dann für jede der übrigen beobachteten Gröfsen nacheinander festgestellt wird, welche unabhängige Bedingung durch Hinzutritt derselben zu den bereits betrachteten beobachteten Gröfsen entsteht.

Bedingungsgleichungen.

(150)
$$\begin{cases} F_a(\mathrm{I}, \mathrm{II}, \mathrm{III}, \mathrm{IV}, \ldots) = S_a, \\ F_b(\mathrm{I}, \mathrm{II}, \mathrm{III}, \mathrm{IV}, \ldots) = S_b, \\ F_c(\mathrm{I}, \mathrm{II}, \mathrm{III}, \mathrm{IV}, \ldots) = S_c, \\ \ldots\ldots\ldots\ldots \end{cases}$$

Die Anzahl q der beobachteten Gröfsen ist gröfser als die Anzahl r der Bedingungsgleichungen.

(151)
$$\begin{cases} F_a(1, 2, 3, 4, \ldots) = \Sigma_a, \\ F_b(1, 2, 3, 4, \ldots) = \Sigma_b, \\ F_c(1, 2, 3, 4, \ldots) = \Sigma_c, \\ \ldots\ldots\ldots\ldots \end{cases}$$

(152)
$$\begin{cases} f_a = S_a - \Sigma_a, \\ f_b = S_b - \Sigma_b, \\ f_c = S_c - \Sigma_c, \\ \ldots\ldots \end{cases}$$

(153)
$$\begin{cases} \mathrm{I} = 1 + (1), \\ \mathrm{II} = 2 + (2), \\ \mathrm{III} = 3 + (3), \\ \mathrm{IV} = 4 + (4), \\ \ldots\ldots \end{cases}$$

(154)
$$\begin{cases} a_1 = \dfrac{\partial F_a}{\partial 1}, & a_2 = \dfrac{\partial F_a}{\partial 2}, & a_3 = \dfrac{\partial F_a}{\partial 3}, & a_4 = \dfrac{\partial F_a}{\partial 4}, & \ldots, \\ b_1 = \dfrac{\partial F_b}{\partial 1}, & b_2 = \dfrac{\partial F_b}{\partial 2}, & b_3 = \dfrac{\partial F_b}{\partial 3}, & b_4 = \dfrac{\partial F_b}{\partial 4}, & \ldots, \\ c_1 = \dfrac{\partial F_c}{\partial 1}, & c_2 = \dfrac{\partial F_c}{\partial 2}, & c_3 = \dfrac{\partial F_c}{\partial 3}, & c_4 = \dfrac{\partial F_c}{\partial 4}, & \ldots, \\ \ldots, & \ldots, & \ldots, & \ldots, & \ldots \end{cases}$$

Umgeformte Bedingungsgleichungen.

$$
\text{(155)}\quad \left\{\begin{array}{l}
a_1(1)+a_2(2)+a_3(3)+a_4(4)+\ldots . f_a, \\
b_1(1)+b_2(2)+b_3(3)+b_4(4)+\ldots . f_b, \\
c_1(1)+c_2(2)+c_3(3)+c_4(4)+\ldots . f_c, \\
\ldots\ldots\ldots\ldots\ldots\ldots\ldots\ldots
\end{array}\right.
$$

Korrelatengleichungen.

$$
\text{(156)}\quad \left\{\begin{array}{l}
(1)=\frac{a_1}{p_1} k_a+\frac{b_1}{p_1} k_b+\frac{c_1}{p_1} k_c+\ldots . , \\
(2)=\frac{a_2}{p_2} k_a+\frac{b_2}{p_2} k_b+\frac{c_2}{p_2} k_c+\ldots . , \\
(3)=\frac{a_3}{p_3} k_a+\frac{b_3}{p_3} k_b+\frac{c_3}{p_3} k_c+\ldots . , \\
(4)=\frac{a_4}{p_4} k_a+\frac{b_4}{p_4} k_b+\frac{c_4}{p_4} k_c+\ldots . , \\
\ldots\ldots\ldots\ldots\ldots\ldots\ldots\ldots
\end{array}\right.
$$

Endgleichungen.

$$
\text{(157)}\quad \left\{\begin{array}{l}
\left[\frac{a a}{p}\right] k_a+\left[\frac{a b}{p}\right] k_b+\left[\frac{a c}{p}\right] k_c+\ldots . = f_a, \\
\left[\frac{a b}{p}\right] k_a+\left[\frac{b b}{p}\right] k_b+\left[\frac{b c}{p}\right] k_c+\ldots . = f_b, \\
\left[\frac{a c}{p}\right] k_a+\left[\frac{b c}{p}\right] k_b+\left[\frac{c c}{p}\right] k_c+\ldots . = f_c, \\
\ldots\ldots\ldots\ldots\ldots\ldots\ldots\ldots
\end{array}\right.
$$

$$
\text{(158)}\quad \left\{\begin{array}{l|l|l|l|l}
\mathfrak{a}_1=\left[\frac{a a}{p}\right], & \mathfrak{b}_1=\left[\frac{a b}{p}\right], & \mathfrak{c}_1=\left[\frac{a c}{p}\right], & \ldots . , & \mathfrak{f}_1=-f_a, \\
 & \mathfrak{b}_2=\left[\frac{b b}{p}\right], & \mathfrak{c}_2=\left[\frac{b c}{p}\right], & \ldots . , & \mathfrak{f}_2=-f_b, \\
 & & \mathfrak{c}_3=\left[\frac{c c}{p}\right], & \ldots . , & \mathfrak{f}_3=-f_c, \\
 & & & \ldots . , & \ldots\ldots
\end{array}\right.
$$

$$
\text{(159)}\quad \left\{\begin{array}{l}
\mathfrak{a}_1 k_a+\mathfrak{b}_1 k_b+\mathfrak{c}_1 k_c+\ldots . \mathfrak{f}_1=0, \\
\mathfrak{b}_1 k_a+\mathfrak{b}_2 k_b+\mathfrak{c}_2 k_c+\ldots . \mathfrak{f}_2=0, \\
\mathfrak{c}_1 k_a+\mathfrak{c}_2 k_b+\mathfrak{c}_3 k_c+\ldots . \mathfrak{f}_3=0, \\
\ldots\ldots\ldots\ldots\ldots\ldots\ldots\ldots
\end{array}\right.
$$

Die Auflösung der Endgleichungen erfolgt wie bei den vermittelnden Beobachtungen.

Rechenproben.

(160) $[p(\mathrm{n})(\mathrm{n})]=[k f]=-[k \mathfrak{f}]$.

(161) $=\frac{\mathfrak{f}_1}{\mathfrak{a}_1} \mathfrak{f}_1+\frac{\mathfrak{F}_2}{\mathfrak{B}_2} \mathfrak{F}_2+\frac{\mathfrak{F}_3}{\mathfrak{C}_3} \mathfrak{F}_3+\ldots .$

(162) $=p_1(1)(1)+p_2(2)(2)+p_3(3)(3)+p_4(4)(4)+\ldots .$

(163) Die umgeformten Bedingungsgleichungen **(155)** und die Bedingungsgleichungen **(150)** müssen durch die Zahlenwerte der Verbesserungen (1), (2), (3), (4), ..., und der wahrscheinlichsten Werte I, II, III, IV, ... der beobachteten Gröfsen erfüllt werden.

Mittlere Fehler.

$$(164)\qquad \mathfrak{m} = \pm\sqrt{\frac{[p(\mathrm{n})(\mathrm{n})]}{r}}.$$

$$(165)\qquad m_1 = \pm\,\mathfrak{m}\sqrt{\frac{1}{p_1}},\quad m_2 = \pm\,\mathfrak{m}\sqrt{\frac{1}{p_2}},\quad m_3 = \pm\,\mathfrak{m}\sqrt{\frac{1}{p_3}},\quad m_4 = \pm\,\mathfrak{m}\sqrt{\frac{1}{p_4}},\ \ldots.$$

Bildung der reduzirten Endgleichungen aus reduzirten Bedingungs- und Korrelatengleichungen.

Die Bedingungsgleichungen

$$\left\{\begin{array}{l} (1)+(2)+(3)+(4)+\ldots = f_a, \\ b_1(1)+b_2(2)+b_3(3)+b_4(4)+\ldots = f_b, \\ c_1(1)+c_2(2)+c_3(3)+c_4(4)+\ldots = f_c, \\ \ldots\ldots\ldots\ldots\ldots\ldots\ldots\ldots \end{array}\right.$$

und die Korrelatengleichungen

$$\left\{\begin{array}{l} (1) = \frac{1}{p_1}k_a + \frac{b_1}{p_1}k_b + \frac{c_1}{p_1}k_c + \ldots, \\ (2) = \frac{1}{p_2}k_a + \frac{b_2}{p_2}k_b + \frac{c_2}{p_2}k_c + \ldots, \\ (3) = \frac{1}{p_3}k_a + \frac{b_3}{p_3}k_b + \frac{c_3}{p_3}k_c + \ldots, \\ (4) = \frac{1}{p_4}k_a + \frac{b_4}{p_4}k_b + \frac{c_4}{p_4}k_c + \ldots, \\ \ldots\ldots\ldots\ldots\ldots\ldots\ldots\ldots \end{array}\right.$$

worin $a_1 = a_2 = a_3 = a_4 = \ldots = +1$ ist, können reduzirt werden auf die Bedingungsgleichungen

$$(166)\qquad \left\{\begin{array}{l} b_1((1))+b_2((2))+b_3((3))+b_4((4))+\ldots+\left[\frac{b}{p}\right]((\mathrm{n}+1)) = f_b - \frac{\left[\frac{b}{p}\right]}{\left[\frac{1}{p}\right]}f_a, \\ c_1((1))+c_2((2))+c_3((3))+c_4((4))+\ldots+\left[\frac{c}{p}\right]((\mathrm{n}+1)) = f_c - \frac{\left[\frac{c}{p}\right]}{\left[\frac{1}{p}\right]}f_a, \\ \ldots\ldots\ldots\ldots\ldots\ldots\ldots\ldots \end{array}\right.$$

und die k_a nicht enthaltenden Korrelatengleichungen

$$(167)\qquad \left\{\begin{array}{l} ((1)) = \frac{b_1}{p_1}k_b + \frac{c_1}{p_1}k_c + \ldots, \\ ((2)) = \frac{b_2}{p_2}k_b + \frac{c_2}{p_2}k_c + \ldots \\ ((3)) = \frac{b_3}{p_3}k_b + \frac{c_3}{p_3}k_c + \ldots, \\ ((4)) = \frac{b_4}{p_4}k_b + \frac{c_4}{p_4}k_c + \ldots, \\ \ldots\ldots\ldots\ldots\ldots\ldots, \\ ((\mathrm{n}+1)) = -\frac{\left[\frac{b}{p}\right]}{\left[\frac{1}{p}\right]}k_b - \frac{\left[\frac{c}{p}\right]}{\left[\frac{1}{p}\right]}k_c - \ldots, \end{array}\right.$$

Dann ist:

$$(168)\quad k_a = -\frac{\left[\frac{b}{p}\right]}{\left[\frac{1}{p}\right]} k_b - \frac{\left[\frac{c}{p}\right]}{\left[\frac{1}{p}\right]} k_c - \ldots + \frac{1}{\left[\frac{1}{p}\right]} f_a = ((n+1)) + \frac{1}{\left[\frac{1}{p}\right]} f_a$$

und:

$$(169)\quad \begin{cases} (1) = ((1)) + \frac{1}{p_1} k_a, \\ (2) = ((2)) + \frac{1}{p_2} k_a, \\ (3) = ((3)) + \frac{1}{p_3} k_a, \\ (4) = ((4)) + \frac{1}{p_4} k_a, \\ \ldots\ldots\ldots\ldots \end{cases}$$

4. Die Formeln **(166)** bis **(169)** vereinfachen sich, wenn die Gewichte p_1, $p_2, p_3, p_4, \ldots$ sämtlich gleich 1 sind, wie folgt:

$$(170)\quad \begin{cases} b_1((1)) + b_2((2)) + b_3((3)) + b_4((4)) + \ldots + [b]((n+1)) = f_b - \frac{[b]}{n} f_a, \\ c_1((1)) + c_2((2)) + c_3((3)) + c_4((4)) + \ldots + [c]((n+1)) = f_c - \frac{[c]}{n} f_a, \\ \ldots\ldots\ldots\ldots\ldots\ldots, \ldots\ldots\ldots\ldots\ldots\ldots, \end{cases}$$

$$(171)\quad \begin{cases} ((1)) = b_1 k_b + c_1 k_c + \ldots, \\ ((2)) = b_2 k_b + c_2 k_c + \ldots, \\ ((3)) = b_3 k_b + c_3 k_c + \ldots, \\ ((4)) = b_4 k_b + c_4 k_c + \ldots, \\ \ldots\ldots\ldots\ldots\ldots\ldots, \\ ((n+1)) = -\frac{[b]}{n} k_b - \frac{[c]}{n} k_c - \ldots \end{cases}$$

$$(172)\quad k_a = -\frac{[b]}{n} k_b - \frac{[c]}{n} k_c - \ldots + \frac{1}{n} f_a = ((n+1)) + \frac{1}{n} f_a.$$

$$(173)\quad \begin{cases} (1) = ((1)) + k_a, \\ (2) = ((2)) + k_a, \\ (3) = ((3)) + k_a, \\ (4) = ((4)) + k_a, \\ \ldots\ldots\ldots\ldots \end{cases}$$

Spezielle Regeln für die Berechnung der Anzahl der zu erfüllenden Bedingungen.

(174) In **Polygonnetzen** ist die Anzahl r der zu erfüllenden Bedingungen, wenn n_p neu zu bestimmende Knotenpunkte durch n_z Züge mit einander verbunden sind,:

$$r = n_z - n_p + 1,$$

(175) und wenn das Netz aufserdem durch n_a Züge mit gegebenen Anschlufspunkten verbunden ist, so dafs im ganzen $N_z = n_z + n_a$ Züge vorhanden sind:

$$r = N_z - n_p.$$

Die Regeln **(174)** und **(175)** können in allen Fällen angewendet werden, wo Gröfsen aus den beobachteten Unterschieden zwischen denselben zu bestimmen sind, also beispielsweise auch wo Richtungen (= Knotenpunkte) aus den auf einem Punkte beobachteten Winkeln (= Zügen) zu bestimmen sind.

In **Dreiecksnetzen**, woraus rückwärts eingeschnittene Punkte und die auf diesen beobachteten Winkel oder Richtungen ausgeschieden sind, ist die Gesamtanzahl r der zu erfüllenden Bedingungen:

(176) wenn zur gegenseitigen Festlegung von n_p Punkten n_w Winkel vorliegen, :

$$r = n_w - 2\,n_p + 4\,,$$

(177) wenn zur gegenseitigen Festlegung von n_p Punkten n_r Richtungen auf n_{st} Standpunkten vorliegen, :

$$r = n_r - 2\,n_p - n_{st} + 4\,,$$

(178) wenn das Netz aufserdem noch an n_a Dreiecksseiten angeschlossen ist, deren Neigung oder Richtung gegeben und unverändert beizubehalten ist, gleich der sich nach **(176)** oder **(177)** ergebenden Anzahl plus $n_a - 1$,

(179) und wenn das Netz aufserdem noch an s_a Dreiecksseiten angeschlossen ist, deren Länge gegeben ist, gleich der sich nach **(176)** oder **(177)** und **(179)** ergebenden Anzahl plus $s_a - 1$.

Bei Abzählung der beobachteten Winkel oder Richtungen werden Anschlufswinkel oder Anschlufsrichtungen nicht mitgezählt, wenn die betreffenden Anschlufsseiten nicht dem eigentlichen Dreiecksnetze angehören.

(180) Im einzelnen ist die Anzahl r_I der zu erfüllenden Bedingungsgleichungen I. Klasse oder Stationswinkelbedingungen, wenn n_w Winkel zur Bestimmung von n_r Richtungen auf n_{st} Standpunkten vorliegen, :

$$r_I = n_w - n_r + n_{st}\,,$$

ferner die Anzahl r_{II} der Bedingungen II. Klasse oder der Netzwinkelbedingungen,

(181) wenn n_{st} Standpunkte durch n_l Linien verbunden sind, an deren beiden Enden die Winkel bestimmt sind, :

$$r_{II} = n_l - n_{st} + 1\,,$$

(182) wenn das Netz aufserdem an n_a Dreiecksseiten angeschlossen ist, deren Neigungen gegeben und unverändert beizubehalten sind, :

$$r_{II} = n_l - n_{st} + n_a\,,$$

endlich die Anzahl r_{III} der Bedingungen III. Klasse oder der Seitenbedingungen,

(183) wenn n_p Dreieckspunkte durch n_s Dreiecksseiten verbunden sind, :

$$r_{III} = n_s - 2\,n_p + 3\,,$$

(184) wenn aufserdem die Längen für s_a Dreiecksseiten des Dreiecksnetzes gegeben sind, :

$$r_{III} = n_s - 2\,n_p + s_a + 2\,.$$

(185) In **Liniennetzen** ist die Anzahl r der zu erfüllenden Bedingungen, wenn zur Bestimmung von n_p Punkten n_s Strecken gemessen sind und n_{sg} von diesen Strecken in n_g geraden Linien liegen, die gerade bleiben sollen, :

$$r = n_s - 2\,n_p + 3 + n_{sg} - n_g\,.$$

Bedingte vermittelnde Beobachtungen.

1. Verfahren.

Umgeformte Fehlergleichungen.

(186)
$$\begin{cases} v_1 = a_1 d\mathfrak{x} + b_1 d\mathfrak{y} + c_1 d\mathfrak{z} + \ldots + f_1, \\ v_2 = a_2 d\mathfrak{x} + b_2 d\mathfrak{y} + c_2 d\mathfrak{z} + \ldots + f_2, \\ v_3 = a_3 d\mathfrak{x} + b_3 d\mathfrak{y} + c_3 d\mathfrak{z} + \ldots + f_3, \\ \ldots\ldots\ldots\ldots\ldots\ldots \\ v_n = a_n d\mathfrak{x} + b_n d\mathfrak{y} + c_n d\mathfrak{z} + \ldots + f_n. \end{cases}$$

Die Anzahl n der Gleichungen ist gröfser als die Anzahl q der zu bestimmenden Gröfsen.

Umgeformte Bedingungsgleichungen.

(187)
$$\begin{cases} A_1 d\mathfrak{x} + A_2 d\mathfrak{y} + A_3 d\mathfrak{z} + \ldots - f_A = 0, \\ B_1 d\mathfrak{x} + B_2 d\mathfrak{y} + B_3 d\mathfrak{z} + \ldots - f_B = 0, \\ \ldots\ldots\ldots\ldots\ldots\ldots \end{cases}$$

Die Anzahl q der zu bestimmenden Gröfsen ist gröfser als die Anzahl r der Bedingungsgleichungen, es ist also auch $n > q > r$.

Endgleichungen.

(188a)
$$\begin{cases} [paa] d\mathfrak{x} + [pab] d\mathfrak{y} + [pac] d\mathfrak{z} + \ldots - A_1 k_A - B_1 k_B - \ldots + [paf] = 0, \\ [pab] d\mathfrak{x} + [pbb] d\mathfrak{y} + [pbc] d\mathfrak{z} + \ldots - A_2 k_A - B_2 k_B - \ldots + [pbf] = 0, \\ [pac] d\mathfrak{x} + [pbc] d\mathfrak{y} + [pcc] d\mathfrak{z} + \ldots - A_3 k_A - B_3 k_B - \ldots + [pcf] = 0, \\ \ldots\ldots\ldots\ldots\ldots\ldots \end{cases}$$

(188b)
$$\begin{cases} -A_1 d\mathfrak{x} - A_2 d\mathfrak{y} - A_3 d\mathfrak{z} - \ldots\ldots + f_A = 0, \\ -B_1 d\mathfrak{x} - B_2 d\mathfrak{y} - B_3 d\mathfrak{z} - \ldots\ldots + f_B = 0, \\ \ldots\ldots\ldots\ldots\ldots\ldots \end{cases}$$

(189)
$$\begin{cases} x = \mathfrak{x} + d\mathfrak{x}, \\ y = \mathfrak{y} + d\mathfrak{y}, \\ z = \mathfrak{z} + d\mathfrak{z}, \\ \ldots\ldots \end{cases}$$

(190)
$$[pvv] = [pff] + [paf] d\mathfrak{x} + [pbf] d\mathfrak{y} + [pcf] d\mathfrak{z} + \ldots + k_A f_A + k_B f_B + \ldots$$

(191)
$$\mathfrak{m} = \pm \sqrt{\frac{[pvv]}{n - q + r}}.$$

2. Verfahren.

(192)
$$\begin{cases} d\mathfrak{x} = d\mathfrak{x}_0 + (1), \\ d\mathfrak{y} = d\mathfrak{y}_0 + (2), \\ d\mathfrak{z} = d\mathfrak{z}_0 + (3), \\ \ldots\ldots \end{cases}$$

Umgeformte Fehlergleichungen.

(193)
$$\begin{cases} v_{01} = a_1 d\mathfrak{x}_0 + b_1 d\mathfrak{y}_0 + c_1 d\mathfrak{z}_0 + \ldots f_1, \\ v_{02} = a_2 d\mathfrak{x}_0 + b_2 d\mathfrak{y}_0 + c_2 d\mathfrak{z}_0 + \ldots f_2, \\ v_{03} = a_3 d\mathfrak{x}_0 + b_3 d\mathfrak{y}_0 + c_3 d\mathfrak{z}_0 + \ldots f_3, \\ \ldots\ldots\ldots\ldots\ldots\ldots \\ v_{0n} = a_n d\mathfrak{x}_0 + b_n d\mathfrak{y}_0 + c_n d\mathfrak{z}_0 + \ldots f_n, \end{cases}$$

Endgleichungen.

$$(194)\quad \begin{cases} [paa]\,d\mathfrak{x}_0 + [pab]\,d\mathfrak{y}_0 + [pac]\,d\mathfrak{z}_0 + \ldots\ldots [paf] = 0, \\ [pab]\,d\mathfrak{x}_0 + [pbb]\,d\mathfrak{y}_0 + [pbc]\,d\mathfrak{z}_0 + \ldots\ldots [pbf] = 0, \\ [pac]\,d\mathfrak{x}_0 + [pbc]\,d\mathfrak{y}_0 + [pcc]\,d\mathfrak{z}_0 + \ldots\ldots [pcf] = 0, \\ \ldots\ldots\ldots\ldots\ldots\ldots\ldots\ldots \end{cases}$$

$$(195)\quad \begin{cases} x_0 = \mathfrak{x} + d\mathfrak{x}_0, \\ y_0 = \mathfrak{y} + d\mathfrak{y}_0, \\ z_0 = \mathfrak{z} + d\mathfrak{z}_0, \\ \ldots\ldots\ldots \end{cases}$$

$$(196)\quad [pv_0v_0] = [pff] - \frac{\mathfrak{f}_1}{\mathfrak{a}_1}\mathfrak{f}_1 - \frac{\mathfrak{F}_2}{\mathfrak{B}_2}\mathfrak{F}_2 - \frac{\mathfrak{F}_3}{\mathfrak{C}_3}\mathfrak{F}_3 - \ldots$$

$$= [pff] + \mathfrak{f}_1 d\mathfrak{x}_0 + \mathfrak{f}_2 d\mathfrak{y}_0 + \mathfrak{f}_3 d\mathfrak{z}_0 + \ldots$$

$$(197)\quad \mathfrak{m}_1 = \pm\sqrt{\frac{[pv_0v_0]}{n-q}}.$$

Bedingungsgleichungen.

$$(198)\quad \begin{cases} F_A(x, y, z, \ldots) = S_A, \\ F_B(x, y, z, \ldots) = S_B, \\ \ldots\ldots\ldots\ldots \end{cases}$$

$$(199)\quad \begin{cases} F_A(x_0, y_0, z_0, \ldots) = \Sigma_a, \\ F_B(x_0, y_0, z_0, \ldots) = \Sigma_b, \\ \ldots\ldots\ldots\ldots \end{cases} \qquad (200)\quad \begin{cases} f_a = S_A - \Sigma_a, \\ f_b = S_B - \Sigma_b, \\ \ldots\ldots \end{cases}$$

$$(201)\quad \begin{cases} A_1 = \dfrac{\partial F_A}{\partial x_0}, & A_2 = \dfrac{\partial F_A}{\partial y_0}, & A_3 = \dfrac{\partial F_A}{\partial z_0}, & \ldots, \\ B_1 = \dfrac{\partial F_B}{\partial x_0}, & B_2 = \dfrac{\partial F_B}{\partial y_0}, & B_3 = \dfrac{\partial F_B}{\partial z_0}, & \ldots, \\ \ldots\ldots & \ldots\ldots & \ldots\ldots & \ldots \end{cases}$$

$$(202)\quad \begin{cases} x = x_0 + (1), \\ y = y_0 + (2), \\ z = z_0 + (3), \\ \ldots\ldots\ldots \end{cases}$$

Umgeformte Bedingungsgleichungen.

$$(203)\quad \begin{cases} A_1(1) + A_2(2) + A_3(3) + \ldots = f_a, \\ B_1(1) + B_2(2) + B_3(3) + \ldots = f_b, \\ \ldots\ldots\ldots\ldots\ldots \end{cases}$$

$$(204)\quad \begin{cases} [paa]\,Q_{11} + [pab]\,Q_{12} + [pac]\,Q_{13} + \ldots = 1, \\ [pab]\,Q_{11} + [pbb]\,Q_{12} + [pbc]\,Q_{13} + \ldots = 0, \\ [pac]\,Q_{11} + [pbc]\,Q_{12} + [pcc]\,Q_{13} + \ldots = 0, \\ \ldots\ldots\ldots\ldots\ldots\ldots\ldots ; \\ [paa]\,Q_{21} + [pab]\,Q_{22} + [pac]\,Q_{23} + \ldots = 0, \\ [pab]\,Q_{21} + [pbb]\,Q_{22} + [pbc]\,Q_{23} + \ldots = 1, \\ [pac]\,Q_{21} + [pbc]\,Q_{22} + [pcc]\,Q_{23} + \ldots = 0, \\ \ldots\ldots\ldots\ldots\ldots\ldots\ldots ; \\ [paa]\,Q_{31} + [pab]\,Q_{32} + [pac]\,Q_{33} + \ldots = 0, \\ [pab]\,Q_{31} + [pbb]\,Q_{32} + [pbc]\,Q_{33} + \ldots = 0, \\ [pac]\,Q_{31} + [pbc]\,Q_{32} + [pcc]\,Q_{33} + \ldots = 1, \\ \ldots\ldots\ldots\ldots\ldots\ldots\ldots ; \end{cases}$$

u. s. w.

Die Auflösung der Gleichungen **(204)** erfolgt nach Schema **(219)**.

Koeffizienten $(\mathfrak{A}), (\mathfrak{B}), \ldots.$

$$(205)\quad \begin{cases} (\mathfrak{A}_1) = +A_1 Q_{11} + A_2 Q_{12} + A_3 Q_{13} + \ldots., \\ (\mathfrak{A}_2) = +A_1 Q_{21} + A_2 Q_{22} + A_3 Q_{23} + \ldots., \\ (\mathfrak{A}_3) = +A_1 Q_{31} + A_2 Q_{32} + A_3 Q_{33} + \ldots, \\ \ldots\ldots\ldots\ldots\ldots\ldots \\ (\mathfrak{B}_1) = +B_1 Q_{11} + B_2 Q_{12} + B_3 Q_{13} + \ldots., \\ (\mathfrak{B}_2) = +B_1 Q_{21} + B_2 Q_{22} + B_3 Q_{23} + \ldots., \\ (\mathfrak{B}_3) = +B_1 Q_{31} + B_2 Q_{32} + B_3 Q_{33} + \ldots., \\ \ldots\ldots\ldots\ldots\ldots\ldots \end{cases}$$
$$\ldots\ldots\ldots\ldots\ldots\ldots\ldots\ldots$$

Korrelatengleichungen.

$$(206)\quad \begin{cases} (1) = (\mathfrak{A}_1) k_A + (\mathfrak{B}_1) k_B + \ldots., \\ (2) = (\mathfrak{A}_2) k_A + (\mathfrak{B}_2) k_B + \ldots., \\ (3) = (\mathfrak{A}_3) k_A + (\mathfrak{B}_3) k_B + \ldots., \\ \ldots\ldots\ldots\ldots\ldots\ldots \end{cases}$$

oder

$$(207)\quad \begin{cases} [1] = +A_1 k_A + B_1 k_B + \ldots., \\ [2] = +A_2 k_A + B_2 k_B + \ldots., \\ [3] = +A_3 k_A + B_3 k_B + \ldots., \\ \ldots\ldots\ldots\ldots\ldots\ldots \end{cases}$$

$$(208)\quad \begin{cases} (1) = [1] Q_{11} + [2] Q_{12} + [3] Q_{13} + \ldots., \\ (2) = [1] Q_{21} + [2] Q_{22} + [3] Q_{23} + \ldots., \\ (3) = [1] Q_{31} + [2] Q_{32} + [3] Q_{33} + \ldots., \\ \ldots\ldots\ldots\ldots\ldots\ldots \end{cases}$$

Endgleichungen.

$$(209)\quad \begin{cases} [A(\mathfrak{A})] k_A + [A(\mathfrak{B})] k_B + \ldots. = f_a, \\ [B(\mathfrak{A})] k_A + [B(\mathfrak{B})] k_B + \ldots. = f_b, \\ \ldots\ldots\ldots\ldots\ldots\ldots \end{cases}$$

$$(210)\quad \begin{cases} \mathfrak{a}_1 = [A(\mathfrak{A})], & \mathfrak{b}_1 = [A(\mathfrak{B})] = [B(\mathfrak{A})], & \ldots., & \mathfrak{f}_1 = -f_a, \\ & \mathfrak{b}_2 = [B(\mathfrak{B})], & \ldots., & \mathfrak{f}_2 = -f_b, \\ & & \ldots\ldots\ldots & \end{cases}$$

$$(211)\quad \begin{cases} \mathfrak{a}_1 k_A + \mathfrak{b}_1 k_B + \ldots. \mathfrak{f}_1 = 0, \\ \mathfrak{b}_1 k_A + \mathfrak{b}_2 k_B + \ldots. \mathfrak{f}_2 = 0, \\ \ldots\ldots\ldots\ldots\ldots\ldots \end{cases}$$

$$(212)\quad \begin{aligned} [kf] &= -[k\mathfrak{f}] \\ &= \frac{\mathfrak{f}_1}{\mathfrak{a}_1}\mathfrak{f}_1 + \frac{\mathfrak{F}_2}{\mathfrak{B}_2}\mathfrak{F}_2 + \ldots. \\ &= (1)[1] + (2)[2] + (3)[3] + \ldots. \end{aligned}$$

$$(213)\quad \mathfrak{m}_2 = \pm\sqrt{\frac{[kf]}{r}}.$$

$$(214)\quad [pvv] = [pv_0v_0] + [kf]$$

$$(215)\quad \mathfrak{m} = \pm\sqrt{\frac{[pvv]}{n-q+r}} = \pm\sqrt{\frac{[pv_0v_0]+[kf]}{n-q+r}}.$$

Gewichte und mittlere Fehler der wahrscheinlichsten Werte der zu bestimmenden Gröfsen und von Funktionen derselben.

1. Für vermittelnde Beobachtungen.

Gewichte und mittlere Fehler der wahrscheinlichsten Werte der zu bestimmenden Gröfsen.

Endgleichungen.

$$(216)\quad \begin{cases} [paa]\,d\mathfrak{x}+[pab]\,d\mathfrak{y}+[pac]\,d\mathfrak{z}+\ldots.[paf]=0, \\ [pab]\,d\mathfrak{x}+[pbb]\,d\mathfrak{y}+[pbc]\,d\mathfrak{z}+\ldots.[pbf]=0, \\ [pac]\,d\mathfrak{x}+[pbc]\,d\mathfrak{y}+[pcc]\,d\mathfrak{z}+\ldots.[pcf]=0, \\ \ldots\ldots\ldots\ldots\ldots\ldots\ldots\ldots \end{cases}$$

$$(217\text{a})\quad \begin{cases} [paa]\,Q_{11}+[pab]\,Q_{12}+[pac]\,Q_{13}+\ldots.=1, \\ [pab]\,Q_{11}+[pbb]\,Q_{12}+[pbc]\,Q_{13}+\ldots.=0, \\ [pac]\,Q_{11}+[pbc]\,Q_{12}+[pcc]\,Q_{13}+\ldots.=0, \\ \ldots\ldots\ldots\ldots\ldots\ldots\ldots\ldots; \end{cases}$$

$$(217\text{b})\quad \begin{cases} [paa]\,Q_{21}+[pab]\,Q_{22}+[pac]\,Q_{23}+\ldots.=0, \\ [pab]\,Q_{21}+[pbb]\,Q_{22}+[pbc]\,Q_{23}+\ldots.=1, \\ [pac]\,Q_{21}+[pbc]\,Q_{22}+[pcc]\,Q_{23}+\ldots.=0, \\ \ldots\ldots\ldots\ldots\ldots\ldots\ldots\ldots; \end{cases}$$

$$(217\text{c})\quad \begin{cases} [paa]\,Q_{31}+[pab]\,Q_{32}+[pac]\,Q_{33}+\ldots.=0, \\ [pab]\,Q_{31}+[pbb]\,Q_{32}+[pbc]\,Q_{33}+\ldots.=0, \\ [pac]\,Q_{31}+[pbc]\,Q_{32}+[pcc]\,Q_{33}+\ldots.=1, \\ \ldots\ldots\ldots\ldots\ldots\ldots\ldots\ldots; \end{cases}$$

$$\ldots\ldots\ldots\ldots\ldots\ldots\ldots\ldots\ldots\ldots$$

Auflösung der Gleichungen (217a).

$$(218\text{a})\quad \begin{cases} \mathfrak{f}_1=-1, \quad \mathfrak{f}_2=0, \quad \mathfrak{f}_3=0, \quad \ldots., \\ \mathfrak{F}_2=-\frac{\mathfrak{b}_1}{\mathfrak{a}_1}\mathfrak{f}_1, \quad \mathfrak{F}_3=-\frac{\mathfrak{c}_1}{\mathfrak{a}_1}\mathfrak{f}_1-\frac{\mathfrak{C}_2}{\mathfrak{B}_2}\mathfrak{F}_2, \quad \ldots \\ \ldots\ldots\ldots, \\ Q_{13}=\ldots.-\frac{\mathfrak{F}_3}{\mathfrak{C}_3}, \\ Q_{12}=-\frac{\mathfrak{C}_2}{\mathfrak{B}_2}Q_{13}-\ldots.-\frac{\mathfrak{F}_2}{\mathfrak{B}_2}, \\ Q_{11}=-\frac{\mathfrak{b}_1}{\mathfrak{a}_1}Q_{12}-\frac{\mathfrak{c}_1}{\mathfrak{a}_1}Q_{13}-\ldots.-\frac{\mathfrak{f}_1}{\mathfrak{a}_1}. \\ \quad =+\frac{\mathfrak{f}_1}{\mathfrak{a}_1}\mathfrak{f}_1+\frac{\mathfrak{F}_2}{\mathfrak{B}_2}\mathfrak{F}_2+\frac{\mathfrak{F}_3}{\mathfrak{C}_3}\mathfrak{F}_3+\ldots.\ \text{(Probe)}. \end{cases}$$

Auflösung der Gleichungen (217b).

$$(218\text{b})\quad \begin{cases} \mathfrak{f}_1=0, \quad \mathfrak{f}_2=-1, \quad \mathfrak{f}_3=0, \quad \ldots., \\ \mathfrak{F}_2=-1, \quad \mathfrak{F}_3=-\frac{\mathfrak{C}_2}{\mathfrak{B}_2}\mathfrak{F}_2, \quad \ldots; \\ \ldots\ldots\ldots, \\ Q_{23}=\ldots.-\frac{\mathfrak{F}_3}{\mathfrak{C}_3}, \\ Q_{22}=-\frac{\mathfrak{C}_2}{\mathfrak{B}_2}Q_{23}-\ldots.-\frac{\mathfrak{F}_2}{\mathfrak{B}_2}, \\ \quad =+\frac{\mathfrak{F}_2}{\mathfrak{B}_2}\mathfrak{F}_2+\frac{\mathfrak{F}_3}{\mathfrak{C}_3}\mathfrak{F}_3\ldots.\ \text{(Probe)}. \end{cases}$$

Auflösung der Gleichungen (217c).

$$
(218c)\quad \begin{cases}
\mathfrak{f}_1=0, \quad \mathfrak{f}_2=0, \quad \mathfrak{f}_3=-1, \quad \ldots, \\
\qquad\quad \mathfrak{F}_2=0, \quad \mathfrak{F}_3=-1, \quad \ldots, \\
\qquad\qquad \ldots\ldots\ldots, \\
Q_{33}= \quad \ldots -\dfrac{\mathfrak{F}_3}{\mathfrak{C}_3}, \\
\quad =+\dfrac{\mathfrak{F}_3}{\mathfrak{C}_3}\mathfrak{F}_3+\ldots \text{ (Probe).}
\end{cases}
$$

u. s. w.

(219) Schema für die Auflösung der Gleichungen (217).

$=-1$	$\mathfrak{f}_2=0$	$\mathfrak{f}_3=0$	....	Probe.	$\mathfrak{f}_2=-1$	$\mathfrak{f}_3=0$	....	Probe.	$\mathfrak{f}_3=-1$	....	Probe.	....
	$-\frac{\mathfrak{b}_1}{\mathfrak{a}_1}\mathfrak{f}_1$	$-\frac{\mathfrak{c}_1}{\mathfrak{a}_1}\mathfrak{f}_1$	....	$+\frac{\mathfrak{f}_1}{\mathfrak{a}_1}\mathfrak{f}_1$	$\mathfrak{F}_2=-1$	$-\frac{\mathfrak{C}_2}{\mathfrak{B}_2}\mathfrak{F}_2$	....	$+\frac{\mathfrak{F}_2}{\mathfrak{B}_2}\mathfrak{F}_2$	$\mathfrak{F}_3=-1$	....	$+\frac{\mathfrak{F}_3}{\mathfrak{C}_3}\mathfrak{F}_3$	....
$-\frac{\mathfrak{f}_1}{\mathfrak{a}_1}$	$=\mathfrak{F}_2$	$-\frac{\mathfrak{C}_2}{\mathfrak{B}_2}\mathfrak{F}_2$	....	$+\frac{\mathfrak{F}_2}{\mathfrak{B}_2}\mathfrak{F}_2$	$-\frac{\mathfrak{F}_2}{\mathfrak{B}_2}$	$=\mathfrak{F}_3$	....	$+\frac{\mathfrak{F}_3}{\mathfrak{C}_3}\mathfrak{F}_3$	$-\frac{\mathfrak{F}_3}{\mathfrak{C}_3}$	....	....	....
....	$-\frac{\mathfrak{F}_2}{\mathfrak{B}_2}$	$=\mathfrak{F}_3$	....	$+\frac{\mathfrak{F}_3}{\mathfrak{C}_3}\mathfrak{F}_3$	....	$-\frac{\mathfrak{F}_3}{\mathfrak{C}_3}$	....	....	....	....		
$-\frac{\mathfrak{c}_1}{\mathfrak{a}_1}Q_{13}$	....	$-\frac{\mathfrak{F}_3}{\mathfrak{C}_3}$	....	....	$-\frac{\mathfrak{C}_2}{\mathfrak{B}_2}Q_{23}$	....	....		$=Q_{33}$	....	$=Q_{33}$	
$-\frac{\mathfrak{b}_1}{\mathfrak{a}_1}Q_{12}$	$-\frac{\mathfrak{C}_2}{\mathfrak{B}_2}Q_{13}$	....	....		$=Q_{22}$	$=Q_{23}$	....	$=Q_{22}$				
$=Q_{11}$	$=Q_{12}$	$=Q_{13}$	....	$=Q_{11}$								

$$
(220)\quad \frac{1}{P_x}=Q_{11}, \quad \Big| \quad \frac{1}{P_y}=Q_{22}, \quad \Big| \quad \frac{1}{P_z}=Q_{33}, \quad \Big| \quad \ldots
$$

$$
(221)\quad M_x=\pm\,\mathfrak{m}\sqrt{\frac{1}{P_x}}, \quad \Big| \quad M_y=\pm\,\mathfrak{m}\sqrt{\frac{1}{P_y}}, \quad \Big| \quad M_z=\pm\,\mathfrak{m}\sqrt{\frac{1}{P_z}}, \quad \Big| \quad \ldots
$$

Gewicht und mittlerer Fehler einer Funktion der wahrscheinlichsten Werte der zu bestimmenden Gröfsen.

$$
(222)\quad L=\varphi(x, y, z, \ldots)
$$

$$
(223)\quad l_1=\frac{\partial\varphi}{\partial\mathfrak{x}}, \quad l_2=\frac{\partial\varphi}{\partial\mathfrak{y}}, \quad l_3=\frac{\partial\varphi}{\partial\mathfrak{z}}, \quad \ldots
$$

$$
(224)\quad \begin{aligned}
\frac{1}{P_L}=l_1 l_1 Q_{11}&+2 l_1 l_2 Q_{12}+2 l_1 l_3 Q_{13}+\ldots \\
&+\; l_2 l_2 Q_{22}+2 l_2 l_3 Q_{23}+\ldots \\
&\qquad\qquad +\; l_3 l_3 Q_{33}+\ldots \\
&\qquad\qquad\qquad\qquad +\ldots
\end{aligned}
$$

$$
(225)\quad \begin{cases}
[paa]\,Q_1+[pab]\,Q_2+[pac]\,Q_3+\ldots=l_1, \\
[pab]\,Q_1+[pbb]\,Q_2+[pbc]\,Q_3+\ldots=l_2, \\
[pac]\,Q_1+[pbc]\,Q_2+[pcc]\,Q_3+\ldots=l_3, \\
\ldots\ldots\ldots\ldots\ldots\ldots\ldots\ldots\ldots\ldots
\end{cases}
$$

(226) $\mathfrak{L}_2 = l_2 - \frac{\mathfrak{b}_1}{\mathfrak{a}_1} l_1, \qquad \mathfrak{L}_3 = l_3 - \frac{\mathfrak{c}_1}{\mathfrak{a}_1} l_1 - \frac{\mathfrak{C}_2}{\mathfrak{B}_2}\mathfrak{L}_2, \qquad \ldots.$

(227) $\frac{1}{P_L} = + l_1 Q_1 + l_2 Q_2 + l_3 Q_3 + \ldots. = [l\,Q].$

$= + \frac{l_1}{\mathfrak{a}_1} l_1 + \frac{\mathfrak{L}_2}{\mathfrak{B}_2}\mathfrak{L}_2 + \frac{\mathfrak{L}_3}{\mathfrak{C}_3}\mathfrak{L}_3 + \ldots.$

(228) $M_L = \pm\, \mathfrak{m} \sqrt{\frac{1}{P_L}}.$

(229) Schema für die Auflösung der Gleichungen (225) und für die Gewichtsberechnung.

l_1	l_2	l_3	....	Gewicht P_L.	
	$-\frac{\mathfrak{b}_1}{\mathfrak{a}_1} l_1$	$-\frac{\mathfrak{c}_1}{\mathfrak{a}_1} l_1$	....	$+\frac{l_1}{\mathfrak{a}_1} l_1$	$+ l_1 Q_1$
$+\frac{l_1}{\mathfrak{a}_1}$	$=\mathfrak{L}_2$	$-\frac{\mathfrak{C}_2}{\mathfrak{B}_2}\mathfrak{L}_2$	....	$+\frac{\mathfrak{L}_2}{\mathfrak{B}_2}\mathfrak{L}_2$	$+ l_2 Q_2$
....	$+\frac{\mathfrak{L}_2}{\mathfrak{C}_2}$	$=\mathfrak{L}_3$	....	$+\frac{\mathfrak{L}_3}{\mathfrak{C}_3}\mathfrak{L}_3$	$+ l_3 Q_3$
$-\frac{\mathfrak{c}_1}{\mathfrak{a}_1} Q_3$	....	$+\frac{\mathfrak{L}_3}{\mathfrak{C}_3}$	....	....	....
$-\frac{\mathfrak{b}_1}{\mathfrak{a}_1} Q_2$	$-\frac{\mathfrak{C}_2}{\mathfrak{B}_2} Q_3$	....	....	$=\frac{1}{P_L}=$	
$= Q_1$	$= Q_2$	$= Q_3$	....		

2. Für bedingte Beobachtungen.

Gewicht und mittlerer Fehler einer Funktion der wahrscheinlichsten Werte der beobachteten Gröfsen.

(230) $L = \varphi(\mathrm{I}, \mathrm{II}, \mathrm{III}, \mathrm{IV}, \ldots.).$

(231) $l_1 = \frac{\partial \varphi}{\partial \mathrm{I}}, \quad \Big| \quad l_2 = \frac{\partial \varphi}{\partial 2}, \quad \Big| \quad l_3 = \frac{\partial \varphi}{\partial 3}, \quad \Big| \quad l_4 = \frac{\partial \varphi}{\partial 4}, \quad \Big| \quad \ldots.$

(232)
$$\left\{\begin{array}{l}
\left[\frac{a\,a}{p}\right] r_a + \left[\frac{a\,b}{p}\right] r_b + \left[\frac{a\,c}{p}\right] r_c + \ldots. \left[\frac{a\,l}{p}\right] = 0, \\
\left[\frac{a\,b}{p}\right] r_a + \left[\frac{b\,b}{p}\right] r_b + \left[\frac{b\,c}{p}\right] r_c + \ldots. \left[\frac{b\,l}{p}\right] = 0, \\
\left[\frac{a\,c}{p}\right] r_a + \left[\frac{b\,c}{p}\right] r_b + \left[\frac{c\,c}{p}\right] r_c + \ldots. \left[\frac{c\,l}{p}\right] = 0, \\
\ldots\ldots\ldots\ldots\ldots\ldots\ldots\ldots\ldots\ldots
\end{array}\right.$$

(233)
$$\left\{\begin{array}{l}
L_1 = l_1 + a_1 r_a + b_1 r_b + c_1 r_c + \ldots., \\
L_2 = l_2 + a_2 r_a + b_2 r_b + c_2 r_c + \ldots., \\
L_3 = l_3 + a_3 r_a + b_3 r_b + c_3 r_c + \ldots., \\
L_4 = l_4 + a_4 r_a + b_4 r_b + c_4 r_c + \ldots., \\
\ldots\ldots\ldots\ldots\ldots\ldots\ldots\ldots\ldots\ldots
\end{array}\right.$$

$$(234a)\quad\begin{cases}\mathfrak{a}_1=\left[\frac{a\,a}{p}\right], & \mathfrak{b}_1=\left[\frac{a\,b}{p}\right], & \mathfrak{c}_1=\left[\frac{a\,c}{p}\right], & \ldots, & \mathfrak{l}_1=\left[\frac{a\,l}{p}\right],\\ & \mathfrak{b}_2=\left[\frac{b\,b}{p}\right], & \mathfrak{c}_2=\left[\frac{b\,c}{p}\right], & \ldots, & \mathfrak{l}_2=\left[\frac{b\,l}{p}\right],\\ & & \mathfrak{c}_3=\left[\frac{c\,c}{p}\right], & \ldots, & \mathfrak{l}_3=\left[\frac{c\,l}{p}\right],\\ & & & \ldots, & \ldots\ldots\end{cases}$$

$$(234b)\quad\begin{cases}\mathfrak{B}_2=\mathfrak{b}_2-\frac{\mathfrak{b}_1}{\mathfrak{a}_1}\mathfrak{b}_1, & \mathfrak{C}_2=\mathfrak{c}_2-\frac{\mathfrak{b}_1}{\mathfrak{a}_1}\mathfrak{c}_1, & \ldots, & \mathfrak{L}_2=\mathfrak{l}_2-\frac{\mathfrak{b}_1}{\mathfrak{a}_1}\mathfrak{l}_1,\\ & \mathfrak{C}_3=\mathfrak{c}_3-\frac{\mathfrak{c}_1}{\mathfrak{a}_1}\mathfrak{c}_1-\frac{\mathfrak{C}_2}{\mathfrak{B}_2}\mathfrak{C}_2, & \ldots, & \mathfrak{L}_3=\mathfrak{l}_3-\frac{\mathfrak{c}_1}{\mathfrak{a}_1}\mathfrak{l}_1-\frac{\mathfrak{C}_2}{\mathfrak{B}_2}\mathfrak{L}_2\\ & & \ldots, & \ldots\ldots\ldots\end{cases}$$

$$(235)\quad \frac{1}{P_L}=\left[\frac{L\,L}{p}\right]=\frac{L_1\,L_1}{p_1}+\frac{L_2\,L_2}{p_2}+\frac{L_3\,L_3}{p_3}+\frac{L_4\,L_4}{p_4}+\ldots$$

$$=\left[\frac{l\,l}{p}\right]+\mathfrak{l}_1\,r_a+\mathfrak{l}_2\,r_b+\mathfrak{l}_3\,r_c+\ldots$$

$$=\left[\frac{l\,l}{p}\right]-\frac{\mathfrak{l}_1}{\mathfrak{a}_1}\mathfrak{l}_1-\frac{\mathfrak{L}_2}{\mathfrak{B}_2}\mathfrak{L}_2-\frac{\mathfrak{L}_3}{\mathfrak{C}_3}\mathfrak{L}_3-\ldots$$

$$(236)\quad M_L=\pm\,\mathfrak{m}\sqrt{\frac{1}{P_L}}\,.$$

(237) Schema für die Auflösung der Gleichungen **(232)** und für die Gewichtsberechnung.

$\left[\frac{a\,l}{p}\right]$.	$\left[\frac{b\,l}{p}\right]$.	$\left[\frac{c\,l}{p}\right]$.	....	Gewicht P_L.	
$\mathfrak{l}_1$	$\mathfrak{l}_2$	$\mathfrak{l}_3$	....	$\left[\frac{l\,l}{p}\right]$.	$\left[\frac{l\,l}{p}\right]$.
	$-\frac{\mathfrak{b}_1}{\mathfrak{a}_1}\mathfrak{l}_1$	$-\frac{\mathfrak{c}_1}{\mathfrak{a}_1}\mathfrak{l}_1$	....	$-\frac{\mathfrak{l}_1}{\mathfrak{a}_1}\mathfrak{l}_1$	$+\mathfrak{l}_1\,r_a$
$-\frac{\mathfrak{l}_1}{\mathfrak{a}_1}$	$=\mathfrak{L}_2$	$-\frac{\mathfrak{C}_2}{\mathfrak{B}_2}\mathfrak{L}_2$	....	$-\frac{\mathfrak{L}_2}{\mathfrak{B}_2}\mathfrak{L}_2$	$+\mathfrak{l}_2\,r_b$
....	$-\frac{\mathfrak{L}_2}{\mathfrak{B}_2}$	$=\mathfrak{L}_3$	....	$-\frac{\mathfrak{L}_3}{\mathfrak{C}_3}\mathfrak{L}_3$	$+\mathfrak{l}_3\,r_c$
$-\frac{\mathfrak{c}_1}{\mathfrak{a}_1}r_c$	....	$-\frac{\mathfrak{L}_3}{\mathfrak{C}_3}$	....	....	....
$-\frac{\mathfrak{b}_1}{\mathfrak{a}_1}r_b$	$-\frac{\mathfrak{C}_2}{\mathfrak{B}_2}r_c$	....	....	$=\frac{1}{P_L}=$	
$=r_a$	$=r_b$	$=r_c$	....		

Gewichte und mittlere Fehler der wahrscheinlichsten Werte der beobachteten Gröfsen.

Für die Gewichte P_I, P_{II}, P_{III}, P_{IV}, ... der wahrscheinlichsten Werte II, III, IV, ... der beobachteten Gröfsen wird

$$(238)\quad\begin{cases}\text{für I:} & l_1=1, & l_2=0, & l_3=0, & l_4=0, & \ldots,\\ \text{„ II:} & l_1=0, & l_2=1, & l_3=0, & l_4=0, & \ldots,\\ \text{„ III:} & l_1=0, & l_2=0, & l_3=1, & l_4=0, & \ldots,\\ \text{„ IV:} & l_1=0, & l_2=0, & l_3=0, & l_4=1, & \ldots,\\ \ldots: & \ldots, & \ldots, & \ldots, & \ldots, & \ldots,\end{cases}$$

und ferner

$$(239)\quad \begin{cases} \text{für I:} & \left[\frac{ll}{p}\right]=\frac{1}{p_1}, & \left[\frac{al}{p}\right]=\frac{a_1}{p_1}, & \left[\frac{bl}{p}\right]=\frac{b_1}{p_1}, & \left[\frac{cl}{p}\right]=\frac{c_1}{p_1}, & \ldots, \\ \text{„ II:} & \left[\frac{ll}{p}\right]=\frac{1}{p_2}, & \left[\frac{al}{p}\right]=\frac{a_2}{p_2}, & \left[\frac{bl}{p}\right]=\frac{b_2}{p_2}, & \left[\frac{cl}{p}\right]=\frac{c_2}{p_2}, & \ldots, \\ \text{„ III:} & \left[\frac{ll}{p}\right]=\frac{1}{p_3}, & \left[\frac{al}{p}\right]=\frac{a_3}{p_3}, & \left[\frac{bl}{p}\right]=\frac{b_3}{p_3}, & \left[\frac{cl}{p}\right]=\frac{c_3}{p_3}, & \ldots, \\ \text{„ IV:} & \left[\frac{ll}{p}\right]=\frac{1}{p_4}, & \left[\frac{al}{p}\right]=\frac{a_4}{p_4}, & \left[\frac{bl}{p}\right]=\frac{b_4}{p_4}, & \left[\frac{cl}{p}\right]=\frac{c_4}{p_4}, & \ldots, \\ \ldots : & \ldots\ldots, & \ldots\ldots, & \ldots\ldots, & \ldots\ldots, & \ldots \end{cases}$$

Im Uebrigen finden die Formeln (**232**) bis (**237**) unverändert Anwendung.

3. Für bedingte vermittelnde Beobachtungen.

Gewicht und mittlerer Fehler einer Funktion der wahrscheinlichsten Werte der zu bestimmenden Gröfsen.

1. Verfahren.

$$(240)\quad L=\varphi(x, y, z, \ldots).$$

$$(241)\quad l_1=\frac{\partial\varphi}{\partial\mathfrak{x}}, \quad\Big|\quad l_2=\frac{\partial\varphi}{\partial\mathfrak{y}}, \quad\Big|\quad l_3=\frac{\partial\varphi}{\partial\mathfrak{z}}, \quad\Big|\quad \ldots$$

$$(242)\quad \begin{cases} [A(\mathfrak{A})]r_A+[A(\mathfrak{B})]r_B+\ldots[(\mathfrak{A})l]=0, \\ [A(\mathfrak{B})]r_A+[B(\mathfrak{B})]r_B+\ldots[(\mathfrak{B})l]=0, \\ \ldots\ldots\ldots\ldots\ldots\ldots \end{cases}$$

Auflösung der Gleichungen (**242**) nach Schema (**251**) mit Weglassung von $[lq]$ in den beiden letzten Spalten.

$$(243)\quad \begin{cases} L_1=l_1+A_1r_A+B_1r_B+\ldots, \\ L_2=l_2+A_2r_A+B_2r_B+\ldots, \\ L_3=l_3+A_3r_A+B_3r_B+\ldots, \\ \ldots\ldots\ldots\ldots\ldots \end{cases}$$

Weiter nach den Formeln (**224**) bis (**228**) und Schema (**229**). indem $L_1, L_2, L_3, \ldots$ für $l_1, l_2, l_3, \ldots$ genommen werden.

2. Verfahren.

$$(240)\quad L=\varphi(x, y, z, \ldots)$$

$$(241)\quad l_1=\frac{\partial\varphi}{\partial\mathfrak{x}}, \quad\Big|\quad l_2=\frac{\partial\varphi}{\partial\mathfrak{y}}, \quad\Big|\quad l_3=\frac{\partial\varphi}{\partial\mathfrak{z}}, \quad\Big|\quad \ldots\ldots$$

$$(244)\quad \begin{cases} [paa]q_1+[pab]q_2+[pac]q_3+\ldots=l_1, \\ [pab]q_1+[pbb]q_2+[pbc]q_3+\ldots=l_2, \\ [pac]q_1+[pbc]q_2+[pcc]q_3+\ldots=l_3, \\ \ldots\ldots\ldots\ldots\ldots\ldots \end{cases}$$

$$(245)\quad \begin{cases} \mathfrak{a}_1=[paa], & \mathfrak{b}_1=[pab], & \mathfrak{c}_1=[pac], & \ldots, & l_1, \\ & \mathfrak{b}_2=[pbb], & \mathfrak{c}_2=[pbc], & \ldots, & l_2, \\ & & \mathfrak{c}_3=[pcc], & \ldots, & l_3, \\ & & & \ldots, & \ldots, \\ & \mathfrak{B}_2=\mathfrak{b}_2-\frac{\mathfrak{b}_1}{\mathfrak{a}_1}\mathfrak{b}_1, & \mathfrak{C}_2=\mathfrak{c}_2-\frac{\mathfrak{b}_1}{\mathfrak{a}_1}\mathfrak{c}_1, & \ldots, & \mathfrak{L}_2=l_2-\frac{\mathfrak{b}_1}{\mathfrak{a}_1}l_1, \\ & & \mathfrak{C}_3=\mathfrak{c}_3-\frac{\mathfrak{c}_1}{\mathfrak{a}_1}\mathfrak{c}_1-\frac{\mathfrak{C}_2}{\mathfrak{B}_2}\mathfrak{C}_2, & \ldots, & \mathfrak{L}_3=l_3-\frac{\mathfrak{c}_1}{\mathfrak{a}_1}l_1-\frac{\mathfrak{C}_2}{\mathfrak{B}_2}\mathfrak{L}_2, \\ & & & \ldots, & \ldots\ldots\ldots\ldots \end{cases}$$

$$(246)\quad [lq]=+l_1q_1+l_2q_2+l_3q_3+\ldots$$
$$=+\frac{l_1}{\mathfrak{a}_1}l_1+\frac{\mathfrak{L}_2}{\mathfrak{B}_2}\mathfrak{L}_2+\frac{\mathfrak{L}_3}{\mathfrak{C}_3}\mathfrak{L}_3+\ldots$$

(247) Schema für die Auflösung der Gleichungen **(244)** und für die Berechnung von $[lq]$.

l_1	l_2	l_3	....	$[lq]$.	
	$-\frac{\mathfrak{b}_1}{\mathfrak{a}_1} l_1$	$-\frac{\mathfrak{c}_1}{\mathfrak{a}_1} l_1$	....	$+\frac{l_1}{\mathfrak{a}_1} l_1$	$+l_1 q_1$
$+\frac{l_1}{\mathfrak{a}_1}$	$=\mathfrak{L}_2$	$-\frac{\mathfrak{C}_2}{\mathfrak{B}_2}\mathfrak{C}_2$	....	$+\frac{\mathfrak{L}_2}{\mathfrak{B}_2}\mathfrak{L}_2$	$+l_2 q_2$
....	$+\frac{\mathfrak{L}_2}{\mathfrak{C}_2}$	$=\mathfrak{L}_3$	....	$+\frac{\mathfrak{L}_3}{\mathfrak{C}_3}\mathfrak{L}_3$	$+l_3 q_3$
$-\frac{\mathfrak{c}_1}{\mathfrak{a}_1} q_3$	....	$+\frac{\mathfrak{L}_3}{\mathfrak{C}_3}$	....	....	....
$-\frac{\mathfrak{b}_1}{\mathfrak{a}_1} q_2$	$-\frac{\mathfrak{C}_2}{\mathfrak{B}_2} q_3$	....	....	$=[lq]=$	
$=q_1$	$=q_2$	$=q_3$	....		

$$\text{(242)} \quad \begin{cases} [A(\mathfrak{A})]r_A + [A(\mathfrak{B})]r_B + \ldots . [(\mathfrak{A})l] = 0, \\ [A(\mathfrak{B})]r_A + [B(\mathfrak{B})]r_B + \ldots . [(\mathfrak{B})l] = 0, \\ \ldots\ldots\ldots\ldots\ldots\ldots\ldots\ldots \end{cases}$$

$$\text{(248)} \quad \begin{cases} \mathfrak{a}_1 = [A(\mathfrak{A})], & \mathfrak{b}_1 = [A(\mathfrak{B})], & \ldots, & \mathfrak{l}_1 = [(\mathfrak{A})l], \\ & \mathfrak{b}_2 = [B(\mathfrak{B})], & \ldots, & \mathfrak{l}_2 = [(\mathfrak{B})l], \\ & & \ldots, & \ldots\ldots, \\ \mathfrak{B}_2 = \mathfrak{b}_2 - \frac{\mathfrak{b}_1}{\mathfrak{a}_1}\mathfrak{b}_1, & \ldots, & \mathfrak{L}_2 = \mathfrak{l}_2 - \frac{\mathfrak{b}_1}{\mathfrak{a}_1}\mathfrak{l}_1, \\ & \ldots, & \ldots\ldots, \end{cases}$$

$$\text{(249)} \quad \frac{1}{P_L} = [lq] + \mathfrak{l}_1 r_A + \mathfrak{l}_2 r_B + \ldots,$$

$$= [lq] - \frac{\mathfrak{l}_1}{\mathfrak{a}_1}\mathfrak{l}_1 - \frac{\mathfrak{L}_2}{\mathfrak{B}_2}\mathfrak{L}_2 - \ldots$$

$$\text{(250)} \quad M_L = \pm \mathfrak{m}\sqrt{\frac{1}{P_L}}.$$

(251) Schema zur Auflösung der Gleichungen **(242)** und zur Gewichtsberechnung.

$[(\mathfrak{A})l]$	$[(\mathfrak{B})l]$	....	Gewicht P_L.	
$\mathfrak{l}_1$	$\mathfrak{l}_2$	....	$[lq]$	$[lq]$
	$-\frac{\mathfrak{b}_1}{\mathfrak{a}_1}\mathfrak{l}_1$	....	$-\frac{\mathfrak{l}_1}{\mathfrak{a}_1}\mathfrak{l}_1$	$+\mathfrak{l}_1 r_A$
$-\frac{\mathfrak{l}_1}{\mathfrak{a}_1}$	$=\mathfrak{L}_2$	....	$-\frac{\mathfrak{L}_2}{\mathfrak{B}_2}\mathfrak{L}_2$	$+\mathfrak{l}_2 r_B$
....	$-\frac{\mathfrak{L}_2}{\mathfrak{B}_2}$	....	....	....
$-\frac{\mathfrak{b}_1}{\mathfrak{a}_1} r_B$	....	....	$=\frac{1}{P_L}=$	
$=r_A$	$=r_B$	....		

Gewichte und mittlere Fehler der wahrscheinlichsten Werte der zu bestimmenden Gröfsen.

Für die Gewichte $P_x, P_y, P_z, \ldots.$ der wahrscheinlichsten Werte $x, y, z, \ldots.$ der zu bestimmenden Gröfsen wird

$$(252)\quad \begin{cases} \text{für } x: & l_1=1, & l_2=0, & l_3=0, & \ldots., \\ \;\;\text{„}\; y: & l_1=0, & l_2=1, & l_3=0, & \ldots., \\ \;\;\text{„}\; z: & l_1=0, & l_2=0, & l_3=1, & \ldots., \\ \ldots : & \ldots., & \ldots., & \ldots., & \ldots., \end{cases}$$

ferner:

$$(253)\quad \begin{cases} \text{für } x: & [(\mathfrak{A})l]=(\mathfrak{A}_1), & [(\mathfrak{B})l]=(\mathfrak{B}_1), \\ \;\;\text{„}\; y: & [(\mathfrak{A})l]=(\mathfrak{A}_2), & [(\mathfrak{B})l]=(\mathfrak{B}_2), \\ \;\;\text{„}\; z: & [(\mathfrak{A})l]=(\mathfrak{A}_3), & [(\mathfrak{B})l]=(\mathfrak{B}_3), \\ \ldots : & \ldots\ldots\ldots., & \ldots\ldots\ldots, \end{cases}$$

und endlich:

$$(254)\quad \begin{cases} \text{für } x: & q_1=Q_{11}, & q_2=Q_{12}, & q_3=Q_{13}, & \ldots., & [lq]=Q_{11}, \\ \;\;\text{„}\; y: & q_1=Q_{12}, & q_2=Q_{22}, & q_3=Q_{23}, & \ldots., & [lq]=Q_{22}, \\ \;\;\text{„}\; z: & q_1=Q_{13}, & q_2=Q_{23}, & q_3=Q_{33}, & \ldots., & [lq]=Q_{33}, \\ \ldots : & \ldots\ldots, & \ldots\ldots, & \ldots\ldots, & \ldots., & \ldots\ldots\ldots \end{cases}$$

Im Uebrigen finden die Formeln **(242)** bis **(251)** unverändert Anwendung.